Memories Jibacoa

Kuba

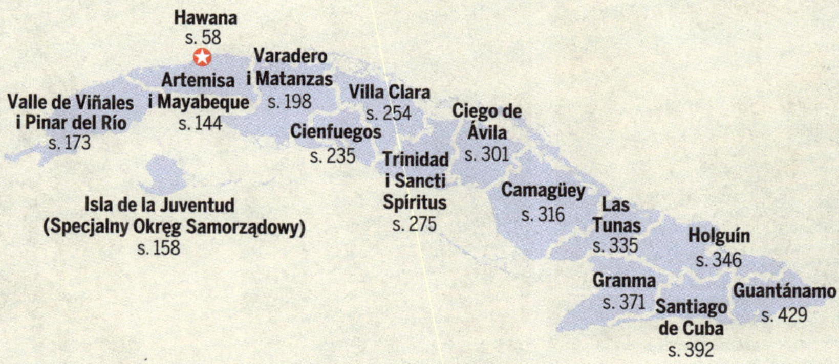

Brendan Sainsbury,
Carolyn McCarthy

ZAPLANUJ PODRÓŻ

W DRODZE

TRINIDAD, S. 277

HAWANA, S. 58

Spis treści

SANTA CLARA, S. 256

W DRODZE

HAWANA, S. 58

CAYO COCO, S. 311

Spis treści

Witamy na Kubie

Sfatygowana, lecz wspaniała; zniszczona, ale dumna; radosna i nieznośnie irytująca – Kuba jest krajem nieuchwytnej magii.

Spodziewaj się niespodziewanego

Kuba jest niczym książę w płaszczu biedaka: niekiedy za obskurną fasadą kryje się złoty piasek. Podobnie głębokie dychotomie powodują, że podróże są tu tak ekscytujące, jak emocjonująca jest jazda kolejką górską. W tym kraju, uwięzionym w pętli czasu i rozchybotanym gospodarczym embargiem, które obowiązuje od ponad pół wieku, można się spodziewać niespodziewanego. Gdyby Kuba była książką, byłaby jak *Ulysses* Jamesa Joyce'a: ułożona warstwowo, trudna do ogarnięcia, często rozumiana na opak i – ponad wszystko – klasykiem.

Spuścizna kulturowa

Odcięte od nowoczesności dawne kolonialne miasta Kuby niewiele się zmieniły od czasów piratów grasujących po Karaibach. Szczególnie wzrusza atmosfera i architektura Hawany, Trinidadu, Remedios oraz Camagüey, gdzie monumentalne place i brukowane ulice przypominają o bogactwie i intrygach. Jednakże, pomimo poddanych konserwacji enklaw, liczne budynki wciąż straszą ruiną. Gdyby znalazły się fundusze, owe pamiątki rodowe mogłyby ponownie odżyć. I rzeczywiście, dzięki prywatnym inwestycjom, wiele z nich już częściowo odnowiono, zamieniając w nadzwyczajne prywatne kwatery i restauracje retro.

Idealny czas na zwiedzanie

Rzadko trafiał się lepszy czas na odwiedziny Kuby. Prywatna przedsiębiorczość wypuszcza pierwsze pąki kreatywnej wiosny, a wielkie marki dobrze znanego i wrogiego przyjaciela z północy jeszcze nie zdążyły wynaturzyć kulturowej magii wyspy. W rezultacie cały kraj kipi od eksperymentów. Są już wyemancypowane kawiarenki, gdzie studenci debatują o wkładzie Che Guevary w światową rewolucję. Są też awangardowe galerie sztuki z wyposażeniem tak samo cudacznym, jak prezentowane eksponaty. Odnosi się wrażenie, że od wiejskiego Viñales po zurbanizowaną Hawanę, Kuba powoli budzi się z głębokiego letargu.

Poza plażami

Większość turystów odwiedzających Kubę orbituje wokół atrakcyjnych łuków białego piasku, którymi naszpikowane jest północne wybrzeże kraju i przybrzeżne wyspy. Jednak eksplorując tereny poza plażami, znajdziecie inny świat: krainę bujnych lasów i bagien rojących się od krokodyli, opuszczone plantacje kawy i surowe góry słynące z rodzimego, rewolucyjnego folkloru. Jak kiedyś zauważył niemiecki naukowiec Alexander von Humboldt, Kuba jest czymś w rodzaju karaibskiej wersji Galápagos, gdzie koegzystują przeciwieństwa. Wystarczy zejść z utartych szlaków...

Dlaczego lubię Kubę

Brendan Sainsbury, autor przewodnika

Kuba przypomina mi zakazany owoc. Lubię ją za jej wyjątkowość, kreatywność i ducha walki. A przede wszystkim za to, że pomimo 60 trudnych lat, wciąż jest otwarta i tryska optymizmem. Wybierzcie się na spacer z Kubańczykiem, a na dystansie jednej przecznicy pięć razy wymienicie uścisk dłoni, cztery razy pocałunki, trzykrotnie pozdrowią was słowami *„idime hermano!"* („jak ci leci, bracie") i otrzymacie co najmniej dwa zaproszenia do czyjegoś domu na *cafecito* (lub coś mocniejszego). Miałem szczęście odwiedzić 75 krajów na całym świecie, ale Kuba na zawsze pozostanie moim *número uno*.

Więcej o autorach na s. 544

Powyżej: Habana Vieja (s. 62), Hawana

Kuba

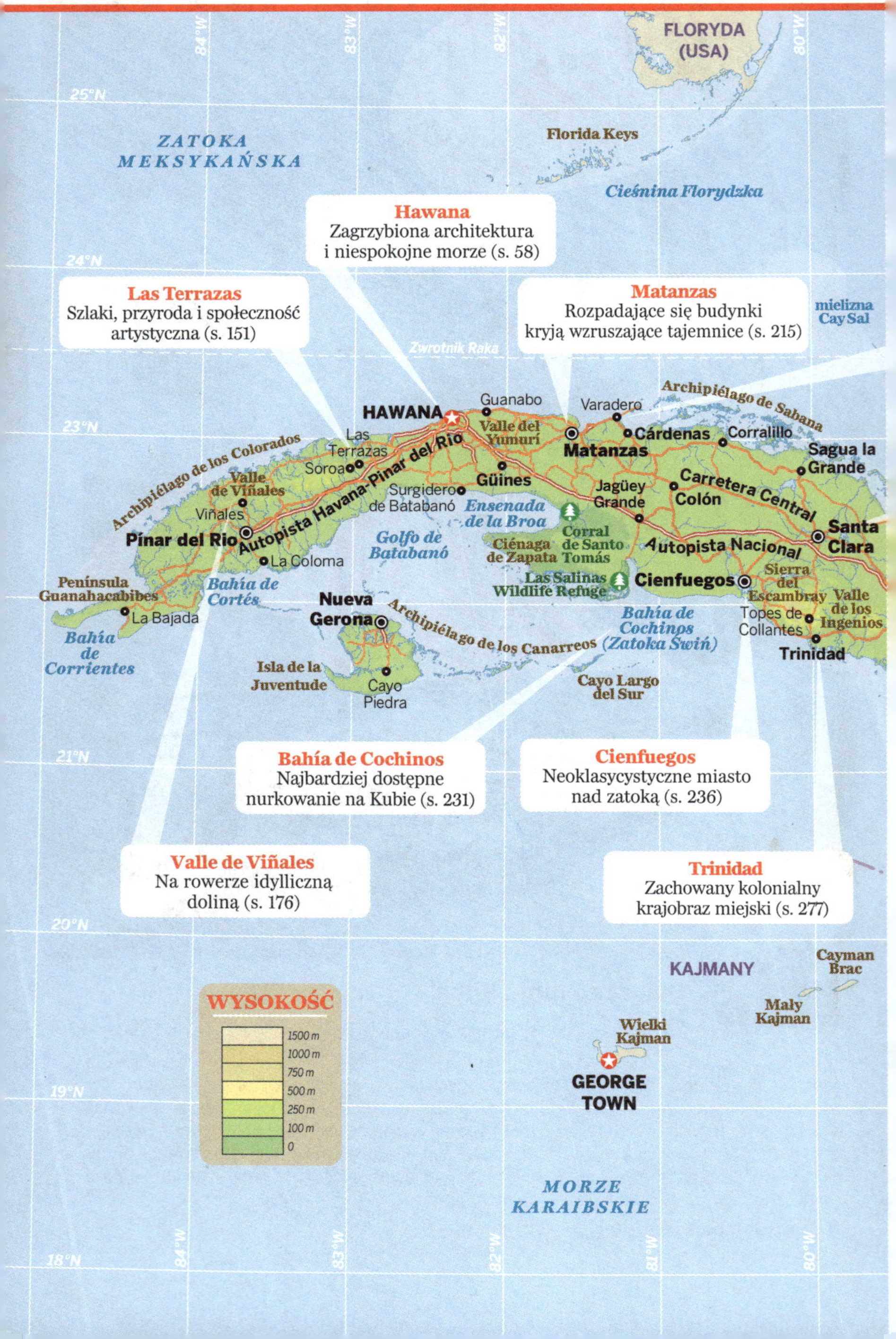

FLORYDA (USA)
Florida Keys
Cieśnina Florydzka
ZATOKA MEKSYKAŃSKA
Hawana
Zagrzybiona architektura i niespokojne morze (s. 58)
Las Terrazas
Szlaki, przyroda i społeczność artystyczna (s. 151)
Matanzas
Rozpadające się budynki kryją wzruszające tajemnice (s. 215)
mielizna Cay Sal
Zwrotnik Raka
Archipiélago de Sabana
HAWANA
Guanabo
Varadero
Valle del Yumurí
Matanzas
Cárdenas
Corralillo
Sagua la Grande
Las Terrazas
Soroa
Archipiélago de los Colorados
Valle de Viñales
Viñales
Autopista Havana-Pinar del Río
Güines
Surgidero de Batabanó
Jagüey Grande
Colón
Carretera Central
Santa Clara
Pinar del Río
La Coloma
Ensenada de la Broa
Golfo de Batabanó
Corral de Santo Tomás
Ciénaga de Zapata
Autopista Nacional
Las Salinas Wildlife Refuge
Cienfuegos
Sierra del Escambray
Valle de los Ingenios
Península Guanahacabibes
La Bajada
Bahía de Cortés
Nueva Gerona
Archipiélago de los Canarreos
Bahía de Cochinos (Zatoka Świń)
Topes de Collantes
Trinidad
Bahía de Corrientes
Isla de la Juventude
Cayo Piedra
Cayo Largo del Sur
Bahía de Cochinos
Najbardziej dostępne nurkowanie na Kubie (s. 231)
Cienfuegos
Neoklasycystyczne miasto nad zatoką (s. 236)
Valle de Viñales
Na rowerze idylliczną doliną (s. 176)
Trinidad
Zachowany kolonialny krajobraz miejski (s. 277)
KAJMANY
Cayman Brac
Mały Kajman
Wielki Kajman
GEORGE TOWN
WYSOKOŚĆ
1500 m
1000 m
750 m
500 m
250 m
100 m
0
MORZE KARAIBSKIE
25°N
24°N
23°N
21°N
20°N
19°N
18°N
84°W
83°W
82°W
81°W
80°W

0 200 km
0 100 mil
NASSAU
New Providence
Eleuthera
Andros Island
OCEAN ATLANTYCKI
Cat Island
BAHAMY
San Salvador
Great Exuma
Zwrotnik Raka
Long Island
Great Bahama Bank
Crooked Island
Acklins Island
Varadero
Relaks w resorcie na plaży (s. 200)
Santa Clara
Najbardziej newralgiczne miasto Kuby (s. 256)
Archipiélago de Sabana-Camagüey
Caibarien
Cayo Guillermo
Máximo Gómez
Laguna de la Leche
Sancti Spíritus
Morón
Guardalavaca
Luksusowe resorty i wspaniałe plaże (s. 363)
Esmeralda
Embalse Zaza
Ciego de Ávila
Cayo Sabinal
Baracoa
Najlepsza kuchnia poza Hawaną (s. 437)
El Jíbaro
Embalse Porvenir
San Miguel de Bagá
Golfo de Ana María
Camagüey
Carretera Central
Bahía de Gibara
Gibara
Guardalavaca
Las Tunas
Holguín
Bahía de Nipe
Archipiélago de los Jardines de la Reina
Moa
Santa Cruz del Sur
Guayabal
Embalse Carlos Manuel de Céspedes
Birán
Sierra del Cristal
Golfo de Guacanayabo
Bayamo
Baracoa
Guantánamo
Manzanillo
Cordillera de la Gran Piedra
Sierra del Purial
Marea del Portillo
Sierra Maestra
Santiago de Cuba
Cabo Cruz
Pico Turquino (1972m)
Baconao
Parque Nacional Desembarco del Granma
Camagüey
Labirynt wąskich uliczek (s. 318)
Santiago de Cuba
Kolebka kubańskiej muzyki tanecznej (s. 394)
Pico Turquino
Najwyższy szczyt na Kubie (s. 427)
HAITI
JAMAJKA
KINGSTON
79°W
78°W
77°W
76°W
75°W
25°N
24°N
23°N
22°N
21°N
19°N
18°N

Kuba: 21 x NAJ

1

Scena muzyczna na żywo

1 Jeśli jesteście na Kubie dłużej niż 10 minut i jeszcze nie usłyszeliście muzyki na żywo, to oczywiste, że odwiedzacie niewłaściwe bary. Witajcie w jednym z najbardziej zróżnicowanych muzycznie krajów naszej planety, gdzie wciąż jest więcej gitar niż empetrójek, a śpiew pełni funkcję komunikacji werbalnej. Tradycyjne odmiany *son* i salsy to tylko jeden z rowków większej płyty. Kuba od dziesięcioleci podchodzi nowatorsko do muzyki. Od Benny'ego Moré po hip-hop, synkopowane rytmy zalewają kraj.

Café Taberna (s. 110), Hawana

Historyczna Habana Vieja

2 Zagraniczni obserwatorzy wciąż wyróżniają kubański system opieki zdrowotnej, nie szczędząc mu pochwał. Jednak do największych osiągnięć ostatnich 50 lat należy rewitalizacja Starej Hawany – Habana Vieja (s. 62). Uważna i troskliwie prowadzona restauracja doprowadziła do powstania jednego z historycznych cudów obu Ameryk, czegoś w rodzaju latynoamerykańskiego „Rzymu", gdzie przeszłość odsłania się warstwami. Uzbrojeni w bystry wzrok i żywą wyobraźnię, możecie spacerować brukowanymi uliczkami Hawany, wywołując duchy arcybogatych baronów cukrowych i potrząsających pałaszami piratów.

TERRY DONNELLY/ALAMY ©

DAN KOSMAYER/SHUTTERSTOCK ©

3

CHANTAL DE BRUIJNE/SHUTTERSTOCK ©

4

MIAMI2YOU/SHUTTERSTOCK ©

Architektura eklektyczna

3 Architektura Kuby odzwierciedla jej dziedzictwo: do porcji hiszpańskiego baroku trzeba było dosypać szczyptę francuskiego klasycyzmu, dodać nieco północnoamerykańskiego art déco i europejskiej secesji, wszystko to podlać potem afrokubańskiej niewolniczej pracy i dorzucić trochę modernizmu. Kubańska architektura ma niezmienne cechy, ową wyróżniającą ją „kubańskość". Warto zwiedzić miasta wpisane na listę UNESCO: Hawanę (s. 62), Trinidad (s. 277; na zdjęciu), Cienfuegos (s. 236) i Camagüey (s. 318).

Ucieczka do idyllicznych plaż

4 Słynne plaże Kuby: nie są zatłoczone, przy czym hojnie obdarzone tropikalnym pięknem i skrajnie zróżnicowane. Długie i szerokie, pełne turystów plaże Varadero (s. 200; za zdjęciu) z potężnym zapleczem turystycznym; dzikie i puste plaże półwyspu Guanahacabibes, gdzie żółwie składają jaja; rzadko uczęszczane plaże z czarnym piaskiem na Isla de la Juventud, gdzie kiedyś grasowali piraci; bezpruderyjne plaże naturystów na Cayo Largo del Sur, gdzie wypoczywają turyści grupowi, popijając *mojito*. Wystarczy dobrze poszukać!

Casas particulares

5 Zatrzymując się w kwaterze prywatnej, szybko można poznać niuanse kubańskiego życia. Wyobraźcie sobie bujane fotele na ganku, sąsiadów wpadających na szklankę rumu i cygaro, koguty piejące o piątej rano, podobizny José Martí umieszczone nad odbiornikiem TV, a także ożywione rozmowy, zawsze zakończone *„no es fácil"* (nie jest łatwo). Niektóre *casas particulares* są jak pałace, inne – zwyczajne i skromne, ale wszystkie ukazują prawdziwy obraz Kuby, jakiego nie zapewni żaden hotel.

FELIX LIPOV/SHUTTERSTOCK ©

Obserwowanie ptaków

6 Oprócz krokodyli, jest tu niewiele efektownej fauny – kompensuje to bogactwo ptactwa. Ok. 350 gatunków zamieszkuje brzegi tropikalnego archipelagu, a wśród nich przynajmniej dwa tuziny gatunków endemicznych. Warto wypatrywać *tocororo* (pilika czerwonodziobego; obok), *zunzuncito* (koliberka hawańskiego), zagrożonego wyginięciem dzięcioła wielkodziobego, a także zobaczyć największe na świecie lęgowisko flamingów. Ciénaga de Zapata (s. 226) i Reserva de la Biosfera Sierra del Rosario (s. 149) to dwa spośród wielu terenów do obserwowania ptaków.

ELLIOTTE RUSTY HAROLD/SHUTTERSTOCK ©

Dziedzictwo rewolucji

7 Nieprawdopodobna ucieczka z rozbitego jachtu wypoczynkowego, przystojni partyzanci wymierzający sprawiedliwość w stylu Robin Hooda, zmagania Davida z Goliatem zdecydowanie wygrane przez (pewnych) przegranych. Rewolucja kubańska jest jak czytanie niezbyt wiarygodnego scenariusza filmowego. A jednak to wszystko się tutaj wydarzyło. Można zwiedzić miejsca związane z rewolucją. Niewiele się zmieniło w ciągu 50 lat, tam gdzie wylądował jacht „Granma" ani w wojennej kwaterze głównej Fidela na szczycie Comandancia De La Plata (s. 381). Camagüey (s. 318)

Trinidad w pętli czasu

8 Rozleniwiony Trinidad (s. 277) usnął w 1850 r. i tak naprawdę nigdy się nie obudził. To dobra nowina dla współczesnych podróżnych, którzy mogą do woli zwiedzać doskonale zachowane XIX-wieczne miasto cukrowników, niczym podglądacze z innej epoki. I choć już nie są tak bardzo tajemnicze, to zapętlone w czasie ulice nadal mają dar zachwycania wielkimi kolonialnymi domostwami, łatwym dostępem do wiejskich przedmieść i ekscytującą, żywą sceną muzyczną. Lecz jest to też autentyczne, funkcjonalne miasto ze wszelkimi dziwactwami XXI-wiecznej Kuby.

7

MATYAS REHAK/SHUTTERSTOCK ©

8

DEEPGREEN/SHUTTERSTOCK ©

ROSTISLAV AGEEV/SHUTTERSTOCK ©

SERGEY URYADNIKOV/SHUTTERSTOCK ©

LENA WURM/SHUTTERSTOCK ©

Karaibskie nurkowanie i snorkeling

9 Będą protesty, ale nie wahajmy się tego powiedzieć: Kuba jest najlepszym miejscem do nurkowania na całych Karaibach. Dlaczego? Niezrównana przejrzystość wody, dziewicze rafy i osłonięte karaibskie akweny pełne ryb. Dostępność dla nurków bywa różna, od natychmiastowej w Bahía de Cochinos (Zatoka Świń; s. 230), aż po trudno dostępną podwodną nirwanę archipelagu Jardines de la Reina (s. 310). W przypadku recydywistów, panuje Punta Francés (s. 167) na Isla de la Juventud – goszcząca doroczny konkurs fotografii podwodnej.

Rezerwat przyrody Ciénaga de Zapata

10 Jedno z wciąż nieujarzmionych miejsc na Kubie, bagniska Zapata (s. 226) są najbliżej dzikiej przyrody: habitat zagrożonego wyginięciem krokodyla kubańskiego, różnych płazów, koliberka hawańskiego i kilkunastu siedlisk roślinności. To również największy obszar podmokły na Karaibach, chroniony na wiele sposobów, przede wszystkim jako rezerwat biosfery UNESCO i przez konwencję ramsarską. Można tam pojechać i łowić ryby, obserwować ptaki, wędrować i oglądać nieskażoną, dziewiczą przyrodę.

Megascops kubański

Labirynt ulic w Camagüey

11 Obyś się zgubił! To sensowna propozycja dla podróżnego zwiedzającego miasto *tinajones* (glinianych garnków), kościołów i niegdysiejszych piratów, znane jako Camagüey (s. 318). Odwiecznie łamiące zasady Camagüey założono na planie siatki ulic, innej od tych w niemal każdym hiszpańskim mieście kolonialnym w Ameryce Łacińskiej. Meandry uliczek, jak w marokańskiej medinie, skrywają katolickie kościoły, trójkątne place i powiększającą się rzeszę eleganckich hoteli butikowych, ulokowanych w odrestaurowanych budynkach kolonialnych.

12
DAVID SILVERMAN/GETTY IMAGES ©

13
STEFAN EMBER/ALAMY ©

14
RIDERFOOT/SHUTTERSTOCK ©

Narodziny kultury kulinarnej

12 Odkąd nowe prawo prywatyzacyjne zdjęło pokrywę z kubańskiego kreatywnego tygla w 2011 r., ruszyła kulinarna rewolucja. Kraj, który wcześniej oferował niewiele więcej niż ryż i fasolę, odkrył swój gastronomiczny *mojo* (urok) w nowych restauracjach eksperymentujących z przyprawami, kuchnią fusion oraz przewartościowaniu własnej, narodowej kuchni. Hawana (*O'Reilly 304*, s. 101; zdjęcie powyżej) wiedzie prym na polu kulinarnym dzięki rozmaitym lokalom gastronomicznym, Viñales oferuje wspaniałe dania tradycyjne, a leżąca na uboczu Baracoa opowiada się za regionalną oryginalnością.

Na rowerze po Valle de Viñales

13 Z ruchem na drogach mniejszym niż w Wielkiej Brytanii w latach 40. XX w., Kuba idealnie się nadaje do jazdy rowerem, a najlepszym terenem jest wiejska Valle de Viñales (s. 176). Dolina posiada wszelkie elementy niezbędne do tropikalnego Tour de France: skaliste *mogotes* (wapienne monolity), zielone plantacje tytoniu, bukoliczne chatki *campesinos* (wieśniaków) i punkty widokowe. Teren na ogół jest płaski, a jeśli uda się zdobyć przyzwoity rower, największym dylematem będzie to, gdzie się zatrzymać i wznieść toast na cześć zachodzącego słońca.

Klasyczna architektura Cienfuegos

14 Cienfuegos, leżąca nad zatoką samozwańcza kubańska „perła południa", ma w sobie *je ne sais quoi* (s. 236). Przetrwawszy piekło, powódź i wyniszczający gospodarkę „okres szczególny", miasto zachowało pewność siebie. Elegancję Cienfuegos najlepiej widać w jego architekturze – spójnej panoramie miejskiej, powstałej na początku XIX w. dzięki osadnikom z Francji i USA. Najlepiej jest pogrążyć się w życiu kulturalnym, skupionym wokół centrum, oraz w sąsiadującym przedmieściu-ogrodzie Punta Gorda i napawać francuskim wyrafinowaniem.

Młodzieńcza energia Santa Clary

15 Santa Clara (s. 256) jest tym, czym Kuba – jak sądzimy – nie jest: postępowa, kreatywna, gościnna dla ludzi wszelkich poglądów, pełna entuzjazmu dla rock and rolla, a także gotowa rozpychać granice sztuki we wszystkich kierunkach. Fakt, że miastu pomaga środowisko uniwersyteckie. Młodzieńcza energia przenika Santa Clarę jak nigdzie indziej na Kubie. Obejrzyjcie występy *drag queen* w klubie Mejunje, poznajcie zainteresowanych sztuką studentów w Casa de la Ciudad, powałęsajcie się wieczorem po Parque Vidal, gdy gra orkiestra.

Wioska ekologiczna Las Terrazas

16 W 1968 r., kiedy raczkujący ruch ekologiczny był tematem grupy protestujących długowłosych studentów w lenonkach, proroczy Kubańczycy, wpadli na świetny pomysł. Po uratowaniu od erozji hektarów ogołoconego lasu, dzięki obsadzaniu drzewkami tarasów na zboczach, grupa pracowitych robotników zbudowała wioskę ekologiczną Las Terrazas (s. 151) i rozpoczęła jej zasiedlenie, sprowadzając artystów, muzyków, plantatorów kawy. Powstał też architektonicznie unikatowy hotel. 50 lat później wioska wciąż istnieje i praktykuje samowystarczalność.

15

ROBERTO MACHADO NOA/GETTY IMAGES ©

16

RICIFOTO/SHUTTERSTOCK ©

Żywiołowe festiwale

17 Pomimo wojny, kryzysu, racjonowania i trudności, Kubańczycy zachowali swą zaraźliwą *joie de vivre*. Nawet podczas najciemniejszych dni „okresu szczególnego" odważne festiwale nigdy nie ustały, potwierdzając zdolność kraju do odłożenia polityki na bok i zajęcia się ważną sprawą, jaką jest życie. Najlepsze imprezy to pokazy sztucznych ogni w Remedios (s. 269), *bailes folclóricos* w Santiago de Cuba (s. 406), filmy w Gibarze (s. 357) oraz wszelkie wyobrażalne rodzaje muzyki w Hawanie (s. 132; na zdjęciu). Przyjeżdżając tutaj, trzeba być gotowym na zabawę.

Baracoa

18 Ponad wzgórzami, daleko od prowincji Guantánamo, leży Baracoa (s. 437), niewielka, choć historycznie znacząca osada, niezwykła nawet jak na kubańskie standardy ze względu na nieprzewidywalny atlantycki klimat, ekscentryczną populację i dążenie do odmienności. Pomimo silnego huraganu Matthew w 2016 r., miasteczko nie poddało się i wciąż tętni życiem. Można popatrzeć, jak miejscowi wspinają się na palmy kokosowe, posłuchać *kiribá* – lokalnej odmiany *son* (kubański styl muzyczny), spróbować ostrzejszej, bogatszej i bardziej innowacyjnej kuchni, zaczynając od *cucurucho* (rożek lodowy).

17

DOUG STEAKLEY/GETTY IMAGES ©

18

FREDERIC SOREAU/AGESTOCK/ALAMY ©

PHILIP BIGG/ALAMY ©

CEM CANBAY/AGE FOTOSTOCK/ALAMY ©

CHRIS FOSSEY PHOTOGRAPHY/SHUTTERSTOCK ©

Sekrety Matanzas

19 Podróżni zbyt długo omijali Matanzas (s. 215), uznając je za brzydkiego kuzyna pobliskiego Varadero. Jednak to się zmienia. Między mostami i rzekami tego kiedyś wielkiego ośrodka kulturalnego znów pojawiają się iskierki dawnego piękna we wskrzeszonych koncertach muzyki klasycznej, odnowionym teatrze i awangardowej spółdzielni artystycznej. Jest prawdą, że brakuje turystycznej infrastruktury. Ale z czasem ta gigantyczna spuścizna kulturowa Matanzas odkryje turyście więcej prawdziwej Kuby niż po dwudziestu jego pobytach w resortach hotelowych.

Folklor w Santiago de Cuba

20 Nie ma nic bardziej transcendentalnego od hipnotyzującego rytmu bębnów w obrzędach *santerii*, przywołujących duchy *orishas* (bóstw). Większość religijnych rytuałów afrokubańskich przeznaczona jest dla wtajemniczonych, ale bębny i *danzas folclóricas* (tradycyjne tańce latynoamerykańskie) zespołów kubańskich są dla wszystkich. *Grupos folclóricos*, utworzone w latach 60. XX w., by uchronić przed zapomnieniem dawną kulturę niewolniczą Kuby, cieszą się patronatem państwa, a ich pełne energii występy w Santiago de Cuba (s. 394) są spontaniczne i wierne tradycji.

Pico Turquino

21 Wędrówka na najwyższy szczyt Kuby, Pico Turquino (s. 427), to połączenie sportu wytrzymałościowego, wycieczki przyrodniczej i fascynującej lekcji historii. Przewodnicy (obowiązkowi) prowadzą podczas dwu- lub trzydniowej wędrówki, na trasie dł. 17 km, przez stromizny mglistych lasów Sierra Maestra (na zdjęciu) na położony na wys. 1972 m n.p.m. szczyt, na którym podróżnych wita brązowe popiersie kubańskiego bohatera narodowego José Martí. Po drodze na górę zainteresowani rewolucją kubańską mogą zboczyć do wojennej kwatery Fidela, La Plata (s. 381).

Musisz wiedzieć

Więcej informacji – zob. *Niezbędnik* (s. 501)

Waluta

Peso kubańskie wymienialne (CUC) oraz peso kubańskie (MN – *moneda nacional*; CUP).

Wizy

Zwykli turyści muszą posiadać *tarjeta de turista* (kartę turystyczną), ważną 30 dni; do nabycia w biurze podróży lub w Ambasadzie Republiki Kuby w Warszawie.

Pieniądze

Gospodarka Kuby oparta jest na gotówce. Karty kredytowe inne niż z USA są honorowane w resortach hotelowych i w niektórych hotelach w miastach. Bankomaty są coraz bardziej powszechne.

Telefony komórkowe

Należy się dowiedzieć u operatora, czy aparat będzie działał. Na Kubie można korzystać z własnego telefonu GSM lub TDMA, ale trzeba uzyskać lokalną kartę SIM i uiścić opłatę aktywacyjną (ok. 30 CUC).

Czas

GMT – 5. Czas obowiązujący w Polsce minus 6 godzin (latem i zimą).

Kiedy jechać?

Szczyt sezonu

(XI–III, VII i VIII)

- Ceny są o 30% wyższe, hotele mogą wymagać rezerwacji.
- Ceny są najwyższe w porze Bożego Narodzenia i Nowego Roku.
- Od listopada do marca jest chłodniej i bardziej sucho.

Sezon przejściowy

(IV i X)

- Warto szukać posezonowych okazji.
- Ceny rosną i jest tłoczniej w okresie Wielkanocy.

Poza sezonem

(V, VI i IX)

- Niektóre resorty hotelowe oferują mniej udogodnień lub są zamknięte.
- Zagrożenie huraganem od czerwca do listopada, wtedy także więcej opadów.

Przydatne strony

BBC (www.bbc.co.uk) Interesujące reportaże korespondentów na temat Kuby.

Cubacasas.net (www.cubacasas.net) Zdjęcia, adresy i informacje o *casas particulares*.

Info Cuba (www.cubainfos.net) Znakomity zbiór stron internetowych dotyczących głównie kubańskich resortów hotelowych.

La Habana (www.lahabana.com) Sztuka, kultura i zwiedzanie Hawany.

Lonely Planet (www.lonelyplanet.com/cuba).

Ważne numery

Aby zadzwonić na Kubę z zagranicy, należy wybrać prefiks międzynarodowy, potem kod Kuby (53), a następnie prefiks miasta lub strefowy (pomijając „0", używane tylko w przypadku połączeń krajowych między prowincjami), a na końcu właściwy numer.

Nagły wypadek	☎106
Biuro numerów	☎113
Policja	☎106
Straż pożarna	☎105

Kursy wymiany walut

POLSKA	1 PLN	0,28 CUC
STREFA EURO	1 EUR	1,18 CUC
Meksyk	1 MXN	0,05 CUC
W. Bryt.	1 GBP	1,34 CUC
USA	1 USD	1,00 CUC

Aktualne kursy wymiany zob. www.xe.com, www.nbp.pl.

Dzienny koszt pobytu

Poniżej 80 CUC

➡ *Casa particular*: 25–45 CUC

➡ Posiłek w restauracji państwowej: 10–15 CUC

➡ Wejście do muzeum: 1–5 CUC

80–170 CUC

➡ Hotel średniej klasy: 50–120 CUC

➡ Posiłek w *paladar* (prywatnej restauracji): 15–25 CUC

➡ Przejazd autobusem Víazul na trasie Hawana – Trinidad 25 CUC

Ponad 170 CUC

➡ W resorcie lub w hotelu zabytkowym: 200–300 CUC

➡ Wynajem samochodu lub kurs taksówką: 60–70 CUC

➡ Wieczór w kabarecie: 35–60 CUC

Godziny otwarcia

Banki 9.00–15.00 pn.–pt.

Kantory wymiany walut Cadeca 9.00–19.00 pn.–sb.; 9.00–12.00 nd. W luksusowych hotelach w mieście wymiana walut do późnego wieczoru.

Apteki 8.00–20.00

Urzędy pocztowe 8.00–17.00 pn.–sb.

Restauracje 10.30–23.00

Sklepy 9.00–17.00 pn.–sb, 9.00 –12.00 nd.

Przyjazd na Kubę

Aeropuerto Internacional José Martí (Hawana) Nie ma regularnych bezpośrednich połączeń autobusowych ani kolejowych między lotniskiem i centrum miasta. Taksówka kosztuje 25–30 CUC, przejazd do większości hoteli w centrum trwa 30–40 minut. Pieniądze można wymienić w banku w sali przylotów.

Pozostałe porty lotnicze 9 lotnisk międzynarodowych, żadne z nich nie ma niezawodnej komunikacji publicznej; najlepszym rozwiązaniem zawsze będzie taksówka. Opłatę za przejazd należy uzgodnić z góry.

Jak się poruszać na miejscu

Autobusy są najskuteczniejszym i najpraktyczniejszym środkiem transportu.

Autobus Państwowa sieć autobusowa Víazul zapewnia połączenia z większością miejscowości turystycznych w oparciu o codzienne regularne rozkłady jazdy. Cubanacán oferuje bardziej ograniczone usługi *conectando*. Autobusy lokalne są przepełnione, na dworcach nie ma drukowanych rozkładów.

Samochód Wynajem jest dość drogi, a prowadzenie samochodu może się okazać nie lada wyzwaniem ze względu na brak znaków drogowych i niejednoznaczne przepisy drogowe.

Taksówka Taksówki są opłacalne w przypadku większych odległości, jeśli się podróżuje w grupie. Stawka wynosi ok. 0,55 CUC za kilometr.

Pociąg Kuba ma rozległą sieć kolejową, ale kubańskie pociągi są powolne, zawodne i niewygodne.

Więcej o tym, **jak się poruszać na miejscu**, zob. s. 515

Pierwszy raz na Kubie

Więcej informacji zob. *Niezbędnik* (s. 501)

Przed wyjazdem

- Sprawdzić w banku/u wystawcy karty kredytowej, czy karta debetowa lub kredytowa będzie honorowana na Kubie.
- Wydrukować kopię polisy ubezpieczeniowej do okazania na lotnisku.
- Rezerwując przelot, upewnić się, czy pakiet obejmuje kartę turystyczną.
- Zarezerwować wcześniej noclegi i bilety autobusowe.

Co spakować

- Słownik, latynoamerykańskie rozmówki hiszpańskie
- Podróżny adapter sieciowy
- Dobrze dopasowany pas ze schowkiem na pieniądze
- Podstawowy zestaw pierwszej pomocy, środki przeciwbólowe i niezbędne leki
- Środek na owady, przeciwsłoneczny filtr ochronny, okulary przeciwsłoneczne
- Gotówkę w euro, dolarach kanadyjskich lub funtach brytyjskich
- Batony energetyczne na dłuższe przejazdy

Najlepsze rady...

- Chcąc zobaczyć prawdziwą Kubę i mieć możliwość przekazania pieniędzy bezpośrednio do kieszeni Kubańczyków, należy się zatrzymać w *casa particular* (kwaterze prywatnej).
- Zabrać papier toaletowy i mydło antyseptyczne; pić wodę butelkowaną.
- Unikać kierowania pojazdem w Hawanie. Miasto oferuje rozmaite opcje transportowe i taksówki w rozsądnej cenie. Do większości dzielnic można dotrzeć pieszo.
- Odpowiedzi na proste prośby nie zawsze są oczywiste (biurokracja). Przed podjęciem ważnej decyzji należy delikatnie wybadać i zasięgnąć rady co najmniej u pięciu osób.
- Do autobusu zabrać ciepłe okrycie – (mrożąca klimatyzacja!).
- Podróżni z USA nie powinni polegać na kartach kredytowych i debetowych.
- Noclegi i transport rezerwować z wyprzedzeniem, szczególnie w pełni sezonu.

Ubranie

Kuba jest krajem gorącym i wilgotnym, ale i podejście do ubioru jest swobodne. Miejscowi zazwyczaj optują za szortami, sandałami i T-shirtami. Kobiety wolą obcisłą lycrę, mężczyźni luźniejsze koszule *guayaberas* (wynalezione na Kubie). Na Kubie są dwie plaże dla naturystów, niemal w całości opanowane przez cudzoziemców. W kinach i teatrach męskie szorty są zazwyczaj niedozwolone.

Nocleg...

...należy rezerwować z wyprzedzeniem.

- **Casas particulares** Kwatery prywatne wynajmowane cudzoziemcom; autentyczna i zabawna forma kulturowej immersji.
- **Campismos** Tanie rustykalne noclegi na obszarach wiejskich, zazwyczaj bungalowy i domki kempingowe.
- **Hotele** Wszystkie kubańskie hotele należą do państwa. Ceny i jakość – od tanich postsowieckich po luksusowe kolonialne pałace.
- **Resorty** Wielkie hotele resortowe, o światowym standardzie, sprzedają pakiety wakacyjne all-inclusive.

Pieniądze

Kuba posiada dwie waluty. W chwili przygotowywania niniejszego przewodnika, w obiegu znajdowały się waluta wymienialna (CUC) i *pesos* (*moneda nacional*; CUP). Jednostka waluty wymienialnej CUC warta jest 25 *pesos*. Nie-Kubańczycy posługują się tylko walutą wymienialną CUC.

Jak negocjować ceny

W kubańskiej gospodarce socjalistycznej nie ma tradycji targowania cen, choć jest pewne pole manewru w przypadku cen w handlu prywatnym.

Napiwki

Na Kubie napiwki odgrywają ważną rolę. Ponieważ większość Kubańczyków zarabia w *moneda nacional* (CUP), pozostawienie niewielkiego napiwku w wysokości 1 CUC (czyli 25 CUP) albo większego robi olbrzymią różnicę.

- **Resorty/hotele** Napiwki za dobrą obsługę dla boyów hotelowych, sprzątaczek i personelu barów i restauracji.
- **Muzycy** Wypada mieć drobne dla wszechobecnych muzyków w restauracjach. Napiwek wkłada się do krążącego koszyczka.
- **Przewodnicy turystyczni** W zależności od czasu trwania wycieczki, napiwek wyniesie od jednego dolara wzwyż.
- **Restauracje** Standardowo 10–15% rachunku, jeśli obsługa jest znakomita lub w przypływie hojności.
- **Taksówki** Napiwek 10% w przypadku kursu według licznika, w innym przypadku należy z góry uzgodnić cenę.

LEMBI/SHUTTERSTOCK ©

Casa particular, Viñales (s. 176)

Savoir-vivre

- **Powitanie** Uścisk dłoni z nieznajomym; pocałunek w policzek jest zwyczajem osób już się znających.
- **Rozmowa** Choć bywają zaskakująco bezpośredni, Kubańczycy niechętnie rozmawiają o polityce, zwłaszcza z obcymi, i kiedy rozmowa dotyczy otwartej krytyki rządu.
- **Taniec** Kubańczycy nie czują skrępowania w tańcu. Trzeba pozbyć się wszelkich zahamowań i dać się ponieść rytmom.

Gastronomia

- **Prywatne restauracje** Choć nieco droższe od państwowych odpowiedników, prywatne restauracje zawsze oferują najlepsze i najświeższe potrawy, a także najwyższej jakości obsługę.
- **Casas particulares** Kubańskie kwatery prywatne niezmiennie oferują obfite śniadania za około 5 CUC, a niektóre również wysokiej jakości, duże i smaczne obiady z najświeższych produktów.
- **Hotele i resorty** Pakiety all-inclusive zapewniają bufet zgodny z międzynarodowymi standardami, który po tygodniu może się jednak znudzić.
- **Restauracje państwowe** Zróżnicowana jakość jedzenia i obsługi, od pierwszorzędnych lokali w Hawanie po nijakie knajpy na prowincji. Ceny często bywają niższe niż w lokalach prywatnych.

Co nowego?

Bary i restauracje retro w Hawanie

W Hawanie nastąpił gwałtowny wysyp niezależnych kawiarni, restauracji i barów. Obecne tendencje to elegancki wystrój retro, nawiązujący do czasów winylowych płyt i opływowych amerykańskich samochodów, pamiętających czasy przed rewolucją.

Nowe hotele butikowe

Państwowe biuro podróży Cubanacán przyjęło pod skrzydła swej marki „Encanto" kilka historycznych hoteli butikowych w miastach na prowincjach. Wśród nich jest hotel *Arsenita* w Gibarze (s. 359), *El Marqués* w Camagüey (s. 324) oraz *Caballeriza* w Holguín (s. 353).

Loty pasażerskie z USA

Regularne połączenia lotnicze między USA i Kubą wznowiono w 2016 r. Obecnie ponad pół tuzina linii lotniczych oferuje kwalifikującym się amerykańskim turystom regularne przeloty z różnych miast w USA i na Kubie.

Lepsze Wi-Fi

W ostatnich dwóch latach na Kubie pojawiło się ponad 200 hotspotów Wi-Fi. Większość miast na prowincjach zapewnia zasięg w parkach i na skwerach; hotele trzygwiazdkowe i lepsze zwykle oferują połączenia niezłej jakości.

Statki wycieczkowe

Statek „Adonia" zacumował na Kubie w maju 2016 r. – był pierwszym od pięciu dziesięcioleci amerykańskim wycieczkowcem. Od tamtej pory Kubańczycy zezwolili na rejsy do swojego kraju jeszcze pięciu liniom (w 2017 r.).

Gran Teatro de La Habana Alicia Alonso

Najpiękniejszy teatr w Hawanie w jednym z jej najwspanialszych eklektycznych budynków ponownie otworzył swe podwoje w 2016 r. po długim remoncie. Będąc siedzibą kubańskiego baletu, teatr został nazwany na cześć nestorki kubańskiego baletu, Alicii Alonso. (s. 77)

Kitesurfing

Najnowszy sport na Kubie nadal robi zamieszanie; wzdłuż północnego wybrzeża pojawiło się kilku nowych operatorów oferujących wynajem sprzętu i szkolenie. Aktywnymi ośrodkami kitesurfingu są Hawana, Varadero, Cayo Guillermo, Playa Santa Lucía. (s. 44)

Nowe resorty

Budowa resortów na północnych wysepkach wciąż trwa. Nowe hotele powstają na Cayo Santa María, m.in. *Valentín Perla Blanca* („biała perła"; s. 272), oraz na Cayo las Brujas („wysepka czarownic") i Cayo Guillermo.

Lody

Po 50 latach monopolu państwowej lodziarni La Coppelia, Hawana wzbogaciła się o kilka prywatnych lodziarni rzemieślniczych, a wśród nich Helad'oro, oferującą kuszące pyszności na bazie miejscowych owoców – gujawy i mamey (*Pouteria sapota*). (s. 95)

Więcej rekomendacji i recenzji na stronie lonelyplanet.com/cuba

Jeśli lubisz...

Architektura

Habana Vieja Niczym stary strych pełen zakurzonych pamiątek, Hawana jest skarbnicą eklektycznej architektury. (s. 62)

Cienfuegos Najbardziej spójne architektonicznie miasto na Kubie zachwyca francuskim neoklasycyzmem z jego eleganckimi kolumnami. (s. 236)

Camagüey Niezwykły układ ulic, krętych alejek i barokowych wież. (s. 318)

Trinidad Jedno z najbardziej urzekających i najlepiej zachowanych miast na Karaibach, spokojne Trinidad jest szaleństwem baroku kolonialnego. (s. 277)

Życie nocne i tańce

Santa Clara *Drag show*, rock and roll i wszystko, co pomiędzy! (s. 263)

Kabarety Ekstrawaganckie kubańskie kabarety, np. hawańska Tropicana, są świadectwem przedrewolucyjnego życia, które mimo wszystko nie zamarło. (s. 132)

Casas de la Trova Staromodne sale muzyczne z determinacją pielęgnują tradycyjną muzykę kubańską. (s. 414)

Unión Nacional de Escritores & Artistas de Cuba (UNEAC) Niezależne prowincjonalne ośrodki kulturalne oraz skarbnice ukrytych talentów. Prym wiedzie bar *El Hurón Azul* w Hawanie. (s. 113)

Ruiny

Gran Hotel & Balneario Szkielet eleganckiego hotelu i ruiny kąpieliska straszą w centrum prowincji Matanzas. (s. 226)

Hacienda Cortina Otoczona rzeźbami surrealistyczna rezydencja wśród bujnej zieleni; częściowo odrestaurowana. (s. 188)

Antiguo Cafetal Angerona Rzadko odwiedzane romantyczne ruiny dawnej plantacji kawowej, tuż za miastem Artemisa. (s. 147)

Rezerwat Sierra del Rosario Ruiny jednej z najstarszych kubańskich plantacji kawowych na terenie rezerwatu biosfery UNESCO. (s. 151)

Presidio Modelo Najbardziej ponure więzienie na Kubie, z ogromnymi okrągłymi blokami, wciąż straszy na Isla de la Juventud („wyspa młodości"). (s. 166)

Obserwowanie przyrody

Ciénaga de Zapata Podróż łodzią w mikrokosmos kubańskiej dzikiej przyrody, między innymi po to, żeby zobaczyć zagrożonego wyginięciem krokodyla kubańskiego. (s. 228)

Parque Nacional Alejandro de Humboldt Ekstremalny endemizm powoduje, że Park Humboldta stał się ojczyzną najmniejszej żaby na świecie. (s. 444)

Sierra del Chorrillo Nietutejsze zwierzęta egzotyczne, w tym zebry i jelenie, na trawiastych obszarach Kuby. (s. 330)

Río Máximo Największe na świecie siedlisko flamingów przy północnym wybrzeżu Camagüey. (s. 326)

Guanahacabibes Kraby i iguany przeciwko pojazdom terenowym na zachodnim kubańskim odludziu. (s. 195)

Nurkowanie i snorkelling

Isla de la Juventud La Isla słynie z przejrzystej wody, a także gości konkurs podwodnej fotografii. (s. 160)

Jardines de la Reina Silnie strzeżony, pozbawiony infrastruktury archipelag („ogrody królowej") chroni dziewiczą rafę Karaibów. (s. 310)

María la Gorda Ponad 50 łatwo dostępnych miejsc do nurkowania przy zachodnim krańcu Kuby – „stolica nurków". (s. 196)

Bahia de Cochinos Zatoka Świń jest obecnie znana z łatwo dostępnych miejsc do nurkowania. (s. 232)

Playa Santa Lucía Zaniedbany resort zapewniający najlepsze nurkowanie na północnym wybrzeżu Kuby. (s. 331)

Relaks w resorcie

Varadero Największy ośrodek wypoczynkowy na Kubie jest nieprawdopodobnie popularny. (s. 200)

Cayo Coco Wyspa Cayo Coco, połączona z lądem groblą, ma niską zabudowę i jest subtelniejsza od Varadero. (s. 311)

Guardalavaca Trzy oddzielne enklawy na północnym wybrzeżu Holguín w trzech różnych zakresach cenowych, od drogiego po super tani. (s. 363)

Cayerías del Norte Wyspy w prowincji Villa Clara przechodzą nieustającą ewolucję; są tu jedne z najelegantszych resortów Kuby. (s. 271)

Cayo Largo del Sur Najbardziej odizolowana wyspa z resortami hotelowymi to nie ta typowa Kuba; plaże należą do najlepszych w kraju. (s. 168)

Playa Santa Lucía Stary i nieco zaniedbany północny ośrodek wypoczynkowy w Camagüey oferuje najlepsze okazyjne ceny i świetne warunki nurkowania. (s. 331)

Plaże z białym piaskiem

Playa Sirena Plaża wielka niczym boisko piłkarskie na zasadniczo prywatnej wyspie turystycznej, z gąszczem palm rzucających miły cień. (s. 169)

Powyżej: „Che z Chłopcem" (*Estatua Che y Niño*) artysty Casto Solano (s. 257), Santa Clara

Poniżej: Targ uliczny, Trinidad (s. 277)

Varadero 20 km nieprzerwanej plaży – największy ośrodek wypoczynkowy na Karaibach. (s. 200)

Playa Las Tumbas Na zachodnim krańcu Kuby; Las Tumbas, w rezerwacie biosfery Guanahacabibes, jest terenem dziewiczej przyrody. (s. 195)

Playa Maguana Smagane wiatrem grzywacze i postrzępione chmury tworzą na najpiękniejszej plaży Baracoa nieziemski nastrój. (s. 445)

Playa Pilar Ulubione miejsce Hemingwaya; na zapleczu wydmy, a na plaży smażalnia homarów. (s. 314)

Playa Bonita Jedyna dostępna plaża na niezamieszkanej wyspie Cayo Sabinal wymaga transportu łodzią z Playa Santa Lucía. (s. 331)

Historia rewolucji

Santa Clara W „Mieście Che" jest mauzoleum Guevary z mnóstwem pomników i fascynującym muzeum pod gołym niebem. (s. 256)

Bayamo Niedoceniona stolica prowincji Granma, gdzie wybuchła pierwsza kubańska rewolucja w 1868 r. (s. 373)

Sierra Maestra A na niej górska kwatera główna Fidela Castro z czasów wojny rewolucyjnej. (s. 381)

Santiago de Cuba „Miasto Rewolucjonistów": tam Castro wzniecił pierwszy bunt w Koszarach Moncada. (s. 398)

Museo de la Revolución Najbardziej wnikliwe muzeum o tematyce rewolucyjnej na Kubie. (s. 76)

Rdzenna kultura

Museo Chorro de Maita Wszelkie badania prekolumbijskie należy rozpocząć właśnie tam. (s. 363)

Museo Indocubano Bani Skromne, lecz prowadzone z entuzjazmem muzeum w Banes, archeologicznej „stolicy" Kuby. (s. 368)

Sendero Arqueológico Natural el Guafe Szlak na zachodzie Granmy wiedzie do jaskini, w której wyryto podobiznę Atabeiry, bogini wód Tainów. (s. 389)

Museo Arqueológico „La Cueva del Paraíso" Innowacyjne muzeum („jaskinia raju"), w pobliżu jednych z najstarszych wykopalisk prekolumbijskich. (s. 437)

Boca de Guamá Próba odtworzenia wioski Indian Tainów i zrobienia z niej hotelu dla turystów. (s. 227)

Cueva de Punta del Este Obszerna kolekcja malowideł jaskiniowych, „Kaplica Sykstyńska Karaibów". (s. 168)

Piraci i forty

Forty Hawany Cztery spośród najwspanialszych przykładów XVI-wiecznej architektury wojskowej w obu Amerykach. (s. 75)

Castillo de San Pedro de la Roca del Morro Budowana przez 200 lat La Roca w Santiago, znajduje się obecnie na liście UNESCO. (s. 402)

Castillo de Nuestra Señora de los Ángeles de Jagua Rzadko odwiedzany bastion niedaleko Cienfuegos ma 275 lat i nadal jest w nadzwyczaj dobrej formie. (s. 240)

Baracoa Pierwsze miasto Kuby posiada trzy mocne forty – obecnie to muzeum, hotel i restauracja. (s. 437)

Matanzas Kiedyś zdobyty przez Brytyjczyków, rzadko odwiedzany Castillo de San Severino w Matanzas mieści interesujące muzeum niewolnictwa. (s. 217)

Muzyka na żywo

Casas de la Música Obie Casas de la Música w Hawanie łączą muzykę na żywo, w wykonaniu słynnych artystów, z wieczornymi tańcami. (s. 113)

Casas de la Trova *Son* (kubański styl muzyczny) i *bolera* (ballady) nadają staromodny nastrój tym domom kultury, obecnym w każdym mieście na prowincji. Nasz ulubiony znajduje się w Baracoa. (s. 443)

La Tumba Francesa Tajemnicze zespoły *danza folclórica* w Guantánamo (s. 434) i Santiago de Cuba (s. 412) wykonują tańce rytualne o haitańskich wpływach perform musical rites with a Haitian influence.

Uliczna rumba Sól ziemi Hawany (s. 113) i Matanzas (s. 221), fascynujące bębny i tańce rytualne.

Jazz Najlepsze występy jazzowe na Kubie odbywają się w hawańskiej dzielnicy Vedado: w Jazz Café (s. 113) oraz w Jazz Club La Zorra („lisica") y El Cuervo („kruk"; s. 112).

Kalendarium

GŁÓWNE WYDARZENIA

Festival Internacional de Cine Pobre, kwiecień

Carnaval de Santiago de Cuba, lipiec

Festival Internacional de Ballet de la Habana, październik

Las Parrandas, grudzień

Festival Internacional de Jazz, grudzień

Styczeń

Sezon turystyczny jest w pełni i cały kraj kipi optymizmem. Zimny front atmosferyczny od czasu do czasu powoduje, że wieczory bywają chłodne.

Día de la Liberación

Poza tym, że witają Nowy Rok pieczoną wieprzowiną i butelką rumu, 1 stycznia Kubańczycy świętują też jako triumf rewolucji, rocznicę zwycięstwa Fidela Castro w 1959 r.

Incendio de Bayamo

Mieszkańcy Bayamo wspominają pożar – który strawił ich miasto w 1869 r. – muzyką i występami teatralnymi; podczas *espectáculo* (spektaklu) kulminacją są wybuchowe fajerwerki.

Luty

Nadal trwa szczyt sezonu. Spokojne morze i mniej kapryśna pogoda sprzyjają przejrzystości wody; to idealny okres nurkowania i snorkelingu.

Feria Internacional del Libro

Zorganizowane po raz pierwszy w 1930 r., Międzynarodowe Targi Książki odbywają się w hawańskiej Fortaleza de San Carlos de la Cabaña, by następnie objechać inne miasta. Główne atrakcje to prezentacje książek, odczyty i prestiżowa nagroda Casa de las Américas („dom Ameryk"). (s. 86)

Nurkowanie w przejrzystych wodach

Pogoda sprzyja klarowności wód i nurkowaniu, szczególnie na południowym wybrzeżu Kuby. Główne krajowe ośrodki nurkowania – Isla de la Juventud i Playa Girón – mają idealne warunki do podwodnej fotografii.

Festival de Habanos

Targi, seminaria, degustacje i wizytacje plantacji tytoniu ściągają do Hawany amatorów cygar na doroczny festiwal *habanos*, z nagrodami, konkursami skręcania i bankietem.

Marzec

Wiosna zapewnia najlepsze warunki do obserwowania przyrody, zwłaszcza migrujących ptaków. Suchsze dni są też idealne na wędrówki czy jazdę rowerem.

Karnawał – Isla de la Juventud

Wielka doroczna impreza rozbudza zazwyczaj senną Isla de la Juventud. Karnawał uatrakcyjniają parady gigantycznych głów kukieł, rodeo, zawody sportowe i odrobina czegoś do picia. (s. 162)

Festival Internacional de la Trova

Odbywający się od 1962 r. na cześć pioniera *trovy*,

pieśniarza-poety Pepe Sáncheza, festiwal zagarnia parki, ulice, sale muzyczne Santiago de Cuba i jest wizytówką tego gatunku poetyckiej pieśni.

Obserwowanie ptaków

Marzec to okres przejściowy. Ptaki migrujące z Ameryki Północnej i Południowej dołączają do endemicznych gatunków kubańskich w drodze do cieplejszych lub zimniejszych klimatów. Najlepszy czas na przetarcie szkieł lornetki.

Kwiecień

Goście oszczędzający powinni omijać Wielkanoc, czas kolejnego szczytu turystycznego i cenowego. Poza tym kwiecień jest miesiącem przyjemnym, z dobrymi warunkami do wędkowania na południowym wybrzeżu.

Semana de la Cultura

Podczas Tygodnia Kultury w pierwszym tygodniu kwietnia Baracoa upamiętnia lądowanie Antonia Maceo w Daubie 1 kwietnia 1895 r. hałaśliwym karnawałem na Malecónie, rdzenną muzyką *nengón* oraz *kiribá*, a także urozmaiconą ofertą kulinarną.

Bienal Internacional del Humor

Jedyny kubański festiwal humoru odbywa się w San Antonio de los Baños, w leżącej na uboczu prowincji Artemisa, w słynnym Museo del Humor, gdzie utalentowani rysownicy prześcigają się w szkicowaniu groteskowych karykatur. Komiczne! (s. 146)

Festival Internacional de Cine Pobre

Festiwal nisko- i bezbudżetowego kina w Gibarze jest dorocznym wydarzeniem od 2003 r., kiedy zainaugurował go nieżyjący już kubański reżyser Humberto Sales. Wśród punktów programu: warsztaty z projekcjami i rozmowy o realizacji „tanich" filmów.

Maj

Maj jest okresem martwym – pomiędzy zagranicznymi tłumami zimą i letnim najazdem miejscowych. Warto poszukać specjalnych ofert w resortach hotelowych oraz niskich cen.

Romerías de Mayo

Święto religijne; odbywa się w mieście Holguín w pierwszym tygodniu maja. Kulminacją jest procesja na Loma de la Cruz („krzyżowe wzgórze"), z niewielkim sanktuarium na szczycie wys. 275 m n.p.m. (s. 347)

Cubadisco

Podczas dorocznego spotkania zagranicznych i kubańskich producentów i wydawców płyt, Cubadisco, odbywają się koncerty, targi oraz rozdanie nagród w każdej dziedzinie, od muzyki kameralnej po pop.

Día Internacional Contra Homophobia y Transfobia

Największa kubańska parada równości (17 V) odbywa się od 2008 r. *Congas* (zespoły muzyczne) z bębnami, trąbkami i tęczowymi flagami zajmują hawańską Calle 23, będąc punktem kulminacyjnym 3-tygodniowej kampanii LGBTIQ, obejmującej warsztaty, debaty i wystawy sztuki.

Czerwiec

Początek karaibskiej pory huraganów. Trochę ezoterycznych festiwali na prowincji czyni czerwiec miesiącem dość interesującym. Ceny wciąż są niskie, a ponieważ temperatura i wilgotność rosną, podróżni z Europy i Kanady niech jeszcze poczekają.

Festival Nacional de Changüí

Od 2003 r. Guantánamo celebruje swą rdzenną muzykę w maju lub czerwcu. Warto poszukać orkiestry Elio Revé Jr.

Jornada Cucalambeana

Święto muzyki folkowej i towarzyszących jej dowcipnych *décimas* (10-wierszowych zwrotek) odbywa się ok. 3 km od Las Tunas, w Motel el Cornito, dawnym domu króla kubańskiej muzyki folkowej i poety – Juana Fajardo „El Cucalambé". (s. 337)

Festival Internacional „Boleros de Oro"

Festiwal, organizowany przez UNEAC (kubańskie stowarzyszenie artystów i pisarzy), zapoczątkował w 1986 r. kubański kompozytor i muzykolog José Loyola Fernández jako światowe święto tego słynnego kubańskiego gatunku. Większość koncertów odbywa się w hawańskim Teatro Mella. (s. 114)

Fiestas Sanjuaneras

Świętojański festyn w Trinidadzie odbywa się w ostatni weekend czerwca; jest popisem zręczności miejscowych *vaqueros* (kowbojów), galopujących wąskimi, brukowanymi uliczkami.

Lipiec

Środek lata to dla Kubańczyków okres urlopowy. Należy się spodziewać oblężenia plaż, *campismos* (tanich kwater) i tańszych hoteli. Upalny lipiec jest też inspiracją dla dwóch najgorętszych imprez: karnawału w Santiago i dorocznej polemiki na temat... 26 lipca.

Festival del Caribe i Fiesta del Fuego

Festiwal Kultury Karaibskiej i Święto Ognia, odbywające się na początku lipca w Santiago, rozpoczynają miesiąc pochodzących z całych Karaibów pieśni, tańców, poezji i rytuałów o charakterze religijnym oraz wystaw.

Día de la Rebeldia Nacional

26 lipca Kubańczycy „celebrują" nieudany atak Fidela Castro na Koszary Moncada w 1953 r. Ten dzień to święto państwowe – okazja dla przywódców partyjnych do wygłaszania pompatycznych przemówień. Będzie *un poco* (trochę) polityki i *mucho* (dużo) jedzenia, picia i zabawy.

Carnaval de Santiago de Cuba

Zapewne największy i najbarwniejszy karnawał Karaibów, słynna impreza w Santiago pod koniec lipca to szał karnawałowych wozów, tancerzy, rumu, rumby itd. Wypada się przyłączyć do tej bardzo *caliente* (gorącej) akcji.

Sierpień

Kiedy Santiago odsypia kaca, Hawana przygotowuje się na własne święto. Plaże i *campismos* nadal goszczą urlopujących Kubańczyków, a hotele turystyczne trzeszczą w szwach pod naporem nowych gości z śródziemnomorskiej Europy.

Festival Internacional „Habana Hip-Hop"

Organizowany przez Asociación Hermanos Saíz – młodzieżowe ramię UNEAC – doroczny festiwal Havana Hip-Hop to dla młodych twórców muzycznych na Kubie okazja do improwizacji i wymiany pomysłów.

Carnaval de la Habana

Parady, tańce, muzyka, barwne kostiumy i niezwykłe kukły – doroczna letnia impreza w Hawanie, być może, nie jest taka sławna, jak ta w Santiago, która bardziej nawiązuje do korzeni, ale świętowanie i pochody wzdłuż Malecónu pozostawią w cieniu inne karnawały w mieście.

Wrzesień

Szczyt pory huraganów. Zewnętrzne zagrożenie każe większości autochtonów szukać schronienia, a ruch turystyczny przeżywa drugie załamanie. Odporni na burze skorzystają z niższych cen i niemal pustych plaż. Ale uwaga – niektóre obiekty są zamykane.

Fiesta de Nuestra Señora de la Caridad

8 września wierni z całej Kuby pielgrzymują do Basílica de Nuestra Señora del Cobre, nieopodal Santiago, żeby czcić patronkę Kuby (a także *jej alter ego* Oszun, oriszę w kulcie *santerii*). (s. 424)

Październik

Trwające zagrożenie burzami i ciągłe opady zniechęcą większość turystów do końca miesiąca. O ile spokój w Hawanie może być orzeźwiający, to życie w resortach na peryferiach bywa nudne i pozbawione atmosfery.

Festival Internacional de Ballet de la Habana

Organizowany przez Narodowy Balet Kubański, doroczny festiwal ściąga zespoły baletowe, baleriny i mieszaną publiczność zagraniczną i kubańską na tydzień wystaw, pokazów galowych, występy baletu klasycznego i współczesnego. Festiwal odbywa się od 1960 r. w lata parzyste. (s. 86)

Festival del Bailador Rumbero

W ciągu 10 dni następujących po 10 października Matanzas ponownie odkrywa korzenie rumby podczas festiwalu z udziałem utalentowanych miejscowych tancerzy w miejskim Teatro Sauto. (s. 217)

Listopad

Trzeba się przygotować do wielkiej inwazji podróżnych z północy i wzrostu cen w hotelach! Ponad jedna czwarta turystów przybywa na Kubę z Kanady; przyjazdy zaczynają się na początku listopada, jak tylko zrobi się zimno w Vancouver i Toronto.

Festival de Música Popular Cubana „Benny Moré"

„Barbarzyńca Rytmu" jest wspominany podczas święta jego wspaniałej muzyki, odbywającego się w lata nieparzyste w rodzinnym miasteczku artysty, Santa Isabel de las Lajas w prowincji Cienfuegos. (s. 241)

Fiesta de los Bandas Rojo y Azul

Uważana za jedną z najważniejszych manifestacji kubańskiej *cultura campesina* (kultury wiejskiej), ezoteryczna fiesta w osadzie Majagua, w prowincji Ciego de Ávila, dzieli miejscowość na fanów dwu drużyn (czerwonej i niebieskiej), współzawodniczących podczas żywiołowych konkursów tanecznych i muzycznych.

Marabana

Popularny maraton w Hawanie ściąga od 2 to 3 tysięcy uczestników z całego świata. Bieg ma dwa okrążenia, jest też półmaraton oraz biegi na 5 i 10 km.

Ciudad Metal

Zdecydowanie niepożądana, kiedy odbyła się po raz pierwszy w Santa Clara w 1990 r., hardcorowa impreza punkowa i metalowa wypełnia stadion bejsbolowy zespołami kubańskimi i dosłownie trzęsie dachem.

Grudzień

Boże Narodzenie i Nowy Rok to najdroższy szczyt turystyczny na Kubie. W resortach ceny rosną niemal dwukrotnie, pokoje są zajmowane błyskawicznie. Ludzie szaleją na punkcie ogni sztucznych podczas żywiołowych festiwali. Rezerwować z wyprzedzeniem!

Festival Internacional del Nuevo Cine Latinoamericano

Zachwalane święto bogatej kultury filmowej Kuby, z licznymi ukłonami w stronę krajów Ameryki Łacińskiej. Odbywa się w kinach i teatrach w całym mieście. (s. 86)

Festival Internacional de Jazz

Sztandarowy kubański festiwal muzyczny w grudniu to jak świąteczny prezent. Od dawna przyciąga gwiazdy, m.in. Dizzy Gillespiego i Maxa Roacha, a także pierwszy szereg talentów kubańskich.

Las Parrandas

Szaleństwo ogni sztucznych w każdą Wigilię Bożego Narodzenia w Remedios w prowincji Villa Clara. Las Parrandas dzieli miasto na dwie drużyny, współzawodniczące w konkursie na najpiękniejsze karnawałowe powozy i najgłośniejszy huk! (s. 267)

Las Charangas de Bejucal

Nie spodobały się Las Parrandas? Wobec tego zostaje ci Las Charangas w Bejucal, w prowincji Mayabeque, wschodnia kakofoniczna alternatywa gorączki ogni sztucznych. Miejscowość dzieli się na fanów drużyny *Espino de Oro* („złoty kolec") i *Ceiba de Plata* („srebrny puchowiec").

Procesión de San Lázaro

17 grudnia Kubańczycy tłumnie przybywają do Santuario de San Lázaro w Santiago de las Vegas, na przedmieściach Hawany. Niektórzy docierają tam na krwawiących kolanach, wielu przychodzi z daleka, żeby egzorcyzmować złe duchy i spłacić dług za spełnione cuda. (s. 136)

DANM12/SHUTTERSTOCK ©

Zaplanuj podróż

Wycieczki

18 DNI Wycieczka klasyczna

To wasz pierwszy pobyt na Kubie i chcecie zobaczyć jak najwięcej ciekawych miejsc w całym kraju. Nie macie też nic przeciwko podróżom autobusem. Trasa wiedzie pomiędzy rywalizującymi z sobą miastami – Hawaną i Santiago – zahaczając po drodze o najważniejsze obiekty historyczne. Autobusy Víazul zapewniają połączenia ze wspomnianymi kierunkami.

Klasyczną Kubę można poznać i polubić w **Hawanie** – dzięki jej muzeom, fortyfikacjom, teatrom i rumowi. Trzy dni to absolutne minimum, by zobaczyć główne dzielnice: Habana Vieja, Centro Habana i Vedado.

Następnie należy skierować się na zachód, do idyllicznego **Viñales** na parę dni pieszych wędrówek, eksploracji jaskiń i relaksu w bujanym fotelu na słonecznej kolonialnej werandzie. Autobusy kursują codziennie z Viñales do „francuskiego" **Cienfuegos**, architektonicznego pomnika XIX-wiecznego neoklasycyzmu. Po galijskiej nocy i kubańskiej muzyce, dwugodzinna podróż zawiedzie do kolonialnego

Hawana (s. 58)

Trinidadu, gdzie na jednego mieszkańca przypada więcej muzeów niż gdziekolwiek na Kubie. *Casas particulares* (kwatery prywatne) są tu jak historyczne pomniki, dlatego warto zatrzymać na trzy dni. Drugiego dnia można wybrać plażę (Playa Ancón) albo przyrodę (Topes de Collantes).

Santa Clara jest obrzędem pielgrzymujących do mauzoleum Che Guevary, ale też tętniącym nocnym życiem miastem z luksusowymi prywatnymi kwaterami. Wypada odwiedzić klub Mejunje i wypić drinka w barze *La Marquesina*. **Camagüey**, na wschodzie, zaprasza do labiryntu swych ulic z kościołami i olbrzymimi *tinajones* (glinianymi garnkami).

W **Bayamo** wybuchła rewolucja i właśnie tam można zobaczyć równie wybuchowy festiwal uliczny (sobota). Warto poświęcić więcej czasu na śródmieście **Santiago de Cuba**, wypuszczające w świat wywrotowe plany rebelii. Zwiedzanie Cuartel Moncada, Cementerio Santa Ifigenia oraz Morro Castle zajmie dwa dni.

Długa, ale bynajmniej niemęcząca droga poprowadzi przez wzgórza do odległej **Baracoa** na dwa dni relaksu z kokosami, czekoladą i innymi delicjami.

ZATOKA MEKSYKAŃSKA
HAWANA
Matanzas
Varadero
Cárdenas
Las Terrazas
San Miguel de los Baños
Viñales
Boca de Guamá
Ciénaga de Zapata
Playa Girón
Cienfuegos
MORZE KARAIBSKIE

FELIX LIPOV/SHUTTERSTOCK ©

LISA STRACHAN /ALAMY ©

U góry: Hotel przy plaży, Punta Gorda (s. 239)
U dołu: Wioska ekologiczna Las Terrazas (s. 151)

1 TYDZIEŃ Ucieczka z Varadero

Popularne Varadero oferuje tanie pakiety wakacyjne. Ale po spacyfikowaniu partnera/partnerki i dzieciaków, kiedy już nastąpi przesyt plażą, co pozostanie amatorowi kubańskich przygód? Otóż wiele. Autobusy Víazul i Conectando utrzymują połączenia z licznymi miejscowościami.

Jadąc autobusem w kierunku zachodnim, można zatrzymać się na lancz w **Matanzas**, a potem zwiedzić Museo Farmacéutico, zajrzeć do Teatro Sauto i kupić w Ediciones Vigía unikatową, ręcznie wykonaną książkę. Potem przemieszczając się w kierunku Hawany, warto wsiąść do kolejki Hershey, żeby zobaczyć śmigające za oknem bujne pola prowincji Mayabeque. Po zarezerwowaniu noclegu w kolonialnym hotelu w **Hawanie** wypada spędzić następny dzień, podziwiając liczne atrakcje starej dzielnicy – Habana Vieja. Ważne przystanki to katedra, Museo de la Revolución oraz spacer wzdłuż Malecónu.

Kolejny dzień to wyjazd na zachód do **Las Terrazas**, ekologicznego resortu oddalonego o 55 km od hałaśliwej stolicy. Można się tam kąpać, jednocześnie obserwując ptaki w Baños del San Juan, a także odzyskać siły w hotelu *Moka*. Opcjonalne dwudniowe przedłużenie tej trasy zaprowadzi na zachód, do bukolicznego **Viñales**, wpisanego na listę UNESCO, gdzie można wynająć prywatną kwaterę, zjeść najlepszą pieczeń wieprzową na Kubie (na świecie?), wybrać się na pieszą wycieczkę, a potem odetchnąć w bujanym fotelu na kolonialnej werandzie.

Wracając na wschód, trzymamy się zielonej tematyki w **Boca de Guamá**, zrekonstruowanej wioski Indian Taínos, i hodowli krokodyli, gdzie można popływać łodzią po jeziorze. Dobrze będzie wynająć na noc lub dwie prywatną kwaterę w **Playa Girón**, tam ponurkować lub zaplanować wypad na łono dzikiej przyrody w **Ciénaga de Zapata**. O parę godzin na wschód czeka miasto **Cienfuegos**, z hotelami butikowymi i rejsami po zatoce o zachodzie słońca.

W drodze powrotnej do Varadero odkryjemy Kubę zakurzoną i zapętloną w czasie w zrujnowanym **San Miguel de los Baños**, w prowincji Matanzas, niegdysiejszym uzdrowisku z wielkim opuszczonym hotelem. Ostatnim przystankiem przed powrotem na leżak w Varadero będzie **Cárdenas** i jego trzy wspaniałe muzea.

12 DNI Wokół Oriente

Oriente to jakby inny kraj. Tam wszystko robi się inaczej, a przynajmniej tak twierdzą w Hawanie. Trasa omija kubańską stolicę, pozwalając skupić się wyłącznie na bogatym kulturowo i zaciekle niezależnym wschodnim regionie. Komunikacja szwankuje, więc przyda się wynajęty samochód.

Bazą niech będzie **Santiago de Cuba**, miasto rewolucjonistów, kultury i zespołów *danza folclórica*. Czekają tam obiekty historyczne (Castillo del Morro), muzyczne (pierwsza Casa de la Trova) i religijne (Basílica de Nuestra Señora del Cobre). Drugi dzień trzeba przeznaczyć na zwiedzanie usytuowanego na wschodzie Parque Bacanao i ruin plantacji kawowych wokół **Gran Piedra**.

Autobusy regularnie kursują na wschód, w góry prowincji Guantánamo. Noc można spędzić w **Guantánamo** i posłuchać *changüí*, zanim rozpocznie się wspinaczka widowiskową drogą La Farola do **Baracoa**, gdzie atrakcje – wylegiwanie się na Playa Maguana, wypad do Parque Nacional Alejandro de Humboldt oraz cały dzień absorbowania psychodelicznych rytmów samego miasta – zajmą trzy dni.

Podróż na północ przez Moa to trudna sprawa. Trzeba wynająć taksówkę albo wypożyczyć samochód, żeby dotrzeć do **Cayo Saetía**, odizolowanej wyspy z hotelem. Puste plaże zdobią niegdysiejszy teren łowiecki.

Pinares del Mayarí leży w Sierra del Cristal, porośniętym sosnami pasmie górskim, pośród olbrzymich wodospadów i rzadkiej flory. Piesze wycieczki i wiejski relaks dopełnią pobyt w eponimicznym hotelu. Mając w rezerwie pół dnia, można wybrać się do **Museo Conjunto Histórico de Birán** i zobaczyć zaskakująco bogate dawne domy rodziny Fidela Castro.

Teraz dzień przerwy w spokojnym **Bayamo** i paru małomiasteczkowych muzeach, a potem podróż do **Manzanillo**. Sobotnia noc na głównym skwerze pewnie będzie wakacyjnym przebojem. Odważniejsi transportowcy zawiozą do Niquero, w pobliżu zazwyczaj pustego **Parque Nacional Desembarco del Granma**, słynącego z morskich tarasów i pozostałości kultury Tainów. Przed powrotem do Santiago widowiskową, lecz dziurawą, nadmorską drogą można zatrzymać się na noc w którymś ze skromnych resortów na plaży **Marea del Portillo**.

MATYAS REHAK/SHUTTERSTOCK ©

IAN NELLIST/ALAMY ©

U góry: Castillo de San Pedro de la Roca del Morro (s. 402), Santiago de Cuba
U dołu: Casa Natal de Carlos Manuel de Céspedes (s. 373), Bayamo

CIEŚNINA FLORYDZKA
Museo Conjunto Histórico de Birán
Pinares de Mayarí
Cayo Saetía
Baracoa
Bayamo
Manzanillo
Guantánamo
Gran Piedra
Santiago de Cuba
Marea del Portillo
Parque Nacional Desembarco del Granma
MORZE KARAIBSKIE

Kuba: Poza utartym szlakiem

REZERWAT JOBO ROSADO

Do rzadko odwiedzanego rezerwatu na północy prowincji Sancti Spíritus można się dostać z miejscowości Yaguajay. Ecotur organizuje wycieczki z przewodnikiem; liczne szlaki wiodą brzegami rzek, przez liściaste lasy i tereny krasowe. (s. 299)

SAN MIGUEL DE LOS BAÑOS

Warto przyjechać do tego sennego miasteczka i zobaczyć monumentalne ruiny opuszczonego hotelu i łaźni, a potem wspiąć się na strome wzgórze z drogą krzyżową. (s. 225)

PLAYA LAS TUMBAS

Najbardziej odizolowana i najpiękniejsza plaża Kuby, usytuowana na zachodnim krańcu Isla Grande, sąsiaduje z Parque Nacional Península de Guanahacabibes i rezerwatem biosfery UNESCO. (s. 195)

NA POŁUDNIU WYSPY

Malowidła jaskiniowe, gromady małp, bezludne plaże, rozległe moczary – oto atrakcje południowej części Isla de la Juventud, która jest i strefą wojskową, i parkiem narodowym. (s. 158)

SIERRA DEL CHORRILLO

Widok łagodnych wyżyn w prowincji Camagüey, pobyt w okazałej, starej hacjendzie, przejażdżka wspaniałym kubańskim wierzchowcem, wycieczka w poszukiwaniu rzadkich ptaków i jeszcze rzadszych skamieniałych drzew. (s. 330)

PLAŻOWANIE W GIBARZE

Najpierw zakotwiczyć przy leżącej na uboczu barwnej Gibarze, a potem już tylko przygoda: rejs łodzią – albo jazda wyboistą drogą – do bezludnych plaż: Playa Blanca („biała plaża") i Playa Caletones („zatoczki"). Są tam również dostępne jaskinie. (s. 357)

SANTA CRUZ DEL SUR

Ten port rybacki całkowicie zniknął z mapy po huraganie w 1932 r. Na końcu drogi są fascynujące pomniki i urocza *casa*. Podróżni chętnie stąd wypływają na wysepki archipelagu Jardines de la Reina.

Z BARACOA DO HOLGUÍN – BOCZNĄ DROGĄ

Jak wyglądałby ten dziewiczy i najbardziej bioróżnorodny, chroniony obszar Kuby (Parque Nacional Alejandro de Humboldt) w zestawieniu z najbrzydszym krajobrazem przemysłowym (Moa)? Wystarczy pojechać tą rzadko uczęszczaną, pełną dziur boczną drogą... (s. 444)

Nurkowanie, Jardines de la Reina (s. 310)

Zaplanuj podróż

Aktywnie

Warto poznać te liczby: sześć rezerwatów biosfery UNESCO, nadzwyczajna przejrzystość wód, tysiące jaskiń, trzy ciągnące się bez końca łańcuchy górskie, liczne gatunki ptactwa, druga na świecie co do wielkości rafa koralowa, praktycznie nienaruszony las tropikalny, a także połacie dziewiczych terenów.

XAVIER XAFONT/VWPICS/ALAMY ©

Dobre rady

Dostępność

Na Kubie dostęp do wielu parków i obszarów chronionych jest ograniczony i możliwy tylko z umówionym wcześniej przewodnikiem lub w ramach zorganizowanej wycieczki. W przypadku wątpliwości, należy się skonsultować z biurem podróży **Ecotur** (☎7-273-1542; www.ecoturcuba.tur.cu).

Prywatni przewodnicy

Od chwili rozluźnienia przepisów w 2011 r. przewodnikami mogą być osoby prywatne, choć obecnie niepaństwowych biur podróży z prawdziwego zdarzenia jest na Kubie niewiele. Prywatni przewodnicy zwykle działają przy *casas particulares* i hotelach; wielu z nich posiada wysokie kwalifikacje. Nie mając pewności, najlepiej poprosić przewodnika o okazanie państwowej licencji.

Rezerwacja wycieczek

Wymienione zagraniczne agencje organizują wycieczki plenerowe na Kubie.

Scuba en Cuba (www.scuba-en-cuba.com) Nurkowanie.

Exodus (www.exodus.co.uk) Oferuje 15-dniowe wycieczki piesze.

WowCuba (www.wowcuba.com) Specjalizuje się w wycieczkach rowerowych.

Opcje plenerowe

Podróżni poszukujący przygód, już rozgrzani rumem, cygarami i całonocnym tańczeniem salsy, nie będą się nudzić na Kubie. Mogą jeździć na rowerze, łowić ryby (i popijać) jak Hemingway, wędrować szlakami partyzantów, skakać na spadochronie z samolotu, odkrywać zatopione hiszpańskie statki na skrzącym się południowym wybrzeżu.

Z powodu powolnego rozwoju gospodarki kubański plener jest orzeźwiająco zielony, bez smrodliwych szos i podmiejskiego chaosu, które zainfekowały tak wiele innych krajów.

Choć nie może się równać z Ameryką Północną czy Europą w kwestii wypoczynku, możliwości Kuby cieszą się pewną marką i są coraz lepsze. Usługi i infrastruktura zależą w dużej mierze od poszukiwanej aktywności. Krajowe ośrodki nurkowania są zazwyczaj świetne, a instruktorzy należą do rangi światowej. Przyrodnicy i ornitolodzy w parkach narodowych oraz w rezerwatach fauny i flory są sumienni i wykwalifikowani. Piesze wędrówki były tradycyjnie ograniczane i irytująco spętane przepisami, ale w ostatnich latach możliwości zwiększyły się, a przedsiębiorstwa, jak np. Ecotur, oferują wycieczki do wcześniej nieuczęszczanych miejsc, a nawet wielodniowy trekking. Jazda na rowerze jest tu dziedziną ekscytująco hobbystyczną, i tym lepiej. Kajakarstwo i wspinaczka są na Kubie sportami nowymi i mają duże wsparcie na szczeblu lokalnym – jak na razie – nikłe na oficjalnym.

Na Kubie można wynająć za rozsądną cenę sprzęt do wielu aktywności plenerowych, choć nie zawsze będzie on najwyższej jakości. Jeśli przywieziecie własny, wszelkie darowizny, dokonane na zakończenie pobytu na rzecz poznanych po drodze osób, będą bardzo mile widziane.

Wioślarstwo i kajakarstwo

Łodzie można wynająć przy wielu jeziorach wyspy. Dobre opcje czekają przy Laguna de la Leche, Laguna la Redonda oraz Liberación de Florencia w prowincji Ciego de Ávila, a także na Embalse Zaza w prowincji Sancti Spíritus. Można również wynająć łodzie i wyruszyć w górę Río Canímar, nieopodal Matanzas, wiosłując wzdłuż porośniętych puszczą brzegów tej mini-Amazonki.

Kajakarstwo na Kubie to sport mało znany i jest raczej plażową rozrywką w bardziej okazałych resortach. Na większości plaż turystycznych punkty Náutica wynajmują zwykłe kajaki, w których można się trochę pokręcić tylko przy brzegu.

Nurkowanie

Wiodącą aktywnością na Kubie jest nurkowanie. Nawet sam Fidel Castro w młodości lubił ubrać się w piankę i znikać w opalizujących wodach Atlantyku albo Morza Karaibskiego (jego ulubionym miejscem nurkowania był – podobno – rzadko odwiedzany archipelag Jardines de la Reina). I rzeczywiście, ten nałóg kubańskiego przywódcy był na tyle znany, że – też podobno – CIA opracowała plan jego zgładzenia, polegający na nafaszerowaniu muszli materiałem wybuchowym...

Na Kubie są liczne świetne miejsca do nurkowania. Należy się skoncentrować na jednym miejscu nurkowania i nie próbować zaliczyć wielu naraz. Te najlepsze – Jardines de la Reina, María la Gorda oraz Isla de la Juventud – są dość oddalone i wymagają dłuższej podróży (a także planowania). Bardziej osłonięte południowe wybrzeże, zwłaszcza Playa Girón, wiedzie prym, gdy chodzi o przejrzystość wody i niezawodną pogodę, choć wybrzeże północne, oferujące łatwy dostęp do największych na świecie raf, jest tak samo warte fatygi.

Nurkowanie na Kubie to przyjemność, ponieważ wody oceanu są nieskażone, krystalicznie czyste (średnia widoczność pod wodą: 30 – 40 m), ciepłe (średnia temperatura 24°C), obfitują w koralowce i ryby, są łatwo dostępne (do kilku raf można dopłynąć wpław) i skrywają fascynujące wraki statków (z Kuby wypływały w XVII i XVIII w. ciężkie galeony i wiele z nich zatonęło na wzburzonym wodach oraz w wyniku potyczek z piratami).

PRZYDATNE INSTYTUCJE

Ecotur (www.ecoturcuba.tur.cu) Organizuje wycieczki piesze, trekking, wycieczki wędkarskie i na obserwowanie ptaków do zwykle niedostępnych miejsc w kraju. Posiada biura w każdej prowincji, a siedzibę główną w Hawanie (s. 120).

Campismo Popular (www.campismopopular.cu) Prowadzi ponad 80 *campismos* (wiejskich schronisk). Biura Reservaciones de Campismo są w każdej stolicy prowincji.

Marlin Náutica y Marinas (www.nauticamarlin.tur.cu) Państwowa firma nadzorująca kubańskie mariny. Również oferuje wycieczki wędkarskie, nurkowanie, wycieczki łodzią i inne wodne rozrywki.

Snorkeling, Bahía de Cochinos (s. 231)

Snorkeling

Żeby nacieszyć się tropikalnym akwarium Kuby, nie trzeba schodzić głęboko pod wodę. Nurkowie z rurką mogą popływać przy Playa Girón w Zatoce Świń, Playa Coral albo Playa Jibacoa na północnym wybrzeżu, na wschód od Hawany. Organizatorzy nurkowania również proponują tańszy snorkeling.

Dobre miejsca do snorkelingu znajdziemy wokół Isla de la Juventud i Cayo Largo, a także w Varadero oraz w okolicach Cienfuegos i Guajimico. Kto zamierza intensywnie uprawiać snorkeling, niech przywiezie sprzęt, gdyż ten dostępny w wypożyczalniach jest sfatygowany, a kupiony na Kubie będzie bardzo drogi i nie najlepszej jakości.

Wędkarstwo

Wędkarstwo morskie głębokowodne

Hemingway miał rację. Wartki Golfsztrom przy północnym wybrzeżu Kuby zapewnia doskonałe warunki do sportowego połowu żaglicy, tuńczyka, makreli, miecznika,

Plaża, Varadero (s. 200)

barakudy, makairy i rekinów przez prawie cały rok. Wędkowanie morskie jest obrzędem, relaksem, okazją do zawarcia nowych przyjaźni, wypicia piwa, podziwiania zachodów słońca i pozbycia się problemów. Nic dziwnego, że kraj oferuje wędkarzom sportowym znakomite warunki, a każdy kubański kapitan statku wydaje się wyglądać i mówić, jakby właśnie wybiegł z kart Hemingwayowskiej klasyki.

Najlepszy ośrodek wędkarstwa morskiego na Kubie – Cayo Guillermo – odgrywa pierwszoplanową rolę w powieści Hemingwaya *Wyspy na Golfsztromie*. Ryb wciąż jest tam w bród. Dobrym miejscem jest także Hawana i jej dwie mariny. Jedna w Tarará, a druga – lepsza – to Marina de Hemingway, na zachodzie.

Główne kubańskie resorty oferują morskie wycieczki wędkarskie w podobnych cenach. Koszt: ok. 310 CUC za pół dnia dla czterech osób, w tym wynagrodzenie dla załogi i bezpłatny bar.

Morskie wędkarstwo muchowe

Wędkarstwo muchowe praktykuje się głównie na płytkich i piaszczystych łachach, dostępnych z brzegu. Klasyczne miejsca to Las Salinas w Ciénaga de Zapata, chronione wody wokół Cayo Largo del Sur, fragment Isla de la Juventud oraz – w szczególności – niezamieszkany archipelag Jardines de la Reina („ogrody królowej"). Archipelag jest parkiem narodowym i podlega ścisłej ochronie. Nierzadko można tam złowić nawet tego samego dnia aż 25 gatunków ryb.

Wędkarskim „wielkim szlemem" nazywają na Kubie złowienie w tym samym dniu tarpona, albuli i sierpika; jeśli jeszcze dorzucimy zuchwiaka, wtedy już to będzie „super szlem". Najlepszy sezon na wędkowanie w tej części Kuby trwa od lutego do czerwca. Oddalenie wielu wysp, raf i piaszczystych łach oznacza, że wyprawy wędkarskie zwykle odbywają się łodziami, na których można również nocować. Koordynacją zajmuje się firma **Avalon** (www.cubandivingcenters.com).

Północne wybrzeże też skrywa parę dobrych miejsc do wędkarstwa muchowego. Najwyżej cenione są wciąż niezamieszkane wyspy Cayo Romano i Cayo Cruz na północy prowincji Camagüey. Wycieczki koordynuje Avalon z bazy ulokowanej w atrakcyjnym schronisku na lądzie stałym w miejscowości Brasil.

ROSTISLAV AGEEV/SHUTTERSTOCK ©

Wędkarstwo słodkowodne

Wędkarstwo słodkowodne jest na Kubie mniej popularne, ale równie satysfakcjonujące. Wielu Amerykanów i Kanadyjczyków wędkuje na jeziorach wyspy. Znakomite warunki panują w rozległej Ciénaga de Zapata w Matanzas, gdzie na entuzjastów czekają wielodniowe wyprawy typu „złów i wypuść". Bassy wielkogębowe (*truchas*) sprowadzili na Kubę na początku XX w. Amerykanie z King's Ranch i United Fruit Company. Ze względu na korzystne, chronione środowisko obecnie ryby te występują obficie w wielu kubańskich jeziorach. Dobre miejsca do zarzucenia wędki to Laguna del Tesoro w Matanzas, Laguna de la Leche i Laguna la Redonda w prowincji Ciego de Ávila, Embalse Zaza w Sancti Spíritus i Embalse Hanabanilla w Villa Clara – złowiono tam sztuki ważące nawet 7,6 kg!

Kitesurfing

Było tylko kwestią czasu, kiedy na poszarpanym północnym wybrzeżu, smaganym silnymi wiatrami wschodnimi i północno-wschodnimi, Kubańczycy (i odwiedzający je turyści) odkryli doskonały potencjał kiteboardingu. Choć sport ten jest na Kubie nowością, kilku dobrych operatorów już się zadomowiło w różnych punktach północnego wybrzeża, oferując wynajem sprzętu oraz szkolenie. Głównymi ośrodkami kitesurfingu są Hawana (dokładniej Tarará), Varadero oraz Cayo Guillermo. Istnieje też kilka mniejszych na Playa Santa Lucía i w Guardalavaca. Havana Kiteboarding Club (s. 139) prowadzi działalność w Hawanie, Cayo Guillermo i Guardalavaca. Szkoła kitesurfingowa Ke Bola (s. 202) ma siedzibę w Varadero. W każdym z tych miejsc działa też kilku innych wielojęzycznych operatorów.

OŚRODKI NURKOWANIA

Na Kubie działa 25 oficjalnych ośrodków nurkowania, rozproszonych na 17 obszarach. Większością tych ośrodków zarządza Marlin Náutica y Marinas (www.nauticamarlin.com), a niektórymi także firma **Gaviota** (☎7-204-5708; www.gaviota-grupo.com). Sprzęt bywa różny; można się spodziewać bezpiecznych profesjonalnych usług oraz wsparcia medycznego. Sprawy zaczynają być niejasne w przypadku nurkowania w środowisku ekologicznie wrażliwym i wtedy nurkowie powinni się przeszkolić we własnym zakresie w zasadach odpowiedzialnego nurkowania. Większość instruktorów posiadających certyfikaty Scuba Schools International (SSI), American Canadian Underwater Certification (ACUC) oraz Confédération Mondiale de Activités Subaquatiques (CMAS) włada różnymi językami (hiszpański, angielski, francuski, niemiecki, włoski). Ze względu na amerykańskie embargo, certyfikaty Professional Association of Diving Instructors (PADI) nie są na Kubie dostępne.

Nurkowanie i szkolenia kosztują na całej wyspie 25 – 50 CUC za zanurzenie, ze zniżką po 4 – 5 zanurzeniach. Za pełny kurs zakończony certyfikatem płaci się 310 – 365 CUC. Zanurzenie wprowadzające w resortach kosztuje 50 – 60 CUC.

U góry: Kitesurfing, Varadero (s. 200)

BU dołu: Łowienie ryb, Baracoa (s. 437)

MATYAS REHAK/SHUTTERSTOCK ©

Podstawowe – trzygodzinne – szkolenie kosztuje od ok. 150 CUC, a wynajęcie sprzętu od 35 CUC za godzinę, ale bywają też inne oferty. Operatorzy mogą załatwić pakiety z noclegiem w hotelach przy plaży. Trzeba poszukać na stronach internetowych.

Wędrówki i trekking

Miłośników pieszych wędrówek ograniczają źle utrzymane szlaki, kiepskie oznaczenia, brak map i drakońskie restrykcje, gdzie można pójść, a gdzie nie wolno bez przewodnika. Kubańczyków nie zachwycają piesze wędrówki dla przyjemności. Kierownictwo parków narodowych uważa, że piesi turyści chcą być prowadzeni za rączkę po krótkich i stosunkowo łatwych szlakach, nieprzekraczających 5–6 km. Często się słyszy, że samotne wędrówki to lekkomyślność i że są one niebezpieczne, choć na Kubie nie ma ani wielkich zwierząt, ani jadowitych węży. Najlepszą porą na piesze wędrówki jest okres poza sezonem deszczowym, zanim zaczną się upały (XII–IV).

Większość terenów nadających się do trekkingu znajduje się na obszarach ekologicznie wrażliwych, dlatego dostęp jest ściśle regulowany.

Wielodniowa turystyka piesza na Kubie uległa poprawie w ostatnich paru latach i choć informacje wciąż trudno uzyskać, można zorganizować sensowne wędrówki po Sierra Maestra i Sierra del Escambray. Bez wątpienia, najpopularniejszy jest trzydniowy trekking na szczyt Pico Turquino. Są też możliwe całodniowe wędrówki po lasach w okolicach Soroa w prowincji Artemisa.

Do bardziej ambitnych całodziennych wycieczek należą: wędrówka na El Yunque, górę nieopodal Baracoa; trasa Balcón de Iberia w Parque Nacional Alejandro de Humboldt; szlaki wokół Las Terrazas i Viñales.

Topes de Collantes charakteryzuje się chyba największym zagęszczeniem pieszych szlaków w strefie chronionej (park przyrody). Grupy z zagranicy organizują tam 4- lub 5-dniowe wyprawy, które rozpoczynają się niedaleko Lago Hanabanilla, a kończą w Parque el Cubano. Chcąc coś zorganizować dla grupy, trzeba wcześniej skontaktować się z biurem informacji turystycznej Carpeta Central w Topes de Collantes.

Inne, łagodniejsze, trasy to Cueva las Perlas oraz Del Bosque al Mar na półwyspie Guanahacabibes, szlak El Guafe w Parque Nacional Desembarco del Granma i krótki szlak w Reserva Ecológica Varahicacos w Varadero. Niektóre z tych wycieczek odbywają się z przewodnikiem, przy czym wszystkie wymagają opłaty za wejście.

Kto zamierza wędrować samodzielnie, musi wykazać się cierpliwością, determinacją i doskonałym zmysłem orientacyjnym. Warto też zasięgnąć języka u osób z *casa particular*. Na początek warto wypróbować szlaki Salto del Caburní lub Sendero la Batata w Topes de Collantes, albo trasy wokół Viñales. Jest też piękna, samodzielna trasa nieopodal Marea del Portillo, a także wspaniałe szlaki w okolicach Baracoa.

Jazda na rowerze

Na Kubie rower jest najlepszym sposobem, by obejrzeć wyspę z bliska. Przyzwoite i spokojne drogi, wspaniałe widoki, a także możliwość opuszczenia utartych szlaków i poznawania Kubańczyków z terenów wiejskich czynią jazdę na rowerze przyjemną, bez względu na to, jaką drogę się wybierze. Rowerzyści „niedzielni" coraz częściej mają okazję wynajęcia roweru na dzień. Niektóre hotele udostępniają lub wypożyczają rowery za ok. 3–7 CUC za 1 dzień. Większe kurorty w Varadero i Guardalavaca czasem „dorzucają" rowery do wczasowych pakietów all-inclusive (na ogół są to rowery bez przerzutki). Gospodarz *casa particular* zapewne postara się wyszperać dla swych gości coś, co się nadaje do jazdy. Niektórzy właściciele *casas particulares* zaczęli wynajmować zagraniczne rowery, odpowiednie na całodzienne wycieczki na wieś (trzeba mieć na uwadze koszt: 10–15 CUC za dzień).

Cykliści rozważający wielodniowe wypady, powinni przyjechać z własnym rowerem i mnóstwem części zamiennych. Ponieważ zorganizowane wycieczki rowerowe są na Kubie powszechne od dawna, celnicy, taksówkarze i personel hotelowy wiedzą, jak się obchodzić z zapakowanymi rowerami.

SABINO PARENTE/SHUTTERSTOCK ©

Jazda na rowerze, Trinidad (s. 277)

Do rowerowych atrakcji należą Valle de Viñales, obszary wiejskie wokół Trinidadu, w tym płaska droga do Playa Ancón, wijące się spokojne alejki w Guardalavaca, szosy z Baracoa do Playa Maguana (na północny zachód) oraz do Boca de Yumurí (na południowy wschód). Większym wyzwaniem będzie La Farola pomiędzy Cajobabo i Baracoa (21 km wspinaczki), wyboista, widokowa droga wzdłuż wybrzeża od Santiago do Marea del Portillo – najlepiej rozłożyć jazdę na trzy dni z noclegami w Brisas Sierra Mar los Galeones oraz Campismo la Mula – a dla twardzieli szaleńczo stroma droga górska z Bartolomé Masó do Santo Domingo w prowincji Granma. W sprawie krótkich prywatnych wycieczek po Hawanie i okolicach należy się skontaktować z CubaRuta Bikes (s. 87).

Dzięki zatrzęsieniu *casas particulares*, oferujących tanie i łatwo dostępne noclegi, wycieczki rowerowe będą przyjemnością, jeśli będziecie się trzymać z dala od *autopista* i omijać Hawanę.

Kolarstwo przełajowe nie jest na Kubie dozwolone.

Jazda konna

Kuba ma długą kowbojską tradycję, a konno można pojeździć na terenie całego kraju. Organizując jazdę konną prywatnie, należy najpierw dokładnie przyjrzeć się stanowi konia i osprzętu. Dosiadanie kiepsko utrzymanych koni jest okrutne i potencjalnie niebezpieczne.

Państwowa firma cateringowa Palmares posiada liczne wiejskie rancza na terenie całej Kuby, które zapewniają turystom posmak tradycyjnego, wiejskiego życia. Wszystkie te ośrodki oferują jazdę z przewodnikiem, zwykle w cenie ok. 6 CUC za godzinę. Dobre rancza można znaleźć we Florencii w prowincji Ciego de Ávila oraz w Hacienda la Belén (s. 330) w prowincji Camagüey. Ośrodek hodowlany Rancho la Guabina (s. 195), w pobliżu miasta Pinar del Río, oferuje zarówno pokazy konne, jak i przygodę jeździecką.

Trinidad i Viñales to dwa z najlepszych i najbardziej popularnych ośrodków jeździeckich na Kubie.

Wspinaczka, Viñales (s. 176)

Wspinaczka skalna

Valle de Viñales opisano jako najlepszy teren wspinaczki skalnej na półkuli zachodniej. Obecnie otwartych jest tam 150 dróg wspinaczkowych (o wszystkich poziomach trudności), a w środowisku tworzącym własną scenę aktywności w tym jednym z najpiękniejszych zakątków Kuby mówi się o nich głośno. Podróżni niezależni docenią swobodę, jaką się tutaj cieszą wspinacze.

Wspinać się można przez cały rok, a że upały bywają dokuczliwe, zatem miejscowi wybierają okres od października do kwietnia, przy czym optymalnymi miesiącami są grudzień i styczeń. Więcej informacji w Cuba Climbing (www.cubaclimbing.com) lub na miejscu, w Viñales. Trzeba wiedzieć, że choć wspinaczka w Valle de Viñales jest powszechnie praktykowana bez żadnych konsekwencji, to formalnie pozostaje nielegalna. Wprawdzie szanse aresztowania, czy choćby upomnienia, są nikłe, wspinaczkę uprawia się tam na własne ryzyko. Należy być szczególnie ostrożnym, żeby nie uszkodzić delikatnego ekosystemu Parque Nacional del Valle de Viñales.

Alpinizm jaskiniowy

Pejzaże Kuby są pełne jaskiń krasowych – ponad 20 000 – a ich eksploracja otwarta jest i dla turystów, i dla profesjonalnych speleologów.

Gran Caverna de Santo Tomás (s. 183), niedaleko Viñales, to największa jaskinia na Kubie: ma ponad 46 km korytarzy (wycieczki z przewodnikiem). W Cueva de los Peces (s. 231), koło Playa Girón, jest *cenote* (studnia krasowa), w którym można nurkować. Do Cuevas de Bellamar (s. 214), w okolicach Matanzas, organizowane są codzienne wycieczki, a pełną nietoperzy Cueva de Ambrosio (s. 201) w Varadero można eksplorować samodzielnie.

Specjaliści alpinizmu jaskiniowego mają do wyboru mnóstwo jaskiń. Po uzgodnieniu można zejść głęboko do Gran Caverna de Santo Tomás albo zwiedzić Cueva de Martín Infierno w prowincji Cienfuegos, z największym w świecie stalagmitem. Cueva de Santa Catalina, nieopodal Varadero, słynie z unikatowych stalagmitów w kształcie grzybów.

Możliwe jest też speleonurkowanie, ale tylko dla osób o wysokich kwalifikacjach.

Zaplanuj podróż

Z dziećmi

Dzieci lubią Kubę, Kuba lubi dzieci... Najmłodsi w tej kulturze wciąż bawią się swobodnie na ulicy, a personel kelnerski nieświadomie pogłaszcze główkę brzdąca, przechodząc obok stolika w drodze do kuchni. To wspaniałe, że tutaj dzieci, jak za dawnych czasów, biegają po skwerach z improwizowanym kijem bejsbolowym i plastikową piłką, a nie ślęczą przy niezbyt wyrafinowanych grach komputerowych.

Kuba dla dzieci

Udogodnienia dla dzieci na Kubie bywają dość niespójne. Z jednej strony, społeczeństwo kubańskie z natury jest przyjazne rodzinom, kocha dzieci i jest opiekuńcze, ale z drugiej, ekonomiczne komplikacje spowodowały, że poskąpiono rozmaitych udogodnień, jak rampy dla wózków, stoliki do przewijania czy podstawowe środki bezpieczeństwa. Jedynymi miejscami spełniającymi światowe standardy są nowoczesne resorty hotelowe, z których większość prowadzi wydzielone i profesjonalnie zarządzane „kluby dziecięce".

NAJ: Dzieci

Zamki i fortyfikacje

- **Fortaleza de San Carlos de la Cabaña** (s. 75) Fort w Hawaie: krenelaże, muzea i co noc ceremonia wystrzału z armaty z udziałem żołnierzy w mundurach z epoki.
- **Castillo de San Pedro de la Roca del Morro** (s. 402) Fort w Santiago (na liście UNESCO) słynie z emocjonującego muzeum piratów.

Najlepsze regiony dla dzieci

Hawana

Ulice Starej Hawany – Habana Vieja – chyba niewiele się zmieniły od czasów *Piratów z Karaibów*, więc dzieci będą mogły popuścić wodze fantazji w fortach, na skwerach, w muzeach i wąskich uliczkach. W Hawanie jest również największy na Kubie park rozrywki (Isla del Coco), a także najciekawszy park wodny (Acuario Nacional).

Varadero

Największy na Kubie resort hotelowy może się pochwalić najbogatszym zestawem aktywności dostosowanych specjalnie do dzieci, np. wieczorne przedstawienia, rozgrywki sportowe, gry na plaży i wycieczki łodzią.

Trinidad

To perła południowego wybrzeża. W Trinidadzie jest wiele *casas particulares*, zatem dzieciaki będą miały okazję poznać kubańskie rodziny. A do tego wspaniała plaża (Playa Ancón), łatwo dostępny snorkeling, a także mnóstwo przyjemnych zajęć typowych dla obszarów wiejskich (jazda konna) – doskonała opcja rodzinna dla tych, którzy unikają resortów.

➡ **Castillo de la Real Fuerza** (s. 65) W forcie w centrum Hawany są strażnice, fosa i modele hiszpańskich galeonów.

Place zabaw

➡ **Parque Maestranza** (s. 63) Dmuchane zamki, lunaparkowe atrakcje, słodkie przekąski i widoki na port Hawany.

➡ **Isla del Coco** (s. 126) Sfinansowany przez Chiny ogromny park atrakcji w hawańskiej dzielnicy Playa.

➡ **Parque Lenin** (s. 137) Nieco przestarzałe atrakcje wesołego miasteczka, łodzie, miniaturowa kolejka i przejażdżki konne.

Spotkania ze zwierzętami

➡ **Acuario Nacional** (s. 125) Główne akwarium Kuby, w hawańskiej dzielnicy Miramar. Reprodukcje kubańskich przybrzeżnych ekosystemów.

➡ **Criadero de Cocodrilos** (s. 423) Spośród kilku ferm krokodylich w różnych miejscach kraju najlepsza znajduje się w Guamá, w prowincji Matanzas.

➡ **Jazda konna** Właściwie na terenie całej Kuby, najczęściej w niewielkich *fincas* (gospodarstwach) na terenach rolniczych Pinar del Río i Trinidad.

Festiwale

➡ **Las Parrandas** Wigilia Bożego Narodzenia: fajerwerki, dym i wielkie platformy z żywymi obrazami w Remedios to atrakcje dla dzieci i dorosłych.

➡ **Carnaval de Santiago de Cuba** W lipcu: barwna manifestacja kultury karaibskiej – platformy z żywymi obrazami i tańce.

➡ **Carnaval de la Habana** W sierpniu: jeszcze więcej muzyki, tańców i kukieł na hawańskim Malecónie.

Planowanie

Podróżni z dziećmi nie są na Kubie niczym nadzwyczajnym i ten trend się wzmocnił w ciągu ostatnich lat dzięki Kubańczykom z USA, odwiedzającym wraz z potomstwem swoje rodziny; to oni są najlepszym źródłem informacji. Należy pamiętać, że kontakt fizyczny i ludzkie ciepło to cechy typowo kubańskie: nieznajomi będą się wylewnie witali z dziećmi, cmokali je i spontanicznie chwytali za ręce. Trzeba zachować spokój, bo to tylko element kubańskiego podejścia do życia.

Miejscowe maluchy swobodnie biegają po dworze, a ze względu na silne więzy w kubańskim społeczeństwie wasze dzieci będą bezpieczne, jeśli zastosujecie standardowe środki ostrożności. Należy uważać na ruch pojazdów i niezabezpieczone roboty uliczne, a także pamiętać o braku nowoczesnego sprzętu bezpieczeństwa.

Dzieci raczej nie potrzebują specjalnych szczepień, choć przed wyjazdem należy zapytać lekarza o ogólne wymagania. Na Kubie brakuje leków, dlatego trzeba zabrać wszystko, co może być potrzebne. Niezbędne środki to paracetamol, ibuprofen, leki przeciwwymiotne i syrop na kaszel. Na terenach nizinnych przyda się też środek na komary. Pieluchy i pokarm dla niemowląt mogą się okazać trudne do dostania, dlatego należy przywieźć własne. Kopia aktu urodzenia z nazwiskami obu rodziców też się przyda, zwłaszcza gdy nazwiska są różne.

Foteliki samochodowe nie są na Kubie obowiązkowe i firmy taksówkowe oraz wynajmujące samochody ich nie mają, zatem trzeba przywieźć własny. W restauracjach nie ma wysokich krzesełek dla dzieci, ale kelnerzy improwizują. To samo dotyczy łóżeczek turystycznych. Chodników nie projektowano z myślą o wózkach dziecięcych; jeśli dziecko jest jeszcze małe, należy je nosić w nosidełku.

Właściciele *casas particulares* chętnie przyjmują rodziny i są bardzo mili dla dzieci. Resorty hotelowe są też przyjazne rodzinom.

Jedzenie

W sytuacji, gdy brakuje egzotycznych przypraw i serwuje się dobre, proste jedzenie, dzieci będą uprzywilejowane. Rodzinny styl życia na wyspie z pewnością w tym pomaga. Rzadko się zdarza, by w jakimś lokalu żywieniowym odmówiono podania potrawy dla dzieci, przeciwnie – kelnerzy i kelnerki w kawiarniach i restauracjach będą adorowali żywiołową dzieciarnię i chętnie spełnią jej zachcianki. Ryż i fasola są wartościowym pożywieniem, a kurczak i ryba to niezawodne źródła białka. Głównym mankamentem jest – choć dzieci zapewne tak nie uważają – stałe zaopatrzenie w świeże warzywa.

Opisy regionów

Prowincje Kuby zajmują powierzchnię całej wyspy głównej, a często zapominana Isla de la Juventud, przy południowym wybrzeżu, jest specjalnym okręgiem samorządowym. Wszystkie te jednostki administracyjne mają dostęp do morza i piękne plaże, z których te najbardziej atrakcyjne ciągną się wzdłuż północnego wybrzeża. Wszędzie widać ślady historii, imponującą architekturę kolonialną i silnie przemawiające pamiątki po rewolucji 1959 r. Najwyższy łańcuch górski, Sierra Maestra, wznosi się na wschód od drugiego pasma znacznej wysokości – Sierra del Escambray w rejonie środkowo-południowym. Główne obszary dzikiej przyrody to bagniska Zapata, nadmorskie terasy Granmy, tropikalne lasy Guantánamo i niezamieszkane (dotychczas) północne wyspy. Spośród miast wyróżniają się Hawana, Santiago de Cuba, Camagüey i kolonialny Trinidad.

Hawana

Muzea
Architektura
Życie nocne

Museos históricos

Za każdym rogiem 4 km² zabytkowego centrum miasta czyha historia; muzea są poświęcone wszystkiemu, od kakao po Simóna Bolívara. Należy zacząć od Museo de la Revolución, zagłębić się w kulturze w Museo de la Ciudad i przewidzieć przynajmniej pół dnia na wspaniałe Museo Nacional de Bellas Artes.

Architektura eklektyczna

Architektura Hawany jest jak jej fauna i flora: różnorodna i zadziwiająca. Spacerując ulicami Habana Vieja i Centro Havana, znajdziemy niejedną atrakcję.

Życie jest kabaretem

Każdy styl kubańskiej muzyki jest w Hawanie reprezentowany, od ulicznej rumby po efekciarski kabaret. Stolica oferuje najlepsze w kraju koncerty na żywo, spontaniczną muzykę uliczną i barwne życie nocne.

s. 58

Prowincje Artemisa i Mayabeque

Plaże
Ekoturystyka
Ruiny hacjendy kawowej

Sekretne plaże

Prowincja Mayabeque, przy głównej szosie łączącej Hawanę z Varadero, ma rzadko reklamowane urocze plaże, a przede wszystkim Playa Jibacoa. Trzeba tam pojechać, zanim pojawią się pola golfowe.

Małymi krokami

Wioska Las Terrazas, z lśniącymi białymi domami, pierwsza na Kubie zademonstrowała uprawy przyjazne środowisku naturalnemu, na długo przed imperatywami „okresu specjalnego" i rozpowszechnionej w świecie koncepcji ekologii. Do dzisiaj jest wierna idei zrównoważonego ekorozwoju.

Dawne plantacje

W Las Terrazas dziesiątki plantacji kawowych pokrywa rozrastająca się puszcza. Antiguo Cafetal Angerona, wielka kawowa hacjenda w prowincji Artemisa, w której pracowało ok. 450 niewolników, obecnie jest fotogeniczną ruiną.

s. 144

Isla de la Juventud (Specjalny Okręg Samorządowy)

Nurkowanie
Dzika przyroda
Historia

W błękicie

Nie wliczając trudno dostępnego archipelagu Jardines de la Reina, La Isla de Juventud oferuje najlepsze warunki do nurkowania na Kubie. Idealnie przeźroczysta woda, obfitość morskiej flory i fauny oraz chroniony rezerwat morski Punta Francés są głównymi atrakcjami.

Odtworzona fauna

Ciénaga de Zapata oraz Isla de la Juventud są jedynymi miejscami na świecie, gdzie można zobaczyć krokodyle kubańskie w naturalnym środowisku. Krokodyle ponownie zamieszkały mokradła Lanier, na Isla de la Juventud, po ich wprowadzeniu.

Kubański Alcatraz

Największa z odległych wysp archipelagu pełniła funkcję wielkiego zakładu penitencjarnego. Więziono tutaj orędownika wolności José Martí i rewolucjonistę Fidela Castro.

s. 158

Valle de Viñales i prowincja Pinar del Río

Nurkowanie
Gastronomia
Flora i fauna

Marzenie nurka

Wody przy odizolowanej plaży María la Gorda, na zachodnim krańcu głównej wyspy, od dawna nęciły społeczność nurków świetnymi warunkami do nurkowania i widokiem barwnych koralowców, olbrzymich gąbek i gorgoni.

Pieczona wieprzowina

Nic nie dorówna kubańskiej pieczeni wieprzowej, która najbardziej smakuje w towarzystwie *guajiros* (wieśniaków) z Viñales, serwujących potężne porcje narodowego dania z dodatkiem ryżu, fasoli i warzyw korzeniowych.

Parki w Pinar del Río

W tym raju zieleni jest więcej obszarów chronionych niż w pozostałych prowincjach Kuby. Warto więc wybrać się na wycieczkę do Parque Nacional Viñales, obserwować żółwie morskie w Parque Nacional Península de Guanahacabibes albo skierować lornetkę na pierzasty żywioł wokół Cueva de los Portales.

s 173

Varadero i prowincja Matanzas

Nurkowanie
Flora i fauna
Plaże

Dostępne akweny

W Bahía de Cochinos (Zatoce Świń) może nie ma tych najlepszych miejsc do nurkowania, ale za to są najbardziej dostępne. Wystarczy kilka ruchów płetwami, żeby dopłynąć z brzegu do stromych ścian koralowców.

Tereny bagienne

Przeciwieństwem resortów hotelowych na cywilizowanym północnym wybrzeżu jest enklawa dzikiej przyrody na południu Matanzas. W tym ważnym rezerwacie żyją krokodyle kubańskie, manaty, koliberki hawańskie i szczury drzewne.

Piaski Varadero

Nawet jeśli ktoś nie znosi resortów hotelowych, są inne powody, by odwiedzić Varadero – nieprzerwana 20-kilometrowa wstęga złotego piasku, ciągnąca się wzdłuż całej Península de Hicacos. To najdłuższa i najpiękniejsza plaża na Kubie.

s. 198

Prowincja Cienfuegos

Architektura
Muzyka
Nurkowanie

Francuski klasycyzm

Choć Cienfuegos, założone w 1819 r., jest jednym z nowszych miast Kuby, zachowało spójny plan urbanistyczny. Zachwycają klasycystyczne fasady budynków ze smukłymi kolumnami, inspirowane architekturą XIX-wiecznej Francji.

Szlakiem Moré

Benny Moré, błyskotliwy i wszechstronny muzyk, królował w klubach i salach tanecznych w latach 40. i 50. XX w. „Cienfuegos es la ciudad que más me gusta a mí" (Cienfuegos jest miastem, które najbardziej mi się podoba) – śpiewał Benny. Przekonajmy się, a po drodze wstąpmy do wioski, w której artysta przyszedł na świat.

Sekrety Guajimico

Jeden z najmniej uczęszczanych ośrodków nurkowych obok wygodnego *campismo* na ciepłym południowym wybrzeżu, słynącym z koralowych ogrodów, gąbek i wraków.

s. 235

Prowincja Villa Clara

Plaże
Historia
Życie nocne

Spektakularne wyspy

Najnowsze kubańskie resorty hotelowe na wyspach przy wybrzeżu Villa Clara skrywają piękne i wciąż niezatłoczone plaże, w tym te publiczne: Las Gaviotas na Cayo Santa María oraz bardziej zagospodarowane Playa El Mégano i Playa Los Ensenachos na Cayo Ensenachos.

Che Guevara

Wielbiony czy znienawidzony, jego spuścizna nie zniknie, zatem wypada zwiedzić miasto Santa Clara choćby po to, żeby zrozumieć, co go uczyniło wielkim *guerrillero* (wojownikiem). W mieście jest mauzoleum Che, muzeum dokumentujące jego życie oraz historyczne miejsce, gdzie w 1958 r. zaatakował pociąg pancerny.

Scena studencka

Miasto Santa Clara może się pochwalić najmodniejszym i najbardziej współczesnym życiem nocnym na Kubie, a tutejsi innowatorzy wciąż szukają czegoś nowego.

s. 254

Trinidad i prowincja Sancti Spíritus

Muzea
Piesze wędrówki
Muzyka

Rewolucja i romantyzm

Trinidad posiada więcej muzeów na kilometr kwadratowy niż jakiekolwiek inne miasto, z wyjątkiem Hawany. Tematyka obejmuje historię, rewolucję, wojny kontrrewolucyjne, sztukę współczesną i epokę romantyzmu.

Szlaki i topografia

Topes de Collantes dysponuje najbardziej rozległym systemem szlaków na Kubie i zachwyca scenerią na archipelagu, z mnóstwem wodospadów i naturalnych basenów, przyrodą i plantacjami kawy. Inne szlaki znajdują się w rezerwatach: Alturas de Banao i Jobo Rosado.

Scena muzyczna

W Trinidadzie – i trochę w Sancti Spíritus – odnosi się wrażenie, że muzyka emanuje z każdego zakątka. To właśnie Trinidad może się poszczycić najbardziej urozmaiconą i zagęszczoną sceną muzyczną poza Hawaną.

s. 275

Prowincja Ciego de Ávila

Wędkarstwo
Plaże
Festyny

Hemingwayowe zakątki

Cayo Guillermo ma wszystko, czego potrzebują wędkarze: tropikalne ciepło, duże i obficie występujące ryby oraz ducha Ernesta Hemingwaya za plecami. Wystarczy zapakować kilka puszek piwa i popłynąć z Golfsztromem.

Raj Pilar

Colorados, Prohibida, Flamingo i Pilar – plaże na północnych wyspach przyciągają zarówno nazwami, jak i reputacją, a gdy jest się już u celu, wystarczy miejsca dla wszystkich.

Fiesty i fajerwerki

W żadnej prowincji Kuby nie ma tak zróżnicowanych i – szczerze mówiąc – zadziwiających fiest i festiwali. W Ciego de Ávila odbywa się doroczny turniej krykieta, konkurs fajerwerków, są prezentowane wiejskie tańce i niezwykłe rytuały wudu.

s. 301

Prowincja Camagüey

Nurkowanie
Architektura
Plaże

Karmienie rekinów

Resorty nie są tu szczególnie luksusowe, ale kogo to obchodzi, skoro nurkowanie jest tak dobre? Playa Santa Lucía, na jednej z najdłuższych raf koralowych na świecie, słynie z pokazów karmienia rekinów.

Miejski labirynt

Miasto Camagüey nie podporządkowało się standardowemu podręcznikowi hiszpańskiego budownictwa kolonialnego, ale na tym po części polega jego atrakcyjność. Miło będzie się zgubić w trzecim co do wielkości mieście Kuby, wpisanym w 2008 r. na listę UNESCO.

Bezkresne piaski

Plaże na północnym wybrzeżu prowincji są fenomenalne. Jest 20-kilometrowa Playa Santa Lucía, robinsonowska Playa Los Pinos na Cayo Sabinel, a także zgrabnie zakręcona Playa Los Cocos u wlotu Bahía de Nuevitas.

s. 316

Prowincja Las Tunas

Plaże
Sztuka
Festiwale

Ekoplaże

Mało kto o nich wie, ale nadal tam są. Ekoplaże na północy Las Tunas obecnie użytkują miejscowi Kubańczycy, ptaki morskie i wyjątkowo dobrze poinformowani zamiejscowi. Trzeba się nimi nacieszyć, zanim wjadą buldożery budowniczych resortów i odbiorą im spokój.

„Miasto Rzeźb"

Przemierzając sympatyczne ulice stolicy Las Tunas, zobaczymy osobliwą kolekcję wykutych w kamieniu podobizn przywódców rewolucji, wodzów Indian Taínos i ponadwymiarowe ołówki.

Muzyka ludowa

Las Tunas, kubański bastion muzyki ludowej, gości doroczny festiwal Jornada Cucalambeana, podczas którego autorzy piosenek z całego kraju wykonują swoje dowcipne, satyryczne *décimas* (strofy).

s. 335

Prowincja Holguín

Plaże
Ekoturystyka
Archeologia

Mało znane plaże

Większość turystów optuje za dobrze znanymi plażami Playa Pesquero i Guardalavaca i ich wielkimi resortami. Mniej reklamowane, ale równie *lindas* (ładne), są Playa Caleta nieopodal miasteczka Gibara i Las Morales obok Banes.

Góry i wyspy

Przemysłowa prowincja Holguín (kopalnie niklu Moa) ma wiele rekreacyjnych terenów zielonych – w porośniętych sosnami górach i na egzotycznych wyspach. Na odkrycie czekają Cayo Saetía i Pinares de Mayarí.

Kultura prekolumbijska

Holguín posiada największą na Kubie skarbnicę znalezisk archeologicznych. Zaginiona kultura prekolumbijska odżywa w Museo Chorro de Maita i w sąsiedniej, zrekonstruowanej wiosce Indian Taínos. Artefakty prekolumbijskie są eksponowane w Museo Indocubano Baní w pobliskim Banes.

s. 346

Prowincja Granma

Historia
Wędrówki
Festyny

Pamiątki rewolucji

Nigdzie historia nie była tak widoczna, jak w najbardziej rewolucyjnej prowincji Kuby. To tutaj można zajrzeć do położonej na szczycie kwatery głównej Fidela Castro z lat 50. XX w., odwiedzić hacjendę cukrową, gdzie Céspedes jako pierwszy wyzwolił swoich niewolników, przystanąć w miejscu, w którym poległ podczas bitwy poeta José Martí.

Wędrówka na szczyt

W dwóch parkach narodowych w Sierra Maestra w prowincji Granma wytyczono imponującą sieć szlaków wędrownych, między innymi na najwyższy szczyt w kraju, Pico Turquino.

Uliczne zabawy

Granma słynie z ulicznych zabaw. Miasta Bayamo i Manzanillo organizują imprezy w plenerze, m.in. festyny z pieczeniem świń i muzyką staromodnych katarynek, turnieje szachowe.

s. 371

Prowincja Santiago de Cuba

Taniec
Historia
Festiwale

Conjuntos folclóricos

Zespoły folklorystyczne w Santiago de Cuba, prezentujące *bailes afrocubanos* (tańce afrokubańskie), ewokują epokę, w której niewolnicy ukrywali swoje tradycje i wierzenia w pieśniach, tańcach i obrzędach religijnych.

Rewolucyjna spuścizna

Kubańskie siedlisko buntu było inspiracją licznych rebelii; ważne miejsca historyczne nadal można zwiedzać. Wypada zacząć od Koszar Moncada, a potem udać się na południe, po drodze odwiedzając domy, w których przyszli na świat miejscowi bohaterowie i zakończyć podróż w Museo de la Lucha Clandestina (Muzeum Tajnej Wojny).

Kultura karaibska

Santiago de Cuba słynie z największej liczby festiwali. Szczytowym miesiącem jest lipiec, kiedy odbywa się Carnaval, poprzedzony przez Festival del Caribe celebrujący bogatą karaibską kulturę miasta.

s. 392

Prowincja Guantánamo

Flora i fauna
Wędrówki
Gastronomia

Endemiczny Eden

Historyczna izolacja Guantánamo i złożona struktura gleby są przyczynami silnego endemizmu – występują tam gatunki roślin i zwierząt, których nie można zobaczyć nigdzie indziej na archipelagu. Aspirujący botanicy powinni zwiedzić Parque Nacional Alejandro de Humboldt.

Zapomniane szlaki

Wraz z rozwojem Baracoa jako ośrodka ekologicznego otwierają się nowe możliwości pieszych wędrówek. Dawne trasy trekkingowe prowadzą na górę El Yunque, a w Parque Nacional Alejandro de Humboldt do wodospadów i jaskiń krasowych. Nowe szlaki biegną pomiędzy rzekami Duaba i Toa, a także w kierunku plaż nieopodal Boca de Yumurí.

Kokosy i kakao

Baracoa podstawia pod nos turystom pachnące potrawy, przyrządzane z wszechobecnych bananów, kawy, kakao i kokosów.

s. 429

W drodze

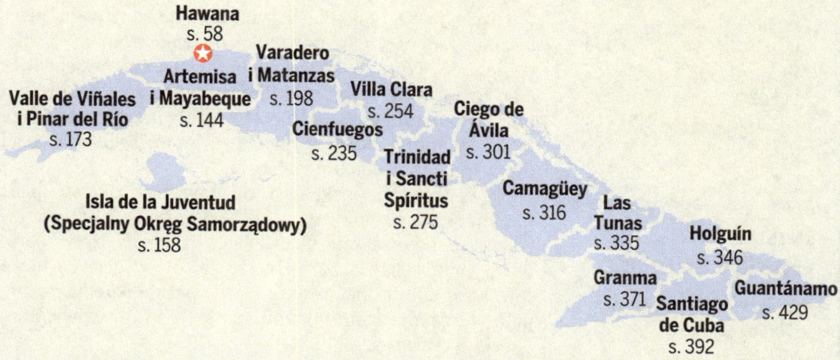

Hawana
s. 58
Varadero
i Matanzas
s. 198
Artemisa
i Mayabeque
s. 144
Valle de Viñales
i Pinar del Río
s. 173
Villa Clara
s. 254
Ciego de
Ávila
s. 301
Cienfuegos
s. 235
Trinidad
i Sancti
Spíritus
s. 275
Camagüey
s. 316
Las
Tunas
s. 335
Holguín
s. 346
Isla de la Juventud
(Specjalny Okręg Samorządowy)
s. 158
Granma
s. 371
Guantánamo
s. 429
Santiago
de Cuba
s. 392

Hawana

☎7/2,1 MLN MIESZK.

Spis treści ➡

NAJ: Gastronomia

- Lamparilla 361 Tapas y Cervezas (s. 99)
- El Rum Rum de La Habana (s. 99)
- Doña Eutimia (s. 100)
- Café Laurent (s. 106)
- Starbien (s. 106)

NAJ: Noclegi

- Hotel Saratoga (s. 92)
- Hotel Iberostar Parque Central (s. 91)
- Casavana Cuba (s. 94)
- Hostal Peregrino Consulado (s. 90)

Dokąd jechać?

Hawany nikt by nie mógł wymyślić. Jest zbyt bezczelna, zbyt pełna sprzeczności i, pomimo 50 lat skandalicznego zaniedbania, diabelsko piękna. Jak to robi, można jedynie zgadywać. Być może wynika to buntowniczej historii zachowanej w nastrojowych, kolonialnych ulicach, może z ducha przetrwania ludności napiętnowanej dwiema wojnami o niepodległość, jedną rewolucją i handlowym embargiem USA albo z niezmordowanej energii salsy, tętniącej echem wśród murów i emanującej z ludzi. Nie wypada przyjeżdżać z listą pytań. Wystarczy otwarty umysł i gotowość poddania się jej długiemu, powolnemu uwodzeniu.

Na podróżnych czeka historia nagromadzona w stosie niczym skarb z wraku na plaży pod palmami; kultura artystyczna, potencjalnie deklasująca Paryż czy Nowy Jork; nowe, modne kawiarnie pełne bywalców knujących nową rewolucję kulturalną, a także staroświeckie dzielnice przepełnione aromatami, rytmami, plotkami i prawdziwym kubańskim życiem.

Kiedy jechać?

- Szczyt sezonu przypada w lutym, co znaczy, że miasto żyje na pełnych obrotach: będzie mnóstwo dodatkowych atrakcji, między innymi festiwal cygar i międzynarodowe targi książki.
- Sierpień jest upalny, ale rozrywkowy, zwłaszcza jeśli termin pobytu zbiegnie się z hucznym hawańskim karnawałem. Jednak letni upał może się okazać nieznośny. Dlatego lepiej przyjechać w chłodniejszym październiku, w którym też będzie mnóstwo atrakcji – na przykład doroczny Festival Internacional de Ballet de La Habana.
- Bardziej ruchliwy jest grudzień (nie bez powodu): ludzie stają w kolejkach, by się dostać na Festival Internacional del Nuevo Cine Latinoamericano, najważniejszą kubańską imprezę filmową.

Historia

Hawana, na zachodnim krańcu wybrzeża, była najbardziej oddaloną spośród siedmiu *villas* – osad – założonych przez konkwistadora Diega Velázqueza. Osadę zniszczyli w 1538 r. francuscy piraci oraz miejscowi niewolnicy, równając ją z ziemią.

Po hiszpańskiej konkwiście Meksyku i Peru los zaczął sprzyjać Hawanie. Usytuowana u wejścia do Zatoki Meksykańskiej, była wygodną przystanią dla hiszpańskich „flotylli skarbów", które każdego roku przegrupowywały się w bezpiecznym porcie, zanim wyruszyły na wschód. Dzięki swemu położeniu miasto szybko się rozwijało i już w 1607 r. Hawana zastąpiła Santiago jako stolica Kuby.

W 1555 r. Hawanę znów splądrowali francuscy piraci dowodzeni przez Jacques'a de Sores. Hiszpanie zareagowali, wznosząc w latach 1558–1630 forty La Punta i El Morro, które wzmocniły i tak już potężny pierścień obronny. W latach 1674–1740 miasto otoczono mocnymi murami. Owe fortyfikacje zatrzymały piratów, jednakże okazały się nieskuteczne, kiedy Hiszpania przystąpiła do wojny siedmioletniej z Wielką Brytanią.

6 czerwca 1762 r. wojska brytyjskie pod dowództwem hrabiego Albemarle przypuściły atak na Hawanę. Zeszły na ląd w Cojímar i skierowały się do Guanabacoa, skąd wyruszyły wzdłuż północno-wschodniej rubieży portu i 30 lipca zaatakowały El Morro. Część oddziałów wylądowała w La Chorrera, na zachód od miasta. 13 sierpnia Hiszpanie, otoczeni ze wszystkich stron, musieli się poddać. Brytyjczycy okupowali Hawanę 11 miesięcy.

W rezultacie okupacji brytyjskiej Hiszpania wyraziła zgodę na otwarcie (częściowo ograniczone) w Hawanie strefy wolnego handlu. W 1765 r. Hawana uzyskała prawo do handlu z siedmioma głównymi portami w Hiszpanii (oprócz Kadyksu), a od 1818 r. mogła eksportować cukier, rum, tytoń i kawę do każdego miasta na świecie. Wiek XIX był okresem nieustannego postępu. Pojawiły się kolej (1837 r.), publiczne oświetlenie gazowe (1848 r.), telegraf (1851 r.), system komunikacji miejskiej (1862 r.), telefony (1888 r.) i oświetlenie elektryczne (1890 r.). W tamtym okresie postępu i rozwoju wielkim dylematem okazała się kwestia samookreślenia i związanego z nią niewolnictwa. Tlił się konflikt. Gdy w 1868 r. wybuchła wojna dziesięcioletnia, przemoc nie dotarła do Hawany, gdzie kolonialni obszarnicy mieli swoją bazę. Wojna o niepodległość (1895–1898) również toczyła się głównie we wschodniej prowincji (Oriente), choć wtedy generał Antonio Maceo zdołał podprowadzić oddział buntowników niebezpiecznie blisko Hawany. W 1896 r. Maseo zginął w potyczce na hacjendzie w okolicach Santiago de las Vegas. Hawanę nie tyle zmieniła wojna, co powojenny pokój, kiedy miasto wpadło w objęcia nowych panów – Amerykanów.

W 1902 r. miasto, po raz pierwszy w swojej historii niepodległe, liczyło ćwierć miliona mieszkańców. Aby zapewnić miejsce rosnącej populacji, szybko powiększało się w kierunku zachodnim, wzdłuż Malecónu, zajmując leśne polany niedostępnego Vedado, gdzie powstały nowe, okazałe dzielnice. Kolonizatorzy w XX w. nie byli Hiszpanami, ale Amerykanami. Fala bogatych Amerykanów zalewała Hawanę od początku prohibicji, którzy korzystali z liberalnych kubańskich przepisów dotyczących produkcji i sprzedaży alkoholu. Nastały beztroskie „dobre czasy".

Hawana dławiła się od cukrowych pieniędzy – znaczne fundusze zaangażowano w szeroko zakrojone projekty robót publicznych, m.in. zbudowano pałac prezydencki z bogatymi dekoracjami oraz okazały kompleks budynków zgromadzenia narodowego – Capitolio. Nie wszystkie pieniądze szły na zbożne cele. W młodej republice, wciąż zależnej od amerykańskiego poparcia, szalała korupcja. Kolejni prezydenci-defraudanci szybko zrezygnowali ze złożonych obietnic na rzecz cynicznego pragmatyzmu. Stan krytyczny nastąpił w 1933 r. Grupa podoficerów, dowodzonych przez sierżanta Fulgencia Batistę, obaliła reżim Gerarda Machado – demokraty przeobrażonego w dyktatora. Punktem kulminacyjnym tego wydarzenia była strzelanina między dwiema antagonistycznymi frakcjami wojskowymi w nowym *Hotelu Nacional* w Hawanie.

W latach 50. XX w., kiedy Batista był już dyktatorem, Hawana zamieniła się w dekadencką szulernię, w której amerykańscy gangsterzy balowali całymi nocami, a podejrzani „biznesmeni", jak Meyer Lansky (Majer Suchowlański z Grodna) czy Santo Trafficante, zgarniali fortuny. Akcja toczyła się w nowej dzielnicy Vedado, gdzie mafia zbudowała luksusowe hotele, m.in. *Capri*, *Habana Hilton* i *Riviera*, z pozornie „czystymi" kasynami. Za kulisami kasyn zausznicy prezydenta Batisty zgarniali od 10% do 30% zysków. Tymczasem Hawana stale się rozrastała – wzdłuż wybrzeża na zachód od Río Almendares powstała, przypominająca Beverly Hills, dzielnica znana jako Miramar.

NAJ: Hawana

1 Habana Vieja
(s. 62) Dać upust wyobraźni w nastrojowych brukowanych uliczkach Starej Hawany.

2 Malecón (s. 76) Spacery nadmorską promedadą w towarzystwie *habaneros*, szum morskich fal, muzyka i śpiew wędrownych *trovadores*.

3 Kolonialne forty
(s. 75) Potężne bastiony, które dawniej chroniły Hawanę przed wrogami.

4 Fusterlandia
(s. 124) Zadziwiająca eksperymentalna sztuka uliczna José Fustera.

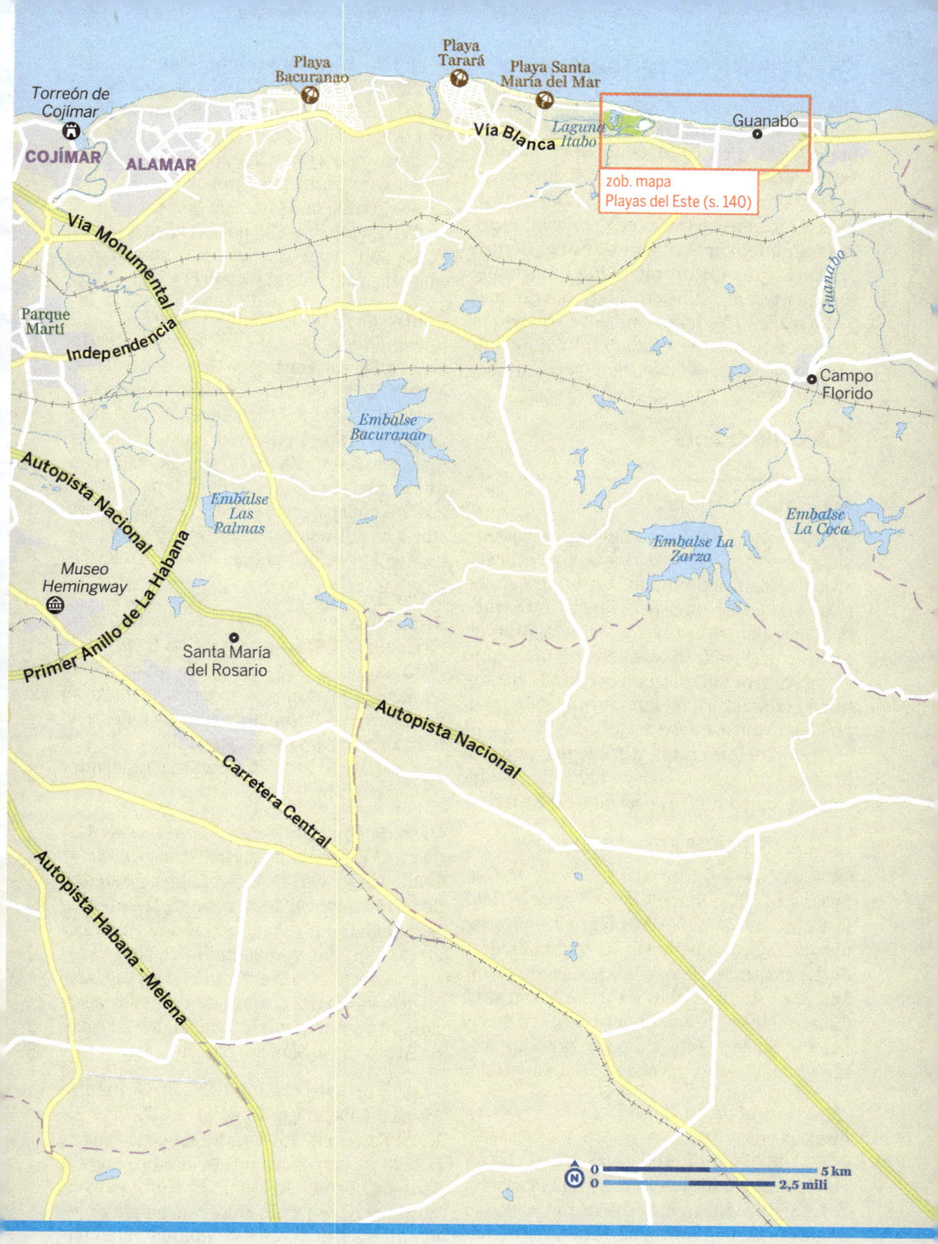

5 Museo Nacional de Bellas Artes (s. 76) Oszałamiający rozmach kubańskiej sztuki w obu kampusach muzeum w centrum miasta.

6 Fábrica de Arte Cubano (s. 115) Innowacyjna muzyka, wspaniała sztuka, twórcze osobowości.

7 Necrópolis Cristóbal Colón (s. 83) Spacer wśród pięknych zmarłych na monumentalnym cmentarzu Hawany.

ŚRÓDMIEŚCIE HAWANY

Dla uproszczenia, śródmieście Hawany można podzielić na trzy główne strefy: Habana Vieja, Centro Habana oraz Vedado, razem obejmujące gros atrakcji turystycznych. Stara Hawana (Habana Vieja) ewokuje atmosferę historycznego miasta; w gęsto zaludnionym Centrum Hawany (Centro Habana), po stronie zachodniej, poznamy tę autentyczną Kubę; rozległy obszar majestatycznego Vedado - niegdyś osławiona dzielnica mafiozów - zapełniony hotelami i restauracjami, pulsuje frenetycznym nocnym życiem.

Zwiedzanie

Habana Vieja

Naszpikowana perłami architektury wszystkich okresów, Habana Vieja przedstawia zwiedzającym najwspanialszą w obu Amerykach kolekcję miejskich budowli. Ostrożne szacunki podają, że w samym Starym Mieście jest 900 budynków o znaczeniu historycznym i niezliczone przykłady znakomitej architektury, od kunsztownego baroku po efektowne art déco.

Choć dzielnica sama w sobie przypomina muzeum, to jeszcze przy jej hałaśliwych ulicach są najróżniejsze specjalistyczne muzea.

PLAZA DE LA CATEDRAL I OKOLICE

★ Plaza de la Catedral PLAC

(mapa s. 64) Plac Katedralny w Habana Vieja jest muzeum kubańskiego baroku - wszystkie otaczające go budowle, łącznie z Catedral de La Habana, zachwycającą asymetryczną katedrą - wzniesiono w XVIII w. Mimo swej jednorodności, jest najnowszym z czterech placów Starego Miasta, który powstał według planu pochodzącego z XVIII stulecia.

★ Catedral de La Habana KATEDRA

(mapa s. 64; róg San Ignacio i Empedrado; ⌚9.00–16.30 pn.–pt., 9.00–12.00 sb. i nd.) BEZPŁ. Powiedziano o niej, że to muzyka oprawiona w kamieniu. Niezwykłą katedrę w Hawanie o teatralnej, barokowej fasadzie i z dwiema niejednakowymi (inne wysokości, szerokości i formy) wieżami zaprojektował włoski architekt Francesco Borromini. Budowę kościoła rozpoczęli jezuici w 1748 r., po ich wygnaniu w 1767 r. prace ukończono w 1777 r. W 1787 r., powołano diecezję Hawany i kościół podniesiono do rangi katedry - jednej z najstarszych w Ameryce Łacińskiej.

W 1795 r. sprowadzono z San Domingo prochy Krzysztofa Kolumba i spoczywały tu do roku 1898, kiedy znów je przeniesiono, tym razem do katedry w Sewilli, w Hiszpanii.

Ciekawostką jest wnętrze katedry, bardziej neoklasycystyczne niż barokowe i relatywnie surowe. Freski nad ołtarzem pochodzą z końca XVIII w.; malowidła na bocznych ścianach są kopiami dzieł Murilla i Rubensa. Można wejść na szczyt niższej wieży (1 CUC).

Centro de Arte Contemporáneo Wifredo Lam OŚRODEK KULTURALNY

(mapa s. 64; róg San Ignacio i Empedrado; 3 CUC; ⌚10.00–17.00 pn.–sb.) Ośrodek kulturalny, na rogu Plaza de la Catedral, a także centrum wystawowe imieniem najsłynniejszego malarza Kuby. Zamiast jednak zaprezentować malarstwo Wilfreda Lama, ośrodek gości - najlepsze w Hawanie - czasowe wystawy sztuki współczesnej. W *Café Amarillo* („żółtej kawiarni") podają kawę i przekąski.

Taller Experimental de Gráfica CENTRUM SZTUKI

(mapa s. 64; Callejón del Chorro No 6; ⌚10.00–16.00 pn.–pt.) BEZPŁ. Łatwy do przeoczenia na końcu zaułka, jest jedną z najbardziej awangardowych pracowni w Hawanie, również oferującą kursy rytownictwa (s. 87). Można przyjść i zobaczyć mistrza przy pracy (lub też nim być).

Casa de Lombillo BUDYNEK HISTORYCZNY

(mapa s. 64; Plaza de la Catedral) Pałac (*palacio*), zbudowany w 1741 r., w pobliżu Catedral de la Habana. Od 1902 r. służył jako poczta (kamienna skrzynka pocztowa w kształcie greckiej maski, w zewnętrznej ścianie, wciąż jest w użyciu). Od 2000 r. mieści się tu Urząd Historyka Miasta. Z Casa de Lombillo sąsiaduje równie wspaniały Palacio del Marqués de Arcos z tego samego okresu.

Museo de Arte Colonial MUZEUM

(mapa s. 64; San Ignacio No 61; 2 CUC; ⌚9.30–16.45) Palacio de los Condes de Casa Bayona (z 1720 r.), przy Plaza de la Catedral, zajmuje Muzeum Sztuki Kolonialnej. Zgromadzono w nim wyposażenie salonów, jadalni i sypialni, rzeźbione drzwi domów kolonialnych, kraty z kutego żelaza, kolekcję rzadkiej porcelany, nakrycia stołowe, elementy dekoracyjne z motywami kwiatów.

Palacio de los Marqueses de Aguas Claras BUDYNEK HISTORYCZNY

(mapa s. 64; San Ignacio No 54) W majestatycznym barokowym pałacu, po zachodniej

LOKALNE SEKRETY

HABANA VIEJA – PLAN ATAKU

Habana Vieja, z mnóstwem muzeów, galerii, historycznych hoteli i kolonialnych placów, może okazać się przytłaczająca dla tych, którzy są tu po raz pierwszy. Aby podejść do sprawy właściwie, trzeba zamówić filiżankę kawy (przy Plaza Vieja są ładne lokale), usiąść z mapą i naszkicować strategiczny plan ataku. Będzie przyświecało motto: na wszystko nie wystarczy czasu.

Życie w Habana Vieja toczy się wokół jej czterech głównych placów, skupionych po wschodniej stronie dzielnicy. Przy alei w pobliżu kameralnej Plaza de la Catedral, naprzeciwko nieomijalnej katedry, jest kilka dobrych restauracji. Przy zacienionej Plaza de Armas (s. 63) dominują Museo de la Ciudad i najstarszy fort Hawany. Na przewiewnej Plaza de San Francisco de Asís (s. 66) stoją skłaniające do refleksji rzeźby; Plaza Vieja (s. 68) wyróżnia się najbardziej urozmaiconą architekturą i najlepszym wyborem nocnych barów i knajpek.

Łączą je interesujące ulice, wśród nich calle Oficios, calle Obispo (z konkurującymi z sobą zespołami muzycznymi, koncertującymi po 18.00) i calle Mercaderes (są tam stare sklepy). Resztę gęstej siatki ulic dzielnicy Habana Vieja opanowały rdzewiejące amerykańskie krążowniki szos, niewielkie restauracje i siermiężny socjalizm. Każdy, kto jest choć odrobinę na czasie, niech się wybierze na Plaza del Cristo (s. 73), z mnóstwem gwarnych modnych barów.

Będąc w Hawanie dłużej niż dzień, koniecznie trzeba zwiedzić dwa forty (s. 75) po przeciwnej stronie portu. Dobrą porą będzie wczesny wieczór. Zachód słońca nad miastem widziany z murów jest legendarny.

stronie Plaza de la Catedral, była dawniej słynna restauracja *Paris*, obecnie jest w nim **bar-restaurante El Patio** (dania 15–20 CUC; ⏲12.00–24.00). Nazwa pochodzi od wewnętrznego dziedzińca (patio) w stylu andaluzyjskim.

Parque Maestranza PARK
(mapa s. 64; Av Carlos Manuel de Céspedes; 3 CUC; ⏲10.00–17.00) Niewielki plac zabaw (dla dzieci w wieku od 4 do 12 lat) z dmuchanymi zamkami i innymi atrakcjami, także z widokiem na port.

PLAZA DE ARMAS I OKOLICE

Plaza de Armas SKWER
(mapa s. 64) Najstarszy plac w Hawanie wytyczono w latach 20. XVI w., tuż po założeniu miasta. Nazwa Plaza de la Iglesia (plac Kościelny), pochodzi od kościoła parafialnego. W miejscu zburzonego kościoła zbudowano w 1791 r. Palacio de los Capitanes Generales (Pałac Kapitanii Generalnej).

Nazwę Plaza de Armas (plac Broni) przyjęto pod koniec XVI w., kiedy gubernator, zajmujący Castillo de la Real Fuerza (Zamek Królewskich Sił Zbrojnych), prowadził tam ćwiczenia wojskowe. Obecny plac, a także większość otaczających go budowli, pochodzi z końca XVIII w.

Pośrodku placu, otoczonego królewskimi palmami, od 1955 r. stoi pomnik Carlosa Manuela de Céspedes, który w 1868 r. poprowadził Kubę ku niepodległości. Zajmuje piedestał Ferdynanda VII – niepopularnego króla Hiszpanii przestawiono w róg placu. Na *plaza* odbywa się codzienny (z wyjątkiem niedziel) targ używanych książek.

Na wschodniej pierzei placu zwraca uwagę XVIII-wieczny Palacio de los Condes de Santovenia (calle Baratillo 9) – obecnie pięciogwiazdkowy hotel *Santa Isabel* (s. 90).

★ **Museo de la Ciudad** MUZEUM
(mapa s. 64; Tacón No 1; 3 CUC; ⏲9.30–18.00) Nawet gdyby je pozbawiono eksponatów, hawańskie muzeum byłoby nie lada sensacją ze względu na wspaniały pałac – podręcznikowy przykład kubańskiego baroku – którego jest gospodarzem od 1968 r. Palacio de los Capitanes Generales, wzniesiony w latach 70. XVIII w., zajmuje całą zachodnią pierzeję Plaza de Armas. Materiał budowlany pochodzi z pobliskich kamieniołomów San Lázaro.

W latach 1791–1898 w pałacu rezydowali kapitanowie generalni hiszpańskiej kolonii, od 1899 do 1902 r. zajmowali go amerykańscy gubernatorowie wojskowi, a potem do 1920 r. był siedzibą władz republiki kubańskiej. Pośrodku wspaniałego wewnętrznego dziedzińca

Habana Vieja

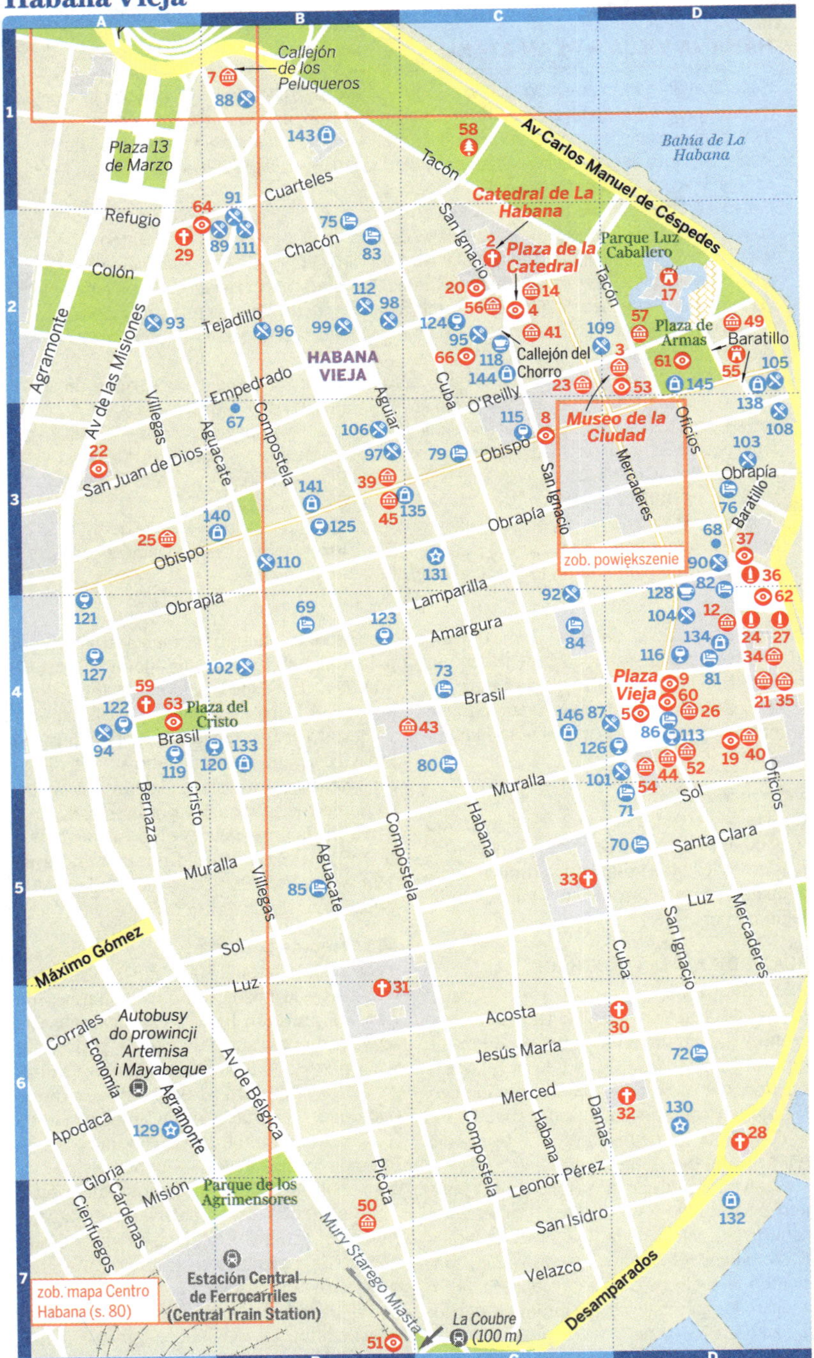

pałacu-muzeum stoi pomnik Krzysztofa Kolumba (1862 r.) z białego marmuru. Wśród eksponatów znajdują się meble z epoki, hiszpańskie flagi i mundury wojskowe, XIX-wieczne powozy, porcelana, flamandzkie arrasy z XVII i XVIII w.; w pinakotece wystawiono dzieła kubańskich malarzy (m.in. Wifreda Lama). Stare fotografie szczegółowo odtwarzają wydarzenia z barwnej historii Hawany. Lepiej ominąć natrętny personel i zwiedzać własnym tempem.

Castillo de la Real Fuerza FORT

(mapa s. 64; Plaza de Armas; 3 CUC; ⌚9.00–17.00 wt.–nd.) Od strony morza, przy Plaza de Armas stoi jeden z najstarszych fortów w Ameryce, zbudowany w latach 1558–1577 na miejscu wcześniejszego fortu zniszczonego przez francuskich piratów w 1555 r. Wyniosły i niezwyciężony zamek otacza imponująca fosa. Mieści się w nim Museo de Navegación przedstawiające zarówno historię fortu, jak i Starego Miasta, a także jego związki z dawnym hiszpańskim imperium. Warto poszukać olbrzymiego modelu galeonu „Santíssima Trinidad".

Zachodnią wieżę wieńczy La Giraldilla, kopia wiatrowskazu w kształcie kobiecej postaci. Figurę z brązu wykonał w Hawanie w 1632 r. Jerónimo Martínez Pinzón, upamiętniając Doñę Inés de Bobadillę, która pełniła urząd gubernatora w zastępstwie męża, Hernanda de Soto, podczas jego wyprawy na Florydę. Oryginał jest w Museo de la Ciudad; Giraldilla widnieje na etykiecie rumu Havana Club.

Palacio del Segundo Cabo BUDYNEK HISTORYCZNY

(mapa s. 64; O'Reilly No 4; ⌚9.00–18.00 pn.–sb.) BEZPŁ. Wciśnięty w północno-zachodni narożnik Plaza de Armas, piękny barokowy pałac wzniesiono w 1772 r. jako siedzibę hiszpańskiego wicegubernatora. Po szeregu przeobrażeń – urząd pocztowy, pałac Senatu, Sąd Najwyższy, Narodowa Akademia Sztuki i Literatury – budynek ponownie otwarto w 2014 r. jako interdyscyplinarne muzeum kubańsko-europejskich relacji kulturowych. W chwili dokumentowania przewodnika na parterze mieściła się ekspozycja architektury secesyjnej.

Museo El Templete MUZEUM

(mapa s. 64; Plaza de Armas; 2 CUC; ⌚8.30–18.00) We wschodniej pierzei Plaza de Armas. W 1828 r. zbudowano neoklasycystyczną kaplicę w porządku doryckim w miejscu, gdzie pod puchowcem (*ceiba*) po raz pierwszy

Habana Vieja

Główne atrakcje
1 Calle Mercaderes ... F6
2 Catedral de La Habana ... C2
3 Museo de la Ciudad ... D2
4 Plaza de la Catedral ... C2
5 Plaza Vieja ... D4

Zwiedzanie
6 Armería 9 de Abril ... F7
7 Arte Corte ... B1
8 Calle Obispo ... C3
9 Cámara Oscura ... D4
10 Casa de África ... E7
11 Casa de Asia ... F6
12 Casa de Carmen Montilla ... D4
13 Casa de la Obra Pía ... E6
14 Casa de Lombillo ... C2
15 Casa de México Benito Juárez ... F6
16 Casa Oswaldo Guayasamín ... F6
17 Castillo de la Real Fuerza ... D2
18 Catedral Ortodoxa Nuestra Señora de Kazán ... E5
19 Centro Cultural Pablo de la Torriente Brau ... D4
20 Centro de Arte Contemporáneo Wifredo Lam ... C2
21 Coche Mambí ... D4
22 Edificio Bacardí ... A3
23 Edificio Santo Domingo ... C2
24 El Caballero de París ... D4
25 El Ojo del Ciclón ... A3
26 Fototeca de Cuba ... D4
27 Fuente de los Leones ... D4
28 Iglesia de San Francisco de Paula ... D6
29 Iglesia del Santo Ángel Custodio ... A2
30 Iglesia Parroquial del Espíritu Santo ... D6
31 Iglesia y Convento de Nuestra Señora de Belén ... B6
32 Iglesia y Convento de Nuestra Señora de la Merced ... D6
33 Iglesia y Convento de Santa Clara ... C5
34 Iglesia y Monasterio de San Francisco de Asís ... D4
35 Il Genio di Leonardo da Vinci ... D4
36 La Conversación ... D3
37 Lonja del Comercio ... D3
38 Maqueta de La Habana Vieja ... E6
39 Museo 28 Septiembre de los CDR ... B3
40 Museo Alejandro Humboldt ... D4
41 Museo de Arte Colonial ... C2
42 Museo de Bomberos ... F7
43 Museo de la Farmacia Habanera ... C4
44 Museo de Naipes ... D4
45 Museo de Numismático ... B3
46 Museo de Pintura Mural ... F6
47 Museo de Simón Bolívar ... F7
48 Museo del Ron ... E4
49 Museo el Templete ... D2
50 Museo-Casa Natal de José Martí ... B7
51 Mury Starego Miasta ... B7
52 Palacio Cueto ... D4
53 Palacio de los Capitanes Generales ... D2
54 Palacio de los Condes de Jaruco ... D4
55 Palacio de Los Condes de Santovenia ... D2
56 Palacio de los Marqueses de Aguas Claras ... C2
57 Palacio del Segundo Cabo ... D2
58 Parque Maestranza ... C1
59 Parroquial del Santo Cristo del Buen Viaje ... A4
60 Planetario ... D4
61 Plaza de Armas ... D2
62 Plaza de San Francisco de Asís ... D4
63 Plaza del Cristo ... A4
64 Plazuela de Santo Ángel ... A2
Statua Carlosa Manuela de Céspedes ... (zob. 61)
65 Statua Simóna Bolívara ... F6
66 Taller Experimental de Gráfica ... C2

Aktywnie, kursy i wycieczki
67 La Casa del Son ... B3
68 Agencia de Viajes San Cristóbal ... D3
Taller Experimental de Gráfica ... (zob. 66)

Noclegi
69 Casa Colonial del 1715 ... B4
70 Casa de Pepe y Rafaela ... D5
71 Hostal Conde de Ricla ... D5
72 Greenhouse ... D6
73 Hostal Calle Habana ... C4
74 Hostal Conde de Villanueva ... F7
75 Hostal El Encinar ... B2

w Hawanie celebrowano mszę św (XI 1519 r.). Obumarłą *ceibę* wciąż zastępowano młodym drzewkiem (ostatnio w 1960 r.). W Templete są trzy obrazy francuskiego malarza Jean Baptiste'a Vermaya (1786–1833).

PLAZA DE SAN FRANCISCO DE ASÍS I OKOLICE

Plaza de San Francisco de Asís PLAC

(mapa s. 64) Naprzeciwko portu Hawany. Targana wiatrami Plaza de San Francisco de Asís powstała w XVI w., kiedy hiszpańskie galeony cumowały w porcie w drodze z „Indii Zachodnich" do Hiszpanii. Przez całe XVI stulecie była targiem, następnie w 1608 r. zbudowano kościół. Pobożni mnisi zaczęli się skarżyć na hałas, zatem targowisko przeniesiono kilka przecznic dalej, na Plaza Vieja.

Plac całkowicie odrestaurowano pod koniec lat 90. XX w. Brukowany plac zdobi Fuente de los Leones (fontanna z Lwami) z białego marmuru, wyrzeźbiona przez włoskiego artystę Giuseppe Gagginiego w 1836 r. Obok kościoła przechodzi *El Caballero de París* –

76 Hostal Valencia D3
77 Hotel Ambos Mundos E6
78 Hotel Armadores de Santander E5
79 Hotel Florida C3
80 Hotel Habana 612 .... C4
81 Hotel Los Frailes D4
82 Hotel Palacio del Marqués de San Felipe y Santiago de Bejucal D4
83 Hotel Palacio O'Farrill B2
84 Hotel Raquel C4
Hotel Santa Isabel .... (zob. 55)
85 Jesús y María B5
86 Penthouse Plaza Vieja D4

Gastronomia

87 Café Bohemia D4
88 Café de los Artistas B1
89 Café del Ángel Fumero Jacqueline B2
90 Café del Oriente D3
91 Cafe Espada B2
92 Casa del Queso La Marriage C4
93 ChaChaChá A2
94 D'Next A4
95 Doña Eutimia C2
96 Donde Lis B2
97 El del Frente B3
98 El Rum Rum de La Habana B2
99 Helad'oro B2
100 La Imprenta F7
101 La Vitrola D4
102 Lamparilla 361 Tapas y Cervezas B4
103 Mama Inés D3
104 Mesón de la Flota D4
105 Nao Bar Paladar D2
106 O'Reilly 304 .... B3
107 Paladar Los Mercaderes F7
108 Restaurante El Templete D3
109 Restaurante La Dominica C2
Restaurante Paris .... (zob. 56)
110 Sandwichería La Bien Paga B3
111 Trattoria 5esquinas B2
112 Tres Monedas Creative Lounge B2

Bary i życie nocne

113 Azúcar Lounge D4
114 Bar Dos Hermanos E4
Café El Escorial .... (zob. 86)
115 Café París C3
116 Café Taberna D4
117 Cervecería Antiguo Almacén de la Madera y Tabaco E6
118 Dulcería Bianchini II C2
119 El Chanchullero A4
120 El Dandy B4
121 El Floridita A4
122 El Patchanka A4
123 Espacios Old Fashioned B4
124 La Bodeguita del Medio C2
125 La Dichosa B3
126 La Factoria Plaza Vieja D4
127 Bar Monserrate A4
128 Museo del Chocolate D4

Rozrywka

Basílica Menor de San Francisco de Asís .... (zob. 27)
Cinematógrafo Lumière .... (zob. 38)
129 El Guajirito A6
130 Gimnasio de Boxeo Rafael Trejo D6
131 Oratorio de San Felipe Neri C3

Zakupy

Casa del Habano – Hostal Conde de Villanueva .... (zob. 74)
132 Centro Cultural Antiguos Almacenes de Deposito San José D7
133 Clandestina B4
134 Estudio Galería Los Oficios D4
135 Fayad Jamás C3
136 Sklep Fundación Havana Club E4
137 Habana 1791 .... F6
138 La Casa del Café D2
139 La Marca F6
140 Librería Venecia B3
141 Longina Música B3
142 Museo del Tabaco F6
143 Palacio de la Artesanía B1
144 Piscolabis Bazar y Café C2
145 Targowisko używanych książek na Plaza de Armas D2
146 Taller de Serigrafía René Portocarrero C4

tak nazywano José Lópeza Lledína z Galicii, słynnego gadułę i włóczykija, który w latach 50. XX w. zabawiał przechodniów filozoficznymi powiastkami o życiu, religii, polityce i sprawach bieżących. Rzeźbę wykonał José Villa Soberón. W 2012 r. dodano abstrakcyjną *La Conversación* w brązie francuskiego artysty Etienne'a.

Il Genio di Leonardo da Vinci MUZEUM
(mapa s. 64; Churruca, pomiędzy Oficios i Av Carlos Manuel de Céspedes; 2 CUC; 9.30–16.00 wt.–sb.) Stała wystawa w Salón Blanco (Białym Salonie) klasztoru San Francisco de Asís (wejście od południowej strony kościoła, za Coche Mambí) przedstawia makiety szybowców, przenośnych mostów, rowerów, spadochronów i pojazdów mechanicznych na korbę, skonstruowanych na podstawie słynnych szkiców Leonarda, prekursora urządzeń w świecie współczesnym.

Piękna ekspozycja opisana jest w sześciu językach.

Museo del Ron MUZEUM

(mapa s. 64; San Pedro No 262; 7 CUC, z przewodnikiem; ⌚9.00–17.30 pn.–czw., do 16.30 pt.–nd.) Nie trzeba być amatorem Añejo Reserva, żeby zasmakować w Museo del Ron na terenie Fundación Havana Club, ale to zapewne pomoże. Wycieczka po muzeum, z przewodnikiem w trzech językach, obrazuje, jak dawniej wytwarzano rum, a także skomplikowany proces destylacji, ale brak jej szczegółowości i pasji. W cenę wliczono niezbyt szczodrą porcję rumu.

Na miejscu jest bar i sklep, ale znawcy udają się do sąsiedniego baru *Dos Hermanos* (s. 109). Muzeum znajduje się vis-à-vis hawańskiego portu.

Catedral Ortodoxa Nuestra Señora de Kazán KOŚCIÓŁ

(mapa s. 64; Av Carlos Manuel de Céspedes, pomiędzy Sol i Santa Clara) Piękna rosyjska katedra prawosławna, ze złoconymi kopułami, wzniesiono w 2006 r. Konsekrację celebrował, w obecności Raúla Castro, metropolita Smoleńska i Kaliningradu, Kirył, w październiku 2008 r. Cerkiew zbudowano w ramach próby wznowienia stosunków rosyjsko-kubańskich po ich pogorszeniu się w 1991 r.

Iglesia y Monasterio de San Francisco de Asís MUZEUM

(mapa s. 64; Oficios, pomiędzy Amargura i Brasil; muzeum 2 CUC; ⌚9.00–18.00) Wzniesiony w 1608 r., następnie przebudowany w stylu barokowym w latach 1719–1738, kościół z klasztorem przestał pełnić funkcję religijną w latach 40. XIX w. Pod koniec lat 80. XX w. odkopano krypty i przedmioty kultu, które włączono do zbiorów Museo de Arte Religioso, gdzie są eksponowane obrazy, srebra, drewniane rzeźby i ceramika związane z kultem. Od 2005 r. część starego klasztoru funkcjonuje jako teatr dziecięcy. W dawnej nawie głównej odbywają się jedne z najlepszych koncertów muzyki klasycznej w Hawanie. Informacje o wydarzeniach kulturalnych znajdują się w folderze *Bienvenidos*, dostępnym w hotelach i biurach Infotur.

Lonja del Comercio ARCHITEKTURA

(mapa s. 64; Plaza de San Francisco de Asís) Duży, pudełkowaty budynek (z 1909 r.) przy Plaza de San Francisco de Asís to dawna giełda towarowa. Całkowicie odrestaurowana w 1996 r. przez Habaguanex, obecnie mieści biura firm zagranicznych zaangażowanych w *joint ventures* na Kubie. Warto zobaczyć centralne atrium oraz futurystyczne wnętrza. Jest kawiarnia i restauracja *El Mecurio*, której nazwa pochodzi od figury z brązu boga Merkurego wieńczącej kopułę na dachu.

Museo Alejandro de Humboldt MUZEUM

(mapa s. 64; róg Oficios i Muralla; ⌚9.00–17.00 wt.–sb.) BEZPŁ. Niemiecki naukowiec Alexander von Humboldt jest często wymieniany jako „drugi odkrywca" Kuby. Niewielkie muzeum przedstawia historię jego dzieła, którym było zbieranie danych naukowych i botanicznych na terenie całej wyspy na początku XIX w. W chwili dokumentowania przewodnika, w muzeum odbywały się długo oczekiwane porządki.

Coche Mambí MUZEUM

(mapa s. 64; Churruca; ⌚9.00–14.00 wt.–sb.) BEZPŁ. Z boku Palacio de Gobierno przy ulicy Churruca stoi Coche Mambí, wagon prezydencki zbudowany w USA w 1900 r. i sprowadzony na Kubę w 1912 r. Prawdziwa rezydencja na kołach, ma kuchnię, 4 sypialnie z łazienkami, kancelarię, jadalnię, okna z drewnianymi żaluzjami, taras; w dawnych czasach były w nim wentylatory chłodzące wnętrze suchym lodem. Można zajrzeć do środka.

Casa de Carmen Montilla GALERIA

(mapa s. 64; Oficios No 164; ⌚10.30–17.30 wt.–sb., 9.00–13.00 nd.) Ważna galeria, nazwana na cześć cenionej wenezuelskiej malarki, która miała tu pracownię aż do śmierci w 2004 r. Na trzech kondygnacjach domu są wystawione prace Montilli oraz znanych artystów kubańskich i wenezuelskich. Na dziedzińcu z tyłu widać olbrzymi ceramiczny mural Alfreda Sosabravo.

PLAZA VIEJA I OKOLICE

★ Plaza Vieja PLAC

(Stary Plac; mapa s. 64) Wytyczona w 1559 r. Plaza Vieja jest najbardziej eklektyczną wśród *plazas* w Hawanie – kubański barok gładko przechodzi w secesję inspirowaną budowlami Gaudíego. Na początku nazywana Plaza Nueva (Nowy Plac), była placem musztry wojskowej, a później targowiskiem pod gołym niebem.

W czasach reżimu Batisty zbudowano pod nim brzydki podziemny parking – rozebrany w 1996 r. Przy usianej barami, restauracjami i kawiarniami Plaza Vieja są także mikrobrowar, szkoła podstawowa im. Ángeli Landy, ogrodzona parkanem piękna fontanna, a po stronie zachodniej jedne z najpiękniejszych w Hawanie *vitrales* (witraże). Kilka nowych barów i kawiarni tworzy wieczorem miłą atmosferę.

Planetario PLANETARIUM
(mapa s. 64; ☎7-864-9544; Mercaderes No 311; 10 CUC; ⏲10.00–15.00 śr.–nd.) W Planetarium w Hawanie można zobaczyć model systemu słonecznego wewnątrz olbrzymiej kuli, symulację Wielkiego Wybuchu, a na specjalnej widowni obserwować ponad 6000 gwiazd. Wszystko jest fascynujące. Zwiedzanie: po wcześniejszej rezerwacji i tylko z przewodnikiem (od środy do niedzieli; 4 wycieczki w zwykłe dni, 2 w niedziele); rezerwacja (osobiście) w poniedziałki i wtorki.

Palacio Cueto BUDYNEK HISTORYCZNY
(mapa s. 64; róg Muralla i Mercaderes) Przy południowo-wschodnim narożniku Plaza Vieja stoi charakterystyczna budowla (1906 r.) w stylu barcelońskiego modernizmu (A. Gaudí, Ll. Doménech, J. Puig) – najpiękniejszy przykład secesji w Hawanie. Za ekstrawagancko zdobioną fasadą dawniej mieścił się magazyn i zakład wyrobu kapeluszy. W latach 20. XX w. José Cueto wynajął budynek na *Hotel Palacio Viena*. Habaguanex, handlowe ramię Urzędu Historyka Miasta, prowadzi rewitalizację; budynek był niewykorzystany od wczesnych lat 90. XX w.

Palacio de los Condes de Jaruco GALERIA
(mapa s. 64; Muralla No 107; ⏲10.00–17.00 pn.–pt., 10.00–14.00 sb.) BEZPŁ. Masywna budowla w południowo-zachodnim narożniku Plaza Vieja należy do najstarszych przy placu. Pałac (ukończony w 1738 r.) zbudowano z miejscowego piaskowca w przejściowym stylu mudéjarowo-barokowym. Bogaty w elementy dekoracyjne, był typową rezydencją rodzin kreolskich Przez wiele lat należał do hrabiów Jaruco. Obecnie siedziba głównej kubańskiej fundacji kulturalnej; jest też sklep z pamiątkami i galeria sztuki La Casona.

Fototeca de Cuba GALERIA
(mapa s. 64; www.fototecadecuba.com; Mercaderes No 307; ⏲10.00–17.00 wt.–pt., 9.00–12.00 sb.) BEZPŁ. Archiwum fotograficzne Starej Hawany z wczesnych lat XX w. i późniejszych założył w w 1937 r. Historyk Miasta Emilio Roig de Leuchsenring. W archiwum Fototeki zgromadzono około 14 000 fotografii – miały kapitalne znaczenie dla bieżącej rewitalizacji zabytkowych budowli. Wystawy są zmienne. Informacje o wydarzeniach kulturalnych na stronie internetowej.

Museo de la Farmacia Habanera MUZEUM
(mapa s. 64; róg Brasil i Compostela; ⏲9.00–17.00) BEZPŁ. Kilka przecznic od Plaza del Cristo wznosi się wielki magazyn ozdobiony drewnianymi panelami. Od 1886 r. należał do spółki katalońskich farmaceutów José Sarrá y Compañía. Został odnowiony jako muzeum i działająca apteka. Muzeum prezentuje elegancką makietę zabytkowej apteki i jej dawne wyposażenie.

Cámara Oscura PUNKT CHARAKTERYSTYCZNY
(mapa s. 64; Plaza Vieja; 2 CUC; ⏲9.30–17.00 wt.–nd.) Na szczycie wieży (wys. 35 m) zainstalowano urządzenie optyczne, zapewniające 360-stopniowy widok miasta. Objaśnienia po hiszpańsku i angielsku. Wieża budynku Gómez Vila stoi w północno-wschodnim narożniku Plaza Vieja.

Centro Cultural Pablo de la Torriente Brau OŚRODEK KULTURALNY
(mapa s. 64; www.centropablo.cult.cu; Muralla No 63; ⏲9.00–17.30 wt.–sb.) BEZPŁ. Ukryty na tyłach Plaza Vieja, „Brau" jest wiodącą instytucją kulturalną, założoną w 1996 r. pod auspicjami Unión de Escritores y Artistas de Cuba (Uneac; Stowarzyszenie Kubańskich Pisarzy i Artystów). W ośrodku odbywają się wystawy, odczyty poezji i koncerty muzyki akustycznej. Salón de Arte Digital znany jest z awangardowej sztuki cyfrowej.

Museo de Naipes MUZEUM
(mapa s. 64; Muralla No 101; ⏲9.30–17.00 wt.–nd.) BEZPŁ. W najstarszym budynku przy Plaza Vieja znajduje się osobliwe muzeum gier karcianych z liczącą 2000 eksponatów kolekcją kart, m.in. z gwiazdami rocka, koktajlami z rumem; są też karty okrągłe.

POŁUDNIOWA HABANA VIEJA

Iglesia y Convento de Nuestra Señora de la Merced KOŚCIÓŁ
(mapa s. 64; Cuba No 806; ⏲8.00–12.00 i 15.00–17.30) Barokowy kościół, przy osobnym placyku, zachwyca najwspanialszym z kościelnych wnętrz w Hawanie. Trzy nawy oddzielone kolumnami, pozłacane ołtarze, freski na sklepieniach, cenne stare malowidła tworzą podniosły klimat. Wnętrza są częściowo odrestaurowane. Krużganki czynnego klasztoru otaczają zaciszny dziedziniec.

Museo-Casa Natal de José Martí MUZEUM
(mapa s. 64; Leonor Pérez No 314; 2 CUC; ⏲9.30–17.00 wt.–sb., 9.30–13.00 nd.) Otwarte w 1925 r. muzeum w domu, w którym urodził się 28 stycznia 1853 r. apostoł kubańskiej niepodległości, uznane jest za najstarsze w Hawanie. Urząd Historyka Miasta przejął budynek

Habana Vieja

SPACEREM PO STAREJ HAWANIE

Łatwy spacer po „czterech *plazas*", choć nie ma nawet 2 km, może zająć cały dzień, gdyż trudno nie wstąpić do muzeów, sklepów, barów i nie zatrzymać się przy teatrze ulicznym. To wyjątkowa dzielnica historyczna Hawany, wzniesiona wokół czterech głównych placów.

Rozpoczyna się od ❶ **Catedral de la Habana**, przy Plaza de la Catedral. Na gwarnym placu panuje wspaniała atmosfera i zawsze jest na nim mnóstwo ciekawych postaci.

Następnie Calle Empedrado i Calle Mercaderes kierują do Plaza de Armas (niegdyś plac musztry wojskowej); na straży wciąż stoi ❷ **Castillo de la Real Fuerza**. W tym forcie jest muzeum. Więcej czasu warto spędzić w Museo de la Ciudad w ❸ **Palacio de los Capitanes Generales**; można sobie darować przewodników i zwiedzić je we własnym zakresie.

Następnie wchodzimy na ❹ **Calle Obispo**, główną ulicę Starej Hawany, po czym skręcamy w lewo, w ❺ **Calle Mercaderes**. Stare sklepy i muzea uprzyjemnią spacer.

Skręcając w lewo w Calle Amargura, która doprowadzi do Plaza de San Francisco de Asís i ❻ **Iglesia y Monasterio de San Francisco de Asís**, trzeba zanotować daty koncertów muzyki klasycznej i starać się zwiedzić któreś z dwóch kościelnych muzeów (warto wybrać Il Genio di Leonardo da Vinci). Skręcając w prawo, wchodzi się na ❼ **Plaza Vieja**: są tam galerie muzealne i planetarium. A kiedy już nastąpi przesyt muzeami, można wpaść do Factoria Plaza Vieja na chłodne piwo z mikrobrowaru.

MUZEA

W Starej Hawanie są warte uwagi muzea. Można je zwiedzić (w podanej kolejności) podczas spaceru:

Museo de Arte Colonial Wyposażenie wnętrz.

Museo de Navegación Dzieje żeglarstwa.

Museo de la Ciudad Historia miasta.

Museo de Pintura Mural Freski.

Maqueta de la Habana Vieja Makieta Hawany w skali 1:500.

Museo de Naipes Karty do gry.

RICHARD CAVALLERI/SHUTTERSTOCK ©

Catedral de La Habana

Wnętrze katedry było pierwotnie barokowe, podobnie jak frontowa fasada. Jednak na początku XIX w., w ramach projektu renowacyjnego, wnętrze świątyni otrzymało bardziej stonowany, klasyczny wystrój.

Palacio de los Capitanes Generales

Interesującą cechą tego solidnego budynku są morskie skamieliny zdobiące wapienne mury. Ulicę od frontu wybrukowano drewnem, by wygłuszyć stukot końskich kopyt.

Calle Obispo

Dolny fragment Obispo to architektoniczne rozdroże. Pierzeję południową tworzą najstarsze w Hawanie kamienice, pochodzące z lat 70. XVI w. Vis-à-vis stoi hotel *Ambos Mundos*, w którym Hemingway zatrzymywał się w latach 30. XX w.

HAILSHADOW/GETTY IMAGES©

FERENZ/SHUTTERSTOCK ©

Castillo de la Real Fuerza

Atrakcją muzeum morskiego w forcie jest 4-metrowy model okrętu „Santíssima Trinidad", zbudowanego w Hawanie w latach 60. XVIII w. i uczestniczącego w bitwie pod Trafalgarem w 1805 r.

Calle Mercaderes

Piesza „ulica handlowa" znana jest ze sklepów ezoterycznych. Na rogu Calle Obrapía stoi Casa de la Obra Pía, jeden z pierwszych projektów rewitalizacyjnych Historyka Miasta, Eusebia Leala, zrealizowanych w 1968 r.

LENA WURM/SHUTTERSTOCK ©

Iglesia y Monasterio de San Francisco de Asís

Kiedyś najwyższa budowla w Hawanie; dzwonnicę dawnego kościoła i klasztoru wieńczyła figura św. Franciszka z Asyżu. Figurę strącił huragan w 1846 r.

GIL.K/SHUTTERSTOCK ©

Plaza Vieja

Budynki przy Plaza Vieja były prywatnymi rezydencjami najbogatszych rodzin w Hawanie. Na placu odbywały się publiczne widowiska, a także egzekucje.

w 1994 r.; treściwa wystawa eksponatów poświęconych kubańskiemu bohaterowi narodowemu nie przestaje robić wrażenia.

Iglesia y Convento de Nuestra Señora de Belén KLASZTOR

(mapa s. 64; Compostela, pomiędzy Luz i Acosta) Olbrzymia budowla z 1718 r. najpierw była domem opieki, następnie klasztorem jezuickim. Opuszczona w 1925 r., popadła w ruinę, a dzieła dopełnił pożar w 1991 r. Historyk Miasta uchronił ją od całkowitego zniszczenia: pod koniec lat 90. za pieniądze uzyskane od turystów utworzył aktywny ośrodek miejski dla osób niepełnosprawnych fizycznie i umysłowo, a także dla osób starszych. Pięć poziomów zajmuje nowe muzeum meteorologii i klimatologii.

Iglesia de San Francisco de Paula KOŚCIÓŁ

(mapa s. 64; róg Leonor Pérez i Desamparados; ⌚tylko podczas koncertów) Jedna z pereł architektury sakralnej w Hawanie. Jedynie kościół się zachował z zespołu szpitalnego dla kobiet San Francisco de Paula z połowy XVIII w. Podświetlany w nocy podczas koncertów muzyki klasycznej, odsłania lśniące witraże, masywną kopułę i barokową fasadę.

Iglesia Parroquial del Espíritu Santo KOŚCIÓŁ

(mapa s. 64; Acosta No 161; ⌚8.00–12.00 i 15.00–18.00) Najstarszy z zachowanych kościołów w Hawanie był wielokrotnie przebudowywany, odkąd wyzwoleni czarni niewolnicy wznieśli kaplicę w 1638 r. Większa część aktualnego budynku pochodzi z połowy XIX w.: można dostrzec w nim wpływy stylu Maurów, a także gotyku, neoklasycyzmu oraz architektury andaluzyjskiej.

Iglesia y Convento de Santa Clara KLASZTOR

(mapa s. 64; Cuba No 610) Na południe od Plaza Vieja. Największy i najstarszy klasztor Hawany, zbudowany w latach 1638–1643, od 1920 r. nie służy celom sakralnym. Przez pewien czas mieściło się w nim Ministerstwo Robót Publicznych, obecnie jest bazą dla części zespołu prowadzącego prace rewitalizacyjne w Habana Vieja. W momencie dokumentowania przewodnika był restaurowany.

CALLE OBISPO I OKOLICE

Calle Obispo STREFA

(mapa s. 64) Ciasno zabudowaną wąską calle Obispo (ulicę Biskupią), główną arterię komunikacyjną Habana Vieja, wypełniają galerie sztuki, sklepy, bary z muzyką i ludzie. Cztero- i pięciokondygnacyjne budynki przesłaniają słońce, rzesze ludzi poruszają w rytmie pięknych i konkurujących ze sobą dźwięków wydobywających się z każdego baru.

★Calle Mercaderes STREFA

(mapa s. 64) Wolna od aut brukowana calle Mercaderes (ulica Kupców) została gruntownie odnowiona przez Urząd Historyka Miasta i dokładnie przedstawia stan z czasów swej świetności w XVIII stuleciu. Wśród licznych muzeów, sklepów i restauracji widać również bliższe prawdziwego życia projekty społeczne, jak dom matek czy spółdzielnia tkacka.

Wstęp do większości muzeów jest bezpłatny, łącznie z wymienionymi: **Casa de Asia** (calle Mercaderes No 111; ⌚10.00–18.00 wt.–sb., 9.00–13.00 nd.) prezentuje malarstwo i rzeźbę z Chin i Japonii; **Armería 9 de Abril** (calle Mercaderes No 157; ⌚9.00–17.00 wt.–sb., 13.00–17.00 pn.) to dawna rusznikarnia zdobyta przez rewolucjonistów w pamiętnym dniu 1958 r.; **Museo de Bomberos** (róg Mercaderes i Lamparilla; ⌚10.00–18.00 pn.–sb.), ze sprzętem gaśniczym, poświęcono 19 hawańskim strażakom, którzy stracili życie, gasząc pożar pociągu w 1890 r.

Idąc ulicą Obrapía, tuż obok ul. Mercaderes, warto zajrzeć do **Casa de África** (Obrapía No 157; ⌚9.30–17.00 wt.–sb., 9.30–13.00 nd; bezpł.), przechowującej święte przedmioty kultu *santerii* oraz sekretnego bractwa Abakuá, zebrane przez etnografa Fernanda Ortíza.

Narożnik Mercaderes i Obrapía ma charakter międzynarodowy: stoi tam pomnik z brązu Simóna Bolívara, wyzwoliciela Ameryki Łacińskiej, a po przeciwnej stronie ulicy jest **Museo de Simón Bolívar** (calle Mercaderes 160; przyjmowane są darowizny; ⌚9.00–17.00 wt.–sb., 9.00–13.00 nd.) poświęcone jego życiu. **Casa de México Benito Juárez** (Obrapía No 116; 1 CUC; ⌚10.15–17.00, wt.–sb., 9.00–13.00 nd.), imienia prezydenta Meksyku (pochodził z narodu Zapoteków), prezentuje meksykańską sztukę ludową i mnóstwo książek. Tuż na wschód znajduje się **Casa Oswaldo Guayasamín** (Obrapía No 111; ⌚9.00–16.30 wt.–nd.) BEZPŁ., obecnie muzeum, a wcześniej pracownia wielkiego ekwadorskiego artysty, który namalował Fidela w wielu pozach.

Przy ulicy Mercaderes odrestaurowane są także sklepy, m.in. perfumeria i sklep z przyprawami. Spacerować można do woli.

El Ojo del Ciclón GALERIA

(mapa s. 64; 7-861-5359; O'Reilly 501, róg Villegas; 10.00–19.00) BEZPŁ. Jeśli nam się wydaje, że po obejrzeniu tych wszystkich surrealistycznych i awangardowych dzieł sztuki nic nas nie zdziwi, nagle znajdziemy się w „oku cyklonu". Galeria prezentuje prace kubańskiego wizualisty Leo D'Lázaro: gigantyczne oka, rozbite samochody, malowane walizki i wszelaki złom zmartwychwstały jako sztuka. To jakby Jackson Pollock spotkał J.R.R. Tolkiena podczas psychodelicznej imprezy futrzarskiej.

Można wymienić ciosy z workiem treningowym, pograć w dziwny stołowy futbol, zawiesić torbę na zamaskowanym metalowym strachu na wróble.

Plaza del Cristo PLAC

(mapa s. 64) W ciągu zaledwie kilku lat dawniej omijany „piąty plac" w Starej Hawanie stał się najbardziej *trendy*, a to dzięki modnym barom, markowym sklepom, a także okazjonalnym koncertom na żywo. Nieco na uboczu historycznego jądra, jeszcze nie skorzystał z gruntownej rewitalizacji, ale może na tym polega jego urok.

Najokazalszym budynkiem przy skwerze jest **Iglesia Parroquial del Santo Cristo del Buen Viaje** (9.00–12.00), niedawno odnowiony XVIII-wieczny kościół, w którym marynarze modlili się o szczęśliwą podróż.

Edificio Santo Domingo MUZEUM

(mapa s. 64; Mercaderes, pomiędzy Obispo i O'Reilly; 9.30–17.00 wt.–sb., 9.30–13.00 nd.) BEZPŁ. W latach 1728–1902 kwartał na tyłach Plaza de Armas był siedzibą Uniwersytetu Hawańskiego. Kiedyś uniwersytet należał do klasztoru. Współczesny biurowiec, znajdujący się tam obecnie, został zbudowany przez Habaguanex w 2006 r. na bazie szkieletu brzydszego obiektu z lat 50. XX w., którego dach służył jako lądowisko helikopterów. Edificio Santo Domingo przemyślnie przekonstruowano, zachowując oryginalną klasztorną dzwonnicę oraz barokowy portal – interesujące połączenie nowego ze starym.

Wiele uniwersyteckich fakultetów sztuki powróciło na miejsce; muzeum z galerią prezentuje makietę oryginalnego klasztoru i rozmaite przedmioty z niego uratowane.

Maqueta de La Habana Vieja MUZEUM

(mapa s. 64; Mercaderes No 114; 1,50 CUC; 9.00–16.30;) W muzeum jest makieta Starej Hawany w skali 1:500 oraz autentyczna ścieżka dźwiękowa, odtwarzająca odgłosy codziennego życia w mieście. Szczegółowa makieta umożliwia turystom poznanie historycznego centrum Hawany.

W **Cinematógrafo Lumière** (2 CUC) są wyświetlane nostalgiczne filmy dla seniorów, a także dokumentalne filmy edukacyjne o rewitalizacji miasta dla zwiedzających.

Casa de la Obra Pía BUDYNEK HISTORYCZNY

(mapa s. 64; Obrapía No 158; 1,50 CUC; 10.30–17.30 wt.–sb., 9.30–14.30 nd.) Typowa hawańska rezydencja arystokratyczna – w okolicach calle Mercaderes – została wzniesiona w 1665 r. i przebudowana w 1780 r. Fasadę zdobią barokowe dekoracje; misterny portyk wykonano w Kadyksie, w Hiszpanii. Obecnie Dom Miłosierdzia (właściciele każdego roku ofiarowywali posagi pięciu osieroconym pannom) zajmuje muzeum sztuki zdobniczej i centrala spółdzielni krawieckiej i hafciarskiej.

Museo 28 Septiembre de los CDR MUZEUM

(mapa s. 64; Obispo, pomiędzy Aguiar i Habana; 2 CUC; 8.30–17.00) Dwa piętra w wiekowym budynku przy Obispo przeznaczono na jednostronną analizę ogólnokrajowych Comités de la Defensa de la Revolución (CDR; Komitety Obrony Rewolucji). Czy były to godne pochwały straże dzielnicowe, czy też organizacje szpiegowskie najniższego szczebla? Może trzeba odsiać propagandę i ocenić.

Museo Numismático MUZEUM

(mapa s. 64; Obispo, pomiędzy Aguiar i Habana; 1,50 CUC; 9.00–17.00 wt.–sb., 9.30–12.45 nd.) Raj dla numizmatyków: rozmaite kolekcje medali, monet i banknotów z całego świata, w tym zestaw 1000 złotych monet, głównie amerykańskich (1869–1928), a także pełen chronologiczny zestaw kubańskich banknotów emitowanych od XIX w. po dzień dzisiejszy.

Museo de Pintura Mural MUZEUM

(mapa s. 64; Obispo, pomiędzy Mercaderes i Oficios; 10.00–18.00) BEZPŁ. Muzeum w Casa del Mayorazgo de Recio, powszechnie uważanej za najstarszy zachowany dom w Hawanie. Prezentuje pięknie odrestaurowane oryginalne freski. W momencie dokumentowania przewodnika w budynku trwał remont.

LA LOMA DEL ÁNGEL I OKOLICE

Plazuela del Santo Ángel PLAC

(mapa s. 64) Uroczy, kameralny plac na tyłach Iglesia del Santo Ángel Custodio (s. 74) zyskał na niedawnym projekcie rewitalizacyjnym, dzięki któremu powstało kilka prywatnych restauracji, a także pomnik powieściowej bohaterki Cecilii Valdés oraz popiersie jej twórcy, Cirila Villaverde.

Edificio Bacardí PUNKT CHARAKTERYSTYCZNY
(budynek Bacardí; mapa s. 64; Av de las Misiones, pomiędzy Empedrado i San Juan de Dios; ⌚ zmienne godziny otwarcia) Ukończony w 1929 r., wspaniały Edificio Bacardí, projektu E. Rodrígueza Castell, R. Fernándeza Ruenes i J. Menéndeza, jest triumfem architektury art déco. Sąsiednie budowle przesłaniają widok całości z poziomu ulicy, natomiast bogatą dzwonnicę widać z każdego miejsca w Hawanie.

W holu jest bar; za 1 CUC można wjechać na wieżę i podziwiać panoramę miasta z lotu ptaka.

Arte Corte MUZEUM
(mapa s. 64; ☎ 7-861-0202; www.artecorte.org; Aguiar No 10, pomiędzy Peña Pobre i Av de las Misiones; ⌚ 12.00–18.00 pn.–sb.) BEZPŁ. Trudno jest sklasyfikować Arte Corte. Fryzjerzy? Owszem. Muzeum? Owszem, w pewnym sensie. Natchniona inicjacja projektu społecznego? Z pewnością. Pomysł Gilberta Valladaresa – znanego jako „Papito" („Ojczulek") – to nowatorski salon fryzjerski i zarazem muzeum sztuki fryzjerskiej. Co więcej, przy niewielkiej pomocy przyjaciół (w tym Historyka Miasta) fryzjerski motyw przewodni Papita ogarnął całą ulicę, nieoficjalnie zwaną Callejón de los Peluqueros (Zaułkiem Fryzjerów).

W pobliżu znajduje się plac zabaw z urządzeniami tematycznie związanymi z balwierstwem, a także bar-restauracja *El Figaro*, nazwana imieniem głównej postaci z *Cyrulika sewilskiego*.

Pomnik generała Máxima Gómeza POMNIK
(mapa s. 80; róg Malecón i Paseo de Martí) Na wysepce ulicznej, z widokiem na wejście do portu, stoi okazały pomnik Máxima Gómeza, bohatera wojennego pochodzącego z Republiki Dominikany, który walczył o niepodległość Kuby w obu konfliktach z Hiszpanią, w 1868 oraz w 1895 r. W 1901 r. odmówił przyjęcia urzędu prezydenta Kuby. Pomnik konny wykonał włoski artysta Aldo Gamba w 1935 r.

Iglesia del Santo Ángel Custodio KOŚCIÓŁ
(mapa s. 64; Compostela No 2; ⌚ podczas mszy 7.15 wt., śr. i pt., 18.00 czw., sb. i nd.) Zbudowany w 1695 r. kościół pw. Świętego Anioła Stróża zniszczył w 1846 r. potężny huragan; świątynię odbudowano w stylu neogotyckim. Spośród ważnych postaci historycznych i literackich, które przekroczyły jego progi, należy przypomnieć XIX-wiecznego kubańskiego powieściopisarza Cirila Villaverde. Właśnie tutaj rozegrała się główna scena jego powieści *Cecylia Valdés, czyli Wzgórze Anioła*. W tym kościele był ochrzczony duchowny Félix Varela (1788 r.) i poeta José Martí (1853 r.).

Castillo de San Salvador de La Punta FORT
(mapa s. 80; 2 CUC; ⌚ muzeum 9.30–17.00 wt.–sb., 9.30–12.00 nd.) La Punta – jeden z czte-

CECILIA VALDÉS

Plazuelę de Santo Ángel, brukowany skwer na tyłach Iglesia del Santo Ángel Custodio, uwiecznił w powieści *Cecilia Valdés o la Loma del Ángel* (*Cecylia Valdés albo Wzgórze Anioła*, WL 1976) Cirilo Villaverde. Wydana z 1839 r. książka uważana jest za najlepszą kubańską powieść XIX w., choć trzeba było 43 lat, zanim jej mocno przerobioną wersję rozpowszechnił za granicą nowojorski wydawca. Kontrowersyjna w swoich czasach, powieść traktuje o problemach klasowych, niewolnictwie, miłości i kazirodztwie w hawańskiej socjecie w latach 30. XIX w. Główna bohaterka, piękna Cecilia Valdés, nieślubna córka handlarza niewolnikami, zakochuje się w przyrodnim bracie (oboje nie wiedzą, że są spokrewnieni). Akcja sceny końcowej, opisującej morderstwo w afekcie, toczy się na Plazuela de Santo Ángel, tuż obok kościoła.

W latach 40. XX w. powieść przerobiono na *zarzuelę* (hiszpańską operetkę), w roku 1982 powstał film w reżyserii Humberta Solás.

Upamiętniające powieść popiersie Cirila Villaverde (umieszone z boku jednego z budynków przy Plazueli) spogląda na skwer od 1946 r., w 2014 r. do autora dołączyła naturalnej wielkości figura bohaterki, Cecilii Valdés, dzieło kubańskiego artysty Eriga Rebulla. Nowsza z rzeźb była perłą projektu rewaloryzacyjnego, który tchnął nowe życie w dzielnicę nazywaną La Loma del Ángel (Wzgórze Anioła). W tej obecnie eleganckiej części Starej Hawany funkcjonują liczne restauracje, bary i pracownie artystyczne.

rech fortów broniących dostępu do portu Hawany – zaprojektował włoski inżynier wojskowy Bautista (Battista) Antonelli. Fort (zbudowany w latach 1589–1600) przeszedł kompleksowy remont po brytyjskim ostrzale podczas zwycięskiego ataku na Hawanę w 1762 r. W czasach kolonialnych każdej nocy przeciągano łańcuch długości 250 m z zamku La Punta do zamku El Morro, zamykając statkom wejście do portu.

Zamkowe muzeum to właściwie tylko kilka plansz informujących o jego historii (po hiszpańsku); z krenelaży rozciągają się ładne widoki, a poza tym można podziwiać olbrzymie działa firmy Parrott z połowy XIX w.

Parque Histórico Militar Morro-Cabaña

Dwa największe forty Hawany stoją po wschodniej stronie portu, naprzeciwko Habana Vieja (mapa s. 106; ⏲10.00–22.00). Zostały wpisane na listę UNESCO.

★Fortaleza de San Carlos de La Cabaña FORT

(mapa s. 106; 6/8 CUC przed/po 18.00; ⏲10.00–22.00) Ten ogromny fort wzniesiono w latach 1763–1774 na wyeksponowanym długim grzbiecie wzgórza po wschodniej stronie portu Hawany, aby wzmocnić słaby punkt obrony miasta. W 1762 r. Brytyjczycy zdobyli Hawanę, przejmując kontrolę nad tym właśnie, strategicznie ważnym wzgórzem i stąd bezlitośnie ostrzeliwali miasto, dopóki się nie poddało. Aby zapobiec powtórzeniu tej sytuacji, hiszpański król Carlos III rozkazał zbudować masywny fort, który miałby w przyszłości odeprzeć najeźdźców.

La Cabaña – dł. 700 m, zajmuje powierzchnię10 ha – była największą hiszpańską fortecą w kolonialnej Ameryce Łacińskiej. Niedostępnego fortu nikt nigdy nie zaatakował. W XIX w. kubańscy patrioci stawali tam przed plutonem egzekucyjnym. Dyktatorzy Machado i Batista użyli fortecy jako więzienia wojskowego, a zaraz po rewolucji Che Guevara przeniósł w jej mury swoją kwaterę główną, by przewodniczyć kolejnej serii ponurych egzekucji (tym razem na oficerach Batisty).

Obecnie fort został odrestaurowany z myślą o turystach – na zwiedzanie trzeba przeznaczyć co najmniej pół dnia. W La Cabaña są bary, restauracje, stoiska z pamiątkami, sklep z cygarami (szczyci się najdłuższym cygarem na świecie), **Museo de Fortificaciones y Armas** (Muzeum Fortyfikacji i Uzbrojenia; wstęp w cenie biletu do La Cabaña; ⏲10.00–22.00) oraz **Museo de Comandancia del Che** (wstęp w cenie biletu do La Cabaña; ⏲10.00–22.00). Wieczorna ceremonia *cañonazo* o 21.00 jest popularnym wydarzeniem; aktorzy przebrani w XVIII-wieczne mundury odtwarzają wystrzał armatni w kierunku portu. Ceremonię można obejrzeć we własnym zakresie lub z wycieczką.

★Castillo de los Tres Santos Reyes Magos del Morro FORT

(mapa s. 106; El Morro; 6 CUC; ⏲10.00–18.00) Fort wzniesiono w latach 1589–1630, by chronił wejście do portu Hawany przed piratami i obcymi najeźdźcami (francuski korsarz Jacques de Sores splądrował miasto w 1555 r.).

Smagany falami fort, z emblematyczną latarnią morską, stoi wysoko na skalistym urwisku nad Atlantykiem, ma kształt nieregularnego wielokąta, mury 3-metrowej grubości i głęboką fosę. Jest klasycznym przykładem renesansowej architektury wojskowej.

Przez ponad sto lat wytrzymywał ataki korsarzy francuskich, holenderskich i angielskich, jednakże w 1762 r., po 44-dniowym oblężeniu, El Morro zdobyły liczące 14 000 żołnierzy siły brytyjskie nacierające od lądu. Słynną **latarnię morską** dodano w 1844 r. (2 CUC; ⏲10.00–18.00).

Muzeum morskie (wstęp w cenie biletu do El Morro; ⏲10.00–18.00) w El Morro przedstawia fascynującą historię oblężenia i poddania się Brytyjczykom w 1762 r., opowiedzianą słowami (po hiszpańsku i angielsku) i obrazami. Turystów zachwycą fantastyczne widoki oceanu i miasta.

Centro Habana

Gęsto zaludnione Centro Habana ukazuje pozbawiony lukru, nieocenzurowany obraz Kuby. Na wiecznie zatłoczonych dziurawych ulicach starsi ludzie niezmiennie grają w domino, afrokubańskie bębny uzależniają od rytmów rumby, na smętnych, brudnych budynkach widać ślady ich dawnej, wspanialszej przeszłości. Z tą żywiołową, malowniczą i jakże zniszczoną dzielnicą sąsiaduje zupełnie inny świat: Parque Central oraz El Prado – ekspansywna strefa turystyczna z najbardziej luksusowymi hotelami Hawany i najlepszymi spośród jej muzeów.

★**Museo Nacional de Bellas Artes** MUZEUM (mapa s. 80; www.bellasartes.cult.cu; każde osobno 5 CUC, wstęp łączony do obu 8 CUC, poniżej 14 lat bezpł.; ⌚9.00–17.00 wt.–sb., 10.00–14.00 nd.) Rozmieszczone w dwóch budynkach Narodowe Muzeum Sztuk Pięknych jest chyba najlepszą galerią na Karaibach. W Palacio del Arte Cubano umieszczono bogate zbiory sztuki kubańskiej, a w Palacio del Centro Asturiano, z widokiem na Parque Central, sztukę światową – Arte Universal. Zewnętrze pałacu jest jest równie imponujące jak eksponaty wewnątrz.

Museo Nacional de Bellas Artes – Arte Cubano (Trocadero, pomiędzy Agramonte i Av de las Misiones; ⌚9.00–17.00 wt.–sb., 10.00–14.00 nd.) prezentuje czysto kubańską sztukę; jeśli ktoś nie ma czasu, niech wybierze właśnie to muzeum. Eksponaty są wystawione chronologicznie, zaczynając od trzeciej kondygnacji, i są zaskakująco zróżnicowane. Twórcy, na których warto zwrócić uwagę, to Guillermo Collazo, uważany za pierwszego wielkiego artystę kubańskiego; Rafael Blanco i jego komiksowe obrazy i szkice; Raúl Martínez, mistrz kubańskiego popartu lat 60. XX w.; Wifredo Lam nawiązujący do malarstwa Picassa.

Museo Nacional de Bellas Artes – Arte Universal (San Rafael, pomiędzy Agramonte i Av de las Misiones; ⌚9.00–17.00 wt.–sb., 10.00–14.00 nd.) – w bajecznie eklektycznym Palacio del Centro Asturiano (dzieło sztuki samo w sobie), dwie przecznice dalej – prezentuje na trzech kondygnacjach sztukę światową od 500 r. p.n.e. po czasy obecne. Perłą zbiorów jest kolekcja hiszpańska z płótnami Zurbarána, Murilla, José de Ribera, Velázqueza, Picassa, Miró. Warto też obejrzeć mające 2000 lat rzymskie mozaiki, grecką ceramikę z V w. p.n.e., a także obrazy Thomasa Gainsborough i Williama Turnera (w sali brytyjskiej).

★**Malecón** NABRZEŻE (mapa s. 80) Malecón, nastrojowy hawański bulwar ciągnący się 7 km wzdłuż morza, jest jedną z najbardziej czarujących i typowo kubańskich arterii, od dawna ulubionym miejscem spotkań zakochanych, filozofów, poetów, wędrownych *trovadores*, rybaków i tych, którzy smętnie wypatrują Florydy. Koloryt Malecónu jest najintensywniejszy o zachodzie słońca!

Nadmorski bulwar utworzono na początku XX w. jako teren rekreacji i rozrywki dla klas średnich. Malecón już w pierwszej dekadzie szybko się wydłużył w kierunku wschodnim, obrastając eklektyczną architekturą, łączącą solidny neoklasycyzm z kapryśną secesją. W latach 20. XX w. droga sięgała granic rozrastającego się Vedado, a we wczesnych latach 50. XX w. była już sześciopasmową autostradą, którą ciągnął sznur buicków i chevroletów – od kamiennych szarości potężnego Castillo de San Salvador de La Punta do rezydencjalnej dzielnicy Miramar. Obecny Malecón wciąż pozostaje plenerowym teatrem stolicy, „największą sofą świata" – jak *habaneros* nazywają swój bulwar – gdzie przesiaduje całe miasto.

Wiele wspaniałych zabytkowych budowli na Malecónie, usytuowanych najbliżej oceanu, ulega szybkiej korozji, co oznacza nieodwracalne zniszczenia i nieuchronność rozbiórki. Żeby temu zaradzić, Urząd Historyka Miasta nadał specjalny status ochrony 14 kwartałom wzdłuż Malecónu, próbując w ten sposób zatrzymać degradację.

Malecón bywa też kapryśny – szczególnie gdy nadchodzi zimny front i potężne fale rozbijają się z hukiem o nadmorski mur. Droga jest wtedy zamykana dla samochodów, a piesi spacerujący nawet środkiem jezdni będą przemoczeni od stóp do głów.

★**Museo de la Revolución** MUZEUM (mapa s. 80; Refugio No 1; 8 CUC, oprowadzanie z przewodnikiem 2 CUC; ⌚9.30–16.00) Emblematyczne muzeum mieści się w dawnym Pałacu Prezydenckim, wzniesionym w latach 1913–1920 i używanym przez kubańskich przywódców, z których ostatnim był Fulgencio Batista. Słynna na całym świecie nowojorska firma Tiffany zaprojektowała dekoracje wnętrz, dlatego lśniący Salón de los Espejos (Sala Lustrzana) wygląda jak z pałacu wersalskiego.

Muzeum, zorganizowane chronologicznie od najwyższego piętra, skupia się przede wszystkim na wydarzeniach, które doprowadziły do rewolucji kubańskiej, w okresie jej trwania i tuż po niej. Przedstawia czasami ponurą, ale zawsze fascynującą historię, opowiadaną po angielsku i hiszpańsku *con mucha propaganda*.

Majestatyczna główna klatka schodowa, na której stoi postument z popiersiem José Martí, nadal ma widoczne ślady kul po nieudanym szturmie na pałac w marcu 1957 r. studenckiej grupy rewolucyjnej, zamierzającej zabić prezydenta Fulgencia Batistę.

Schody prowadzą na drugą kondygnację i kilku ważnych sal bez eksponatów, między innymi do Salón Dorado (Złotej Sali w stylu Ludwika XVI, dawnej sali bankietowej), Despacho Presidencial (biura prezydenta), w którym Fidel Castro został zaprzysiężony w 1959 r., oraz kaplicy (*capilla*) z żyrandolem Tiffany'ego.

Przed budynkiem widać fragment dawnych murów miejskich, a także czołg SU-100 używany przez Castro podczas inwazji kontrrewolucjonistów w Zatoce Świń w 1961 r. Na tyłach znajduje się Pavillón Granma z repliką 18-metrowego jachtu, na którym Fidel Castro wraz z 81 rewolucjonistami przypłynął na Kubę z portu Tuxpan w Meksyku w grudniu 1956 r. Łódź, zamknięta za szkłem, jest pilnowana całą dobę. Wokół pawilonu stoją inne pojazdy związane z rewolucją: samoloty, rakiety i stary furgon pocztowy, którym uciekli młodzi rewolucjoniści po ataku na pałac w 1957 r.

Paseo de Martí — STREFA HISTORYCZNA

(El Prado; mapa s. 80) Budowa tego reprezentacyjnego bulwaru w stylu europejskim – pierwszej ulicy wytyczonej za murami miasta – rozpoczęła się w 1770 r.; prace ukończono w połowie lat 30. XIX w. za kadencji kapitana generalnego Miguela Tacóna (1834–1838). W zamyśle miał to być bulwar tak wspaniały, jak w Paryżu i w Barcelonie (faktycznie, Prado przypomina barcelońską Ramblę). Słynne lwy z brązu, stojące na straży promenady przy obu jej krańcach, dodano 1928 r.

Wśród budowli wyróżniają się neorenesansowy **Palacio de los Matrimonios** (Pałac Ślubów; Paseo de Martí No 302), opływowa forma nowoczesnego Teatro Fausto (s. 115) i neoklasycystyczna **Escuela Nacional de Ballet** (róg Paseo de Martí i Trocadero), słynna szkoła baletowa Alicii Alonso.

Obecnie na Prado w weekendy odbywa się ważny plenerowy targ sztuki, a w ciągu tygodnia rozgrywane są mecze piłki nożnej.

Paseo de Martí mieszkańcy Hawany wciąż nazywają – jak dawniej – Paseo del Prado („łąka").

Gran Teatro de La Habana „Alicia Alonso" — TEATR

(mapa s. 80; Paseo de Martí No 458) Neobarokowy budynek Centro Gallego wzniesiono na potrzeby galisyjskiego klubu towarzyskiego w latach 1907–1914. Główną fasadę zdobią cztery grupy rzeźbiarskie – alegorie Dobroczynności, Edukacji, Teatru i Muzyki. Przetrwawszy próbę czasu, teatr przy Parque Central odrestaurowano w 2015 r. W kasie można zapytać o wycieczki z przewodnikiem.

Centrum Galisyjskie zbudowano na terenach Teatro Tacón, zainaugurowanego w 1838 r. pięcioma balami karnawałowymi. Można więc uznać, że obecny teatr na 2000 miejsc jest najstarszym działającym teatrem na półkuli zachodniej. Architektura budzi zachwyt, podobnie jak weekendowe przedstawienia. (W teatrze występowały słynne gwiazdy: S. Bernhardt, E. Duse, A. Patti).

Capitolio Nacional — PUNKT CHARAKTERYSTYCZNY

(mapa s. 80; róg Dragones i Paseo de Martí) Capitolio Nacional, najbardziej ambitny projekt i najbardziej okazała budowla w Hawanie, jest efektem „tańca milionów" – boomu cukrowego, który nastąpił po I wojnie światowej, umożliwiając rządowi kubańskiemu dostęp do (pozornie) nieograniczonych środków. Przypomina waszyngtoński Kapitol, w rzeczywistości był odwzorowaniem paryskiego Panteonu. Budowę Capitolio – z inicjatywy popieranego przez USA dyktatora Gerarda Machado – rozpoczęto w 1926 r. Trwała 3 lata i 20 dni, pracowało 5000 ludzi, kosztowała 17 mln dolarów.

Capitolio zajmowały różne instytucje: kubański Kongres, w latach 1959–2013 Kubańska Akademia Nauk i Narodowa Biblioteka Nauki i Techniki. W momencie dokumentowania przewodnika budynek remontowano; będzie ponownie otwarty w 2018 r. jako siedziba Zgromadzenia Narodowego.

Do Capitolio, zbudowanego z białego piaskowca z Capellanii i granitowych bloków, wchodzi się z Paseo de Martí (Prado) schodami ozdobionymi sześcioma doryckimi kolumnami. Ponad panoramą miasta góruje 62-metrowa kamienna kopuła; na jej szczycie stoi wykonany z brązu posąg Merkurego – replika posągu z Palazzo de Bargello we Florencji, dzieło rzeźbiarza Giambologny (XVI w.). W posadzce pod kopułą wmontowano kopię 24-karatowego diamentu (należał do cara Mikołaja II). Diament wyznacza kilometr 0 sieci autostrad i dróg na Kubie.

W niszy ogromnego Salón de los Pasos Perdidos (Sala Zagubionych Kroków, z niezwykłą akustyką) stoi Statua Republiki (1929 r.) – pozłacany posąg kobiety (wys. 14,6 m, waży 30 ton) z tarczą (3 tony) i włócznią (1 tonę). Statuę – dzieło włoskiego rzeźbiarza Angela Zanellego – odlano w Rzymie.

Taller Comunitario José Martí GALERIA

(mapa s. 80; Paseo de Martí, pomiędzy Neptuno i Virtudes; ⏲10.00–18.00) Centrum operacyjne Yuliera Rodrígueza (znanego również jako Yulier P) i współczesnych kubańskich artystów, zajmujących się głównie graffiti – wciąż ekscytującą nową formą sztuki w Hawanie. Malowidła Yuliera – ludzkie twarze przypominające *Krzyk* Muncha, fantazyjne zwierzęta – ostatnio pojawiają się na murach zrujnowanych hawańskich budynków. Graffiti są też koło wejścia do pracowni-galerii.

Convento e Iglesia del Carmen KOŚCIÓŁ

(mapa s. 80; róg Calzada de la Infanta i Neptuno; ⏲7.30–12.00 i 15.00–19.00 wt.–nd.) Figura Nuestra Señora del Carmen na wieży dzwonnej kościoła Karmelitów dominuje nad panoramą Centro Habana. Posąg z brązu (wys. 7,5 m o wadze 9 ton) – dzieło włoskiego rzeźbiarza Guida de Michel – sprowadzono w 1927 r. Wnętrze kościoła zdobią barwne płytki w stylu ceramiki z Talavery, sewilskie *azulejos* i bogata snycerka; freski na sklepieniu wykonał malarz z Madrytu, Antonio Martínez. Neobarokowy kościół wzniesiono w 1923 r.

El Barrio Chino STREFA

(mapa s. 80) Najbardziej surrealistyczna z chińskich dzielnic na świecie – w hawańskim Barrio Chino prawie nie ma Chińczyków. Większość z nich wyjechała, jak tylko nowo zaprzysiężony prezydent, Fidel Castro, wypowiedział słowo *socialismo*. Warto się tam przejść ze względu na jej oryginalność i niezłe restauracje.

Chińczycy przybyli na Kubę pod koniec lat 40. XIX w. jako pracownicy kontraktowi, którzy uzupełniali braki siły roboczej spowodowane załamaniem się handlu niewolnikami. Do lat 20. XX w. chińska dzielnica Hawany – największa w Ameryce Łacińskiej azjatycka enklawa – tętniła własnym życiem. Opustoszała na początku lat 60. XX w., kiedy tysiące przedsiębiorców wyemigrowały do USA. Dostrzegłszy w latach 90. XX w. turystyczny potencjał dzielnicy, rząd kubański zainwestował pieniądze w przywrócenie jej dawnego charakteru. Zainstalowano dwujęzyczne tablice uliczne, wielką bramę z trzema pagodowymi dachami przy wejściu na calle de los Dragones (ulicy Smoków), a także zachęcono potomków Chińczyków, by zakładali restauracje. Chińskie atrakcje skupiają się wokół wąskiej ulicy Cuchillo, pomiędzy calle de la Zanja (ulicą Akweduktu) i ulicą Smoków.

Hotel Inglaterra BUDYNEK HISTORYCZNY

(mapa s. 80; Paseo de Martí No 416) Najstarszy hotel Hawany otworzył podwoje w 1856 r. Został zbudowany w miejscu znanej kawiarni *El Louvre* (hotelowy bar w plenerze nadal nosi tę nazwę). Budynek – naprzeciwko Parque Central – cechują modne wówczas elementy neoklasycystyczne i zdobnictwo mauryjskimi płytkami (w recepcji). Podczas bankietu w 1879 r. José Martí wygłosił patriotyczną mowę na rzecz niepodległości Kuby. Później w hotelu zatrzymywali się amerykańscy dziennikarze relacjonujący wojnę hiszpańsko-kubańsko-amerykańską.

Iglesia del Sagrado Corazón de Jesús KOŚCIÓŁ

(mapa s. 80; Av Simón Bolívar, pomiędzy Gervasio i Padre Varela; ⏲zmienne godziny otwarcia) Nieco na uboczu szlaku, ale wart spaceru, wspaniały marmurowy kościół z charakterystyczną białą wieżą jest jedną z nielicznych gotyckich budowli na Kubie. Kościół słynie ze wspaniałych witraży; padające rano do środka światło (kiedy jest jeszcze pusty) kreuje nieziemską atmosferę.

Parque de los Enamorados PARK

(mapa s. 80) W Parque de los Enamorados (park Zakochanych), osaczonym przez sznury pędzących samochodów, przetrwał fragment kolonialnego więzienia, Prisión de Tacón, zbudowanego w 1838 r., w którym przetrzymywano kubańskich patriotów, m.in. José Martí. Stamtąd wysyłano więźniów do ciężkiej pracy w pobliskich kamieniołomach San Lázaro. Więzienie zburzono w 1939 r., a park dedykowano pamięci tych, którzy cierpieli za jego murami. Dwie malutkie cele i kaplica to jedyne, co po nim pozostało.

Piękna secesyjna budowla, z 1912 r., na której powiewa hiszpańska flaga, to dawny **Palacio Velasco**, obecnie ambasada Hiszpanii (za parkiem, przy calle Cárcel No 51). Pałac należał do słynnych farmaceutów z Barcelony.

Za Velazco, na ulicznej wysepce stoi Memorial a los Estudiantes de Medicina – pod wspartą na kolumnach marmurową kopułą umieszczono fragment muru, przy którym w 1871 r. Hiszpanie rozstrzelali ośmiu kubańskich studentów medycyny za rzekome zbezczeszczenie grobu hiszpańskiego dziennikarza.

Mury Starego Miasta STREFA HISTORYCZNA

(mapa s. 64) W XVII stuleciu, pragnąc obronić Hawanę przed piratami i natarczywymi obcymi wojskami, władze kolonialne zarządziły budowę murów otaczających całe miasto. Plan fortyfikacji powierzono inżynierowi wojskowemu Cristóbalowi de Roda. Wznoszono je w latach 1674–1740; mury (dł. 5 km, szer. 1,5 m, wys. 10 m) biegły w miejscu dzisiejszych alei: Av de las Misiones oraz Av de Bélgica.

Pośród licznych urządzeń obronnych znajdowało się 9 bastionów i 180 wielkich armat skierowanych ku morzu. Jedyna droga do i z miasta prowadziła przez 11 silnie strzeżonych bram, zamykanych na noc i otwieranych każdego ranka na dźwięk pojedynczego wystrzału armatniego. Po 1863 r. mury zaczęto rozbierać, ale kilka fragmentów przetrwało, największy z nich na Av de Bélgica, niedaleko dworca kolejowego.

Parque Central — PARK

(mapa s. 80) Niewielki Parque Central jest zieloną oazą wśród kopcących autobusów i ryczących taksówek przeciskających się na Paseo de Martí (Prado). Park, od dawna mikrokosmos codziennego hawańskiego życia, powiększono do dzisiejszych rozmiarów pod koniec XIX w., po wyburzeniu murów miejskich. Stojący pośrodku marmurowy posąg José Martí z 1905 r. był pierwszym spośród wielu tysięcy wzniesionych na Kubie.

Trudna do przeoczenia grupa miłośników bejsbolu okupuje dniami i nocami słynną Esquina Caliente („gorący róg"), dyskutując o formie, taktyce i szansach hawańskich drużyn w najbliższych rozgrywkach.

Parque de la Fraternidad — PARK

(mapa s. 80) Park Braterstwa założono w 1892 r., żeby upamiętnić czterechsetną rocznicę przybycia Hiszpanów do Ameryki. Po kilku dziesięcioleciach park przeprojektowano i przemianowano, żeby uczcić konferencję panamerykańską w 1927 r. Nazwa nawiązuje do idei amerykańskiego braterstwa, stąd tak liczne popiersia przywódców z Ameryki Łacińskiej i Północnej, między innymi amerykańskiego prezydenta Abrahama Lincolna.

Obecnie park jest końcowym przystankiem wielu linii autobusowych. Miejscowi nazywają go „parkiem jurajskim" – zbierają się tam kierowcy *colectivos* (zbiorowe taksówki), jeżdżący starymi (i fotogenicznymi) amerykańskimi samochodami.

Fuente de la India — POMNIK

(mapa s. 80; Paseo de Martí) Na ulicznej wysepce, naprzeciwko hotelu *Saratoga*, wznosi się fontanna z białego marmuru karraryjskiego, wyrzeźbiona przez Giuseppe Gagginiego w 1837 r. na zamówienie hrabiego Villanueva. Na tronie siedzi Szlachetna Habana, w koronie z orlich piór, otoczona czterema delfinami. To małżonka kacyka Habaguaneksa, władcy tych ziem przed przybyciem Kolumba.

W lewej ręce trzyma róg obfitości pełen owoców, w prawej owalną tarczę z trzema wieżami i kluczem (pierwszy herb miasta). Wieże symbolizują pierwsze trzy forty zbudowane w Hawanie. Przez lewe ramię Indianka Habana ma przewieszony sak ze strzałami.

Asociación Cultural Yoruba de Cuba — MUZEUM

(mapa s. 80; Paseo de Martí No 615; 5 CUC; ⏲9.00–16.30 pn.–sb.) Aby rozwikłać tajemnice kultu *santerii*, jej świętych i ich mocy, trzeba się udać do tego muzeum i centrum kulturalnego. Oprócz rzeźb rozmaitych *orishas* (bóstw), stowarzyszenie prezentuje *tambores* (ceremonie *santerii* z bębnami) w piątki i soboty o 18.00 (5 CUC). Informacje na tablicy przy wejściu. Uczestniczący w ceremonii *tambores* muszą być odpowiednio ubrani (żadnych szortów ani podkoszulek bez rękawów).

Real Fábrica de Tabacos Partagás — FABRYKA

(mapa s. 80; San Carlos No 816, pomiędzy Peñalver i Sitios; zwiedzanie 10 CUC; ⏲wycieczki codziennie co 15 min, 9.00–13.00 pn.–pt.) Jedną z najstarszych i najsłynniejszych fabryk cygar w Hawanie. Real Fábrica de Tabacos Partagás założył w 1845 r. Hiszpan Jaime Partagás. W 2013 r. fabrykę przeniesiono z zabytkowego budynku na tyłach Capitolio w obecne miejsce nieopodal Calle Padre Varela w Centro Habana. Bilety na zwiedzanie można kupić wcześniej w holu hotelu *Saratoga* (s. 92).

Monumento a Antonio Maceo — POMNIK

(mapa s. 80; Malecón) W cieniu Hospital Nacional Hermanos Ameijeiras, 34-kondygnacyjnego szpitala z czasów sowieckich (1980 r.) stoi pomnik z brązu generała Antonia Maceo, Mulata (*mulato*), który przemierzył całą Kubę podczas pierwszej wojny o niepodległość. Pobliski cylindryczny **Torreón de San Lázaro** (róg Malecón i Vapor), zbudowany w 1665 r., był strażnicą w systemie obronnym miasta. W 1762 r. zdobyty przez Brytyjczyków.

Centro Habana

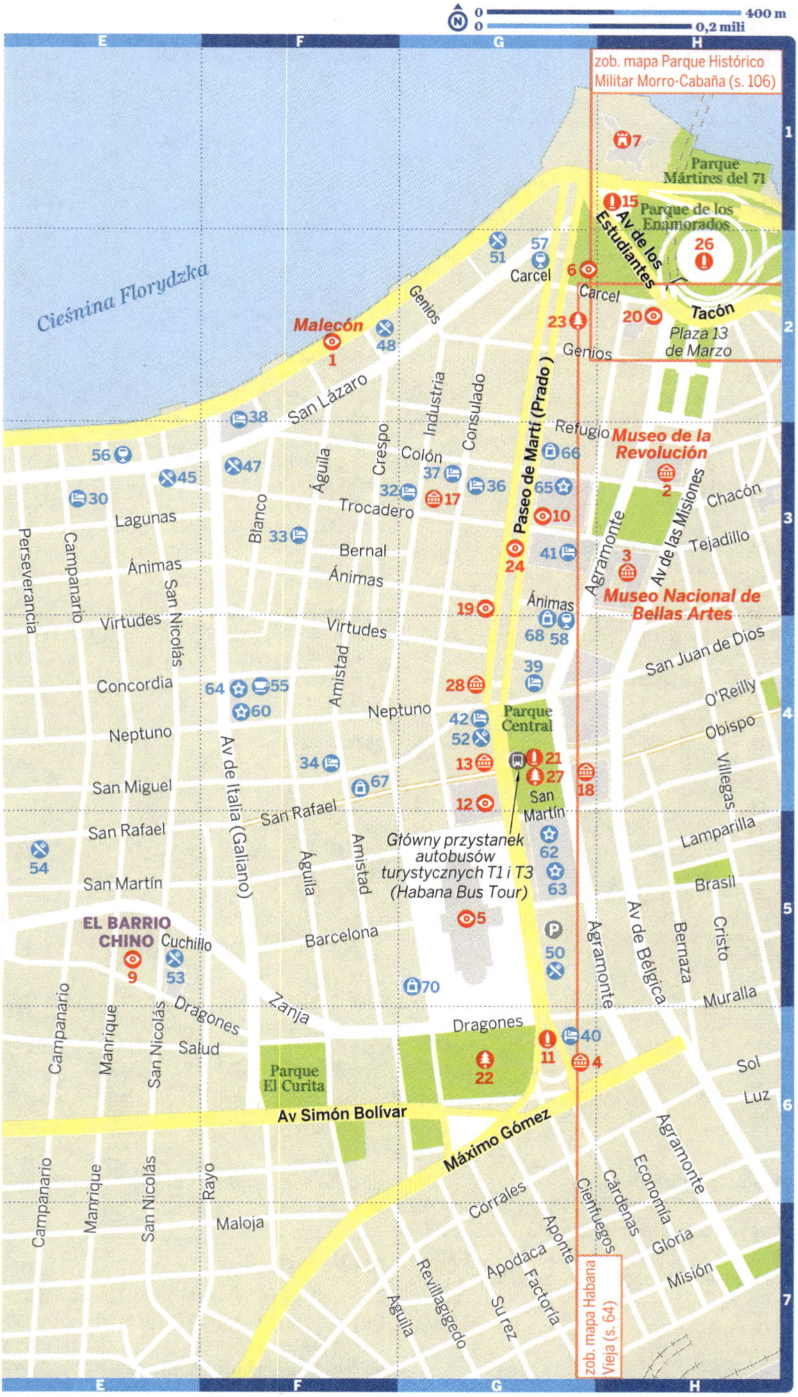
0 400 m
0 0,2 mili
zob. mapa Parque Histórico Militar Morro-Cabaña (s. 106)
Cieśnina Florydzka
Malecón
Parque Mártires del 71
Parque de los Enamorados
Av de los Estudiantes
Carcel
Tacón
Plaza 13 de Marzo
Genios
San Lázaro
Industria
Consulado
Crespo
Águila
Blanco
Paseo de Martí (Prado)
Refugio
Museo de la Revolución
Colón
Trocadero
Lagunas
Chacón
Tejadillo
Agramonte
Av de las Misiones
Bernal
Ánimas
Virtudes
Perseverancia
Campanario
San Nicolás
Museo Nacional de Bellas Artes
San Juan de Dios
O'Reilly
Obispo
Concordia
Amistad
Neptuno
Parque Central
San Miguel
San Rafael
San Martín
Av de Italia (Galiano)
Villegas
Lamparilla
Główny przystanek autobusów turystycznych T1 i T3 (Habana Bus Tour)
Brasil
EL BARRIO CHINO
Cuchillo
Barcelona
Av de Bélgica
Bernaza
Cristo
Muralla
Zanja
Dragones
Salud
Manrique
Parque El Curita
Sol
Luz
Av Simón Bolívar
Máximo Gómez
Rayo
Maloja
Corrales
Cienfuegos
Cárdenas
Economía
Gloria
Misión
Aponte
Apodaca
Factoría
Suárez
Revillagigedo
zob. mapa Habana Vieja (s. 64)
HAWANA

Centro Habana

Główne atrakcje
1 Malecón ... F2
2 Museo de la Revolución ... H3
3 Museo Nacional de Bellas Artes ... H3
Museo Nacional de Bellas Artes – Arte Cubano ... (zob. 3)

Zwiedzanie
4 Asociación Cultural Yoruba de Cuba ... G6
5 Capitolio Nacional ... G5
6 Cárcel ... G2
7 Castillo de San Salvador de la Punta ... H1
8 Convento e Iglesia del Carmen ... A4
9 El Barrio Chino ... E5
10 Escuela Nacional de Ballet ... G3
11 Fuente de la India ... G6
12 Gran Teatro de La Habana „Alicia Alonso" ... G4
13 Hotel Inglaterra ... G4
14 Iglesia del Sagrado Corazón de Jesús ... D6
15 Memorial a los Estudiantes de Medicina ... H1
16 Monumento a Antonio Maceo ... B3
17 Museo Lezama Lima ... G3
18 Museo Nacional de Bellas Artes – Arte Universal ... G4
19 Palacio de los Matrimonios ... G3
20 Palacio Velasco ... H2
21 Parque Central ... G4
22 Parque de la Fraternidad ... G6
23 Parque de los Enamorados ... G2
24 Paseo de Martí ... G3
25 Real Fábrica de Tabacos Partagás ... C7
26 Pomnik generała Máxima Gómeza ... H2
27 Pomnik José Martí ... G4
28 Taller Comunitario José Martí ... G4
29 Torreón de San Lázaro ... B3

Aktywnie, kursy i wycieczki
Havana Super Tour ... (zob. 30)

Noclegi
30 Casa 1932 ... E3
31 Casa Amada ... D4
32 Casa Colonial Yadilis y Yoel ... G3
33 Casa de Lourdes y José ... F3
34 Dulce Hostal – Dulce María González ... F4
35 Duplex Cervantes ... A3
36 Eumelia y Aurelio ... G3
37 Hostal Peregrino Consulado ... G3
38 Hotel Deauville ... F2
39 Hotel Iberostar Parque Central ... G4
Hotel Inglaterra ... (zob. 13)
40 Hotel Saratoga ... G6
41 Hotel Sevilla ... G3
42 Hotel Telégrafo ... G4
43 Hotel Terral ... D3
44 Lourdes Cervantes ... A2

Gastronomia
45 Casa Abel ... E3
46 Casa Miglis ... D3
47 Castas y Tal ... F3
48 Castropol ... F2
49 La Guarida ... D4
50 Los Nardos ... G5
51 Nazdarovie ... G2
52 Pastelería Francesa ... G4
53 Restaurante Tien-Tan ... E5
54 San Cristóbal ... E5

Bary i życie nocne
55 Café Arcangel ... F4
56 Café Neruda ... E3
57 Prado No 12 ... G2
58 Sloppy Joe's ... G4

Rozrywka
59 Callejón de Hamel ... B4
60 Casa de la Música ... F4
61 Cine Infanta ... A4
62 Cine Payret ... G5
Gran Teatro de la Habana Alicia Alonso ... (zob. 12)
63 Kid Chocolate ... G5
64 Teatro América ... F4
65 Teatro Fausto ... G3

Zakupy
66 Casa Guerlain ... G3
67 El Bulevar ... F4
68 Memorias Librería ... G4
69 Plaza Carlos III ... B7
70 Real Fábrica de Tabacos Partagás ... G5

Museo Lezama Lima MUZEUM
(mapa s. 80; Trocadero No 162, róg Industria; bez przewodnika/z przewodnikiem 1/3 CUC; 9.00–17.00 wt.–sb., 9.00–13.00 nd.) Pełen książek dom kubańskiego pisarza José Lezamy Limy (1910–1976) to sposobność dla tych, którzy pragną zrozumieć Kubę, inną od przedstawionej przez Hemingwaya. *Magnum opus* Limy to wielowątkowa powieść *Raj* (Paradiso), w większości napisana tutaj.

Vedado

Majestatyczna, rozległa i niesławna dzielnica Hawany – Vedado – była rządzona przez mafię. Podczas 50-letniego flirtu Kuby z USA stanowiła centrum handlowe i rozrywkowe miasta i takim w wielu przypadkach pozostała, choć obecnie nocne życie straciło dawną ostentację, kasyna przekształciły się w dyskoteki, a hotele bardziej przypominają historyczne relikty niż oazy luksusu.

Poza małą grupą modernistycznych *rascacielos* (drapaczy chmur), Vedado jest głównie dzielnicą rezydencjalną w miłym otoczeniu zieleni, przeciętą dwoma bulwarami w stylu paryskim, zakotwiczoną wokół pompatycznej Plaza de la Revolución z nieprawdopodobnie piękną Necrópolis Cristóbal Colón.

★Necrópolis de Cristóbal Colón CMENTARZ

(mapa s. 96; 5 CUC; ⌚8.00–18.00, ostatnie wejście o 17.00) Główny cmentarz Hawany (pomnik narodowy), jeden z największych w Ameryce Łacińskiej, słynie z nadzwyczajnej ikonografii i kunsztownych marmurowych pomników. Daleka od grozy, wędrówka po 57 hektarach uświęconej ziemi będzie edukacyjnym i emocjonalnym spacerem przez kubańską historię. Mapę (1 CUC) cmentarza – wskazującą miejsca pochówku znanych osób – można kupić przy wejściu.

Wchodzi się przez wspaniałą bizantyńsko-romańską Puerta de la Paz (Bramę Spokoju); grobowiec niepodległościowego przywódcy, generała Máxima Gómeza (1905 r.) znajduje się po prawej stronie (trzeba szukać medalionu z brązu z płaskorzeźbą twarzy). Dalej, za pierwszym kręgiem i też z prawej strony, stoi pomnik strażaków (1890 r.) i, pośrodku cmentarza, neoromańska Capilla Central (1886 r.). Na północny wschód od kaplicy jest najsłynniejszy (i najczęściej odwiedzany) grób: **Señory Amelii Goyri** (róg Calle 1 i Calle F), lepiej znanej jako La Milagrosa („czyniąca cuda"), zmarłej 3 maja 1901 r. Marmurowy posąg kobiety z wielkim krzyżem i dzieckiem na rękach łatwo odszukać: zawsze są tam stosy kwiatów i nieustannie przychodzą i odchodzą tłumy ludzi. Przez wiele lat po jej śmierci zrozpaczony mąż przychodził wielokrotnie w ciągu dnia. Zawsze stukał jednym z czterech żelaznych pierścieni grobowca, po czym odchodził idąc tyłem, żeby móc widzieć ją jak najdłużej. Kiedy wiele lat później przeprowadzono ekshumację, ciało Amelii było nienaruszone (dowód świętości w katolicyzmie), a dziecko, które pochowano u stóp matki, tuliło się w jej ramionach. W rezultacie La Milagrosa stała się obiektem kultu – tysiące ludzi przyjeżdża tu corocznie z podarkami, w nadziei, że spełni ich spełnić ich życzenia i wybawi od kłopotów. Zgodnie z tradycją, pielgrzymi uderzają żelaznym pierścieniem o grobowiec i, podobnie jak nieszczęśliwy małżonek Amelii, oddalają się, idąc tyłem.

Równie ważną rolę, jak La Milagrosa, spełnia dla społeczności *santerii* grobowiec Brata José – Hermano José, który faktycznie jest miejscem pochówku Leocadii Pérez Herrero. Hawańska medium – Murzynka – słynęła z dobroczynności i opieki nad biedotą Hawany na początku XX w. Leocadia twierdziła, że porozumiewa się z Hermano José (czarny niewolnik czczony w religiach afrokubańskich), który zachęcał ją do czynienia dobra i nią kierował w zbożnym dziele. Zawsze nosiła przy sobie podobiznę Brata José (namalował ją na płótnie ślepy malarz, któremu ukazał się duch Hermano), a kiedy zmarła w 1962 r., płótno pochowano razem z nią. Także obecnie wierni czczą Hermano José i przybywają do grobu Leocadii, by prosić ją o spełnienie pragnień. Zgodnie z tradycją *santerii*, grób oblewają rumem, składają na nim kwiaty, niedopalone cygara, kurczęta.

Na Cmentarzu Kolumba spoczywają powieściopisarz Alejo Carpentier (1904–1980), naukowiec Carlosa Finlay'a (1833–1915), męczennicy „Granmy" i bohaterowie wojen niepodległościowych.

★Museo Napoleónico MUZEUM

(mapa s. 96; San Miguel No 1159; 3 CUC; ⌚9.30–17.00 wt.–sb., 9.30–12.30 nd.) Jedno z pięciu najlepszych muzeów napoleońskich na świecie; prezentuje ponad 7400 przedmiotów, należących do Napoleona Bonaparte lub związanych z jego epoką, zgromadzonych przez barona cukrowego Julia Lobo. Założone w 1961 r., zajmuje pałac (1928 r.) polityka Orestesa Ferrary.

W zbiorach szkice Woltera, obrazy przedstawiające bitwę pod Waterloo, porcelana, meble, rekonstrukcja gabinetu i sypialni Napoleona, jedna z pośmiertnych masek (wykonana z maski zdjętej dwa dni po śmierci cesarza przez jego lekarza Francisca Antommarchiego). Zbiory rozmieszczono na 4 kondygnacjach pałacu Orestesa Ferrary (w stylu renesansowych pałaców we Florencji) w Vedado, niedaleko Uniwersytetu Hawańskiego. Z tarasu na IV poziomie – piękne widoki.

Hotel Nacional BUDYNEK HISTORYCZNY

(mapa s. 96; róg Calle O i Cale 21; ⌚zwiedzanie bezpł. 10.00 i 15.00, pn.–pt., 10.00 sb.) Zbudowany w 1930 r. na wzór Breakers Hotel w Palm Beach na Florydzie, eklektyczny, art déco i neoklasycystyczny *Hotel Nacional* jest obecnie pomnikiem narodowym i architektonicznym symbolem Hawany.

Zła sława hotelu ugruntowała się w październiku 1933 r., kiedy po zamachu stanu Fulgencia Batisty, który obalił reżim Gerarda Machado, 300 niezadowolonych oficerów wojska schroniło się w budynku z nadzieją, że uda im się pozyskać przychylność amerykańskiego ambasadora Sumnera Wellesa. Welles szybko wyjechał i oddziały Batisty ostrzelały hotel, zabijając czternastu z nich i raniąc siedmiu. Ci, którzy się poddali, zostali straceni.

W grudniu 1946 r. hotel odkrył swą następną niechlubną kartę, kiedy amerykańscy gangsterzy Meyer Lansky (Majer Suchowliński; pochodził z Grodna) i Lucky Luciano zorganizowali w nim największy kiedykolwiek spęd północnoamerykańskiej mafii pod pretekstem koncertu Franka Sinatry.

Słynne niegdyś kasyno od dawna nie istnieje, choć pozostała fama paryskiego kabaretu, który wciąż jest popularny. Nie-goście podziwiają mauryjski hol, spacerują po owiewanym bryzą terenie, spoglądając na Malecón, lub zwiedzają (bezpłatnie) hotel.

Museo de Artes Decorativas — MUZEUM

(mapa s. 96; Calle 17 No 502, pmiędzy Calle D i Calle E; 3 CUC; ⏲9.30–16.00 wt.–sb.) Jedno z najlepszych muzeów Hawany jest niczym zagubiony skarb, na wpół ukryty w Vedado. Muzeum Sztuk Dekoracyjnych pęka od artystycznych przedmiotów rokokowych, art déco i azjatyckich. Równie interesujący jest budynek, francuski projekt zamówiony w 1924 r. przez bogatą rodzinę Gómezów, która zbudowała centrum handlowe Manzana de Gómez w Centro Habana.

Memorial a José Martí — POMNIK

(mapa s. 96; Plaza de la Revolución; 3 CUC; ⏲9.30–16.00 pn.–sb.) Na Plaza de la Revolución wznosi się obelisk w formie 5-ramiennej gwiazdy, najwyższa w Hawanie budowla (138,5 m). Na wysokości 129 m utworzono platformę widokową (wjazd windą; 2 CUC), a w bazie obelisku - muzeum z czterema salami wystawowymi i salą konferencyjną. Przed obeliskiem widnieje 17-metrowy posąg siedzącego José Martí (w pozie *Myśliciela* Rodina).

Parque de John Lennon — PARK

(mapa s. 96; róg Calle 17 i Calle 6) W Hawanie są dwa parki o podobnie brzmiących nazwach - jeden poświęcony sowieckiemu przywódcy komunistycznemu, drugi zaś mniej groźnemu, lecz równie sławnemu, byłemu Beatlesowi. W parku na ławce siedzi hiperrealistyczna figura muzyka. Pomnik odsłonił Fidel Castro w 2000 r., w dwudziestą rocznicę śmierci Lennona. Ponieważ Johnowi wciąż kradziono okulary, teraz pilnuje go strażnik.

Zazwyczaj strażnik trzyma się dyskretnie na uboczu, ale gdy ktoś chce zrobić zdjęcie, wtedy zakłada Johnowi okulary.

Plaza de la Revolución — PLAC

(mapa s. 96) Zaprojektowana przez francuskiego urbanistę Jean Claude'a Forestiera w 1920 r., gigantyczna Plaza de la Revolución (Plaza Cívica do 1959 r.) była częścią hawańskiego „nowego miasta", które się rozrosło w latach 1920–1959. Jako ogniwo spinające ambitne plany Forestiera, plac wytyczono na wzniesieniu (Loma de los Catalanes) na wzór paryskiego placu Gwiazdy, z rozchodzącymi się promieniście alejami w kierunku Río Almendares, Vedado i Parque de la Fraternidad w Centro Habana.

Otoczony szarymi, funkcjonalnymi budynkami z lat 50. XX w., plac jest bastionem kubańskiego rządu - to tutaj odbywają się wielkie wiece polityczne. W styczniu 1998 r. milion ludzi (prawie jedna dziesiąta populacji Kuby) stłoczyło się na tym placu, żeby uczestniczyć w mszy św. celebrowanej przez papieża Jana Pawła II.

Na brzydkim betonowym bloku, ustawionym przed budynkiem Ministerio del Interior (Ministerstwa Spraw Wewnętrznych), na północnej pierzei placu, widnieje ogromny rysunek przedstawiający Che Guevarę (wg słynnej fotografii Alberta Kordy z 1960 r.) z podpisem: *Hasta la Victoria Siempre* (Zawsze ku Zwycięstwu). W 2009 r. podobnym wizerunkiem bohaterskiego *guerrillero,* Camila Cienfuegos, ozdobiono sąsiedni budynek urzędu telekomunikacyjnego. Podpis brzmi: *Vas Bien Fidel* (Dobrze Ci idzie, Fidelu).

W holu zbudowanej w 1957 r. **Biblioteca Nacional de Cuba José Martí** (⏲8.00–17.00 pn.–sb.) BEZPŁ., po wschodniej stronie placu, organizowane są wystawy czasowe fotografii. Po zachodniej stronie stoi nowoczesny Teatro Nacional de Cuba (s. 114).

Za pomnikiem José Martí kryje się dobrze strzeżony Comité Central del Partido Comunista de Cuba.

Avenida de los Presidentes — POMNIK

(mapa s. 96) Przy Calle G (oficjalnie Av de los Presidentes), podobnej do barcelońskiej Las Ramblas, stoją pomniki wybitnych przywódców latynoamerykańskich: Salvadora Allende (Chile), Benita Juáreza (Meksyk), Simóna Bolívara. W górze alei wznosi się olbrzymi marmurowy Monumento a José Miguel Gómez, drugiego prezydenta Kuby. Na drugim końcu stał pomnik jego poprzednika, Tomása Estrady Palmy. A ponieważ uznano, że był marionetką USA, na cokole po pierwszym prezydencie zostały tylko jego buty.

Wlotu Calle G od strony Malecónu strzeże **Monumento a Calixto García** (róg Malecón i Av de los Presidentes), pomnik konny dzielnego kubańskiego generała, któremu amerykańscy dowódcy wojskowi w Santiago de Cuba uniemożliwili uczestniczenie w akcie składania broni przez Hiszpanów w 1898 r. Dwadzieścia cztery tablice z brązu wokół pomnika przedstawiają 30-letnie zmagania Garcíi o niepodległość Kuby.

Hotel Habana Libre — WAŻNY BUDYNEK

(mapa s. 96; Calle L, pomiędzy Calle 23 i Calle 25) Nowoczesny hotel *Havana Hilton* rewolucjoniści Castro zarekwirowali w 1959 r., zaledwie dziewięć miesięcy po inauguracji. Szybko go przemianowano na Habana Libre. Podczas pierwszych miesięcy rewolucji Fidel Castro rządził krajem z luksusowego apartamentu na 24. kondygnacji.

Elewację budynku zdobi wykonany z weneckich kafli 670-metrowy mural autorstwa Amelii Peláez; *Carro de la revolución* (*Samochód rewolucji*) Alfreda Sosy Bravo – na górze – składa się z 525 ceramicznych elementów. Jest tam też kilka sklepów i interesująca galeria fotograficzna ze zdjęciami zwycięskich *barbudos* (brodaczy), biegających z bronią po hotelowym holu w styczniu 1959 r.

Monumento a las Víctimas del Maine — POMNIK

(mapa s. 96; Malecón) Monument (z 1926 r.), na zachód od hotelu, upamiętnia 266 *marines*, którzy zginęli podczas wybuchu na pancerniku „Maine" w porcie Hawany w 1898 r. W 1961 r. wieńczący go amerykański orzeł stracił głowę, usunięto też pomniki trzech prezydentów USA.

Quinta de los Molinos — OGRODY, WAŻNY OBIEKT

(mapa s. 96; róg Av Salvador Allende i Luaces; zwiedzanie tylko z przewodnikiem 5 CUC; ⌚10.00 wt. i sb.) W 1839 r. na terenie Hacjendy Młynów utworzono ogród botaniczny i zbudowano rezydencję kapitanów generalnych. W 1899 r. urzędował w niej inspektor generalny Armii Wyzwoleńczej Karol Rolow Miałowski (Polak); potem mieszkał w niej do śmierci (1905 r.) generał w wojnie o niepodległość, Máximo Gómez. Rezydencja Gómeza jest obecnie zamknięta. W ogrodzie botanicznym żyją endemiczne na Kubie ślimaki *Polymita*.

Museo de Danza — MUZEUM

(mapa s. 96; Línea 365, róg Av de los Presidentes; 2 CUC; ⌚10.00–18.00 pn.–sb.) Muzeum tańca na Kubie nie zaskakuje. Dobrze zorganizowana przestrzeń wystawiennicza w eklektycznej rezydencji w Vedado eksponuje przedmioty związane z bogatą historią kubańskiego tańca, z których wiele pochodzi ze zbiorów słynnej baleriny Alicii Alonso.

Universidad de La Habana — UNIWERSYTET

(mapa s. 96; róg Calles L i San Lázaro) Uniwersytet, założony przez dominikanów w 1728 r. i zlaicyzowany w 1842 r., mieścił się w klasztorze San Juan de Letrán w Habana Vieja, w 1902 r. został przeniesiony do obecnej siedziby. Rozbudowany neoklasycystyczny kampus pochodzi z drugiego ćwierćwiecza XX w. W 21 wydziałach (m.in. nauki społeczne i humanistyczne, matematyka, ekonomia) studiuje ok. 30 000 osób.

Na szczycie wzgórza w Vedado i słynnej *escalinata* (schodów), obok figury Alma Mater na centralnym skwerze uniwersytetu – Plaza Ignacio Agramonte – stoi czołg zdobyty przez rebeliantów Castro w 1958 r. Vis-à-vis jest Librería Alma Mater (biblioteka), a po lewej **Museo de Historia Natural Felipe Poey** (1 CUC; ⌚9.00–12.00 i 13.00–16.00 pn.–pt., IX–VII), najstarsze muzeum na Kubie, ufundowane w 1874 r. przez Królewską Akademię Nauk Medycznych, Fizycznych i Naturalnych. Wiele eksponatów fauny i flory pochodzi z XIX w., ze zbiorów kubańskiego przyrodnika Felipe Poeya. Założone w 1903 r. **Museo Antropológico Montané** (1 CUC; ⌚9.00–12.00 i 13.00–16.00 pn.–pt., IX–VII) – na piętrze – prezentuje prekolumbijskie artefakty (wśród nich jest słynny drewniany Ídolo del Tabaco z X w.).

Edificio Focsa — WAŻNY OBIEKT

(mapa s. 96; róg Calle 17 i Calle M) Modernistyczny budynek Focsa wzniesiono w latach 1954–1956 w ciągu 28 miesięcy bez użycia dźwigów. Ponadto po raz pierwszy posłużono się pionierską technologią informatyczną. W 1956 r. był drugim największym apartamentowcem na świecie. W 1999 r. został wyróżniony jako jeden z siedmiu kubańskich cudów współczesnej inżynierii. Ma 39 kondygnacji: na 30 są 373 mieszkania, 9 przeznaczono na sklepy, biura, garaże, szkołę i in.

W bardzo trudnym dla Kubańczyków „okresie specjalnym" na początku lat 90. XX w. na opustoszałych górnych piętrach zagnieździły się sępy, w 2000 r. pękł kabel windy, zabijając jedną osobę. Odnowiony w ramach projektu rewitalizacyjnego, dominujący nad hawańską panoramą olbrzym znów udostępnia eleganckie mieszkania, a także wabi turystów do słynnej restauracji *La Torre* („wieża"; s. 108) na ostatnim piętrze.

Ambasada USA WAŻNY OBIEKT

(mapa s. 96; Calzada, pomiędzy Calle L i Calle M) Od 1953 r. do zerwania stosunków dyplomatycznych w 1961 r. siedmiopoziomowy modernistyczny budynek, za wysokim ogrodzeniem w pobliżu Malecónu, zajmowała ambasada USA, a od 1977 r., w okresie prezydentury Cartera, Sekcja Interesów USA. W lipcu 2015 r. - po 54 latach - ambasada USA znów została otwarta dzięki normalizacji stosunków z Kubą, zainicjowanej przez prezydenta Obamę.

Z ambasadą USA sąsiaduje Plaza de la Tribuna Antiimperialista (zwana również Plaza de la Dignidad), niegdyś miejsce wielkich manifestacji antyamerykańskich. Kubańczycy ustawili rój masztów flagowych, żeby zasłonić zamontowaną w dawnej Sekcji Interesów elektroniczną tablicę wyświetlająca komunikaty - albo propagandę - zależy, po której stronie ogrodzenia się stoi (!).

Edificio López Serrano WAŻNY OBIEKT

(mapa s. 96; Calle L, pomiędzy Calle 11 i Calle 13) Za dawną Sekcją Interesów USA stoi budynek (10 poziomów) z wieżą (4 poziomy) w stylu art déco - wygląda jak Empire State Building, któremu obcięto dolne 70 pięter. To pierwszy *rascacielo* (drapacz chmur) w Hawanie (wzniesiony w 1932 r.). W budynku López Serrano jest 78 apartamentów.

Gran Sinagoga Bet Shalom SYNAGOGA

(mapa s. 96; Calle I nr 251, pomiędzy Calle 13 i Calle 15; ⌚zmienne godziny otwarcia) Na Kubie są trzy synagogi służące żydowskiej populacji liczącej około 1500 osób. W Bet Shalom (z 1953 r.) działa ośrodek społeczny, jest też biblioteka (13 tys. woluminów); gościnny personel chętnie informuje gości o niezwykłej i mało znanej historii kubańskich Żydów.

Festiwale i wydarzenia

Hawana oferuje bogaty program imprez kulturalnych: letni Carnaval, liczne festiwale muzyczne (w tym ceniony grudniowy Festival Internacional de Jazz), wydarzenia sportowe, np. Marabana (maraton), a także wielkie międzynarodowe wydarzenia przyciągające znane nazwiska z zagranicy.

Feria Internacional del Libro LITERATURA

(www.filcuba.cult.cu; ⌚II) Doroczne targi książki zaczynają się w lutym w forcie La Cabaña w Hawanie, potem wizytują miasta w prowincjach.

Carnaval de La Habana KULTURA

(⌚VII/VIII) Parady, tańce, muzyka, barwne kostiumy i niezwykłe kukły - letnia impreza w Hawanie może nie jest tak sławna, jak jej bardziej nawiązujący do kubańskich korzeni odpowiednik w Santiago de Cuba, ale i tak świętowanie i parady na Malecónie biją na głowę inne miejskie karnawały.

Festival Internacional de Ballet de La Habana TANIEC

(www.festivalballethabana.cu; ⌚X) Kuba ujawnia umiłowanie tańca energicznymi podskokami i eleganckimi piruetami podczas festiwalu co dwa lata pod koniec października.

Festival Internacional del Nuevo Cine Latinoamericano FILM

(www.habanafilmfestival.com; ⌚X) Wielce cenione święto masowej kultury filmowej, z licznymi ukłonami w stronę krajów Ameryki Łacińskiej. Odbywa się w różnych kinach i teatrach na terenie miasta.

Wycieczki

★**Havana Super Tour** WYCIECZKI

(mapa s. 80; ☎52-65-71-01; www.campanario63.com; Campanario 63, pomiędzy San Lázaro i Lagunas; wycieczka 35 CUC) Jedna z pierwszych firm wycieczkowych w Hawanie; Super Tour wszystkie swoje wycieczki obsługuje klasycznymi amerykańskimi samochodami. Dwie najpopularniejsze: wycieczka architektoniczna o tematyce art déco i „wycieczka mafijna" do przedrewolucyjnych stref gangsterskich. Dla tych, którzy mają mało czasu, firma organizuje całodzienną wycieczkę (150 CUC) z głównymi atrakcjami na terenie miasta.

★**Agencia de Viajes San Cristóbal** KULTURA

(mapa s. 64; ☎7-863-9555; www.cubaheritage.com; Oficios No 110, pomiędzy Lamparilla i Amargura; ⌚8.30–17.30 pn.–pt., do 12.30 sb.) Biuro podróży Urzędu Historyka Miasta, ze stanowiskami w klasycznych hotelach Habana Vieja. Agencja organizuje jedne z najlepszych wycieczek po Hawanie, dochody są przeznaczane na prace restauratorskie. Główne atrakcje:

HISTORYCZNA UKŁADANKA

Jeszcze nigdy w dziedzinie konserwacji architektury nie uczyniono tak dużo, dysponując bardzo ograniczonymi środkami. W zagranicznej prasie jest mnóstwo informacji o znakomitych osiągnięciach kubańskiej edukacji i służby zdrowia, ale stosunkowo mało na temat nadzwyczajnej pracy, włożonej w zachowanie najbardziej wartościowej, ale poważnie zagrożonej spuścizny historycznej, szczególnie w Habana Vieja.

Trwający od lat 70. XX w. proces odbudowy starówki Hawany po dziesięcioleciach zaniedbań jest dalekowzroczny i nadzwyczaj udany, biorąc pod uwagę ekonomiczne przeszkody. Geniuszem planu był Eusebio Leal Spengler, ceniony Historyk Miasta Hawany, który, niezrażony dokręcaniem finansowej śruby w „okresie specjalnym", założył w 1994 r. Habaguanex, holding zarabiający twardą walutę na turystyce i reinwestujący ją w rozmaite projekty konserwatorskie i rewitalizacyjne na terenie miasta. Chroniąc historyczne dziedzictwo Hawany, Leal i jego ludzie ściągnęli do miasta jeszcze więcej turystów i zdobyli jeszcze więcej środków, a Habaguanex mógł je zainwestować w dalsze prace restauracyjne i bardzo potrzebne programy społeczne.

Broniąc się przed pokusą przekształcenia starej dzielnicy Hawany w historyczny park tematyczny, Leal starał się odbudować miejską tkankę jako autentyczne, „żywe" centrum, zapewniające wymierne korzyści dla ponad 91-tysięcznej rzeszy jego mieszkańców. W rezultacie, szkoły, komitety dzielnicowe, domy opieki dla seniorów i ośrodki dla niepełnosprawnych dzieci nie kolidują z odnowionymi budynkami kolonialnymi. Za każdym razem, kiedy ktoś płaci pieniądze w hotelu, muzeum lub w restauracji w Habana Vieja, przyczynia się nie tylko do rewitalizacji dzielnicy, ale również do licznych programów socjalnych, z których korzysta miejscowa ludność.

Obecnie Biuro Historyka Miasta przeznacza roczne wpływy z turystyki (ponad 160 mln dolarów) na prace restauratorskie (45%) i programy socjalne na terenie miasta (55%), których jest ponad 400. Do tej pory jedna dzielnica obszaru Habana Vieja została przywrócona do stanu kolonialnej świetności, z bogactwem atrakcji turystycznych, m.in. jest już 20 hoteli zarządzanych przez Habaguanex, 4 odnowione forty i ponad 30 muzeów.

wycieczka „Konserwacja Historycznego Centrum"; „Od Chrystusa do Lennona" (pomniki i rzeźby w Hawanie); „Eklektyzm i Nowoczesność" (wycieczka architektoniczna).

★ CubaRuta Bikes ROWERY
(mapa s. 96; ☎52-47-66-33; www.cubarutabikes.com; Calle 16 No 152; wycieczka po mieście 29 CUC) Pierwsza w Hawanie porządna firma wypożyczająca rowery i organizująca wycieczki rozpoczęła działalność w 2013 r. Jej wycieczki rowerowe z przewodnikiem niezmiennie cieszą się popularnością, a w szczególności klasyczny, trzygodzinny objazd miasta via Bosque de la Habana, Plaza Vieja, Plaza de la Revolución, Malecón itd. Trzeba rezerwować telefoniczne lub przez e-mail przynajmniej dzień wcześniej. Oferta obejmuje również wypożyczenie dobrze utrzymanych rowerów.

Kursy

Oprócz lekcji hiszpańskiego, Hawana oferuje inne liczne możliwości edukacyjne. Najbardziej popularne są kursy tańca oraz warsztaty sztuki; w ciągu ostatnich lat powstało wiele prywatnych firm oferujących jedne i drugie.

★ La Casa del Son TANIEC, JĘZYK
(mapa s. 64; ☎7-861-6179; www.bailarencuba.com; Empedrado No 411, pomiędzy Compostela i Aguacate; od 10 CUC za godzinę) Bardzo popularna prywatna szkoła tańca w atrakcyjnym XVIII-wiecznym budynku. Oferuje też lekcje języka hiszpańskiego i gry na perkusji. Bardzo elastyczne podejście do czasu rozpoczęcia lekcji.

Taller Experimental de Gráfica SZTUKA
(mapa s. 64; ☎7-862-0979; Callejón del Chorro No 6) Kursy grawerunku. Nauka indywidualna kosztuje 25 CUC za dzień; 250 CUC za tydzień. Trzeba się zgłosić kilka dni wcześniej.

Club Salseando Chévere TANIEC
(www.salseandochevere.com; róg Calle 49 i Calle 28; od 25 CUC za godzinę) Jedna z najlepszych szkół tańca w Hawanie; specjalizuje się w salsie, ale również uczy rumby, *chachachá*, mambo i innych. Działalność prowadzi

w El Salón Chévere (s. 132), popularnym klubie tanecznym w Parque Almendares.

Conjunto Folclórico Nacional de Cuba TANIEC
(mapa s. 96; ☎7-830-3060; www.folkcuba.cult.cu; Calle 4 No 103, pomiędzy Calzada i Calle 5) Rekomendowane kursy *baile folclórico*, łącznie z ezoterycznymi formami *santerii* i rumby. Również nauka gry na perkusji. Lekcje zaczynają się w trzeci poniedziałek stycznia oraz w pierwszy poniedziałek lipca; za 15-dniowy kurs płaci się 500 CUC. Wstępny test przydziela kursantów do któregoś z czterech poziomów.

Universidad de La Habana JĘZYK
(mapa s. 96; ☎7-832-4245, 7-831-3751; www.uh.cu; Calle J No 556, Edificio Varona, I piętro) Personel uniwersyteckiej FLEX (Szkoły Języków Obcych) prowadzi kursy hiszpańskiego przez cały rok, zaczynając w każdy pierwszy poniedziałek miesiąca. Ceny od 200 CUC za 40 godzin (dwa tygodnie); do 1798 CUC za intensywny kurs dziewięciomiesięczny. Wpierw należy przejść test kwalifikacyjny określający poziom (od I do V).

Formalności najlepiej załatwić przed przyjazdem. W zakładce FLEX strony uniwersytetu wybiera się zakładkę „Facultades", a następnie „Lenguas Extranjeras".

Paradiso KULTURA
(mapa s. 96; ☎7-832-9538; www.paradiso.es; Calle 19 No 560) Agencja kulturalna oferuje nadzwyczajny wybór kursów trwających od 4 do 12 tygodni: od tańców afrokubańskich po warsztaty ceramiczne. Pełna gama opcji na stronie internetowej.

Noclegi

W sytuacji, gdy dosłownie tysiące *casas particulares* (domy prywatne) wynajmuje pokoje, znalezienie noclegu w Hawanie nie stwarza żadnego problemu. Najtańsze hotele mogą dorównać *casas* ceną, ale nigdy komfortem. Brakuje hoteli w średnim zakresie cen, za to jest dużo hoteli luksusowych, z miłą atmosferą, choć ogólnie standard nie zawsze dorównuje innym obiektom noclegowym na Karaibach.

Habana Vieja

★Greenhouse CASA PARTICULAR $
(mapa s. 64; ☎7-862-9877; fabio.quintana@infomed.sld.cu; San Ignacio No 656, pomiędzy Merced i Jesús María; pokój 30–40 CUC; ❄) Bajeczną *casa* w Starym Mieście prowadzą Eugenio i Fabio, którzy swój kolonialny dom gustownie urządzili. Na tarasie jest fontanna, na klatce schodowej podświetlony model Hawany. W siedmiu pokojach tego prawie hotelu są cenne meble z epoki i wspaniałe drewniane łóżka; dwa pokoje mają wspólną łazienkę.

Hostal Calle Habana CASA PARTICULAR $
(mapa s. 64; ☎7-867-4081; www.hostalcallehabana.com; Habana No 559, pomiędzy Brasil i Amargura; pokój 30–40 CUC; ❄) To jedna z nowej fali prywatnych *casas*, a tak naprawdę małych hoteli. Jest dobrze zarządzana i świetnie utrzymana, od frontu ma kawiarenkę (wyłącznie dla gości), jest mnóstwo sztuki, roślin i płytek ceramicznych. Cztery pokoje czyste i niezagracone, ożywione stylowymi lampami i obrazami.

Pod względem ceny jest to najlepsza okazja w mieście.

Hostal El Encinar CASA PARTICULAR $
(mapa s. 64; ☎7-860-1257; www.hostalperegrino.com; Chacón No 60 Altos, pomiędzy Cuba i Aguiar; pokój ze śniadaniem 35–50 CUC; ❄) *El Encinar*, placówka popularnego *Hostal Peregrino* (s. 90) w Centro Habana, jest właściwie małym hotelem dla indywidualnych podróżnych. Osiem pokojów, wszystkie z łazienkami, niemalże spełnia standardy butikowe; elegancka glazura, suszarki do włosów, telewizory, minibary. Jest też wygodny salon i uroczy taras na dachu z widokiem na zatokę i fort La Cabaña.

Jesús y María CASA PARTICULAR $
(mapa s. 64; ☎7-851-1378; jesusmaria2003@yahoo.com; Aguacate No 518, pomiędzy Sol i Muralla; pokój 30 CUC; ❄) Staromodna *casa* – do pokoju trzeba przejść przez rodzinny salon, schylając się, żeby nie zasłonić telewizora. Wewnątrz dom wydaje się większy, gdyż jest obszerny taras, z bujanymi fotelami, na którym podaje się obfite śniadanie. W pięciu lśniących czystością pokojach są sejfy i wygodne łóżka.

Casa Colonial del 1715 CASA PARTICULAR $
(mapa s. 64; ☎7-864-1914; rozzo99@gmail.com; Lamparilla No 324, pomiędzy Aguacate i Compostela; pokój 30–35 CUC; ❄) Uroczy kolonialny dom w kolorze mięty wyróżnia się na zaniedbanej calle Lamparilla. Jaskrawa tonacja kontynuowana jest wewnątrz na uroczym patio, z ponad tuzinem flag z całego świata. Serdeczne powitanie przez sympatycznych właścicieli. Trzy czyste pokoje, smaczne śniadania.

Penthouse Plaza Vieja CASA PARTICULAR $
(mapa s. 64; ☎7-861-0084; Mercaderes No 315–317; pokój 60 CUC; ❄) Prywatny penthouse przy historycznym placu w centrum – wszędzie indziej kosztowałoby krocie, ale w Hawanie można tu mieszkać za jedyne 60 CUC. Dwa pokoje Fidela i Berthy, wysoko nad Plaza Vieja, dzieli zielony taras, którego strzeże świątynia *santerii*.

Casa de Pepe y Rafaela CASA PARTICULAR $
(mapa s. 64; ☎7-862-9877; San Ignacio No 454, pomiędzy Sol i Santa Clara; pokój 30–35 CUC; ❄) Wspaniały żółty dom kolonialny w pobliżu Plaza Vieja, pełen antyków i stylowych mauryjskich płytek. Oba pokoje mają balkony, drewniane okiennice i obszerne łazienki. Dom aktualnie prowadzi młodsze pokolenie rodziny. Są wspaniałymi gospodarzami.

Hostal Conde de Ricla HOTEL $$
(mapa s. 64; ☎52-91-63-23; www.condedericlahostal.com; San Ignacio No 402, pomiędzy Sol i Muralla; 2-os./apart. 100/150 CUC; ❄) Może to nie jest oczywiste dla tych, którzy są na Kubie po raz pierwszy, ale to jest wyjątkowe miejsce: pierwszy prywatny hotel. Z wyjątkiem *casas particulares*, do tej pory wszystkie hotele na Kubie były państwowe. Pięć pokojów zdaje egzamin – są duże, czyste z minimalistycznymi akcentami butikowymi, mimo kolonialnej scenerii.

Wielka premia: śniadanie w *La Vitrola* (s. 101) na dole (należy do rodziny) jest wliczone w cenę.

★ **Hotel Los Frailes** HOTEL HISTORYCZNY $$$
(mapa s. 64; ☎7-862-9383; www.habaguanexhotels.com; Brasil No 8, pomiędzy Oficios i Mercaderes; 2-os./apart. 200/230 CUC; ❄@📶) W *Los Frailes* („zakonnicy") jest luksusowo, pomimo klasztornej scenerii (personel w habitach z kapturem), inspirowanej pobliskim klasztorem San Francisco de Asís. Do tego hotelu chętnie się wraca po długim dniu w mieście, żeby, włożywszy zakonny szlafrok, odpocząć w wielkim historycznym pokoju pośród migoczących świec.

Dodatkową atrakcją są występy w holu kwartetu drewnianych instrumentów dętych. Muzycy są tak dobrzy, że wciąż przychodzą wycieczki na ich improwizowane koncerty.

Hostal Conde de Villanueva HOTEL $$$
(mapa s. 64; ☎7-862-9293; www.habaguanexhotels.com; Mercaderes No 202; 1-/2-os. 235/305 CUC; ❄@📶) Chcąc się pławić choć jedną noc w luksusach Hawany, trzeba wypróbować ten wychwalany hotel kolonialny. Odrestaurowany pod bacznym okiem Historyka Miasta pod koniec lat 90. XX w., został przemodelowany z pretensjonalnej miejskiej rezydencji na hotel z pomysłowym wystrojem. Dziewięć pokojów wokół atrakcyjnego wewnętrznego dziedzińca (z pawiem rezydentem).

Apartamenty na piętrze zdobią witrażowe okna, są też żyrandole, rzeźby, a jeden z nich ma łazienkę z działającym hydromasażem.

Hotel Florida HOTEL $$$
(mapa s. 64; ☎7-862-4127; www.habaguanexhotels.com; Obispo No 252; 2-os./apart. 245/305 CUC ze śniadaniem; ❄@📶) Już takich nie robią. *Florida* to architektoniczna ekstrawagancja w najczystszym stylu kolonialnym, z łukami i kolumnami wokół nastrojowego dziedzińca. Habaguanex odrestaurował budynek z 1836 r. z wielką troską o szczegóły: dostatnio wyposażone pokoje mają wysokie oryginalne sufity i są luksusowo wykończone.

Każdy, kto choć trochę się interesuje architektonicznym dziedzictwem Kuby, niech odwiedzi ten kolonialny pałac – jest tu elegancka kawiarnia i popularny nocny klub (od 20.00).

Hotel Raquel HOTEL $$$
(mapa s. 64; ☎7-860-8280; www.habaguanexhotels.com; róg Amargura i San Ignacio; 2-os./apart. 280/330 CUC; ❄@📶) *Hotel Raquel* to olśniewający pałac z 1908 r. (dawny bank), historyczna fantazja z okazałymi kolumnami, eleganckimi marmurowymi rzeźbami i kunsztownymi witrażami na sklepieniu. Za imponującą architekturą kryją się dobrze zachowane, aczkolwiek hałaśliwe, pokoje i niewielka siłownia z sauną. Uprzejmy personel; wspaniała lokalizacja w centrum.

Misternie odrestaurowana recepcja tego eklektycznego budynku jest pełna bezcennych antyków i secesyjnych dekoracji.

Hotel Armadores de Santander HOTEL HISTORYCZNY $$$
(mapa s. 64; ☎7-862-8000; www.habaguanexhotels.com; Luz No 4, róg San Pedro; 2-os./apart. 235/305 CUC; ❄@📶) *Santander*, przy porcie, emanuje morską atmosferą. Kto wie, czy za chwilę jakiś hiszpański marynarz nie podejdzie do mahoniowego baru, nucąc morską szantę. Różny jest stan 32 pokojów. Dwupoziomowe apartamenty z witrażami i spiralnymi schodami warte są zainwestowania. Kolejną atrakcją jest platforma z widokiem na port.

Hotel Habana 612 HOTEL HISTORYCZNY $$$
(mapa s. 64; ☎7-867-1039; www.habaguanexhotels.com; Habana No 612; pokój 200 CUC; ❄@📶) Jeden z nowszych i mniejszych w Habana Vieja, 12-pokojowy hotel z minimalistycznym wnętrzem w starym budynku kolonialnym. Wątkiem artystycznym są widoczne wszędzie „narzędzia". Recepcja wygląda, jakby ją zaprojektował Leonardo da Vinci. Pokoje są obszerne; te od ulicy mają balkoniki, ale są hałaśliwe.

Hotel Palacio del Marqués de San Felipe y Santiago de Bejucal HOTEL $$$
(mapa s. 64; ☎7-864-9191; www.habaguanexhotels.com; róg Oficios i Amargura; 2-os. 360 CUC; ❄@📶) Połączenie kubańskiego baroku ze współczesnym minimalizmem w jednym z droższych obiektów Habaguanexu – rezultat warto obejrzeć. Na sześciu poziomach 27 pokojów. Hotel – przy przewiewnej Plaza de San Francisco de Asís – dowodzi, że proces rewitalizacji Habana Vieja ma się coraz lepiej.

Hotel Palacio O'Farrill HOTEL $$$
(mapa s. 64; ☎7-860-5080; www.habaguanexhotels.com; Cuba No 102-108, pomiędzy Chacón i Tejadillo; 2-os./apart. 235/305 CUC; ❄@📶) To żaden żart, ale jeden z najbardziej imponujących zabytkowych hoteli w Starej Hawanie. Ten nadzwyczaj piękny kolonialny pałac należał do Don Ricarda O'Farrill, kubańskiego przedsiębiorcy cukrowego wywodzącego się z irlandzkiej szlachty. W porównaniu z pełnymi przepychu strefami wspólnymi, pokoje są zwyczajne i skromnie ozdobione.

Obierając Szmaragdową Wyspę jako motyw przewodni, hotel ma XVIII-wieczny dziedziniec przepełniony zielenią. Drugi poziom, dodany w XIX w., charakteryzuje się ambitnymi akcentami neoklasycystycznymi; najwyższe piętro, XX-wieczne, ładnie się wpasowuje we wspaniałą architekturę niższych kondygnacji.

Hotel Ambos Mundos HOTEL $$$
(mapa s. 64; ☎7-860-9529; www.habaguanexhotels.com; Obispo No 153; 1-/2-os. 235/305 CUC; ❄@📶) Różowa pastelowa budowla. W „obu światach" pomieszkiwał Hemingway, który, jak wieść niesie, właśnie tutaj napisał słynną powieść *Komu bije dzwon* (Castro czytał ją do poduszki, kiedy wojował w Sierra Maestra). Cenę za małe, a niektóre bez okien, pokoje można by uznać za wygórowaną, ale bar przy recepcji to przecież klasyk (trzeba kierować się słuchem i iść ku romantycznej melodii wygrywanej na fortepianie), a drinki w restauracji na dachu należą do najlepszych w stolicy.

To obowiązkowy przystanek dla obieżyświata poszukującego barów odwiedzanych przez Hemingwaya.

Hostal Valencia HOTEL $$$
(mapa s. 64; ☎7-867-1037; www.habaguanexhotels.com; Oficios No 53; 2-os./apart. 220/240 CUC ze śniadaniem; ❄@📶) W samym sercu historii; *Valencia* wygląda jak hiszpańska *posada* (zajazd), budynek zdobi winna latorośl, przez szeroką bramę można wjechać konno, a w restauracji zjeść paellę. Znakomity wybór – to jedna z tańszych opcji w Habana Vieja. Dobra obsługa, atmosfera Starego Świata, gdzieś zapewne przemykają duchy Don Kichota i Sancza Pansy.

Hotel Santa Isabel HOTEL $$$
(mapa s. 64; ☎7-860-8201; www.habaguanexhotels.com; Baratillo No 9; pokój ze śniadaniem 360 CUC; ❄@📶) Jeden z najlepszych hoteli Hawany, a także jeden z najstarszych (pierwsi goście już w 1867 r.), zajmuje Palacio de los Condes de Santovenia (s. 63), dawnym *pied-à-terre* hrabiów Santovenia. Trzypoziomowe, pięciogwiazdkowe barokowe cudo; 17 pokojów z westchnieniem historii, hiszpańskie meble kolonialne i obrazy współczesnych kubańskich artystów.

Centro Habana

★Hostal Peregrino Consulado CASA PARTICULAR $
(mapa s. 80; ☎7-861-8027; www.hostalperegrino.com; Consulado No 152, pomiędzy Colón i Trocadero; pokój ze śniadaniem 35–50 CUC; ❄@) Julio Roque, pediatra, i jego żona Elsa rozwinęli 2-pokojową *casa particular* w sieć kwater. Ich siedziba, *Hostal Peregrino* – przecznicę od Paseo de Martí (Prado) – należy do najbardziej profesjonalnie prowadzonych kwater na Kubie. Do wynajęcia trzy pokoje. Bardzo uczynni właściciele płynnie mówią po angielsku i są kopalnią wszelkich informacji.

Wśród dodatkowych usług: odbiór z lotniska, Internet, pralnia, bar koktajlowy. Rodzina prowadzi trzy inne hostele: jeden w Habana Vieja, jeden przy Calle Lealtad oraz w pięknym nowym domu w Vedado. Wszystkie można rezerwować pod tym samym numerem.

★Casa 1932 CASA PARTICULAR $
(mapa s. 80; ☎7-863-6203, 52-64-38-58; www.casahabana.net; Campanario 63, pomiędzy San

FORESTIER I UPIĘKSZANIE HAWANY

Paryż i Hawanę łączy co najmniej jedno, nie licząc naśladującego Panteon budynku Capitolio – architektura pejzażu Jean-Claude'a Nicolasa Forestiera.

Forestier, wkrótce po realizacji głośnych zamówień we francuskiej stolicy, przybył do Hawany w 1925 r., żeby opracować plan generalny połączenia szybko rozwijającej się siatki ulic. Architekt pejzażu – wielki zwolennik ruchu „city beautiful" – spędził następne pięć lat, szkicując szerokie, wysadzane drzewami bulwary, skwery w stylu paryskim oraz harmonijne miejskie pejzaże, mające na celu wyeksponowanie pomników i tropikalnej oprawy.

Sercem planu było centrum obywatelskie (nazwane Plaza de la República), usytuowane na Loma de los Catalanes, wzgórzu na południowym skraju Vedado, z którego liczne aleje miały się rozchodzić promieniście na wzór paryskiego placu Gwiazdy. Forestier przewidywał, że centrum obywatelskie ozdobią fontanny i ogrody, a punktem centralnym będzie wielki pomnik José Martí. Przestrzeń od strony zachodniej miała być połączona z okazałą siecią parków wzdłuż rzeki Almendares.

Nadejście wielkiego kryzysu i towarzyszące mu polityczne niepokoje na Kubie w latach 30. XX w. zahamowały wiele projektów Forestiera, choć kilka pomysłów przyjęto do realizacji przed jego śmiercią w 1930 r. Były to: porośnięta bujną roślinnością Avenida del Puerto przy porcie, słynne uniwersyteckie schody oraz reinterpretacja Prado.

Dopiero po upływie 25 lat paryska wizja Hawany doczekała się realizacji: w latach 50. XX w. ruszyły wielkie projekty Francuza. Centrum obywatelskie powstało ostatecznie jako Plaza de la Revolución, z olbrzymim pomnikiem José Martí. Wielkie aleje – Paseo i Avenida de los Presidentes (Calle G) – zbudowano z chodnikami pośrodku, które ozdobiono szpalerami drzew oraz popiersiami i pomnikami.

Forestier bywa postrzegany jako hawański baron Haussmann (autor planu rewitalizacji Paryża w latach 60. XIX w.), ale w przeciwieństwie do Haussmanna, który kazał rozebrać duży fragment średniowiecznego miasta, Forestier był przeciwny burzeniu starej dzielnicy, czyli Habana Vieja. Należy mu za to podziękować.

Colonial z 1861 r. Pięć pokojów (w tym jeden rodzinny) z pięknymi dekoracjami z kutego żelaza, witrażami, mozaikowymi posadzkami. Wolno stojący dom ma patio, strefy wspólne, zabytkowe meble. Właściciel chętnie informuje o hawańskiej scenie artystycznej.

La Casa de Ana CASA PARTICULAR $
(mapa s. 96; ☎7-833-5128; www.anahavana.com; Calle 17 1422, pomiędzy Calle 26 i Calle 28; 30–35 CUC; ❄(@) Nie należy narzekać na lokalizację (w zachodnim Vedado); na skraju lasu dzieje się wiele, a wysoce profesjonalna właścicielka szybko zorganizuje tani transport, a także podpowie, gdzie znaleźć najlepsze *mojitos*. Pokoje są nowoczesne i czyste, obsługa wychodzi daleko poza swoje obowiązki. Rezerwacja z dużym wyprzedzeniem.

Marta Vitorte CASA PARTICULAR $
(mapa s. 96; ☎7-832-6475; www.casamartainhavana.com; Calle G No 301 Apt 14, pomiędzy Calle 13 i Calle 15; pokój 40–60 CUC; P❄) Od lat 60. XX w. Marta mieszka w wysokim apartamentowcu przy Av de los Presidentes. Wystarczy spojrzeć, by wiedzieć dlaczego – z oszklonego tarasu 270-stopniowa panorama Hawany, a widz czuje się, jakby stał na szczycie pomnika José Martí. Cztery luksusowe pokoje, uroczo urządzone, z minibarami i sejfami.

Śniadania, pralnia, miejsca parkingowe, windziarz... Marta wynajmuje jeszcze dwa samodzielne luksusowe apartamenty w pobliżu (100–180 CUC).

Mercedes González CASA PARTICULAR $
(mapa s. 96; ☎7-832-5846; Calle 21, pomiędzy Av de los Presidentes i Calle H; pokój 35–45 CUC; ❄) Pokoje *Mercedes* – cztery w dwóch mieszkaniach na pierwszym poziomie tuż obok Av de los Presidentes – mają zagorzałych zwolenników. Nic dziwnego, ponieważ gospodyni jest przemiła, a pokoje i strefy wspólne (wraz z obszerną biblioteką) emanują wyrafinowaną atmosferą art déco. *Mercedes* serwuje dobre śniadania, pomoże zaplanować podróż.

Doña Lourdes CASA PARTICULAR $
(mapa s. 96; ☎7-830-9509; Calle 17 No 459, pomiędzy Calle E i Calle F; pokój 30–35 CUC; ❄) Mała, niepozorna *casa* ukryta w nastrojowym zaułku, naprzeciwko Museo de Artes

Decorativas. Na piętrze tej typowej pałacowej rezydencji z początku XX w. w Vedado jest do wynajęcia jeden pokój z dostępem do wspólnego balkonu od strony ulicy.

Casa Lizette CASA PARTICULAR $

(mapa s. 96; ☎7-830-1226; lizette2602@gmail.com; Calle 3 No 580, pomiędzy Calle 8 i Calle 10; pokój 35 CUC; ❄) Wolno stojący nowoczesny dom w zachodnim Vedado, jedna przecznica od Malecónu, dogodnie usytuowany w pobliżu restauracji oraz słynnej Fábrica de Arte Cubano. Trzy pokoje *Lizette* mają wspólną jadalnię i salon, jest też dostęp do tarasu z bujanymi fotelami.

Casa Amada Malecón CASA PARTICULAR $

(mapa s. 96; ☎7-832-9659; www.casaamada.net; Calzada No 15, pomiędzy Calle M i Calle N; pokój 30–40 CUC; ❄) Na tyle blisko amerykańskiej ambasady, że czuje się zapach hamburgerów; *casa* (filia podobnej w Centro Habana) jest duża wewnątrz i ma kilka luksusowo odnowionych pokojów od strony wąskiego patio.

★Casavana Cuba CASA PARTICULAR $$

(mapa s. 96; ☎58-04-92-58; www.casavanacuba.com; Calle G No 301, V kondygnacja, pomiędzy Calle 13 i Calle 15; pokój 50–90 CUC; ❄) Jeśli *casas particulares* przypominają czterogwiazdkowe hotele, to wiadomo, że dobrze trafiliśmy. Olbrzymie pokoje *Casavany* – w *rascacielo* (drapaczu chmur) w Vedado – są luksusowe, z cennymi meblami i podłogami tak wypolerowanymi, że można się w nich przeglądać. Drewniane rzeźbione łóżka; piękny widok z balkonu.

Pokoje są na dwóch kondygnacjach (V i XI) 20-poziomowgo apartamentowca przy Av de los Presidentes. Trochę drożej niż w przeciętnej *casa*, ale warto. Trzeba rezerwować online.

Hotel Paseo Habana HOTEL $$

(mapa s. 96; ☎7-836-0808; róg Calle 17 i Calle A; 1-/2-os. 112/125 CUC; ❄@🛜) Przede wszystkim hotel *Paseo Habana* nie znajduje się przy Paseo, ale jedną przecznicę na wschód od skrzyżowania z Calle A. Kiedyś był dobrą okazją, ale po podwyżce cen trudno zaakceptować słabe ciśnienie wody, braki w oświetleniu i łuszczącą się farbę. Najlepiej wygląda frontowy taras z bujanymi fotelami (i Wi-Fi).

Hotel Vedado HOTEL $$

(mapa s. 96; ☎7-836-4072; www.hotelvedadocuba.com; Calle O No 244, pomiędzy Calle 23 i Calle 25; 1-/2-os. 70/125 CUC; P❄@🛜≋) Hotel *Vedado* popularny wśród wycieczek autokarowych. Jest regularnie remontowany, co jednak nie ułatwia mu pokonać bariery trzech gwiazdek, pomimo niezłego basenu (rzadkość w Hawanie), znośnej restauracji i całkiem przyjemnych pokojów.

Poza tym nieprzewidywalna obsługa, nieustanny hałas w holu, całkowity brak stylu każą się zastanowić, czy nie lepiej byłoby wybrać *casa particular* – za jedną trzecią ceny.

★Hotel Nacional HOTEL $$$

(mapa s. 96; ☎7-836-3564; www.hotelnacionaldecuba.com; róg Calles O i 21; 1-/2-os. 338/468 CUC; P❄@🛜≋) Wisienka na torcie kubańskich hoteli i flagowiec państwowej sieci Gran Caribe. Neoklasycystyczny-neokolonialny-art déco (nazwijmy go eklektycznym) *Hotel Nacional* jest w równej mierze miejskim pomnikiem i obiektem noclegowym. Nawet nie mając dość pieniędzy na noclegi, warto znaleźć czas, żeby przynajmniej wypić *mojito* z miętą we wspaniałym barze nad brzegiem oceanu.

Z wszechobecną historią, z pokojami opatrzonymi w tabliczki z nazwiskami znakomitych gości, górujący nad Hawaną zabytek ma dwa baseny kąpielowe, parę luksusowych restauracji i najwyższej klasy nocny kabaret Parisién (s. 115). W pokojach może i brakuje gadżetów luksusowego Varadero, jednakże ostentacja stref wspólnych, duchy Winstona Churchilla, Franka Sinatry, Lucky Luciano i Errola Flynna, nawiedzające stylizowany mauryjski hol, na pewno pozostawią fascynujące i niezapomniane wrażenie.

Hotel Meliá Cohiba HOTEL $$$

(mapa s. 96; ☎7-833-3636; www.meliacuba.com; Paseo, pomiędzy Calle 1 i Calle 3; 1-/2-os. 527/600 CUC; P❄@🛜≋) Najbardziej biznesowy z miejskich hoteli na Kubie, betonowy gigant pojawił się nad brzegiem oceanu w 1994 r. (jedyny budynek z tamtych czasów na Malecónie). Spełnia oczekiwania dzięki znającemu się na rzeczy i konsekwentnemu personelowi, a także nowoczesnym i dopracowanym udogodnieniom. Po paru tygodniach spędzonych na kubańskiej prowincji można się tu poczuć jak na innej planecie.

Pracoholicy znajdą specjalne pomieszczenia dla „podróżujących biznesmanów"; 59 pokojów wyposażono w wanny z hydromasażem. Udogodnienia: pasaż handlowy, luksusowa siłownia i niezmiennie popularna *Habana Café* (s. 115).

Hotel Capri HOTEL $$$
(mapa s. 96; 7-839 7200; róg Calle 21 i Calle N; 1-/2-os. 290/350 CUC;) Niszczejący od 2000 r. jeden z najsłynniejszych hoteli w Hawanie odżył w 2014 r. jako już spokojniejsza wersja siebie. I podobnie jak w przypadku *Ojca chrzestnego*, kontynuacja jest lepsza. *Capri* ma 19 kondygnacji, basen na dachu, minimalistyczny hol, pokoje są nowoczesne i eleganckie, ale bez ostentacji.

Z górnych pięter roztaczają się rozległe widoki.

Hotel, zbudowany w stylu modernistycznym w 1957 r., należał w czasach swej (krótkiej) świetności do gangstera Santo Trafficante, który zatrudnił sławnego amerykańskiego aktora George'a Rafta jako gospodarza kasyna i kabaretu. Kiedy partyzanci Castro tam zapukali w styczniu 1959 r., Raft podobno powiedział im, żeby go pocałowali gdzieś i zatrzasnął im drzwi przed nosem.

Hotel „zagrał" w filmie Carola Reeda *Nasz człowiek w Hawanie* oraz w filmie kubańsko-radzieckim w reżyserii Michaiła Kałatozowa *Ja, Kuba* (*Soy Cuba*). W *Ojcu chrzestnym: część II* Michael Corleone spotyka się z Hymanem Rothem w hotelu *Capri* – ze względu na embargo, Coppola nakręcił tę scenę w Dominikanie.

Hotel Habana Libre HOTEL $$$
(mapa s. 96; 7-834-6100; www.meliacuba.com; Calle L, pomiędzy Calle 23 i Calle 25; 2-os./apart. 464/495 CUC, ze śniadaniem;) Hotel – wtedy *Havana Hilton* – otwarto w marcu 1958 r. w wigilię „ostatniego walca" Batisty. W styczniu 1959 r. zarekwirowali go rebelianci Castro, urządzając w nim tymczasową kwaterę główną. Obecnie w zarządzie hiszpańskiej sieci Meliá, łączy spektakularność (widoki!) z miernością (stare TV, powolne Wi-Fi, trzęsące się windy).

Strefy wspólne przyćmiewają nieco sfatygowane pokoje. Kabaret El Turquino (s. 113), z ruchomym dachem, na 25. kondygnacji jest w mieście instytucją.

Hotel Riviera HOTEL $$$
(mapa s. 96; 7-836-4051; www.hotelhavanariviera.com; róg Paseo i Malecón; 1-/2-os. 200/280 CUC;) Wspaniały pałac w stylu kasyn-hoteli Meyera Lansky'ego w Las Vegas znów stał się modny, a jego cudowny hol retro nie zmienił się od 1957 r. Choć luksusowe 50 lat temu, obecnie 354 pokoje są nieco zużyte i ciężko jest uzasadnić cenę, ale można od razu przejść do porządku dziennego nad tą drożyzną w barze z czasów hazardu, w dobrych restauracjach i rewelacyjnym basenie w stylu lat 50. XX w.

Od 2016 r. *Rivera* jest zarządzana przez hiszpańską sieć hoteli Iberostar.

Hotel ROC Presidente HOTEL $$$
(mapa s. 96; 7-838-1801; www.roc-hotels.com; róg Calzada i Calle G; 1-/2-os. 225/300 CUC;) Hotel art déco, przy Avenida de los Presidentes, pasowałby do otoczenia Times Square w Nowym Jorku. Wzniesiony w 1928 r., tak jak pobliski hotel *Victoria*, jest do niego podobny, lecz większy (i ma bardziej usłużny personel). Lokalizacja niezbyt dogodna, chyba że ktoś lubi maszerować bądź rozpychać się łokciami w zatłoczonych hawańskich autobusach.

Hotel Victoria HOTEL $$$
(mapa s. 96; 7-833-3510; www.hotelvictoriacuba.com; Calle 19 No 101; 1-/2-os. 160/240 CUC ze śniadaniem;) Ożywiona niedawną modernizacją, dobrze wyposażona i zwykle pomijana *Victoria* w Vedado jest jakby kawałkiem odciętym od *Hotelu Nacional* i przeniesionym kilka przecznic na południe. W atrakcyjnym neoklasycystycznym budynku z 1928 r. udało się nawet zmieścić basen, bar i sklep.

Gastronomia

Lokale gastronomiczne koncentrują się w Starej Hawanie. Przy jej plażach, strefie zamieszkanej przez dyplomatów, zawsze były te najbardziej ekskluzywne restauracje w mieście. Kwitną kulinarne eksperymenty; działają restauracje specjalistyczne – rosyjskie, koreańskie, chińskie, irańskie, włoskie...

Habana Vieja

Helad'oro LODZIARNIA $
(mapa s. 64; 53-05-91-31; Aguiar No 206, pomiędzy Empredrado i Tejadillo; lody 2–4 CUC; 11.00–22.00) Kiedy „królem" był Fidel, rząd dzierżył monopol w wielu dziedzinach, między innymi w produkcji lodów, kontrolowanej przez legendarną Coppelię, ale smaki rzadko przekraczały granice *fresa y chocolate* (truskawki i czekolady). Gdy w pierwszej dekadzie XXI w. nastała gospodarcza odwilż, wkroczył Helad'oro z wytwarznymi rzemieślniczo lodami o ponad 30 smakach, łącznie z *mamey* (*Pouteria sapota*). Viva lodowa rewolucja!

Café Bohemia TAPAS, KAWIARNIA $
(mapa s. 64; 7-836-6567; www.havanabohemia.com; San Ignacio No 364; *tapas* 6–10 CUC;

Vedado

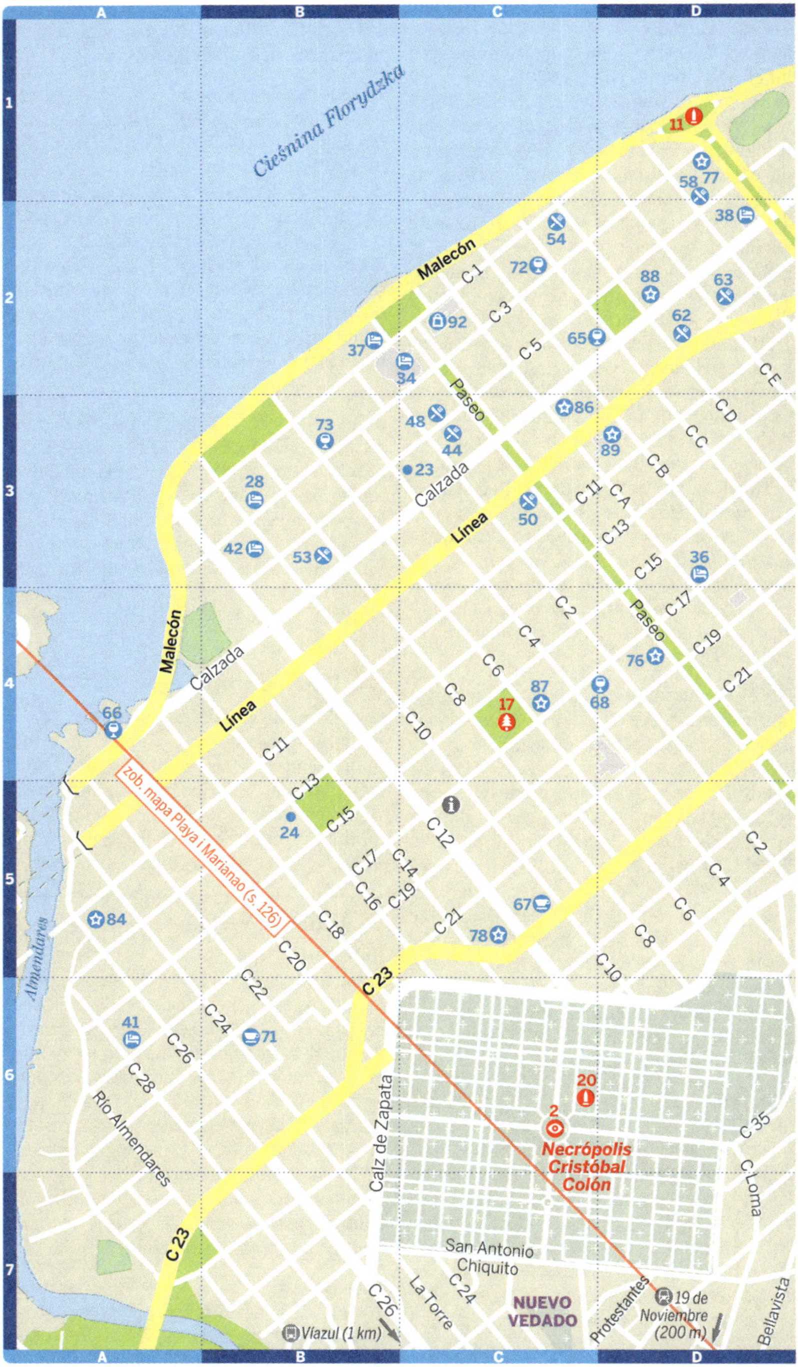
A
B
C
D
1
2
3
4
5
6
7
Cieśnina Florydzka
Malecón
Calzada
Línea
Paseo
zob. mapa Playa i Marianao (s. 126)
C 23
Calz de Zapata
Río Almendares
Almendares
Necrópolis Cristóbal Colón
San Antonio Chiquito
NUEVO VEDADO
La Torre
Protestantes
Bellavista
C Loma
C 35
19 de Noviembre (200 m)
Víazul (1 km)
C1
C3
C5
C 11
C 13
C 15
C 17
C 19
C 21
C2
C4
C6
C8
C 10
C 12
C 14
C 16
C 18
C 20
C 22
C 24
C 26
C 28
CA
CB
CC
CD
CE
11
58
77
38
54
72
88
63
62
65
92
37
34
86
73
48
44
89
23
28
50
42
53
36
76
87
68
17
66
24
67
78
84
41
71
20
2

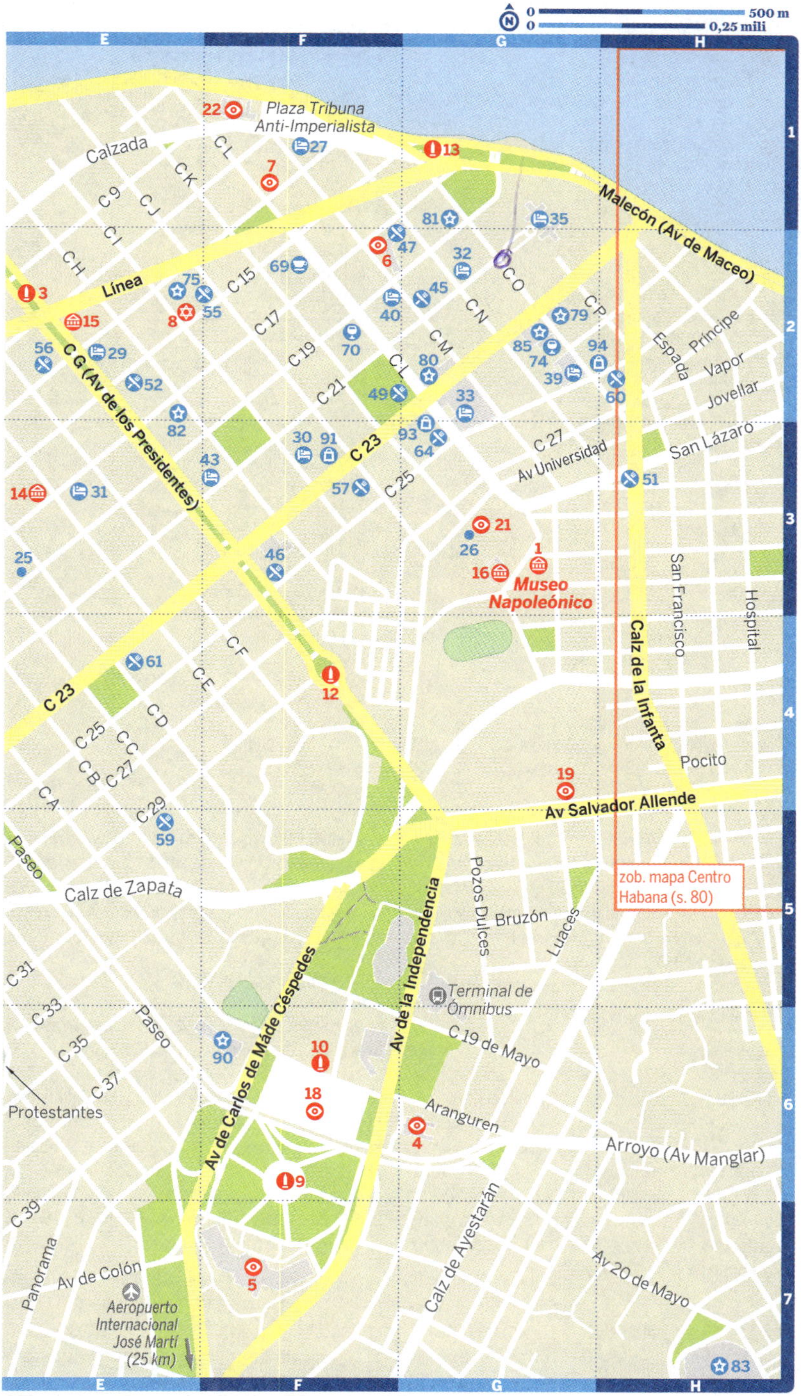
0 500 m
0 0,25 mili
E
F
G
H
1
2
3
4
5
6
7
Plaza Tribuna Anti-Imperialista
Calzada
Línea
Malecón (Av de Maceo)
C G (Av de los Presidentes)
C 23
C 25
C 27
C 15
C 17
C 19
C 21
C 29
C 31
C 33
C 35
C 37
C 39
C 9
CA
CB
CC
CD
CE
CF
CH
CI
CJ
CK
CL
CM
CN
CO
CP
Av Universidad
San Lázaro
Espada
Príncipe
Vapor
Jovellar
San Francisco
Hospital
Calz de la Infanta
Pocito
Museo Napoleónico
Av Salvador Allende
Paseo
Calz de Zapata
Pozos Dulces
Bruzón
Luaces
Terminal de Ómnibus
C 19 de Mayo
Aranguren
Arroyo (Av Manglar)
Av de Carlos de Máde Céspedes
Av de la Independencia
Calz de Ayestarán
Av 20 de Mayo
Av de Colón
Panorama
Protestantes
Aeropuerto Internacional José Martí (25 km)
zob. mapa Centro Habana (s. 80)

Vedado

Główne atrakcje
1 Museo Napoleónico ... G3
2 Necrópolis Cristóbal Colón ... C6

Zwiedzanie
3 Avenida de los Presidentes ... E2
4 Biblioteca Nacional José Martí ... G6
5 Comité Central del Partido Comunista de Cuba ... F7
6 Edificio Focsa ... F2
7 Edificio López Serrano ... F1
8 Gran Synagoga Bet Shalom ... E2
Hotel Habana Libre ... (zob. 33)
Hotel Nacional ... (zob. 35)
9 Memorial a José Martí ... F6
10 Ministerio del Interior ... F6
11 Monumento a Calixto García ... D1
12 Monumento a José Miguel Gómez ... F4
13 Monumento a las Víctimas del Maine ... G1
Museo Antropológico Montané ... (zob. 16)
14 Museo de Artes Decorativas ... E3
15 Museo de Danza ... E2
16 Museo de Historia Natural Felipe Poey ... G3
17 Parque de John Lennon ... C4
18 Plaza de la Revolución ... F6
19 Quinta de los Molinos ... G4
20 Grób Señory Amelii Goyri ... C6
21 Universidad de La Habana ... G3
22 Ambasada USA ... F1

Aktywnie, kursy i wycieczki
23 Conjunto Folklórico Nacional de Cuba ... C3
24 CubaRuta Bikes ... B5
25 Paradiso ... E3
26 Universidad de la Habana ... G3

Noclegi
27 Casa Amada Malecón ... F1
28 Casa Lizette ... B3
29 Casavana Cuba ... E2
30 Central Yard Inn ... F3
31 Doña Lourdes ... E3
32 Hotel Capri ... G2
33 Hotel Habana Libre ... G2
34 Hotel Meliá Cohiba ... C2
35 Hotel Nacional ... G1
36 Hotel Paseo Habana ... D3
37 Hotel Riviera ... B2
38 Hotel ROC Presidente ... D2
39 Hotel Vedado ... G2
40 Hotel Victoria ... F2
41 La Casa de Ana ... A6
42 La Colonial 1861 ... B3
Marta Vitorte ... (zob. 29)
43 Mercedes González ... F3

Gastronomia
44 Atelier ... C3
45 Café Laurent ... G2
46 Café Presidente ... F3
47 Café TV ... F2
48 Camino al Sol ... C3
49 Coppelia ... F2

⌚10.30–21.30) W zadbanej pięknej rezydencji przy Plaza Vieja. *Café Bohemia* – nazwa od kubańskiego pisma traktującego o kulturze i sztuce – pielęgnuje dawną atmosferę cyganerii, oferuje też smaczne koktajle, *tapas* i bardzo uzależniające ciasta.

Można tu wynająć apartament butikowy (80 CUC) z przyległą sypialnią (45 CUC).

D'Next — KAFETERIA $

(mapa s. 64; ☎7-860-5519; Brasil No 512, pomiędzy Av de las Misiones i Bernaza; przekąski 3–6 CUC; ⌚8.30–24.00) Biało-czerwone plastikowe krzesła *D'Next* ukoją zmęczonych podróżników, którzy przedawkowali z Che Guevarą. Po jednej sowitej kanapce z kurczakiem i koktajlu z gujawy mogą już powrócić na rewolucyjną ścieżkę, z ulgą uciekając od ogłuszającego *reggaetónu*.

Café Espada — ŚNIADANIA $

(mapa s. 64; ☎7-801-5561; róg Cuarteles i Espada; śniadanie 4–6 CUC; ⌚8.00–23.00) Wyrafinowana, ale bez pompy, *Espada* przypomina małe paryskie bistra z szybką obsługą, gdzie gość czuje się komfortowo, czy to zatopiwszy nos w książce, czy popijając koktajl. Dobry lokal na śniadanie lub szybką *meriendę* (podwieczorek) pomiędzy wizytami w muzeum.

Café del Ángel Fumero Jacqueline — KAWIARNIA $

(mapa s. 64; ☎7-862-6562; Compostela No 1, róg Cuarteles; śniadanie 4–6 CUC; ⌚8.00–23.00) Strażnik boskiego skweru za Iglesia del Santo Ángel Custodio (rezultat dalekowzrocznego projektu środowiskowego), minimalistyczny Fumero jest po części koktajlbarem, po części butikiem z damską odzieżą, ale również jednym z najlepszych lokali śniadaniowych w Habana Vieja. Jajka, wafle i super gorąca kawa w plenerze.

Casa del Queso La Marriage — SERY $

(mapa s. 64; ☎7-866-7142; róg San Ignacio i Amargura; talerz serów 1–3 CUC; ⌚10.00–22.00) W kraju, gdzie nie tak dawno produkowano tylko ser bez smaku, sklep z serami jest

50 Decameron ... C3
51 El Biky ... H3
52 El Idilio ... E2
53 La Catedral ... B3
54 La Chucheria ... C2
La Torre ... (zob. 6)
55 Le Chansonnier ... F2
56 Mediterraneo Havana ... E2
57 Paladar Mesón Sancho Panza ... F3
58 Restaurant Bar Razones ... D1
59 Starbien ... E5
60 Toke Infanta y 25 ... H2
61 Topoly ... E4
62 Versus 1900 ... D2
63 VIP Havana ... D2
64 Waoo Snack Bar ... G3

Bary i życie nocne

65 Bar-Club Imágenes ... C2
66 Bar-Restaurante 1830 ... A4
Cabaret Las Vegas ... (zob. 60)
Café Cantante Mi Habana ... (zob. 90)
67 Café Fresa y Chocolate ... C5
68 Café Madrigal ... D4
69 Café Mamainé ... F2
Chill Out ... (zob. 62)
70 Club la Red ... F2
71 Cuba Libro ... B6
72 Gabanna Café ... C2
73 La Juguera ... B3
Piano Bar Delirio Habanero ... (zob. 90)
74 Pico Blanco ... G2

Rozrywka

Cabaret Parisién ... (zob. 35)
75 Café Teatro Bertolt Brecht ... E2
76 Casa de la Amistad ... D4
77 Casa de las Américas ... D1
Centro Cultural El Gran Palenque ... (zob. 23)
78 Cine 23 y 12 ... C5
79 Cine La Rampa ... G2
80 Cine Yara ... G2
81 El Gato Tuerto ... G1
82 El Hurón Azul ... E2
El Turquino ... (zob. 33)
83 Estadio Latinoamericano ... H7
84 Fábrica de Arte Cubano ... A5
Habana Café ... (zob. 34)
Jazz Café ... (zob. 92)
85 Jazz Club la Zorra y El Cuervo ... G2
86 Sala Teatro Hubert de Blanck ... C3
87 Submarino Amarillo ... C4
88 Teatro Amadeo Roldán ... D2
89 Teatro Mella ... D3
90 Teatro Nacional de Cuba ... F6

Zakupy

Andare – Bazar de Arte ... (zob. 80)
91 Bazar Estaciones ... F3
92 Galerías de Paseo ... C2
Instituto Cubano del Arte e Industria Cinematográficos ... (zob. 67)
93 La Habana Sí ... G3
94 Librería Centenario del Apóstol ... G2

wielkim osiągnięciem. Można zatrzeć złe wspomnienia pizzy za 1 peso (tzw. *peso pizza*) i „okresu specjalnego" talerzem z goudą, blue i cheddarem, i kieliszkiem czerwonego wina z Chile.

Sandwichería La Bien Paga — SANDWICZE $

(mapa s. 64; Aguacate No 259; sandwicze 1–2 CUC; ⏲9.00–18.00) Wskoczywszy do wciąż niezapełnionej gastronomicznej niszy, oblegany przez miejscowych sklep z sandwiczami przygotowuje smaczne przekąski na poczekaniu w przestrzeni, gdzie zmieściłby się tylko mały kotek. Klasyczny „cuban" (szynka, ser, wieprzowina i pikle) tylko 2 CUC.

★El Rum Rum de La Habana — OWOCE MORZA, KUCHNIA HISZPAŃSKA $$

(mapa s. 64; ☎7-861-0806; Empedrado No 256, pomiędzy Cuba i Aguiar; dania główne 7–13 CUC; ⏲12.00–24.00) W lokalach gastronomicznych na Kubie króluje rum (główny składnik *mojito*) i *rum rum* (plotkowanie). A poplotkować trzeba, bo *El Rum Rum* jest na ustach wszystkich w Habana Vieja – tę ambitną nową restaurację prowadzi sommelier od cygar. Składa hołd owocom morza, gastronomii hiszpańskiej i rozgrzewającym porcjom czegoś mocniejszego.

Są tu trzy strefy: bar od frontu z wystrojem hiszpańskiej tawerny, wewnątrz kulinarne sanktuarium oraz patio dla palaczy cygar. Sympatyczny zespół obchodzi wszystkie trzy strefy. Ci, którzy mają trudności z wyborem, niech zamówią paellę lub ośmiornicę w atramentowym sosie własnym, z ryżem.

★Lamparilla 361 Tapas y Cervezas — TAPAS $$

(mapa s. 64; ☎52-89-53-24; Lamparilla No 361, pomiędzy Aguacate i Villegas; tapas 3–12 CUC; ⏲12.00–24.00) Dlatego *Lamparilla* (lampka), bo ta nowa restauracja... odpali? Trzeba przyjść do lokalu przy Lamparilla (ulicy, gdzie niewiele się działo... do tej pory) i spróbować rozwikłać zagadkę. Być może chodzi o idealną *lasagnę* wielkości *tapa*, chrupiące warzywa z patelni podawane na glinianych talerzach, bogate *crème brûlée* o smaku espresso, a może menu na stołach spisane na suszonych liściach palmowych...

Inne ważne szczegóły to autentyczna gościnność, a także to, że lokal podążając za modą, pozostaje bezpretensjonalny. Małe wnętrze otwarte na ulicę, interesująca dekoracja.

★Doña Eutimia KUCHNIA KUBAŃSKA **$$**
(mapa s. 64; Callejón del Chorro 60c; dania 9–12 CUC; ⌚12.00–22.00) Prostota. Tajemnicą lokalu jest brak tajemnic. Jedynie duże porcje smacznego kubańskiego jedzenia. I *ropa vieja* (siekana wołowina), i *picadillo* z mielonej wołowiny zasługują na wyróżnienie. *Doña Eutimia* była pierwszą prywatną restauracją, jaka pojawiła się w tym ślepym zaułku obok katedry.

Obecnie jest tam co najmniej 5 lokali i chmara *jinteros* (nagabywaczy), próbujących zaciągnąć do nich klientów (trzeba ich unikać, bo po co wydawać pieniądze).

★Trattoria 5esquinas KUCHNIA WŁOSKA **$$**
(mapa s. 64; ☎7-860-6295; Habana No 104, róg Cuarteles; dania 5–11 CUC; ⌚11.00–23.00) Najlepsza włoska restauracja w Hawanie? Są konkurenci, lecz *5esquinas* ma solidne roszczenia: klimat trattorii, poświata bijąca z pieca do pizzy, aromat rozgrzanego czosnku. Odwiedzających Włochów nie rozczaruje *pasta* z owocami morza (hojnie posmaczona homarem) ani *canneloni* z krabem i szpinakiem. Całość można spiąć tiramisu.

Restauracja usytuowana, jak sugeruje nazwa, na skrzyżowaniu pięciu ulic (w dzielnicy Santo Ángel).

El del Frente KUCHNIA MIĘDZYNARODOWA **$$**
(mapa s. 64; ☎7-863-0206; O'Reilly No 303; dania 8–13 CUC; ⌚12.00–24.00) Gdy właściciele *O'Reilly 304* stwierdzili, że brak już miejsca na rozbudowę coraz bardziej popularnego lokalu, otworzyli następny po drugiej stronie ulicy i nazwali go żartobliwie *El del Frente* („Ten z Przodu"). To ten sam kulinarny geniusz, ale z kilkoma bonusami: taras na dachu, wystrój retro z lat 50. XX w. i solidne koktajle na ginie.

Spróbujcie *taco* z homarem, spaghetti i pulpetów i wszystkiego, co jest w menu. Rezerwować, bo lokal jest oblegany. Chłopaki potrzebują następnego lokalu.

ChaChaChá KUCHNIA MIĘDZYNARODOWA **$$**
(mapa s. 64; ☎7-867-2450; Av de las Misiones No 159, pomiędzy Tejadillo i Chacón; dania 7,50–14 CUC; ⌚12.00–2.00) Nowiutki *ChaChaChá* nieźle zatańczył na otwarcie w 2016 r. Jedzenie jest prezentacją potraw ze świata, a pierwsze pochwały należą się gorącym *fajitas* i smacznym daniom z makaronu. Atrakcyjne

POZDROWIENIA Z ROSJI

Kultury amerykańska i hiszpańska są wszechobecne w Hawanie, mniej natomiast widać dowodów 30-letniej *amistad* (przyjaźni) z Rosją.

Aby znaleźć wskazówki, trzeba prześledzić ruch uliczny. W przeciwieństwie do tego, co chciałyby wmówić kolorowe albumy fotograficzne, najpopularniejszym samochodem na Kubie nie jest chevrolet demokratka z czasów Eisenhowera ani przedpotopowy oldsmobile, lecz niezbyt elegancka rosyjska łada oraz jej lekceważony kuzyn – paskudny moskwicz. Oba pojazdy dowartościowuje fakt, że wiele starych amerykańskich samochodów jeździ z silnikami łady lub moskwicza ze względu na chroniczny niedobór części zamiennych.

Sowieckie szczegóły są też widoczne w miejskiej architekturze, zwłaszcza w funkcjonalnych blokach mieszkalnych, wzniesionych w latach 70. i 80. XX w. przez kubańskie *micro brigadas* (brygady robotnicze, które zbudowały większość porewolucyjnych mieszkań). Najbardziej szpeci (niczym wrzód) **Ambasada Rosyjska** (Av 5 No 6402, pomiędzy Calle 62 i Calle 66) w Miramar, przypominająca olbrzymi, betonowy robot. Nietypowe wzornictwo tego budynku przyrównywano do wszystkiego, od konstruktywizmu po bandytyzm. Nie lepiej wygląda Hospital Nacional Hermanos Ameijeiras (s. 119) przy Malecónie, którego nie powstydziłaby się Moskwa.

Wprawdzie niewielu Kubańczyków marzy o powrocie do okresu kolektywizacji i nuklearnej brawury, a jednak w Hawanie daje się odczuć lekki powiew nostalgii. Zwraca uwagę *Nazdarovie* (s. 102), nowa prywatna restauracja w stylu sowieckim przy Malecónie. Oferuje rosyjską kuchnię, jest wytapetowana sowieckimi plakatami propagandowymi z lat 70. i zachęca klientów, aby zamawiali po rosyjsku.

wnętrze, z antresolą i wystrojem retro à la gangsterskie lata 50. i płytami winylowymi jako podkładki. Otwarty front w stylu bistro przyciąga turystów zwiedzających Museo de la Revolución i Bellas Artes.

Donde Lis KUCHNIA KUBAŃSKA **$$**
(mapa s. 64; ☎7-860-0922; www.dondelis.com; Tejadillo No 163, pomiędzy Habana i Compostela; dania 5–12 CUC; ⌚12.00–24.00) Wnętrze *Lis* to współczesny list miłosny do Hawany; ikonografia nawiązująca do czasów Rat Pack w latach 50. XX w., reprodukcje XX-wiecznej sztuki tropikalnej, jaskrawe kolory rzucone na kolonialne ściany. Menu: starannie obmyślony melanż rodzimych smaków ze współczesnym akcentem – ośmiornica z *guacamole*, *enchiladas* z homarem; są także propozycje włoskie i hiszpańskie.

O'Reilly 304 KUCHNIA MIĘDZYNARODOWA **$$**
(mapa s. 64; ☎52-64-47-25; O'Reilly No 304; posiłki 8–13 CUC; ⌚12.00–24.00) Wymyślenie nazwy (adres) nie wymagało wysiłku, jednakże zakrawa na ironię, że właśnie *O'Reilly 304* oferuje jedną z najlepszych i najbardziej pomysłowych kuchni w Hawanie. Wspaniałe owoce morza z jędrnymi warzywami podawane są na metalowych patelniach oprawionych w drewniane tace; koktajle i *tacos* szybko stają się legendą.

Małe wnętrze jest sprytnie rozplanowane, maksymalnie wykorzystując antresolę, ściany zdobi odważna, ostra sztuka – akty, sitodruki i szkice pokonanych matadorów.

Mesón de la Flota TAPAS **$$**
(mapa s. 64; ☎7-863-3838; Mercaderes No 257, pomiędzy Amargura i Brasil; *tapas* 3–6 CUC; ⌚12.00–24.00) Bar tapas i restauracja z wątkiem marynistycznym mogły zostać przeniesione z Barrio de Santa María w Kadyksie, aż tak sugestywna jest jego atmosfera. *Tapas* ze Starego Świata to m.in. *garbanzos con chorizo* (ciecierzyca z kiełbasą), kalmary i *tortilla*; są też bardziej sycące *platos principales* (dania główne) z owoców morza.

Dla miłośników muzyki główną atrakcją będą wieczorne *tablaos* (występy flamenco), jakością dorównujące tym w Andaluzji. Wystarczy usiąść i postarać się uchwycić ulotnego *duende* – ducha flamenco (kulminacyjny moment tańca i muzyki flamenco).

La Vitrola ŚNIADANIA, KUCHNIA MIĘDZYNARODOWA **$$**
(mapa s. 64; ☎52-85-71-11; Muralla No 151, róg San Ignacio; śniadanie 4–7 CUC; ⌚8.30–24.00) Lokal retro, z muzyką na żywo, na rogu Plaza Vieja, wieczorami oblegany przez turystów. Wielu o tym nie wie, ale w La Vitrola także są dobre (i spokojne) śniadania w plenerze – owoce, kawa, tosty i obfite omlety.

Café de los Artistas KUCHNIA MIĘDZYNARODOWA **$$**
(mapa s. 64; ☎7-866-2418; Callejón de los Peluqueros; dania 6–10 CUC; ⌚10.00–1.00) Więcej tu jest turystów niż artystów, ale to bez znaczenia. Lokalizacja restauracji wśród społeczności Callejón de los Peluqueros daje jej pewną przewagę, wspieraną czarno-białymi fotografiami, właściwym wyborem potraw i zaangażowaniem kierownictwa. Jeśli to będzie możliwe, warto usiąść na zewnątrz i zamówić coś lekkiego i koktajl.

Tres Monedas Creative Lounge KUCHNIA MIĘDZYNARODOWA **$$**
(mapa s. 64; ☎7-862-7206; Aguiar No 209, pomiędzy Empedrado i Tejadillo; przekąski 2–5 CUC, dania 8–15 CUC; ⌚12.00–24.00) Za brudnymi fasadami Habana Vieja jaśnieje artystyczny raj z epicentrum w *Tres Monedas*, kreatywnym barze, kawiarni i restauracji przywołującej obraz krzykliwej Hawany lat 50. XX w. – z reklamami coca-coli, szyldami Esso, stołkami w kształcie kapsli. Wystrój zaprojektował artysta i właściciel Kadir López. Artystycznie podane jedzenie smakuje tak dobrze, jak wygląda.

Nao Bar Paladar OWOCE MORZA **$$**
(mapa s. 64; ☎7-867-3463; Obispo No 1; posiłki 6–12 CUC; ⌚12.00–24.00) Numer 1 na głównym trakcie Hawany. *Nao* („statek"), w 200-letnim budynku nieopodal nabrzeża, rozwija wątek morski. Niewielką przestrzeń na piętrze przeznaczono na dania główne (dominują owoce morza), bar na dole i stoliki w plenerze celują w przekąskach. Tutaj chyba najlepsze na Kubie ciepłe bagietki (warto spróbować z *jamón serrano*).

Mama Inés KUCHNIA KUBAŃSKA **$$**
(mapa s. 64; ☎7-862-2669; Obrapía No 62; posiłki 8–14 CUC; ⌚12.00–22.30 wt.–nd.) Lokal, w pięknym budynku kolonialnym niedaleko calle Oficios, prowadzi były szef kuchni Fidela Castro, Erasmo, którego CV jest prawdziwym „kto jest kim" słynnych lewaków, dla których gotował, od aktorów Hollywood po latynoamerykańskich dyktatorów. Porwany przez kubańską rewolucję kulinarną, przeszedł do sektora prywatnego. Nazwa od piosenki *Ay! Mama Inés*.

Dobrze przygotowane, smaczne kubańskie potrawy. Warto zamówić *ropa vieja*, ośmiornicę lub pieczoną wieprzowinę, tradycyjnie podawane z ryżem i fasolą.

Restaurante La Dominica KUCHNIA WŁOSKA **$$**
(mapa s. 64; O'Reilly No 108; posiłki 7–11 CUC; 12.00–24.00) W czasach Fidela była jedną z niewielu porządnych włoskich restauracji w Hawanie, ale ostatnio pojawiła się lepsza konkurencja prywatna. *La Dominica* – z opalanym drewnem piecem do pizzy i makaronem al dente – nadal oferuje śródziemnomorskie specjały w elegancko odrestaurowanej jadalni i przy stolikach w plenerze.

Profesjonalne kapele umilają gościom jedzenie bogatym repertuarem.

Restaurante La Divina Pastora KUCHNIA MIĘDZYNARODOWA **$$**
(mapa s. 106; Parque Histórico Militar Morro-Cabaña; dania główne 10–18 CUC; 12.00–23.30) Jeden z tych innowacyjnych lokali w kubańskiej gastronomii nieopodal Dársena de los Franceses i baterii XVIII-wiecznych armat. Wyrzekłszy się przeszłości, *La Divina Pastora* oferuje kremowe zupy, grillowane ośmiornice, warzywa z *pesto* i smaczne owoce morza (jej specjalność).

Ponieważ prowadzi ją państwowa firma Gaviota, z obsługą bywa różnie, ale jedzenie i widoki na port kompensują niedociągnięcia.

Paladar Los Mercaderes KUCHNIA KUBAŃSKA, MIĘDZYNARODOWA **$$$**
(mapa s. 64; 7-861-2437; Mercaderes No 207; posiłki 12–20 CUC; 11.00–23.00) *Los Mercaderes* w zabytkowym budynku jest jedną z najbardziej wyrafinowanych *paladares*: ma swój nastrój, dobrą obsługę, smaczne potrawy kuchni kubańskiej i międzynarodowej. Schodami posypanymi płatkami kwiatów wchodzi się do luksusowej jadalni na piętrze – muzycy grają na skrzypcach, światowe dania łączą mięsa z egzotycznymi sosami. *Muy romántico!*

Restaurante El Templete OWOCE MORZA **$$$**
(mapa s. 64; Av Carlos Manuel de Céspedes No 12; dania 15–30 CUC; 12.00–23.00) Na Kubie to rzadkość: państwowa restauracja konkuruje z tworzącym się sektorem prywatnym. Specjalnością *Templete* są potrawy z ryb, i to specjalne: świeże, soczyste i zwyczajnie przyrządzane bez tej pretensjonalności słynnych szefów kuchni w innych krajach.

Oczywiście *caro* (drogo), ale jakość jest dobra i można dostać rzadkie gatunki – koryfeny, strzępiele, sole.

La Imprenta KUCHNIA MIĘDZYNARODOWA **$$$**
(mapa s. 64; Mercaderes No 208; posiłki 10–17 CUC; 12.00–24.00) Atrakcyjna restauracja z zachwycającym wnętrzem z mnóstwem pamiątek po dawnej drukarni. Jedzenie już tak nie zachwyca, za to obsługa jest uważna, a w menu znajdują się wcześniej nieznane na Kubie innowacje, jak makaron al dente, pomysłowe mieszanki z owoców morza, piwniczka z dobrymi winami.

Paladar Doña Carmela KUCHNIA KUBAŃSKA **$$$**
(mapa s. 106; 7-867-7472; Calle B No 10; dania główne 15–35 CUC; 12.00–23.00) Po wschodniej stronie portu, w pobliżu fortów; prywatna restauracja zazwyczaj pełna turystów, którzy wpadają tu po drodze na nocną ceremonię *cañonazo*. Należy rezerwować z wyprzedzeniem. Jedzenie jest dobre, ale drogie. Najlepszy wybór: ośmiornica w czosnku i prosię pieczone w piecu opalanym drewnem. Stoliki w bardzo ładnym ogródku.

Café del Oriente KUCHNIA KARAIBSKA, FRANCUSKA **$$$**
(mapa s. 64; Oficios 112; posiłki 20–30 CUC; 12.00–23.00) Elegancka Hawana wita gości przekraczających drzwi tego długo istniejącego lokalu przy Plaza de San Francisco de Asís. Wędzony łosoś, kawior (prawdziwy!), pasztet z gęsich wątróbek, homar *thermidor*, stek z pieprzem, talerz serów i kieliszek porto. Na dodatek obsługa w smokingach. Jest mały problem: cena. Ale do diabła z nią.

Centro Habana

Pastelería Francesa KAWIARNIA **$**
(mapa s. 80; Parque Central No 411; przekąski 1–2 CUC; 8.00–24.00) Kawiarnia ma wszelkie atrybuty klasycznego lokalu przy Polach Elizejskich: wspaniałą lokalizację (Parque Central), kelnerów w kamizelkach, delikatne wypieki w szklanych gablotach. Jednak ten autentyczny francuski klimat mąci gburowaty personel i *jineteras* (nagabywaczki) naciągające zagranicznych turystów na papierosa czy mocną kawę.

Nazdarovie KUCHNIA ROSYJSKA **$$**
(mapa s. 80; 7-860-2947; www.nazdarovie-havana.com; Malecón No 25, pomiędzy Prado i Cárcel; dania 10–12 CUC; 12.00–24.00) Trzydziestojednoletni flirt Kuby z bolszewizmem można przestudiować w nowej i bardzo popularnej restauracji w ładnym budynku z widokiem na Malecón. Wystrój na piętrze tworzą stare sowieckie plakaty propagandowe, braterskie foty Fidela z Chruszczowem i nieco mniej bombastyczne matrioszki. Menu jest w trzech językach (wczuj się w atmosferę i zamów dania po rosyjsku).

Wybór klasyczny: boeuf Stroganow, kurczak po kijowsku i barszcz. Smaczne. W kwestii koktajli, oczywiście opcja Jamesa Bonda: wódka z martini (zmieszane, nie wstrząśnięte). Pozdrowienia z Rosji.

Castas y Tal KUCHNIA KUBAŃSKA $$
(mapa s. 80; ☎7-864-2177; Av de Italia No 51, róg San Lázaro; dania główne 6–9 CUC; ⏲12.00–24.00) W swym krótkim życiu C y T przeszedł od oldschoolowego *paladar* (w mieszkaniu na XI poziomie) do modnej restauracji w stylu bistro. Wysokiej jakości i odważne potrawy, np. jagnięcina *masala* czy kurczak w pomarańczowym sosie, wspierają kubańskie klasyki (porcje ryżu i fasoli). Prezentacja jest równie piękna.

Castropol KUCHNIA HISZPAŃSKA $$
(mapa s. 80; ☎7-861-4864; Malecón 107, między Genios i Crespo; dania główne 9–20 CUC; ⏲18.00–24.00) *Castropol* prowadzi hiszpańska Sociedad Asturiana, a jej reputacja urosła przez kilka lat wraz z powierzchnią restauracji. Mówi się, że dwupoziomowy lokal z balkonem od strony nadmorskiego sennego bulwaru oferuje jedne z najlepszych w Hawanie potraw kuchni hiszpańskiej i karaibskiej.

Pizza, pasta i tym podobne serwowane są na dole. Na górze jest bardziej wykwintnie: paella, *garbanzos fritos* (smażona ciecierzyca), krewetki w pikantnym sosie i szczodre porcje homara na maśle z patelni.

Casa Abel KUCHNIA MIĘDZYNARODOWA $$
(mapa s. 80; ☎7-860-6589; San Lázaro No 319, róg San Nicolás; dania główne 7–16 CUC; ⏲12.00–24.00) Rum i cygara dominują w atmosferze *Casa Abel*. Składnikiem w kilku oferowanych potrawach są mięsa marynowane w ulubionym kubańskim trunku (kurczak marynowany w rumie, a potem wędzony i upieczony w piwie!). Na piętrze, w palarni nad jadalnią, można się zaciągać do woli (lub ile serce wytrzyma) *puros* (cygarami), wybranymi ze specjalnego menu.

Casa Miglis KUCHNIA SZWEDZKA $$
(mapa s. 80; ☎7-864-1486; www.casamiglis.com; Lealtad No 120, pomiędzy Ánimas i Lagunas; dania główne 6–12 CUC; ⏲12.00–1.00) Dziś w Hawanie jest miejsce dla wszystkich, nawet dla szwedzko-kubańskiej kuchni fusion. To zapewnie z kuchni z widocznymi śladach walk w blokach Centro Habana pochodzą *toast skagen* (krewetki na toście), *ceviche*, *couscous*, a także *crème de la crème* – rozpływające się w ustach pulpeciki z tłuczonymi ziemniakami. Właścicielem jest Szwed (żadna niespodzianka), wystrój pachnie minimalistyczną IKEĄ.

Los Nardos KUCHNIA HISZPAŃSKA $$
(mapa s. 80; ☎7-863-2985; Paseo de Martí No 563; dania główne 4–10 CUC; ⏲12.00–24.00) Będący tajemnicą poliszynela *Los Nardos* (naprzeciwko Capitolio), ale łatwy do przeoczenia (należy wypatrywać kolejki), jest półprywatną restauracją prowadzoną przez Sociedad Juventud Asturiana (Stowarzyszenie Młodzież Asturyjska). Wystrój w skórze i mahoniu, szczodre porcje. *Los Nardos* należy do najlepszych niedrogich lokali w mieście.

W menu: homar w sosie katalońskim, krewetki z czosnkiem i warzywami z patelni oraz prawdziwa hiszpańska paella. Obsługa jest troskliwa; więcej tu przychodzi Kubańczyków niż turystów. Za to, co się dostaje, ceny są niewiarygodnie niskie.

Restaurante Tien-Tan KUCHNIA CHIŃSKA $$
(mapa s. 80; ☎7-863-2081; Cuchillo No 17, pomiędzy Rayo i San Nicolás; posiłki 7–12 CUC; ⏲10.30–23.00) *Tien-Tan* („Niebiańska Świątynia") należy do najlepszych, autentycznych restauracji chińskich w Barrio Chino; prowadzi ją para chińsko-kubańska. Podaje się tam – trudno uwierzyć – 130 rozmaitych potraw. Zamów *chop suey* z warzywami albo kurczaka z orzechami nerkowca i usiądź na zewnątrz, przy ruchliwej Cuchillo, jednej z najbarwniejszych i najszybciej rozwijającej się hawańskich „ulic kulinarnych".

★ San Cristóbal KUCHNIA KUBAŃSKA $$$
(mapa s. 80; ☎7-867-9109; San Rafael, pomiędzy Campanario i Lealtad; posiłki 9–18 CUC; ⏲12.00–24.00 pn.–sb.) *San Cristóbal* serwował dobre jedzenie na długo, zanim Barack Obama wpadł tam w marcu 2016 r. Wciśnięta w brudną uliczkę w Centro Habana, restauracja posiada wnętrze godne muzeum, pełne starych fotografii, skór zwierząt, jest też ołtarz *santeríi* z podobiznami Maceo i Martí.

W menu kubańskie potrawy z hiszpańskimi akcentami. Obama jadł *solomillo* (polędwicę), a Pierwsza Dama *tentación habanero* (*fajitas* ze smażonymi bananami).

La Guarida KUCHNIA MIĘDZYNARODOWA $$$
(mapa s. 80; ☎7-866-9047; www.laguarida.com; Concordia No 418, pomiędzy Gervasio i Escobar; dania główne 15–22 CUC; ⏲12.00–15.00 i 19.00–24.00) Wyłącznie w Hawanie! Legendarna prywatna restauracja wita sceną z czarnego filmu z lat 40. XX w. Pozbawiona głowy figura u podstawy okazałych, aczkolwiek

NIE POMIŃ

ZAUŁKI HAWANY

W Hawanie jest kilka łatwych do przeoczenia *callejones* (zaułków), każdy z własnym, wyraźnym charakterem. Oto wiodąca czwórka:

Callejón del Chorro

Gastronomiczny zaułek Hawany był kiedyś ślepą alejką, z jedyną spółdzielnią graficzną na końcu. Obecnie jest skupiskiem popularnych, prywatnych restauracji ze stolikami pod gołym niebem, obsługiwanych przez przesadnie entuzjastycznych kelnerów. Zaułek Chorro, tuż obok Plaza de la Catedral, słynie z najlepszych restauracji w Hawanie, jedna z nich to *Doña Eutimia* (s. 100).

Callejón de Hamel

Najsłynniejszy zaułek Hawany w małej dzielnicy Cayo Hueso w Centro Habana upodobały sobie sztuka uliczna, zespoły muzyczne, folklor afrokubański i *santería*.

Callejón Espada

Zaułek Espada, nazwany imieniem XIX-wiecznego reformatorskiego biskupa Hawany, przecina na ukos siatkę uliczną Starej Hawany w coraz bardziej dystyngowanej dzielnicy Santo Ángel. Na odzyskanych dla projektu środowiskowego wyremontowanych kilka lat temu chodnikach seniorzy grają w domino, turyści przesiadują w nowych restauracjach w Cinco Esquinas de Santo Ángel, gdzie Espada łączy się z calle Cuarteles i calle Habana.

Callejón de los Peluqueros

Krótki, 100-metrowy odcinek calle Aguiar na północnych obrzeżach Habana Vieja zamienił w projekt artystyczny, którego motywem przewodnim jest fryzjerstwo, miejscowy fryzjer Gilberto Valladares, znany jako „Papito", we współpracy z Urzędem Historyka Miasta. Wokół salonu Papita, będącego jednocześnie muzeum Arte Corte (s. 74), ulicę wzbogaciły restauracje, pracownia artystyczna, butik z odzieżą i plac zabaw dla dzieci.

rozklekotanych, schodów zaprasza przez gąszcz sznurów do suszenia bielizny do drewnianych drzwi, za którymi czekają kulinarne niespodzianki.

Sława „kryjówki" narodziła się na początku lat 90. XX w. – właśnie tam kręcono sceny do nominowanego do Oskara filmu *Truskawki i czekolada*. Jedzenie nadal wśród najlepszych w Hawanie – *La Guarida* promuje własną odmianę Nueva Cocina Cubana, np. pasztet z zająca, risotto z wołowym ogonem. Zaleca się rezerwację.

Vedado

El Biky KAFETERIA $

(mapa s. 96; ☎7-870-6515; róg Calzada de la Infanta i San Lázaro; sandwicze i burgery 2–5 CUC; 🕑8.00–23.00) *El Biky* to ekskluzywna jadłodajnia z szybką obsługą, przytulnymi boksami, fotografiami retro z lat 50. na ścianach. Do wyboru przekąski i pełny posiłek. Siostrzana piekarnia w sąsiedztwie sprzedaje najlepsze czekoladowe croissanty w mieście (można je zamówić do stołu).

Café Presidente KUCHNIA MIĘDZYNARODOWA $

(mapa s. 96; ☎7-832-3091; róg Av de los Presidentes i Calle 25; śniadanie 4–6,50 CUC; 🕑9.00–24.00) Czerwone markizy i olbrzymie okna nieźle naśladują bistra przy Polach Elizejskich, a *Presidente* wywiązuje się z obietnic ich hawańskiej wersji przy Avenida de los Presidentes. W tym lokalu gość nie poczuje się niezręcznie, wpadając na szybki koktajl mleczny albo danie z makaronem. W ofercie także smaczne śniadania i kawa.

Camino al Sol KUCHNIA WEGETARIAŃSKA $

(mapa s. 96; Calle 3 No 363, pomiędzy Paseo i Calle 2; 1–4 CUC; 🕑10.00–18.00 pn.–sb.; 🖉) W kraju, gdzie narodową potrawą jest wieprzowina i żaden posiłek się nie liczy, jeśli nie ma w nim mięsa, ta wegetariańska dziupla to prawdziwe odkrycie. Szef kuchni używa warzyw z miejscowych upraw; z bakłażanów, piżmianu, kukurydzy i manioku przyrządza rozmaite potrawy, od ciast po wegetariańskie burgery. Szczególnie pyszny makaron własnego wyrobu.

Warto zjeść tu obiad, tylko trzeba czekać w kolejce, bo miejsc siedzących jest mało.

La Catedral KUCHNIA MIĘDZYNARODOWA **$**

(mapa s. 96; 7-830-0793; Calle 8 No 106, pomiędzy Calzada i Calle 5; posiłki 4–6 CUC; 12.00–23.00) Ani blisko katedry, nic też nie przypomina kościoła, ale nazwa nie ma znaczenia. Najlepsze jest to, że ceny są umiarkowane, a klientela miejscowa, a nie sami turyści. Restauracja radzi sobie z kulinarnymi gatunkami - pizzą, *tapas* i wspaniałym ciastem *tres leches*. Porcje są duże.

Restaurant Bar Razones KUCHNIA KUBAŃSKA, INDYJSKA **$**

(mapa s. 96; 7-832-8732; Calle F No 63, pomiędzy Calles 3 i Calle 5; dania główne 4–7 CUC; 12.00–24.00) Odkąd w Hawanie zabrakło prawdziwej indyjskiej restauracji, pozostają *Razones*, dzielnie wplatające dania z curry do swego menu. Kucharze wyczyniają cuda z homarami: aromatyzują sokiem ananasowym, a nawet wyciągiem z kawy. Klientela przeważnie kubańska, co oznacza, że ceny nie są wygórowane.

Topoly KUCHNIA IRAŃSKA **$**

(mapa s. 96; 7-832-3224; www.topoly.fr; Calle 23 No 669, róg Calle D; małe dania 4–7 CUC; 10.00–24.00) Znak solidarności Kuby z Iranem: oto pierwsza irańska restauracja w Hawanie, w uroczej rezydencji z kolumnami przy Calle 23. Można zasiąść na werandzie pod portretami Gandhiego, José Martí i Che Guevary, a potem delektować się purée z bakłażana, jagnięcymi *brochetas* (szaszłykami), fantastyczną kawą i herbatą w ozdobnych srebrnych czajnikach. W wybrane wieczory taniec brzucha.

Waoo Snack Bar KUCHNIA MIĘDZYNARODOWA **$**

(mapa s. 96; Calle L No 414, róg Calle 25; przekąski 3–7 CUC; 12.00–24.00) Wow! *Waoo Snack Bar* – niedaleko skrzyżowania Calle 23 z Calle L – rzeczywiście robi wrażenie swoim okrężnym drewnianym barem, a także szybkimi propozycjami: *carpaccio*, talerz z serami, kawa, której towarzyszą desery.

La Chuchería KUCHNIA AMERYKAŃSKA **$**

(mapa s. 96; Calle 1, pomiędzy Calle C i Calle D; przekąski 2–7 CUC; 7.00–24.00) Trzymając się kurczowo Malecónu, elegancki bar sportowy wygląda, jakby dla żartu z powrotem przepłynął Cieśninę Florydzką niczym powracający uciekinier. Jednak w „smakołyku" można na chwilę zapomnieć o polityce i kontemplować dodatki na pizzy, nadzienia sandwiczy, najlepsze w Hawanie lody i koktajle mleczne.

Wnętrze restauracji, z przeźroczystymi krzesłami i płaskim telewizorem pokazującym powtórki z ostatniego meczu Messiego, dowodzi, że linia oddzielająca *socialismo* od *capitalismo* staje się coraz bardziej niewyraźna.

Toke Infanta y 25 BURGERY **$**

(mapa s. 96; 7-836-3440; róg Calzada de la Infanta i Calle 25; przekąski 2–4 CUC; 7.00–24.00) Wciśnięty między odrapane budynki Calzada de la Infanta, pomiędzy Vedado i Centro Habana, *Toke* przyciąga zakochanych *habaneros* (i turystów) fajnym neonem, elegancką kolorystyką, tanimi *hamburguesas* (hamburgerami) i czekoladowymi brownie. Ostatnio częstymi gośćmi są geje (lokal jest usytuowany w sąsiedztwie nocnych klubów).

Coppelia LODZIARNIA **$**

(mapa s. 96; róg Calle 23 i Calle L; lody od 40 pesos (CUP); 10.00–21.30 wt.–sb.) Coppelia, słynna hawańska lodziarnia w przypominającym latający talerz pawilonie w Vedado, słynie z olbrzymich kolejek, tak samo jak z lodów. Nieprawdopodobnie popularna od momentu otwarcia w 1966 r., państwowa instytucja jest czymś więcej niż zwykłą lodziarnią.

Rodziły się tu przyjaźnie, pisano książki, obchodzono urodziny i snuto plany ucieczki do Miami. Największe uznanie przyszło w 1993 r., kiedy Coppelia posłużyła jako plan i element intrygi nominowanego do nagrody Oscara kubańskiego filmu *Truskawki i czekolada* (tytuł nawiązuje do lodów truskawkowych i czekoladowych serwowanych w Coppelii).

Turysta odwiedzający Coppelię zostanie prawdopodobnie skierowany przez strażnika do mniejszej sekcji, gdzie płaci się walutą wymienialną, ale należy to polecenie zignorować. Stanie w kolejce jest elementem coppeliowskiego folkloru, takim samym, jak tradycja dosiadania się do nieznajomych, tanie lody (płaci się w *pesos*), integracja z otoczeniem.

Café TV FAST FOOD **$**

(mapa s. 96; róg Calle N i Calle 19; dania główne 4,50 CUC; 11.00–03.00 pn.–sb., 11.00–24.00 nd.) Kawiarnia o tematyce telewizyjnej w Edificio Focsa jest modnym lokalem gastronomicznym i rozrywkowym, zachwalanym przez bywalców ze względu na tanie jedzenie i zabawne wieczory komediowe. Trzeba najpierw stawić czoło złowrogiemu tunelowi

Parque Histórico Militar Morro-Cabaña

Parque Histórico Militar Morro-Cabaña

Główne atrakcje

1 Castillo de los Tres Santos Reyes Magnos del Morro ... A1
2 Fortaleza de San Carlos de la Cabaña ... C2
3 Parque Histórico Militar Morro-Cabaña ... B2

Zwiedzanie

4 Estatua de Cristo ... D3
5 Latarnia morska ... A1
6 Museo de Comandancia del Che ... C3
7 Museo de Fortificaciones y Armas ... C2

Gastronomia

8 Paladar Doña Carmela ... C1
9 Restaurante La Divina Pastora ... B2

u wejścia, potem mrożącej klimatyzacji i wybierać: świeże burgery, zdrowa sałata, makarony, kurczak *cordon bleu*.

★ Starbien KUCHNIA MIĘDZYNARODOWA $$
(mapa s. 96; ☎7-830-0711; Calle 29 No 205, pomiędzy Calle B i Calle C; obiad 12 CUC; ⏲12.00–17.00 i 19.00–24.00) Recepta: elegancka rezydencja w Vedado, autentyczna kubańska gościnność, bezpłatne zakąski na start, doborowa karta win, profesjonalna obsługa oraz kurczak w sosie ananasowym. Wszystko za 12 CUC, jeśli wybierze się w porze obiadowej specjalne czterodaniowe menu. A więc biegiem na Calle 29 obok Plaza de la Revolución.

★ Café Laurent KUCHNIA MIĘDZYNARODOWA $$
(mapa s. 96; ☎7-832-6890; Calle M No 257, V poziom, pomiędzy Calle 19 i Calle 21; posiłki 10–15 CUC; ⏲12.00–24.00) Klejnot ukryty w strasznie brzydkim apartamentowcu z lat 50. XX w., niedaleko Edificio Focsa. *Café Laurent* jest wyrafinowaną i znakomitą restauracją. Modernistyczne wnętrze, krochmalone białe obrusy, lśniące kieliszki, koronkowe firanki; w menu wieprzowina z patelni z suszonymi owocami i czerwonym winem, a także risotto z owocami morza. *Viva la revolución culinaria!*

Mediterráneo Havana KUCHNIA ŚRÓDZIEMNOMORSKA $$
(mapa s. 96; ☎7-832-4894; www.medhavana.com; Calle 13 No 406, pomiędzy Calle F i Calle G; dania główne 9–18 CUC; ⏲12.00–24.00) W ładnej rezydencji w Vedado. Restauracja, związana z ruchem *de la granja a la mesa* (z fermy na stół), korzysta ze spółdzielni rolniczych w Guanabacoa. Oferuje głównie kuchnię włoską i kilka potraw hiszpańskich. Para kubańsko-sardyńskich przyjaciół zwykle trafia w cel daniami z makaronu, które nie boją się urozmaiceń.

Warto spróbować *penne* w brandy albo risotto z truflami, a na deser *crème caramel*. Gratulacje również należą się obsłudze, sympatycznej i dyskretnej.

El Idilio KUCHNIA KUBAŃSKA $$
(mapa s. 96; ☎7-830-7921; róg Av de los Presidentes i Calle 15; posiłki 6–11 CUC; ⏲12.00–24.00) Odważnie zuchwała restauracja *El Idilio* („idylla") w dzielnicy Vedado uosabia rozwijającą skrzydła kubańską scenę kulinarną. Jest tu wszystko: obrusy w kratę, *pasta*, *ceviche*, standardy kubańskie, wybór owoców morza prosto z grilla.

Paladar Mesón Sancho Panza KUCHNIA ŚRÓDZIEMNOMORSKA $$
(mapa s. 96; ☎7-831-2862; Calle J No 508, pomiędzy Calle 23 i Calle 25; dania główne 5–12 CUC; ⏲12.00–23.00) Usytuowany przy Parque Don Quijote, *Paladar Mesón Sancho Panza* nie zawiedzie swego literackiego *compañero*. Smaczne potrawy o wpływach kuchni hiszpańskiej podawane w cudownej restauracji, zarówno w budynku, jak i w plenerze pośród sadzawek i trejaży z kwiatami. Jest też gablota pełna ciast. Najpierw popróbujmy paelli, *lasagni*, *brochetas* (szaszłyków)...

Bonus: występy flamenco.

Versus 1900 KUCHNIA MIĘDZYNARODOWA $$$
(mapa s. 96; ☎7-835-1852; www.versus1900.com; Línea No 504, pomiędzy Calle D i Calle E; dania główne 7–24 CUC; ⏲12.00–24.00) Otwarty pod koniec 2015 r., *Versus 1900* pokazuje, jak kubańskie restauracje stale podnoszą poprzeczkę. Zajmuje dużą willę, dobrze wykorzystując przestrzeń: liczne pokoje, tarasy od frontu i na dachu. Lokal jest wspaniale ozdobiony antykami; oferuje zachęcające menu, m.in. potrawy z zająca, z kaczki i zupę peruwiańską.

Na dachu jest supermodny bar *Chill Out* (s. 111), z sofami, pufami i leżakami.

Atelier KUCHNIA KUBAŃSKA $$$
(mapa s. 96; ☎7-836-2025; Calle 5 No 511, Altos, pomiędzy Paseo i Calle 2; posiłki 12–25 CUC; ⏲12.00–24.00) Pierwsze, co uderza, to zdumiewające dzieła sztuki na ścianach – olbrzymie malowidła o charakterze religijnym. Zwracają też uwagę drewniany sufit, taras na dachu w stylu mauryjskim i staromodna elegancja (nawet talerze są interesujące). Kuchnia w *Atelier*: potrawy kubańskie z akcentami francuskimi; menu stale się zmienia. Proponujemy kaczkę (specjalność *Atelier*), jeśli akurat jest, albo zająca.

Decameron KUCHNIA MIĘDZYNARODOWA $$$
(mapa s. 96; ☎7-832-2444; Línea No 753, pomiędzy Paseo i Calle 2; dania główne 12–18 CUC; ⏲12.00–24.00; 🖉) Nijaki od zewnątrz, znacznie ładniejszy w środku, głównie dzięki słynnej kolekcji zabytkowych zegarów (nie spóźniać się!). *Decameron* to stary i solidny *paladar*, od zawsze dobry, nadal dobry i pewnie na zawsze dobry. Potrawy kubańskie, z międzynarodowymi akcentami. Goście zachwycają się i pyszną tartą z tuńczykiem, i słodką tartą cytrynową.

Ponadto doborowa karta win i mocne koktajle. Kuchnia sympatyzuje z wegetarianami.

Le Chansonnier KUCHNIA FRANCUSKA $$$
(mapa s. 96; ☎7-832-1576; www.lechansonnierhabana.com; Calle J No 257, pomiędzy Calle 13 i Calle 15; posiłki 12–20 CUC; ⏲12.30–00.30) Odpowiedni lokal na zjedzenie kolacji, z tym że trudno go znaleźć (nie ma szyldu). *Le Chansonnier* zajmuje XIX-wieczną rezydencję; po remoncie wnętrze wygląda o wiele lepiej od fasady. W menu francuskie wina i francuskie potrawy: zając w musztardzie, *gratin* z bakłażanów, żeberka. Godziny otwarcia są zmienne, często brakuje miejsc, więc warto wcześniej zadzwonić.

VIP Havana KUCHNIA ŚRÓDZIEMNOMORSKA $$$
(mapa s. 96; ☎7-832-0178; Calle 9 No 454, pomiędzy Calle E i calle F; dania główne 15–21 CUC; ⏲12.00–3.00) Wcale nie trzeba być VIP-em, żeby zjeść w *VIP Havana*, chociaż to pomaga. Tutaj Hawana udaje Miami, wielki centralny bar stoi pośrodku restauracji, półki z napojami są podświetlone od tyłu neonówkami, a na wielkim ekranie wyświetlane są czarno-białe filmy z epoki kina niemego.

Atmosfera restauracji wyrafinowana, ale nie snobistyczna, jedzenie natomiast to niezła wariacja na temat kubańskiego homara oraz entuzjastycznie zamawiana paella. Mały, aczkolwiek istotny szczegół: chyba najlepiej na Kubie urządzone *baños* (toalety).

La Torre KUCHNIA FRANCUSKA, KARAIBSKA $$$
(mapa s. 96; ☎7-838-3088; Edificio Focsa, róg Calle 17 i Calle M; dania główne 15–30 CUC; ⏲11.30–00.30) Najwyżej położona restauracja w Hawanie, na 36. kondygnacji drapacza chmur Focsa w Vedado. Z luksusowego, ekstrawaganckiego lokalu rozciąga się imponujący widok na miasto; kuchnia, niestety, czasem rozczarowuje.

W dawnych czasach państwowa *La Torre* („wieża") była legendą, kolosem francusko-kubańskiej *haute cuisine*. Od tamtej pory wciąż ją wyprzedzają inne lokale (prywatne), zarówno pod względem nowatorstwa, jak i relacji jakości do ceny. Ale ten widok!

Bary i życie nocne

Bezbarwne międzynarodowe franczyzy jeszcze się w Hawanie nie pojawiły, a dzięki swobodzie działalności sektora prywatnego, miejscowi biznesmeni koncentrują swą artystyczną kreatywność, tworząc bary i kawiarnie o klimacie cyganerii.

Habana Vieja

★El Dandy BAR, KAWIARNIA

(mapa s. 64; ☎7-867-6463; www.bareldandy.com; róg Brasil i Villegas; ⏲8.00–1.00) Jury jeszcze nie podjęło decyzji, które z hawańskich barów i kawiarni uznać za najmodniejsze, ale nie ma wątpliwości, że ten jest najelegantszy. W przeświadczeniu, że „przesadnie dba o styl, schludność oraz modę i wygląd", *El Dandy* zapewni mocną kawę, solidne koktajle oraz miłą i bezpretensjonalną obsługę.

Funkcjonuje też jako minigaleria fotograficzna poświęcona baletowym aspektom tańca i boksu.

★Azúcar Lounge LOUNGE BAR

(mapa s. 64; ☎7-860-6563; Mercaderes No 315; ⏲11.00–24.00) Jak uczynić stary skwer modnym: otworzyć słabo oświetlony, wyluzowany bar z kanapami w stylu IKEA na górnym poziomie któregoś z najstarszych budynków. Dodać awangardowe, niepospolite oprawy świetlne. Dorzucić fantazyjne koktajle i hipnotyzującą muzykę trance. Nazwać go *Azúcar* („cukier").

★El Chanchullero BAR

(mapa s. 64; www.el-chanchullero.com; Brasil, pomiędzy Bernaza i Christo; ⏲13.00–24.00) „Aqui jamás estuvo Hemingway" (Hemingway nigdy tutaj nie przychodził) głosi napis na tablicy wystawionej przed barem *Chanchullero* („szelma"). To było nieuniknione. Podczas gdy zamożni turyści wznoszą toasty za Hemingwaya w *La Bodeguita del Medio*, modni Kubańczycy i cudzoziemcy, albo którym się wydaje, że są modni, płacą znacznie mniej za lepsze koktajle w alternatywnych lokalach boho.

W pobazgranym graffiti hałaśliwym barze dudni muzyka w rytmie na 4/4, rzadziej na 6/8. Wyciągnij swoje cygaro i zakurz sobie, Ernesto!

El Patchanka BAR

(mapa s. 64; ☎7-860-4161; Bernaza No 162; ⏲13.00–01.00) Belki na suficie drżą od rocka na żywo, miejscowi pochłaniają mocne *mojitos* za 2 CUC, poważni podróżnicy przekomarzają się na temat wkładu Che Guevary we współczesną sztukę plakatową w nowym, ale już okrzepłym barze przy Plaza del Cristo. Kluczem jest tutaj interakcja kulturowa. Utrzymując niskie ceny (homar za 6 CUC!), Patchanka przyciąga wszystkich.

Ściany zdobią graffiti z całego świata, jest także komiksowy statek piracki „Patchanka" (hiszpańska nazwa fusion rocka). Pasuje jak ulał.

Museo del Chocolate KAWIARNIA

(mapa s. 64; róg Amargura i Mercaderes; ⏲9.00–21.00) Niechaj uzależnieni od czekolady mają się na baczności, bo ten nieomijalny lokal w centrum Habana Vieja zaaplikuje im zabójczą dawkę czekolady, trufli i jeszcze więcej czekolady (a to wszystko produkują na miejscu). Usytuowana – ironia niezamierzona – przy calle Amargura (ulicy Goryczy), kawiarnia z marmurowymi stolikami i mnóstwem czekoladowych rekwizytów, świetnie udaje muzeum.

A we wszystkim, co proponują w menu, jest czekolada: gorąca, zimna, biała, czarna, mocna, trochę słabsza – jaką kto chce.

Espacios Old Fashioned BAR

(mapa s. 64; ☎7-861-3895; www.barrestaurantespaciosoldfashioned.com; Amargura No 258, pomiędzy Habana i Compostela; ⏲12.00–24.00) *Espacios Old Fashioned*, filia modnej restauracji *Miramar*, zajmuje mniejszy lokal w dzielnicy Habana Vieja. Także tutaj ściany zdobią dzieła sztuki awangardowej. Można też coś zjeść, ale w tym lokalu polecamy płyny z kofeiną, alkoholem albo tylko soki, żeby popijając, nie tracić z oczu sztuki i artystów.

Muzycy wkraczają ok. 22.30.

Cervecería Antiguo Almacén de la Madera y Tabaco PIWIARNIA

(mapa s. 64; róg Desamparados i San Ignacio; ⏲12.00–24.00) Przy dokach Hawany w dawnym składzie drewna i tytoniu. Największy pub z mini browarem: tutaj się warzy trzy gatunki piwa – i podaje – na modłę austriacką. Przepastne wnętrze – dlatego nie ma tłoku – przywołuje klimaty namiotów w Oktoberfest.

Jest jedzenie z grilla, a także scena z muzyką na żywo, ale piwo jest najlepsze: 2 CUC za pół litra, 12 CUC za 3-litrową wieżę piwną.

Dulcería Bianchini II KAWIARNIA
(mapa s. 64; 7-862-8477; www.dulceria-bianchini.com; San Ignacio No 68; 9.00–21.00) Kubańczycy chyba już dawno zapomnieli o hiszpańskiej *merienda* - uroczej popołudniowej przerwie na ciepły napój i ciastko. I wtedy pojawiła się *Bianchini* ze słodkimi przekąskami i doskonałą kawą, przypominając każdemu, dlaczego przerwa na podwieczorek jest taka ważna. Niewielki lokal gnieździ się przy zatłoczonej „alei kulinarnej" w Habana Vieja, niedaleko katedry. Omijajcie nachalnych nagabywaczy machających menu i zamówcie sobie kawę.

La Bodeguita del Medio BAR
(mapa s. 64; Empedrado No 207; 11.00–24.00) Sławny rumowymi wyczynami Ernesta Hemingwaya (dlatego ceny poszybowały), najpopularniejszy bar w Hawanie. Wizyta obowiązkowa dla tych turystów, którzy jeszcze nie pojęli, że *mojitos* są o wiele lepsze i (znacznie) tańsze gdzie indziej.

Bywali tutaj Salvador Allende, Fidel Castro, Nicolás Guillén, Harry Belafonte i Nat King Cole i wszyscy zostawili autografy na ścianach, a po nich tysiące innych osób (z wyjątkiem wielkich nazwisk, ściany są oczyszczane co kilka miesięcy). Obecnie klientela już nie jest tak prominentna. Puryści twierdzą, że ostatnio tutejsze *mojito* utraciło hemingwayowską moc. Jest tylko jeden sposób, żeby się o tym przekonać...

El Floridita BAR
(mapa s. 64; Obispo No 557; 11.00–24.00) *El Floridita* była ulubionym lokalem amerykańskich ekspatriantów, jeszcze zanim Hemingway wpadł tu w latach 30. XX w., stąd nazwa („mała Floryda"). Constante Ribalaigua wymyślił *daiquirí* tuż po I wojnie światowej, ale to Hemingway rozsławił bar, a barman mu się odwdzięczył, nazywając jeden z drinków *daiquirí* Papa Hemingway Special (*daiquirí* z sokiem grejpfrutowym).

Rekord Hemingwaya - według legendy - to 13 podwójnych *daiquíris* (Papa Doble) za jednym posiedzeniem. Każda próba pobicia go przy obecnych cenach (6 CUC za drinka) zakończyłaby się bankructwem - i monstrualnym kacem.

La Factoria Plaza Vieja BAR
(mapa s. 64; róg San Ignacio i Muralla; 11.00–24.00) Oryginalny bar, z drewnianymi ławami w jasnej sali i na zewnątrz budynku, zajmuje hałaśliwy narożnik Plaza Vieja; sprzedaje się tam zimne łagodne piwo, wytwarzane na miejscu w mikrobrowarze. Grupy zwykle zamawiają wieżę piwną z kranikiem na dole. Na zewnątrz *Faktorii* jest także grill.

Restaurante Café Taberna BAR
(mapa s. 64; róg Brasil i Mercaderes; 12.00–24.00) Lokal, założony w 1772 r. i znów brylujący po rewitalizacji w XXI w., jest znakomitym miejscem, żeby usiąść przy (imponującym) barze i wypić kilka koktajli przed kolacją. Muzyka rozbrzmiewa około 20.00, przypominając słynne szlagiery nieodżałowanego króla mambo, Benny'ego Moré. Można sobie darować jedzenie.

Bar Dos Hermanos BAR
(mapa s. 64; San Pedro No 304; całą dobę) Kiedyś nadbrzeżna spelunka, obecnie bar na wysoki połysk, no jeszcze tablica przy wejściu z długą listą pijących rum gości: między innymi Federico García Lorca, Marlon Brando, Errol Flynn i Hemingway (jakżeby nie). Długi, drewniany szynkwas i słona morska bryza dopełniają magii.

Café París BAR
(mapa s. 64; Obispo No 202; całą dobę) Nikt nie zasypia w *Café París* w dzielnicy Habana Vieja, znanym z muzyki na żywo i towarzyskiej atmosfery. Odwiedzany przez turystów. No cóż, nocami rum się leje, gorące rytmy porywają do tańca.

Bar Monserrate BAR
(mapa s. 64; Obrapía No 410; 12.00–24.00) Ponad sto numerów od słynnego Hemingwayowskiego poidła, *El Floridita*. Monserrate jest strefą wolną od Hemingwaya, co oznacza, że *daiquirís* są za pół ceny.

Café El Escorial KAWIARNIA
(mapa s. 64; Mercaderes No 317, róg Muralla; 9.00–21.00) Kiedyś jedyna kawiarnia przy Plaza Vieja. Państwowy lokal w elegancko odrestaurowanej kolonialnej rezydencji już wyprzedziła prywatna konkurencja. Trzeba przyznać, że kawa wciąż jest dobra - można dostać *café cubano, café con leche, frappé,* likier kawowy, a nawet *daiquirí de café*. Ciastka są kiepskie, obsługa także.

La Dichosa BAR
(mapa s. 64; róg Obispo i Compostela; 10.00–24.00) Trudno nie zauważyć hałaśliwego baru *La Dichosa* przy ruchliwej calle Obispo. Mały, ciasny, z połową powierzchni oddanej miejscowej kapeli, to dobre miejsce na szybkie *mojito*.

HAWANA LGBT

Na początku rewolucja patrzyła złym okiem na homoseksualność. Kiedy Nowy Jork ogarnęły zamieszki Stonewall, rząd kubański, zdominowany przez *machos* i brodatych partyzantów w mundurach polowych, nadal wysyłał homoseksualistów do obozów reedukacyjnych.

Jednak w latach 90. klimat się zmienił, jak na ironię pod wpływem Marieli Castro, córki obecnego prezydenta Raúla Castro, dyrektorki Kubańskiego Centrum na Rzecz Edukacji Seksualnej w Hawanie.

Ważny kamień milowy dla społeczności LGBT pojawił się w czerwcu 2008 r., kiedy rząd Kuby zatwierdził prawo dające kwalifikującym się osobom swobodę zmiany płci. W listopadzie 2012 r. wybrano po raz pierwszy na Kubie osobę transseksualną na stanowisko publiczne. Adela Hernández (kobieta) zdobyła miejsce w wyborach samorządowych w prowincji Villa Clara.

Scena LGBT w Hawanie znacznie się powiększyła w ciągu ostatnich kilku lat. Życie gejowskie skupia się na granicy Centro Habana i Vedado, w „trójkącie" pomiędzy Calzada de la Infanta, Calle L i Calle 23 (La Rampa). Calle 23 – przy skrzyżowaniu z Malecónem – od dawna była ulubionym terenem gejów, ponadto Cine Yara i park Coppelia, naprzeciwko, są dobrze znanymi miejscami spotkań. Życie nocne toczy się w przyjaznych dla gejów lokalach, takich jak klub Pico Blanco (s. 112) w hotelu *St John's* i Cabaret Las Vegas (s. 111), w których odbywają się występy drag. Pomiędzy nimi znajduje się miła kawiarenka *Toke Infanta y 25* (s. 105). Również wartą wycieczki jest *Café Cantante Mi Habana* (s. 112) w kubańskim Teatrze Narodowym, z sobotnimi wieczornymi imprezami dla gejów.

W czasach wzmożonej dyskryminacji jedyną gejowską plażą w Hawanie była Mi Cayito, usytuowany na uboczu fragment Playa Boca Ciega w Playas del Este. Plaża nadal jest popularna. Obecnie można też pójść na gejowskie wieczory filmowe w siedzibie Icaic na rogu Calle 23 i Calle 12 w Vedado, a także – od 2009 r. – wziąć udział w paradzie gejowskiej na Calle 23 (w połowie maja). Pod względem legalności także lesbijki cieszą się takimi samymi prawami, choć „scena lesbijska" jest mniej widoczna.

Centro Habana

★Café Arcángel — KAWIARNIA

(mapa s. 80; ✆5-268-5451; Concordia No 57; 8.30–16.30 pn.–sb., 8.15–13.00 nd.) Znakomita kawa, dobre *tortas* (ciastka), łagodna muzyka, a nie żaden *reggaetón*, i filmy z Charlie Chaplinem, odtwarzane w kółko w *casa particular* w Centro Habana. Czego chcieć więcej?

Sloppy Joe's — BAR

(mapa s. 80; róg Agramonte i Ánimas; 12.0–03.00) Przedrewolucyjny legendarny lokal amerykańskich ekspatriantów. Bar otworzył młody hiszpański imigrant José García (Joe) w 1919 r. Nazwa? - podejrzane sanitariaty i rozmiękłe sandwicze z *ropa vieja* (siekana wołowina). Zamknięty w latach 60. XX w. po pożarze, teraz działa od 2013 r. w tym samym neoklasycystycznym budynku. Nic się nie zmieniło: tak jak dawniej dobre koktajle i rozmiękłe kanapki. Choć obecnie miastem rządzi turystyka, wnętrze pozostało wierne poprzednikowi, o czym świadczą rozwieszone na ścianach czarno-białe fotografie (głównie Franka Sinatry ze szklanką w dłoni).

Café Neruda — BAR

(mapa s. 80; Malecón No 203, pomiędzy Manrique i San Nicolás; 11.00–23.00) Romantyczne zaniedbany lokal przy Malecónie, nazwany ku czci chilijskiego poety noblisty Pabla Nerudy; lepiej tu przyjść na drinka niż na obiad czy kolację. Słuchając muzyki fal morskich, poetycko nastrojeni, pewnie spędzimy tu popołudnie, pisząc wiersze.

Prado No 12 — BAR

(mapa s. 80; Paseo de Martí No 12; 12.00–23.00) W wąskim, trójkątnym budynku na rogu Paseo de Martí (Prado) i San Lázaro; oferuje drinki i zwykłe przekąski. Atmosfera lokalu to jakby Hawana zapętlona w latach 50. XX w. Dobry przystanek przed spacerem po Malecónie o zachodzie słońca.

Vedado

★Café Galería Mamainé
KAWIARNIA, BAR

(mapa s. 96; 7-832-8328; Calle L No 206, pomiędzy Calle 15 i Calle 17; 8.00–24.00 pn.–czw., 8.00–3.00 pt.–nd.) Kawiarnia i galeria w odtworzonej eklektycznej rezydencji; we wnętrzach prace artystów plastyków, używających także materiałów z recyklingu. Siądź na poduszce na drewnianej antresoli, zamów mocną kawę albo koktajl i nawiąż konwersację z osobą obok (prawie pewne, że będzie to artysta).

★Café Madrigal
BAR

(mapa s. 96; Calle 17 No 302, pomiędzy Calle 2 i Calle 4; 18.00–02.00 wt.–nd.) Vedado flirtuje z cyganerią w oszczędnie oświetlonym romantycznym barze, być może przypadkiem przeniesionym z paryskiej Dzielnicy Łacińskiej w czasach Joyce'a i Hemingwaya. Zamówiwszy *tapitas* (małe *tapas*) i koktajl, wyjdźmy na klimatyczny secesyjny taras – gwar wieczornych rozmów konkuruje z warkotem „zabytkowych" amerykańskich samochodów.

La Juguera
BAR Z SOKAMI

(mapa s. 96; Calle 6, pomiędzy Calle 1 i Calle 3; 9.00–19.00 pn.–sb., 9.00–13.00 nd.) Schowany za budynkiem mieszkalnym, lokal oferuje dziesiątki kombinacji świeżych soków i wspaniały pokaz kubańskiego życia. Jeżeli ktoś zamieszkał w pobliżu i chce sok zabrać do domu, sprzedają go też na litry.

Trzeba mieć drobne, bo szklanka soku zwykle kosztuje około 6 CUC.

Chill Out
BAR

(mapa s. 96; Línea No 504, pomiędzy Calle D i Calle E; 19.00–03.00) *Chill Out* nie wymaga wyjaśnień. To supermodny bar na szczycie *Versus 1900* (s. 107), z sofami, pufami i rozkładanymi fotelami. Idealny po imprezie w Vedado.

Café Gabanna
BAR

(mapa s. 96; róg Calle 3 i C; 17.00–3.00) Elegancki, mały i modny, z biało-czarnymi akcentami, bar koktajlowy jest tym, o co chodzi na współczesnej hawańskiej scenie. Piękni ludzie sączą równie atrakcyjne koktajle.

Bar-Restaurante 1830
KLUB

(mapa s. 96; róg Malecón i Calle 20; 12.00–1.45) Jeżeli ktoś chce potańczyć salsę, niech przyjdzie właśnie tutaj. Po niedzielnym wieczornym występie, dosłownie wszyscy szturmują parkiet. Klub jest daleko – na zachodnim krańcu Malecónu; z tarasu widać morze. Można sobie darować jedzenie.

Cuba Libro
KAWIARNIA

(mapa s. 96; 7-830-5205; róg Calle 24 i Calle 19; 11.00–8.00 pn.–sb.;) Kawiarnia, księgarnia, instytucja społeczna i wspaniałe miejsce kontaktów Kubańczyków z nie-Kubańczykami. *Cuba Libro* (Kuba Książka) ma wiele stron. Choć spacer od głównych atrakcji jest długi, warto tutaj przyjść. Zamów sok albo kawę i dołącz do rozmowy, a poznasz lepiej i Hawanę, i rzeczywistość Kuby.

Poza sprzedażą używanych książek, *Cuba Libro* prezentuje nową sztukę kubańską, rozdaje darmowe prezerwatywy, dostarcza dzieciom zabawki i działa w zgodzie ze środowiskiem.

Café Fresa y Chocolate
KAWIARNIA

(mapa s. 96; Calle 23, pomiędzy Calle 10 i Calle 12; 9.00–23.00) Nie ma tu lodów, jedynie wspomnienia. To siedziba Kubańskiego Instytutu Filmowego i miejsce spotkań studentów kawoszy i miłośników kina. Nic wyszukanego, ale można tu dyskutować o wyższości Almodovara nad Scorsese na przyjemnym patio przed udaniem się na kolejną projekcję.

Café Cantante Mi Habana
KLUB

(mapa s. 96; 7-879-0710; róg Paseo i Calle 39; 20.00–3.00) Modna dyskoteka przed Teatro Nacional de Cuba (boczne wejście); muzyka i tańce salsy, przekąski barowe, dania główne. Jedyne miejsce, gdzie można spotkać podążających za duchem czasów Kubańczyków w wolnym od *jinteros* spokojnym otoczeniu. W soboty imprezy dla gejów, zwane Divino, z występami drag.

Niedozwolone są szorty, T-shirty i nakrycia głowy; osobom poniżej 18 lat wstęp wzbroniony. Wstęp i konsumpcja 10 CUC.

Piano Bar Delirio Habanero
KLUB

(mapa s. 96; 7-878-4275; róg Paseo i Calle 39; od 18.00 wt.–nd.) Czasem spokojny, czasem żywiołowy bar na piętrze Teatro Nacional de Cuba gości różne zespoły, od młodego rapu po improwizacje jazzowe. Elegancki bar z czerwonymi akcentami zdobniczymi i przestrzeń dla wykonawców graniczą ze szklaną ścianą z widokiem na Plaza de la Revolución – robi wrażenie nocą, kiedy pomnik José Martí jest podświetlony od tyłu. Wstęp i konsumpcja 5–10 CUC.

Szaleństwo zwykle trwa do białego rana, klientela głównie kubańska. Trzeba przyjść w butach do tańca.

Cabaret Las Vegas KLUB
(mapa s. 96; Calzada de la Infanta No 104, pomiędzy Calle 25 i Calle 27; ⌚22.00–4.00) Cabaret Las Vegas był kiedyś pospolitą knajpką muzyczną, obecnie słynie z nocnych występów drag. Po zamknięciu Humboldt 25, należy do bardziej zaufanych klubów gejowskich w Hawanie. Wstęp 5 CUC.

Pico Blanco KLUB
(mapa s. 96; Calle O, pomiędzy Calle 23 i Calle 25; ⌚od 21.00) Popularny klub nocny Pico Blanco na 14. kondygnacji kiepskiego hotelu *St John's* w Vedado. Program jest loterią. Są wieczory z karaoke i ckliwymi *boleros* (balladami), w inne dni występy *drag queen* i chłopców w obcisłych podkoszulkach. Przede wszystkim Kubańczycy i trochę panienek. Wstęp 5–10 CUC.

Bar-Club Imágenes BAR
(mapa s. 96; Calzada No 602; ⌚22.00–3.00) Mały, niedoświetlony bar z fortepianem przyciąga starszych Kubańczyków regularnym zestawem *boleros* (ballad) i *trova* (muzyki tradycyjnej); także skecze komediowe. Program wywieszony na zewnątrz.

Club La Red KLUB
(mapa s. 96; róg Calles 19 i L; ⌚22.00–2.00) Dzielnicowa dyskoteka, gdzie czasem pałęta się speszony cudzoziemiec. Wstęp od 3 do 5 CUC.

☆ Rozrywka

Wprawdzie Vedado nie ma już swej dawnej – przedrewolucyjnej – reputacji olśniewającej dzielnicy kasyn, ale wciąż pozostaje centrum hawańskiego nocnego życia. Kabaretów, jazzu, muzyki klasycznej, tańca i kina – mnóstwo i zawsze wysokiej jakości. Rozrywka w Habana Vieja budzi się z długiej drzemki i jest coraz bardziej na czasie. Życie nocne w Centro Habana – chaotyczne i na poziomie lokalnym.

NAJ: BARY HOTELOWE

Hotel Nacional (s. 94) *Mojitos* na tarasie *Hotelu Nacional* to doświadczenie nie do ominięcia.

Hotel Saratoga (s. 92) Piękny wystrój, wyrafinowana atmosfera i bardzo drogie drinki.

Hotel Armadores de Santander (s. 90) Ciemny mahoń i żeglarskie klimaty; niedaleko portu.

Hotel Ambos Mundos (s. 90) Dawny hotel Hemingwaya; romantyczny bar, w którym można wypić koktajl i zamówić melodię u pianisty.

Muzyka na żywo

Jazz Club La Zorra y El Cuervo MUZYKA NA ŻYWO
(mapa s. 96; ☎7-833-2402; róg Calle 23 i Calle O; 5–10 CUC; ⌚od 22.00) Najsłynniejszy klub jazzowy w Hawanie „lisica i kruk" otwierają o 22.00 przed długą kolejką muzycznych fanatyków. Przez czerwoną angielską budkę telefoniczną wchodzi się do ciemnej piwnicy. Na scenie gorąco i głośno. Przeważa freestyle.

Callejón de Hamel MUZYKA NA ŻYWO
(mapa s. 80; ⌚od 12.00 nd.) Poza modnymi ulicznymi muralami i sklepami z psychodeliczną sztuką, głównym powodem, aby przyjechać do hawańskiej świątyni kultury afrokubańskiej w Centro Habana, jest ta szalona rumba (w każdą niedzielę od 12.00).

Dla jej miłośników bardziej autentyczna i hipnotyzująca być już nie może; rytmiczne uderzenia w bębny i powtarzane długie frazy śpiewów przywołują duchy *orishas* (bóstwa *santerii*). Obecnie, ze względu na wzmożoną obecność turystów, niektórzy uważają, że Callejón utracił swój pierwotny urok. Nie należy im wierzyć. Tam wszystko tętni rockiem i rumbą!

Jazz Café MUZYKA NA ŻYWO
(mapa s. 96; ☎7-838-3302; najwyższe piętro, Galerías de Paseo, róg Calle 1 i Paseo; po 20.00 konsumpcja 10 CUC; ⌚12.00–2.00) Luksusowy lokal usytuowany w centrum handlowym z widokiem na Malecón, rodzaj klubu łączącego jazz i kolację z porządnym menu. Wieczorem klub rusza do akcji jazzem, *timba* i, okazjonalnie, zwykłą salsą. Sympatyczniejszego lokalu w Hawanie się nie znajdzie.

Basílica Menor de San Francisco de Asís MUZYKA KLASYCZNA
(mapa s. 64; Plaza de San Francisco de Asís; bilety 3–8 CUC; ⌚od 18.00 czw.–sb.) Wspaniały kościół z 1738 r. na Plaza de San Francisco de Asís jest w XXI w. muzeum i salą koncertową. W starej nawie dwa lub trzy razy w tygodniu odbywają się koncerty chórów lub muzyki kameralnej (program przy wejściu). Akustyka jest znakomita. Bilet trzeba kupić co najmniej dzień wcześniej.

Café Teatro Bertolt Brecht MUZYKA NA ŻYWO
(mapa s. 96; ☎7-832-9359; róg Calle 13 i Calle I; bilety 3 CUC) Kawiarnia i teatr z muzyką na żywo, chętnie uczęszczane przez młodzież uwielbiającą koncerty hawańskiego kolektywu Interactivo (we środy około północy). Ciekawi kubańskiej kultury – i jej przyszłości – powinni tam spędzić wieczór. Trzeba się przygotować na stanie w kolejce.

Submarino Amarillo MUZYKA NA ŻYWO
(mapa s. 96; róg Calles 17 i 6; ⌚14.00–19.30 i 21.00–2.00 wt.–sb., 14.00–22.00 nd., 21.00–2.00 pn.) Na Kubie nie można uciec od Beatlesów; ich ikoniczny status uosabiają kluby jak ten przy Parque Lennon. Przygarną wszelkiego rodzaju muzykę na żywo, dopóki metrum jest 4/4, a podgatunkiem „rock". Trzeba polować na czołowy kubański zespół Los Kents. Popołudnia są spokojniejsze, można żuć *tapas*, oglądając filmy wideo z lat 60. XX w.

Casa de la Música MUZYKA NA ŻYWO
(mapa s. 80; Av de Italia, pomiędzy Concordia i Neptuno; 5–25 CUC; ⌚17.00–3.00) Jeden z najlepszych i najpopularniejszych nocnych klubów z imprezami muzycznymi. Grają tu wielkie sławy, od Bamboleo do Los Van Van, a za ich oglądanie płaci się grosze. Są dwie Casas de la Música w mieście, ta w Centro Habana bywa bardziej żywiołowa od jej odpowiedniczki w Miramar (niektórzy mówią, że aż za bardzo) ze względu na duże zespoły salsy i brak miejsca. Podczas dokumentowania przewodnika trwał tam remont.

El Guajirito MUZYKA NA ŻYWO
(mapa s. 64; ☎7-863-3009; Agramonte No 660, pomiędzy Gloria i Apodeca; występ 30 CUC; ⌚21.30) Niektórzy twierdzą, że restauracja-sala rozrywkowa El Guajirito jest pułapką na turystów, a jednak odbywają się tu najbardziej profesjonalne koncerty, typu Buena Vista Social Club. To rzeczywiście jest pewnego rodzaju Buena Vista Social Club.

To prawda, że stoliki okupują uciekinierzy z wycieczek autokarowych, jedzenie jest takie sobie, ale wirtuozeria trąbiącego, bębniącego i zdzierającego płuca zespołu, w większości składającego się z osobników w wieku emerytalnym, na pewno wywołuje radosny uśmiech na twarzach Compay Segundo i jego kompanów w ich wielkiej kapeli w niebie.

El Gato Tuerto MUZYKA NA ŻYWO
(mapa s. 96; Calle O No 14, pomiędzy Calle 17 i Calle 19; drink minimum 5 CUC; ⌚12.00–6.00) Kiedyś kwatera główna alternatywnej sceny artystycznej i erotycznej w Hawanie, obecnie „jednooki kot" jest miejscem spotkań wokalistów karaoke w średnim wieku, którzy prezentują podlane rumem własne interpretacje *boleros* (ballad). W pobliżu Malecónu w dwupoziomowym domu; od frontu basen z żółwiami.

Piętro zajmuje restauracja, na dole nocni imprezowicze hałasują w eleganckim nocnym klubie.

Oratorio de San Felipe Neri MUZYKA NA ŻYWO
(mapa s. 64; róg Aguiar i Obrapía; 2 CUC; ⌚występy o 19.00) Kościół zbudowany w 1693 r. należał do różnych zgromadzeń religijnych (oratorianów, kapucynów, karmelitów), w 1928 r. wnętrze zaadaptowano na potrzeby banku, od 2004 r. jest jedną z najlepszych w Hawanie sal koncertowych muzyki klasycznej (głównie chóralnej).

Teatro Amadeo Roldán TEATR
(mapa s. 96; ☎7-832-1168; róg Calzada i Calle D; bilet 10 CUC) Zbudowany w 1922 r., podpalony w 1977 r., neoklasycystyczny teatr, ze wspaniałą dekoracją, odbudowano w 1999 r. w stylu pierwowzoru. Okazały teatr – imienia słynnego kubańskiego kompozytora, który wprowadził afrokubańskie elementy do współczesnej muzyki klasycznej – ma dwie niezależne widownie.

Orquesta Sinfónica Nacional koncertuje w liczącej 886 miejsc Sali Amadeo Roldán, soliści i mniejsze zespoły korzystają z Sali García Caturla (276 miejsc). W momencie dokumentowania przewodnika teatr remontowano.

El Hurón Azul MUZYKA NA ŻYWO
(mapa s. 96; ☎7-832-4551; www.uneac.org.cu; róg Calle 17 i Calle H; ⌚zmienne godziny otwarcia) Chcąc otrzeć się o socjalistyczne znakomitości, trzeba się udać do Hurón Azul, klubu należącego do Uneac (Stowarzyszenie Kubańskich Pisarzy i Artystów). Przesycone bezcennymi skrawkami nieformalnego życia kulturalnego, przedstawienia odbywają się przeważnie w ogrodzie. W środy jest afrokubańska rumba, w soboty autentyczne bolero, a w co drugi czwartek jazz i *trova*. Nigdy nie płaci się więcej niż 5 CUC.

El Turquino MUZYKA NA ŻYWO
(mapa s. 96; Hotel Habana Libre, Calle L, pomiędzy Calle 23 i Calle 25; 10 CUC; ⌚od 22.30) Spektakularne przedstawienia w spektakularnym otoczeniu na 25. kondygnacji hotelu *Habana Libre*. Ruchomy dach rozsuwa się około 24.00. i wszyscy szturmują parkiet.

LOKALNE SEKRETY

WIDOWISKA SPORTOWE

Gdy na początku lat 90. XX w. gospodarka gwałtownie się załamała, sprawność sportowa społeczeństwa wręcz odwrotnie: sięgnęła szczytu podczas olimpiady w Barcelonie w 1992 r. Wtedy Kuba (106. kraj świata pod względem wielkości) zapewniła sobie 5. miejsce w klasyfikacji medalowej dzięki 14 złotym medalom. Kubańczycy wyróżniają się w bejsbolu, boksie, siatkówce i skoku wzwyż (Javier Sotomayor utrzymuje rekord świata od 1993 r.). Piłka nożna ma coraz więcej fanów, szczególnie od czasu Pucharu Świata FIFA w 2014 r. Główne stadiony w Hawanie znajdują się na peryferiach: w Playa, Cerro i Habana del Este. Wycieczka na mecz jest sama w sobie przygodą. Nie są potrzebne rezerwacje, wystarczy przyjść, zapłacić pełną cenę biletu i znaleźć (z trudem) miejsce.

Estadio Latinoamericano (mapa s. 96; Zequiera No 312, Cerro; bilet 2 CUC) Największy stadion w kraju (mieści 55 000 widzów) powstał jeszcze przed rewolucją, w 1946 r. Jest bazą hawańskiej drużyny bejsbolowej Los Industriales. Bilety na mecze są tanie. Sezon trwa od końca października do kwietnia, a rozgrywki do maja.

Estadio Pedro Marrero (róg Av 41 i Calle 46, Kohly) Nieco zapuszczony stadion (28 000 widzów) należy do FC Ciudad de La Habana, głównej drużyny piłkarskiej Hawany, która sześciokrotnie wygrała Campeonato Nacional de Fútbol.

Estadio Panamericano Estadio Panamericano zbudowano na Igrzyska Panamerykańskie 1991 r. W 2008 r. stadion wyposażono w bieżnię lekkoatletyczną, ale nadal jest zapuszczony i nielubiany. Służy głównie lekkoatletyce i piłce nożnej.

Coliseo de la Ciudad Deportiva (róg Av de la Independencia i Vía Blanca, Cerro) Interdyscyplinarną, krytą arenę na 15 000 osób inaugurowano w 1958 r. Ma tam swą siedzibę narodowa drużyna siatkówki męskiej. W 2016 r. na jej błoniach wystąpił z pierwszym koncertem na Kubie zespół Rolling Stones.

Teatr

★ Gran Teatro de La Habana Alicia Alonso TEATR

(mapa s. 80; ☎ 7-861-3077; róg Paseo de Martí i San Rafael; bilet 20 CUC; ⏲ kasa biletowa 9.00–18.00 pn.–sb., do 15.00 nd.) Znów otwarty, wspaniale odnowiony Hawański Teatr Wielki oferuje to co najlepsze w kubańskim tańcu i muzyce. Specjalnością jest balet (siedziba Narodowego Baletu Kuby), ale również wystawia musicale, sztuki i operę. Terminy zbliżających się speklakli są podane na tablicy informacyjnej.

Teatro Nacional de Cuba TEATR

(mapa s. 96; ☎ 7-879-6011; róg Paseo i Calle 39; bilet 10 CUC; ⏲ kasa biletowa 10.00–17.00 i przed spektaklem) Jeden z dwóch filarów hawańskiego życia kulturalnego, Teatro Nacional de Cuba na Plaza de la Revolución jest współczesnym rywalem Gran Teatro w Centro Habana. Kompleks, wzniesiony w latach 50. XX w. w ramach projektu rozbudowy miasta Jeana Forestiera, gości ważne koncerty, zagraniczne zespoły teatralne, a także dziecięcy zespół La Colmenita.

W większej Sala Avellaneda odbywają się duże imprezy, m.in koncerty muzyczne i sztuki szekspirowskie; mniejsza Sala Covarrubias, na tyłach, ma bardziej odważny program (łącznie w obu salach jest 3300 miejsc). IX kondygnację przeznaczono na próby i występy, są tam grane najnowsze i eksperymentalne spektakle. Kasy znajdują się na końcu osobnego parterowego budynku za głównym teatrem.

Teatro Mella TEATR

(mapa s. 96; ☎ 7-833-8696; Línea No 657, pomiędzy Calle A i Calle B) W latach 1952–1962 Cine Teatro Rodi, obecnie Teatro Mella, oferuje urozmaicony repertuar: międzynarodowy festiwal baletowy, przedstawienia komediowe, teatralne, taneczne, a także występy słynnego Conjunto Folklórico Nacional oraz niedzielne poranki dla dzieci o 11.00.

Sąsiednie Jardines del Teatro Mella zapraszają na chłodzący drink przed spektaklem lub po.

Teatro América TEATR

(mapa s. 80; Av de Italia No 253, pomiędzy Concordia i Neptuno) Mieszczący się w klasycznym *rascacielo* (drapaczu chmur) art déco przy Av de Italia (Galiano), Teatro América chyba niewiele się zmienił od czasów swej świetności w latach 30. i 40 XX w. Dziś gości sztukę rozrywkową, komedię, taniec, jazz i salsę;

spektakle zazwyczaj odbywają się w soboty o 20.30 i w niedziele o 17.00.

Warto przyjrzeć się detalom art déco.

Sala Teatro Hubert de Blanck TEATR
(mapa s. 96; ☎7-830-1011; Calzada No 657, pomiędzy Calle A i Calle B) Teatr nazwano imieniem fundatora pierwszego konserwatorium muzyki w Hawanie (1885 r.). Ma tu siedzibę Teatro Estudio, wiodący zespół teatralny Kuby. Sztuki można obejrzeć w soboty o 20.30 i w niedziele o 19.00. Sprzedaż biletów przed spektaklem.

Teatro Fausto TEATR
(mapa s. 80; Paseo de Martí No 201) Słynie z zabawnych komedii. Budynek teatru jest klasycznym przykładem późnego, już ugrzecznionego art déco. W chwili dokumentowania przewodnika był w remoncie.

Kabaret

★Cabaret Parisién KABARET
(mapa s. 96; ☎7-836-3564; *Hotel Nacional*, róg Calle 21 i Calle O; wstęp 35 CUC; ⏲21.00) Oczko niżej od słynnej Tropicany w Marianao, ale jest taniej i bliżej centrum. Wieczorny Cabaret Parisién, w *Hotel Nacional*, jest wart grzechu, zwłaszcza dla turystów, którzy zamieszkali w Vedado lub w okolicy. To klasyczny melanż falbanek, piór i półnagich kobiet (oraz mężczyzn), za to choreografia jest pierwszorzędna, a kostiumy olśniewające.

Drzwi otwierają się o 21.00. Na rozgrzewkę gra orkiestra; w cenie wstępu koktajl.

Habana Café KABARET
(mapa s. 96; Paseo, pomiędzy Calle 1 i Calle 3; 20 CUC; ⏲od 21.00) Modny i popularny nocny klub z kabaretem w hotelu *Meliá Cohiba*, urządzony w amerykańskim stylu lat 50. XX w., ale z salsą. Po pierwszej w nocy stoliki są usuwane i lokal podryguje w rytmie „muzyki międzynarodowej" do pierwszego piania koguta. Wart swojej ceny.

Ośrodki kultury

★Fábrica de Arte Cubano WYDARZENIA KULTURALNE
(mapa s. 96; ☎7-838-2260; www.fabricadeartecubano.com; róg Calle 26 i Calle11; 2 CUC; ⏲20.00–3.00 czw.–nd.) Owoc wyobraźni afrokubańskiego muzyka fusion X-Alfonso: jeden z najlepszych nowych projektów artystycznych w Hawanie. Łączy koncerty muzyczne, wystawy sztuki, pokazy mody i budujące dyskusje przy kawie i koktajlach. W adaptowanej fabryce oleju jadalnego w Vedado nie ma hierarchii ważności ani grubiańskich wykidajłów. Można się przyłączyć do artystów, muzyków i kubańskiej widowni podczas elektryzujących happeningów (o 20.00, od czwartku do niedzieli) we wnętrzach w stylu Bauhausu. Planowane imprezy można sprawdzić na stronie internetowej.

Centro Cultural El Gran Palenque TANIEC
(mapa s. 96; Calle 4 No 103, pomiędzy Calzada i Calle 5; 5 CUC; ⏲15.00–18.00 sb.) Założony w 1962 r., tryskający energią Conjunto Folclórico Nacional de Cuba specjalizuje się w tańcu afrokubańskim (wszyscy bębniarze są kapłanami *santerii*). Można tu obejrzeć ich występy, a także z nimi zatańczyć w Sábado de Rumba (w Sobotę Rumby) – trzy pełne godziny fascynującej perkusji i tańca. Zespół występuje również w Teatro Mella i za granicą.

W drugiej połowie stycznia i pierwszej połowie lipca odbywa się duży festiwal FolkCuba.

Casa de la Amistad WYDARZENIA KULTURALNE
(mapa s. 96; ☎7-830-3114; Paseo No 416, pomiędzy Calle 17 i Calle 19; ⏲11.00–23.00) Wydarzenia kulturalne i muzyczne odbywają się w eleganckiej rezydencji, wzniesionej w 1926 r. przez Juana Pedro Baró, bogatego ziemianina uwikłanego w skandaliczne małżeństwo z pięknością z wyższych sfer, Cataliną Lasa. W „Domu Przyjaźni" także restauracja i bar.

Casa de las Américas WYDARZENIA KULTURALNE
(mapa s. 96; ☎7-838-2706; www.casa.co.cu; róg Calle 3 i Calle G) Potęga kultury kubańskiej i latynoamerykańskiej. Organizuje konferencje, wystawy, koncerty, spotkania autorskie. „Dom Ameryk" założyła w 1959 r. uczestniczka ataku na Koszary Moncada (1953 r.), Haydée Santamaría. Coroczne nagrody literackie Casa de las Américas należą do najbardziej prestiżowych w świecie hispanojęzycznym. Program na stronie internetowej.

Kina

Cine Yara KINO
(mapa s. 96; róg Calle 23 i Calle L) Kino w modernistycznym budynku przy głównym skrzyżowaniu w Vedado. Pierwsza randka (i pierwszy pocałunek) zakochanych *cubanos* – tak, właśnie tutaj. W Yara wyświetlane są filmy podczas grudniowego festiwalu filmowego.

Cine 23 y 12 KINO
(mapa s. 96; ☎7-833-6906; Calle 23, pomiędzy Calle 12 i Calle 14) Należy do sieci dobrze zarządzanych kin na szlaku kinowym ICAIC w Vedado; jedna z głównych siedzib festiwalu filmowego w Hawanie.

Multicine Infanta KINO
(mapa s. 80; Calzada de la Infanta No 357) Luksusowy multipleks według kubańskich standardów; ważne miejsce podczas grudniowego międzynarodowego festiwalu filmowego.

Cine La Rampa KINO
(mapa s. 96; Calle 23 No 111) Filmy Kena Loacha, francuskie klasyki, kubańskie festiwale filmowe – można znaleźć to wszystko w kubańskim archiwum filmowym w kinie La Rampa w dzielnicy Vedado.

Cine Payret KINO
(mapa s. 80; Paseo de Martí No 505) Naprzeciwko Capitolio. Cine Payret w miejscu budynku z 1878 r. (wówczas Teatro Payret) jest największym i najstarszym kinem w Centro Habana. Można tu obejrzeć mnóstwo filmów amerykańskich. W chwili dokumentowania przewodnika trwał remont.

Sport

Kid Chocolate WIDOWISKA SPORTOWE
(mapa s. 80; Paseo de Martí) Klub bokserski Kid Chocolate vis-à-vis Capitolio; mecze zwykle w piątki o 19.00.

Gimnasio de Boxeo Rafael Trejo WIDOWISKA SPORTOWE
(mapa s. 64; 7-862-0266; Cuba No 815, pomiędzy Merced i Leonor Pérez) Boks jest bardzo popularny na Kubie i Kubańczycy zdobyli dużo złotych medali olimpijskich, dowodząc swych umiejętności. Entuzjaści boksu mogą zobaczyć piątkowe walki o 19.00 (1 CUC), a także wpaść któregokolwiek dnia po 16.00 i obejrzeć trening (albo potrenować).

Zakupy

Sześćdziesiąt lat *socialismo* marnie się przysłużyło hawańskiej branży handlowej. Są jednak niezłe sklepy dla podróżnych i turystów, szczególnie dla polujących na standardową kubańską trójcę – rum, cygara i kawę. Sztuka jest kolejną intratną dziedziną. W Hawanie sztuka osiągnęła najwyższy poziom i stale ewoluuje; poszukiwacze odkryją wiele galerii.

Habana Vieja

★**Clandestina** ODZIEŻ
(mapa s. 64; 53-81-48-02; Villegas No 403; 10.00–20.00) Nowoczesne prywatne sklepy w Hawanie dopiero przechodzą okres dzieciństwa, a ten jest jednym z najlepszych. „Tajną" założył kubański artysta w drugim dziesięcioleciu XXI w.; sprzedaje ubrania (także używane), torby i akcesoria pod marką *99 Cuban design*. Vivan prywatne butiki!

★**Centro Cultural Antiguos Almacenes de Deposito San José** RĘKODZIEŁO
(mapa s. 64; róg Desamparados i San Ignacio; 10.00–18.00 pn.–sb.) Targowisko z rękodziełem pod gołym niebem znalazło schronienie w cieniu starego magazynu portowego przy Desamparados. Socjalistyczne ideały trzeba porzucić w progu. To jaskinia wolnej przedsiębiorczości, gdzie (rzecz na Kubie niezwykła) można się targować. Wśród dostępnych pamiątek są obrazy, koszule *guayaberas*, snycerka, wyroby ze skóry, biżuteria i liczne iteracje wielce chodliwego Che.

Są też przekąski, „czystawe" toalety, biura informacji turystycznej agencji San Cristóbal. Równie popularne wśród Kubańczyków, jak i turystów.

Piscolabis Bazar y Café WYPOSAŻENIE DOMU
(mapa s. 64; San Ignacio 75, pomiędzy Callejón del Chorro i O'Reilly; 9.30–19.30 codz.) Dogodnie usytuowany, zaledwie kilka kroków od XVIII-wiecznej katedry, eklektyczny sklep prowadzi grupa kubańskich artystów różnych dziedzin. W sprzedaży przedmioty dekoracyjne i funkcjonalne do wyposażenia domu, także biżuteria i trochę odzieży. Projektanci realizują współczesne kreacje z ikonicznych obiektów z przeszłości Kuby.

Librería Venecia KSIĄŻKI
(mapa s. 64; Obispo No 502; 10.00–22.00) Miły, prywatny sklepik z używanymi książkami (przy calle Obispo) i mnóstwem tajemnic do odkrycia. Duży zbiór starych kubańskich plakatów, dalekich od cliché z Che Guevarą.

Casa del Habano – Hostal Conde de Villanueva CYGARA
(mapa s. 64; Mercaderes No 202; 10.00–18.00) Jeden z najlepszych sklepów z cygarami w Hawanie, z profesjonalnym zwijaczem, palarnią i doświadczonym personelem.

Targowisko używanych książek na Plaza de Armas KSIĄŻKI
(mapa s. 64; róg Obispo i Tacón; 9.00–19.00) Istniejący od dawna targ z książkami rozstawia się w cieniu drzew na Plaza de Armas. Są tam książki stare, nowe, rzadkie, a wśród nich także Hemingway, trochę zaangażowanej poezji i mnóstwo spisanych peror Fidela. Targu nie ma, kiedy pada i w ważne święta.

Palacio de la Artesanía UPOMINKI I PAMIĄTKI
(mapa s. 64; Cuba No 64; 9.00–19.00) Gdyby wszystkie galerie handlowe były takie atrak-

cyjne! Galeria w XVIII-wiecznym pałacu kolonialnym z zacienionym wewnętrznym dziedzińcem; oferuje pamiątki, cygara, rękodzieło, instrumenty muzyczne, płyty CD, odzież i biżuterię. Ceny stałe.

La Marca TATUAŻE
(mapa s. 64; ☎7-801-2026; www.lamarcabodyart.com; Obrapía No 108C, pomiędzy Oficios i Mercaderes; ⏰11.00–19.00 pn.–sb.) Tych, którzy zapragną bardziej trwałej pamiątki z pobytu na Kubie zaprasza La Marca, jedyny licencjonowany salon tatuażu na wyspie. Salon prowadzi grupa młodych kubańskich artystów, którzy zapewniają światowe standardy czystości i higieny. La Marca organizuje wystawy czasowe czołowych kubańskich artystów.

La Casa del Café KAWA
(mapa s. 64; róg Baratillo i Obispo; ⏰9.00–17.00) Tuż obok Plaza de Armas; duży wybór kaw i degustacja w też dużych filiżankach.

Sklep Fundación Havana Club DRINKI
(mapa s. 64; San Pedro No 262; ⏰9.00–21.00) Rum Havana Club prosto ze źródła.

Habana 1791 PERFUMY
(mapa s. 64; Mercaderes No 156, pomiędzy Obrapía i Lamparilla; ⏰9.30–18.00) Habana 1791, specjalistyczny sklep sprzedający perfumy z kwiatów tropikalnych, sprawia wrażenie muzeum. Kwiatowe zapachy są mieszane ręcznie – w laboratorium na zapleczu widać suszące się płatki.

Taller de Serigrafía René Portocarrero SZTUKA
(mapa s. 64; ☎7-862-3276; Cuba No 513, pomiędzy Brasil i Muralla; ⏰9.00–16.00 pn.–pt.) Wystawa i sprzedaż obrazów i grafik młodych kubańskich twórców (30–150 CUC). Można też zobaczyć artystów przy pracy. Aspirujący artyści niech zapytają o kursy.

ZROZUMIEĆ JOSÉ MARTÍ

„Ojczyzny mam dwie: Kubę i Noc" – napisał poeta, dziennikarz i filozof José Martí w 1882 r., znakomicie podsumowując dychotomię końca XIX-wiecznej Kuby, co jest równie trafne dziś, jak i 130 lat temu.

Jak na ironię, Martí – mózg Drugiej Wojny o Niepodległość Kuby – pozostaje postacią konsolidującą Kubańczyków na całym świecie, wielką siłą jednoczącą w kraju podzielonym na frakcje przez politykę, ekonomię i 145 km pełnego rekinów oceanu.

Urodzony w Hawanie w 1851 r., spędził ponad połowę życia poza granicami ukochanego kraju – na wygnaniu – kursując między Hiszpanią, Gwatemalą, Wenezuelą i USA. Jednakże jego fizyczna nieobecność nie miała znaczenia. Ważność José Martí wynikała z jego słów i myśli. Wytrawny komentator polityczny i mistrz aforyzmów, tworzył nowoczesną tożsamość Kuby i jej sny o samookreśleniu. Trudno dziś spotkać Kubańczyka, który nie potrafiłby wyrecytować jego poezji. Tak jak nie ma w kraju miasta ani wioski, gdzie nie stałby jego pomnik i placu José Martí. Owa cześć dosięga kubańskich ekspatriantów w USA, którzy nazwali jego imieniem swą stację radiową. José Martí czczi się na całym kontynencie amerykańskim, gdzie jest postrzegany jako ideologiczny następca Simóna Bolívara.

Zrozumienie José Martí i jego daleko sięgające wpływy są kluczowe dla zrozumienia współczesnej Kuby. Hawana, gdzie się urodził, usiana jest wzruszającymi pomnikami, ale ważne miejsca znajdziemy także gdzie indziej. Oto te najważniejsze:

Memorial a José Martí (s. 84) U stóp olbrzymiej wieży (najwyższej w Hawanie) stoi masywna statua El Maestro; wewnątrz budynku znajduje się starannie przygotowane muzeum.

Museo-Casa Natal de José Martí (s. 67) Troskliwie pielęgnowany skromny dom, w którym urodził się narodowy bohater Kuby.

Museo Finca El Abra (s. 160) Niewielki dom na Isla de la Juventud, w którym Martí był więziony w 1870 r.

Cementerio Santa Ifigenia (s. 402) Piękne mauzoleum w Santiago de Cuba, z ceremonią zmiany warty co 30 minut.

Obelisk Dos Ríos (Dos Ríos) Obelisk wyznaczający miejsce, gdzie poległ Martí w bitwie pod Bayamo w 1895 r.

Estudio Galería Los Oficios SZTUKA
(mapa s. 64; Oficios No 166; ⌚10.00–17.30 pn.–sb.) Galeria prezentuje wielkie obrazy, hektyczne i intrygujące, Nelsona Domíngueza, którego pracownia znajduje się na górze.

Museo del Tabaco CYGARA
(mapa s. 64; Mercaderes No 120; ⌚10.00–17.00 pn.–sb.) W Museo del Tabaco można obejrzeć fajki i bożki pierwotnych mieszkańców Kuby, a także kupić dobre cygara.

Fayad Jamás KSIĄŻKI
(mapa s. 64; Obispo, pomiędzy Habana i Aguiar; ⌚9.00–19.00 pn.–sb., do 13.00 nd.) Księgarnia w stylu lat 20. XX w. została odrestaurowana przez Habaguanex, żeby pasowała do otaczającego ją Starego Miasta. Książki głównie po hiszpańsku, interesujące magazyny kulturalne, między innymi *Temas*.

Longina Música MUZYKA
(mapa s. 64; Obispo No 360, pomiędzy Habana i Compostela; ⌚10.00–19.00 pn.–sb., 10.00–13.00 nd.) Longina Música, przy Obispo, oferuje niezły wybór płyt CD, a także instrumenty muzyczne, np. *bongos*, gitary, marakasy, *güiros* (tykwy) i *tumbadoras* (kongi). Na ulicę są wystawiane głośniki, mające zwrócić uwagę turystów.

Centro Habana

★ **Memorias Librería** KSIĄŻKI
(mapa s. 80; ☎7-862-3153; Ánimas No 57, pomiędzy Paseo de Martí i Agramonte; ⌚9.00–17.00) Sklep z mnóstwem pięknych, starych artefaktów. Memorias Librería – pierwszy w Hawanie antykwariat książkowy z prawdziwego zdarzenia – założono w 2014 r. Szperając w stosach, można znaleźć rzadkie okazy kolekcjonerskie, kartki pocztowe, plakaty, czasopisma, a nawet monety i szyldy art déco z lat 30. XX w. Bezcenne!

Real Fábrica de Tabacos Partagás CYGARA
(mapa s. 80; Industria No 520, pomiędzy Barcelona i Dragones; ⌚9.00–19.00) Osobliwie, sklep z cygarami powiązany z główną wytwórnią cygar w Hawanie nadal jest na parterze starego oryginalnego budynku (na tyłach Capitolio), a fabrykę (s. 79) przeniesiono kilka kilometrów dalej.

Plaza Carlos III CENTRUM HANDLOWE
(mapa s. 80; Av Salvador Allende, pomiędzy Arbol Seco i Retiro; ⌚10.00–18.00 pn.–sb.) Po Plaza América w Varadero, najbardziej efektowne centrum handlowe na Kubie, bez żadnego turysty w zasięgu wzroku. Centrum w ciągu ostatnich lat zrobiło wielki krok naprzód – puste dawniej półki wypełniły dobra konsumpcyjne. Po coś typowo kubańskiego to tylko do Baracoa, sklepu z czekoladą.

Casa Guerlain PERFUMY
(mapa s. 80; Paseo de Martí No 157, pomiędzy Refugio i Colón) Kto powątpiewa w elegancję dzisiejszej Hawany, niech wejdzie do jej najnowszego nabytku przy Prado. Ekskluzywną perfumerię, z luksusowymi wodami i kosmetykami, otwarto w tym samym miejscu, gdzie był oryginalny sklep z 1917 r. Ceny są poza zasięgiem większości Kubańczyków i sklep obsługuje głównie klientów z zagranicy.

El Bulevar ULICA HANDLOWA
(mapa s. 80; San Rafael, pomiędzy Paseo de Martí i Av de Italia) Pieszy fragment calle San Rafael, nieopodal hotelu *Inglaterra*, to *búlevar* – ulica handlowa. Można tam dostać przekąskę za *pesos*, zrobić nostalgiczne zakupy i zorientować się, co kupują przeciętni Kubańczycy.

Vedado

Bazar Estaciones UPOMINKI I PAMIĄTKI
(mapa s. 96; ☎7-832-9965; Calle 23 No 10, pomiędzy Calle J i Calle I; ⌚10.00–21.00) Troskliwie prowadzony nowy prywatny sklep sprzedaje interesujące i unikatowe pamiątki. Mieści się na piętrze okazałej *mansión* w Vedado, przy głównej arterii.

NAJ: SKLEPY Z CYGARAMI

La Casa del Habano La Quinta (s. 133) Pierwszy wybór amatorów cygar; sklep z barem i restauracją.

La Casa del Habano – Hostal Conde de Villanueva (s. 116) Sklep w hotelu historycznym; doświadczony personel i profesjonalni zwijacze cygar.

Real Fábrica de Tabacos Partagás – Sklep (s. 118) Fabrykę przeniesiono, sklep pozostał w tym samym budynku na tyłach Capitolio Nacional.

Museo del Tabaco (s. 118) Niewielkie muzeum i sklep przy calle Mercaderes, starej ulicy handlowej w Habana Vieja.

Instituto Cubano del Arte e Industria Cinematográficos UPOMINKI I PAMIĄTKI
(mapa s. 96; Calle 23, pomiędzy Calle 10 i Calle 12; ⌚10.00–17.00) Najlepszy sklep w Hawanie z rzadkimi kubańskimi plakatami filmowymi i DVD. Sklep znajduje się w budynku ICAIC (Kubański Instytut Filmowy); wchodzi się przez *Café Fresa y Chocolate* (s. 111).

Librería Centenario del Apóstol KSIĄŻKI
(mapa s. 96; Calle 25 No 164; ⌚10.00–17.00 pn.–sb., 9.00–13.00 nd.) W centrum Vedado. Znakomity wybór używanych książek (z preferencją dla Apostoła Wolności, José Martí).

Andare – Bazar de Arte UPOMINKI I PAMIĄTKI
(mapa s. 96; róg Calle 23 i Calle L; ⌚10.00–18.00 pn.–pt., do 14.00 sb.) Sklep w budynku Cine Yara. Bajeczny wybór starych plakatów filmowych, zabytkowych kart pocztowych, T-shirtów i, oczywiście, kaset z najlepszymi kubańskimi filmami.

Galerías de Paseo CENTRUM HANDLOWE
(mapa s. 96; róg Calle 1 i Paseo; ⌚9.00–18.00 pn.–sb., do 13.00 nd.) Naprzeciwko hotelu *Meliá Cohiba*. Luksusowe centrum handlowe (było właśnie remontowane w chwili dokumentowania przewodnika) oferuje dobrze wykonaną odzież i inne produkty konsumenckie turystom i zamożnym Kubańczykom; jest tu też bezkonkurencyjny *Jazz Café* (s. 112).

La Habana Sí PREZENTY I PAMIĄTKI
(mapa s. 96; róg Calle 23 i Calle L; ⌚10.00–22.00 pn.–sb., do 19.00 nd.) Sklep naprzeciwko hotelu *Habana Libre*; niezły wybór płyt CD, kaset, książek, rękodzieła i kart pocztowych.

ℹ Informacja

NAGŁE WYPADKI

Asistur (☎7-866-4499, nagłe wypadki 7-866-8527; www.asistur.cu; Paseo de Martí No 208; ⌚8.30–17.30 pn.–pt., 8.00–14.00 sb.) Nagła pomoc dla turystów. Ktoś z personelu mówi po angielsku; centrum pomocy w nagłych wypadkach jest otwarte całą dobę.

INTERNET

Dostawcą Internetu na Kubie jest państwowy operator telefoniczny Etecsa. Etecsa prowadzi *telepuntos* (kawiarnie internetowe połączone z call-center) w Hawanie: te główne są w Centro Habana (Águila No 565, róg Dragones; ⌚8.30–19.00) i w Habana Vieja (Habana No 406, róg Obispo; ⌚9.00–19.00). Kupuje się godzinną kartę zdrapkę (2 CUC) z kodem użytkownika oraz *contraseña* (hasłem), wtedy można usiąść przy wolnym komputerze lub skorzystać z własnego urządzenia w którymś z ponad 30 miejskich hotspotów Wi-Fi. Większość hawańskich hoteli 3-gwiazdkowych i lepszych również posiada Wi-Fi. Zwykle nie trzeba być gościem, żeby móc skorzystać.

Popularne hotspoty Wi-Fi w Hawanie to La Rampa (Calle 23 pomiędzy Calle L i Malecón) w Vedado, skrzyżowanie Av de Italia i San Rafael w Centro Habana, a także Miramar Trade Center w Playa.

POMOC MEDYCZNA

W Hawanie jest 10 międzynarodowych aptek sprzedających produkty za walutę wymienialną (CUC). Najdogodniejsze znajdują się w hotelu *Habana Libre* (s. 95) i w hotelu *Sevilla* (s. 92).

Centro Oftalmológico Camilo Cienfuegos (☎7-832-5554; Calle L No 151, róg Calle 13, Vedado; ⌚całą dobę) Należy się tam natychmiast udać, mając problem z oczami.

Farmacia Taquechel (☎7-862-9286; Obispo No 155; ⌚9.00–18.00) W Habana Vieja.

Hospital Nacional Hermanos Ameijeiras (mapa s. 80; ☎7-877-6053; San Lázaro No 701) Specjalne usługi płatne w walutach wymienialnych, konsultacje ogólne i hospitalizacja. Wejście z dolnego poziomu parkingu obok Padre Varela (zapytać o CEDA w Sección N).

PIENIĄDZE

Najszybszym i najmniej kłopotliwym miejscem wymiany walut jest *cadeca* (*casa de cambio*). W całej Hawanie są ich dziesiątki i zwykle są otwarte dłużej niż banki i mają szybszą obsługę.

Banco de Crédito y Comercio Vedado (róg Línea i Paseo; ⌚9.00–15.00 pn.–pt.); Vedado (☎7-870-2684; budynek Airline, Calle 23; ⌚9.00–15.00 pn.–pt.). Długie kolejki.

Banco Financiero Internacional Habana Vieja (☎7-860-9369; róg Oficios i Brasil; ⌚9.00–15.00 pn.–pt.); Vedado (*Hotel Habana Libre*, Calle L, pomiędzy Calle 23 i Calle 25; ⌚9.00–15.00 pn.–pt.)

Banco Metropolitano Centro Habana (☎7-862-6523; Av de Italia No 452, róg San Martín; ⌚9.00–15.00 pn.–pt.); Vedado (☎7-832-2006; róg Línea i Calle M; ⌚9.00–15.00 pn.–pt.); Habana Vieja (róg Cuba i O'Reilly; ⌚9.00–15.00 pn.–pt.)

Cadeca Centro Habana (róg Neptuno i Consulado; ⌚8.00–12:30, 13.00–15.00, 16.00–16.30 i 19.00–22.00); Habana Vieja (róg Oficios i Lamparilla; ⌚8.00–19.00 pn.–sb., do 13.00 nd.); Vedado (róg Calle 23 i Calle J; ⌚7.00–14.30 i 15.30–22.00); Vedado (Mercado Agropecuario, róg Calle 19 i Calle A; ⌚7.00–18.00 pn.–sb., 8.00–13.00 nd.); Vedado (*Hotel Meliá Cohiba*, Paseo, pomiędzy Calle 1 i Calle 3; ⌚8.00–20.00).

TOALETY

Hawana nie jest zasobna w czyste (i dostępne) toalety publiczne. Większość turystów, w razie pilnej potrzeby, wymyka się do lepszych hoteli. Nawet tam w toaletach często brakuje papieru, mydła i zamków w drzwiach. Trzeba pamiętać o napiwku dla kobiety pilnującej drzwi.

INFORMACJA TURYSTYCZNA

Państwowy Infotur rezerwuje wycieczki i dysponuje mapami, kartami telefonicznymi i przydatnymi darmowymi broszurami.

W niemal każdym hotelu Hawany jest jakiś punkt państwowej informacji turystycznej.

Biura Infotur w centrum Hawany:

Habana Vieja (☎7-863-6884; róg Obispo i San Ignacio; ⌚9.30–12.00 i 12.30–17.00)

Habana Vieja (mapa s. 64; ☎7-866-4153; Obispo No 524, pomiędzy Bernaza i Villegas; ⌚9.30–17.30)

BIURA PODRÓŻY

Cubatur (☎7-832-9538; róg Calle 23 i Calle L, Vedado; ⌚8.00–20.00) Także w większości głównych hoteli.

Ecotur (☎7-649-1055; www.ecoturcuba.tur.cu; Calle 13 No 18005, pomiędzy Av 5 i Calle 182, Playa; ⌚9.00–17.00 pn.–pt.) Wycieczki przyrodnicze, głównie poza Hawanę.

Gaviota (☎7-867-1194; www.gaviota-grupo.com; ⌚9.00–17.00) We wszystkich hotelach Gavioty.

San Cristóbal Agencia de Viajes (mapa s. 64; ☎7-863-9555; www.cubaheritage.com; Oficios No 110, pomiędzy Lamparilla i Amargura; ⌚8.30–17.30 pn.–pt., do 12.30 sb.) Wycieczki Urzędu Historyka Miasta.

ℹ Przyjazd i wyjazd

SAMOLOT

Aeropuerto Internacional José Martí (www.havana-airport.org; Av Rancho Boyeros) W Rancho Boyeros, 25 km na południowy zachód od Hawany; dojazd Av de la Independencia. Są 4 terminale. Terminal I, na południowy wschód od pasa startowego, obsługuje tylko loty krajowe. Terminal II, 3 km via Av de la Independencia, loty stałe i czarterowe z USA. Pozostali przewoźnicy międzynarodowi korzystają z Terminalu III, nowoczesnego budynku w Wajay, 2,5 km na zachód od Terminalu II. Czartery, głównie do miast na Kubie, korzystają z Terminalu Karaibskiego (znanego też jako Terminal V) na północny zachód od pasa startowego i 2,5 km na zachód od Terminalu III. Terminal IV obsługuje ruch towarowy. Należy się upewnić, z którego terminalu będziemy korzystać.

Aerogaviota (☎7-203-0668; www.aerogaviota.com) jest linią kubańską, zarządzaną przez państwowe biuro turystyczne; obsługuje przede wszystkim loty lokalne, np. do miasta Holguín.

Większość linii lotniczych, w tym międzynarodowy przewoźnik **Cubana de Aviación** (☎7-649-0410; www.cubana.cu; ⌚8.30–16.00 pn.–pt., do 12.00 sb.), posiada biura w budynku linii lotniczych (Calle 23 No 64) w hawańskiej dzielnicy Vedado.

STATEK

Z Hawany nie ma międzynarodowych połączeń promowych.

Autobusy dowożące pasażerów do przystani wodolotów na Isla de la Juventud wyjeżdżają z **Terminal de Ómnibus** (mapa s. 96; ☎7-878-1841; róg Av de la Independencia i Calle 19 de Mayo, Vedado), obok Plaza de la Revolución, ale często się spóźniają. Zalecana jest rezerwacja i zakup biletu łączonego autobus-statek co najmniej na dzień z góry. Bilety można kupić w kiosku **Naviera Cubana Caribeña (NCC)** (☎7-878-1841; ⌚7.00–12.00); kosztują 50 CUC za rejs statkiem i 5 CUP za podróż autobusem. Trzeba mieć paszport.

AUTOBUS

Bezpieczne, klimatyzowane autobusy Víazul (☎7-881-5652, 7-881-1413; www.viazul.com; Calle 26, róg Zoológica, Nuevo Vedado; ⌚7.00–21.30) jeżdżą do większości miast interesujących turystów. Większość połączeń jest bezpośrednia, z wyjątkiem tych do Guantánamo, Baracoa, Remedios i Cayo Santa María. Do autobusów Víazul wsiada się na niedogodnie usytuowanym terminalu, 3 km na południowy zachód od Plaza de la Revolución. Tam też należy pójść po bilety do biura Venta de Boletines. Autobusy są zatłoczone w szczycie sezonu (XI–III), dlatego trzeba rezerwować tydzień wcześniej. Można też rezerwować online. Pełny rozkład autobusów na stronie internetowej. Bilety autobusowe pomogą załatwić właściciele miejscowych *casas particulares*.

Dworzec autobusowy Víazul jest w przedmieściu Nuevo Vedado; kurs taksówką z dworca do centrum Hawany kosztuje 5–10 CUC. Nie ma bezpośrednich miejskich autobusów z centrum Hawany. Wsiadając do P-14 przy Capitolio, należy wysiąść przy Av 51, a potem jeszcze przejść około 500 m.

Nowszą alternatywą wobec coraz bardziej zatłoczonych autobusów Víazul są autobusy Conectando, zarządzane przez **Cubanacán** (☎7-537-4090; www.cubanacan.cu); 6 tras łączy Hawanę z Viñales, Trinidadem, Varadero i Santiago de Cuba. Są to kursujące codziennie mniejsze autobusy, które odbierają pasażerów z różnych hoteli (ceny jak w Víazul). Bilety można rezerwować u każdego przedstawiciela hoteli Cubanacán i w biurach Infotur.

HAWAŃSKIE PRZEKRĘTY

Przekręty na turystach są zmorą podróżnych w wielu miastach, a Hawana nie jest wyjątkiem, choć pod tym względem dystansuje się od innych metropolii Ameryki Łacińskiej. Kubańskie przekręty są znane wszystkim tym, którzy podróżowali po świecie. Zanim wsiądziemy do taksówki, uzgodnijmy cenę; nie należy wymieniać pieniędzy na ulicy; trzeba zawsze sprawdzać rachunek i resztę w restauracji. Profesjonalni kubańscy kanciarze, zwani *jinteros* (dosł. dżokeje), szczególnie są aktywni w Hawanie, a ich ulubionym zajęciem jest sprzedawanie podrabianych cygar naiwnym turystom.

Podwójna waluta to zaproszenie do oszustwa. Choć oba zestawy banknotów są bardzo podobne, to 25 w *moneda nacional* (MN, niewymienialne kubańskie *pesos*, CUP) przypada na jedną jednostkę wymienialną CUC. Trzeba nauczyć się rozpoznawać banknoty na samym początku (w większości banków są plakaty) i sprawdzać pieniądze podczas wszystkich transakcji, żeby dużo nie stracić. Jedna z popularnych sztuczek: młodzi mężczyźni wałęsający się po ulicach proponują turystom wymianę pieniędzy na CUC po korzystnym kursie, jednakże w zamian otrzymuje się *moneda nacional*, wartą jedną dwudziestą piątą tego, co by się otrzymało oficjalnie w sklepie.

Casas particulares (kwatery prywatne) to źródło oszustw *jinteros*, którzy żerują zarówno na podróżnych, jak i właścicielach. Powszechna sztuczka *jintero* polega na podawaniu się za właściciela *casa particular*, w której podróżny zarezerwował pobyt (łącznie z *casas pariculares* wymienionymi przez Lonely Planet), a potem zaprowadzenie go do innej kwatery, skąd wyciągną prowizję 5–10 CUC (która będzie dodana do rachunku za pokój). Czasami podróżni nie zdają sobie sprawy, że zaprowadzono ich do niewłaściwego domu. Są nawet doniesienia o ludziach, którzy potem napisali złe recenzje online.

W przypadku wcześniejszej rezerwacji *casa* albo skorzystania z Lonely Planet, aby ją znaleźć, turysta musi się upewnić, czy poszedł tam w towarzystwie *jintereo* polującego na prowizję.

Inny kant to nielegalna sprzedaż tanich cygar przez szepczących sprzedawców ulicznych w okolicach Centro Habana i Habana Vieja. Najlepiej jest grzecznie ich zignorować. Wszelkie targowanie się nie jest warte świeczki. Cygara sprzedawane na ulicy są kiepskiej jakości – to jak podmiana drogiego francuskiego wina na tani, biały ocet. Cygara należy kupować bezpośrednio w fabryce lub w którejś z licznych w mieście Casas del Habano.

Autobusy (mapa s. 64) do miast w prowincjach Artemisa i Mayabeque wyjeżdżają z Apodaca No 53, obok Agramonte, niedaleko głównego dworca kolejowego. Jeżdżą do Güines, Jaruco, Madruga, Nueva Paz, San José, San Nicolás i Santa Cruz del Norte. Należy się spodziewać tłoku; żeby kupić bilet za *pesos*, trzeba przyjść jak najwcześniej.

TAKSÓWKA

Przepełnione autobusy są na Kubie normą, ponieważ komunikacja publiczna jeszcze sobie nie poradziła z napływem turystów. Aby sprostać brakom, wielu podróżnych korzysta z taksówek *colectivos* (opłata dzielona z pasażerami). Płaci się ok. 0,50–0,60 CUC za 1 kilometr. Po przeliczeniu, kurs do Varadero i Viñales wyniesie około 90 CUC, do Santa Clara 150 CUC, do Cienfuegos 120 CUC i do Trinidadu 160 CUC. *Colectivo* zabiera maximum cztery osoby, co znaczy, że kosztami można się podzielić. *Colectivos* zazwyczaj organizuje się za pośrednictwem *casa particular*, w biurze Infotur lub negocjując w standardowym punkcie odbioru. Ponadto *colectivos* czekają przy dworcu autobusów Víazul.

POCIĄG

Pociągi do większości miast wyruszają z dworca **La Coubre** (Túnel de La Habana), ponieważ trwa remont **Estación Central de Ferrocarriles** (Centralny Dworzec Kolejowy; ☎7-861-8540, 7-862-1920; róg Av de Bélgica i Arsenal), który ma się zakończyć w 2018 r. Do La Coubre (na południowym zachodzie Habana Vieja) idzie się ulicą Egido z dworca centralnego w stronę portu, potem trzeba skręcić w prawo. Kasa biletowa jest 100 m dalej, z prawej strony. Jeśli będzie zamknięta, można spróbować w sąsiednim biurze Lista de Espera (sprzedaż biletów do już odjeżdżających pociągów). Dzieci do 12 lat podróżują za pół ceny.

W chwili dokumentowania przewodnika główny pociąg (No 11), czyli Tren Francés (wciąż korzysta z coraz bardziej rozklekotanych francuskich wagonów SNCF), kursował na trasie Hawana – Santiago de Cuba co 4 dni, z postojami w Santa Clara i Camagüey. Wyjeżdża z Hawany o 18.13 i przyjeżdża do Santiago następnego dnia rano o 10.05. Nie ma wagonów sypialnych ani klimatyzacji. Bilety kosztują 30 CUC w I klasie (niepodobnej do standardowej I klasy). Trzeba wziąć dużo wody, jedzenie i papier toaletowy (toalety przeszły do legendy – z tych właśnie powodów). Podróż (bez opóźnień) trwa 16 godzin.

Inne połączenia kolejowe: No 15 do Guantánamo (32 CUC) wyjeżdża co 4 dni o 18.53; No 13 do Bayamo (25,50 CUC) i Manzanillo (27,50 CUC) wyjeżdża co 4 dni o 19.25; No 7 do Sancti Spíritus (15 CUC) wyjeżdża co drugi dzień o 21.21.

Pociągi do Cienfuegos (12 CUC) i Pinar del Río (7 CUC) wyruszają ze stacji 19 de Noviembre co drugi dzień.

Powyższe informacje są przybliżeniem; pociągi rutynowo się spóźniają i często są odwoływane. Należy sprawdzić godzinę i miejsce wyjazdu.

Jak się poruszać na miejscu

LOTNISKO

Komunikacja publiczna z lotniska do centrum Hawany nie istnieje. Przejazd taksówką kosztuje około 20–25 CUC (30–40 minut).

STATEK

Promy pasażerskie kursują przez port do przedmieść Regla i Casablanca; wypływają co 15–20 minut z niedawno wyremontowanego terminalu **Emboque de Luz** (mapa s. 64), na rogu San Pedro i Santa Clara, na południu Habana Vieja. Przejazd kosztuje 10 *centavos*, ale cudzoziemcy muszą zapłacić 1 CUC. Przed rejsem odbywa się krótka kontrola bagażu.

Statki wycieczkowe cumują przy przystani wycieczkowej **Terminal Sierra Maestra** (mapa s. 64), tuż przy Plaza de San Francisco de Asís w górnej Habana Vieja.

AUTOBUS

Praktyczny autobus „hop-on, hop-off" **Habana Bus Tour** (mapa s. 80) jeździ dwiema trasami: T1 i T3 (trasa T2 była zawieszona w chwili dokumentowania przewodnika). Główny przystanek jest w Parque Central, naprzeciwko hotelu *Inglaterra*. Jest to przystanek autobusu T1, jeżdżącego z Habana Vieja przez Centro Habana, Malecón, Calle 23 i Plaza de la Revolución do La Cecilia na zachodnim skraju Playa oraz autobusu T3 z Centro Habana do Playas del Este (przez Parque Histórico Militar Morro-Cabaña).

Autobus T1 to piętrowiec bez dachu, a T3 zamknięty jednopokładowiec. Całodzienne bilety do T1/T3 kosztują 5/10 CUC. Autobusy kursują od 9.00 do 19.00; trasa i przystanki są wyraźnie oznaczone. Uwaga: trasy i rozkład zmieniają się. Najnowsze mapy można sprawdzić na przystanku w Parque Central.

Miejska komunikacja autobusowa Hawany bazuje na flocie stosunkowo nowych chińskich przegubowców i jest w znacznie lepszej kondycji niż dawniej. Autobusy kursują regularnie 17 trasami, łącząc większość dzielnic miasta z przedmieściami. Za przejazd płaci się 40 *centavos* (5 w walucie wymienialnej), które wrzuca się, wsiadając, w szczelinę obok kierowcy. Kubańskie autobusy są zatłoczone i turyści rzadko z nich korzystają. Trzeba bardzo pilnować cennych rzeczy.

Wszystkie trasy autobusowe mają przed numerem prefiks P.

P-1 La Rosita–Playa (przez Virgen del Camino, Vedado, Línea, Av 3)

P-2 Alberro–Línea y G (przez Víbora i Ciudad Deportiva)

AUTOBUSY VÍAZUL WYJEŻDŻAJĄCE Z HAWANY

Aktualne dane na stronie www.viazul.com

KIERUNEK	CENA (CUC)	CZAS (GODZ.)	ODJAZDY
Bayamo	44	13	00.30, 6.30, 15.00
Camagüey	33	9	00.30, 6.30, 9.30, 15.00, 19.45
Ciego de Ávila	27	7	00.30, 6.30, 15.00, 19.45
Cienfuegos	20	4	7.00, 10.45, 14.15
Holguín	44	12	9.30, 15.00, 19.45
Las Tunas	39	11 godz. 30 min	00.30, 6.30, 9.30, 15.00, 19.45
Matanzas	7	2	6.00, 8.00, 13.00, 17.30
Pinar del Río	11	3	8.40, 11.25, 14.00
Sancti Spíritus	23	5 godz. 45 min	00.30, 6.30, 15.00
Santa Clara	18	3 godz. 45 min	00.30, 6.30, 9.30, 15.00, 19.45
Santiago de Cuba	51	15	00.30, 6.30, 15.00
Trinidad	25	5–6	7.00, 10.45, 14.15
Varadero	10	3	6.00, 8.00, 13.00, 17.30
Viñales	12	4	8.40, 11.25, 14.00

P-3 Alamar–Túnel de Línea (przez Virgen del Camino i Víbora)
P-4 San Agustín–Terminal de Trenes (przez Playa, Calle 23, La Rampa)
P-5 San Agustín–Terminal de Trenes (przez Lisa, Av 31, Línea, Av del Puerto)
P-6 Reparto Eléctrico–La Rampa (przez Víbora)
P-7 Alberro–Capitolio (przez Virgen del Camino)
P-8 Reparto Eléctrico–Villa Panamericana (przez Víbora, Capitolio i tunel portowy)
P-9 Víbora–Hospital Militar (przez Cuatro Caminos, La Rampa, Calle 23, Av 41)
P-10 Vibora–Playa (przez Altahabana i Calle 100)
P-11 Alamar–Vedado (przez tunel portowy)
P-12 Santiago de las Vegas–Capitolio (przez Av Boyeros)
P-13 Santiago de las Vegas–Víbora (przez Calabazar)
P-14 San Agustín–Capitolio (przez Lisa i Av 51)
P-15 Alamar/Guanabacoa–Capitolio (przez Av Boyeros i Calle G)
P-16 Santiago de las Vegas–Vedado (przez Calle 100 i Lisa)
PC Hospital Naval–Playa (przez Parque Lenin)

Biura Infotur wydają bezpłatną mapkę miejskich tras autobusowych pod nazwą *Por La Habana en P*.

Samochód

W Hawanie jest wiele wypożyczalni samochodowych, więc jeśli powiedzą, że samochodów brak albo nie ma żadnego w pożądanym zakresie cenowym, należy pójść do innej. Wszystkie agencje mają biura w Terminalu III Aeropuerto Internacional José Martí. Wypożyczalnie mają też biura w hotelach trzygwiazdkowych i lepszych. Ceny zależą od marki samochodu, okresu wypożyczenia i sezonu. Najtańsza opcja to ok. 55 CUC za 1 dzień. Za średniej wielkości pojazd płaci się ok. 75 CUC za 1 dzień.

Cubacar ma biura w większości dużych hoteli, w tym w *Meliá Cohiba*, *Meliá Habana*, *Iberostar Parque Central*, *Habana Libre* i *Sevilla*.

Rex Rent a Car (☎7-836-7788; www.rex.cu; róg Línea i Malecón, Vedado; ⏲9.00–17.00) wynajmuje luksusowe samochody (ceny bandyckie!).

Stacje benzynowe Servi-Cupet: w Vedado przy Calle L i Calle17; Malecón i Calle 15; Malecón i Paseo w pobliżu hoteli *Riviera* i *Meliá Cohiba*; przy Av de la Independencia (jezdnia w kierunku północnym) na południe od Plaza de la Revolución. Wszystkie są otwarte całą dobę.

TAKSÓWKA

Taksówki kręcą się przy każdym większym hotelu turystycznym, przy obu dworcach autobusowych i w głównych punktach w centrum miasta, np. Parque Central i Parque de la Fraternidad. W Hawanie nigdy nie jest daleko do taksówki.

Najpopularniejsze są żółte taksówki **Cubataxi** (☎7-796-6666; Calle 478, pomiędzy Av 7 i Av 7B). Wśród innych taksówek są łady, stare amerykańskie samochody i współczesne toyoty.

Zawsze należy uzgodnić cenę kursu, zanim się wsiądzie do taksówki. Opłata w najtańszej oficjalnej taksówce wynosi 1 CUC za złamanie licznika, a następnie 0,50 CUC za każdy kilometr.

Od 2011 r. są coraz bardziej powszechne legalne taksówki prywatne; zwykle są to starsze żółto-czarne łady. Można się potargować, ale cenę należy uzgodnić, zanim się wsiądzie. Od cudzoziemców oczekuje się płatności w CUC.

Taksówki *colectivos* (zazwyczaj stare amerykańskie samochody) przyjmują opłatę w *moneda nacional*; kursują po Hawanie kilkoma ustalonymi trasami.

Małe, żółte, jajowate „coco taxis" to dobrze znany turystyczny szwindel.

OBRZEŻA HAWANY

Poza centrum, Hawana obejmuje 12 okręgów administracyjnych. Większość przyjezdnych odwiedza w wolnym czasie Playę, dzielnicę dyplomatów i konferencji, usytuowaną na zachodzie, oraz Playas del Este, piaszczyste plaże na wschodzie. Rzadziej odwiedzane są historyczne dzielnice Guanabacoa i Regla, a także zaniedbany Parque Lenin w pobliżu lotniska.

Playa i Marianao

Playa, leżąca na zachód od Vedado, na przeciwległym brzegu Río Almendares, to duża gmina obejmująca kilka podokręgów. Wytworny Miramar jest pełną zieleni dzielnicą dyplomatyczną z szerokimi alejami, pachnącymi drzewami laurowymi, a także znakomitymi prywatnymi restauracjami; Cubanacán, dalej za zachód, gości konferencje naukowe, konwencje biznesowe, są tam badawcze instytuty biotechnologiczne i farmaceutyczne; ciągnące się wzdłuż wybrzeża Jaimanitas słynie z ekstrawaganckiej sztuki ulicznej Fusterlandia, a Santa Fé z Mariny Hemingwaya, głównej mariny w Hawanie, choć już mocno sfatygowanej. Oddzielna miejscowość Marianao leży na południe od Playa.

Zwiedzanie

★Fusterlandia SZTUKA PUBLICZNA

(róg Calle 226 i Av 3) BEZPŁ. Jaki kierunek obrała sztuka po Gaudím? Wskazówka w pozornie skromnej dzielnicy Jaimanitas, na zachód od centrum Hawany. Kubański artysta José Fuster misternymi kompozycjami z płytek ceramicznych o kalejdoskopowych barwach zamienił swą rodzinną okolicę w dzieło sztuki – uliczną ekstrawagancję – przy której Park Güell w Barcelonie wygląda wręcz statecznie.

Rezultat jest znany jako Fusterlandia – projekt, rozpoczęty 20 lat temu, wciąż się rozwija; sztuka publiczna – zadziwiająca, wysublimowana – obejmuje już kilka podmiejskich kwartałów. W centrum uwagi znajduje się **Taller-Estudio José Fuster** (róg Calle 226 i Av 3; 9.00–16.00 śr.–nd.) BEZPŁ., sporych rozmiarów rezydencja, którą zdobią od piwnicy po dach malowidła, rzeźby – a przede wszystkim – barwne mozaiki ceramiczne o różnorodnej tematyce. Ogólne wrażenie wymyka się opisom (trzeba tam pójść!): to fantazyjne połączenie spiralnych chodników, falujących basenów i tryskających słońcem fontann. Dzieło składa hołd Pablowi Picasso i Gaudíemu, a także Gauguinowi i Wifredowi Lamowi; łączy realizm magiczny z przedmiotami marynistycznymi, *santeríą*, falistą linią modernizmu i sporą dawką własnej fusterowskiej kubańskości, widocznej na każdym kroku. Można znaleźć flagę kubańską, mural przedstawiający jacht „Granma", a także osiem kominów z literami układającymi się w hasło „Viva Cuba".

Fusterlandia ciągnie się daleko poza rezydencję Fustera. Niemal połowa okolicy otrzymała podobny wystrój, od znaków ulicznych, przystanki autobusowe, po dom miejscowego lekarza. Spacer po spokojnych uliczkach będzie doświadczeniem psychodelicznym i surrealistycznym.

Jaimanitas: niedaleko Quinta Avenida (Av 5) na zachodnim skraju Playa, pomiędzy Club Havana i Marina Hemingway. Taksówka z centrum Hawany kosztuje ok. 12–15 CUC.

Iglesia Jesús de Miramar KOŚCIÓŁ

(róg Av 5 i Calle 82; 9.00–12.00 i 16.00–18.00) Nowoczesna Playa posiada drugi co do wielkości kościół na Kubie; neoromańską budowlę wieńczy ogromna bizantyjska kopuła. Kościół (1948–1953) zachwyca wnętrzem: freski, przedstawiające 14 stacji Męki Pańskiej, wykonał hiszpański artysta Cesareo Hombrados y de Oñativia w latach 50. XX w. Kościelne organy są największe na Kubie.

La Casa de las Tejas Verdes BUDYNEK HISTORYCZNY

(7-212-5282; Calle 2 No 308, pomiędzy Av 3 i Av 5; po umówieniu wizyty) BEZPŁ. Po wyjeździe z tunelu pod rzeką Almendares pierwszym widokiem w Miramar będzie „dom z zielonymi dachówkami". Wzniesiony w 1926 r., naśladuje brytyjską architekturę początków XVIII w. w stylu królowej Anny (jedyny taki budynek na Kubie). Miał kilku właścicieli – w latach 1943–1999 mieszkała w nim znana bywalczyni salonów Luisa Rodríguez Faxas.

Po śmierci Luisy Faxas dom został upaństwowiony i odrestaurowany; w 2010 r. utworzono w nim ośrodek badań architektonicznych. Nie jest muzeum sensu stricte, w wybrane dni kierownictwo organizuje zwiedzanie z przewodnikiem po uzgodnieniu przez telefon.

Marina Hemingway MARINA

(róg Av 5 Calle 248) Główna marina Hawany, zbudowana w 1953 r. w małej nadmorskiej gminie Santa Fé, po rewolucji została znacjonalizowana i nazwana na cześć ulubionego *Yanqui* Fidela Castro. W marinie są 4 kanały długości 800 m, ośrodek nurkowania, mnóstwo sklepów i restauracji, 2 hotele (obecnie jeden nieczynny). Warto ją odwiedzać tylko wtedy, gdy się cumuje łódź albo korzysta ze sportów wodnych.

Podobnie jak większość infrastruktury na Kubie, wygląda na porzuconą i woła o remont.

Club Habana BUDYNEK HISTORYCZNY

(7-204-5700; Av 5, pomiędzy Calle 188 i Calle 192; bilet całodzienny 20 CUC; 9.00–19.00) W gminie Flores. Fantastyczna eklektyczna rezydencja (z 1928 r.), kiedyś Havana Biltmore Yacht & Country Club. Obecnie historia zatoczyła koło i znów jest to popularne miejsce spotkań zagranicznych korespondentów i dyplomatów. Club Havana ma swoją plażę, basen, korty tenisowe, bar, butiki i spa. Roczne członkostwo jest drogie, a kto chce spoufalić się z ważniakami, niech wykupi całodzienny wstęp za 20 CUC.

W latach 50. instytucja osławiła się na krótko tym, że odmówiła wstępu kubańskiemu prezydentowi Batiście pod pretekstem, że jest „czarny". Castro miał więcej szczęścia, kiedy wpadł tam na kolację jakieś 30 lat później; klub jest tym z nielicznych miejsc, gdzie Fidel jadł publicznie.

Parque Almendares PARK

Wzdłuż brzegów Río Almendares, poniżej mostu na Calle 23, w samym centrum chaotycznego miasta ciągnie się oaza zieleni. Może nie jest to Lasek Buloński (dowodem dzikie psy i zdemolowane toalety), jednak widać w Parque Almendares duże zmiany, nawet powietrze jest znacznie zdrowsze niż 10 lat temu. Przy nadrzecznej promenadzie ustawiono ławki, kwitną rośliny tropikalne, ale woda kryształowej przejrzystości raczej nie ma.

W parku są strefy rekreacyjne z różnymi gatunkami flory, Anfiteatro del Almendares (plac zabaw dla dzieci, teatrzyk kukiełkowy, występy magów), staroświecki miniaturowy golf, park dinozaurów z kamiennymi reprodukcjami monstrualnych gadów.

Museo de la Alfabetización MUZEUM

(róg Av 29e i Calle 76; ⏲8.00–12.00 i 13.00–15.00 wt.–pt., 8.00–12.00 sb.) BEZPŁ. Dawny obóz wojskowy, Cuartel de Columbia, w Marianao zajmuje kompleks edukacyjny Ciudad de la Libertad. Inspirujące muzeum w Mieście Wolności upamiętnia kampanię alfabetyzacji: w 1961 r. 100 000 młodzieży w wieku od 12 do 18 lat rozjechało się po Kubie, by uczyć pisać i czytać rolników, robotników i ludzi starszych.

Pośrodku ronda, naprzeciwko wejścia do kompleksu, stoi wieża w kształcie strzykawki, upamiętniająca Carlosa Juana Finlaya, który w 1881 r. odkrył przyczynę epidemii żółtej febry.

Fundación Naturaleza y El Hombre MUZEUM

(☎7-209-2885; Av 5b No 6611, pomiędzy Calle 66 i Calle 70; 2 CUC; ⏲8.30–15.00 pn.–pt.) Muzeum Fundacji Przyroda i Człowiek prezentują pamiątki z liczącej 17 422 km wyprawy canoe od źródeł Amazonki do jej ujścia, kierowanej przez kubańskiego intelektualistę i antropologa Antónia Núñeza Jiméneza w 1987 r. Są tu jego książki, canoe, zbiór fotografii dokumentujących wyprawę, a także portret Fidela Castro, namalowany przez słynnego ekwadorskiego artystę Oswalda Guayasamína (był jedynym malarzem, któremu pozował kubański przywódca). Muzeum jest częścią fundacji non-proft i jednym z najbardziej satysfakcjonujących w Hawanie.

Acuario Nacional AKWARIUM

(☎7-202-5872; róg Av 3 i Calle 62; 10/7 CUC; ⏲10.00–18.00 wt.–nd.) Założone w 1960 r., państwowe akwarium corocznie odwiedza mnóstwo ludzi. Pomimo dość obskurnego wyglądu, Acuario Nacional pozostawia

NAJSTARSZA AKADEMIA SZTUK PIĘKNYCH W AMERYCE

W 1816 r. światły biskup Hawany, Juan Díaz de Espada, zaprosił na Kubę francuskiego malarza Jeana Baptiste'a Vermaya, by odrestaurował cenne dzieła sztuki w hawańskiej katedrze (według legendy, Espada najpierw zaprosił Goyę, a ponieważ Hiszpan już był zajęty, za pośrednictwem francuskiego przyjaciela zarekomendował Vermaya). Vermay przyjechał, szybko zrobił, co należało i, zaprzyjaźniwszy się z kubańskim poetą José Maríą Heredią, postanowił zostać. To była fortunna decyzja. W 1818 r. Vermay, z pomocą biskupa Espady, otworzył **Academię Nacional de Bellas Artes „San Alejandro"** (róg Av 31 i Calle 100, Marianao), pierwszą kubańską akademię. Instytucja wciąż działa, zatem jest najstarszą akademią sztuki w Ameryce Łacińskiej.

Akademia „San Alejandro", której pierwszym dyrektorem był Vermay, w latach 50. XIX w. została przeniesiona z Habana Vieja do Centro Habana. Na początku przyjmowano wyłącznie białych, wkrótce stała się urodzajną wylęgarnią kubańskich malarzy bez względu na pochodzenie.

Przewinęły się przez nią znakomite osobistości, wśród nich José Martí, Victor Manuel Valdés, rzeźbiarka Rita Longa, artysta pop Raúl Martínez i przyszły przywódca rebeliantów Camilo Cienfuegos. Jednak w latach 20. XX w., zarówno akademia, jak i klimat, jaki tworzyła, stawały się coraz bardziej konserwatywne. Artyści skupiali się wyłącznie na kopiowaniu europejskich pejzaży. Kilku absolwentów pojechało do Francji, gdzie otworzyli im oczy Picasso i Gauguin. Po powrocie zawiązali ruch Vanguardia, który był policzkiem dla konserwatyzmu „San Alejandro".

W efekcie akademia dokonała samooceny i się zmieniła. W 1962 r. kampus przeniesiono do Marianao; zajmuje ogromny budynek przy wejściu do Ciudad Libertad (po rewolucji dawne koszary Columbia oddano instytucji edukacyjnej). Choć „San Alejandro" nie jest już jedyną szkołą sztuk pięknych w Hawanie, pozostaje najciekawszą instytucją artystyczną. Obecnie prowadzi liczne wymiany z podobnymi szkołami za granicą.

Playa i Marianao

w cieniu większość innych kubańskich *acuarios* (co niewiele znaczy). Są tu głównie ryby morskie, a także lwy morskie i delfiny; odbywają się cogodzinne popisy delfinów. Trzeba zaznaczyć, że występy delfinów są bardzo krytykowane przez grupy walczące o dobro zwierząt. Przetrzymywanie w niewoli tak rozwiniętych ssaków morskich jest dla nich wyniszczające i stresujące.

La Maqueta de la Capital MUZEUM

(Calle 28 No 113, pomiędzy Av 1 i Av 3; 3 CUC; ⏲9.30–17.00 pn.–pt.) Hawana miejscami jest podniszczona i, jak na ironię, jej olbrzymi model w skali 1:1000 również wygląda, jakby mu się przydało gruntowne odkurzanie. Model pierwotnie stworzono do celów planowania przestrzennego, a obecnie jest atrakcją turystyczną. Przechodzi przeciągającą się renowację, ale wciąż można go obejrzeć.

Obydwa parki w sąsiedztwie – przy Av 5, pomiędzy Calle 24 i Calle 26 – z ogromnymi figowcami (banianami) i zacienionymi alejkami są klimatyczną enklawą.

Isla del Coco PARK ROZRYWKI

(Av 5 i Calle 112, Playa; 5 CUC; ⏲12.00–20.00 pt.–nd.) W zbudowanym przez Chińczyków parku rozrywki w zachodniej Playa jest wszystko: statki kosmiczne, karuzele, autodromy, kolejki górskie, postacie z bajek.

Aktywnie

Marlin Náutica SPORTY WODNE

(www.nauticamarlin.tur.cu; Av 5 i Calle 248, Marina Hemingway, Barlovento) Marina Hemingway w Barlovento, 20 km na zachód od centrum Hawany, oferuje wiele aktywności. Marlin Náutica organizuje wycieczki katamaranem wzdłuż wybrzeża Hawany (60 CUC; minimum 4 osoby) oraz wyprawy wędkarskie dla grup do 4 osób (4 godziny wędkowania na głębokich wodach 310 CUC, łącznie z zanętą i barem). Sezon na marliny (makairy)

trwa od czerwca do października. Zwykle najłatwiej rezerwować przez agencję turystyczną w centrum.

La Aguja Marlin Diving Center NURKOWANIE
(☎7-209-3377; Av 5 i Calle 248, Marina Hemingway, Barlovento) Ośrodek – pomiędzy Marlin Náutica a centrum handlowym w Marina Hemingway – oferuje nurkowanie z butlą: 40 CUC za 1 zanurzenie. Kursy wprowadzające kosztują 25 CUC. Wyjazd codziennie o 9.00. Organizuje też rejsy na nurkowanie przy Playa Girón (warunki są o wiele lepsze).

Noclegi

Hotele w Playa zajmują dyplomaci, uczestnicy konferencji i pasażerowie odwołanych lotów. Można tam wybrać kilka dobrych hoteli, z tym że są one usytuowane daleko od głównych atrakcji Hawany i żeby się dostać do miasta, trzeba skorzystać z taksówki lub mieć mocne nogi.

Casa Guevara Alba CASA PARTICULAR $
(☎7-202-6515; mt_alba@yahoo.es; Av 5f No 9611, pomiędzy Calle 96 i Calle 98; pokój 35 CUC; P ❄) Gościnna kwatera prywatna blisko głównej strefy hotelowej w Playa, przewyższa inne hotele pod względem ceny, wygody i obsługi. W ofercie dwa apartamenty z sypialniami, salonami, z dostępem do kuchni, zewnętrznych tarasów i łazienek. Nowoczesne (jak na Kubę), ale mają swój nastrój.

Complejo Cultural La Vitrola HOTEL $
(☎7-202-7922; Calle 18 No 103, pomiędzy Av 1 i Av 3; pokój 30 CUC; ❄) Wyobraźmy sobie pobyt w londyńskim studio nagraniowym przy Abbey Road. A to jest kubański odpowiednik. Studia Egrem – przestrzeń pracy największych kubańskich artystów – obecnie dysponują uroczym hotelem z pięcioma pokojami o jasnych wnętrzach, z tekstami piosenek wypisanymi na ścianach. W barze *Bilongo* można spotkać Silvia Rodrígueza.

Playa i Marianao

Zwiedzanie
1 Academia Nacional de Bellas Artes „San Alejandro" ... C4
2 Acuario Nacional ... E1
3 Fundación Naturaleza y El Hombre ... E2
4 Iglesia Jesús de Miramar ... D1
5 Isla del Coco ... B1
6 La Casa de las Tejas Verdes ... H2
7 La Maqueta de la Capital ... G1
8 Museo de la Alfabetización ... D4
9 Parque Almendares ... G3
10 Ambasada Rosji ... E1

Aktywnie, kursy i wycieczki
Club Salseando Chévere ... (zob. 41)

Noclegi
11 Casa Guevara Alba ... C2
12 Complejo Cultural La Vitrola ... G1
13 Four Points Habana ... D1
14 H10 Habana Panorama ... E1
15 Hotel Copacabana ... E1
16 Hotel El Bosque ... G3
17 Hotel Kohly ... G3
18 Hotel Meliá Habana ... D1
19 Memories Miramar ... D1
20 Starfish Montehabana ... E2
21 Villa Teresa ... E1

Gastronomia
Cafetería Betty Boom ... (zob. 2)
Casa Española ... (zob. 24)
22 Casa Pilar ... F1
23 Club Su Miramar ... F1
Doctor Café ... (zob. 7)
24 Dos Gardenias ... F2
25 El Aljibe ... G2
26 El Tocororo ... G1
27 Espacios ... G2
28 La Carboncita ... F1
29 La Casa del Gelato ... F1
30 La Cocina de Lilliam ... E2
31 La Corte del Príncipe ... D2
32 La Esperanza ... G1
33 La Fontana ... E1
34 Paladar Vista Mar ... G1
35 Pan.com ... F2

Bary i życie nocne
36 Café Fortuna Joe ... G1

Rozrywka
37 Café Miramar ... C1
38 Casa de la Música ... G2
39 Circo Trompoloco ... C1
40 Don Cangrejo ... G1
41 El Salón Chévere ... G3
42 Estadio Pedro Marrero ... F3
43 La Cecilia ... C1
44 Salón Rosado Benny Moré ... F3
45 Teatro Karl Marx ... H1
46 Tropicana Nightclub ... E4

Zakupy
47 Alma Shop ... G2
Egrem Tienda de Música ... (zob. 12)
48 La Casa del Habano La Quinta ... G2
49 La Maison ... G2
50 Miramar Trade Center ... D1

Villa Teresa CASA PARTICULAR $$
(☎7-202-2799; marlene7667@yahoo.es; Ave 1 No 4401, róg Calle 44; pokój ze śniadaniem 100 CUC; P ❄ ☁) Prywatna kwatera, naprzeciwko hotelu *Copacabana*, w nowoczesnym, śnieżnobiałym domu, który wygląda, jakby go przed chwilą przyholowano z archipelagu Florida Keys. 4 gustownie udekorowane pokoje warte hotelu butikowego; wyposażone w dobre dzieła sztuki, szerokie łóżka i znakomicie zaopatrzone minibary. Śniadanie (w jadalni w plenerze) wliczone w cenę.

Hotel Club Acuario HOTEL $$
(☎7-204-6336; Aviota i Calle 248; 1-/2-os. 80 CUC/119 CUC all-inclusive; P ❄ @) Nie warto przyjeżdżać do hotelu przy Marinie Hemingwaya. Ponieważ *El Viejo y el Mar* (Stary człowiek i morze) wciąż tkwią w zawieszeniu, pozostaje wysłużony *Acuario*, jedyny (poza granicami Playas del Este) hotel z pakietem all-inclusive, usytuowany pomiędzy dwoma kanałami portu, zagracony tanimi starymi meblami. Ujdzie, jeśli ktoś zarezerwował wczesnoporanne nurkowanie. W innym przypadku lepiej dojeżdżać z Hawany.

Hotel Copacabana HOTEL $$
(☎7-204-1037; Av 1, pomiędzy Calle 44 i Calle 46; 1-/2-os. 100/140 CUC; P ❄ @ ☁ ≋) Trochę lepszy od konkurencji w Playa (po remoncie w 2010 r.), atrakcyjnie usytuowany nad oceanem. Dwa baseny, jeden słony – połączony z morzem.

★ **Hotel Meliá Habana** HOTEL $$$
(☎7-204-8500; www.meliacuba.com; Av 3, pomiędzy Calle 76 i Calle 80; 1-/2-os. 527/600 CUC; P ❄ @ ☁ ≋) Brzydki na zewnątrz, ale piękny w środku, wspaniały *Meliá Habana* w Miramar, należy do najlepiej prowadzonych i wyposażonych hoteli w mieście. 409 pokojów (niektóre dostosowane do wózków inwalidzkich) wokół przyjemnego lobby, ozdobionego winoroślą, z marmurowymi

rzeźbami i wodnymi zdrojami. I jeszcze największy i najpiękniejszy na Kubie basen kąpielowy nad bezludnym, kamienistym wybrzeżem.

Uprzejma obsługa, znakomita restauracja z bufetem i okazjonalne zniżki za pokój – można by się skusić. Ale ta cena...

H10 Habana Panorama HOTEL $$$

(☎7-204-0100; www.h10hotels.com; róg Av 3 i Calle 70; 1-/2-os. 260/320 CUC; P ❄ @ ☷ ≋) Krzykliwa „szklana katedra" w szybko zapełniającej się hotelami Playa otworzyła podwoje w 2003 r. Dość dziwna estetyka – hektary barwionego na niebiesko szkła – staje się znośna po wejściu do monumentalnego holu z futurystycznymi windami błyskawicznie dowożącymi do 317 jasnych pokojów ze wspaniałym widokiem na Miramar i dalej.

Dodatkowe udogodnienia: centrum biznesowe, sklep fotograficzny, liczne restauracje oraz duży basen kąpielowy.

Memories Miramar HOTEL $$$

(☎7-204-3583/4; www.memoriesresorts.com; róg Av 5 i Calle 74; 1-/2-os. 250/350 CUC; P ❄ @ ☷ ≋) Hotel po raz trzeci zmienił nazwę. Atrakcji w tym 427-pokojowym gigancie, zbudowanym w 2000 r., nie brakuje: duże pokoje, dobre śniadania, ułatwienia biznesowe i baseny. Kapituluje przy drobiazgach. Przy lepszej trosce o bieżące utrzymanie i po rozwiązaniu problemów z obsługą, może zdoła uzasadnić 4 gwiazdki.

Jeśli jego odizolowanie zacznie nużyć, jest dużo sportowych atrakcji: korty tenisowe, wspomniany basen, sauna, siłownia i sala gier.

Hotel El Bosque HOTEL $$$

(☎7-204-9232; www.hotelelbosquehabana.com; Calle 28a, pomiędzy Calle 49a i Calle 49c, Kohly; 1-/2-os. 142/225 CUC; ❄ @ ☷) *El Bosque* należy do prowadzonego przez Gaviotę *complejo* (kompleksu) Kohly-Bosque. Czysty i przyjemny, leży nad brzegiem Almendares w otoczeniu Bosque de La Habana – zielonych płuc miasta. Wystrój nieco rozminął się z modą. Jak większość hoteli w Hawanie, ma mocno zawyżone ceny, choć sąsiedztwo lasów łagodzi cios w portfel.

Hotel Kohly HOTEL $$$

(☎7-204-0240; www.hotelkohly.com; róg Calle 49a i Calle 36, Kohly; 1-/2-os. 117/189 CUC; P ❄ @ ☷ ≋) *Kohly*, w zachodniej Playa, uzupełnia użytkowy plener kilkoma przydatnymi dodatkami, jak basen kąpielowy, kręgielnia, siłownia i pizzeria.

Four Points Habana HOTEL $$$

(☎7-214-1470; www.fourpointshavana.com; Av 5, pomiędzy Calle 76 i Calle 80; pokój ze śniadaniem 400–600 CUC; P ❄ @ ☷ ≋) *Four Points*, na tyłach Miramar Trade Center, uzupełnia tercet drogich hoteli. Choć są liczne udogodnienia – duże pokoje, siłownia, basen, restauracje i centrum biznesowe – przez brak konserwacji, nierówną obsługę i zaskakująco niekubański charakter trudno jest uzasadnić ceny. Ostatnio hotel przejęła grupa Sheraton, jest więc jeszcze nadzieja.

Starfish Montehabana HOTEL $$$

(☎7-206-9595; www.starfishresorts.com; Calle 70, pomiędzy Av 5a i Av 7; pokój od 225 CUC; P ❄ @ ☷ ≋) Gigant w Miramar otworzył podwoje w 2005 r., obiecując coś odmiennego. Jednak przytłaczająca betonowa klatka schodowa i pudełkowa architektura w stylu Lego od początku uczyniły go brzydkim kaczątkiem. Brak konserwacji w kolejnych latach nie poprawił wizerunku. 101 apartamentów z salonami i całkowicie wyposażonymi kuchniami.

Jeżeli komuś się nie chce gotować, restauracja zapewni przyzwoity bufet śniadaniowy i obiadowy (za dodatkową opłatą). Reszta udogodnień, a także obsługa, niezbyt zadowalające. Po stronie plusów – goście korzystają z siłowni, basenu i kortów tenisowych w 4-gwiazdkowym hotelu *Memories Miramar* (s. 129) obok.

Gastronomia

Playa jest bastionem najlepszych prywatnych restauracji na Kubie od lat 90. XX w. Wiele z nich nie przestaje imponować, pomimo nowej konkurencji. Są też zaskakująco dobre restauracje państwowe, z których wiele nauczyło się zadowalać kubki smakowe dyplomatów. Warto wydać 5–10 CUC na taksówkę z centrum miasta, żeby tu zjeść.

La Casa del Gelato LODY $

(☎52-42-08-70; Av 1 No 4215, pomiędzy Calle 42 i Calle 44; lody 2–4 CUC; ⏲11.00–23.00) Miramar od zawsze był krok do przodu w kulinarnych potyczkach z dzielnicami Hawany, proponując wykwintne potrawy, kiedy reszta miasta wciąż się upierała przy swym żelaznym menu. Znów podniesiono poprzeczkę dzięki tej fantastycznej lodziarni pachnącej waflami, sprzedającej delicje o różnych smakach. Jest nawet ekspres do kawy Nespresso.

Cafetería Betty Boom FAST FOOD $

(☎53-92-94-12; róg Av 3 i Calle 60; przekąski 2,50–5 CUC; ⏲11.00–2.30) Kafeteria Betty Boom –

w miejscu dawnego „El Garage" – promuje podobny koncept: tani, ale dobry fast food (hot dogi, sandwicze, koktajle mleczne i sałatki). W lokalu wystrój retro lat 50., kelnerki noszą stroje komiksowej Betty Boop. Otwarte do późna; obfite porcje. Jest też niewielki taras.

Pan.com FAST FOOD $
(☎7-204-4232; róg Av 7 i Calle 26; przekąski 1–4 CUC; ⏲10.00–24.00) To nie kafejka internetowa, to raj hawańskiego „jedzenia na pocieszenie"; są tu warte grzechu sandwicze, tanie burgery, mleczne koktajle. Można dołączyć do dyplomatów pod przewiewną markizą od frontu.

★ **Espacios** TAPAS, KUCHNIA MIĘDZYNARODOWA $$
(☎7-202-2921; Calle 10 No 513, pomiędzy Av 5 i Av 7; *tapas* 3–6 CUC; ⏲12.00–6.00) Słynny relaksujący bar *tapas* w domu bez szyldu w Miramar. Tutaj konsumuje się koktajle i sztukę, menu jest inspirowane światem. Można się wmieszać w tłum rozgarniętych Hawańczyków, zorientowanych ekspatriantów i Kubańczyków wrażliwych na sztukę.

Ściany obwieszone awangardowymi malowidłami pełnią funkcję galerii. Jest też atrakcyjne patio.

El Aljibe KUCHNIA KARAIBSKA $$
(☎7-204-1583/4; Av 7, pomiędzy Calle 24 i Calle 26; dania 12–15 CUC; ⏲12.00–24.00) Na papierze to skromna państwowa restauracja, a w rzeczywistości szalona kulinarna ekstrawagancja. *El Aljibe* od lat zachwyca kubki smakowe kubańskie i dyplomatyczne. Furorę robi gastronomiczny sekret jednego dania: *pollo asado* (pieczony kurczak) z tak wielką, jak ktoś zdoła zjeść, porcją białego ryżu, czarnej fasoli, smażonych bananów, frytek i sałatki.

Do tego podaje się sos z gorzkich pomarańczy – podobno tajemnica państwowa.

Paladar Vista Mar OWOCE MORZA $$
(☎7-203-8328; www.restaurantevistamar.com; Av 1 No 2206, pomiędzy Calle 22 i Calle 24; dania 8–15 CUC; ⏲12.00–24.00 pn.–sb.) Historycznie *paladar Vista Mar* istnieje od eonów (czyli od 1996 r.). Restauracja, z widokiem na morze, zajmuje rodzinny pokój na piętrze prywatnej rezydencji. Nadmorski klimat czyni jeszcze piękniejszym basen kąpielowy z wodą z oceanu. Jeśli pyszne owoce morza i widok rozbryzgujących się fal wydają się kuszące, nie należy dłużej o tym czytać, tylko rezerwować stolik!

Casa Pilar KUCHNIA HISZPAŃSKA $$
(www.facebook.com/casapilarhabana; Calle 36 No 103, pomiędzy Av 1 i Av 3; dania 10–20 CUC; ⏲12.00–2.00) Bar *tapas* i hiszpańska restauracja w jednym; *Casa Pilar* oferuje potrawy prawdziwej hiszpańskiej kuchni z lekkim kubańskim posmakiem. Trzeba skosztować *garbanzos* (ciecierzyca) z *ropa vieja* (siekana wołowina). Gin z tonikiem z najlepszych w Hawanie, a taras na piętrze jest idealnym miejscem, żeby się nim nacieszyć.

Club Su Miramar KUCHNIA KOREAŃSKA $$
(☎7-206-3443; Calle 40a No 1115, pomiędzy Av 1 i Av 3; dania 9–14 CUC; ⏲12.00–3.00) Hawańska branża restauracyjna ma szczęście do nowości. Otwarto pierwszą na Kubie restaurację rosyjską, irańską i indyjską. Teraz przyszedł czas na koreańską. W *Su Miramar* jesteśmy już w połowie drogi do Korei dzięki wystrojowi: pachnący ogród, taras z przesuwanymi drzwiami i wszystko zgodne z azjatyckim minimalizmem. Jedzenie też dobre.

Wędzony łosoś będzie smaczną odmianą codziennej kubańskiej kuchni, *gimbab* jest egzotyczny, aromatyczny ryż pochodzi z Korei.

El Cucalambé KUCHNIA KUBAŃSKA $$
(Calle 226; dania 5–9 CUC; ⏲12.00–23.00) Dzielnica Jaimanitas, czyli Fusterlandia, ostatnio wydała na świat niezłą restaurację, by obsługiwała inwazję turystów. Nie będzie zaskoczeniem, że zdobi ją sztuka awangardowa, a nazwano ją (to natomiast może zaskoczyć) nazwiskiem poety z Las Tunas. W menu, którego clou jest prosię z rożna, też widać wpływy Las Tunas. Stoliki z zastawą z ceramiki ustawiono na ładnym patio.

La Carboncita KUCHNIA WŁOSKA $$
(Av 3 No 3804, pomiędzy Calle 38 i Calle 40; *pasta* i pizza 7–8 CUC; ⏲12.00–24.00) Potrawy wędrują tajemniczo z garażu do restauracji w domu oraz na stoliki na werandzie. Potrawy jednak nie są przyrządzane mechanicznie. Wręcz przeciwnie, pastę (makarony) wyrabia osobiście właściciel kuchni włoskiej w Miramar, oczywiście Włoch. Do wyboru autentyczne włoskie sosy, m.in. *pesto*. Pizza na cienkim cieście też jest dobra.

Casa Española KUCHNIA HISZPAŃSKA $$
(☎7-206-9644; róg Calle 26 i Av 7; posiłki 8–14 CUC; ⏲12.00–23.00) Średniowieczna parodia – zamek z blankami w Miramar zbudowany w czasach Batisty przez bogacza Gustava Gutiérreza – obecnie jest eksploatującą *Don Kichota* hiszpańską restauracją. Atmos-

fera miła... jeśli gościom pałaszującym paellę, hiszpański omlet (tortilla) albo *lomo de cerdo al Jerez* (polędwiczka wieprzowa) nie przeszkadza rycerz w zbroi mający wszystkich na oku.

Papa's Complejo Turístico KUCHNIA KARAIBSKA, CHIŃSKA $$
(róg Av 5 i Calle 248; posiłki 5–10 CUC; ⌚12.00–3.00) Różnych klientów gości lokal w Marinie Hemingwaya – od pochłaniających piwo przewoźników wynajmujących łodzie po niedoszłych finalistów *American Idol* ryczących przy karaoke. Propozycje kulinarne to także różności: w eleganckiej restauracji chińskiej (obowiązuje odpowiedni strój) i w *ranchón* (restauracji w plenerze). Dobra zabawa.

Dos Gardenias KUCHNIA KARAIBSKA $$
(róg Av 7 i Calle 28; dania 7–10 CUC; ⌚12.00–23.00) W kompleksie słynącym z *boleros*. Do wyboru grill albo restauracja specjalizująca się w makaronach. Można zasiąść na dłużej i posłuchać pieśniarzy śpiewających ballady.

Restaurante La Cova KUCHNIA WŁOSKA $$
(☎7-209-7289; róg Av 5 i Calle 248; posiłki 8 CUC; ⌚12.00–24.00) Restauracja w sieci Pizza Nova, tak jak Marina Hemingwaya, miała lepsze dni. Jest OK, dopóki nie ma konkurencji (a będzie). Obok siostrzana kawiarnia.

★**La Fontana** GRILL $$$
(☎7-202-8337; www.lafontanahavana.info; Av 3a No 305; dania 20–28 CUC; ⌚12.00–24.00) *La Fontana* w trudnym do znalezienia pięknym domu w Playa, należy do najlepszych restauracji w Hawanie i taką pozycją cieszy się od założenia w 1995 r. (w epoce kamiennej kubańskiej gastronomii). Tajemnica tkwi w postępach – zwiększono powierzchnię, wzbogacono menu, dodano staw rybny, koncerty jazzowe.

Obecnie do wyboru cztery sekcje, każda o innym nastroju, a wśród nich bar lounge i popularny taras z paprociami.

Fontana słynie z grilla, a dokładnej z grilla opalanego węglem drzewnym. Podawane porcje mięsa i ryb są ogromne, dlatego nie należy przesadzać z przystawkami: *ceviche* z homara, tatar z tuńczyka i *carpaccio* z wołowiny z rukolą.

La Corte del Príncipe KUCHNIA WŁOSKA $$$
(☎52-55-90-91; róg Av 9 i Calle 74; dania główne 15–20 CUC; ⌚12.00–15.00 i 19.00–24.00 wt.–nd.) Chyba najbardziej włoska z włoskich restauracji w Hawanie; lokal – częściowo w plenerze – prowadzi włoski ekspatriant, oferując to co najlepsze w kuchni jego kraju. W menu spisanym na czarnej tablicy zawsze figuruje bakłażan *parmigiano* i *vitello tonnato* (cielęcina w sosie z tuńczyka). Świeże warzywa w koszach wzmagają apetyt.

Restauracja jest trochę na uboczu, ale wszyscy ją znają. Konieczna rezerwacja.

La Cocina de Lilliam KUCHNIA FUSION $$$
(☎7-209-6514; www.lacocinadelilliam.com; Calle 48 No 1311, pomiędzy Av 13 i Av 15; posiłki 15–30 CUC; ⌚12.00–15.00 i 19.00–23.00 wt.–sb.) Legenda, zanim kubańska kuchnia przeszła do legendy; była jedyną elegancką prywatną restauracją w Hawanie – przez długi czas lokalem dla dyplomatów. Obecnie ma liczniejszą konkurencję, ale nadal utrzymuje wysoki standard obsługi, miły nastrój, a świeże dania są warte grzechu.

Doznania dotyczą w tym samym stopniu otoczenia, jak i kuchni. Restauracja zajmuje wspaniałą willę w Miramar; potrawy są podawane w ogrodzie z fontannami wśród tropikalnej roślinności. Menu zmienia się regularnie, a zazwyczaj do wyboru są dobre steki, ośmiornice i wieprzowina.

La Esperanza KUCHNIA MIĘDZYNARODOWA $$$
(☎7-202-4361; Calle 16 No 105, pomiędzy Av 1 i Av 3; posiłki 8–17 CUC; ⌚19.00–23.00 pn.–sb.) Bezpretensjonalna *Esperanza* („nadzieja") wyróżniała się kulinarną kreatywnością, na długo zanim reformy 2011 r. uczyniły życie kucharzy znacznie lżejszym. Wnętrze domu, porośniętego winobluszczem, zdobią antyki, stare portrety, a także cenne meble z lat 40. XX w. W rodzinnej kuchni przygotowuje się smaczne dania, m.in. *pollo luna de miel* (kurczak flambirowany w rumie) i szaszłyki z jagnięciny.

Doctor Café KUCHNIA KUBAŃSKA $$$
(☎7-203-4718; Calle 28, pomiędzy Av 1 i Av 3; dania główne 12–20 CUC; ⌚12.00–24.00) Egzotyczne potrawy – *ceviche*, lucjan czerwony, ośmiornica z grilla – serwowane na ozdobionym paprociami patio i w chłodniejszej jadalni. Ten „doktor" wyraźnie zna się na kuracji. Menu pochodzi z całego świata, a najsmaczniejsze są ryby z grilla. Wyjątek na Kubie: dobre desery, a wśród nich placek limonkowy!

El Tocororo KUCHNIA KARAIBSKA $$$
(☎7-202-4530; Calle 18 No 302; posiłki 12–35 CUC; ⌚12.00–24.45) Dawniej należał – wraz z El *Aljibe* (s. 130) – do najlepszych państwowych restauracji na Kubie. *El Tocororo* utracił grunt pod nogami na rzecz konkurencji

i często bywa krytykowany z powodu wygórowanych cen. Niemniej, stoliki ze świecami i okazałe wnętrze zasługują na odwiedziny, a menu, z takimi luksusami, jak ogon homara i (czasem) struś, nadal potrafi zaskoczyć.

La Ferminia STEKI $$$

(☎7-273-6786; Av 5 No 18207, Flores; posiłki od 15 CUC; ⌚12.00–24.00) Usytuowana na uboczu *Ferminia* to hawańska elegancja w dawnym stylu. W okresie gospodarczej niepogody gościła dyplomatów i ważne osobistości (jadł tam Fidel Castro), obecnie usiłuje dorównać nowszej i modniejszej konkurencji. Już nie tak eleganckie wnętrze miało lepsze dni. Wśród potraw befsztyk po argentyńsku w różnych odmianach.

Bary i życie nocne

Playa jest rozległa, a to nie zachęca do łażenia po barach. Niektóre luksusowe restauracje w dzielnicy mają także doskonałe bary – w szczególności *Espacios* (s. 130) i *La Fontana* (s. 131). Można też wypić kilka kolejek rumu czy *cervezas* w Club Habana (s. 124) lub w Marina Hemingway (s. 124).

★ Café Fortuna Joe BAR

(☎54-13-37-06; róg Calle 24 i Av 1, Miramar; ⌚9.00–24.00) W Hawanie jest mnóstwo bardzo dziwnych (w pozytywnym znaczeniu) lokali, gdzie można wypić kawę, ale Café Fortuna Joe dostaje cięgi z powodu miejsc siedzących. Nie chodzi o to, że krzesła są nie do pary, co z resztą bardzo sobie cenią hipsterzy w innych lokalach. Miejsca siedzące w Fortunie znajdują się w powozie konnym, w starym samochodzie, w łóżku, w wyściełanej toalecie. Nie żartujemy. Kawa i obsługa są znakomite, podają też jedzenie.

Nieopodal, na rogu Av 3 i Calle 28, jest mniejsza kawiarnia Fortuna

Rozrywka

El Salón Chévere TAŃCE

(☎52-64-96-92; róg Calle 49 i Calle 28; 6–10 CUC; ⌚23.00–3.00) Trzeba wejść do lasku w Parque Almendares, żeby znaleźć jedną z najpopularniejszych hawańskich dyskotek pod gołym niebem, do której przychodzą tańczyć salsę Kubańczycy i nie-Kubańczycy. Można też wziąć lekcje salsy w Club Salseando Chévere (s. 88).

Tropicana Nightclub KABARET

(☎7-267-1871; Calle 72 No 4504, Marianao; bilety od 75 CUC; ⌚od 22.00) Od otwarcia w 1939 r., słynna w świecie Tropicana jest jednym z niewielu bastionów dawnego hawańskiego nocnego życia w stylu Las Vegas, który przetrwał rewolucję. Kabaret w plenerze – uwieczniony w powieści Grahama Greene'a z 1958 r. *Nasz człowiek w Hawanie* – niewiele się zmienił od czasów swej świetności w latach 50. XX w., a skąpo ubrane *señoritas* nadal ześlizgują się z drzew palmowych, żeby zatańczyć salsę w jaskrawym świetle jupiterów.

To obowiązkowy przystanek wycieczek autokarowych. Dojazd taksówką. Rezerwacja (nieodzowna) biletów przez Infotur (s. 133) lub w którymś z lepszych hoteli.

Café Miramar MUZYKA NA ŻYWO

(Av 5 No 9401, róg Calle 94; konsumpcja 2 CUC) Nowy klub jazzowy nie przekonałby wielkich gwiazdorów bebopu, którzy by uśmiechnęli się pogardliwie na widok ugrzecznionej atmosfery i zakazu palenia, ale to wyraźnie nie przeszkadza dzisiejszym młodym innowatorom. Klub mieści się w Cine Teatro Miramar i należy do państwowej agencji ARTex. Sprawy się rozkręcają około 22.00; jedzenie jest tanie.

Salón Rosado Benny Moré MUZYKA NA ŻYWO

(El Tropical; ☎7-206-1281; róg Av 41 i Calle 46, Kohly; ceny zmienne; ⌚21.00 do późna) Szukając czegoś kubańskiego, warto pójść z *habaneros* do Salón Rosado Benny Moré (zwanego też Salón Rosado de la Tropical). Atmosfera *muy caliente* koncertów w plenerze zapewniona. Długo istniejący klub na przestrzeni lat często zmieniał miejsce. Obecnie jest w nim mniej Benny'ego Moré, a więcej Pupy y Los Que Son Son i niekiedy *reggaetónu*.

Taniec jest obowiązkowy, chyba że komuś uda się uciec na balkon na drinka. Cena wstępu i dni koncertów zmienne.

Casa de la Música MUZYKA NA ŻYWO

(☎7-202-6147; Calle 20 No 3308, róg Av 35, Miramar; 5–20 CUC; ⌚od 22.00 wt.–sb.) Pierwszy koncert w Domu Muzyki w Miramar (należy do państwowego przedsiębiorstwa nagraniowego Egrem) zagrał w 1994 r. wybitny pianista jazzowy Chucho Valdés. Program jest bardziej ambitny niż w kabaretach hotelowych.

Nagrodzone platynową płytą zespoły NG La Banda, Los Van Van i Aldaberto Álvarez y Su Son grają tu regularnie; rzadko płaci się więcej niż 20 CUC. Atmosfera bardziej relaksująca niż w Casa w Centro Habana.

Teatro Karl Marx MUZYKA NA ŻYWO

(☎7-209-1991; róg Av 1 i Calle 10, Miramar) Wielkością audytorium, z 5500 miejscami, Karl

Marx zawstydza inne teatry w Hawanie. To tam się odbywają największe imprezy, m.in. gale na zamknięcie festiwali jazzowych i filmowych oraz rzadkie występy słynnych *trovadores*, jak Silvio Rodríguez.

Don Cangrejo MUZYKA NA ŻYWO
(Av 1 No 1606, między Calle 16 i Calle 18, Miramar; nakrycie 5 CUC; 23.00–3.00) W dzień jest to restauracja kubańskiego przedsiębiorstwa rybackiego, wieczorem – ośrodek imprezowy, głównie w piątki, z muzyką na żywo (wielkich nazwisk) w plenerze – klimatem przypominający bal studentów pierwszego roku. Jest tłoczno i są kolejki.

La Cecilia MUZYKA NA ŻYWO
(7-204-1562; Av 5 No 11010, pomiędzy Calle 110 i Calle 112; 12.00–24.00) Od dawna miejsce spotkań dyplomatów. Muzyka big bandów rozbrzmiewa w weekendowe wieczory na wielkim, klimatycznym dziedzińcu. W restauracji posiłki od 12 do 20 CUC.

Circo Trompoloco CYRK
(www.circonacionaldecuba.cu; róg Av 5 i Calle 112, Playa; 5–10 CUC; 19.00 pt., 16.00 i 19.00 sb. i nd.;) Stałe hawańskie *chapiteau* z weekendowymi porankami i występami siłaczy, kontorsjonistów i akrobatów.

Zakupy

★ La Casa del Habano La Quinta CYGARA
(7-214-4737; róg Av 5 i Calle 16, Miramar; 10.00–18.00 pn.–sb., do 13.00 nd.) Chyba najlepszy sklep z cygarami w Hawanie: dobrze zaopatrzony, fachowy personel, wygodna palarnia, niezła restauracja.

Alma Shop RĘKODZIEŁO
(53-5-264-0660; www.almacubashop.com; Calle 18 No 314, pomiędzy Av 3 i Av 5; 10.00–16.00 pn.–sb.) Jeśli ktoś szuka biżuterii, haftowanych poduszek czy zabytkowych kasetek na cygara, niech zajrzy do Almy, a na pewno wybierze wysokiej jakości upominek lub pamiątkę. Właściciel Alex Oppmann przemierzył Kubę, starannie wyszukując przedmioty ręcznie wykonane przez rzemieślników z surowców naturalnych lub z recyklingu. Każdy jest unikatem.

La Maison ODZIEŻ
(Calle 16 No 701, Miramar; 9.00–17.00) Kubańska fascynacja modą osiągnęła najwyższy poziom w wielkim sklepie z designerską odzieżą, obuwiem, torebkami, biżuterią, kosmetykami i pamiątkami. Odbywają się tu również pokazy mody.

Miramar Trade Center CENTRUM HANDLOWE
(Av 3, pomiędzy Calle 76 i Calle 80, Miramar; zmienne godziny otwarcia) Największe i najnowocześniejsze centrum handlowe i biznesowe na Kubie z licznymi sklepami, biurami linii lotniczych i ambasadami.

Egrem Tienda de Música MUZYKA
(Calle 18 No 103, Miramar; 9.00–18.00 pn.–sb.) Sklep z płytami CD na terenie najbardziej znanego studia nagrań w Hawanie.

Informacja

SŁUŻBA ZDROWIA

Clínica Central Cira García (7-204-4300; Calle 20 No 4101; 9.00–16.00 pn.–pt., nagłe wypadki: całą dobę) Nagłe wypadki, konsultacje stomatologiczne i lekarskie dla cudzoziemców.

Farmacia Internacional Miramar (7-204-4350; róg Calle 20 i Calle 41, Playa; 9.00–17.45) Naprzeciwko Clínica Central Cira García.

PIENIĄDZE

Banco Financiero Internacional (Budynek Sierra Maestra, róg Av 1 i Calle 0, Miramar; 9.00–15.00 pn.–pt.) Jest bankomat.

Cadeca w Playa (7-204-9087; róg Av 3 i Calle 70; 9.00–17.00 pn.–sb., 9.00–12.00 nd.) i w Miramar (Av 5a, pomiędzy Calle 40 i Calle 42, Miramar; 9.00–17.00 pn.–sb., 9.00–12.00 nd.) Kantor wymiany walut (niewielkie kolejki).

POCZTA

DHL (róg Av 1 i Calle 26, Miramar; 8.30–18.00 pn.–pt., 8.0014.00 sb.) W przypadku ważnej przesyłki lepiej skorzystać z DHL.

Post Office (Calle 42 No 112, pomiędzy Av 1 i Av 3, Miramar; 8.00–11.30 i 14.00–18.00 pn.–pt., 8.00–11.30 sb.)

INFORMACJA TURYSTYCZNA

Infotur (róg Av 5 i Calle 112, Playa; 8.30–12.00 i 12:30–17.00 pn.–sb.) Sprawnie działające biuro informacji turystycznej Infotur.

Przyjazd i wyjazd

AUTOBUS

Z Centro Habana i Vedado do Playa jeżdżą autobusy T1 Habana Bus Tour, po drodze zatrzymują się przy ważnych atrakcjach dzielnicy łącznie z **La Cecilia** (s. 133) przy Av 5 w Cubanacán (bilet całodzienny 10 CUC). Do Playa jeżdżą także autobusy komunikacji miejskiej, choć zwykle robią objazd rejonów mieszkalnych; P-1 i P-10 będą najbardziej przydatne.

POZA UTARTYM SZLAKIEM

SANTA MARÍA DEL ROSARIO

Santa María del Rosario, 19 km na południowy wschód od centrum Hawany, jest dawnym miastem kolonialnym, założonym w 1732 r. W przeciwieństwie do innych miejscowości z tego okresu, nie wchłonęły jej nowoczesne przedmieścia. Piękno tego miasteczka w wiejskim otoczeniu odkrył jeden z największych żyjących kubańskich malarzy, Manuel Mendive, i tam zamieszkał. Okolice można obejrzeć w filmie z 1976 r. Tomása Gutiérreza Alea *La última cena (Ostatnia wieczerza)*, będącego metaforyczną krytyką niewolnictwa.

Usytuowana na starym rynku barokowa **Iglesia de Nuestra Señora del Rosario** (Calle 24, pomiędzy Calle 31 i Calle 33; ⌚8.00–18.00 wt.–nd.), znana też jako Catedral de los Campos de Cuba, została ukończona w 1760 r. Zachwycają wspaniałe boczne ołtarze w stylu churrigueryzmu, pozłacane wnętrze, rzeźbiony mahoniowy ołtarz. To jedna z najbardziej atrakcyjnych tajemnic przedmieść Hawany.

Dojazd: z przystanku przy Capitolio w Centro Habana autobusem miejskim P-7 do Cotorro, a potem autobusem 97, kursującym na trasie Guanabacoa – Santa María del Rosario.

SAMOCHÓD

Cubacar ma biura w **hotelu Meliá Habana** (☎7-204-3236; ⌚9.00–17.00) i w **Marina Hemingway** (☎7-835-0000; ⌚9.00–17.00). Cena wynajęcia zależy od wielkości pojazdu i okresu – średnio należy przyjąć 70 CUC za dzień. Biuro **Vía Rent a Car** (☎7-204-3606; róg Av 47 i Av 36, Kohly; ⌚9.00–17.00) jest naprzeciwko hotelu *El Bosque*.

Regla i Guanabacoa

Regla i Guanabacoa, małe miejscowości po wschodniej stronie portu Hawany, wchłonęła rozrastająca się stolica. Życie płynie w nich powoli, mieszkańcy zachowali niezależność ducha i kulturową odrębność; są rzadko odwiedzane przez turystów.

Są tu też inne duchy. Guanabacoa, z mocno zakorzenioną *santerią*, jest nazywana *el pueblo embrujado* („zaczarowaną wioską"); Regla - także siedlisko *santerii* - poddana wpływom bolszewizmu i ideałom rewolucji znana była w latach 50. XX w. jako Sierra Chiquita (Mała Sierra, jako alter ego Sierra Maestra).

Zwiedzanie

Regla

★Iglesia de Nuestra Señora de Regla KOŚCIÓŁ

(⌚7.30–18.00) Niewielka Iglesia de Nuestra Señora de Regla, w pobliżu przystani w Regla, ma długą i barwną historię. Na głównym ołtarzu stoi La Santísima Virgen de Regla, patronka Hawany i ludzi morza.

Najświętsza Maria Panna Reguły (augustianów) jest czczona przez katolików, a także wyznawców *santerii* jako Yemayá, *orisza* (bogini) oceanu. Zawsze jest przedstawiana w niebieskich szatach. Według legendy, wizerunek kazał wyrzeźbić św. Augustyn z Hippony (354–430) „Afrykanin". Po oblężeniu Hippony przez Genzeryka, króla Wandalów, uczeń Augustyna, diakon Cyprian, przywiózł w 453 r. figurę do Kadyksu w Hiszpanii. Statek przetrwał sztorm w Cieśninie Gibraltarskiej, dlatego marynarze obwołali NS de Regla swoją patronką. Później tratwiarze (uciekinierzy z Kuby), próbując dopłynąć do USA, również modlili się do Czarnej Madonny (figura NMP ma czarną twarz).

W 1687 r. w miejscu indiańskiej osady Güaicanamar założono miasto Nuestra Señora de Regla; wierni modlili się przed obrazem (olejnym) Maryi. Pielgrzym Manuel Antonio zbudował kaplicę (1690 r.), którą wkrótce zniszczył (1692 r.) huragan. W 1696 r. alkad Pedro de Aranda y Avellaneda przywiózł z Hiszpanii wierną kopię figury. Kaplica wciąż była rozbudowywana; w 1714 r. Nuestra Señora de Regla ogłoszono patronką Bahía de La Habana. W nowym sanktuarium w 1793 r. umieszczono figurę na stałe. W 1957 r. kubański kardynał ukoronował ją w katedrze hawańskiej. 7 września, w dzień święta Matki Bożej, tysiące pielgrzymów przyjeżdżają do Regli. Figura jest obnoszona w procesji ulicami miasta.

Obecny kościół pochodzi z początku XIX w. Wierni obu religii, pogrążeni w cichej modlitwie klęczą przed figurami świętych umieszczonymi w niszach. W Hawanie nie ma lepszego miejsca (publicznego), w którym tak wyraźnie widać przenikanie się tradycji katolickich i afrykańskich.

Museo Municipal de Regla MUZEUM
(Martí No 158; 2 CUC; ⌚9.00–17.00 pn.–sb., 9.00–12.00 nd.) Przyjechawszy do Regli obejrzeć kościół, warto również zajrzeć do tego ważnego muzeum. Usytuowane przy głównej ulicy (kilka przecznic od promu), przedstawia dzieje Regli i religii afrokubańskich. Są tu m.in. *ngangas* (naturalne przedmioty posiadające moc duchów, np. *palos* – patyki) religii Palo Monte i tańczące figurki w maskach stowarzyszenia Abakuá.

Jest też interesująca wystawa poświęcona Remigiowi Herrero, pierwszemu *babalawo* (kapłanowi) Regli, a także statua Napoleona pozbawiona nosa.

Estatua de Cristo POMNIK
(mapa s. 106; Casablanca) Niemożliwą do przeoczenia statuę na podwyższeniu, usytuowaną po wschodniej stronie portu, wykonała Jilma Madera w 1958 r. Obiecała ją prezydentowi Batiście jego żona po tym, jak popierany przez USA przywódca przeżył zamach w Pałacu Prezydenckim, w marcu 1957 r., a została odsłonięta (o ironio!) w dniu Bożego Narodzenia 1958 r., na tydzień przed ucieczką dyktatora z kraju. Po zejściu z promu w Casablance idzie się pod górę do pomnika około 10 minut.

Colina Lenin POMNIK
Z przystani w Regli trzeba pójść prosto (na południe) wzdłuż Martí, minąć Parque Guaicanamar i skręcić w lewo w Albuquerque, a potem w prawo w 24 de Febrero – drogę do Guanabacoa. Ok. 1,5 km od promu widać wysokie, metalowe schody prowadzące na Colina Lenin z pomnikiem Włodzimierza Iljicza Uljanowa (bardziej znanego przez wrogów i przyjaciół jako Lenin).

Pomnik powstał w 1924 r. z inicjatywy mera Regli, komunisty Antonia Boscha, po śmierci Lenina (w tym samym roku). Powyżej monolitycznej twarzy wodza rewolucji Bosch zasadził drzewo oliwne, otoczone przez siedem postaci. Ze wzgórza roztacza się piękny widok na port.

Guanabacoa

Ermita de Potosí KOŚCIÓŁ
(róg Calzada Vieja Guanabacoa i Potosí; ⌚8.00–17.00) Niewytłumaczalnie, niemal nikt nie odwiedza najstarszego kościoła (1644 r.) na Kubie; obecna konstrukcja w stylu *mudéjar*, z ozdobnym drewnianym sklepieniem i pojedynczą dzwonnicą, pochodzi z około 1675 r. Stoi pośrodku starego cmentarza na szczycie wzgórza w Guanabacoa i jest w zaskakująco dobrym stanie – w XXI w. przeprowadzono prace restauratorskie.

Museo Municipal de Guanabacoa MUZEUM
(Martí No 108; 2 CUC; ⌚9.00–17.30 wt.–sb., 9.00–13.00 nd.) Główne muzeum w Guanabacoa, podobnie jak w Regli, jest ważną świątynią *santerii*. Poszczególne sale są dedykowane rozmaitym bóstwom *santerii*, ze szczególnym uwzględnieniem oriszy Elegguá (pan dróg i przeznaczenia). Równie fascynujące są rzadkie przedmioty związane z religiami Palo Monte i Abakuá.

Dalej na zachód, przy calle Martí, jest **Museo de Mártires** (Martí No 320; ⌚10.00–18.00 wt.–sb., 9.00–13.00 nd.) BEZPŁ., prezentujące materiał historyczny dotyczący rewolucji i jej lokalnych „męczenników".

Iglesia de Guanabacoa KOŚCIÓŁ
(róg Pepe Antonio i Adolfo del Castillo Cadenas; ⌚biuro parafialne 8.00–11.00 i 14.00–17.00 pn.–pt.) Iglesia de Nuestra Señora de la Asunción (1721–48) w Parque Martí, w centrum Guanabacoa, zaprojektował Lorenzo Camacho. Ołtarz główny i 9 bocznych ołtarzy wykonano z drewna cedrowego w stylu *churrigueresco*, a drewniane sklepienie w stylu *mudéjar*.

Gastronomia

La Brisilla KUCHNIA KUBAŃSKA **$$**
(Cruz Verde, pomiędzy Santa Ana i Seguí; dania główne 6–10 CUC; ⌚12.00–24.00) Nieoznaczona, trudna do znalezienia, a w związku z tym na 100% lokalna, jest jedną z nielicznych prywatnych restauracji w Guanabacoa, w której jedzenie niewiele się zmieniło od nie tak smacznych lat 90. XX w. Aby się tam dostać, trzeba zapytać o drogę po hiszpańsku, a gdy się już to uda, wtedy zając w czerwonym winie i soczysty homar okażą się zaskakująco satysfakcjonujące.

La Brisilla, przy calle Cruz Verde, mieści się w ładnym kamiennym domu z dwoma lwami na parapecie.

Bary i życie nocne

Centro Cultural Recreativo de los Orishas BAR
(☎7-794-7878; Martí No 175, pomiędzy Lamas i Cruz Verde; ⌚10.00–2.00) Bar z restauracją, usytuowany w centrum Guanabacoa, dawniej gościł w weekendy zespoły rumby, w tym regularnie występujący Conjunto

Folclórico Nacional, ale ostatnio program ograniczono. Bar jest w otoczonym murem ogrodzie, ozdobionym rzeźbami afrokubańskich bóstw *santerii*.

Przyjazd i wyjazd

AUTOBUS

Autobus miejski P-15 z Parque de la Fraternidad w Centro Habana dojeżdża do Regli i Guanabacoa; po drodze zatrzymuje się przy głównym dworcu kolejowym w Habana Vieja.

PROM

Regla jest łatwo dostępna promem pasażerskim, wypływającym co 20 minut (0,25 CUC) z **Emboque de Luz** (s. 122) przy skrzyżowaniu San Pedro i Santa Clara, w Habana Vieja. Rowery są przyjmowane na pokład oddzielną kolejką, która ma pierwszeństwo.

PIESZO

Można dojść pieszo pod górę z Regli, dokąd dopływa prom z Hawany do Guanabacoa (lub odwrotnie) w ciągu 45 minut, mijając po drogę Colina Lenin.

Parque Lenin i okolice

Rzadko odwiedzane podmiejskie miejscowości, rozpościerające się niczym wachlarz od centrum w trzech kierunkach, skrywają rozmaite atrakcje, które mogą być celem interesujących półdniowych lub całodziennych wycieczek poza centrum. Santiago de las Vegas i Santa María del Rosario to wiejskie osady włączone do metropolii, które nie zatraciły dawnego charakteru. San Francisco de Paula eksponuje związki ze swym słynnym rezydentem Ernestem Hemingwayem. Arroyo Naranjo otacza największy zielony obszar w mieście – Parque Lenin – z rozległym ogrodem botanicznym.

Zwiedzanie

★ Museo de Hemingway MUZEUM

(☎ 7-692-0176; róg Vigía i Singer; 5 CUC; ⏱ 10.00–16.30 pn.–sb.) W 1940 r. Ernest Hemingway kupił Finca La Vigía („posiadłość strażnica"), usytuowaną na wzgórzu w San Francisco de Paula, 15 km na południowy wschód od Hawany, i mieszkał w niej 20 lat. Gdy wyjechał zmęczony i cierpiący na depresję do USA w 1960 r., wkrótce po rewolucji Castro, wspaniałomyślnie ofiarował swój dom „ludowi Kuby". Willa (*la casona*) nie zmieniła się od dnia wyjazdu pisarza.

Zwiedzający nie są wpuszczani do środka, ale przez otwarte drzwi i okna można zajrzeć do wnętrza świata Papy. Wszędzie są książki (nawet w toalecie), jest też duża victrola (gramofon) i kolekcja płyt, a także zbiór zwierzęcych głów – trofeów myśliwskich.

W trzypiętrowej wieży – obok domu – jest maszyna do pisania, teleskop i wygodny fotel. Z okien od strony północnej widać odległą panoramę miasta. Na gęsto zalesionym terenie jest basen, w którym Ava Gardner pływała nago, i arena do walki kogutów. Ulubioną łódź rybacką Hemingwaya, „Pilar", ustawiono w miejscu dawnego kortu tenisowego.

Żeby się dostać do San Francisco de Paula, należy wsiąść do autobusu P-7 (Alberro) przy Parque de la Fraternidad w Centro Habana i powiedzieć kierowcy, że się jedzie do muzeum. Wysiada się przy San Miguel del Padrón; wejście do domu znajduje się przy calle Vigía, 200 m na wschód od głównej drogi, Calzada de Güines.

Jardín Botánico Nacional OGRÓD

(Carretera del Rocío; 4 CUC; ⏱ 10.00–17.00 śr.–nd.) 600-hektarowy ogród botaniczny rzadko bywa odwiedzany, zapewne z powodu niedogodnej podmiejskiej lokalizacji i słabej komunikacji (najlepiej taksówką). Otwarty w 1984 r. – po 16 latach przygotowań – jest ceniony ze względu na kolekcję 250 gatunków drzew palmowych, ekspozycję etnobotaniczną upraw i stylowy ogród japoński (1992 r.). Zwiedzanie z przewodnikiem w wielu językach odbywa się miniaturową kolejką (całkiem ciekawe) albo własnym pojazdem, jeśli ktoś taki posiada (przewodnik dołączy).

Od listopada do lutego w ogrodzie można obserwować migrujące ptaki. Słynna wegetariańska restauracja *El Bambú* (s. 138) oferuje codziennie bezmięsny bufet. Jest też oddzielny *ranchón* (rustykalna, otwarta restauracja) z daniami mięsnymi *à la carte* dla mięsożerców.

Santuario de San Lázaro KOŚCIÓŁ

(Carretera San Antonio de los Baños; ⏱ 7.00–18.00) Można udać się indywidualnie do sanktuarium San Lázaro na przedmieściu Hawany, Rincón; jest to miejsce największej na Kubie dorocznej pielgrzymki. Do sanktuarium św. Łazarza (reprezentowany przez *oriszę* Babalú Ayé w *santerii*), patrona uzdrawiania i chorych, setki osób przychodza codziennie zapalić świeczkę i złożyć kwiaty. Najwięcej ludzi przybywa 17 grudnia, żeby wymodlić wytchnienie od choroby lub podziękować za wyzdrowienie.

Muzeum prezentuje mnóstwo darów wcześniej złożonych św. Łazarzowi w sąsiedniej kaplicy.

Parque Lenin PARK
(zmienne godziny otwarcia) Parque Lenin (pow. 670 ha) w gminie Arroyo Naranjo, 20 km na południe od centrum Hawany, jest największym miejskim terenem rekreacyjnym. Został utworzony w latach 1969–1972 na polecenie Celii Sánchez, wieloletniej współpracownicy Fidela Castro. Parkowa zieleń i piękne, stare drzewa (araukarie, mahoniowce, puchowce) otaczają sztuczne jezioro (*embalse*) Paso Sequito, tuż na zachód od znacznie większego Embalse Ejército Rebelde, powstałego po przegrodzeniu tamą rzeki Almendares.

Park ma liczne atrakcje (baseny, restauracje, amfiteatr, zoo, akwarium, pociąg parowy, galerię sztuki, kolejkę górską). W „okresie specjalnym" rzadziej go odwiedzano i obecnie sprawia wrażenie zaniedbanego. Taksówkarze narzekają, że jest *muy abandonado* (opuszczony) i wspominają z nostalgią czasy, kiedy „Lenin" był weekendową idyllą, miejscem wypoczynku i rozrywki dla hawańskich rodzin. Od dawna obiecuje się pomoc, ale to słowa, nie czyny. Pojawiło się trochę inwestycji chińskich, jednak zadanie jest gigantyczne i pozostało jeszcze wiele do zrobienia. Około 95% odwiedzających to Kubańczycy przyjeżdżający w weekendy.

Większość atrakcji w parku jest czynna od 9.00 do 17.00, od wtorku do niedzieli (wstęp do parku bezpłatny). Można wynająć łódkę z wiosłami na Embalse Paso Sequito, pojeździć konno, ale konia należy wynająć w Centro Ecuestre (s. 137), a nie od armii nagabywaczy kręcących się przy wejściu, którzy proponują źle utrzymane i wynędzniałe konie.

Blisko parku dowiezie autobus linii P-13, ale żeby do niego wsiąść, trzeba wpierw pojechać do Vibory – najlepiej autobusem P-9 ze skrzyżowania Calle 23 z Calle L w Vedado.

Mausoleo de Antonio Maceo POMNIK
BEZPŁ. Na szczycie wzgórza w El Cacahual, 8 km na południe od Aeropuerto Internacional José Martí drogą przez Santiago de las Vegas, znajduje się rzadko odwiedzane mauzoleum bohatera kubańskiej niepodległości, generała Antonia Maceo, który poległ w bitwie pod San Pedro nieopodal Bauty 7 grudnia 1896 r. Odkryty pawilon obok mauzoleum mieści wystawę historyczną.

Aktywnie

Centro Ecuestre JAZDA KONNA
(Parque Lenin; 9.00–17.00) Stajniami w południowo-zachodnim narożniku Parque Lenin zarządza agencja ochrony środowiska Flora y Fauna. Na ogół oferuje jazdę konną (1 godz. ok. 12 CUC) w swoim ośrodku hipicznym. Chcąc jeździć po parku, to wyłącznie z pracownikami Flora y Fauna, a nie z nagabywaczami.

Club de Golf de La Habana GOLF
(Carretera de Venta, Km 8 Reparto Capdevila, Boyeros; 8.00–20.00, kręgielnia 12.00–23.00) Jedno z dwóch miejsc na Kubie, gdzie można pomachać kijem golfowym; klub jest usytuowany pomiędzy Vedado i lotniskiem. Prymitywne i wyboiste pole *par* 35 ma dziewięć dołków. *Green fee* wynosi 20 CUC za 9 dołków; kije, wózek i *caddy* kosztują ekstra. Klub również posiada korty tenisowe i kręgielnię.

Wcześniej zwany Rover's Athletic Club, został założony przez grupę brytyjskich dyplomatów w latach 20. XX w.; korpus dyplomatyczny wciąż stanowi gros jego klientów. Fidel i Che Guevara zagrali tu w ramach chwytu reklamowego, tuż po kryzysie kubańskim w 1962 r. Nadal cieszą się popularnością zdjęcia z tego wydarzenia. Che – były *caddy* – podobno wygrał.

Oznaczenia są kiepskie, tak że klub jest trudno znaleźć i większość taksówkarzy się gubi. Należy pytać miejscowych o *golfito* albo Dilpo Golf Club.

Gastronomia

La Ceiba PARRILLA $
(róg Av San Francisco i Primer Anillo de La Habana; dania główne 75–150 *pesos* MN/CUP; 11.30–21.45) *La Ceiba* to kryty strzechą *ranchón* przy północnym wejściu do Parque Lenin, niedaleko miejsca, gdzie grasują konni nagabywacze. Warto tam pójść ze względu na *parrilladę* (gigantyczny grill) i sącząc zimne piwo, przyglądać się, jak wybrane kawałki mięsa wydzielają aromatyczne kłęby dymu. Prosto, tanio i bardzo po kubańsku.

Casa 1740 KUCHNIA KUBAŃSKA $
(María Capote, Parque Lenin; dania główne 50–70 MN; 9.00–17.00 śr.–nd.) Jeden ze spokojniejszych lokali w Parque Lenin, mieszczący się w małym domu na południe od jeziora,

z klimatyzacją naśladującą kanadyjskie mrozy. Jedzenie to prawdziwa *comida criolla* (kuchnia kreolska). *Ropa vieja* (siekana wołowina) jest bezbłędna i tylko 60 *pesos* MN (2,40 CUC).

Restaurante El Bambú KUCHNIA WEGETARIAŃSKA $$
(Jardín Botánico Nacional; bufet 12 CUC; ⌚13.00–15.00; ✎) Niegdyś jedyny lokal wegetariański w Hawanie, od dawna jest wiodącym orędownikiem korzyści płynących z bezmięsnej diety (ciężkie zadanie na Kubie). Bufet obiadowy „ile możesz zjeść" w plenerze, w głębi ogrodu botanicznego, gdzie naturalne otoczenie podkreśla zdrowotność jedzenia.

W menu zupy i sałaty, warzywa korzeniowe, *tamales* i „kawior" z bakłażana.

Las Ruinas KUCHNIA KARAIBSKA $$
(Cortina de la Presa, Parque Lenin; dania główne 6–10 CUC; ⌚11.00–24.00 wt.–nd.) Restauracja *Las Ruinas*, dawniej słynąca z architektury (modernistyczny budynek z wkomponowanymi ruinami cukrowni), sama obróciła się w ruinę na początku XXI w. W chwili dokumentowania przewodnika trwały prace remontowe, a także prace restauracyjne przy atrakcyjnym witrażu kubańskiego artysty René Portocarrero.

☆ Rozrywka

Rodeo Nacional RODEO
(☎7-643-8089; Parque Lenin; ⌚16.00 nd.) Na arenie w Parque Lenin w niedziele (nie w każdą, trzeba sprawdzić) odbywa się Rodeo Nacional, największe rodeo na Kubie. Kubańskie rodea nie ściągają wielu turystów, ale są klasycznymi imprezami wpisanymi w wiejską kulturę. Największe odbywa się każdego roku w marcu podczas Feria Agropecuaria de Rancho Boyeros.

ℹ Przyjazd i wyjazd

AUTOBUS

Do Santiago de las Vegas jeździ autobus miejski P-12 z Parque de la Fraternidad oraz P-16 sprzed Hospital Nacional Hermanos Ameijeiras, tuż obok Malecónu; do San Francisco de Paula (Museo de Hemingway) autobus P-7 (Alberro) z Parque de la Fraternidad w Centro Habana. Należy powiedzieć kierowcy, że się jedzie do muzeum i wysiada w San Miguel del Padrón. W pobliże Parque Lenin dowiezie autobus linii P-13, ale żeby do niego wsiąść, trzeba wpierw pojechać do Vibory, najlepiej autobusem P-9 ze skrzyżowania Calle 23 z Calle L w Vedado.

TAKSÓWKA

Kurs na peryferie Hawany kosztuje od 15 do 25 CUC, zależnie od miejsca docelowego.

Habana del Este

W Hawanie Wschodniej ciągną się Playas del Este, nieuporządkowane i urozmaicone plaże, odległe około 18 km na wschód od Habana Vieja. Plaże są wspaniałe, a resorty raczej nie zachwycają. Playas del Este sprawiają wrażenie porzuconych, amatorzy plażowania mogą uznać, że brzydkie hotele z czasów sowieckich nie pasują do otoczenia. Jednak ci, którzy nie lubią nowoczesnych obiektów turystycznych, mogą się tu poczuć swojsko; Playas del Este to łyk świeżego powietrza.

Zwiedzanie

Wschodnia Hawana nie ma do zaoferowania szczególnych atrakcji: głównymi są urozmaicone plaże ciągnące się nieprzerwanie od zachodu na wschód na długości 15 km: Bacuranao, Tarará, El Mégano, Santa María del Mar, Boca Ciega i Guanabo.

Cojímar OBSZAR
10 km na wschód od Hawany leży mała miejscowość portowa Cojímar – w latach 40. i 50. XX w. cumowała tam łódź rybacka Ernesta Hemingwaya, „El Pilar". Obecnie jest obowiązkowym przystankiem na szlaku Hemingwaya: grupy turystów przyjeżdżą tutaj, żeby odwiedzić historyczną (ale kiepską) restaurację *La Terraza* (s. 140), w której Ernesto popijał *daiquirí*.

Nad portem góruje Torreón de Cojímar (1649 r.), stary hiszpański fort, obecnie zajęty przez kubańską straż przybrzeżną. To pierwsza fortyfikacja zdobyta przez Brytyjczyków podczas szturmu na Hawanę w 1762 r. Obok wieży, otoczone sześcioma jońskimi kolumnami podtrzymującymi kamienne koło, stoi pozłacane popiersie Ernesta Hemingwaya. Pomnik ufundowali mieszkańcy Cojímar w 1962 r.

Alamar OBSZAR
Na wschodzie, na przeciwległym brzegu rzeki od Cojímar, w 1971 r. *micro brigadas* (małe brygady robotnicze budujące porewolucyjne osiedla mieszkaniowe) zbudowały Alamar, ogromne osiedle z prefabrykatów. W Alamar, gdzie narodził się kubański rap, odbywa się doroczny festiwal. Jest tam również Organopónico Vivero Alamar, jedna

z największych i najlepiej prosperujących spółdzielni ogrodniczych.

Aktywnie

Havana Kiteboarding Club KITESURFING
(☎58-04-96-56; www.havanakite.com; Plaza Cobre, pomiędzy Calle 12 i Calle 14, Tarará) W Tarará, gdzie warunki do uprawiania kiteboardingu są znakomite, prowadzony przez Włochów klub oferuje kursy (2 godziny 155 CUC) i wypożyczanie sprzętu (1 godz. 60 CUC); może także zorganizować nocleg w sąsiedniej *Villa Tarará* (s. 140).

Marlin Náutica Tarará SPORTY WODNE
(☎7-796-0240; róg Av 8 i Calle 17, Tarará) Czartery jachtów, wędkarstwo na głębokiej wodzie i nurkowanie proponuje Marina Tarará, 22 km na wschód od Hawany. Na ogół łatwiej jest zorganizować aktywności w recepcji hotelu w Hawanie. Ceny są podobne do tych w Marina Hemingway.

Noclegi

Guanabo

Gilberto y Blanca CASA PARTICULAR $
(☎7-796-2171; gilberto@nauta.cu; Av 5 No 47012, pomiędzy Calle 470 i Calle 472; 1-/2-os. 25/35 CUC; ❄) Sympatyczna para emerytów posiada przyjemny bungalow przy głównej arterii Guanabo. Cztery pokoje i dwie wspólne łazienki. Idealne dla rodzin albo grup przyjaciół.

Hostal Las Terrazas de Teresa CASA PARTICULAR $
(☎7-796-6860; Calle 472 No 7B07, pomiędzy Av 7b i Av 9; apt 35 CUC; P ❄) Trzy pokoje są właściwie miniapartamentami, każdy z kuchnią i jadalnią. Teresa włożyła mnóstwo pracy w remont domu, szare cegły upiększają obszerne pokoje. Tarasy na różnych poziomach są znakomitym miejscem na relaks z drinkiem.

Hostal Elena Morina CASA PARTICULAR $
(☎7-796-7975; Calle 472 No 7B11, pomiędzy Av 7b i Av 9; pokój 30 CUC; P ❄) Kilka przecznic od plaży. Na szyldzie jest napis „Hay perro", ale nie ma się czego obawiać, bo rezydujący tu pitbull jest przyjazny, tak samo jak gospodyni Elena, która kiedyś mieszkała we Włoszech. Dobra kawa, pięć pokojów przy zielonym patio.

Playas del Este

Villa Tarará BUNGALOW $
(☎7-798-2072; Vía Blanca Km 16; 1-/2-/3-/4-łóżkowy bungalow 62/71/98/108 CUC). *Villa Tarará* jest częścią resortu hotelowego, zaprojektowanego i zbudowanego w latach 40. XX w., który od tamtej pory był pełnił różne funkcje (kiedyś mieszkał tu Che Guevara). Usytuowany 16 km na wschód od stolicy, przy ładnej plaży obok mariny, składa się z licznych plażowych domków różnej wielkości i jakości.

Uwaga: to nie jest typowy resort. Nie ma w nim dobrych restauracji, rozrywek też niewiele, sprawia wrażenie porzuconego. Niemniej jest to odpowiednia baza dla amatorów kiteboardingu – w pobliżu na plaży funkcjonuje Havana Kiteboarding Club (s. 139), wiatry i fale są idealne.

Hotel Tropicoco RESORT $$
(☎7-797-1371; róg Av de las Terrazas i Av de las Banderas; 1-/2-/3-os. 79/122/163 CUC all-inclusive; P ❄ @ ≋) Hotel prowadzony przez Cubanacán. To błękitne monstrum, starające się udawać statek osiadły na mieliźnie, jest architektoniczną katastrofą na zewnątrz, jak i wewnątrz. Biedni będą ci podróżni, którzy zarezerwują hotel online, nie widząc wpierw zdjęć! Główne (i jedyne) korzyści dla niewymagających to cena (tanio) i lokalizacja (można stamtąd dorzucić piłką do plaży).

Hotel Bravo Club Arenal RESORT $$$
(☎7-797-1272; Laguna Boca Ciega; 1-/2-/3-os. 150/250/320 CUC all-inclusive; P ❄ @ 📶 ≋) Po sześcioletniej nieobecności *Arenal* odzyskał pozycję najlepszego hotelu Playas del Este (choć to niewiele znaczy). Usytuowany nad małą laguną, ma chodnik prowadzący do uroczej plaży, ale brak mu szyku hoteli na północnych *cayos* (wysepki). Nieciekawa architektura; niedawno wyremontowany. Klientela głównie włoska.

Complejo Atlántico – Las Terrazas APARTAMENTY, HOTEL $$$
(☎7-797-1494; Av de las Terrazas, pomiędzy Calle 11 i Calle 12; 1-/2-/3-os. 116/250/320 CUC all-inclusive; P ❄ @ ≋) Połączenie hotelu plażowego i dawnego *aparthotelu*; około 60 apartamentów (z kuchenkami) oraz przeciętne pokoje w *Atlántico*, niegdyś jednego z trzech hoteli all-inclusive w Hawanie. Pokoje są czyste, plaża urocza, ale to nie Varadero. Nie należy zbyt wiele oczekiwać.

Playas del Este

Playas del Este

Noclegi
1 Hotel Bravo Club Arenal B2
2 Gilberto y Blanca F2
3 Hostal Elena Morina F3
4 Hostal Las Terrazas de Teresa F2

Gastronomia
5 Chicken Little H2
6 El Cubano E2
7 Il Piccolo H1
8 Mi Cayito A1
9 Restaurante 421 .... E3

Bary i życie nocne
10 Bar Luna G2
11 Cabaret Guanimar E2

Gastronomia

Cojímar

Restaurante La Terraza OWOCE MORZA **$$**
(Calle 152 No 161; posiłki 7–15 CUC; 12.00–23.00) Jeszcze jedna udekorowana zdjęciami świątynia Hemingwaya. *Restaurante La Terraza* specjalizuje się w owocach morza, a głównie żeruje na fanach Papy, przywożonych codziennie autokarami. Jedzenie zaskakująco kiepskie, choć jadalnia na tarasie z widokiem na morze z pewnością się spodoba. Bardziej nastrojowy jest stary bar od frontu, w którym *mojitos* jeszcze nie osiągnęły cen w *El Floridita*.

Guanabo

★ **Il Piccolo** KUCHNIA WŁOSKA **$$**
(7-796-4300; róg Av 5 i Calle 502; pizze 7–9 CUC; 12.00–23.00) Starej daty prywatna restauracja w Guanabo istnieje od wieków i jest tajemnicą poliszynela, że *habaneros* uważają jej pizzę na cienkim cieście za najlepszą na Kubie. Na uboczu i nieco droższa od innych licznych pizzerii na Playas del Este, warta jest wypadu (można wsiąść do konnej dorożki przy Av 5).

Restaurante 421 KUCHNIA MIĘDZYNARODOWA, KUBAŃSKA **$$**
(53-05-69-00; Calle 462 No 911, pomiędzy Av 9 i Av 11; dania główne 5–12 CUC; 9.00–1.00) Zapytani o lokalne preferencje gastronomiczne w Guanabo, autochtoni pewnie wskażą strome wzgórze za głównym rondem i tę dość nową knajpkę z zaskakująco dużym wyborem ulubionych dań kubańskich i kilkoma zagranicznymi, jak paella czy nieunikniona pizza. Można usiąść na zewnątrz i cieszyć się troskliwą obsługą i jedzeniem.

Chicken Little KUCHNIA MIĘDZYNARODOWA $$
(☎7-796-2351; Calle 504 No 5815, pomiędzy Calle 5b i Calle 5c; dania główne 6–9 CUC; ⌚12.00–23.00) Należy im wybaczyć nazwę – *Chicken Little* może jeszcze stać się wielkim. Rzucając wyzwanie nieciekawemu wizerunkowi Guanabo, luksusowa restauracja szczyci się uprzejmym personelem oferującym na wstępie koktajle, pomocnym przy menu, w którym widnieje kurczak z pesto, kurczak w pomarańczach i miodzie i – niespodzianka – bardzo dobry homar.

El Cubano KUCHNIA KUBAŃSKA $$
(☎7-796-4061; Av 5, pomiędzy Calle 456 i Calle 458; dania główne 6–9 CUC; ⌚11.00–24.00) Lśniąca czystością restauracja nad Boca Ciega w zachodnim Guanabo, z pełnym stojakiem win (francuskich i kalifornijskich), z obrusami w kratę i smaczną wersją kurczaka *cordon bleu*. Wieczorem o 22.00 dyskoteka.

Playas del Este

Mi Cayito KUCHNIA KUBAŃSKA $
(☎7-797-1339; Av de las Terrazas, Itabo; dania główne 4–8 CUC; ⌚10.00–18.00) Niewielki bar z restauracją, dostępny podwyższoną promenadą wzdłuż małej laguny Itabo przy Playa Boca Ciega. To spokojny lokal w ładnym otoczeniu, z rzetelną, choć niewyróżniającą się kubańską kuchnią.

Don Pepe OWOCE MORZA $
(Av de las Terrazas; dania główne 5–7 CUC; ⌚10.00–23.00) Jeżeli już ktoś ma dość pizzy, niech pójdzie do tej krytej strzechą restauracji plażowej (50 m od plaży). Specjalizuje się w owocach morza.

Bary i życie nocne

Bar Luna BAR
(Av 5, pomiędzy Calle 482 i Calle 484; ⌚8.00–3.00) Nowy prywatny bar *Luna* jest również restauracją; jaskrawe światła wnętrza i otwartego tarasu od strony ulicy najlepiej się sprawdzają przy drinkach i wieczornej rozrywce. Ponieważ to jest Guanabo, można się spodziewać licznych zagranicznych mężczyzn w pewnym wieku w kubańskim towarzystwie.

Cabaret Guanimar KLUB
(róg Av 5 i Calle 468; ⌚21.00–3.00 wt.–sb.) Plenerowy klub w Guanabo to właściwie dyskoteka z występami tanecznymi (o 23.00) i chmarą *jintero/as* (naciągaczy i panienek). Nie należy oczekiwać Tropicany. Wstęp dla pary kosztuje 10 CUC.

FOTOGRAFOWIE REWOLUCJI

W dużej mierze romantyka kubańskiej rewolucji wynika z fotografii opowiadających jej historię. W każdym sklepie z pamiątkami w Hawanie można zobaczyć wybór czarno-białych fotografii, odtworzonych na plakatach i kartkach pocztowych. Jest tam Fidel Castro zeskakujący z czołgu w Zatoce Świń, zrelaksowany Che Guevara palący cygaro, Fidel z Hemingwayem podczas zawodów wędkarskich w Hawanie. Te pamiątkowe, ale i przesączone propagandą zdjęcia są dziełem wielkiej czwórki kubańskich fotografów, z których wszyscy byli zausznikami Fidela Castro.

Alberto Korda zasłynął w świecie z wielokrotnie powielanej enigmatycznej fotografii z 1960 r., przedstawiającej Che Guevarę w kurtce lotniczej i berecie, patrzącego ze złością w dal. Zdjęcie, zrobione podczas pogrzebu ofiar bombardowania portu w Hawanie (stąd wyraz twarzy Che), symbolizuje budzącego się rewolucyjnego ducha Kuby. Tak je interpretowali i szybko przyjęli lewicowcy na całym świecie. Było jednym z najczęściej eksponowanych zdjęć w XX w.

Korda zaprzyjaźnił się z Fidelem Castro pod koniec lat 50. XX; wszędzie z nim jeździł, m.in. do USA w 1959 r. – w tej podróży uczestniczył również fotograf Raúl Corrales, zaprzysięgły komunista, którego artystyczne ujęcia, choć nie tak znane jak Kordy, były subtelniejsze i bardziej spontaniczne. Trzeci członek grupy, Osvaldo Salas, będąc pod wrażeniem młodego agitatora, powrócił na Kubę po rewolucji w 1959 r. On i jego syn Roberto zostali oficjalnymi fotografami rządowymi.

Wiele kubańskich zdjęć rewolucyjnych to inscenizacje. Fotografia przedstawiająca brodatych partyzantów na koniach, wykonana przez Corralesa, była rekonstrukcją bitwy podczas wojny o niepodległość w 1895 r. Serię zwaną „Powrót Fidela do Sierra Maestra" zainscenizowali Castro z Albertem Kordą w latach 60. XX w. dla kubańskiej gazety „Revolución". Niemniej siła wyrazu tych zdjęć przetrwała. Kultowe zdjęcia Che w wykonaniu Kordy widnieją na monetach, banknotach i turystycznych T-shirtach; fotografie przedstawiające Fidela, Che i Camila Cienfuegos są wszechobecne – od rewolucyjnych afiszy po sztukę popularną Raúla Martíneza.

☆ Rozrywka

Centro Cultural Enguayabera CENTRUM SZTUKI (Calle 162, pomiędzy Av 7a i Av 7b, Alamar; ⌚9.00–23.00) W starej fabryce koszul w skromnym osiedlu Alamar, opuszczonej w latach 90. i odtąd wysypisku śmieci i publicznej latrynie, funkcjonuje obecnie sponsorowany przez państwo wspólnotowy projekt artystyczny, inspirowany instytucją Fábrica de Arte Cubano (s. 115) w Vedado. Pod wspólnym kulturalnym parasolem powstały różne ciekawe przedsięwzięcia; są tu trzy kina, kawiarnia literacka, teatr i punkt sprzedaży wyrobów rzemiosła.

Centrum jest zastrzykiem energii dla zapomnianego Alamar, brzydkiego zbiorowiska bloków mieszkalnych z lat 70. XX w., w którym narodził się kubański hip-hop, a które obecnie może rozbudzać miejską kreatywność. Wstęp bezpłatny; jest strefa Wi-Fi.

ⓘ Informacja

SŁUŻBA ZDROWIA

Apteka (☎7-796-7146; róg Av 5, pomiędzy Calle 472 i Calle 474; ⌚9.00–18.00 pn.–pt.) W Guanabo; tylko podstawowe artykuły medyczne.

PIENIĄDZE

Banco de Crédito y Comercio (Paseo Panamericano; ⌚8.30–15.00 pn.–pt., do 11.00 sb.) Wymiana walut i zaliczki gotówką.

Banco Popular de Ahorro (Av 5 No 47810, pomiędzy Calle 478 i Calle 480; ⌚9.00–15.00 pn.–pt.) W Guanabo; jest bankomat.

Cadeca (Av 5 No 47612, pomiędzy Calle 476 i Calle 478; ⌚8.00–18.00)

POCZTA

Urząd pocztowy (Av 5, pomiędzy Calle 490 i Calle 492; ⌚9.00–17.00 pn.–sb.)

INFORMACJA TURYSTYCZNA

Infotur (Av de las Terrazas, Edificio Los Corales, pomiędzy Calle 10 i Calle 11; ⌚8.15–16.15) Pomocne biuro państwowej informacji turystycznej tuż przy Playa Santa María del Mar.

Infotur (Av 5, między Calles 468 i 470; ⌚8.15–16.15) Pomocne biuro państwowej informacji turystycznej tuż przy głównej arterii Guanabo.

ℹ Przyjazd i wyjazd

AUTOBUS

T3 Habana Bus Tour kursuje co 40 minut z Parque Central do Playa Santa María del Mar, z przystankami przy Tarará, Club Mégano, hotel *Tropicoco* i Club Atlántico. Nie dojeżdża do Guanabo. Całodzienne bilety kosztują 5 CUC. Autobus A40 zatrzymuje się na rondzie przy Calle 462 i Av 5 w Guanabo, zanim pojedzie do Hawany, gdzie ma końcowy przystanek – niedaleko centralnego dworca kolejowego w Habana Vieja. Zazwyczaj jest zatłoczony, jeździ co 20 minut; bilet kosztuje tylko 0,05 CUC.

SAMOCHÓD

Oddziały wypożyczalni **Cubacar** w hotelu *Tropicoco* (☎7-797-1650; róg Av de las Terrazas i Av de las Banderas; ⌚9.00–17.00) oraz w Guanabo (☎7-214-0090; róg Calle 464 i Av 5; ⌚9.00–17.00).

Stacje benzynowe Servi-Cupet znajdują się w Guanabo (róg Av 5 i Calle 464; ⌚całą dobę) i na zachód od Bacuranao (Vía Blanca; ⌚całą dobę).

TAKSÓWKA

Kurs z Centro Habana do Playas del Este kosztuje od 15 do 20 CUC, w zależności od umiejętności targowania się.

Prowincje Artemisa i Mayabeque

☎ 47 (48 DO LAS TERRAZAS I SOROA) / 885 545 MIESZK.

Spis treści ➜

NAJ: Gastronomia

- El Romero (s. 153)
- Casa del Campesino (s. 153)
- San Miguel (s. 148)
- Don Oliva (s. 147)

NAJ: Noclegi

- Maité Delgado (s. 150)
- Castillo de las Nubes (s. 150)
- Hotel Moka (s. 153)
- Memories Jibacoa Beach (s. 156)

Dokąd jechać?

Omijane przez niemal wszystkich zagranicznych gości, dwie najmniejsze prowincje Kuby, utworzone w 2010 r. po podziale prowincji Hawana, są terenem dość przyziemnych trosk – na przykład, uzyskanie z upraw choć połowy plonów do nakarmienia narodu. W szachownicy sadów cytrusowych i ananasowych kryją się liczne miejscowości, które z pewnością spodobają się ciekawskim i odważnym podróżnym.

Największym zainteresowaniem cieszą się Soroa i Las Terrazas – uwieńczony sukcesem pierwszy kubański projekt ekologiczny i ważny ośrodek pieszych wędrówek i obserwowania ptaków. Plaże Jibaco, na wschód od Hawany, są na celowniku turystów pragnących uniknąć tłumnego Varadero i odpoczywać w spokoju. Będąc tam, jest się głównie w towarzystwie Kubańczyków (albo nikogo). Można zwiedzać ruiny hacjend cukrowych, jedyne w swoim rodzaju muzea, uczestniczyć w hałaśliwych fiestach. A potem, niczym w kalejdoskopie, oglądać przesuwające się krajobrazy, jadąc zadziwiająco powolnym pociągiem Hersheya.

Kiedy jechać?

- Atrakcje tych prowincji znacznie się różnią w zależności od klimatu. Ze względu na ich uwarunkowania geograficzne, w Soroa i Las Terrazas panuje mikroklimat: jest więcej deszczu, a minimalne miesięczne temperatury są niższe o 2–3°C aniżeli w Hawanie.
- Wielkie imprezy odbywają się w grudniu, przy okazji karnawałowych szaleństw, np. Las Charangas w Bejucal, oraz w kwietniu podczas Międzynarodowego Festiwalu Humoru w San Antonio de los Baños.
- Okres między grudniem i kwietniem jest najlepszą porą na plażowanie na Playa Jibacoa.

NAJ: prowincje Artemisa i Mayabeque

1 **Antiguo Cafetal Angerona** (s. 147) Wędrówka po opuszczonej hacjendzie kawowej.

2 **Las Terrazas** (s. 151) Pierwsza kubańska wioska ekologiczna – na zboczach wzgórz drzewa, kwitnące orchidee, malarze i poeci.

3 **Soroa** (s. 148) Piesze wędrówki po „kubańskiej tęczy" wśród olbrzymich paproci i drobnych orchidei.

4 **Museo del Humor** (s. 146) Wesołe oblicze San Antonio de los Baños.

5 **Kolej elektryczna Hersheya** (s. 155) Ucieczka od turystycznych szlaków wciąż uparcie działającym pociągiem dawnego króla czekolady.

6 **Playa Jibacoa** (s. 154) Ustronna plaża – można nurkować z fajką tuż przy brzegu.

7 **Parque Escaleras de Jaruco** (s. 156) Biesiada z pejzażem wśród weekendujących Hawańczyków na wzgórzach Mayabeque.

Historia

Hawanę założono w 1515 r. w miejscu obecnego Surgidero de Batabanó, jednak szybko ją przeniesiono. W regionie na dopiero rozwijającej się wyspie główną rolę miało odgrywać rolnictwo dzięki kluczowym uprawom, jakimi były kawa i trzcina cukrowa. Zachodnia Artemisa przeżyła krótkotrwały boom kawowy w latach 1820–1840, po którym ważną gałęzią gospodarki stał się przemysł cukrowy. W drugiej połowie XIX w. do pracy na plantacjach sprowadzono licznych niewolników. Ponieważ Kuba była już karaibskim ośrodkiem handlu czarnym towarem, tam też skupiły się wydarzenia, które w latach 80. XIX w. doprowadziły do zniesienia niewolnictwa.

Sukces przemysłu cukrowniczego nadal trwał w XX w. Król słodyczy Milton S. Hershey dostrzegł w 1914 r. w Mayabeque niezawodne źródło cukru dla swojej mlecznej czekolady. Ten lukratywny przemysł załamał się pod rządami Fidela Castro, kiedy Amerykanie i Rosjanie przestali kupować kubański cukier po wygórowanych cenach. Region zatem mocno ucierpiał ekonomicznie, a ówczesne niedostatki najlepiej obrazuje exodus z Mariel w 1980 r., kiedy port położony na zachód od Hawany stał się sceną usankcjonowanych przez Castro (i popieranych przez Jimmy'ego Cartera) masowych ucieczek Kubańczyków na Florydę.

Duży krok na rzecz ratowania regionu zrobiono w 1968 r. W zachodniej części prowincji Artemisa grunty opuszczonych plantacji kawy, które ją dawniej utrzymywały, zostały zalesione i przekształcone w pionierską ekologiczną wioskę, obecnie stanowiącą jeden z jej gospodarczych filarów.

PROWINCJA ARTEMISA

Na urodzajnych ziemiach prowincji Artemisa, będącej ogromnym warzywniakiem Hawany, utworzono ekologiczną wioskę Las Terrazas, oferując różne plenerowe aktywności pośród malowniczych stoków pasma górskiego Sierra del Rosario. Są tam też owiane tajemnicą ruiny hacjend kawowych oraz pełne pomysłów miasto San Antonio de los Baños, ze znaną na całym świecie szkołą filmową, która wykształciła wielu czołowych kubańskich artystów. Ładne plaże i wspaniałe boczne drogi na północnym wybrzeżu zapraszają tych, których nęcą przygody.

San Antonio de los Baños

35 980 MIESZK.

Pełne niespodzianek, artystyczne San Antonio de los Baños, położone 35 km na południowy zachód od Hawany, odsłania drugie oblicze Kuby. Ciężko pracującemu miastu z uczelnią – kuźnicą aspirujących filmowców – dostarcza rozrywki słynne muzeum humoru.

Escuela Internacional de Cine y TV w San Antonio de los Baños, założona w 1986 r. z pomocą kolumbijskiego pisarza noblisty, Gabriela Garcíi Márqueza, zaprasza studentów kinematografii z całego świata na naukę w doskonałych warunkach – jest tam między innymi olimpijskiej wielkości basen do wykonywania zdjęć podwodnych. Usytuowane w centrum miasta osobliwe muzeum humoru zapewnia radosne wytchnienie od dyżurnego repertuaru zwierzęco-rewolucyjnego.

W San Antonio de los Baños urodził się w 1946 r. Silvio Rodríguez – gigant muzyki *nueva trova*. Rodríguez niemal w pojedynkę napisał ścieżkę dźwiękową kubańskiej rewolucji. Jego najbardziej znane piosenki to *Ojalá*, *La Maza* oraz *El Necio*.

Zwiedzanie

W San Antonio de los Baños jest kilka atrakcyjnych placów, a najwspanialszy to ten przy skrzyżowaniu Calle 66 i Calle 41, z widocznym wszędzie kościołem parafialnym.

Museo del Humor MUZEUM

(róg Calle 60 i Av 45; 2 CUC; ⏲10.00–18.00 wt.–sb., 9.00–13.00 nd.) Wyjątkowy na Kubie zbiór rysunków, karykatur i rozmaitych śmiesznostek. Wśród rysunków oprócz współczesnych zuchwałych satyrycznych karykatur są także pierwsze znane kubańskie karykatury z 1848 r. Zwiedzanie w kwietniu zapewni dodatkową dawkę śmiechu podczas Międzynarodowego Festiwalu Humoru (zgłoszone prace wystawiane są jeszcze kilka tygodni).

Muzeum przechowuje prace czołowego kubańskiego karykaturzysty, Carlosa Julia Villara Alemána, członka UNEAC (Unión de Escritores y Artistas de Cuba) i dawnego jurora festiwalu.

Odbywają się tam koncerty i przedstawienia baletowe (kilka w miesiącu).

Galería Provincial de Eduardo Abela GALERIA
(Calle 58 No 3708, róg Calle 37; 12.00–20.00 pn.–pt., 8.00–20.00 sb., 8.00–12.00 nd.) BEZPŁ. Odważna i nowatorska, zupełnie nieprowincjonalna galeria sztuki. W pierwszej sali wystawiono malarstwo, w pozostałych przejmującą czarno-białą fotografię. Galerii nadano imię syna tego miasta, Eduarda Abeli, kubańskiego artysty, najbardziej znanego jako twórcy El Bobo (Wariata), komiksowej postaci ośmieszającej dyktaturę Gerarda Machado w latach 20. i 30. XX w.

Noclegi i gastronomia

Avenida 41 to główna arteria handlowa w San Antonio – są tu lokale, w których można coś przekąsić za *pesos*. Prawdziwych restauracji nie ma wiele, ale przynajmniej jedna z nich jest dobra.

Hotel Las Yagrumas HOTEL $$
(47-38-44-60; Calle 40 y Final Autopista; pokój 1-/2-os. od 38/52 CUC; P) 3 km na północ od San Antonio de los Baños, nad malowniczą, ale zanieczyszczoną rzeką Ariguanabo. Hotel popularny wśród Kubańczyków płacących w *pesos*. 120 pokojów z balkonami i tarasami (niektóre z widokiem na rzekę), spora część wyposażenia wyraźnie się rozpada. Urządzenia sportowe są już lepsze: stół pingpongowy i olbrzymi basen (goście spoza hotelu płacą 6 CUC).

Pobliska rzeka zachęca do wycieczek. Ośmiokilometrowa eskapada łodzią motorową kosztuje 3 CUC, wynajęcie łodzi z wiosłami 1 CUC za godzinę.

Don Oliva KUCHNIA KUBAŃSKA $
(47-38-23-70; Calle 62 No 3512, pomiędzy Calle 33 i Calle 35; dania główne 3–5 CUC; 12.00–23.00 wt.–nd.) Restauracja *Don Oliwa* na ustronnym krytym patio. Chyba najtańszy homar na Kubie, bo kosztuje około 5 CUC i jest całkiem smaczny. Prywatna restauracja, przyjemnie nieturystyczna, ceny są podane w *moneda nacional*, czyli w niewymienialnych *pesos*. Wybór? – owoce morza.

Bary i życie nocne

Taberna del Tío Cabrera KLUB
(Calle 56 No 3910, między Calle 39 i Calle 41; 14.00–17.00 pn.–pt., 14.00–1.00 sb. i nd.) Atrakcyjny nocny klub w ogrodzie; niekiedy spektakle komediowe wystawiane we współpracy z Museo del Humor (vis-à-vis). Klientela to mieszkańcy San Antonio i okolic oraz studenci szkoły filmowej.

Przyjazd i wyjazd

Trudno się tu dostać bez samochodu. San Antonio de los Baños ma połączenie kolejowe z Estación 19 de Noviembre w Hawanie (1,50 CUC, 1 godz., 4 dziennie), ale należy to dobrze sprawdzić wcześniej. Taksówka z centrum Hawany kosztuje 35 CUC (45 minut).

Artemisa

57 160 MIESZK.

W 2010 r. miasto Artemisa ustanowiono stolicą prowincji Artemisa, co jednak, wbrew oczekiwaniom, nie uczyniło jej turystyczną mekką. Zamożność i popularność są już tylko wspomnieniem z przeszłości. Niegdyś gościła takie sławy, jak Ernest Hemingway i kubański poeta Nicolás Guillén. Wzbogacona na boomie kawowym i cukrowym w XIX stuleciu, straciła na znaczeniu, gdy nastąpiła katastrofalna zapaść na tych rynkach. Znana jest dziś jako Villa Roja („czerwone miasto") ze względu na wyjątkowo urodzajną czerwoną glebę, niezmiennie zapewniającą każdego roku obfite zbiory tytoniu, bananów i trzciny cukrowej.

W Artemisie nie ma bazy turystycznej: Soroa jest najbliższą opcją. Jakby na pocieszenie, są tu *bulevares* (piesza ulica handlowa), jedne z najładniejszych pasaży w kubańskich prowincjach. Ostatnio odrestaurowane z kasy państwowej.

Zwiedzanie

★ **Antiguo Cafetal Angerona** OBIEKT HISTORYCZNY
(od świtu do zmierzchu) BEZPŁ. Antiguo Cafetal Angerona, 5 km na zachód od Artemisy, przy drodze do Autopista Hawana–Pinar del Río (A4), to jedna z najstarszych hacjend kawowych (*cafetales*) – założona w latach 1813–1820 przez Cornelia Sauchaya. Na hacjendzie Angerona, z plantacją liczącą 750 000 krzewów kawowca pracowało 450 niewolników. Za ruinami rezydencji stoją jeszcze baraki dla niewolników, wieża strażnicza, skąd ich pilnowano, a także liczne magazyny. Turyści pojawiają się tu rzadko; hacjenda zatem będzie inspirującym miejscem dla twórczej fotografii i kontemplacji kubańskiej przeszłości.

Cisza pól trzcinowych, powyginane drzewa wyrastające z załomów murów, malownicze łuki stwarzają klimat rzymskich ruin. Wyjeżdżając z Artemisy, należy wypatrywać po prawej stronie kamiennych słupów bramy i znaku.

Posiadłość pojawia się w powieściach Cirila Villaverde i Aleja Carpentiera, James A. Michener poświęcił jej kilka stron w książce *Six Days in Havana (Sześć dni w Hawanie).*

Mausoleo a los Mártires de Artemisa MAUZOLEUM
(☎47-36-32-76; Av 28 de Enero; ⏲9.00–17.00 wt.–nd.) BEZPŁ. Hobbiści rewolucji pewnie uchylą kapelusza przed Mauzoleum Męczenników z Artemisy. Spośród 119 rewolucjonistów, towarzyszących Fidelowi Castro w ataku na Koszary Moncada, 28 pochodziło z Artemisy i okolic. Pochowano ich w sześciennym mauzoleum z brązu. Czternastu z nich poległo podczas szturmu lub zaraz potem zostało zabitych przez żołnierzy Batisty. Pozostali uczestnicy ataku na Moncadę zginęli później w Sierra Maestra. Muzeum w podziemiu prezentuje zdjęcia i przedmioty osobiste bojowników.

Gastronomia i bary

Ponieważ rzadko pojawiają się turyści zagraniczni, prywatne lokale w Artemisie są tanie i nastawione głównie na Kubańczyków. Jest kilka dobrych restauracji.

Los Nardis KUCHNIA KUBAŃSKA $
(róg Calle 49 i Calle 42; dania główne 3–6 CUC; ⏲12.00–24.00 wt.–nd.) Przecznica od głównej ulicy (Av 28 de Enero). Prywatna restauracja *Los Nardis* nie ma szyldu, więc trudno ją znaleźć. Proste kubańskie potrawy, czyli *mucho* (dużo) ryżu i fasoli.

San Miguel KUCHNIA KUBAŃSKA $
(Calle 45 No 4811, między Calle 48 i Calle 50; dania 2–4 CUC; ⏲10.00–23.00) Miły *paladar* (prywatna restauracja) oferuje nietypowe (jak na Artemisę) potrawy, m.in. kraby i *bistec uruguayo* (befsztyk urugwajski). Popularna wśród miejscowych.

Cafe Cubita KAWIARNIA
(Búlevar między ulicami Maceo i General Gómez; ⏲10.00–22.00 nd.–cz., 10.00–24.00 pt. i sb.) Jeden z najlepszych lokali przywróconej do życia kubańskiej sieci kawiarń; wygodne siedzenia, kompletne kawowe menu i obsługa przy stolikach. Bonus: tanie (1–2 CUC) opiekane sandwicze na kubańskim chlebie. Niemal wszyscy wybierają *café helado* (koktajl mleczno-kawowy z lodami).

Przyjazd i wyjazd

Dworzec autobusowy znajduje się przy Carretera Central, w centrum Artemisy (tylko autobusy lokalne).

Stacja kolejowa w Artemisie (Av Héroes del Moncada) to cztery przecznice od dworca autobusowego. Przewidziane dwa pociągi dziennie z Hawany (2,20 CUC, 2 godziny), o 12.00 i o 24.00, ale nie można na nie liczyć.

Soroa

7200 MIESZK.

Soroa – nazywana „tęczą Kuby" – region wspaniałej przyrody z niewielką osadą, 85 km na południowy zachód od Hawany, to najbliższy stolicy resort górski. Usytuowany 8 km na północ od Candelarii w Sierra del Rosario, leży w pobliżu najbardziej wysuniętego na wschód odcinka Cordillera de Guaniguanico. W regionie Soroa padają obfite deszcze (ponad 1300 mm rocznie), sprzyjające wzrostowi drzew i orchideom. Nazwa pochodzi od nazwiska Francuza Jean-Pierre'a Soroa, w XIX w. właściciela hacjendy kawowej założonej wśród wzgórz. Jego potomek, Ignacio Soroa, w latach 20. XX w utworzył park i dopiero po rewolucji ten obszar z bujną przyrodą zagospodarowano w celach turystycznych.

Choć charakteryzuje go taka jak w Las Terrazas obfita flora, region Soroa jest na ogół spokojniejszy i przyjeżdża tam mniej turystów. Wspaniały do eksploracji na rowerze.

Zwiedzanie

Wszystkie atrakcje w regionie Soroa są dogodnie usytuowane w obrębie *Hotel y Villas Soroa* (s. 150), skąd można wybrać się na wycieczki konne i piesze do okolicznych lasów i paru miejscowości. Warto o nie zapytać także w *casas particulares*. Inne szlaki prowadzą do skalnego zespołu Laberinto de la Sierra Derrumbada i do idyllicznej Poza del Amor (studnia miłości), w której można się kąpać. Hotel jest głównym punktem informacyjnym w regionie.

Finca Excelencia HACJENDA
(Carretera Soroa Km 11; ⏲od świtu do zmierzchu) BEZPŁ. Finca Excelencia, idealnie pasująca do ekologicznej tęczy regionu Soroa, to prywatna hacjenda, która od niedawna przyjmuje ciekawskich turystów. Spacerując wśród starannie uprawianych sadów na zboczach, otworzymy oczy na 140 odmian owoców (przerabianych na soki, dżemy i wina)

i ponad 300 odmian orchidei. Z dwóch wysokich *miradores* (punkty widokowe) roztaczają się wspaniałe panoramy w stu odcieniach zieleni. Skromny i energiczny właściciel chętnie oprowadzi po Excelencii.

Orquideario de Soroa OGRODY
(Carretera Soroa Km 9; 3 CUC; 8.30–16.30) Po zboczu wzgórza, niedaleko *Hotel y Villas Soroa* (s. 150), pnie się piękny ogród. Założył go pod koniec lat 40. XX w. – z potrzeby serca – hiszpański prawnik Tomás Felipe Camacho, ku pamięci żony i córki. Camacho objechał świat, tworząc kolekcję 700 odmian orchidei (największą na Kubie), wśród nich wiele endemicznych. Camacho zmarł w latach 60. XX w. Orquideario, pod opieką uniwersytetu w Pinar del Río, wciąż istnieje i można go zwiedzać z przewodnikiem, w języku hiszpańskim lub angielskim.

Salto del Arco Iris WODOSPAD
(Carretera Soroa Km 8; 3 CUC; 9.00–18.00) Arco Iris („tęcza") spada z wysokości 22 m do Arroyo Manantiales („strumienia źródeł"). Wodospad jest w parku – wejście po prawej stronie, przed *Hotel y Villas Soroa* (s. 150). Kręta ścieżka wiedzie do dwóch *miradores* powyżej wodospadu, który szaleje w porze deszczowej (V–X), a potem już tylko ciurka. Można popływać.

Aktywnie

Ta część Sierra del Rosario należy do najlepszych miejsc obserwacyjnych ptaków w zachodniej Kubie, zaraz po Ciénaga de Zapata. Nie trzeba się zbytnio oddalać od *Hotel y Villas Soroa* (s. 150), żeby zobaczyć pilika czerwonodziobego (*tocororo*) albo zabawnego płaskodziobka kubańskiego. Wycieczki z przewodnikiem, organizowane w hotelu, kosztują od 6 do 8 CUC za godzinę.

Wycieczki można zamówić i opłacić w *Hotel y Villas Soroa* (s. 150) oraz w większości miejscowych *casas particulares*.

★ Mirador Loma El Mogote PIESZE WYCIECZKI
(Carretera Soroa Km 8) Do skalnego występu o nazwie Loma El Mogote prowadzi od Baños Romanos (s. 150) oznaczona ścieżka dł. 2 km. Z punktu widokowego (*mirador*) roztacza się wspaniała panorama regionu Soroa i nadmorskich równin, z krążącymi za zdobyczą sępnikami różowogłowymi.

El Brujito PIESZA WYCIECZKA
(15 CUC od osoby) Wycieczka do wioski El Brujito („mały czarownik") – zamieszkanej przez potomków niewolników, niegdyś pracujących na plantacji należącej do Francuzów – to najdłuższa w okolicy trasa spacerowa (około 15 km). Aby przejść tę trasę z przewodnikiem, potrzeba mniej więcej siedmiu godzin.

POZA UTARTYM SZLAKIEM

PLAŻE PÓŁNOCNEGO WYBRZEŻA

Wybrzeże na północy prowincji Artemisa można zwiedzać, jadąc prawie pustą drugorzędną drogą, prowadzącą z Hawany do miasteczka Bahía Honda i dalej, do prowincji Pinar del Río (głównie rowerzyści). Paskudna, mocno zanieczyszczona główna miejscowość Mariel słynie z exodusu 125 000 Kubańczyków, którzy z jej portu odpłynęli na Florydę w 1980 r. Na wschód od Mariel są już ładne (i czyste) plaże.

Na Playa Salado jest około 15 miejsc do nurkowania tuż przy brzegu, z których korzystają grupy wycieczkowe z Hawany. Playa Baracoa, kilka kilometrów dalej na wschód, ma bardziej rozwiniętą infrastrukturę. Wielcy faceci, opierając się o stare amerykańskie bryki, sączą piwo, wędkarze zarzucają wędki z kamienistego brzegu. Na plaży stoją prymitywne budy z jedzeniem, wartych uwagi obiektów noclegowych nie ma.

Ruinas de los Cafetales Franceses PIESZE WYCIECZKI
(12 CUC od osoby) Soroa, sąsiadująca z Las Terrazas, również leży na obszarze dawnych upraw kawy. Ruiny francuskich hacjend kawowych – La Independencia, La Esperanza i La Merced – można obejrzeć podczas czterogodzinnej wędrówki w kierunku północno-wschodnim od Villa Soroa.

La Rosita PIESZA WYCIECZKA
(12 CUC od osoby) Udana obserwacja ptaków wymaga wysiłku. Trzeba będzie powędrować – najbardziej wymagającym szlakiem w Soroa – do dawnej wioski ekologicznej La Rosita (niestety, zniszczonej podczas niedawnego huraganu), usytuowanej wysoko na wzgórzach, za Hotel y Villas Soroa (s. 150). Ale warto, bo to jedna z rzadkich okazji poznania autentycznego życia kubańskiej wsi. Długość trasy: ok. 8 km.

POZA UTARTYM SZLAKIEM

BAHÍA HONDA

Z miasta Soroa, w głębi lądu, zmierza do Bahía Honda dzika malownicza trasa. Dobiega do drogi na wybrzeżu, prowadzącej do prowincji Pinar del Río (na zachód od Bahía Honda) i do Hawany (na wschód od tego miasteczka). Jadąc rowerem trasą z Soroa do Bahía Honda, mija się lesiste wzgórza, pola ryżowe w cienistych dolinach rzecznych, kryte strzechą wiejskie domy, wysokie królewskie palmy i dzierżących maczety *guajiros* (robotników rolnych). Męcząca, ale jakże satysfakcjonująca, trasa rowerowa.

Bahía Honda („głęboka zatoka") jest tętniącym życiem miasteczkiem, z ładnym kościołem. Mimo bliskości Hawany, można się tutaj czuć jak na wsi, szczególnie na tej wyboistej drodze z Soroa.

Baños Romanos KĄPIELE
(Carretera Soroa Km 8; 5 CUC za godzinę) Kamienne łaźnie na przeciwległym brzegu potoku vis-à-vis parkingu przy Salto del Arco Iris (s. 149). Baños Romanos rzymskimi nie są, za to kąpiel w zimnej siarkowej wodzie będzie znakomita. *Hotel y Villas Soroa* zapewnia kąpiele i masaże.

Noclegi i gastronomia

Właściwie w każdym domu przy drodze z Candelarii do Soroa są pokoje do wynajęcia, a ostatnio, wraz z otwarciem Castillo de las Nubes, pojawiły się dwa nowe hotele. Soroa jest doskonałą alternatywną bazą wypadową do Las Terrazas i, na swój sposób, równie piękna.

Wszystkie obiekty noclegowe w Soroa zapewniają jedzenie, a w *casas particulares* jest ono najsmaczniejsze. Dobra wiadomość, bo nie ma tu wielu osobnych restauracji.

★ Maité Delgado CASA PARTICULAR $
(☎52-27-00-69; yeisondelg@nauta.cu; Carretera Soroa Km 7; pokój 25–30 CUC; P ❄) Pogodna, rodzinna *casa* i można stąd dojść spacerem do głównych atrakcji w Soroa. Maité Delgado to prawdziwy wiejski raj – bujane fotele na werandzie, kwitnący ogród i pięć fajnych pokojów z designerskim wystrojem. Komfort *en el campo* (na wsi). Mówią tu po angielsku, można też zamówić kolację.

Don Agapito CASA PARTICULAR $
(☎58-12-17-91; donagapitosoroa@nauta.cu; Carretera Soroa Km 8; pokój 20–25 CUC; P ❄) Dwa znakomite pokoje, jasne i super czyste, z profesjonalnymi detalami – łącznie z olbrzymią mapą prowincji. Pobyt w tej *casa particular* w Soroa, tuż obok Orquideario (s. 149), będzie prawdziwą przyjemnością. Jedzenie jest równie wspaniałe. Warto obejrzeć ogród z obwieszoną kwiatami minijaskinią!

Hotel y Villas Soroa RESORT $$
(☎48-52-35-34; Carretera Soroa Km 9; 1-/2-/3-os. 59/88/115 CUC ze śniadaniem; P ❄ 📶 🏊) Nijak nie można się przyczepić do lokalizacji tego resortu hotelowego: w wąskiej dolinie wśród majestatycznych drzew i zielonych wzgórz (choć można się zastanowić nad sensem wstawiania takiego blokowiska w serce dzikiej przyrody, tak pięknej, że aż dech w piersiach zatyka). W wielkim kompleksie, w pobliżu lasu, jest 80 ustronnych i cichych pokojów, kuszący basen, mały sklep i zwyczajna restauracja.

W resorcie także domki (*villas*) cztero-, sześcio- i ośmioosobowe (od 60 do 120 CUC). W innym miejscu kompleksu jest dyskoteka i biuro, w którym można zamówić i opłacić rozmaite aktywności, w tym piesze wycieczki i obserwowanie ptaków.

Castillo de las Nubes HOTEL BUTIKOWY $$$
(Zamek w Chmurach; ☎48-52-35-34; 1-/2-os./apart. 150/175/250 CUC; P ❄ 📶 🏊) Zamek – w imaginacyjnym romantycznym stylu europejskim – z okrągłą wieżą, stoi na wzgórzu. Prowadzi tam trudna droga, dł. 1,5 km, za Orquideario de Soroa (s. 149). Zamek zbudował w 1940 r. zamożny hacjender, Antonio Arturo Bustamante, i opuścił go zaraz po rewolucji. Od 2016 r. funkcjonuje jako hotel butikowy z 6 pokojami, barem, restauracją, basenem i widokiem regionu z każdej strony.

Restaurante El Salto KUCHNIA KUBAŃSKA $
(Carretera Soroa Km 8; dania 5–12 CUC; ⏲9.00–19.00; P) Skromna restauracja w pobliżu Baños Romanos – jeden z niewielu w Soroa samodzielnych lokali gastronomicznych, niepowiązanych z hotelami i *casas particulares*. Dania kubańskie obfite, ale ubogie w smaki.

Przyjazd i wyjazd

Autobus Víazul (www.viazul.com) relacji Hawana –Viñales zatrzymuje się tylko w Las Terrazas; do Soroa (16 km) trzeba pojechać taksówką

(15 CUC, 15 min). Goście *casas particulares* niech poproszą o podwiezienie. Autobusy relacji Viñales – Hawana czasem przejeżdżają przez Soroa (nie można na nie liczyć). Informacje w *Hotel y Villas Soroa*, w Infotur w Viñales (s. 182) i w Hawanie (s. 120).

Podróż do Soroa i okolic wymaga indywidualnego transportu: auta, roweru albo motoroweru. Stacja paliw Servi-Cupet jest przy autostradzie (*autopista*), koło wjazdu do Candelarii, 8 km poniżej Soroa.

Las Terrazas

1200 MIESZK.

Pionierska wioska ekologiczna Las Terrazas powstała 1968 r. w ramach projektu zalesiania. Obecnie jest rezerwatem biosfery UNESCO i kwitnącym ośrodkiem aktywności (m.in. jazda po linie wśród drzew). Tutaj też powstały pierwsze na Kubie plantacje kawy. Z Hawany przyjeżdżają autokary wycieczkowe.

Na noc można się zatrzymać w *Moka*, jedynym hotelu łamiącym powszechne zwyczaje. Jest to luksusowy resort ekologiczny – zbudowany z myślą o zmobilizowaniu turystów zagranicznych. Nieopodal, w atrakcyjnej, lśniącej bielą domów wiosce artystycznej nad niewielkim jeziorem znajdują się otwarte pracownie oraz warsztaty ceramiczne i stolarskie. Jednak największą atrakcją regionu są tereny zielone, idealne na piesze wędrówki, relaks i obserwowanie ptaków.

Zwiedzanie

Cafetal Buenavista OBIEKT HISTORYCZNY

BEZPŁ. Do najbardziej poruszających ruin w Las Terrazas idzie się ok. 1,5 km, w górę od wschodniej bramy, Puerta de Las Delicias (s. 154). Cafetal Buenavista to najstarsza (obecnie częściowo odrestaurowana) hacjenda kawowa na Kubie, założona w 1801 r. przez francuskich uciekinierów z Haiti. Ruiny pomieszczeń dla 126 niewolników, przetrzymywanych przez francuskich właścicieli, widać obok suszarni.

Na poddaszu domu zarządcy (obecnie restauracja) składowano wysuszone ziarna przed transportem mułami do portu w Mariel. Widoki okolic plantacji kawowych można najlepiej docenić podczas wycieczki trasą zwaną Sendero de Las Delicias (s. 153), która obejmuje także *cafetal*.

Potężna *tajona* (żarno), z tyłu budynku, służyła do oddzielania ziaren kawy od łupin. Potem ziarna suszono w słońcu na wielkich platformach.

Casa-Museo de Polo Montañez MUZEUM

(9.00–17.00 pn.–pt.) BEZPŁ. W domu artysty Pola Montañeza, uznawanego za najlepszego kubańskiego wykonawcę *canciones guajiras*, urządzono niewielkie muzeum, w którym są przechowywane jego złote płyty i pamiątki. Dom stoi nad jeziorem w wiosce Las Terrazas.

Do najsłynniejszych piosenek Pola należą *Guajiro natural* i *Un montón de estrellas*; proste teksty o miłości i przyrodzie podbijały serca słuchaczy w latach 2000–2002. Jednak jego sława nie trwała długo – zginął tragicznie w wypadku samochodowym w 2002 r.

San Pedro i Santa Catalina TEREN HISTORYCZNY

BEZPŁ. Ruiny XIX-wiecznej hacjendy kawowej San Pedro znajdują się poniżej odgałęzienia traktu w La Cañada del Infierno („piekielnym wąwozie"), w połowie drogi między dojazdem do hotelu *Moka* (s. 153) a boczną bramą w Soroa. Kilometr od głównej drogi, tuż przed hacjendą San Pedro, stoi bar, skąd widać popularne miejsce kąpieli. Santa Catalina jest kilometr dalej.

Stamtąd szlak prowadzi do Soroa.

Hacienda Unión TEREN HISTORYCZNY

BEZPŁ. Unión, około 3,5 km na zachód od hotelu *Moka* (s. 153), po drugiej stronie drogi dojazdowej, to następna, częściowo odrestaurowana, hacjenda kawowa; jest tu rustykalna restauracja, niewielki ogród znany jako Jardín Unión. Możliwość **jazdy konnej** (6 CUC za godzinę).

La Plaza PLAC

(9.00–17.00) Na szerokim wzniesieniu pośrodku wioski Las Terrazas stoi pawilon handlowy z kinem, kawiarnią, biblioteką i muzeum ekologicznym, przedstawiającym krótką historię miejscowej społeczności. Zazwyczaj wszystkie te obiekty są czynne cały dzień; mogą też być otwarte po zgłoszeniu w Oficinas del Complejo (s. 154).

Galería de Lester Campa GALERIA

(codziennie, w różnych godzinach) BEZPŁ. Kilku znanych kubańskich artystów zadomowiło się w Las Terrazas, m.in. Lester Campa, którego prace są wystawiane na całym świecie. Można je obejrzeć w pracowni z galerią po prawej stronie, kilka domów za Casa-Museo de Polo Montañez.

Aktywnie

Sierra del Rosario to teren najciekawszych pieszych wycieczek na Kubie. Jednak wszystkie wymagają przewodnika - nie można się na nie wybrać samodzielnie (brak oznaczeń zniechęci niemal wszystkich). Ponieważ większość miejscowych przewodników jest świetnie wyszkolona, to po takim doświadczeniu jest się sprawniejszym i mądrzejszym. Ostatnio przygotowano cztery trasy wędrówkowe (każda 19 CUC od osoby). Rezerwacje w Oficinas del Complejo (s. 154) lub w hotelu *Moka*.

★Sendero La Serafina PIESZA WYCIECZKA

(19 CUC od osoby) Łatwa dla piechurów pętla La Serafina (dł. 6,4 km) rozpoczyna się i kończy w pobliżu Rancha Curujey. To znany raj obserwatorów ptaków (gniazduje tu 70 gatunków). W połowie drogi pojawią się pozostałości Cafetal Santa Serafina, jednej z pierwszych hacjend kawowych na Karaibach. Na tę wędrówkę - z przewodnikiem - trzeba przeznaczyć trzy godziny.

Baños del Río San Juan BASENY

(15 CUC z obiadem; ⌚9.00–19.00) Trudno sobie wyobrazić bardziej malownicze naturalne baseny kąpielowe. Idzie się tam 3 km na południe od hotelu *Moka* (po drugiej stronie), w dół pofałdowaną, utwardzoną drogą. *Baños* (baseny) są dziełem przyrody: ze skalnych tarasów spływa w dół kaskadami czysta woda, tworząc liczne sadzawki.

Nad rzeką działają punkty gastronomiczne pod gołym niebem, są także przebieralnie, prysznice i domki noclegowe (☎48-57-86-00; 1-/2-os. 15/25 CUC). Pomimo tej infrastruktury ma się wrażenie przebywania w wiejskim zaciszu.

El Taburete PIESZA WYCIECZKA

(19 CUC od osoby) Trasa, dł. 5,6 km, zaczyna się i kończy w tym samym miejscu co El Contento, ale wiedzie przez Loma El Taburete (452 m n.p.m.), gdzie stoi wzruszający pomnik poświęcony 38 kubańskim partyzantom, którzy się szkolili w tych górach przed fatalną wyprawą Che Guevary do Boliwii.

Podobnie jak na trasie El Contento, trzeba przejść 5 km wiejską drogą; do punktu startu można wrócić zamówioną taksówką (około 3 CUC). Rezerwacje i opłaty w Oficinas del Complejo (s. 154) lub w hotelu *Moka*.

El Contento PIESZA WYCIECZKA

(19 CUC od osoby) Trasa dł. 7,6 km przebiega u podnóża wzgórz, pomiędzy Campismo El Taburete (skromne noclegi wyłącznie dla Kubańczyków) i Baños del Río San Juan (s. 152), mijając po drodze pozostałości dwóch hacjend kawowych: San Ildelfonso i El Contento. Trzeba przejść 5 km wiejską drogą; do punktu startu można wrócić zamówioną taksówką (około 3 CUC).

NARODZINY EKOPROJEKTU

W 1968 r., kiedy tworzący się ruch ekologiczny był zaledwie irytującą grupką buntowników dowodzonych przez hipisów, jak np. „Swampy", myślący perspektywicznie Kubańczycy, zmartwieni deforestacją swojej wyspy, wpadli na świetny pomysł.

Plan objął 50 km² zdewastowanych górskich terenów w zachodniej części Kuby, gdzie dawniej znajdowały się francuskie plantacje kawy, zakładając ponowne zagospodarowanie odpornych na erozję tarasowych stoków. W 1971 r., po ukończeniu pierwszego etapu planu, przystąpiono do budowy zbiornika wodnego, a następnie nad jego brzegami utworzono niewielką osadę białych domów, co przynajmniej częściowo zaspokoiło dotkliwy głód mieszkań w zaniedbywanym dotąd regionie.

Rezultat to Las Terrazas, tętniąca życiem samowystarczalna pierwsza kubańska wioska ekologiczna licząca 1200 osób. Jest tutaj hotel, wiele zakładów rzemieślniczych, wegetariańska restauracja używająca produktów pochodzących z miejscowych ekologicznych upraw. Projekt odniósł tak wielki sukces, że w 1985 r. ziemie wokół Las Terrazas włączono do Sierra del Rosario, pierwszego na Kubie rezerwatu biosfery UNESCO.

W 1994 r., kiedy rozwijano turystykę, żeby złagodzić gospodarcze skutki „okresu specjalnego", w Las Terrazas powstał przyjazny środowisku hotel *Moka*. Zaprojektował go Osmani Cienfuegos, minister turystyki i architekt-ekolog w jednej osobie, brat Camila, bohatera rewolucji.

Obecnie cieszący się uznaniem, autentycznie ekologiczny resort hotelowy Las Terrazas funkcjonuje w oparciu o takie zasady, jak efektywność energetyczna, zrównoważone rolnictwo, edukacja środowiskowa i dbałość o zachowanie harmonii budownictwa i krajobrazu. Na wzgórzach wokół Las Terrazas gnieżdżą się liczne gatunki szczególnie bogatej na Kubie ptasiej fauny.

Sendero Las Delicias PIESZA WYCIECZKA

(19 CUC od osoby) Trzykilometrowa wycieczka z Rancho Curujey do Cafetal Buenavista (s. 151) gwarantuje fantastyczne widoki i mnóstwo okazji do obserwowania ptaków. Rezerwacje i opłaty w Oficinas del Complejo (s. 154) lub w hotelu *Moka*.

Wycieczki

Trasy linowe ZJAZD PO LINIE

(35 CUC od osoby) Oryginalne trzy trasy linowe ostatnio zwiększono do sześciu. Liny przeciągnięte nad wioską Las Terrazas i Lago del Río San Juan zapewniają widoki okiem szybującego sępa. Ich całkowita długość to 1600 m. Zawodowi instruktorzy gwarantują wysoki poziom bezpieczeństwa. W sprawie rezerwacji należy skontaktować się z Oficinas del Complejo (s. 154) w pobliżu Rancho Curujey.

Noclegi

Przyjazny ekologii hotel *Moka* jest symbolem Las Terrazas. Można tu zarezerwować nocleg w wiejskim domku – jest ich pięć, 3 km dalej, w **Río San Juan** (1-/2-os. 15/25 CUC); w **namiocie kempingowym** (12 CUC); pokój w **willi** (1-/2-os. 105/120 CUC), są trzy w wiosce.

Kilka *casas particulares* znajduje się przy drodze prowadzącej od wschodu, w odległości ok. kilometra od wjazdu do parku (s. 154).

Villa Duque CASA PARTICULAR $

(☎53-22-14-31; Carretera a Cayajabos Km 2, Finca San Andrés; pokój 25 CUC ze śniadaniem; P ❄) Ekoturystyka wcale nie musi być kosztowna. Osoby z ograniczonym budżetem mogą zamieszkać w wiejskim domu, 2 km od wschodniego wjazdu do Las Terrazas. Są tam dwa czyściutkie pokoje, lodówka pełna piwa, balkon wokół budynku. Śniadania wliczone w cenę, a świeże, wiejskie powietrze jest za darmo.

★ **Hotel Moka** RESORT $$$

(☎48-57-86-00; 1-/2-/3-os all-inclusive 158/180/247 CUC; P ❄ ≋) Jedyny prawdziwy ekologiczny hotel na Kubie może nie zasługuje na 4 gwiazdki, którymi się reklamuje, ale któż by się o to kłócił? Fontanny, kwiaty w ogrodzie i drzewo pośrodku recepcji hotelu *Moka* byłyby atrakcją wszędzie. 26 jasnych pokojów z lodówką, TV satelitarną, w łazience wanna i widok za oknem (wstydliwi zaciągają żaluzje).

Hotel również funkcjonuje jako centrum informacyjne rezerwatu i może zorganizować wszelkie atrakcje, od wędrówek po wędkowanie.

Gastronomia

Na terenie Las Terrazas są restauracje pod gołym niebem w stylu wiejskim; oferują proste potrawy kreolskie *(comida criolla)*. W samej wiosce natomiast jedzenie jest bardziej urozmaicone, np. działa prawdziwa restauracja wegetariańska – rzadkość na Kubie.

Casa del Campesino KUCHNIA KARAIBSKA $

(dania 5–8 CUC; ⏲9.00–21.00; P) Spośród licznych restauracji *ranchón* „Dom Wieśniaka" w pobliżu Hacienda Unión (s. 151), ok. 3,5 km na zachód od drogi dojazdowej do hotelu *Moka*, jest ulubieńcem gości. Jedno zastrzeżenie: trzeba lubić ryż i fasolę.

El Romero KUCHNIA WEGETARIAŃSKA $

(dania główne 3–7 CUC; ⏲12.00–21.00;) Jedna z niewielu prawdziwych restauracji ekologicznych na Kubie; *El Romero* specjalizuje się w daniach wegetariańskich, wykorzystuje energię słoneczną, używa warzyw i ziół z własnych upraw organicznych, ma pasiekę z pszczołami. W menu króluje hummus, naleśniki z fasoli, zupa dyniowa i cebulowa, a w potrawach oliwa z oliwek extra virgin.

Rancho Curujey KUCHNIA KARAIBSKA $

(przekąski 2–5 CUC; ⏲9.00–21.00; P) *Ranchón* pod strzechą; piwo i przekąski, do tego widok na Lago (jezioro) Palmar. Tutaj zaczynają się *senderos* (szlaki) La Serafina (naprzeciwko) i Las Delicias.

Fonda de Mercedes KUCHNIA KUBAŃSKA $$

(dania 6–8 CUC; ⏲9.00–21.00) Na tarasie na tyłach swojego domu, w kompleksie mieszkań poniżej hotelu *Moka*, Mercedes podaje zupę jarzynową, mięsa i ryby przyrządzane według rodzinnych przepisów.

Casa de Botes OWOCE MORZA $$

(dania 5–9 CUC; ⏲9.00–22.00) Lokal specjalizujący się w potrawach rybnych stoi na palach na Lago del Río San Juan; najpierw trzeba wyostrzyć apetyt, pływając kajakiem.

Bary i życie nocne

Patio de María KAWIARNIA

(⏲9.00–22.00) *Patio* (podwórko) *de María* to mały bar kawowy w jaskrawych kolorach;

tutejsza kawka jest chyba najlepsza na Kubie. Tajemnica? – fachowe przygotowanie, a ziarna pochodzą z krzewów rosnących naprzeciwko baru, zaledwie 20 m od ukwieconego tarasu. Jest też kawa mrożona.

Informacja

Las Terrazas leży 20 km na południowy wschód od *Hotel y Villas Soroa* (s. 150) i 13 km na zachód od Autopista Havana – Pinar del Río w Cayajabos. Przy obu wjazdach do rezerwatu biosfery znajdują się punkty opłat (wstęp 4 CUC od osoby). Punkt opłat we wschodniej bramie – Puerta de Las Delicias – to dobre źródło informacji o parku; jednak więcej informacji uzyskamy w **Oficinas del Complejo** (48-57-85-55, 48-57-87-00; 8.00 –17.00) w sąsiedztwie Rancho Curujey oraz w hotelu *Moka* (s. 153), ukrytym wśród drzew powyżej wioski. Ponadto można w nich wykupić wycieczki. Oba te miejsca są ośrodkami rezerwatu.

Przyjazd i wyjazd

Dwa autobusy Víazul (www.viazul.com) zatrzymują się przy Rancho Curujey (s. 153), obok wjazdu do Las Terrazas; jeden o 10.00, jadący do Pinar del Río i Viñales (8 CUC, 2 godz. 15 min), drugi o 16.00 w drodze do Hawany (6 CUC, 1 godz. 30 min). Okazjonalne autobusy transferowe (kursują, kiedy się zbierze komplet pasażerów) przejeżdżają tędy w drodze do Hawany i Viñales. Informacje o odjazdach w hotelu *Moka* (s. 153) i w biurze Infotur w Viñales (s. 182).

PROWINCJA MAYABEQUE

Malutka Mayabeque, obecnie najmniejsza prowincja w kraju, jest producentem owoców cytrusowych, tytoniu, winogron na wino oraz trzciny cukrowej do produkcji rumu Havana Club, którego główna destylarnia znajduje się w Santa Cruz del Norte. Turyści, przeważnie Kubańczycy, przyjeżdżają tu głównie ze względu na piękne piaszczyste plaże, płacąc znikomą część sumy, jaką musieliby wydać na wakacje w Varadero. Na rolniczych terenach w głębi lądu pojawiają się zachwycające krajobrazy: pieczołowicie pielęgnowane ogrody, niezwykły chroniony obszar Jaruco, najbardziej malowniczy z kubańskich mostów, a także przejeżdżający przez prowincję charakterystyczny kubański pociąg.

Strefa Playa Jibacoa

Playa Jibacoa jest tym, czym Varadero nigdy się nie stało, albo Varadero przyszłości – zależnie od punktu widzenia. Obecnie jest to przede wszystkim miejsce wypoczynku Kubańczyków. Wzdłuż wybrzeża biegnie odgałęzienie autostrady Vía Blanca („białej drogi"), mijając dwa małe resorty hotelowe all-inclusive, *campismo* (tanie noclegi) o standardzie hotelowym oraz kilka innych nabrzeżnych obiektów noclegowych. Playa Jibacoa – ozdobiona szeregiem małych, lecz wspaniałych plaż z miejscami do nurkowania z fajką tuż przy samym brzegu – przylega do wapiennej terasy dominującej nad oceanem. Terasa zapewni piękne widoki oraz krótkie, samodzielne piesze wycieczki.

Vía Blanca – biegnąca z Hawany do Matanzas – jest główną arterią komunikacyjną regionu, jednak niewiele rejsowych autobusów się tu zatrzymuje, dlatego niełatwo będzie się dostać na Playa Jibacoa. Niedaleko, w głębi lądu, widać malownicze gospodarstwa i zamknięte w pętli czasu wioski, połączone koleją elektryczną Hersheya.

Zwiedzanie

Puente de Bacunayagua MOST

Puente de Bacunayagua – wyznaczający granicę między ówczesnymi prowincjami Hawana i Matanzas – jest najdłuższym (314 m) i najwyższym (103 m) mostem na Kubie. Rozpoczęty w 1957 r. i uroczyście otwarty przez Fidela Castro we wrześniu 1959 r., przerzuca Vía Blanca nad zalesionym wąwozem oddzielającym Valle (dolinę) de Yumurí od morza. Po hawańskiej stronie mostu jest bar i platforma widokowa (8.00–22.00); można tam wypić drinka, oglądając zachwycające panoramy okolic.

Setki palm królewskich na stromych zboczach doliny wyglądają jak armia nieziemskich wartowników, w oddali widać ciemne, bulwiaste wzgórza i błękitne plamy oceanu.

Bar i platforma widokowa są ulubionymi przystankami pasażerów taksówek i autokarów turystycznych. Tylko tak można zwiedzić to miejsce, jeśli nie wynajmie się samochodu.

Central Camilo Cienfuegos PUNKT ORIENTACYJNY

Na wzgórzu, w odległości 5 km na południe od Santa Cruz del Norte, stoi opuszczony, rdzewiejący szkielet dawnej cukrowni, jednej z największych na Kubie, świadectwo

POZA UTARTYM SZLAKIEM

KOLEJ HERSHEYA

„Krowa na torach", zaciąga znudzony sprzedawca biletów. „Pociąg nie odjedzie z powodu prac porządkowych" czytamy na niestarannie napisanej kartce. Dla *habaneros* lista codziennych opóźnień jest nużąco znajoma. Większości turystom elektryczna kolej Hersheya kojarzy się ze słodkimi łakociami, a w wersji kubańskiej jest to raczej koktajl wyboistych torów, twardych siedzeń i wiecznego czekania.

Zbudowaną w 1921 r. przez amerykańskiego króla czekolady, Miltona S. Hersheya (1857–1945), zelektryfikowaną linię kolejową pierwotnie zaprojektowano z myślą o połączeniu ogromnej cukrowni w prowincji Mayabeque z miastami w prowincji Matanzas i ze stolicą. Pionierski szlak szybko stał się życiodajną arterią zaopatrującą odizolowane miejscowości tych prowincji, wcześniej odcięte od sieci komunikacyjnej.

W 1959 r. fabrykę Hersheya znacjonalizowano, a następnie przemianowano na Central Camilo Cienfuegos, na cześć słynnego dowódcy rebeliantów. Kolej funkcjonowała nadal, nieoficjalnie zachowując swą „czekoladową" nazwę. Zgodnie z zasadą obowiązującą w porewolucyjnej gospodarce, że nic się nie może zmarnować, pozostawiono te same pierwsze tory, lokomotywy, wagony, sygnalizację i stacje.

Choć daleko jej do luksusów Orient Expressu, wycieczka dzisiejszym pociągiem Hersheya będzie podróżą w czasie do epoki, w której samochodami jeździli bogacze i królował cukier. Dla ludzi z zewnątrz, to jest Kuba widziana oczami Kubańczyków. Mikrokosmos wiejskiego życia, z jego codziennymi kłopotami, dyskusjami, dziwactwami i – od czasu do czasu – zabawą.

Pociąg wlecze się z Hawany do Matanzas (2,80 CUC, 4 godz.), jakby stawał przy każdym domu, chatce, stajni, na pagórku. Jednakże wysiadanie przypomina rzut monetą. Amatorzy plaż wyskoczą w Guanabo (0,75 CUC, 1 godz. 25 min), przejdą 2 km na północ do rustykalnego resortu na wschód od Hawany. Amatorzy historii – przy Central Camilo Cienfuegos (1,40 CUC, 2 godz.), żeby powałęsać się wśród ruin cukrowni Hersheya. Można też wysiąść w Jibacoa (1,65 CUC, 2 godz. 30 min) i powędrować piękną doliną – Valle de Yumurí – do zakonspirowanego plażowego raju, Playa Jibacoa. *¡Buen viaje!* (Szczęśliwej podróży!)

minionej potęgi cukrowniczej tego kraju. Otwarta w 1916 r., należała wówczas do filadelfijskiej Hershey Chocolate Company, używającej kubańskiego cukru do produkcji swej słynnej w świecie czekolady. Kolej elektryczna Hersheya (ramka) służyła do transportu produktów i robotników, łącząc prowincje Hawana i Matanzas z miasteczkiem, które wyrosło wokół cukrowni.

Pociąg wciąż kursuje trzy razy dziennie (i zatrzymuje się w miasteczku Jibacoa), choć cukrownię zamknięto w lipcu 2002 r.

Jardines de Hershey OGRODY

W pozarastanych obecnie ogrodach, dawniej należących do słynnego amerykańskiego króla czekolady, Miltona Hersheya, który kontrolował pobliską, nieistniejącą już cukrownię Central Camilo Cienfuegos, są atrakcyjne ścieżki, piękna rzeka i kilka krytych strzechą restauracji. Ten zaciszny zakątek – wymarzony na obiad i spacer – znajduje się ok. 1 km na północ od stacji kolejowej Camilo Cienfuegos na trasie pociągu Hersheya. Do ogrodów można dojść z Playa Jibacoa: to tylko 4 km spacerową drogą w kierunku południowym od Santa Cruz del Norte.

Aktywnie

Playa Jibacoa to jedyna strefa resortów hotelowych na północnym wybrzeżu Kuby, gdzie można nurkować z fajką, na dodatek tuż przy brzegu. Goście *Memories Jibacoa Beach* (s. 156) mogą wypożyczyć sprzęt bezpłatnie i wskoczyć do wody prosto z plaży. W resorcie jest również ośrodek nurkowy (1 zanurzenie od 25 CUC).

Dobrze się nurkuje z plaży naprzeciwko Campismo Los Cocos (s. 156). Kierując się na zachód wzdłuż wybrzeża znajdziemy bezludne zakątki, gdzie można założyć maskę albo relaksować się pod palmą.

Finca Campesina Rancho Gaviota (☎47-61-47-02; z posiłkiem 8 CUC; ⏲10.00–17.00) – 12 km w głąb lądu od Puerto Escondido, za porośniętą palmami doliną, Valle de Yumurí, figurującą w programie wycieczek z Matanzas i Varadero – oferuje jazdę konną, kajaki i rowery, a także obfite kubańskie dania. Z rancza Gaviota na wzgórzu widać zbiornik wodny. Ekspozycje w chatkach prezentują kubańskie rolnictwo, m.in. uprawę drzew kawowych i trzciny cukrowej – wraz z degustacją plonów.

Dojazd do *ranchón* indywidualnym transportem: 2 km drogą w głąb lądu do Arcos de Canasí, skręcić w lewo na rozwidleniu i jechać 10 km do znaku informacyjnego.

Noclegi

Casas particulares pojawiły się też na Playa Jibacoa; ciągną się wzdłuż nadmorskiej drogi po stronie Matanzas, za ostatnimi hotelami. Należy szukać niebiesko-białych naklejek *Arrendador Divisa*.

Campismo Los Cocos CAMPISMO **$**
(☎47-29-52-31; www.campismopopular.cu; 1-/2-os. 30/45 CUC; P ❄ ≋) Najnowsze i najsympatyczniejsze spośród ok. 80 *campismos* należących do Cubamar. Udogodnienia w Los Cocos odpowiadają średniej klasy hotelom, a lokalizacja na plaży dorównuje gigantom w Varadero. 90 samowystarczalnych domków skupionych wokół basenu w zakłębieniu niskich klifów.

Wśród udogodnień: biblioteka, punkt medyczny, restauracja *à la carte*, sala gier, pokoje dla podróżnych niepełnosprawnych, szlaki spacerowe (do punktu widokowego na wapiennej terasie na tyłach obiektu). Minusy: kiepskie utrzymanie obiektu od chwili jego otwarcia w 2006 r. i głośna muzyka przy basenie.

Villa Jibacoa RESORT **$$**
(☎47-29-52-05; www.gran-caribe.com; Vía Blanca Km 60; 1-/2-os. all-inclusive 120/150 CUC; P ❄ @ ≋) Mały resort w ładnym otoczeniu; wspaniałe nurkowanie, duże i czyste pokoje w przyjemnych bungalowach. Ekskluzywny nie jest, ale ma te swoje trzy gwiazdki. Ulubiony przez turystów z Kanady (stale tu wracają).

★ **Memories Jibacoa Beach** RESORT **$$$**
(☎47-29-51-22; www.memoriesresorts.com; pokój all-inclusive od 175 CUC; P ❄ @ ≋) Któż by pomyślał? Jeden z najlepszych resortów all-inclusive na Kubie i to wcale nie w Varadero, tylko w zacisznym zakątku Jibacoa. Sekret? *Memories Jibacoa Beach* po prostu się nie wysila. Otwarty całą dobę, 250 pokojów, fontanny, basen, wąska, ale ładna plaża. Bezpretensjonalność i elegancja.

Są też rozmaite przyjemności – nurkowanie z fajką przy samym brzegu (sprzęt wypożyczany gościom bezpłatnie), ośrodek nurkowania (jedno zanurzenie od 25 CUC), a także wycieczki na terasy w głąb lądu. Dawniej był znany jako Super Club Breezes, ostatni remont przeprowadzono w 2012 r. Jadąc z Matanzas, należy zjechać 13 km na zachód od Puente de Bacunayagua (s. 154).

Przyjazd i wyjazd

Najlepszym – niektórzy twierdzą, że jedynym – środkiem lokomocji do Playa Jibacoa jest kolej elektryczna Hersheya (s. 155); pociąg wyrusza ze stacji Casablanca w Hawanie do **Jibacoa Pueblo** (1,65 CUC, 2 godz. 30 min). Ze stacji w Jibacoa nie ma autobusu na plażę, zatem trzeba się przygotować na 5-kilometrowy spacer – całkiem przyjemny, jeśli się nie ma ciężkiego bagażu.

Jaruco

18 107 MIESZK.

Jaruco, oddalone od wybrzeża, leżące między Hawaną i Matanzas, jest dobrym wyborem na całodzienny wypad samochodem, motorowerem, a nawet rowerem, jeśli ktoś ma przesyt plaż i chce poznać rustykalną Kubę.

W Jaruco pastelowe domy cisną się przy stromych uliczkach, jakich nie powstydziłyby się wysokogórskie miasteczka w peruwiańskich Andach. Jeszcze bardziej urwisty jest teren Parque Escaleras (schody) de Jaruco – 6 km na zachód od miasteczka – z roślinnością godną puszczy i nieoznaczonymi, wąskimi i krętymi drogami. Lasy, jaskinie, osobliwie ukształtowane wapienne klify są tu główną atrakcją turystyczną.

Habaneros chętnie spędzają w nim sielankowe weekendy; oficjalnie park jest otwarty od czwartku do niedzieli, ale można tam wjechać o każdej porze boczną drogą (odgałęzieniem Autopista Nacional) z Tapaste do Jaruco, przecinającą park. W tej zacisznej oazie są też *miradores* (punkty widokowe), ukazujące panoramę prowincji Mayabeque.

Gastronomia

Restauracje w Jaruco są czynne od czwartku do niedzieli; gościom może przeszkadzać nadmiar sentymentalnych piosenek.

El Criollo KUCHNIA KUBAŃSKA **$**
(dania główne 3–6 CUC; ⏲11.30–17.00 czw.–nd.) Najlepszą spośród kilku restauracji w Parque Escaleras de Jaruco jest przyjemny *ranchón El Criollo*; za potrawy mięsne i rybne można zapłacić w *pesos* (niewymienialnych).

WARTO ZOBACZYĆ

LAS CHARANGAS DE BEJUCAL

Robotnicze miasto Bejucal, tak jak inne miejscowości w prowincji Mayabeque, nie ma ciekawych atrakcji turystycznych – chyba że wizyta zbiegnie się z Las Charangas w dniu 24 grudnia, konkurującymi z Las Parrandas w Remedios i karnawałem w Santiago de Cuba o tytuł najgłośniejszej i najbarwniejszej fiesty na Kubie.

Podobnie jak w Remedios, także tutaj współzawodniczą dwie grupy – Ceiba de Plata (Srebrny Puchowiec) i Espina de Oro (Złoty Kolec) – śmiechem, tańcem, śpiewem, rytmami słynnych *tambores* (bębnów) z Bejucal i paradą ogromnych ruchomych platform. Punktem kulminacyjnym jest wznoszenie na głównym placu 20-metrowych wież z barwnych, artystycznych kompozycji przy akompaniamencie *congas*. Widowiska łączą aspekty dawnych kultur i problemy współczesności – od bóstw magicznej *santerii* po globalne ocieplenie. Las Charangas sięgają początków XIX stulecia – kiedy podczas świąt osobno bawili się Kreole (Hiszpanie urodzeni w koloniach) i czarni niewolnicy (obecnie dyskryminacja rasowa na Kubie nie istnieje) – i jest jednym z najstarszych kubańskich festynów.

W mieście nie ma obiektów noclegowych z prawdziwego zdarzenia, ale leżący 40 km od Hawany Bejucal jest łatwym celem jednodniowej wycieczki. Dojazd: pociągiem, taksówką (ok. 35 CUC w jedną stronę, 40 min), indywidualnym transportem.

Przyjazd i wyjazd

Z Guanabo do Jaruco jedzie się 32 km na południowy wschód przez Campo Florido; można zrobić pętlę, wracając przez Santa Cruz del Norte, 18 km na północny zachód od Jaruco, przez Central Camilo Cienfuegos. Taksówka z Hawany kosztuje 35 CUC w jedną stronę (40 minut).

Można się także dostać do Jaruco odgałęzieniem kolei elektrycznej Hersheya (powolna i nudna podróż). Trzeba dojechać pociągiem do Camilo Cienfuegos (1,40 CUC, 2 godz.) i przesiąść się do pociągu jadącego na południe do stacji Jaruco (1 CUC, 30 min, 8 kursów dziennie).

Surgidero de Batabanó

22 313 MIESZK

Hiszpańscy kolonizatorzy założyli pierwszą osadę Hawanę w miejscu obecnego Surgidero de Batabanó 25 sierpnia 1515 r., lecz szybko ją porzucili na rzecz północnego wybrzeża. Oglądając teraz to zapuszczone miasto, z walącymi się domami z desek i brudnym, pozbawionym plaży nabrzeżem, nietrudno zrozumieć, dlaczego. Jedynym powodem katorżniczej podróży autobusem do tego obskurnego miasta jest rejs statkiem na Isla de la Juventud. W przypadku niespodziewanych opóźnień, lepiej pozostać w porcie Surgidero de Batabanó albo wrócić do Hawany, choćby to było deprymujące, niż spędzić choćby chwilę w samym mieście.

Fidel Castro i jego towarzysze, więzieni po ataku na Moncadę, a potem uwolnieni na mocy amnestii Fulgencia Batisty, wylądowali tutaj 15 maja 1955 r. I od razu stąd uciekli.

Gastronomia

Niespodzianka! W prawie opuszczonym, żałosnym mieście, jakim jest Surgidero de Batabanó, ostatnio pojawiła się nie najgorsza restauracja.

Los Dos Hermanos KUCHNIA KUBAŃSKA **$**
(Calle 68 No 521; dania główne 2–5 CUC; ⏲ 12.00–22.00) W drewnianym domu, kiedyś eleganckim hotelu, jest lekarstwo na opóźniony prom. *Dos Hermanos* („dwaj bracia") oferują proste potrawy kubańskie bez zbędnych ceregieli. A trzeba się pożywić, bo następny posiłek (gdy ktoś wybiera się na Isla de la Juventud) jest bardzo daleko.

Przyjazd i wyjazd

Prom z Surgidero de Batabanó na Isla de la Juventud (s. 165) powinien wypływać codziennie o 13.00; są też dodatkowe rejsy weekendowe o 16.00 w piątki i niedziele (2 godz.). Polecamy zakup biletu łączonego autobus/statek (50,20 CUC) w Hawanie, w biurze na głównym dworcu autobusowym Astro (s. 121), ale nie po przyjeździe tutaj. Bilety za walutę wymienialną będą już wyprzedane pasażerom autobusów.

Kierowcy mogą się zaopatrzyć w paliwo na stacji benzynowej **Servi-Cupet** (Calle 64 No 7110, między Avenida 71 i Avenida 73) w centrum Batabanó. Następna stacja Servi-Cupet w kierunku wschodnim jest w Güines.

Isla de la Juventud (Specjalny Okręg Samorządowy)

Spis treści ➡

NAJ: Jedzenie

➡ Restaurante Tu Isla (s. 163)

➡ Restaurante Toti (s. 163)

➡ Ranchón Playa Sirena (s. 171)

➡ Restaurante El Abra (s. 164)

NAJ: Noclegi

➡ Tu Isla (s. 163)

➡ Sol Cayo Largo (s. 171)

➡ Villa Choli (s. 163)

➡ Hotel Pelícano (s. 171)

Dokąd jechać?

Od stuleci azyl dla tych, którzy mieli na bakier z prawem, począwszy od piratów grasujących od XVI w. po gangsterów w wieku XX, Isla jest celem niezwyczajnych podróży. Odrzucona 100 km od brzegów Kuby, podobna do zgniecionego apostrofu, porośnięta sosnami jest szóstą co do wielkości wyspą Karaibów. Ale nie są to z pewnością Kajmany. Inni turyści? No cóż. Każdy, komu się wydaje, że główne miasta Kuby zatrzymały się w czasie, niech spróbuje zdmuchnąć kurz z Nueva Gerona, gdzie główna ulica jest tak wielka jak boisko do bejsbolu, a gastronomia wciąż tkwi w okowach „okresu specjalnego". Silnym magnesem jest możliwość nurkowania wśród dziewiczych raf Karaibów, a poza tym? Koralowce, szybkonogie krokodyle i barwna historia, jakby wyjęta z tła akcji *Wyspy Skarbów*.

Dalej na wschód znajduje się całkowite przeciwieństwo Isla de la Juventud: turystyczna enklawa Cayo Largo del Sur, z szerokimi plażami z białym piaskiem.

Kiedy jechać?

➡ Wypoczynek na plaży, nurkowanie, snorkeling to główne atrakcje Isla de la Juventud, Cayo Largo del Sur i każdego z tych niewielkich rajów w Archipiélago de los Canarreos. Najlepiej jest przyjechać w najcieplejszych miesiącach: w lipcu i sierpniu, ale przyjemnie będzie również w chłodniejszym sezonie od grudnia do kwietnia.

➡ Zawsze pełna życia Nueva Gerona jeszcze bardziej ożywia się podczas największej imprezy – karnawału w marcu.

➡ Najlepsze warunki do nurkowania w wodach wokół Isla de la Juventud: od stycznia do maja, kiedy woda jest wyjątkowo przejrzysta, a morze spokojne.

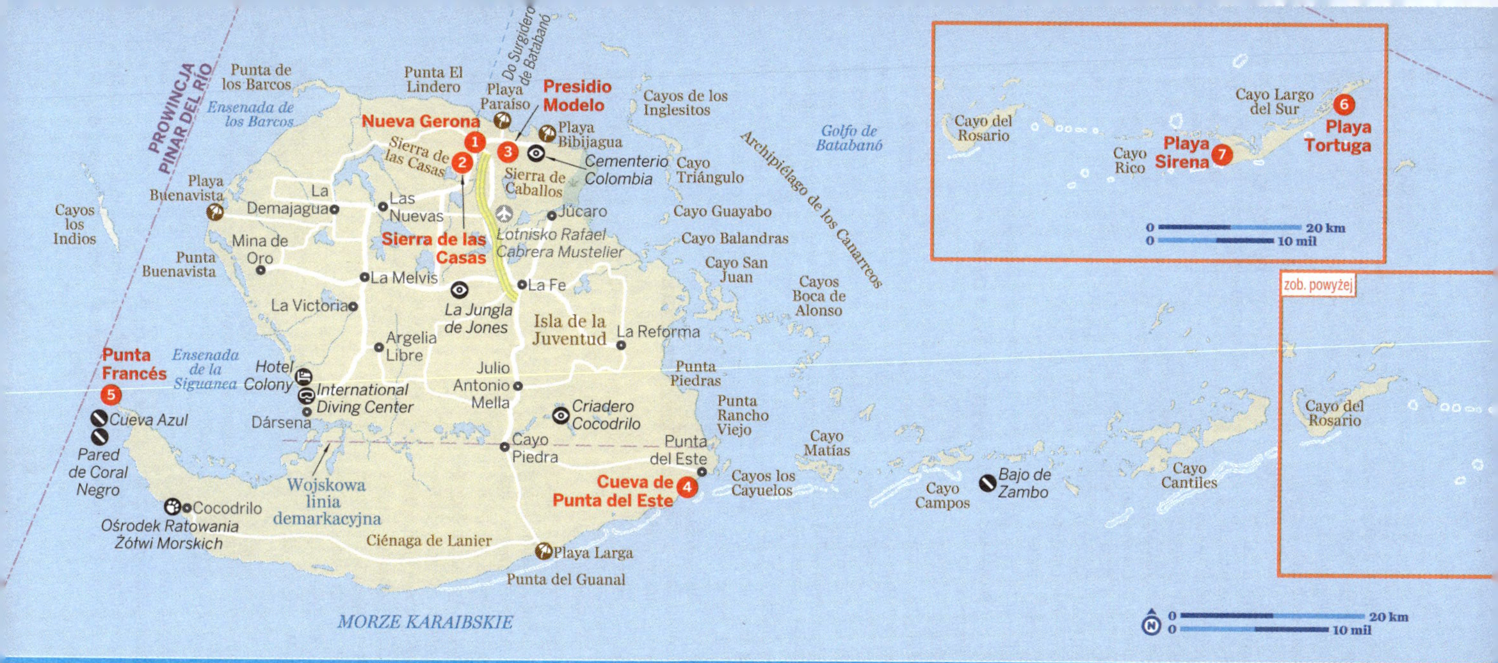

NAJ: Isla de la Juventud (Specjalny Okręg Samorządowy)

❶ **Nueva Gerona** (s. 160) Poznawanie lokalnych zwyczajów sennej stolicy wyspy.

❷ **Sierra de las Casas** (s. 161) Wspinaczka na strome wzgórza otaczające Nueva Gerona, by podziwiać panoramę miasta (i wyspy) rozciągającą się poniżej.

❸ **Presidio Modelo** (s. 166) Zwiedzanie ponurego więzienia, w którym był więziony Fidel Castro.

❹ **Cueva de Punta del Este** (s. 168) Malowidła naskalne w jaskiniach w rzadko odwiedzanej strefie zmilitaryzowanej na Isla de la Juventud.

❺ **Punta Francés** (s. 167) Nurkowanie pośród wraków, ścian i ogrodów koralowców i w jaskiniach, w najlepszych na Kubie ośrodkach nurkowych.

❻ **Playa Tortuga** (s. 169) Oglądanie żółwików wykluwających się z jaj na plażach Cayo Largo del Sur rozświetlonych blaskiem księżyca.

❼ **Playa Sirena** (s. 169) Wędrówka po szerokich, białych plażach (z zakątkami dla naturystów) do najpiękniejszej piaszczystej części Cayo Largo del Sur.

Historia

Ciekawa historia wyspy zaczyna się wraz z przybyciem (z Małych Antyli) Indian Sibonejów w epoce kultury preceramicznej ok. 1000 lat p.n.e. Osadnicy nazwali swoją nową ojczyznę Siguanea; stworzyli fascynujące galerie malarstwa jaskiniowego, które zachowały się w Cueva de Punta del Este.

Kolumb przypłynął w czerwcu 1494 r., nadał wyspie nazwę La Evangelista i przejął ją dla królestwa Hiszpanii. Ale Hiszpanie nie byli zainteresowani nowym terytorium, pełnym namorzyn i brzegiem z płytkimi rafami.

La Isla stała się przystanią korsarzy – byli tu m.in. Francis Drake i Henry Morgan. Nazywano ją Wyspą Papug (Isla de las Cotorras), Wyspą Piratów (Isla de los Piratas), a także Wyspą Skarbu (Isla del Tesoro) – pirackie wyczyny zainspirowały R.L. Stevensona do napisania powieści *Wyspa Skarbów*.

W utworzonej w grudniu 1830 r. Colonia Reina Amalia (obecnie Nueva Gerona) przez resztę XIX stulecia więziono zwolenników niepodległości (m.in. poetę José Martí) i rebeliantów. W XX w. dyktatorzy Gerardo Machado i Fulgencio Batista kontynuowali tę hiszpańską tradycję, wysyłając więźniów politycznych – łącznie z Fidelem Castro – na Isla de Pinos (Wyspę Sosen), tak nazywaną aż do 1978 r.

Ponieważ niesławna poprawka Platta z 1901 r. umieściła Isla de Pinos poza „kontynentalną" częścią archipelagu, osiedliło się tutaj ok. 300 amerykańskich osadników, którzy zakładali plantacje cytrusów, tworząc infrastrukturę, jaka przetrwała do dzisiaj (aczkolwiek nieco zniszczona). W latach 50. XX w. Isla de Pinos stała się ulubionym miejscem wakacyjnym bogatych Amerykanów, którzy przylatywali tu z Miami. Fidel Castro nagle zakończył tę dekadencką imprezę w 1959 r.

W latach 60. i 70. XX w. tysiące młodych ludzi z krajów rozwijających się zgłaszało się na ochotnika, by się uczyć w specjalnie utworzonych szkołach średnich (obecnie prawie nie istnieją). W 1978 r. wkład młodzieży w rozwój wyspy został oficjalnie doceniony, kiedy to ostatecznie zmieniono jej nazwę na Isla de la Juventud (Wyspa Młodości).

ISLA DE LA JUVENTUD

Jest duża, emanuje wyjątkową atmosferą, czas tu płynie wolniej, nie jest podobna ani pod względem historycznym, ani kulturalnym do pozostałych wysp kubańskiego archipelagu. Nie uprawiano tu nigdy trzciny cukrowej i tytoniu, a do czasu rewolucji Castro wyspa pozostawała pod ogromnym wpływem Stanów Zjednoczonych. Eklektyczna społeczność amerykańskich i japońskich imigrantów utworzyła nawet własny styl muzyczny, odmianę kubańskiego *sucu sucu*, pochodzącego od kubańskiego *son*. Obecnie nie ma już zagranicznych studentów, którzy ożywiali słynne szkoły, wyspa jest jakby uśpiona, jednocześnie ekstrawagancko egzotyczna: z więzieniem udającym muzeum i zatopionymi statkami, które w głębinach czekają na nurków, a na powierzchni – na chętnych do zabawy! Utarte szlaki pominą nurkowie, mistrzowie ucieczek, poszukiwacze przygód, kontestatorzy.

Nueva Gerona

47 038 MIESZK.

Od zachodu otoczone pasmem Sierra de las Casas, od wschodu Sierra de Caballos, ciche miasteczko Nueva Gerona leży nad lewym brzegiem Río Las Casas, jedynej na wyspie dużej rzeki. Są tu muzea i pełna życia scena rozrywkowa, zatem warto – przed wyruszeniem w stronę zawadiackiego południa – zabawić tu dzień lub dwa, tym bardziej że w mieście funkcjonuje prawie 100% nielicznych usług dostępnych na Kubie.

Zwiedzanie

Museo Finca El Abra MUZEUM

(Carretera Siguanea Km 2; 1 CUC; ⌚9.00–17.00 wt.–sb., nd. do 12.00) Od 17 X 1870 r. kilkunastoletni José Martí spędził na tej hacjendzie dziewięć tygodni przed deportacją do Hiszpanii. Legenda głosi, że matka rewolucjonisty przetopiła kajdany, którymi go skuto, na pierścień i Martí nosił go do śmierci. Tereny dawnej hacjendy u podnóży Sierra de las Casas są tak samo interesujące jak muzeum. Znak prowadzi od głównej drogi do hotelu *El Colony* (przedłużenie Calle 41), 3 km na południowy zachód od Nueva Gerona.

Dom zajmują potomkowie Giuseppe Girondelliego, który gościł José Martí. Nieutwardzona droga, biegnąca przed muzeum, prowadzi na północ do widocznego z daleka kamieniołomu, z którego wydobywano niegdyś marmur.

El Pinero POMNIK

(Calle 28, pomiędzy Calle 33 i rzeką) Dwie przecznice na wschód od Parque Guerrillero Heróico wyłania się wielki, już zniszczony, czar-

ISLA DE LOS CASINOS?

A mogło być tak pięknie! Charles „Lucky" Luciano, „szef wszystkich szefów" mafii w latach 40. i 50. XX w., oceniwszy wymiary Isla de Pinos (ówczesne nazewnictwo), stwierdził w 1946 r., że wyspa świetnie nadaje się na miejsce hazardu, a nawet może konkurować z Monte Carlo. Amerykańscy agenci antynarkotykowi wytropili jednak Luciana, który w konsekwencji musiał uciekać z Kuby, jednakże jego partner „w interesach", Meyer Lansky, kontynuował dzieło. W 1958 r. otwarto hotel *Hilton* z kasynem (obecnie hotel *El Colony*). Ale mafioso niedługo cieszył się zyskami. Po objęciu władzy przez Fidela Castro rok później zlikwidowano hazard na Kubie. Przynajmniej w teorii. Przedmioty wykonane na uroczyste otwarcie Isla de Pinos, jako miejsca gry na wysokie stawki, można do dziś znaleźć w kubańskich sklepach.

no-biały okręt, pozostawiony tuż nad rzeką jako pomnik przeszłości. „El Pinero", najpierw okręt wojenny, potem służył do przewożenia robotników budujących więzienie na Isla de la Juventud oraz więźniów. 15 V 1955 r. Fidel i Raúl Castro, zwolnieni z Moncady, wrócili tym okrętem na Kubę.

Obecnie to miejsce spotkań fanów muzyki *reggaetón* (czytaj: bardzo głośnej muzyki).

Museo Municipal MUZEUM

(Calle 30, pomiędzy Calle 37 i Calle 39; 1 CUC; ⏲9.00–16.30 wt.–nd.) Museo Municipal, w dawnej Casa de Gobierno (1853 r.; siedziba władz miejskich), prezentuje dzieje wyspy. Opowieść rozpoczyna się od wielkiej mapy ściennej i jest kontynuowana w kolejnych salach tematycznych (*salas*) poświęconych tubylcom, piratom, okupantom amerykańskim (co najciekawsze, wśród nich znalazł się gangster Charles „Lucky" Luciano) i miejscowej sztuce.

Nuestra Señora de los Dolores KOŚCIÓŁ

(róg Calle 28 i Calle 39) Kościół w północno-zachodniej części Parque Guerrillero Heróico, zbudowany w kolonialnym stylu meksykańskim w 1926 r. w miejscu pierwszej świątyni zniszczonej przez huragan. W 1957 r. proboszcz Guillermo Sardiñas opuścił Nueva Gerona, by – jako jedyny kubański ksiądz – dołączyć do Fidela Castro w Sierra Maestra.

Museo Casa Natal de Jesús Montané MUZEUM

(róg Calles 24 i 45; ⏲9.30–17.00 wt.–sb., 8.30–12.00 nd.) BEZPŁ. Muzeum w domu rodzinnym Jesúsa Montané (1923–1999) dokumentuje życie tego rewolucjonisty, który uczestniczył w ataku na Koszary Moncada w 1953 r., walczył u boku Fidela Castro w Sierra Maestra, a po 1959 r. piastował rządowe stanowiska. Warto poświęcić 20 minut na zwiedzanie.

Aktywnie

Okolice Nueva Gerona najlepiej zwiedzać na rowerze. Są tam plaże i trzy wielkie atrakcje: Presa El Abra (zbiornik wodny El Abra), Museo Finca El Abra (Muzeum Hacjenda El Abra) oraz Presidio Modelo (Więzienie Modelowe), a to wszystko zaledwie kilka kilometrów od centrum miasta. Rower można wypożyczyć w Villa Choli (s. 163) w Nueva Gerona.

Sierra de las Casas PIESZA WYCIECZKA

Wspaniały widok północnej ściany stromej Sierra de las Casas! Na zachodnim krańcu Calle 22, po kilkuset metrach szutrową drogą, po lewej pojawia się kręty szlak, prowadzący w stronę wzgórz. U podnóży jest głęboka jaskinia i znana miejscowym sadzawka do pływania. Właśnie stamtąd szlak stromo pnie się ok. 1,5 km aż na sam szczyt.

Panorama ze szczytu obejmuje niemal połowę wyspy i warto ją zobaczyć, chociaż ostatni odcinek bardziej przypomina wspinaczkę niż wędrówkę. Tylko dla doświadczonych piechurów.

Presa El Abra SPORTY WODNE

(Carretera Siguanea; ⏲12.00–17.30) A gdzież to się podziali mieszkańcy Nueva Gerona? Poszli ochłodzić się w Presa El Abra. W gorące popołudnie dobrze będzie do nich dołączyć. Brzegi szerokiego zbiornika (*presa*) porasta bujna zieleń (świetne miejsca na piknik), w pobliżu są wypożyczalnie kajaków (1 godz. 1,50 CUC) i rowerów wodnych (1 godz. 3 CUC) i restauracja w Nueva Gerona (s. 164).

Festiwale i wydarzenia

Carnaval Pinero KARNAWAŁ

(⏲marzec) Ten jest naprawdę wielki. Warto uczestniczyć w tej żywiołowej imprezie i zobaczyć paradę gigantycznych kukieł, rodeo,

Nueva Gerona

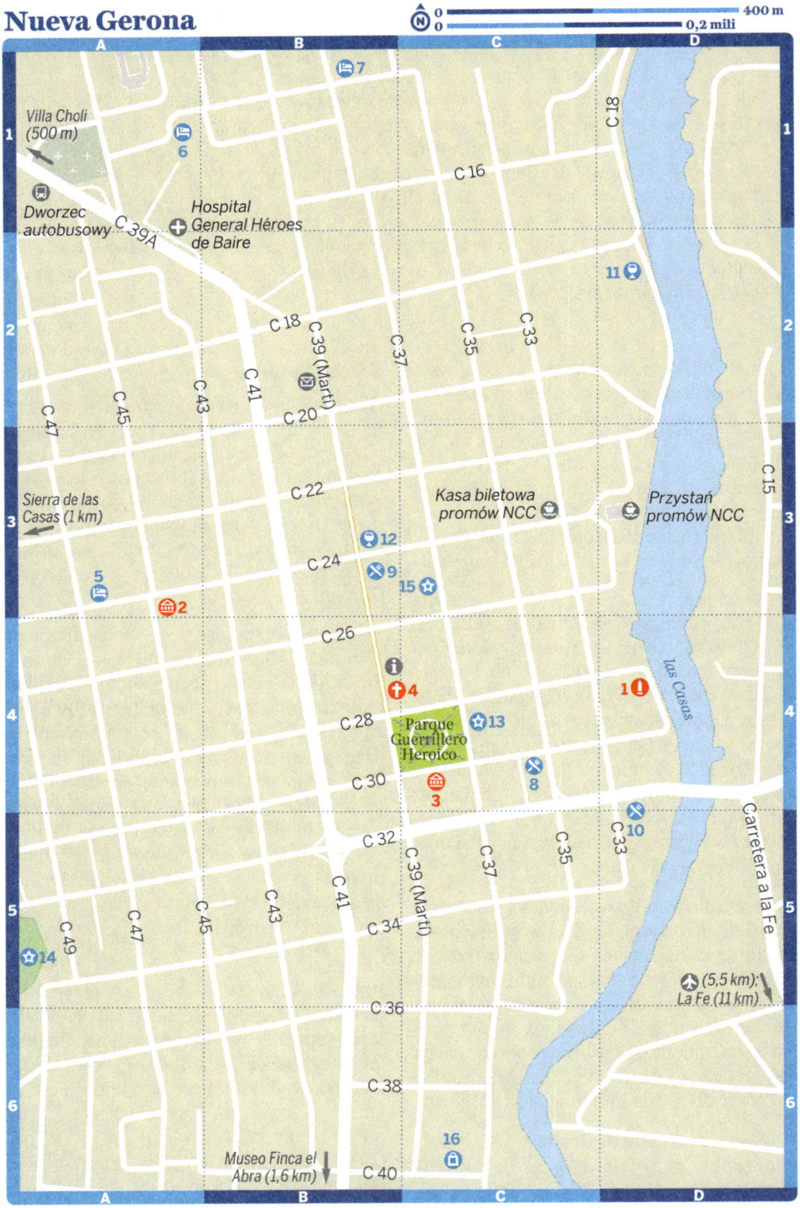

zawody sportowe i wypić drinka. Trwa ponad trzy dni w połowie marca.

Noclegi

Casas particulares są jedyną dostępną ofertą noclegową w centrum miasta, można w nich też coś zjeść. Właściciele zwykle czekają na przypływające promy. Dwa państwowe hotele w Nueva Gerona znajdują się na południe od centrum miasta i raczej nie są warte uwagi.

Nueva Gerona

Zwiedzanie
1 El Pinero D4
2 Museo Casa Natal Jesús Montané A3
3 Museo Municipal C4
4 Nuestra Señora de los Dolores B4

Noclegi
5 Tu Isla A3
6 Villa Mas – Jorge Luis Mas Peña A1
7 Villa Peña B1

Gastronomia
8 Cubalse Supermarket C4
9 El Cochinito B3
10 Restaurante Río D5
Restaurante Tu Isla ..... (zob. 5)

Bary i życie nocne
11 Disco la Movida D2
El Pinero ..... (zob. 1)
12 La Rumba B3

Rozrywka
13 Cine Caribe C4
14 Estadio Cristóbal Labra A5
15 Uneac C3

Zakupy
16 Centro Experimental de Artes Aplicadas C6

★ Tu Isla CASA PARTICULAR $
(46-50-91-28; Calle 24, pomiędzy Calle 45 i Calle 47; pokój 15–20 CUC;) Ta fantastyczna *casa* powinna być w każdym mieście Kuby. Prowadzona przez pełnego entuzjazmu *pinero*, który zna i kocha Isla de la Juventud. Murale i motywy kotwicy przywołują burzliwą morską historię wyspy. 6 pokojów o standardzie hotelowym (3 z balkonami); do dyspozycji gości duże tarasy, głęboki basen i dobra restauracja na dachu. W rzeczy samej: *Tu Isla* (Twoja Wyspa)!

Villa Choli CASA PARTICULAR $
(46-32-31-47, 52-48-79-16; Calle C No 4001a, pomiędzy Calle 6 i Calle 8; pokój 25 CUC; P @) 4 pokoje na dwóch piętrach z TV i dostępem do Internetu; także strzeżony parking, pyszne jedzenie i taras z bujanymi fotelami i hamakiem. Drugi taras jest otwierany, gdy organizuje się grill na dworze. Można wypożyczyć rowery, załatwić transport do portu oraz bilety. Towarzyski Ramberto jest świetnym kucharzem.

Villa Mas – Jorge Luis Mas Peña CASA PARTICULAR $
(46-32-35-44; negrin@infomed.sld.cu; Calle 41 No 4103 apt 7, pomiędzy Calle 8 i Calle 10; pokój 20–25 CUC;) W raczej brzydkim bloku mieszkalnym dwa lepszej klasy pokoje z odnowionymi marmurowymi łazienkami. Smaczne posiłki podawane na tarasie dachowym. Villa usytuowana w północnej części miasta, z tyłu za szpitalem.

Villa Peña CASA PARTICULAR $
(46-32-23-45; róg Calle 10 i Calle 37; pokój 15–20 CUC;) Komfortowe kwatery w pięknym bungalowie w pobliżu szpitala – dwa czyste pokoje i posiłki. Uprzejmi gospodarze chętnie witają gości.

Motel Rancho del Tesoro HOTEL $
(46-32-30-35; Autopista Nueva Gerona – La Fe Km 2; 1-/2-os. 25/30 CUC; P) No nie! Nudny hotel z frontem otoczonym murem, usytuowany wśród drzew nad Río Las Casas, 3 km na południe od miasta. W środku jak w muzeum kiczu; 34 przestronne pokoje i nieciekawa państwowa restauracja.

Gastronomia

Jeśli chodzi o gastronomię to – poza kilkoma wyjątkami – Isla de la Juventud wciąż tkwi w latach 90. XX w. Zwykle po całym dniu bezowocnych poszukiwań większość podróżnych decyduje się na posiłki w *casas particulares*, w których mieszkają. Sprzedawcy kanapek i *churros* ulokowali się przy Martí (Calle 39), a sprzedawcy lodów pojawiają się w oknach prywatnych domów.

★ Restaurante Tu Isla KUCHNIA KUBAŃSKA $
(Calle 24, pomiędzy Calle 45 i Calle 47; dania główne 4–8 CUC; 19.00–24.00 nd.–czw., do 2.00 pt. i sb.) Restauracja na dachu *casa particular* o tej samej nazwie serwuje smaczne dania kuchni kubańskiej z włoskim akcentem. Wystrój w stylu marynistycznym; wieczorem tradycyjna muzyka na żywo.

Restaurante Toti KUCHNIA KUBAŃSKA $
(Reparto Chacón; dania główne 2–5 CUC; 12.00–24.00) Świeży krab z grilla za 5 CUC i duet gitarowy grający serenady podczas kolacji? Zbyt piękne, żeby było prawdziwe? Tak – w *Toti*, doskonałej, choć skromnej prywatnej restauracji w dzielnicy Chacón koło Presidio Modelo (więzienie).

Restaurante El Abra
KUCHNIA KUBAŃSKA $

(Carretera Siguanea Km 4; posiłek 1–4 CUC; ⏲12.00–17.30; P) Nad przepiękną Presa El Abra, 4 km na południowy zachód od centrum; właśnie tam *pineros* przychodzą w weekendy na *comida criolla* (kreolskie potrawy), tańce i sporty wodne. Grillowana wieprzowina (nie do uwierzenia!) jest częstym daniem, są też smaczne ryby. Można również wpaść za zimne piwo i podziwiać widoki.

Restaurante Río
OWOCE MORZA $

(Calle 32, pomiędzy Calle 33 i rzeką; 20–50 CUP (MN); ⏲12.00–22.00; ❄) Stary lokal nad rzeką; w dobry dzień w menu świeże ryby rzeczne i morskie (w Nueva Gerona, jak w niewielu miastach na Kubie, są obydwa rodzaje), a płaci się w *moneda nacional*. Na tarasie można posłuchać ostatnich kubańskich przebojów (ze sprzętu stereo), jest też klimatyzowana sala.

El Cochinito
KUCHNIA KARAIBSKA $

(róg Calle 39 i Calle 24; dania główne 3–7 CUC; ⏲12.00–22.00 czw.–wt.) Niepokojąco nazwana „prosiaczkiem", oferuje *desperados* potrawy wieprzowe we wnętrzu udekorowanym świńskimi głowami.

Supermarket Cubalse
SUPERMARKET $

(Calle 35, pomiędzy 30 i 32; ⏲9.30–18.00 pn.–sb.) Są tu ratujące życie chipsy Pringles i herbatniki.

Bary i życie nocne

Miasto można uznać nudnym, ale przecież lubi się bawić. Klasyczne lokale znajdują się wokół Calle 39, inne (np. El Pinero) raczej przypominają spotkania na wolnym powietrzu.

El Pinero
KLUB

(Calle 28, pomiędzy Calle 33 i rzeką; ⏲od ok. 21.00) Wyjątkowo głośna muzyka, przy której młodzi ludzie tańczą na dworze, przy zabytkowej łodzi. Stojaki z drinkami i przekąskami tworzą sklepik. Najbardziej tłoczno w piątki i soboty.

La Rumba
KLUB

(Calle 24, pomiędzy Calle 37 i Calle 39; ⏲22.00–2.00) Drinki kupuje się w barze podobnym do klatki, potem się wchodzi na dziedziniec i do gwarnej dyskoteki tuż za rogiem. Kiepscy tancerze będą się wyróżniać.

Disco La Movida
KLUB

(Calle 18; ⏲od 23.00) Aby zakosztować atmosfery tańca angażującego całe ciało, warto przyłączyć się do bywalców plenerowego lokalu, wśród drzew nad rzeką.

Rozrywka

Uneac
CENTRUM KULTURALNE

(Calle 37, pomiędzy Calle 24 i Calle 26) Najlepsza propozycja na wieczór bez *reggaetónu* to ładnie odnowiony kolonialny dom z patiem, barem i łagodną muzyką na żywo.

Cine Caribe
KINO

(róg Calle 37 i Calle 28) Ci, którzy nie mają co robić, niech sprawdzą repertuar w kinie Caribe w Parque Guerrillero Heróico.

Estadio Cristóbal Labra
WYDARZENIA SPORTOWE

(róg Calle 32 i Calle 53) Stadion bejsbolowy w Nueva Gerona, Estadio Cristóbal Labra, znajduje się 7 przecznic na zachód od Calle 39. Informacje o najbliższych meczach (rozgrywane X–IV) w każdej *casa particular*.

Zakupy

Calle 39, znana również jako calle Martí, to urocza ulica handlowa w przyjemnym cieniu drzew, ozdobiona rzeźbami miejscowych artystów. Wystawy sklepowe nie są już tak ładne.

Centro Experimental de Artes Aplicadas
SZTUKA I RZEMIOSŁO

(Calle 40, między Calle 39 i 37; ⏲8.00–16.00 pn.–pt., do 12.00 sb.) Blisko Museo de Historia Natural. Wyrób ceramiki artystycznej.

Informacja

DOSTĘP DO INTERNETU

Etecsa Telepunto (Calle 41 No 2802, pomiędzy Calle 28 i Calle 30; 1 godz. 4,50 CUC; ⏲8.30–19.30) Terminale internetowe; karty do Wi-Fi (1,50 CUC 1 godz.).

USŁUGI MEDYCZNE

Hospital General Héroes de Baire (☎46-32-30-12; Calle 39a) Ma komorę hiperbaryczną.

PIENIĄDZE

Banco Popular y Ahorro (róg Calle 39 i Calle 26; ⏲8.00–19.00 pn.–pt.) Jest bankomat.

Cadeca (Calle 39 No 2022; ⏲8.30–18.00 pn.–sb., nd. do 13.00) Bankomat.

POCZTA

Poczta (Calle 39 No 1810, pomiędzy Calle 18 i Calle 20; ⏲8.00–18.00 pn.–sb.)

INFORMACJA TURYSTYCZNA

Ecotur (☎46-32-71-01; reservas.ij@occ.ecotur.tur.cu; Calle 39, pomiędzy 26 i 28; ⏲8.00–16.00 pn.–pt.) Wycieczki do strefy zmilitaryzo-

REJS ŁODZIĄ NA ISLA DE LA JUVENTUD

Transport łodzią na Isla de la Juventud łodzią będzie niepotrzebnie skomplikowanym i pogmatwanym przedsięwzięciem. Cudzoziemcy, którzy próbowali tego dokonać, zapewne po dotarciu na brzeg czuli się trochę jak Kolumb.

Łączone bilety autobus-łódź są sprzedawane w kiosku Naviera Cubana Caribeña (NCC) w głównym hawańskim Terminal de Ómnibus (s. 121) do autobusów Astro (*nie mylić* z terminalem Víazul). Autobus zabiera pasażerów do zniszczonego portu Surgidero de Batabanó, skąd odpływają łodzie do Nueva Gerona. Warto zarezerwować bilety przynajmniej dzień wcześniej, ponieważ sam proces rezerwowania może zająć kilka godzin. Bilety kosztują 5 CUP za podróż autobusem (90 min) i 50 CUC (2 godz. 30 min) łodzią. Należy pamiętać, że w Hawanie nie można kupić biletu powrotnego, co oznacza, że trzeba będzie przejść przez cały bezsensowny proces ponownie w Nueva Gerona (najlepiej zrobić to od razu po przyjeździe). Teoretycznie powinno być jedno połączenie dziennie z Batabanó o 13.00, a w piątki i soboty o 13.00 i o 16.00. W praktyce jednak łodzie często się spóźniają lub są odwoływane. Warto wcześniej sprawdzić.

Do terminalu autobusowego trzeba przybyć przynajmniej 2 godz. wcześniej, żeby potwierdzić swój bilet – na pewno będą długie kolejki.

Po przyjeździe do portu Surgidero de Batabanó należy ustawić się w kolejce do kontroli bezpieczeństwa, takiej jak na lotniskach, by wejść do poczekalni, gdzie przez 1–2 godziny się czeka, zanim łódź odpłynie.

Nie warto pojawiać się nagle w Batabanó z zamiarem kupienia biletu na prom bezpośrednio w porcie. Wprawdzie jest to technicznie możliwe, jednak wielu podróżnych odchodzi z kwitkiem i informacją, że bilety zostały wyprzedane w kiosku NCC w Hawanie. Ponadto nocleg w Batabanó nie należy do przyjemności.

Powrót jest tak samo problematyczny. Należy kupić bilet tak szybko, jak tylko jest to możliwe (najlepiej od razu po przyjeździe) **w kasie biletowej** (róg Calle 24 i Calle 33; ⌚8.00–17.30) po drugiej stronie ulicy **terminalu promowego NCC** w Nueva Gerona (☎46-32-44-15, 46-32-49-77; róg Calle 31 i Calle 24). Prom odpływa z Surgidero de Batabanó codziennie o 8.00 (50 CUC), ale trzeba być tu co najmniej 2 godziny wcześniej, żeby przebić się przez ogromne kolejki. W piątki i soboty dodatkowo drugi prom odpływa o 13.00 (odprawa o 10.30).

Przed zarezerwowaniem biletu należy zapytać o kursy autobusów z Surgidero de Batabanó do Hawany i, co ważne, czy rezerwacja obejmuje nasz wybrany kurs.

Nie należy w nic wierzyć, dopóki nie zarezerwuje się biletu. Łodzie, tak jak kubańskie pociągi, z reguły mają opóźnienia, psują się, są często odwoływane.

Podróżując w którąkolwiek stronę, należy okazać paszport. Warto również zabrać ze sobą zapas napojów i przekąsek.

wanej (jest tam wioska Cocodrilo i Cueva de Punta del Este z malowidłami jaskiniowymi) i do Punta Francés. W ofercie także 4-dniowe pakiety na Cayo Largo del Sur. Można kupić jednodniowe przepustki do Południowej Strefy Zmilitaryzowanej (21 CUC; tylko z przewodnikiem).

Przyjazd i wyjazd

SAMOLOT

Najmniej kłopotliwym i (zwykle) najtańszym środkiem lokomocji na Isla de la Juventud jest samolot. Turyści o tym wiedzą, więc rejsy są z reguły kompletne już z dużym wyprzedzeniem.

Aeropuerto Rafael Cabrera Mustelier (kod lotniska GER): 5 km na południowy wschód od Nueva Gerona.

Cubana de Aviación (☎46-32-42-59; www.cubana.cu; port lotniczy Rafael Cabrera Mustelier) oferuje połączenia z Hawany przynajmniej dwa dziennie (35 CUC w jedną stronę). Bez przylotów międzynarodowych.

Nie ma lotów z Isla de la Juventud na Cayo Largo del Sur.

Jak się poruszać na miejscu

AUTOBUS

Ecotur organizuje wycieczki/transfery z Nueva Gerona do ośrodków nurkowych oraz do strefy

NIE POMIŃ

NURKOWANIE NA ISLA DE LA JUVENTUD

Isla de la Juventud, osłonięta od prądów morskich Zatoki Meksykańskiej i obdarzona fantastyczną rafą koralową i cudowną fauną morską, ma najlepsze na Karaibach warunki do nurkowania. 56 płytkich i rzadko odwiedzanych miejsc nurkowych pozwala naprawdę uciec od świata. Jest to podwodny park przygód, w którym są jaskinie, tunele, pionowe ściany i koralowe wzgórza, można też nurkować we wrakach 70-letnich statków, w strefie znanej jako Bajo de Zambo.

International Diving Center, prowadzone w Marina Siguanea, na południe od hotelu *El Colony* na zachodnim brzegu wyspy, to centrum nurkowych aktywności. Przedsiębiorstwo ma nowoczesną komorę dekompresyjną, a nad bezpieczeństwem czuwa lekarz, specjalista w medycynie nurkowej. Stąd można też popłynąć do Narodowego Parku Morskiego w Punta Francés (naprzeciwko).

Transfer do Punta Francés trwa około 90 minut; łodzie przywożą podróżnych na przepiękną, białą, piaszczystą plażę, z łatwym dostępem do większości głównych miejsc nurkowych. Najwspanialsze z nich to Cueva Azul (dla zaawansowanych), niebieski (*azul*) jak niebo okrąg z niewielką jaskinią (*cueva*), ok. 40 m w dół, oraz Pared de Coral Negro („ściana czarnego koralu") dla średnio zaawansowanych. Obok nurków pływają tarpony, barrakudy, strzępiele, belony, żaglowce, a także żółwie morskie.

Za jedno zanurzenie płaci się ok. 43 CUC. O nurkowanie i inne aktywności morskie warto przede wszystkim zapytać w hotelu *El Colony* (naprzeciwko).

zmilitaryzowanej. Taksówka (łatwo ją zamówić w *casas particulares* i w hotelach) z Nueva Gerona do hotelu *El Colony* kosztuje ok. 30–35 CUC.

Można skorzystać z niezbyt pewnych miejscowych autobusów: autobusy linii 431 i 436 do La Fe (26 km) i 440 do hotelu *El Colony* (45 km) odjeżdżają z dworca, czyli nieco lepszego przystanku, naprzeciwko cmentarza przy Calle 39a, na północny zachód od szpitala. Inne autobusy: 204 do Chacón (Presidio Modelo), Playa Paraíso i Playa Bibijagua oraz 203 jadący na lotnisko.

SAMOCHÓD

Cubacar (☎46-32-44-32; róg Calle 32 i Calle 39; ⏲7.00–19.00) wypożycza samochody od 60 CUC z ubezpieczeniem. Do strefy zmilitaryzowanej trzeba mieć własny transport (z wyjątkiem wycieczek zorganizowanych), i właśnie tutaj najlepiej wynająć samochód. Uwaga: firma ma niewiele samochodów.

Stacja benzynowa Oro Negro (róg Calle 39 i Calle 34) jest w centrum miasta.

KONNE ZAPRZĘGI

Konne zaprzęgi (*coches de caballos*) czekają koło supermarketu Cubalse przy Calle 35. Można łatwo wynająć któryś z nich (10 CUC za dzień) i wybrać się na wycieczkę do Presidio Modelo, Museo Finca El Abra, Playa Bibijagua i innych okolicznych atrakcji.

Na wschód od Nueva Gerona

Zwiedzanie

★ **Presidio Modelo** ZNANY OBIEKT

(1 CUC; ⏲8.30–16.30 wt.–sb., 9.00–13.00 nd.) Witamy w najbardziej imponującym i zarazem najbardziej przerażającym miejscu na wyspie. Więzienie – niedaleko Reparto Chacón, 5 km na wschód od Nueva Gerona – powstało w latach 1926–1931, w okresie reżimu Gerarda Machady. Cztery 6-poziomowe, okrągłe żółte budynki wzniesiono na wzór osławionego zakładu penitencjarnego w Joliet (w stanie Illinois); mogło w nich jednocześnie przebywać 5000 więźniów.

Podczas II wojny światowej obywateli wrogich krajów, którzy akurat przebywali na Kubie (w tym 350 Japończyków, 50 Niemców i 25 Włochów), umieszczono w dwóch prostokątnych blokach na północnym krańcu kompleksu.

Najsłynniejszymi więźniami Presidio Modelo byli Fidel Castro i rebelianci, którzy zaatakowali Koszary Moncada (w Santiago de Cuba). Izolowani od innych więźniów, zostali zamknięci w budynku szpitala na południowym krańcu kompleksu. Przebywali tam od października 1953 r. do maja 1955 r.

W 1967 r. więzienie zamknięto, a w sektorze, w którym przebywał Castro, utworzono muzeum. Jedną salę poświęcono historii Presidio Modelo, inne dokumentują życie skazanych buntowników po ataku na koszary Moncada. Wstęp do okrągłych budynków (najbardziej poruszającej części ekspozycji) jest bezpłatny.

Playa Bibijagua PLAŻA

Na tej niezwykłej plaży – na północnym wybrzeżu wyspy, 4 km na wschód od Chacón – jest czarny piasek zamiast białego, a sosny zastępują palmy. Udogodnienia zaczynają się i kończą na jedynej restauracji, panuje tu niezobowiązująca atmosfera. Łatwa trasa na rowerze z Nueva Gerona.

Playa Paraíso PLAŻA

Ok. 2 km na północ od Chacón (ok. 6 km na północny wschód od Nueva Gerona); Playa Paraíso („raj") to brązowa plaża, z dobrymi prądami dla sportów wodnych. Przy tym nabrzeżu kotwiczyły statki z więźniami, których kierowano do Presidio Modelo.

Cementerio Colombia CMENTARZ

Na cmentarzu znajdują się groby Amerykanów, którzy mieszkali na wyspie w latach 20. i 30. XX w. Usytuowany 7 km na wschód od Nueva Gerona i 2 km na wschód od Presidio Modelo. Dojazd autobusem 38.

Na południe od Nueva Gerona

Ten największy niezamieszkany obszar w interiorze Isla de la Juventud, porośnięty sosnami i palmami, zachowuje swe egzotyczne piękno. Są tu jeszcze porzucone postsowieckie budynki i szkoły międzynarodowe, z których słynęła wyspa.

Zwiedzanie

Punta Francés PLAŻA

W granicach Narodowego Parku Morskiego (90 minut łódką z mariny na południe od hotelu *El Colony*) jest plaża z białym piaskiem – punkt wypadowy nurków wybierających się na przybrzeżne rafy. To doskonałe miejsce dla pragnących wypocząć, popływać, nurkować z rurką i rozkoszować się dziewiczym rajem. Ci, którzy nie nurkują, mogą skorzystać z łódki. Na miejscu niewielka plażowa restauracja.

Criadero de Cocodrilos FERMA KROKODYLI

(3 CUC; 7.00–17.00) W ostatnich paru latach ferma odgrywa znaczącą rolę w ochronie krokodyli na Kubie i rezultaty warto zobaczyć. Żyje tutaj ponad 500 krokodyli różnych rozmiarów. *Criadero* (wylęgarnia) jest ośrodkiem rozrodu i hodowli tych zwierząt, które po osiągnięciu 1 m długości są umieszczane w ich środowiskach naturalnych.

Do *criadero*: skręcić w lewo za parkiem Julio Antonio Mella, 12 km na południe od La Fe.

Ośrodek jest taki jak w Guamá w Matanzas, jednak usytuowany w otoczeniu bardziej naturalnym.

La Jungla de Jones OGRODY

(3 CUC; od świtu do zmierzchu) Jungla de Jones, 6 km na zachód od La Fe, kilka kilometrów od głównej drogi (jest drogowskaz), to ogród botaniczny z ponad 80 gatunkami drzew. Ogród założyli w 1902 r. amerykańscy botanicy Helen i Harris Jonesowie. Główną atrakcją jest Bambusowa Katedra (Catedral del Bambú) – teren nakryty sklepieniem, utworzonym przez rosnące w wiązkach bambusy, sięgające 100 m wysokości. Przez to „sklepienie" z trudem przenikają promienie słoneczne. Wijące się wśród gąszczy ścieżki kierują się do ruin dawnej rezydencji Jonesów.

Za bramą można spotkać miejscowych rolników, którzy chętnie oprowadzą po hacjendzie.

Aktywnie

International Diving Center NURKOWANIE

(46-39-82-82 wewn. 166) Centrum nurkowe na Isla de la Juventud operuje przy marinie Siguanea, 1km na południe od hotelu *El Colony*. Łódź wypływa do Punta Francés o 9.00 (rejs trwa 90 minut), więc żeby zorganizować wycieczkę, trzeba być na miejscu ok. 8.00. Nurkowanie kosztuje 43 CUC.

Noclegi

Hotel El Colony HOTEL $$

(46-39-81-81; pokój 1-/2-os. 32/50 CUC, bungalowy 40–70 CUC; P) Z zewnątrz wygląda jak szpital. *Colony*, 46 km na południowy zachód od Nueva Gerona, powstał w 1958 r. i należał do sieci Hilton, po czym został skonfiskowany przez rząd rewolucyjny. W kompleksie nudne pokoje o przestarzałych wnętrzach i większe, znacznie nowsze bungalowy. Klienci hotelu: zagraniczni nurkowie i Kubańczycy słuchający głośnej muzyki z nagrań.

Morze przy hotelowej białej plaży jest płytkie. Kto zamierza pływać, niech uważa – na dnie są jeżowce. Bezpieczniejszy będzie jednak (hałaśliwy) basen. Długie molo nad wodami Morza Karaibskiego jest obecnie w połowie zrujnowane. Nurkowanie z rurką w bezpośredniej bliskości hotelu nie jest specjalnie ciekawe, za to zachody słońca są jak z obrazka.

Przyjazd i wyjazd

Podróżowanie na Isla de la Juventud nie jest łatwe. Rozkłady jazdy autobusów w pozostałej części Kuby sprawiają wrażenie, że transport wydaje się efektywny. Autobus 440 wyjeżdża codziennie z Nueva Gerona (z przystanku naprzeciwko cmentarza, koło szpitala) do hotelu *El Colony*. Wyrusza ok. 7.00, wraca ok. 17.00. Lepiej pojechać do *El Colony* taksówką (ok. 35 CUC z lotniska), motorowerem lub wypożyczonym samochodem.

Południowa Strefa Zmilitaryzowana

Jeśli La Isla de la Juventud jest ostatnią granicą Kuby, to Południowa Strefa Zmilitaryzowana jest granicą granicy. Oczywiście nie ma tu czołgów ani szańców obronnych. Są natomiast puste plaże, jaskinie z malowidłami naskalnymi, rezerwat żółwi, najwyższa na Karaibach latarnia morska oraz mokradła Lanier - drugi co do wielkości na Kubie teren podmokły, na którym żyją krokodyle amerykańskie.

Południowa Isla de la Juventud to habitat innych licznych gatunków zwierząt: małp, jeleni, jaszczurek i żółwi.

Południowa Isla de la Juventud od strony Cayo Piedra jest zamkniętą strefą wojskową, zatem koniecznie trzeba zdobyć jednodniową przepustkę i umówić przewodnika (21 CUC) z Ecotur (s. 164) w Nueva Gerona, ponadto opłacić wstęp do Cueva de Punta del Este, Playa Larga, Cocodrilo i do Ośrodka Ratowania Żółwi Morskich (Centro de Rescate de Tortugas Marinas). Każda z tych atrakcji kosztuje 3,60 CUC. Przydzielani (obowiązkowo) przewodnicy mówią po hiszpańsku, angielsku, niemiecku, francusku i po włosku. Samochód można wypożyczyć w biurze Cubacar (s. 166) w Nueva Gerona (60–100 CUC). Nie należy pojawiać się przy punkcie kontroli w Cayo Piedra bez przepustki i przewodnika. Ponieważ cała wycieczka jest dość drogą imprezą, warto podzielić koszty transportu pomiędzy innych podróżnych. Aktualne informacje o regionie można uzyskać w Ecotur w Nueva Gerona. Kubańczycy muszą zgłosić chęć wjazdu do strefy wojskowej 72 godziny wcześniej.

Zwiedzanie

Cueva de Punta del Este JASKINIA

Pomnik narodowy Cueva de Punta del Este, 59 km na południowy zachód z Nueva Gerona, nazwano „kaplicą sykstyńską" sztuki indiańskich plemion karaibskich. Ok. 800 lat p.n.e. Karaibowie namalowali około 235 piktogramów na ścianach i sklepieniach kilku jaskiń. W największej z nich znajduje się 28 koncentrycznych czerwonych i czarnych okręgów - malowidła zinterpretowano jako kalendarz słoneczny. Odkryte w 1910 r., są uznawane za najbardziej znaczące znalezisko sztuki jaskiniowej na Karaibach.

Jest tu niewielkie centrum informacyjne i stacja meteorologiczna oraz - niedaleko - długa biała plaża bez odrobiny cienia. Warto pamiętać o zabraniu środka na komary.

Playa Larga PLAŻA

Playa Larga, 12 km na wschód od wioski Cayo Piedra, jest gwiazdą wśród plaż na południowym wybrzeżu Isla de la Juventud. Czysty długi pas białego piasku i (zazwyczaj) spokojne morze zachęcają swą świeżością. Nie ma żadnych udogodnień.

Cocodrilo WIEŚ

50 km na zachód od Playa Larga leży ładna wioska Cocodrilo, prawie nietknięta turystyką. Ma zaledwie 750 mieszkańców. Miejscowość przed laty nazywała się Jacksonville; w XIX w. została zasiedlona przez rodziny z Kajmanów. Można tu jeszcze spotkać osoby mówiące po angielsku. Po przedarciu się przez gęste zarośla zobaczymy pasące się bydło, przemykające jaszczurki, roje pszczół, barwne ptaki. Skalista linia brzegowa, gdzieniegdzie poprzecinana małymi plażami z białym piaskiem, oblewanymi wodą barwy błękitu, prezentuje się wspaniale.

Centro de Rescate de Tortugas Marinas FERMA

(1 CUC; ⏲8.00–18.00) Ośrodek Ratowania Żółwi Morskich, ok. 1 km na zachód od Cocodrilo, dba o zachowanie najrzadszego na Kubie i najbardziej zagrożonego gatunku. W ułożonych w rzędy omszałych szklanych pojemnikach dorastają żółwiki. Po odchowaniu zostaną wpuszczone do wody.

CAYO LARGO DEL SUR

Tych, którzy przyjechali na Kubę tylko po to, żeby zobaczyć kolonialne miasta, egzotycznych tancerzy, charczące plymouthy i łusz-

NATURYŚCI NA CAYO LARGO DEL SUR

Naturyzm nie jest częścią kultury Kuby, dlatego jedyne plaże z opcjonalnym ubiorem znajdują się na izolowanej wyspie Cayo Largo del Sur, gdzie oprócz często zmieniających się pracowników hotelowych oficjalnie nie mieszkają Kubańczycy.

Bezpieczne miejsca na opalanie się nago to fragmenty głównej plaży Lindarena przed hotelami oraz na wschodnim krańcu Playa Paraíso. Bardziej odosobniona jest Playa Mal Tiempo na cyplu pomiędzy Playas Paraíso i Lindarena. Dyskrecja jest kluczem. Każdy z ośrodków na wyspie oficjalnie nie toleruje nudystów na swoim terenie, warto więc założyć cokolwiek, zanim pójdzie się po drinki do baru na plaży. Niemniej jednak naturyzm staje się coraz bardziej popularny wśród turystów na plażach Largo.

Innym bastionem publicznej nagości na Kubie jest izolowana Cayo Santa María (s. 271) w Villa Clara Province, gdzie niewielka plaża na zachodnim brzegu wyspy niedaleko hotelu *Meliá Buenavista* jest bardzo popularna wśród naturystów.

Warto pamiętać, że w odróżnieniu od Jamajki i innych karaibskich krajów, na Kubie nie ma ośrodków w całości przeznaczonych dla naturystów.

czące się portrety Che Guevary, mocno rozczaruje Cayo Largo del Sur (pow. 38 km^2), 114 km na wschód od Isla de la Juventud. A ci, którzy zarezerwowali bilety, marząc o białych plażach, rafach koralowych pełnych barwnych ryb, bajecznych resortach hotelowych z ofertą all-inclusive i tłumem Kanadyjczyków i Włochów wchodzących wszędzie prawie na golasa, będą zachwyceni.

Na Cayo Largo del Sur nigdy nie zaistniała żadna stała osada kubańska. Ale za to we wczesnych latach 80. XX w. powstało na tej wyspie prawdziwe przedsiębiorstwo turystyczne. Cayo Largo del Sur często odwiedzają Włosi – kilka resortów przeznaczono specjalnie dla nich. Inne resorty hotelowe all-inclusive nie są już aż tak ekskluzywne. Bajeczne plaże przekraczają wszelkie oczekiwania odwiedzających: są przestronne, puste, z lęgowiskami żółwi. Jest tam również mnóstwo iguan i rozmaitych ptaków, a wśród nich kolibry i flamingi.

Zwiedzanie

★Playa Sirena — PLAŻA

Najlepsza plaża na Cayo Largo del Sur (i chyba na całej Kubie) to zwrócona ku zachodowi szeroka Playa Sirena, z miałkim jak puder piaskiem i długa na 2 km, która mogłoby zmieścić kilka boisk. Goszczą tu zwykle turyści, przybyli na jednodniową wycieczkę z Hawany lub z Varadero. Na spokojnym morzu można uprawiać sporty wodne (kajaki, katamarany). Nieco dalej od plaży działa bar *ranchón* i restauracja (s. 171), są prysznice i toalety. To jedyna zacieniona plaża na Cayo Largo del Sur.

Niedaleko, na południowym wschodzie, jest Playa Paraíso („raj"): węższa, mniej zacieniona, ale fantastyczna. Także bar (kanapka 3–4 CUC; ⌚9.00–17.00).

Vivero de Cocodrilos — REZERWAT

(dotacje mile widziane; ⌚od świtu do zmierzchu) Piękny, stary budynek na Cayo Largo del Sur? Ależ tak! Wystarczy minąć skręt do resortów Sol. Kamienna wieża wyznaczająca Vivero de Cocodrilos pochodzi z 1951 r. i jest pierwszą budowlą, jaka powstała na wyspie. Spotkani tu Kubańczycy przedstawią gościom swych dobrych znajomych mieszkających nad niewielką laguną – krokodyla Kimbo, iguanę Lolę i parkę żółwi.

Można również wejść po chwiejnej drabinie, aby podziwiać widoki. To tutaj właśnie rosną kwiaty, które widzimy w hotelach.

Cayo Rico — WYSPA

Warta całodziennej wyprawy wyspa pomiędzy Cayo Largo del Sur i Isla de la Juventud. Łodzie wycieczkowe na plaże odpływają sprzed hoteli (ok. 69 CUC od osoby). Restauracja na Cayo Rico serwuje obiady (wliczone w cenę wycieczki). Łodzie z tańszymi wycieczkami wypływają z Marina Internacional Cayo Largo del Sur (s. 170).

Playa Los Cocos — PLAŻA

Tędy łatwo dostać się na wschodnie wybrzeże wyspy, gdzie można uprawiać snorkeling, ale nie ma tam ani cienia, ani usług. Brukowana droga kończy się za Playa Blanca.

Playa Tortuga — PLAŻA

W lecie na Playa Tortuga („żółwiej plaży") – za Playa Los Cocos – na samym końcu wyspy żółwie morskie składają w piasku jaja.

Cayo Largo del Sur

Granja de las Tortugas REZERWAT PRZYRODY
(Combinado; 1 CUC; ⏲8.00–12.00 i 13.00–17.45) Niewielki, często zamknięty kompleks za pasem startowym w północno-zachodniej części wyspy w osadzie Combinado. Od maja do września na plażach Cayo przewodnicy organizują nocne oglądanie żółwi. Tylko w dwóch takich ośrodkach na Kubie jest taka możliwość.

Aktywnie

Na wyspie dostępnych jest wiele aktywności w tym snorkeling (od 19 CUC), windsurfing, żeglowanie i tenis. Warto zwrócić uwagę na wyprawy łodzią na tereny namorzynowe (29 CUC; można samemu prowadzić łódź) i popularne rejsy katamaranem o zachodzie słońca (73 CUC). Można również zorganizować całodzienne wycieczki do Hawany i Trynidadu (179–199 CUC). Wystarczy poprosić personel hotelu o rezerwację.

Najciekawszym szlakiem wędrownym na wyspie jest trasa wzdłuż plaży pomiędzy Playa Sirena a Sol Cayo Largo (7 km). Urywana ścieżka prowadzi w większości grzbietami wydm. Mieszkając w jednym z ośrodków, można również wypożyczyć rower i pojechać na dzikie plaże, na wschód za resortem hotelowym *Playa Blanca*.

Marina Internacional Cayo Largo NURKOWANIE, ŁOWIENIE RYB
(☎45-24-81-33; Combinado) Ośrodek, tuż za fermą żółwi w Combinado, organizuje wyprawy łodziami. W ofercie łowienie głębinowe (4 godz., minimum 4 osoby, 369 CUC) i nurkowanie (jedno zanurzenie 50 CUC; w cenie transport do hotelu). Ceny są wyższe, ponieważ w okolicy nie ma konkurencji. Transfery z mariny na Playa Sirena są bezpłatne dla gości przebywających na wyspie; wyruszają rano.

Noclegi i gastronomia

Hotele na Cayo Largo del Sur są usytuowane przy 4. kilometrze Playa Lindarena w południowej części wyspy. Plaża nie ma cienia, ale jest przepiękna i rzadko zatłoczona (morze bywa wzburzone). Wycieczkowicze mogą wykupić całodzienny pobyt w resortach *Sol* i *Pelícano* (od 50 CUC z obiadem). Są tu cztery duże resorty i cztery niewielkie hotele (zarezerwowane dla włoskich turystów).

Ze wszystkich resortów all-inclusive, *Sol Cayo Largo* (s. 170) oferuje najlepsze jedzenie.

Ci, którzy mieliby ochotę oderwać się od bufetów, mogą skorzystać z restauracji na Playa Sirena oraz niewielkich lokali w administracyjnym centrum Combinado.

Villa Marinera RESORT **$$**

(☎ 45-24-80-80; Combinado; 1-/2-os. all-inclusive 80/120 CUC; P ❄ ≋ ≈) *Villa Marinera*, należąca do Iberostar Playa Blanca, różni się do innych resortów na Cayo Largo. Usytuowana w administracyjnym miasteczku Combinado, nie okrąża żadnej z szerokich południowych plaż. Dzięki temu będzie idealnym lokum dla osób decydujących się głównie na aktywności wodne w sąsiadującej z nią marinie.

Do dyspozycji gości 22 domki i wszystkie udogodnienia na Playa Blanca (dwukrotnie w ciągu dnia transport wahadłowy do hoteli).

★ **Sol Cayo Largo** RESORT **$$$**

(☎ 45-24-82-60; www.meliacuba.com; 1-/2-os. all-inclusive od 215/310 CUC; P ❄ @ ≋ ≈) 4-gwiazdkowy *Sol Cayo Largo* (resort sieci Meliá), z lobby w stylu greckiej świątyni i z włoskimi fontannami. Plaża fantastyczna (również dla naturystów), pokoje w żywych kolorach (ale nie luksusowe) przy tarasach z widokiem na morze. Obecnie jest to najbardziej ekskluzywny resort na Cayo Largo i wymarzone miejsce dla tych, którzy chcą uciec od rodzin z dziećmi i bingo nad basenem. Warto zajrzeć do spa i siłowni.

Villa Iguana RESORT **$$$**

(☎ 45-24-81-11; pokój all-inclusive od 185 CUC; P ❄ @ ≋ ≈) Odbudowany ze zniszczeń po huraganie Michelle (w 2001 r.), został otwarty ponownie po 15 latach, w 2016 r. *Villa Iguana* jest niewielkim, skromnym resortem all-inclusive, urządzonym według nowoczesnych kubańskich standardów. 196 pokojów w dawnych odrestaurowanych zespołach oraz nowe drewniane domki połączone promenadą. Ośrodek daje sobie 3 i pół gwiazdki i zaprasza tylko dorosłych.

Iberostar Playa Blanca RESORT **$$$**

(☎ 45-24-80-80; 1-/2-os. all-inclusive 135/185 CUC; P ❄ @ ≋ ≈) Jeden z dwóch dwugwiazdkowych hoteli na Cayo Largo; 306 pokojów w hotelach na rozległym odcinku Playa Blanca. Architektura raczej nudna, za to trzy do wyboru opcje gastronomiczne, wachlarz aktywności sportowych oraz – rzadkość na Kubie – muzyka klasyczna przy basenie, a nie ten rozsadzający czaszkę wszechobecny *reggaetón*.

Obsługa wyczulona na indywidulane potrzeby gości. Dzieła sztuki Carlosa Guzmána, wiodącego kubańskiego artysty, zdobią przestrzeń publiczną, a apartamenty z sypialniami na antresoli mogłyby się znaleźć w Greenwich Village. No cóż, prawie. Przydałoby się trochę cienia.

Hotel Pelícano RESORT **$$$**

(☎ 45-24-82-33; www.gran-caribe.com; 1-/2-os. all-inclusive 235/335 CUC; P ❄ @ ≋ ≈) W stylu hiszpańskim, na plaży, 5 km na południowy wschód od lotniska. 307 pokojów w 3-poziomowych budynkach i 2-poziomowych bliźniaczych *cabañas*, zbudowanych w 1993 r. Jest to największy na wyspie resort (o jeden pokój!) i najbardziej popularny. Klub nocny, udogodnienia dla rodzin. Ceny poza sezonem spadają prawie o połowę; rezerwacje przez Internet.

★ **Ranchón Playa Sirena** OWOCE MORZA **$$$**

(bufet obiadowy 20 CUC; ⏲ 9.00–17.00) Wyjątkowo zachęcający plażowy bar wśród palm na Playa Sirena, latynoscy naśladowcy Toma Cruise'a trzepią koktajle. Można tu również coś zjeść, zdarza się, że przy większej liczbie turystów organizowany jest bufet (20 CUC). Warto wybrać coś z *comida criolla* (kuchnia kreolska) i smacznego *pargo* (lucjana) z grilla za 12 CUC.

Bary i życie nocne

Taberna El Pirata KAWIARNIA, KLUB
(Combinado; ⏲ całą dobę) W tawernie *El Pirata* można spotkać załogę łodzi, pracowników resortów i samotnych uciekinierów z Marina Internacional Cayo Largo. Zimne jak lód piwo, gorąca mocna kawa, kanapki i chipsy – konsumowane w ładnym otoczeniu.

Zakupy

Casa de Habano CYGARA
(☎ 45-24-82-11; ⏲ 8.00–20.00) W „domu cygar" w Combinado, rzecz jasna, kupuje się cygara.

Informacja

NIEBEZPIECZEŃSTWA I NIEDOGODNOŚCI

Z powodu niebezpiecznych prądów pływanie może być czasowo wzbronione. Będzie na to wskazywała czerwona flaga na plaży. Dokuczliwe są ataki komarów.

USŁUGI MEDYCZNE

Clínica Internacional (☎ 45-24-82-38; ⏲ całą dobę) W miasteczku Combinado.

PIENIĄDZE

Pieniądze można wymieniać w hotelach i w znajdującym się w Combinado banku **Bandec** (⏲ 8.30–15.00 pn.–sb., 8.00–12.00 nd.).

INFORMACJA TURYSTYCZNA

W hotelu *Pelícano* jest biuro **Cubatur** (☎ 45-24-82-58), inne biura informacji turystycznej są w resortach Sol Cayo Largo (s. 170) i Playa Blanca (s. 171).

Przyjazd i wyjazd

Na Aeropuerto Internacional Vilo Acuña raz w tygodniu przylatują samoloty czarterowe z Kanady i Włoch. Na lotnisku jest bar z przekąskami oraz stoisko z pamiątkami.

Dla tych, którzy wpadają tu tylko na chwilę, **Aerogaviota** (☎ 7-203-8686; Av 47 No 2814, pomiędzy Calle 28 i Calle 34, Kohly, Hawana) oraz **Cubana de Aviación** (☎ 7-649-0410; www.cubana.cu; Airline Building, Calle 23 No 64, Vedado; ⏲ 8.30–16.00 pn.–pt., do 12.00 sb.) oferują codzienne loty z Hawany (bilet 149 CUC w obie strony). W cenie biletu transport oraz wycieczka łodzią z mariny na Cayo Largo (nie ma obowiązku uczestnictwa). Jednodniowa wycieczka na wyspę z Hawany jest jak najbardziej wykonalna, ale trzeba wcześnie wstać na transfer na lotnisko (wszystkie samoloty na Cayo Largo startują pomiędzy 7.00 a 8.00 rano z lotniska na Playa Baracoa, kilka kilometrów na zachód od Marina de Hemingway). Wycieczkę można wykupić w większości biur podróży i hoteli w Hawanie.

Jak się poruszać na miejscu

Poruszanie się po maleńkiej Cayo Largo nie stanowi zbyt wielu wyzwań.

- Taksówką lub autobusem można pojechać z lotniska (5 km) do strefy, w której znajdują się hotele (transfer wliczony w cenę biletu lotniczego).
- Można też skorzystać z oferowanego trzy razy dziennie transferu autobus/łódź z hotelu na Playa Sirena (5 CUC w obie strony). Tyle samo płaci się za kurs taksówką. Samochody zwykle czekają przed hotelami.
- Niewielka osada Combinado znajduje się ok. 1 km na północ od lotniska i 6 km od najbliższego resortu hotelowego.
- Hotele wypożyczają motorowery i samochody; resort *Iberostar Playa Blanca* ma ich najwięcej, ponieważ jest usytuowany najdalej od wszystkich atrakcji.
- W niektórych hotelach można wypożyczyć mocno wyeksploatowany rower, całkowicie wystarczający na tutejsze krótkie dystanse.

Valle de Viñales i prowincja Pinar del Río

Spis treści ➔

NAJ: Gastronomia

- Tres Jotas (s. 180)
- El Olivo (s. 180)
- Balcón del Valle (s. 181)
- Café Ortuzar (s. 192)

NAJ: Noclegi

- Casa Daniela (s. 178)
- Hotel Los Jazmines (s. 180)
- Terra Mar 1910 (s. 191)
- Villa Los Reyes (s. 178)

Dokąd jechać?

Na zachodnim krańcu Kuby wciąż króluje tytoń. Falujące pola o rdzawej barwie orze się wołami, dachy suszarni tytoniu pokrywa strzecha, *guajiros* (wieśniacy) noszą sombrera.

Perłą tej szmaragdowej krainy jest Valle de Viñales, przepiękna dolina wpisana na Listę Światowego Dziedzictwa Kulturalnego i Przyrodniczego UNESCO, otoczona charakterystycznymi *mogotes* (wapienne monolity), które zachęcają do pieszych wędrówek. Drugie skrzypce gra Península de Guanahacabibes, niezamieszkany dziki półwysep z bogatym ekosystemem i ponad 50 miejscami do nurkowania.

Turyści przybywają tutaj głównie dla wspaniałej przyrody, chętnie zatrzymując się w pogodnym, sennym miasteczku Viñales. Ogromne kompleksy jaskiń zwiedza się przy świetle pochodni, plantacje tytoniu z profesjonalnie organizowanymi wycieczkami, plaże zapewniają miły odpoczynek, a cały krajobraz ze wszystkich stron woła: „zapraszamy na kubańską wieś". No to jedźmy, kierując się aromatem tytoniu.

Kiedy jechać?

- W okresie od maja do sierpnia, żeby podziwiać dziką przyrodę, np. żółwie morskie w Guanahacabibes i tysiące krabów czerwonych.
- Listopad – luty: pora uprawy tytoniu i dobry czas na zwiedzanie zielonych plantacji.
- Od grudnia do marca trwa sezon plażowy. Spokojne wody sprzyjają nurkowaniu przy plaży María la Gorda.
- Lipiec – listopad to pora huraganów. Uwaga: w ciągu ostatniej dekady prowincję nawiedziło kilka dużych sztormów, głównie w sierpniu lub wrześniu.

Valle de Viñales i prowincja Pinar del Río

❶ **Parque Nacional Valle de Viñales** (s. 183) Rustykalny smak, zapach i krajobraz cudownej doliny wpisanej na listę UNESCO.

❷ **Parque Nacional Península de Guanahacabibes** (s. 195) Zachodni kraniec Kuby z żółwiami i dziewiczymi plażami.

❸ **Valle de Palmarito** (s. 185) Wycieczki konne i piesze z *guajiros* do tej idyllicznej doliny.

❹ **Gran Caverna de Santo Tomás** s. 183) Jeden z najdłuższych w Ameryce

Łacińskiej systemów jaskiń wprawia w zdumienie.

5 Cayo Levisa (s. 186) Na tej bajecznej wysepce, dostępnej tylko łodzią, naładujecie akumulatory.

6 Hacienda Cortina (s. 188) Przechadzki wokół niedawno odrestaurowanej ogromnej hacjendy.

7 María la Gorda (s. 196) Czyste lazurowe wody – jedno z najlepszych na Kubie miejsc do nurkowania.

VALLE DE VIÑALES

Ozdobiony wysokimi sosnami i potężnymi wapiennymi klifami, które wznoszą się jak gigantyczne stogi siana nad spokojnymi plantacjami tytoniu, Parque Nacional del Valle de Viñales to jedno z najpiękniejszych miejsc na Kubie. Dolina (dł. 11 km, szer. 5 km) wbija się widowiskowo w łańcuch górski, Sierra de los Órganos. W 1979 r. uzyskała status narodowego pomnika przyrody, a w 1999 r. została wpisana na Listę Światowego Dziedzictwa Kulturalnego i Przyrodniczego UNESCO, dzięki swoim wapiennym skałom (*mogotes*) oraz regionalnej architekturze tradycyjnych gospodarstw i wiosek.

Viñales to dla turystów ciekawe szlaki piesze, skały wspinaczkowe i wycieczki konne. Są tu hotele pierwszej klasy oraz jedne z najlepszych *casas particulares* (pokoje w prywatnych domach) w kraju. Oprócz licznych jednodniowych autobusowych wycieczek, tym dobrze chronionym terenom udało się uniknąć turystycznego szaleństwa, pomimo słynnych przyrodniczych atrakcji. Atmosfera wokół miasta jest odprężająca i wolna od zgiełku.

Valle de Viñales

Viñales

27 806 MIESZK.

Jeśli roślinność Pinar del Río wyrasta ze szczelin *mogotes* (wapienne monolity), a żujący tytoń *guajiros* popędzają woły na rdzawoczerwonych polach tytoniu, to znaczy, że już jesteśmy w Viñales. Pomimo swojego długoletniego romansu z turystyką, ta cicha i spokojna tradycyjna osada niewzruszenie opiera się komercjalnemu gwiazdorzeniu. Jak tu jest, każdy widzi – rolnicze miasteczko, w którym drzwi domostw są szeroko otwarte, wszyscy się znają, wieczory spędza się w bujanym fotelu (*sillón*) na werandzie, mając przed oczami Drogę Mleczną.

Przyjezdni nie szukają ani muzyki, ani *mojito*, pragną tylko bliskości świata przyrody, wędrówek pieszych, konnych i rowerowych w tym jednym z najpiękniejszych krajobrazów Kuby. Warto do nich dołączyć.

Zwiedzanie

Finca Raúl Reyes — GOSPODARSTWO

(mapa s. 179; od świtu do zmierzchu) BEZPŁ. Finca Raúl Reyes, 1 km na północ od centrum miasta, to plantacja tytoniu, ale oprócz cygar (*puros*) turysta dostanie owoce, kawę i porcję palącego w gardło rumu. Można stąd zejść do Cueva de la Vaca („krowiej jaskni"), prowadzącej do tunelu we wnętrzu *mogotes*. Przed wejściem odwróć się i spójrz na dolinę: niezapomniany widok.

El Jardín Botanico de las Hermanas Caridad y Carmen Miranda — OGRODY

(mapa s. 179; Salvador Cisneros; wolne datki; 8.00–17.00) Naprzeciwko stacji benzynowej Servi-Cupet, tam gdzie droga Cisneros kieruje się na północ za miasto, znajduje się przyciągająca wzrok niezwykła brama opleciona winoroślą. Prowadzi w głąb rozległych ogrodów, założonych w 1918 r. Wokół plastikowych lalek rosną kaskady orchidei, w zagajnikach z gąszczem pomarańczowych lilii biegają pawie. Przewodnik po ogrodzie botanicznym urzęduje w chatce Czerwonego Kapturka (trzeba zapukać).

Galleria de Arte — GALERIA

(mapa s. 179; 7.00–12.00, 13.00–19.00 i 20.00–23.00) BEZPŁ. Niewielka galeria sztuki obok

DOLINY W VIÑALES

Skaliste *mogotes* (wapienne monolity) dzielą obszar Viñales na pięć głównych dolin.

Viñales

Główna dolina to uczta dla oczu – najpiękniej wygląda z hotelu *Los Jazmines* (s. 180) o zachodzie słońca. Zamieszkuje ją większość ludności i jest tu najlepsza infrastruktura oraz kilka głównych atrakcji, m.in. trudny do przeoczenia Mural de la Prehistoria (s. 183). Dolina to też kwintesencja tytoniowego krajobrazu w Viñales – została mocno przekształcona przez uprawy. Twarde wapienne *mogotes* na północy to wszystko, co pozostało z wielkiego systemu jaskiń, który zajmował kiedyś cały region. Miliony lat temu miękkie dachy jaskiń zawaliły się, pozostały tylko twardsze ściany i kolumny.

Palmarito

Palmarito (dolinę zwykle na mapach oznacza się nazwą Valle de la Guasasa) leży dokładnie na północ od Viñales i łatwo tam dojść z miasta pieszo. W rdzawoczerwonej glebie dobrze rośnie tytoń, i dolina jest usiana charakterystycznymi krytymi strzechą suszarniami tytoniu. Od czasu katastrofalnych powodzi w latach 80. XX w. nikt tam na stałe nie mieszka. Robotnicy przyjeżdżają codziennie z Viñales, głównie konno. Wciąż używa się wołów i pługów (traktory są zabronione). W Palmarito jest kilka jaskiń – w jednej z nich można pływać. W dolinie Palmarito odbywają się też – mocno krytykowane – walki kogutów.

San Vicente

Do tej wąskiej doliny można wejść od południa przez bramę utworzoną z dwóch *mogotes*, przy drodze do Puerto Esperanza. Valle de San Vicente słynie ze swoich jaskiń – są to m.in. Cueva del Indio (s. 183) i Cueva de San Miguel (s. 184) – i hotelu, który stanowi bazę wypadową różnych wycieczek. Dobre miejsce do obserwowania ptaków.

Ancón

Spokojna północna dolina, do której wjeżdża się zazwyczaj przez Rancho San Vicente (s. 185), na północ od Viñales. W rzece Ancón, płynącej przez dolinę, łowi się langusty, podawane w restauracjach w Viñales. W dolinie jest niewielka osada i plantacja kawy. Często jeździ się tam na wycieczki rowerowe z Viñales.

Silencio

„Cicha" dolina uważana za najlepsze w Viñales miejsce zachodów słońca nad *mogotes*. Uprawia się tu większość tytoniu w regionie i, dzięki szerokim oraz stosunkowo płaskim drogom, przyjeżdżają tu rowerzyści. Jest kilka jezior i gospodarstwa otwarte dla zwiedzających.

Casa de la Cultura w centrum Viñales. Dobry pomysł na deszczowy dzień!

Iglesia del Sagrado Corazón de Jesús KOŚCIÓŁ
(mapa s. 179) Malutki kościółek w kolorze kremowym, na głównym placu, został niedawno (jak na kubańskie standardy) odnowiony.

Museo Municipal MUZEUM
(mapa s. 179; Salvador Cisneros No 115; 1 CUC; ⏲8.00–17.00 pn.–sb., do 16.00 nd.) Muzeum, w połowie długości Cisneros, głównej ulicy Viñales, zajmuje dawny dom Adeli Azcuy (1861–1914), bojowniczki o niepodległość, i poświęcone jest tutejszej historii. Startuje stąd codziennie pięć różnych wycieczek z przewodnikiem; szczegóły w muzeum.

La Casa del Veguero GOSPODARSTWO
(mapa s. 176; Carretera a Pinar del Río Km 24; ⏲10.00–17.00) Plantacja tytoniu tuż za miastem, przy drodze prowadzącej na południe do Pinar del Río. Zwiedzający poznają tajniki tutejszej uprawy tytoniu i zobaczą suszarnię (*secadero*), w której od lutego do maja suszy się liście. Personel udziela podstawowych informacji; można tanio kupić cygara luzem (bez znaku fabrycznego; takie właśnie pali większość Kubańczyków). Jest też restauracja.

Wycieczki

Cubanacán WYCIECZKI
(mapa s. 179; ☎48-79-63-93; Salvador Cisneros No 63c; ⌚9.00–19.00 pn.–sb.) Cubanacán organizuje popularne jednodniowe wycieczki na wysepki Cayo Levisa (39 CUC) i Cayo Jutías (15 CUC), do jaskiń Gran Caverna de Santo Tomás (20 CUC) i María la Gorda (35 CUC). Oficjalne wycieczki do parku wyruszają stąd codziennie (8 CUC).

Noclegi

★**Casa Daniela** CASA PARTICULAR $
(mapa s. 179; ☎48-69-55-01; casadaniela@nauta.cu; Carretera a Pinar del Río; pokój 25 CUC; P ❄ 📶 ≋) Pensjonat prowadzą były lekarz z żoną. Gdyby sądzić po tym sterylnie czystym domu, lekarz musiał bardzo się troszczyć o swoich pacjentów. Ten pomarańczowy dom rozrósł się do rozmiarów sporej rezydencji, nie tracąc przy tym miejscowego stylu. Jest tu 6 pokojów, basen, taras dachowy i cienisty ogródek na tyłach posesji.

Warto się tu zatrzymać: syn właścicieli przygotowuje smaczne śniadania.

Casa Papo y Niulvys CASA PARTICULAR $
(mapa s. 179; ☎48-69-67-14; papoyniulvys@gmail.com; Rafael Trejo No 18a; pokój 30 CUC; P ❄) Jeden z nielicznych domów w Viñales z ogrodem od frontu. Można się tu kołysać na frontowej werandzie, leżąc w hamaku lub siedząc na krześle na biegunach. Małe pokoje zostały niedawno nowocześnie udekorowane. Jest to oaza spokoju w tym gwarnym mieście. Czasem brakuje miejsc – warto zrobić rezerwację.

Villa Los Reyes CASA PARTICULAR $
(mapa s. 179; ☎48-79-33-17; http://villalosreyes.com; Salvador Cisneros No 206c; pokój 25–30 CUC; P ❄ @) Nowoczesny dom z pięcioma pokojami (łącznie z dobudówką z tyłu), wszystkimi udogodnieniami, ustronnym patio, gdzie restauracja serwuje oryginalne kubańskie potrawy, i ładnym tarasem dachowym. Gospodyni Yarelis była biologiem w tutejszym parku narodowym, a w żyłach gospodarza Yoana płynie Viñales.

Ta para organizuje ciekawe wycieczki, m.in. popularną wycieczkę o wschodzie słońca do Los Aquáticos (s. 183) i do Valle del Silencio („dolina ciszy") o zachodzie słońca.

Villa Juanito El Joyero CASA PARTICULAR $
(mapa s. 179; ☎48-69-59-33; milay.rivera@nauta.cu; Adela Azcuy Norte No 53; pokój 25–30 CUC; ❄) Z dala od ulicznego zgiełku, jasnopomarańczowy bungalow dla osób szukających skromnego noclegu i tradycyjnej miejscowej gościnności. Pokój z dwoma łóżkami, minibar i przyjemne patio z tyłu. W tym regionie małe znaczy piękne.

La Auténtica CASA PARTICULAR $
(mapa s. 179; ☎48-69-58-38; Salvador Cisneros No 125; pokój 30 CUC) Nadająca głównej ulicy Viñales nieco stylu La Auténtica jest jak minihotel z czterema pokojami w długim, jednopoziomowym domu, w którym do tradycji dodano nowoczesne zdobienia. W odróżnieniu od innych *casas* w Viñales, właściciele mieszkają gdzie indziej, co oznacza, że można bez skrępowania chodzić po całym domu i siedzieć na wygodnych krzesłach na patio.

Casa Haydée Chiroles CASA PARTICULAR $
(mapa s. 179; ☎52-54-89-21; casahaydee@nauta.cu; Rafael Trejo No 139; pokój 25 CUC) Ten dom odzwierciedla wszystkie atuty Viñales. Ma 6 pokojów w dwóch przyległych budynkach, wspólne patio na tyłach, gdzie można obserwować gwiazdy, siedząc na bujaku (*sillón*). Co więcej, córka właściciela pracuje w biurze Infotur (s. 182), co oznacza, że gość porozumie się po angielsku lub francusku i uzyska przydatne informacje.

Villa El Niño CASA PARTICULAR $
(mapa s. 179; ☎48-69-66-66; casaelninoalexander@nauta.cu; Adela Azcuy No 9; pokój 25 CUC; ❄) Urocze, zielone domostwo, z licznymi tarasami i bujakami, usytuowane przy Calle (ulicy) Adela Azcuy, z dala od Salvador Cisneros – głównej ulicy miasta. Cztery małe godziwe pokoje i wiele zacisznych zakątków.

Casa Nenita CASA PARTICULAR $
(mapa s. 179; ☎48-79-60-04; emiliadiaz2000@yahoo.es; Salvador Cisneros Internal No 1; pokój 35–40 CUC; P ❄ ≋) *Nenita* po cichu stała się jedną z najlepszych *casas particulares* w kraju. Chociaż oddalenie od centrum może odstraszać, 8 pokojów wybija się ponad przeciętność, a do tego jeszcze doskonała restauracja, basen i taras dachowy oraz dogodna baza wypadowa na *mogotes*. A pyszna ryba w cieście figuruje nawet w książkach kucharskich. Dotarcie tu może być trudne – należy szukać za szpitalem (*policlínico*).

Casa Jean-Pierre CASA PARTICULAR $
(mapa s. 179; ☎48-79-33-34; róg Celso Maragoto i Salvador Cisneros; pokój 25 CUC; P ❄) Niedaw-

Viñales

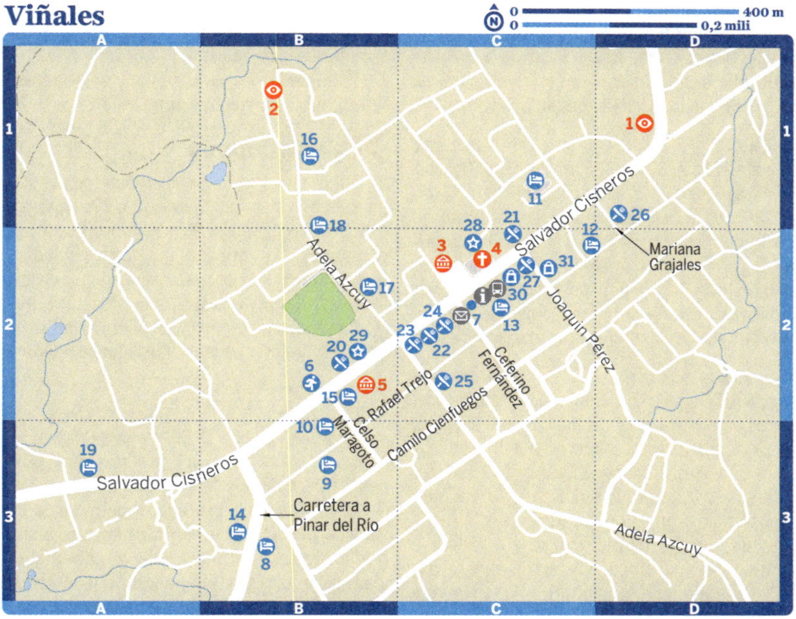

Viñales

Zwiedzanie
1 El Jardín Botanico de las Hermanas Caridad y Carmen Miranda D1
2 Finca Raúl Reyes B1
3 Galleria de Arte C2
4 Iglesia del Sagrado Corazón de Jesús C2
5 Museo Municipal B2

Aktywnie, kursy i wycieczki
6 Punkt wynajmu rowerów B2
7 Cubanacán C2

Noclegi
8 Casa Daniela B3
9 Casa Haydée Chiroles B3
10 Casa Jean-Pierre B3
11 Casa Nenita C1
12 Casa Papo y Niulvys C2
13 El Balcón C2
14 Hostal Doña Hilda B3
15 La Auténtica B2
16 Villa Cafetal B1
17 Villa El Niño B2
18 Villa Juanito El Joyero B1
19 Villa Los Reyes A3

Gastronomia
20 Cocinita del Medio B2
21 El Barrio C2
22 El Olivo C2
23 La Cuenca C2
24 La Dulce Vida C2
25 La Esquinita C2
26 Restaurante La Berenjena D1
27 Tres Jotas C2

Rozrywka
28 Centro Cultural Polo Montañez C2
29 Patio del Decimista B2

Zakupy
30 Los Vegueros C2
31 Mercado de Artesanía C2

no odrestaurowany dom w kolorze mandarynkowym jest elegancki i czysty. Znajduje się w centrum. Na dole dwa pokoje, na górze jeden z tarasem. Jest tu dobre jedzenie (bar *tapas Tres Jotas,* po przeciwnej stronie ulicy). Wejście od bocznej uliczki.

Villa Cafetal CASA PARTICULAR $
(mapa s. 179; ☎ 53-31-17-52; edgar21@nauta.cu; Adela Azcuy Final; pokój 20–25 CUC; P ❄) Właściciele tego cichego domu na obrzeżach miasta to eksperci od wspinaczki; posiadają szopę ze sprzętem – i słusznie, ponieważ

najlepsze w Viñales tereny do wspinaczki mają tuż pod nosem. Leżąc w hamaku w olśniewającym ogrodzie, gdzie uprawia się kawę (tak, pije się ją potem na śniadanie), goście wdychają pełną piersią górskie powietrze.

El Balcón CASA PARTICULAR **$**
(mapa s. 179; ☎48-69-67-25; elbalcon2005@yahoo.es; Rafael Trejo No 48, altas; pokój 25–30 CUC; ❄) *El Balcón*, jedna przecznica na południe od rynku, ma cztery nowoczesne pokoje na parterze (poniżej jest inny dom do wynajęcia), balkon od ulicy i ogromny taras dachowy, gdzie podawane jest pyszne jedzenie. Mili gospodarze, Mignelys i Juanito, znają angielski.

Hostal Doña Hilda CASA PARTICULAR **$**
(mapa s. 179; ☎48-79-60-53; flavia@correodecuba.cu; Carretera a Pinar del Río No 4 Km 25; pokój 25 CUC; ❄) Jeden z pierwszych budynków w mieście przy drodze z Pinar del Río; trzy pokoje w werandami i bujakami. Co ważniejsze, ten skromny dom to klasyka Viñales – tak jak zawsze uśmiechnięta gospodyni – z pysznym jedzeniem. Tutejsze *mojito* należy do najlepszych na Kubie. Warto spytać o kursy tańca.

★Hotel Los Jazmines HOTEL **$$$**
(mapa s. 176; ☎48-79-64-11; Carretera a Pinar del Río; pokój 1-/2-os. ze śniadaniem 88/138 CUC; P❄≋) Uwaga: widoki z tego pastelowo-różowego hotelu w stylu kolonialnym należą do najpiękniejszych w kraju. Po otwarciu okiennic pokoju od strony doliny zachwyci widok *mogotes*, rdzawoczerwonych pól i krytych palmowymi liśćmi suszarni tytoniu. Choć to nie pięciogwiazdkowy hotel, *Los Jazmines* („jaśminy") ma bezkonkurencyjną lokalizację i kuszący basen.

Przydatne dodatki to międzynarodowa klinika, pokój do masażu i mały sklep. Lokalizacja ma swoją cenę: prawie co godzina przyjeżdżają wycieczki i zakłócają to eteryczne środowisko. Z Viñales łatwo dojść pieszo: 4 km na południe drogą do Pinar del Río. Zatrzymuje się tutaj Tour Bus z Viñales; można też poprosić o to kierowców z Víazul.

La Ermita HOTEL **$$$**
(mapa s. 176; ☎48-79-64-11; Carretera de La Ermita Km 1,5; pokój 1-/2-os. ze śniadaniem 88/138 CUC; P❄≋) *La Ermita* zbiera laury za architekturę, wystrój wnętrz oraz wszechstronne usługi i jakość. Ponieważ nie przyjeżdżają tutaj autobusy wycieczkowe, panuje cisza; pokoje z widokami są w piętrowym kolonialnym budynku, restauracja serwuje smaczne śniadania. Dodatkowe atrakcje to świetny basen, umiejętnie mieszane koktajle, korty tenisowe, sklep, stadnina koni i masaże.

Z Viñales do wioski można pójść pieszo (2 km) albo przyjechać autobusem.

Gastronomia

El Olivo KUCHNIA ŚRÓDZIEMNOMORSKA **$**
(mapa s. 179; Salvador Cisneros No 89; makarony 4–6 CUC; ⏲12.00–23.00) Najpopularniejsza restauracja w mieście, o czym świadczy niekończąca się kolejka, serwuje smaczną lazanię i dania makaronowe oraz inne klasyki, np. kaczkę *à l'orange*. Asem w talii jest królik w ziołach i sosie z gorzkiej czekolady.

Restaurante La Berenjena KUCHNIA WEGETARIAŃSKA **$**
(mapa s. 179; ☎52-54-92-69; Mariana Grajales, pomiędzy Salvador Cisneros a Rafael Trejo; dania główne 4–7 CUC; ⏲10.00–22.00; 🖉) *La Berenjena* (hiszp. „bakłażan") próbuje wypełnić wegetariańską pustkę na kubańskim rynku gastronomicznym. Lokal mieści się w biało-niebieskim domu z pokrytym pnączami frontowym tarasem. W tej ekologicznej restauracji można dostać owocowe szejki, warzywne lazanie, *crepes*, zupy, bakłażan (rzecz jasna) i kilka dań mięsnych dla tych nieprzekonanych.

Jest tu deszczówka z recyklingu, miód z domowej pasieki i warzywa z własnego ogródka.

La Esquinita FAST FOOD **$**
(mapa s. 179; róg Rafael Trejo i Adela Azcuy; przekąski 1–3 CUC; ⏲10.00–23.00) Ta kawiarnia serwująca kanapki na wynos to nowy lokal w mieście, w którego okolicach popularnością cieszą się atrakcje na świeżym powietrzu. Dodatkowy plus to wypełnione czekoladą churros, bez wątpienia najlepszy deser w Viñales.

El Barrio KUCHNIA ŚRÓDZIEMNOMORSKA **$**
(mapa s. 179; ☎48-69-69-27; Salvador Cisneros No 58a; dania główne 3–7 CUC; ⏲9.30–22.30) Wyświechtany w uroczy sposób lokal, który zmonopolizował rynek gastronomii całodobowej w Viñales. Serwują śniadania, obiady, koktajle alkoholowe. *Tapas* i pizza są dobre, makarony gorsze. Ożywiona klientela, składająca się z przyjezdnych, zajmuje gwarny taras.

★Tres Jotas TAPAS **$$**
(mapa s. 179; ☎53-31-16-58; Salvador Cisneros No 45; *tapas* 2–6 CUC; ⏲8.00–2.00) Kto by się spodziewał, że w Viñales, słynącym z *cerdo asado* (pieczone w całości prosię), łowi się mnóstwo langust w rzece Ancón? *Tres*

Jotas to bar *tapas*, restauracja, koktajlbar i kawiarnia śniadaniowa, prowadzona przez sympatycznego Jean-Pierre'a, który zawsze wita gości przy wejściu.

Specjalność zakładu to *camarones del río* (krewetki rzeczne), a na przystawkę duży wybór hiszpańskich *tapas*, m.in. krokieciki, ser ziołowy i wędzona szynka. Słabo oświetlone wnętrze jest przyjemne, ale nie nadzwyczajne, a atmosfera zawsze elektryzująca.

★ Balcón del Valle KUCHNIA KUBAŃSKA **$$**
(mapa s. 176; Carretera a Pinar del Río; dania główne 8 CUC; ⏲ południe–północ) Ta trafnie nazwana restauracja („balkon nad doliną"), z trzema drewnianymi pokładami zawieszonymi nad polami tytoniu, suszarniami oraz *mogotes*, oferuje potrawy godne tutejszych wspaniałych krajobrazów. W niepisanym menu: kurczak, wieprzowina i ryba, przyrządzane po wiejsku, zawsze z mnóstwem rozmaitych dodatków. Lokal znajduje się 3 km za miastem, w kierunku hotelu *Los Jazmines*.

La Dulce Vida KUCHNIA WŁOSKA **$$**
(mapa s. 179; Salvador Cisneros No 71b; dania główne 5–14 CUC; ⏲ 12.00–22.00) „Słodkie życie" po hiszpańsku to jeszcze jedna udana wariacja na temat *dolce vita* włoskiej kuchni, z godnymi uwagi daniami z makaronem. Ponadto są tu kubańskie specjały. Niewielkie wnętrze przypomina gospodę we włoskiej Apulii, a na zewnątrz są ławki z poduszkami. A jakie dobre desery!

La Cuenca KUCHNIA MIĘDZYNARODOWA **$$**
(mapa s. 179; ☎ 48-69-69-68; Salvador Cisneros No 97, róg Adela Azcuy; dania główne 5–12 CUC; ⏲ 11.00–22.30) Lokal wygląda mniej rustykalnie niż inne podobne w Viñales. Wąski kryty taras i ciekawe czarno-białe wnętrze są nawet kuszące. Jedzenie urozmaicone: od hiszpańskich *tapas* po żeberka jagnięce, a niektóre dania (królik w czekoladzie) zdają się naśladować potrawy z pobliskiej konkurencji – króla kuchni El Olivio. Na krótkie posiedzenie są tu pyszna kawa i koktajle.

Cocinita del Medio KUCHNIA KUBAŃSKA **$$**
(mapa s. 179; Salvador Cisneros, pomiędzy Celso Maragoto i Adela Azcuy; dania 10 CUC; ⏲ 12.00–23.00) Czasem najprostsze jest najlepsze. Łatwo przegapić ten lokal, bo bardziej przypomina zwykły dom, ale braki w wystroju nadrabia imponującym wyborem grillowanych mięs i ryb – porcje i przyprawy obfite. Koniecznie trzeba wybrać się tu przynajmniej raz.

☆ Rozrywka

Centro Cultural Polo Montañez MUZYKA NA ŻYWO
(mapa s. 179; róg Salvador Cisneros a Joaquin Pérez; po 21.00 1 CUC; ⏲ muzyka od 21.00–2.00) Nazwa centrum honoruje nieżyjącego już,

WSPINACZKA W VIÑALES

Nie trzeba być Reinholdem Messnerem, żeby dostrzec potencjał wspinaczkowy Viñales, kubańskiego Yosemite w skali mini. Usiany stromymi *mogotes* (wapiennymi monolitami) i obdarzony mnóstwem pięknych widoków obszar jest odwiedzany od ponad dekady przez miłośników wspinaczki, którzy uprawiają ten sport nieuznany jeszcze przez rząd kubański.

Sława wspinaczkowa Viñales rozchodzi się pocztą pantoflową. Nie ma oficjalnych map z trasami ani żadnych oficjalnych informacji o tym terenie (prawdę mówiąc, przedstawiciele rządu zaprzeczają, że coś na ten temat wiedzą). Dla tych, którzy chcieliby wspiąć się tutaj na skałę, pierwszym źródłem informacji powinna być wyczerpująca strona Cuba Climbing (www.cubaclimbing.com) oraz książka *Cuba Climbing* Aníbala Fernándeza i Armanda Menocala (2009). Najlepszy łącznikiem dla wspinaczy będzie *casa particular* Oscara Jaime Rodrígueza oraz Villa Cafetal w Viñales. Miejscowi wskażą do nich drogę.

W Viñales jest wiele znanych tras wspinaczkowych, m.in. okryta złą sławą „Fabryka Os", działa kilku dobrych przewodników, brakuje natomiast ośrodków wynajmu sprzętu (trzeba mieć własny), a także odpowiednich procedur bezpieczeństwa. Ludzie wspinają się na własne ryzyko, co grozi ewentualnymi zatargami z władzą, która nie uznaje tego sportu (chociaż zazwyczaj patrzy nań przez palce). W niedalekiej przyszłości wspinaczka w Viñales może zostać uznana za oficjalną atrakcję, więc warto śledzić rozwój wypadków w tej kwestii. Należy też pamiętać, że nielegalne wspinanie w parku narodowym może przynieść szkodę zagrożonym roślinom i ekosystemowi, więc trzeba robić to ostrożnie i z rozwagą.

legendarnego piosenkarza i kompozytora muzyki son, Pola Montañeza. Otwarte patio nieopodal głównego rynku to bar-restauracja z porządną sceną. Budzi się do życia po 21.00.

Patio del Decimista MUZYKA NA ŻYWO
(mapa s. 179; Salvador Cisneros No 102; muzyka od 19.00) Zawsze mnóstwo gości; działa od dawna. Patio del Decimista serwuje zimne piwo, przekąski, świetne koktajle. I muzykę na żywo.

Zakupy

Mercado de Artesanía SZTUKA I RZEMIOSŁO
(mapa s. 179; Joaquin Pérez; 10.00–19.00) Sztuka i rzemiosło artystyczne o tematyce kubańskiej przy Calle Joaquin Pérez każdego dnia.

Los Vegueros CYGARA, RUM
(mapa s. 179; 48-79-60-80; Salvador Cisneros No 57; 9.00–21.00) Duży wybór cygar – często rolowanych na miejscu – oraz rumu.

Informacja

DOSTĘP DO INTERNETU

Etecsa Telepunto (Ceferino Fernández No 3; opłata 1 godz. 1,50 CUC; 8.30–19.00 pn.–sb., do 17.00 nd.) Trzy stanowiska w malutkim biurze; także sprzedaż kart Wi-Fi. Rynek główny ma dobry sygnał Wi-Fi.

USŁUGI MEDYCZNE

Clínica (48-79-33-48; Salvador Cisneros interior)

Farmacia Internacional (48-79-64-11; hotel *Los Jazmines*, Carretera a Pinar del Río) Apteka w hotelu *Los Jazmines*.

PIENIĄDZE

W bankach w Viñales są długie kolejki. Warto przyjść wcześniej albo wymienić walutę w Pinar del Río

Banco de Crédito y Comercio (Salvador Cisneros No 58; 8.00–12.00 i 13.30–15.00 pn.–pt., 8.00–11.00 sb.) Są tu dwa bankomaty.

Cadeca (róg Salvador Cisneros i Adela Azcuy; 8.30–16.00 pn.–sb.) Najszybsza obsługa.

POCZTA

Urząd pocztowy (mapa s. 179; Ceferino Fernández 14, róg Salvador Cisneros; 9.00–18.00 pn.–sb.)

INFORMACJA TURYSTYCZNA

Infotur (mapa s. 179; Salvador Cisneros No 63b; 8.15–16.45)

Przyjazd i wyjazd

AUTOBUS

Kasa biletowa Víazul (mapa s. 179; Salvador Cisneros No 63a; 8.00–12.00 i 13.00–15.00) znajduje się naprzeciwko rynku głównego w budynku z biurem Cubataxi. Autobusy Víazul odjeżdżają stąd codziennie do Hawany o 8.00 i 14.00 (12 CUC, 3 godz. 15 min). O 6.45 inny autobus wyrusza do miast Cienfuegos (32 CUC, 8 godz.) i Trinidad (37 CUC, 9 godz. 30 min). Wszystkie zatrzymują się w Pinar del Río (6 CUC, 30 min).

Autobusy Conectando Cuba firmy Cubanacán (s. 178) odjeżdżają codziennie sprzed jej siedziby do Hawany, Trinidadu i Cienfuegos. Należy zamówić bilet dzień wcześniej. Ceny jak w Víazul.

Autobusy jeżdżą codziennie do Cayo Levisa (39 CUC w cenie obiad i przeprawa łodzią), Cayo Jutías (15 CUC) oraz María la Gorda (35 CUC). W cenę wliczony powrót.

SAMOCHÓD I MOTOROWER

Z południa do Viñales prowadzi długa, wijąca się droga z Pinar del Río; drogi z północy nie są aż tak kręte, ale ze względu na ich zły stan, jazda trwa o wiele dłużej. Górska droga z półwyspu Guanahacabibes przez Guane i Pons to jedna z najbardziej widowiskowych tras na Kubie. Na podróż należy przeznaczyć dużo czasu.

Wynajem aut prowadzi **Cubacar** (48-79-60-60; Salvador Cisneros No 63c; 9.00–19.00) w biurze Cubanacán.

Motorowery można wynająć (26 CUC za 1 dzień) w punkcie wynajmu rowerów (s. 184) obok *Restaurante La Casa de Don Tomás*.

TAKSÓWKI

Miejsca w autobusach Víazul są zwykle zarezerwowane na wiele dni naprzód. Rozwiązanie? Taksówka *colectivo* (z dzielonymi opłatami). Można ją zamówić we wspólnym biurze **Cubataxi** (48-79-31-95; Salvador Cisneros No 63a) i Víazul. Ceny od osoby przy komplecie pasażerów (cztery osoby): do Hawany (20 CUC), Varadero (30 CUC), Cienfuegos (35 CUC), Trinidadu (40 CUC).

Jak się poruszać na miejscu

Viñales Bus Tour to minibus kursujący dziewięć razy dziennie pomiędzy różnymi punktami na terenie doliny. Początek i koniec trasy jest na miejskim rynku; jazda zajmuje 65 minut; pierwszy kurs o 9.00, ostatni o 16.50. Po drodze jest 18 przystanków, od hotelu *Los Jazmines* do hotelu *Rancho San Vicente*, i wszystkie są dokładnie oznaczone, z mapami trasy i rozkładami jazdy. Bilet na cały dzień kosztuje 5 CUC (można kupić w autobusie).

Na północno-wschodnim krańcu głównej ulicy, Salvador Cisneros, jest stacja benzynowa Servi-Cupet.

Parque Nacional de Viñales

Niezwykły Park Narodowy Valle de Viñales zajmuje 150 km² i mieszka w nim 25 000 osób. Na tym usianym *mogotes* i przesiąkniętym tradycją obszarze uprawia się kawę, tytoń, trzcinę cukrową, pomarańcze, awokado i banany.

Zwiedzanie

Gran Caverna de Santo Tomás JASKINIA

(10 CUC; 9.00–15.00) Witamy w największym na Kubie oraz w Ameryce Południowej i Środkowej systemie jaskiń. W Gran Taverna („wielkiej jaskini") jest 46 km galerii na ośmiu poziomach, z odcinkiem dł. 1 km dostępnym dla turystów. Nie ma sztucznego oświetlenia, ale podczas 90-minutowej wycieczki z przewodnikiem dostaje się czołówki. Atrakcje to nietoperze, stalagmity, stalaktyty, podziemne sadzawki, fantazyjne formy skalne i replika pradawnego indiańskiego malowidła naskalnego

Trzeba zabrać odpowiednie obuwie i uważać na ostre podejścia i śliskie skały. Większość turystów zwiedza jaskinie w ramach zorganizowanej wycieczki z Viñales (20 CUC).

Los Aquáticos WIOSKA

Kilometr za skrętem na Dos Hermanas i Mural de la Prehistoria, nieasfaltowa kręta droga prowadzi do górskiej wioski Los Aquáticos, założonej w 1943 r. przez zwolenników Antoñiki Izquierdo, która odkryła lecznicze właściwości wody w czasach, gdy *campesinos* (wieśniacy) z tych rejonów nie mieli dostępu do konwencjonalnej medycyny. Zasiedlili stoki górskie, a dziś wciąż mieszkają dwie rodziny. Można tam się dostać tylko konno lub pieszo. W większości *casas particulares* w Viñales są organizowane wycieczki z przewodnikiem.

Nietrudno też wybrać się samodzielnie. Wprawdzie nie ma drogowskazów, ale po drodze jest wiele domów i mieszkańcy chętnie wskażą drogę. Z szosy trzeba zejść na nieasfaltowaną drogę dł. ok. 400 m, potem skręcić w lewo i iść na przełaj. Niebieski dom w połowie zbocza góry naprzeciwko to cel podróży. Można stamtąd podziwiać widoki, skosztować tutejszej kawy i porozmawiać z sympatycznymi gospodarzami o leczniczej wodzie. Wracając, warto zatoczyć pętlę, zwiedzając Campismo Dos Hermanas („dwie siostry") i malowidła naskalne w Mural de la Prehistoria; jest to piękna trasa (cała pętla Los Aquáticos–Dos Hermanas ma 6 km długości, licząc od głównej szosy).

Mural de la Prehistoria SZTUKA PUBLICZNA

(mapa s. 176; z napojem 3 CUC; 9.00–18.00) 4 km na zachód od Viñales, na pionowym zboczu Mogote Pita rozciąga się 120-metrowe malowidło. Leovigildo González Morillo, uczeń meksykańskiego artysty Diega Rivery, zaprojektował je w 1961 r. (autorami pomysłu byli Celia Sánchez, Alicia Alonso i Antonio Núñez Jiménez). Ten ogromny mural u stóp Sierra de Viñales, najwyższego odcinka pasma Sierra de los Órganos, tworzyło przez cztery lata 18 osób.

Ogromny ślimak, dinozaury, morskie potwory i postacie ludzkie symbolizują teorię ewolucji i robią wrażenie psychodelicznych lub przerażających, zależnie od punktu widzenia. Nie trzeba podchodzić zbyt blisko, żeby je podziwiać; wstęp jest za darmo, jeśli kupi się obiad (15 CUC) w tutejszej restauracji (s. 185). Można stąd wybrać się konno (5 CUC za 1 godz.) na różne trasy.

Cueva del Indio JASKINIA

(mapa s. 176; 5 CUC; 9.00–17.30;) Popularna jaskinia w uroczym zakątku, 5,5 km na północ od miasteczka Viñales. „Jaskinia Indianina" – zamieszkana przez pradawnych rdzennych mieszkańców – została odkryta w 1920 r. Po przejściu 200 m trzeba przesiąść się do łodzi motorowej, by dopłynąć do celu (400 m) podziemną rzeką. W fascynującej jaskini jest elektryczne oświetlenie. Sklep z pamiątkami – przy wyjściu – zaciekawi dzieci.

Memorial a Los Malagones POMNIK

(1 CUC) Los Malagones z miejscowości El Moncada byli pierwszym oddziałem wiejskiej milicji na Kubie. W 1959 r. 12 mężczyzn przeciwstawiło się kontrrewolucyjnej bandzie z pobliskich gór. Mauzoleum i pamiątkową fontannę wzniesiono w 1999 r.; są tam nisze poświęcone 12 milicjantom (żyje już tylko dwóch).

Ukoronowaniem pomnika jest rzeźba ich lidera, Leandra Rodrígueza Malagóna. Dźwięki wydawane przez wodę naśladują (bardzo realistycznie) odgłos wystrzałów karabinowych. Jest tu też małe muzeum.

Cueva de San Miguel JASKINIA
(mapa s. 176; z napojem 3 CUC; ⌚9.00–17.30) Jaskinia przy wylocie z Valle de San Vicente – wejście funkcjonuje jako bar/lokal nocny. W cenie biletu 10-minutowa wycieczka do wnętrza przepastnej jaskini, która kończy się, z premedytacją, przy restauracji *El Palenque de los Cimarrones* (*cimarrón*: zdziczałe zwierzę domowe, zbiegły niewolnik), na krańcu tej pieczary.

Aktywnie

Rower

Pomimo nierówności terenu, Viñales to jedno z najlepszych miejsc na Kubie dla rowerzystów (większość tras biegnie stosunkowo płaskimi dolinami). Ruch na drogach jest wciąż niewielki, a sceneria to piękno w czystej postaci. Wiele *casas particulares* oferuje tani wynajem rowerów. Niektóre organizują wycieczki. Trzeba popytać.

Punkt wynajmu rowerów ROWERY
(mapa s. 179; Salvador Cisneros No 140; rower 1 godz /1 dzień 1/10 CUC) Nowoczesne rowery z przerzutkami. Punkt znajduje się obok *Restaurante La Casa de Don Tomás*. (W wielu *casas particulares* można wynająć rower za podobną cenę.)

Piesze wycieczki

★ **Coco Solo i Palmarito Mogotes** WYCIECZKI
(mapa s. 176) Trasa (8 km) Trasa zaczyna się przy bocznej drodze, ok. 100 m na południe od wejścia do hotelu *La Ermita*; prowadzi przez Valle del Silencio, *mogotes* Coco Solo i Palmarito i koło Mural de la Prehistoria. Piękne krajobrazy, wspaniała roślinność, liczne spotkania z tutejszą fauną, wizyta na tytoniowej hacjendzie (*finca*).

Powrót główną drogą do Viñales.

San Vicente/Ancón WYCIECZKI
(mapa s. 176) Szlak przez Valle de Ancón to okazja do zobaczenia zarządzanych przez wciąż działające wspólnoty plantacji kawowych w otoczonej przez *mogotes* dolinie. 8-kilometrowa pętla.

Tradiciones de Viñales WYCIECZKI
(mapa s. 176) Początek na wschód od hotelu *Los Jazmines*. Licząca 5,7 km pętla prowadzi przez las do punktu widokowego (*mirador*) na wzgórzu i wraca drogą wśród malowniczych plantacji tytoniu.

Cueva El Cable WYCIECZKI
(mapa s. 176) 10-kilometrowa trasa wyprawy do jaskini przez tereny krasowe. Początek w Valle de San Vicente, w pobliżu Cueva del Indio (s. 183).

Maravillas de Viñales WYCIECZKI
6-kilometrowa pętla zaczyna się 1 km na północny wschód od El Moncada i 13 km od odgałęzienia do Dos Hermanas.

Po drodze zobaczymy endemiczne rośliny, orchidee i największe (jak powiadają miejscowi) na Kubie mrówki liściarki.

Jazda konna

Bujne wzgórza i doliny (a w nich *guajiros*, a jakże) wokół miasta, nadają się do konnej jazdy, zwłaszcza Valle de Palmarito i droga do Los Aquáticos. Właściciele większości *casas particulares* ułatwią kontakt z przewodnikiem. Na koniu można zobaczyć więcej w krótszym czasie. Konie przydadzą się zwłaszcza w porze deszczowej (kwiecień–październik), kiedy szlaki są błotniste.

Pływanie

W Valle de Palmarito chętni pływają przy świetle pochodni w naturalnym basenie w La Cueva de Palamarito. Można się tu dostać pieszo/konno z Viñales. Baseny są też przy trzech hotelach w dolinie (opłata 8 CUC, łącznie z 7 CUC za napoje).

Noclegi

Campismo Dos Hermanas CAMPISMO $
(Cubamar; mapa s. 176; ☎48-79-32-23; www.campismopopular.cu; Mogote Dos Hermanas; pokój 2-/3-os. 30/45 CUC;) Pomiędzy dwoma pionowymi *mogotes* (nazwa tego *campismo* pochodzi od Mogote Dos Hermanas, usytuowanego 1 km na zachód) i z widokiem na Mural de la Prehistoria znajduje się jedno z najlepszych międzynarodowych *campismos* Cubamar. Bonusy: restauracja, basen, muzeum geologiczne, stadnina koni i szlaki piesze. Jedyny minus to głośna muzyka zakłócająca spokój tej przepięknej doliny.

Hotel Rancho San Vicente HOTEL $$$
(mapa s. 176; ☎48-79-62-01; Carretera a Esperanza Km 33; pokój 1-/2-os. 88/138 CUC; P) Po dwóch widowiskowo usytuowanych hotelach w Viñales zdawałoby się, że nie może już być lepiej, ale niedaleko jest jeszcze Rancho San Vicente. Komplet sielankowych chatek w zagajniku, 8 km na północ od wioski, został właśnie powiększony – bardziej nowoczesny 22-pokojowy budynek stoi po drugiej stronie drogi.

Ponadto są dwa baseny, restauracja i spa z gabinetem masażu. Możliwe zorganizowanie wyprawy na oglądanie ptaków.

LOKALNE SEKRETY

WYCIECZKI Z PRZEWODNIKIEM

W ostatnim czasie do repertuaru tras wycieczkowych w Parque Nacional del Valle de Viñales dodano nowe. Jest ich teraz 15; mapy są dostępne w biurze informacji parku. Najlepiej iść z przewodnikiem, ponieważ oznaczenia są beznadziejne. Opłata dla przewodnika wynosi około 10 CUC od osoby, ale zależy też od trasy i liczebności grupy.

Oprócz przewodników pracujących w parku, gospodarze prawie każdej *casa particular* oferują kontakty z prywatnymi przewodnikami, a ci zorganizują każdą wycieczkę na życzenie klienta. Niezmiennie popularna jest pętla wokół Valle del Palamarito, która zaczyna się i kończy w wiosce, i prowadzi przez plantację kawy, tytoniarnię oraz Cueva del Palmarito, gdzie można popływać przy świetle pochodni.

Inne popularne trasy to wyprawy do Los Aquáticos i Valle del Silencio.

Gastronomia

La Carreta KUCHNIA ŚRÓDZIEMNOMORSKA **$$**
(mapa s. 176; Carretera a Esperanza Km 36; dania główne 10–15 CUC; ⏲10.00–17.00) *Carreta* to zwyczajny wóz ciągnięty przez woły, ale w tym, jak restauracja transportuje klientów na górę po stromych stopniach nie ma nic zwyczajnego. Kubańską kuchnię wzbogacają potrawy śródziemnomorskie. Klasyczne danie? Jagnięcina w sosie z czerwonego wina. Lokal usytuowany 2 km na północ od hotelu *Rancho San Vicente*.

Finca San Vicente KUCHNIA KUBAŃSKA **$$**
(mapa s. 176; Carretera a Esperanza Km 32,5; dania główne 10 CUC; ⏲12.00–15.00) Duża, rustykalna – ale bez przesady – restauracja, typowa dla regionu Viñales, serwuje pyszny obiad za 10 CUC. Przy licznej klienteli przyrządzają tu całe pieczone prosię z rozmaitymi dodatkami. Podjeżdżają tu często busy wycieczkowe.

Restaurante Mural de la Prehistoria KUCHNIA KUBAŃSKA, MIĘDZYNARODOWA **$$$**
(zestaw obiadowy 15 CUC; ⏲8.00–19.00) Strome podejście, ale warto się wysilić. Ogromny zestaw obiadowy – pyszne prosię pieczone na węglu drzewnym – powinno nasycić każdego przynajmniej aż do następnego dnia.

Informacja

Informacja turystyczna Parque Nacional Viñales (mapa s. 176; ☎48-79-61-44; Carretera a Pinar del Río Km 22; ⏲8.00–18.00) Punkt informacyjny znajduje się 3 km na południe od Viñales; dobre mapy, wyczerpujące informacje o szlakach i historii parku. Strażnicy parku zawsze dyspozycyjni; można tu zorganizować wycieczki oraz inne aktywności.

PÓŁNOCNE WYBRZEŻE

Cayo Jutías

Najpopularniejsza z „nieodkrytych" plaż w Pinar del Río to długi na 3 km piaszczysty dywan, zdobiący północny brzeg Cayo Jutías, porośniętej namorzynami wysepki usytuowanej ok. 65 km na północny zachód od Viñales i połączonej z głównym lądem krótką groblą (*pedraplén*). Jutías – nazwana od żyjących tam gryzoni hutii – rywalizuje z leżącą na wschodzie Cayo Levisa o miano najpiękniejszej plaży w prowincji. Plaża na Cayo Levisa jest może ładniejsza, ale na Cayo Jutías nie ma obiektów noclegowych, jest więc spokojniej.

Droga dojazdowa zaczyna się ok. 4 km na zachód od Santa Lucía. Po przejściu grobli (10 minut) pojawi się Faro de Cayo Jutías – metalowa latarnia morska zbudowana przez Amerykanów w 1902 r. Można się tam wybrać się na spacer wzdłuż plaży z namorzynami. Droga skręca ostro w lewo i kończy się na głównej plaży wyspy, którą głaszczą krystalicznie czyste fale. 12,5 km od nadmorskiej autostrady.

Aktywnie

Niewielki ośrodek nurkowy na wysepce Jutías wynajmuje kajaki (1 CUC za godzinę), prowadzi wyprawy nurkowe z rurką (12 CUC) i inne wycieczki łodzią (10–25 CUC) oraz organizuje nurkowanie (37 CUC za jedno zanurzenie); w pobliżu jest siedem miejsc do nurkowania. Za łukiem piasku na początku wyspy plaża ciągnie się jeszcze 3 km; można boso wędrować przez namorzyny.

Gastronomia

Restaurante Cayo Jutías OWOCE MORZA $$
(Cayo Jutías; dania główne 7–10 CUC; ⏲10.00–17.30) Restauracja na wolnym powietrzu na plaży; specjalizuje się w owocach morza.

Przyjazd i wyjazd

Bilet autobusowy z Viñales kosztuje 15 CUC; pasażerowie mają 6 godzin czasu na plażowanie. W innym wypadku trzeba mieć własny transport. Najszybsza i najładniejsza trasa prowadzi przez Minas de Matahambre, pośród sosnowych wzgórz.

Puerto Esperanza

7000 MIESZK.

Leżąca na końcu długiej wyboistej drogi, 6 km na północ od San Cayetano i 25 km na północ od Viñales, rybacka wioska Puerto Esperanza („port nadziei") raczej nie śpi, może tylko drzemie. Zegary zatrzymały się tu w... 1951 r. Według miejscowej legendy, te ogromne mangowce – widoczne wzdłuż drogi dojazdowej – posadzili niewolnicy na początku XIX w. Długie molo wchodzące w zatokę, ulubione miejsce rybaków, zachęca, żeby skoczyć do oceanu.

Puerto Esperanza ma rzeszę swych wiernych fanów wśród niezależnych obieżyświatów, którzy chcą zobaczyć kawałek nieskażonej turystyką Kuby. Nie ma tu bogactwa materialnego. Jest bogactwo zaimprowizowanych przeżyć, np. jazda rowerami po skalistych wzgórzach i łowienie obiadu przy niezagospodarowanej plaży.

Aktywnie

Zapomnijcie o planowaniu. Relaks. Czytanie. Jedzenie homarów. Odkrywanie rytuałów *santeríi*, pogawędki z ekspertami od wędek, wyprawa na pobliską plantację tytoniu w poszukiwaniu mocnych cygar. I znów jedzenie homarów.

Personel *Casa Teresa* pomoże zorganizować przejażdżki konne i rowerowe po okolicy i dalej.

Noclegi

Casa Teresa Hernández Martínez CASA PARTICULAR $
(✆48-79-37-03; Calle 4 No 7; pokój ze śniadaniem 25 CUC) Charyzmatyczna Teresa jest postacią tak barwną, jak jej 6 jasnych, czystych pokojów w różach, błękitach i zieleniach. W bujnym ogrodzie na tyłach prowadzi prywatną restaurację, gdzie rządzą ryby (półmisek 10 CUC) i homary. Można tu zorganizować wycieczki rowerowe i konne.

Przyjazd i wyjazd

Do Puerto Esperanza potrzebny będzie własny transport. W San Cayetano jest stacja benzynowa Servi-Cupet. Droga w stronę Cayo Jutías, po minięciu San Cayetano, nie ma już asfaltu: należy spodziewać się bólu pleców, jeśli jedzie się rowerem lub motorowerem.

Cayo Levisa

Na Cayo Levisa, wysepce popularniejszej i chyba ładniejszej od jej rywalki Cayo Jutías, są do wynajęcia bungalowy, jest skromna restauracja oraz w pełni wyposażone centrum nurkowe, ale wciąż sprawia ona wrażenie bezludnej, zapewne z powodu oddzielenia od stałego lądu. W odróżnieniu od innych kubańskich wysepek, nie ma tu grobli, więc trzeba dopłynąć łodzią (35 min) z Palma Rubia. Wyprawa warta jest wysiłku: 3 km białego piasku i szafirowe wody otaczają Cayo Levisa, z najlepszą plażą w Pinar del Río. Wysepkę, będącą częścią Archipiélago de los Colorados, „odkrył" na początku lat 40. XX w. amerykański pisarz Ernest Hemingway, kiedy zakładał obóz rybacki na małej wysepce koralowej o nazwie Cayo Paraíso („raj"), 10 km na wschód. Obecnie na Cayo Levisa przybywa do 100 podróżnych dziennie, a w hotelach zatrzymuje się ponad 50 gości. Chociaż nie jest tu tak jak na wyspie Robinsona Crusoe, można się zrelaksować i odpocząć.

Aktywnie

Levisa ma niewielką przystań, gdzie można ponurkować (40 CUC za zanurzenie). W cenę wliczono sprzęt i transport do miejsca nurkowania. Jest 14 miejsc nurkowych, m.in. szczególnie popularna La Corona de San Carlos („korona św. Karola"), której ukształtowanie umożliwi nurkowi zbliżyć się do morskiej fauny, czy Mogotes de Viñales, nazwane tak z racji kształtu form koralowych, które są bardzo podobne do *mogotes* – stromych, wapiennych skał nieopodal miasta Viñales. W płytkiej rafie La Cadena Misteriosa („tajemniczy łańcuch") żyją najbardziej kolorowe z tutejszych ryb, a także wielkie barrakudy i płaszczki. Nurkowanie z rurką kosztuje 12 CUC, tyle samo co rejs o zachodzie słońca. Do dyspozycji zainteresowanych są też kajaki i rowerki wodne.

Noclegi

Casa Mario y Antonia CASA PARTICULAR $
(☎52-28-30-67; Palma Rubia; pokój 25 CUC) Idealna dla resortofobów i osób, które przegapiły ostatnią łódź na *cayo*. Jest to kawałek rustykalnego raju, gdzie autentyczna kubańska gościnność wynagrodzi brak nowoczesnych udogodnień. Mały, skromny dom ma dwa pokoje do wynajęcia, świetne jedzenie i sielankowe otoczenie. Do przystani łodzi idzie się stąd pięć minut.

Hotel Cayo Levisa HOTEL $$$
(☎48-75-65-01; www.hotelcayolevisa-cuba.com; pokój 1-/2-os. z posiłkami 106/172 CUC; ❄) Mając pod nosem piękną tropikalną plażę, nie zwraca się uwagi na podstarzałe *cabañas* (chatki) i niewielki wybór lokali gastronomicznych. Nowsze drewniane chatki, z łącznie 60 pokojami (we wszystkich są łazienki), prezentują się zdecydowanie lepiej. Obsługa ostatnio też wzięła się w garść. Hotel – w zaciszu – jest popularny, więc warto wcześniej zrobić rezerwację.

Przyjazd i wyjazd

Przystań łodzi na Cayo Levisa znajduje się 21 km na północny wschód od La Palma, a 40 km na zachód od Bahía Honda („głęboka zatoka"). Należy skręcić na Mirian i jechać 4 km przez ogromną plantację bananów, aż do jednostki straży przybrzeżnej w Palma Rubia – tam jest bar z przekąskami (czynny 10.00–18.00) i przystań. Łodzie na Cayo Levisa odpływają codziennie o 10.00, 14.00 i 18.00, wracają o 9.00, 12.30 i 17.00. Koszt w obie strony: 35 CUC (wliczone 3 napoje i lancz bufetowy). Kto się spóźni się na łódź, może zamówić wodną taksówkę za 10 CUC ekstra.

Z przystani na Cayo Levisa idzie się drewnianą kładką przez namorzyny do hotelu *Cayo Levisa* i świetnej plaży na północnym brzegu wyspy. Jeśli nie ma się auta, najłatwiej tu dotrzeć w ramach jednodniowej wycieczki z Viñales, za 39 CUC łącznie z przeprawą łodzią i lanczem.

SAN DIEGO DE LOS BAÑOS I OKOLICE

San Diego de los Baños

6269 MIESZK.

Niewyróżniające się miasteczko, leżące 130 km od Hawany, na północ od Carretera Central, jest uważane za najlepsze uzdrowisko w kraju. Tak jak w przypadku innych kubańskich kurortów, siarkowe źródła zostały odkryte we wczesnym okresie kolonialnym przez chorych niewolników, którzy po odprężającej kąpieli doświadczyli cudownego ozdrowienia. Dzięki bliskości Hawany sława San Diego szybko się rozprzestrzeniła i w 1891 r. utworzono uzdrowisko. Na początku

Z GUANAHATABEY DO GUAJIROS

Prekolumbijska historia zachodniej Kuby to Guanahatabejowie, wędrowne plemię Indian, którzy zamieszkiwali jaskinie i żyli w głównej mierze z tego, co ofiarowało morze. Byli słabiej rozwinięci od innych rdzennych ludów wyspy, pokojowo nastawieni i zachowali niezależność od Tainów i Sibonejów zajmujących wschodnią część Kuby. Ludy te wyginęły wkrótce po przybyciu Hiszpanów (1492 r.).

Po odkryciu wyspy przez Kolumba Hiszpanie nie zainteresowali się skalistym Pinar del Río, dopiero pod koniec pierwszej dekady XVI w. osiedlili się tam koloniści z Wysp Kanaryjskich. Region na początku nazywano Nueva Filipina (Nowe Filipiny), gdyż przybyło wielu Filipińczyków, którzy pracowali na plantacjach tytoniu, a następnie został przemianowany w 1778 r. na Pinar del Río, podobno z powodu lasów sosnowych rosnących nad brzegami Río Guamá. Do tego czasu zachód wyspy słynął już z uprawy tytoniu i miała tu swoją siedzibę najstarsza kompania tytoniowa na świecie, Tabacalera, utworzona w 1636 r. Ekonomię stymulowała też hodowla bydła. Rolnicy żyjący z wymagających starania upraw zostali kolokwialnie nazwani *guajiros*, co w miejscowym języku znaczyło „jeden z nas". Do połowy pierwszej dekady XIX w. Europejczycy zdążyli uzależnić się od tytoniu, zatem region rozkwitał. Powstały szlaki wodne, rozbudowano linię kolejową, co ułatwiło transport wonnych liści.

Obecnie swą popularność i rozwój Pinar del Río zawdzięcza tytoniowi i turystyce, a Viñales jest po Hawanie i Varadero trzecim najczęściej odwiedzanym obiektem turystycznym na Kubie.

XX w. przybywali tłumnie amerykańscy turyści, co doprowadziło na początku lat 50. do rozbudowy istniejącego do dziś hotelu i kompleksu łaźni.

Pomimo wielu turystycznych opcji, nieco podniszczone łaźnie i osobliwe sanatorium San Diego nie każdemu przypadną do gustu. Bardziej kuszący okazuje się przyrodniczy region Sierra de Güira na zachodzie, obszar porośnięty lasami sosnowymi, mahoniowymi i cedrowymi. Ulubiony teren miłośników ptaków.

Zwiedzanie

Balneario San Diego GORĄCE ŹRÓDŁA

(wspólne/osobne kąpiele 2/4 CUC; 8.00–17.00) Baseny termalne, gorące źródła, ośrodek rekonwalescencyjny – słynnym łaźniom San Diego można nadać różne nazwy, ale „spa" nie jest jedną z nich. Nie należy się spodziewać puszystych ręczników, wyszukanych zabiegów kosmetycznych ani olejków eukaliptusowych. Otworzone ponownie w 2015 r., po długiej przerwie, słynne kąpielisko (*balneario*) wciąż wygląda jak wyjęte z *Lotu nad kukułczym gniazdem*. Oczywiście, można skorzystać z kąpieli termalnych (30°–40°C), masaży i akupunktury.

Łaźnie są otwarte dla każdego, ale ściągają tylko Kubańczyków uczestniczących w kursach medycznych oraz turystów szukających osobliwych miejsc. Zapach siarki jest wszechobecny.

Aktywnie

Julio César Hernández OBSERWOWANIE PTAKÓW

(52-48-66-31; carpeta@mirador.sandiego.co.cu) Julio César Hernández, wykwalifikowany przewodnik, organizuje w hotelu *Mirador* wyprawy na obserwowanie ptaków do Parque Nacional La Güira. Potrzebny będzie własny transport. Można zobaczyć koliberka hawańskiego, sóweczkę kubańską i klarnetnika kubańskiego. Jeden z najlepszych terenów dla miłośników ptaków na Kubie.

Noclegi i gastronomia

Villa Julio y Cary CASA PARTICULAR $

(48-54-80-37; Calle 29 No 4009; pokój 20–25 CUC;) Jedna z niewielu *casas particulares* w miasteczku; miły obiekt noclegowy, z małym ogrodem, kolorowym muralem i werandami (są bujaki) i czystymi pokojami. W pobliżu *balneario*.

Hotel Mirador HOTEL $$

(48-77-83-38; Calle 23 Final; pokój 1-/2-os. ze śniadaniem 68/78 CUC; P) Dyskretne miejsce na przerwę w podróży. Poprzedza rewolucję o pięć lat – hotel został zbudowany w 1954 r. z myślą o zakwaterowaniu pensjonariuszy przyległego Balneario de San Diego. Ogrody z tarasem wznoszą się do pokojów, które są równie ładne jak otoczenie: świeże, przytulne i w większości z balkonem wychodzącym na ogród i *balneario*.

Na dole basen i grill na zewnątrz, gdzie piecze się prosiaka na rożnie. Jest też porządna restauracja *con una vista* (z widokiem), serwująca kubańskie potrawy.

Przyjazd i wyjazd

Można tu się dostać tylko autem lub rowerem.

Miasteczko leży przy zakręcie Carretery Central de Cuba, ok. 10 km na północ od szosy (*autopista*). Przy wjeździe do San Diego de los Baños od strony Hawany jest stacja benzynowa Servi-Cupet.

Taksówka z Hawany kosztuje ok. 60 CUC, z Viñales ok. 25 CUC.

Sierra de la Güira

Nieposkromiona Sierra de la Güira, kompozycja lasów i wapiennych klifów krasowych, zachód od San Diego de los Baños, ma wyboiste drogi i bardzo mało obiektów noclegowych, a w związku z tym także niewielu turystów. W przeszłości była kryjówką liderów rewolucji i wciąż jest ostoją rzadkich gatunków ptaków.

Zwiedzanie

★ **Hacienda de Cortina** STREFA HISTORYCZNA

(od świtu do zmierzchu) Kilka kilometrów na zachód od San Diego znajduje się wielka brama z blankami, prowadząca na surrealistyczne, od dawna opuszczone ziemie Hacjendy Cortiny. Okazałą rezydencję w samym środku gigantycznego parku zbudował w latach 20. i 30. bogaty prawnik, José Manuel Cortina. Po trwającym niemal sto lat zaniedbaniu, w 2014 r. znalazły się pieniądze na renowację i hacjenda została częściowo odrestaurowana.

Jest tu wiele atrakcji, aczkolwiek ten tropikalny park nie został jeszcze w pełni doceniony przez cudzoziemców (przybywają tu głównie Kubańczycy). Droga od imponującej bramy prowadzi do grupki ładnie odnowionych budynków, z restauracją, basenem i hotelem (tylko dla Kubańczyków). Prowadzą stąd schody biegnące w dół przez ogród w stylu francuskim, ozdobiony kolorowymi kwiatami i marmurowymi rzeźbami. Poniżej znajdują się częściowo odnowione budynki dawnej posiadłości Cortiny, z jeszcze jedną restauracją na wolnym powietrzu.

Po obu stronach rozciągają się bujne tereny hacjendy: są tam ozdobne mostki, sztuczne jezioro z łódkami, japońskie i chińskie ogrody z pagodami. Jest to podnoszące na duchu i piękne miejsce, a byłoby jeszcze lepiej, gdyby w różnych lokalach gastronomicznych nie dudniła przesadnie głośna muzyka.

Tereny hacjendy ciągną się dalej, aż do dzikiego, liczącego 25 000 ha, Parque Nacional La Güira.

Cueva de los Portales JASKINIA
(2 CUC; 8.00–17.00) W październiku 1962 r., podczas kubańskiego kryzysu rakietowego, Ernesto Che Guevara przeniósł kwaterę Armii Zachodniej do tej ogromnej jaskini, 11 km na zachód od parku La Güira i 16 km na północ od Entronque de Herradura przy Carretera Central de Cuba. Jaskinię, znajdującą się na pięknym, dziewiczym terenie, wśród pokrytych winoroślą stromych *mogotes* (wapiennych monolitów), w latach 80. XX w. uznano za pomnik narodowy.

W niewielkim muzeum, przy wejściu, zgromadzono pamiątki po Che Guevarze, jest tam jego łóżko i stół, na którym grał w szachy (gdy reszta świata z lękiem oczekiwała nuklearnej zagłady). Powyżej na wzgórzu są jeszcze trzy jaskinie zwane El Espejo („lustro"), El Salvador („Zbawiciel") i Cueva Oscura („ciemna pieczara"). Te tereny nadają się idealnie do obserwowania ptaków: personel hotelu *Mirador* (s. 188) w San Diego de los Baños organizuje wycieczki ornitologiczne (informacje i przewodnicy także przy wejściu do jaskini). Jest też dobre *campismo* (tylko dla gości z Kuby) z barem-restauracją dla wszystkich gości. Potrzebny będzie własny transport.

Przyjazd i wyjazd

Można tu dotrzeć tylko samochodem.

Górska droga łącząca San Diego de los Baños z Cueva de los Portales jest piękna, ale wąska i dziurawa. Na upartego można ją przejechać zwykłym autem. Dojazd z Entronque de Herradura jest łatwiejszy. Przy wjeździe do San Diego de los Baños od strony Hawany jest stacja benzynowa Servi-Cupet.

PROWINCJA PINAR DEL RÍO

Pinar del Río

191 660 MIESZK.

Położone na zielonych wiejskich terenach, niedaleko najlepszego na świecie obszaru uprawy tytoniu, miasto Pinar del Río emituje dziwną energię, spotęgowaną przez słynnych *jinteros* (nagabywaczy), którzy potrafią urobić nawet najbardziej asertywnego turystę. W rezultacie, miasto ma pewnie więcej krytyków niż fanów, zwłaszcza że wolne od nagabywaczy, spokojne, rajskie Viñales jest niedaleko. Ale krótki pobyt w Pinar del Río nie musi być niemiły. Można tam zwiedzić fabrykę tytoniu, podziwiać architekturę i uczestniczyć w gorączkowym życiu nocnym, jeśli jest się na siłach.

Mimo to Pinar wygląda na miasto zacofane, taki miejski zaścianek, będący obiektem niezliczonych żartów o naiwnych *guajiros* (ludzie z prowincji), których często ukazuje się jako wiejskich prostaczków. Nic dalszego od prawdy. Świadczy o tym chociażby lokalna sztuka i lipcowy karnawał.

Zwiedzanie

Palacio de los Matrimonios ZABYTEK
(Martí, pomiędzy Rafael Morales a Plaza de la Independencia; z przewodnikiem 1 CUC) Na zachód od ulicy Martí okazałe neoklasycystyczne fasady ustępują niesamowitemu przepychowi tego pochodzącego z 1924 r. budynku, w którym odbywają się głównie śluby. Sympatyczni strażnicy pozwalają zwiedzić wystawne wnętrza z imponującymi zbiorami sztuki, w dużej części chińskiej.

Casa Taller GALERIA
(Martí No 160, Plaza de la Independencia; różne godziny otwarcia) BEZPŁ. Plaza de la Independencia to miejsce wydarzeń kulturalnych. Na północno-zachodniej ścianie jest galeria-warsztat znanego kubańskiego artysty, Pedra Pabla Olivy. Główny cel galerii to promowanie artystycznych talentów w Pinar del Río; lokalni artyści mają tu wystawy. Czynne prawie codziennie.

Pinar del Río

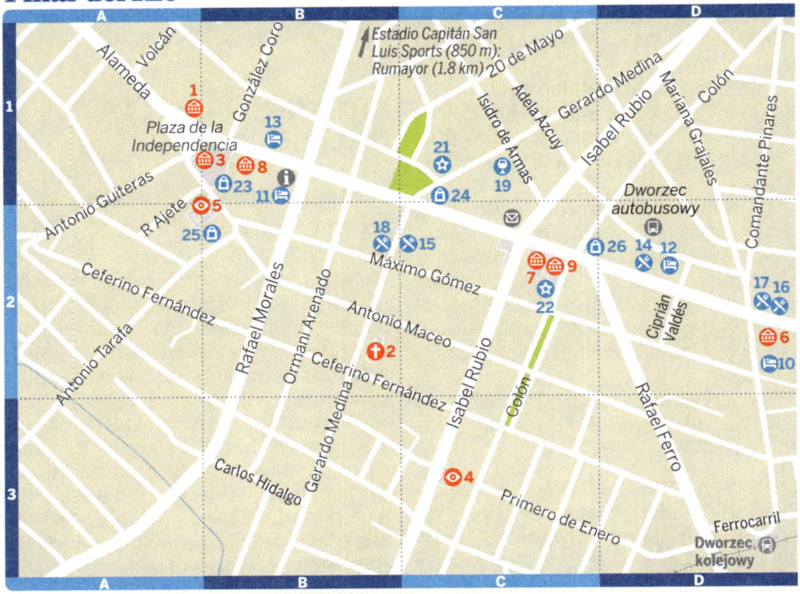

Pinar del Río

Zwiedzanie
- 1 Casa Taller A1
- 2 Catedral de San Rosendo B2
- 3 Centro Provincial de Artes Plásticas Galería B1
- 4 Fábrica de Bebidas Casa Garay C3
- 5 Fábrica de Tabacos Francisco Donatien A2
- 6 Museo de Historia Natural D2
- 7 Museo Provincial de Historia C2
- 8 Palacio de los Matrimonios B1
- 9 Teatro José Jacinto Milanés C2

Noclegi
- 10 Gladys Cruz Hernández D2
- 11 Hotel Vueltabajo B1
- 12 Pensión El Moro D2
- 13 Terra Mar 1910 .... B1

Gastronomia
- 14 Café Ortuzar D2
- 15 Casa del Té La Beisbolera C2
- 16 El Gallardo D2
- 17 El Mesón D2
- 18 Panadería Doña Neli B2

Bary i życie nocne
- 19 Café Pinar C1
- 20 Disco Azul E2

Rozrywka
- 21 Casa de la Música C1
- 22 La Piscuala C2

Zakupy
- 23 Casa del Habano B1
- 24 Fondo Cubano de Bienes Cultural C1
- 25 La Casa del Ron B2
- 26 Todo Libro Internacional C2

Fábrica de Tabacos Francisco Donatien — FABRYKA

(Antonio Maceo Oeste No 157; 5 CUC; ⏲ 9.00–13.30 pn.–pt.) Można tu zobaczyć, jak roluje się najlepsze w Pinar (czyli na świecie) cygara. Ta fabryka to tytoniowy punkt centralny na szlaku turystycznym.

Jest mniejsza od fabryki Partagás w Hawanie i zapewnia dokładniejszy wgląd, chociaż osobliwości są tu takie same – automatyczny przewodnik, pospieszne zwiedzanie i uczucie, że robi się tu trochę sztuczną sensację. Naprzeciwko jest dobrze zaopatrzony sklep z cygarami.

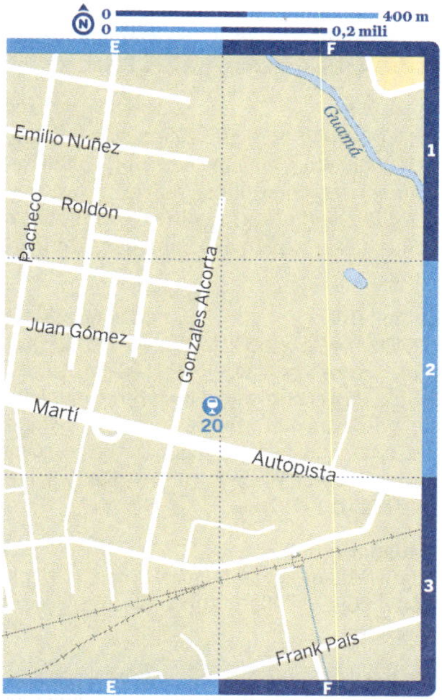

Museo de Historia Natural MUZEUM

(Martí Este No 202; 1 CUC, fotografowanie 1 CUC; ⌚9.00–17.00 pn.–sb., 9.00–13.00 nd.) Zwariowana, ale wspaniała neogotycko-mauretańsko-indyjsko-bizantyjska rezydencja, wzniesiona w 1914 r. przez miejscowego doktora i podróżnika Francisca Guascha. Po szoku spowodowanym oglądaniem wymyślnej fasady (gargulce, wieżyczki, rzeźbione koniki morskie), rozklekotane eksponaty wewnątrz to szok kolejny. Gigantyczny kamienny *Tyrannosaurus rex* w ogrodzie jest niezły.

Teatro José Jacinto Milanés ZABYTEK

(☎48-75-38-71; Martí Este No 60, pomiędzy Colón a Isabel Rubio) Wliczany w poczet siedmiu klasycznych XIX-wiecznych prowincjonalnych teatrów kubańskich, liczący 540 miejsc Teatro Milanés powstał w 1845 r. i należy do najstarszych na Kubie. Został ponownie otwarty w 2006 r.; warto zobaczyć jego trzy poziomy, stare siedzenia, hiszpańskie patio i kawiarnię.

Museo Provincial de Historia MUZEUM

(Martí Este No 58, pomiędzy Colón a Isabel Rubio; 1 CUC; ⌚8.00–22.00 wt.–sb., do 12.00 nd.) Muzeum dokumentuje historię prowincji od czasów prekolumbijskich do obecnych, m.in. pamiątki po Enrique Jorrínie (twórcy tańca *cha cha chá*). Otwarte po remoncie.

Centro Provincial de Artes Plásticas Galería GALERIA

(Antonio Guiteras, Plaza de la Independencia; ⌚8.00–21.00 pn.–sb.) BEZPŁ. Ta świetna galeria przy Plaza de la Independencia prezentuje wiele miejscowych dzieł sztuki. Bonus: budynki na zewnątrz, na rynku, zdobią nowe murale.

Fábrica de Bebidas Casa Garay FABRYKA

(Isabel Rubio Sur No 189, pomiędzy Ceferino Fernández i Frank País; 1 CUC; ⌚9.00–15.30 pn.–pt., do 12.30 sb.) Wytwarza się tutaj – według strzeżonej receptury – słodki likier oraz wytrawny rum (z małej gujawy rosnącej w górach Pinar), zwane Guayabita del Pinar. Krótkie, 15 minut, oprowadzanie w wielu językach kończy się degustacją. Obok jest sklep.

Catedral de San Rosendo KOŚCIÓŁ

(Antonio Maceo Este No 3) Niedoceniona w mieście katedra znajduje się cztery przecznice na południowy wschód od fabryki cygar. Pochodzi z 1883 r., a jej różowa fasada od dawna prosi się o pomalowanie. Tak jak większość kubańskich kościołów jest zamknięta. Można zajrzeć do środka podczas porannego niedzielnego nabożeństwa.

Święta i wydarzenia

Carnaval KARNAWAŁ

(⌚VII) Carnaval odbywa się w lipcu wraz z paradą powozów (*carrozas*) ulicami miasta; pomiędzy platformami tańczą pary. Wielka doprawiona alkoholem potańcówka.

Noclegi

★ Terra Mar 1910 CASA PARTICULAR $

(☎48-75-58-42; Martí No 140, pomiędzy Rafael Morales a González Coro; pokój 1-/2-/4-os. 35/40/60 CUC; ❄📶) Nowo otwarte obiekt noclegowy i lokal gastronomiczny przy głównej ulicy miasta. Prowadzi je Kubańczyk, który mieszkał w Brukseli (stąd belgijska flaga na zewnątrz). W ciekawej kolonialnej rezydencji jest 6 pokojów i restauracja. W jednym pokoju łóżko typu „king size", w innym ogromna wanna.

Restauracja specjalizuje się w grillowanych rybach; na frontowej werandzie można złapać Wi-Fi.

Pensión El Moro CASA PARTICULAR $
(☎48-77-43-35; moro75@nauta.cu; Adela Azcuy No 46, pomiędzy Colón a Ciprián Valdés; pokój 20–25 CUC; ❄) Dwa słoneczne małe apartamenty – jeden na górze, jeden na dole – naprzeciwko dworca autobusowego Víazul. Ładna wspólna kuchnia z barkiem śniadaniowym. Pokój na górze jest lepszy, bo ciągnie się wzdłuż tarasu dachowego. Mówią tu po angielsku.

Gladys Cruz Hernández CASA PARTICULAR $
(☎48-77-96-98; casadegladys@gmail.com; Av Comandante Pinares Sur No 15, pomiędzy Martí a Máximo Gómez; pokój 20–25 CUC; ❄) Charakterystyczny purpurowy dom to jeden z najpewniejszych obiektów w mieście, jeśli komuś zależy na ładnym kolonialnym pokoju na jedną noc i sympatycznej obsłudze. Dwa pokoje mają niedawno zrobione płytkowe łazienki. Są tu lodówki i telewizja, a z tyłu przyjemne patio. Niedaleko stacji kolejowej.

Hotel Vueltabajo HOTEL $$
(☎48-75-93-81; róg Martí i Rafael Morales; pokój 1-/2-os. ze śniadaniem 82/97 CUC; ❄) Powrót do kolonialnej przeszłości: wysokie sufity i persjany w pasy na oknach; nastrojowo zakurzone pokoje są przestronne i wydaje się, jakby właścicielom zabrakło mebli. Staromodne okiennice od strony ulicy; na dole niezły bar-restauracja.

Villa Aguas Claras DOMKI $$
(☎48-77-84-27; www.campismopopular.cu; 1-/2-os. ze śniadaniem 44/58 CUC; P❄🏊) *Campismo* 8 km na północ od miasta, przy Carretera a Viñales (za ul. Rafael Morales). Pięćdziesiąt dwuosobowych bungalowów z gorącymi prysznicami (10 ma klimatyzację). Pokoje nie są najlepsze, ale krajobrazy cudowne. Niezła restauracja, jazda konna i jednodniowe wycieczki. *Campismo* leży na uboczu, środek na owady niezbędny.

Dojazd z Pinar del Río autobusem (kursuje kilka dziennie).

Gastronomia

Casa del Té La Beisbolera KUCHNIA KUBAŃSKA, KAWA $
(Gerardo Medina, pomiędzy Martí a Máximo Gómez; przekąski 2–5 CUC; ⏲9.00–21.00) Przyjemna herbaciarnia (*casa del té*) o tematyce bejsbolowej (skierowanej do miejscowych) z 4 stolikami, zdaje pierwszy test (dobra kawa). Potem można przejść do menu z jajkami, koktajlami owocowymi, herbatą, burgerami i daniami głównymi, gdzie rządzi kurczak. Skromny lokal, bardzo w stylu Pinar.

El Mesón KUCHNIA KUBAŃSKA $
(☎48-75-28-67; Martí Este 205; posiłki 4–6 CUC; ⏲11.00–23.00) Całkiem niezła prywatna restauracja serwuje obfite porcje tradycyjnej *comida criolla* (kuchnia kreolska) na bazie ryżu i fasoli z różnymi kubańskimi dodatkami.

El Gallardo KUCHNIA KUBAŃSKA $
(☎48-77-84-92; Martí Este 207; 40–125 MN (*moneda nacional*, czyli CUP); ⏲11.00–23.00; ❄) Ładne wejście prowadzi do typowego lokalu w stylu *ranchón*. Dobre jedzenie, zwłaszcza ryba, ale skąd się wzięły te groteskowe gnomy? Trzeba płacić w (niewymienialnych) *pesos* (CUP).

Panadería Doña Neli PIEKARNIA $
(róg Gerardo Medina Sur i Máximo Gómez; przekąski 0,50–1 CUC; ⏲7.00–19.00) Codziennie świeże pieczywo.

★ **Café Ortuzar** KUCHNIA KUBAŃSKA, MIĘDZYNARODOWA $$
(Martí 127; 3-daniowy posiłek 15 CUC; ⏲11.30–0.00; ❄) Można tu sączyć kawę w ulicznej kawiarni lub usiąść w eleganckim klimatyzowanym dwupoziomowym wnętrzu z abstrakcyjnymi wizerunkami słynnych miejscowych *guajiros* i skosztować najlepszego jedzenia w mieście w postaci 3-daniowych posiłków za 15 CUC – nowa, dumna fala bogatej i wyrafinowanej kuchni kubańskiej.

Bary i życie nocne

Café Pinar MUZYKA NA ŻYWO
(Gerardo Medina Norte No 34; wstęp 3 CUC; ⏲10.00–2.00) Lokal popularny wśród młodych ludzi, można tu też spotkać innych podróżnych (jeśli jacyś przebywają w mieście). Usytuowany przy ożywionej *calle* (ulicy) Gerardo Medina; w nocy na otwartym patio muzyka na żywo w wykonaniu miejscowych zespołów; w menu makarony, kurczaki i kanapki sprzedawane przez cały dzień. Poniedziałkowe i sobotnie noce są najlepsze.

Disco Azul KLUB
(róg Gonzales Alcorta i *autopista*; 5 CUC; ⏲od 22.00 wt.–nd.) Bezbarwny hotel z czadową dyskoteką – brokatowy nocny klub w hotelu *Pinar del Río*, na skraju miasta od strony autostrady, cieszy się największą popularnością.

Rozrywka

La Piscuala OŚRODEK KULTURY
(róg Martí i Colón) Spokojne patio przy Teatro José Jacinto Milanés (s. 191). Program wieczornych wydarzeń kulturalnych wywieszony jest na zewnątrz.

Estadio Capitán San Luis WIDOWISKA SPORTOWE
(48-75-38-95; Herryman, pomiędzy Rafael Morales a San Luis; 1 MN (CUP); mecze 19.00 wt.–czw. i sb., 16.00 nd.) Na stadionie, w północnej części miasta, od października do kwietnia odbywają się ekscytujące mecze bejsbolowe. Pinar del Río to jedna z najlepszych drużyn w kraju (mistrz w 2011 i 2014 r.), często przeciwstawiająca się monopolowi Havana–Santiago. Wieczorami można zobaczyć trening drużyny.

Casa de la Música MUZYKA NA ŻYWO
(Gerardo Medina Norte No 21; 1 CUC; koncerty co wieczór o 21.00) Po rozgrzewce w pobliskiej *Café Pinar* wiele osób przechodzi na drugą stronę ulicy, by nadal słuchać muzyki na żywo.

Rumayor KABARET
(48-76-30-51; Carretera a Viñales Km 1; wstęp 5 CUC; 12.00–0.00) Zdania na temat tej państwowej restauracji i centrum rozrywki na skraju miasta (przy drodze do Viñales) są różne. Za dnia jest tu średnie jedzenie i raczej niezbyt wyrafinowane disco od wtorku do soboty, które rozkręca się około 22.00. Kiczowaty niedzielny kabaret to nie „Tropicana", ale nie jest zły.

Zakupy

Casa del Habano CYGARA
(Antonio Maceo Oeste No 162; 9.00–17.00 pn.–sb.) Sklep naprzeciwko Fábrica de Tabacos Francisco Donatien należy do lepszych w tej popularnej państwowej sieci. Jest tu bar na patio, klimatyzowany sklep i palarnia.

Todo Libro Internacional KSIĄŻKI
(róg Martí i Colón; 8.00–12.00 i 13.30–18.00 pn.–pt., 8.00–12.00 i 13.00–16.00 sb.) Wybór map, książek i materiałów biurowych; obok biura Cubanacán.

La Casa del Ron SZTUKA I RZEMIOSŁO, RUM
(Antonio Maceo Oeste No 151; 9.00–16.30 pn.–pt., do 13.00 sb. i nd.) Sklep „dom rumu", nieopodal Fábrica de Tabacos Francisco Donatien, sprzedaje pamiątki, płyty CD i T-shirty, oraz wiele innych niezłych produktów.

Fondo Cubano de Bienes Culturales SZTUKA I RZEMIOSŁO
(róg Martí i Gerardo Medina; 9.00–16.30 pn.–pt., 8.30–15.30 sb.) Wyjątkowo bogaty wybór lokalnego rzemiosła, chociaż prawie całe dochody trafiają do rządowej kasy, zamiast do wytwórców.

Informacja

NIEBEZPIECZEŃSTWA I NIEDOGODNOŚCI

Jak na niezbyt turystyczne miasto, Pinar del Río ma dużo *jinteros* (nagabywaczy). Większość z nich to młodzi mężczyźni, którzy krążąc po *calle* Martí, oferują wszystko: od posiłków z *paladares* (prywatnych restauracji) po „oprowadzanie" po plantacjach tytoniu. Większość zareaguje na pierwsze lub drugie *„no me moleste, por favor"* (proszę mi nie przeszkadzać), ale ci bardziej śmiali wsiadają na rowery i nagabują pasażerów w pojazdach turystycznych (z brązowo-czerwonymi tablicami rejestracyjnymi) stojących na czerwonym świetle. Chociaż przeważnie nie wykazują agresji, lepiej będzie zachować się uprzejmie i nie zwracać na siebie uwagi.

DOSTĘP DO INTERNETU

Etecsa Telepunto (róg Gerardo Medina i Juan Gómez; za 1 godz. 1,50 CUC; 8.30–19.30) Dostęp do telefonu i Internetu.

USŁUGI MEDYCZNE

Farmacia Martí (Martí Este No 50; 8.00–23.00) **Apteka.**

Hospital Provincial León Cuervo Rubio (78-75-44-43; Carretera Central) 2 kilometry na północ od miasta.

PIENIĄDZE

Banco Financiero Internacional (Gerardo Medina Norte No 46; 8.30–15.30 pn.–pt.) Naprzeciwko Casa de la Música.

Cadeca (Martí No 46; 8.30–17.30 pn.–sb.) Bez kolejek.

POCZTA

Urząd pocztowy (Martí Este No 49; 8.00–20.00 pn.–sb.)

INFORMACJA TURYSTYCZNA

Cubanacán (48-75-01-78, 48-77-01-04; Martí No 109, róg Colón; 8.00–18.00) Firma organizuje wycieczki na plantacje tytoniu i udziela informacji o „Ruta del Tabaco" (Szlak Tytoniu). Może też zarezerwować bilety na autobusy Conectando (pomocnicze firmy Víazul).

Infotur (48-72-86-16; hotel *Vueltabajo*, róg Martí i Rafael Morales; 9.00–17.30 pn.–pt.) Jedno z najlepszych źródeł informacji o mieście; w hotelu *Vueltabajo*.

Przyjazd i wyjazd

AUTOBUS

Miejski **dworzec autobusowy** (Adela Azcuy, pomiędzy Colón i Comandante Pinares) jest blisko centrum. Pinar del Río obsługuje przewoźnik **Víazul** (www.viazul.com); wszystkie kursy do Hawany i na wschód wyruszają z Viñales. Autobusy do Hawany odchodzą o 8.35 i 14.35 (11 CUC, 2 godz. 30 min). Drugi z tych kursów zatrzymuje się również w Las Terrazas. Autobusy do Viñales odjeżdżają o 11.45, 14.25, 15.30 i 17.25 (6 CUC, 45 min).

Conectando odjeżdżają prawie codziennie z dużą częstotliwością do Hawany i Viñales. Bilety trzeba wcześniej zamówić w Cubanacán; personel udzieli informacji o kursach na Cayo Levisa, Cayo Jutías i María la Gorda.

TAKSÓWKA

Prywatne taksówki, kręcące się wokół dworca autobusowego, oferują ceny warte kursu do Hawany. Warto skorzystać ze wspólnej taksówki z kimś, kto będzie partycypować w kosztach.

POCIĄG

Przed zaplanowaniem podróży należy sprawdzić odwołane/zawieszone/przesunięte połączenia. **Z dworca** (róg Ferrocarril i Comandante Pinares Sur; kasa biletowa 6.30–12.00 i 13.00–18.30) odjeżdża codziennie koszmarnie powolny pociąg do Hawany (6,50 CUC, 5 godz. 30 min). Bilet można kupić w dzień podróży; warto być na dworcu godzinę przez odjazdem. Lokalne pociągi jeżdżą na południowy zachód do Guane przez Sábalo (2 CUC, 2 godz.).

Jak się poruszać na miejscu

Cubacar (48-75-93-81; *Hotel Vueltabajo*, róg Martí i Rafael Morales; 9.00–17.00) ma biuro w hotelu *Vueltabajo*. Motorowery można wypożyczyć w Cubanacán.

Servicentro Oro Negro (Carretera Central) jest naprzeciwko Hospital Provincial przy Carretera Central; inny oddział przy Rafael Morales Sur koło południowego wjazdu do miasta.

Powozy konne (1 MN, czyli 1 CUP), przy Isabel Rubio obok Adela Azcuy, jadą do Hospital Provincial i na Carretera Central. Taksówki rowerowe po mieście kosztują 5 MN (5 CUP).

San Juan y Martínez i San Luis

Jeśli Kuba jest producentem najlepszego tytoniu na świecie, a Pinar del Río – jej tytoniowym sercem, to zielony region San Luis na południowym zachodzie od stolicy prowincji jest sercem serca. Większość zgadza się, że płaskie jak naleśnik rolnicze okolice eleganckiego miasteczka San Juan y Martínez rodzą najlepsze z najlepszych światowego tytoniu, a wiejski krajobraz jest równie wspaniały. Kubańskie Ministerstwo Turystyki od niedawna promuje ten region jako „Ruta del Tabaco", zatem niektóre plantacje są otwarte dla zwiedzających.

Zwiedzanie

Vega Quemado del Rubi GOSPODARSTWO

(58-20-38-39; Comunidad de Obeso; wycieczki 2 CUC; 9.00–17.00) Plantacja Hectora Luisa Prieto jest jedną z najbardziej popularnych na trasie Ruta del Tabaco. W 2007 r. Prieto został najmłodszym w historii zdobywcą prestiżowej nagrody Hombre Habano, przyznawanej najlepszemu w kraju producentowi tytoniu. Na sześciu hektarach uprawia się 250 000 roślin rocznie; gospodarze oferują oprowadzanie i jazdę konną. Jest tu restauracja i parę przytulnych biało-niebieskich drewnianych chat, w których można zatrzymać się na noc (45–50 CUC).

Plantacja tytoniu Alejandra Robainy GOSPODARSTWO

(48-79-74-70; 2 CUC; 9.00–17.00) Słynne *vegas* (pola) w bogatym regionie Vuelta Abajo, na południowy zachód od Pinar del Río, rodzą wysokiej jakości tytoń od 1845 r., ale dopiero w 1997 r. świat poznał markę cygar nazwaną Vegas Robaina. Właściciel, Alejandro Robaina, który rozsławił markę, zmarł w kwietniu 2010 r. Ale życie musi toczyć się dalej i tak też się dzieje na tej plantacji. Od kilku lat jest otwarta dla zwiedzających.

Posiadając umiejętności nawigowania, można tu przyjechać i zobaczyć proces przetwarzania tytoniu od postaci rośliny do suchego liścia zdatnego do zwijania cygar: oprowadzanie trwa 25 minut.

Należy jechać z Pinar del Río główną autostradą (Carreterą Central de Cuba) na południowy zachód (12 km), potem skręcić w lewo na San Luis i znów w lewo po ok. 3 kilometrach przy znaku „Robaina". Dalej droga dł. 1,5 km do plantacji jest gorsza. Nie należy zatrudniać *jinteros* (naciągaczy) jako przewodników, ponieważ często prowadzą do niewłaściwego gospodarstwa. Oprowadzanie odbywa się codziennie. Sezon uprawny trwa od listopada do lutego i właśnie wtedy warto przyjechać. Od grudnia rośliny osiągają właściwą wysokość.

Rancho La Guabina RANCZO
(☎48-75-76-16; Carretera de Luis Lazo Km 9,5; ⏲pokazy jeździeckie 10.00 i 16.00 pn., śr. i pt.) Dawna hiszpańska *finca* (hacjenda) to 1000 hektarów pastwisk, lasów i mokradeł. Właściciele prowadzą różne działalności i przynajmniej w jednej są mistrzami. Można tu jeździć konno, pływać łódką po jeziorze, rozkoszować się wyśmienitym kubańskim grillem. Jednakże dla wielu turystów atutem są fantastyczne pokazy jeździeckie.

La Guabina jest mającym długą tradycję ośrodkiem hodowli koni takich ras, jak *pinto cubano* i *appaloosa*; w poniedziałki, środy i piątki, od 10.00 do 12.00 i od 16.00 do 18.00 odbywają się pokazy minirodeo. Biura w Viñales i Pinar del Río organizują wycieczki w cenie 29 CUC. Można też przybyć samodzielnie. Ranczo gwarantuje próbkę spokojnego życia *guajiros*. Liczba noclegów ograniczona.

Przyjazd i wyjazd

Najlepiej mieć tu własny środek transportu. Taksówki w Viñales i Pinar del Río bez problemu zawożą turystów na plantacje tytoniowe. Informacje w Cubataxi (s. 183) w Viñales.

Półwysep Guanahacabibes

Wyspa zwęża się na zachodnim krańcu i tam właśnie znajduje się bogaty przyrodniczo półwysep Guanahacabibes, jedno z najbardziej odosobnionych miejsc na Kubie. Kiedyś chronili się tu pradawni mieszkańcy Kuby, Guanahatabeyes. Ten oddalony o 2 godziny jazdy od Pinar del Río region nie ma infrastruktury turystycznej i wydaje się bardziej odizolowany niż w rzeczywistości. Ma jeszcze dwa atuty: park narodowy (i rezerwat biosfery UNESCO) i centrum nurkowe o międzynarodowych standardach w María la Gorda.

Chociaż granica parku przebiega przez miejscowość La Fe, do rezerwatu wjeżdża się w La Bajada.

Z La Bajada prowadzi 120-kilometrowy objazd po zachodnim krańcu wyspy. W samotnym Cabo de San Antonio znajdują się latarnia (Faro Roncali), Gaviota Marina i Villa Cabo San Antonio. Do hotelu przylega Playa Las Tumbas, najbardziej odległa plaża na wyspie; można tam popływać.

Parque Nacional Península de Guanahacabibes

Żeby zobaczyć Kubę taką, jaką ujrzał ją Kolumb, trzeba przyjechać na półwysep Guanahacabibes, płaski i zwodniczo wąski płat ziemi na zachodnim krańcu wyspy, skierowany ku Meksykowi. Jest to dziewiczy obszar flory i fauny, chroniony w ramach parku narodowego i rezerwatu biosfery. Są tu kilometry krasowych wapieni, ulubione przez iguany; laguny pełne skamieniałych drzew i wygrzewających się w słońcu krokodyli; rzadkie gatunki ptaków trzepoczących wśród palmowych drzew; smagane sztormami plaże, gdzie nawet Robinson Crusoe czułby się samotny.

Latem na brzeg wychodzą nocą żółwie morskie, żeby znieść jaja (jedyne miejsce na głównej wyspie kraju, gdzie to się dzieje), a w kwietniu rój *cangrejos colorados* (czerwonożółtych krabów) wypełza na główną drogę półwyspu tylko po to, by zginąć pod kołami przejeżdżających samochodów. Na półwyspie znajdują się archeologiczne pozostałości prekolumbijskiego ludu Guanahatabey.

Zwiedzanie

★Playa Las Tumbas PLAŻA
Gdyby dawali Oskara za najlepszą kubańską plażę, Las Tumbas wygrałaby o włos z Playa Sirena na Cayo Largo del Sur (za dużo turystów) i Playa Pilar na Cayo Guillermo (oszpeconą niedawno przez brzydki hotel). Jest to plaża najbardziej odosobniona, położona 60 km od najbliżej osady, z jedynym 16-pokojowym hotelem.

Faro Roncali LATARNIA
Na zachodnim skraju wyspy stoi najstarsza latarnia morska, wzniesiona w 1849 r. przez niewolników i chińskich robotników. Została nazwana na cześć ówczesnego hiszpańskiego gubernatora Kuby, Federica Roncalego Cerutiego.

Aktywnie

Półwysep Guanahacabibes to raj dla nurków, miłośników przyrody i ornitologów. Są tu m.in. papugi, piliki czerwonodziobe (narodowy ptak Kuby), dzięcioły, sowy, klinodziobki szare oraz *zunzuncitos* (koliberki hawańskie), a także czworonogi: *jutías* (hutie), iguany, żółwie i populacja około 30 krokodyli amerykańskich.

Nurkowanie

Centro Internacional de Buceo NURKOWANIE
(☎48-77-13-06; María la Gorda) Nurkowanie to dowód istnienia María la Gorda i wystarczający powód, dla którego nurkowie przyjeżdżają na zachodni skraj Kuby. Główny ośrodek znajduje się obok hotelu o tej samej nazwie (María la Gorda) w Marina Gaviota. Najważniejsze atuty to przejrzyste wody, osłonięte przybrzeżne rafy i bliskość 32 miejsc do nurkowania. W połączeniu z najdłuższą w całym archipelagu ścianą kolczników daje to przepis na najlepsze do nurkowania rafy poza Isla de la Juventud.

Nurkowanie kosztuje tutaj 40 CUC (w nocy 50 CUC) plus 10 CUC za sprzęt. Ośrodek oferuje pełne czterodniowe kursy nurkowania CMAS (Confédération Mondiale des Activités Subaquatiques; Światowa Konfederacja Działalności Podwodnej) za 365 CUC; nurkowie z rurką mogą wskoczyć na łódź nurkową za 15 CUC.

Spośród 50 miejsc do nurkowania w okolicy nurkom pokazuje się El Valle de Coral Negro – 100-metrową ścianę kolczników oraz El Salón de María – jaskinię głębokości 20 m z liliowcami i barwnymi koralowcami. Ławice ryb migrujących tworzą niesamowity widok. Najdalsze wejście znajduje się zaledwie 30 minut łodzią od brzegu.

Marina Gaviota Cabo de San Antonio NURKOWANIE
(☎48-75-01-18) Najdalej na zachód wysunięta przystań łodzi znajduje się 4 km za Playa Las Tumbas, na krańcu półwyspu. Jest tam paliwo, miejsce cumowania dla łodzi, mała restauracja, sklep i dobry dostęp do 27 miejsc nurkowych. W pobliżu Villa Cabo de San Antonio.

Wycieczki z przewodnikiem

Z Pinar del Río do wjazdu do parku narodowego jest daleko, więc żeby nie jechać na darmo, warto zadzwonić wcześniej do biura parku (naprzeciwko) i zarezerwować przewodnika.

Obecnie w ofercie są trzy różne wycieczki. Niezależni podróżni, mający rezerwację w hotelu *Villa Cabo de San Antonio*, również są uwzględniani.

Del Bosque al Mar WYCIECZKI
(przewodnik 6 CUC) Szlak długości 1,5 km zaczyna się przy Estación Ecológica Guanahacabibes i biegnie przez przez płytką lagunę, gdzie można obserwować ptaki i zobaczyć interesującą florę, m.in. orchidee, a także *cenote* (lej krasowy) z kryształowo czystą wodą do pływania.

90 minut to niedużo jak na tak ogromny park; przewodnicy są dobrze wyszkoleni i poinformowani, a wycieczki mogą odbywać się po hiszpańsku, angielsku i włosku.

Cueva las Perlas WYCIECZKI
(przewodnik 8 CUC) 3-godzinny spacer dł. 3 km do „perłowej jaskini" prowadzi przez zrzucające liście lasy z mnóstwem ptaków (m.in. piliki czerwonodziobe, *zunzuncitos* i dzięcioły). Po drodze widać dowody obecności rdzennych mieszkańców z minionych wieków. Po przebyciu 1,5 km dochodzi się do samej jaskini, gdzie można zobaczyć (i usłyszeć) sowy. W jaskini, z licznymi galeriami i jeziorem, 300 m jest dostępne dla zwiedzających.

Obserwowanie żółwi

Guanahacabibes to rozwijający się park i mimo wciąż ograniczonych usług z udziałem przewodnika jest tu możliwość obserwowania żółwi. Program ten powstał w 1998 r. pod nadzorem badaczy ekologicznych i przy udziale miejscowej ludności (głównie dzieci w wieku szkolnym). W ostatnich latach pozwolono też uczestniczyć osobom z zewnątrz. Od czerwca do sierpnia około 1500 żółwi zielonych składa jaja na sześciu południowych plażach półwyspu; uczestnicy projektu je obserwują i chronią przed niebezpieczeństwem. W 2013 r. zanotowano rekordowe 900 gniazd. Żeby wziąć udział w programie, należy wcześniej zasięgnąć informacji w biurze parku (szczegóły naprzeciwko) w La Bajada. Wyprawy odbywają się każdej nocy od 22.00 do 2.00 w sezonie lęgowym; są też kryjówki do obserwowania na Playa La Barca, głównej żółwiowej plaży. Małe żółwiki zaczynają się wykluwać w połowie września.

☆ Noclegi

Hotel María la Gorda HOTEL $$
(☎48-77-81-31; www.hotelmarialagorda-cuba.com; pokój 1-/2-/3-os. ze śniadaniem 62/85/106 CUC; P ❄ @ ☎) Jeden z najbardziej odosobnionych hoteli na wyspie i ma to swoje zalety. Przyległa plaża w cieniu palm jest ładna (chociaż nieco kamienista), ale 90% przybyszów woli nurkować: zaledwie 200 m od hotelu kuszą rafy i pionowe klify. Hotel *María la Gorda* („Maria Grubaska") stoi nad Bahía de Corrientes (zatoka), 150 km na południowy zachód od Pinar del Río.

WARTO ZOBACZYĆ

PODRÓŻ NA KRANIEC WYSPY

Czterogodzinna wycieczka na Cabo de San Antonio, odludny, dziewiczy zachodni kraniec Kuby jest wspaniała. Prowadzi przez lasy palmowe, puste plaże, skamieniałe lasy, wśród iguan, krokodyli (przy odrobinie szczęścia) i *cenotes* (lejów krasowych). Trzeba we własnym zakresie zapewnić sobie transport, paliwo i prowiant, zatem potrzebna będzie taksówka albo samochód.

Podczas120-kilometrowego objazdu po Parque Nacional Península de Guanahacabibes ma się przed oczami ciemne postrzępione skały *dientes de perro* (psie zęby) po jednej stronie i piękne błękitne morze po drugiej. Iguany pozwolą się zbliżyć, choć zachowują określony dystans, nietrudno zobaczyć małego jelenia (przy odrobinie szczęścia), hutie i mnóstwo gatunków ptaków. Za latarnią jest opuszczona Playa Las Tumbas, gdzie można popływać.

Drogi są niezłe, więc poradzi sobie z nimi każde wypożyczone auto. Pięciogodzinna wycieczka z przewodnikiem kosztuje 10 CUC od osoby, a dodatkowe 80 CUC, jeśli się wynajmie samochód (np. w hotelu *María la Gorda*). Oprócz plaż i egzotycznej flory, jest szansa zobaczyć krokodyle, jaskinie z nietoperzami i wspiąć się na drewniany *mirador*, żeby podziwiać północne i południowe wybrzeże. Osiadły niedawno obok Playa La Barca wrak doda wycieczce romantycznej egzotyki.

W kwestii pokojów: przy samej plaży są trzy budynki motelowe z różowego betonu, a nieco dalej – atrakcyjne dwupoziomowe bloki apartamentowce oraz wiejskie drewniane chaty połączone kładkami. Bez przesadnej wytworności, *María la Gorda* to pełen luzu resort, z hamakami rozpostartymi między pniami palm, zimnym piwem o zachodzie słońca i opowieściami o nurkowaniu do później nocy.

Bufetowe posiłki kosztują 15 CUC (obiad albo kolacja); opinie na temat jedzenia są różne. Działają dwie restauracje i bar plażowy. Mały sklep sprzedaje wodę i podstawowe produkty. Wejście na teren ośrodka i przyległą plażę dla osób z zewnątrz kosztuje wygórowane 10 CUC (w cenie kanapka), choć można się prześlizgnąć na plażę za darmo... jeśli ktoś nie lubi kanapek.

Villa Cabo de San Antonio DOMKI **$$**
(☎48-75-76-55; Playa Las Tumbas; pokój ze śniadaniem 118 CUC; P ❄) Kompleks 16 willi na niemal dziewiczym półwyspie Guanahacabibes za idylliczną Playa Las Tumbas, 3 km za Faro Roncali (latarnia Roncali) i 4 km od Gaviota Marina. Jest to sympatyczne i zaskakująco dobrze wyposażone miejsce, z telewizją satelitarną, wynajmem aut, rowerów i quadów oraz skromną restauracją.

Warto zapytać o wspaniałą dziewięcioosobową Casa Leñador (z basenem), w cenie 160 CUC za noc.

ℹ Informacja

Biuro informacyjne parku (☎48-75-03-66; La Bajada; ⌚8.30–15.00)

ℹ Przyjazd i wyjazd

AUTOBUS

Autobus (bilet w obie strony 35 CUC) prawie codziennie kursuje na trasie Viñales – Maria la Grda, ale warto sprawdzić i zrobić wcześniej rezerwację. Według rozkładu, autobus wyrusza z Viñales o 7.00 i przyjeżdża na półwysep o 9.30. Wraca o 17.00 i jest na miejscu w Viñales o 19.00. Rezerwacje w Cubanacán (s. 178) w Viñales lub w Infotur (s. 193) w Pinar del Río.

SAMOCHÓD

Via Gaviota (☎48-77-81-31; hotel *María la Gorda*) Ma biuro w hotelu *María la Gorda*; oferuje wynajem – około 75 CUC za dzień za małe auto. Droga do parku została ostatnio przebudowana i jest przejezdna dla samochodów.

Varadero i prowincja Matanzas

☎ 45/692 536 MIESZK.

Spis treści ➡

NAJ: Gastronomia

- Varadero 60 (s. 209)
- Salsa Suárez (s. 208)
- Paladar Nonna Tina (s. 208)
- El Chiquirrín (s. 219)

NAJ: Noclegi

- Hostal Azul (s. 218)
- Casa Julio y Lidia (s. 233)
- Casa Mary y Àngel (s. 203)
- Resort Royalton Hicacos (s. 206)

Dokąd jechać?

Prowincja Matanzas, której nazwa znaczy „rzeź", skrywa swą burzliwą przeszłość, pod przykrywką dzisiejszego raju dla turystów. W XVII w. piraci plądrowali bogate północne wybrzeże regionu, a trzy stulecia później do Bahía de Cochinos (Zatoki Świń), przypłynęli kolejni najeźdźcy, kierujący się mrzonkami o przywróceniu wolności zniewolonemu narodowi.

Obecnie Bahía de Cochinos interesuje raczej nurków niż piratów, a północne plaże Varadero, ogromny karaibski resort hotelowy (zajmuje 20 kilometrów piaszczystego półwyspu Hicacos), który jest „dojną krową" w gospodarce Kuby, najeżdżają raczej plażowicze niż inwazorzy.

Kontrast stanowi zaniedbane Matanzas, umuzykalniona stolica prowincji, w której narodziły się rumba i *danzón* (rodzaj tańca), a także *santería* (prowincja Matanzas jest kolebką afrokubańskiego kultu). Miasto szczyci się swą architekturą w stylu neoklasycyzmu. Z wyjątkiem Varadero, turystów jest tu niewielu, choć prowincja dostarcza nadspodziewanie wielu wzruszających, typowo kubańskich wrażeń.

Kiedy jechać?

- Od grudnia do kwietnia w hotelach all-inclusive w turystycznej mekce – Varadero – ceny są najwyższe, gdyż jest to *temporada alta* (szczyt sezonu). Najlepsza pora plażowania.
- W mieście Matanzas, około 10 października odbywa się doroczny festiwal rumby, Festival del Bailador Rumbero.
- Okres od listopada do kwietnia to najlepsze miesiące obserwowania ptaków w Ciénaga de Zapata.

NAJ: Varadero i prowincja Matanzas

1 Matanzas (s. 215) Odkrywanie sekretów odżywających po długim zaniedbaniu „Kubańskich Aten".

2 Playa Coral (s. 214) Rzadka okazja do nurkowania (ze sprzętem lub rurką) tuż przy plaży. Na północnym wybrzeżu.

3 Cuevas de Bellamar (s. 214) Najgłębszy system jaskiń na Kubie, tuż obok Matanzas.

4 Varadero (s. 202) Odpoczynek na najdłuższej kubańskiej plaży.

5 San Miguel de los Baños (s. 225) Podziwianie zapomnianego splendoru niegdyś słynnego kąpieliska.

6 Ciénaga de Zapata (s. 228) Ogromne i różnorodne strefy roślinności w jednej z ostatnich ostoi dzikiej przyrody na wyspie.

7 Playa Girón (s. 230) Odkrywanie stromych skał i barwnych koralowców w jednym z najlepszych ośrodków nurkowych na Kubie.

PÓŁNOC MATANZAS

Największa strefa hotelowa (Varadero) i jeden z największych portów (Matanzas) w kraju. Północne wybrzeże prowincji to również najbardziej zaludniony obszar oraz ośrodek przemysłowy i handlowy. A jednak jest zielono, przeważającą część regionu zajmują falujące pola i łąki – coś pomiędzy prerią Ameryki Północnej a rozlewiskami angielskiego Norfolk – przerywane gdzieniegdzie malowniczą doliną, np. Valle de Yumurí, i ciągiem tajemniczych jaskiń, nieopodal Matanzas.

Varadero

27 630 MIESZK.

Varadero – na pofalowanym 20-kilometrowym półwyspie Hicacos – znajduje się w awangardzie najważniejszego przemysłu Kuby – turystyki. W tej największej na Karaibach strefie resortów hotelowych jest duża grupa wciąż podnoszących swe standardy hoteli (ponad 60), mnóstwo sklepów, są baseny i sporty wodne dla turystów. Jednakże asem w rękawie jest plaża – 20-kilometrowy pas białego piasku – bez wątpienia jedna z najlepszych na Karaibach. Ten ogromny, zachęcający turystów megaresort hotelowy ma kluczowe znaczenie dla gospodarki kraju, jednak trudno tu zobaczyć i poznać prawdziwą Kubę.

Większość turystów kupuje w swoich krajach wakacje w Varadero w pakiecie i cieszy się wypoczynkiem all-inclusive w hotelu (a czemuż by nie?). Niemniej tym, którzy podróżują samodzielnie i chcieliby zamienić trud pieszych wędrówek na beztroskie wylegiwanie się na plaży, właśnie Varadero zapewni przyjemny kilkudniowy odpoczynek po czasie spędzonym w drodze.

Zwiedzanie

Nie ma sensu szukać tu historii i dzieł sztuki; jednakże w Varadero jest kilka obiektów wartych uwagi, kiedy już plaża się znudzi. Dwa główne place miasta, Parque de las 8000 Taquillas (z podziemnym centrum handlowym) i Parque Central są, niestety, bezbarwne. W okolicy wyjątkiem będzie wyróżniający się kościół w stylu kolonialnym, **Iglesia de Santa Elvira** (mapa s. 204; róg Av 1 i Calle 47), przecznicę na wschód.

Mansión Xanadú ZNANA BUDOWLA

(mapa s. 208; róg Av de las Américas i Autopista Sur) Wszystko na wschód od małej wieży ciśnień (wygląda jak stary hiszpański fort, choć została wzniesiona w latach 30. XX w.), obok *Restaurante Mesón del Quijote* (s. 210), należało kiedyś do rodu Du Pont. To tutaj amerykański milioner, Irenée Du Pont, zbudował trzypoziomową Mansión Xanadú. Teraz jest to ekskluzywny hotel, położony powyżej pola golfowego z 18 dołkami, z barem na najwyższym piętrze.

Marina Gaviota PRZYSTAŃ

(mapa s. 208) Przystań, zbudowana na początku pierwszej dekady XXI w., znajduje się na wschodnim krańcu półwyspu Hicacos, przy szerokim *malecónie* (nadbrzeżna ulica); są tu luksusowe apartamentowce, me-

Miasto Varadero – Zachód

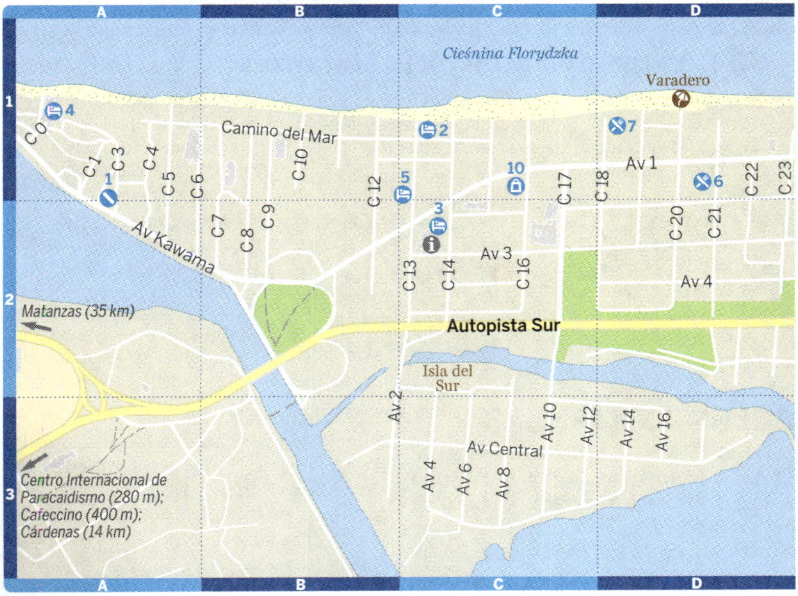

gaelegancki hotel *Meliá Marina Varadero* (s. 207), markowe sklepy, restauracje i popularna Sala de la Música (s. 211). Kubańczycy przybywają zewsząd, żeby ją podziwiać: jest trochę jak Floryda, która przypłynęła tutaj z Ameryki. To jedyna na Kubie przystań na światowym poziomie.

Parque Josone — PARK

(mapa s. 204; róg Av 1 i Calle 58; ⌚9.00–0.00; 👪) Szukając w Varadero miejsc do zwiedzania, warto zanurzyć się w tej oazie zieleni. Ogrody powstały w 1940 r., a ich nazwę utworzono od początkowych sylab imion właścicieli: José Fermína Iturrioz y Llaguno i jego żony Onelii. Małżonkowie mieli destylarnię rumu Arechabala (s. 223) w pobliskim Cárdenas; w Varadero zbudowali rezydencję Retiro Josone w stylu neoklasycyzmu.

Po rewolucji rezydencja została upaństwowiona i pełniła funkcję domu gościnnego dla zagranicznych dygnitarzy. Park jest teraz otwarty dla wszystkich – kubańskie nastolatki obchodzą tu swoje *quinceañeras* (piętnaste urodziny). Na tych rozległych, zacienionych terenach jest jezioro z łódkami (1 godzina od osoby 0,50 CUC) i rowerami wodnymi (1 godz. 5 CUC), nastrojowe punkty gastronomiczne, stadko gęsi, mnóstwo gatunków drzew i minikolejka (przejażdżka 1 godz. 1 CUC). Jest też basen publiczny (2 CUC) na południu parku. W pobliżu czai się duży ptaszek – struś. W nocy można usłyszeć tu dobrą muzykę.

Cueva de Ambrosio — JASKINIA

(mapa s. 208; Autopista Sur; 5 CUC; ⌚9.00–16.30) Ta ogromna jaskinia na głębokości 500 m pod Club Amigo Varadero, przy Autopista Sur, to coś innego niż pozostałe atrakcje w tym rejonie. Słynie z 47 prekolumbijskich malowideł, odkrytych w 1961 r., których wiek szacuje się na 2000 lat. Czarno-czerwone rysunki przedstawiają koncentryczne kręgi, podobne do tych na Isla de la Juventud, stanowiące być może pewien rodzaj kalendarza słonecznego. Przy wejściu zwiedzający otrzymują oświetlenie; ostrzega się przed nietoperzami!

Museo Municipal de Varadero — MUZEUM

(mapa s. 204; Calle 57; 1 CUC; ⌚10.00–19.00) Przy Calle 57 (od strony Av 1) widać typowe dla regionu drewniane domki plażowe z eleganckimi werandami. Najładniejszy z nich – domek z balkonem – zajmuje interesujące miejskie muzeum prezentujące zabytkowe meble; jest też punkt informacyjny o mieście.

Aktywnie

Nurkowanie

W Varadero jest kilka profesjonalnych firm nurkowych, aczkolwiek ze względu na coraz więcej chętnych ceny rosną; są wyższe niż w Bahía de Cochinos na południu prowincji. Ponadto do wszystkich 21 ośrodków nurkowych wokół półwyspu Hicacos trzeba płynąć łodzią przynajmniej godzinę. Tutejsze atrakcje to rafy, jaskinie i rosyjska łódź

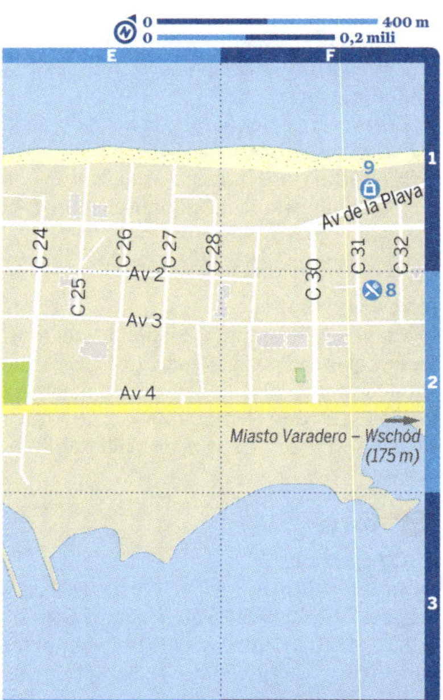

Miasto Varadero – Zachód

Aktywnie, kursy i wycieczki
1 Barracuda Scuba Diving Center A1

Noclegi
2 Casa Menocal C1
3 Hotel Acuazul C2
4 Hotel Club Kawama A1
5 Villa Sunset C1

Gastronomia
6 La Vaca Rosada D1
7 Lai-Lai D1
8 Salsa Suárez F2

Zakupy
9 Casa del Habano F1
10 Gran Parque de la Artesanía C1

patrolowa, zatopiona w 1997 r. z myślą o turystach. Najbliższe miejsca do nurkowania przybrzeżnego są przy Playa Coral (s. 214), 20 km na zachód. Firmy oferują też wyprawy do świetnych nurkowisk w Bahía de Cochinos (s. 231, 1/2 zanurzenia z przejazdem 50/70 CUC). Można też pojechać autobusem i ponurkować z tamtejszymi instruktorami, a potem zatrzymać się na noc w miejscowej *casa particular*.

Jeśli pogoda na północnym wybrzeżu nie sprzyja nurkowaniu, organizowane są przejazdy autobusem do osłoniętej Bahía de Cochinos na południu.

Barracuda Scuba Diving Center NURKOWANIE
(mapa s. 200; ☎45-61-34-81; Av Kawama, pomiędzy Calle 2 i Calle 3; ⌚8.00–19.00) Najlepsza tego rodzaju firma w Varadero – miło i wielojęzyczny tłumek. Nurkowanie: 50 CUC za jedno zanurzenie i sprzęt; nurkowanie do jaskini 80 CUC; nurkowanie w nocy 65 CUC. Pakiet wychodzi taniej. Barracuda organizuje kursy wstępne (70 CUC), opłata za kurs na Amerykańsko-Kanadyjski Certyfikat Podwodny (American Canadian Underwater Certificate – ACUC) od 250 CUC. Są też różne kursy dla zaawansowanych. Nurkowanie przy Playa Coral (s. 214) z instruktorem kosztuje 36 CUC.

Kiedy wieje północny wiatr i na Atlantyku nie da się nurkować, firma organizuje przejazd minibusem na wybrzeże karaibskie (90 min); całkowity koszt: 55/75 CUC za 1/2 zanurzenia. Inne popularne wyprawy to m.in. nurkowanie w jaskini, Cueva de Saturno (s. 214), i nurkowanie z rurką przy Playa Coral.

Golf

Varadero Golf Club GOLF
(mapa s. 208; ☎45-66-77-88; www.varaderogolfclub.com; Mansión Xanadú; gra 18 dołków 100 CUC; ⌚7.00–19.00) Co prawda, to nie Pebble Beach, ale można tu pomachać kijem w niezatłoczonym klubie z ładnym widokami: jedynym na Kubie pełnym, 18-dołkowym polu (72 uderzenia). Pierwsze 9 dołków, jeszcze z czasów Du Pontów, jest pomiędzy hotelem *Bella Costa* a ich rodową Mansión Xanadú; następne 9 dołków, dodanych w 1998 r., znajduje się na południowej flance trzech hoteli *Meliá*.

Rezerwację pola można zrobić w sklepie sportowym obok Mansión Xanadú (s. 206; obecnie wygodny hotel, nawet z darmową herbatą). O dziwo, wózki golfowe (30 CUC od osoby) są tutaj obowiązkowe.

Kitesurfing

Ke Bola Kiteboarding School KITESURFING
(mapa s. 208; ☎52-64-43-76; Varadero Beach; wynajem sprzętu na 1 godz./1 dzień 35/190 CUC; ⌚12.00–18.00) Szkółka kiteboardingu i wypożyczalnia sprzętu jest pomiędzy hotelami *Laguna Azul* i *Ocean El Patriarca* (s. 207). Ceny kursów dla początkujących od 55 CUC za godzinę. Na plaży często wieją silne wiatry.

Spadochroniarstwo

Centro Internacional de Paracaídismo SPADOCHRONIARSTWO
(☎45-66-28-28; http://skydivingvaradero.com; Carretera Vía Blanca Km 1,5; 1 os. 190 CUC) Dla osób lubiących zawrotne wysokości świetną atrakcją będą skoki w bazie spadochroniarskiej (Międzynarodowy Ośrodek Spadochroniarstwa) na starym lotnisku, na zachód od Varadero. Do bazy, naprzeciwko Marina Acua, idzie się 1 km drogą gruntową. Śmiałkowie wzlatują radzieckim Antonowem AN-2, po czym skaczą z wysokości 3000 m, z instruktorem w tandemie.

Po 35 sekundach wolnego spadania spadochron się otwiera i przez 10 minut opada się powoli, na białą piaszczystą plażę w Varadero. Są też dostępne mniej spektakularne (ale również wspaniałe) loty maszynami ultralekkimi. Cena skoku ze spadochronem: 190 CUC od osoby plus 80 CUC za możliwość filmowania. Opłata za skok samodzielny wykwalifikowanego spadochroniarza wynosi 60 CUC (po okazaniu stosownych uprawnień).

Zazwyczaj należy zarezerwować skoki dzień wcześniej (rezerwacje także w hotelach), a atrakcja jest, rzecz jasna, zależna od pogody. Od otwarcia działalności, w 1993 r., nie było wypadków śmiertelnych.

Więcej informacji w biurze Cubatur (s. 212).

Inne aktywności

W wielu punktach na plaży publicznej można wynająć żaglówki (1 godz. 10 CUC), małe katamarany, łódki bananowe, kajaki itp. W lepszych resortach hotelowych te wodne zabawki są wliczone w cenę pakietu all-inclusive.

Kursy

ABC Academia de Arte y Cultura TANIEC, JĘZYK
(mapa s. 204; ☎45-61-25-06; róg Av 1 i Calle 34; ⌚9.00–18.30) Centrum utworzone przez państwowy ośrodek kultury „Paradiso" ofe-

ruje lekcje tańca, hiszpańskiego, malowania oraz gry na instrumentach perkusyjnych. Jednorazowy dwugodzinny kurs kosztuje 15 CUC; są też pakiety (do 12 lekcji).

Wycieczki

Większe hotele oferują asortyment sportowych i wodnych aktywności, a także zorganizowane zwiedzanie. Niezmiennie cieszą się popularnością w ramach wakacji all-inclusive.

Standardowe wyprawy na 1 dzień to rejsy o zmierzchu, safari w Valle de Yumurí, wycieczki łodzią po Río Canímar i zestaw wycieczek busem do różnych miast: Santa Clara, Trinidadu, Viñales oraz do Hawany.

Boat Adventure WYPRAWY ŁODZIĄ
(mapa s. 208; ☎45-66-84-40; za 1 os. 41 CUC; ⏲9.00–16.00.) Dwugodzinna wyprawa z przewodnikiem w dwuosobowej łodzi motorowej startuje z osobnego doku obok Marlin Marina Chapelín i prowadzi przez namorzyny, obfitujące w faunę, łącznie z ciekawskimi krokodylami. Wszystkie usługi można zarezerwować w większości dużych hoteli.

Marlin Marina Chapelín (Aquaworld) WYPRAWY ŁODZIĄ, SPORTY WODNE
(mapa s. 208; ☎45-66-75-50; Autopista Sur Km 12; ⏲8.00–16.00.) Aquaworld Marina Chapelín organizuje najpopularniejsze w Varadero wodne aktywności: „Seafari Cayo Blanco" – to 7-godzinna wyprawa (109 CUC) z Marina Chapelín na pobliską wysepkę Cayo Blanco i jej rajską plażę. W cenie: otwarty barek, homary na obiad, dwa nurkowania z rurką, muzyka na żywo i transport z hoteli.

Jest też pięciogodzinne wędkowanie na głębokich wodach: 310 CUC od 4 osób (wliczony dojazd z hotelu, otwarty barek oraz licencje; niewędkujący płacą 30 CUC).

Noclegi

Miasto Varadero

★ **Beny's House** CASA PARTICULAR $
(mapa s. 204; ☎45-61-17-00; www.benyhouse.com; Calle 55, pomiędzy Av 1 i Av 2; pokój ze śniadaniem 35 CUC; P ❄) Po co wydawać setki dolców za nocleg all-inclusive, skoro można zapłacić tylko 35 CUC za noc w domu Beny'ego? Casa de Beny stoi blisko plaży, a przy okazji można sobie pogadać z gospodarzem.

Jest tu wszystko: ogród z pięknym widokiem, patio, trzy eleganckie pokoje z łóżkami „queen size" i płaskimi telewizorami, restauracja specjalizująca się w rybach oraz sympatyczny Beny we własnej osobie.

Casa Mary y Ángel CASA PARTICULAR $
(mapa s. 204; ☎45-61-23-83; marisabelcarrillo@yahoo.com; Calle 43 No 4309, pomiędzy Av 1 i Av 2; 2-/3-os. 35/40 CUC; ❄) Zespół zacienionych tarasów w wiodącym prym prywatnym pensjonacie wzbudza zawiść tutejszych hoteli – podobnie jak trzy gustownie urządzone

HOTELE VARADERO

Ogromną strefę hotelową Varadero można dla ułatwienia podzielić na cztery sektory.

Obiekty noclegowe w mieście Varadero, na zachodnim krańcu półwyspu, to tanie starsze hotele, wepchnięte między sklepy, banki, bary i zabytkowe domki plażowe. Od 2011 r., mieszkańcy miasta mogą legalnie wynajmować pokoje obcokrajowcom, co zaowocowało wysypem ponad 20 *casas particulares*.

Dzielnica od Calle 64, na północnym wschodzie, do pola golfowego to architektoniczna sieczka: od kiczowatych ośrodków wczasowych po bloki w stylu radzieckim. Sprzedają tanie pakiety, głównie zagranicznym turystom. Hotele wyglądają już na przestarzałe, po zaledwie trzech lub czterech dekadach użytkowania.

Na wschód od Mansión Xanadú (s. 200) jest skupisko dużych pojedynczych wielopiętrowych budynków hotelowych, z imponującymi holami, wzniesionych na początku lat 90. XX w. Największy z nich, 14-poziomowy *Blau Varadero* (s. 206), przypomina aztecką piramidę

Im bliżej wschodniego krańca półwyspu strefa resortowa wygląda, jakby była przedłużeniem Florydy. Współczesne kubańskie resorty all-inclusive to wolno stojące budynki o trzech kondygnacjach, tworzące na całym obszarze minimiasteczko. Większość tych resortów powstała w latach 90. XX w., m.in. największy (1025-pokojowy *Memories Varadero*; s. 207) i najbardziej ekskluzywny (*Blau Marina Palace's Planta Real*; s. 206). W każdym roku pojawia się coś nowego, czego „jeszcze tutaj nie było".

Miasto Varadero – Wschód

Miasto Varadero – Wschód

Zwiedzanie
- 1 Iglesia de Santa Elvira C2
- 2 Museo Municipal de Varadero E2
- 3 Parque Josone E2

Aktywnie, kursy i wycieczki
- 4 ABC Academia de Arte y Cultura A2

Noclegi
- 5 Beny's House E2
- 6 Casa Marlén y Javier C2
- 7 Casa Mary y Ángel B2
- 8 Hostal Sol RyA A2
- 9 Hotel los Delfines A1
- 10 Hotel Starfish Cuatro Palmas F2
- 11 Papo's House E2
- 12 Starfish Las Palmas F2

Gastronomia
- 13 Dante E2
- 14 La Fondue F2
- 15 La Rampa B2
- 16 Paladar Nonna Tina A1
- 17 Restaurante Esquina Cuba A2
- 18 Restaurante La Barbacoa F2
- Restaurante Mallorca .... (zob. 14)
- 19 Varadero 60 .... F3
- 20 Waco's Club E3

Bary i życie nocne
- Calle 62 .... (zob. 14)
- 21 La Bodeguita del Medio B1

Rozrywka
- 22 Beatles Bar-Restaurant F2
- 23 Casa de la Música B1
- 24 Centro Cultural Comparsita F2

Zakupy
- 25 ARTex C2
- Casa de las Américas .... (zob. 29)
- 26 Casa del Habano F2
- 27 Casa del Ron F2
- 28 Centro Comercial Hicacos C2
- 29 Galería de Arte Varadero F2
- 30 Librería Hanoi C2
- Taller de Cerámica Artística .... (zob. 29)

pokoje. Śniadanie to kilka smacznych dań przez parę godzin, jeśli wliczyć przesiadywanie przy mocnej kawie. Największy atut tej *casa particular* to jej gospodarze – serdeczni, gościnni i wszystko wiedzą o okolicy.

Casa Marlén y Javier CASA PARTICULAR $
(mapa s. 204; ☎45-61-32-86; Av 2, pomiędzy Calle 46 i Calle 47; pokój 30–35 CUC; ❄) Wspaniały dom z trzema pokojami, przy cichej, bocznej uliczce, a gospodarzy uwielbiają podróżni. *Ranchón* (wiejska zadaszona restauracja na dworze) na tarasie na dachu; można porozumieć się po angielsku.

Papo's House CASA PARTICULAR $
(mapa s. 204; ☎45-61-26-40; papomoreno89@yahoo.es; Calle 55 No 114, pomiędzy Av 1 i Av 2; pokój 35 CUC; P ❄) Nie lada gratka. Jeden z niewielu domów na Kubie z umeblowaniem w stylu Ludwika XV (niektóre pokoje), co oznacza, że francuscy podróżni lubią to miejsce. Casa koło Parque Josone (s. 201) i, tak jak wszystko w Varadero, jest blisko plaży. Na przyległej ulicy – punkt Wi-Fi.

Hostal Sol RyA CASA PARTICULAR $
(mapa s. 204; ☎45-61-29-25; rafael.g@nauta.cu; Calle 36 No 117, pomiędzy Av 1 i Autopista; 35–40 CUC; ❄) Mały pensjonat tuż obok dworca autobusowego Víazul (s. 213); jeden osobny apartament (z łóżkami piętrowymi, idealny dla rodzin) i jeden pokój 2-osobowy. Są tu wszystkie udogodnienia; także informacje na temat regionu.

Casa Menocal CASA PARTICULAR $
(mapa s. 200; ☎45-60-31-64; Calle 14 No 1, róg Callejón del Mar; 1-/2-/3-os. 35/45/50 CUC; ❄) Tradycyjny dom z szarego kamienia usytuowany przy bajecznej plaży. Pięć pokojów z belkowanym sufitem w stylu lat 40. XX w. Należy zarezerwować z wyprzedzeniem.

Villa Sunset CASA PARTICULAR $
(mapa s. 200; ☎52-39-45-42; adrylopfer@yahoo.es; Calle 13, pomiędzy Av 1 i Av Camino del Mar; pokój ze śniadaniem 45 CUC; ❄) Cicha, czteropokojowa Villa Sunset ma dobrze wyposażoną dużą kuchnię. Właściciele mieszkają gdzie indziej (rzadkość w pensjonatach w Varadero). Ta *casa particular* kwalifikuje się pomiędzy wyszukanym hotelem butikowym a apartamentem z własnym wyżywieniem. Wymarzona dla rodzin; za domem jest ogród.

Starfish Las Palmas HOTEL $$
(mapa s. 204; ☎45-66-70-40; www.starfishresorts.com; Calle 62, pomiędzy Av 1 i Av 2; 1-/2-os. ze śniadaniem 90/120 CUC; P ❄ Wi-Fi) Pomysł na nowy typ noclegu ziścił się w listopadzie 2016 r., kiedy otwarto Starfish. Nie jest to hotel all-inclusive ani *casa particular*, a raczej coś w stylu standardowego hotelu butikowego ze średniej półki. Hotel zajmuje kilka budynków we wschodniej dzielnicy miasta.

Pokoje są czyste i świeże, w kolorach ziemistych i mają minibalkony; za 20 CUC można kupić całodzienny bilet wstępu do **Starfish Cuatro Palmas** (mapa s. 204; Av 1, pomiędzy Calle 60 i Calle 62; 1-/2-os. all-inclusive 135/220 CUC; P ❄ @ Wi-Fi basen) po drugiej stronie drogi. Budynki tego hotelu są przy kilku ulicach (recepcja przy Calle 62).

Hotel Los Delfines RESORT $$
(mapa s. 204; ☎45-66-77-20; www.islazul.cu; róg Av de la Playa i Calle 39; 1-/2-os. all-inclusive od 110/125 CUC; ❄ @ basen) Nietypowy dla Varadero, ponieważ jest niedrogim hotelem all-inclusive znajdującym się w mieście, a nie w strefie hotelowej na wschodzie półwyspu. Osoby przyzwyczajone do luksusu w stylu hoteli *Meliá* niekoniecznie będą zadowolone, ale tym, którzy nie mają nic przeciwko przytulniejszemu i skromniejszemu hotelowi z kubańską i zagraniczną klientelą, może odpowiadać.

103 pokoje i urocza duża chroniona plaża, w okolicy mnóstwo sklepów i restauracji dla znudzonych pakietem all-inclusive.

Hotel Acuazul HOTEL $$

(mapa s. 200; ☎45-66-71-32; Av 1, pomiędzy Calle 13 i Calle 14; 1-/2-os. all-inclusive 102/124 CUC; ❄@🛜🏊) Dość tani hotel all-inclusive na zachodnim krańcu półwyspu; rosyjska architektura i bardziej kubańska niż światowa atmosfera. Jeśli bufet się przeje (a tak na pewno będzie), można skorzystać z licznych prywatnych restauracji w okolicy.

Hotel Club Kawama RESORT $$$

(mapa s. 200; ☎45-61-44-16; www.gran-caribe.cu; róg Av 1 i Calle 1; 1-/2-os. all-inclusive od 124/170 CUC; P❄@🏊) Wytworna hacjenda z lat 30. XX w. była 70 lat temu pierwszym hotelem na odludnym niegdyś półwyspie (obecnie jest ich ponad 60). Obsługa bardzo się stara, a udogodnienia pozostają, pomimo niedawnych remontów, nieco mizerne, ale optymiści dostrzegą plusy – 235 pokojów komponują się z plażą zachodniego Varadero.

All-inclusive obejmuje tu wszystko, od tenisa po rowerki wodne.

Strefa hotelowaVaradero

★Royalton Hicacos RESORT $$$

(mapa s. 208; ☎45-66-88-51, 45-66-88-44; www.royaltonresorts.com; Punta Hicacos; apartament all-inclusive 420 CUC; P❄@🏊) Niepozorny wygląd (i ujmujący personel) odróżnia go od sąsiadów i czyni jednym z bardziej zachęcających resortów na krańcu półwyspu. Strefy publiczne w stylu *ranchón* i szemrzące instalacje wodne dodają mu uroku. Pokoje, w słonecznych żółcieniach i oranżach, mają królewskie łoża i ogromne łazienki. Hotel nie przyjmuje dzieci.

Paradisus Princesa del Mar RESORT $$$

(mapa s. 208; ☎45-66-72-00; www.meliacuba.com; Carretera de las Morlas Km 19,5; 1-/2-os. 389/555 CUC; P❄@🛜🏊) Wysoka cena wywoławcza zwiększa oczekiwania wobec resortu Meliá (przyjmuje tylko dorosłych). Pomimo rozmiarów (630 pokojów), zadbano, żeby było romantycznie, czytaj: luksusowe łóżka nad basenem, duży ośrodek spa, leżaki w cieniu palm i szczęśliwi nowożeńcy spacerujący pod rękę. Ten *Paradisus* to naprawdę raj.

Paradisus Varadero RESORT $$$

(mapa s. 208; ☎45-66-87-00; www.meliacuba.com; Autopista Sur; 1-/2-os. 372/585 CUC; P❄@🛜🏊) Pięciogwiazdkowy luksusowy *Paradisus* (przyjmuje także dzieci) jest nieco mniejszy od *Princesa del Mar* („księżniczki morza"). Zbudowany na planie otwartym, ma smukłe kolumny, pomiędzy nimi widać szeroką plażę i perfekcyjnie przystrzyżone trawniki w cieniu palm. Wystrój jest modny i nowoczesny, a w tle muzyka klasyczna.

Blau Marina Palace RESORT $$$

(mapa s. 208; ☎45-66-99-66; Autopista Sur Final; all-inclusive 1-/2-os. 211/338 CUC, Planta Real 1-/2-os./apart. 279/448/848 CUC; P❄@🛜🏊) Dalej za półwyspem jest już tylko Floryda, a *Blau Marina* wygląda jak stamtąd wzięta: długie, niskie zabudowania, wokół zieleń. Wzorowa obsługa. Jest tu imitacja latarni morskiej, z pięknymi widokami na plażę i przystań (s. 200), dużo basenów i piękna plaża w sąsiedztwie.

Jak na ironię, jeszcze bardziej luksusowo jest w części kompleksu zwanej Planta Real („królewski parter") na „wysepce wolności" (Cayo Libertad), połączonej mostem z lądem stałym. Tam kamerdyner spełni każdą zachciankę gościa. Ach, ten *socialismo!*

Blau Varadero RESORT $$$

(mapa s. 208; ☎45-66-75-45; Carretera de las Morlas Km 15; all-inclusive 1-/2-os. 228/375 CUC; P❄@🛜🏊) Należy wstrzymać się z oceną najwyższego i najbardziej niewyważonego architektonicznie resortu w Varadero. Z zewnątrz stara się udawać aztecką piramidę (po co?), jednak wnętrze robi wrażenie; dziedziniec otoczony budynkami o 15 kondygnacjach zdobią setki wiszących roślin, niektóre zwisają z 80 metrów. Ogromne pokoje są niemal sterylne, a te na wyższych piętrach mają najpiękniejsze widoki w Varadero.

Na dole jest strefa resortowa, należy więc spodziewać się gadatliwych wodzirejów przy basenie, piwa w plastykowych kubkach i nocy pod znakiem Michaela Jacksona.

Mansión Xanadú RESORT $$$

(mapa s. 208; ☎45-66-73-88; www.varaderogolfclub.com; róg Av de las Américas i Autopista Sur; 1-/2-os. all-inclusive 198/264 CUC; P❄@🛜) Niegdyś rezydencja amerykańskiego przedsiębiorcy, Irenée Du Ponta, z 8 wysmakowanymi pokojami, zapewnia najbardziej intrygującą i kameralną gościnę w Varadero. Pierwsza duża budowla na wschodnim krańcu półwyspu – klejnot na architektonicznym pustkowiu – jest zbudowana z marmuru i umeblowana sprzętami zamówionymi przez Du Ponta w latach 30. XX w.

W cenie nielimitowany czas na pobliskim polu golfowym (s. 202).

Meliá Las Américas RESORT **$$$**
(mapa s. 208; ☎45-66-76-00; Autopista Sur Km 7; all-inclusive 1-/2-os. 274/395 CUC; P ❄ @ ≋) Mniejsza i dojrzalsza alternatywa dla znajdującego się obok Meliá Marina Varadero. 225 pokojów to za dużo, żeby było kameralnie, ale atmosfera jest bardziej wyszukana niż w innych ogromnych resortach w sąsiedztwie. Wymyślne żyrandole; ozdobiona palmami plaża. Hotel nie przyjmuje dzieci.

Sol Palmeras RESORT **$$$**
(mapa s. 208; ☎45-66-70-09; www.meliacuba.com; Carretera de las Morlas; 1-/2-os. all-inclusive 230/338 CUC; P ❄ @ ᯤ ≋) Jak na markę Meliá, hotel jest dość stary (lata 80. XX w.), architektura też nie robi wrażenia. Podczas naszej ostatniej wizyty był stopniowo odrestaurowywany, a bungalowy dla rodzin prezentowały się nieźle w środku. Stali goście (a jest ich wielu) wciąż chwalą obsługę.

Ocean Varadero El Patriarca RESORT **$$$**
(mapa s. 208; ☎45-66-81-66; www.oceanvaradero.com; Autopista Sur Km 18; 1-/2-os. 222/359 CUC; P ❄ @ ᯤ ≋) Nazwany „patriarchą" od rosnącego nieopodal ogromnego kaktusa, litościwie oszczędzonego podczas budowy. Hotel ma kilka ciekawych cech: pokoje w drewnie, a nie betonowe, obok lobby jest urocze patio prawie w stylu *mudéjar*, basenowi wodzireje są dyskretniejsi niż gdzie indziej. No i jest plaża – sama błogość!

Meliá Marina Varadero RESORT **$$$**
(mapa s. 208; ☎45-66-73-30; www.meliacuba.com; Autopista Sur Final; 1-/2-os. all-inclusive od 347/496 CUC; P ❄ @ ᯤ ≋) Nie, to nie jest wyciągnięty na brzeg liniowiec, to jest nowiutki resort Meliá! Ten fragment przebudowanej Marina Gaviota (s. 200), ma kilka atutów, dających jej przewagę nad konkurencją na wschodnim krańcu półwyspu: widoki na marinę i dostęp do restauracji i sklepów w obrębie przystani, co gwarantuje większą różnorodność niż w innych hotelach typu all-inclusive.

Nie ma tutaj plaży (na jedną można dojść kładką nad drogą), a zdania na temat pokojów są różne. Ze wszystkich resortów na Kubie ten przypomina Miami najbardziej. W ofercie także apartamenty non-all-inclusive.

Meliá Varadero RESORT **$$$**
(mapa s. 208; ☎45-66-70-13; Carretera de las Morlas; all-inclusive 1-/2-os. 180–240/340–400 CUC; P ❄ @ ᯤ ≋) Dwa razy większy od siostrzanego *Meliá Las Américas* i odpowiedni dla rodzin. Posiada 490 pokojów, robi wrażenie spowitym winoroślą cylindrycznym lobby. Usytuowany na skalistym cyplu, obok cienista plaża. W odróżnieniu od innych tego typu obiektów w Varadero, wypożycza gościom bezpłatnie rowery. I jeszcze... tylko cicho sza: ma lepsze restauracje niż teoretycznie znamienitsza siostra. Japońska restauracja *Sakura* – pierwsza klasa!

Memories Varadero RESORT **$$$**
(mapa s. 208; ☎45-66-70-09; www.memoriesresorts.com; Autopista Sur Km 18; all-inclusive 1-/2-os. 208/340 CUC; P ❄ @ ≋) Zanim dojdziemy na kraniec półwyspu, wszystkie resorty zdają się łączyć w jeden – właśnie ten. *Memories* (otwarty w 2008 r., nazwę zmieniono w 2012 r.) to wzór nowoczesnego nadbrzeżnego hotelu: 1025 pokojów, kuchnia międzynarodowa, mnóstwo rozrywek i opalonych Europejczyków jeżdżących w te i we wte wózkami golfowymi.

Hotel Tuxpán RESORT **$$$**
(mapa s. 208; ☎45-66-75-60; www.cubanacan.cu; Av de las Américas Km 2; 1-/2-os. all-inclusive od 87/140 CUC; P ❄ @ ᯤ ≋) Betonowe bloki i ocienione palmami plaże to dwa ekstrema tak typowe dla Varadero. Tuxpán słynie jednak z tej oto atrakcji: dyskoteka. La Bamba (s. 210) należy ponoć do najgorętszych. Osoby nieprzepadające za sowiecką architekturą, na pociechę mają w pobliżu piękną plażę, a hotel jest tani!

Be Live Experience Varadero RESORT **$$$**
(mapa s. 208; ☎45-66-82-80; www.belivehotels.com; Av las Américas Km 2; all-inclusive wille z 2/3/4/5/6 łóżkami 176/249/314/395/447 CUC; P ❄ @ ≋) Niedawno przemianowana Villa Cuba wygląda jak lotnisko (z wieżą obserwacyjną), ale wewnątrz przypomina ośrodek wypoczynkowy z lat 70. XX w. Plusem jest duży wybór pokojów; w domkach od dwóch do sześciu sypialni. A kolory wybierał chyba nadpobudliwy pięciolatek zafascynowany klockami Lego.

Gastronomia

Miasto Varadero

La Rampa KUCHNIA KUBAŃSKA **$**
(mapa s. 204; ☎45-60-24-14; Calle 43, pomiędzy Av 1 i Av de la Playa; dania główne 4,50–10,50 CUC; ⏲12.00–23.00) Skromny prywatny rodzinny biznes wychwalany słusznie za dobrą kuchnię. Siedzieć można na zewnątrz i wewnątrz. Polecamy homara (zaskakująco tani).

Strefa hotelowa Varadero

Strefa hotelowa Varadero

Zwiedzanie
1 Cueva de Ambrosio F1
2 Mansión Xanadú B1
3 Marina Gaviota H2

Aktywnie, kursy i wycieczki
4 Boat Adventure D1
5 Ke Bola Kiteboarding School G1
6 Marlin Marina Chapelín (Aquaworld) D1
7 Varadero Golf Club B1

Noclegi
8 Be Live Experience Varadero A1
9 Blau Marina Palace H2
10 Blau Varadero E1
11 Hotel Tuxpán B1
12 La Ocean Varadero El Patriarca G1
Mansión Xanadú .... (zob. 2)
13 Meliá Las Américas B1
14 Meliá Marina Varadero G2
15 Meliá Varadero C1
16 Memories Varadero G1
17 Paradisus Princesa del Mar G1
18 Paradisus Varadero F1
19 Royalton Hicacos Resort F1
20 Sol Palmeras C1

Gastronomia
21 Kike-Kcho G2
22 Restaurante Mesón del Quijote A1

Bary i życie nocne
Bar Mirador Casa Blanca .... (zob. 2)
Discoteca La Bamba .... (zob. 11)
Casa del Café La Isabelica .... (zob. 3)
23 Palacio de la Rumba B1

Rozrywka
24 Cabaret Cueva del Pirata D1
25 Club Mambo E1
Sala de la Música La Marina .... (zob. 3)

Zakupy
26 Plaza América C1

★ **Salsa Suárez** KUCHNIA MIĘDZYNARODOWA $$
(mapa s. 200; ☎45-61-41-94; Calle 31 No 103, pomiędzy Av 1 i Av 3; dania główne 8–12 CUC; ⏲10.30–23.00; 🖉) Chyba najbardziej kompleksowe menu wśród prywatnych restauracji w Varadero. Zazielenione patio i profesjonalna i obsługa. Kuchnia urozmaicona (*tapas*, *quesadillas*, risotto, sushi i smaczne tradycyjne potrawy kubańskie) i nieodmiennie dobra, łącznie z dodatkami – chlebem i doskonałą kawą po włosku.

Restaurante La Barbacoa STEKI $$
(mapa s. 204; ☎45-66-77-95; róg Calle 64 i Av 1; steki 11–15 CUC; ⏲12.00–23.00) Najlepsza państwowa restauracja w Varadero serwuje niedorzecznie tanie steki i homary; wystrój jakby ze Starego Świata (głowy jeleni na ścianach, akcesoria jeździeckie). Kelnerzy mają niezwykle poważne miny.

Paladar Nonna Tina KUCHNIA WŁOSKA $$
(mapa s. 204; ☎45-61-24-50; www.paladar-nonnatina.it; Calle 38, pomiędzy Av 1 i Av de la Playa; pizza i makarony 6–10 CUC; ⏲12.00–23.00; 🖉👪)

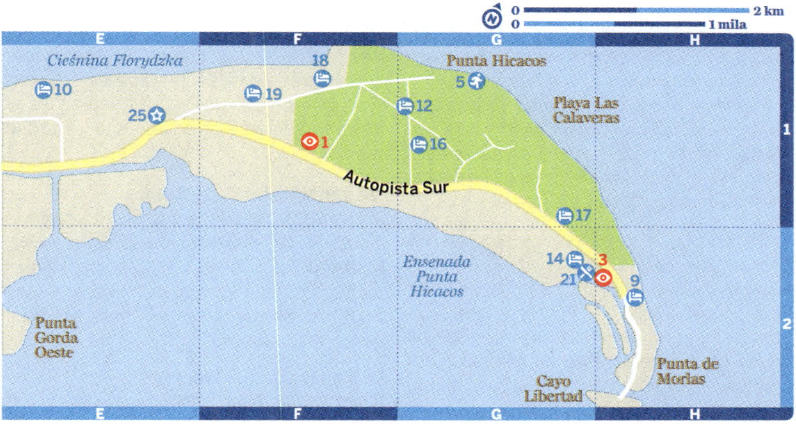

Starsi turyści pamiętają czasy, gdy na Kubie „makaronem" eufemistyczne nazywano papkę. Czasy się jednak zmieniły i dzięki nowym restauracjom, takim jak włoska *Noona Tina*, „al dente" nie jest już nieprzetłumaczalnym obcym frazeologizmem. Dowody na to znajdziemy w tutejszym ogródku, gdzie podróżujący italofile delektują się cienką pizzą z pieca na drewno, *linguine al pesto* i *cappuccino*.

La Vaca Rosada OWOCE MORZA $$
(mapa s. 200; ☎45-61-23-07; Calle 21, pomiędzy Av 1 i Av 2; dania główne 7,50–23 CUC; ⏲18.30–23.00 wt.–nd.) Kiedy nie pada, warto spędzić wieczór w „różowej krowie". Zajmuje nastrojowy taras dachowy i oferuje dania typu „surf and turf", a od czasu do czasu cieniutką pizzę.

La Fondue KUCHNIA SZWAJCARSKA $$
(mapa s. 204; róg Av 1 i Calle 62; dania główne 7–13 CUC; ⏲12.00–0.00) Miejscowi twierdzą, że ta specjalizująca się w *fondue* restauracja jest jedną z lepszych państwowych jadłodajni w mieście i choć to miła odmiana po ryżu i fasoli, nie urasta do szwajcarskich standardów. Niemniej może stanowić alternatywę dla hotelowych bufetów.

Restaurante Mallorca KUCHNIA HISZPAŃSKA $$
(mapa s. 204; Av 1, pomiędzy Calle 61 i Calle 62; dania główne 10 CUC; ⏲12.00–0.00) Spokojny lokal nastawiony na kuchnię hiszpańską (*chorizo*, ciecierzyca, itp.) i słynący z paelli. Wnętrze nadspodziewanie przestrzenne, bar dobrze zaopatrzony (duży wybór win południowoamerykańskich), porcje obfite, sprawna obsługa.

Dante KUCHNIA WŁOSKA $$
(mapa s. 204; ☎45-66-77-38; Parque Josone; pizza 7,50 CUC; ⏲12.00–22.45) Lokal popularny nieprzerwanie od 1993 r.; nazwa pomysłu przedsiębiorczego szefa kuchni, który tworzy swoje włoskie dania nad uroczym jeziorem w Parque Josone (s. 201). Przystawki kosztują od 6 CUC; jest też najlepszy wybór win w Varadero. Ten lokal to dowód, że niektóre państwowe przedsiębiorstwa też mogą z sobą rywalizować.

Restaurante Esquina Cuba KUCHNIA KUBAŃSKA $$
(mapa s. 204; róg Av 1 i Calle 36; dania główne 8–13 CUC; ⏲12.00–23.00) W „rogu Kuby" lubił przesiadywać Compay Segundo z zespołu Buena Vista Social Club i niewątpliwie miał dobry gust. Warta uwagi jest wieprzowina (13 CUC) z fasolą, ryżem i smażonymi bananami. Ściany zdobią kubańskie bibeloty; jest też amerykańska bryka.

Lai-Lai CHIŃSZCZYZNA $$
(mapa s. 200; róg Av 1 i Calle 18; dania główne 6–10 CUC; ⏲12.00–23.00) W starym dobrym lokalu w dwupoziomowym domu na plaży – chińskie menu. Opinie na temat potraw są podzielone, ale jeśli ktoś ma ochotę na zupę wonton…

★**Varadero 60** KUCHNIA MIĘDZYNARODOWA $$$
(mapa s. 204; ☎45-61-39-86; www.varadero60.com; róg Calle 60 i Av 3; dania główne 9–19 CUC; ⏲12.00–0.00) Ten zacny przybytek podnosi poprzeczkę prywatnym restauracjom i roztacza aurę wyrafinowania od czasu, kiedy Benny Moré po raz ostatni wykrzyknął „¡*Dilo*!" (Daj to!). Homary i *solomillo* (stek) –

specjalności zakładu – komponują się dobrze z doskonałymi chilijskimi i hiszpańskimi winami. Ucztę można zakończyć rumem i cygarem (do kupienia na miejscu).

W ciągu 10 lat odwiedzania Kuby rzadko doświadczyliśmy równie dobrej obsługi. Nazwa lokalu kryje podwójne znaczenie – usytuowany przy Calle 60, a jego eleganckie wnętrze zdobią reklamy z lat 60. XX w.

Waco's Club KUCHNIA MIĘDZYNARODOWA **$$$**
(mapa s. 204; ☎52-97-14-08, 45-61-21-26; Av 3, pomiędzy Calle 58 i Calle 59; dania główne 12–28 CUC; ⏲12.00–23.00; 👪) Podróżni cenią sobie ten lokal na uboczu, który nazywał się kiedyś Club Náutico. Restauracja ma spore ambicje, sądząc po imponującym menu, a przy tym potrawy są smaczne i elegancko podane. Taras na górze też jest wysmakowany. Specjalność zakładu to homar przyrządzany na wiele sposobów, np. *langosta Varadero* (flambéed – flambirowany w rumie).

Strefa hotelowa Varadero

Kike-Kcho OWOCE MORZA **$$$**
(mapa s. 208; ☎45-66-41-15; Autopista Sur y Final; dania główne 15–30 CUC; ⏲12.00–23.00) Bajerancka pływająca restauracja w Marina Gaviota (s. 200); poleca homary, łowione i przechowywane na miejscu, dzięki czemu są ultraświeże. Towarzyszą im liczne gatunki ryb – dorsz, tuńczyk, morszczuk, węgorz – do wyboru, do koloru. Lokalizacja jest dobra, ale daniom brakuje „duszy" Varadero, obecnej w prywatnych restauracjach.

Restaurante Mesón del Quijote KUCHNIA HISZPAŃSKA **$$$**
(mapa s. 208; Reparto La Torre; dania 8–16,50 CUC; ⏲12.00–0.00; 👪) Restauracja – jedna z nieresortowych na wschodzie półwyspu – sąsiaduje z pomnikiem Don Kichota, który jakby miał ochotę wybrać się do resortów all-inclusive. *Mesón* zajmuje trawiasty pagórek wznoszący się nad Avenida de las Américas. Inspirowane kuchnią hiszpańską menu (świetna paella) to miła odmiana po hotelowych bufetach. W pobliżu starej wieży – dzieci mogą tam pobiegać.

Bary i życie nocne

★ **Cafeccino** KAWIARNIA, PIEKARNIA
(Circuito Norte, pomiędzy Calle J i Calle I, Santa Marta; ⏲całą dobę) 99% turystów w Varadero nie pije najlepszej, poza Hawaną, kawy na Kubie, bo o niej nie wiedzą. Powód: całodobowa kawiarnia-piekarnia znajduje się w osadzie Santa Marta na południowo-zachodnim krańcu półwyspu. Słynie też ze swoich ciast. *Tres leches* („trzy mleka") jest lepsze niż jakiekolwiek ciasto podawane w 5-gwiazdkowych hotelach.

★ **Bar Mirador Casa Blanca** BAR
(mapa s. 208; Mansión Xanadú, Av de las Américas; 2 CUC; ⏲11.00–0.00) Na najwyższym piętrze Mansión Xanadú (s. 206) jest najpopularniejszy z romantycznych lokali, gdzie „happy hour" szczęśliwie zbiega się z porą na koktajl o zachodzie słońca.

La Bodeguita del Medio BAR
(mapa s. 204; Av de la Playa, pomiędzy Calle 40 i Calle 41; ⏲10.30–23.30) Varadero stworzyło kopię ulubionej hawańskiej knajpy Hemingwaya. Jest to fajne miejsce: na dziedzińcu przygrywają muzycy, klienci tworzą na ścianach graffiti, sącząc popołudniowe *mojito*. Pytanie brzmi: czy naprawdę da się zrobić sieciówkę knajpek dla bohemy?

Uwaga, głodni: jest tu niezła *comida criolla* (potrawy kreolskie).

Casa del Café La Isabelica KAWA
(mapa s. 208; Marina Gaviota, Autopista Sur Final; przekąski/słodycze od 2 CUC; ⏲9.00–23.00) Na przypominającej Miami, Marina Gaviota (s. 200), na wschodnim krańcu półwyspu, dostaje się kawę á la Miami. *La Isabelica* stara się zwabić miłośników Starbucksa – ma sofy w stylu Ikei i obrazki z plantacjami kawy na ścianach. A kawa taka sobie.

Palacio de la Rumba KLUB
(mapa s. 208; Av de las Américas Km 2; 10 CUC; ⏲22.00–3.00) Ogólnie rzecz biorąc: najbardziej czadowe noce na półwyspie. W weekendy salsa na żywo dla klienteli kubańsko-przyjezdnej. W bilet wstępu wliczone drinki. Klub sąsiaduje z hotelem *Bella Costa*.

Calle 62 BAR
(mapa s. 204; róg Av 1 i Calle 62; ⏲8.00–2.00) Bar z przekąskami w strefie przejściowej pomiędzy starym a nowym Varadero, a klientela z obu stron. W dzień warto wpaść na kanapkę z serem; po zmroku, przy salsie na żywo rozbrzmiewającej do północy, jest bardzo przebojowo.

Discoteca La Bamba KLUB
(mapa s. 208; hotel *Tuxpán*, Av de las Américas Km 2; 10 CUC; ⏲22.00–4.00) Najnowocześniej-

sza dyskoteka w Varadero to ta w hotelu *Tuxpán* (s. 207), we wschodniej części miasta. Głównie muzyka latynoamerykańska.

Rozrywka

★ Bar-restaurant Beatles MUZYKA NA ŻYWO
(mapa s. 204; róg Av 1 i Calle 59; 13.00–1.00) Ulubiony bar *roqueros* na krańcu Parque Josone (s. 201). Oddaje hołd ocenzurowanym niegdyś Beatlesom i przywołuje bardzo niekubańskiego ducha swingu lat 60. XX w. Jedzenie i piwo zwyczajne, ale dla ludzi najważniejszy jest rock 'n' roll w plenerze: o 22.00 w poniedziałki, środy i piątki. Najlepsza rozrywka nocą w mieście!

Będą żywiołowe covery Led Zeppelin, Stonesów, Pink Floyd i wiadomo kogo.

Sala de la Música La Marina MUZYKA NA ŻYWO
(mapa s. 208; Marina Gaviota, Autopista Sur Final; 10–15 CUC; 22.00–do późna) Całkiem nowy lokal w strefie turystycznej Marina Gaviota (s. 200). W większość wieczorów rozbrzmiewa disco DJ-ów. W soboty zespoły muzyczne wykonują repertuar *Buena Vista Social Club*. Jest nowocześnie, są białe sofy, na górze taras w widokiem na przystań.

Club Mambo MUZYKA NA ŻYWO
(mapa s. 208; Av de las Américas; 10 CUC; 23.00–2.00 pn.–pt., do 5.00 sb. i nd.) W klubie – chyba najmodniejszym i najlepszym w Varadero – wciąż królują kubańskie mamba z lat 50. XX w. Lokal obok Club Amigo Varadero we wschodniej części miasta. Wstęp z wliczonymi drinkami kosztuje 10 CUC. Głównie muzyka na żywo, tylko gdy zespoły odpoczywają, wkraczają DJ-e.

Jest też stół bilardowy.

Cabaret Cueva del Pirata KABARET
(mapa s. 208; 45-66-77-51; Autopista Sur; 10 CUC; 22.30–3.00 pn.–sb.) Kilometr na wschód od hotelu *Sol Elite Palmeras*; przedstawienia w stylu kubańskim z motywami pirackimi (opaski na oko, zawadiackie miny) i tańczą panie skąpo odziane. Lokal w naturalnej jaskini. Po przedstawieniu zaczyna się dyskoteka. „Jaskinia pirata" jest najbardziej popularna wśród młodzieży. Najciekawsza noc poniedziałkowa. Rezerwację można zrobić w hotelu.

Casa de la Música MUZYKA NA ŻYWO
(mapa s. 204; róg Av de la Playa i Calle 42; 10 CUC; 22.30–3.00 śr.–nd.) Lokal małpuje swoich dwóch hawańskich imienników, ma typową kubańską atmosferę i odbywają się tu niezłe imprezy. Jest w mieście i klientelą są głównie Kubańczycy płacący w *pesos*. Obcokrajowcy płacą w walucie wymiennej.

Centro Cultural La Comparsita OŚRODEK KULTURY
(mapa s. 204; Calle 60, pomiędzy Av 2 i Av 3; 1–5 CUC; 22.00–3.00) Ośrodek kultury na skraju miasta Varadero organizuje koncerty, przedstawienia, pokazy taneczne, karaoke; atmosfera kubańska. Aktualny program wywieszany na drzwiach.

Zakupy

Casa del Ron ALKOHOLE
(mapa s. 204; róg Av 1 i Calle 62; 9.00–21.00) W nobliwym Domu Rumu można skosztować i kupić najlepsze gatunku rumu w Varadero, a także obejrzeć model słynnej destylarni Santa Elena.

Casa del Habano CYGARA
(mapa s. 200; Av de la Playa, pomiędzy Calle 31 i Calle 32; 9.00–18.00) Palacze mają tu wszystko: od kasetek na cygara po perfumy i profesjonalną obsługę. Przy zacisznej plaży jest niewielki bar-pokój degustacyjny. Filia sieci Casa del Habano w centrum miasta Varadero.

Casa de las Américas KSIĄŻKI, MUZYKA
(mapa s. 204; róg Av 1 i Calle 59; 9.00–19.00) Filia słynnej hawańskiej instytucji kulturalnej zajmuje się sprzedażą detaliczną płyt, książek i dzieł sztuki.

Gran Parque de la Artesanía TARGOWISKO
(mapa s. 200; Av 1, pomiędzy Calle 15 i Calle 16; 9.00–19.00) Wielki Park Rzemiosła Artystycznego to rynek w plenerze; prywatni rzemieślnicy sprzedają swoje wyroby związane głównie z Kubą.

Casa del Habano CYGARA
(mapa s. 204; 45-66-78-43; róg Av 1 a Calle 63; 9.00–21.00) Kwintesencja sklepu z cygarami. Jest też dobra kawa – w kawiarni na górze. Sklep usytuowany na wschodnim krańcu miasta Varadero, blisko strefy resortów hotelowych.

Galería de Arte Varadero SZTUKA
(mapa s. 204; Av 1, pomiędzy Calle 59 i Calle 60; 9.00–19.00) Zabytkowa biżuteria, muzealne srebra i szkło, obrazy i inne pamiątki niegdysiejszej burżuazji Varadero – do kupienia. Większość towarów to skarby rodzinne; wszystkie są już opatrzone zezwoleniem na wywóz za granicę.

Taller de Cerámica Artística SZUKA I RZEMIOSŁO
(mapa s. 204; Av 1, pomiędzy Calle 59 i Calle 60; 9.00–19.00) W warsztacie – obok Galería de Arte Varadero (s. 211) i Casa de las Américas (s. 211) – można kupić ceramikę artystyczną, wykonywaną na miejscu. Ceny większości wyrobów od 200 do 250 CUC.

ARTex UPOMINKI I PAMIĄTKI
(mapa s. 204; Av 1, pomiędzy Calle 46 i Calle 47; 9.00–20.00) Płyty CD, T-shirty, instrumenty muzyczne itp.

Centro Comercial Hicacos CENTRUM HANDLOWE
(mapa s. 204; Parque de las 8000 Taquillas; 10.00–22.00) Podziemne centrum handlowe w Parque de las 8000 Taquillas – małe, jak na amerykańskie standardy. Jest tu spa, siłownia i supermarket. Można tu kupić pamiątki, cygara i in.

Plaza América CENTRUM HANDLOWE
(mapa s. 208; Autopista Sur Km 7; 10.00–20.30) Pierwsza na Kubie galeria handlowa z prawdziwego zdarzenia powstała w 1997 r., ale już trąci myszką. Architektura nie robi wrażenia, jednakże budynek spełnia swoją rolę. Są tu restauracje, apteka, bank, sklep muzyczny, sklepy z modą, sklepy z pamiątkami.

Librería Hanoi KSIĄŻKI
(mapa s. 204; róg Av 1 i Calle 44; 9.00–20.30) Książki w języku angielskim – od poezji po literaturę faktu.

Informacja

NIEBEZPIECZEŃSTWA I NIEDOGODNOŚCI

Varadero jest wolne od przestępczości. Trzeba tylko uważać na... nieoznaczone gniazdka elektryczne w hotelach. W niektórych hotelach te z napięciem 110 V są obok z napięciem 220 V. Powinny być podpisane, ale nie zawsze są.

Czerwona flaga na plaży oznacza, że kąpiel jest zabroniona, ze względu na prąd podpowierzchniowy lub inne zagrożenie. Aretuzy (zwane też portugalskimi żeglarzami) pojawiają się głównie latem; kontakt z ich parzydełkami może powodować ostrą reakcję organizmu. Oparzenie należy polać octem, a jeśli ból się wzmaga lub nastąpią trudności z oddychaniem – poszukać pomocy medycznej. Zdarzają się kradzieże okularów słonecznych, butów i ręczników.

NAGŁE WYPADKI

Asistur (45-66-72-77; Av 1 No 103, róg Calle 30; 9.00–16.30 pn.–pt.) Pomoc dla turystów w centrum Varadero.

DOSTĘP DO INTERNETU

Większość hoteli w Varadero ma dostęp do Internetu, więc kartę internetową można kupić w recepcji albo w **Telepunto Etecsa** (róg Av 1 i Calle 30; 8.30–19.00).

Na Calle 54 jest punkt Wi-Fi.

USŁUGI MEDYCZNE

Wiele dużych hoteli ma punkty pierwszej pomocy.

Clínica Internacional Servimed (45-66-77-11; róg Av 1 i Calle 60; całą dobę). Jest tam też apteka.

Farmacia Internacional (45-66-80-42; Plaza América, Autopista Sur Km 7; 9.00–21.00) Na Plaza América.

Farmacia Internacional (45-61-44-70; Av Kawama, róg Calle 4; 9.00–21.00) Na zachodnim krańcu półwyspu, obok hotelu *Club Kawama* (s. 206).

PIENIĄDZE

Europejczycy w Varadero mogą płacić za hotele i posiłki w euro. Wymiana waluty w recepcji hotelu jest o 1% droższa niż w banku.

Banco de Ahorro (Calle 36, pomiędzy Av 1 i Autopista Sur; 8.30–16.00. pn.–pt.) Popularny bankomat.

Banco de Crédito y Comercio (Av 1, pomiędzy Calle 35 i Calle 36; 9.00–19.00 pn.–pt., do 17.00 sb. i nd.) Bankomat.

Banco Financiero Internacional (Autopista Sur Km 7; 9.00–12.00 i 13.00–18.00 pn.–pt., 9.00–18.00 sb. i nd.) Kantor na Plaza América (naprzeciwko) w strefie hotelowej.

Cadeca (róg Av de la Playa i Calle 41; 8.30–18.00 pn.–sb., do 12.00 nd.)

POCZTA

W dużych hotelach są oddziały poczty.

Urząd pocztowy (mapa s. 204; Av 1, pomiędzy Calle 43 i Calle 44; 8.00–18.00 pn.–sb.)

INFORMACJA TURYSTYCZNA

Każdy hotel all-inclusive w Varadero ma biuro z informacją turystyczną.

Cubatur (45-66-72-16; róg Av 1 i Calle 33; 8:30–18.00) Rezerwuje pokoje hotelowe w kraju; organizuje przejazdy autobusem do hawańskich hoteli i wycieczki, m.in. na półwysep Zapata (s. 227). Udziela też ogólnych informacji.

Infotur (mapa s. 200; 45-66-29-61; róg Av 1 i Calle 13; 8:30–16.00.) Główne biuro znajduje się obok hotelu *Acuazul*, oddziały w większości dużych resortów.

Przyjazd i wyjazd

SAMOLOT

Międzynarodowe Lotnisko Juan Gualberto Gómez (☎45-61-30-16, 45-24-70-15), 20 km od centrum Varadero (w kierunku Matanzas) i 6 km od głównej autostrady. Przylatują tu samoloty Thomson Airways z Londynu; Cubana z Buenos Aires i Toronto; Air Berlin z Düsseldorfu, American Airlines z Miami; TUI Airlines z Amsterdamu; Air Transat i WestJet z różnych miast w Kanadzie.

AUTOBUS

Z **Terminal de Ómnibus** (mapa s. 204; róg Calle 36 i Autopista Sur) odjeżdżają codziennie klimatyzowane autobusy Víazul (www.viazul.com) do różnych miast. Uwaga: dużo chętnych. Trzeba zarezerwować bilet!

Pięć codziennych kursów do Hawany zatrzymuje się w Matanzas (6 CUC, 1 godz.) i na Międzynarodowym Lotnisku Juan Gualberto Gómez (6 CUC, 25 min).

Autobusy do Trinidadu zatrzymują się w Cienfuegos (16 CUC, 4 godz. 30 min).

Autobus do Santiago przystaje w Santa Clara (11 CUC, 3 godz. 15 min), Sancti Spíritus (17 CUC, 5 godz.), Ciego de Ávila (19 CUC, 6 godz. 15 min), Camagüey (25 CUC, 8 godz.), Las Tunas (33 CUC, 10 godz.), Holguín (38 CUC, 11 godz. 15 min) i w Bayamo (41 CUC, 13 godz.).

Do Cárdenas można się dostać miejscowym autobusem nr 236 (1 CUC); odjeżdża mniej więcej co godzina z przystanku oznaczonego „Ómnibus de Cárdenas" (koło tunelu), w pobliżu Terminal de Ómnibus w Varadero.

Wątpliwe, czy uda się zdobyć bilety na autobusy inne niż Víazul do miejscowości w prowincji Matanzas i poza jej granicami: oficjalnie turystom nie wolno ich kupować, a turyści odróżniają się od Kubańczyków. Ale może się to udać osobom mówiącym dobrze po hiszpańsku.

Conectando Cubanacánu obsługują kursy między hotelami w Varadero i hotelami w Hawanie (rezerwacja w recepcji). Jest też codzienny kurs z Varadero do Trinidadu przez Cienfuegos. Ceny podobne jak w Víazul. Bilet trzeba zarezerwować (w Infotur) przynajmniej dzień wcześniej.

SAMOCHÓD

Auto można wypożyczyć w każdym hotelu w Varadero; ceny zależą od modelu i marki. Z paliwem i standardowym ubezpieczeniem wynajem kosztuje ok. 70–80 CUC za jeden dzień.

Oprócz przedstawicielstw w hotelach można odwiedzić biura **Cubacar** (☎45-66-81-96; róg Av 1, pomiędzy Calle 21 i Calle 22; ⏲9.00–17.00) w mieście albo biura na lotnisku.

Stacje benzylowe Servi-Cupet są koło Autopista Sur przy Calle 17 (róg Autopista Sur i Calle 17; ⏲całą dobę) oraz przy Calle 54 (róg Autopista Sur i Calle 54).

Jadąc do Hawany, trzeba zapłacić 2 CUC w budce na Vía Blanca, przy wyjeździe z Varadero.

TAKSÓWKA

Na dużym zapotrzebowaniu na autobusy Víazul korzystają też wspólne taksówki (*colectivos*). *Colectivo* można zamówić, dzwoniąc do **Cuba Taxi** (☎45-61-05-55), załatwić w *casa particular* albo poszukać koło dworca Víazul. Zwykle znajdą się inni podróżni, którym nie udało się dostać do autobusu, i można pojechać razem.

Jak się poruszać na miejscu

ROWER

Rowerem będzie najłatwiej wydostać się z półwyspu Hicacos i zwiedzić kawałek Kuby w jego okolicach. W większości resortów all-inclusive są wypożyczalnie i zwykle rowery wlicza się do pakietu. Również w *casas particulares* można wypożyczyć rower. Warto zapytać.

AUTOBUS

Varadero Beach Tour (bilet całodzienny 5 CUC; ⏲9.00–21.00) to piętrowy autobus turystyczny bez dachu, z 45 przystankami (hop-on, hop-off) na trasie łączącej resorty hotelowe i centra handlowe na całej długości półwyspu. Przystanki są dobrze oznaczone, z podaną trasą i odległościami. Bilety do nabycia w autobusie.

AUTOBUSY Z VARADERO

KIERUNEK	CENA (CUC)	CZAS (GODZ.)	ODJAZDY
Hawana	10	3	8.00, 12.00, 14.00, 16.00, 18.00
Santa Clara	11	3	7.25, 21.00
Santiago de Cuba	49	15 godz. 15 min	21.00
Trinidad	20	6 godz. 15 min	7.25
Viñales	22	7 godz. 15 min	8.00

Pomiędzy resortami Meliá kursuje zabawkowy pociąg (*toy train, tren de juguete*).

Miejscowe autobusy 47 i 48 do Santa Marta, na południe od Varadero, wyjeżdżają z Calle 64 na Autopista Sur; autobus 220 jeździ z Santa Marta na wschodni kraniec półwyspu. Nie ma rozkładu jazdy. Przejazd tani. Można też skorzystać z autobusu 236 do/z Cárdenas, który jeździ wzdłuż półwyspu.

ZAPRZĘG KONNY

Dwugodzinna przejażdżka po Varadero państwowym zaprzęgiem konnym kosztuje około 10 CUC – dużo czasu na zwiedzanie.

TAKSÓWKA

Taksówki z taksometrem kosztują 1 CUC na początek plus 1 CUC za kilometr (tak samo w dzień i w nocy). Coco-taxi (hiszp. *coquitos* lub *huevitos*) są tańsze i nie pobierają opłaty początkowej. Kurs do Cárdenas/Hawany (15 min/2 godz.; 15 min) to koszt ok. 20/85 CUC w jedną stronę. Taksówki kręcą się w okolicach głównych hoteli i dworca (s. 213), można też zadzwonić do Cuba Taxi (s. 213).

Z Varadero do Matanzas

Czterdziestominutowa trasa szeroką i gładką 36-kilometrową autostradą Vía Blanca, łączącą miasta Matanzas i Varadero, obejmuje ciekawe atrakcje: podziemne leje krasowe, miejsca do nurkowania i wyprawy łodzią po ukrytych rzekach. Dzień można spędzić nad Río Canímar, a wieczorem zobaczyć kabaret na Playa Coral.

Zwiedzanie i aktywnie

Parque Turístico Río Canímar RZEKA

Rejs łodzią po rzece Canímar, 8 kilometrów na wschód od Matanzas, to wspaniały spektakl przyrody. W wodzie toną korzenie poskręcanych drzew namorzynowych, lekka mgiełka pieści liście palm, gdy łódź wypływa spod mostu Vía Blanca i płynie 12 km w górę rzeki do nadbrzeżnego *ranchón* La Arboleda, gdzie można zjeść obiad i pojeździć konno.

Chcąc popłynąć w górę rzeki, można wynająć czteroosobową motorówkę (1 godz. 35 CUC, każda następna 10 CUC) albo kajak (1 godz. 10 CUC, każda następna 5 CUC). Wypożyczalnia jest na wschodnim brzegu rzeki, przy moście Vía Blanca. Łódź motorowa płynie do La Arboleda około 25 minut.

Biura podróży w hotelach w Varadero mają w ofercie tę wycieczkę (sprawdź: „Río Canímar Back to Nature tour").

Playa Coral PLAŻA

Najlepsze miejsce do nurkowania z rurką w strefie Varadero to Playa Coral, przy starej nadbrzeżnej drodze (ok. 3 km od Vía Blanca), w połowie autostrady z Matanzas do Varadero. Można nurkować solo przy plaży, ale lepiej (i bezpieczniej) w Rezerwacie Flora i Fauna (8.00 do 17.00), 400 m od plaży. Przewodnicy agencji Ecotur mogą zabrać nas na rafę, 150 m od brzegu (1 godz. 10 CUC).

W rafie żyje ok. 300 gatunków ryb, a widoczność to 15–20 metrów. Tutaj też można nurkować (jedno zanurzenie 35 CUC).

W Rezerwacie Flory i Fauny jest **Laguna de Maya** (P) – 2 km w głąb lądu od Playa Coral. Pakiet z wszystkimi atrakcjami kosztuje 25 CUC – do kupienia w większości hoteli w Varadero i w Barracuda Scuba Diving Center (s. 202). Przy wybrzeżu przeważa szarobiała rafa koralowa; na zachód od Playa Coral są również plaże.

Cuevas de Bellamar JASKINIA

(45-25-35-38, 45-26-16-83; wstęp 10 CUC, aparat 5 CUC; 9.00–17.00; P) Najstarsza, według miejscowych, atrakcja turystyczna na Kubie znajduje się 5 km na południowy wschód od Matanzas i ma 300 000 lat. System jaskiń ciągnie się na długości 23 km. Odkrył je w 1861 r. chiński robotnik pracujący w kamieniołomach Don Manuela Santosa Pargi. Wchodzi się przez muzeum; zwiedzanie jaskiń trwa 45 minut (co godzina od 9.30). Są tu ogromne stalagmity (do wys. 12 m) i stalaktyty, ściany zdobią przeźroczyste kryształy, jest też podziemne źródło. Dzięki dobrze utrzymanym i oświetlonym ścieżkom nawet dzieci mogą pouczyć się geologii. Na zewnątrz są dwie restauracje i plac zabaw.

Do Cuevas jeździ autobus nr 12 z Plaza Libertad w Matanzas.

Cueva de Saturno JASKINIA

(45-25-38-33, 45-25-32-72; z rurką do nurkowania 5 CUC; 8.00-18.00) Kilometr na południe od mostu Vía Blanca, po tej samej stronie co port lotniczy w Varadero (s. 213), jest Cueva de Saturno, bardzo popularna (czyli bardzo zatłoczona) jaskinia z *cenote* (lej krasowy) w którym można nurkować i pływać. Woda ma około 20°C, maksymalna głębokość to 22 metry, ale są również płytsze miejsca. W sąsiedztwie jaskini snack bar i wypożyczalna sprzętu.

Castillo del Morrillo ZAMEK, MUZEUM
(1 CUC; ⌚9.00–17.00 wt.–nd.) Po zachodniej stronie mostu na rzece Canímar, 8 km na wschód od Matanzas, kilometrowa droga prowadzi do zatoczki, nad którą góruje żółty zamek (1720 r.) z 4 armatami, obecnie muzeum Antonia Guiteras Holmesa (1906–1935), który w 1934 r. założył rewolucyjne ugrupowanie Joven Cuba (Młoda Kuba). Po obaleniu dyktatury Gerarda Machado rząd rewolucyjny powierzył mu funkcję gubernatora prowincji Oriente i ministra. Odwołany ze stanowisk przez Fulgencia Batistę, został zastrzelony 8 V 1935 r. W miejscu zdarzenia stoi jego popiersie z brązu.

Noclegi

Hotel Canimao HOTEL $$
(☎45-26-10-14; Carretera Matanzas – Varadero Km 5; pokój ze śniadaniem 45–65 CUC; P ❄ 🏊) *Canimao* nad rzeką Canímar, 8 km na wschód od Matanzas, ma 160 pokojów z małymi balkonami; pomieszczenia wyglądają, jakby ostatnio odnawiali je Sowieci w okresie zimnej wojny. Hotel będzie dogodną bazą wypraw: rejsów na rzece Canímar, wycieczek do Cuevas de Bellamar i do Tropicany w Matanzas, a poza tym jest tu pusto. Na miejscu taka sobie restauracja.

Rozrywka

Tropicana w Matanzas KABARET
(☎45-26-53-80; Carretera Matanzas – Varadero Km 5; 35 CUC; ⌚22.00–2.00 wt.–sb.) Bazująca na popularności w Hawanie i w Santiago de Cuba, słynna Tropicana ma tu swoją filię – 8 km na wschód od Matanzas, obok hotelu *Canimao*. Z resortów all-inclusive w Varadero przyjeżdżają autobusami wycieczki, by zobaczyć plenerowe przedstawienie z grą świateł, falowaniem piór i skąpo odzianych ciał.

Matanzas

152 408 MIESZK.

Matanzas jest niczym niewidoczny galeon na dnie morza. Turyści mijają miasto, jadąc autobusem do Varadero. Tylko nieliczni się zatrzymują, zaciekawieni przeszłością, w nadziei odkrycia tego, co może jeszcze się z niej zachowało. Zaniedbane teraz Matanzas kilka pokoleń temu nazywano „Śpiącą Królewną", „miastem mostów", „Wenecją Kuby", „Atenami Kuby". W XVIII i XIX w. pisarze, poeci i muzycy tworzyli dziedzictwo kraju i obecnej stolicy prowincji. Miguel Failide skomponował *danzón*, Anicete Díaz jego śpiewaną wersję *dnzonete*. Z tańca *danzón* wyodrębniły się *chachachá* i *mambo* (twórca najsłynniejszych – Dámaso Pérez Prado). W środowisku afrykańskim, mocno związanym z obrzędami religijnymi, narodziła się rumba. W Matanzas działa jeden z najlepszych teatrów w kraju. „Ateny Kuby" mają swoje poetki (Carilda Oliver Labra, María Colado Romero), poetów i pisarzy (Bonifacio Byrne, Agustín Acosta, Jaime Einstein).

Zwiedzanie

★Taller-Galería Lolo GALERIA
(☎45-26-08-54; Calle 97, róg Calle 288) Przemierzając zaniedbane uliczki Matanzas i zastanawiając się, czy nazywanie go „Atenami Kuby" to tylko miejscowy żart, nagle przystajemy przed niezwykłymi rzeźbami, które, jak się zdaje, stworzono z części uratowanego statku. Ale nie, wewnątrz galerii są jeszcze inne nadzwyczajne dzieła awangardowych malarzy i rzeźbiarzy. Po upływie kilku minut ma się ochotę polecić tę galerię-warsztat, przywracającą Matanzas należne mu miejsce – tuż przy Hawanie – na kulturalnej mapie Kuby, swoim *amigos* w domu. Galeria, spółdzielnia artystów, jest malowniczo usytuowana nad rzeką San Juan.

★Iglesia de Montserrat KOŚCIÓŁ
(Calle 306; 🚌26) Do odnowionego kościoła, z którego jednej strony rozciąga się widok na miasto, z drugiej na Valle de Yumurí, prowadzi stroma Calle 306 (1,5 km na północny wschód od centrum). Kościół zbudowali w 1875 r. katalońscy koloniści ku czci ich największej świętości – Czarnej Madonny (La Moreneta) z klasztoru Montserrat koło Barcelony.

Pobliski punkt widokowy ma parę restauracji w stylu *ranchón*, z dudniącą muzyką i podstawowymi przekąskami. Warto przyjść wcześnie rano, żeby zobaczyć to piękne – wbrew pozorom – miasto z zupełnie innej perspektywy.

Plaza de la Vigía PLAC
Dawniej Plaza de Armas (Plac Broni), obecnie wciąż Plaza de la Vigía (dosł. „strażnica"), której nazwa odnosi się pełnienia straży w czasach, gdy pierwszym osadnikom

Matanzas

0 400 m
0 0,2 mili
A
B
C
D
1
2
3
4
5
6
7
Iglesia de Monserrate (900 m)
Carretera Yumurí
Yumurí
VERSALLES
Dworzec kolejowy Hershey
MATANZAS ESTE
MATANZAS
PUEBLO NUEVO
Castillo de San Severino (2 km)
Puente de la Concordia
Bahía de Matanzas
Restaurante Paladar Mallorca (1,5 km)
Autobus 12 do Iglesia de Montserrat i Cuevas de Bellamar
Taller-Galería Lolo
San Juan
Puente Sánchez Figueras
Av Martín Dihigo
Vía Blanca
Canímar (8 km)
Estadio Victoria de Girón (500 m)
Amelias del Mar (2,2 km)
Państwowy dworzec autobusowy
Cuevas de Bellamar (3,5 km)
(1 km)
C 63
C 65
C 67
C 71
C 73
C 75
C 77
C 79
C 83
C 85
C 91
C 93
C 95
C 97
C 105
C 109
C 115
C117
C 119
C 121
C 123
C 127
C 131
C 135
C 139
C 145
C 171
C 103
C 57
C 61
C 226
C 302
C 300
C 298
C 294
C 292
C 290
C 288
C 286
C 282
C 280
C 278
C 276
C 272
C 270
C 268
C 266
C 264
1
2
3
4
5
6
7
8
9
10
11
12
13
14
15
16
17
18
19
20
21
22
23
24
25
26
27
28

Matanzas

Główne atrakcje
1 Taller-Galería Lolo ... C4

Zwiedzanie
2 Catedral de San Carlos Borromeo ... C3
3 Che Mural ... C4
4 Iglesia de San Pedro Apóstol ... D1
5 Museo Farmaceútico ... B3
6 Museo Histórico Provincial ... D3
7 Parque Libertad ... B3
8 Plaza de la Vigía ... C3
9 Puente Calixto García ... D4
10 Teatro Sauto ... D3

Noclegi
11 Evelio e Isel ... C3
12 Hostal Alma ... B3
13 Hostal Azul ... B3
14 Hostal Río ... B3
15 Hotel Velazco ... B3
16 Villa Soñada ... B2

Gastronomia
17 Café Atenas ... C3
18 El Chiquirrín ... D2
19 Mercado la Plaza ... A4
20 Plaza La Vigía ... C3
21 Restaurante Romántico San Severino ... B3

Bary i życie nocne
22 ACAA ... C3
Bistro Kuba ... (zob 13)
23 Café Mambo Jambo ... C3
24 Ruinas de Matasiete ... D4

Rozrywka
25 Centro Cultural Comunitario Nelson Barrera ... C3
26 Museo Histórico Provincial ... C3
27 Sala de Conciertos José White ... B3
Teatro Sauto ... (zob. 10)

Zakupy
28 Ediciones Vigía ... C3

Matanzas zagrażały napaści piratów. Wokół niewielkiego placu pod koniec XVII w. powstało miasto, a piratów wypatrują stąd już tylko wspaniałe zabytkowe budynki.

Teatro Sauto — TEATR

(☎45-24-27-21; Plaza de la Vigía) Teatro Sauto (1863 r.), w południowej stronie Plaza de la Vigía, jest symbolem Matanzas i jednym z najwspanialszych teatrów w kraju. Diego de Rivera, meksykański malarz muralista, powiedział: „Poznaję miasto Matanzas poprzez jego teatr". W foyer stoją marmurowe rzeźby greckich bogiń, z sufitu spoglądają namalowane muzy.

Są tu trzy balkony, 775 miejsc, audytorium także pełni funkcję sali balowej. Malowidło na kurtynie przedstawia miejski most – Puente de la Concordia. Na scenie teatru występowały liczne gwiazdy, m.in. rosyjska tancerka Anna Pawłowa. W 2017 r., po długim remoncie, teatr zostanie otwarty.

Castillo de San Severino — FORT

(Av del Muelle; 2 CUC; ⏲10.00–19.00 wt.–sb., 9.00–12.00 nd.) Bastion w systemie fortyfikacji obronnych wyspy – na północny wschód od Versalles – robi wrażenie. Zbudowali go Hiszpanie w 1735 r. Szybko został wystawiony na próbę podczas brytyjskiej inwazji w 1762 r.; Anglicy mocno go ostrzeliwali. Odbudowany w latach 70. XVIII w., był stacją przeładunkową niewolników. Potem więziono w nim i zabijano kubańskich patriotów. Służył jako więzienie do lat 70. XX w., obecnie jest tu muzeum niewolnictwa – Museo de la Ruta de los Esclavos.

Z zamku rozciąga się wspaniały widok na Bahía de Matanzas, ale ciekawscy zwiedzający znajdą w nim o wiele więcej.

Catedral de San Carlos Borromeo — KOŚCIÓŁ

(Calle 282, pomiędzy Calle 83 i Calle 85; ⏲8.00–12.00 i 15.00–17.00 pn.–sb., 9.00–12.00 nd.) Przy chaotycznej Calle 83, za ocienioną Plaza de la Iglesia, stoi główny kościół miasta, klasycystyczna budowla z lat 30. XVIII w., z dwiema starszymi wieżami z 1693 r. W 1912 r. została podniesiona do rangi katedry; wtedy też ozdobiono wnętrze malowidłami ściennymi, dodano nowe ołtarze. W następnych latach XX w. świątynia znacznie podupadła. Po remoncie została w 2016 r. otwarta dla wiernych. W archiwum katedry są akta chrztu poety José Milanésa i kompozytora José White'a.

Museo Farmaceútico — MUZEUM

(Calle 83 No 4951; 3 CUC; ⏲10.00–17.00 pn.–sb., do 16.00. nd.) Museo Farmaceútico, w południowej części parku, to punkt charakterystyczny miasta. Apteka, założona w 1882 r. przez rodzinę Triolett, była pierwszą apteką w Ameryce Łacińskiej i wciąż wygląda jak w latach 80. XIX w. Zachowało się oryginalne wyposażenie: urządzenia do destylacji, butle, słoje, wagi, retorty, moździerze. Przewodnik wyjaśni, do czego służyły.

Puente Calixto García MOST

Mając czas na obejrzenie tylko jednego mostu (a jest ich 21) w tym kubańskim „mieście mostów", wybierzmy tę imponującą stalową konstrukcję, wzniesioną w 1899 r. na rzece San Juan, po której pływają leniwie kajaki. Nieco na południe znajduje się wpadający w oko mural z Che Guevarą, a kierując się na północ, dojdziemy do Plaza de la Vigía.

Museo Histórico Provincial MUZEUM

(róg Calle 83 i Calle 272; 2 CUC; 9.00–17.00 wt.–nd.) Muzeum – w Palacio del Junco (1840 r.), z podwójnymi łukami, na Plaza de la Vigía – ukazuje historię Matanzas, od pirackich ataków na miasto, po okrucieństwo niewolnictwa. Na bocznym patio stoi duża rzeźba niepopularnego hiszpańskiego króla Ferdynanda VII, wykonana we Włoszech w latach 30. XIX w.

Parque Libertad PLAC

W Parque Libertad – kilka przecznic na zachód od Plaza de la Vigía – stoi statua wolności: kobieta z rozpostartymi ramionami i zerwanymi łańcuchami na nadgarstkach. Jest też pomnik z brązu (1909 r.) José Martí.

Iglesia de San Pedro Apóstol KOŚCIÓŁ

(róg Calle 57 i Calle 270, Versalles) W dzielnicy Versalles wyróżnia się piękny neoklasycystyczny kościół (1909 r.) po gruntownym remoncie. We wnętrzu jest jasno, są łuki w kolorze kremowym, skromne dekoracje.

Festiwale i wydarzenia

Festival del Bailador Rumbero TANIEC

W ciągu 10 dni, począwszy od 10 X, Matanzas ponownie odkrywa korzenie rumby, podczas festiwalu odbywającego się w parku przy Museo Histórico Provincial (s. 221), na czas remontu w Teatro Sauto (s. 220). Festiwal zbiega się z rocznicą założenia miasta (12 X) i łączy z wielodniową imprezą, na której upamiętnia się osobistości, dzięki którym miasto jest dziś tym, czym jest (albo było tym, czym było).

Noclegi

★ **Hostal Azul** CASA PARTICULAR $

(☎45-24-24-49; hostalazul.cu@gmail.com; Calle 83 No 29012, pomiędzy Calle 290 i Calle 292; pokój 25–30 CUC; ❄) Elegancki niebieski dom z lat 90. XIX w. ma drzwi, przez które przejdzie słoń, oryginalne płytki na posadzkach, zabytkową drewnianą spiralną klatkę schodową i cztery ogromne pokoje wokół przestrzennego patio.

Co więcej, właściciel i poliglota Joel to prawdziwy dżentelmen: oferuje swoją ładę jako taksówkę. A najlepsze? Duży zabytkowy bar z wysokim drewnianym sufitem (10.00–22.00), z muzyką na żywo rozbrzmiewającą wieczorami. Bardzo nastrojowo.

Villa Soñada CASA PARTICULAR $

(☎45-24-27-61; mandy_rent_habitaciones@yahoo.com; Calle 290 No 6701, róg Santa Isabel; pokój 25–30 CUC; ❄) „Wymarzona willa" znajduje się cztery przecznice od głównego placu w Matanzas, ma ciekawą fasadę i ogromny taras, którego strzegą rzeźbione lwy. Pokoje z luksferów są nowoczesne, przestrzenne (jeden dwupoziomowy), mają minibarek i świetne łazienki. Łatwo znaleźć zakamarki, żeby się zrelaksować; śniadania i obiady (za dodatkową opłatą) są smaczne i obfite.

Hostal Río CASA PARTICULAR $

(☎45-24-30-41; hostalrio.cu@gmail.com; Calle 91 No 29018, pomiędzy Calle 290 i Calle 292; pokój 25–30 CUC; ❄) Właściciele to rodzice Joela, prowadzącego pobliski *Hostal Azul*; podstawowy kolor tutaj to raczej *amarillo* (żółty) a nie *azul* (niebieski). W kolonialnym domu są dwa komfortowe pokoje z wysokimi sufitami. Posiłki w *Hostal Azul*, dwie przecznice dalej.

Evelio e Isel CASA PARTICULAR $

(☎45-24-30-90; evelioisel@yahoo.es; Calle 79 No 28201, pomiędzy Calle 282 i Calle 288; pokój 20–25 CUC; P❄) Dom dwupoziomowy, podziemny parking, w pokojach z balkonami są telewizory i sejfy. Sympatyczny właściciel Evelio doskonale zna się na tutejszej scenie muzycznej.

Hostal Alma CASA PARTICULAR $

(☎45-29-08-57; hostalalma63@gmail.com; Calle 83 No 29008, pomiędzy Calle 290 i Calle 292; pokój 25–30 CUC; ❄) Dom z duszą (hiszp. *alma*), ma kojarzące się z Sewillą *azulejos* (płytki), wygodne bujaki i tęczowe *vitrales* (witraże), przez które padają na płytkową posadzkę promienie słońca. Powitalny koktajl można wysączyć na wielkim tarasie (są dwa) górującym nad zaniedbanymi dachami. Dla gości trzy eleganckie pokoje.

Hotel Velazco HOTEL $$

(☎45-25-38-80; Calle 79, pomiędzy Calle 290 i Calle 288; 1-/2-os. 85/128 CUC; ❄@📶) Ten uroczy zabytkowy hotel sięga początków republiki – oryginalny styl fin-de-siècle z 1902 r. współgra z końmi, powozami i przedpotopowymi

ABAKUÁ

Tajne stowarzyszenie mężczyzn, język zrozumiały tylko dla wtajemniczonych, sieć blisko związanych z sobą lóż, przypominających masońskie, i afrykański lampart jako symbol potęgi: tajemnicze rytuały Abakuá to taki kubański kod Leonarda da Vinci.

W kraju licznych zagadkowych praktyk religijnych, Abakuá jest chyba tą najsłabiej poznaną. Zdumiewające połączenie ceremonii inicjacji, rytualnych tańców, śpiewów i bicia w bębny, dowodzi, jak głęboko zakorzeniła się kultura afrykańska kultury na Kubie od czasów niewolnictwa.

Nie należy mylić kultu Abakuá z *santerią* i innymi synkretycznymi religiami pochodzenia afrykańskiego. Kult rozpowszechnili w XVIII i XIX w. niewolnicy z ludu Efik, którego ojczyzną było założone przez nich miasto Calabar w południowo-wschodniej Nigerii. Wyznawcy organizowali się w „loże" zwane *juegos* – pierwsza powstała w 1836 r. w Regla, obecnie przedmieście Hawany. Na początku czarni wyzwoleńcy pracujący w dokach tworzyli grupy wzajemnego wsparcia i pomocy, potem ich celem było wykupienie z niewoli czarnych Afrykanów.

Członkowie lóż Abakuá sprzeciwiali się niewolnictwu i okrucieństwu bogatych kolonistów, więc Hiszpanie ich zwalczali. W latach 60. XIX w. już przyjmowano białych, zwykle z wykorzystywanych najniższych warstw społecznych. Ważnym czynnikiem było, że ci nowi adepci zachowywali dyskrecję i tajemnice *juego*.

Obecnie szacuje się liczbę lóż na ponad 100, niektóre z nich mają do 600 członków i działają głównie w Hawanie, Matanzas i Cárdenas (nigdy nie zadomowiły się w centralnej i wschodniej części wyspy). Wtajemniczeni nazywają się *ñáñigos*, a ich ceremonie odbywają się w świątyniach *fambas*. Szczegóły dotyczące bractwa pozostają tajemnicą, choć stowarzyszenie Abakuá jest w świecie dobrze znane. Tancerzy w maskach, powszechnie zwanych *Ireme* (diabły), widuje się podczas dorocznych karnawałów, to właśnie z ich tańca, śpiewu i rytmu wywodzi się styl rumby *guaguancó*. Kubański artysta, Wifredo Lam, uwiecznił ich maski w swoich malowidłach, a kompozytor Amadeo Roldán, włączył ich rytmy do muzyki klasycznej.

Pomimo podobnych elementów duchowości i religii (w Abakuá wiara w bóstwa sił przyrody i moc lamparta) Abakuá różni się od bardziej rozpowszechnionej *santerii* tym, że nie ukrywa swoich bóstw za postaciami katolickich świętych. Kubański antropolog, Fernando Ortíz Fernández, określił stowarzyszenia Abakuá jako „afrykańską masonerię", inni badacze stwierdzili, że jest to swoiste państwo w państwie, z własnym językiem i prawami. Kolokwializm kubański „*asere*" („kumpel") pochodzi z języka ludu Efik i mowy członków Abakuá i oznacza „ja cię pozdrawiam".

autami na placu obok. Piękny mahoniowy bar wygląda zachęcająco; 17 eleganckich pokojów (z płaskoekranowymi telewizorami i Wi-Fi). Nie sposób się oprzeć.

Gastronomia

★El Chiquirrín KUCHNIA MIĘDZYNARODOWA **$**
(☎45-24-38-77; Calle Laborde No 27013; dania główne 2,50–6,50 CUC; ⌚12.30–23.00 wt.–nd.) Pianista przygrywa romantyczne kawałki, kucharze pracują za przeszkloną ścianą, a kelnerzy kroją *chateaubriand* przy gościach. Nowy Jork? Paryż? Nie, to niedawne kulinarne pustkowie w Matanzas. Ta nowa urocza restauracja, wychodząca na zatokę w dzielnicy Versalles, to dowód na zmian na Kubie.

Smaczne kubańskie potrawy wspierane przez pizzę i makarony podaje się na wykrochmalonych obrusach, a czekając na nie, dostaje się – jak w każdym dobrym lokalu – czekadełko.

Amelias del Mar KUCHNIA KUBAŃSKA, KUCHNIA MIĘDZYNARODOWA **$**
(☎45-26-16-53; Via Blanca No 22014, Playa; dania główne 2–7 CUC; ⌚12.00–2.00 czw.–wt.) *Amelias del Mar* wnosi żartobliwą kreatywność do standardowych kubańskich „międzynarodowych" potraw, efektownie prezentując menu, i serwuje je na patio, gdzie również jest bar. Tutaj *fajitas* z kurczaka to apetyczne *trapos de viejas* (szmaty staruszek), a krewetki to *cuerpos revisitados* (odkopane zwłoki). Lokal oznaczony jest

na zewnątrz jako bar z przekąskami, ale jest czymś o wiele więcej.

Restaurante Romántico San Severino KUCHNIA MIĘDZYNARODOWA $
(Calle 290, pomiędzy Calle 279 i Calle 283; dania główne 4,50–6,50 CUC; ⏲18.00–23.00) Parque Libertad (s. 218) ma teraz wyróżniającą się restaurację, u góry stromych schodów, po zachodniej stronie. Kolonialne wnętrze, dobra obsługa i smaczne filety rybne nadziewane krewetkami.

Plaza La Vigía KAWIARNIA $
(róg Plaza de la Vigía i Calle 85; przekąski 2–3 CUC; ⏲11.00–23.00) W menu rządzą burgery i piwo beczkowe, a klientela to przeważnie studenci. Staroświecki bar wygląda jak scena z paryskiego secesyjnego plakatu z roku 1909. Ostateczne zerwanie z klimatem Varadero!

Café Atenas KUCHNIA KARAIBSKA $
(Calle 83 No 8301; 2–5 CUC; ⏲10.00–22.00) Na *terraza* (tarasie) przesiadują studenci, taksówkarze i pracownicy hotelowi, przyglądając się codziennemu życiu na Plaza de la Vigía. Dobre kanapki; grillowane mięsa.

Restaurante Paladar Mallorca KUCHNIA MIĘDZYNARODOWA $$
(☎45-28-32-82; Calle 334, pomiędzy Calle 77 i Calle 79; dania główne 8–14 CUC; ⏲12.30–21.30 śr.–nd.; 👪) Lokal w dzielnicy Los Mangos, na północny zachód od centrum, imponuje brawurowymi daniami, np. ryba w balsamicznej, kremowej polewie i *piña colada* (z tych najlepszych na Kubie). Prezentacja dań bardzo nowatorska, są też niespodzianki; np. menu dla dzieci, możliwość umycia rąk przy stoliku oraz muzyka.

Bary i życie nocne

Café Mambo Jambo KAWIARNIA
(Calle 85 No 27414; ⏲10.30–18.00) Nowa przytulna kawiarenka: stare odbiorniki radiowe i okładki płyt, mocna kawa, różne *frappuccinos* i podstawowe przekąski. Klientela to studenci i starsze panie po wizycie w pobliskim zakładzie fryzjerskim.

ACAA BAR
(Asociación Cubana de Artistas y Artesanos; Calle 85, pomiędzy Calle 282 i Calle 284; ⏲10.00–do późna) Zaczyna się od ekskluzywnego sklepu artystycznego i galerii, a kończy na dziedzińcu przypominającym artystyczny Paryż, gdzie bohema sączy mocną kawę i prowadzi ożywione dyskusje. Bar na dachu ożywa po zmroku, często w rytm muzyki na żywo.

Bistro Kuba BAR
(Calle 83, pomiędzy Calle 292 i Calle 290; ⏲11.00–2.00) Podświetlone stoliki w tym fajnym barze ukazują charakterystyczne budowle miasta. Koktajle i espresso są niesamowite i jeszcze te półmiski z serami i wędlinami. Klientela to w 95% Kubańczycy; parę dni w tygodniu muzyka na żywo.

Ruinas de Matasiete BAR
(róg Vía Blanca i Calle 101; ⏲10.00–22.00, KLUB 22.00–2.00) Słynna knajpka, frenetyczna (dla niektórych aż za bardzo), w ruinach XIX-wiecznego magazynu portowego nad zatoką. Napoje i grillowane mięsa podaje się na tarasie, ale warto tu przyjść przede wszystkim dla muzyki na żywo (21.00 pt.–nd.; wstęp 3 CUC).

Rozrywka

★ **Sala de Conciertos José White** SALA KONCERTOWA
(☎45-26-70-32; Calle 79, pomiędzy Calle 290 i Calle 288) Renowacja budynku z 1876 r., koło hotelu *Velazco* (s. 218), dobiegła końca w 2014 r.; każdy centymetr, gzyms, ozdobnik wart jest zobaczenia. Jak przystało na budynek mieszczący niegdyś orkiestrę symfoniczną, gości przeważnie koncerty muzyki klasycznej; odbywają się też pokazy wywodzącego się z Matanzas *danzón* (tańca towarzyskiego). Obrazu całości dopełnia bar na dziedzińcu.

Teatro Sauto TEATR
(☎45-24-27-21; Plaza de la Vigía) Teatr działa od 1863 r. Po długiej renowacji będzie znów otwarty (prawdopodobnie w 2017 r.). Przy odrobinie szczęścia można trafić na występ Ballet Nacional de Cuba albo Conjunto Folklórico Nacional de Cuba (rumba).

Centro Cultural Comunitario Nelson Barrera OŚRODEK KULTURY
(róg Calle 276 i Calle 77, Marina; ⏲9.00–17.00 wt.–nd.) Dobry start dla każdego, kto interesuje się afrokubańską historią miasta, to ośrodek kultury w nadbrzeżnej dzielnicy. Można tu sprawdzić program wydarzeń kulturalnych, natrafić na religijne obrzędy, sesje gry na bębnach, albo po prostu pogawędzić z *hombres* z tego *barrio*.

LOKALNE SEKRETY

RUMBA W MATANZAS

Kubańskie przysłowie głosi, że „bez rumby nie ma Kuby, a bez Kuby nie ma rumby". Matanzas z pewnością dało początek jednej z najważniejszych kubańskich form muzycznych i zapisało się w historii rozwoju muzyki na Kubie.

Rumba zrodziła się tutaj, w mieście afrykańskich *cabildos*, tajnych bractw tworzonych przez niewolników, przywożonych w XIX w. z zachodniej i środkowej Afryki do pracy na plantacjach. Bractwa te spotykały się w bocznych uliczkach portu, żeby czcić *orishas* (bóstwa) i pielęgnować rodzime tradycje. Takie były początki rumby w Matanzas, muzyki uciśnionych, z dala od ojczyzny, ale podkreślających swoje korzenie poprzez muzykę. W ten sposób afrokubańskie, a następnie również inne ciemiężone grupy, wyrażały swoje obawy i nadzieje.

W Matanzas powstała większość podstawowych stylów rumby. Najstarsza, XIX-wieczna rumba Yambú wywodzi się z dystryktu Versalles i ma wolniejszy, łagodniejszy rytm. Rumba *guaguancó* jest nowsza i bardziej zmysłowa, przedstawia rytuał zapłodnienia kury przez koguta, z wykorzystaniem bębnów (*congas*). Jest też rumba Columbia, nazwana od starego przystanku autobusowego nieopodal Matanzas, wykonywana tylko przez mężczyzn z powodu niebezpiecznej akrobatyki. *Batá*-rumbę, uznaną niedawno za podgatunek, wykreowała współczesna grupa AfroCuba de Matanzas. Podkładem perkusyjnym są bębenki *batá* w kształcie klepsydry, rytualny instrument ludu Joruba z Nigerii.

Mistrzami pierwszych trzech form byli Los Muñequitos de Matanzas – występujący prawie 60 lat temu. Improwizowane wspólne muzykowanie na butelkach w barze w dzielnicy (*barrio*) Marina uzmysłowiło im, że mogą utworzyć zespół. I tak uczynili. Nazwali się wtedy Guaguancó Matancero, a ich pierwszy przebój *Los Muñequitos* (laleczki, kukiełki, postacie z rysunków komiksowych) zyskał taką popularność, że tak ich zaczęto nazywać.

Los Muñequitos de Matanzas i AfroCuba de Matanzas sięgają do tradycji pierwszych *cabildos*, o korzeniach Lucumi i kongijskich. Muzyka, którą obecnie wykonują, odkrywa na nowo korzenie tego stylu i oddaje cześć przodkom. Doskonałym przykładem jest przełomowy album zespołu AfroCuba, pt. *The Sign and the Seal*, skupiający się na tradycyjnych *orishas*, żeby przesunąć dalej granice samej muzyki. Piosenki są poświęcone takim bóstwom, jak Agayú – w kulturze Jorubów mistyczna niezamieszkana przestrzeń – podczas gdy inne koncentrują się na Oshún, źródłu rzek, wody i życia. Album powraca do budowania warstw muzyki; gromadzi dźwięki tak, jak wszechświat (związek człowieka z wszechświatem to podstawa wierzeń Jarubów) gromadzi dźwięki.

Zamiast czytać o rumbie, lepiej jej posłuchać, także w wykonaniu dwóch wspomnianych powyżej zespołów. Niezwykłe jest to, że w rodzinnym mieście rumby dwie najsłynniejsze z wykonujących ją grup wciąż można spotkać podczas nieoficjalnego muzykowania. Turyści z pewnością usłyszą rumbę podczas występów w plenerze, przy Museo Histórico Provincial (s. 221) w każdy trzeci piątek miesiąca o 16.00.

Museo Histórico Provincial OŚRODEK KULTURY
(Palacio del Junco; róg Calle 83 i Calle 272; 2 CUC; ⌚10.00–18.00 wt.–pt., 13.00–19.00 sb., 9.00–12.00 nd.) Plan wydarzeń kulturalnych na cały miesiąc – przedstawienia teatralne, występy *danzón* i rumby – jest na tablicy przed budynkiem.

Estadio Victoria de Girón STADION SPORTOWY
(Av Martín Dihigo) Od października do kwietnia odbywają się mecze bejsbolowe tutejszego ukochanego zespołu Cocodrilos. Stadion: 1 km na południowy zachód od **rynku** (róg Calle 97 i Calle 298).

Zakupy

Ediciones Vigía KSIĄŻKI
(Plaza de la Vigía, róg Calle 91; ⌚9.00–17.00 pn.–sb.) Wydawnictwo – na południowy zachód od Plaza de la Vigía (s. 215) – założone w 1985 r., sprzedaje wysokiej jakości ręcznie wytwarzany papier i pierwsze wydania różnych książek o nakładzie po 200 egzemplarzy. Klienci są zapraszani do pracowni w stylu dickensowskim, gdzie mogą kupić pięknie ponumerowane i podpisane egzemplarze (5–40 CUC).

Informacja

DOSTĘP DO INTERNETU

Etecsa Telepunto (róg Calle 83 i Calle 282; 1 godz. 1,50 CUC; 8.30–19.30) Sprzedaje telefony i karty do Internetu.

Wi-Fi jest w parku przy katedrze (s. 217) oraz w Parque Libertad (s. 218).

USŁUGI MEDYCZNE

Servimed (45-25-31-70; Hospital Faustino Pérez, Carretera Central Km 101; całą dobę) Przyszpitalna klinika na południowy zachód od Matanzas.

PIENIĄDZE

Banco de Crédito y Comercio (Calle 85 No 28604, pomiędzy Calle 286 i Calle 288; 9.00–17.00) Bankomat.

Cadeca (Calle 286, pomiędzy Calle 83 a Calle 85; 8.00–18.00 pn.–sb., 8.00–12.00 nd.)

POCZTA

Urząd pocztowy (róg Calle 85 i Calle 290; 8.00–17.00 pn.–sb.)

Przyjazd i wyjazd

SAMOLOT

Matanzas łączy z resztą świata międzynarodowe lotnisko im. Juana Gualberta Gómeza (s. 213), nazywane też lotniskiem Varadero, 20 km na wschód od miasta.

ROWER

Z Varadero do Matanzas można dojechać rowerem. 32-kilometrowa droga jest dobra i całkiem płaska, z wyjątkiem ostatnich 3 km, począwszy od mostu na rzece Canímar. Rowery wypożyczają hotele all-inclusive w Varadero.

AUTOBUS

Wszystkie autobusy, lokalne i międzymiastowe, zatrzymują się na **Państwowym Dworcu Autobusowym** (róg Calle 131 i Calle 272, Pueblo Nuevo), zajmującym stary dworzec kolejowy, na południe od rzeki San Juan.

Matanzas ma dobre połączenia, chociaż chcąc jechać, np. do Cienfuegos lub Trinidadu, trzeba przesiąść się w Varadero, wsiadając wpierw do najwcześniejszego autobusu do Varadero, a potem czekać na popołudniowy autobus Varadero – Trinidad.

Víazul (www.viazul.com) wysyła 5 autobusów dziennie do Hawany (7 CUC; 2 godz.; 9.00, 12.55, 14.50, 16.50 i 18.50); autobus o 9.00 jedzie dalej do Viñales. Jest też pięć autobusów do Varadero (6 CUC; 1 godz.; 8.00, 10.05, 12.05, 15.05 i 19.00), które zatrzymują się także na lotnisku (6 CUC; 25 min).

SAMOCHÓD

Wypożyczalnia usytuowana najbliżej centrum to **Cubacar** (45-25-32-46; róg Calle 127 i Calle 204, Playa) w rejonie Playa.

TAKSÓWKA

Taksówki kręcą się koło dworca autobusowego i Parque Libertad (s. 218). Podróżujący na południe i wschód, niech pójdą na dworzec autobusowy Varadero (s. 213), gdzie oczekują *colectivos* (dzielona opłata za kurs).

POCIĄG

W Matanzas są dwa dworce. Na **głównym dworcu kolejowym** (45-29-16-45; Calle 181) w Miret, na południowym krańcu miasta, zatrzymuje się większość pociągów z Hawany do Santiago de Cuba, ale są powolne, brudne i zwykle niepunktualne. Teoretycznie jeździ sześć pociągów dziennie do Hawany (3 CUC, 1 godz. 30 min). Pociąg do Santiago de Cuba (27 CUC; 13 godz. 30 min) powinien odjeżdżać wieczorem, co 3 lub 4 dni. Najnowsze informacje na kawałkach papieru przyklejane są w poczekalni. Warto przybyć wcześniej, zanim zrobi się tu dom wariatów.

Dworzec kolejowy Hershey (45-24-48-05; róg Calle 55 i Calle 67) jest w dzielnicy Versalles – 10 minut pieszo z Parque Libertad (s. 218). 3 pociągi dziennie jeżdżą do Hawany (2,80 CUC, 4 godz.; na stację Casablanca) przez Canasí (0,85 CUC; 1 godz.), Jibacoa (1,10 CUC; 1 godz. 30 min; na Playa Jibacoa), Hershey (1,40 CUC, 2 godz.; do Jardines de Hershey) i Guanabo (2 CUC, 3 godz.). Odjazdy do Matanzas o 4.39, 12.09 (ekspres, który powinien jechać 3 godziny) i 16.25.

Pociąg z reguły odjeżdża o czasie, ale zwykle przyjeżdża na stację Casablanca (poniżej twierdzy La Cabaña, we wschodniej części przystani) spóźniony o godzinę. Jest to jedyna elektryczna linia kolejowa (s. 155) w kraju. Pociąg jedzie wśród pięknych krajobrazów i można nim się dostać do rzadko zwiedzanych atrakcji w prowincji Mayabeque.

Jak się poruszać na miejscu

Autobus nr 12 łączy Plaza Libertad z Cuevas de Bellamar oraz Iglesia de Montserrat.

Stacja benzynowa Oro Negro (róg Calle 129 i Calle 210) jest 4 km za centrum Matanzas przy drodze do Varadero. Jadąc do Varadero, trzeba zapłacić 2 CUC na autostradzie pomiędzy Boca de Camarioca i Santa Marta (nie ma opłat na trasie z Matanzas na lotnisko).

Taksówki rowerowe zbierają się przy Mercado La Plaza; za 1 czy 2 kubańskie *pesos* pojadą prawie wszędzie w obrębie miasta. Kurs taksówką na lotnisko Varadero (s. 213) powinien kosztować 25–30 CUC (20 min), do miasta Varadero nieco więcej (30 CUC; 40 min).

Cárdenas

109 552 MIESZK.

Leży nad zatoką Cárdenas w Cieśninie Florydzkiej. Cárdenas nie ma ani jasnych świateł Varadero, ani historycznego i kulturalnego dziedzictwa Matanzas. Zapuszczone miasto zamieszkują pracujący w resortach hotelowych kelnerzy, drobni urzędnicy i taksówkarze, ale brakuje w nim i restauracji, i hoteli, a nawet samochodowych taksówek.

Cárdenas odegrało jednak swoją rolę w historii Kuby – jest nawet nazywane Miastem Flagą: Ciudad Bandera. 19 maja 1850 r. wenezuelski generał, Narciso López, dowodzący armią amerykańskich ochotników po raz pierwszy zatknął na maszt kubańską flagę (jego projektu), podczas próby wyzwolenia tej hiszpańskiej kolonii. Inni mieszkańcy miasta też tworzyli historię, np. przywódca grupy rewolucjonistów, student José Antonio Echeverría, który został zastrzelony w akcji ataku na Pałac Prezydencki Batisty w 1957 r. Tę barwną przeszłość miasta przedstawiają trzy świetne muzea w okolicach Parque Echeverría, głównego placu miasta.

Zwiedzanie

★ Museo Oscar María de Rojas — MUZEUM

(róg Av 4 i Calle 13; 5 CUC; ⌚9.00–18.00 pn.–sb., 9.00–13.00 nd.) Drugie najstarsze muzeum na Kubie (po Museo Bacardí w Santiago) prezentuje zbiór dziwnych artefaktów, m.in. garotę (krzesło z liną zakładaną na szyję ofiary) z 1830 r., maskę twarzy Napoleona, ogon konia Antonia Maceo, największy w kraju zbiór ślimaków i zachowane z 1912 r. pchły – tak, pchły.

Muzeum zajmuje uroczy kolonialny budynek. Oprowadzają wykwalifikowani przewodnicy.

Museo de Batalla de Ideas — MUZEUM

(Av 6, pomiędzy Calle 11 i Calle 12; 2 CUC; ⌚9.00–17.00 wt.–sb., 9.00–12.00 nd.) Najnowsze z trzech miejskich muzeów; prezentuje dobrze udokumentowaną historię relacji amerykańsko-kubańskich, wzbogaconą licznymi grafikami. Inspiracją utworzenia był przypadek Eliána Gonzáleza, pochodzącego stąd chłopca, którego matka, ojczym i 10 innych osób utonęło w 1999 r., usiłując przepłynąć łodzią do USA. Muzeum manifestuje wojnę ideologiczną – *batalla de ideas* – pomiędzy Castro a rządem USA.

Muzeum Wojny Ideologicznej przedstawia kubański system edukacyjny, a koncentruje się – rzecz jasna – na okresie ośmiu miesięcy, kiedy to Kuba i USA toczyły spór o przyszłość Eliána (chłopiec w końcu został odesłany na Kubę, do ojca, a w 2000 r. wstąpił do partii komunistycznej). Na dziedzińcu ustawiono popiersia bohaterów walki z imperializmem. Wymownym eksponatem muzeum jest rzeźba dziecka odrzucającego z pogardą amerykańską zabawkę – Supermana.

Museo Casa Natal de José Antonio Echeverría — MUZEUM

(Av 4 Este No 560; z przewodnikiem 5 CUC; ⌚10.00–17.00 wt.–sb., 9.00–13.00 nd.) Przedmioty na wystawach w tym muzeum są makabryczne... Jednym z takich eksponatów jest oryginalna garota, której użyto do egzekucji generała Narcisa Lópeza w 1851 r. Przedmioty z wojen o niepodległość w XIX w. zajmują dół, a z rewolucji w XX w. – piętro, na które wchodzi się spiralnymi schodami.

W tym domu w 1932 r. urodził się José Antonio Echeverría, student zabity w 1957 r. przez policję Fulgencia Batsity, po nieudanej próbie zamachu w stołecznym Pałacu Prezydenckim. Pomnik Echeverríi stoi na placu przed muzeum.

Rum José Arechabali — FABRYKA

(róg Calle 2 i Av 13) Na północny zachód od centrum miasta, w dzielnicy przemysłowej, wciąż działa destylarnia założona w 1878 r. przez hiszpańskiego emigranta, José Arechabalę, twórcę marki Havana Club, drugiego po Bacardí najbardziej kultowego rumu. Zakład upaństwowiono w 1959 r. Arechabala wyjechał do USA, ale nie udało mu się zarejestrować znaku firmowego Havana Club; przejął go w 1976 r. kubański rząd.

Arechabala (i jego międzynarodowy partner Bacardí) toczą spór z kubańskim rządem i partnerską firmą Pernod Ricard o prawa do sprzedaży Havana Club w USA. Zakład wciąż działa, ale nie można go zwiedzać.

Monumento a la Bandera — POMNIK

(róg Av Céspedes i Calle 2) Idąc Av Céspedes do północnego krańca Catedral de la Inmaculada Concepción, zobaczymy okazały pomnik z wysokim masztem i powiewającą flagą. Upamiętnia dzień 19 V 1850 r., w którym wciągnięto na maszt pierwszą kubańską flagę.

Catedral de la Inmaculada Concepción — KOŚCIÓŁ

(Av Céspedes, pomiędzy Calle 8 i Calle 9) W Parque Colón – pięć przecznic na północ od

Parque Echeverría – stoi najważniejszy kościół w Cárdenas: katedra NMP Niepokalanego Poczęcia. Zbudowany w 1846 r., słynie z witraży i najstarszego (z 1862 r.) na Kubie i w Ameryce Łacińskiej posągu Kolumba.

Cristóbal Colón, czyli Krzysztof Kolumb, stoi w stanowczej pozie, ze zmarszczonymi w zamyśleniu brwiami i globusem u stóp. Najciekawszy w Cárdenas obiekt, przy którym turyści mogą się uwiecznić na pamiątkowej fotografii.

Noclegi

Varadero chełpi się 60 hotelami (i wciąż buduje nowe), a tutaj, w skromnym Cárdenas, jest ich dokładnie zero. Na szczęście są niezawodne (i zawsze trudne do odnalezienia) *casas particulares*.

Hostal Ida CASA PARTICULAR $

(☎45-52-15-59; ida83@nauta.cu; Calle 13, pomiędzy Av 13 i Av 15; pokój 35 CUC; P ❄) Nie należy sugerować się zaniedbanym otoczeniem. W tym eleganckim apartamencie (z osobnym wejściem i garażem) jest przytulny salon, kuchenka, stylowo umeblowana sypialnia z łazienką – wszystko jak w porządnym hotelu w Varadero. Obfite śniadania (5 CUC).

Ricardo Domínguez CASA PARTICULAR $

(☎52-89-44-31; yaniamaria82@nauta.cu; róg Av 31 i Calle 12; pokój 35 CUC; P ❄) Dom Ricarda znajduje się 1,5 km na północny zachód od Parque Echeverría i warto go odnaleźć. To ten odpicowany budynek z dachem z białej terakoty, otoczony dużym zielonym ogrodem. Wygląda jak przeniesiony z lepszego przedmieścia w Miami. Trzy pokoje.

Gastronomia

Połowa szefów kuchni w Varadero pochodzi właśnie z Cárdenas, co zakrawa na ironię, biorąc pod uwagę tutejszą ubogą scenę kulinarną. Parę nowych *paladares* (prywatnych restauracji) podnosi nieco poprzeczkę.

Naprzeciwko żeliwnej XIX-wiecznej hali targowej Plaza Molocoff są supermarkety z żywnością i stragany z tanimi przekąskami.

★ Don Qko KUCHNIA KUBAŃSKA $

(☎45-52-45-72; Av Céspedes No 1000, róg Calle 21; dania główne 3–8 CUC; ⏲12.00–23.00 śr.–pn.) *Don Qko* to jedna z prywatnych restauracji – kultywujących kulinarne tradycje kubańskich prowincji (w Cárdenas i w Matanzas takich restauracji jest wiele) – które nie są nastawione na łupienie turystów. Dlatego ceny są rozsądne, jedzenie domowe, atmosfera w 90% kubańska. Warto liznąć trochę hiszpańskiego i wybrać się do *Don Qko*.

Studio 55 KAWIARNIA $

(Calle 12, pomiędzy Av 4 i Av 6; lekkie dania główne 3–5 CUC; ⏲12.00–0.00 pn.–czw., do 2.00 pt. i sb.) W modnym lokalu na głównym rynku można posmakować świetnych burgerów i industrialnej atmosfery. W menu – wygląda jak pudełka na płyty DVD – dobrze przygotowane jedzenie typu fast food. Urozmaicenie na raczej ubogiej kulinarnej scenie Cárdenas.

Restaurante Don Ramón KUCHNIA MIĘDZYNARODOWA $

(Av 4, pomiędzy Calle 12 i Calle 13; dania główne 6–8 CUC; ⏲11.00–22.00; ❄) Restauracja z widokiem na Parque Echeverría kusi swoim staromodnym kolonialnym urokiem. Najlepszy lokal na niespieszny posiłek. Filet *mignon* i wybór dżinów są warte uwagi.

Plaza Molocoff TARGOWISKO $

(róg Av 3 Oeste i Calle 12) Zbudowana w 1859 r. Plaza Molocoff to dziwaczna dwupoziomowa hala targowa nakryta połyskującą kopułą wysoką na 16 metrów. Jest tam targ warzywny. Budowla prosi się o remont.

☆ Rozrywki

Casa de la Cultura OŚRODEK KULTURY

(Av Céspedes No 706, pomiędzy Calle 15 i Calle 16; ⏲różne godziny) W pięknym, acz podstarzałym kolonialnym budynku z witrażami i wewnętrznym patio z bujakami. Ręcznie wykonane plakaty zapraszają na raperskie *peñas* (występy), przedstawienia teatralne i wieczory literackie.

Informacja

DOSTĘP DO INTERNETU

W Parque Echeverría jest punkt Wi-Fi.

Etecsa Telepunto (róg Av Céspedes i Calle 12; 1 godz. 1,50 CUC; ⏲8.30–19.30) Internet i telefon.

USŁUGI MEDYCZNE

Centro Médico Sub Acuática (☎45-52-21-14; Carretera a [do] Varadero Km 2; 1 godz. 80 CUC; ⏲8.00–16.00. pn.–sb., lekarz na telefon całą dobę) W Hospital Julio M. Aristegui, dwa kilometry na północny zachód, przy drodze do Varadero. Posiada radziecką komorę dekompresyjną z 1981 r.

Apteka (Calle 12 No 60; ⏲całą dobę)

PIENIĄDZE

Banco de Crédito y Comercio (róg Calle 9 i Av 3)

Cadeca (róg Av 1 Oeste i Calle 12)

Przyjazd i wyjazd

Najlepiej dostać się do Varadero i znaleźć bezpośrednie połączenie, bo chociaż autobus **Víazul** (www.viazul.com) z Varadero do Santiago de Cuba tędy przejeżdża, to oficjalnie się nie zatrzymuje. Varadero ma też wiele codziennych połączeń z Trinidadem i Hawaną.

Autobus 236 do/z Varadero odjeżdża co godzina z przystanku na rogu Av 13 Oeste i Calle 13 (50 *centavos*, turyści płacą zazwyczaj 1 CUC; 30 min). Przejazd taksówką na tej samej trasie kosztuje 15–20 CUC (15 min).

Jak się poruszać na miejscu

Po Cárdenas jeździ się *coches* (zaprzęgami konnymi). Główna trasa biegnie aleją Céspedes na północny wschód od **dworca autobusowego** (róg Av Céspedes i Calle 22), a potem na północny zachód Calle 13 do szpitala, mijając przystanek autobusu 236 (do Varadero). Opłata to najmniejsza moneta CUC.

Stacja benzynowa Servi-Cupet (róg Calle 13 i Av 31 Oeste) jest naprzeciwko starego hiszpańskiego fortu, w północno-zachodniej części miasta, przy drodze do Varadero.

Pytając miejscowych o drogę, należy pamiętać, że zwykle używają dawnych nazw ulic, zamiast nowego systemu nazewnictwa (ponumerowane *calles* i *avenidas*). Należy się dobrze poinformować.

San Miguel de los Baños i okolice

Położone w centrum prowincji Matanzas, wśród falujących wzgórz porośniętych gdzieniegdzie bugenwillą, San Miguel de los Baños to nastrojowe stare uzdrowisko, które niegdyś rywalizowało z Hawaną w kwestii mody i elegancji. Do tutejszych uzdrawiających wód, „odkrytych" na początku XX w., przyjeżdżali przez pewien czas bogacze, a zbudowane wtedy eleganckie neoklasycystyczne wille wciąż stoją wzdłuż głównej arterii miasta –Avenida de Abril. Ale te dobre czasy dawno się skończyły. Tuż przed wybuchem rewolucji wody zostały zanieczyszczone przez tutejszą cukrownię i uzdrowisko San Miguel de los Baños straciło dawny blask. Teraz jest to ciekawy miks architektonicznego wehikułu czasu wiodącego do minionej epoki i zabitej deskami rezydencji niczym z *Wielkich nadziei* Karola Dickensa.

Zwiedzanie

★Finca Coincidencia GOSPODARSTWO
(☎45-81-39-23; Carretera Central, pomiędzy Coliseo i Jovellanos) BEZPŁ. Życie w tym ekologicznym gospodarstwie, położonym 14 km na północny wschód od San Miguel de los Baños i 6 km na wschód od Coliseo, przy Carretera Central, jest sielskie i dalekie od blichtru resortów na północnym wybrzeżu prowincji. W sadach gospodarstwa rosną drzewa mangowe i guawy, w ogrodach pielęgnuje się 83 gatunki roślin; chętni uczęszczają na lekcje ceramiki.

Właściciel, Héctor Correa, to ekologiczny geniusz. Uprawia właściwie wszystko, co spożywa. Prowadzi też warsztat ceramiczny - wśród drzew mangowych ma niezwykły ogród z rzeźbami - dumą jego zakładu jest naturalnych rozmiarów ceramiczny Charlie Chaplin. Osoby pragnące prawdziwie sielskiego odpoczynku mają do dyspozycji noclegi i posiłki (około 10 CUC).

★Gran Hotel y Balneario RUINY
Piękne opuszczone ruiny w samym sercu prowincjonalnego miasteczka emanują dawną atmosferą i wciąż lśnią (pomimo pleśni) prawdziwym pięknem. Od lat 20. do 50. XX w. ta elegancka budowla była hotelem i drogą łaźnią. Dziś „wielki hotel" jest zarośnięty chwastami i mieszkają w nim tylko ptaki, choć kto wie, może także duchy niegdysiejszych gości.

Nie ma opłaty za wstęp i rzadko się widuje odwiedzających. Można po prostu wejść i podziwiać magię tego miejsca, dopóki jeszcze ono istnieje.

Loma de Jacán WZGÓRZE
448 stopni wykutych w stromej Loma de Jacán, wiodą na szczyt wzgórza do głównej kaplicy. Przy pnących się w górę stopniach stoją kamienne kapliczki, z wyblakłymi płaskorzeźbami przedstawiającymi stacje Drogi Krzyżowej. Ze szczytu Loma de Jacán widać dawny kurort i okolice. Ci, którzy tutaj wejdą, niech wiedzą, że jest to najwyższy punkt prowincji. Widoki są cudne.

Noclegi

Finca Coincidencia CASA PARTICULAR $
(☎45-81-39-23; Carretera Central, pomiędzy Coliseo i Jovellanos; pokój 20–25 CUC; P ❄) Chyba najlepsze sielskie zacisze w całym

POZA UTARTYM SZLAKIEM

GRAN HOTEL – PIĘKNA RUINA

Na Kubie nie brakuje opuszczonych ruin, ale niewiele jest tak znamienitych, jak Gran Hotel i jego eleganckie łaźnie, w prowincji Matanzas. Uwięziony w sennym miasteczku San Miguel de los Baños, zaledwie 50 km na południe od Varadero, jest jak nieczynny wehikuł czasu, zapomniany przez ekipy remontowe i ochronę. W rezultacie na jego wspaniałych tarasach dzieciaki grają w piłkę, a ciekawscy turyści, nieniepokojeni, mogą swobodnie chodzić po zarośniętej posiadłości, wczuwając się w rolę Pipa z *Wielkich nadziei* Karola Dickensa.

Hotel i spa zbudował w latach 20. XX w. bogaty kubański prawnik Manuel Abril Ochoa, który chciał ściągnąć do tutejszych wód termalnych śmietankę towarzyską Kuby.

Rezolutny Ochoa powierzył to zadanie inżynierowi Alfredowi Colleyowi, który właśnie zakończył pracę nad projektem *balneario* w Montecarlo di Lucca we Włoszech. Colley zaprojektował hotel podobnie, z czterema wysmakowanymi wieżami i imponującą centralną klatką schodową. Przyległe łaźnie zdobiły płytki terakotowe, z motywami rzymskimi, *mudéjarowymi* i secesyjnymi.

Gran Hotel i jego *balneario* (spa) otwarto w 1929 r. Łaźnie cieszyły się popularnością, tak że w tym małym miasteczku zbudowano jeszcze trzy hotele, aby zapewnić miejsca tłumnie przybywającym gościom. I choć wkrótce po rewolucji stracił swój blask, a w latach 70. XX w. został całkowicie opuszczony, zaskakująco hotel i otoczenie wciąż emanują pięknem, które pewnie też zawdzięcza odosobnieniu i nieobecności zwiedzających. Co jakiś czas pojawiają się plany odbudowy, ale póki co, nikt nie odważył się naruszyć spokoju tym romantycznym ruinom.

kraju. Trzy skromne – ale jakże urocze – pokoje w gospodarstwie ekologicznym (s. 225), w którym jest warsztat ceramiczny, i właściwie wszystko (łącznie z kawą, mlekiem i kubkiem na kawę) powstaje na miejscu. To jest życie!

Przyjazd i wyjazd

Do San Miguel de los Baños jedzie się drogą nr 101 z Cárdenas do Coliseo, gdzie przecina się Carretera Central; miasteczko leży 8 km na południowy zachód od Coliseo. Taksówka z Cárdenas (25 min) powinna kosztować 20–25 CUC – warto się potargować.

Rowerzyści pewnie wybiorą się tutaj z Cárdenas, a będzie to miła przejażdżka (42 km w dwie strony), albo (ale chyba tylko twardziele) z miasta Varadero (80 km w obie strony).

PENÍNSULA DE ZAPATA

Ogromne niezamieszkane bagniska, rozciągające się w południowej części prowincji Matanzas, to półwysep Zapata (4520 km^2), najchętniej odwiedzany przez miłośników przyrody oraz nurków mających swoje ulubione miejsca. Żyją tu rzadkie (nawet na Kubie) gatunki awifauny, przy wybrzeżu zachwycają pełne magii rafy koralowe. Większość powierzchni Península de Zapata to strefa chroniona, zwana Gran Parque Natural Montemar, znana w świecie jako rezerwat biosfery UNESCO, Ciénaga de Zapata.

Cukrownicze miasteczko Australia, na północnym wschodzie półwyspu, to główna brama na teren parku. Nieopodal na południu znajduje się jedna z turystycznych żył złota regionu: tandetna, acz dziwnie zniewalająca Boca de Guamá, zrekonstruowana wioska ludu Tainów.

Droga dobiega na wybrzeże przy Playa Larga – najładniejsze plaże na półwyspie – nad Zatoką Świń (Bahía de Cochinos). Propagandowe billboardy wciąż przypominają o historycznym zwycięstwie nad *Yanquis* w 1961 r.

Przyjazd i wyjazd

Codzienne autobusy **Víazul** (www.viazul.com) przejeżdżają przez półwysep i zatrzymują się na przystankach na Playa Larga i Playa Girón. W inne miejsca trzeba pojechać taksówką lub wynajętym samochodem. Płaski teren idealny dla rowerzystów.

Central Australia i okolice

Nie, to wcale nie antypody. Około 1,5 km na południe od Autopista Nacional, po drodze do Boca de Guamá, znajduje się duża nieczynna cukrownia, Central Australia, zbudowana w 1904 r. Teraz jest tam muzeum i trochę dziwne wiejskie „gospodarstwo". To dogodny przystanek w drodze do Playa Girón i do Cienfuegos.

Zwiedzanie

Museo Comandancia de las FAR MUZEUM
(1 CUC; ⏲9.00–17.00 wt.–sb.) Podczas inwazji w Zatoce Świń, w 1961 r., w dawnym biurze cukrowni była kwatera główna Fidela Castro; potem w budynku utworzono muzeum FAR (Fuerzas Armadas Revolucionarias, Rewolucyjnych Sił Zbrojnych). Jest tu biurko z telefonem, zza którego Fidel dowodził swoim wojskiem i inne pamiątki. Obok stoi wrak wrogiego samolotu, zestrzelonego przez żołnierzy Fidela.

Betonowe pomniki przy drodze prowadzącej nad Zatokę Świń oznaczają miejsca, gdzie polegli obrońcy. Muzeum i jego pomniki to w pewnym sensie gorsza kopia o wiele lepszego Museo de Playa Girón (s. 231).

Finca Fiesta Campesina PARK
(1 CUC; ⏲9.00–18.00; P) W gospodarstwie „wiejska zabawa" – ok. 400 m za Cukrownią Australia (Central Australia), po prawej stronie, przy Autopista Nacional – jest minizoo, z opisami kubańskiej fauny i flory i wiejski jarmark. Atuty tego miejsca to kawa (jedna z najlepszych na Kubie, podawana z trzciną cukrową), ujeżdżanie byków i zabawna, choć trochę dziecinna gra w ruletkę ze świnką morską, kierowana przez dżentelmena przy bramie.

Z całego kraju tylko tutaj – nie licząc walk kogutów – praktykuje się oficjalnie jakieś formy hazardu.

Noclegi i gastronomia

Motel Batey Don Pedro DOMKI $
(☎45-91-28-25; Carretera a [w stronę] Península de Zapata; 1-/2-os. 36/54 CUC; P) Senny motel z 12 pokojami w krytych strzechą biało-niebieskich domkach: wiatraki sufitowe, buczące odbiorniki TV, tarasy – zdarzy się też żaba w łazience. Motel znajduje się za Finca Fiesta Campesina na południe od zjazdu na półwysep Zapata, na 142. kilometrze Autopista Nacional, w Jagüey Grande.

Motel miał przypominać „wiejską" osadę. Najlepszy punkt gastronomiczny w okolicy to pobliska *Finca Fiesta Campesina*.

Pío Cuá KUCHNIA KARAIBSKA $$
(Carretera de Playa Larga Km 8; posiłki 8–20 CUC; ⏲11.00–17.00; P) Ulubiony przystanek wycieczek autobusowych do Guamá. Lokal zaprojektowano dla dużych grup. Elegancki wystrój z witrażami, smaczne krewetki, homary, kurczaki. Lokal *Pío Cuá*: 8 km za zjazdem z Autopista Nacional, gdy jedzie się na południe z miasteczka Australia.

Boca de Guamá

Boca de Guamá to wytwór przemysłu turystycznego, ale należy do bardziej pomysłowych resortów. Usytuowana w połowie drogi pomiędzy Autopista Nacional w Jagüey Grande a słynną Bahía de Cochinos; nazwa pochodzi od imienia wodza Tainów, Guamá, który do 1532 r. wszczynał bunty przeciwko Hiszpanom (w okolicach Baracoa). Spora atrakcja to przeprawa łodzią kanałami namorzynowymi i przez Laguna del Tesoro (Jezioro Skarbów) do „odtworzonej" wioski Tainów. Fidel spędził tu raz wakacje, czym przyczynił się do spopularyzowania tematyki Tainów. Jednakże trudno skupić się na wizji czasów prekolumbijskich; hałaśliwe grupy turystów i jeszcze głośniejszy rap uniemożliwiają podróż w przeszłość. Wokół przystani, z której odpływają łodzie, cisną się restauracje, drogie bary przekąskowe, sklepiki z drobiazgami; jest też i ferma krokodyli. Palmy zasadzone na terenie posiadłości dają wytchnienie od bagiennej parówki.

Zwiedzanie

Laguna del Tesoro JEZIORO
Jezioro (pow. 92 km^2) znajduje się 5 km od Boca de Guamá; można się tam dostać tylko łodzią – płynąc przez Canal de la Laguna. Malutkie wysepki po wschodniej stronie laguny zajmuje resort turystyczny Villa Guamá, zbudowany na wzór wioski Tainów.

W parku obok sztucznej wioski stoją 32 figury Indian w wyidealizowanych pozach. Jezioro nazwano „jeziorem skarbów", ewokując legendę głoszącą, jakoby Tainowie w obawie przed hiszpańskimi konkwistadorami ukryli w nim swoje skarby (przypomina to legendy o słynnej krainie El Dorado, poszukiwanej przez Hiszpanów w Ameryce Południowej). Skarbem jeziora są okoniopstrągi, cenione przez wędkarzy.

Críadero de Cocodrilos HODOWLA KROKODYLI
(☎45-91-56-66; Carretera a [do] Playa Larga; dorosły/dziecko 5/3 CUC z napojem; ⏲9.30–17.00) Hodowla, prowadzona z ramienia Ministerio de la Industria Pesquera, znajduje się z prawej strony Autopista Nacional - jeśli się jedzie do Boca de Guamá. Rozmnaża się tu dwa gatunki: rdzenny *Crocodylus rhombifer* (krokodyl kubański, *cocodrilo*) oraz *Crocodylus acutus* (*caimán*); kajmany występują na tropikalnych obszarach obu Ameryk.

Podczas oprowadzania (po hiszpańsku) przewodnik omawia poszczególne fazy programu hodowlanego. Przed uruchomieniem tego ośrodka w 1962 r (uważanego za pierwsze przedsięwzięcie ekologiczne rządu rewolucyjnego) te dwa gatunki, żyjące w środowisku bagiennym, były bliskie wyginięcia.

Program okazał się takim sukcesem, że przy drodze w Boca de Guamá można kupić małe wypchane krokodylki, a także zjeść legalnie stek z krokodyla.

Kupując jakiekolwiek wyroby z krokodylej skóry w Boca de Guamá, należy poprosić o fakturę (do okazania w kontroli celnej), z zaświadczeniem, że materiał pochodzi z hodowli, a nie od dziko żyjących osobników. Mniej kontrowersyjny zakup to wyroby z tutejszego **Taller de Cerámica** (⏲9.00–18.00 pn.–sb.).

Noclegi

Villa Guamá DOMKI **$$**
(☎45-91-55-51; 1-/2-os. z częściowym wyżywieniem 67/100 CUC; ❄🏊) 8 km łodzią z Boca de Guamá (auto można zostawić w *críadero*; 1 CUC). Resort - 50 *cabañas* (chaty kryte słomą) na palach, nad płytką wodą, z łazienkami i TV - zbudowano w 1963 r. we wschodniej części Laguna del Tesoro.

Sześć wysepek z chatkami łączą piesze groble. W resorcie jest bar, *cafetería*, droga restauracja i basen z chlorowaną wodą z jeziora. Można wynająć łódkę, a oglądanie ptaków o wschodzie słońca jest fantastyczne. Potrzebny będzie zagranicznej produkcji spray na insekty. Śniadanie i obiad wliczone są w cenę pokoju, za 20-minutową przeprawę promem trzeba zapłacić (dorosły/dziecko 12/6 CUC).

Przyjazd i jak się poruszać na miejscu

Prom (dorosły/dziecko 12/6 CUC, 20 min) pasażerski kursuje z Boca de Guamá do Villa Guamá – przepływając przez Laguna del Tesoro – cztery razy dziennie. Motorówki kursują częściej i zawiozą chętnych do pseudoindiańskiej wioski w 10 minut, o każdej porze dnia – płaci się 12 CUC od osoby w obie strony (z postojem 40 minut w Villa Guamá; maksimum 2 osoby). Ażeby mieć więcej czasu na zwiedzanie wysepek, warto w jedną stronę popłynąć rano motorówką, a potem wrócić promem.

Gran Parque Natural Montemar

Najrozleglejsza *ciénaga* (bagniska) na Karaibach, Ciénaga de Zapata, jest chroniona na wielu poziomach, jako Gran Parque Natural Montemar, rezerwat biosfery UNESCO oraz w ramach konwencji ramsarskiej. To jeden z najbardziej zróżnicowanych ekosystemów na Kubie, połączenie bogatych w faunę mokradeł i słonych równin. Na niezamieszkanym półwyspie Zapata (dwa bagna przedzielono kamienistym centralnym traktem) występuje 14 różnych formacji roślinnych, m.in. mangrowce, lasy, lasy suche, kaktusy, sawanna, selwa i lasy półliściaste. Rozległe solniska i mokradła to najlepsze miejsca na Kubie dla obserwatorów ptaków i wędkarzy sportowych (ryby po złowieniu są wpuszczane do wody). To także habitat krokodyli.

Obecnie rozwija się głównie ekoturystyka; coraz więcej podróżnych uczestniczy w wycieczkach z biologami. Wstęp wyłącznie z przewodnikiem.

Aktywnie

Przez Gran Parque Natural Montemar wiedzie sześć głównych szlaków, koncentrujących się na obserwowaniu ptaków. Trasy nie są stałe.

Transport nie jest zapewniony, dlatego warto wcześniej zarezerwować. Auta (m.in. terenowe z kierowcą) wynajmuje Cubacar (s. 234) w Playa Girón. Inna opcja to taksówka.

Atrakcje, wycieczki i kwestie transportu można ustalić w biurze parku narodowego (s. 230) w Playa Larga, w **La Finquita** (☎45-91-32-24; Autopista Nacional Km 142; ⏲9.00–17.00

pn.–sb., 8.00–12.00 nd.) przy zjeździe z Autopista Nacional w kierunku Playa Larga oraz w większości *casas particulares* w Playa Girón.

★Reserva de Bermejas
OBSERWOWANIE PTAKÓW

(1 os. 15 CUC) Jest to zapewne najlepsza na Kubie wyprawa z obserwowaniem ptaków z zawodowym ornitologiem. Można zobaczyć 21 z 28 endemicznych gatunków, m.in. *ferminię* (strzyżyk kubański), *cabrerito de la ciénaga* (zapatak) oraz *gallinuela de Santo Tomás* (modroderkaczyk). Informacje w biurze parku narodowego (s. 230), można też popytać o prywatnego przewodnika w okolicach Playa Larga. Trzykilometrowa trasa zajmuje 4 godziny.

Sendero Enigma de las Rocas
PIESZE WYCIECZKI

Najnowsza trasa wycieczkowa parku szybko zyskała popularność, ponieważ przebiega nieopodal miejscowości Playa Girón (s. 230). Większość turystów dojeżdża do punktu startowego, kilka kilometrów na północny zachód od wioski, konno albo zaprzęgiem konnym. Szlak ma tylko 4 km w obie strony, ale warto umówić przewodnika na pół dnia, żeby podziwiać bez pośpiechu faunę i florę. Na mecie jest *cenote* (lej krasowy), w którym można pływać.

Cayo Venado
OBSERWOWANIE PTAKÓW

(za 1 os. 20 CUC) Cayo Venado to właściwie przedłużenie wycieczki do Las Salinas (dwie dodatkowe godziny). Turyści przywożeni są łodzią na Cayo Venado, gdzie poznają życie i środowisko egzotycznej fauny i awifauny z „jeleniej wyspy".

Laguna de las Salinas
OBSERWOWANIE PTAKÓW

(wycieczka 4 godz., 1 osoba 15 CUC) Popularna wycieczka nad lagunę – od listopada do kwietnia żerowisko migrujących ptaków wodnych: może tam się zgromadzić nawet 10 000 flamingów karmazynowych, ponadto 190 innych pierzastych gatunków. Trasa wiedzie przez las, bagna i laguny (gdzie się obserwuje ptaki). Obligatoryjnie przewodnik (i środek transportu).

Trasa ma 22 km i trwa ponad 4 godziny, ale można poprosić o więcej czasu.

Señor Orestes Martínez García
OBSERWOWANIE PTAKÓW

(☎52-53-90-04, 45-98-75-45; chino.zapata@gmail.com; wycieczki od 1 osoby 10–20 CUC) Cieszący się opinią najlepiej przygotowanego ornitologa na półwyspie, *señor* Martínez organizuje wielce satysfakcjonujące prywatne wycieczki na obszar *ciénaga*. Prowadzi też *casa particular* w wiosce Caletón niedaleko Playa Larga.

Río Hatiguánico
OBSERWOWANIE PTAKÓW

(za 1 os. 15 CUC) Trasa lądowo-wodna długości 14 km (3 godziny) wiedzie przez gęsto zalesioną północno-zachodnią część półwyspu. Na niektórych odcinkach trzeba schylać się pod gałęziami, a na innych rzeka przeistacza się w szerokie estuarium. Jest mnóstwo ptaków, można też spotkać żółwie i krokodyle. Potrzebny będzie własny transport (warto udać się do Cubacar; s. 234), bo trzeba dojechać 90 km do punktu startowego.

Santo Tomás
NA WOLNYM POWIETRZU

(1 os. 20 CUC) Warto też zapytać o tę trasę, dostępną od grudnia do kwietnia; zaczyna się 30 km na zachód od Playa Larga, w jedynej w Gran Parque prawdziwej osadzie (o nazwie Santo Tomás), i prowadzi wzdłuż dopływu rzeki Hatiguánico – pieszo lub łodzią, w zależności od poziomu wody. Kolejna dobra opcja dla ornitologów.

AUTOBUSEM PO PÓŁWYSPIE

Jako uzupełnienie autobusu Víazul (www.viazul.com), kursującego na trasie Hawana – Cienfuegos – Trinidad, przebiegającej przez półwysep Zapata, który często był opóźniony (lub odwoływany), jeździ dwa razy dziennie autobus wahadłowy typu hop-on, hop-off, łączący kluczowe punkty turystyczne w regionie. Przystanek początkowy jest przy hotelu *Playa Girón*, wyjazd o 9.00, kurs na Caleta Buena, a potem wraca o 10.00 do Boca de Guamá z przystankami w Punta Perdíz, przy Cueva de los Peces i przy hotelu *Playa Larga*. Autobus wyrusza następnie z Boca de Guamá o 10.30 w podróż powrotną. Kurs powtarzany jest po południu o 13.00 sprzed hotelu *Playa Girón* i o 15.30 z Boca de Guamá. Bilet kosztuje 3 CUC.

Rozkład może ulec zmianie, więc po przybyciu na półwysep warto się upewnić.

Playa Larga

Playa Larga, położona kilka kilometrów na południe od Boca de Guamá przy wejściu do Bahía de Cochinos (Zatoki Świń), to jedna z dwóch plaż, znanych z desantu (17 IV 1961 r.) wspieranych przez USA kubańskich emigrantów (na Playa Girón, 35 km dalej na południe, desant był o wiele większy). Dziś jest tu najlepsza baza wypadowa dla odkrywców półwyspu Zapata, największego dzikiego obszaru na Kubie, odwiedzanego także przez nurków (choć Playa Girón nadaje się do nurkowania bardziej). Jest tu niedrogi resort hotelowy, ośrodek nurkowania z rurką oraz kilka *casas particulares* w niedalekiej nadmorskiej wiosce Caletón.

Aktywnie

Club Octopus International Diving Center NURKOWANIE

(☎45-98-72-25, 45-98-72-94; nurkowanie 35 CUC) Do ośrodka idzie się 200 metrów na zachód z Villa Playa Larga. Większość miejsc do nurkowania znajduje się dalej na południe w okolicach Playa Girón (s. 233). Ceny od 25 CUC (jedno zanurzenie).

Noclegi

Casa Kirenia CASA PARTICULAR $

(☎45-98-73-68; kirenia800320.roque@nauta.cu; pokój 25–30; ❄) Nie sposób przegapić jasnopomarańczowej fasady Casa Kirenia w Caletón - jednej z najlepszych w wiosce. Trzy nieskazitelne pokoje są jasne i przestrzenne; dobre jedzenie i napoje, gospodarze niezwykle gościnni (pomogą zorganizować atrakcyjne wycieczki przyrodnicze).

Hostal Enrique CASA PARTICULAR $

(☎45-98-74-25; enriqueplayalarga@gmail.com; pokój 25–40 CUC; ❄) Wśród najlepszych *casas* w okolicy, w samym środku miejscowości Caletón. Ogromny budynek z 14 pokojami z łazienkami, jadalnią (ogromne porcje), tarasem dachowym; z ogrodu za domem prowadzi ścieżka na zazwyczaj bezludną plażę Caletón. Enrique pomoże zorganizować nurkowanie i wyprawy na obserwowanie ptaków taniej niż w innych hotelach.

Villa Playa Larga HOTEL $$

(☎45-98-72-94; 1-/2-os. ze śniadaniem 67/100 CUC; P❄≋) Hotel na małej plaży z białym piaskiem, przy drodze na wschód od wioski Caletón. Ogromne pokoje z łazienką lodówką i telewizją w wolno stojących bungalowach z salonami. Jest też osiem rodzinnych bungalowów z dwiema sypialniami. Na miejscu restauracja. Całość jest jednak raczej zaniedbana i wymaga remontu.

Informacja

Biuro parku narodowego (☎45-98-72-49; ⌚8.00–16.30) Biuro Wielkiego Parku Przyrody Montemar, Gran Parque Natural Montemar (s. 228), jest przy północnym wjeździe do Playa Larga przy drodze z Boca de Guamá. Kompetentna i pomocna obsługa (języki: hiszpański, angielski i niemiecki) organizuje aktywności oraz transport do parku.

Przyjazd i wyjazd

Trzy autobusy **Víazul** (www.viazul.com) kursują codziennie z Hawany do Playa Girón (6 CUC, 30 min), Cienfuegos (7 CUC, 1 godz. 45 min) i Trinidadu (12 CUC, 2 godz. 45 min). Zatrzymują się przy głównym skrzyżowaniu, 400 m od Villa Playa Larga. W przeciwnym kierunku jest tylko jedno połączenie dziennie do Hawany (13 CUC, 3 godz. 15 min) oraz do Varadero (12 CUC, 3 godz.). Uwaga: autobusy są zazwyczaj pełne. Warto zrobić wcześniej rezerwację, najlepiej w kasie biletowej (s. 233) w Playa Girón.

Playa Girón

Zaciszna piaszczysta Playa Girón - po wschodniej stronie słynnej Bahía de Cochinos (Zatoki Świń) - sąsiaduje z cudownie staroświecką kubańską wioską (Playa Girón), gdzie wszyscy się znają. Nazwa plaży pochodzi od francuskiego korsarza Gilberta Giróna, który w latach 1604–1609 miał tu wygodną kryjówkę. Gdy po zażądaniu okupu za porwanego biskupa, wpadł w zasadzkę, rozeźleni mieszkańcy ścięli mu głowę. Także na tej plaży wzrosła temperatura zimnej wojny. W kwietniu 1961 r. kubańscy emigranci i amerykańscy najemnicy, wspierani przez CIA, stoczyli walkę z oddziałami Castro, po czym zostali zmuszeni do odwrotu. Nieudana inwazja była niczym pojedynek Dawida z Goliatem. Playa wciąż jest usiana billboardami przedstawiającymi minione chwalebne wydarzenia.

Dziś Plya Girón, jej malownicze nadbrzeżne zbocze i mnogość prywatnych kwater ściągają licznych turystów, a karaibskie wody zachwycają nurków.

Zwiedzanie

Museo de Playa Girón MUZEUM

(2 CUC, aparat 1 CUC; ⌚8.00–17.00) Muzeum Plaży Girón, naprzeciwko Villa Playa Girón (s. 233), przywołuje atmosferę słynnego epizodu zimnej wojny, który rozegrał się w 1961 r. w odległości zasięgu ognia karabinów od tego miejsca. W dwóch salach z lśniącymi szklanymi gablotami wystawiono pamiątki z inwazji w Zatoce Świń, liczne fotografie (dwujęzyczne opisy).

Mural przedstawiający ofiary konfliktu i ich rzeczy osobiste robi piorunujące wrażenie. Taktykę kubańskiej armii ukazano w formie graficznej, obrazującej przebieg bitwy. Piętnastominutowy film o „pierwszej porażce amerykańskiego imperializmu w Ameryce Łacińskiej" kosztuje dodatkowe 1 CUC.

Brytyjski samolot Hawker Sea Fury, użyty przez Kubańskie Siły Powietrzne, stoi przed budynkiem muzeum; na tyłach są inne pojazdy zasłużone w potyczce.

Cueva de los Peces MIEJSCE DO NURKOWANIA

(⌚8.00–17.00) Oprócz nurkowania w morzu, można też zanurzyć się w głębokim na 70 m *cenote* (lej krasowy) w Cueva de los Peces („jaskinia ryb"), przy nadmorskiej drodze od strony lądu, w połowie drogi między Playa Larga (s. 230) a Playa

NIE POMIŃ

NURKOWANIE W BAHÍA DE COCHINOS

Chociaż listę ośrodków nurkowych na Kubie otwierają Isla de la Juventud oraz María la Gorda, równie mocne podwodne atuty ma Bahía de Cochinos. Wielki klif ciągnie się w odległości 30–40 metrów od brzegu, na długości 30 km od Playa Larga do Playa Girón. Ta fantastyczna naturalna forma skalna tworzy wysoką na 300 m ozdobioną koralowcami ścianę, z niesamowitymi bramami skalnymi, jaskiniami, w których żyją gorgonie i liczna morska fauna. Co więcej, bliskość brzegu oznacza, że do ponad 30 miejsc nurkowych można dostać się bez łodzi – po prostu dopłynąć wpław. Widoczność wynosi 30–40 metrów. W okolicach jest też kilka zatopionych statków.

Playa Girón, z profesjonalnymi instruktorami w pięciu ośrodkach wzdłuż brzegu, jest dobrze zorganizowana. Przeciętne ceny (1 zanurzenie 25 CUC, nurkowanie w nocy 35 CUC, 5 zanurzeń 100 CUC, kurs na otwartych wodach 365 CUC) należą do najniższych na Kubie. Nurkowanie z rurką kosztuje 5 CUC za godz.

International Scuba Center (s. 233), w Villa Playa Girón, to tutejsza główna baza nurkowa. Casa Julio y Lidia (s. 233) w Playa Girón to też dobre źródło informacji dla nurków.

La Guarandinga, kolorowy „autobus dla nurków", każdego ranka zabiera chętnych z hoteli i *casas particulares* na terenie Playa Girón i jedzie na Playa El Tanque, najlepsze w okolicy miejsce do nurkowania, przy drodze do Playa Larga: dobre zwłaszcza dla początkujących, ponieważ z początku jest płytko.

Osiem kilometrów na południowy wschód od Playa Girón jest Caleta Buena (s. 232), piękna osłonięta zatoczka, idealna do nurkowania z rurką i jest tam też centrum nurkowe. Kolczniki otaczają leje krasowe i podwodne jaskinie, z mnóstwem dziwnie ukształtowanych gąbek, z których słynie ten region: świetna okazja na speleonurkowanie! Ponieważ mieszają się wody słone i słodkie, ryby są tutaj inne. Wstęp na plażę wynosi 15 CUC – w cenę wliczono nieograniczony bufet obiadowy i otwarty bar. Leżaki i parasole plażowe rozsiane są wzdłuż kamienistej plaży. Rurka i płetwy kosztują 3 CUC.

Inne podwodne skarby kryją się w Cueva de los Peces (s. 231), leju krasowym (*cenote*) głębokości ok. 70 metrów, znajdującym się po stronie drogi od lądu, prawie w połowie drogi pomiędzy Playa Larga i Playa Girón. Pływa tam mnóstwo barwnych tropikalnych ryb. Ze sprzętem nurkowym można się dostać do najmroczniejszych zakamarków (trzeba mieć latarkę). Obok jest restauracja i firma nurkowa.

Tuż za Cueva de los Peces znajduje się Punta Perdíz (s. 232), następne fenomenalne miejsce do nurkowania z atrakcją – z wrakiem amerykańskiego okrętu desantowego, zatopionego podczas inwazji w Zatoce Świń. Woda cudownie błękitna. Nurkowie z rurką wchodzą tam bezpośrednio z plaży. Jest też firma nurkowa, można pograć w siatkówkę i w domino. Uwaga na roje moskitów i *libélulas* (ważki różnoskrzydłe).

Girón. Nurkując z rurką lub pływając, można zobaczyć tropikalne ryby. Najodważniejsi wejdą ze sprzętem nurkowym w najciemniejsze zakątki podwodnej jaskini. Nad sadzawką kołyszą się leniwie hamaki, po przeciwnej stronie drogi wzywa kusząca plaża.

Na miejscu restauracja i firma nurkowa (wypożycza sprzęt do nurkowania z rurką; 3 CUC).

Punta Perdíz NURKOWANIE

(z obiadem 15 CUC; ⏲10.00–17.00) Punta Perdíz - 10 km na północ od Playa Girón - to miejsce do nurkowania z rurką i butlą tuż przy brzegu. W kryształowo czystej wodzie widać koralowce i barwne tropikalne ryby. Na skalistym brzegu są leżaki, restauracja w kształcie łodzi, pole do gry w siatkówkę, wypożyczalnia sprzętu i ośrodek nurkowy. Za 15 CUC (w cenie obiad bufetowy od 12.00 do 15.00) można korzystać z tego miejsca przez cały dzień. Rowerzyści przyjeżdżają tu łatwą drogą z wioski Playa Girón.

Caleta Buena PLAŻA

(⏲9.30–16.00.) Osiem kilometrów na południowy wschód od Playa Girón leży Caleta Buena, urocza chroniona zatoczka, idealna do nurkowania z rurką. Także tutaj działa firma nurkowa. Rurka i płetwy kosztują 3 CUC. W cenie wstępu (15 CUC) nieograniczony bufet obiadowy i otwarty bar. Z kamienistej linii brzegowej wyrastają leżaki i słomiane parasole, jest też wy-

AMERYKANIE I ZATOKA ŚWIŃ

Invasión de Playa Girón – jak nazywają Kubańczycy „inwazję w Zatoce Świń" (Bay of Pigs, Bahía de Cochinos), określenie bardziej znane reszcie świata – w celu obalenia rządu Fidela Castro zakończyła się kompromitacją administracji Kennedy'ego.

Plan powstał w 1959 r. za prezydentury Eisenhowera, a kierował nim zastępca dyrektora CIA, Richard Bissell. Tajne działania przeciwko reżimowi Castro zostały oficjalnie zaaprobowane 17 III 1960 r., ale z jednym zastrzeżeniem: w inwazji nie wezmą udziału amerykańscy żołnierze.

CIA wzorowało się na operacji zamachu na lewicowy rząd Jacoba Árbenza, przeprowadzonej w Gwatemali w 1954 r., i zanim prezydent Kennedy został wtajemniczony w działania CIA, w listopadzie 1960 r., plan (z budżetem 13 milionów dolarów) rozrósł się do rozmiarów inwazji na pełną skalę, z wykorzystaniem 1400 wyszkolonych przez CIA kubańskich emigrantów

Realizację planu rozpoczęto 15 IV 1961 r. i od początku do końca okazał się on kompletną porażką. Przemalowane na barwy kubańskie amerykańskie samoloty (pilotowali je kubańscy emigranci) miały zniszczyć siły powietrzne Kuby na ziemi, ale w większości chybiły celu. Fidel został ostrzeżony i przetransportował swoje samoloty już w poprzednim tygodniu. Tak więc, gdy inwazorzy wylądowali dwa dni później na Playa Girón, kubańskie myśliwce Sea Fury zdołały zatopić dwa amerykańskie statki i w efekcie 1400 ludzi utknęło na plaży.

Co gorsza, ogólnokrajowa rebelia na Kubie, przygotowana przez CIA, nigdy nie wybuchła. Tymczasem niezdecydowany Kennedy oświadczył Bisselowi, że nie zapewni uwięzionym na plaży żołnierzom wsparcia lotniczego.

Najeźdźcy, odcięci od dostaw i pozbawieni militarnego wsparcia, byli zgubieni. W potyczkach zginęło 114 osób, 1189 trafiło do niewoli. Rok później zostali odesłani do USA w zamian za żywność i lekarstwa o łącznej wartości 53 milionów dolarów.

Na porażkę złożyło się wiele czynników. Po pierwsze, CIA przeceniła osobiste zaangażowanie Kennedy'ego, a także pomyliła się w ocenie sił opozycji antykomunistycznej na Kubie. Po drugie, sam Kennedy, przeświadczony, że lądowanie powinno odbyć się dyskretnie, wybrał osłoniętą plażę w pobliżu bagien. Po trzecie, nikt nie wziął pod uwagę politycznego i militarnego doświadczenia Fidela Castro ani sprawności kubańskiego wywiadu, który odkrył szczegóły tajnego ponoć planu CIA.

Działalność CIA miała daleko idące konsekwencje. „Socjalizm albo śmierć! ", ogłosił 16 IV 1961 roku nieposkromiony Castro podczas pogrzebu siedmiu kubańskich „męczenników". Odtąd rewolucja szła drogą wytyczoną przez Związek Radziecki.

starczająco dużo miejsca, żeby mieć trochę prywatności.

Aktywnie

Ogólnie rzecz biorąc, Girón uznać można za najlepsze miejsce do nurkowania na terenie Kuby. Powodów tego stanu rzeczy jest kilka. Otóż: a) stosunkowo blisko stąd do Hawany; b) większość miejsc do nurkowania położona jest przy brzegu i nie potrzeba łodzi; c) 25 CUC za jedno zanurzenie to naprawdę tanio; d) idealnie czysta woda; e) profesjonalni instruktorzy nurkowania, którzy również wynajmują pokoje.

International Scuba Center NURKOWANIE
(☎45-98-41-10, 45-98-41-18; Villa Playa Girón) Międzynarodowe Centrum Nurkowania, w Villa Playa Girón (s. 233), pełni funkcję kwatery głównej. Najlepszy ośrodek koordynowania nurkowań w regionie. Jest dobrze prowadzony; oferuje nurkowanie za 25 CUC (cena za jedno zanurzenie).

Noclegi

★**Casa Julio y Lidia** CASA PARTICULAR $
(☎45-98-41-35; lidia.aguero@nauta.cu; pokój 30 CUC; P ❄) Właściciel Julio to tutejszy instruktor nurkowania z największym doświadczeniem, tak więc jego dom z dwoma eleganckimi pokojami to bardzo dobra opcja dla nurków. Łóżka w dużych pokojach należą do najwygodniejszych w kraju, a prześcieradła do najmiększych. Jedzenie jest wspaniałe. Drugi dom po lewej, gdy się wjeżdża do Playa Girón od zachodu.

Hostal Luis CASA PARTICULAR $
(☎45-98-42-58; hostalluis@yahoo.es; pokój ze śniadaniem 30–50 CUC; P ❄) Pierwszy dom przy drodze do Cienfuegos to najważniejsza *casa particular* w Playa Girón. Łatwo ją rozpoznać po niebieskiej fasadzie i dwóch kamiennych lwach pilnujących bramy. Luis z małżonką oferują po osiem nieskazitelnych pokojów tutaj i w świeżo wyremontowanym domu naprzeciwko. Pomogą zorganizować wiele atrakcji.

Ivette y Ronel CASA PARTICULAR $
(☎45-98-41-29; micha@infomed.sld.cu; pokój 30 CUC; P ❄) Pierwszy dom po lewej (gdy się wjeżdża do Playa Girón z zachodu), należący do Ivette i Ronela, ma za sternika mistrza nurkowania. Pięć pokojów oraz małe gospodarstwo z hutiami i krokodylami.

KS Abella CASA PARTICULAR $
(☎45-98-43-83; pokój 25–30 CUC; ❄) Właściciel, były szef kuchni w Villa Playa Girón, wypróbowuje teraz swoje specjały z owoców morza na swoich gościach. Imponujący czerwono-kremowy bungalow, z dwiema sypialniami, znajduje się kilka domów od *Hostal Luis* (po przeciwnej stronie ulicy) w kierunku Cienfuegos

Villa Playa Girón RESORT $$
(☎45-98-41-10; 1-/2-os. all-inclusive 66/99 CUC; P ❄ 🏊) Bardzo przeciętny hotel na historycznej plaży. Doborowe towarzystwo nurków. Skromne pokoje są czyste, część z nich w domkach oddalonych od głównego budynku. Do plaży zaledwie 50 metrów. Niestety, szpeci ją gigantyczny falochron.

Gastronomia

Bar-Restaurante El Cocodrilo KUCHNIA MIĘDZYNARODOWA $$
(☎52-82-96-86; dania główne 5–10 CUC; ⏲11.30–22.30) Ulubione miejsce po trudach nurkowania: chatka plażowa z otwartymi bokami, naprzeciwko drogi dojazdowej do *Hotel Playa Girón*. Z zewnątrz wygląda dobrze i wewnątrz też zazwyczaj spełnia pokładane w niej oczekiwania. Można tu rozgrzać się na początek koktajlem, a potem przejść do wieprzowiny i kurczaka albo do stołu bilardowego, w zależności od nastroju.

Informacja

Cadeca (⏲8.30–12.00 i 12.30–16.00. pn.–pt., 8.30–11.30 sb.) Naprzeciwko Museo de Playa Girón.

Przyjazd i wyjazd

O 17.35 odjeżdża codziennie autobus **Víazul** (www.viazul.com) do Hawany (13 CUC, 3 godz. 15 min); o 10.15 i 14.35 odjeżdżają dwa do Trinidadu (13 CUC, 3 godz.), oba zatrzymują się w Cienfuegos (7 CUC, 1 godz. 30 min). Przystanek i kasa biletowa są naprzeciwko Museo de Playa Girón.

Jak się poruszać na miejscu

ROWER

Wiele tutejszych *casas particulares* wypożycza rowery; dobrze się nimi jeździ płaskimi drogami w okolicach Playa Girón. Łatwo nimi dojechać na różne plaże i do ośrodków nurkowych, z których większość znajduje się w odległości nie większej niż 10 km.

Bahía de Cochinos

AUTOBUS

Autobus wahadłowy (3 CUC, 2 godz. 30 min cała trasa) typu hop-on, hop-off łączy Playa Girón z większością okolicznych ośrodków nurkowych i przyrodniczych, m.in. Caleta Buena (s. 232) na południu oraz Playa Larga (s. 230) i Boca de Guamá (s. 227) na północy. Jeździ dwa razy dziennie; rozkład można sprawdzić w *casa particular* lub w hotelu.

La Guarandinga z otwartymi bokami to wyjątkowy autobus: zabiera codziennie (ok. 8.30) nurków z wioski Playa Girón do różnych ośrodków nurkowych. Wraca wieczorem. Możecie poprosić właściciela *casa particular*, żeby go dla was zatrzymał.

SAMOCHÓD

Droga nadmorska na wschód od **Caleta Buena** (s. 232), w kierunku Cienfuegos, nie jest odpowiednia dla zwykłych samochodów. Lepiej pojechać drogą w głębi lądu przez Rodas.

MOTOROWER

Cubacar (☎45-98-41-26; Villa Playa Girón; ⌚9.00–17.00). Można też wynająć motocykl (1 dzień 26CUC).

Prowincja Cienfuegos

☎ 43/408 825 MIESZK.

Spis treści ➡

NAJ: Gastronomia

- Restaurante Villa Lagarto (s. 245)
- Paladar Aché (s. 245)
- Restaurante Las Mamparas (s. 245)
- Restaurante Casa Prado (s. 245)

NAJ: Noclegi

- Bella Perla Marina (s. 241)
- Hotel La Unión (s. 242)
- Angel e Isabel (s. 242)
- Hostal Palacio Azul (s. 243)

Dokąd jechać?

Bienvenue (witamy) w Cienfuegos, w sercu francuskiej Kuby, w cieniu pofałdowanej Sierra del Escambray. To jakby wycięty kawałek Paryża i umieszczony na nieposkromionym południowym wybrzeżu. Region zasiedlili francuscy, a nie hiszpańscy osadnicy. Przybyli w 1819 r., mając w zanadrzu europejskie ideały oświecenia, które wykorzystali w pomysłowy sposób, wznosząc klasycystyczne miasto: rezultatem jest dzisiejsza skrzynia skarbów, pełna klejnotów XIX-wiecznej architektury.

Wybrzeże poza granicami miasta – tęcza szmaragdowej zieleni i opalizującego błękitu, poprzetykana zatoczkami i rafami koralowymi – jest zaskakująco niezagospodarowane. Najwyższy punkt prowincji to usytuowany w głębi lądu El Nicho, najbardziej magiczne miejsce w Sierra del Escambray.

W demonstracyjnie frankofilskim Cienfuegos odżyła długo tłumiona afrykańska duchowość wraz z pojawieniem się w latach 40. XX w. króla mambo, Benny'ego Moré, i bractw *santerii* – łączącej wierzenia Jorubów i kult katolickich świętych – które w mieście Palmira wciąż pielęgnują zwyczaje i tradycje z epoki niewolnictwa.

Kiedy jechać?

- W szczycie sezonu, od stycznia do kwietnia, na wybrzeże ciągną masy plażowiczów i nurków.
- Pomimo zbliżającego się sezonu huraganów, w sierpniu i wrześniu, odbywa się karnawał w Cienfuegos i, co dwa lata, festiwal im. Benny'ego Moré.
- W porze deszczowej, od sierpnia do października, panują trudne warunki drogowe na trasach prowadzących do El Nicho w Sierra del Escambray.

NAJ: Prowincja Cienfuegos

1 **Parque José Martí** (s. 243) Wspaniała eklektyczna architektura XIX-wiecznego Cienfuegos wpisanego na listę UNESCO.

2 **Punta Gorda** Kieliszek przed snem w jakimś niezłym hotelu, w klubie jachtowym lub w prywatnej rezydencji na tym cudownym półwyspie.

3 **El Nicho** (s. 250) Ucieczka do dzikiej puszczy w Sierra del Escambray i orzeźwiający prysznic pod wodospadem.

4 **Palmira** (s. 250) Poszukiwanie korzeni *santerii* w afrokubańskim mieście.

5 **Jardín Botánico de Cienfuegos** (s. 240) Zdumiewające bogactwo drzew i roślin zielnych w najstarszym ogrodzie botanicznym w kraju.

6 **Castillo de Nuestra Señora de los Ángeles de Jagua** (s. 240) Rzadki przykład architektury obronnej w krajobrazie południowego wybrzeża.

7 **Laguna Guanaroca** (s. 241) Nieuczęszczany obszar chroniony z flamingami i pelikanami.

Cienfuegos

165 113 MIESZK.

„*Cienfuegos* es la ciudad que más me gusta a mí" (Najbardziej mi się podoba miasto Cienfuegos), śpiewał Benny Moré. Nie on jeden je rozsławił. Perla del Sur (Perła Południa) od dawna uwodzi podróżnych swoją elegancją, atmosferą francuskiego oświecenia i karaibską przebojowością. Jeśli Kuba ma swój Paryż, to na pewno jest nim Cienfuegos.

Portowe miasto, leżące nad najpiękniejszą na Kubie naturalną zatoką, założyli w 1819 r. francuscy *émigrés*, a ich dzielnica z klasycystyczną architekturą zasłużyła w 2005 r. na miejsce na Liście Światowego Dziedzictwa Kulturalnego i Przyrodniczego UNESCO. Cienfuegos dzieli się na dwie części: ozdobione kolumnadami centrum, z majestatycznym Paseo del Prado i uroczym parkiem, oraz Punta Gorda – cienki jak nóż pas lądu przecinający zatokę – ze skupiskiem eklektycznych ekstrawaganckich pałaców z lat 20. XX w., wzniesionych przez bogaczy.

Historia

Cienfuegos założył w 1819 r. *émigré* z Luizjany, Don Louis D'Clouet. Realizując plan zwiększenia populacji białych na wyspie, sprowadził 40 rodzin z Nowego Orleanu i Filadelfii oraz Bordeaux we Francji, tworząc osadę o nazwie Fernandina de Jagua. Pierwsze obozowisko zniszczył w 1821 r. huragan, jednakże niezniechęceni Francuzi odbudowali domy i – podejrzewając może, że pierwsza nazwa (od króla Hiszpanii Ferdynanda VII) przyniosła im pecha (Ferdynand był więźniem Bonapartego, potem hiszpańskich buntowników) – przechrzcili miasto na Cienfuegos, na cześć hiszpańskiego gubernatora Kuby (José Cienfuegos Jovellanos).

Wraz z budową linii kolejowej w 1850 r. i przybyciem ze wschodu plantatorów trzciny cukrowej po zakończeniu pierwszej wojny o niepodległość (1868–1878) miasto zaczęło się bogacić. Miejscowi kupcy wydawali pieniądze na olśniewające eklektyczne budowle, naśladujące klasycyzm ich francuskich przodków.

Dzień próby dla miasta nadszedł 5 IX 1957 r., kiedy oficerowie z tutejszej bazy marynarki wojennej wzniecili rewoltę przeciwko Batiście. Powstanie zostało krwawo stłumione, a miasto zapisało się w rewolucyjnej historii Kuby.

Obecne miasto Cienfuegos prezentuje się bardziej elegancko niż jego liczne „kopie". A teraz, biorąc pod uwagę fundusze z UNESCO oraz rozwój przemysłu, przyszłość Cienfuegos i jego wspaniałych XIX-wiecznych budowli wygląda nader obiecująco.

Zwiedzanie

Centrum miasta

★Teatro Tomás Terry TEATR

(mapa s. 238; ☎43-51-33-61, 43-55-17-72; Av 56 No 270, pomiędzy Calle 27 i Calle 29; wycieczki 2 CUC; 9.00–18.00) Teatr – po północnej stronie Parque José Martí – w stylu francuskiego i włoskiego neoklasycyzmu wygląda wspaniale z zewnątrz (mozaiki ze złota płatkowego na frontowej fasadzie) i jeszcze lepiej w środku. Zbudowano go w latach 1887–1889 z funduszy urodzonego w Wenezueli przemysłowca Tomása Terry'ego. Audytorium na 950 osób jest ozdobione marmurem karraryjskim, ręcznie rzeźbionym drewnem i wyszukanymi freskami na suficie.

W 1895 r. wystawiono *Aidę* Verdiego, a potem wiele wiekopomnych kubańskich dzieł muzycznych. Występowali tu m.in. Enrico Caruso, Ernesto Lecuona, a także Anna Pawłowa, Sarah Berhardt i Antonio Gades. Wciąż odbywają się tu koncerty i przedstawienia.

Museo Provincial MUZEUM

(mapa s. 238; róg Av 54 i Calle 27; 2 CUC; 10.00–18.00 wt.–sb., 9.00–13.00 nd.) Muzeum – główna atrakcja w południowej części Parque José Martí – przedstawia historię Cienfuegos i prehistorię regionu. Większość eksponatów to wyrafinowane dekoracje wnętrz rezydencji XIX-wiecznej francusko-kubańskiej socjety. Najciekawsze eksponaty są na górze: poprzez lustrzaną instalację *Cómo vienen los hombres de la guerra* można zobaczyć z bliska niesamowite malowidła na suficie.

Catedral de la Purísima Concepción KOŚCIÓŁ

(mapa s. 238; Av 56 No 2902; 7.00–12.00 pn.–pt.) Katedra z 1869 r., we wschodniej części Parque José Martí, ma dwie dzwonnice różnej wysokości i wykonane w Paryżu witraże. Surowe wnętrze wymaga remontu. Chińskie pismo odkryte na kolumnach szacuje się lata 70. XIX w. (pierwsi chińscy emigranci przybywali w latach 1847–74). Katedra jest niemal cały czas otwarta; można uczestniczyć w nabożeństwie (7.30 w tygodniu, 10.00 w niedziele).

Arco de Triunfo PUNKT ORIENTACYJNY

(mapa s. 238; Calle 25, między Av 56 i Av 54) Łuk triumfalny, na zachodnim krańcu Parque Martí, jest unikatem: to jedyna taka budowla na Kubie. Zbudowany ze składek patriotów, symbolizuje zwycięstwo w wojnie o niepodległość. Jednym z dowódców Armii Wyzwoleńczej Kuby był Polak, Karol Rolow-Miałowski). Za łukiem stoi pomnik poety José Martí, z którym Miałowski tworzył Partię Rewolucyjną Kuby.

Casa de la Cultura Benjamin Duarte ZABYTKOWA BUDOWLA

(mapa s. 238; Calle 25 No 5401; 8.30–0.00) BEZPŁ. Dom Kultury, w zachodniej części Parque José Martí, to dawny Palacio de Ferrer (1918 r.), fascynująca eklektyczna budowla z włoskimi marmurowymi posadzkami i – najbardziej zauważalną – kopułą dachową ze schodami z kutego żelaza (które są zawsze zamknięte, a wnętrze bardzo potrzebuje renowacji).

Palacio de Gobierno ZABYTKOWA BUDOWLA

(mapa s. 238; Av 54, pomiędzy Calle 27 i Calle 29) Sporą część południowej części Parque José Martí zajmuje ta majestatyczna srebrzystoszara budowla, siedziba władz prowincji (Poder Popular Provincial). Do Palacio de Gobierno nie wpuszcza się zwiedzających, ale można rzucić okiem przez uchylone drzwi na imponującą główną klatkę schodową.

Centrum Cienfuegos

Casa del Fundador ZABYTKOWA BUDOWLA

(mapa s. 238; róg Calle 29 i Av 54) W południowo-wschodnim rogu Parque José Martí stoi najstarszy budynek w mieście, niegdyś rezydencja założyciela miasta, Louisa D'Cloueta, a obecnie sklep z pamiątkami. Od Domu Fundatora biegnie na wschód El Bulevar (s. 248), główny pasaż handlowy w Cienfuegos, i przecina Paseo del Prado.

Statue of Benny Moré POMNIK

(mapa s. 238; róg Av 54 i Calle 37) Przed dojściem do Malecónu wielbiciele słynnego piosenkarza i kompozytora zatrzymają się przed przechodniem z laską i w kapeluszu. Pomnik z brązu Benny'ego Moré widać w pobliżu skrzyżowania Av 54 i Paseo del Prado.

Museo Histórico Naval Nacional MUZEUM

(mapa s. 238; róg Av 60 i Calle 21; ⏲9.00–16.30 wt.–nd.) BEZPŁ. Za torami kolejowymi, pięć przecznic na północny zachód od Parque José Martí, widać charakterystyczną różową budowlę (z 1933 r.) – dawną kwaterę główną Distrito Naval del Sur (Dystryktu Południowego Marynarki Narodowej), obecnie muzeum. Przy szerokim podjeździe umieszczono działa z różnych epok. To tutaj we wrześniu 1957 r. grupa marynarzy i cywi-

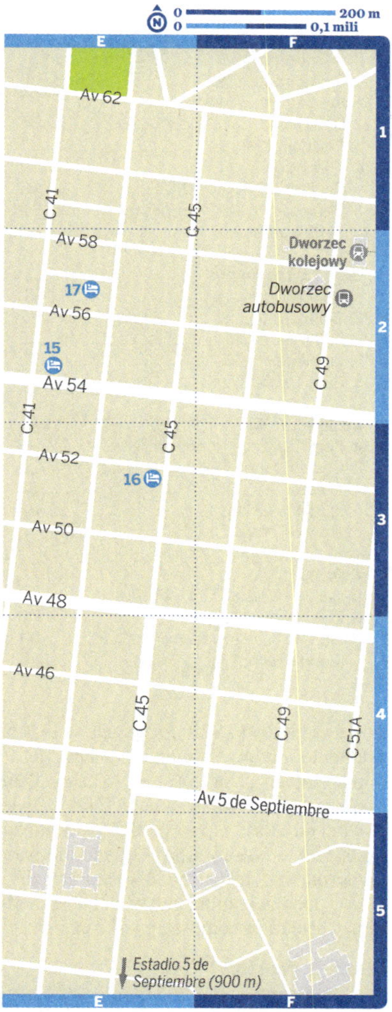

lów wznieciła nieudane powstanie przeciwko rządowi Batisty. Rewolta to główny temat muzeum. Wspaniały widok na zatokę.

★ Cementerio de la Reina CMENTARZ
(☎43-52-15-89; róg Av 50 i Calle 7; ⏲8.00–17.00) BEZPŁ. Wpisany do rejestru zabytków, najstarszy cmentarz w mieście utworzono w 1837 r.; są tam groby hiszpańskich żołnierzy poległych podczas wojen niepodległościowych. To jedyne miejsce na Kubie, gdzie, z powodu wysokiego poziomu wód gruntowych, grzebie się zmarłych w niszach. Możliwe oprowadzanie. Warto poszukać marmurowego posągu zwanego *Bella Durmiente* (*Śpiąca Królewna*): to hołd dla 24-letniej kobiety, która zmarła w 1907 r. po zawodzie miłosnym. Dojście przez wyglądającą na slumsy Av 50 (długi spacer w upale) albo przejażdżka konnym zaprzęgiem w pobliżu Parque de las Locomotoras, ze starymi lokomotywami parowymi i wagonami.

Punta Gorda

Malecón NABRZEŻE
(mapa s. 244) Paseo del Prado łączy się w Punta Gorda na południu z nadbrzeżną ulicą – Malecónem – biegnącą wzdłuż przepięknej naturalnej zatoki z zachwycającymi widokami. Jak wszystkie nadmorskie bulwary (Hawana stanowi archetyp), Malecón ożywia się wieczorem.

Palacio de Valle BUDYNEK ZABYTKOWY
(mapa s. 244; Calle 37, między Av 0 i Av 2; ⏲9.30–23.00) BEZPŁ. Zadziwiająca mieszanina stylów: romański, gotyk, barok, do tego hiszpański *morisco* i *mudéjar*. Pałac „z tysiąca i jednej nocy" przypomina marokańską kasbę (fortecę). Zbudował go w 1917 r. najbogatszy na Kubie handlowiec Acisclo del Valle Blanco, pochodzący z Asturii.

Batista planował przeistoczyć ten barwny kalejdoskop płytek, wieżyczek i stiuków w kasyno; obecnie jest tu (ambitna) ekskluzywna restauracja z kuszącym barem na tarasie.

Centro Recreativo La Punta PARK
(mapa s. 244; ⏲9.00–22.00 nd.–pt., do 0.00 sb.) Z punktu obserwacyjnego na południowym krańcu zielonego parku zakochani oglądają zachód słońca, a bar cieszy się uznaniem tutejszych funkcjonariuszy policji.

Za miastem

Necrópolis Tomás Acea CMENTARZ
(☎43-52-52-57; Av 5 de Septiembre; 1 CUC; ⏲8.00–17.00) Jedna z dwóch zabytkowych nekropoli w Cienfuegos, określana jako „ogród-cmentarz". Do nekropoli wchodzi się przez ogromny klasycystyczny pawilon (1926 r.) z 64 doryckimi kolumnami, na wzór Partenonu. Jest tu pomnik marynarzy-męczenników, którzy polegli podczas nieudanego powstania wznieconego w Cienfuegos w 1957 r. W porównaniu z Cementerio de la Reina (s. 239), nekropola Acea jest nowsza i lepiej utrzymana. Usytuowana 2 km na wschód od centrum, przy Avenida 5 de Septiembre.

Centrum Cienfuegos

Atrakcje
1 Teatro Tomás Terry B2

Zwiedzanie
2 Arco de Triunfo B2
3 Casa de la Cultura Benjamin Duarte B2
4 Casa del Fundador B2
5 Catedral de la Purísima Concepción kościół C2
6 Museo Histórico Naval Nacional A1
7 Museo Provincial B2
8 Palacio de Gobierno B2
9 Pomnik Benny'ego Moré D2

Aktywnie, kursy i wycieczki
Cubanacán .... (zob. 29)
10 Cubatur D2

Noclegi
11 Bella Perla Marina D1
12 Casa Amigos del Mundo C1
13 Casa de la Amistad C2
14 Casa de las Golondrinas D1
15 Claudio e Iliana E2
16 Hostal Colonial Isabel y Pepe E3
17 Hostal Mailé E2
18 Hotel La Unión C2
19 Lagarto Ciudad C2
20 Villa María C3

Gastronomia
Restaurante 1869 .... (zob. 18)
21 Restaurante Casa Prado D4
22 Doña Nora D4
23 Paladar Aché D5
24 Polinesio B2
25 Restaurant Bouyón 1825 .... B1
26 Restaurante Las Mamparas D5
27 Te Quedarás D2

Bary i życie nocne
Bar Terrazas .... (zob. 18)
28 Cubita Café C2
29 El Benny C2
30 El Palatino B2
31 Café Teatro Terry B2

Rozrywka
32 Café Cantante Benny Moré D2
33 Centro Cultural de las Artes Benny Moré B2
34 Jardines de Uneac B2
Teatro Tomás Terry .... (zob. 1)

Zakupy
35 Casa del Habano 'El Embajador' C2
36 El Bulevar C2
37 Librería "La Fernandina" D4
Tienda Terry .... (zob. 1)

Castillo de Nuestra Señora de los Ángeles de Jagua — FORT

(5 CUC; 8.00–18.00) Fort – na zachód od wejścia do Bahía de Cienfuegos – jest starszy od miasta o prawie sto lat. Zaprojektował go w 1738 r. francuski inżynier wojskowy José Tantete, budowę ukończono w 1745 r. Była to trzecia najważniejsza forteca na Kubie.

W 2010 r. w Zamku NMP Anielskiej odbył się tak bardzo potrzebny gruntowny remont. Oprócz podziwiania panoramy zatoki i zwiedzenia muzeum dokumentującego historię energii nuklearnej w Cienfuegos (!), można przysiąść w restauracji na dole.

Promy pasażerskie z zamku prują fale do Cienfuegos (1 CUC, 40 min) dwukrotnie w ciągu dnia. Wypływają z Cienfuegos o 8.00 i 13.00, wracają o 10.00 i 15.00. Inny prom (częste kursy) przybija do brzegu, poniżej hotelu *Pasacaballo* w Rancho Luna (0,50 CUC, 15 min).

Central Electronuclear de Juraguá — PUNKT ORIENTACYJNY

Po drugiej stronie zatoki widać (bez problemu z miasta) kopułę nigdy nieukończonej elektrowni jądrowej w Juraguá. Wspólne przedsięwzięcie Kuby i ZSRR, rozpoczęte w 1976 r., zakładało budowę Ciudad Nuclear, teraz opuszczonego „Nuklearnego Miasta". Plan budowy elektrowni w odległości zaledwie 288 km od Florida Keys spotkał się z silnym protestem ze strony USA. Ostatecznie plan porzucono po rozpadzie Związku Radzieckiego i upadku komunizmu w bloku wschodnim. Obcokrajowcom wstęp wzbroniony.

Jardín Botánico de Cienfuegos — OGRODY

(Cicuito Sur Km 15; 2 CUC; 8.00–17.00) 94-hektarowy ogród botaniczny – 15 km na wschód od miasta Cienfuegos – jest najstarszy na Kubie. Założony w 1901 r., po kilkudziesięciu latach użyczał sadzonek ogrodowi urządzanemu w Hawanie. Rośnie w nim 2000 gatunków drzew. Ogród utworzył amerykański potentat cukrowy Edwin. F. Atkins, który początkowo eksperymentował z odmianami trzciny cukrowej, a potem zaczął sadzić drzewa tropikalne.

Ogród zwiedza się indywidualnie albo z wielojęzycznym przewodnikiem. Po wcześniejszej rezerwacji można wziąć udział w wyprawie z obserwowaniem ptaków (o godz. 7.00).

Dojazd do parku własnym transportem lub taksówką (około 20 CUC w obie strony z postojem). Najtaniej będzie się wybrać z wycieczką Cubanacán (s. 241) w Cienfuegos (10 CUC). Jadąc samochodem z Cienfuegos, trzeba skręcić w prawo (na południe) przy skrzyżowaniu do Central (cukrowni) Pepito Tey.

Laguna Guanaroca JEZIORO

(☎43-54-81-17; z wycieczką 10 CUC; ⏲8.00–15.00) Otoczone namorzynami słone jezioro Guanaroca – na południowy wschód od Cienfuegos – jest skupiskiem awifauny, drugim pod względem wielkości po Las Salinas (na Península de Zapata w Matanzas) i jedynym w prowincji Cienfuegos obszarem przyrody chronionej (*área protegida*). Szlaki prowadzą na platformę widokową na jeziorze, w którym żerują flamingi i pelikany, a w dziuplach drzew gniazdują piliki czerwonodziobe (narodowe ptaki Kuby).

Rosną tu grusze, cytrusy, krzewy awokado oraz *güiras* (z tykw robi się instrumenty muzyczne zwane *güiros* i marakasy). Wycieczka, z krótką przechadzką i przeprawą na drugi brzeg jeziora, trwa ok. 2 godzin. Najwięcej ptaków zobaczymy wcześnie rano.

Wjazd do rezerwatu znajduje się 12 km od Cienfuegos, przy zjeździe z drogi do Rancho Luna, na przecince do Pepito Tey. Taksówka w obie strony z postojem kosztuje ok. 15 CUC.

Aktywnie

Base Náutica Club Cienfuegos SPORTY WODNE

(mapa s. 244; ☎43-52-65-10; Calle 35, pomiędzy Av 10 i Av 12; ⏲10.00–18.00) W Club Cienfuegos, w bazie morskiej, można zorganizować wiele wodnych atrakcji, m.in. wyprawy łodzią, kajaki i windsurfing (od 12 CUC za osobę). Jest też kort tenisowy (nieogrodzony, więc trzeba biegać za wybitymi piłkami) oraz centrum rozrywki z samochodzikami elektrycznymi i grami wideo. Wstęp na basen kosztuje 8 CUC.

Marlin Marina Cienfuegos WĘDKOWANIE, ŻEGLOWANIE

(mapa s. 244; ☎43-55-16-99; http://nauticamarlin.tur.cu/en; Calle 35, pomiędzy Av 6 i Av 8; ⏲11.00–20.45) W Marlin Marina, przystani z 36 miejscami do cumowania, usytuowanej na północ od hotelu *Jagua*, można zorganizować wędkowanie na głębokich wodach (ceny od 200 CUC za 4 osoby, 2 godziny). Są też wycieczki łodzią po okolicy (12–16 CUC), m.in. do Castillo de Jagua. Rezerwacje w Cubatur (s. 248) lub Cubanacán.

Wycieczki

Cubanacán WYCIECZKI

(mapa s. 238; ☎43-55-16-80; Av 54, pomiędzy Calle 29 i Calle 31) Biuro Cubanacán w Cienfuegos proponuje ciekawe wycieczki, m.in. łodzią po zatoce (12 CUC) oraz popularne wyprawy do El Nicho (35 CUC) i w inne trudno dostępne miejsca, np. Jardín Botánico de Cienfuegos (od 10 CUC), a także do fabryki cygar (5 CUC). Inne wycieczki: nurkowanie koło Rancho Luna, wycieczka na półwysep Zapata i do „El Purial", wyprawa do mało znanych wodospadów i wędrówki po El Güije.

Festiwale i wydarzenia

Festival Internacional de Musica Popular Benny Moré MUZYKA

(⏲XI) Festiwal upamiętnia bohatera prowincji, piosenkarza Benny'ego Moré. Odbywa się każdego roku w listopadzie w Cienfuegos oraz i w pobliskim miasteczku Santa Isabel de Las Lajas.

Noclegi

W odróżnianiu od innych kubańskich miast, w których państwowe hotele to kiepski żart, Cienfuegos ma przynajmniej cztery dobre – od retrokolonialnych po nowoczesne. *Casas particulares* pasują do nadbrzeżnego otoczenia. Te w Punta Gorda są bardziej odosobnione i z reguły bardziej nastrojowe i droższe.

Centrum miasta

★ **Bella Perla Marina** CASA PARTICULAR $

(mapa s. 238; ☎43-51-89-91; bellaperlamarina@yahoo.es; Calle 39 No 5818, róg Av 60; pokój/apartament 30/70 CUC; P ❄ @) Popularną „piękną muszlę morską" – w centrum miasta – można nazwać „butikową" *casa particular*. Dom, z dwoma standardowymi pokojami i niesamowitym apartamentem dachowym, upodobnił się ostatnio do fortecy, gdy dodano cudowny dwupoziomowy taras z roślinnością, zwieńczający budowlę. Królewskie łoża; jest też stół bilardowy.

Właściciel, Waldo, ma w pobliżu nowy dom, równie imponujący, zwany Auténtica Perla.

Lagarto Ciudad CASA PARTICULAR $

(mapa s. 238; ☎43-52-23-09; www.lagartociudad.com; Calle 35 No 5607, pomiędzy Av 56 i Av 58; pokój 35–40 CUC; ❄ @) Eklektyczna budowla z lat 20. XX w., z wszystkimi atutami tutejszego stylu: kolumny, staromodne łoża, posadzki wyłożone płytkami, *vitrales* (witraże) i kandelabry. Znajdźcie mi hotel, w którym za 40 CUC dostanie się to wszystko. Jedzenie też jest smaczne; właściciele mówią po angielsku. Rezerwacje przez Internet.

Villa María CASA PARTICULAR **$**
(mapa s. 238; ☎ 54-16-66-74; odalys.villamaria@nauta.cu; Calle 31 No 4606a, pomiędzy Av 46 i Av 48; pokój 40 CUC) Prywatny obiekt noclegowy z zaciszną restauracją to bardziej hotel butikowy niż *casa particular*. W sześć eleganckich białych pokojów z dizajnerskimi akcentami włożono sporo pracy. Rodzina właścicieli jest bardzo zaangażowana; do atrakcyjnej kawiarni-restauracji warto wstąpić, nawet jeśli nie planujemy noclegu.

Hostal Mailé CASA PARTICULAR **$**
(mapa s. 238; ☎ 43-52-53-85; mailebarcelo@yahoo.es; Ave 56a No 4116, pomiędzy Calle 41 i Calle 43; pokój 25 CUC; ❄) Uśmiechnięta właścicielka, Mailé, dodaje uroku tej skromnej *casa* przy bocznej uliczce. Wewnątrz wąskiej budowli otwiera się nowa perspektywa: duże, wbrew pozorom, pokoje (czyste i wyposażone jak w każdym tutejszym hotelu) i skąpany w słońcu taras dachowy, gdzie można zjeść śniadanie lub wypić wieczorny koktajl.

Hostal Colonial Isabel y Pepe CASA PARTICULAR **$**
(mapa s. 238; ☎ 43-51-82-76; hostalcolonialisapepe@gmail.com; Av 52 No 4318, pomiędzy Calle 43 i Calle 45; pokój 25–35 CUC; ❄) Były nauczyciel, Pepe, wita gości uśmiechem szerokim jak Bahía de Cienfuegos. W dużym kolonialnym domu jest pięć nowoczesnych pokojów przy dwóch wąskich tarasach – na parterze i piętrze. W każdym pokoju jest łoże typu „queen size" i dodatkowe łóżko wysuwane ze ściany; dwa pokoje mają salonik lub kuchnię.

Casa Amigos del Mundo CASA PARTICULAR **$**
(mapa s. 238; ☎ 43–55–55–34; Av 60, pomiędzy Calle 33 i Calle 35; pokój 25 CUC) Dwa pokoje na parterze domu usytuowanego z dala od drogi, są najcichsze w centrum Cienfuegos. Obrazu całości dopełnia zachęcający taras na dachu.

Casa las Golondrinas CASA PARTICULAR **$**
(mapa s. 238; ☎ 43–51–57-88; drvictor61@yahoo.es; Calle 39, pomiędzy Av 58 i Av 60; pokój 25–30 CUC; ❄) Odrestaurowany dom kolonialny prowadzony przez lekarza i jego żonę ma trzy przestronne pokoje. W „dom z jaskółkami" włożono wiele troski; kolumnowa brama od frontu, ozdobiony roślinnością taras dachowy, gdzie goście mogą się zrelaksować, zjeść lub wypić koktajl. Można wypożyczyć rower miejski (1 dzień 5 CUC) i hybrydę z przerzutkami (1 dzień 15 CUC).

Casa de la Amistad CASA PARTICULAR **$**
(mapa s. 238; ☎ 43-51-61-43; casaamistad@correocuba.cu; Av 56 No 2927, pomiędzy Calle 29 i Calle 31; pokój 25 CUC; P ❄) Słowo klucz w kolonialnym domu wypełnionym pamiątkami rodzinnymi, w pobliżu Parque José Martí, to gościnność. Gospodyni „domu przyjaźni", Leonor, od lat gości podróżnych ze wszystkich stron świata. Dobrze utrzymane pokoje, uroczy taras dachowy i kilka kotów.

Claudio e Iliana CASA PARTICULAR **$**
(mapa s. 238; ☎ 43-51-97-74; Av 54 No 4121, pomiędzy Calle 41 i Calle 43; pokój 20–25 CUC; ❄) Gościnna para (oboje lekarze) wynajmują swój wypucowany dom z dwiema sypialniami i pełnym wyposażeniem; blisko dworca autobusowego i zabytkowego centrum.

★ **Hotel La Unión** HOTEL BUTIKOWY **$$$**
(mapa s. 238; ☎ 43-55-10-20; www.hotellaunion-cuba.com; róg Calle 31 i Av 54; 1-/2-os. 130/190 CUC; ❄ @ ≈) Barcelona, Neapol, Paryż? Widać ich wpływ w tym eleganckim hotelu kolonialnym o europejskich aspiracjach i ze wspaniałym basenem w stylu włoskim, w sam raz dla rzymskiego cesarza. Labirynt marmurowych filarów, staromodnych mebli, dwóch wewnętrznych dziedzińców. 46 pokojów z balkonami – do wyboru: od strony ulicy albo z widokiem na mozaikowe patio.

Jest też siłownia, jacuzzi i galeria sztuki. Obsługa sprawna; na przewiewnym tarasie dachowym odbywają się pokazy salsy, **restauracja** (dania 10 CUC; ⊙ 7.30–9.00, 12.00–14.00, 19.00–21.45; ❄) na dole cieszy się uznaniem.

Punta Gorda

Casa Los Delfines CASA PARTICULAR **$**
(mapa s. 244; ☎ 43-52-04-58; Calle 35 No 4e; pokój 35 CUC; P ❄) Casa Los Delfines („dom delfinów") stoi na południowym cyplu Punta Gorda i ma wszystkie atuty tej idyllicznej dzielnicy; tył domu wychodzi na spokojną płytką zatoczkę z majaczącą w oddali Sierra del Escambray. Dwa pokoje z minibarkami są przytulne i nasłonecznione, ale i tak większość czasu spędza się poza nimi. Koktajl na tarasie to sprawa obowiązkowa.

Ángel e Isabel CASA PARTICULAR **$**
(mapa s. 244; ☎43-51-15-19; Calle 35 No 24, pomiędzy Av 0 i Litoral; pokój 35 CUC; ❄) Po trzykroć lokalizacja. Jedno z wielu osiągnięć architektonicznych na usianym rezydencjami krańcu Punta Gorda. Z tyłu ozdobionego wieżyczkami głównego domu są trzy pokoje wychodzące na patio graniczące z zatoką. Ángel i Isabel mają tu nawet przystań łodzi. Bajka.

Villa Lagarto – Maylin y Tony CASA PARTICULAR **$**
(mapa s. 244; ☎43-51-99-66; villalagartocuba@gmail.com; Calle 35 No 4b, pomiędzy Av 0 i Litoral; pokój 40 CUC; ❄≋) Jedna z wiodących restauracji w Cienfuegos. W „jaszczurce" są też trzy pokoje przy wspaniałym tarasie, wszystkie z łóżkami „king size", hamakami i widokiem na zatokę. Otoczenie jest cudowne, ale w restauracji panuje ruch. Kto pragnie przede wszystkim spokoju, niech poszuka czegoś innego.

Perla del Mar HOTEL BUTIKOWY **$$$**
(mapa s. 244; ☎43-55-10-03; Calle 37, pomiędzy Av 0 i Av 2; 1-/2-/3-os. 90/150/210 CUC; ❄@📶) Otwarta we wrześniu 2012 r. *Perla del Mar* przyswoiła sobie tytuł „zabytkowo-butikowy" pobliskiego Palacio Azul i przeniosła się w lata 50. XX w. Dziewięć modernistycznych pokojów, dwa zachęcające jacuzzi na dworze (z jednego widać zatokę). Schody prowadzą na idealny do opalania taras.

Hostal Palacio Azul HOSTEL **$$$**
(mapa s. 244; ☎43-58-28-28; Calle 37 No 201, pomiędzy Av 12 i Av 14; 2-os. 271–286 CUC; P❄@📶) Jest to raczej pałac udający hotel niż hotel udający pałac. Był jedną z pierwszych budowli, które dodały blasku Punta Gorda. „Niebieski pałac", z 1921 r., ma 7 odnowionych pokojów (z nazwami kwiatów) o wyraźnie przedrewolucyjnym charakterze.

Na miejscu dyskretna restauracja *El Chelo*; wspaniałe widoki z tarasu z elegancką kopułą.

Hotel Jagua HOTEL **$$$**
(mapa s. 244; ☎43-55-10-03; Calle 37 No 1, pomiędzy Av 0 i Av 2; 1-/2-/3-os. 110/180/210 CUC; P❄📶≋) Nie wiadomo, jaki cel przyświecał bratu Batisty, gdy w latach 50. postawił

FRANCUSKA ARCHITEKTURA W CIENFUEGOS

C'est vrai, eleganckie miasto Cienfuegos to francuski zakątek Kuby. Jego francuskość najlepiej odzwierciedla nie kuchnia, w której z *bœuf à la Bourguignonne* wciąż wygrywa ryż i fasola, lecz architektura w stylu neoklasycyzmu. Budując długie i szerokie ulice przecinające się pod kątem prostym, XIX-wieczni architekci mieli na uwadze likwidację slumsów, upowszechnienie higieny i utworzenie terenów użyteczności publicznej. Plan miasta Cienfuegos przypomina plan urbanistyczny Barona Haussmanna przebudowy Paryża w latach 1850–1870. Werandy, filary i kolumny to najbardziej charakterystyczne cechy architektoniczne budowli przy szerokiej głównej alei w stylu paryskim (Paseo del Prado), która biegnie 3 km w kierunku północ – południe. Zwracają uwagę pastelowe kolumnowe fasady o opływowych liniach i wyważonych proporcjach.

Miasto założyli w 1819 r. francuscy *émigrés*. Większość klasycystycznych budynków powstała w latach 1850–1910. Na początku XX w. do architektury wdzierały się już elementy eklektyczne. Pablo Donato Carbonell, z Cienfuegos, w 1917 r. zbudował w duchu modernizmu katalońskiego Palacio Ferrer (obecnie Casa de la Cultura Benjamín Duarte w Parque José Martí), którego zdobiona kopuła zapoczątkowała szał na krzykliwe dachowe punkty widokowe.

Moda na ekstrawagancję trwała; w latach 20. i 30. XX w. na półwyspie Punta Gorda potentaci cukrowi inwestowali swoje zyski w coraz bardziej ostentacyjne rezydencje, zamieniając tę dzielnicę w mini-Miami. Ewolucję stylu można zaobserwować, idąc na południe Calle 37, mijając wspaniały Palacio Azul oraz przypominający tort weselny Club Cienfuegos aż do barokowo-mauretańskiego Palacio de Valle, chyba najbardziej eklektycznej budowli na Kubie.

Historyczne centrum Cienfuegos wpisano na listę UNESCO w 2005 r., przez wzgląd na jego piękno i architekturę oraz nowatorstwo planu urbanistycznego, który w XIX-wiecznej Ameryce Łacińskiej uznano za rewolucyjny. Od tamtego momentu popłynęły fundusze na rewitalizację placu głównego oraz Parque José Martí i ich sąsiedztwa.

Punta Gorda

Punta Gorda

Atrakcje
- 1 Centro Recreativo la Punta B4
- 2 Malecón B2
- 3 Palacio de Valle B3

Aktywnie, kursy i wycieczki
- Base Náutica Club Cienfuegos .... (zob. 11)
- 4 Marlin Marina Cienfuegos B2

Noclegi
- 5 Angel y Isabel B4
- 6 Casa los Delfines B4
- 7 Hostal Palacio Azul B2
- 8 Hotel Jagua B3
- 9 Perla del Mar B3
- 10 Villa Lagarto – Maylin & Tony B4

Gastronomia
- 11 Club Cienfuegos B2
- El Marinero .... (zob. 11)
- 12 Finca del Mar B1
- Palacio de Valle .... (zob. 3)
- Restaurante Café Cienfuegos ..... (zob. 11)
- Restaurante Villa Lagarto .... (zob. 10)

Bary i życie nocne
- Bar la Terraza .... (zob. 11)

Rozrywka
- 13 Estadio 5 de Septiembre D1
- 14 Patio de ARTex – El Cubanismo B1

tego betonowego giganta, ale kasa zapewne była główną „racją stanu". Mimo wszystko *Jagua* jest piekielnie dobrym hotelem – dużym i zadziwiająco eleganckim, ze sztuką awangardową w przestrzeniach wspólnych. Pokoje na górze (hotel ma 7 kondygnacji) są najlepsze.

Gastronomia

W Cienfuegos są warte uwagi lokale gastronomiczne, głównie w Punta Gorda, a ich poziom i liczba jeszcze wzrosły, od kiedy statki rejsowe przybijają do portu (kilka w tygodniu).

Centrum miasta

Restaurante Las Mamparas KUCHNIA MIĘDZYNARODOWA $

(mapa s. 238; ☎43-51-89-92; Calle 37 No 4004, pomiędzy Av 40 i Av 42; dania główne 3–6 CUC; ⏲12.00–22.30) Restauracja (nazwa od ozdobnych drzwi zasłanianych kotarami – *mamparas* – w kolonialnych domach na Kubie) zwykle zatłoczona, ale atmosfera jest miła, a obfite porcje dań (głównie kubańskich), z mnóstwem ryżu i fasoli, są opłacalne.

Polinesio KANAPKI $

(mapa s. 238; Calle 29, pomiędzy Av 54 i Av 56; dania główne 5–12 CUC; ⏲11.00–22.00) Niezły lokal w podcieniach, w Parque José Martí, na zimne piwo i przekąskę.

★ **Paladar Aché** OWOCE MORZA $$

(mapa s. 238; ☎43-52-61-73; Av 38, pomiędzy Calle 41 i Calle 43; dania 10–15 CUC; ⏲12.00–22.30 pn.–sb.; P❄) Jedna z dwóch wciąż działających prywatnych restauracji z lat 90. XX w. dotrzymuje kroku nowszej konkurencji. Interesująca dekoracja: ptaki w klatkach, siedem ogrodowych krasnoludków, relief na ścianie z kulturalnymi ikonami miasta. W obszernym menu warte uwagi pieczone prosię.

Restaurante Casa Prado KUCHNIA MIĘDZYNARODOWA $$

(mapa s. 238; ☎52-62-38-58; www.casapradorestaurant.com; Calle 37 No 4626, pomiędzy Av 46 i Av 48; dania główne 4–11 CUC; ⏲11.30–22.30) Niedroga restauracja, która serwuje chyba największą (i najszybszą) paellę z owoców morza. Parter przytulny, na tarasie dachowym czasem gra muzyka na żywo. Przy wejściu do *Casa Prado* jest dzwonek.

Doña Nora KUCHNIA MIĘDZYNARODOWA $$

(mapa s. 238; ☎43-52-33-31; Calle 37, pomiędzy Av 42 i Av 44; dania główne ok. 10 CUC; ⏲8.00–15.00 i 18.00–23.00) Do kolonialnych domów przy Paseo del Prado prowadzą schody, zatem z wysoka, jeśli ma szczęście „upolować" miejsce przy oknie, można obserwować życie ulicy. Potrawy, bliskie kuchni francuskiej (np. królik w sosie winnym), są smaczne, więc stoliki szybko znajdują chętnych.

Restaurante Bouyón 1825 POTRAWY Z GRILLA $$

(mapa s. 238; ☎43-51-73-76; Calle 25 No 5605, pomiędzy Av 56 i Av 58; dania główne ok. 10 CUC; ⏲11.00–23.00) Prywatna restauracja – z dobrą lokalizacją, tuż przy placu głównym – specjalizuje się w mięsach *a la parrillada* (z grilla). Zadeklarowanych mięsożerców zapewne ucieszy obfity grillowy miks, m.in. cztery rodzaje mięs podawane z chilijskim czerwonym winem.

Te Quedarás KUCHNIA MIĘDZYNARODOWA $$$

(mapa s. 238; ☎58-26-12-83; Av 54, pomiędzy Calle 35 i Calle 37; dania główne 10–18 CUC; ⏲12.00–0.00) *Te quedarás* (zostaniesz) na pewno, jeśli tylko będzie wolny stolik na wąskim balkonie z widokiem na El Bulevar. Zespół przygrywa do zimnego *daiquirí* melodie piosenek Benny'ego Moré (a wśród nich oczywiście Te quedarás – ten jego słynny i lubiany przebój).

Restauracja – stylowe kolumny, mahoniowy bar, biało-czarne zdjęcia z epoki mambo, miła atmosfera – jest pewnego rodzaju sanktuarium Moré. Jedzenie to sprawa drugoplanowa, ale się obroni, zwłaszcza krewetki.

Punta Gorda

Club Cienfuegos OWOCE MORZA $$

(mapa s. 244; ☎43-51-28-91; Calle 37, pomiędzy Av 10 i Av 12; ⏲12.00–22.30) Będąc w Cienfuegos, nie można pominąć dawnego klubu jachtowego, *Club Cienfuegos*, jeśli nie ze względu na jedzenie (obiekt jest państwowy), to żeby popatrzeć na jego architekturę i zachody słońca.

Do wyboru: **Bar La Terraza** (⏲11.00–22.00 nd.–pt., 11.00–2.00 sb.) z koktajlami i piwem; **El Marinero** (przekąski 3–7 CUC; ⏲12.00–15.00) nad wodą – elegancki lokal z przekąskami i daniami obiadowymi; **Restaurante Café Cienfuegos** (dania główne 12–17 CUC; ⏲6–22.00), na najwyższym piętrze, bardziej wyrafinowany lokal, w którym steki i paella niemal dorównują potrawom w prywatnych restauracjach.

Palacio de Valle OWOCE MORZA $$

(mapa s. 244; róg Calle 37 i Av 2; dania główne 7–12 CUC; ⏲10.00–22.00) Jedzenie nie ma takiego smaku jak eklektyczna architektura pałacu, ale otoczenie jest absolutnie wyjątkowe. Na dole menu zdominowały owoce morza; do baru na dachu goście wchodzą na koktajl przed obiadem i na cygaro po obiedzie.

Restaurante Villa Lagarto KUCHNIA MIĘDZYNARODOWA $$$
(mapa s. 244; ☎43-51-99-66; www.villalagarto.com; Calle 35 No 4b, pomiędzy Av 0 i Litoral; dania główne 10–18 CUC; ⏲12.00–23.00) Cudowne położenie nad zatoką jest równie wspaniałe jak jedzenie, a wrażenie potęguje zapewne najszybszy, a przy okazji i najdyskretniejszy personel w kraju. Dzięki swym *brochetas* (kebaby), pieczonej jagnięcinie i wieprzowinie, Lagarto („jaszczurka") kroczy w awangardzie prywatnych restauracji i lokal bez trudu mógłby się utrzymać w Miami.

Finca del Mar OWOCE MORZA $$$
(mapa s. 244; Calle 35, pomiędzy Av 18 i Av 20; dania 10–20 CUC; ⏲12.00–0.00) Świetna restauracja pod względem obsługi i jedzenia, ale wysokie ceny i tłumy turystów nie wszystkich zachęcają. Popularna wśród przybywających tu od niedawna pasażerów statków rejsowych. Dla większości Kubańczyków jest zbyt droga.

Bary i życie nocne

Bary w Cienfuegos są zaciszne, wiele z nich jest usytuowanych blisko wody. Świetne nastrojowe lokale (zwłaszcza o zachodzie słońca) są w Club Cienfuegos oraz w Palacio de Valle – bar na piętrze.

Café Teatro Terry KAWIARNIA
(mapa s. 238; Av 56 No 2703, pomiędzy Calle 27 i Calle 29; ⏲9.00–22.00) Mały lokal, z kawą, pamiątkami i muzyką na żywo, wciśnięty między Teatro Tomás Terry i klasycystyczny budynek Colegio de San Lorenzo, to najlepsze miejsce, żeby sobie usiąść i popatrzeć na poranną gimnastykę w Parque José Martí. Boczne patio, pokryte kwiatowym dachem, ukazuje swoje prawdziwe oblicze wieczorem, gdy rozbrzmiewa muzyka na żywo, od *trova* (muzyka tradycyjna) po jazz.

El Palatino BAR
(mapa s. 238; Av 54 No 2514, pomiędzy Calle 25 i Calle 27; ⏲12.00–0.00) Płynny obiad wymyślono w *El Palatino*, barze w ciemnym drewnie, mieszczącym się w jednym z najstarszych budynków w południowej części Parque José Martí. Czasem odbywają się zaimprowizowane sesje jazzowe; należy się przygotować na opłatę po trzeciej piosence.

Bar Terrazas BAR
(mapa s. 238; róg Av 54 i Calle 31; ⏲10.00–0.00) Przy *mojito* na piętrze hotelu *La Unión* goście chłoną atmosferę minionych lat; ok. 22.00 zaczyna się salsa na żywo.

Café Cubita KAWIARNIA
(mapa s. 238; Av 56, pomiędzy Calle 33 i Calle 35; ⏲całą dobę) Mocna, gęsta kawa dla kubańskiego podniebienia i *caffè latte* dla bywalców Starbucksa plus mega słodkie ciasta.

El Benny KLUB
(mapa s. 238; Av 54 No 2907, pomiędzy Calle 29 i Calle 31; 2 osoby 8 CUC; ⏲22.00–3.00 wt.–nd.) Trudno powiedzieć, co „Barbarzyńca Rytmu", Benny Moré, powiedziałby o tym klubie-dyskotece, nazwanym na jego cześć. Trzeba przyjść w butach do tańca, zaopatrzyć się w rum i colę i oczekiwać raczej techno niż mambo.

☆ Rozrywka

★ **Patio de ARTex – El Cubanismo** MUZYKA NA ŻYWO
(mapa s. 244; róg Calle 35 i Av 16; ⏲18.00–2.00) Warte polecenia patio w Punta Gorda, gdzie można usłyszeć *son* (kubańska muzyka popularna), salsę, *trova* (muzyka tradycyjna) i trochę nostalgicznych kawałków Benny'ego Moré na żywo, wmieszawszy się wieczorem w tłum *cienfuegueños*. Można też przystanąć na Malecónie i posłuchać muzyki płynącej z drugiego krańca zatoki.

Teatro Tomás Terry MUZYKA NA ŻYWO, SPEKTAKLE
(mapa s. 238; ☎43-51-33-61, 43-55-17-72; Av 56 No 270, między Calle 27 a Calle 29; ⏲22.00–do późna) Czy to najlepszy teatr na Kubie? Sam budynek jest wart zobaczenia, ale architektoniczne osiągnięcia doceni się w pełni, przychodząc na koncert lub sztukę; kasy biletowe są otwarte codziennie od 11.00 do 15.00 oraz 90 minut przed spektaklem.

Centro Cultural de las Artes Benny Moré WYSTĘPY NA ŻYWO
(mapa s. 238; Av 56, pomiędzy Calle 25 i Calle 27; ⏲10.00–23.00) Nowy państwowy ośrodek kultury z barem i parkietem. Na tablicy ogłoszeń od frontu jest program na dany wieczór (zazwyczaj koncerty muzyki tradycyjnej). We wtorki o 17.00 zaczyna się wieczór pamięci Benny'ego Moré.

Café Cantante Benny Moré MUZYKA NA ŻYWO
(mapa s. 238; róg Av 54 i Calle 37; ⏲18.00–2.00) Można tu usłyszeć muzykę Benny'ego, zwłaszcza po godzinach. W dzień niechlujna, wieczorem kawiarnia tuszuje wszystkie niedociągnięcia, gdy barmani przygotowują świetne koktajle i rozbrzmiewa muzyka tradycyjna na żywo. Warto się trochę wystroić.

Jardines de Uneac MUZYKA NA ŻYWO
(mapa s. 238; Calle 25 No 5413, pomiędzy Av 54 i Av 56; 2 CUC; ⌚10.00–2.00) Uneac to w każdym kubańskim mieście pewniak – co do muzyki na żywo i atmosfery. Chyba najlepszy taki lokal w Cienfuegos. Na patio afrokubańskie *peñas* (występy muzyczne), *trova* i najlepsze miejscowe kapele, np. niezmiennie popularny zespół Los Novos.

Estadio 5 de Septiembre ARENA SPORTOWA
(mapa s. 244; ☎43-51-36-44; Av 20, pomiędzy Calle 45 i Calle 51a) Od X do IX rozgrywa mecze drużyna baseballowa – Los Elefantes („słonie"). Ich najlepszy wynik to czwarte miejsce w tabeli po sezonie, w 1979 r.

Zakupy

Większość sklepów w Cienfuegos przylega do głównej ulicy, Av 54 (nazywanej nieoficjalnie El Bulevar); są tu sklepy pamiątkarskie i tradycyjne sklepy sprzedające taniochę za lokalną walutę. Kilka prywatnych sklepów pojawiło się niedawno przy Calle 37 (Paseo del Prado).

★ **Librería „La Fernandina"** STARE KSIĄŻKI
(mapa s. 238; ☎43-51-70-37; Calle 37 No 4404, pomiędzy Av 44 i Av 46; ⌚10.00–20.00) Pierwszy sklep na Kubie, gdzie widzieliśmy w sprzedaży (używany) egzemplarz *Roku 1984* George'a Orwella – to dopiero rewolucja! Oprócz książek, są tu stare czasopisma, ciekawostki z lat 50. XX w. oraz inne odkopane skarby.

Tienda Terry UPOMINKI I PAMIĄTKI
(mapa s. 238; Av 56 No 270, pomiędzy Calle 27 i Calle 29; ⌚9.00–18.00) *Bongos* (bębenki), książki i koszulki z Che Guevarą.

BENNY MORÉ

Żaden piosenkarz nie uosabia bogactwa kubańskiej muzyki tak dobitnie jak Bartolomé „Benny" Moré, praprawnuk króla Konga. Urodził się w małej wiosce Santa Isabel de Las Lajas w prowincji Cienfuegos, w 1919 r. Gdy przeprowadził się do Hawany w 1936 r., sprzedawał na ulicach przejrzałe owoce i warzywa. Potem grał i śpiewał w zadymionych barach i restauracjach portowej dzielnicy Habana Vieja, zarabiając tylko tyle, aby przeżyć.

Przełom nastąpił w 1943 r., gdy jego aksamitny głos i doskonała tonacja pozwoliły mu wygrać konkurs piosenki w lokalnym radiu. Otrzymał wtedy stałą pracę jako wokalista w przebywającym w Hawanie zespole *mariachis* o nazwie „Cauto".

Talent Benny'ego odkryto dwa lata później. Podczas jednego z regularnych występów w stołecznym barze *El Temple* wypatrzył go Siro Rodríguez ze słynnego Trío Matamoros, najważniejszego podówczas zespołu w kraju, grającego muzykę *son*-bolero (ballady). Rodríguez był pod takim wrażeniem, że poprosił Moré, by został wokalistą jego grupy w tournée po Meksyku. Pod koniec lat 40. XX w. miasto Meksyk było dla młodych hiszpanojęzycznych Kubańczyków niczym Hollywood. Moré podpisał umowę z wytwórnią RCA i szybko zyskał popularność.

Moré wrócił na Kubę w 1950 r. w blasku sławy i szybko okrzyknięto go „Księciem Mambo" i „Barbarzyńcą Rytmu". W następnych latach wymyślił nową hybrydę dźwięków zwaną *batanga*, założył 40-osobową orkiestrę Banda Gigante. Koncertował w Wenezueli, na Jamajce, w Meksyku i Stanach Zjednoczonych. Kulminacją był występ na gali rozdania Oscarów w 1957 r. Niemniej jego prawdziwą pasją pozostała Kuba. Według legendy, gdy występował w Centro Gallego w Hawanie, setki ludzi zapełniały parki i ulice, żeby go posłuchać.

Oprócz wielobarwnego głosu ślizgającego się po skali glissando, jego prawdziwy talent tkwił w umiejętności adaptacji i łatwego na pozór przeskakiwania między gatunkami. Czuł się równie swobodnie w wyciskającej łzy balladzie (bolero), jak i w tanecznej rumbie, potrafił w pięciominutowym utworze zawrzeć czułość, żywiołowość, emocje. Chociaż nie czytał nut, skomponował wiele ze swoich najsłynniejszych przebojów, m.in. *Bonito y sabroso* oraz wielki hit *Qué bueno baila usted*. Gdy zmarł w 1963 r., na jego pogrzeb przybyło 100 000 osób. Nikomu na Kubie nie udało się go zastąpić.

Wielbiciele Moré poznają jego legendę w muzeum w miejscowości Santa Isabel de Las Lajas, położonej kilka kilometrów na zachód od Las Cruces przy drodze Cienfuegos – Santa Clara. Z dworca w Cienfuegos do Santa Isabel de Las Lajas odjeżdżają regularne autobusy (miejscowe, nie Víazul).

Casa del Habano „El Embajador" CYGARA
(mapa s. 238; róg Av 54 i Calle 33; ⌚9.00–17.30 pn.–sb.) Najlepszy sklep z artykułami tytoniowymi, rumem i kawą. Wysmakowane wnętrze.

El Bulevar ULICA
(mapa s. 238; Av 54) Główna ulica miasta – nazwana oficjalnie Av 54, a nieoficjalnie El Bulevar – to archetypiczna kubańska ulica handlowa, bez śladu sieciówek. Najciekawszy odcinek: od Calle 37 (Paseo del Prado) do Parque José Martí. Są tam wszelkiego rodzaju sklepy.

Informacja

DOSTĘP DO INTERNETU

W hotelu *La Unión* i w Parque Martí jest Wi-Fi.

Etecsa Telepunto (Calle 31 No 5402, pomiędzy Av 54 i Av 56; 1 godz. 1,50 CUC; ⌚8.30–19.00) Do nabycia karty do Internetu.

USŁUGI MEDYCZNE

Clínica Internacional (☎43-55-16-22; Av 10, pomiędzy Calle 37 i Calle 39) Doskonały, całkiem nowy ośrodek udzielający obcokrajowcom pomocy (również dentystycznej), z całodobową apteką.

Apteka w hotelu La Unión (☎43-55-10-20; róg Calle 31 i Av 54; ⌚całą dobę) Apteka nastawiona na zagranicznych turystów.

PIENIĄDZE

Banco de Crédito y Comercio (Bandec; róg Av 56 i Calle 31; ⌚9.00–17.00 pn.–pt.) Jest tu bankomat.

Cadeca (Av 56 No 3316, pomiędzy Calle 33 i Calle 35; ⌚9.00–17.00 pn.–pt.) Wymiana gotówki na walutę wymienialną (CUC) i na kubańskie *pesos* (CUP).

POCZTA

Urząd pocztowy (mapa s. 238; Av 56 No 3514, pomiędzy Calle 35 i Calle 37; ⌚9.00–17.00 pn.–pt)

INFORMACJA TURYSTYCZNA

Cubanacán mapa s. 238; ☎43-55-16-80; Av 54, pomiędzy Calle 29 i Calle 31) Główny organizator wycieczek.

Cubatur (mapa s. 238; ☎43-55-12-42; Calle 37 No 5399, pomiędzy Av 54 i Av 56; ⌚9.00–18.00 pn.–sb.) Organizator wycieczek.

Infotur (mapa s. 238; Calle 56 No 3117, pomiędzy Av 31 i Av 33; ⌚8.30–17.00) Mapy i broszury.

Paradiso (☎43-51-18-79; www.paradisonline.com; Av 54 No 3301, pomiędzy Calle 33 i Calle 35; ⌚9.00–18.00 pn.–sb.) Większość wycieczek po mieście i okolicy kosztuje 5–16 CUC.

Przyjazd i wyjazd

SAMOLOT

Port lotniczy Jaime González (☎43-55-22-35; Carretera a Caonao Km 3), 5 km na północny wschód od Cienfuegos, przyjmuje raz w tygodniu loty z Miami i Kanady (wiele z nich tylko w sezonie). Nie ma stąd lotów do Hawany.

AUTOBUS

Dworzec autobusowy (mapa s. 238; ☎43-51-57-20, 43-51-81-14; Calle 49, pomiędzy Av 56 i Av 58)w Cienfuegos jest czysty i dobrze zorganizowany. Biuro Víazul, na niższym poziomie (schodami w dół i w lewo), sprzedaje bilety na lokalne połączenia do Rancho Luna, Santa Isabel de Las Lajas i Palmiry (ok. 1 CUC) oraz na inne trasy, wypisane na tablicy na niższym poziomie (schodami w dół i w prawo – tam gdzie przy kontuarach są większe kolejki).

Autobusy do Varadero zatrzymują się też w Santa Clara (6 CUC, 1 godz. 30 min). Autobus z Cayo Santa María staje w Santa Clara i Remedios.

Żeby dostać się do innych miejscowości, trzeba przesiąść się w Trinidadzie bądź w Hawanie. Autobusy przyjeżdżające do Trinidadu z zachodu mogą być pełne.

POCIĄG

Dworzec kolejowy (☎43-52-54-95; róg Av 58 i Calle 49; ⌚kasa biletowa 8.00–15.30 pn.–pt.,

AUTOBUSY Z CIENFUEGOS

Odjazdy autobusów Víazul. Aktualizacja na www.viazul.com.

KIERUNEK	CENA (CUC)	CZAS (GODZ.)	ODJAZDY
Cayo Santa María	16	4 godz. 15 min	9.45
Hawana	20	5	9.20, 16.05
Playa Girón	7	1 godz. 30 min	16.05
Trinidad	6	1 godz. 45 min	11.40, 14.30, 16.05
Varadero	16	5	8.35, 15.30

do 11.30 sb.) jest naprzeciwko dworca autobusowego. Pociąg do Hawany jedzie aż 10 godzin (autobus tylko 3), zatem ten środek lokomocji wybiorą wielcy miłośnicy *ferrocarriles* (kolei żelaznej). Skład do Hawany odchodzi podobno o 7.00 rano co drugi dzień – koniecznie trzeba wcześniej sprawdzić rozkład jazdy.

Jak się poruszać na miejscu

STATEK

Prom pasażerski (120 miejsc) kursuje z **Muelle Real** (mapa s. 238; róg Av 46 i Calle 25). do Castillo de Jagua (1 CUC, 40 min). Trzeba wiedzieć, że to zwykły transportowiec, a nie luksusowy prom rejsowy. Aktualny rozkład w porcie. Teoretycznie odpływa o 8.00 i o 13.00.

Mniejszy prom (0,50 CUC, 15 min) kursuje na trasie *castillo* – hotel *Pasacaballo* w Rancho Luna. Ostatni kurs z *castillo* o 20.00.

ROWER

Tradycyjnie sportowe Cienfuegos to świetne miasto dla rowerzystów. Rowerem można bez przeszkód dojechać do atrakcji rozrzuconych w Punta Gorda. Rowery wypożyczają niektóre *casas particulares*. Warto spróbować w *Casa de las Golondrinas* (s. 242).

SAMOCHÓD I MOTOROWER

W Punta Gorda jest stacja benzynowa Servi-Cupet róg Calle 37 i Av 16). Inna znajduje się 5 km na północny wschód od hotelu *Rancho Luna*.

Cubacar (hotel *Jagua*, Calle 37, pomiędzy Av 0 i Av 2; ⌚9.00–17.00) ma biuro w hotelu *Jagua*; wypożycza głównie auta z ręczną skrzynią biegów.

ZAPRZĘGI KONNE

Zaprzęgi konne i taksówki rowerowe krążą po Calle 37 (kurs: 1 peso dla Kubańczyków, 1 CUC dla obcokrajowców). Dogodny środek transportu pomiędzy miastem, Punta Gorda i cmentarzami.

TAKSÓWKA

W Cienfuegos jest mnóstwo taksówek. Większość kręci się koło hoteli *Jagua* i *La Unión* oraz przed dworcem autobusowym. Taksówki rowerowe wypatrują pasażerów na Malecónie i wożą chętnych do/z Punta Gorda za około 3 CUC. Ceny do negocjacji. Taksówka z centrum na lotnisko powinna kosztować 6 CUC. Aktualne ceny trzeba sprawdzić w biurze **Cubataxi** (mapa s. 238; ☎43-55-11-72; Av 50, pomiędzy Calle 35 i Calle 37).

Okolice Cienfuegos

Rancho Luna

Rancho Luna to niewielki barwny resort nadmorski, usytuowany 18 km na południe od Cienfuegos, niedaleko wejścia do Bahía de Cienfuegos. Są tam dwa skromne kompleksy hotelowe ze średniej półki, ale można też zatrzymać się w *casas particulares*, w pobliżu drogi dojazdowej do hotelu *Faro Luna*. Przy wybrzeżu, na chronionym obszarze rafy koralowej, są dobre miejsca do nurkowania z rurką. Plaża nie jest taka ładna jak w Varadero, ale w końcu nie ma tu zgiełku i ruchu jak w Varadero.

Aktywnie

Centrum nurkowe NURKOWANIE
(☎43-54-80-40; Carretera Pasacaballos Km 18; nurkowanie od 35 CUC, certyfikat na otwarte wody 365 CUC) Centrum nurkowe, obok hotelu *Faro Luna*, obsługuje 30 miejsc w odległości 20 minut łodzią. Są tam jaskinie, bogata fauna i olśniewające ogrody koralowe (nazywane przez nurków Notre Dame). Od listopada do lutego przypływają na te wody niegroźne rekiny wielorybie.

Inne podwodne atrakcje to sześć zatopionych statków i pozostałości kabla transmisyjnego łączącego niegdyś Kubę z Hiszpanią, położonego przez Brytyjczyków w 1895 r.

Kursy

Academia Cienfuegos JĘZYK
(www.formationcuba.com; Carretera Faro Luna) Szkoła języka hiszpańskiego, jedna z najlepszych na Kubie, prowadzi kursy (1 tydzień/ 2 tygodnie) w swojej siedzibie w hotelu *Faro Luna*, oferuje też zajęcia kulturalne. Ceny na stronie internetowej.

Noclegi

W Rancho Luna działają dwa hotele – jeden all-inclusive – ceny w obu są niewygórowane. W wiosce jest wiele *casas particulares*, lepszych od hoteli.

★ **Casa Larabi** CASA PARTICULAR $
(☎43-54-81-99; casa.larabi1@gmail.com; Carretera Faro Luna; pokój 35 CUC; P ❄) Chyba najbardziej wymyślny dom w całej prowincji – nie sposób go nie zauważyć – pomalowany na turkusowo, purpurowo i różowo (to pasuje!).

POZA UTARTYM SZLAKIEM

PALMIRA

Osoby zainteresowane santerią i jej tajemnicami niech pojadą do ładnego miasteczka Palmira, 8 km na północ od Cienfuegos, siedziby bractw (*hermandades, sociedades*) *santerii*, m.in. stowarzyszenia El Cristo, San Roque i Santa Bárbara. Krótki manifest bractw znaleźć można w **Museo Municipal de Palmira** (☎43-54-45-33; Villuendas No 41; 1 CUC; ⏲10.00–18.00 wt.–sb., 10.00–13.00 nd.) przy placu głównym. Wycieczki do Palmiry organizuje Cubanacán (s. 241) w Cienfuegos. Najważniejsze święta *santerii* obchodzone są na początku grudnia.

Wyskakuje na podróżnych, jadących drogą dojazdową do hotelu *Faro Luna*. Zatrzęsienie staroświeckich mebli, roślinność jak w ogrodzie botanicznym, cudowny różowy taras z widokiem na morze.

Cztery bajeczne pokoje, smaczne jedzenie. Angielski w użyciu.

Hotel Rancho Luna RESORT **$$**

(☎43-54-80-12; Carretera Rancho Luna Km 18; 1-/2-os. all-inclusive 75/120 CUC) *Rancho Luna* nie oferuje komfortu Varadero, a i remont by mu nie zaszkodził, ale ma rzeszę fanów wśród podróżnych z ograniczonym budżetem (zwłaszcza Kanadyjczyków), wielu z nich zatrzymuje się w nim od lat. Przewaga nad droższymi hotelami z północnego wybrzeża? Cisza i do pięknego miasta z listy UNESCO jedzie się tylko 15 minut. Do Cienfuegos kursuje codziennie darmowy autobus.

Hotel Faro Luna RESORT **$$$**

(☎43-54-80-30; Carretera Faro Luna; 1-/2-os. 80/120 CUC; P ❄ @ ≋) Czarny koń południowego wybrzeża Kuby; *Faro Luna* to dla odmiany skromny hotel, jeden z dwóch najbardziej nieresortowych w strefie resortowej. *Faro Luna* – w odróżnieniu od swojego sąsiada, hotelu *Rancho Luna* – nie oferuje pakietów all-inclusive, ale posiłki w tutejszej restauracji są smaczne, a otoczenie to dodatkowy plus.

Przyjeżdżają tu grupy Kanadyjczyków na kursy językowe. W pobliżu jest ośrodek nurkowy (s. 249).

Przyjazd i wyjazd

Z Cienfuegos do Rancho Luna przyjeżdża 6 autobusów dziennie, ale to jest Kuba – czyli długie czekanie i zmiany w rozkładach. Prom do Jagua wypływa kilka razy dziennie z doku poniżej hotelu *Pasacaballo*; rzadziej trafia się powrotny prom z Castillo de Jagua do Cienfuegos (zahaczający o wszystkie trzy miejsca, w czasie naszej wizyty wypływał z tutejszego doku o 10.00 i 15.00). Taksówka jest pewniejsza; kurs do Cienfuegos powinien kosztować ok. 10 CUC – taksówki czekają przed hotelem *La Unión* (s. 242). Należy twardo się targować.

Oba hotele w Rancho Luna są usytuowane przy trasie codziennego darmowego autobusu do Cienfuegos.

Jeszcze lepiej będzie przyjechać z Cienfuegos rowerem.

El Nicho

Spory fragment lesistej Sierra del Escambray (łącznie z Pico de San Juan, najwyższym szczytem pasma – 1156 m n.p.m.) jest w prowincji Cienfuegos. Dostęp do obszaru chronionego wokół El Nicho koło Parque Natural Topes de Collantes jest ograniczony.

Do El Nicho prowadzi przez Cumanayagua piękna droga pełna widowiskowych zakrętów (*curvas*). *„Tienes más curvas que la carretera por Cumanayagua”* (masz piękniejszą linię niż droga do Cumanayagua) – komplementują swoje *chicas* (dziewczyny) zachwyceni *chicos* (chłopcy). Warto wybrać się na wycieczkę z Cienfuegos, żeby zobaczyć wodospady (zawsze oblegane przez turystów).

Zwiedzanie

El Nicho PARK

(10 CUC; ⏲8.00–17.00) Park przyrodniczy El Nicho znajduje się 30 km od Topes de Collantes i 2 km od jeziora Hanabanilla. Turyści przybywają tutaj podziwiać kaskady (wys. 30 m) źródła El Negro (które wypływa z jaskini El Calvo), pływać w naturalnych studniach i przemierzać krótkie i strome szlaki (dobrze oznaczone), prowadzące do punktu widokowego (*mirador*), z panoramą zalesionych gór Escambray i Embalse Hanabanilla. Można tu obserwować ptaki, a potem zrelaksować się w ogromnej **restaurant** (dania główne 5,50 CUC; ⏲12.00–17.00).

Przyjazd i wyjazd

Nie ma żadnego pewnego transportu publicznego do El Nicho. Najlepiej wynająć taksówkę z Cienfuegos (ok. 50 CUC, z 2 godzinami postoju). Wycieczki na pół dnia można zorganizować w Cubanacán (s. 241) w Cienfuegos, które oferuje też wyprawy do El Nicho z odwiezieniem do Trinidadu.

Dysponując własnym transportem, można przejechać góry całkiem niezłą drogą, do Saltos de Hanabanilla (wodospadów) w prowincji Villa Clara.

Wybrzeże karaibskie

Na wschodzie, w kierunku Trinidadu w prowincji Sancti Spíritus, rozciągają się widokówkowe krajobrazy postrzępionych wierzchołków Sierra del Escambray i nadmorskiej drogi. W ukrytych w morzu koralowych rafach oczekuje nurków wspaniała przygoda.

Aktywnie

Ośrodek nurkowy Guajimico NURKOWANIE
(☎43-42-06-46; Carretera de Trinidad Km 42) W odróżnieniu od innych *campismos*, Villa Guajimico ma własny ośrodek z 26 miejscami do nurkowania przy pobliskiej rafie koralowej. Guajimico w języku rdzennych plemion oznacza „miejsce, gdzie są ryby" i rzeczywiście żyją tu egzotyczne gatunki morskiej fauny. Miejsca nurkowe znajdują się blisko brzegu, a sześć z nich jest w otoczonej lasem zatoczce. W recepcji uzyskamy informacje o regionie i cenach usług.

Hacienda la Vega JAZDA KONNA
(Carretera de Trinidad Km 52; 1 godz. 6 CUC) Sielankowa hacjenda, przy głównej drodze, ok. 9 km na wschód od Villa Guajimico, otoczona drzewami owocowymi, posiada też restaurację serwującą kubańskie specjały (5–10 CUC) – dobre miejsce na relaks po obiedzie. Można tu wynająć konie i pogalopować na pobliską plażę, Caleta de Castro, i ponurkować z rurką (sprzęt we własnym zakresie).

Noclegi i gastronomia

Villa Guajimico DOMKI $
(☎43-42-06-46; Carretera de Trinidad Km 42; 1-os. 22–25 CUC, 2-os. 38–44 CUC; P ❄ ≋) Jeden z najbardziej luksusowych *campismos* zarządzanych przez Cubamar. 51 atrakcyjnych domków, bajecznie położonych nad morzem, z udogodnieniami jak w trzygwiazdkowym hotelu. Ulubiona baza nurków. Są też do wynajęcia rowery, samochody, można popływać katamaranem lub kajakiem, przemierzać krótkie szlaki wędrowne. Przejeżdżają tędy autobusy Cienfuegos – Trinidad. Miejsce to odwiedzają także Kubańczycy.

Villa Yaguanabo DOMKI $$
(☎43-54-19-05; Carretera de Trinidad Km 55; 1-/2-os. ze śniadaniem 78/92 CUC; P ❄) Niezbyt rozreklamowana (choć droga) *Villa Yaguanabo* znajduje się blisko Trinidadu, na pięknym wybrzeżu przy ujściu Río Yaguanabo. Skromne czyste pokoje motelowe w pobliżu zacisznej plaży.

Ten zaskakująco porządny hotel jest dogodną bazą wypraw. Można popłynąć łodzią (3 CUC) 2 km w górę rzeki do Valle de Iguanas („dolina iguan"); są tam źródła termalne, stadnina koni, szlaki wędrowne na pogórzu lesistej Sierra del Escambray. Prywatna restauracja (*Casa Verde*), przy głównej drodze, naprzeciwko hotelu, zapewnia smaczne obiady i kolacje.

1. Pomnik Joségo Martí (s. 79) W Parque Central w Hawanie, pierwszy z tysięcy pomników bohatera walki o niepodległość.

2. Iglesia de Santa Ana (s. 280) Kościół w Trinidadzie, w najlepiej zachowanym hiszpańskim kolonialnym mieście Kuby.

3. Iglesia del Sagrado Corazón de Jesús (s. 325) Kościół w Camagüey: witraże, dekoracje z kutego żelaza, gotyckie ostrołuki.

4. Hawana (s. 62) Ponad 900 zabytkowych budowli w dzielnicy Habana Vieja, od barokowych po ekstrawaganckie art déco.

LENA WURM/SHUTTERSTOCK ©

HEIKONEUMANNPHOTOGRAPHY/SHUTTERSTOCK ©

LENA WURM/SHUTTERSTOCK ©

Prowincja Villa Clara

Spis treści ➡

NAJ: Gastronomia

- ➡ Restaurante Florida Center (s. 262)
- ➡ La Pirámide (s. 268)
- ➡ La Taberna (s. 270)
- ➡ Restaurante Casona Jover (s. 262)

NAJ: Noclegi

- ➡ Hostal Camino del Príncipe (s. 268)
- ➡ Meliá Buenavista (s. 271)
- ➡ „Villa Colonial" – Frank y Arelys (s. 267)
- ➡ Iberostar Ensenachos (s. 272)

Dokąd jechać?

Jakie słowo kojarzy się z Villa Clara, jedną z najbardziej zróżnicowanych prowincji w kraju? Może „rewolucja"? I nie tylko dlatego, że Che Guevara wyzwolił jej stolicę, Santa Clara, spod władzy skorumpowanej administracji Batisty, co dało początek trwającym ponad pół wieku rządom braci Castro. Bynajmniej. Ukulturalniona Santa Clara kroczy w krajowej awangardzie (goszcząc jedyne w kraju „drag show" i najważniejszy festiwal rockowy), a malownicze kolonialne miasteczko Remedios oraz Cayerías del Norte (archipelag małych wysepek – *cayos*) przeżywają boom turystyczny.

Che odcisnął niezatarte piętno na tym regionie. Ale oprócz związanych z nim miejsc, do przyjazdu tutaj powinna zachęcić najbardziej szalona impreza uliczna (Remedios) w kraju, lśniące szczyty Escambray i liczne atrakcje (w okolicach Embalse de Hanabanilla) oraz plaże z białym piaskiem na północnym wybrzeżu (Cayo Santa María).

Kiedy jechać?

- ➡ Najlepiej przyjechać do Villa Clara w grudniu, zwłaszcza w Wigilię. W Remedios odbywa się najgorętsza na całych Karaibach impreza uliczna. Rezerwacja nieodzowna – będzie wielu chętnych.
- ➡ Szczyt sezonu na Cayerías del Norte przypada na okres grudzień – marzec, wtedy rzadko pada deszcz.
- ➡ Listopad to dobry czas na zwiedzenie Santa Clara i uczestniczenie w jednym z najbardziej unikatowych i „rewolucyjnych" festiwali na Kubie, Ciudad Metal (festiwal kubańskiego rocka).

NAJ: Prowincja Villa Clar

1 **Santa Clara** (s. 256) Pobyt w pałacowej *casa particular*, wieczór w kultowym klubie Mejunje oraz podążanie śladem legendy Ernesta Che Guevary.

2 **Embalse Hanabanilla** (s. 265) Piesze szlaki, jeziorka, w których można się kąpać, i odpoczynek w zaciszu nad cudownym jeziorem otoczonym górami.

3 **Remedios** (s. 266) Obserwowanie życia ulicy z kawiarni w odrestaurowanym niedawno kolonialnym miasteczku.

4 **Caibarién** (s. 270) Wszystko to, o czym prowincjonalna rada turystyki zapomniała wspomnieć, w zaniedbanym, ale pogodnym nadmorskim miasteczku.

5 **Cayo Santa María** (s. 271) Rozkoszowanie się słońcem na Playa Las Gaviotas, jednej z ostatnich publicznych plaż na Cayo Santa María.

Santa Clara

239 000 MIESZK.

Wybacz, Hawano, ale najbardziej rewolucyjnym miastem Kuby jest Santa Clara – i nie tylko z racji jej uwielbienia dla argentyńskiego lekarza, który stał się *guerrillero* Che Guevarą. Miasto leżące w geograficznym sercu Kuby słynie z nowych trendów i nieograniczonej kreatywności, gdzie niespokojna kultura młodzieżowa przekracza granice panującej w kraju cenzury.

Wyjątkowa oferta miasta Santa Clara to m.in. jedyny w kraju oficjalny „drag show", stowarzyszenie artystów grafików tworzących satyrę polityczną, oraz najlepszy festiwal rockowy na Kubie: Ciudad Metal. Charakter miasta ukształtowała też obecność najbardziej prestiżowego poza Hawaną uniwersytetu w kraju oraz związki z Che Guevarą, który wyzwolił Santa Clarę w 1958 r. i zapoczątkował tym samym upadek reżimu Batisty. Od tamtej pory wybuchają tu od czasu do czasu drobne rewolucje kulturalne.

Historia

Krzysztof Kolumb, pomyliwszy się o jakieś 10 000 mil, uznał, że Cubanacán (indiańska nazwa oznaczająca „środek Kuby"), wioska leżąca niegdyś opodal Santa Clara, była siedzibą chanów (Gran Can); stąd jego błędne przeświadczenie, że wylądował na wybrzeżu Azji. Właściwa Santa Clara została założona w 1689 r. przez 13 rodzin z Remedios, które zmęczyło ciągłe zainteresowanie ze strony piratów. Miasto szybko się rozrosło po pożarze Remedios w 1692 r., a w 1867 r. zostało stolicą prowincji Las Villas. Santa Clara, ważny ośrodek przemysłowy i komunikacyjny, słynęła przed rewolucją z fabryki coca-coli.

Santa Clara była pierwszym znaczącym miastem wyzwolonym w grudniu 1958 r. spod rządów Batisty. Są tu zakłady włókiennicze, kamieniołom marmuru oraz fabryka tytoniu Constantino Pérez Carrodegua.

Zwiedzanie

★Conjunto Escultórico Memorial Comandante Ernesto Che Guevara — POMNIK

(Plaza de la Revolución; ⌚mauzoleum i muzeum 9.30–16.00 wt.–nd.) BEZPŁ. Końcowy punkt wielu pielgrzymek – pomnik, mauzoleum i muzeum – znajduje się 2 km na zachód od Parque Vidal (ulica Rafael Tristá prowadzi na Av de los Desfiles), niedaleko dworca Víazul. Nawet osoby niedarzące sympatią Argentyńczyka, do którego wielu żywi religijne wręcz uczucia, będą pod wrażeniem ogromnego placu, rozciągającego się od jednego do drugiego końca szerokiej alei, ze stojącą na piedestale wysokości 16 m odlaną z brązu rzeźbą Che.

Pomnik wzniesiono w 1987 r., w 20. rocznicę śmierci Guevary; można go oglądać o każdej porze. Za pomnikiem jest mauzoleum z 38 wyciętymi w kamieniu niszami, w których pochowano partyzantów zabitych podczas nieudanej rewolucji w Boliwii. W 1997 r. szczątki 17 z nich, m.in. Guevary, zostały wydobyte z anonimowego grobu w Boliwii i tutaj pochowane. 17 X 1997 r. Fidel Castro zapalił wieczny znicz. Muzeum przechowuje pamiątki po Che z różnych etapów jego życia (fotografie z rodzinnego domu, ubrania, broń, książki, które czytał, jego zapiski i wspomnienia itp.).

Najlepiej dość tu pieszo (20 min) lub za parę kubańskich *pesos* wsiąść do zaprzęgu konnego na calle Marta Abreu, koło katedry.

Museo Provincial Abel Santamaría — MUZEUM

(☎42-20-30-41; 1 CUC; ⌚8.30–17.00 pn.–pt., do 12.00 sb.) Nie jest to właściwie muzeum poświęcone Ablowi Santamaríi (prawej ręce Fidela w Moncada), ale raczej muzeum prowincji. Zajmuje dawne koszary wojsk Batisty, które poddały się 1 stycznia 1959 r. Che Guevarze. Kompletne i dobrze opisane (po hiszpańsku) wystawy, z licznymi zdjęciami, dokumentują ekscytującą historię miasta Santa Clara i prowincji. Na parterze jest mniej interesująca wystawa wypchanych zwierząt.

Muzeum znajduje się na wzgórzu, na północnym krańcu ulicy Esquerra, za rzeką Bélico. Jest to ogromny kremowy budynek za pastwiskiem dla koni.

Catedral de las Santas Hermanas de Santa Clara de Asís — KATEDRA

(calle Marta Abreu) Katedra – trzy przecznice na zachód od Parque Vidal – została wzniesiona w kontrowersyjnej atmosferze w 1923 r. po zburzeniu kościoła w Parque Vidal. Są w niej fantastyczne witraże, dekoracje w stylu art déco oraz legendarna biała figura Matki Bożej, nazywana (nieoficjalnie) La Virgen de la Charca (NMP ze Stawu).

Figurę znaleziono w rowie w latach 80. XX w., po tym jak zniknęła w tajemniczych okolicznościach w 1954 r., wkrótce po konsekracji świątyni. W 1995 r. wróciła do katedry.

La Casa de la Ciudad OŚRODEK KULTURY
(☎42-20-55-93; róg Independencia i J.B. Zayas; ⌚8.00–17.00) BEZPŁ. Ośrodek życia kulturalnego miasta; gości wystawy Noches del Danzón (noce tańca *danzón*), zaimprowizowane wydarzenia muzyczne, jest też muzeum filmu i stała ekspozycja obrazów Wifreda Lama. Niedawno otwarte po remoncie.

Parque Vidal PLAC
Istny teatr w plenerze, nazwany ku czci pułkownika Leoncia Vidala y Caro, który zginął w Santa Clara 23 III 1896 r. Parque Vidal w czasach kolonialnych otoczono dwoma chodnikami, z płotem oddzielającym część dla białych i czarnych. Blizny po nowszym konflikcie widać na fasadzie zielonego hotelu *Santa Clara Libre* w zachodniej części parku: jest poorana dziurami po kulach z bitwy o miasto między oddziałami Guevary i Batisty w 1958 r.

Obecnie wszystkie barwy kubańskiej kulturowej tęczy mieszają się w tej najbardziej żywiołowej przestrzeni publicznej w kraju. Staruszkowie w *guayaberas* (koszule noszone na wierzch) plotkują na ocienionych ławkach, dzieci jeżdżą w wózkach ciągniętych przez kozy, na kamieniu stoi *El niño de la bota* (*Chłopiec z butem*, bohater powieści przygodowej Luisa Cabrery Delgado), jest też pomnik filantropki Marty Abreu. Od 1902 r. na parkowej estradzie w każdy czwartek i sobotę o 20.00 gra orkiestra miejska.

Monumento a la Toma del Tren Blindado POMNIK
(Pomnik Zdobycia Pociągu Pancernego; muzeum w wagonie 1 CUC, ⌚8.30–17.00 pn.–sb.) Tutaj 29 grudnia 1958 r. Ernesto Che Guevara i 18 uzbrojonych w karabiny młodych rewolucjonistów wykoleiło wojskowy pociąg pancerny, posłużywszy się pożyczonym buldożerem i koktajlami Mołotowa własnej produkcji.

Bitwa trwała 90 minut i niespodziewanie okazała się początkiem końca dyktatury Batisty, zwiastując ponad pół wieku rządów Fidela Castro. Wagon-muzeum – na wschód od Av Independencia, tuż za rzeką – stoi w miejscu wykolejonego pociągu, z którego wybiegło 350 uzbrojonych po zęby żołnierzy Batisty. Słynny buldożer umocowano na podeście koło wagonu.

Fábrica de Tabacos Constantino Pérez Carrodegua FABRYKA
(Maceo No 181, pomiędzy Julio Jover i Berenguer; 4 CUC; ⌚9.00–11.00 i 13.00–15.00) Fabryka cygar, jedna z najlepszych w kraju, produkuje słynne marki: Montecristo, Partagás oraz Romeo y Julieta. Oprowadzanie tutaj jest bardziej interesujące i prowadzone w wolniejszym tempie niż w Hawanie. Bilety warto kupić wcześniej w hotelu *Santa Clara Libre* (s. 261).

Po drugiej stronie ulicy jest La Veguita (s. 263), dobrze zaopatrzony sklepik firmowy, prowadzony przez zespół miłych i profesjonalnych ekspertów. Można tu kupić tani rum, a w barze wypić wyśmienitą kawę.

Teatro La Caridad TEATR, BUDYNEK ZABYTKOWY
(róg ulic Marta Abreu i Máximo Gómez) Skromna klasycystyczna fasada bywa często myląca. Wchodząc do środka (1 CUC), już wiadomo, dlaczego ten teatr z 1885 r. znalazł się w trójce najwspanialszych prowincjonalnych teatrów z epoki kolonialnej.

Ozdobne wnętrza są niemal identyczne jak w teatrach Tomás Terry w Cienfuegos i Sauto w Matanzas: trzy poziomy, audytorium w kształcie litery „U" i rzeźby z marmuru. Ukoronowaniem dekoracji jest fresk na suficie Filipińczyka Camila Zalayi.

Museo de Artes Decorativas MUZEUM
(Parque Vidal No 27; 2 CUC; ⌚9.00–18.00 nd.–czw., 13.00–22.00 pt. i sb.) Muzeum w XVIII-wiecznej rezydencji w Parque Vidal ewokuje atmosferę epoki kolonialnej i pierwszych lat republiki Kuby Prezentuje dekoracje wnętrz różnych stylów. Są tu barokowe biurka, wachlarze, ubiory, secesyjne lustra, meble art déco i reprodukcja obrazu *Poddanie Bredy* Veláqueza na talerzu z chińskiej porcelany. Muzyka kameralna dodaje wieczorami romantyzmu temu miejscu.

Iglesia de Nuestra Señora del Carmen KOŚCIÓŁ
(Carolina Rodríguez) Najstarszy kościół w mieście znajduje się pięć przecznic na północ od Parque Vidal. Zbudowano go w 1748 r., a 1846 r. dodano wieżę Podczas wojny o niepodległość Hiszpanie więzili w nim kubańskich patriotów. Cylindryczny pomnik zaznacza miejsce, gdzie w 1689 r. 13 rodzin z Remedios założyło miasto Santa Clara.

Estatua *Che y Niño* POMNIK
(Av Liberación) Pomnik *Che y Niño* (*Che z chłopcem*) przed Oficina de la Provincia

Santa Clara

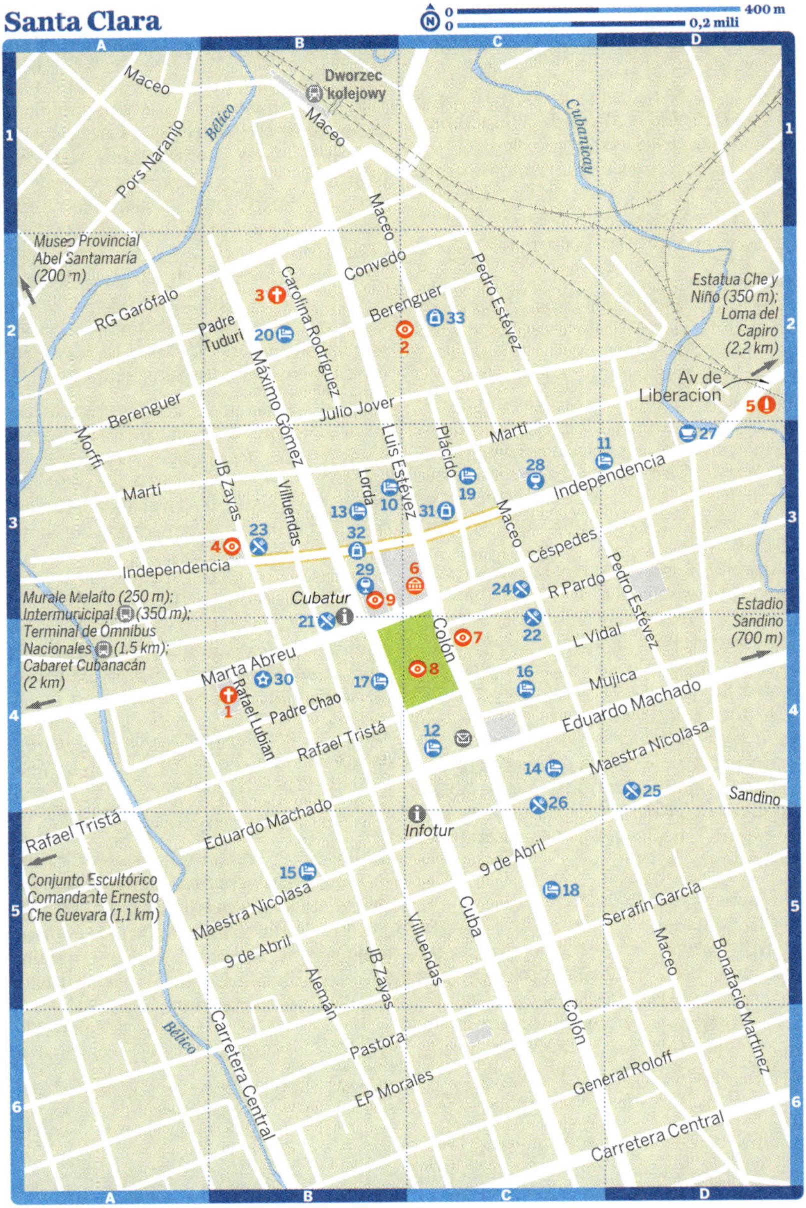

(PCC), 4 przecznice na wschód od Tren Blindado, jest bardziej kunsztowny od monumentu po drugiej stronie miasta. Chłopiec na ramieniu Che symbolizuje nowe rewolucyjne pokolenie.

Mniejsze rzeźby wkomponowane w mundur i dłonie Guevary przedstawiają punkty zwrotne w jego życiu; w sprzączce pasa znajdują się podobizny 38 partyzantów zabitych razem z nim w Boliwii.

Loma del Capiro PUNKT ORIENTACYJNY

Dwie przecznice na wschód od *pomnika Che y niño* droga w prawo prowadzi na Ca-

Santa Clara

Zwiedzanie
1 Catedral de las Santas Hermanas de Santa Clara de Asís ... B4
2 Fábrica de Tabacos Constantino Pérez Carrodegua ... C2
3 Iglesia de Nuestra Señora del Carmen ... B2
4 La Casa de la Ciudad ... B3
5 Monumento a la Toma del Tren Blindado ... D2
6 Museo de Artes Decorativas ... C3
7 Palacio Provincial ... C4
8 Parque Vidal ... C4
9 Teatro la Caridad ... B3

Noclegi
10 Authentica Pérgola ... B3
11 Casa Mercy 1938 ... D3
12 Hostal Alba ... C4
13 Hostal Familia Sarmiento ... B3
14 Hostal Florida Terrace ... C4
15 Hostal Marilin y Familia ... B5
16 Hotel América ... C4
17 Hotel Santa Clara Libre ... B4
18 La Casona Jover ... C5
19 Mary y Raicort ... C3
20 Olga Rivera Gómez ... B2

Gastronomia
21 Dinos Pizza ... B4
22 El Alba ... C4
23 El Gobernador ... B3
24 Empire ... C3
25 Panadería Doña Neli ... D4
26 Restaurante Florida Center ... C4
Restaurante Casona Jover ... (zob. 18)

Bary i życie nocne
27 Cafe-Museo Revolución ... D3
28 El Bar Club Boulevard ... C3
La Marquesina ... (zob. 9)
29 Santa Rosalia ... B3

Rozrywka
30 Club Mejunje ... B4

Zakupy
31 ARTex ... C3
32 Boulevard ... B3
33 La Veguita ... C2

piro. Na wzgórzu powiewa flaga, stoją słupy otoczone pierścieniem z wizerunkiem znanej twarzy... tak, tak, Che Guevary. Loma była punktem obserwacyjnym jego oddziałów w 1958 r.

Na wzgórzu jest też pomnik Jana Pawła II, usytuowany w miejscu, gdzie papież celebrował mszę św. w 1998 r.

Palacio Provincial SŁYNNY BUDYNEK
(Parque Vidal) Wschodni bok Parque Vidal zdobią masywne kolumny klasycystycznego Palacio Provincial (1902 r.), który obecnie zajmuje **Biblioteka Martí** (9.00–17.00), mająca w zbiorach cenne białe kruki.

Festiwale i wydarzenia

Doroczne wydarzenia na skalę rewolucyjną to m.in. Miss Travesti, marcowa impreza w stylu „Miss World" dla transwestytów, i listopadowa Ciudad Metal, kiedy to w różnych miejscach w całym mieście dudnią zespoły rockowe.

Noclegi

★ **Hostal Familia Sarmiento** CASA PARTICULAR $
(42-20-35-10; www.santaclarahostel.com; Lorda No 56, pomiędzy Martí a Independencia; pokój 25–35 CUC;) Sarmiento to dwa obiekty noclegowe po przeciwnych stronach ulicy: tradycyjna rodzinna *casa particular* oraz elegancki hotel butikowy. Ten drugi ma recepcję i całodobowy bar. W obu jest razem osiem pokojów, wszystkie z łazienkami.

Gospodyni Elizabeth to fantastyczna kucharka, a gospodarz Carlos, kierowca i fotograf, jest skarbnicą wiedzy o Kubie. Wi-Fi; język angielski w użyciu.

★ **Hostal Florida Terrace** CASA PARTICULAR $
(42-22-15-80; florida.terrace59@gmail.com; Maestra Nicolasa No 59, pomiędzy Maceo i Colón; pokój 30–35 CUC; P) Ładnie urządzona *casa particular* podobna do hotelu, współpracuje z restauracją *Florida Center* po drugiej stronie drogi. Ma więcej kondygnacji (4) niż większość *casas particulares* pokojów. Elegancka kolonialna dekoracja, z nutką stylu art déco, budzi podziw, a 6 pokojów z zabytkowymi łóżkami to górna półka. Na górze bar i *mirador* (punkt widokowy) z piękną panoramą miasta.

W użyciu angielski, francuski i włoski.

Casa Mercy 1938 CASA PARTICULAR $
(42-21-69-41; casamercy@gmail.com; Independencia No 253, pomiędzy Estévez i Gutiérrez; pokój 30–35 CUC;) Nazwa może kojarzyć się z inną epoką, ale ten cudowny hotelik w stylu kolonialnym został niedawno ponownie otwarty po renowacji. Detale są spektakularne, np. fontanna w stylu sewilskim na tle

CHE GUEVARA: JEGO ŻYCIE I EPOKA

Niewiele XX-wiecznych postaci podzieliło opinię publiczną tak bardzo, jak Ernesto Guevara de la Serna, którego szczątki spoczywają teraz w mauzoleum (s. 256) w Santa Clara. Znany wśród przyjaciół i wrogów jako Che, jest symbolem wyzwolenia krajów Trzeciego Świata. Bohater z Sierra Maestra był zarazem najbardziej poszukiwanym przez CIA człowiekiem. Podobizna tego przystojnego i często niezrozumianego argentyńskiego lekarza, który został *guerrillero*, wciąż pojawia się na plakatach i pamiątkach turystycznych sprzedawanych na Kubie. Ciekawe, co by pomyślał o tej rozbuchanej komercjalizacji?

Urodzony w czerwcu 1928 r. w Rosario, w Argentynie, pochodził z bogatej rodziny irlandzko-hiszpańskiej. Ernesto był delikatnym i chorowitym dzieckiem – w wieku dwóch lat zachorował na astmę. Pragnienie pokonania choroby zrodziło w chłopcu siłę woli, która tworzyła bariery między nim a otoczeniem.

Skory do rywalizacji, zapalony sportowiec (m.in. grał w rugby), młody Ernesto zyskał przydomek „Fuser" (skrót od Furibundo [furiat] Serna [jego drugie nazwisko]). Po ukończeniu medycyny na uniwersytecie w Buenos Aires, w 1953 r., zrezygnował z kariery lekarza na rzecz kontynentalnej odysei motocyklowej w towarzystwie przyjaciela, Alberta Granado. Ich wędrówka, opisana w pamiętnikach (*Dzienniki motocyklowe*, II wyd. 2005 r.), otworzyła oczy Guevary na przytłaczającą biedę i niesprawiedliwość społeczną, tak częste w Ameryce Łacińskiej lat 50. XX w.

Zanim Guevara przybył do Gwatemali w przededniu wspieranego przez USA zamachu stanu przeciwko lewicowemu rządowi Jacoba Arbenza, w 1954 r., z entuzjazmem pochłaniał dzieła Marksa i pielęgnował głęboko zakorzenioną nienawiść do Stanów Zjednoczonych. Po deportacji do Meksyku za popieranie Arbenza, Guevara spotkał się z grupą Kubańczyków – wśród nich był uczestnik akcji w Koszarach Moncada, Raúl Castro. Będąc pod wrażeniem intelektu i niezachwianych przekonań politycznych Argentyńczyka, Raúl – długoletni członek Partii Komunistycznej Kuby – postanowił przedstawić go swojemu charyzmatycznemu bratu, Fidelowi.

Spotkanie dwóch mężczyzn w domu Maríi Antonii Sánchez w mieście Meksyk, w czerwcu 1955 r., trwało 10 godzin i zmieniło bieg historii. Rzadko kiedy dwie osoby uzupełniałyby się tak dobrze, jak w gorącej wodzie kąpany Castro i spokojniejszy, ideologicznie wyszlifowany Che. Obaj byli dziećmi z uprzywilejowanych rodzin i obaj porzucili spokojne życie dla walki i rewolucji. Co więcej, obaj mieli niewiele do zyskania, a wiele do stracenia, gdy odrzucili swoje kariery zawodowe na rzecz tego, co większość uznałaby za przejaw naiwności i głupoty.

W grudniu 1956 r. Che wypłynął na Kubę na pokładzie jachtu o nazwie „Granma" („Babcia") jako lekarz grupy rewolucjonistów. Po wylądowaniu przy Playa Las Coloradas i potyczkach z oddziałami Batisty przeżyło zaledwie 12 z 82 rewolucjonistów, wśród nich Che, który objawił się jako nieustraszony, dający przykład innym bojownik, zyskując zaufanie swoich mniej odważnych kubańskich towarzyszy. W rezultacie, w lipcu 1957 r. Castro mianował go komendantem, a już w grudniu 1958 r. Che spłacił dług wdzięczności podczas bitwy o miasto Santa Clara, która stała się zalążkiem triumfu rewolucji.

Guevara uzyskał kubańskie obywatelstwo w lutym 1959 r.; jako prezes Banku Narodowego i minister przemysłu stworzył plan reform gospodarczych. Jego pracowitość i udział w organizowanych z entuzjazmem czynach społecznych w weekendy szybko uczyniły go kubańskim wzorem Nowego Człowieka.

Jednakże sielanka nie trwała długo. W 1965 r. Guevara zniknął z kubańskiego życia politycznego w otoczce plotek i mitów, by pojawić się tym razem w Boliwii pod koniec 1966 r., na czele niewielkiej grupy kubańskich *guerrilleros*. Po udanej zasadzce na boliwijskich żołnierzy w marcu 1967 r. Che wezwał kraje Ameryki Łacińskiej do walki z imperializmem Stanów Zjednoczonych. Takie śmiałe oświadczenia mogły mu przynieść jedynie zgubę. 8 października 1967 r. został schwytany przez żołnierzy boliwijskich. Po konsultacjach wojskowych z przywódcami w La Paz i w Waszyngtonie został następnego dnia zastrzelony w obecności doradców z USA. W 1997 r. jego szczątki przewieziono na Kubę.

centralnego patio. Właściciele mieszkają gdzie indziej, ale jest tu obsługa, dwa duże pokoje oraz dużo przestrzeni wspólnej – m.in. wspomniane patio.

Auténtica Pérgola CASA PARTICULAR $
(☎42-20-86-86; carmen64@yahoo.es; Luis Estévez No 61, pomiędzy Independencia i Martí; pokój 30 CUC; ❄) *Pérgola* ma kilka ogromnych pokojów z widokiem na – podobne jak w Alhambrze – wewnętrzne patio z mnóstwem zieleni i fontanną. Właściwie wszystko tutaj jest zabytkowe, łącznie z sypialniami. Jest taras dachowy z restauracją *La Aldaba*, otwartą także dla gości spoza hotelu.

La Casona Jover CASA PARTICULAR $
(☎42-20-44-58; almiqui2009@yahoo.es; Colón No 167, pomiędzy 9 de Abril i Serafín García; pokój 30–35 CUC; ❄) Pięć ogromnych kolonialnych pokojów z dala od drogi i taras pełen roślin to atuty, dzięki którym *Jover* znajduje się wśród najlepszych obiektów noclegowych w Santa Clara.

Hostal Marilin y Familia CASA PARTICULAR $
(☎42-20-76-55; marilin1103@gmail.com; 116 Maestra Nicolasa, pomiędzy Alemán i J.B. Zayas; pokój 25–30 CUC; ❄📶) Czarująca *casa* z trzema sypialniami (jedna duża rodzinna), zielonym podwórzem na tyłach, tarasem od frontu oraz – co niespotykane – klasyczną palarnią. Specjalizacją *Marilin* są cygara: rozpoznaje najdrobniejsze różnice pomiędzy markami Cohiba, Montecristo itd.

Olga Rivera Gómez CASA PARTICULAR $
(☎42-21-17-11; Evangelista Yanes No 20, pomiędzy Máximo Gómez i Carolina Rodríguez; pokój 25 CUC; ❄) Z bajecznego tarasu goście mogą napawać się widokami najpiękniejszego kościoła w mieście; dwa pokoje poniżej są duże i czyste.

Mary y Raicort CASA PARTICULAR $
(☎42-20-70-69; Placído No 54, pomiędzy Independencia i Martí; pokój 20–25 CUC; ❄) Urocze dwa pokoje na piętrze (jeden pokój z balkonem) i chyba najbardziej owocowe *desayuno* (śniadanie) w mieście. Strome schody prowadzą na pięknie ozdobiony taras dachowy. Energiczna gospodyni, Mary, to kolejny powód, żeby się tu zatrzymać!

Hostal Alba CASA PARTICULAR $
(☎42-29-41-08; Eduardo Machado No 7, pomiędzy Cuba i Colón; pokój 30–35 CUC; ❄) Architektoniczny klejnot – jedną przecznicę od głównego placu – ze staromodnymi łóżkami, oryginalnymi płytkami i patio. Serwują tu przepyszne śniadania. Sympatyczny właściciel, Wifredo, to szef kuchni w restauracji *Florida Center*!

Villa Los Caneyes HOTEL $$
(☎42-20-45-13; róg Av de los Eucaliptos i Circunvalación de Santa Clara; 1-/2-os. 85/120 CUC; P❄@🏊) Odrestaurowany niedawno hotel za miastem to opcja warta rozważenia, zwłaszcza dla osób ceniących ciszę i spokój. Imitacja indiańskiej wioski, *Los Caneyes*, liczy 95 *bohíos* (chat krytych strzechą) w otoczeniu bujnej zieleni i śpiewających ptaków. Dobra restauracja, basen, dobrze zaopatrzony bar oraz sklep pamiątkarski. 3 km od Santa Clara. Przybywają tu liczne wycieczki autokarowe.

Dojechać tu można przedłużeniem Marta Abreu, nad Carretera Central.

Hotel Santa Clara Libre HOTEL $$
(☎42-20-75-48; Parque Vidal; 1-/2-os. 62/70 CUC) Jest to może i najwyższy budynek w mieście, ale pokoje i udogodnienia nie mają tak wysokiej renomy. Jednakże hotel ma swoją historię. Na fasadzie wciąż widać dziury po kulach – następstwo bitwy w 1958 r. między oddziałami Che Guevary a siłami rządowymi.

Hotel América HOTEL $$$
(☎42-20-15-85; Mujica, pomiędzy Colón i Maceo; pokój 156 CUC; ❄@🏊) Otwarty w 2012 r.; pierwszy hotel w centrum, który poleciłoby się znajomym, chociaż nie sposób nazwać go „butikowym". Jest nowy, ma pewne interesujące detale (np. metalowe balustrady na klatce schodowej), personel stara się zadowolić gości. Jest tu 27 pokojów, porządny bar (nie tylko dla gości hotelowych) i niewielki odkryty basen.

Gastronomia

Empire KANAPKI $
(róg R. Pardo i Maceo; kanapki 0,80–1,50 CUC; ⏲10.00–2.00) Skromna prywatna kawiarnia w ruchliwym zakątku, odwiedzana głównie przez miejscowych. Świetny lokal na grillowaną kanapkę z serem i *café bombón* (espresso ze skondensowanym mlekiem). Miła obsługa.

El Alba KUCHNIA KUBAŃSKA $
(☎42-20-39-35; róg Maceo i R. Pardo; 35–95 MN; ⏲12.00–23.00) Tanie jedzenie, duże porcje, sprzedawane za kubańskie *pesos*. Odpowiedni adres przy ograniczonym budżecie.

Casa del Gobernador KUCHNIA KUBAŃSKA $
(róg Independencia i J.B. Zayas; dania główne 3–8 CUC; ⏲11.00–17.00 i 19.00–23.30) W nowej epoce prywatnych lokali, państwowe jadłodajnie muszą walczyć z konkurencją. Restauracja urządzona w wytwornym domu urzędującego gubernatora, umeblowana w stylu kolonialnym, z dziełami sztuki na ścianach, mięsa oraz ryby są smaczne.

Panadería Doña Neli PIEKARNIA $
(róg Maceo Sur i 9 de Abril; pieczywo/przekąski około 1 CUC; ⏲7.00–18.00) Piekarnia wyróżnia się kolorytem wśród surowych witryn sklepowych przy calle Maceo; ma dosyć stolików, przy których można raczyć się aromatycznym plackiem owocowym i najlepszym cappuccino w Santa Clara.

Dinos Pizza KAFETERIA $
(Marta Abreu No 10, pomiędzy Villuendas i Cuba; pizza 3–6 CUC; ⏲10.00–22.00) Tutejsza filia kubańskiej minisieci kafejek; przyjemny barek, klimatyzacja i sympatyczna obsługa. Przesiadują tu studenci, a pizza w sam raz dla osób z ograniczonym budżetem.

★ **Restaurante Florida Center** KUCHNIA KUBAŃSKA, FUSION $$
(☎42-20-81-61; Maestra Nicolasa No 56, pomiędzy Colón i Maceo; dania główne 10–15 CUC; ⏲18.00–20.30) Najlepsza restauracja w mieście. Posiłki podawane są na kolonialnym dziedzińcu, udekorowanym roślinnością, oświetlonym świeczkami, pełnym interesujących antyków. Właściciel, Ángel, pracuje na równi z obsługą i doradza po angielsku, francusku, włosku i hiszpańsku. Naj: homar z krewetkami w kwaskowatym sosie pomidorowym.

Restaurante Casona Jover KUCHNIA MIĘDZYNARODOWA $$
(☎42-20-44-58; Colón No 167, pomiędzy 9 de Abril i Serafín García; dania główne 8 CUC; ⏲12.00–22.00) Długoletni najemca *casa particular*, który postanowił zaistnieć na scenie kulinarnej; Jover mieści się w uroczym kolonialnym budynku z 1867 r., z patio; specjalność: kurczak w miodzie. Warto spróbować!

Bary i życie nocne

Za sprawą dużej rzeszy studentów Santa Clara ma najlepsze nocne życie w kraju, nie licząc Hawany – i nie tylko w sensie konwencjonalnym. Jest tu środowisko gejowskie i liczny kontyngent *roqueros* (muzyków rockowych). Życie nocne toczy się głównie na i wokół Parque Vidal, chociaż jest też kilka innych lokali, np. nowa scena kabaretowa.

★ **La Marquesina** BAR
(Parque Vidal, pomiędzy Máximo Gómez i Lorda; ⏲9.00–1.00) W kultowym barze pod werandami równie kultowego Teatro La Caridad, na rogu Parque Vidal, można pogadać i wypić zimne piwo z miejscowymi wszelkiej maści. Klientela to istny kalejdoskop – studenci, przedstawiciele bohemy, pracownicy wytwórni cygar, kierowcy taksówek rowerowych. Regularnie rozbrzmiewa muzyka na żywo.

Café-Museo Revolución KAWIARNIA
(Independencia No 313; ⏲11.00–23.00) Santa Clara – miasto dla osób spragnionych rewolucji. Jedna już się wydarzyła, wzniecona przez Che Guevarę w 1958 r. Ta nowa kawiarnia to hołd złożony miejscowej (i ogólnokrajowej) rewolucyjnej przeszłości. Są tu fotografie, stare mundury i inne przedmioty, o które dba z uczuciem właściciel. Kawa i koktajle mleczne też są rewolucyjne.

Santa Rosalía BAR
(Máximo Gómez, pomiędzy Independencia i Marta Abreu; ⏲11.00–2.00) W państwowym kompleksie (*complejo*) Santa Rosalía jest restauracja, bar i szczególnie warta uwagi scena muzyczna (chociaż restauracja nie jest zła jak na lokal państwowy, ale w mieście można zjeść lepiej). Budynek kolonialny to sama radość, a duże patio na tyłach budynku robi się po zmroku nastrojowe. Około 22.00 zaczynają przygrywać kapele.

El Bar Club Boulevard KLUB
(Independencia No 2, pomiędzy Maceo i Pedro Estévez; 2 CUC; ⏲22.00–2.00 pn.–sb.) Słynny w Santa Clara bar koktajlowy organizuje koncerty, tańce i przedstawienia komediowe. Tańce zaczynają się około 23.00.

Rozrywka

★ **Club Mejunje** MUZYKA NA ŻYWO
(Marta Abreu No 107; ⏲16.00–1.00 wt.–nd.; 👪) Miejskie graffiti, teatrzyk dla dzieci, transwestyci, starzy piosenkarze wyśpiewujący bolera (ballady), turyści tańczący salsę. Witamy w Mejunje, w ruinach pozbawionego dachu budynku, opanowanego przez bujną roślinność. Jest to miejscowa instytucja, słynąca z wielu pomysłów, m.in. z pierwszego oficjalnego „drag show” (w każdą sobotnią noc) na Kubie.

LOKALNE SEKRETY

MELAÍTO – SATYRA I SZTUKA ULICZNA

Chociaż *socialismo* na Kubie to nie zawsze beczka śmiechu, rewolucja nie zdołała całkowicie wykorzenić humoru politycznego – przynajmniej nie w Santa Clara, gdzie powstało czasopismo „Melaíto", które od ponad 50 lat publikuje prace czołowych kubańskich karykaturzystów i artystów grafików. Założono je w 1968 r. jako pismo propagandowe w lekkim tonie, które miało wesprzeć zbliżającą się „Zafra de Diez Millones" (zbiory 10 milionów ton trzciny cukrowej); nazwa pisma pochodzi od imienia jednego z bohaterów, pechowego robotnika na plantacji trzciny o chińsko-kubańskim pochodzeniu. Po zakończeniu zbiorów magazyn pracował ciężko na utrzymanie swojej popularności, komentując z humorem wydarzenia polityczne. Do lat 70. XX w. zyskał już status stałego dodatku do lokalnej gazety w Villa Clara, „Vanguardia" i utrzymuje go do dziś, głównie dzięki talentom rysowników, którzy należą do najlepszych na Kubie.

W ostatnich latach „Melaíto" wstąpił też na grunt Internetu i sztuki ulicznej. Pracujący w nim artyści regularnie pojawiają się w miejscach publicznych w Santa Clara. Na **murale** (Carretera Central, pomiędzy ulicami Vidaurreta i Carlos Pichardo) przez nich wykonywane oddano ściany budynków przy Carretera Central. Rysunki są regularnie zmieniane. Podczas naszej ostatniej wizyty motywem przewodnim był pokój – żołnierze na obrazach mieli gołębie w lufach karabinów. Komentowano też humorystycznie kruche relacje Kuby z USA.

W każdy dzień (oprócz poniedziałków) można trafić na niezapomniane atrakcje „tylko w Santa Clara".

Cabaret Cubanacán KABARET
(Carretera Central, pomiędzy Caridad i Venecia; wstęp 5 CUC; ⏲10.00–15.00 śr.–nd.) Nowy i niepasujący do miasta lokal z dyskotekami w nocy, poprzedzanymi występami taneczno-wokalnymi w stylu kubańskim (w weekendy). Jeden z tych grzeczniejszych nocnych lokali.

Estadio Sandino WIDOWISKA SPORTOWE
(9 de Abril Final) Od października do kwietnia na stadionie, usytuowanym na wschód od centrum (idzie się Calle 9 de Abril), rozgrywane są mecze bejsbolowe. Villa Clara, nazwani od swych barw klubowych Las Naranjas (Pomarańcze), to jedna z lepszych drużyn na Kubie, mistrz kraju w 2013 r.

Zakupy

Independencia, pomiędzy Maceo i J.B. Zayas, to deptak handlowy zwany przez miejscowych „Bulwarem". Ośrodek życia miasta.

La Veguita CYGARA, RUM
(☎42-20-89-52; Maceo No 176a, pomiędzy Julio Jover i Berenguer; ⏲9.00–19.00 pn.–sb., 11.00–16.00 nd.) Sklep firmowy Fábrica de Tabacos Constantino Pérez Carrodegua, w którym pracuje zespół sympatycznych ekspertów. Można też kupić tani rum, a w barze na tyłach sprzedają dobrą kawę. Sklep jest naprzeciwko fabryki cygar (s. 257).

ARTex UPOMINKI I PAMIĄTKI
(Independencia, pomiędzy Luis Estévez i Plácido; ⏲9.00–17.00 pn.–sb., do 12.00 nd.) Sklep na miejskim Bulwarze sprzedaje rękodzieło i zwyczajowe pamiątki; obowiązkowo mnóstwo koszulek i kubków z Che Guevarą.

Informacja

DOSTĘP DO INTERNETU

Etecsa Telepunto (Marta Abreu No 55, pomiędzy Máximo Gómez i Villuendas; Internet 1 godz. 1,50 CUC; ⏲8.30–19.00) Osiem stanowisk z Internetem i trzy budki telefoniczne.

Parque Vidal Jest Wi-Fi.

USŁUGI MEDYCZNE

Farmacia Internacional (Parque Vidal; ⏲8.30–17.00) W hotelu *Santa Clara Libre*.

Hospital Arnaldo Milián Castro (☎42-46049; pomiędzy Circunvalación i Av 26 de Julio) Na południowy wschód od centrum, na północny zachód od *circunvalación* (obwodnicy). Nazywany też Hospital Nuevo. Najlepsza opcja dla obcokrajowców.

PIENIĄDZE

Banco Financiero Internacional (Cuba No 6, róg Rafael Tristá; ⏲9.00–15.00 pn.–pt.) Jest bankomat.

Cadeca (róg Rafael Tristá i Cuba; ⏲8.30–20.00 pn.–sb., do 11.30 nd.) Najlepszy kantor. Na rogu głównego placu; otwarte do późna.

POCZTA

Urząd pocztowy (Colón No 10, pomiędzy Machado i Parque Vidal; ⌚8.00–18.00 pn.–sb., do 12.00 nd.)

INFORMACJA TURYSTYCZNA

Cubanacán (☎42-20-51-89; Colón, róg Maestra Nicolasa; ⌚8.00–20.00 pn.–sb.)

Cubatur (☎42-20-89-80; Marta Abreu No 10, pomiędzy Máximo Gómez i Villuendas; ⌚9.00–12.00 i 13.00–20.00) Rezerwacja wycieczki do fabryki cygar.

Infotur (☎42-20-13-52; Cuba No 68, pomiędzy Machado i Maestra Nicolasa; ⌚8.30–17.00) Przydatne mapy i broszury w wielu językach.

Przyjazd i wyjazd

SAMOLOT

Lotnisko Abel Santamaría (☎42-22-75-25; przy Rte 311) obsługuje kilka lotów tygodniowo z Montrealu, Toronto i Calgary oraz loty Copa Airlines z miasta Panama we wtorki i niedziele. Obecnie trzecie najważniejsze lotnisko w kraju. Nie ma połączeń z Hawaną.

AUTOBUS

Terminal de Ómnibus Nacionales (☎42-20-34-70), również dworzec autobusów Víazul. Usytuowanie: 2,5 km na zachód od centrum, przy Carretera Central, w kierunku Matanzas, lub 500 m na północ od pomnika Che. Bilety na klimatyzowany autokar Víazul sprzedaje się w specjalnym okienku „dla obcokrajowców", przy wejściu.

Autobus do Santiago de Cuba jedzie przez Sancti Spíritus (6 CUC, 1 godz. 15 min), Ciego de Ávila (9 CUC, 2 godz. 30 min), Camagüey (15 CUC, 4 godz. 30 min), Holguín (26 CUC, 7 godz. 45 min) i Bayamo (26 CUC, 9 godz. 15 min).

Autobus do Cayo Santa María staje w Remedios (7 CUC, 1 godz.) i Caibarién (7 CUC, 1 godz. 15 min).

Dworzec autobusowy Intermunicipal (Carretera Central), na zachód od centrum, przy Calle Marta Abreu, ma tanie lokalne połączenia z Remedios, Caibarién i Manicaragua (do Embalse Hanabanilla). Transport autobusem lub ciężarówką pasażerską; tłoczno, rozkład jazdy niepewny.

Właściciele pensjonatów zazwyczaj znają rozkład albo dowiedzą się, jeśli się ich poprosi.

TAKSÓWKA

Colectivos (wspólne taksówki) kręcą się wokół Terminal de Ómnibus Nacionales, szukając klientów na kurs do Hawany. Najlepiej zatrzymać je tuż przed wyjazdem autobusu Víazul. Zawiozą pod wskazany adres w Hawanie w 3 godziny za 35 CUC (chyba że dobrze się potargujemy, ale odjeżdżają dopiero z kompletem pasażerów (4 osoby).

POCIĄG

Na **dworzec kolejowy** (☎42-19591) prowadzi ulica Luis Estévez, na północ od Parque Vidal. **Kasa biletowa** (Luis Estévez Norte No 323) znajduje się po drugiej stronie parku, od dworca.

Zatrzymują się tu nieprzewidywalne pociągi jadące do Santiago de Cuba przez Camagüey. W odwrotnym kierunku jadą do Hawany, zwykle przez Matanzas. Jeżdżą nieregularnie, są w złym stanie; korzysta z nich niewielu obcokrajowców.

Jak się poruszać na miejscu

Zaprzegi konne zbierają się przed katedrą na ulicy Marta Abreu (1 CUC za przejażdżkę). Taksówki rowerowe (w północno-zachodniej części parku) kosztują tyle samo. Za kurs taksówką z centrum do Terminal de Ómnibus Nacionales i na lotnisko płaci się 3/15 CUC.

SAMOCHÓD I MOTOROWER

Samochody wypożycza firma **Cubacar** (☎42-21-81-77; Marta Abreu, pomiędzy J.B. Zayas i Alemán; ⌚9.00–17.00), mająca oddziały w mieście, oraz w biurze **Rex** (☎42-22-22-44; ⌚8.30–17.30) na lotnisku.

Na południowy zachód od centrum miasta jest **stacja benzynowa** (róg Carretera Central i Calle 9 de Abril).

TAKSÓWKA

Prywatne taksówki czekające przed Terminal de Ómnibus Nacionales oferują kurs do Remedios i Caibarién. Kursy państwową taksówką kosztują odpowiednio ok. 30/35 CUC. Za kurs na Cayo

AUTOBUSY Z SANTA CLARA

KIERUNEK	CENA (CUC)	CZAS (GODZ.)	ODJAZDY
Cayo Santa María	13	2 godz. 30 min	11.30
Hawana	18	4	3.35, 8.40, 16.50
Santiago de Cuba	33	12 godz. 30 min	00.10, 1.45, 9.50, 19.00
Trinidad	8	3 godz. 30 min	10.30, 17.15
Varadero	11	3 godz. 15 min	7.50, 16.55

POZA UTARTYM SZLAKIEM

PIESZE WYCIECZKI WOKÓŁ JEZIORA HANABANILLA

W Sierra del Escambray wytyczono liczne piesze trasy. Te najbardziej dostępne i popularne rozpoczynają się od Topes de Collantes w prowincji Sancti Spíritus i uczęszczają je turyści kwaterujący w pobliskim Trinidadzie. Mniej zatłoczone są szlaki wokół Embalse Hanabanilla w prowincji Villa Clara, gdyż do większości z nich trzeba dopłynąć łodzią z hotelu *Hanabanilla* (s. 266). W hotelu można uzyskać więcej informacji na temat szlaków, jest tam też (bardzo) ogólna mapa ścienna. Przed hotelem czekają prywatni przewodnicy.

Ruta Natural por la Rivera Szlak Przyrodniczy przez Riwierę (wokół jeziora; dł. 3,4 km) prowadzi wśród plantacji kawy i bujnej roślinności, którą zdobią roje motyli.

Montaña por Dentro Trasa przez Góry (dł. 17 km) łączy Embalse Hanabanilla z wodospadem El Nicho w Sierra del Escambray od strony Cienfuegos. Warto pójść z przewodnikiem.

Un Reto a Loma Atahalaya Kompleksowa trasa Wyzwanie Loma Atalaya (dł. 12 km) łączy 700-metrową wspinaczkę na Loma Atahalaya (z panoramicznymi widokami na północ i południe), wędrówkę do wodospadu i wizytę w domu *campesino*. Szlak kończy się przy jaskini, La Cueva de Brollo.

Santa María płaci się ok. 70–80 CUC w jedną stronę. Opłatę za powrót z czekaniem można negocjować. Kierowcy zazwyczaj zbierają się w Parque Vidal, przed hotelem *Santa Clara Libre*.

Embalse Hanabanilla

Embalse Hanabanilla, główna brama prowincji do Sierra del Escambray, to liczący 36 km² rezerwuar, usytuowany pośród tradycyjnych gospodarstw i malowniczych zielonych wzgórz. Skrzące się jezioro przypomina fiord. Pływają w nim rekordowych rozmiarów okonie – wędkarze, łodziarze i miłośnicy przyrody mają frajdę. Są tu rzadko uczęszczane szlaki, odbywają się zorganizowane wycieczki. Najłatwiej można się dostać łodzią z hotelu *Hanabanilla*, przy północno-zachodnim brzegu jeziora, około 80 km drogą na południe z Santa Clara. Turystyka w tym rejonie wciąż jest w powijakach.

Aktywnie

Wędkarstwo

Złapano tu gigantycznego, 9-kilogramowego bassa wielkogębowego. W hotelu organizują wyprawy na ryby: dla dwóch osób z przewodnikiem – ceny od 50 CUC za 4 godziny.

Wyprawy łodzią

Łodzie przewożą pasażerów do Casa del Campesino (s. 266), oferującej kawę, świeże owoce i kawałek sielskiej Kuby (plus obiad na życzenie). Inna popularna wyprawa wiedzie do odległej o 7 km **restauracji Río Negro** (dania główne 5–6 CUC; ⌚9.00–17.00), u szczytu stromych schodów nad brzegiem jeziora. Można tu zjeść *comida criolla* (potrawy kreolskie) na łonie natury i wybrać się na *mirador* (punkt widokowy). 2 km łodzią od restauracji *Río Negro* znajduje się małe molo; chętni pójdą stamtąd 1 km do wodospadu Arroyo Trinitario i sobie popływają. Zaczyna się tu kilka szlaków. W zależności od czasu trwania i liczby pasażerów powrotna podróż kosztuje 10–20 CUC od osoby.

Mniej znana wycieczka łodzią (w sezonie) wiedzie do wodospadu El Nicho (s. 250), w prowincji Cienfuegos, przez południowo-zachodnią odnogę jeziora. Koszt w obie strony to około 35 CUC.

Atrakcje te organizuje się w hotelu *Hanabanilla*; można też zarezerwować całodzienną wyprawę (ok. 33 CUC z Santa Clara; 69 CUC z Cayo Santa María). Czekający za bramami hotelu miejscowi oferują wymienione wycieczki za niższe opłaty.

Noclegi i gastronomia

Hotel Hanabanilla HOTEL **$$**
(☎42-20-84-61; Salto de Hanabanilla; 1-/2-os. 72/83 CUC; P❄≋) Kolejny przykład funkcjonalnej kubańskiej architektury z lat 70. XX w., która szpeci niejedno piękne miejsce. Liczący 125 pokojów hotel *Hanabanilla* przechodzi regularne remonty, ale żaden z nich nie zdołał wymazać jej niepasującej do otoczenia brzydoty. Są tu jednak zadowalające udogodnienia, np. restauracja, basen, bar z widokami, pokoje z małymi balkonami od strony jeziora.

W tygodniu jest spokojnie, a na weekend zjeżdża się mnóstwo kubańskich gości. *Hanabanilla* to jedyny obiekt noclegowy w promieniu wielu mil i najlepsza baza atrakcji wodnych. Jedzie się z Manicaragua 13 km drogą nr 152 na zachód, na skrzyżowaniu trzeba skręcić w lewo (są drogowskazy do hotelu) i jechać 10 km tą drogą do hotelu.

Casa del Campesino KUCHNIA KUBAŃSKA **$$**
(obiad 8 CUC; ⌚w porze obiadowej) Do tradycyjnego drewnianego domostwa powyżej Embalse Hanabanilla, gdzie panowie ścinają owoce maczetami, a panie szykują ryż, wieprzowinę i fasolę w plenerowej kuchni, trzeba przypłynąć łodzią (nie ma innej drogi). Potrawy i otoczenie wspaniałe.

ℹ Przyjazd i wyjazd

Na wypisanym kredą rozkładzie jazdy w Santa Clara widnieją codzienne kursy do Manicaragua (ale trzeba się wcześniej upewnić). Teoretycznie z Manicaragua do Embalse Hanabanilla jeżdżą autobusy, jednak praktycznym środkiem transportu będzie samochód, rower lub motorower. Taksówkarze w Santa Clara oferują kurs za ok. 50 CUC w jedną stronę. Trzeba twardo negocjować, żeby kierowca poczekał i odwiózł z powrotem.

Remedios

45 836 MIESZK.

W Wigilię Bożego Narodzenia to spokojne miasteczko ogarnia szaleństwo *parrandas* – gwarnego festynu z fajerwerkami. Remedios, rzadko dostrzegany klejnot architektury kolonialnej, jest drugą najstarszą osadą na Kubie, która według źródeł historycznych została założona w 1513 r. Oficjalnie zajmuje 8. miejsce po Santiago de Cuba i w 2015 r. miasto dumnie obchodziło swoje pięćsetlecie. Rocznica przekształciła Remedios z zaniedbanego przystanku przy drodze na Cayo Santa María w turystyczny mini-Trinidad, z licznymi hotelami butikowymi, pięknie odrestaurowanym głównym placem (Plaza Martí) i wartymi uwagi jadłodajniami. Jednakże rzesze turystów jeszcze nie odkryły wspaniale odrodzonego miasta, zatem trzeba się pospieszyć z podróżą do Remedios, zanim się zorientują.

Zwiedzanie

★**Parroquia de San Juan Bautista de Remedios** KOŚCIÓŁ
(Camilo Cienfuegos No 20; datek; ⌚9.00–12.00 i 14.00–17.00 pn.–sb.) Jedna z najciekawszych budowli sakralnych na Kubie. Kościół parafialny pw. św. Jana Chrzciciela pochodzi z ok. 1550 r., chociaż duża jego część to rezultat przebudowy w XVIII w. Sufit w stylu *mudéjar* wykonano z kadłuba statku, a barokowy ołtarz główny z kubańskiego cedru i pokryto złotem płatkowym. Skarbem kościoła jest rzadko spotykana figura brzemiennej NMP Niepokalanego Poczęcia (*Virgen de la Inmaculada Concepción*) w stylu szkoły mistrzów sewilskich (w Hiszpanii) z XVIII w.

Inne ważne rzeźby to m.in. *San Salvador* (północna część) i *Virgen del Carmen* (południowa), patron i patronka dzielnic w Remedios, czczeni podczas grudniowych *parrandas*. Rzeźba *Virgen del Cobre* (patronki Kuby) to druga najstarsza na wyspie; oryginał znajduje się w Santiago de Cuba.

Do kościoła wchodzi się tylnymi drzwiami. Są tu osoby, które mogą oprowadzić po świątyni i wyjaśnić pochodzenie artefaktów.

Museo de las Parrandas Remedianas MUZEUM
(Andrés del Río No 74; 1 CUC; ⌚9.00–18.00) Wizyta w niedawno odnowionym i przeniesionym tu muzeum, dwie przecznice od Parque Martí, nie zastąpi prawdziwej fiesty w dniu 24 grudnia, ale co tam! Jest bogata wystawa fotograficzna, prezentująca *parrandas* z lat poprzednich oraz szczegółowe informacje na temat tej tradycji, ponadto modele ruchomych platform i objaśnienia dotyczące pokazów fajerwerków.

Iglesia de Nuestra Señora del Buen Viaje KOŚCIÓŁ
(Alejandro del Río No 66) Kościół Matki Bożej od Szczęśliwej Podróży w Parque Martí (jedynym placu na Kubie z dwoma katolickimi kościołami) wymaga remontu. Jest w nim figura NMP (pochodzi z Barcelony); wg legendy znaleźli ją w morzu rybacy w 1600 r.

Museo de Música Alejandro García Caturla MUZEUM
(Parque Martí No 5) Muzeum urządzono w domu – między kościołami na głównym placu – Alejandra Garcíi Caturli, kompozytora i muzyka (ur. w Remedios w 1906 r.), który mieszkał w nim od 1920 r. do śmierci w 1940 r. (został zamordowany). Łączył rytmy afrokubańskie z muzyką klasyczną; pracował też jako prawnik i sędzia. W muzeum odbywają się koncerty. Podczas naszej ostatniej wizyty muzeum było nieczynne.

NIE POMIŃ

LAS PARRANDAS

W XVIII w. ksiądz w katedrze w Remedios, Francisco Vigil de Quiñones, chcąc sprowadzić leniwych wiernych na poranną mszę w Wigilię Bożego Narodzenia, wpadł na genialny pomysł: rozdał dzieciom sztućce i garnki i polecił, żeby biegały po ulicach i hałasowały tak głośno, aż obudzą wszystkich mieszkańców. Nie wiedział nawet, co uczynił. Po upływie trzech stuleci *parrandas*, jak nazwano te hałaśliwe praktyki, przekształciły się w jedne z popularniejszych imprez ulicznych na Karaibach. Charakterystyczne dla dawnego regionu Las Villas, odbywają się obecnie w prowincjach Villa Clara, Ciego de Ávila i Sancti Spíritus każdego roku 24 grudnia. Najhuczniejszymi *parrandas* szczyci się miasto Remedios.

Impreza zaczyna się o godzinie 22.00 w dwóch starych dzielnicach: El Carmen i El Salvador. Potem mieszkańcy obu dzielnic konkurują z sobą w pokazach sztucznych ogni, śpiewach i tańcach, od rumby do polki. Druga część imprezy to parada ogromnych platform, podobnych do karnawałowych. Fantazyjnie przebrane grupy stoją na ozdobionych platformach, które ciągną traktory ulicami miasta. Na zakończenie w niebo znów wzlatują fajerwerki.

Parrandas odbywają się nie tylko w Remedios. Inne miasta dawnej prowincji Las Villas organizują własne imprezy. Różnią się od siebie, ale też mają elementy wspólne, m.in. fajerwerki, barwne platformy i oczywiście rywalizację między dzielnicami o miano najgłośniejszej, najbardziej kolorowej i najbardziej wymyślnej parady. Camajuani, Caibarién, Mayajigua i Chambas mają swoje (prawie) tak samo huczne *parrandas*.

Warto pamiętać, że w Remedios na miesiąc przed *parrandas* wszystko jest zarezerwowane. Kto nie może przyjechać na Wigilię, niewiele straci. Już od 8 grudnia odbywają się mniejsze imprezy poprzedzające.

Noclegi

Czterema hotelami butikowymi marki „Encanto", w odrestaurowanych zabytkowych budynkach, zarządza Cubanacán. Tak jak w Trinidadzie, większość *casas particulares* to także piękne budynki z epoki kolonialnej.

W grudniu, zwłaszcza po 20 XII, kiedy zbliżają się *parrandas*, pokoje trzeba rezerwować z dużym wyprzedzeniem.

★ „Villa Colonial" – Frank y Arelys CASA PARTICULAR $
(☎ 42-39-62-74; www.cubavillacolonial.com; Maceo No 43, róg Av General Carrillo; pokój 30 CUC; ❄ @ 📶) Piękny kolonialny dom to duma Franka i Arelys – nie bez powodu. Cztery samowystarczalne pokoje mają osobne wejście, łazienkę, jadalnię (z zaopatrzoną lodówką) oraz salon z ogromnymi oknami ozdobionymi *rejas* (kraty z kutego żelaza), ładnymi *mamparas* (drzwi wahadłowe). Jest Internet, dobre wina i potrawy – szybko przygotowane na życzenie. Taras dachowy to przysłowiowa wisienka na torcie.

Hostal Casa Richard CASA PARTICULAR $
(☎ 42-39-66-49; hostalcasarichard@gmail.com; Maceo No 52, pomiędzy Av General Carrillo i Fe del Valle; pokój 30 CUC; ❄) Od dawna w biznesie wynajmu. Trzy pokoje z licznymi dodatkami (suszarki do włosów, mydło, parasole i in.) wychodzą na urocze odsłonięte patio (jeśli pominąć rozłożyste drzewa awokado) z bujanymi fotelami. Właściciel, Richard, jest bardzo uprzejmy i wszystko wie o swoim mieście. Jeśli ma komplet gości, poleca inny nocleg w pobliżu.

Hostal Buen Viaje CASA PARTICULAR $
(☎ 42-39-65-60; hostal.buenviaje@gmail.com; Andrés del Río No 20; pokój 30 CUC; ❄) Długoletni pensjonat opodal kościoła o tej samej nazwie, z dziedzińcem, który przenosi gości o 150 lat w przeszłość. Są trzy sypialnie z wielkimi łożami i jeszcze większe śniadania. Bardzo sympatyczni właściciele znają angielski. Nic dziwnego, że wielu gości tu powraca.

La Paloma CASA PARTICULAR $
(☎ 42-39-54-90; Parque Martí No 4; pokój 25 CUC; P ❄) *Casa* z 1875 r. zajmuje wraz z trzema zabytkowymi hotelami główną ścianę centralnego placu miasta. Oprócz płytek i umeblowania, ma wiele zabytkowych dekoracji; takie pokoje gdzie indziej kosztowałyby kupę pieniędzy.

Trzy pokoje wyposażono w nowoczesne udogodnienia, np. duże prysznice, łóżka art déco i drzwi, w których zmieściłby się koń. Na miejscu restauracja.

Remedios

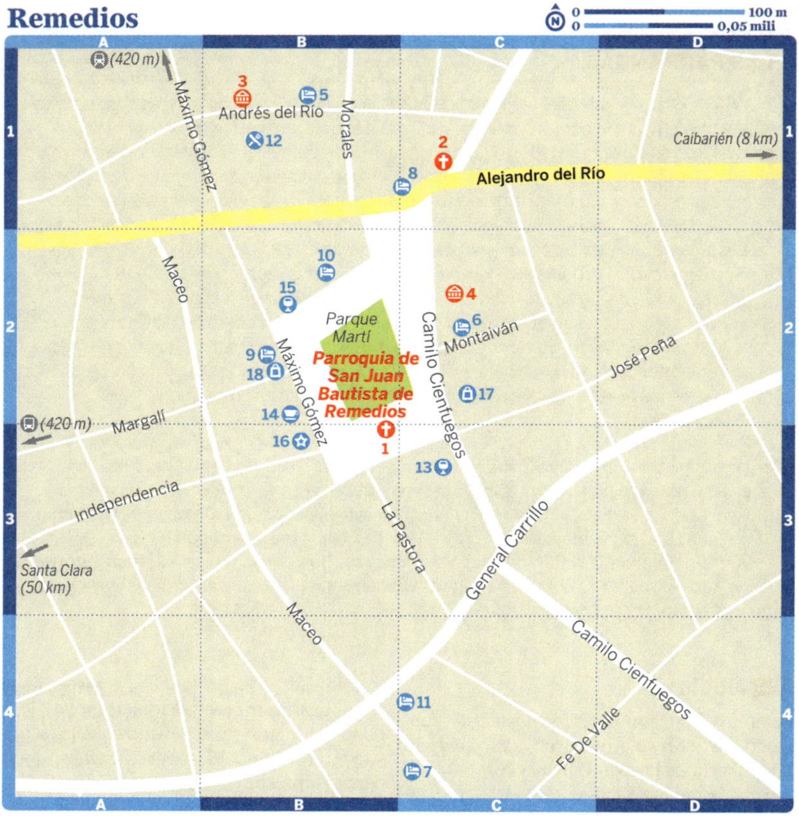

★**Hostal Camino del Príncipe** HOTEL BUTIKOWY $$
(☎ 42-39-51-44; Camilo Cienfuegos No 9, pomiędzy Montaiván i Alejandro del Río; 1-/2-os. 98/144 CUC; ❄) Znak niedawnego progresu miasta to nowy hotel z eleganckimi białymi kolumnami i ładną fasadą z terakoty, jedna z najlepszych opcji butikowych na Kubie. Dyskretna elegancja, z jakiej słynie Remedios. Udane połączenie nowoczesnej wygody z blaskiem przeszłości. Warto poprosić o pokój z widokiem na plac.

Hostal Real HOTEL BUTIKOWY $$
(Camilo Cienfuegos, róg Alejandro del Río; 1-/2-os. 90/120 CUC) To ten hotel w stylu kolonialnym w Parque Martí zwiększa liczbę hoteli butikowych w mieście do czterech – a kwartet, owszem, interesujący. Tak jak pozostała trójka, *Real* jest kameralny, autentyczny i urządzony ze smakiem, co czyni Remedios jednym z niewielu miast na Kubie, w których hotele mogą rywalizować z *casas particulares* pod kątem jakości (jeśli nie ceny).

Hotel Mascotte HOTEL BUTIKOWY $$
(☎ 42-39-53-41; Parque Martí; 1-/2-os. 90/120 CUC; ❄ @) Wysmakowana kolonialna atmosfera Remedios w niewielkim hotelu *Encanto* (marka sieci hoteli butikowych zarządzanej przez Cubanacán) daje imponujący efekt, jak widać w tym starym 10-pokojowym klejnocie na placu głównym.

Gastronomia

La Pirámide KUCHNIA KUBAŃSKA $$
(☎ 42-39-54-21; Andrés del Río No 9; 3-daniowe posiłki 13 CUC; ⏲ 10.30–14.30 i 18.30–22.30 śr.–pn.) W Remedios nie ma prywatnych jadłodajni, a te, które tu są, są dobre. Dowód to mięsnorybne *brochetas* (kebaby) w tym malutkim raju dla smakoszy.

Remedios

Główne atrakcje
1 Parroquia de San Juan Bautista de Remedios ... B3

Zwiedzanie
2 Iglesia de Nuestra Señora del Buen Viaje ... C1
3 Museo de las Parrandas Remedianas ... B1
4 Museo de Música Alejandro García Caturla ... C2

Noclegi
5 Hostal Buen Viaje ... B1
6 Hostal Camino del Príncipe ... C2
7 Hostal Casa Richard ... C4
8 Hostal Real ... C1
9 Hotel Mascotte ... B2
10 La Paloma ... B2
11 'Villa Colonial' – Frank y Arelys ... C4

Gastronomia
12 La Piramide ... B1

Bary i życie nocne
13 Driver's Bar ... C3
14 El Louvre ... B2
15 Taberna de los 7 Juanas ... B2

Rozrywka
16 Centro Cultural las Leyendas ... B3

Zakupy
17 Plaza Isabel II Artesania ... C2
18 Tres Reyes ... B2

Bary i życie nocne

Driver's Bar BAR
(José Peña No 61, róg Camilo Cienfuegos; ⏲10.00–0.00) Niegdysiejsza spelunka zmieniła niedawno swój wizerunek. Miejscowy artysta stworzył atmosferę lat 50. XX w., z naciskiem na motoryzację. Schodzą się entuzjaści aut i miejscowi taksówkarze, co oznacza, że ceny są niskie i atmosfera w 100% kubańska. Warto zamówić *mojito*.

Taberna de los 7 Juanes BAR
(Parque Martí, róg Máximo Gómez; ⏲10.00–0.00) Obchody pięćsetlecia Remedios zostawiły po sobie wiele dobrych rzeczy, łącznie z tym lokalem, po drugiej stronie placu od starego zaniedbanego baru *El Louvre* (któremu potrzebna była konkurencja). Szybka obsługa, świetna lokalizacja, duże piwo. Mają nawet piwniczkę win.

El Louvre KAWIARNIA, BAR
(Máximo Gómez No 122; ⏲7.30–0.00) Nakierowany na turystów *El Louvre* jest, jak twierdzą miejscowi, najdłużej działającym barem w kraju (od 1866 r.) – nie nam podważać ich słowa. Bar był wystarczająco dobry dla hiszpańskiego poety Federica Garcíi Lorki i innych sław, które tu przychodziły. Także podstawowa gastronomia.

Rozrywka

W grudniu, podczas *parrandas* i imprez towarzyszących, Remedios zapewnia jedne z ciekawszych rozrywek na Kubie. Przez pozostały okres roku jest raczej spokojnie.

Centro Cultural Las Leyendas OŚRODEK KULTURY
(Máximo Gómez, pomiędzy Margalí i Independencia) Z *El Louvre* sąsiaduje ośrodek kultury AR-Tex; muzyka do 1.00 od środy do soboty.

Zakupy

Plaza Isabel II, Artesanías SZTUKA I RĘKODZIEŁO
(Camilo Cienfuegos No 13; ⏲7.00–18.00) Oprócz wszechobecnych breloczków z Che Guevarą, można kupić autentyczne pamiątki tylko z Remedios. Warte uwagi są egzotyczne instrumenty muzyczne i maski na *parrandas*, wykonane z muszli morskich.

Tres Reyes CYGARA
(róg Máximo Gómez i Margalí; ⏲9.00–17.00) Mocno klimatyzowany sklep sprzedaje najlepsze cygara na Kubie oraz inne przewidywalne pamiątki.

Przyjazd i wyjazd

AUTOBUS

Dworzec autobusowy (Av Cespedes, pomiędzy Margalí i La Fragua) znajduje się na południu miasta, na początku 45-kilometrowej drogi do Santa Clara.

Jest tylko jeden autobus Víazul na Cayo Santa María (6 CUC, 1 godz. 30 min) dziennie, przez Caibarién, o 12.40, i jeden w drugą stronę przez Santa Clara (7 CUC, 1 godz. 15 min), Cienfuegos (11 CUC, 3 godz.) i Trinidad (14 CUC, 4 godz. 15 min) o 16.00. Rozkłady ulegają zmianie, więc warto się wcześniej upewnić.

TAKSÓWKA

Państwowe taksówki z dworca do Caibarién kosztują około 5 CUC; do Santa Clara oraz na Cayo Santa María 30–35 CUC. Tanie taksówki rowerowe jeżdżą z dworca do Parque Martí.

Caibarién

37 902 MIESZK.

Po stołecznej Santa Clara i kolonialnym Remedios ten niegdyś ruchliwy, a obecnie omijany port na wybrzeżu atlantyckim może wywołać szok na widok walących się budynków, usiłujących zachować coś ze swojego dawnego splendoru. Ponieważ mola przeładunkowe pochłonęło już morze, a okoliczne cukrownie zamknięto, Caibarién przebranżowiło się na turystykę.

Caibarién słynie ze swoich *cangrejos* (krabów), najlepszych na Kubie, fajerwerków podczas grudniowych *parrandas*, na drugim miejscu po tych w Remedios.

Dla osób pragnących zobaczyć *cayos* i ich plaże bez konieczności opłacania drogich pakietów all-inclusive, Caibarién będzie tanią alternatywną bazą wypadową.

Zwiedzanie

Museo de la Agroindustria Azucarera Marcelo Salado MUZEUM

(☎42-35-38-64; Carretera Caibarién – Remedios Km 3,5; 3 CUC, z przejażdżką pociągiem 9 CUC; ⌚9.00–16.00 pn.–sb.) BEZPŁ. Trzy kilometry od pomnika kraba, przy drodze do Remedios stoi budynek starej cukrowni (zamkniętej w 1998 r.), obecnie muzeum. Z czterech zachowanych młynów cukrowniczych na Kubie, ten jest chyba najciekawszy. Muzeum dokumentuje historię kultury niewolników i przemysłu cukrowniczego; są tu stare lokomotywy i sporo autentycznej maszynerii, a także figury robotników pracujących w polu. Można też zobaczyć film o kubańskim przemyśle cukrowniczym. Przewodnik objaśnia proces produkcji i rozlewa gratisowy *guarapo* (sok z trzciny cukrowej).

Dodatkowa atrakcja to bogata kolekcja lokomotyw w Museo de Vapor (Muzeum Pary), z największą w Ameryce Łacińskiej maszyną parową; codziennie są przejażdżki wysłużonym pociągiem.

Pomnik kraba POMNIK

(róg Av 9 i Circuito Norte) Wjazdu do miasta strzeże gigantyczny krab – symbol Caibarién – projektu Florencia Gelaberta Péreza, wzniesiony w 1983 r.

Museo Municipal María Escóbar Laredo MUZEUM

(róg Av 9 i Calle 10; 1 CUC; ⌚10.00–18.00 pn.–pt., 14.00–22.00 sb., 9.00–13.00 nd.) Nawet skromne Caibarién miało drzewiej swoje pięć minut. Więcej informacji na ten temat w dawnym Liceo (1926 r.), mieszczącym się w eleganckim budynku przy głównym placu.

Noclegi i gastronomia

Virginia's Pension CASA PARTICULAR $

(☎42-36-33-03; Ciudad Pesquera No 73; pokój 25–30 CUC; P ❄) Obiekt noclegowy z ugruntowaną pozycją wśród rosnącej liczby *casas particulares*, prowadzony przez charyzmatyczną Virginię Rodríguez, dotrzymuje kroku innym. Jedzenie wyborne, szczególnie firmowa potrawka Virginii z owoców morza oraz obowiązujący *cangrejo* (krab).

La Taberna KUCHNIA KUBAŃSKA $

(Calle 10 No 921; 150–200 CUP; ⌚11.00–23.00) Niczym Tardis Doktora Who, *La Taberna* jest większa wewnątrz niż na zewnątrz. Przechodząc przez wąski bar w stylu pirackim, mały parkiet taneczny i scenę (disco i kapele na żywo w weekendy), trafimy do rewelacyjnej restauracji.

W fantazyjnym pirackim menu widnieją dania z owoców morza (dominują krewetki i homary). Ponieważ do lokalu w Caibarién przychodzą głównie mieszkańcy, ceny podano w *moneda nacional* (CUP), więc homar kosztuje 8 CUC.

Informacja

Cadeca (Calle 10 No 907, pomiędzy Av 9 i Av 11; ⌚8.30–16.00 pn.–sb.)

Havanatur (☎42-35-11-71; Av 9, pomiędzy Calle 8 i Calle 10; ⌚9.00–17.00 pn.–sb.) Można zamówić nocleg na Cayo Santa María.

Przyjazd i wyjazd

AUTOBUS

Państwowy przewoźnik Víazul ma tylko jeden kurs na Cayo Santa María (6 CUC, 1 godz. 15 min) dziennie, o 12.50. W odwrotnym kierunku jeździ jeden autobus dziennie przez Remedios (3 CUC, 10 min), Santa Clara (7 CUC, 1 godz. 30 min) i Cienfuegos (11 CUC, 3 godz.) do końcowego przystanku w Trinidadzie (14 CUC, 4 godz. 30 min). Odjeżdża z Caibarién o 15.50 sprzed stacji benzynowej Servi-Cupet, przy wjeździe do miasta.

Kilka lokalnych autobusów jeździ codziennie do Remedios, Santa Clara i Yaguajay, ze starego (biało-niebieskiego) **dworca kolejowo-auto-**

busowego (Calle 6) w Caibarién, w zachodniej części miasta.

SAMOCHÓD I MOTOROWER

Stacja benzynowa Servi-Cupet jest przy wjeździe do miasta od strony Remedios, za pomnikiem kraba.

TAKSÓWKA

Kurs w jedną stronę do Villa Las Brujas, na Cayo Santa María, kosztuje około 25 CUC; nieco więcej do strefy hotelowej na Cayo Santa María i do Santa Clara.

Cayerías del Norte

Najnowszy turystyczny region Kuby to archipelag rozproszonych płaskich wysepek, nieopodal północnego wybrzeża prowincji Villa Clara. Chociaż uniknęły w pewnym stopniu brzydoty architektonicznej kubańskich resortów, podlegają gwałtownemu rozwojowi, pomimo że graniczą z rezerwatem biosfery Buenavista. Do 1998 r., zanim zbudowano pierwszy hotel, dziewicze wysepki były opanowane jedynie przez moskity. Do 2017 r. wzniesiono ponad tuzin identycznych hoteli all-inclusive (i buduje się następne), w których mieszkają głównie Kanadyjczycy (85% gości). Resorty, z górnej półki oferty noclegowej, zajmują trzy wysepki: Cayo Las Brujas, Cayo Los Ensenachos i Cayo Santa María, połączone z Caibarién imponującą 48-kilometrową groblą (*pedraplén*).

Całodzienny pobyt na Cayerías rezerwuje Gaviota obsługująca marinę. Wśród atrakcji publiczne plaże (jest kilka na wysepkach), sporty wodne, rezerwat przyrody. Resorty sprzedają dzienne wejściówki (ok. 70 CUC).

Zwiedzanie

Refugio de Fauna Cayo Santa María REZERWAT PRZYRODY

Do chronionych siedlisk zwierzyny na Cayo Santa María można dostać się samodzielnie. Brama (czasem niestrzeżona) z różnymi oznaczeniami znajduje się przy zakręcie głównej drogi, tuż za hotelem *Cayo Santa María*. Tutejsze szlaki to Aguada del Bagá (1,2 km), Ensenada de Santa María (1,7 km) i Punta Amanecer (5,6 km).

Szlaki są łatwe (większość turystów woli zorganizowane wycieczki).

Playa Las Gaviotas PLAŻA

(Cayo Santa María; 4 CUC) Ta jedna z niewielu nietkniętych publicznych plaż na Cayo Santa María znajduje się w rezerwacie przyrody na odległym wschodzie wyspy. Opłatę za wstęp uiszcza się na parkingu, skąd do zacisznej plaży, popularnej wśród miłośników kiteboardingu, idzie się ok. 700 m.

„San Pascual" MIEJSCE HISTORYCZNE

BEZPŁ. Jedna z ciekawostek Cayerías to „San Pascual", tankowiec z San Diego, zbudowany w 1920 r., który rozbił się w 1933 r. przy Cayo Francés, na zachód od Cayo Las Brujas. Potem statek pełnił funkcję magazynu melasy, a następnie urządzono w nim surrealistyczny hotel-restaurację (obecnie nieczynne).

Oglądanie statku jest w programie wypraw nurkowych i rejsów o zachodzie słońca.

Aktywnie

Każdy hotel oferuje takie same atrakcje w tych samych cenach, a wszystkim zarządza państwowa firma Gaviota. Większość z nich to aktywności wodne, np. nurkowanie (z butlą/z rurką) i wędkowanie. Codziennie na stały ląd wyruszają wyprawy safari jeepem, są też wycieczki do Remedios i Santa Clara. Jest kilka szlaków pieszych w Refugio de Fauna na Cayo Santa María (s. 271).

Marina Gaviota SPORTY WODNE

(☎42-35-00-13; Cayo Las Brujas) Większość wodnych atrakcji oferują hotele, ale można je zorganizować w przystani na Cayo Las Brujas. Najciekawsze są całodzienne rejsy katamaranem, z nurkowaniem (85 CUC), oraz rejsy o zachodzie słońca (59 CUC) i wędkowanie na głębokich wodach (4 osoby 295 CUC). Nurkowie mają do wyboru 24 miejsca (2 zanurzenia 65 CUC). Jeśli jest niesprzyjająca pogoda, aktywności są odwoływane.

Noclegi

Na wysepkach funkcjonuje ponad tuzin hoteli all-inclusive, większość na Cayo Santa María. Oferują wygodne pokoje w dwu- i trzykondygnacyjnych budynkach z rozległymi gruntami. We wszystkich są baseny i siłownie, a w większości także korty tenisowe. Trzy resorty, m.in. luksusowy *Meliá Buenavista*, przyjmują tylko dorosłych. Hotelami zarządza państwowa firma Gaviota.

★Meliá Buenavista RESORT $$$

(☎42-35-07-00; www.meliacuba.com; Punta Madruguilla, Cayo Santa María; 1-/2-os. all-inclusive 360/450 CUC;) Małe jest rzeczywiście piękne. Resort *Buenavista* liczy 105 pokojów i ten „świeżak" znajduje się z dala od pozostałych hoteli, na zachodnim krańcu Cayo Santa María. Na zaciszną plażę o zachodzie słońca kamerdyner przynosi gościom wino. Witamy w cichym raju dla romantyków (dzieciom wstęp wzbroniony).

★Iberostar Ensenachos RESORT **$$$**
(☎42-35-03-00; www.iberostar.com; Cayo Los Ensenachos; pokój all-inclusive 300–600 CUC; ❄@📶🏊) Ten jeden luksusowy hotel, przypominający prywatny wakacyjny azyl na Malediwach, zagarnął na malutkim Cayo Los Ensenachos dwie z najlepszych na Kubie plaż (Playa Los Ensenachos i Playa El Mégano). Część resortu przeznaczona jest dla dorosłych. Dekoracje są wysmakowane, fontanny jak w Alhambrze, zieleń piękna. Goście zajmują ładne 20-pokojowe bloki; w każdym jest dozorca.

Royalton Cayo Santa María RESORT **$$$**
(☎42-35-09-00; www.royaltonresorts.com; Cayo Santa María; 1-/2-os. all-inclusive 228/298 CUC; ❄@📶🏊) Jeden z najpopularniejszych hoteli na wysepkach; romantyczne otoczenie, koronkowe zasłony, łoża z baldachimami przy basenie. Jak na tutejsze standardy, hotel jest niewielki (122 pokoje), a przeznaczony tylko dla dorosłych. Przyjeżdżają tu kanadyjscy nowożeńcy. Czy to najlepszy hotel na Kubie?

Ocean Casa del Mar RESORT **$$$**
(☎42-35-08-50; www.oceanhotels.net; Cayo Santa María; 1-/2-os. all-inclusive 150/221 CUC; ❄@📶🏊) Nowy ośrodek z nowoczesnymi, trzykondygnacyjnymi blokami przypomina przedmieścia Miami. Jest kilka interesujących aspektów, np. płytki w holu, ciężkie zasłony i drewniane leżaki. Biorąc pod uwagę kanadyjską w 90% klientelę, rozmawia się raczej o hokeju na lodzie, a nie o poezji José Martí. Ośrodek jest na wschodnim krańcu wysepki, w pobliżu plaży Perla Blanca.

Valentín Perla Blanca RESORT **$$$**
(☎42-35-06-21; www.valentinhotels.com; Cayo Santa María; 2-os. all-inclusive 270 CUC; ❄@📶🏊) Jeden z nowszych ośrodków, tylko dla dorosłych, na Cayo Santa María. Pokoje w białych, trzykondygnacyjnych budynkach; wystrój ogólnie rzecz biorąc minimalistyczny, z ostrymi akcentami barwnymi. Jest ciszej niż w ośrodkach dla rodzin, szczególnie na publicznej Playa Las Gaviotas na wschód od hotelu.

Sol Cayo Santa María RESORT **$$$**
(☎42-35-02-00; www.meliacuba.com; Cayo Santa María; 1-/2-os. all-inclusive od 167/238 CUC; ❄@📶🏊) Rozróżnienie poszczególnych ośrodków wczasowych na Cayo Santa María nie jest łatwe. *Sol* posiada jednak kilka innych udogodnień, np. fotele bujane na werandach, zielone odludne zakątki, jedno- i dwupoziomowe drewniane bloki, udekorowane kratownicami i brązowymi balustradami. Poza tym jest tu mniej więcej tak samo jak w innych ośrodkach.

Meliá Las Dunas RESORT **$$$**
(☎42-35-03-01; www.meliacuba.com; Cayo Santa María; pokój all-inclusive 350 CUC; ❄@📶🏊) Gigantyczny ośrodek z 925 pokojami oferuje wiele udogodnień, jednak oprócz prywatności. Jest tu bardziej zielono niż w innych obiektach, wokół mnóstwo palm i tropikalnej roślinności. Łóżka wygodne, obsługa doskonała.

Playa Cayo Santa María RESORT **$$$**
(☎42-35-08-00; www.gaviota-grupo.com; Cayo Santa María; 1-/2-os. all-inclusive 150/245 CUC; ❄@📶🏊) *Playa* to ogromna bestia z 769 pokojami; oferuje rozsądne ceny, w porównaniu z konkurencją. Przyjeżdżając tu tylko na dzień, można kupić jednodniową przepustkę (dorośli/dzieci 70/35 CUC) i zjeść, ile się zmieści podczas bufetowego obiadu.

Villa Las Brujas HOTEL, RESORT **$$$**
(☎42-35-01-99; www.gaviota-grupo.com; Cayo Las Brujas; pokój 128 CUC; P❄@) Na szczycie niewielkiego cypla, zwieńczonego rzeźbą wiedźmy (*bruja*), stoi *Villa Las Brujas*, najstarszy (1999 r.), najmniejszy i najskromniejszy ośrodek na wyspie. Po przedawkowaniu ośrodków all-inclusive można polubić ten cichy niewymanikurowany ośrodek, położony wśród wijących się mangrowców. Można się poczuć jak w tropikalnej wersji *Wichrowych Wzgórz*.

Dwadzieścia cztery domki wyposażone w ekspresy do kawy, telewizję kablową i duże łoża; restauracja *Farallón* (dania 15 CUC; ⏲12.00–15.00 i 7–22.30) z widokiem na cudowny odcinek Playa Las Salinas. Uwaga: podczas naszej ostatniej wizyty buldożery wyrównywały teren pod dwa nowe ośrodki.

Gastronomia

Wysepki to strefa all-inclusive. Większość turystów stołuje się w swoich hotelach.

Strefa Cayo Santa María

Strefa Cayo Santa María

Zwiedzanie
1 Playa Las Gaviotas D1
2 Refugio de Fauna Cayo Santa María C1
3 'San Pascual' A2

Aktywnie, kursy i wycieczki
Marina Gaviota .... (zob. 12)

Noclegi
4 Iberostar Ensenachos C1
5 Meliá Buenavista C1
6 Meliá Las Dunas C1
7 Ocean Casa del Mar D1
8 Playa Cayo Santa María C1
9 Royalton Cayo Santa María C1
10 Sol Cayo Santa María C1
11 Valentín Perla Blanca D1
12 Villa las Brujas B2

Gastronomia
Restaurante Farallón .... (zob. 12)
13 Restaurante 'El Bergantín' C1
Trattoria .... (zob. 15)

Rozrywka
Jazz Bar .... (zob. 15)

Zakupy
14 Las Terrazas del Atardecer D1
15 Plaza La Estrella C1

Plaza La Estrella i Pueblo Las Dunas na Cayo Santa María mają po kilka restauracji, gdzie się stołują osoby niebędące gośćmi hotelowymi (i te mające dość jedzenia bufetowego).

Trattoria KUCHNIA WŁOSKA $
(Plaza La Estrella, Cayo Santa María; pizza 3,50–5 CUC; ⌚11.00–16.00) Santa Clara i Remedios chciałyby mieć taką restaurację; goście hoteli all-inclusive muszą dopłacić za przyjemność jadania tutaj, więc rzadko się ich widzi. Tutejsza pizza przewyższa większość tego, co oferują w resortach.

Restaurante „El Bergantín" OWOCE MORZA $$$
(Acuario-Delfinario, Cayo Santa María; dania główne 15 CUC; ⌚12.00–22.00) Homar w tej restauracji, zarządzanej przez Gaviotę, nie należy do najtańszych, ale jest bez wątpienia najświeższy w kraju, gdyż pochodzi z tutejszej hodowli. Tak, te stworzenia ze szczypcami żyją dosłownie w zasięgu wędki od stołu i są wyśmienite.

Rozrywka

Ośrodki zapewniają własne (niekiedy tandetne) rozrywki, od magicznych sztuczek po pokazy mody nad basenem. Trzy centra handlowe spod znaku „plaza" mają dyskoteki; w Plaza La Estrella jest **klub jazzowy** (⌚20.00–2.00) i bar z pianinem.

Zakupy

Na Cayo Santa María dzialają trzy minicentra handlowe, nazywane „plaza" lub „pueblo", w których są standardowe sklepy dla osób, które zapomniały zabrać coś z domu, trzy sklepy Casa del Habano z cygarami i kramy uliczne oferujące rzemiosło.

Las Terrazas del Atardecer CENTRUM HANDLOWE
(Cayo Santa María) Najnowsze centrum handlowe/rozrywki na Cayo Santa María ma własną plażę - jedyną publiczną na wyspie. Jest też kręgielnia, liczne sklepy i bar koktajlowy Chachacha z widokiem na ocean.

Centrum: na wschodnim krańcu Cayo Santa María, na wschód od Ocean Casa del Mar (s. 272).

Plaza La Estrella CENTRUM HANDLOWE
(Cayo Santa María; ⌚9.00–19.30) Witamy w kubańskim mieście Kanadyjczyków. Trudno wyrobić sobie zdanie o tej parodii wioski z czasów kolonialnych, z imitacją wieży Manaca Iznaga i atrapą placu ze sklepami, kręgielnią, siłownią, ośrodkiem spa i restauracjami nakierowanymi na tłumy wczasowiczów. Można uznać ją za ciekawostkę, milszą dla oka niż zwyczajna północnoamerykańska galeria handlowa.

Otwarto ją w 2009 r., a ostatnio dołączyły do niej dwa kolejne sztuczne „miasteczka". Ciekawe, czy za 300 lat wciąż tam będą.

Przyjazd i wyjazd

SAMOLOT

Lotnisko Las Brujas (☎42-35-00-09) obsługuje głównie loty czarterowe Aero-gaviota do Hawany. Większość turystów ląduje na lotnisku Abel Santamaría koło Santa Clara i stamtąd tu przyjeżdża.

AUTOBUS

Víazul (s. 264) przedłużyła w 2015 r. swoje kursy na Cayo Santa María. Teraz codziennie jeździ tam autobus z/do Trinidadu (20 CUC, 5 godz. 45 min) z przystankami w Caibarién (6 CUC, 1 godz. 15 min), Remedios (6 CUC, 1 godz. 30 min) i Santa Clara (13 CUC, 3 godz.). Na wyspach zatrzymuje się przy większości hoteli. Odjazd z Cayo Santa María o 14.40.

TAKSÓWKA

Kurs w jedną stronę z Caibarién/Remedios/Santa Clara na Cayo Santa María kosztuje ok. 30/35/70 CUC (w zależności od hotelu docelowego). Warto twardo negocjować – zwłaszcza w przypadku kursu w obie strony z postojem.

Jak się poruszać na miejscu

Panoramic Bus Tour – autobus piętrowy bez dachu – kursuje kilka razy dziennie między Delfinario na Cayo Los Ensenachos a wszystkimi hotelami na Cayo Santa María. Bilet dzienny kosztuje 2 CUC.

Trinidad i prowincja Sancti Spíritus

☎ 41/465 500 MIESZK.

Spis treści ➡

NAJ: Gastronomia

- La Redacción Cuba (s. 285)
- Vista Gourmet (s. 284)
- Esquerra (s. 285)
- Restaurante San José (s. 284)

NAJ: Noclegi

- Iberostar Grand Hotel (s. 282)
- Casa Muñoz – Julio y Rosa (s. 281)
- Hostal del Rijo (s. 296)
- Casa El Suizo (s. 281)
- El Capitán (s. 289)

Dokąd jechać?

Ta atrakcyjna niewielka prowincja strzegąca cennej spuścizny historycznej kraju stanowi kwintesencję Kuby. Przyroda Sancti Spíritus warta jest odkrywania. A najlepsza na południowym wybrzeżu Kuby plaża, Playa Ancón, zapiera dech w piersiach. Są też góry niedaleko Trinidadu – Sierra del Escambray kusi możliwościami pieszych wędrówek na malowniczych szlakach.

Pocztówkowy Trinidad, z czerwonymi dachówkami, brukowanymi uliczkami i pastelowymi domami o ogromnych, niczym zamkowych, drzwiach – to jedno z najlepiej zachowanych kolonialnych miast w obu Amerykach. Przegrywające w rywalizacji Sancti Spíritus roztacza nieuchwytny urok. W 2014 r. oba miasta hucznie obchodziły uroczystości 500-lecia; przy tej okazji odrestaurowano najsłynniejsze zabytki architektury.

Atrakcji jest tu jednak więcej, i to często pomijanych, w tym nieco rozdeptane ekoparki, nowatorskie muzeum poświęcone ikonie *guerrilli*, Camilowi Cienfuegos, i figurująca na liście UNESCO Bahía de Buenavista.

Kiedy jechać?

- Mieszkańcy Trinidadu nie zwlekają i tuż po Bożym Narodzeniu zaczynają się bawić. Popularna Semana de la Cultura Trinitaria (Tydzień Kultury Trinidadzkiej) odbywa się w drugim tygodniu stycznia i zbiega z rocznicą założenia miasta.
- Spokojny maj jest wymarzonym miesiącem na zwiedzanie prowincji. Poza sezonem można bowiem uniknąć tłumów i złej pogody.
- Pozostając aż do czerwca, będziemy świadkami drugiej wielkiej dorocznej imprezy, Fiestas Sanjuaneras, podczas której napędzani rumem konni jeźdźcy galopują po ulicach miasta. Kryć się!

NAJ: Trinidad i prowincja Sancti Spíritus

1 **Trinidad** (s. 277) Zwiedzanie muzeów i pławienie się w komforcie wspaniałych *casas particulares* i świetnie urządzonych restauracji.

2 **Valle de los Ingenios** (s. 288) Wspinaczka na wieżę koło pałacu Manaca Iznaga, by podziwiać widoki wpisanych na listę UNESCO bogactw doliny.

3 **Sancti Spíritus** (s. 292) Przechadzka bez planu po niedawno odrestaurowanych uliczkach miasta.

4 **Rezerwat Jobo Rosado** (s. 299) Odkrywanie lasów, wodospadów i wojennej historii w przebogatym rezerwacie.

5 **Playa Ancón** (s. 287) Wynajęcie domu w La Boca, by oglądać zachody słońca nad piaskami tej popularnej plaży.

6 **Salto del Caburní** (s. 291) Wspinaczka do chłodnego naturalnego basenu i kąpiel!

7 **Jazda konna** (s. 280) Zwiedzanie kowbojskich wiosek w okolicach Trinidadu.

Trinidad

73 500 MIESZK.

Trinidad to jedyne w swoim rodzaju, doskonale zachowane hiszpańskie kolonialne miasto, w którym zegary zatrzymały się w 1850 r. i – nie licząc inwazji turystów – wciąż nie ruszyły. Wielkie fortuny, zbite na cukrze w pobliskiej Valle de los Ingenios na początku XIX w., zaowocowały wspaniałymi rezydencjami, które ubogaciły włoskie freski, porcelana Wedgewooda i francuskie żyrandole.

Najstarszy i najbardziej urokliwy „skansen" Kuby, wpisany na Listę Światowego Dziedzictwa Kulturalnego i Przyrodniczego UNESCO w 1988 r., przyciąga tłumy turystów. Jednak brukowane uliczki, rozbrzmiewające muzyką *guajiros*, porykiwaniem osłów i pieśniami *trovadores*, wciąż zachowują swój klimat. Po zapadnięciu zmroku muzyka na żywo rozbrzmiewa z nową siłą.

W okolicach Trinidadu również nie brakuje atrakcji. 12 kilometrów na południe leży platynowa Playa Ancón, najlepsza plaża na południowym wybrzeżu Kuby. Na północy, 18 kilometrów dalej, rozciąga się fioletowo zabarwiona Sierra del Escambray, z kuszącymi szlakami pieszymi i wodospadami.

Historia

W 1514 r. konkwistador Diego Velázquez de Cuéllar założył na południowym wybrzeżu osadę La Villa de la Santísima Trinidad, trzecią co do wielkości na Kubie po Baracoa i Bayamo. W 1518 r. Hernán Cortés, były sekretarz Velázqueza, zebrał najemników na swoją ekspedycję do Meksyku i osada praktycznie się wyludniła. Na sześćdziesiąt lat pozostawiono ją autochtonom Taínos w celu utrzymania podupadającej gospodarki rolnej, hodowlanej i handlu.

W XVII w. Trinidad – już tylko lokalny zaścianek, z braku komunikacji odcięty od władz kolonialnych w Hawanie – stał się rajem dla piratów i szmuglerów, którzy rozwinęli lukratywny handel niewolnikami z kontrolowaną przez Brytyjczyków Jamajką.

Sytuacja zmieniła się na początku XIX w., gdy miasto zyskało status stolicy Departamento Central, a francuscy uchodźcy z ogarniętego powstaniem niewolników Haiti założyli ponad 50 młynów trzciny cukrowej w pobliskiej dolinie, nazwanej później Valle de los Ingenios („doliną cukrowni"). Cukier zastąpił skóry i soloną wołowinę jako główny towar regionu. Do połowy XIX w. z hacjend wokół Trinidadu pochodziła jedna trzecia produkcji kubańskiego cukru.

Boom skończył się gwałtownie podczas wojny amerykańsko-hiszpańskiej – okoliczne plantacje cukru zostały zniszczone w ogniu walk i już nigdy nie przywrócono ich do poprzedniego stanu. Do końca XIX w. handel cukrem przejęły prowincje Cienfuegos i Matanzas, a miasto Trinidad zapadło w gospodarczą śpiączkę.

Nowy boom – turystyczny – rozpoczął się w latach 50. XX w., gdy prezydent Batista uchwalił prawo o ochronie historycznej spuścizny miasta. W 1965 r. Trinidad ogłoszono pomnikiem narodowym, a od 1988 r. jest na liście UNESCO.

Zwiedzanie

W Trinidadzie wszystkie drogi prowadzą na Plaza Mayor. Przyciągający wzrok główny plac w *casco histórico* (na starówce) otaczają cztery imponujące budowle.

★ Museo Histórico Municipal — MUZEUM

(☎41-99-44-60; Simón Bolívar 423; 2 CUC; ⌚9.00–17.00 sb.–czw.) Główne muzeum Trinidadu zajmuje wspaniałą *mansión* przy Plaza Mayor; w latach 1827–1830 rezydencja należała do rodziny Borell. Potem przejął ją niemiecki plantator Kanter, hiszp. Cantero, którego imię nosi do dzisiaj. Zniszczonym eksponatom przydałaby się odnowa. Panorama miasta z wieży, do której wiodą strome schody, jest warta opłaty za wstęp.

Dr Justo Cantero zdobył cukrownicze hacjendy, otruwszy starego handlarza niewolnikami i poślubiwszy wdowę po nim, która również zmarła przedwcześnie. Nieuczciwie zdobyte bogactwa Cantero są wyeksponowane w salach z klasycystycznymi dekoracjami. Aby uniknąć tłumów, warto rozpocząć zwiedzanie przed 11.00.

Plaza Mayor — PLAC

Główny plac, centrum *casco histórico* (zabytkowej starówki), jest najczęściej fotografowanym miejscem w Trinidadzie.

Iglesia Parroquial de la Santísima Trinidad — KOŚCIÓŁ

(⌚11.00–12.30 pn.–sb.) Pomimo nienadzwyczajnej fasady, kościół w północno-wschodniej stronie Plaza Mayor widnieje na licznych widokówkach z Trinidadu. Odbudowany w 1892 r. ze zniszczeń po fali burz, łączy zapowiedź XX-wiecznego stylu oraz sztukę

Trinidad

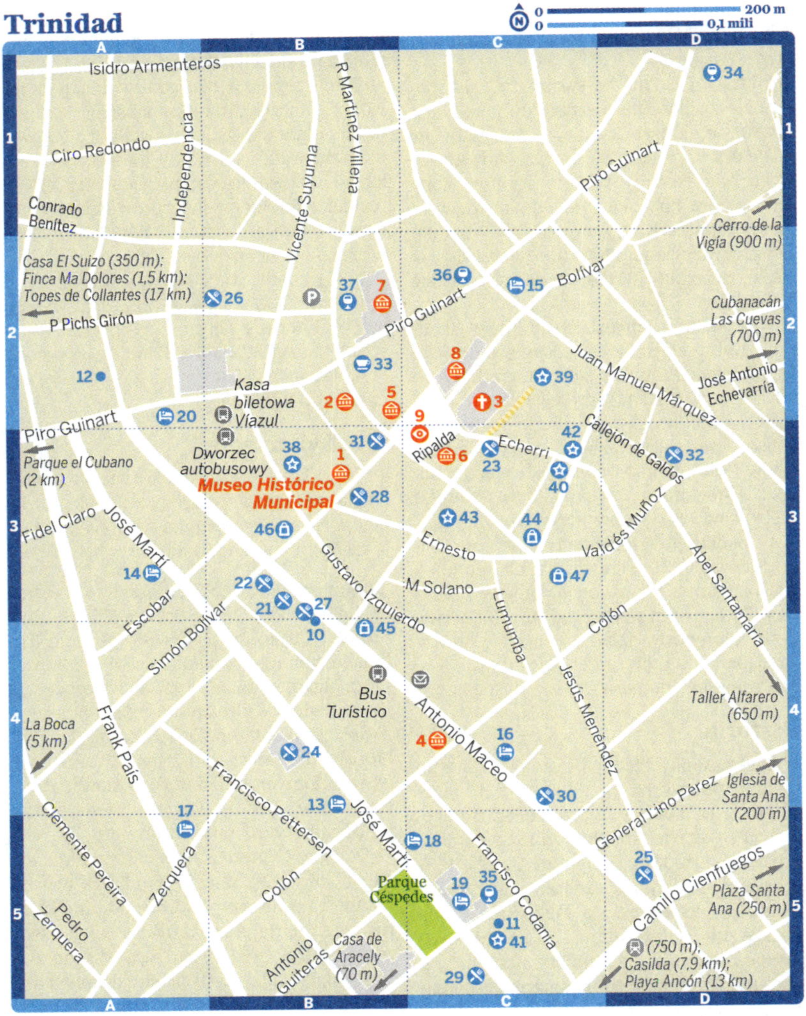

sakralną z XVIII w., której przykładem jest ołtarz Chrystusa Krzyża Prawdziwego z 1713 r. (drugi na lewo od frontu).

Plaza Santa Ana CENTRUM

(Camilo Cienfuegos; 11.00–22.00) Centro Turístico Plaza Santa Ana – na placu o tej samej nazwie, wyznaczającym północno-wschodnią granicę Trinidadu – zajmuje dawne hiszpańskie więzienie (1844 r.). W skład kompleksu wchodzi galeria sztuki, targ rzemiosła, sklep z ceramiką, bar i restauracja.

Maqueta de Trinidad MUZEUM

(41-99-43-08; róg Colón i Maceo; 1 CUC, zwiedzanie miasta 5 CUC; 9.00–17.00 pn.–sb., do 13.00 nd.) Od 2014 r. w pięknie odrestaurowanej Casa Frías turyści oglądają makietę *casco histórico* Trinidadu, przedstawiającą poszczególne budynki z wielką dokładnością. Miejscowy przewodnik, używając wskaźnika, opowiada ich dzieje. W ofercie również zwiedzanie miasta po angielsku i hiszpańsku.

W Casa Frías powstaje duży ośrodek kultury.

Trinidad

Główne atrakcje
1 Museo Histórico Municipal ... B3

Zwiedzanie
2 Casa Templo de Santería Yemayá ... B2
3 Iglesia Parroquial de la Santísima Trinidad ... C2
4 Maqueta de Trinidad ... C4
5 Museo de Arqueología Guamuhaya ... B2
6 Museo de Arquitectura Trinitaria ... C3
7 Museo Nacional de la Lucha Contra Bandidos ... B2
8 Museo Romántico ... C2
9 Plaza Mayor ... C3

Aktywnie, kursy i wycieczki
10 Las Ruinas del Teatro Brunet ... B4
11 Paradiso ... C5
12 Trinidad Travels ... A2

Noclegi
Casa de Victor ... (zob. 12)
13 Casa Gil Lemes ... B4
14 Casa Muñoz – Julio & Rosa ... A3
15 El Rústico ... C2
16 Hostal Colina ... C4
17 Hostal José & Fatima ... A5
18 Hotel La Ronda ... C5
19 Iberostar Grand Hotel ... C5
20 Nelson Fernández Rodríguez ... A2

Gastronomia
21 estaurante Cubita ... B3
22 Dulcinea ... B3
23 Esquerra ... C3
24 Galería Comercial Universo ... B4
25 Guitarra Mia ... D5
26 La Ceiba ... B2
27 La Redaccion Cuba ... B3
28 Mesón del Regidor ... B3
29 Paraito ... C5
Restaurant El Dorado ... (zob. 20)
30 Restaurante San José ... C4
31 Sol Ananda ... B3
32 Vista Gourmet ... D3

Kawiarnie, bary i życie nocne
33 Café Don Pepe ... B2
34 Disco Ayala ... D1
35 El Floridita ... C5
36 Taberna La Botija ... C2
37 Taberna la Canchánchara ... B2

Rozrywka
38 Bar Yesterday ... B3
39 Casa de la Música ... C2
40 Casa de la Trova ... C3
41 Casa Fischer ... C5
42 Palenque de los Congos Reales ... C3
43 Rincon de la Salsa ... C3

Zakupy
44 Arts & Crafts Market ... C3
45 Casa del Habano ... B4
46 Galería La Paulet ... B3
47 Taller Instrumentos Musicales ... C3

Casa Templo de Santería Yemayá — MUZEUM

(R. Martínez Villena 59, pomiędzy Simón Bolívar i Piro Guinart; godz. zmienne) BEZPŁ. Trzeba mieć szczęście, żeby trafić na moment, gdy centrum religijne jest otwarte. Żadne muzeum nie jest w stanie w pełni oddać ulotnego charakteru Regla de Ocha (rozpowszechnionego na Kubie afroamerykańskiego kultu, zwanego także *santerią*). W tym domu-świątyni można zobaczyć ołtarz Yemayi, bogini oceanu, z ofiarami z owoców, wody i kamieni.

Domem zarządzają *santeros* (kapłani *santerii*, afroamerykańskiego kultu), którzy nagle wyłaniaja się z bocznego patio i witają zaskoczonych turystów przygotowaną wcześniej przemową. W święto bogini Yemayi, 19 marca, uroczystości trwają całą dobę.

Museo Nacional de la Lucha Contra Bandidos — MUZEUM

(41-99-41-21; Echerri 59; 1 CUC; 9.00–17.00 wt.–nd.) Najbardziej rozpoznawalny budynek w Trinidadzie: zniszczona pastelowo żółta dzwonnica dawnego klasztoru św. Franciszka z Asyżu, od 1986 r. muzeum, które prezentuje fotografie, mapy, broń i inne przedmioty związane z walkami z oddziałami kontrrewolucjonistów, wzorowanymi na fidelowskich, które działały na terenie Sierra del Escambray w latach 1960–1965.

Jest też kadłub amerykańskiego samolotu szpiegowskiego U-2, zestrzelonego nad Kubą. Z dzwonnicy piękny widok okolic.

Museo Romántico — MUZEUM

(41-99-43-63; Echerri 52; 2 CUC; 9.00–17.00 wt.–nd.) Po drugiej stronie calle Simón Bolívar stoi Palacio Brunet. Parter zbudowano w 1740 r., piętro dodano w 1808 r. Od 1974 r. *mansión* pełni funkcję muzeum, które prezentuje XIX-wieczny wystrój wnętrz, kolekcję porcelany i inne przedmioty z epoki. Nachalny personel dopomina się o napiwki.

W przyległym sklepie dobry wybór zdjęć i książek po angielsku.

Museo de Arquitectura Trinitaria MUZEUM
(41-99-32-08; Ripalda 83; 1 CUC; 9.00–17.00 sb.–czw.) Kolejne muzeum bogactwa, na południowo-wschodniej stronie Plaza Mayor, prezentuje architekturę wnętrz klas wyższych z XVIII i XIX w. Muzeum Architektury Trinidadu zajmuje budynki wzniesione w latach 1738 i 1785, a następnie połączone w 1819 r. Niegdyś była to rezydencja rodziny Iznaga.

Iglesia de Santa Ana KOŚCIÓŁ
(Plaza Santa Ana, Camilo Cienfuegos) Dach kościoła wokół podstawy wieży dzwonnej porastają chwasty, łukowe wejścia z frontu zamurowano dawno temu, ale Santa Ana (1812 r.) uparcie stoi. Zrujnowany kościół sprawia przykre wrażenie.

Museo de Arqueología Guamuhaya MUZEUM
(41-99-32-08; Bolívar 457; 1 CUC; 9.00–17.00 wt.–sb.) Muzeum w budynku z XVIII w., w północno-zachodniej stronie Plaza Mayor, w 8 salach wystawia przedmioty używane przez autochtonów w epoce prekolumbijskiej.

Aktywnie

Można wybrać się rowerem na jedną z piękniejszych plaż Kuby, porządnie się spocić na trasie wędrownej lub podziwiać okolicę z wysokości końskiego grzbietu.

Rezerwując wycieczkę w tym regionie, trzeba się upewnić, czy jest wliczony koszt transportu. Zwykle przy wycieczkach nurkowych trzeba dopłacić.

Centro Ecuestre Diana JAZDA KONNA
(41-99-36-73; www.trinidadphoto.com; jazda 26–30 CUC) Ośrodek jeździecki ma w ofercie wycieczki i lekcje jazdy (w kaskach ochronnych) w gospodarstwie (*finca*) przy skraju miasta. Przed wizytą trzeba się umówić z Juliem w Casa Muñoz. W cenę wliczony obfity (taki po wiejsku) posiłek. Jest to również schronisko promujące lepszą opiekę nad końmi i humanitarne techniki trenerskie.

Zimą Julio, stosując swe magiczne zaklęcia, ujarzmia dzikie konie.

Parque El Cubano WĘDRÓWKI
(10 CUC) *Ranchón* (wiejska restauracja) – na terenie chronionego parku przyrody – serwuje *pez gato* (suma) z własnej hodowli. Warto pokonać szlak Huellas de la História (Śladami Historii; dł. 3,6 km) do odświeżającego wodospadu Javira. Razem z obiadem w *ranchón* (krytym strzechą) będzie to interesująca całodzienna wycieczka.

Cubatur (s. 287) organizuje wycieczki zmotoryzowane, można też wynająć taksówkę w Trinidadzie (30 CUC w obie strony).

Do El Cubano z Trinidadu idzie się 16 km. Droga wiedzie na zachód od miasta w stronę Cienfuegos. Za znakiem „Welcome to Trinidad" trzeba przejść przez most na rzece Guaurabo. Szlak po lewej prowadzi z powrotem poniżej mostu i potem w górę wąską, słabo wybrukowaną drogą dł. 5 km do Parque El Cubano.

Finca Ma Dolores FARMA, HOTEL
(41-99-64-81; Carretera de Cienfuegos Km 1,5) Rustykalny hotel Cubanacán organizuje rejsy po rzece Guaurabo do La Boca (5 CUC) oraz – sporadycznie – *fiestas campesinas* (wiejskie zabawy). W przyszłości będą także jazdy konne. Można przyjechać taksówką (5 CUC) z Trinidadu.

Cerro de la Vigía WĘDRÓWKI
Po solidną dawkę zmęczenia i piękne widoki na Trinidad, Valle de los Ingenios i karaibskie wybrzeże, trzeba iść ulicą Simón Bolívar, pomiędzy Iglesia Parroquial i Museo Romántico aż do XVIII-wiecznego eremu – w kompleksie dawnego hiszpańskiego szpitala wojskowego – zamienionego w luksusowy hotel. Stamtąd idzie się jeszcze 30 minut pod górę do przekaźnika radiowego (180 m).

Wycieczki

Przy kapryśnym transporcie publicznym i uciążliwych stromych trasach rowerowych, najlepiej zwiedzać Park Krajobrazowy Topes de Collantes z zorganizowaną całodzienną wycieczką.

Zwiedzanie Trinidadu z przewodnikiem z Miejskiego Biura Historycznego rozpoczyna się codziennie w Maqueta de Trinidad (s. 278) i kosztuje 10 CUC.

Trinidad Travels WĘDRÓWKI, JAZDA KONNA
(52-82-37-26; www.trinidadtravels.com; Antonio Maceo No 613a)

Reinier z Trinidad Travels to jeden z lepszych anglo- i hiszpańskojęzycznych przewodników. Prowadzi różne wycieczki, w tym w Sierra del Escambray i wyprawy konne w okolicach Trinidadu. W ofercie również lekcje hiszpańskiego. Mieszka w *Casa de Víctor* (s. 282).

Kursy

Las Ruinas del Teatro Brunet PERKUSJA, TANIEC
(Antonio Maceo No 461, pomiędzy Simón Bolívar i Zerquera; lekcje 1 godzina od 5 CUC) Otwarte ruiny teatru z 1840 r. stanowią obecnie centrum rozrywki, gdzie można wziąć lekcje gry na perkusji i tańca (trzeba pytać o godziny).

Paradiso KULTURA I TURYSTYKA
(www.paradiso.cu; General Lino Pérez 306, Casa ARTex; do Valle de los Ingenios 15 CUC; 8.00–17.00 pn.–sb., do 12.00 nd.) Ośrodek kulturalno-turystyczny w Casa Fischer oferuje interesujące kursy, w tym salsy, gry na perkusji, języka hiszpańskiego, wykłady o kubańskiej architekturze i kulturze afrokubańskiej. Kursy trwają 4 godziny i prowadzą je specjaliści. W ofercie są również korzystne cenowo wycieczki po okolicy, na przykład do Valle de los Ingenios i wodospadu Trinitopas. Nocna wycieczka po mieście zaprzęgiem konnym kosztuje 20 CUC.

W kursie powinno uczestniczyć 6–10 osób, ale można negocjować.

Festiwale i wydarzenia

Semana Santa ŚWIĘTO KOŚCIELNE
(Wielki Tydzień; III lub IV) Semana Santa to ważne święto w Trinidadzie; w Wielki Piątek tysiące ludzi przechodzi w procesji przez centrum miasta.

Noclegi

Prawie każdy dom to *casa particular*. Wysiadających z autobusu lub idących z bagażem otaczają *jinteros* (naganiacze), pracujący za prowizję dla właścicieli pensjonatów. Warto poświęcić czas na wybór odpowiedniego noclegu.

Pięciogwiazdkowy hotel butikowy *Pansea Trinidad* będzie wkrótce otwarty. Przedłużająca się budowa ma przekształcić zrujnowane budynki w kompleksie Ermita de Nuestra Señora de la Candelaria de la Popa (z połowy XVIII w.) w hotel.

★ **Casa Muñoz – Julio y Rosa** CASA PARTICULAR $
(41-99-36-73; www.trinidadphoto.com; José Martí No 401, róg Escóbar; 2-/3-os./apart. 40/45/50 CUC, zwiedzanie 25 CUC; P ❄) Wspaniały kolonialny dom: miła atmosfera, anglojęzyczny personel, przyjazne psy. Są tu trzy wielkie pokoje i dwupoziomowy apartament. Na patio serwuje się wyborne posiłki. Konieczna rezerwacja z wyprzedzeniem. Szalenie popularny wśród amerykańskich grup studenckich. Julio, znakomity fotograf, prowadzi wykłady o fotografii dokumentalnej, religii i życiu Kuby w nowych realiach gospodarczych.

Właściciel, również zaklinacz koni, oferuje przejażdżki konne w Centro Ecuestre Diana.

★ **Casa El Suizo** CASA PARTICULAR $
(53-77-28-12; P. Pichs Girón No 22; pokój 40 CUC; P ❄) Przestronne kwatery w *Casa El Suizo*, z dala od zgiełku centrum, dogodnie usytuowanej przy drodze Trinidad – Cienfuegos. W El Suizo jest pięć pokojów, przy każdym jest taras. Instalacje są nowe, do dyspozycji sejfy, suszarki, a wkrótce też Wi-Fi. Można się porozumieć po angielsku i niemiecku. Jedyny mankament to odległość od atrakcji w centrum.

Na miejscu *ranchón* (kryta strzechą restauracja).

Nelson Fernández Rodríguez CASA PARTICULAR $
(41-99-38-49; www.hostalcasanelsontrinidad.com; Piro Guinart No 226, pomiędzy Maceo i Gustavo Izquierdo; pokój 30 CUC; ❄) Kwatera Nelsona, nad uroczą restauracją *El Dorado* (s. 284), ma wszelkie cechy trinidadzkiego domu – zielone patio, romantyczny taras i kolonialny splendor. Do dyspozycji cztery pokoje i jeszcze dwa po drugiej stronie ulicy (prowadzone przez tę samą rodzinę).

El Rústico CASA PARTICULAR $
(41-99-30-24; Juan Manuel Márquez No 54a, pomiędzy Piro Guinart i Simón Bolívar; 1-/2-/3-os. 25/30/35 CUC; ❄) Pokoje nad restauracją *El Criollo* (zniżki dla gości) są przyjemne, chłodne, czyste i przestronne, z suszarkami w łazienkach. Dodatkową zaletą jest ładny taras na dachu. Zaledwie przecznicę od Plaza Mayor.

REZERWACJA

Aby samodzielnie zarezerwować nocleg, warto skorzystać z usług **Trinidad Rent** (41-99-36-73, 52-90-08-10; www.trinidadrent.com), który ma w ofercie najlepsze kwatery w Trinidadzie. Widząc zdjęcia, łatwiej będzie wybrać odpowiedni pokój. Można też zabukować wycieczkę. Wygodne, jeśli ktoś nie chce używać gotówki.

Hostal Casa José y Fátima CASA PARTICULAR $
(☎41-99-66-82; hostaljoseyfatima@gmail.com; Zerquera No 159, pomiędzy Frank País i Pettersen; pokój 30–35 CUC; ❄📶) Bardzo popularna *casa* z pięcioma pokojami, kolonialnymi dodatkami i tarasem. Mili gospodarze pomagają w zorganizowaniu wolnego czasu. Mieszka tu również uroczy jamnik (informacja dla miłośników psów).

Casa Gil Lemes CASA PARTICULAR $
(☎41-99-31-42; carlosgl3142@yahoo.es; José Martí No 263, pomiędzy Colón i Zerquera; pokój 35–40 CUC; ❄) Ten wspaniały dom był jednym z pierwszych w Trinidadzie, wymienionych w pierwszym wydaniu przewodnika Lonely Planet *Kuba* z 1997 r. Można tu podziwiać monumentalne łuki, figury świętych, klasyczne patio z fontanną, kolibrami i wężami morskimi. Często brakuje pokojów, choć z nowymi dwoma są teraz cztery. Cena odremontowanych jest nieco wyższa.

Hostal Colina CASA PARTICULAR $
(☎41-99-23-19; Antonio Maceo 374, pomiędzy General Lino Pérez i Colón; pokój 30 CUC; ❄) Jeszcze jedna *casa* w Trinidadzie zasługująca na pochwałę. Dom wprawdzie z lat 30. XIX w., jednakże ma nowoczesny wystrój i przypomina elegancką meksykańską hacjendę. Pastelowo żółte pokoje wychodzą na patio z drewnianym barem (miło tam będzie posiedzieć) i drzewami mango i awokado, których owoce można od razu jeść.

Casa de Víctor CASA PARTICULAR $
(☎41-99-64-44; hostalsandra@yahoo.es; Maceo No 613a; pokój 25 CUC; ❄) Dom w pobliżu dworca autobusowego; oferuje trzy pokoje z telewizorami, klimatyzacją i łazienkami. Lepsze pokoje są na górze. Goście mogą korzystać z otwartych tarasów ozdobionych roślinami doniczkowymi. Okolica jest zaskakująco cicha, a ogród otacza wysoki mur ze starych ceramicznych garnków.

Casa de Aracely CASA PARTICULAR $
(☎41-99-35-58; General Lino Pérez No 207, pomiędzy Frank País i Miguel Calzada; pokój 30 CUC; ❄) Jeśli ktoś ma już dość kolonialnego szyku, może uciec z turystycznych uliczek na General Lino Pérez – tam Aracely oferuje dwa pokoje na górze z oddzielnym wejściem, spokojnym, ukwieconym patio i wspaniałym tarasem na dachu.

Finca Ma Dolores HOTEL $$
(☎41-99-64-81; Carretera de Cienfuegos Km 1,5; 1-/2-os. 45/67 CUC, 1-/2-os. domek 53/75 CUC; P❄🏊) Rustykalna Finca Ma Dolores znajduje się 1,5 km na zachód od Trinidadu przy drodze do Cienfuegos i Topes de Collantes. Są tam pokoje hotelowe i domki. Te drugie to lepsza opcja, zwłaszcza z widokiem na Río Guaurabo.

Jeśli zbierze się grupa chętnych, o 20.30 odbywa się *fiesta campesina* (wiejska zabawa) z kubańskimi tańcami (10 CUC dla osób spoza hotelu, w cenie jeden drink; goście bezpł.). Jest również basen, restauracja *ranchón*, łodzie i konie.

★ **Iberostar Grand Hotel** HOTEL BUTIKOWY $$$
(☎41-99-60-70; www.iberostar.com; róg José Martí i General Lino Pérez; 2-os. ze śniadaniem od 400 CUC; ❄@📶) Odrestaurowany XIX-wieczny dom kolonialny. Ozdobione paprociami lobby prowadzi na dziedziniec otoczony trzema kondygnacjami pokojów. Pięć gwiazdek gwarantuje luksus, a nie standard turystyczny. Prywatność, wyrafinowanie, uszanowanie lokalnej historii. Wszystko jest dopracowane w każdym szczególe, zarówno palarnia cygar, jak i 36 pokojów z designerskimi toaletkami, minibarami, sejfami i ekspresami do kawy.

Hotel hiszpańskiej sieci Iberostar na Kubie.

Cubanacán Las Cuevas HOTEL $$$
(☎41-99-61-33; reservas@cuevas.co.cu; Finca Santa Ana; 1-/2-os. ze śniadaniem 90/130 CUC; P❄📶🏊) Usadowiony na wzgórzu nad miastem hotel *Las Cuevas* obsługuje niekończący się strumień wycieczek autokarowych. Okolica przepiękna, ale pokoje – rozmieszczone ciasno na dwóch kondygnacjach – mniej atrakcyjne, podobnie jak śniadania. Za to są piękne widoki, dobrze utrzymane ogrody, basen,

Można zwiedzić mroczną Cueva La Maravillosa (1 CUC), do której prowadzą schody; w „cudownej jaskini" rośnie ogromne drzewo. Do hotelu prowadzi stroma droga, na północny wschód od Iglesia de Santa Ana.

Hotel La Ronda HOTEL BUTIKOWY $$$
(☎41-99-61-33; José Martí No 238; 1-/2-os. 143/170 CUC; ❄@📶🏊) Nieco lepszy standard niż w *casa particular*, jest jednak dużo droższy. Goście mogą cieszyć się płaskimi telewizorami i ręcznikami ułożonymi w kształt łabędzi. Modernistyczna fontanna, fotografie w stylu art nouveau i wypisane teksty *boleros* (ballad) dodają indywidualnego charakteru kolonialnej budowli. Pokoje są nieduże, wychodzące na wewnętrzne patio, lecz z oknami od ulicy.

Zwiedzanie miasta
Trinidad na zdjęciach

POCZĄTEK PLAZA MAYOR
KONIEC CASA TEMPLO DE SANTERÍA YEMAYA
DŁUGOŚĆ 2 KM; 1 GODZ. 30 MIN

Miękkie wieczorne światło, przepiękna kolonialna architektura i sceneria bardziej z lat 50. XIX stulecia niż drugiej dekady XXI w.

Wczesnym wieczorem, gdy światło słoneczne jest mniej intensywne, a cienie dłuższe, to najlepsza pora na spacer po mieście. Trasa zaczyna się na 1 **Plaza Mayor** (s. 277), przepięknym placu kolonialnym uwiecznionym na setkach pocztówek. Zawsze jednak wprawne oko wyszuka jakieś nowe ujęcie 2 **Iglesia Parroquial de la Santísima Trinidad** w tle toczącego się leniwie życia na placu.

Klasyczne ujęcie: kierując aparat na północny zachód na Calle Echerri mamy budynki kolonialne i wieżę 3 **Conve'nto de San Francisco de Asís**. Idąc przecznicę dalej na północny zachód, sfotografujemy 4 **park** naprzeciwko klasztoru, z ludzkimi sylwetkami w świetle zachodzącego słońca. Na końcu Echerri, stojąc przed 5 **skrzyżowaniem** z Calle Ciro Redondo zaczekajmy chwilę... Zawsze pojawi się coś interesującego – koń, Plymouth z 1951 roku, rower.

Teras trasa wiedzie w prawo na Ciro Redondo i w lewo na calle J.M. Márquez przez zaniedbane, lecz nie mniej malownicze zakątki 6 **Barrio de Tres Cruces** (Dzielnicy Trzech Krzyży). Do fotografowania scenki z codziennego życia Trinidadu: panie w papilotach, kowboje, świniarze, dzieci grające w palanta na dzielnicowym 7 **placu**, starsi mężczyźni siedzący w sieni. Rząd tęczowo kolorowych parterowych 8 **domów** przy calle J.M. Márquez nabiera ostrzejszych barw w świetle zachodzącego słońca. Na calle Samuel Feijó konie i jeźdźcy zlewają się z tłem zacienionej Sierra del Escambray.

Ciekawie jest też na calle Ciro Redondo. Warto nawiązać rozmowę, uśmiechnąć się i uchwycić tę właśnie chwilę na zdjęciu. Przed legendarną 9 **Taberna La Canchánchara** (s. 285) parkuje Chevrolet z 1958 r. – czasem ławka publiczna, czasem bejsbolowy łapacz. Po obejrzeniu 10 **Casa Templo de Santería Yemayá** (s. 279), z ołtarzem oriszy mórz (bogini ludu Joruba), wracamy na wieczorną Plaza Mayor.

Gastronomia

W Trinidadzie restauracji jest mnóstwo, wśród nich wiele znakomitych.

Paraito FAST FOOD $
(☎41-99-23-47; Martí 181b, pomiędzy Lino Pérez i Camilo Cienfuegos; dania główne 3–10 CUC; ⏱11.00–21.00) Prawdziwa gratka w Trinidadzie: zwykła jadłodajnia, przy wysokich stołach cisną się miejscowi pochłonięci lokalnymi plotkami. Dobry jest smażony ryż, można go też zjeść z krewetkami. Do wyboru dwa menu; w tym z cenami w CUC są bardziej wyszukane potrawy, a w tym na ścianie w *moneda nacional* (CUP) – tanie i szybkie przekąski.

Mesón del Regidor FAST FOOD $
(Simón Bolívar 424; dania główne 5–15 CUC; ⏱10.00–22.00) Kawiarnia i restauracja: miła atmosfera, występy miejscowych *trovadores* (tradycyjnych śpiewaków i autorów tekstów), którzy znienacka umilają serenadą konsumowanie kanapki z grillowanym serem czy popijanie *café con leche* (kawy z mlekiem). Przyjemna niespodzianka.

Dulcinea KAWIARNIA $
(róg Antonio Maceo i Simón Bolívar; przekąski 1–4 CUC; ⏱7.30–22.00) Dawna kawiarnia *Begonias* była od dawna miejscem spotkań turystów z plecakami, którzy wymieniali się radami i opowieściami o przygodach z *jineteros*. Otwarta na nowo jako piekarnia i ciastkarnia, zachowała swoją atmosferę kawiarenki „na rogu". Są tu dość czyste toalety i kilka tanich – zawsze obleganych – stanowisk internetowych (20 min 3 CUC).

Galería Comercial Universo SUPERMARKET $
(róg José Martí i Zerquera) Małe centrum handlowe z różnymi sklepami, łącznie z najlepszym w Trinidadzie (i najdroższym) sklepem spożywczym. Na półkach jogurty, herbatniki i kosmetyki.

★Vista Gourmet KUCHNIA KUBAŃSKA, MIĘDZYNARODOWA $$
(☎41-99-67-00; Callejón de Galdos; dania 13 CUC; ⏱12.00–24.00; 🖉) Prywatny lokal na uroczym tarasie ponad czerwonymi dachami Trinidadu, prowadzony przez charyzmatycznego sommeliera Bolo, oferuje darmowe koktajle o zachodzie słońca. Głodni mogą skorzystać przed kolacją z bufetu przekąsek i słodyczy. Delikatny *lechón asado* (pieczone mleczne prosię – jeszcze karmione mlekiem) i świeży homar warte uwagi. Duży wybór win (właściwie przechowywanych). Także dania wegetariańskie.

W sprzedaży również cygara; personel doradza i uczy technik palenia.

Restaurante San José KUCHNIA KUBAŃSKA $$
(☎41-99-47-02; Maceo No 382; dania 6–15 CUC) Restauracja słynie z grillowanego lucjana, frytek z batatów i mrożonej lemoniady. Należy do najlepszych w mieście. Kelnerzy sprawnie manewrują pomiędzy zatłoczonymi stolikami. Trzeba przyjść wcześnie, żeby nie czekać na stolik.

Restaurante El Dorado KUCHNIA MIĘDZYNARODOWA $$
(☎41-99-38-49; Piro Guinart No 226, pomiędzy Maceo i Gustavo Izquierdo; dania główne 6–12 CUC; ⏱12.00–24.00) Wspaniały kolonialny dom, wypolerowane meble z epoki i bardzo uprzejma obsługa. Kuchnia w *El Dorado* nie zawsze dorównuje standardowi, ale można skusić się na steki wołowe, dobrze przyprawioną rybę, grillowanego indyka, którym zawsze towarzyszy darmowy koszyk pieczywa i przekąski.

Restaurante Cubita KUCHNIA MIĘDZYNARODOWA $$
(☎54-30-63-76; Antonio Maceo No 471; dania główne 8–15 CUC; ⏱11.00–24.00) Dobra kuchnia oraz sprawna obsługa to przyjemne doświadczenie i na takie od niedawna można liczyć w Trinidadzie. Restauracja *La Cubita*, walcząc w warunkach ostrej konkurencji, oferuje pomysłowe przekąski, darmowe sałatki, cudowne marynowane szaszłyki. Dyskretna obsługa. Lokal prowadzą słynni w Trinidadzie artyści ceramicy.

Guitarra Mía KUCHNIA KUBAŃSKA $$
(☎41-99-34-52; Jésus Menéndez No 19, pomiędzy Camilo Cienfuegos i Lino Pérez; dania główne 10–15 CUC; ⏱12.30–23.00) Odchodząc kilka przecznic od *centro histórico*, można liczyć na mniejsze tłumy głodnych i równie dobrą jakość jedzenia. W tym lokalu motywem przewodnim jest muzyka, nigdy nie zabraknie kwintetu czy *trovadores*. Z menu w pamięć zapadają *tostones* (smażone banany) nadziewane mielonym mięsem z kraba.

W ofercie również *ropa vieja* (w tym przypadku siekana jagnięcina, a dosłownie „stare szmaty") i naturalne soki. Komentarze zostawia się na drzwiach (dosłownie).

La Ceiba KUCHNIA KUBAŃSKA $$
(P. Pichs Girón No 263; dania główne 12–18 CUC; ⏱12.00–23.00) Usytuowana na patio pod

wielkim drzewem kapokowym, elegancka kawiarnia specjalizuje się w *pollo meloso* (kurczak w sosie miodowo-cytrynowym). Warto zamówić słynny trinidadzki koktajl *canchánchara* (cytrynowo-rumowy) w ceramicznych naczyniach i delektować spokojem. Obsługa dyskretna i uważna, trudno o lepszy lokal. Do potraw podaje się przyprawy, sałatki i owoce.

Sol Ananda KUCHNIA MIĘDZYNARODOWA **$$**
(41-99-82-81; Rubén Martínez Villena No 45, róg Simón Bolívar; dania główne 9–18 CUC; 11.00–23.00;) Piękna XVIII-wieczna porcelana, dziadkowe zegary, a nawet antyczne łoże – Sol Ananda przy Plaza Mayor wygląda bardziej na muzeum niż restaurację. W jednym z najstarszych domów (z 1750 r.) w Trinidadzie. Oferuje ambitny wybór międzynarodowych potraw, od tradycyjnych kubańskich (znakomita jagnięca *ropa vieja*) po południowoazjatyckie (rybna kofta i samosy). Dobre dania wegetariańskie.

★ **La Redacción Cuba** KUCHNIA MIĘDZYNARODOWA **$$$**
(41-99-45-93; www.laredaccioncuba.com; Maceo No 463; dania główne 8–17 CUC) Gołe cegły na ścianach bardziej przypominają Brooklyn niż Kubę. Nowy lokal, prowadzony przez Francuzów, idealny dla stęsknionych za domowym jedzeniem. Wielkie jagnięce burgery z frytkami, makaron z homarem i ziołami, dania z pieca. Podróżujący samotnie mogą usiąść przy wielkim wspólnym stole i nawiązać znajomości. Inne stoliki trzeba rezerwować z wyprzedzeniem. Bardzo popularny lokal.

Esquerra KUCHNIA KUBAŃSKA **$$$**
(41-99-34-34; Rosario No 464; dania główne 8–18 CUC; 12.00–23.00) Elegancka restauracja przy brukowanym placu; dobrze przyrządzane potrawy kubańskie. Od konkurencji różni się nietypowymi dodatkami, a są to *salsa criolla* (pikantny sos pomidorowy), *meunière* („sos młynarzowej") i sos kataloński wzbogacające smak ryb i wieprzowiny. Koktajl z krewetek jest wyjątkowy, podobnie obsługa. Również stoliki na dziedzińcu.

Kawiarnie, bary i życie nocne

★ **Taberna La Botija** BAR
(róg Juan Manuel Márquez i Piro Guinart; całą dobę) Inne restauracje wysyłają obsługę, by naganiała klientów, tymczasem *La Botija* przyciąga pół miasta bez szczególnych starań. Kluczem jest zwyczaj pogaduszek po sąsiedzku, a tym samym miła atmosfera, zimne piwo w ceramicznych kuflach i najlepsza kapela w Trinidadzie (jazz pomieszany z soulem przy dźwiękach skrzypiec). Jedzenie też nie jest złe.

Café Don Pepe KAWIARNIA
(41-99-35-73; róg Piro Guinart i Martínez Villena; 8.00–23.00) Na uroczym kolonialnym dziedzińcu, ozdobionym graffiti, podają kawę w ceramicznych kubkach, z kostką baracoańskiej czekolady – najlepszą w mieście.

Taberna La Canchánchara BAR
(róg Rubén Martínez Villena i Ciro Redondo; 10.00–24.00) Tawerna La Canchánchara słynie z koktajlu, oczywiście *canchánchara*, który robi się z rumu, miodu, cytryny i wody. Na niezobowiązujące granie regularnie wpadają miejscowi muzycy, a rozochocony drinkami tłumek nierzadko rusza do tańca. Godziny otwarcia nie zawsze są stałe i mogą się zmieniać.

Disco Ayala KLUB
(10 CUC; 22.00–3.00) Nieco podupadły kabaret o lokalnym charakterze znajduje się w jaskini na wzgórzu za Ermita Popa. Po występach rozpoczyna się szalona dyskoteka, na której pełno jest *jineteras*. W opłacie za wstęp jest tyle *mojitos*, ile da się radę wypić.

Aby tu dotrzeć, trzeba iść od Plaza Mayor ulicą Simóna Bolívara aż do Ermita de Nuestra Señora de la Candelaria de la Popa. Dyskoteka jest 100 m dalej, po lewej stronie.

Bar Floridita BAR
(General Lino Pérez No 313; 24h) Tania państwowa kopia słynnego Hemingwayowskiego baru w Hawanie. *Daiquirí* można tu jednak wypić za niewygórowaną cenę. Również w tym trinidadzkim barze opiera się o ladę zadowolony pisarz.

Rozrywka

Życie nocne tętni tutaj niczym w Hawanie.

★ **Casa de la Música** KLUB
(Cristo; wstęp 2 CUC) Jeden z bardziej znanych w Trinidadzie (i na Kubie) lokali. Scena plenerowa na szerokich schodach prowadzących z Plaza Mayor koło Iglesia Parroquial. Na pokaz salsy o 22.00 przychodzą miejscowi i turyści. Na tylnym dziedzińcu (z wejściem również od calle Juan Manuel Márquez) odbywają się koncerty.

★ Casa de la Trova MUZYKA NA ŻYWO
(Echerri No 29; 1 CUC; ⌚21.00–2.00) Trinidadzka Casa de la Trova zachowuje lokalny charakter, mimo przewagi turystów nad miejscowymi gośćmi. Znane zespoły: Semillas del Son (Nasiona Sonu), Santa Palabra (Święte Słowo); najlepszy *trovador*: pieśniarz i kompozytor Israel Moreno.

Rincón de la Salsa KLUB
(☎53-91-02-45; Zerquera, pomiędzy Martínez Villena i Ernesto; ⌚22.00–2.00) Muzyka na żywo dla tych, którzy chcą poćwiczyć salsę. Chętni turyści znajdą tu również nauczycieli tańca (prywatne lekcje w porze dnia).

Palenque de los Congos Reales MUZYKA NA ŻYWO
(róg Echerri i Av Jesús Menéndez) Obowiązkowa pozycja dla fanów rumby. Otwarte patio przy muzycznej alejce rozbrzmiewa eklektycznymi rytmami salsy, *son* (popularnej muzyki kubańskiej) i *trova* (tradycyjnej poezji śpiewanej). Główną atrakcją jest rumba o 22.00 z soulowymi afrykańskimi rytmami i energetycznym tańcem połykaczy ognia.

Casa Fischer OŚRODEK KULTURY
(ARTex; General Lino Pérez No 312, pomiędzy José Martí i Francisco Codania; występ 1 CUC) Patio ARTex-u rozkręca się o 22.00 koncertem salsy (wt.–czw., sb. i nd.) i muzyki tradycyjnej (pt.). Przed występem można zwiedzić galerię sztuki (bezpł.), a także porozmawiać z personelem Paradiso o lekcjach tańca i innych kursach.

Bar Yesterday MUZYKA NA ŻYWO
(Gustavo Izquierdo, pomiędzy Piro Guinart i Simón Bolívar; ⌚16.00–24.00) W dawnej Casa de la Rumba zmieniono rytm na 4/4 i wystrój w całości poświęcono Beatlesom; oczywiście są tu ich cztery posągi naturalnej wielkości. Klientela nie jest jednak z tamtej epoki, większość to prawie nastolatki. Czyżby powrót beatlemanii?

Zakupy

W całym mieście są targi pod gołym niebem. Można podziwiać malarzy przy pracy i kupować ich dzieła. Wszędzie widać otwarte pracownie pełne obrazów.

Galería La Paulet SZTUKA
(Simón Bolívar No 411) Ciekawe eksperymenty, głównie abstrakcyjne dzieła miejscowych artystów.

Casa del Habano CYGARA
(róg Antonio Maceo i Zerquera; ⌚9.00–19.00) Nie warto kupować od ulicznych handlarzy, lepiej zaopatrzyć się w rum i cygara tutaj.

Mercado de Artesanía Artística RZEMIOSŁO, UPOMINKI
(Av Jesús Menéndez; ⌚9.00–18.00) Otwarte targowisko rzemiosła artystycznego, z mnóstwem stoisk z pamiątkami, wiele z haftowanymi tkaninami. Uwaga na produkty z czarnych koralowców i żółwich skorup – to zagrożone gatunki.

Taller Alfarero CERAMIKA
(☎41-99-31-46; Andrés Berro No 51, pomiędzy Pepito Tey i Abel Santamaría; ⌚8.00–12.00 i 14.00–17.00 pn.–pt.) BEZPŁ. Trinidad słynie z garncarstwa. W tej wielkiej manufakturze wytwarzana jest typowa trinidadzka ceramika z miejscowej gliny na kołach garncarskich. Można ją tu kupić, a także zobaczyć, jak powstaje.

Taller Instrumentos Musicales INSTRUMENTY MUZYCZNE
(róg Av Jesús Menéndez i Valdés Muñoz) Tutaj wytwarza się instrumenty muzyczne; sprzedaż w sklepie po sąsiedzku.

Informacja

NIEBEZPIECZEŃSTWA I NIEDOGODNOŚCI

Kradzieże, choć stosunkowo rzadkie, zdarzają się jednak w Trinidadzie. Dochodzi do nich zwykle późnym wieczorem, okradani są turyści

ODJAZDY AUTOBUSÓW VÍAZUL Z TRINIDADU

KIERUNEK	CENA (CUC)	CZAS (GODZ.)	ODJAZDY
Cienfuegos	6	1 godz. 30 min	7.30, 8.15, 15.00, 16.00
Hawana	25	6 godz. 20 min	8.15, 16.00
Santa Clara	8	3	7.30
Santiago de Cuba	33	12	8.00
Varadero	20	6	7.30, 15.00

po kilku drinkach. Aby uniknąć spotkania ze złodziejem, trzeba zachować czujność, zwłaszcza wracając do hotelu czy na kwaterę. Odrobina ostrożności może ustrzec przed nieprzyjemnościami.

DOSTĘP DO INTERNETU

Publiczne Wi-Fi działa na Plaza Mayor i na schodach wiodących do Casa de la Música.

Dulcinea (Antonio Maceo No 473; Internet 1 godz. 4,50 CUC; ⌚9.00–20.30) Kilka terminali na rogu Simón Bolívar. Tłoczno.

Etecsa Telepunto (róg General Lino Pérez i Francisco Pettersen; Internet 1 godz. 1,50 CUC; ⌚8.30–19.00) Nowoczesne, lecz powolne komputery. Niezbyt tłoczno.

OPIEKA MEDYCZNA

W Trinidadzie działa szpital, są apteki.

Szpital (☎41-99-32-01; Antonio Maceo No 6) Na południowy wschód od centrum miasta.

Servimed Clínica Internacional Cubanacán (☎41-99-62-40; General Lino Pérez No 103, róg Anastasio Cárdenas; ⌚24h) Na miejscu apteka; płaci się walutą wymienialną (CUC).

PIENIĄDZE

Bank i usługi wymiany walut w obiektach poniżej.

Banco de Crédito y Comercio (José Martí No 264; ⌚9.00–15.00 pn.–pt.) Jest bankomat.

Cadeca (Maceo, pomiędzy Camilo Cienfuegos i Lino Pérez; ⌚8.30–17.00) Wymiana walut.

POCZTA

Urząd pocztowy (Antonio Maceo No 418, pomiędzy Colón i Zerquera; ⌚9.00–18.00 pn.–sb.)

INFORMACJA TURYSTYCZNA

Do biur informacji turystycznej zwykle stoją kolejki. Trzeba przyjść wcześnie.

Cubatur (☎41-99-63-14; Antonio Maceo No 447; ⌚8.00–20.00) Ogólna informacja turystyczna, rezerwacja hoteli i wycieczek: pieszych do Valle de los Ingenios (35 CUC) i Salto del Caburní w Topes de Collante (30 CUC), nurkowych na Cayo Iguanas (45 CUC) i Cayo Blanco (50 CUC). Przed wejściem jest postój taksówek państwowych.

Infotur (☎42-99-82-58; Gustavo Izquierdo No 112; ⌚9.00–17.00) Udziela ogólnych informacji o mieście, okolicy i prowincji Sancti Spíritus.

ℹ Przyjazd i wyjazd

AUTOBUS

Z **dworca autobusowego** (Piro Guinart No 224) w centrum odjeżdżają autobusy miejscowe i bardziej użyteczne dla zagranicznych podróżnych autobusy Víazul. **Kasa biletowa Víazul** (☎41-99-44-48; ⌚8.30–16.00) jest w głębi dworca.

Autobusy Víazul, jadące do Varadero, zatrzymują się w Jagüey Grande (15 CUC, 3 godz.) i na żądanie w Jovellanos, Colesio i Cárdenas. Trasa do Santiago de Cuba wiedzie przez Sancti Spíritus (6 CUC, 1 godz. 30 min), Ciego de Ávila (9 CUC, 2 godz. 45 min), Camagüey (15 CUC, 5 godz. 15 min), Las Tunas (22 CUC, 7 godz. 30 min), Holguín (26 CUC, 8 godz.) i Bayamo (26 CUC, 10 godz.). Autobus do Playa Santa Lucía odchodzi o 10.00 (23 CUC, 6 godz. 30 min).

Turystyczny autobus wahadłowy Cubanacán Conectando kursuje codziennie do Hawany (25 CUC). Nie ma kasy. Informacje w Infotur.

POCIĄG

Połączenia kolejowe z Trinidadu są okropne, nawet jak na kubańskie standardy. Miasto jest odcięte od głównej sieci kolejowej od czasu zniszczenia mostu przez huragan w latach 90. XX w.

Szlak turystyczny przez Valle de los Ingenios jest obecnie zamknięty z powodu napraw. Można dowiadywać się o aktualny stan na dworcu kolejowym albo w biurach informacji turystycznej.

Dworzec kolejowy (Lino Pérez) to ten różowy budynek za torami kolejowymi po zachodniej stronie stacji.

ℹ Jak się poruszać na miejscu

ROWER

Kwatery prywatne pomagają w wypożyczaniu (nie najnowszych) rowerów. Z Trinidadu na Playa Ancón jedzie się 30 minut po płaskim terenie. Trasa z Trinidadu do Topes de Collantes przypomina ciężki etap Tour de France.

AUTOBUS

W Trinidadzie kursuje wygodny **bus turístico** (bilet całodniowy 5 CUC) – z którego można korzystać dowolnie, podobnie jak w Hawanie i Viñales – łączący główne atrakcje miasta.

SAMOCHÓD I MOTOROWER

Ceny wynajmu samochodów są zależne od sezonu, rodzaju samochodu i czasu użytkowania. Wypożyczalnie samochodów i motorowerów działają w hotelach przy Playa Ancón (25 CUC za dzień).

Cubacar (☎41-99-66-33; General Lino Pérez, pomiędzy Codania i Maceo; 1 dzień 70 CUC) wypożycza samochody i skutery.

Stacja benzynowa Oro Negro: przy wjeździe z Sancti Spíritus do Trinidadu, 1 km na wschód od Plaza Santa Ana. **Na stacji benzynowej Servi-Cupet** (⌚ całą dobę), 500 m na południe od Trinidadu przy drodze do miasta Casilda, jest bar *El Rápido*.

Strzeżone parkingi są w kilku punktach w *casco histórico*. Personel hotelu lub kwatery prywatnej pomoże w zorganizowaniu postoju.

TAKSÓWKI

Państwowe taksówki mają postój przed biurem Cubatur przy ulicy Antonio Maceo. Taksówka do Sancti Spíritus (70 km) kosztuje około 40 CUC.

Taxi Cuba (☎ 41-99-80-80) Oficjalne taksówki. Przejazd w obie strony do okolicznych atrakcji wymaga negocjowania, w zależności od czasu postoju.

Playa Ancón i okolice

Playa Ancón – wstęga białego piasku na tęczowym karaibskim wybrzeżu Sancti Spíritus – jest uważana za najpiękniejszą plażę na południu Kuby. Są tam trzy hotele all-inclusive i dobrze wyposażona marina, z której odpływają wycieczkowe katamarany na rafy koralowe. I choć Playa Ancón nie może konkurować z północnymi gigantami, jak Varadero, Cayo Coco czy Guardalavaca, ma ważny atut – Trinidad. Latynoamerykańska kolonialna perła lśni zaledwie 12 km na północ stąd.

Pomiędzy Playa Ancón a Trinidadem znajduje się jakby zapomniana La Boca, niewielka osada rybacka u ujścia Río Guaurabo, z kamienistą plażą ocienioną kwitnącymi akacjami. Jeśli ktoś lubi leniuchować w bujanym fotelu, świeże homary, czerwone zachody słońca i hiszpańskie pogaduszki z rybakami – to ma swoje wymarzone miejsce.

Jedna brukowana droga przechodzi przez tereny zalewane przypływem – tam o poranku gromadzą się setki ptaków. Uwaga: pchły piaskowe atakują o wschodzie i o zachodzie słońca.

Aktywnie

Rowerzyści mogą przejechać się z Trinidadu do hotelu *Club Amigo Ancón*: 18 km przez Casildę albo 16 km przyjemniejszą drogą nabrzeżną przez La Boca. Z basenu hotelowego mogą korzystać wszyscy, stół pingpongowy nie jest pilnowany.

Marina Trinidad WĘDKOWANIE, NURKOWANIE
(☎ 41-99-82-60; www.nauticamarlin.com; pół dnia nurkowania 300 CUC; ⏲ 8.00–17.00) Marina jest kilkaset metrów na północ od hotelu *Club Amigo Ancón*. Romantycy pewnie zapiszą się na rejs o zachodzie słońca, polecany przez turystów. W marinie organizowane są całodzienne wyprawy nurkowe z plażowaniem na Cayo Iguanas. Biura podróży w Trinidadzie sprzedają te wycieczki 24 godziny wcześniej. W cenie 4-godzinnej wyprawy nurkowej na pełne morze: transport, sprzęt i usługi przewodnika.

Cayo Blanco International Dive Center NURKOWANIE
(Marina Trinidad; 1 nurkowanie 35 CUC, kurs na otwartym morzu 320 CUC; ⏲ 8.00–17.00) Cayo Blanco International Dive Center oferuje karnety na jedno i więceń nurkowań oraz kursy na pełnym morzu. Na Cayo Blanco – koralowej wysepce, 25 km na południowy wschód od Playa Ancón – oznakowano 22 stanowiska nurkowe, gdzie można podziwiać czarne koralowce i bogate życie morskie. Rezerwacje w pobliskim hotelu *Club Amigo Ancón*.

Noclegi

W Ancón są trzy hotele z cenami all-inclusive. Osoby o skromniejszym budżecie mogą się zatrzymać na kwaterze w nadmorskiej wiosce La Boca.

Playa Ancón

Hotel Club Amigo Ancón RESORT $$
(☎ 41-99-61-20/29; asubdirector@brisastdad.co.cu; 1-/2-/3-os. all-inclusive 67/89/122 CUC; P ❄ @ ≋) Hotel, zbudowany w okresie 30-letniego flirtu Kuby z sowieckimi architektami, nie wygrałby żadnego konkursu piękności. Masywna, 7-kondygnacyjna betonowa konstrukcja kontrastuje z naturalnym pięknem plaży Ancón. Instalacje są stare, jedzenie też nie cieszy się dobrą opinią. Niektórym podobają się bezpretensjonalność i niskie ceny, inni twierdzą, że tylko Groucho Marx mógłby tu spędzać wakacje.

Brisas Trinidad del Mar RESORT $$$
(☎ 41-99-65-00; reserva5@brisastdad.co.cu; 1-/2-os. all-inclusive 115/184 CUC; P ❄ @ ≋) Choć jest to kiczowata próba odtworzenia Trinidadu w resorcie hotelowym, Brisas i tak zyskuje uznanie za odrzucenie monolitycznej architektury na rzecz niskich kolonialnych willi. Plaża jest cudowna, miłośnicy sportów mogą korzystać z masażu, sauny, siłowni i kortów tenisowych. Niestety, obiekt wymaga remontu, obsługa też nie jest najlepsza.

La Boca

Hostal Idel y Domingo CASA PARTICULAR $
(☎ 41-99-86-34; Av del Mar No 9; pokój 30 CUC; P ❄) Królowa kiczu Idel to urocza babcia,

Okolice Trinidadu

która pragnie, żeby każdy gość był *muy contento*. Typowy obiekt w La Boca: dwa pokoje z wszystkimi wygodami (wentylatorem, klimatyzacją, lodówką i podwójnym łóżkiem), ponadto bujane fotele i hamaki na werandzie z widokiem na morze.

★ El Capitán CASA PARTICULAR **$$**
(☎ 41-99-30-55; capitancasanovatrinidad@yahoo.es; Playa Boca 82; 2-/3-os. ze śniadaniem 60/70 CUC; ❄) Znakomite locum na odpoczynek przy plaży w stylu pensjonatu. Właściciele Yile i Maikel oferują cztery eleganckie pokoje, z lodówkami i sejfami, na tarasie serwuje się śniadanie. Miło również zrelaksować się w cienistym ogrodzie przy plaży. Osoby o ograniczonym budżecie mogą wybrać pokój bez widoku na morze i zaoszczędzić 15 CUC.

Gastronomia

Grill Caribe KUCHNIA KARAIBSKA **$$**
(dania 5–23 CUC; ⏲8.00–20.00) Restauracja – pod gołym niebem na uroczej plaży – ze świeżymi owocami morza. Są tu ryby, krewetki i homary z dodatkami. Nie dla wegetarian. Przepięknie o zachodzie słońca.

Przyjazd i wyjazd

Z Trinidadu jedzie się 15 minut samochodem, a 40 minut bez pośpiechu rowerem. Autobus wahadłowy Transturu jeździ z Trinidadu do Ancón cztery razy dziennie (5 CUC). Kurs taksówką na plażę kosztuje 8 CUC, do La Boca 5 CUC.

Valle de los Ingenios

Wielkie fortuny w Trinidadzie nie powstały w samym mieście, lecz dalej, 8 km na wschód, w zielonej dolinie. W Valle de los Ingenios (inna nazwa: Valle de San Luis) zachowały się pozostałości XIX-wiecznych młynów cukrowniczych, magazynów, maszynerii, baraków niewolników, dworów oraz pociąg parowy. Większość młynów została zniszczona podczas wojny o niepodległość i amerykańsko-hiszpańskiej, a plantatorzy trzciny cukrowej przenieśli się na zachód, do Matanzas.

Obecnie uprawia się trzcinę, jednakże dolina bardziej słynie jako miejsce historyczne i figuruje na Liście Światowego Dziedzictwa Kulturalnego i Przyrodniczego UNESCO. Sielankowe pola, gaje palm królewskich i kolonialne ruiny u stóp Sierra del Escambray tworzą przepiękny krajobraz.

Zwiedzanie

Wycieczki konne można zorganizować w biurach podróży w Trinidadzie i na Playa Ancón.

Mirador de la Loma del Puerto

PUNKT WIDOKOWY

6 km na wschód od Trinidadu – drogą na Sancti Spíritus – jest punkt widokowy (na wysokości 192 m) z przepiękną panoramą doliny z – przy odrobinie szczęścia – pociągiem parowym wypuszczającym kłęby dymu. A ponieważ to Kuba, bar też tam jest.

Manaca Iznaga

MUZEUM

(wieża 1 CUC; 9.00–16.00) Hacjenda, założona w 1750 r., to główny obiekt doliny. Kupił ją w 1795 r. Pedro Iznaga, który stał się najbogatszym człowiekiem na Kubie dzięki handlowi niewolnikami. Obok hacjendy wznosi się 44-metrowa wieża, z której nadzorowano niewolników. Dzwon na frontonie domu wyznaczał pory ich codziennych obowiązków. Dojazd: 16 km na północny wschód od Trinidadu.

Obecnie ze szczytu wieży można podziwiać piękne widoki, a w restauracji, urządzonej w kolonialnym dworze Iznagi, zjeść przyzwoity obiad (12.00–14.30). I trzeba jeszcze zobaczyć wielką prasę do trzciny cukrowej (z tyłu rezydencji).

San Isidro de los Destiladeros

MIEJSCE HISTORYCZNE

(1 CUC; 9.00–17.00) Po niekończących się wykopaliskach można wreszcie zwiedzać dawny młyn cukrowy, pochodzący z 1830 r. Dość nowoczesny, jak na owe czasy, młyn jest z epoki przedindustrialnej i był uruchamiany siłą rąk niewolników. Po zakończeniu produkcji w 1890 r. główne budynki – hacjenda, trzykondygnacyjna dzwonnica, baraki niewolników i zbiorniki – popadły w ruinę.

Trwa obecnie renowacja, krytykowana przez tych, którzy uważają, że ruiny powinny pozostać w... ruinie. Do San Isidro prowadzi droga odchodząca od trasy Trinidad – Sancti Spíritus, 10 km na wschód od Trinidadu. Od skrzyżowania to jeszcze 2 km.

Casa Guachinango

ZABYTEK

(9.00–17.00) Trzy km za Manaca Iznaga, przy wewnętrznej drodze w dolinie, stoi stara hacjenda, zbudowana przez Don Mariana Borrella pod koniec XVIII w. Obecnie w budynku mieści się restauracja. Tuż poniżej płynie rzeka Ay; krajobrazy są przepiękne. Okolice można zwiedzać konno.

Z Manaca Iznaga do Casa Guanchinango: trzeba skręcić w prawo na brukowaną drogę tuż za drugim mostem.

Przy domu każdego ranka zatrzymuje się pociąg. Idąc wzdłuż torów, można przejść do Iznaga z Guachinango w niecałą godzinę.

Sitio Guáimaro

ZABYTEK

(1 CUC; 7.00–19.00) 7 km na wschód od skrętu na Manaca Iznaga, po 2 km na południe pojawi się dawna siedziba Don Mariana Borrella, zamożnego XIX-wiecznego kupca. Siedem łuków wspartych kolumnami w fasadzie budowli prowadzi do ozdobionych freskami pokojów. Obecnie jest tu restauracja ze starodawną prasą (*traipiche*) do wyciskania soku z trzciny cukrowej.

Przyjazd i wyjazd

Większość turystów przyjeżdża autokarami z Trinidadu. Można też wziąć taksówkę (30–40 CUC w obie strony z oczekiwaniem).

Trinidadzki pociąg przemierzający Valle de los Ingenios obecnie nie kursuje. Informacji o rozkładzie i przerwach w kursowaniu udziela Cubatur (s. 287). W razie potrzeby bilety można również kupić w hotelach na Playa Ancón, nieco drożej, łącznie z autobusowym transferem do Trinidadu.

Trasa konnej wycieczki z Trinidadu powinna uwzględnić większość atrakcji doliny (lub wszystkie).

Topes de Collantes

Sierra del Escambray to drugie co do wielkości pasmo górskie Kuby. Szczyty wyglądają jak blanki zamku, są bogate w roślinność i zaskakująco odosobnione. W poprzecinanych pieszymi szlakami gęstych lasach zobaczymy winorośle, paprocie i przyciągające wzrok epifity.

Pod koniec 1958 r. obozował tu Che Guevara w drodze do miasta Santa Clara. Prawie trzy lata później, finansowane przez CIA kontrrewolucyjne grupy partyzantów miały tu punkt obserwacyjny i bazę wypadową.

Topes de Collantes nie mają statusu ścisłego parku narodowego, są jednakże chronionym parkiem krajobrazowym o powierzchni 200 km² na granicy trzech prowincji. Należą doń Parque Altiplano, Parque Codina, Parque Guanayara i Parque El Cubano. Piąta enklawa, El Nicho w prowincji Cienfuegos, jest zarządzana przez władze parku.

Nazwa parku pochodzi od jego największej osady – sanatorium założonego w 1937 r. przez dyktatora Fugencia Batistę dla chorej żony. Sanatorium gruźlicze przemianowano na „kurort" i budowano od końca lat 30. XX w. do otwarcia w 1954 r.

Zwiedzanie

Museo de Arte Cubano Contemporáneo — MUZEUM

(2 CUC; 8.00–20.00) Choć trudno w to uwierzyć, monstrualne sanatorium Topes de Collantes było niegdyś istnym Luwrem sztuki kubańskiej, z dziełami takich mistrzów, jak Tomás Sánchez i Rubén Torres Llorca. Tamte zbiory zainspirowały w 2008 r. władze prowincji do otwarcia jeszcze bardziej atrakcyjnego muzeum, z ponad 70 pracami wystawionymi w sześciu salach na trzech kondygnacjach. Budynek muzeum stoi przy głównej drodze dojazdowej z Trinidadu, przed hotelami.

Plaza de las Memorias — MUZEUM

(8.00–17.00) BEZPŁ. Muzeum Plac Pamięci – w trzech drewnianych domach tuż za Casa Museo del Café – przedstawia historię osady w Topes de Collantes oraz jej słynnych rezydentów.

Casa Museo del Café — MUZEUM

(7.00–19.00) Kawę uprawiano na stokach Sierra del Escambray ponad dwa stulecia. W tej małej rustykalnej kawiarni goście poznają dzieje kawowego regionu, sącząc aromatyczną Crystal Mountain. W pobliskim ogrodzie – Jardín de Variedades del Café – rośnie 25 odmian drzewek kawowych.

Aktywnie

Topes ma najlepszą na Kubie sieć szlaków wędrownych. Trzeba wziąć odpowiednie buty. Większość tras da się pokonać samodzielnie (zgodnie z przepisami), ale do początku niektórych szlaków trzeba dojechać samochodem.

NATURALNE KĄPIELISKA

Poza del Venado Sendero „Centinelas del Río Melodioso"

Salto del Caburní Topes de Collantes

La Solapa de Genaro (s. 299) Jobo Rosado

Cascada Bella (s. 293) Alturas de Banao

★ Sendero „Centinelas del Río Melodioso" — WĘDRÓWKI

(wstęp 10 CUC, wycieczka z obiadem 47 CUC) Trudno dostępny, ale najciekawszy szlak „Wartownicy Śpiewającej Rzeki" to pętla (dł. 6 km) w Parque Guanayara. Rozpoczyna się przy plantacji kawy i opada stromo do wodospadu El Rocío („rosa"), gdzie można się wykąpać. Idąc z biegiem Río Melodioso, dochodzi się do następnego wodospadu i zachęcającego kąpieliska Poza del Venado („studnia jeleni"), a potem do ogrodów w hacjendzie Casa de la Gallega („dom Galisyjki).

Zwykle w hacjendzie można zjeść obiad, a na jej terenie rozbić namiot. To około 15 km od Centrum dla Odwiedzających trudnymi i stromymi ścieżkami, zatem logistyka nie będzie prosta. Lepiej wybrać się z przewodnikiem (z Centro de Visitantes) lub z wycieczką Cubaturu z Trinidadu.

★ Salto del Caburní — WĘDRÓWKI, PŁYWANIE

(10 CUC) Klasyczna trasa w Topes de Collantes, łatwo do niej trafić pieszo z hoteli. Kieruje do wodospadu (wys. 62 m) spływającego po skałach do kąpieliska, a potem w rozpadlinę, do której skaczą tylko najśmielsi miejscowi *machos*. Uwaga, w porze suchej (od marca do maja) poziom wody może być niższy.

Opłata za wstęp jest pobierana przy wejściu do Villa Caburní; szlak prowadzi od *Kurhotelu*, w pobliżu Centrum dla Odwiedzających, w dół wzgórza (dość daleko na piechotę). Po stoku schodzi się godzinę, potem idzie się jeszcze półtorej godziny, pokonując 5-kilometrową pętlę. Niektóre strome stoki mogą być śliskie po deszczu.

Gruta Nengoa — WĘDRÓWKI, PŁYWANIE

(10 CUC) Nowo otwarty szlak (dł. 2,6 km) wokół groty i wodospadu (wys. 12 m). Można popływać i obserwować ptaki. Trasa

rozpoczyna się 16 km od Topes de Collantes, na południe od wioski Cuatro Vientos („cztery wiatry").

Hacienda Codina WĘDRÓWKI

(10 CUC) Na terenie hacjendy jest Sendero de Alfombra Mágica („magiczny dywan"), szlak (dł. 1,2 km) wiodący przez ogrody bambusów i orchidei, oraz Cueva del Altar („jaskinia z ołtarzem"). Dla chętnych także kąpiele błotne, restauracja i punkt widokowy. Dojazd: 8 km z Topes de Collantes kiepską drogą (4 km do pokonania terenówką, począwszy od szczytu wzgórza, na trzecim kilometrze drogi do Cienfuegos i Manicaragui).

Można też pójść szlakiem La Batata do grot, a potem jeszcze 1,5 km do hacjendy. W Centrum dla Odwiedzających trzeba zapytać o drogę i przewodnika.

Sendero Jardín del Gigante WĘDRÓWKI

(10 CUC) Osoby, którym się spieszy, mogą przyjrzeć się ekosystemom w Topes de Collantes na szlaku długości 1,2 km. Zaczyna się na Plaza de las Memorias i kończy u stóp wzgórza w Parque La Represa nad brzegami rzeki Vega Grande. Po drodze w „ogrodzie giganta" można naliczyć 300 gatunków drzew i porostów; rośnie tu największa na Kubie *caoba* (mahoniowiec).

W willi przy wejściu do ogrodu jest niewielka restauracja. Z miłości do chorej żony Fulgencio Batista zbudował w Topes kurort hotelowy.

Vegas Grandes WĘDRÓWKI, PŁYWANIE

(10 CUC) Szlak wodospadów Vegas Grandes (dł. 2 km) zaczyna się przy apartamentowcach Reparto El Chorrito, na południu Topes de Collantes, koło wjazdu do resortu od strony Trinidadu. Na trasie można spędzić parę godzin (wraz z kąpielą).

Stąd do Salto del Caburní lepiej pójść z przewodnikiem, gdyż ścieżki są słabo oznakowane.

Sendero La Batata WĘDRÓWKI

(CUC 10) Szlak prowadzi do groty z podziemną rzeką (dł. trasy w obie strony 6 km). Rozpoczyna się przy znaku parkingu przed Casa Museo del Café. Dochodząc do drugiej szosy, należy obejść betonowy wał po prawej i iść w dół wzgórza. Odtąd trzeba trzymać się prawej strony i podążać prosto (nie zbaczając na szlaki po lewej). W jedną stronę idzie się godzinę.

Noclegi

Villa Caburní DOMKI $

(☎41-54-01-80; od osoby ze śniadaniem 14 CUC; P ❄) Znakomita lokalizacja w zielonym parku. Stylizowane na szwajcarskie, domki (niektóre remontowane) z panelami słonecznymi są absolutnie warte proponowanej ceny. W każdym jest ciepła woda i lodówka. Śniadanie podaje się w miejscowej kafeterii. Tuż obok Centro de Visitantes.

Hotel Los Helechos HOTEL $

(☎41-54-03-30; 1-/2-os. ze śniadaniem 51/64 CUC; P ❄ ≋) Niezbyt pasujący do zielonego otoczenia niezgrabny pudełkowaty budynek, z wiklinowymi meblami, i kempingowe domki wyglądają razem dość dziwnie. Nie pomagają nieatrakcyjny basen, ciasne sauny parowe (często nieczynne), stołówka i kiczowata dyskoteka (w chronionym parku!).

Sytuację ratuje chleb domowego wypieku w restauracji – najlepszy na Kubie.

Gastronomia

Bar-Restaurante Gran Nena KUCHNIA KUBAŃSKA $

(☎41-54-03-38; Carretera Principal; dania główne 4–6 CUC; ⏲10.00–21.00) Przyzwoite kubańskie potrawy przynoszone do stołów ustawionych dookoła na otwartej przestrzeni. Banany, papaje, awokado, pomarańcze i brzoskwinie rosną na drzewach, a pomiędzy nimi biegnie ścieżka do ukrytej groty.

Restauracja sąsiaduje z Museo de Arte Cubano Contemporáneo (s. 291).

Restaurante Mi Retiro KUCHNIA KARAIBSKA $$

(Carretera de Trinidad; dania 6–9 CUC; ⏲8.00–23.00) Restauracja „moje zacisze" usytuowana na 3. kilometrze (Km 3) drogi do Trinidadu. Serwuje *comida criolla* (potrawy kreolskie) przy dźwiękach muzyki wędrownych śpiewaków.

Informacja

Centro de Visitantes (⏲8.00–17.00) Obok zegara słonecznego przy wejściu do kompleksu hotelowego. Informacje o szlakach, mapy i przewodniki.

Przyjazd i wyjazd

Bez samochodu bardzo trudno dostać się do Topes de Collantes, a jeszcze trudniej do początków szlaków. Można wziąć taksówkę

POZA UTARTYM SZLAKIEM

ALTURAS DE BANAO

Na terenie rezerwatu ekologicznego są góry, wodospady, lasy i strome klify wapienne. W pasmie Guamuhaya (Escambray), w obrębie rezerwatu, najwyższy szczyt, Las Tetas de Juana („cycki Juany") ma 842 m n.p.m. U stóp wzniesień płyną rzeki, rosną liczne gatunki flory, w tym epifityczne kaktusy, zachowały się pozostałości XIX-wiecznych pionierskich gospodarstw.

Zarząd parku znajduje się w Jarico, 3,5 km bitym traktem od drogi Sancti Spíritus – Trinidad. Jest tam restauracja *ranchón*, centrum dla odwiedzających i górski dom z ośmioma pokojami 2-osobowymi.

Niedaleko stąd do wodospadu Cascada Bella i naturalnego kąpieliska. Z Jarico prowadzi szlak ekologiczny La Sabina (dł. 6 km) do stacji przyrodniczej La Sabina i górskiej chaty o tej samej nazwie. Całodzienne wycieczki z przewodnikiem kosztują 3 CUC, niezależnie od opłaty za wstęp do rezerwatu.

(40–60 CUC w obie strony z postojem), wykupić wycieczkę z Trinidadu (od 35 CUC) lub wynająć auto.

Szosa z Trinidadu do Topes de Collantes jest brukowana, ale bardzo stroma. Po deszczu będzie ślisko.

Z Topes de Collantes do Manicaragui biegnie malownicza górska droga, długości 44 km, przez Jibacoa (czasem bywa zamknięta, trzeba sprawdzać przed podróżą w Trinidadzie). Można też jechać do/z Cienfuegos przez Sierrita częściowo brukowaną, częściowo żwirową drogą (tylko z napędem na 4 koła).

Sancti Spíritus

105 200 MIESZK.

W innym kraju takie piękne kolonialne miasto byłoby atrakcją turystyczną. Ale Sancti Spíritus, w malowniczej prowincji o tej samej nazwie, turyści nie poświęcają wiele uwagi. Dla innych podróżników właśnie to odosobnienie jest atrakcyjne. Sancti Spíritus to jakby Trinidad, ale bez naganiaczy. Można tu dobrze zjeść, posłuchać *boleros* na placu i bez ceregieli znaleźć *casa particular*.

Miasto znajduje się w siódemce *villas* założonych prez konkwistadora Diega Velázqueza. Villa Sancti Spíritus, lokowana w 1514 r. nad brzegiem Tuinucú, została w 1522 r. przeniesiona nad rzekę Yayabo. Zuchwali piraci plądrowali miasto aż do lat 60. XVII w.

Sancti Spíritus ma swoje osiągnięcia. Tu powstała elegancka *guayabera*, ulubiona latynoamerykańska koszula męska, tu wyhodowano *guayabę* (gujawę) i zbudowano łukowy most, podobny do mostów w angielskim Yorkshire. Z okazji 500-lecia miasto gruntownie odrestaurowano.

Zwiedzanie

★ Casa de la Guayabera MUZEUM

(☎41-32-22-05; guayabera@hero.cult.cu; San Miguel 60; 1 CUC; ⏲10.00–17.00 wt.–nd.) *Guayaberę* – ulubiony uniform południowoamerykańskich prezydentów i nowożeńców na meksykańskie plaże – podobno „wynalazły" w Sancti Spíritus żony rolników, które przyszywały kieszenie do męskich koszul, żeby ich mężowie mogli wygodnie nosić narzędzia i pożywienie. Nowe muzeum prezentuje *guayaberas* z różnych regionów, a także „historyczne" – noszone niegdyś przez Huga Cháveza, Gabriela Garcíę Márqueza i Fidela.

Na uroczym patio w kompleksie muzealnym – usytuowanym nad rzeką przy słynnym moście konnym – jest również bar i piękny ogród, w którym odbywają się imprezy kulturalne po zamknięciu muzeum. Na zamówioną *guayaberę* czeka się dwa dni.

Puente Yayabo MOST

Podobny do mostów w starych angielskich miasteczkach, czteroprzęsłowy Puente Yayabo to znak firmowy Sancti Spíritus. Zbudowany przez Hiszpanów w 1815 r., służył do przeprawy wozów konnych przez rzekę Yayabo. Obecnie pomnik narodowy. Najlepszy widok (wraz z lustrzanym odbiciem) z tarasu w Tabernie Yayabo.

Otaczają go brukowane uliczki – najciekawsza to calle Llano, gdzie starsze panie handlują żywymi kurczakami, a sąsiedzi plotkują hałaśliwie na progach pastelowych domów. Warto również przejść się calle Guairo i calle San Miguel.

Parque Serafín Sánchez PLAC

Piękny Parque Serafín Sánchez charakteryzuje niedoceniane piękno. W metalowych

Sancti Spíritus

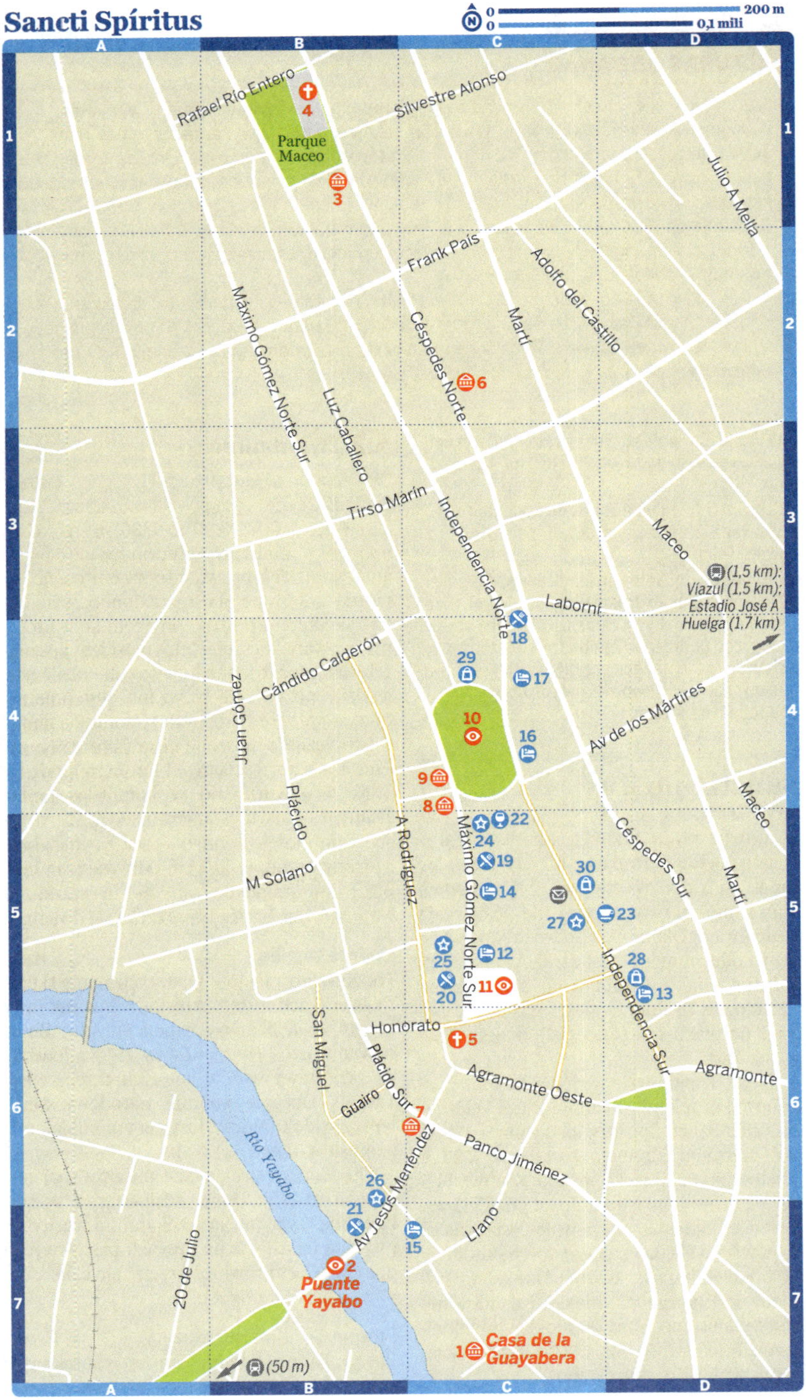

Sancti Spíritus

Główne atrakcje

1	Casa de la Guayabera	C7
2	Puente Yayabo	B7

Zwiedzanie

3	Fundación de la Naturaleza y El Hombre	B1
4	Iglesia de Nuestra Señora de la Caridad	B1
5	Iglesia Parroquial Mayor del Espíritu Santo	C6
6	Museo Casa Natal de Serafín Sánchez	C2
7	Museo de Arte Colonial	C6
8	Museo de Ciencias Naturales	C4
9	Museo Provincial	C4
10	Parque Serafín Sánchez	C4
11	Plaza Honorato	C5

Noclegi

12	Hostal del Rijo	C5
13	Hostal Don Florencio	D5
14	Hostal Paraíso	C5
15	Hostal Yayabo	C7
16	Hotel Plaza	C4
17	'Los Richards' – Ricardo Rodríguez	C4

Gastronomia

18	Dulce Crema	C4
19	El 19	C5
20	Mesón de la Plaza	C5
	Restaurante la Fuente	(zob. 12)
21	Taberna Yayabo	B7

Kawiarnie, bary i życie nocne

22	Café ARTex	C5
23	Cafe Colga'o	D5

Rozrywka

24	Casa de la Cultura	C5
25	Casa de la Trova Miguel Companioni	C5
26	Teatro Principal	B6
27	Uneac	C5

Zakupy

28	Boulevard	D5
29	La Perla	C4
30	Librería Julio Antonio Mella	C5

krzesłach, ustawionych w usytuowanej pośrodku placu pieszej strefie, siedzą kopcący cygara starsi panowie i rozbawione pary młodzieży czekające, by wyruszyć na nocną zabawę.

Południowa strona placu jest najżywsza. Przed gmachem majestatycznej Casa de la Cultura (Dom Kultury, s. 298) koncertują zespoły muzyczne. Obok zwraca uwagę hellenistyczna kolumnada budynku, od 1929 r. siedziba Sociedad „Progreso", od 1963 r. **Biblioteca Provincial Rubén Martínez Villena** (☎41-32-77-17; Máximo Gómez Norte No 1; ⌚9.00–17.00).

Wielka trzypoziomowa budowla w kolorze magnolii, na południowej stronie placu, to dawny hotel *La Perla*. Po wielu latach zaniedbania został odrestaurowany i obecnie funkcjonuje jako państwowe centrum handlowe.

Fundación de la Naturaleza y El Hombre — MUZEUM

(☎41-32-83-42; Cruz Pérez No 1; wskazany datek 2 CUC; ⌚10.00–17.00 pn.–pt.) Podobnie jak jego mniejszy imiennik w Miramar w Hawanie, muzeum w Parque Maceo dokumentuje ekspedycję „Czółnami z Amazonki na Karaiby" w 1987 i 1988 r. na trasie długości 17 422 km, pod kierunkiem kubańskiego geografa, geologa, speleologa i pisarza Antonia Núñeza Jiméneza (1923–1998). W wyprawie do 20 krajów, od Ekwadoru po Bahamy, uczestniczyło na różnych etapach i różnymi środkami lokomocji łącznie 432 podróżników. Z pięciu użytych w wyprawie canoas, dwie nazwano „Simón Bolívar" i „Hatuey". Druga łódź, dł. ponad 13 m, jest głównym eksponatem wystawy.

Zwiedzanie będzie ciekawsze dla osób mówiących po hiszpańsku. Godziny otwarcia zmienne.

Iglesia Parroquial Mayor del Espíritu Santo — KOŚCIÓŁ

(Agramonte Oeste No 58; ⌚9.00–11.00 i 14.00–17.00 wt.–sb.) Piękny niebieski kościół przy Plaza Honorato odrestaurowano w 2014 r. Pierwsza świątynia została zbudowana z drewna w 1522 r., następna w 1680 r. z kamienia; jest to najstarszy kościół na Kubie stojący na oryginalnych fundamentach.

Najlepiej zajrzeć do jej skromnego, lecz pięknego wnętrza podczas niedzielnej porannej mszy (10.00). Niewielki datek będzie mile widziany.

Museo de Arte Colonial — MUZEUM

(☎41-32-54-55; Plácido Sur No 74; 2 CUC; ⌚9.00–17.00 wt.–sb., 8.00–12.00 nd.) Muzeum – w XVII-wiecznej rezydencji rodu Valle Inaga, potentatów cukrowych – odrestaurowano w 2012 r. Wyposażenie kuchni, salonów (kawowy, muzyczny), sypialni, jadalni.

Plaza Honorato PLAC

Dawniej Plaza de Jesús. Plac w czasach hiszpańskich był miejscem publicznych egzekucji, później targiem rolniczym. Kramy wciąż stoją w uliczce po wschodniej stronie. Północną stronę zajmuje obecnie hotel butikowy.

Museo Provincial MUZEUM

(☎41-32-74-35; Máximo Gómez Norte No 3; 1 CUC; ⏲9.00–17.00 wt.–nd.) Jedno z tych nieco zabawnych kubańskich muzeów, w których przewodnicy prowadzą zwiedzających z sali do sali, jakby na końcu wystawiono klejnoty koronne. Zakurzone eksponaty obrazują dzieje Sancti Spíritus: artefakty autochtonów, sztuka kolonialna, akcesoria związane z pracą niewolników (także narzędzia torur) i Ruchem 26 Lipca.

Iglesia de Nuestra Señora de la Caridad KOŚCIÓŁ

(Céspedes Norte No 207) Drugi kościół (ukończony w 1727 r.) w mieście (pomalowany z zewnątrz w 2014 r.), naprzeciwko Fundación de la Naturaleza y El Hombre. Pod łukami gniazdują zapataki, którym jakoś nie przeszkadza zniszczone wnętrze.

Museo Casa Natal de Serafín Sánchez MUZEUM

(☎41-32-77-91; Céspedes Norte No 112; 1 CUC; ⏲9.00–17.00 wt.–sb.) Patriota Serafín Sánchez uczestniczył w obu wojnach o niepodległość i poległ w listopadzie 1896 r. Muzeum urządzono w jego domu rodzinnym.

Museo de Ciencias Naturales MUZEUM

(☎41-32-63-65; Máximo Gómez Sur No 2; 1 CUC; ⏲9.00–17.00 wt.–nd.) Niezbyt udane Muzeum Historii Naturalnej w kolonialnym domu przy Parque Serafín Sánchez. Jest tu kolekcja minerałów i wypchany krokodyl (może wystraszyć dzieci).

Noclegi

Siecią hoteli butikowych pod marką Encanto zarządza państwowa firma Cubanacán. W Sancti Spíritus do wyboru są jeszcze *casas particulares*.

W mieście

★**Hostal Paraíso** CASA PARTICULAR $

(☎41-33-46-58; Máximo Gómez Sur No 11, pomiędzy Honorato del Castillo i M. Solano; pokój 25 CUC; ❄) Najlepsza tania opcja w mieście. Usytuowany w centrum dom kolonialny, ozdobiony paprociami, zamieszkuje miła rodzina z wesołym jamnikiem. Warto wziąć przewiewny pokój na górze (są tam dwa). Dom z 1838 r.; wielkie łazienki, prysznice i mnóstwo roślin.

Hostal Puente Yayabo CASA PARTICULAR $

(☎kom. 53-53-00-70; liosmany.gomez@nauta.cu; Jesús Menéndez No 109; pokój 25 CUC; 📶) Nuris i jej rodzina podejmują gości w domu nad rzeką. W salonie stoi motocykl, a cukierkowo różowa sypialnia i satynowa narzuta łóżka to obiekt westchnień każdej księżniczki Barbie. Goście mogą tu gotować posiłki i jeść je na tarasie nad rzeką.

„Los Richards" – Ricardo Rodríguez CASA PARTICULAR $

(☎41-32-26-56; gisel.rios@nauta.cu; Independencia Norte No 28 Altos; pokój 25–30 CUC; ❄📶) Ciemne, zaniedbane schody przy głównym placu prowadzą do starego, ale czystego apartamentu na piętrze. Dwa wielkie pokoje od frontu. Są tu w sumie cztery pokoje, wiele łóżek, bar, jadalnia i lodówka. I najlepsze – balkon z kutą balustradą, z którego można oglądać teatr życia głównego placu miasta.

W ofercie wycieczki do Alturas de Banao.

Hostal Don Florencio HOTEL BUTIKOWY $$

(☎41-32-83-06; rperurena@islazulssp.tur.co.cu; Independencia Sur; 1-/2-os. 102/122 CUC; ❄@) Sancti Spíritus rzadko góruje nad Trinidadem, ale właśnie hotele są tu lepsze. Ten piękny obiekt ma jasne przestrzenie, kolonialny wystrój i dwa zachęcające jacuzzi na wewnętrznym dziedzińcu. Obsługa bywa niedbała. Popularny wśród grup turystycznych.

★**Hostal del Rijo** HOTEL BUTIKOWY $$$

(☎41-32-85-88; rperurena@islazulssp.tur.co.cu; Honorato del Castillo No 12; 1-/2-os. ze śniadaniem 102/122 CUC; ❄@🏊) Nawet najzagorzalsi zwolennicy *casas particulares* nie oprą się temu budynkowi (z 1818 r.) przy cichej (dopóki nie otworzą Casa de la Trova) Plaza Honorato. Szesnaście wielkich, eleganckich pokojów – wiele z balkonem wychodzącym na plac – wyposażono we wszystko, o czym romantyczni miłośnicy Kuby mogliby zamarzyć: ciężkie kolonialne meble, a nawet satelitarną TV i kosmetyki.

W eleganckiej restauracji na dziedzińcu serwowane są obfite, niespieszne śniadania, przy których chce się przesiadywać dłużej.

Hotel Plaza HOTEL BUTIKOWY $$$
(☎41-32-71-02; rperuena@islazulssp.tur.co.cu; Independencia Norte No 1; 1-/2-os. ze śniadaniem 102/122 CUC; ❄@📶) Na skraju Parque Serafín Sánchez, z widokowym dziedzińcem. Pomieszczenia wspólne, np. romantyczny bar na patio, są wspaniałe. Przestronne pokoje na dwóch kondygnacjach; puszyste szlafroki, sejfy i solidne meble. Popularny wśród grup turystycznych.

Za miastem

Hotel Zaza HOTEL $
(☎41-32-70-15; ypuerta@islazulssp.tur.co.cu; Finca San José Km 5.5, Lago Zaza; 1-/2-os. ze śniadaniem 25/33 CUC; P❄) Położony nad wielkim Embalse Zaza, 5 km na wschód od Sancti Spíritus, niechlujny wiejski hotel wygląda jak blok mieszkalny w Moskwie. Nie zniechęca to jednak wędkarzy, którzy mają tu swoją bazę (wyprawa wędkarska trwająca 4 godziny kosztuje 40 CUC).

Niewędkujący mogą skorzystać z basenu i popływać łodziami po jeziorze (rejs 1 godz. od dwóch osób 20 CUC).

Villa Rancho Hatuey HOTEL $$
(☎41-36-13-15; gniubo@islazulssp.tur.co.cu; Carretera Central Km 384; 1-/2-os. 76/85 CUC; P❄@📶) Perła w koronie sieci Islazul; dojazd południową szosą od Carretera Central. *Rancho Hatuey* oferuje 76 pokojów w dwukondygnacyjnych domkach na malowniczym terenie z dala od drogi. Nad basenem można się opalać, w restauracji posilić, obserwując kanadyjskich turystów z autokarów wycieczkowych i oficjeli komunistycznej partii z Hawany tworzących specyficzną mieszankę.

Gastronomia

Sancti Spíritus ma wreszcie – po liberalizacji przepisów – kilka niezłych prywatnych restauracji. Trzeba dodać, że i państwowym lokalom nie można nic zarzucić.

Dulce Crema LODZIARNIA $
(róg Independencia Norte i Laborni; lody 1–2 CUC; ⌚8.00–22.00) Co takiego? To naprawdę nie Coppelia? Lodziarnia Dulce Crema ma swoje tradycje w Sancti Spíritus i właściwie jest... lepsza. A kto chce, można sobie poczekać w Parque Serafín Sánchez, aż pojawi się lodziarz z maszynką napędzaną silnikiem od pralki.

Mesón de la Plaza KUCHNIA KARAIBSKA, HISZPAŃSKA $
(Máximo Gómez Sur No 34; dania główne 4–7 CUC; ⌚12.00–15.00 i 18.00–22.00) Renomowana państwowa restauracja w XIX-wiecznej *mansión* (dwór), należącej niegdyś do hiszpańskiego potentata finansowego. Warto zjeść klasyczną hiszpańską potrawę *potaje de garbanzos* (wieprzowina z ciecierzycą) lub smaczną wołowinę, słuchając muzyki z Casa de la Trova po sąsiedzku.

★**Taberna Yayabo** KUCHNIA KUBAŃSKA, HISZPAŃSKA $$
(☎41-83-75-52; Jesús Menéndez No 106; dania 6–12 CUC; ⌚9.00–22.45) Zachęcająca państwowa restauracja, malowniczo usytuowana nad rzeką, z piwniczką win i świetną obsługą. Oczywiście, mogą zniechęcić hity z lat 80. XX w., ale przecież tutaj serwuje się *tapas*, np. *jamón serrano* – górską szynkę krojoną na miejscu i sery, o co nie tak łatwo na Kubie. Miejscowy sommelier z entuzjazmem dolewa trunki.

Są również cygara i niezłe koktajle. Warto spróbować *cunyaya*: mieszanki cytryny, *guarapo* (soku trzcinowego) i rumu.

El 19 KUCHNIA MIĘDZYNARODOWA $$
(Máximo Gómez No 9, pomiędzy Manolo Solano i Honorato del Castillo; dania 8–12 CUC; ⌚6.30–22.00) Stylowy lokal w centrum. El 19 specjalizuje się w befsztykach z polędwicy, do niedawna nie było ich na Kubie. Profesjonalna obsługa.

Restaurante La Fuente KUCHNIA MIĘDZYNARODOWA $$
(Honorato del Castillo No 12; dania 6–9 CUC; ⌚7.00–23.00) Na imponującym wewnętrznym dziedzińcu albo na uroczym tarasie hotelu *Rijo*. Kolonialny klimat, dobra obsługa, w międzynarodowym menu filet mignon, kurczak w białym winie, sandwicze. Do tego długa lista deserów, napojów i kaw.

Kawiarnie, bary i życie nocne

★**Café El Colga'o** KAWIARNIA
(☎kom. 54-33-62-37; Independencia Sur No 9c; ⌚16.00–24.00 pt.–śr.) Undergroundowy kubańsko-włoski lokal bez szyldu. Trzeba iść schodami do apartamentu na IX kondygnacji; maleńkie stoliki, poduszki na podłodze, widokowy balkon. Mnóstwo miejscowej młodzieży słuchającej eklektycznej muzyki, popijającej espresso i zajadającej kanapki sprzedawane za lokalną walutę. Bardzo tani pyszny flan kawowy.

Café ARTex KLUB
(M. Solano; 1–3 CUC; ⌚22.00–2.00 wt.–nd.) Na piętrze budynku przy Parque Serafín Sánchez

jest klub nocny zupełnie inny niż ten na patio ARTex-u. Taniec, muzyka na żywo, codzienne karaoke i niedzielne podwieczorki o 14.00. W czwartki *reggaetón* (kubański hip-hop), czasem występuje kabaret. Goście mają na ogół poniżej 25 lat.

☆ Rozrywka

Miasto Sancti Spíritus jest wspaniałe wieczorami - swobodne, zapraszające i bezpretensjonalne. Działa kilka ośrodków kulturalnych z muzyką na żywo.

★ Uneac MUZYKA NA ŻYWO
(Independencia Sur No 10) Wchodzących wita przyjazny pomruk, uściski dłoni obcych ludzi, na scenie zawodzi piosenkarz i przesyła całusy swojej dziewczynie w tłumie. Koncerty pod patronatem UNEAC przypominają bardziej spotkania rodzinne niż zorganizowane wydarzenia kulturalne, a Sancti Spíritus tworzy jedną z milszych „rodzin".

★ Casa de la Trova Miguel Companioni MUZYKA NA ŻYWO
(Máximo Gómez Sur No 26; ⌚od 21.00) Jeszcze jeden wśród słynnych ośrodków *trova cubana* (tradycyjna poezja śpiewana), a ten może się równać z trinidadzkimi. Tutaj jednak publiczność w 90% jest miejscowa, pozostałe 10% to turyści. Zajmuje kolonialny budynek przy Plaza Honorato.

Casa de la Cultura MUZYKA NA ŻYWO
(☎41-32-37-72; M. Solano No 11) Organizowane w weekendy imprezy kulturalne wylewają się na ulicę, blokując przejście chodnikiem. W południowo-zachodnim rogu Parque Serafín Sánchez.

Teatro Principal TEATR
(☎232-5755; Av Jesús Menéndez No 102) Architektoniczna perła porównywalna z Puente Yayabo. Teatr, niedawno odrestaurowany, organizuje weekendowe poranki dla dzieci.

Estadio José A. Huelga WIDOWISKA SPORTOWE
(Circunvalación) Na stadionie, usytuowanym 1 km na północ od dworca autobusowego, odbywają się mecze bejsbolowe. Drużyna prowincji, Los Gallos (Koguty), wygrała ostatnio w 1979 r.

Zakupy

Boulevard ULICA
Calle Independencia Sur to miejski deptak, z posągami, rzeźbami i zatrzęsieniem sklepów. Warto zajrzeć do zabytkownego budynku Colonia Española; niegdyś był klubem dla *damas* i *caballeros* (dżentelmenów), obecnie jest domem handlowym. *Agropecuario* (targ warzywny) rozkłada się zwykle w samym centrum miasta.

Targ staroci zajmuje calle Honorato w pobliżu Independencia, wokół wyrastają *vendutas* (prywatne sklepiki i kramy) - dowód niedawnej liberalizacji w gospodarce.

La Perla CENTRUM HANDLOWE
(☎41-32-81-71; Parque Serafín Sánchez; ⌚9.00–16.00) Trzypoziomowe centrum handlowe w pięknie odrestaurowanym budynku kolonialnym przy Parque Serafín Sánchez.

Librería Julio Antonio Mella KSIĘGARNIA
(Independencia Sur No 29; ⌚8.00–17.00 pn.–sb.) Rewolucyjne (głównie hiszpańskojęzyczne) książki dla oczytanych podróżnych. Księgarnia naprzeciwko urzędu pocztowego.

Informacja

DOSTĘP DO INTERNETU

Wi-fi działa na placu i w hotelach.

Etecsa Telepunto (Independencia Sur No 14; Internet 1 godz. 1,50 CUC; ⌚8.30–19.30) Dwa rzadko zajęte terminale. W sprzedaży karty-zdrapki na Wi-Fi.

OPIEKA MEDYCZNA

W Sancti Spíritus działa opieka medyczna – jak w każdym dużym mieście.

Farmacia Especial (Independencia Norte No 123; ⌚całą dobę) Apteka przy Parque Maceo.

Hospital Provincial Camilo Cienfuegos (☎41-32-40-17; Bartolomé Masó No 128) Szpital 500 m na północ od Plaza de la Revolución.

Policlínico Los Olivos (☎41-32-63-62; Circunvalación Olivos No 1) Szpital w pobliżu dworca autobusowego. Przyjmuje cudzoziemców w nagłych wypadkach.

PIENIĄDZE

Bankomatów i kantorów jest mnóstwo.

Banco Financiero Internacional (☎41-32-84-47; Independencia Sur No 2; ⌚9.00–15.00 pn.–pt.) Przy Parque Serafín Sánchez.

Cadeca (☎41-33-61-84; Independencia Sur No 31; ⌚9.00–17.00 pn.–sb.) W tutejszych kolejkach można się zestarzeć.

POCZTA

Urząd pocztowy (☎41-32-47-01; Independencia Sur No 8; ⌚9.00–18.00 pn.–sb.)

INFORMACJA TURYSTYCZNA

W tej kwestii niewiele się dzieje. Lepiej odwiedzić Infotur (s. 287) w Trinidadzie i tam uzyskać informacje o prowincji.

ODJAZDY AUTOBUSÓW VÍAZUL Z SANCTI SPÍRITUS

KIERUNEK	CENA (CUC)	CZAS (GODZ.)
Bayamo	21	7
Camagüey	10	3
Ciego de Ávila	6	1 godz. 15 min
Hawana	23	5
Santa Clara	6	1 godz. 15 min
Santiago de Cuba	28	8
Trinidad	6	1 godz. 15 min

Przyjazd i wyjazd

AUTOBUS

Prowincjonalny **dworzec autobusowy** (Carretera Central) znajduje się 2 km na wschód od miasta. Klimatyzowane i punktualne autobusy **Víazul** (41-32-41-42; www.viazul.com; Carretera Central) kursują do wielu miejscowości.

5 dziennie jedzie do Santiago de Cuba i zatrzymuje się w Ciego de Ávila, Camagüey, Las Tunas i Bayamo. 5 dziennie do Hawany staje w Santa Clara. Autobus do Trinidadu startuje o zabójczej dla śpiochów godzinie 5.40.

POCIĄG

W Sancti Spíritus są dwie stacje kolejowe. Pociągi do Hawany odjeżdżają z głównego **dworca kolejowego** (41-32-79-14; Av Jesús Menéndez No 92; do Hawany 14 CUC; kasa 7.00–14.00 pn.–sb.) na południowy zachód od Puente Yayabo, 10 minut spacerem z centrum miasta.

Miasta na wschodzie obsługuje dworzec w Guayos, 15 km na północ od Sancti Spíritus. Z Gayos odjeżdżają pociągi do Holguín (8 godz. 30 min), Santiago de Cuba (10 godz. 15 min) i Bayamo (8 godz. 15 min). Podróżujący ekspresem Hawana – Santiago de Cuba do Sancti Spíritus i do Trinidadu, powinien wysiąść w Guayos.

Kasa biletowa na dworcu kolejowym w Sancti Spíritus sprzedaje bilety również do pociągów z Guayos; na dworzec w Guayos trzeba dojechać samodzielnie (10 CUC taksówką).

CIĘŻARÓWKI I TAKSÓWKI

Ciężarówki pasażerskie do Trinidadu, Jatibónico i innych miejscowości wyruszają z dworca autobusowego. Państwowa taksówka do Trinidadu kosztuje około 40 CUC.

Jak się poruszać na miejscu

Parking w Parque Serafín Sánchez jest stosunkowo bezpieczny. W hotelach *Rijo* i *Plaza* można zamówić nocnego stróża do pilnowania samochodu za 1–3 CUC.

Cubacar (41-32-85-33; calle Máximo Gómez 9; 9.00–16.00) Wypożyczalnia samochodów Cubacar jest w budce w północno-wschodnim rogu Parque Serafín Sánchez; ceny za dzień zaczynają się od 70 CUC.

Stacja benzynowa Servi-Cupet (Carretera Central) 1,5 km na północ od Villa Los Laureles, w stronę Santa Clara.

Na północy Sancti Spíritus

Spośród licznych turystów przyjeżdżających do Trinidadu niewielu wybiera się na północ prowincji – wąskiego korytarza pomiędzy Remedios w Villa Clara i Morón w Ciego de Ávila.

Porośnięte półzimozielonymi lasami krasowe wyżyny pełne jaskiń kontrastują z ważną ekologicznie nadmorską równiną w obrębie trudno dostępnego Parque Nacional Caguanes.

Aktywnie

Parque Nacional Caguanes WĘDRÓWKI, REJSY

Park Narodowy Caguanes, z siedliskiem flamingów, jaskiniami i malowidłami naskalnymi rdzennej ludności, podlega ścisłej ochronie, zatem dostęp jest utrudniony, ale nie niemożliwy. Na wybrzeżu działa stacja biologiczna, do której wiedzie kiepska droga na północ z Mayajigua. Przed wyjazdem warto poprosić o informacje w *Villa San José del Lago* (s. 300) albo w biurze Ecotur w Trinidadzie (41-99-84-16; Simón Bolívar 424).

Wycieczka szlakiem ekologicznym „Las Maravillas que Atesora Caguanes" (Cuda Natury Skarbnicą Caguanes; 2 godz. 30 min) obejmuje zwiedzanie jaskiń Humboldt, Ramos i Los Chivos oraz rejs na Cayos de Piedra.

Jobo Rosado REZERWAT PRZYRODY

Rezerwat (pow. 40 km^2) zwiedzają wycieczki grupowe, dla indywidualnych podróżników

WARTO ZOBACZYĆ

MUSEO NACIONAL CAMILO CIENFUEGOS

Znakomite **muzeum** (☎41-55-26-89; 1 CUC; ⏲8.00–16.00 wt.–sb., 9.00–13.00 nd.) w Yaguajay, 36 km na południowy wschód od Caibarién, otwarte w 1989 r. Nieco przypomina monument Che Guevary w Santa Clara. Camilo toczył ciężkie walki w swoim mieście w przededniu triumfu rewolucji i przejął kontrolę nad koszarami (obecnie szpital Docente General, naprzeciwko muzeum).

Muzeum znajduje się tuż przy modernistycznym placu z 5-metrowym posągiem *El Señor de la Vanguardia* (Mężczyzna ze Straży Przedniej). Eksponuje znakomicie zachowane pamiątki z życia Camila Cienfuegos oraz jego rewolucyjnej walki. Przed szpitalem stoi replika czołgu „Smok I", przerobionego z traktora. Na tyłach jest Mausoleo de los Mártires del Frente Norte de Las Villas, poświęcone żołnierzom poległym w walce.

wciąż jest trudno dostępny. Wędrówki organizuje Ecotur oraz hotel *Villa San José del Lago*. Główną atrakcją jest szlak La Solapa de Genaro, dł. 1 km. Prowadzi przez tropikalną sawannę do wspaniałych wodospadów z naturalnym kąpieliskiem. Szlak Cueva de Valdés (800 m) wiedzie do jaskini przez las półzimozielony.

W granicach rezerwatu są Sierra de Meneses y Cueto, pasma wzgórz przecinające północ prowincji, stanowiące strefę buforową chronionej Bahía de Buenavista.

Podobnie jak w Sierra Maestra, historia przeplata się z ekologią. Na tych wzgórzach walczyły oddziały generała Máxima Gómeza podczas wojny amerykańsko-hiszpańskiej. W 1958 r. rebeliancka armia (II kolumna) Camila Cienfuegos miała tu swój ostatni punkt dowodzenia. Miejsce to upamiętnia pomnik wykonany przez José Delarrę.

Rancho Querete GOSPODARSTWO
(⏲9.00–16.00 wt.–nd.) Querete, baza wypadowa do rezerwatu Jobo Rosado, znajduje się tuż przy głównej drodze, kilka kilometrów na wschód od Yaguajay. Jest bar-restauracja, naturalne kąpielisko i stacja biologiczna. Można tu załatwić wędrówkę z przewodnikiem.

Villa San José del Lago HOTEL $
(☎41-54-61-08; Antonio Guiteras, Mayajigua; 2-os. ze śniadaniem/wyżywieniem 20/45 CUC; P ❄ ≋) Niegdyś popularne wśród Amerykanów spa znajduje się tuż za Mayajigua na północy prowincji Sancti Spíritus. Maleńkie pokoje w dwukondygnacyjnych domkach koło otoczonego palmami jeziora; są tam rowery wodne i dwa flamingi. Okolica słynie ze źródeł termalnych (32°C). W XIX w. leczyli się w nich chorzy niewolnicy, obecnie jest ulubionym miejscem wakacyjnym.

Pokoje (jest ich 67) nie są zbyt dobrze wyposażone, za to usytuowanie hotelu pomiędzy Sierra de Jatibónico a Parque Nacional Caguanes zachwycające. To dogodna baza wypadowa w mniej znane rejony Kuby. Na miejscu restauracja i bar z przekąskami.

Informacja

Ecotur (☎41-55-49-30; Pedro Díaz No 54, Yaguajay) Najlepszy punkt informacyjny w regionie, przecznicę na północ od drogi Caibarién – Morón w Yaguajay.

Przyjazd i wyjazd

Północną trasę obsługiwały niegdyś autobusy Víazul, obecnie już nie kursują. Jest się więc skazanym na rower, wynajem auta lub taksówkę.

Prowincja Ciego de Ávila

3/424 400 MIESZK.

Spis treści ➡

NAJ: Gastronomia

- Restaurante Maité la Qbana (s. 307)
- Lenny's Lobster Shack (s. 313)
- Ranchón Playa Pilar (s. 314)
- Rancho Flamingo (s. 313)

NAJ: Noclegi

- Alojamiento Maité (s. 307)
- Meliá Cayo Coco (s. 311)
- Iberostar Daiquirí (s. 315)
- Colonial Cayo Coco (s. 313)

Dokąd jechać?

Chwilę chwały kolonialny region Ciego de Ávila przeżył w końcu XIX w. podczas kubańskiej wojny o niepodległość. Na próżno Hiszpanie zbudowali pomiędzy Júcaro i Morón ufortyfikowany mur (Trocha Militar) – nie udało im się powstrzymać marszu rebelianckich oddziałów ze wschodu. Obecnie prowincja nadal stanowi kulturową granicę pomiędzy kubańskim Oriente i Occidente. Większość turystów przyjeżdża do luksusowych resortów hotelowych na Cayo Coco i na Cayo Guillermo, które pojawiły się po „okresie specjalnym". Te perły tropików – niegdyś urzekły Ernesta Hemingwaya pięknymi plażami – to obecnie eleganckie ośrodki wakacyjne.

Nieczęsto odwiedzana przez turystów prowincja Ciego de Ávila wciąż kusi swoimi stuletnimi tajemnicami. Rozmaici niehiszpańscy imigranci zaczęli przybywać w XIX w. z Haiti, Jamajki, Dominikany i Barbadosu, wszczepiając tu swoją kulturę i obyczaje, wciąż widoczne podczas meczów krykieta, tańców ludowych, pokazów fajerwerków i różnych fiest.

Kiedy jechać?

- Plażowicze powinni pojawić się na *cayos* między listopadem a marcem. Jest wtedy sucho, choć chłodno, jak na kubańskie standardy, ale wciąż przyjemnie ciepło.
- W listopadzie warto wybrać się do Majagua na wiejską Fiestę de los Bandos Rojo y Azul, folklorystyczną imprezę z czasów hiszpańskich.
- Carnaval Acuático de Morón odbywa się we wrześniu na kanale wpływającym do Laguna de la Leche.

NAJ: Prowincja Ciego de Ávila

1 **Morón** (s. 306) Nocleg w prywatnym domu ciężko pracujących Kubańczyków.

2 **Parque de la Ciudad** (s. 303) Nieużytki przekształcone w jeden z ciekawszych miejskich parków na Kubie.

3 **Laguna La Redonda** (s. 309) Prowadzenie motorówki po obrośniętych namorzynami kanałach słodkowodnego jeziora.

4 **Florencia** (s. 310) Wyprawa konna na wzgórza pośród sielankowych ścieżek i dróżek w północnej części Ciego de Ávila.

5 **Cayo Guillermo** (s. 314) Śladami „Papy" Hemingwaya – pływanie z Prądem Zatokowym, wędkowanie na pełnym morzu, kiteboarding.

6 **Playa Pilar** (s. 314) Leniuchowanie na najlepszej plaży na Kubie.

7 **Jardines del Rey** (s. 311) Nurkowanie w czystych wodach przy archipelagu, z pokładu pływającego hotelu.

Ciego de Ávila

10 400 MIESZK.

Orgullo (duma) rozpiera Ciego de Ávila, mimo że nie jest najbardziej interesującą wśród stolic kubańskich prowincji, choć jej ulice z kolumnadami zapewne zwracają uwagę przybyszów. Założone w 1840 r., miasto rozrastało się w latach 60. i 70. XIX w. jako garnizon wojskowy i siedziba władz kolonialnych, chronione linią fortyfikacji, Trocha Morón–Júcaro. Później zyskało znaczenie w przemyśle cukierniczym i przetwórstwie ananasów (owoc jest maskotką miasta). Mieszkańcy używają nazwy „miasto portyków" - w nawiązaniu do kolumnad zdobiących fronty budynków w centrum. Niegdyś było kawałkiem *ciego* (dosł. ślepy – głucha puszcza), karczowanym pracowicie przez osadnika nazwiskiem Ávila.

Do słynnych *avileños* należą Raúl Martínez, przedstawiciel kubańskiego pop-artu, i Ángela Hernández, wdowa po Jiménezie, który współfinansował wiele klasycystycznych budowli wzniesionych na początku XX w.; Ángela zbudowała Teatro Principal.

Ciego de Ávila ma najlepszą drużynę bejsbolową, która od 2012 r. trzykrotnie wygrała mistrzostwo kraju.

Zwiedzanie

Stolica Ciego de Ávila wciąż zaskakuje swoich gości, np. dopiero co przebudowanym bulwarem długości trzech przecznic, ładnymi parkami oraz muzeami.

Parque de la Ciudad PARK

() Na niegdysiejszych zaniedbanych nieużytkach, pomiędzy hotelem *Ciego de Ávila* (s. 304) a centrum miasta, na jego północno-zachodnim krańcu, utworzono wspaniały park ze sztucznym jeziorem, Embalse La Turbina, po którym można pływać łodziami, z placami zabaw dla dzieci i dobrymi jadłodajniami. Jeden z ciekawszych na Kubie projektów rewitalizacji miasta.

Wiekowe parowozy odrestaurowano i stanowią pomnik dawnej świetności; imponujące *artes plásticas* (dzieła sztuki), w tym rzeźba przedstawiająca słonia, powstały z zużytych części samochodowych, a wśród lokali gastronomicznych wyróżnia się restauracja w starym samolocie kubańskiej linii Aero Caribbean.

Jezioro wypełnia dół po kamieniołomie, z którego czerpano materiał do budowy umocnień Trocha w latach 60. XIX w. i Carretera Central w latach 20. XX w.

Museo Provincial Simón Reyes MUZEUM

(róg Honorato del Castillo i Máximo Gómez; 1 CUC; 9.00–17.00 wt.–sb., 8.00–12.00 nd.) W musztardowożółtym żółtym budynku z typowym portykiem avileńskim. Jedno z lepszych muzeów miejskich na Kubie, warto zapłacić za bilet. Wśród przykuwających uwagę eksponatów znajdują się makieta fortyfikacji La Trocha, przedmioty informujące o kulturze i religii afrokubańskiej oraz o tradycyjnych świętach i fiestach odbywających się w prowincji. Nie brakuje także znalezisk z pobliskiej strefy archeologicznej Los Buchillones (s. 308).

Museo de Artes Decorativas MUZEUM

(róg Independencia i Marcial Gómez; 1 CUC; 9.00–17.00 pn.–czw., 13.00–21.00 sb., 9.00–12.00 nd.) Najpiękniejsze łóżka na Kubie są właśnie w tym muzeum. Przemyślana kolekcja na dole prezentuje eksponaty z minionych epok. Na górze jest wystawa sztuki orientalnej.

W soboty o 15.00 odbywają się koncerty fortepianowe.

Parque Martí PLAC

Wszystkie drogi w Ciego de Ávila prowadzą na kolonialny plac, w 1877 r. nazwany imieniem hiszpańskiego króla Alfonsa XII, a w 1899 r. przez patriotów oddany narodowemu bohaterowi, José Martí. Parque Martí rozbudowano w 1995 r. Jest tu kościół z 1947 r., **Iglesia Católica** (Independencia, pomiędzy Marcial Gómez i Honorato del Castillo), i **Ayuntamiento** z 1911 r. (ratusz; zamknięty dla zwiedzających).

Centro de Promoción Cultural Guiarte GALERIA

(Independencia No 65; 8.00–21.00 wt.–pt. i nd., 8.00–23.00 sb.) BEZPŁ. Galeria ma stałą wystawę prac Raúla Martíneza, kubańskiego króla pop-artu, oraz organizuje wystawy czasowe miejscowych artystów.

Noclegi

★ Villa Jabón Candado CASA PARTICULAR $

(33-22-58-54; róg Chico Valdés i Abraham Delgado; pokój 20–25 CUC; P) Zmęczeni cykliści i kierowcy już nie muszą jechać dalej. Widoczny z daleka, wolno stojący jasnoróżowy dom jest łatwy do znalezienia. Należy do rodziny zajmującej się handlem. Dwa czyste pokoje (ten na górze z balkonem będzie lepszy) oraz garaż do dyspozycji.

Ciego de Ávila

María Luisa Muñoz Álvarez CASA PARTICULAR $
(☎52-39-39-95; Máximo Gómez No 74, pomiędzy Honorato del Castillo i Antonio Maceo; pokój 25 CUC; P ❄) Dwa czyste pokoje w dłuuugim korytarzu zakończonym patio. Standard prywatnych kwater bez szczególnych udziwnień. Jedna przecznica od centrum.

Hotel Ciego de Ávila HOTEL $
(☎33-22-80-13; Carretera a de/do z Ceballos Km 1,5; 1-/2-os. ze śniadaniem 32/44 CUC; P ❄ @ ≋) Gdzie się podziali ci turyści? Pewnie już popłynęli na Cayo Coco, pozostawiając ten hotel (sieci Islazul) kubańskim drużynom sportowym i rządowym delegacjom. Usytuowany 2 km od centrum miasta, z widokiem na Parque de la Ciudad. Przeciętne pokoje, hałaśliwy tłum przy basenie, nudne śniadania, ale uprzejma obsługa.

Gastronomia

Fonda la Estrella KUCHNIA KUBAŃSKA $
(☎33-26-61-86; Honorato del Castillo No 34, róg Máximo Gómez; dania 2–3 CUC; ⏲12.00–22.00) Serwuje najtańszą z jadalnych *ropas viejas* (pikantna duszona wołowina, dosł. „stare szmaty") na Kubie. Niewielka *fonda* (tania jadłodajnia), na rogu, serwuje dania z karty, które kosztują nie więcej 3 CUC. Do wszystkiego podaje się ryż i fasolę.

El Camarote KUCHNIA MIĘDZYNARODOWA $
(República No 183, pomiędzy Reyes i Agramonte; dania 2–4 CUC; ⏲6.30–23.00) Mimo „strategicznego" położenia geograficznego, miasto jeszcze nie zasłynęło z dobrych prywatnych restauracji. Głodni mogą wpaść do tego niepozornego lokaliku, trzy przecznice od Carretera Central, na pizzę, *tacos*, spaghetti lub tutejszą specjalność – grillowaną rybę z krewetkami, beszamelem i… serem.

Madre de Agua KUCHNIA KUBAŃSKA $
(Parque de la Ciudad; dania 25–150 CUP; ⏲12.00–22.00) *Restaurante flotante* (pływająca restauracja) stoi na palach nad wodami Embalse La Turbina w Parque de la Ciudad, podziwianym projekcie rewitalizacji miasta. Potrawy smaczne i niedrogie. Lokalizacja „Matki Wody" urocza.

Solaris KUCHNIA FUSION $
(☎33-22-34-24; budynek Doce Plantas, róg Honorato del Castillo i Libertad; dania główne 1–5 CUC; ⏲11.00–23.00; ❄) Restauracja na ostatnim piętrze brzydkiego budynku Doce Plantas („dwanaście pięter") w centrum, niedawno otwarta po rocznym remoncie. Piękne widoki miasta, zwłaszcza z nowego tarasu z *parrillada* (grillem). W menu niezmien-

Ciego de Ávila

Zwiedzanie
1 Ayuntamiento ... C2
2 Centro de Promoción Cultural Guiarte ... C2
3 Iglesia Católica ... C2
4 Museo de Artes Decorativas ... D1
5 Museo Provincial Simón Reyes ... C1
6 Parque Martí ... C1

Noclegi
7 María Luisa Muñoz Álvarez ... C1
8 Villa Jabón Candado ... D2

Gastronomia
9 Don Ávila ... D1
10 El Camarote ... B3
11 Fonda la Estrella ... C1
12 Solaris ... C1

Kawiarnie, bary i życie nocne
13 La Fontana ... C1
14 Piña Colada ... C2

Rozrywka
15 Casa de la Trova Miguel Ángel Luna ... B1
16 Teatro Principal ... C2

Zakupy
17 La Época ... C2
18 Librería Juan A Márquez ... B2

nie króluje *cordon bleu* (kurczak nadziewany szynką i serem), zwany tu „Gordon Bleu".

Don Ávila KUCHNIA KARAIBSKA $$
(Marcial Gómez, róg Libertad; dania 1–5 CUC; 11.00–23.00;) Na terenie Parque Martí; restauracja imponuje królewskim wystrojem, palarnią cygar, atmosferą klubu dla dżentelmenów, uprzejmą obsługą i niskimi cenami. *Comida criolla* (kuchnia kreolska) jest mniej imponująca, ale porcje obfite.

Kawiarnie, bary i życie nocne

Piña Colada BAR
(róg Independencia i Honorato del Castillo; 15.00–2.00) Od 2011 r. serwuje karaibskie koktajle w mocno klimatyzowanym wnętrzu.

La Fontana KAWIARNIA
(róg Independencia i Antonio Maceo; 6.00–14.00 i 15.00–23.00) Legendarna kawiarnia, ale najlepsze lata ma już za sobą. Jeśli komuś przyjdzie ochota na *cafecito*, mleko, coś na wynos albo musi skorzystać z Wi-Fi, niech wpadnie.

Rozrywka

Teatro Principal TEATR
(róg Joaquín Agüero i Honorato del Castillo) Przecznicę na południe od Parque Martí; wielki Teatro Principal rekompensuje brak pięknych budowli w samym parku. Zbudowała go własnym kosztem w 1927 r. Ángela Hernández de Jiménez, słynna w mieście mecenaska kultury i sztuki. Ma najlepszą akustykę spośród teatrów na wyspie. Repertuar na afiszach.

Estadio José R Cepero WIDOWISKA SPORTOWE
(Máximo Gómez) Od października do kwietnia na stadionie Cepero, na północny zachód od centrum Ciego de Ávila, odbywają się mecze bejsbolowe. Drużynie Tigres (Tygrysów) sprzyja ostatnio fortuna. Zdobyła mistrzostwo Kuby w latach 2012, 2015 i 2016.

Casa de la Trova Miguel Ángel Luna MUZYKA NA ŻYWO
(Libertad No 130; 12.00–18.00 i 21.00–1.00 wt.–nd.) W budynku kolonialnym. Wśród lokali z muzyką tradycyjną wyróżnia się Casa de la Trova, zwłaszcza w czwartki, gdy występują miejscowi *trovadores* (*trova* – kubańska poezja śpiewana).

Zakupy

La Época UPOMINKI I PAMIĄTKI
(Independencia, pomiędzy A. Maceo i H. del Castillo; 9.00–17.00 pn.–sb.) Wygląda jak sklep z pamiątkami ARTexu i nie przypomina tych dobrze znanych kubańskich domów towarowych. Od zdobionych parasoli po kubańskie flagi.

Librería Juan A Márquez KSIĘGARNIA
(Independencia Oeste No 153, róg Simón Reyes; 9.00–17.00 pn.–pt., 9.00–12.00 sb.) Rewolucyjne dzieła dla zagorzałych lewicowców.

Informacja

DOSTĘP DO INTERNETU

Etecsa Telepunto (Joaquín Agüero No 62; 1 godzina 1,50 CUC; 8.30–19.00) W sprzedaży karty internetowe.

Parque Martí Hotspot Wi-Fi.

OPIEKA MEDYCZNA

Hospital General (☎33-22-40-15; Máximo Gómez No 257)

PIENIĄDZE

Banco Financiero Internacional (róg Honorato del Castillo i Joaquín Agüero Oeste; ⏲9.00–15.00 pn.–pt.)

Cadeca (Independencia Oeste No 118, pomiędzy Antonio Maceo i Simón Reyes; ⏲8.30–12.30)

POCZTA

Urząd pocztowy (róg Chicho Valdés i Marcial Gómez; ⏲8.00–17.00 pn.–sb.)

INFORMACJA TURYSTYCZNA

Infotur (☎33-20-91-09; w budynku Doce Plantas, róg Honorato del Castillo i Libertad; ⏲9.00–12.00 i 13.00–18.00) Rzetelne informacje, uprzejmi pracownicy.

Przyjazd i wyjazd

AUTOBUS

Z **dworca autobusowego** (Carretera Central), usytuowanego ok. 1,5 km na wschód od centrum Ciego de Ávila, odjeżdżają autobusy Víazul (www.viazul.com).

Autobusy do Santiago de Cuba zatrzymują się w Camagüey (6 CUC, 1 godz. 30 min), Las Tunas (12 CUC, 4 godz. 30 min), Holguín (17 CUC, 5 godz. 15 min) i Bayamo (17 CUC, 6 godz.). Autobusy do Hawany stają w Sancti Spíritus (6 CUC, 1 godz. 30 min) i Santa Clara (9 CUC, 2 godz. 30 min). Rezerwacje: online i w kasie.

TAKSÓWKA

Jeśli autobus Víazul jest przepełniony, zazwyczaj podróżni czekają przed dworcem na *colectivo* (wspólna taksówka; za kurs pasażerowie dzielą się opłatą). Znalezienie osób jadących w tę samą stronę nie jest trudne. Cubataxi zabiera cztery osoby, stawka wynosi około 0,55 CUC za 1 kilometr.

POCIĄG

Dworzec kolejowy (☎33-22-33-13) jest 6 przecznic na południowy zachód od centrum miasta. Ciego de Ávila leży przy głównej trasie kolejowej Hawana – Santiago. Pociągi jeżdżą do Hawany (15,50 CUC, 7 godz. 30 min), Bayamo (10,50 CUC, 7 godz.), Camagüey (3,50 CUC, 2 godz. 15 min), Holguín (11 CUC, 7 godz.), Guantánamo (17 CUC, 9 godz. 30 min) i Santiago de Cuba (14 CUC, 9 godz. 15 min). 4 pociągi dziennie odjeżdżają do Morón (1 CUC, 1 godz.). Rozkład jazdy wciąż się zmienia, pociągi są w złym stanie – trzeba sprawdzać rozkład przynajmniej dzień wcześniej.

Jak się poruszać na miejscu

Stacja benzynowa Carretera a Morón (przy Carretera do Morón) znajduje się tuż przed drogą objazdową, na północny wschód od centrum miasta. **Stacja benzynowa Oro Negro** (Carretera Central) jest przy dworcu autobusowym.

Rex (*Hotel Ciego de Ávila*, Carretera do Ceballos; ⏲8.30–19.30) wynajmuje samochody i motorowery.

Morón

59 200 MIESZK.

Miasto, 35 km na północ od Carretera Central, jest ważnym węzłem transportowym (dzięki kolei) i bazą dla turystów, którzy nie lubią resortów, np. jak te na Cayo Coco. Są tu *casas particulares* i wiele atrakcji w okolicy.

W XVI w. w andaluzyjskim mieście Morón dwa stronnictwa walczyły o władzę.

Wysłany przez rząd centralny sędzia, słynny zabijaka, oznajmił: „Kogutem, co tu pieje, jestem ja! " Rozeźleni rywale, już pogodzeni, pochwycili Koguta (Gallo), pozbawili odzienia i wygnali z miasta. W 1543 r. przybysze z Morón założyli na Kubie osadę Morón. Zdarzenie z Kogutem przeszło do legendy. Gallo stał się symbolem kubańskiego Morón, które już nazywano Ciudad del Gallo. W 1916 r. w hiszpańskim Morón stanął pomnik Koguta bez piór. W 1920 r. w kubańskim Morón dyktator Batista odsłonił pomnik Gallo, z piórami i ogonem.

Zwiedzanie

Podczas rewolucji Kubańczycy zwalili Gallo (symbol imperializmu). Po licznych debatach w partii Castro w 1982 r. pozwolił wznieść nowy pomnik. Kogut stoi przy ron-

AUTOBUSY Z CIEGO DE ÁVILA

KIERUNEK	KOSZT (CUC)	CZAS (GODZ.)	ODJAZDY
Hawana	27	6 godz. 30 min	12.50, 2.25, 5.50, 14.00, 15.40
Santiago de Cuba	24	8 godz. 30 min	3.00, 4.30, 10.45, 13.15, 22.20
Trinidad	9	2 godz. 15 min	4.25
Varadero	19	6 godz. 30 min	4.55

dzie naprzeciwko hotelu *Morón* na południu miasta. Słychać jego pianie co 6 godzin (z odtwarzacza w wieżyczce obok).

Terminal de Ferrocarriles SŁYNNA BUDOWLA
(Dworzec kolejowy; Vanhorne, pomiędzy Av de Tarafa i Narciso López) Morón od dawna jest ważnym węzłem kolejowym na Kubie i szczyci się najbardziej eleganckim dworcem poza Hawaną. Dworzec zbudowano w 1923 r. w stylu neokolonialnym, przy czym wnętrze ruchliwego holu kasowego ma elementy art déco. Wzrok przykuwa wspaniałe witrażowe sklepienie. Jak wiele budowli w prowincjach kubańskich, aż prosi się o renowację.

Museo Caonabo MUZEUM
(Martí No 374, pomiędzy ulicami Cervantes i Antuña; 1 CUC; 9.00–17.00 pn.–sb., 8.00–12.00 nd.) Dobrze rozplanowane muzeum historyczne i archeologiczne, otoczone łuszczącymi się kolumnadami, mieści się w dawnym banku morońskim, imponującym neoklasycystycznym budynku z 1919 r. Na dachu jest punkt widokowy (*mirador*) z piękną panoramą miasta.

Central Patria o Muerte ZABYTEK
(Patria, z wycieczką 3 CUC; 8.00–17.00) Cukrownia „Ojczyzna albo Śmierć" w wiosce Patria (3 km na południe od Morón) jest obecnie muzeum. Założona w 1914 r., była pierwszą na Kubie zmechanizowaną cukrownią. Turyści poznają procesy przetwarzania trzciny cukrowej od czasów niewolnictwa do zamknięcia fabryki w 2001 r., a za 4 CUC pojadą (5 km) filadelfijską lokomotywą parową Baldwin (z 1920 r.) wśród pól trzciny cukrowej na Rancho Palma, z restauracją, gdzie można dostać *guarapo* (sok trzcinowy).

Cukrownia, z 263 pracownikami, została przekazana Amerykanom w 1919 r. i pozostawała w ich rękach do nacjonalizacji w 1960 r.

Noclegi

★Alojamiento Maité CASA PARTICULAR $
(33-50-41-81; maite68@enet.cu; Luz Caballero No 40b, pomiędzy Libertad i Agramonte; pokój 25–30 CUC; P ❄ @ ≋) Profesjonalnie prowadzony pensjonat – sam w sobie powód, by przyjechać do miasta Morón. Można się tu zrelaksować przy małym basenie lub na przewiewnym tarasie na dachu; dobrze wyposażone duże pokoje, z kosmetykami w łazience, minibarami (z winem) i krochmaloną białą pościelą (codziennie zmieniana).

Niezmordowany gospodarz i personel sprawią, że będzie to niezapomniany pobyt.

Tylko pięć pokojów. Konieczna rezerwacja.

Alojamiento Vista al Parque CASA PARTICULAR $
(33-50-41-81; yio@hgm.cav.sld.cu; Luz Caballero No 49d Altos, pomiędzy Libertad i Agramonte; pokój 25–30 CUC; P ❄ @) W bladoniebieskim domu; 3 pokoje (2 to apartamenty), komfort i uprzejma obsługa. Z tarasów *vista al parque* (widok na park), nawet dobrze utrzymany. Dom prowadzi Idolka (mówi trochę po angielsku); kwatery są powiązane z *Alojamiento Maité* naprzeciwko.

Casa Belkis CASA PARTICULAR $
(33-50-57-63; Cristobal Colón No 37; pokój 20–25 CUC; ❄) Wielki, dumny dom kolonialny z widokiem na Museo de Ferrocarril w Parque de la Ciudad. Najbardziej sielankowa lokalizacja w mieście. Na północny wschód od dworca kolejowego (s. 308).

La Casona de Morón ZABYTKOWY HOTEL $
(33-50-22-36; Colón No 41; 1-/2-os. 34/45 CUC; P ❄ ≋) Pozornie niechlujne Morón kryje wiele tajemnic i to jest jedna z nich – hotel w pięknej żółto-białej rezydencji z dwupoziomowym kolumnowym gankiem wokół. Jest tu 8 pokojów, atrakcyjne kolonialne dekoracje i uroczy basen w ocienionym zakątku. To od dawna ulubione miejsce członków bractwa myśliwskiego i wędkarskiego w Morón (nie jest ich wielu, lecz są aktywni).

Gastronomia

Restaurante Maité la Qbana KUCHNIA MIĘDZYNARODOWA $$
(33-50-41-81; Luz Caballero No 40, pomiędzy Libertad i Agramonte; dania 10–15 CUC; 12.00–23.00;) Maité to kreatywny kucharz, przyrządza dania kuchni międzynarodowej *con mucho amor*, a goście się, dziwią, czemu mdłe bufety all-inclusive zyskały taką popularność. Serwuje makarony *al dente*, świetne wina, domowe ciasta i doskonałą paellę. Warto zarezerwować stolik.

Don Papa KUCHNIA KUBAŃSKA $$
(Enrique Varona No 56, pomiędzy Calle 5 i Calle 6; dania główne 7 CUC; 12.00–24.00) Pomimo flag różnych państw, które tu wiszą, *restaurante Don Papa* jest w 100% *cubano*. Potrawy podają tu po prostu pyszne i porcje obfite. Mięso, ryby i homary serwuje się z rozmaitymi warzywami, bananami, ryżem i fasolą, a do tego jeszcze muzyka na żywo.

POZA UTARTYM SZLAKIEM

LOS BUCHILLONES

Stanowisko archeologiczne Los Buchillones, na północno zachodnim wybrzeżu prowincji Ciego de Ávila, zaczęto badać w latach 80. XX w., gdy rybacy na okolicznych bagnach znajdowali różne przedmioty, np. groty strzał.

Archeologowie stwierdzili, że Los Buchillones było sporej wielkości osadą Tainów, liczącą 40–50 chat, pochodzącą z czasów, zanim przybyli Europejczycy. Stopniowo znajdowano coraz więcej: od *cemíes* (przedmioty kultu religijnego poświęcone bogom deszczu, manioku, duchom przyrody itp.) po *canoas* (łodzie dłubanki) i pozostałości domów, wszystko było przesiąknięte wodą. Błoto na dnie płytkiej laguny okazało się dobrym środkiem konserwującym – efektem jest najważniejszy zbiór artefaktów kultur prekolumbijskich na Wielkich Antylach.

Wiele artefaktów można obejrzeć w **Museo Municipal** (Agramonte No 80, pomiędzy Calixto García i Martí; 1 CUC; 8.00–17.00 pn.–czw., 8.00–21.00 pt., 13.00–21.00 sb., 9.00–12.00 nd.) w Chambas i w Museo Provincial Simón Reyes w Ciego de Ávila (s. 303). Zainteresowani prekolumbijską Kubą, powinien wybrać się na miejsce wykopalisk, gdzie znajduje się małe muzeum (w połowie drogi między rybacką wioską Punta Alegre i Punta San Juan). Kilka pociągów zatrzymuje się w Chambas, dalej prowadzi droga dł. 35 km przez Parque Nacional Caguanes do strefy archeologicznej Los Buchillones. Nie ma dojazdu publicznym transportem.

Skromny lokal w bocznej uliczce przy przeciętnym morońskim domu.

Kawiarnie, bary i życie nocne

Discoteca Morón KLUB
(Hotel *Morón*, Av de Tarafa; od 22.00 do późna) Rozbawieni młodzi ludzie, spragnieni rozrywki, testują wytrzymałość spędzających bezsenne noce gości hotelu *Morón*.

Rozrywka

Casa de la Trova Pablo Bernal MUZYKA NA ŻYWO
(Martí No 169; 20.00–23.00) Muzyka na żywo pod chmurką, popularne kabarety we środy.

Informacja

DOSTĘP DO INTERNETU

Z Internetu można skorzystać w **Etecsa** (El Centro Multiservicio de Morón; róg Martí i Céspedes; 1 godz. 1,50 CUC; 8.30–19.30) oraz w parku na zewnątrz, gdzie jest hotspot.

OPIEKA MEDYCZNA

Hospital Multiclínica Roberto Rodríguez (33-50-50-11; Zayas, pomiędzy Libertad i Tenería; 24h) W centrum, 3 przecznice na wschód od calle Martí.

PIENIĄDZE

Przy głównej ulicy, calle Martí, jest kilka bankomatów.

Cadeca róg Martí i Gonzalo Arena; 9.00–16.40 pn.–sb., 9.00–12.00 nd.) Wymiana walut.

INFORMACJA TURYSTYCZNA

Informacje o Laguna de la Leche i Laguna La Redonda w biurze **Cubatur** (Martí No 169; 9.00–17.00) w Casa de la Trova. Można tam wykupić wycieczkę do Florencii (s. 310).

Przyjazd i wyjazd

BUS

Morón omijają autobusy Víazul. Najbliższy przystanek autobusowy jest w Ciego de Ávila, skąd taksówka kosztuje 15–20 CUC (40 min).

Dworzec autobusowy (Martí No 12): jedna przecznica w stronę centrum (na północ) od dworca kolejowego. Kursujące stamtąd miejscowe autobusy nie są użyteczne dla turystów.

POCIĄG

Morón było niegdyś ważnym węzłem kolejowym, a legendarny **dworzec kolejowy** (Vanhorne, pomiędzy Av de Tarafa i Narciso López) jest naprawdę piękny. Niestety, pociągi wiecznie się spóźniają i są w kiepskim stanie. Prawdopodobnie jeżdżą 3–4 pociągi dziennie do Ciego de Ávila (1 CUC, 1 godz.), gdzie można się przesiąść do pociągu na trasie Hawana – Santiago de Cuba lub do autobusu. Są również kursy do Camagüey (3 CUC, 4 godz., codz.) i Santa Clara (4 CUC, 6 godz., co drugi dzień).

Jak się poruszać na miejscu

Drogi z Morón na północny zachód do Caibarién (112 km) i południowy wschód do Nuevitas (168 km) są dobre. Samochodów w wypożyczalni zwykle brakuje – trzeba zarezerwować wcześniej, np. w **Cubacar** (☎33-50-22-30; hotel *Morón*, Av de Tarafa; ⌚9.00–17.00). **Stacja benzynowa Servi-Cupet** (Carretera a Ciego de Ávila; ⌚całą dobę): 1 przecznica na południe od hotelu *Morón*.

O taksówkę można spytać gospodarzy pensjonatów lub rozejrzeć się przed dworcem kolejowym. Za kurs za miasto płaci się około 0,55 CUC za 1 km.

Miejscowych autobusów nie polecamy.

Okolice Morón

Laguna de la Leche i Laguna La Redonda

Na dwóch dużych, naturalnych jeziorach na północ od Morón, można wędkować i pływać motorówką wśród lasków namorzynowych. Nad brzegami obu lagun są lokale gastronomiczne i działają wypożyczalnie łodzi. Mniejsza Laguna La Redonda („okrągła") jest w zasięgu jednodniowej wycieczki z Cayo Coco i ma lepszą infrastrukturę turystyczną. Nad Laguna de la Leche („mleczna laguna"), bliżej Morón, chętnie przyjeżdżają miejscowi.

Zwiedzanie

★Laguna la Redonda JEZIORO
(⌚9.00–17.00) Uwaga, wędkarze: porośnięte namorzynami jezioro (pow. 4 km²), 12 km na północ od Morón, przy drodze na Cayo Coco, ma największe na wyspie zarybienie okoniami i pstrągami. Czterogodzinne wędkowanie kosztuje 70 CUC. Można też wypożyczyć łódkę, wpłynąć do kanału pomiędzy namorzynami i poczuć się prawie jak w Amazonii. Właściciele pozwalają przejąć koło sterowe. Jeśli ktoś nie jest amatorem wędkowania, niech idzie na drinka lub jakieś rybne danie do rustykalnej restauracji z widokiem na jezioro.

Laguna de la Leche JEZIORO
Laguna de la Leche („mleczne jezioro"), z białymi jak mleko pokładami wapienia na dnie, to największy naturalny zbiornik na Kubie (66 km²). Ponadto mieszają się w nim wody słone i słodkie; wędkarze łowią tutaj karpie, tarpony, belony i tilapie. Wyprawy wędkarskie z przewodnikiem (70 CUC za 4 godz.) można zorganizować przy głównym wejściu na południowym brzegu jeziora.

Za dodatkową opłatą turyści pieką sobie złowione ryby na grillu na pokładzie łodzi. Można też wybrać się w rejs po jeziorze bez wędkowania (20 CUC za 45 minut).

Nad jeziorem odbywa się doroczny Carnaval Acuático de Morón, zwykle we wrześniu.

Gastronomia

Restaurante Laguna la Redonda RYBY $
(dania główne 4–8 CUC; ⌚10.00–17.00) Restauracja, z widokiem na jezioro, przy wjeździe nad Laguna La Redonda; serwuje drinki i niezłą *comida criolla*. Warto spróbować specjalności zakładu, *calentico* – smacznego filetu rybnego z ketchupem i tabasco.

La Atarraya RYBY $
(dania główne 2–7 CUC; ⌚od południa do 18.00) Jedna z lepszych rybnych restauracji na Kubie, w drewnianym budynku na palach, na południowym brzegu Laguna de la Leche. W menu wśród niesłychanie tanich potraw wyróżniają się *paella valenciana* i *pescado monteroro* (filet rybny z szynką i serem). Swojski wystrój i nastrój.

Rozrywka

Cabaret Cueva KABARET
(Laguna de la Leche; ⌚od 22.00 do późna czw.–nd.) Mieszkańcy Morón chętnie jeżdżą tu 6 km stopem, samochodami (dzieląc koszty) lub idą pieszo. Kabaret jest w grocie (*cueva*) na południowym brzegu Laguna de la Leche.

Loma de Cunagua

Wyrastająca z równiny niczym wielki kopiec termitów, **Loma de Cunagua** (5 CUC; ⌚9.00–16.00), to porośnięte lasami wzgórze (*loma*), z chronionym (od 1985 r.) rezerwatem fauny i flory, restauracją w stylu *ranchón*, niewielką siecią szlaków wędrownych i miejscami obserwowania ptaków. Cunagua (364 m n.p.m.) jest najwyższym wzniesieniem w prowincji Ciego de Ávila, zapewniającym piękne widoki na okoliczne tereny i ocean.

Na krótkich szlakach wśród gąszczy rezerwatu można spotkać *tocororos* (kubańskie trogony) *zunzunes* (koliberki hawańskie) i inne ptaki. Przewodnicy zwykle mówią w obcych językach i mają fachową wiedzę przyrodniczą.

POZA UTARTYM SZLAKIEM

JARDINES DE LA REINA

Jardines de la Reina to 120-kilometrowy ciąg lasów namorzynowych i bezludnych koralowych wysepek, 80 km od południowego wybrzeża prowincji Ciego de Ávila i 120 km na północ od Kajmanów. Ten ogromny park morski, o powierzchni 3800 km², pozostaje w stanie dziewiczym od czasów Kolumba (odkrywca nazwał je Ogrodami Królowej na cześć Izabeli I Kastylijskiej). Jest najlepszym miejscem do nurkowania na Kubie (i na Karaibach), ale w ciągu roku przypływa tutaj tylko kilka łodzi z turystami.

Przemysłowy połów w tym rejonie jest zabroniony, stałych mieszkańców tutaj nie ma, a goście muszą nocować na dwupokładowej, ośmiokabinowej łodzi „Hotel Flotante Tortuga" albo stacjonować w porcie Embarcadero de Júcaro (przy stałym lądzie) na pokładzie dobrze wyposażonych jachtów (jest ich pięć).

Florę Jardines de la Reina tworzą palmy, sosny, kokkoloby gronowe oraz namorzyny, a faunę – poza gryzoniami i iguanami – liczne gatunków ptaków, w tym rybołowy, pelikany, warzęchy białe i czaple. Pod wodą główną atrakcją są rekiny (wielorybie i młoty) i właśnie, żeby je zobaczyć (a także koralowce w krystalicznie czystych wodach), przybywają tutaj nurkowie z całego świata.

Dostać się do Jardines nie jest łatwo ani tanio. Jedynym sposobem będzie wycieczka, zorganizowana przez włoski **Avalon** (www.cubandivingcenters.com). Tygodniowy pobyt nurkowy, ze sprzętem, siedmioma noclegami i wyżywieniem kosztuje od 3250 CUC. Na stronie internetowej podano informacje o kosztach i warunkach. Inna firma, **Windward Islands Cruising Company** (www.windward-islands.net), włącza zachodni kraniec archipelagu do programu tygodniowego rejsu wokół Kuby.

Turyści indywidualni, którzy chcą wejść do rezerwatu, muszą wcześniej zadzwonić. Zwiedzanie organizuje na ogół **Ecotur** (☎33-30-81-63; hotel *Sol Cayo Coco*; ⏲9.00–17.00) na Cayo Coco; biuro zapewnia także przewodników, którzy prowadzą turystów po nieoznakowanych szlakach i udzielają informacji o faunie i florze.

Do rezerwatu, 18 km na wschód od Morón, można dojechać tylko samochodem (lub taksówką). Droga jest oznakowana. Przy bramie płaci się za wjazd i dalej jedzie 7 km polną drogą na szczyt, skąd wyruszają wycieczki. Poszukujący ciszy i spokoju mogą wynająć kwaterę z podstawowym wyposażeniem. Są tu dwa **domki** (☎33-30-81-63; pokój 30 CUC), restauracja i wieża widokowa.

Florencia

Florencia, otoczona niskimi wzgórzami, leży 40 km na zachód od Morón. Tak nazwali swą osadę stęsknieni za ojczyzną włoscy emigranci, którym krajobraz przypominał Toskanię. Na początku lat 90. XX w. kubański rząd zbudował zaporę wodną, Liberación de Florencia („wyzwolenie Florencii"), na rzece Chambas. Powstałe jezioro nieoczekiwanie pięknie kontrastuje z roślinnością. Warto się tu wybrać na całodzienną wycieczkę z Morón. Czekają liczne aktywności w zachwycającym otoczeniu, ponadto niedaleko jest rezerwat przyrody Boquerón.

Aktywnie

W okolice Florencii można zorganizować dwie wycieczki. Pierwsza to konna i piesza wyprawa na wzgórza okalające jezioro i do gospodarstwa z plantacją tytoniu, zakończona rejsem łódką na jedyną wyspę na jeziorze i obiadem w restauracji, odpoczynkiem i pływaniem kajakiem.

Druga, również konna i piesza, do pobliskiego rezerwatu przyrody Boquerón, z rejsem po Río Jatibonico, pływaniem i zwiedzaniem jaskiń.

Obie wycieczki najlepiej zarezerwować telefonicznie w **La Esquinita** (☎33-55-92-94; róg Martí i Agramonte; ⏲9.00–20.00).

Gastronomia

Restaurante Presa de Florencia KUCHNIA KUBAŃSKA $
(dania główne 3,50–5 CUC; ⏲9.00–17.00) Typowa otwarta restauracja pod strzechą na wysepce pośrodku jeziora. „Zapora Florencia" serwuje kubańskie potrawy przygotowywane ze świeżych produktów, dostępnych w danym dniu. Koszty posiłku w tej restauracji

są zwykle wliczone w cenę wycieczek organizowanych przez Cubatur (s. 308) w Morón i La Esquinita (zob. wyżej).

Przyjazd i wyjazd

Oprócz miejscowych ciężarówek i nieregularnie jeżdżących autobusów, we Florencii nie ma innych możliwości komunikacyjnych. Najlepiej będzie wynająć samochód albo wziąć taksówkę z Morón (około 25 CUC w jedną stronę, 1 godz.).

Cayo Coco

Cayo Coco – w Archipiélago de Sabana-Camagüey lub, jak wolą ten archipelag nazywać foldery turystyczne, w Jardines del Rey („ogrodach króla") – to czwarta co do wielkości wyspa Kuby. Nastawiona na turystów, okolona plażami, ma 370 km² powierzchni. Obszar na północ od Bahía de Perros („zatoki psów") był niezamieszkany do roku 1992, kiedy to na sąsiedniej Cayo Guillermo pojawił się pierwszy hotel, *Cojímar*. Od tamtej pory buldożery nie przestają pracować.

Cayo Coco w dużym stopniu przypomina usytuowaną na zachód od niej Cayo Santa María, choć ta druga wygrywa pod względem liczby hoteli i ich gwiazdek. Od 1988 r. Cayo Coco jest połączona ze stałym lądem Kuby 27-kilometrową groblą przecinającą Bahía de Perros. Są również groble na Cayo Coco z Cayo Guillermo na zachodzie i z Cayo Romano na wschodzie, jako że Cayo Coco ma międzynarodowy port lotniczy.

Zwiedzanie i aktywnie

Cayo Paredón Grande WYSPA
(mapa s. 312) Z Cayo Coco droga na wschód wiedzie na Cayo Romano (formalnie w prowincji Camagüey), po czym skręca na północ na Cayo Paredón Grande („wielka ściana") i do Faro Diego Velázquez, 52-metrowej latarni morskiej z 1859 r. Jest tu kilka zacisznych plaż, w tym słynna Playa Los Pinos, można też wędkować.

Rocarena WSPINACZKA
(mapa s. 312; ☎33-30-21-29; Av de los Hoteles; 25 CUC; ⏱9.00–21.00; 👪) Sprytnie zaprojektowana skała (*roca*) wspinaczkowa, głównie dla dzieci i nastolatków, choć dorośli też nie będą się nudzić. Mnóstwo tu lin, krążków, huśtawek, ścianek; jest też małe bungee. Można tu spędzić parę godzin. Nad bezpieczeństwem czuwa obsługa. Rocarena znajduje się na zachód od hotelu *Sol Cayo Coco*.

Centro Internacional de Buceo Blue Diving NURKOWANIE
(mapa s. 312; http://nauticamarlin.tur.cu/en; Meliá Cayo Coco) Na plaży należącej do resortu hotelowego *Meliá Cayo Coco*. Nurkowanie kosztuje od 45 CUC za jedno zanurzenie, a wstępny kurs w basenie 70 CUC (w cenę wliczone jedno nurkowanie w morzu). Obszar do nurkowania rozciąga się 10 km na wschód, instruktorów jest sześciu i mogą oni obsłużyć 30 zanurzeń dziennie.

Marina Marlin Aguas Tranquilas WĘDKARSTWO
(mapa s. 312; http://nauticamarlin.tur.cu/en) Główna marina „spokojne wody" na Cayo Coco znajduje się na południowym brzegu, koło *Meliá Cayo Coco*. W ofercie wyprawy wędkarskie na pełne morze (310 CUC za 4 godz.).

Noclegi

Cayo Coco to strefa all-inclusive; wszystkie resorty mają bezpośredni dostęp do plaży. Liczba gwiazdek waha się od trzech do pięciu, ale hotele są sztampowe. Na wyspie brakuje kwater prywatnych. Dla indywidualnych turystów najlepszy będzie tani *Sitio La Güira*.

Sitio la Güira DOMKI $
(mapa s. 312; ☎33-39812; cabaña 25 CUC; ❄) Turystom z plecakami bardzo trudno będzie znaleźć nocleg wśród drogich resortów hotelowych na kubańskich wyspach. Wyjątek stanowi ten skromny ośrodek, imitujący dawny obóz wypalaczy węgla drzewnego. Do wynajęcia cztery pseudorustykalne *bohíos* (chaty kryte strzechą) z łazienkami i klimatyzacją (dla uniknięcia moskitów). Na miejscu bar i restauracja *ranchón*.

★ **Meliá Cayo Coco** RESORT $$$
(mapa s. 312; ☎33-29555; www.meliacuba.com; 1-/2-os. all-inclusive 265/378 CUC; P ❄ @ 📶 🏊) Kameralny resort przy Playa Las Coloradas, na wschodnim krańcu rzędu hoteli, oferuje wszystko w standardzie hiszpańskiej sieci Meliá. Luksusy czekają na chętnych w eleganckich białych bungalowach na palach, stojących w lagunie. Ceny są wysokie, ale Meliá ma klasę, a warunek resortu „bez dzieci" gwarantuje spokój.

Pullman Cayo Coco RESORT $$$
(mapa s. 312; ☎33-30-44-00; www.accorhotels.com; pokój all-inclusive od 350 CUC; P ❄ @ 📶 🏊) Najnowszy pięciogwiazdkowiec na Cayo Coco, otwarty w grudniu 2015 r., zagarnął

Cayo Coco i Cayo Guillermo

Cayo Coco i Cayo Guillermo

Zwiedzanie

1 Cayo Paredón Grande F2
2 Playa Pilar A1

Aktywnie, kursy i wycieczki

Wycieczki łodziami ..... (zob. 6)
Centro Internacional de Buceo Blue Diving ..... (zob. 10)
3 Centro Internacional de Buceo Coco Diving A1
Ecotur ..... (zob. 10)
4 Marina Marlin Aguas Tranquilas D2
Marina Marlin Cayo Guillermo ..... (zob. 6)
5 Rocarena D2

Noclegi

6 Casa Gregorio A1
7 Hotel Colonial Cayo Coco D2
8 Hotel Tryp Cayo Coco D2
9 Iberostar Daiquirí A1
10 Meliá Cayo Coco D2
11 Meliá Jardines del Rey D2
12 Pullman Cayo Coco D2
13 Secortel Club Cayo Guillermo A1
14 Sitio la Güira C2

Gastronomia

15 Lenny's Lobster Shack D1
Rancho Flamingo ..... (zob. 11)
16 Ranchón Playa Pilar A1

Zakupy

Plaza Los Flamencos ..... (zob. 11)

Informacja

Clínica Internacional Cayo Coco ..... (zob. 7)

spory kawałek niegdyś dzikiej Playa Las Coloradas. Dzieli się na dwie części – dla rodzin i dla dorosłych. Zbiera dobre recenzje, zwłaszcza za obsługę, plażę i mocne (jak na Kubę) Wi-Fi. Sterylność i nijakość, charakteryzująca ten i wszystkie nowe resorty all-inclusive, nasuwa skojarzenia z nudnymi przedmieściami Toronto (przy plaży).

Meliá Jardines del Rey RESORT **$$$**
(mapa s. 312; ☎33-30-43-00; www.meliacuba.com; 1-/2-os. all-inclusive 186/232 CUC; P ❄ @ ☎ ≋) Największy spośród kubańskich resortów hotelowych (1176 pokojów), z pięcioma gwiazdkami, otwarty w 2014 r. Tworzy całe miasteczko z wózkami golfowymi ułatwiającymi poruszanie się, mapami i większą licz-

bą restauracji niż w Morón. Pomieszczenia wspólne charakteryzuje minimalizm, ale przynajmniej w pokojach są akcenty kolorystyczne i odważniejszy współczesny wystrój.

Colonial Cayo Coco RESORT **$$$**
(mapa s. 312; ☎33-30-13-11; www.hotelescubanacan.com; 1-/2-os. all-inclusive 148/190 CUC; P ❄ @ 📶 ≋) Hiszpańskie wille kolonialne i atrakcyjne strefy wspólne z pięknymi kafelkami nadają resortowi indywidualnego charakteru. Miła odskocznia od standardów nudnych kubańskich resortów hotelowych.

Hotel Tryp Cayo Coco RESORT **$$$**
(mapa s. 312; ☎33-30-13-00; www.meliacuba.com; 1-/2-os. all-inclusive 173/216 CUC; P ❄ @ 📶 ≋) Idealny dla rodzin. Typowy resort all-inclusive; basen o nieregularnych kształtach, mnóstwo barów i wieczornych spektakli dla turystów. Udogodnień nie brakuje, ale nadgorliwi animatorzy tworzą nad basenem „kolonijną" atmosferę. Ponad 500 pokojów w słonecznych, 3-kondygnacyjnych budynkach. Pokoje duże, z balkonami i wielkimi łożami, choć widać już po nich ślady użytkowania. Te 4 gwiazdki to przesada.

Gastronomia

Oprócz typowych bufetów hotelowych jedz-ile-chcesz, w Cayo Coco jest też kilka niezależnych restauracji, głównie przy plażach.

Rancho Flamingo KUCHNIA KARAIBSKA **$**
(mapa s. 312; Playa los Flamencos; dania główne 4–10 CUC; ⌚10.00–19.30; P) Znakomite owoce morza, zimne piwo, pływanie, opalanie, kolejne piwo... łatwo to sobie wyobrazić. *Flamingo* stoi na kawałeczku publicznej plaży, przytłoczonej przez największy resort na Kubie.

Lenny's Lobster Shack OWOCE MORZA **$$**
(mapa s. 312; Playa Prohibida; dania 7–15 CUC; ⌚10.00–19.30) Nazwa pochodzi od imienia kanadyjskiego turysty i patrona, Lenny'ego. To urocza, otwarta restauracja pod strzechą na Playa Prohibida (bez hoteli), udekorowana kanadyjskimi tablicami rejestracyjnymi. Słynie z jednego dania – mieszaniny homara, krewetek i ryb za jedyne (!) 15 CUC. Do miejscowego zespołu, Coco Indio, dołączają zwykle goście restauracji.

Zakupy

Plaza Los Flamencos CENTRUM HANDLOWE
(mapa s. 312) Nowe centrum handlowe – tuż przy wejściu do resortu hotelowego *Meliá Jardines del Rey* – z pamiątkami, odzieżą, kręgielnią i spa.

Informacja

PIENIĄDZE

We wszystkich resortach na Cayo Coco można wymienić waluty. Kursy są zwykle korzystniejsze niż w banku.

Banco Financiero Internacional (mapa s. 312; Rotunda, 4 Caminos; ⌚8.30–17.00 pn.–sb.)

OPIEKA MEDYCZNA

Clínica Internacional Cayo Coco (mapa s. 312; ☎33-30-21-58; Hotel Colonial Cayo Coco; ⌚9.00–17.00) Świadczy usługi medyczne w Hotel Colonial Cayo Coco.

INFORMACJA TURYSTYCZNA

Infotur (mapa s. 312; ☎33-30-91-09; www.infotur.cu; Aeropuerto Internacional Jardines del Rey; ⌚8.30–17.00) Pomocne biuro na lotnisku oraz jego filie w głównych hotelach. Biuro w Ciego de Ávila (s. 306) również udziela informacji o Cayo Coco.

Przyjazd i wyjazd

SAMOLOT

Aeropuerto Internacional Jardines del Rey na Cayo Coco (mapa s. 312; ☎33-30-91-65) obsługuje rocznie 1,2 mln pasażerów. Co tydzień przylatują samoloty z Kanady, Wielkiej Brytanii, USA, Francji, Argentyny i innych krajów. Codzienne loty do Hawany (ok. 110 CUC; 3 godz. z międzylądowaniem), zwykle przez Holguín, liniami Aerogaviota (www.aerogaviota.com).

TAKSÓWKA

Taksówka na Cayo Coco z Morón kosztuje ok. 40 CUC (1 godz.); z Ciego de Ávila 60 CUC (1 godz. 45 min). Za przejazd groblą płaci się 2 CUC.

Jak się poruszać na miejscu

Od czasu uruchomienia piętrowego otwartego autobusu Transtur poruszanie się na Cayo Coco i Cayo Guillermo jest łatwiejsze. Rozkład jazdy zmienia się w zależności od sezonu, ale zawsze kursują przynajmniej dwa autobusy dziennie w obie strony. W szczycie ich liczba zwiększa się do sześciu. Autobusy jeżdżą na linii wschód – zachód pomiędzy Pullman Cayo Coco i Playa Pilar, z przystankami przy hotelach na Cayo Coco i Cayo Guillermo. Bilet całodniowy kosztuje 5 CUC. Przejazd całą trasa trwa 50 minut.

W każdym hotelu można wypożyczyć samochód lub motorower w **Cubacar** (www.cubacar.info; od 70 CUC za dzień). Niektóre hotele oferują bezpłatnie rowery, choć nie nadają się one raczej do startu w Tour de France.

Cayo Guillermo

Ach, Cayo Guillermo: siedlisko różowych flamingów, śliczne piaszczyste plaże i drugi najsłynniejszy na Kubie Ernesto, po Mr Guevarze – Señor Hemingway. To właśnie Hemingway rozsławił wysepkę Cayo Guillermo, opisując ją w powieści *Wyspy na Golfsztromie* (wydanej pośmiertnie w 1970 r.). Rozwój *cayos* na północy Kuby rozpoczął się w 1993 r. wraz z przybyciem gości do Villa Cojímar, pierwszego z sześciu resortów all-inclusive. Wysepka Guillermo o powierzchni 13 km² była od dawna ceniona jako baza wędkarska, a ostatnio jest również ośrodkiem kiteboardingu ze względu na silne wiatry na jej północnym wybrzeżu. Namorzyny na południowym krańcu są siedliskiem flamingów i pelikanów, a w atlantyckiej rafie występuje ogromna różnorodność tropikalnych ryb i skorupiaków.

Pomnik Hemingwaya, który tak polubił Cayo Guillermo, bo znalazł tu samotnię i dobre miejsca do wędkowania, stoi przy moście wjazdowym.

Zwiedzanie i aktywnie

Playa Pilar — PLAŻA

(mapa s. 312) Bardzo popularny fragment plaży, uznawany za najładniejszy na Kubie (i na Karaibach), z białym jak śnieg drobnym piaskiem i wydmami sięgającymi wysokości 15 m (najwyższymi tego typu na Karaibach). Niedawno zbudowany ogromny czteropoziomowy resort hotelowy zaburzył ten piękny widok. To, co było wyjątkowe, stało się zwyczajne.

Morze przy plaży Pilar jest ciepłe, płytkie i idealne do nurkowania z rurką. Kilometr dalej, za kanałem z leniwie płynącą wodą, lśnią piaski Cayo Media Luna („półksiężyc"), gdzie niegdyś wypoczywał Fulgencio Batista. Na wyspę można wybrać się z wycieczką (25 CUC), a także popłynąć kajakiem lub rowerem wodnym – do wynajęcia w biurze (9.00–15.00), niedaleko rustykalnej restauracji na plaży, **Ranchón Playa Pilar** (mapa s. 312; dania główne 12–18 CUC; ⏲10.00–16.30).

Z Cayo Coco jeździ na Playa Pilar sześć turystycznych autobusów dziennie (w obie strony) w szczycie sezonu (poza sezonem 2–4 autobusy). Nazwa wyspy pochodzi oczywiście od rybackiej łodzi Hemingwaya – „Pilar".

Marina Marlin Cayo Guillermo — WĘDKARSTWO

(mapa s. 312; ☎33-30-15-15; http://nauticamarlin.tur.cu/en) Po prawej stronie grobli (jeśli się jedzie z Cayo Coco na Cayo Guillermo) znajduje się marina, certyfikowana jako port międzynarodowy, z 36 miejscami postojowymi. Można tu zorganizować połowy makreli, szczupaków, barakud, lucjanów i marlinów na dawnych łowiskach Hemingwaya, 5–13 km od brzegu. Ceny zaczynają się od 310 CUC za pół dnia (cztery osoby).

Centro Internacional de Buceo Coco Diving — NURKOWANIE

(mapa s. 312; www.amazingcocodiving.com) Ośrodek niedawno przeniesiony z Cayo Coco na Cayo Guillermo (z siedzibą w *Meliá Cayo Guillermo*). Nurkowanie w obecności instruktorów mówiących w czterech językach (jedno zanurzenie 45 CUC).

KUBAŃSKA STOLICA KITESURFINGU

Jadąc drogą na Cayo Guillermo, najpierw zauważa się różnokolorowe żagle. Najnowsze szaleństwo, kiteboarding, opanowało całą północną Kubę, przy czym wielu ekspertów twierdzi, że ta mała wysepka, ukochana przez Hemingwaya, oferuje najlepsze połączenie wiatru, fal i **Havana Kiteboarding Club** (☎58-04-96-56 ; www.havanakite.com; Plaza Cobre, pomiędzy 12 i 14, Tarará), z siedzibą w Secortel Club Cayo Guillermo. Podstawowa lekcja kitesurfingu kosztuje około 150 CUC, tygodniowe kursy od około 650 CUC. Wypożyczenie sprzętu to koszt od 60 CUC za pierwszą godzinę. Prawdziwym zapaleńcom bardziej opłaca się wypożyczenie sprzętu na tydzień niż przywożenie własnego z kraju. Głównym punktem startowym jest Playa El Paso, a najlepsze hotele to *Secortel* i *Sol Cayo Guillermo*. Przy tych hotelach są duże trawniki, na których można złożyć sprzęt.

Wycieczki

Wycieczki łodziami ŁODZIE

(mapa s. 312; 2 godz., rejs 46 CUC) Popularna rozrywka organizowana w osobnej przystani po lewej stronie grobli, gdy się jedzie w stronę Cayo Guillermo. Dwugodzinna wyprawa łodzią motorową (z możliwością sterowania) przez naturalne kanały wśród namorzynów. Cztery rejsy dziennie, od godz. 9.00.

Noclegi

Casa Gregorio HOTEL $

(mapa s. 312; pokój 2-os. ze śniadaniem 25 CUC; P ❄ ≋) Otwarcie niedrogiego hotelu, nastawionego również na Kubańczyków, to nieczęste zjawisko w tym regionie. *Casa Gregorio* (od imienia starego wędkarza towarzyszącego Hemingwayowi) znajduje się tuż przy marinie koło grobli na Cayo Guillermo; oferuje skromne, ale szykowne pokoje, usytuowane wokół niedużego, czasem hałaśliwego, basenu.

Kolację można zjeść w miejscowej restauracji, droga na plażę jest krótka i wiedzie przez namorzyny.

★ **Iberostar Daiquirí** HOTEL $$$

(mapa s. 312; ☎33-30-16-50; www.iberostar.com; pokój all-inclusive 160–200 CUC; P ❄ ≋) Mnóstwo cienia, staw z kwitnącymi liliami wodnymi, kurtyna spadających wód w kaskadzie naprzeciwko baru przy basenie. 312 pokojów w atrakcyjnych apartamentowcach w stylu kolonialnym, świadczących o wyobraźni architekta. Wąska rajska plaża wygląda jak wycięta z folderu reklamowego.

Secortel Club Cayo Guillermo HOTEL $$$

(mapa s. 312; ☎33-30-17-12; www.clubcayoguillermo.com; 1-/2-os. all-inclusive 107/187 CUC; P ❄ @ 📶 ≋) Trzygwiazdkowy niedrogi hotel – i najstarszy w archipelagu Sabana-Camagüey (otwarty w 1993 r.) – wiele już razy zmieniał nazwę. Kompleks bungalowów w łososiowym kolorze, usytuowanych na zacisznej plaży.

Część hotelu jest na stałe zarezerwowana przez włoskie biura podróży, a wolne pokoje najchętniej zajmują kiteboardowcy, którzy rozkładają swoje deski pod palmami na trawnikach. Organizowane są lekcje; także wynajem desek.

Przyjazd i wyjazd

Autobus turystyczny jadący z Cayo Coco zatrzymuje się przy wszystkich hotelach na Cayo Guillermo; przystanek końcowy to Playa Pilar. Bilet całodniowy kosztuje 5 CUC, kursów jest 5–6 dziennie w obie strony. Przejazd taksówką pomiędzy Cayo Guillermo i Cayo Coco kosztuje 10–15 CUC (25 minut).

Dalsza podróż z Cayo Coco możliwa jest tylko własnym transportem lub taksówką.

Prowincja Camagüey

☎ 32/782 500 MIESZK.

Spis treści ➡

NAJ: Gastronomia

- Casa Austria (s. 326)
- El Paso (s. 326)
- Mesón del Príncipe (s. 327)
- El Bucanero (s. 334)

NAJ: Noclegi

- El Marqués (s. 324)
- Hotel Camino de Hierro (s. 324)
- Los Vitrales (s. 323)
- Hotel Avellaneda (s. 324)
- The Point of Pilots (s. 334)

Dokąd jechać?

Camagüey to ani Occidente, ani Oriente. Prowincja inna niż wszystkie pod względem politycznym i kulturalnym przeciwstawia się oczekiwaniom Hawany i Santiago de Cuba. Odmienność Camagüey zaczęła się w epoce kolonialnej, gdy osadnicy bardziej byli zainteresowani hodowlą bydła niż uprawą trzciny cukrowej, co przełożyło się na mniejsze wykorzystanie siły niewolniczej, a tym samym poparcie dla abolicjonistów.

Największa obecnie prowincja Kuby to płaska równina z sielankowym krajobrazem stad pasącego się bydła, starych młynów cukrowniczych, sennych miasteczek i pasmami wzgórz na południu. Oskrzydlają ją dwa największe archipelagi Kuby: Sabana-Camagüey od północy i Jardines de la Reina od południa, obydwa z zachowaną pierwotną przyrodą, choć na północy już widać działania deweloperów.

Wierna religii katolickiej stolica Camagüey szczyci się swą wspaniałą architekturą, znamienitymi mieszkańcami i kosmopolityczną atmosferą.

Kiedy jechać?

- W lutym mieszkańcy Camagüey świętują Jornada de la Cultura Camagüeyana (Dni Kultury Camagüey) dla upamiętnienia założenia miasta w 1514 r.
- Amatorzy wędrówek niech przyjadą w marcu – jest to najlepsza pora obserwowania migrujących ptaków na północnych wysepkach.
- Na Playa Santa Lucía nurkowie zobaczą podwodne karmienie rekinów (od czerwca do stycznia; najlepsza pogoda od listopada).
- Festival Nacional de Teatro (Narodowy Festiwal Teatralny) odbywa się w pierwszym tygodniu października w Camagüey.

NAJ: Camagüey

1 **Sierra del Chorrillo** (s. 330) Odpoczynek na zielonych wzgórzach, oglądanie rzadkich ptaków, wędrówka w dzikich lasach.

2 **Playa Los Cocos** (s. 333) Pływanie przy piaszczystej białej plaży, chłonięcie atmosfery wioski La Boca.

3 **Reserva Ecológica Limones-Tuabaquey** (s. 329) Oglądanie jaskiń, kraterów i wąwozu w niedawno utworzonym rezerwacie.

4 **Guáimaro** (s. 331) Przystanek w mieście emancypacji; tutaj podpisano pierwszą konstytucję Kuby.

5 **Cayo Cruz** (s. 334) Połowy tarpona i albuli na muchę w płytkich wodach okalających wyspę.

6 **Camagüey** (s. 318) Spacery krętymi ulicami miasta, poznawanie kultury życia mieszkańców, zwiedzanie pracowni artystycznych i bogato zdobionych kościołów.

Camagüey

301 000 MIESZK.

Trzecie co do wielkości miasto Kuby, olśniewające dziełami sztuki. Jest też bastionem Kościoła katolickiego na wyspie. Mieszkańców Camagüey, znanych z chodzenia własnymi drogami, Kubańczycy nazywają *agramontinos*, od nazwiska bohatera pierwszej wojny o niepodległość, Ignacia Agramonte, współautora pierwszej kubańskiej konstytucji (ogłoszonej w Guáimaro w kwietniu 1869 r.) i odważnego dowódcy najlepszej brygady konnej na Kubie.

Labirynt pastelowych, kolonialnych ulic Camagüey robi wrażenie. Warto się tu zagubić na dzień czy dwa, odkrywając ukryte placyki, barokowe kościoły, zatłoczone galerie, świetne bary i restauracje. Niedogodnością jest gromada *jinteros* (naganiaczy), nagabujących przechodniów na każdym kroku.

W 2008 r. dobrze zachowane zabytkowe centrum Camagüey zostało wpisane na listę UNESCO. W 2014 r. miasto świętowało pięćsetlecie.

Historia

Santa María del Puerto del Príncipe, założona w lutym 1514 r. przez konkwistadora Diega Velázqueza – jako jedna z jego siedmiu „świętych" *villas* (osady miejskie) – zlokalizowana była na wybrzeżu obok późniejszego miasta Nuevitas. Krwawe rebelie Tainów zmusiły mieszkańców do dwukrotnych przenosin. Na obecnym miejscu rozwijała się od 1528 r. Nazwę zmieniono w 1903 r. na Camagüey (od drzewa *camagua*, od którego miało pochodzić wszelkie życie, oraz od imienia wodza Tainów, Camagüebaxa).

Pomimo dokuczliwych ataków korsarskich, Camagüey rozwijało się prężnie w XVII w., bazując na uprawie trzciny cukrowej i hodowli bydła. Dokuczliwe susze w okolicy zmusiły mieszkańców do magazynowania wody deszczowej w wielkich *tinajones* (glinianych dzbanach). Oprócz bohatera wojny wyzwoleńczej, Ignacia Agramonte, Camagüey wydało więcej znakomitości: szczyci się poetą i patriotą Nicolásem Guillénem oraz lekarzem Carlosem J. Finlayem, który przyczynił się do odkrycia przyczyn epidemii żółtej febry. W 1959 r. zamożni obywatele szybko zadarli z rewolucjonistami Fidela Castro, kiedy to lokalny dowódca wojskowy, Huber Matos (niegdyś sojusznik Fidela), oskarżył Wielkiego Przywódcę o pogrzebanie idei rewolucji. Matosa szybko aresztowano i wtrącono do więzienia.

Katolicy z Camagüey powitali w 1998 r. papieża Jana Pawła II; w 2008 r. kardynał José Saraiva w imieniu Benedykta XVI ogłosił błogosławionym „ojca ubogich", José Olallo Valdésa, który pomagał rannym obu stron podczas wojny o niepodległość (1868–1878). W 2014 r. z okazji swego 500-lecia miasto zyskało 4 nowe hotele i zostało odrestaurowane.

Zwiedzanie

Niezwykła siatka ulic w Camagüey została zaprojektowana dla zmylenia plądrujących najeźdźców i zapewnienia schronienia mieszkańcom (tak głosi legenda). W rezultacie kręte uliczki i wąskie alejki najbardziej przypominają marokańską medinę.

Centrum miasta

★Casa de Arte Jover — GALERIA

(☎32-29-23-05; Martí No 154, pomiędzy Independencia i Cisneros; ⏲9.00–12.00 i 15.00–17.00 pn.–sb.) BEZPŁ. W Camagüey mieszka dwoje najbardziej kreatywnych i wspaniałych współczesnych malarzy – Joel Jover i jego żona Ileana Sánchez. Ich cudowny dom przy Plaza Agramonte funkcjonuje jako galeria, a i sam w sobie jest dziełem sztuki, z mnóstwem płócien, piesków *chihuahua* i rozmaitymi starociami.

Artyści mają także pracownię z wystawą: **Estudio-Galería Jover** (Calle Ramón Pinto 109; ⏲9.00–12.00 i 15.00–17.00 pn.–sb.) przy Plaza San Juan de Dios, które również można bezpłatnie zwiedzić.

Museo Casa Natal de Ignacio Agramonte — MUZEUM

(☎32-28-24-25; Av Agramonte No 459; 2 CUC; ⏲9.00–17.00 wt.–pt., 9.00–16.00 sb., do 13.00 nd.) Miejsce narodzin bohatera wojny o niepodległość Kuby, Ignacia Agramonte (1841–1873), hodowcy bydła, który skłonił mieszkańców Camagüey do buntu przeciwko Hiszpanii. Kolonialny dom-muzeum podkreśla rolę Camagüey i Agramonte w pierwszej wojnie o niepodległość. Broń palna bohatera to jeden z niewielu pozostałych po nim osobistych przedmiotów.

W lipcu 1869 r. rebelianci pod wodzą Agramonte ostrzelali Camagüey. Cztery lata później zginął w walce w wieku 32 lat. *Trovador* Silvio Rodríguez uhonorował Majora, jak go nazywano, pieśniami w swym albumie *Días y flores* („dni i kwiaty"). Muzeum jest naprzeciwko Iglesia de Nuestra Señora de la Merced, na rogu Independencia.

Plaza San Juan de Dios PLAC
(róg Hurtado i calle Ramón Pinto) Plac wygląda bardziej na meksykański niż kubański. Malownicza Plaza San Juan de Dios to najlepiej zachowany zakątek Camagüey. Wschodnią stronę placu zajmuje Museo de San Juan de Dios, dawniej szpital. Za niebieskimi, żółtymi i różowymi fasadami domów na placu kuszą niezłe restauracje.

Parque Ignacio Agramonte PLAC
(róg Martí i Independencia) Najpiękniejszy plac w centrum Camagüey zachęca do relaksu na marmurowych ławkach przy konnym pomniku (z ok. 1950 r.) Ignacia Agramonte, bohatera wojny o niepodległość Kuby od Hiszpanii.

Casa de la Diversidad MUZEUM
(☎32-29-25-98; Cisneros No 150; 1 CUC; ⏲10.00–18.00 pn.–pt., 9.00–21.00 sb., 8.00–12.00 nd.) Eklektyczna fasada muzeum sama w sobie stanowi najciekawszy eksponat. W czterech salach wystawiono przedmioty związane z niewolnictwem, ubiory i dzieła sztuki. Zwiedza je się szybko, przy czym warto poświęcić więcej czasu na obejrzenie korytarza z niebosiężnymi kolumnami. Prowadzi... do toalet (sic!), gdzie odkryto ciekawe freski. Toaleta pań ma bogatsze zdobienia.

Museo de San Juan de Dios MUZEUM
(Plaza San Juan de Dios; 2 CUC; ⏲9.00–17.00 wt.–sb., do 13.00 nd.) Muzeum zajmuje dawny szpital, w którym pracował bonifrater José Olallo (Józef Eulalio) Valdés, pierwszy na Kubie błogosławiony Kościoła rzymskokatolickiego. Przedstawia historię Camagüey i prezentuje miejscowe malarstwo. Frontowy krużganek zbudowano w 1728 r., a trójkątne tylne patio, z neomauretańskimi akcentami, w 1840 r. Po 1902 r. budynek szpitala służył jako studium nauczycielskie, schronisko dla ofiar cyklonu w 1932 r. oraz Centro Provincial de Patrimonio zajmujące się ochroną zabytków. W chwili pisania przewodnika trwały prace remontowe.

Centro de Interpretacion de la Ciudad ARCHITEKTURA
(La Maqueta; ☎32-22-12-35; Martí; 1 CUC; ⏲9.00–18.00 pn.–sb., 9.00–13.00 nd.) Kubańczycy lubują się w *maquetas* (makietach) i Camagüey nie jest wyjątkiem. Ta ułatwi poznanie sieci krętych uliczek miasta.

Casa Natal de Nicolás Guillén CENTRUM KULTURY
(Hermanos Agüero No 58; ⏲9.00–17.00) BEZPŁ. W skromnym domu rodzinnym Guilléna zwiedzający poznają życie i twórczość narodowego poety Kuby (1902–1989). Działa tu również Instituto Superior de Arte, szkoła muzyczna. W chwili pisania przewodnika centrum było zamknięte (remont).

Casa de Finlay MUZEUM
(☎32-29-67-45; Cristo, pomiędzy Cisneros i Lugareño; 1 CUC; ⏲9.00–17.00 pn.–pt., 8.00–12.00 sb.) Dr Carlos J. Finlay (1833–1915), bohater Camagüey, dokonał przewrotu w medycynie odkrywając, że to moskity przenoszą żółtą febrę. Nazwanie muzeum, domu, w którym się urodził, jest nieco na wyrost. Pracownicy zwykle opowiadają o życiu i pracy doktora Finleya. Wspaniałe wewnętrzne patio.

Na zachód od centrum miasta

★ **Plaza del Carmen** PLAC
(Hermanos Agüero, pomiędzy Honda i Carmen) Około 600 m od tętniącej życiem ulicy República znajduje się kolejny uroczy plac, mniej uczęszczany od tych w centrum. Po jego wschodniej stronie stoi majestatyczna Iglesia de Nuestra Señora del Carmen, jeden z piękniejszych kościołów w mieście.

Nieco ponad dekadę Plaza del Carmen była ruiną, a obecnie wygląda jeszcze lepiej, niż kiedy powstała. Pośrodku brukowanego placu stoją ogromne *tinajones* (gliniane dzbany), nastrojowe latarnie uliczne i naturalnej wielkości posągi przedstawiające mieszkańców załatwiających codzienne sprawy (głównie czytających gazety i plotkujących).

★ **Martha Jiménez Pérez** GALERIA
(☎32-25-75-59; Martí 282, pomiędzy Carmen i Onda; ⏲8.00–20.00) BEZPŁ. Studio i galeria Marthy Jiménez Pérez, w ceramicznej stolicy Kuby, znajdują się prace największej żyjącej artystki tego kraju. Są tu wyroby ceramiczne, obrazy i inne dzieła sztuki. Ze studia widać wielkie dzieło Marthy Jiménez – *Chismosas* (*Plotkarki*) – pomnik trzech plotkujących kobiet na Plaza del Carmen. *Chismosas* pojawiają się na wielu obrazach w galerii.

Necrópolis de Camagüey CMENTARZ
(Plaza del Santo Cristo; ⏲7.00–18.00) BEZPŁ. Morze ozdobnych, pochylonych, bielonych

Camagüey

PROWINCJA CAMAGÜEY CAMAGÜEY

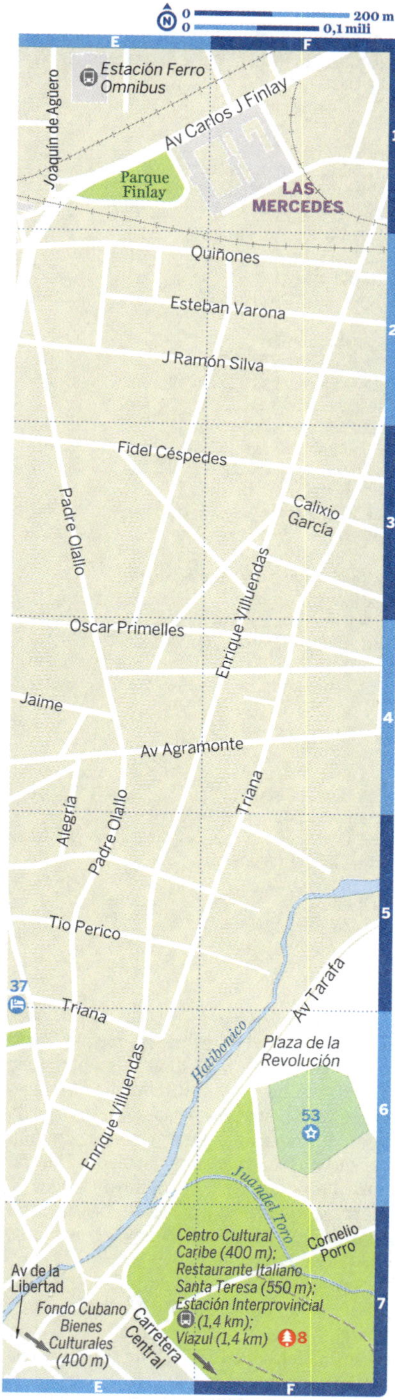

gotyckich nagrobków to najbardziej niedoceniany cmentarz na Kubie. Wśród wielu bohaterów z Camagüey jest tu również pochowany bojownik o niepodległość Kuby, Ignacio Agramonte (1841–1873). Cmentarz nie ma może majestatu hawańskiego Cementerio de Colón, ale niewiele mu brakuje.

Agramonte spoczywa w połowie drugiej alei po lewej stronie od wejścia (w niebieskim grobowcu). Trudniej odnaleźć mogiły bojowników o wolność Camagüey, Tomása Betancourta i Salvadora Cisneros Betancourta (był prezydentem Kuby). Warto wybrać się na zwiedzanie z wycieczką, która wyrusza od wejścia za Iglesia del Santo Cristo del Buen Viaje (najlepiej przed południem).

Na północ od centrum miasta

★ Museo Provincial de Ignacio Agramonte — MUZEUM

(☎32-28-24-25; Av de los Mártires No 2; 2 CUC; 9.00–17.00 wt.–pt., 9.00–16.00 sb., do 13.00 nd.) Nazwane (jak połowa Camagüey) imieniem bohatera wojny o niepodległość, muzeum znajduje się na północ od stacji kolejowej, w koszarach hiszpańskiej kawalerii z 1848 r. Na górze są warte obejrzenia dzieła sztuki, w tym sporo miejscowych artystów, a także meble antyki i starocie rodzinne.

Zbiory obejmują prace z XIX i początków XX w., w tym natchnione obrazy religijne *camagüeyano* Fidelia Ponce (1895–1949) oraz przedstawiciela nowych trendów w *artes plásticas*, Alfreda Sosabravo (ur. 1930 r.).

Na południe i wschód od centrum miasta

El Lago de los Sueños — PARK

„Jezioro marzeń" to dosłownie wymarzone miejsce na odpoczynek od miejskiego zgiełku. Tworząc El Lago de los Sueños w Camagüey, użyto takich samych komponentów, jakie widzimy w podobnym parku rozrywki w mieście Ciego de Ávila. Jest więc lodziarnia, urządzona w kadłubie starego sowieckiego samolotu, a do kompletu ustawiono jeszcze wagon kolejowy z restauracją.

Zawsze jednak można wybrać się łodzią na jezioro lub przejść się specjalnie zbudowanym *malecónem* (aleja spacerowa). Wszędzie są lokale gastronomiczne.

Mercado Agropecuario Hatibonico — TARG

(Carretera Central; 7.00–18.00) Jeśli ktoś zamierza zobaczyć targ na Kubie, niech wybie-

Camagüey

Główne atrakcje
1 Casa de Arte Jover ... C6
2 Martha Jiménez Pérez ... A5
3 Museo Provincial de Ignacio Agramonte ... D1
4 Plaza del Carmen ... A5

Zwiedzanie
5 Casa de la Diversidad ... C6
6 Casa Finlay ... C6
7 Casa Natal de Nicolás Guillén ... C5
8 Casino Campestre ... F7
9 Catedral de Nuestra Señora de la Candelaria ... C6
Centro de Interpretacion de la Ciudad ... (zob. 1)
10 Estudio-Galería Jover ... C7
11 Iglesia del Sagrado Corazón de Jesús ... D6
12 Iglesia de Nuestra Señora de la Merced ... C4
13 Iglesia de Nuestra Señora de la Soledad ... D4
14 Iglesia de Nuestra Señora del Carmen ... A5
15 Iglesia del Santo Cristo del Buen Viaje ... A7
16 Museo Casa Natal de Ignacio Agramonte ... C5
17 Museo de San Juan de Dios ... D7
18 Necropolis de Camagüey ... A7
19 Parque Ignacio Agramonte ... C6
20 Plaza San Juan de Dios ... C7

Aktywnie, kursy i wycieczki
21 Camaguax Tours ... D5
22 Ecotur ... D4

Noclegi
23 Alba Ferraz ... C4
24 Casa Angelito ... D5
25 Casa Láncara ... D4
26 Casa los Helechos ... D6
27 Casa Yaneva ... A2
28 El Marqués ... C5
29 Gran Hotel ... D5
30 Hotel Avellanada ... D4
31 Hotel Camino de Hierro ... D5
32 Hotel Santa María ... D4
33 Hotel Sevillana ... C6
34 La China House ... C4
35 Los Vitrales ... D6
36 Maria Eugenia Requejo ... D5
37 Natural Caribe ... E5

Gastronomia
38 Café de la Ciudad ... C6
39 Cafetería Las Cubanitas ... C5
40 Casa Austria ... C7
41 El Paso ... A6
Gran Hotel Snack Bar ... (zob. 29)
42 Mesón del Príncipe ... C4
43 Restaurante Carmen ... C5
44 Restaurante de los Tres Reyes ... C7
45 Restaurante la Isabella ... C5

Kawiarnie, bary i życie nocne
46 Bar El Cambio ... C6
47 Bar Yesterday ... D5
48 Bodegón Don Cayetano ... D4
Gran Hotel Bar Terraza ... (zob. 29)
49 Taberna Bucanero ... D3

Rozrywka
50 Casa de la Trova Patricio Ballagas ... C6
51 Cine Casablanca ... D4
52 Cine el Circuito ... D4
53 Estadio Cándido González ... F6
54 Complejo Cultural José Luis Tasende . C4
55 Teatro Principal ... C4

Zakupy
56 ARTex Souvenir ... D3

rze właśnie ten. *Mercado* nad ciemną rzeką Hatibonico, niedaleko Carretera Central, rozbrzmiewa *pregones* (monotonnie wyśpiewanymi dowcipnymi zachętami handlarzy). To klasyczny przykład przedsiębiorczości kubańskiej, konkurującej z tańszymi, ale gorszej jakości państwowymi kramami.

Najlepiej zwiedzić część zajmowaną przez *herberos* (dostawców ziół, leków i tajemnych eliksirów) oraz szkółkę roślin, gdzie Kubańczycy kupują miniaturowe mangowce i różne rośliny ozdobne. Trzeba mocno trzymać swój portfel!

Casino Campestre — PARK

(Carretera Central) Największy park miejski na Kubie, założony w 1860 r., znajduje się za mostem na rzece Hatibonico. Są tu ocienione ławki, stadion bejsbolowy, odbywają się m.in. koncerty. Koło wejścia stoi pomnik poświęcony hiszpańskim lotnikom, Marianowi Barberánowi i Joaquínowi Collarowi, którzy jako pierwsi przylecieli, bez międzylądowania, z Hiszpanii (z Sewilli) na Kubę (do Camagüey) w 1933 r.

Swój pionierski lot Barberán i Collar odbyli samolotem Cuatro Vientos („cztery wiatry"); tydzień później zaginęli bez wieści, lecąc do Meksyku. Park można zwiedzać taksówkami rowerowymi.

Wycieczki

★ Camaguax Tours WYCIECZKI
(☎32-28-73-64, 58-64-23-28; www.camaguax.com/en; República 155 No 7; ⌚8.30–17.30) Prywatna agencja (przewodnicy mówią po angielsku i francusku) organizuje wycieczki po prowincji. Najbardziej polecane to zwiedzanie miasta, hacjend cukrowniczych, piesze wędrówki i oglądanie jaskiń, a także wyprawy do Sierra del Chorrillo, Reserva Ecológica Limones-Tuabaquey i Río Máximo. Po trudnych odcinkach jeżdżą terenówki, są też wycieczki wielodniowe.

Ecotur WYCIECZKI
(☎32-24-49-57; República No 278; ⌚8.00–12.00 i 13.00–16.30 pn.–sb.) Organizuje wycieczki do Hacienda La Belén w Sierra del Chorrillo i do Reserva Ecológica Limones-Tuabaquey. Trzeba czytać drobny druk na umowach, bo w niektóre ceny nie są wliczone koszty przejazdu. Biuro mieści się w Complejo Turístico Bambú.

Festiwale i wydarzenia

Festival Nacional de Teatro SZTUKA SCENICZNA
(www.festivalteatro.pprincipe.cult.cu; ⌚kon. IX–pocz. X) W stolicy prowincji Camagüey podczas Narodowego Festiwalu Teatralnego występują najlepsze kubańskie zespoły teatralne.

San Juan Camagüeyano KARNAWAŁ
(⌚24–29 VI) Doroczne święto, zwane San Juan Camagüeyano, trwa od 24 do 29 czerwca; występują zespoły taneczne, odbywają się parady łodzi, słychać muzykę afrokubańską.

Noclegi

W mieście panuje boom na hotele butikowe. Dwa kolejne będą otwarte w niedalekiej przyszłości.

★ Los Vitrales CASA PARTICULAR $
(Emma Barreto i Rafael Requejo; ☎32-29-58-66, kom. 52-94-25-22; requejobarreto@gmail.com; Avellaneda No 3, pomiędzy General Gómez i Martí; pokój 30 CUC; P❄) Pieczołowicie odrestaurowany dawny klasztor w kolonialnym budynku, z szerokimi łukami, wysokimi sklepieniami i mnóstwem antyków. Uprzejmy właściciel Rafael jest architektem. Trzy pokoje z dobrym ciśnieniem wody w łazience są usytuowane wokół cienistego patio pełnego zieleni. Serwuje się obfite śniadanie i kolacje (można składać zamówienia specjalne).

Naganiacze często prowadzą gości do innych „Vitrales" – trzeba wcześniej zadzwonić, potwierdzić rezerwację i zamówić taksówkę.

La China House CASA PARTICULAR $
(☎32-28-30-28, kom. 54-65-92-40; houselachina@gmail.com; Padre Valencia No 57; pokój 25 CUC; ❄) Schludny dwukondygnacyjny dom w stylach nowoczesnym i kolonialnym, przed Teatro Principal. Są tu dwa pokoje ze skórzanymi wezgłowiami, telewizorami i elektrycznymi prysznicami. Miła gospodyni Misleydi oferuje kolacje oraz organizuje masaże, lekcje salsy i gry na gitarze. Mówi nieco po angielsku.

Natural Caribe CASA PARTICULAR $
(☎32-29-14-17, kom. 52-76-75-98; requejoarias@nauta.cu; Avellaneda No 8; pokój 30 CUC; ❄) Tropikalny minimalizm w odremontowanym kolonialnym domu. Śniadania są obfite. Taras dachowy – po remoncie – będzie strefą wspólną z grillem.

Dwa pokoje i taras to integracja światła, przestrzeni, wody i zrównoważonego budownictwa.

Casa Láncara CASA PARTICULAR $
(☎32-28-31-87; aledino@nauta.cu; Avellaneda No 160; pokój 30 CUC; ❄📶) Sewilski klimat: niebiesko-żółte *azulejos* (płytki ceramiczne) w neokolonialnym domu, prowadzonym przez Alejandra, miłośnika Andaluzji, i jego żonę Dinorah. Dwa pokoje ozdobiono dziełami miejscowych artystów, jest też taras dachowy. Bliziutko kościoła Soledad. Po drugiej stronie ulicy jest budowany dom z kwaterami.

Maria Eugenia Requejo CASA PARTICULAR $
(☎32-25-86-70; Avellaneda No 3-A; pokój 30 CUC; ❄📶) Filia Los Vitrales, prowadzona przez córkę właściciela. Ultranowoczesny apartament odpowiedni dla rodzin i osób szukających odosobnienia.

Casa Los Helechos CASA PARTICULAR $
(☎32-29-48-68, 52-31-18-97; v.manuel@nauta.cu; República No 68; pokój 30 CUC; ❄) *Helechos* to paprocie i rzeczywiście jest ich wiele w długim wewnętrznym patio tego przyjemnego kolonialnego domu. Odpowiedniej wielkości pokój z dwoma łóżkami i kuchnią, idealny dla rodzin.

Casa Yaneva CASA PARTICULAR $
(☎32-29-79-31; www.casayaneva.com; San Martín No 763; 30 CUC; ❄📶) Wyróżniający się dom, nieco dalej od centrum, dobra lokalizacja

dla osób dysponujących wynajętym samochodem. Eva zna się na turystyce; oferuje trzy niewielkie, bardzo czyste i bezpieczne pokoje, z sejfem i lodówką. Jest również wewnętrzne patio.

Casa Angelito CASA PARTICULAR $
(☎32-29-82-71; Maceo No 62 altos; 25 CUC; P ❄) Angelito żartuje, że jego przytulniejsze i tańsze pokoje stanowią konkurencję dla *Gran Hotelu* (naprzeciwko). Trzeba wspiąć się na piętro do małych, skromnych pokojów z dużym tarasem. Wśród bujnej zieleni można wypić koktajl lub zjeść śniadanie. Miły dom rodzinny, blisko centrum.

Alba Ferraz CASA PARTICULAR $
(☎32-28-30-81; jose.collot5477@gmail.com; Ramón Guerrero No 106; pokój 25–30 CUC; ❄) Dom wielopokoleniowej rodziny. Dwa pokoje wychodzą na wielki kolonialny dziedziniec z bujną zielenią. Na dachu jest taras. Gospodarz, Alba, organizuje dla swoich gości lekcje tańca i gry na gitarze. Może też załatwić przywiezienie ciężarówką z dworca autobusowego lub lotniska.

★ **El Marqués** HOTEL BUTIKOWY $$$
(☎32-24-49-37; ventas@ehoteles.cmg.tur.cu; Cisneros No 222; pokój 1-/2-os. ze śniadaniem 120/160 CUC; ❄@📶) Sześciopokojowy „markiz" to po prostu uroczy kolonialny skarb. Pokoje wychodzą na centralny dziedziniec z dekoracjami z kutego żelaza. Każdych drzwi strzeże rzeźba Marthy Jiménez Pérez. W klimatyzowanych sypialniach są meble z epoki, telewizja satelitarna i sejfy. Wszędzie panuje cisza. Na miejscu również całodobowy bar i jacuzzi.

Hotel sieci E, zarządzanej przez Cubanacán.

★ **Hotel Camino de Hierro** HOTEL BUTIKOWY $$$
(☎32-28-42-64; ventas@ehoteles.cmg.tur.cu; Plaza de la Solidaridad; 1-/2-os. 115/140 CUC; ❄@) „Żelazna droga", jeden z lepszych hoteli butikowych w Camagüey, zajmuje atrakcyjny budynek w centrum, dawną siedzibę kubańskiej kolei (*ferrocarril*). Wystrój „kolejowy". Są tu również urocze kolonialne meble i romantyczne balkony. Goście mogą korzystać z całodobowego baru, przyjemnego patio i atrakcji w centrum miasta.

Hotel sieci E, zarządzanej przez Cubanacán.

Hotel La Avellaneda HOTEL BUTIKOWY $$$
(☎32-24-49-58; ventas@ehoteles.cmg.tur.cu; República No 226; 1-/2-os. 115/140 CUC; ❄@) Nazwa pochodzi od urodzonej na Kubie hiszpańskiej pisarki Gertrudis Gómez de Avellaneda (1814–1873), znanej z licznych powieści o miłości, niewolnictwie, emancypacji kobiet. Kolonialny dom (z portretem Gertrudis), z kolumnowym dziedzińcem, zdobią wzorzyste *azulejos*. W pokojach są sejfy, minibary, telewizory i wielkie okna. Jest też cudowny luksusowy apartament.

Hotel sieci E, zarządzanej przez Cubanacán.

Hotel La Sevillana HOTEL BUTIKOWY $$$
(☎32-24-49-37; calle Cisneros, pomiędzy Hermanos Agüero i Martí; 1-/2-os. 120/160 CUC; ❄@) Hotel we wspaniałym budynku z lat 20. XX w., z witrażami i żyrandolami. Jest tu wielki dziedziniec z pluskającą fontanną i taras na dachu z wannami do hydromasażu. Pokoje w *La Sevillana* są mniej imponujące, ale odpowiednie. Na miejscu również mała restauracja.

Hotel sieci E, zarządzanej przez Cubanacán.

Hotel Santa María HOTEL BUTIKOWY $$$
(Ignacio Agramonte, róg República; 1-/2-os. ze śniadaniem 120/160 CUC; ❄@📶) Eleganckie strefy wspólne z pejzażami Camagüey i rzeźbami Marthy Jiménez Pérez. 31 pokojów wyposażono w sejfy, telewizory, minibary; w łazienkach apartamentów wanny na nóżkach. Z restauracji na dachu przepiękne widoki. Jeden pokój jest przystosowany dla gości niepełnosprawnych na wózkach.

Gran Hotel HOTEL $$$
(☎32-29-20-93; Maceo No 67, pomiędzy Av Agramonte i General Gómez; 1-/2-os. ze śniadaniem 132/152 CUC; ❄@≋) Klasyczny hotel z 1939 r.; w centrum. Panuje w nim atmosfera przedrewolucyjnej nonszalancji. Do 72 czystych pokojów prowadzi marmurowa klatka schodowa, wciąż działa „zabytkowa" winda obsługiwana przez windziarza. Z restauracji na dachu i piątego poziomu rozciągają się wspaniałe widoki miasta. Do baru z pianinem wchodzi się przez lobby, na tyłach hotelu połyskuje neorenesansowy elegancki basen.

Gastronomia

Restaurante Carmen KUCHNIA KUBAŃSKA $
(☎32-28-79-02; Maceo No 6; dania główne 2–12 CUC; ⏲11.00–23.00; ❄) W arktycznym wnętrzu (klimatyzacja!) popularnej restauracji *Carmen*, przy pieszej alejce Maceo, w południe można spotkać wielu miejsco-

KOŚCIOŁY W CAMAGÜEY

Sercem katolickiej Kuby jest niewątpliwie Camagüey. Widoczne wszędzie kościelne wieże górują nad plątaniną wąskich uliczek.

Katedra

Catedral de Nuestra Señora de la Candelaria (calle Cisneros 168), pod wezwaniem Najświętszej Marii Panny z Candelarii, patronki miasta, zbudowano w XVIII w. w miejscu kaplicy z 1530 r. Obecne formy uzyskała w 1864 r. Po wizycie papieża Jana Pawła II w 1998 r. została odrestaurowana dzięki zebranym funduszom. W 2014 r. papież Franciszek podniósł katedrę w Camagüey do godności bazyliki mniejszej. Na szczycie wielkiej dzwonnicy (wejście 1 CUC) stoi posąg Chrystusa.

Eklektyczny

Iglesia de Nuestra Señora de la Merced (kościół pw. Matki Bożej Miłosiernej; Plaza de los Trabajadores), z 1748 r., stoi w miejscu, w którym niegdyś było jezioro. Właśnie z tego jeziora miała w 1601 r. wynurzyć się cudowna figura. Przyległy klasztor zachwyca dwupoziomowymi arkadami; są w nim katakumby z pochówkami mnichów i ważnych obywateli miasta oraz Santo Sepulcro (Święty Grób) z litego srebra, obnoszony w procesjach wielkanocnych.

Barokowy

Lśniąca po udanej renowacji w 2007 r., **Iglesia de Nuestra Señora de la Soledad** (kościół pw. Matki Bożej Opuszczonych; róg República i Av Agramonte) to masywna barokowa budowla z 1779 r. Malownicza, kremowo-terakotowa wieża jest starsza od reszty kościoła i stanowi ważny element w panoramie miasta. Wewnątrz podziwiać można wspaniałe barokowe freski i rzeźbioną chrzcielnicę (w 1841 r. ochrzczono tu Ignacia Agramonte).

Neogotycki

Jeden z niewielu neogotyckich kościołów na Kubie; usytuowany w granicach Parque Martí, kilka przecznic na wschód od Parque Ignacio Agramonte. Trójwieżową **Iglesia del Sagrado Corazón de Jesús** (kościół pw. Najświętszego Serca Pana Jezusa; róg República i Luaces) zbudowano w stylu gotyku katalońskiego, z ostrymi łukami, dekoracją z kutego żelaza, rozświetlonymi oknami witrażowymi.

Dwuwieżowy

Iglesia de Nuestra Señora del Carmen (kościół pw. Matki Bożej z Góry Karmel; Plaza del Carmen) to ozdobiona dwiema wieżami barokowa piękność z 1825 r. Sąsiaduje z nią dawny klasztor Urszulanek, Monasterio de las Ursulinas, solidna kolonialna budowla z pięknym dziedzińcem okolonym krużgankiem, w którym znalazły schronienie ofiary huraganu w 1932 r. Klasztor zajmuje Oficina del Historiador de la Ciudad.

Św. Łazarza

Iglesia de San Lázaro (róg Carretera Central Oeste i Calle Cupey) to piękny (choć maleńki) kremowy kościół z 1700 r. Równie interesujący jest pobliski szpital dla trędowatych, zbudowany 100 lat później z inicjatywy franciszkanina, Padre Valencia. Kościół i szpital: 2 km na zachód od centrum.

Przy cmentarzu

Iglesia del Santo Cristo del Buen Viaje (pw. Najśw. Pana Jezusa Szczęśliwej Podróży; Plaza del Cristo) sąsiaduje z zabytkowym cmentarzem z 1814 r. (Cementerio General de Puerto Príncipe). Kaplicę z 1723 r. rozbudowano w XIX w. Podczas pierwszej wojny (1868–1878) o niepodległość Kuby w tym kościele Hiszpanie urządzili koszary, potem lazaret dla chorych na cholerę.

wych. Większość wpada na tani obiad – warto przyjść wcześnie. W urozmaiconym menu są kanapki i potrawy z ryżem.

Mercado Agropecuario Hatibonico TARG $
(Carretera Central; 7.00–18.00) Typowy targ kubański, usytuowany nad brzegiem

POZA UTARTYM SZLAKIEM

REFUGIO DE FAUNA SILVESTRE RÍO MÁXIMO

Mało znane i trudno dostępne mokradła pomiędzy Río Máximo i Río Cagüey na północnym wybrzeżu prowincji Camagüey. Żyją tam flamingi, migrujące ptactwo wodne, krokodyle amerykańskie i spora populacja manatów karaibskich. Teren jest pod ochroną od 1998 r. jako rezerwat zwierząt i od niedawna na mocy konwencji ramsarskiej.

Jednak deltę rzeki Máximo czeka niepewny los z powodu rolniczej działalności i częste susze. Niegdyś największe siedlisko flamingów na świecie, ostatnio znacząco zmniejszyło swoją populację. Przyczyną jest długotrwałe skażenie środowiska.

Są to trudno dostępne bezdroża; wycieczki organizuje Ecotur (s. 323) i Camaguax Tours (s. 323) w Camagüey.

cuchnącej rzeki Hatibonico, gdzie sprzedaje się państwowe (niższej jakości i tańsze) oraz prywatne (lepsze i droższe) produkty. Za kilka groszy można spróbować kanapek i świeżych *batidos* (koktajli owocowych w słoikach) oraz kupić owoce i warzywa hodowane 500 m stąd.

Warto zatrzymać się przy straganach warzywnych; jarzyny i owoce są w dużym wyborze, podobnie jak zioła. Uwaga na kieszonkowców.

Café de la Ciudad KAWIARNIA $

(☎32-25-84-12; Plaza Agramonte, róg Martí i Cisneros; przekąski 2–5 CUC; ⏲10.00–22.00; 📶) Camagüey bohatersko walczy o sukces w gastronomii, tak jak Agramonte o niepodległość Kuby. Urocza kawiarnia na kolonialnym placu: atmosfera Starej Hawany (La Habana Vieja), znakomita obsługa. Na ścianach wiszą reprodukcje starych fotografii, jedna z nich stwarza iluzję kontynuacji ulicy. Warto spróbować *jamón serrano* (suszonej szynki) i *café con leche* pod markizami.

Restaurante Italiano Santa Teresa KUCHNIA WŁOSKA $

(☎32-29-71-08; Av de la Victoria No 12, pomiędzy Padre Carmelo i Freyre; dania 3–7 CUC; ⏲12.00–24.00) Wyśmienita włoska uczta. Znakomita pizza, świetne lody i bardzo dobra kawa espresso serwowane na patio – warto tutaj spędzić czas.

Cafetería Las Cubanitas KAWIARNIA $

(róg Independencia i Av Agramonte; przekąski 1–3 CUC; ⏲całą dobę) Tuż przy Plaza de los Trabajadores; kawiarnia na wolnym powietrzu, ożywiająca atmosfera. Otwarta całą dobę. Zimne piwo i *ropa vieja* (wołowina z warzywami w pomidorowej salsie) nawet o 3.00 nad ranem.

Gran Hotel Snack Bar FAST FOOD $

(Maceo No 67, pomiędzy Av Agramonte i General Gómez; przekąski 1–4 CUC; ⏲9.00–23.00) W ofercie kawa, kanapki, kurczak i lody. Dobre hamburgery (nie zawsze w menu) i atmosfera retro z lat 50. XX w.

★ **Casa Austria** KUCHNIA EUROPEJSKA $$

(☎32-28-55-80; Lugareño No 121, pomiędzy San Rafael i San Clemente; dania 5–14 CUC; ⏲7.30–23.30; ❄) Mieszkańcy Camagüey stoją w kolejce po strudel i ciastka. Kawiarnię prowadzi Austriak. Po przesyceniu *comida criolla* (potrawy kreolskie) turyści chętnie sięgają po dania kuchni międzynarodowej: kurczaka *cordon bleu*, sznycel, groch w sosie pomidorowym z bekonem. Smaczne. Wystrój, z ciężkimi kolonialnymi meblami, jest klaustrofobiczny, ale można zjeść na patio.

★ **El Paso** KUCHNIA MIĘDZYNARODOWA $$

(☎32-27-43-21; Hermanos Agüero No 261, pomiędzy Carmen i Honda; dania 5–10 CUC; ⏲9.00–23.00) Świetna lokalizacja przy Plaza del Carmen. Prywatna restauracja *El Paso*, czynna od rana, ma miłe dla oka wnętrze. W ofercie aromatyczna *ropa vieja* (potrawka z wołowiny) oraz pełne po brzegi miski *arroz con pollo a la chorrillana* (kurczak, ryż i papryka). Na deser warto spróbować *pan patato* – z manioku i kokosów.

Jest też taras na piętrze i urocze patio. W menu niezły wybór win i koktajli.

Mesón del Príncipe KUCHNIA KUBAŃSKA $$

(☎52-40-45-98; Astilleros No 7; dania 4–12 CUC; ⏲12.00–24.00) Elegancka restauracja we wspaniałej rezydencji, jakie spotyka się w prowincji Camagüey. Potrawy są niedrogie. To dzięki takim lokalom miasto Camagüey znalazło się w awangardzie kubańskiej rewolucji gastronomicznej.

Restaurante La Isabella KUCHNIA WŁOSKA $$

(☎32-24-29-25; róg Av Agramonte i Independencia; dania główne 5–12 CUC; ⏲11.00–16.00 i 18.30–22.00) Modna dziś restauracja została otwarta z okazji wizyty uczestników kultowego festiwalu filmowego w Gibarze (Festival Internacional del Cine Pobre) w 2008 r.

Włoskie potrawy (pizza, *lazania*, *fettucine*), filmowy wystrój, fotele z nazwiskami słynnych reżyserów. W miejscu pierwszego kina w Camagüey.

Restaurante de los Tres Reyes KUCHNIA KARAIBSKA $$
(32-28-68-12; Plaza San Juan de Dios No 18; dania 8–12 CUC; 10.00–22.00) Przyjemny państwowy lokal w kolonialnym budynku przy Plaza San Juan de Dios; serwuje głównie potrawy z drobiu. Można spoglądać na ulice Camagüey przez wielkie frontowe okna z ramami z kutego żelaza albo cieszyć się prywatnością na zielonym patio.

Kawiarnie, bary i życie nocne

Może wynika to z pirackiej przeszłości, że jest tu tyle barów w stylu dawnych tawern.

Gran Hotel Bar Terraza BAR
(Maceo No 67, pomiędzy Av Agramonte i General Gómez; 13.00–2.00) Wybór dla estetów. Na samej górze *Gran Hotelu* w tarasowym barze mistrz koktajli przyrządza *mojitos* i *daiquirís*, tymczasem goście podziwiają panoramę miasta Camagüey u swych stóp. W hotelowym basenie odbywają się wspaniałe przedstawienia baletowe na wodzie – kilka spektakli w tygodniu o godzinie 21.15.

Bodegón Don Cayetano BAR
(32-29-19-61; República No 79; 12.00–23.00) Tawerna w stylu hiszpańskim, usytuowana poniżej Iglesia de Nuestra Señora de la Soledad, to lokal dobry tylko dla spragnionych (z niezłą kolekcją win). Stoliki są również w przyległej alejce.

Bar Yesterday BAR
(32-24-49-43; República No 222; 12.00–24.00 pn.–pt., do 1.00 sb. i nd.) Bar z motywem przewodnim Beatlesów; na patio stoją posągi z brązu wielkiej czwórki. Miejscowi wpadają na przekąski i piwo.

Bar El Cambio BAR
(róg Independencia i Martí; od 7.00 do późna) Wybór Huntera S. Thompsona. Ściany ozdobione graffiti, ciekawie nazwane koktajle, wspaniała atmosfera. Lokal z jedną salą i czterema stolikami.

Taberna Bucanero BAR
(32-25-34-13; róg República i Fidel Céspedes; całą dobę) Bar dla piwoszy. Postacie piratów i piwo Bucanero to cechy tej zawadiackiej tawerny, nieco przypominającej brytyjski pub.

Rozrywka

Teatro Principal TEATR
(32-29-30-48; Padre Valencia No 64; bilety 5–10 CUC; przedstawienia 20.30 pt. i sb., 17.00 nd.) Jeśli akurat grają – trzeba iść! Balet Camagüey ustępuje tylko hawańskiemu. Założył go w 1971 r. Fernando Alonso (były mąż czołowej kubańskiej tancerki, Alicii Alonso). Zespół baletowy słynie na całym świecie, a jego występy są na ustach całego miasta. Interesujący jest również wspaniały budynek Teatro Principal, wzniesiony w 1850 r., z przepięknymi żyrandolami i witrażami.

Casa de la Trova Patricio Ballagas MUZYKA NA ŻYWO
(32-29-13-57; Cisneros No 171, pomiędzy Martí i Cristo; 3 CUC; 19.00–1.00) Bogato zdobione wejście prowadzi na klimatyczne patio, gdzie śpiewają starzy pieśniarze, a młodzi tańczą cza-czę. Jeden z lepszych ośrodków *trova* (tradycyjnej poezji śpiewanej) na Kubie. Turyści odwiedzający to miejsce nie psują autentycznej atmosfery. We wtorki można posłuchać tradycyjnej muzyki. Jeden drink wliczony w cenę biletu.

Centro Cultural Caribe KABARET
(32-29-81-12; róg Narciso Montreal (Calle 1) i Freyre; bilety 3–6 CUC; 22.00–2.00, do 4.00 pt. i sb.) Niektórzy twierdzą, że jest to najlepszy kabaret poza Hawaną. Trzeba tylko zarezerwować miejsce (w kasie w dniu występu) i usiadłszy na ławce, podziwiać pióra i fraki. Obowiązują długie spodnie i suknie.

Estadio Cándido González WIDOWISKA SPORTOWE
(32-29-31-40; Av Tarafa; mecze 19.15 X–IV) Na stadionie Cándido González, przy Casino Campestre, odbywają się mecze bejsbolowe. Drużyna z Camagüey – zwana Alfareros (Ceramicy) – długo przegrywała, ale od kilku sezonów idzie jej coraz lepiej.

Complejo Cultural José Luis Tasende TEATR
(32-29-21-64; Ramón Guerrero No 51; przedstawienia 20.30 sb. i nd.) Dawniej Sala Teatro José Luis Tasende. Odbywają się w nim festiwale teatralne.

Cine Casablanca KINO
(32-29-22-44; Av Agramonte No 428) Kino z lat 40. XX w. przerobione na multipleks.

Cine El Circuito KINO
(32-25-65-43; Av Agramonte) Dawne kino otwarte ponownie w 2014 r. jako centrum

sztuki filmowej, z salą 3D. Galería Pixel wyświetla w kółko filmy dokumentalne.

Zakupy

Calle Maceo to główna ulica handlowa w Camagüey i ładny pieszy bulwar; są tu sklepy z pamiątkami, księgarnie i domy towarowe.

Fondo Cubano de Bienes Culturales RĘKODZIEŁO
(Av de la Libertad No 112; 8.00–18.00 pn.–sb.) Wyroby rzemiosła artystycznego w nieturystycznej okolicy, na północ od dworca kolejowego.

ARTex Souvenir PAMIĄTKI I UPOMINKI
(República No 381; 9.00–17.00) T-shirty z Che, małe *tinajones* i breloczki z Che, płyty i kubki z Che. I tak dalej.

Informacja

NIEBEZPIECZEŃSTWA I NIEDOGODNOŚCI

Jinteros (naganiacze) z Camagüey są ekspertami w zarabianiu na turystach. Wielu osobom proponowali pomoc w odnalezieniu ich kwatery tylko po to, by poprowadzić ich zupełnie gdzie indziej (zwykle w gorsze miejsce). Często przed właściwą kwaterą stoi naganiacz, który informuje, że właśnie jest remont, albo że pensjonat zamknięto. Warto się upewnić, naciskając dzwonek.

Trzeba rezerwować nocleg z wyprzedzeniem, najlepiej organizując jednocześnie odbiór z dworca czy lotniska. Tam również trzeba uważać na osoby proponujące „usługi". Czekające przed dworcem autobusowym taksówki rowerowe też mogą być pułapką.

DOSTĘP DO INTERNETU

W Parque Ignacio Agramonte i pomiędzy Plaza de los Trabajadores a Iglesia de Nuestra Señora de la Soledad jest publiczne Wi-Fi (z kodem dostępu na karcie).

Etecsa Telepunto (32-25-15-59; República, pomiędzy San Martín i José Ramón Silva; Internet 1 godz. 1,50 CUC; 8.30–19.00) W Camagüey niełatwo o Wi-Fi, więc można skorzystać z tutejszych terminali. Do kupienia również karty-zdrapki na Wi-Fi.

OPIEKA MEDYCZNA

Policlínico Integral Rodolfo Ramírez Esquivel (32-28-14-81; róg Ignacio Sánchez i Joaquín de Agüero) Na północ od przejazdu kolejowego za hotelem *Plaza*. Udziela nagłej pomocy cudzoziemcom.

Policlínico José Martí (32-29-78-10; Luaces No 1; całą dobę) Szpital w centrum.

PIENIĄDZE

Banco de Crédito y Comercio (32-29-25-31; róg Av Agramonte i Cisneros; 9.00–15.00 pn.–pt.) Jest bankomat.

Banco Financiero Internacional (32-29-48-46; Independencia, pomiędzy Hermanos Agüero i Martí; 9.00–15.00 pn.–pt.) Z bankomatem.

Cadeca (32-29-52-20; República No 84, pomiędzy Oscar Primelles i El Solitario; 8.30–20.00 pn.–sb., 9.00–18.00 nd.) Wymiana walut.

POCZTA

Urząd pocztowy (32-29-39-58; Av Agramonte No 461, pomiędzy Independencia i Cisneros; 9.00–18.00 pn.–sb.)

INFORMACJA TURYSTYCZNA

Infotur (32-25-67-94; www.facebook.com/camaguey.travel; Ignacio Agramonte; 8.30–17.30) Bardzo pomocne biuro informacji w galerii koło kina Casablanca.

BIURA PODRÓŻY

Cubanacán (32-28-78-79; Maceo No 67, Gran Hotel) Najlepsza informacja turystyczna w centrum miasta.

Przyjazd i wyjazd

SAMOLOT

Połączeń lotniczych z USA jest coraz więcej. **Air Transat** (www.airtransat.com) i **Sunwing** (www.sunwing.ca) przewożą turystów z Toronto, którzy pospiesznie odjeżdżają autobusami na Playa Santa Lucía.

ODJAZDY AUTOBUSÓW VÍAZUL Z CAMAGÜEY

KIERUNEK	CENA (CUC)	CZAS (GODZ.)	ODJAZDY CODZIENNIE
Hawana	33	9	0.35, 6.30, 11.05, 14.25, 23.45
Holguín	11	3	0.30, 4.30, 6.25, 13.20, 18.40
Santiago de Cuba	18	6	0.30, 6.25, 9.30, 13.20, 16.00
Trinidad	15	4 godz. 30 min	2.45
Varadero	24	8 godz. 15 min	3.10

POZA UTARTYM SZLAKIEM

RESERVA ECOLÓGICA LIMONES-TUABAQUEY

Jeden z nowo utworzonych rezerwatów na Kubie; obejmuje lesiste **wyżyny** (6 CUC) w Sierra de Cubitas w północnej części prowincji Camagüey. Główną atrakcją są prekolumbijskie malowidła naskalne w jaskiniach Cueva Pichardo i Cueva María Teresa. Hoyo de Bonet to z kolei unikatowa depresja krasowa szerokości 300 m i głębokości 90 m, pokryta roślinnością, o chłodnym i wilgotnym mikroklimacie, który sprzyja rozrostowi gigantycznych paproci. Wśród licznego ptactwa dominują piliki czerwonodziobe i płaskodziobki kubańskie, których śpiew tworzy prawdziwą symfonię.

Ścieżki wiodą do jaskiń, kraterów i wąskiego naturalnego wąwozu zwanego Paso de los Paredones, o stromych ścianach (*paredones*) wysokości 40 m. W pobliżu znajduje się historyczne miejsce: w lutym 1869 r. grupa *mambises* (bojownicy o niepodległość Kuby w XIX w.) odparła atak Hiszpanów.

Po ścieżkach można spacerować wyłącznie z przewodnikiem. Wycieczki rezerwuje się w Ecotur (s. 323) i w prywatnych biurach w Camagüey. Jest tu centrum dla odwiedzających i domki kempingowe.

Rezerwat znajduje się około 35 km na północ od miasta Camagüey, przy głównej (wyboistej) drodze z Morón do Nuevitas. Skręcić trzeba koło wioski Cubitas.

AUTOBUS I CIĘŻARÓWKA

Z **Estación Ferro Ómnibus** (regionalny dworzec autobusowy), koło dworca kolejowego, jeżdżą ciężarówki do miejscowości w regionie (2 CUC), także na Playa Santa Lucía; płatne w CUP. Żeby dostać się do ciężarówki na plażę, trzeba być już o 5.00.

Dalekobieżne autobusy **Víazul** (☎ 32-27-03-96; www.viazul.com; Carretera Central Este, przy calle Perú) odjeżdżają z **Estación Interprovincial** (dworzec autobusowy; Carretera Central), 3 km na południowy wschód od centrum. Autobus na Playa Santa Lucía wyrusza codziennie o 14.45 (8 CUC, 1 godz. 45 min).

Ciężarówki pasażerskie za około 1 CUC zabierają podróżnych do Las Tunas, Ciego de Ávila i pobliskich miasteczek z tego samego dworca. Przybycie przed 9.00 zwiększa szanse na zajęcie miejsca.

SAMOCHÓD

Za kurs taksówką na Playa Santa Lucía płaci się ok. 60–70 CUC w jedną stronę. Trzeba się targować.

POCIĄG

Dworzec kolejowy (☎ bilety 32-28-47-66; róg Avellaneda i Av Carlos J. Finlay; do Santiago de Cuba/Hawany 11/19 CUC) ma dogodniejszą lokalizację niż dworzec autobusowy, ale połączenia są gorsze. Co czwarty dzień Tren Francés odjeżdża o 3.19 do Santiago de Cuba, o 1.47 do Hawany przez Santa Clara.

Kilka dni przed podróżą trzeba sprawdzać rozkłady jazdy na stacji. Wolniejsze pociągi *coche motor* również jeżdżą na trasie Hawana – Santiago, zatrzymując się w Matanzas i w Ciego de Ávila.

Na wschód codziennie wyruszają pociągi do Las Tunas, Manzanillo i Bayamo. Na północ odjeżdżają (teoretycznie) cztery pociągi dziennie do Nuevitas i cztery do Morón.

Jak się poruszać na miejscu

TAKSÓWKI ROWEROWE

Rowerowe taksówki łatwo znaleźć na głównych placach miasta, zwłaszcza na Plaza de los Trabajadores. Przejazd powinien kosztować pięć *pesos*, ale kierowcy proszą zwykle o walutę wymienialną.

SAMOCHÓD

Za wynajem płaci się od ok. 70 CUC za dzień plus paliwo, w zależności od samochodu i czasu wynajmu. Warto pójść do **Cubacar** (☎ 32-29-74-72; www.transturcarrental.com; Casino Campestre).

Parking strzeżony (2 CUC za dobę) jest dla osób, którym starczy odwagi, by wjechać w labirynt uliczek Camagüey samochodem. O szczegóły można spytać w *casa particular*.

Dwie **stacje benzynowe Servi-Cupet** (Carretera Central; ⏲ całą dobę) są przy Avenida de la Libertad. Prowadzenie samochodu wąskimi, jednokierunkowymi uliczkami to sport tylko dla odważnych!

ZAPRZĘGI KONNE

Zaprzęgi jeżdżą ustaloną trasą (1 CUC) pomiędzy regionalnym dworcem autobusowym i kolejowym. Czasem trzeba się przesiąść przy Casino Campestre, koło rzeki.

Florida

73 600 MIESZK.

Milion metaforycznych mil od Miami leży cukrownicze miasto Florida, 46 km na północny zachód od Camagüey drogą do Ciego de Ávila. Warto tu przenocować, podróżując po środkowej Kubie, albo gdy jest się zbyt zmęczonym, żeby zapuścić się w labirynt uliczek Camagüey po zmroku (to ogólnie kiepski pomysł). Jest tu rodeo i biuro telefoniczne Etecsa.

Tylko jeden hotel w tym mieście jest wart uwagi – dwupoziomowy **hotel Florida** (☎32-51-46-70; Carretera Central, Km 534; 1-/2-os. 23/36 CUC; P ❄ ≋), usytuowany 2 km na zachód od centrum miasta. Oferuje 74 przyzwoite pokoje, niektóre odremontowane. Wjazd jest wyboisty, personel uprzejmy, ceny są porównywalne z prywatnymi kwaterami (*casas particulares*). Kryta strzechą hotelowa restauracja serwuje potrawy kuchni kreolskiej.

Więcej hoteli do wyboru w Camagüey (niecała godzina jazdy).

Przyjazd i wyjazd

Florida leży 46 km od Camagüey. Zatrzymują się tu przeważnie osoby podróżujące wypożyczonym samochodem. Pomiędzy Floridą i Camagüey kursują również ciężarówki pasażerskie.

Kierowcy znajdą stację benzynową Servi-Cupet w centrum miasta, przy Carretera Central.

Sierra del Chorrillo

Chroniony obszar, 36 km na południowy wschód od Camagüey, obejmuje trzy pasma niskich wzgórz: Sierra del Chorillo, Sierra de Najasa i Sierra de Guaicanámar (najwyższy punkt 324 m n.p.m.). Odwiedzający wjeżdżają tu przez Hacienda La Belén. Dawna hacjenda jest obecnie rezerwatem przyrody, z zoo i miejscami obserwowania ptaków.

Zwiedzanie

Hacienda La Belén HACJENDA

(wstęp 6 CUC; wędrówka po Sendero de las Aves 7 CUC) Ukryte na trawiastych wzgórzach, urocze ranczo zostało zbudowane przez peruwiańskiego architekta podczas II wojny światowej. Obecnie zarządza nim Ecotur. To jedno z lepszych miejsc na Kubie do obserwowania rzadkich gatunków ptaków, jak szmaragdolotka kubańska, tyran kubański i widłogończyk antylski. Są tu również zebry, jelenie, byki i konie. Można również wędrować Szlakiem Ptaków – Sendero de las Aves (za opłatą).

Inną ciekawostką jest skamieniały las na obszarze 1 hektara, sprzed trzech milionów lat. Aby go znaleźć, trzeba pojechać kilka kilometrów za wjazdem do hacjendy do skrzyżowania i skręcić w prawo w ślepą drogę kończącą się przy warsztacie. W pobliżu stoi ogromne skamieniałe drzewo.

Noclegi

Motel La Belén MOTEL $

(☎rezerwacja 32-24-49-57; 1-/2-os. 13/20 CUC, z pełnym wyżywieniem 29/40 CUC; ❄ ≋) Prosty i rustykalny, w spartańskim stylu kubańskim, motel *La Belén* znajduje się w granicach hacjendy; oferuje basen, restaurację, salę telewizyjną oraz czyste pokoje z klimatyzacją. Wspaniałe krajobrazy można podziwiać tuż za progiem. Rezerwacja przez Ecotúr (s. 323) w Camagüey.

Przyjazd i wyjazd

Można się tu dostać z wycieczką z Camagüey lub wypożyczonym samochodem. Trzeba jechać 24 km na wschód od Camagüey Carretera Central, potem 30 km na południowy wschód za znakami do Najasa. Jadący z Las Tunas skierują się na wyboistą drogę do Najasa, odchodzącą na południe od Carretera Central w Sibanicú. Hacjenda leży 8 km za Najasa przy polnej drodze. Można też wynegocjować cenę za taksówkę z Camagüey.

Cayo Sabinal

Cayo Sabinal, 22 km na północ od Nuevitas, wciąż jest jeszcze obszarem wspaniałej dzikiej przyrody. Trzydziestokilometrowej długości wysepka koralowa, z mokradłami, to habitat flamingów i legwanów. Prawie płaską powierzchnię zajmują głównie bagniska i laguny. Z fauny najliczniejsze są gryzonie, dziki i mnóstwo gatunków kolorowych motyli. Po prostu jest przepięknie.

Zwiedzanie

Fuerte San Hilario FORT

Po licznych atakach pirackich w XVII i XVIII w. Hiszpanie zbudowali fort (1831 r.), by zatrzymać korsarzy w zatoce. Później fort funkcjonował jako więzienie, a w 1875 r. był świadkiem jedynego na Kubie powstania karlistów (w III wojnie karlistowskiej w latach 1873–1876 r. karliści walczyli z hiszpańskimi republikanami; podczas I i II, w latach 1833–1839 i 1846–1849, ze zwolennika-

WARTO ZOBACZYĆ

GUÁIMARO. MIASTO EMANCYPACJI

Guáimaro byłoby może niezbyt znanym miastem Kuby, gdyby nie słynne Zgromadzenie 10 kwietnia 1869 r. (Asamblea Constituyente de Guáimaro), które uchwaliło pierwszą kubańską konstytucję i wezwało do wyzwolenia niewolników. Pierwszym prezydentem Republiki Walczącej Kuby został Carlos Manuel de Céspedes.

Wydarzenia w 1869 r. upamiętnia wielki pomnik (z 1940 r.) w Parque de la Constitución. Cokół pomnika otaczają tabliczki z brązu z podobiznami José Martí, Máxima Gómeza, Carlosa Manuela de Céspedes, Ignacia Agramonte, Calixta Garcíi i Antonia Maceo, bohaterów kubańskiej wojny o niepodległość. W parku jest też mauzoleum pierwszej – i chyba największej – kubańskiej bohaterki, Any Betancourt (1832–1901) z Camagüey, która walczyła o emancypację kobiet oraz wyzwolenie niewolników podczas pierwszej wojny o niepodległość. Warto również wejść do **Museo Histórico** (Constitución 85 pomiędzy Libertad i Máximo Gómez, Guáimaro; wstęp 1 CUC; ⌚9.00–17.00 pn.–pt.), poświęconemu historii i sztuce.

Guáimaro leży przy Carretera Central, pomiędzy Camagüey i Las Tunas. Kilka autobusów Víazul przejeżdża tędy codziennie. Trzeba poprosić kierowcę, żeby się zatrzymał.

mi hiszpańskich królowych Krystyny i Izabeli o tron dla Don Carlosa i jego następcy Carlosa Luisa).

Faro de Colón LATARNIA MORSKA
(Punta Maternillo) Latarnia Kolumba, wzniesiona w 1848 r., to jedna z najstarszych – wciąż działających – latarni morskich na archipelagu Kuby. Podczas bitew morskich w epoce kolonialnej na płytkich wodach w pobliżu wysepki osiadły dwa hiszpańskie statki – „Nuestra Señora de la Altagracia" i „Pizarro". Nie lada gratka dla ciekawskich nurków.

Aktywnie

Playa Bonita PLAŻA
(1 dzień 59/36 CUC) Z 36 kilometrów plaż na Cayo Sabinal ta jest najlepsza. Można się tu wybrać na cały dzień katamaranem z Playa Santa Lucia i zjeść obiad w rustykalnej restauracji *ranchón*.

Przyjazd i wyjazd

Na wyspę prowadzi piaszczysta droga, jednakże punkt kontroli bezpieczeństwa obecnie ogranicza dostęp ze względu na prace remontowe. Dwukilometrowa grobla była jedną z pierwszych zbudowanych na Kubie i z największą szkodą dla środowiska naturalnego.

Najlepiej dostać się na Cayo Sabinal katamaranem z Playa Santa Lucía na Playa Bonita. Wycieczka odbywa się prawie codziennie (w cenie także obiad). Rezerwacja w hotelach na Playa Santa Lucía

Obecnie jest to jedyny sposób (z Playa Santa Lucía), by dostać się na wyspę.

Playa Santa Lucía

Z 20 kilometrami złotych piasków, Playa Santa Lucía, 112 km na północny wschód od Camagüey, może konkurować z Varadero pod względem długości. Turyści przybywają tu, by nurkować na najlepszej i najłatwiej dostępnej rafie koralowej na północnym wybrzeżu, zaledwie kilka kilometrów od brzegu. Atrakcją jest też plaża – tropikalna sielanka – w dużej części pusta, choć pokryta wodorostami nawet w rejonie hoteli. Resorty raczej przypominają ośrodki kolonijne....

Możliwości pływania, nurkowania z rurką lub aparatem są tu jednak wyjątkowe, a czterogwiazdkowe resorty mają umiarkowane ceny. W szczycie sezonu najwięcej przybywa turystów z Kanady. Na okolicznych równinach widać flamingi, krzewy i pasące się krowy. Moskity są tu dużą niedogodnością, zwłaszcza o zmierzchu.

Aktywnie

Playa Santa Lucía – rewelacyjna dla miłośników nurkowania – jest drugą co do długości rafą na świecie po australijskiej Wielkiej Rafie Koralowej.

Miejsca do nurkowania (35), wśród bogatej flory i fauny, to sześć grzbietów Posejdona, Cueva Honda („głęboka jaskinia") i wraki statków. Kilka gatunków płaszczek żyje w Bahía de Nuevitas. Promowaną atrakcją jest karmienie trzymetrowych żarłaczy tępogłowych (VI–I).

Hotele organizują także inne aktywności wodne, w tym kajaki, wędkowanie na morzu

Playa Santa Lucía

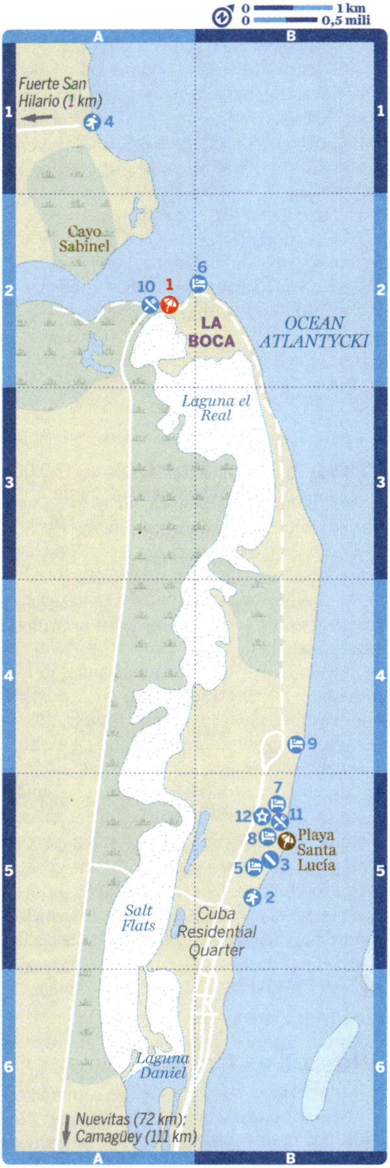

Playa Santa Lucía

Zwiedzanie

Aktywnie, kursy i wycieczki

Noclegi

Gastronomia

Rozrywka

i kitesurfing (ten ostatni od listopada do kwietnia).

★ Katamaran na Playa Bonita REJSY
(59/36 CUC) Można spełnić marzenie o bezludnej wyspie, płynąc 14-osobowym katamaranem na Playa Bonita na Cayo Sabinal. W cenie nurkowanie z rurką (45 min) i obiad w barze na wolnym powietrzu. Łódź odpływa z Playa Santa Lucía o 9.30 i wraca o 16.30. Trzeba wziąć krem z filtrem.

Wyprawy organizuje Marlin – ma ośrodki aktywności przy każdym hotelu.

Centro Internacional de Buceo Shark's Friends NURKOWANIE
(☎32-36-51-82; www.nauticamarlin.com; Av Tararaco; karmienie rekinów 69 CUC, nurkowanie od 30 CUC) Shark's Friends to profesjonalne centrum nurkowania z instruktorami mówiącymi po angielsku, włosku i niemiecku. Jest na plaży pomiędzy resortami Brisas Santa Lucía i Gran Club Santa Lucía; oferuje nurkowanie, certyfikaty i karmienie rekinów.

Najlepsza pora na karmienie rekinów – od listopada do stycznia. Łodzie nurkowe odpływają codziennie co 2 godziny od 9.00 do 15.00 (ostatni kurs zależy od liczby chętnych). Kurs na otwartych wodach kosztuje 315 CUC, w resorcie 74 CUC. Organizowane jest również nurkowanie z rurką.

Noclegi

6 km na północny zachód od ronda przy wjeździe do Santa Lucía zaczyna się rząd hoteli. Cztery duże to resorty Cubanacán; liczba gwiazdek i ich jakość zmniejsza się im dalej na północny zachód. Ze względu

na rozmiary i odosobnienie plaży warto zarezerwować nocleg z wyprzedzeniem.

Casas particulares można znaleźć w wioskach na południowy wschód od hoteli. Dostęp do plaż jest gorszy.

Islazul Tararaco HOTEL **$**
(☎32-33-63-10; 1-/2-os. 33/36 CUC; ❄) Łowcy okazji mogą podziękować oriszy Changó za *Tararaco*, najstarszy hotel w okolicy (sprzed rewolucji). W każdym pokoju jest telewizor, a obok małe patio. Blisko do plaży. Autobusy Víazul do i z Camagüey zatrzymują się na podjeździe.

Brisas Santa Lucía RESORT **$$$**
(☎32-33-63-17; 1-/2-/3-os. all-inclusive 143/190/193 CUC; P❄@📶🏊) Z 412 pokojami w kilku wielokondygnacyjnych budynkach, Brisas zajmuje aż 11 hektarów. Szczyci się pochlebnymi czterema gwiazdkami. Łączy się to jednak z turystyczną gwarną atmosferą tworzoną przez animatorów i wieczornymi atrakcjami w trzech językach. Jest specjalny program dla dzieci.

Hotel Bravo Club Caracol RESORT **$$$**
(☎32-33-63-02; 1-/2-os. all-inclusive 89/139 CUC; P❄@📶🏊) Eleganckie, odremontowane pokoje z wygodnymi łóżkami i karaibską kolorystyką. Program dla dzieci ściąga rodziny. Trzeba dobrze wybrać pokój, bo muzyka i wieczorne występy na centralnie ustawionej scenie uniemożliwią sen. Nie we wszystkich pokojach działają sejfy. Za widok na ocean trzeba dopłacić.

Gran Club Santa Lucía RESORT **$$$**
(☎32-33-61-09; 1-/2-os. all-inclusive 86/133 CUC; P❄@📶🏊) Gran Club to jedna z lepszych opcji w tej okolicy; 249 kolorowych pokojów w dobrze utrzymanych dwukondygnacyjnych budynkach. Nad basenem czekają atrakcje, teren jest ładnie zagospodarowany. Dyskoteka La Jungla to niespecjalnie wyrafinowany klub nocny z muzyką i kabaretem (umiarkowanie śmieszny).

Gastronomia

Nie licząc hotelowych bufetów, wybór jest niewielki. Przy rondzie po zachodniej stronie od hoteli znajduje się El Rápido z tanim (nie bez powodu) fast foodem.

Restaurante Luna Mar OWOCE MORZA **$$**
(Playa Santa Lucía; dania główne 7–20 CUC; ⏲12.00–21.00) Niezobowiązujący lokal przy plaży, pomiędzy Gran Club Santa Lucía a Club Amigo Caracol, oferuje owoce morza.

Rozrywka

Życie nocne koncentruje się w hotelach. Jeśli ktoś nie jest zainteresowany, musi użyć zatyczek do uszu.

Centro Cultural Mar Verde OŚRODEK KULTURY
(☎32-33-62-05; w Centro Comercial Mar Verde; 1 CUC; ⏲22.00–3.00) Na patio w Mar Verde jest przyjemny bar. Co wieczór występy kabaretowe i muzyka na żywo.

Informacja

OPIEKA MEDYCZNA

Clínica Internacional de Santa Lucía
(☎32-33-63-60; Residencial No 14, Playa Santa Lucía) Dobrze wyposażona klinika Cubanacán również na nagłe wypadki. Jest także apteka.

PIENIĄDZE

Cadeca (Centro Comercial Mar Verde; ⏲9.00–16.00) W centrum handlowym Mar Verde.

INFORMACJA TURYSTYCZNA

Cubanacán, jako operator turystyczny i właściciel czterech z pięciu tutejszych hoteli, ma stanowisko w każdym z nich. Pomocne biuro Cubatur znajduje się przed resortem Gran Club Santa Lucía.

Przyjazd i wyjazd

Víazul (www.viazul.com) odjeżdża codziennie do Camagüey o 11.00 (9 CUC, 1 godz. 45 min) sprzed wejścia do hotelu *Tararaco*.

Z Camagüey na Playa Santa Lucía kursują taksówki (ok. 70 CUC w jedną stronę).

Stacja benzynowa Servi-Cupet znajduje się na południowo wschodnim krańcu resortu, blisko drogi wjazdowej z Camagüey. Druga duża stacja Servi-Cupet, z barem przekąskowym, jest usytuowana na południe od Brisas Santa Lucía.

Samochody i motorowery można wypożyczyć w biurach Cubacar (s. 329) w każdym hotelu.

Playa Los Cocos

Ta plaża w kształcie półkola – na samym końcu 20-kilometrowej Playa Santa Lucía, 7 km od hoteli nad Bahía (zatoka) de Nuevitas – to urokliwy zakątek z biało-żółtym piaskiem i połyskującą szmaragdową wodą. Czasem na brzegu Laguny El Real widać różowe flamingi. Niewielka kubańska osada to La Boca; można tu pływać i spoglądać na Faro de Colón (Latarnię Kolumba) na Cayo Sabinal, ale trzeba bardzo uważać na prądy pływowe. Należy też unikać pływania

WYSPY I GROBLE

W każdym innym kraju łańcuch *cayos* (wysepek) z pięknymi plażami, taki jak pomiędzy Cayo Coco i Playa Santa Lucía, byłby zagarnięty przez największą i najbogatszą sieć hoteli. Ale na Kubie, ze względu na ograniczenia gospodarcze i państwową biurokrację, wyspy pozostały w dużym stopniu nietknięte, choć na kilku z nich już się buduje hotele. Rybacy wyprawiają się aż na Cayo Cruz. Sadzawki, laguny i jeziora na północnym wybrzeżu Camagüey są rajem dla wędkujących na muchę (albule, sierpiki i tarpony atlantyckie występują na obszarze o powierzchni 350 km^2, przeznaczonym do wędkowania i prawie bezludnym). Sezon wędkarski trwa od listopada do sierpnia; połowy komercyjne nie są dozwolone.

Te kiepskie groble i drogi zbudowano na *cayos* w prowincji Camagüey w końcu lat 80. XX w. w ramach przygotowań do realizacji turystycznego programu Kuby, który ze względu na kryzys gospodarczy w „okresie specjalnym", nigdy nie został urzeczywistniony. Tymczasem wyspy i okalające je wody stały się rajem dla wędkarzy, obserwatorów ptaków i podróżników poszukujących samotni. Z zachodu na wschód ciągną się wyspy: Cayo Paredón Grande, z pomalowaną w szachownicę latarnią morską (Faro de Diego Velázquez), na którą przybywają plażować turyści z Cayo Coco; Cayo Romano to trzecia co do wielkości wyspa Kuby i królestwo flamingów, lasów namorzynowych i krwiożerczych moskitów; Cayo Guajaba, z dzikimi bezdrożami; Cayo Sabinal, z kiepską drogą i tercetem dzikich plaż, starym fortem i latarnią morską. Na północy jest jeszcze wysepka dł. 800 m, Cayo Confites. Tam w 1947 r. ukrył się 21-letni Fidel Castro, przygotowując spisek mający na celu obalenie reżimu dyktatora Rafaela Trujillo w Republice Dominikany (Fidel wyskoczył ze statku w zatoce Nipe i przepłynął 15 km do brzegu, trzymając broń).

Do eksploracji tych północnych bezdroży potrzeba terenowego samochodu. Na Cayo Romano można się dostać z Cayo Coco albo z Brasil na północnym zachodzie prowincji Camagüey. Na Cayo Cruz prowadzi grobla z Cayo Romano. Cayo Sabinal łączy z lądem krótka grobla na północny zachód od Nuevitas. Są tu posterunki policji, trzeba mieć przy sobie paszport.

przy plażach wgłębiających się w ocean, gdyż są tam jeżowce.

Noclegi i gastronomia

Są tu dwie restauracje. Posiłki można dostać także w *casas particulares*.

★The Point of Pilots CASA PARTICULAR $
(☎kom. 53-41-46-60, 55-44-88-21; La Boca No 16; pokój 25 CUC) Położony niedaleko od wody, świeżo odmalowany niebieski dom przy piaszczystej alei ma najmilszych gospodarzy na świecie. Są tu trzy schludne pokoje, jeden bardzo mały. Właściciele oferują również dania z owoców morza (trzeba wcześniej zamówić).

Casa Betty CASA PARTICULAR $
(La Boca No 38; pokój 25 CUC) Skromny, ale ładnie usytuowany domek nad morzem; dwa pokoje. Smakowite zapachy z kuchni odkrywają sekret – jest tutaj również *paladar* (prywatna restauracja). Można dostać owoce morza, grillowane lub smażone (dania główne 5–10 CUC), o każdej porze. Pewnie nie jest to wygodne dla stałych gości, za to wygłodniali plażowicze są zadowoleni.

★El Bucanero OWOCE MORZA $$
(☎32-36-52-26; Playa Los Cocos; dania 8–12 CUC; ⏲10.00–22.00) Znakomita lokalizacja przy plaży, poza tym to restauracja z klasą. Dania proste i świeże. Specjalność zakładu – potrawa z homara i krewetek – smakuje wybornie w tym otoczeniu. Są również leżaki do wynajęcia, świeży sok kokosowy i zimne piwo.

Przyjazd i wyjazd

Przejażdżka zaprzęgiem konnym z hoteli na Playa Santa Lucía na Playa Los Cocos kosztuje 20 CUC w obie strony z oczekiwaniem.

Tę odległość można pokonać spacerem, biegiem lub rowerem (darmowe rowery bez przerzutek są we wszystkich resortach). Trasa ma 12 km drogą lub 8 km wybrzeżem (niedostępnym dla samochodów, z piaszczystym odcinkiem, który pasażerowie zaprzęgów i rowerzyści muszą przejść pieszo).

Prowincja Las Tunas

☎ 31/526 000 MIESZK.

Spis treści ➡

NAJ: Gastronomia

- La Negra (s. 338)
- Ristorante La Romana (s. 339)
- La Sicilia (s. 342)
- El Bodegón de Polo (s. 342)

NAJ: Noclegi

- Villa Carolina (s. 342)
- Mayra Busto Méndez (s. 337)
- Hostal Melina (s. 337)
- Casa Karen & Roger (s. 337)
- Brisas Covarrubias (s. 342)

Dokąd jechać?

Większość turystów spędza w prowincji Las Tunas tyle czasu, ile zajmuje przejechanie Carretera Central, czyli około godziny w dobry dzień. Ale warto się zatrzymać! Prowincja słynie z odzianych w skóry kowbojów, ludowych pieśniarzy, niebezpiecznych rodeo i sobotnich imprez ulicznych. O szaloną zabawę tu nietrudno.

Choć historycznie związana z Orientem, prowincja Las Tunas ma wiele wspólnego z Camagüey na zachodzie. Płaskie, trawiaste tereny w głębi lądu są upstrzone młynami cukrowniczymi i gospodarstwami hodowców bydła, a wciąż dzikie, ekologiczne plaże na północnym wybrzeżu są mniej uczęszczane w porównaniu z tymi w Varadero.

W tej zacisznej, niedocenianej krainie przyjezdni mogą poddać się małomiasteczkowemu urokowi stolicy prowincji lub wybrać się na północ, na plaże koło cukrowniczego miasta Puerto Padre i rozkoszować się spokojem.

Kiedy jechać?

- Najlepiej unikać deszczowych miesięcy, czyli czerwca i października (przeciętnie ponad 160 mm).
- W najgorętszych miesiącach, lipcu i sierpniu, miejscowi wyjeżdżają na plaże na urlopy, przyjezdni wolą chłodniejszą porę.
- Jak na takie małe miasto, w Las Tunas odbywa się wiele festiwali; najlepszy to festiwal muzyki ludowej – Jornada Cucalambeana – w czerwcu.
- Na listopadowy Festival Internacional de Magia Anfora przybywają profesjonalni magicy z całego świata.
- Krajowa Wystawa Rzeźbiarstwa, odbywająca się w „Mieście Rzeźb", przypada na luty.

NAJ: Prowincja Las Tunas

1. **Parque 26 de Julio** (s. 339) Kubańscy kowboje zarzucają lasso podczas uroczystego rodeo, odbywającego się dwa razy w roku.
2. **Playa la Herradura** (s. 342) Przyjemne dzikie plaże bez hałaśliwych resortów hotelowych.
3. **Puerto Padre** (s. 341) Odprężające przechadzki w bezpretensjonalnym nadmorskim miasteczku.
4. **Jornada Cucalambeana** (s. 337) Tańce ludowe podczas czerwcowego festiwalu w El Cornito.
5. **Las Tunas** (s. 336) Korzystanie z dobrodziejstw prywatnej przedsiębiorczości we włoskich restauracjach stolicy.
6. **Punta Covarrubias** (s. 342) Nurkowanie w licznych nieodkrytych jeszcze rafach w pobliżu nieskazitelnych plaż.

Las Tunas

163 500 MIESZK.

La Victoria de Las Tunas (oficjalna nazwa) to senne, rolnicze miasteczko pełniące funkcję stolicy prowincji. Długo miało kiepską reputację jako stolica seksturystyki kubańskiego Oriente. Jednak dzięki prywatnym kwaterom, gościnnym gospodarzom i dogodnej lokalizacji przy głównej arterii Kuby, Carretera Central, odwiedza je coraz więcej turystów, którzy są przyjemnie zaskoczeni. Nie ma tu naganiaczy, uprzykrzających pobyt w innych miejscowościach, a zachwyca prawdziwie prowincjonalny klimat.

Choć zwana „Miastem Rzeźb", La Victoria de Las Tunas z pewnością nie jest Florencją. Braki nadrabia swym małomiasteczkowym urokiem. Można tu obejrzeć autentyczne rodeo, zobaczyć posąg dwóch wodzów Tainów (połączone 2 głowy zwrócone w przeciwnych kierunkach), poszaleć na sobotniej imprezie ulicznej, posłuchać rzewnych pieśni podczas Jornada Cucalambeana, głównego festiwalu muzyki ludowej na Kubie.

Zwiedzanie

Memorial a los Mártires de Barbados MUZEUM

(Lucas Ortíz No 344; 10.00–18.00 pn.–sb.) BEZPŁ. Najbardziej wymownym zabytkiem w Las Tunas jest dawny dom Carlosa Leyvy Gonzáleza, olimpijskiego szermierza, który zginął w efekcie straszliwego ataku terrorystycznego – zamachu bombowego na kubański samolot pasażerski w 1976 r. Na ścianach wiszą fotografie ofiar zamachu.

6 października 1976 r. samolot (lot 455) linii Cubana de Aviación, wracając z Gujany do Hawany, zatrzymał się na międzylądowaniu w porcie lotniczym Seawell na Barbadosie. Dziewięć minut po starcie w kabinie

toalety wybuchły dwie bomby, co spowodowało, że samolot rozpadł się nad Oceanem Atlantyckim. Zginęli wszyscy pasażerowie, 73 osoby, w tym 57 Kubańczyków. Wśród ofiar była kubańska reprezentacja szermierzy, która zdobyła złote medale podczas mistrzostw Ameryki Środkowej. W owym czasie był to najtragiczniejszy zamach terrorystyczny na zachodniej półkuli.

Memorial Vicente García MUZEUM
(☎31-34-51-64; Vicente García No 7; 1 CUC; ⊙9.00–17.00 wt.–sb., 8.00–14.00 nd.) Kolonialny budynek – w pobliżu parku Vicente Garcíi – upamiętnia wielkiego bohatera wojny o niepodległość, który w 1876 r. odbił miasto Las Tunas Hiszpanom i spalił je 21 lat później, gdy kolonizatorzy próbowali je odzyskać. W tym budynku mieszkał Vicente García; z oryginalnego wystroju zachowało się tylko trochę podłogowych kafli. Cztery sale muzeum najlepiej zwiedzać z przewodnikiem.

Museo Provincial General Vicente García MUZEUM
(☎31-34-51-64; róg Francisco Varona i Ángel de la Guardia; 1 CUC; ⊙8.00–16.30 wt.–nd.) Muzeum mieści się ratuszu pomalowanym na królewski błękit, z zegarem na frontowej fasadzie. Przedstawia dzieje *tuneros*, mieszkańców prowincji Las Tunas. Pracownik chętnie oprowadzi zwiedzających.

El Cornito LAS
(Carretera Central Km 8; ⊙9.00–17.00) Bambusowe lasy wokół motelu *El Cornito*, ok. 6 km za miastem, zapewnią podróżnym przyjemny cień i wytchnienie od zgiełku miasta. Są tu restauracje *ranchones* (z wiecznie dudniącym *reggaetónem*), wiejski dom wielkiego poety, Juana Cristóbala Nápoles Fajarda (zwanego El Cucalambé), którym szczyci się prowincja Las Tunas, i zbiornik wodny.

Wracając główną drogą, można odwiedzić zoo, park rozrywki i tor motocrossowy. Taksówka do El Cornito: 5–7 CUC w obie strony.

Festiwale i wydarzenia

Bienal Nacional de Escultura Rita Longa RZEŹBA
(⊙II) W „Mieście Rzeźb” odbywa się wystawa rzeźby w lutym w latach parzystych.

Jornada Cucalambeana MUZYKA
(⊙VI) Największe święto muzyki ludowej na Kubie; autorzy tekstów prześcigają się w tworzeniu *décimas* – 10-wersowych utworów. Odbywa się w czerwcu, za Las Tunas, koło motelu *El Cornito*.

Noclegi

★Hostal Melina CASA PARTICULAR $
(☎31-34-35-03; Av Frank País 55; pokój 25 CUC; P ❄) Dom z lat 70. XX w., miła, gościnna atmosfera. Uwagę zwracają narzuty na łóżka ze złotej lamy. Dwa pokoje gościnne na tyłach domu zapewniają prywatność i przestrzeń. Obfite śniadania. Jest również kryte patio i taras na dachu.

★Mayra Busto Méndez CASA PARTICULAR $
(☎31-34-42-05, kom. 52-71-30-84; mayra.busto@nauta.cu; Hirán Durañona No 16, pomiędzy ulicami Frank País i Lucas Ortíz; pokój 25 CUC; P ❄) Bezpieczna i gościnna kwatera, indywidualne podejście do gości. Bungalow błyszczy czystością. Dwa pokoje dla gości, jeden ogromny; łazienki właśnie są remontowane. Zamiast podawać adres, taksówkarzowi trzeba powiedzieć, że *casa* jest w ślepej uliczce (*calle sin salida*).

Casa Karen & Roger CASA PARTICULAR $
(☎31-34-28-73; kyl@itu.sld.cu; Lico Cruz No 93; pokój 25 CUC; ❄) Rzadko spotykany na Kubie elegancki, nowoczesny wystrój to zaleta dwóch przestronnych pokojów. Ściany są ozdobione dziełami sztuki, wystrój w odważnej kolorystyce. Na dachu taras wypoczynkowy. Rodzina ma małe dzieci, i małego psa.

Hotel Cadillac HOTEL $$
(☎31-37-27-91; róg Ángel de la Guardia i Francisco Vega; 1-/2-os. ze śniadaniem 72/86 CUC; ❄) Lokalizacja w centrum. Hotel w Las Tunas, który nie pamięta czasów Chruszczowa i Breżniewa; otwarty w 2009 r., w odnowionym, budynku z lat 40. XX w., ma 8 pokojów, w tym uroczą, narożną suitę z sejfami i minibarem. Płaskie telewizory, nowoczesne łazienki i odrobina staromodnego szyku sprzed rewolucji. Od frontu jest *Cadillac Snack Bar* (s. 339).

Gastronomia

Los Hermanos KUCHNIA WŁOSKA $
(☎komórkowy 54-86-45-14; Varona No 284; dania główne 2–6 CUC) Lubiane przez miejscowych tanie i smaczne włoskie potrawy, np. czosnkowe *pesto*. Deser można sobie darować.

Caché KUCHNIA MIĘDZYNARODOWA $
(☎31-99-55-57; Francisco Varona, pomiędzy Nicolás Heredia i Joaquín Agüera; kanapki i burgery 2–5 CUC; ⊙12.00–2.00) Elegancki bar/kawiarnia/restauracja przenosi atmosferę Miami do Las Tunas. Skąpo oświetlone, klimatyzowane wnętrze imponuje skórzanymi

Las Tunas

siedzeniami, zręczną obsługą i menu ze znakomitymi burgerami oraz kanapkami klubowymi.

Miejscowi bardzo lubią smażone *croquetas*.

La Patrona KUCHNIA KUBAŃSKA **$**
(☎31-34-05-11; Custodio Orive No 94; dania 3–4 CUC; ⏲11.00–23.00) Typowa miejscowa restauracja, umiarkowane ceny adekwatne do potraw. Dania główne to *comida criolla* (kuchnia kreolska), ale można również zamówić niedrogie jajka i makarony.

Restaurante La Bodeguita KUCHNIA KARAIBSKA **$**
(☎31-37-15-36; Francisco Varona No 293; dania 5 CUC; ⏲12.00–23.00) Lokal prowadzony przez Palmares, co oznacza, że jest nieco lepszy od podobnych państwowych. Kraciaste obrusy, krótka karta win i menu nazywane przez kubański rząd „kuchnią międzynarodową" (spaghetti i pizza). Można spróbować piersi z kurczaka w sosie grzybowym.

★**La Negra** KUCHNIA KUBAŃSKA **$$**
(☎31-39-81-48, kom. 52-71-30-72; www.restaurantelanegra.com; Israel Santos 41; dania 5–12 CUC; ⏲11.00–23.00) Z prywatnych lokali to *La Negra*, z ocienionym patiem, serwuje jedne z lepszych klasyków kubańskich. Chrupiące bananowe wiórki, miękka smażona wieprzowina (*fajita de cerdo*), krewetki po kreolsku z kremowym sosem pomidorowym, spełniają oczekiwania. Szef kuchni Vladimir wyczynia cuda z oliwą i świeżymi produktami, tworząc delikatne sosy. Z centrum krótki kurs taksówką.

★**Ristorante La Romana** KUCHNIA WŁOSKA **$$**
(☎31-34-77-55; Francisco Varona No 331; dania 6–9 CUC; ⏲12.45–23.00) Jeśli oliwa to z pierwszego tłoczenia, makaron domowej roboty, a kawa to Lavazza. Włoscy turyści w Las Tunas mówią, że *mangiata* (wyżerka) – z bruschettami na przystawkę – jest *molta ottima* (bardzo dobra). W menu również tańsze kubańskie specjały. Świetna atmosfera.

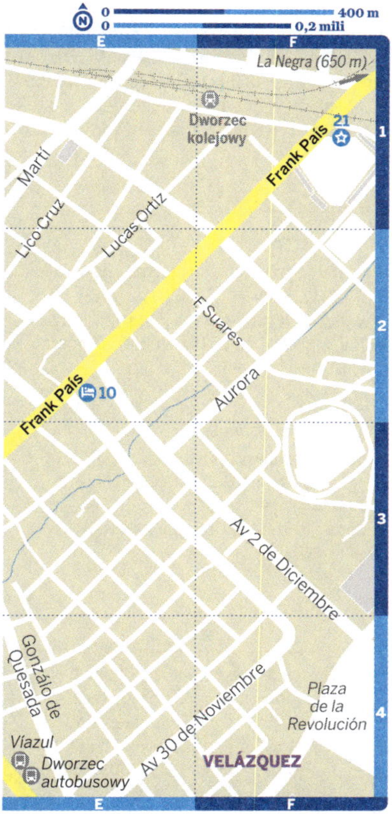

Las Tunas

Zwiedzanie
1 La Fuente de Las Antilles B4
2 Memorial a los Mártires de Barbados A3
3 Memorial Vicente García C3
4 Mestizaje D4
5 Monumento a Alfabetización D2
6 Monumento al Trabajo A4
7 Museo Provincial General Vicente García D3
8 Pomnik José Martí D3

Noclegi
9 Casa Karen & Roger D2
10 Hostal Melina E2
11 Hotel Cadillac D4
12 Mayra Busto Méndez D3

Gastronomia
13 Caché D4
14 La Patrona D3
15 Los Hermanos D4
16 Restaurante la Bodeguita C3
17 Ristorante La Romana C3

Kawiarnie, bary i życie nocne
Cadillac Snack Bar .... (zob. 11)
18 Casa del Vino Don Juan D4

Rozrywka
19 Cabaret el Taíno A4
20 Casa de la Cultura C3
21 Estadio Julio Antonio Mella F1
22 Parque 26 de Julio B4
23 Teatro Tunas D3

Zakupy
Fondo Cubano de Bienes Culturales .... (zob. 23)
24 Galería Taller Escultura Rita Longa D2

Kawiarnie, bary i życie nocne

Cadillac Snack Bar KAWIARNIA
(róg Ángel de la Guardia i Francisco Vega; ⌚9.00–23.00) Lokal przy hotelu *Cadillac* (s. 337) – stoliki na tarasie z widokiem na Plaza Martí – serwuje niezłe *cappuccino*.

Casa del Vino Don Juan BAR
(róg Francisco Varona i Joaquín Agüera; ⌚9.00–24.00) Degustacja win w Las Tunas to tak jak reglamentacja żywności w Beverly Hills, ale tu właśnie się to odbywa. Tylko 7 *pesos* płaci się za kieliszek upiornie słodkiego czerwonego wina Puerto Príncipe. Przyjdźcie, a potem się chwalcie, żeście tu byli.

Rozrywka

★ **Parque 26 de Julio** TARGOWISKO
(Av Vicente García; ⌚9.00–18.00 sb. i nd.) BEZPŁ. W Parque 26 de Julio, gdzie Avenida Vicente García przechodzi w Av 1 de Mayo, w każdy weekend odbywają się targi, koncerty, kiermasze i zabawy dla dzieci.

Teatro Tunas TEATR
(☎31-34-50-10; róg Francisco Varona i Joaquín Agüera) Niedawno odrestaurowany Teatro Tunas wyświetla dobre filmy i gości najlepsze kubańskie zespoły taneczne, baletowe i teatralne.

Casa de la Cultura DOM KULTURY
(☎31-34-35-00; Vicente García No 8) Najlepszy ośrodek kulturalny: z tradycyjnymi koncertami, poezją i tańcem. W weekendowe wieczory zabawa przenosi się na ulicę.

Cabaret el Taíno TEATR
(☎31-34-38-23; róg Vicente García i A. Cabrera; od pary 1 CUC; ⊙21.00–2.00 wt.–nd.) Duża przestrzeń pod strzechą w zachodnim krańcu miasta; w soboty i w niedziele standardowo: salsa, pióra i nasutniki.

Estadio Julio Antonio Mella WIDOWISKA SPORTOWE
(☎31-34-34-03; Frank País) Sezon bejsbolowy trwa od października do kwietnia. Na stadionie koło dworca kolejowego gra drużyna Los Magos z Las Tunas. „Czarodzieje", niestety, nie czarują ostatnio i zwykle walczą o ostatnie miejsce we Wschodniej Lidze z Ciego de Ávila.

Zakupy

Galería Taller de Escultura Rita Longa SZTUKA
(☎31-34-29-69; róg Av 2 de Diciembre i Lucas Ortíz; ⊙9.00–17.00 pn.–sb.) W niewielkiej galerii można pooglądać i kupić dzieła miejscowej sztuki.

Fondo Cubano de Bienes Culturales SZTUKA I RĘKODZIEŁO
(☎31-34-69-83; róg Ángel de la Guardia i Francisco Varona; ⊙9.00–12.00 i 13.30–17.00 pn.–pt., 8.30–12.00 sb.) W sprzedaży niezłe dzieła sztuki, ceramika i hafty. Naprzeciwko głównego placu.

Informacja

OPIEKA MEDYCZNA

W kwaterach prywatnych można prosić o lekarskie wizyty domowe.

Hospital Che Guevara (☎31-34-50-12; róg Av C.J. Finlay i Av 2 de Diciembre) Kilometr od zjazdu na Holguín.

PIENIĄDZE

Bankomaty łatwo znaleźć.

Banco Financiero Internacional (☎31-34-62-02; róg Vicente García i 24 de Febrero; ⊙9.00–15.00 pn.–pt.)

Cadeca (☎31-34-63-82; Colón No 141) Wymiana walut.

RZEŹBIARSKA PASJA

Nie jest to może Florencja, ale Victoria de Las Tunas też ma swoją kolekcję miejskich rzeźb – ponad sto pięćdziesiąt, pochodzących z czasów pionierskiej ekspozycji rzeźby, która odbyła się w stolicy prowincji w 1974 r. Na wstępie warto obejrzeć dzieła młodych talentów, wystawione w Galería Taller de Escultura Rita Longa, ale prawdziwa uczta dla miłośników tej sztuki odbywa się w lutym (w latach parzystych) podczas Bienal Nacional de Escultura Rita Longa (s. 337).

Najbardziej charakterystyczną rzeźbą w Las Tunas jest *La Fuente de Las Antillas* (*Źródło Antyli*) Rity Longi. Odsłonięta w 1977 r., przyczyniła się do przywrócenia rzeźbiarskich tradycji na Kubie i obwołania Las Tunas stolicą tej sztuki. Postacie wokół fontanny (*fuente* – fontanna, źródło) symbolizują rodzimych mieszkańców Wielkich Antyli, wynurzających się z Morza Karaibskiego. Kubę reprezentuje *India dormida* (*Śpiąca Indianka*, czyli kobieta ludu Tainów). Praca wzbudziła zainteresowanie sztuką nawiązującą do motywów kultury rodzimej. Powstały następne rzeźby, m.in. *Mestizaje* (*Metysi*) – symbol wielorasowości narodu kubańskiego – w Parque de la India, koło dworca autobusowego.

Pośrodku Plaza Martí stoi pomnik z brązu – autorstwa Rity Longi – przedstawiający „apostoła kubańskiej niepodległości". Funkcjonuje także jako zegar słoneczny. Pomnik odsłonięto w 1995 r. w setną rocznicę śmierci bojownika i poety, José Martí.

W mieście są też rzeźby o tematyce rewolucyjnej: 8-metrowy, abstrakcyjny **Monumento al Trabajo** (pomnik Pracy; róg Cra Central i Martí) José Peláeza ku czci kubańskich robotników; **Monumento a Alfabetización** (pomnik Alfabetyzacji) Lucasa Ortíza, w kształcie ołówka, upamiętnia ustawę o likwidacji analfabetyzmu, uchwaloną w 1961 r. w Las Tunas.

Połączone głowy kacyka Maniabo i kacyka Jibacoa, dwóch rywalizujących z sobą wodzów Tainów, patrzą w dwie przeciwne strony. Pomnik góruje nad otoczeniem rustykalnego motelu *El Cornito*, 6 km na zachód od miasta. Również w El Cornito stoi pomnik-totem – Columna Taína (Słup Tainów) – który razem z Toro Cornito, najnowszą (2013 r.) w Las Tunas rzeźbą z metalu i cementu przedstawiającą legendarnego byka Cornito, strzegą drogi dojazdowej do kompleksu.

POCZTA

Urząd pocztowy (☎31-34-38-63; Vicente García No 6; ⏲8.00–20.00) W centrum.

INFORMACJA TURYSTYCZNA

Infotur (☎31-37-27-17; infotur@tunas.infotur.tur.cu; Francisco Varona No 298; ⏲8.15–16.15 pn.–pt. i co druga sb.) Rzetelne informacje o miejscowych atrakcjach.

BIURA PODRÓŻY

Ecotur (☎31-34-20-73; Av 2 de Diciembre, w hotelu *Las Tunas*; ⏲9.00–16.30 pn.–pt., do 12.00 sb.) Organizuje wycieczki do rezerwatu Monte Cabaniguán (20 CUC). Samochód terenowy trzeba wynająć niezależnie.

Przyjazd i wyjazd

AUTOBUS

Główny **dworzec autobusowy** (Francisco Varona): 1 km na południowy wschód od głównego placu. Autobusy **Víazul** (☎31-37-42-95; www.viazul.com) odjeżdżają codziennie; bilety sprzedaje *jefe de turno* (kierownik zmiany). W szczycie sezonu bilety trzeba kupować kilka dni wcześniej.

Autobusy do Hawany stają w Camagüey (7 CUC, 2 godz. 30 min), Ciego de Ávila (13 CUC, 4 godz. 15 min), Sancti Spíritus (17 CUC, 5 godz. 30 min – 6 godz.), Santa Clara (22 CUC, 7 godz.) i Entronque de Jagüey (26 CUC, 9 godz. 15 min). Autobusy do Holguín (6 CUC, 70 min): o 2.40, 6.35, 8.30 i 15.30.

Autobusy do Santiago stają w Bayamo (6 CUC, 1 godz. 15 min). Do Guantánamo i Baracoa trzeba jechać przez Santiago de Cuba.

POCIĄG

Dworzec kolejowy (☎31-34-81-46; Terry Alomá pomiędzy Lucas Ortíz i Ángel de la Guardia) znajduje się koło Estadio Julio Antonio Mella w północno-wschodniej części miasta.

Jak się poruszać na miejscu

Taksówki czekają przed dworcem autobusowym, hotelem *Las Tunas* i na głównym placu. Powozy konne kursują z Frank País, koło stadionu bejsbolowego, do centrum miasta (10 *pesos*).

Samochody i skutery wypożycza **Cubacar** (☎31-34-68-99; róg Angel de la Guardia i Maceo; ⏲8.00–17.00 pn.–pt., do 12.00 sb.) w hotelu *Las Tunas*. **Stacja benzynowa Oro Negro** (róg F. Varona i Lora): 1 przecznica na zachód od dworca autobusowego.

Stacja benzynowa Servi-Cupet (Carretera Central; ⏲całą dobę) jest przy wyjeździe z Las Tunas w stronę Camagüey.

Puerto Padre

93 700 MIESZK.

Puerto Padre – zwany „miastem młynów cukrowniczych" – położony w zapomnianym przez Boga i ludzi zakątku Kuby, był niegdyś największym portem cukrowym świata. Ta na wpół opuszczona miejscowość budzi w podróżnikach dziwną ciekawość. Jest tam bulwar podobny do Las Ramblas (w Barcelonie), nadmorski deptak – miniatura hawańskiego Malecónu – i pomnik wychudzonego Don Kichota stojącego u stóp wiatraka, który wygląda jak po huraganie. Puerto Padre to takie miasto, w którym ktoś przystaje, żeby tylko spytać o drogę, a kilka godzin później zajada świeżego homara w restauracji nad malowniczą zatoką.

Zwiedzanie

Fuerte de la Loma — FORT

(☎31-51-52-24; Av Libertad; 1 CUC; ⏲9.00–16.00 wt.–sb.) Fort u góry stromej Avenida Libertad, zwany również zamkiem Salcedo, stanowi świadectwo strategicznego znaczenia Puerto Padre. Jest tu małe muzeum wojskowe (zmienne godziny otwarcia).

Museo Fernando García Grave de Peralta — MUZEUM

(☎31-51-53-08; Yara 45, pomiędzy Av Libertad i Maceo; 1 CUC; ⏲9.00–16.00 wt.–sb.) Chłostane huraganami muzeum miejskie prezentuje zwykły zestaw pamiątek rewolucyjnych, wypchanych zwierząt i antyków. Zwiedzający zapewne zwrócą uwagę na „zabytkowe" gramofony.

Kursy

Silverio Cuevas Vargas — TANIEC

(☎kom. 53-26-66-39; silcuevas@nauta.cu; Mártires de La Herradura No 109; za godz. 10 CUC) Salsa, rumba i popularne tańce kubańskie: zastałe przez lata kości rozruszają się dzięki kursom Silveria. Mistrz Cuevas Vargas udziela lekcji także indywidualnie w swoim domu w Las Tunas – po drugiej stronie postoju taksówek.

Noclegi i gastronomia

Roberto Lío Montes de Oca — CASA PARTICULAR $

(Los Chinos; ☎31-51-57-22; Francisco V. Aguilera No 2, pomiędzy ulicami Jesús Menéndez i Conrado Benítez; pokój 25 CUC; ❄) Koralowa fasada wyróżnia się spośród ruder w sąsiedztwie, zapraszając do przytulnych pokojów. Na dole domu jest sklep ze słodyczami. Młodzi gospodarze wynajmują dwa ładnie urządzone pokoje na górze. W ofercie śniadania i kolacje. Nie ma szyldu. Jedna przecznica od Parque José Martí i trzy przecznice od promenady.

El Bodegón de Polo KUCHNIA KUBAŃSKA **$**
(☎31-51-23-57; calle Lenin No 54; dania 2–5 CUC; ⏲11.00–23.00) Gościnna restauracja na przewiewnym tarasie serwuje kubańskie specjały: kraby, ośmiornice i miecznik. Najlepszy z wartych uwagi lokali w mieście.

La Sicilia KUCHNIA WŁOSKA **$$**
(☎kom. 54-40-91-66; Paco Cabrera No 47; dania główne 5–10 CUC; ⏲18.30–24.00 pn.–sb.) Zachwycająca atmosfera w odnowionej nadmorskiej restauracji. Właścicielka, Lili, mieszkała we Włoszech; oferuje obfite dania, a potrawy to pieczona ryba, pikantny kurczak, lasagne z białym sosem, pomidorowe *ragoût*. Lokal na piętrze; wspaniały widok na zatoczkę.

☆ Rozrywka

Casa de la Cultura OŚRODEK KULTURY
(☎31-51-54-63; Parque de la Independencia) Wieczorne rozrywki w miejskim Domu Kultury.

1913 Ballroom TANIEC
(☎31-51-68-97; Jesús Menéndez, pomiędzy 24 de Febrero i Av Ameijeiras; ⏲zmienne godziny) Lokal (sala balowa) w śródmieściu; tańce, drinki i przekąski.

ℹ Przyjazd i wyjazd

Droga – długości 52 km – pomiędzy Las Tunas i Puerto Padre jest wybrukowana. Do Puerto Padre najlepiej dojechać ciężarówką (10 CUP, *moneda nacional*) z dworca kolejowego w Las Tunas lub własnym transportem. Taksówka ze stolicy prowincji powinna kosztować ok. 30 CUC.

Punta Covarrubias

W Punta Covarrubias – 49 km wyboistą drogą na północny zachód od Puerto Padre – jest czyściutka piaszczysta plaża. To raj dla nurków z dala od utartych szlaków.

Jedyny resort all-inclusive w prowincji Las Tunas, **Brisas Covarrubias** (☎31-51-55-30; 1-/2-os. 41/82 CUC; P❄@🏊), z 122 wygodnymi pokojami (1 dla niepełnosprawnych), zajmuje jeden z najbardziej izolowanych zakątków na Kubie. Atrakcją jest nurkowanie przy rafie koralowej, 1,5 km od brzegu. Pakiety dwóch zanurzeń dziennie (od 45 CUC) można wykupić w marinie Covarrubias. 12 miejsc do nurkowania.

Samowystarczalni turyści mogą wybrać się na plażę przy punkcie widokowym, 200 m przed hotelem, lub wykupić dzienny pobyt w hotelu za 25 CUC.

ℹ Przyjazd i wyjazd

Prawie wszyscy wykupują tu pobyty all-inclusive i dojeżdżają autobusami z lotniska Frank País w Holguín, 115 km na południowy wschód. To odosobnione miejsce.

O drodze z Puerto Padre do Playa Covarrubias kubańscy taksówkarze mówią, że jest taka *mas o menos* (mniej więcej) ze względu na ciągły ruch autokarów hotelowych. Na zachód do Manatí i Playa Santa Lucía jedzie się bezdrożem. Kierowcy muszą bardzo uważać!

Z Las Tunas kursują taksówki (45 CUC w jedną stronę plus 10 CUC za godzinę oczekiwania).

Plaże La Herradura, La Llanita i La Boca

Ten pas dzikich plaż na północnym wybrzeżu Atlantyku jest oddalony 55 km od Holguín. Można tu czytać, relaksować się, poznawać różne aspekty tradycyjnego kubańskiego życia.

Z Puerto Padre jedzie się 30 km do rustykalnej Playa La Herradura. Złotego paska plaży nie zakłóca widok żadnego resortu. W atrakcyjnym małym miasteczku wszyscy się znają.

11 km dalej (w kierunku zachodnim) znajduje się Playa La Llanita. Drogę zniszczył szalejący huragan Matthew, trzeba więc jechać bardzo ostrożnie. La Llanita jest długa, przy brzegu płytko, piasek bardziej miękki i bielszy niż na La Herradura, ale plaża jest odsłonięta i czasami bywa sztormowo.

Droga kończy się 1 km dalej, przy Playa La Boca; jest tu parę domów, sklep i bar na wolnym powietrzu. Z La Boca można popłynąć promem do El Socucho (1 CUC), a stamtąd innym promem wrócić do Puerto Padre.

🛏 Noclegi i gastronomia

★ **Villa Carolina** CASA PARTICULAR **$**
(☎kom. 52-38-72-72; Casa No 99, La Herradura; pokój 20–25 CUC; ❄) Dwukondygnacyjny żółty dom po drodze do miasteczka. Kwatery są na górze przy ocienionym tarasie, z bujanymi fotelami i widokiem na morze. Trzy czyściutkie pokoje, z lodówkami i telewizorami. Za śniadanie płaci się 2,50 CUC.

„BALKON WSCHODU"

Historyczne uwarunkowania kolonizowanej Kuby, napływ ludności odmiennych ras i kultur i współcześnie podziały administracyjne spowodowały, że obecne regiony Kuby różnią się między sobą. Najbardziej widoczne są różnice pomiędzy zachodem (Occidente) i wschodem (Oriente) wyspy. Te dwa tak niepodobne regiony oddziela nowo powstała prowincja Las Tunas, nazywana poetycko El Balcón del Oriente (Balkonem Wschodu).

Przed rokiem 1976 Las Tunas i cztery wschodnie regiony (Guantánamo, Santiago de Cuba, Granma i Holguín) tworzyły kulturowo spójną prowincję, zwaną „Oriente". Wprawdzie polityczne bariery zniesiono w wyniku reformy administracyjnej w 1976 r., jednak świadomość odmienności pozostaje bardzo silna, zwłaszcza w biedniejszych regionach dawnego Oriente.

Kubańskiemu Oriente bliżej było geograficznie do Haiti niż do Hawany, centrum hiszpańskich władz kolonialnych. Dlatego, cementując swą tożsamość, Oriente spoglądało raczej na wschód, absorbując wpływy z Jamajki, Małych Antyli i zwłaszcza z francuskiego Haiti. To tam biły źródła różnorodności etnicznej regionu Oriente i jego odwiecznej rebelianckiej natury.

Nie przypadkiem właśnie w Oriente wybuchały pierwsze na Kubie bunty niewolników, a potem także tam podejmowano wszelkie akcje rewolucyjne, m.in. z inspiracji nieustraszonych mieszkańców wschodu, jak Carlos Manuel de Céspedes (z Bayamo), Antonio Maceo (z Santiago de Cuba) i Fidel Castro (z Birán koło Holguín). W Oriente również wykształciły się hybrydowe rytmy muzyczne: *son*, *changüí* i *nueva trova cubana*. Wprawdzie kubański hip-hop powstał w Alamar, na przedmieściach Hawany, ale przecież stworzyli go przybysze z Santiago de Cuba.

Rywalizacja pomiędzy Oriente i Occidente trwa również w czasach obecnych, przy czym objawia się obraźliwymi dowcipami rzucanymi przez obydwie strony. Ponadto mieszkańcy wschodu zawsze byli i są biedniejsi, co od dawna skłania ich do migracji na zachód. Słuchając uważnie, można zauważyć, że akcent ludzi z Oriente jest bardziej śpiewny. Bardziej subtelne są różnice w muzyce i obrzędach religijnych. Oriente czerpie obficie z afrohaitańskich tradycji z czasów niewolnictwa. Warto przyjrzeć się tradycyjnym tańcom i posłuchać pieśni podczas lipcowego karnawału w Santiago de Cuba.

Casa Reinold CASA PARTICULAR **$**
(☎ 52-38-04-68; entrada Playa La Llanita, La Llanita; pokój 25 CUC; ❄) Szczerze mówiąc, niektórym wystarczy zanurzenie stóp w białym piasku i obserwowanie fal. Dom w kolorze jaskrawego różu, na plaży; przy brzegu jest płytko. Gospodarze wynajmują dwa przeciętne pokoje, z elektrycznymi prysznicami. Posiłki przygotowuje się na życzenie gości. Pod drzewem grejpfrutowym czekają dwa leżaki.

Casa usytuowana przy wjeździe (*entrada*) do La Llanita, przy prawym odgałęzieniu drogi.

Restaurante Roberto OWOCE MORZA **$$**
(☎ 31-54-71-26; La Boca, Playa La Boca; dania główne 3–12 CUC; ❄) Koralowe ściany otaczają niewielki dziedziniec z paroma stolikami. Na cienistym patio miło się wypoczywa, ale nie widać stąd morza. Owoce morza można dostać o każdej porze. Uprzejma obsługa. Do wynajęcia kilka ciemnych pokojów.

ℹ Przyjazd i wyjazd

Z Las Tunas do Puerto Padre kursują ciężarówki (3 CUP, *moneda nacional*). Tutaj trzeba się przesiąść do innej ciężarówki (2 CUP) jadącej na plaże. Łatwiej będzie dojechać drogą z Holguín, kierując się na Velasco.

Samochodem jedzie się najwygodniej, choć za Puerto Padre droga jest w złym stanie. Taksówka z Puerto Padre kosztuje 20 CUC lub więcej, zależnie od warunków na drodze. Taksówka z Las Tunas do plaż, usytuowanych w różnych odległościach, kosztuje 61–66 CUC.

1

MIAMI2YOU/SHUTTERSTOCK ©

2

4

MATYAS REHAK/SHUTTERSTOCK ©

VVITAL/SHUTTERSTOCK ©

FINDELMUNDO/SHUTTERSTOCK ©

1. Varadero (s. 200)
Największy resort hotelowy na Kubie; 20 km nieprzerwanej piaszczystej plaży.

2. Playa Girón (s. 231)
Jedno z lepszych na Kubie miejsc do nurkowania. Playa Girón znajduje się na wschodnim brzegu niesławnej Zatoki Świń.

3. Cayo Guillermo (s. 314)
Cayo Guillermo jest obecnie jednym z lepszych na Kubie ośrodków kiteboardingu.

4. Secortel Club Cayo Guillermo (s. 315)
Najstarszy hotel w archipelagu Sabana-Camagüey, na zacisznej plaży.

Prowincja Holguín

Spis treści ➡

NAJ: Gastronomia

Restaurante 1910 (s. 353)

El Ancla (s. 366)

La Cueva (s. 359)

NAJ: Noclegi

Villa Pinares del Mayarí (s. 369)

Villa Cayo Saetía (s. 369)

Villa Don Lino (s. 362)

Campismo Silla de Gibara (s. 362)

Dokąd jechać?

Na tym upstrzonym wzgórzami urokliwym terenie szczególnie widać kubańskie sprzeczności. Odwiedzających zachwyca urozmaicenie krajobrazu – pachnące sosnami stoki Sierra Cristal i otoczone palmami plaże wokół Guardalavaca. Piękno Holguín pierwszy odkrył Krzysztof Kolumb, który w październiku 1492 r. przybił do brzegu koło Gibary, gdzie przywitała go grupa zaciekawionych Tainów. Rdzenni mieszkańcy Kuby nie przetrwali hiszpańskiej kolonizacji. Pozostałości ich kultury zachowały się w prowincji Holguín. Jest tu więcej prekolumbijskich stanowisk archeologicznych niż gdziekolwiek indziej na Kubie.

Może w tutejszej wodzie jest coś, co prowadzi do ekstremów. W tej prowincji wychowywali się Fulgencio Batista i jego ideologiczny przeciwnik Fidel Castro, a także dysydenccy pisarze Reinaldo Arenas i Guillermo Infante. W tle widać wiele przeciwieństw – rodzima kubańska Gibara mocno kontrastuje z turystycznym kompleksem resortów w Guardalavaca.

Kiedy jechać?

- ➡ Resorty hotelowe w Guardalavaca i na Playa Pesquero są najatrakcyjniejsze w sezonie od grudnia do początku marca.
- ➡ Fani muzyki latynoskiej powinni przyjechać do Holguín w końcu października na Fiesta de la Cultura Iberoamericana.
- ➡ W kwietniu miłośnicy kina przejmują senne miasto Gibara podczas niezależnego festiwalu – Festival Internacional de Cine Pobre.
- ➡ Miasto Holguín manifestuje swą religijność podczas Romerías de Mayo w początkach maja procesją na stromą Loma de la Cruz.
- ➡ Aby uniknąć burz, nie należy podróżować w porze huraganów od lipca do połowy listopada.

Holguín

288 400 MIESZK.

Czwarty co do wielkości ośrodek w kraju ukazuje prowincjonalną Kubę bez upiększeń. Choć miasto, ze wspaniałą katedrą San Isidoro de Holguín, rzadko pojawia się w planach turystycznych, podróżnicy sami z łatwością odnajdą w nim magię i tajemnice. Zwracają uwagę liczne połyskujące chevrolety retro, na placach dzieci w szkolnych mundurkach dzielą się Wi-Fi, relacji międzyludzkich nie burzy pośpiech ani komercja. Holguín to okno w głąb kubańskiego lądu – z jednej strony nabożne skupienie uczestników dorocznej procesji wspinających się po stoku Loma de la Cruz, z drugiej wrzaski dobiegające z wielkiego stadionu bejsbolowego.

Choć w pobliżu leży Guardalavaca, stolica prowincji – Holguín – nie koncentruje się na turystyce. Nie spotyka się grup wycieczkowych na ulicach, miasto wciąż zachowuje swą autentyczność. Są tu gościnne *casas particulares*, pionierskie prywatne restauracje z tanim jedzeniem, jest piwo warzone na miejscu, w mieście kochającym swój trunek.

Zwiedzanie

Wynajmując kwaterę w okolicy czterech głównych placów miasta, łatwo będzie zwiedzić właściwie wszystko. Koniecznie trzeba wspiąć się na Loma de la Cruz („wzgórze krzyża"), nieco na uboczu, ale wartą wysiłku.

★ Museo de Historia Provincial — MUZEUM

(mapa s. 352; ☎24-46-33-95; Frexes No 198; 1 CUC; ⌚8.00–16.30 wt.–sb., 8.00–12.00 nd.) Budynek, po północnej stronie Parque Calixto García, obecnie pomnik narodowy, został wzniesiony w latach 1860–1868. Były w nim koszary armii hiszpańskiej w okresie wojen o niepodległość. Nazwano go La Periquera (klatką dla papug), ponieważ hiszpańscy wartownicy nosili „papuzie" mundury: czerwono-żółto-zielone.

Głównym eksponatem jest stary topór w kształcie ludzkiej postaci, znany jako Hacha de Holguín (topór z Holguín), wyrzeźbiony przez tubylców na początku XV stulecia i odkryty w 1860 r. W tej samej gablocie umieszczono równie cenną pamiątkę: miecz, który należał do narodowego bohatera Kuby, poety José Martí.

★ La Loma de la Cruz — WZGÓRZE

Z północnego krańca ulicy Maceo wznoszą się schody z 1950 r. Na wzgórze (275 m n.p.m.), z panoramicznym widokiem, wiedzie 465 stopni; jest tam restauracja i całodobowy bar. Z centrum do stóp wzgórza idzie się 20 minut, można też podjechać taksówką rowerową (1 CUC). Najlepiej wybrać się na wspinaczkę rano, gdy światło jest najlepsze i jeszcze nie ma upału.

W 1790 r. wzniesiono krzyż w intencji przerwania długotrwałej suszy. Podczas Romerías de Mayo, 3 maja, wierni wspinają się na górę i uczestniczą w specjalnej mszy.

★ Catedral de San Isidoro — KATEDRA

(mapa s. 352; Manduley) Oślepiająco biała, z charakterystycznymi dwiema wieżami, Catedral de San Isidoro, jedna z oryginalnych budowli w mieście, pochodzi z 1720 r. Budowla, z trzema wejściami, ma kształt litery „T". Na prawo od głównego wejścia stoi pomnik Jana Pawła II. Jeśli jest otwarte, warto zajrzeć do wnętrza i zobaczyć rzeźbiony drewniany sufit w stylu *mudéjar*.

Parque Céspedes — PARK

(Parque San José; mapa s. 352) Najmłodszy i najbardziej cienisty park w Holguín. Nosi imię „Ojca Macierzy" Carlosa Manuela de Céspedes – jego pomnik stoi obok monumentu ku czci bohaterów wojny o niepodległość. Nad centralnym brukowanym skwerem dominuje Iglesia de San José (kościół pw. św. Józefa).

Kościół, z charakterystyczną kopułą i dzwonnicą, był dla *independistas* (niepodległościowców) ważnym punktem obserwacyjnym. Miejscowi nadal nazywają park po dawnemu – San José.

Parque Peralta — PLAC

(Parque de las Flores; mapa s. 352) Generał Julio Grave de Peralta (1834–72) kierował powstaniem przeciwko Hiszpanom w Holguín (X 1868 r.). Jego marmurowy pomnik (1916 r.) stoi przed Catedral de San Isidoro. Mural z rzeźbami zatytułowany *Orígenes* (*Początki*), po zachodniej stronie parku, przedstawia dzieje Holguín i Kuby od czasów prekolumbijskich po wyzwolenie niewolników.

Fábrica de Órganos — WARSZTAT

(Carretera de Gibara No 301; ⌚8.00–16.00 pn.–pt.) Tę jedyną na Kubie wytwórnię fisharmonii mechanicznych można zwiedzać. Produkuje około sześciu fisharmonii rocznie, a także

NAJ: Prowincja Holguín

1 **Loma de la Cruz** (s. 347) Panorama miasta Holguín ze szczytu wzgórza.

2 **Playa Pesquero** (s. 363) Używanie życia na bajecznych plażach jednego z wielu resortów.

3 **Banes** (s. 367) Leniwie pedałowanie przez sielankowe wioski do typowego miasta *holguiñero*.

4 **Museo Chorro de Maita** (s. 363) Odkrywanie skarbów Tainów ze stanowiska archeologicznego w Guardalavaca.

5 **Gibara** (s. 359) Relaks we wspaniałych kolonialnych posiadłościach nadmorskiej miejscowości.

6 **Museo Conjunto Histórico de Birán** (s. 370) Odkrywanie tajemnic rodziny Castro podczas zwiedzania domu rodzinnego Fidela.

7 **Salto del Guayabo** (s. 369) Spektakularny wodospad w kubańskiej „Szwajcarii".

Holguín

gitary i inne instrumenty. Dobra fisharmonia kosztuje od 10000 do 28000 USD. W Holguín działa osiem profesjonalnych zespołów grających na fisharmoniach (w tym Familia Cuayo, związana z wytwórnią). Można je czasem usłyszeć w Parque Céspedes w czwartkowe popołudnia oraz niedzielne poranki.

Plaza de la Marqueta PLAC

(mapa s. 352) Plac, wytyczony w 1848 r., przebudowany w 1918 r., niedawno odremontowano. Imponujące kryte targowisko, z galeriami sztuki i kawiarnią, zdobią rzeźby postaci historycznych i miejscowego folkloru. Po północnej i południowej stronie placu stoją kramy z muzyką, rzemiosłem artystycznym i cygarami.

Parque Calixto García PLAC

(mapa s. 352) Rozmach i architektura, szczególna atmosfera. Plaza de Armas, wytyczona w 1719 r., przez lata służyła jako targ, miejsce spotkań i oficjalnych uroczystości. Honorowe miejsce w parku zajmuje pomnik generała Calixta Garcíi z 1912 r., pod którym zbierają się wszystkowiedzący starcy, malkontenci zawzięcie dyskutujący o meczach bejsbolu i wagarujący nastolatkowie.

Na południowo-zachodnim rogu Parque Calixto García znajduje się **Centro de Arte** (mapa s. 352; ☎24-42-23-92; Maceo No 180; ⏲9.00–16.00 pn.–sb.) BEZPŁ., galeria dzieląca przestrzeń z mieszczącą pokaźny księgozbiór **Biblioteca Provincial Alex Urquiola** (☎24-46-25-62; ⏲8.00–21.00 pn.–sb.), nazwaną imieniem rewolucjonisty z Holguín.

Casa Natal de Calixto García MUZEUM

(mapa s. 352; ☎24-42-56-10; Miró No 147; 1 CUC; ⏲9.00–17.00 wt.–sb.) Aby dowiedzieć się więcej o wojskowych dokonaniach bohatera Holguín, trzeba skierować się do tego budynku, dwie przecznice na wschód od parku jego imienia. Niedoceniany Calixto García, który odbił Las Tunas, Holguín i Bayamo

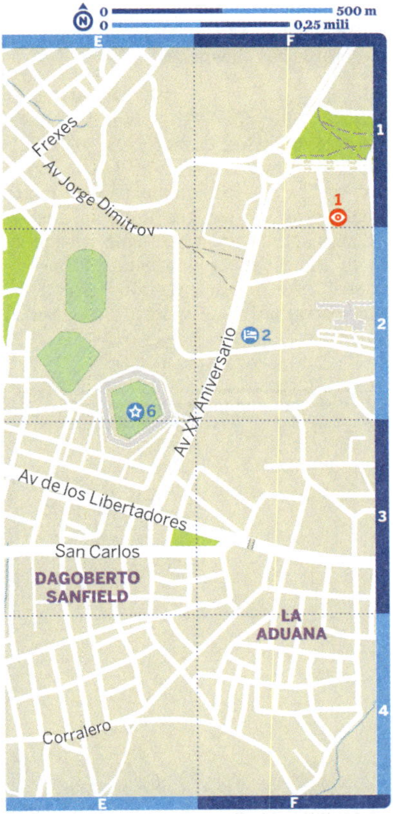

Holguín

Zwiedzanie

Noclegi

Kawiarnie, bary i życie nocne

Rozrywka

Hiszpanom w latach 1896 – 1898, urodził się w tym mieście w 1839 r.

Niewielka ekspozycja dokumentuje życie Calixta Garcíi. Zgromadzono tu stare mundury, jego wojskowe mapy, jest nawet łyżka, którą jadł na szlaku bojowym w 1885 r.

Plaza de la Revolución PLAC

(mapa s. 350) Miasto Holguín zawsze było *fiel* (wierne) ideałom, a plac Rewolucji, na wschód od centrum, to wielki pomnik bohaterów kubańskiej niepodległości, z wyrytymi cytatami z dzieł José Martí i wypowiedzi Fidela Castro. Każdego roku 1 maja (Święto Pracy) odbywają się pochody. Stoi tu również grobowiec z prochami generała Calixta Garcíi i niewielki pomnik jego matki.

Iglesia de San José KOŚCIÓŁ

(mapa s. 352; Manduley No 116) Kościół Świętego Józefa w Parque Céspedes ma charakterystyczną kopułę z dzwonnicą (1842 r.), która była punktem obserwacyjnym *independistas*.

Festiwale i wydarzenia

★ Fiesta de la Cultura Iberoamericana MUZYKA

(www.casadeiberoamerica.cult.cu; kon. X) Muzycy z całej Ameryki Łacińskiej i świata – z ponad czterdziestu krajów – ściągają na tydzień koncertów (wiele jest bezpłatnych), które odbywają się w całym mieście. Są również przedstawienia teatralne. Ponadto prowadzone są warsztaty muzyczne, taneczne i z różnych dziedzin sztuki.

Romerías de Mayo ŚWIĘTO RELIGIJNE

(V) Pielgrzymka do Holguín odbywa się w pierwszym tygodniu maja. Wierni wspinają się na Loma de la Cruz, by uczestniczyć w okolicznościowej mszy. Mieszkańcy idą w procesji z katedry św. Izydora na Loma de La Cruz – niezmiennie od lat 90. XVIII w. Ostatnio święto ożywiają imprezy artystyczne organizacji młodzieżowej Hermanos Saíz.

Noclegi

La Palma Casa Enrique CASA PARTICULAR $

(mapa s. 350; 24-42-46-83; lapalmaenrique@nauta.cu; Maceo No 52a, pomiędzy Calle 16 i Calle 18, El Llano; pokój CUC 25;) Neokolonialny dom, z palmami zasadzonymi w 1945 r., przypomina rezydencje na Florydzie. Stoi w cieniu Loma de la Cruz i nic tu nie zakłóca spokoju. Dwie przestronne kwatery gościnne w oddzielnym skrzydle domu zapewniają gościom prywatność. Enrique jest uprzejmym i troskliwym gospodarzem.

Warto obejrzeć dzieła syna Enrique'a: terakotowe popiersie Che Guevary w salonie koło 3-metrowej kopii *Ostatniej wieczerzy*

Leonarda da Vinci, z siedzącą po prawicy Jezusa postacią interpretowaną przez ekspertów jako kobieta (nie św. Jan). Na placu, przecznicę dalej, jest zasięg Wi-Fi.

Villa Liba CASA PARTICULAR $

(mapa s. 350; ☎24-42-38-23, 52-89-69-31; Maceo No 46, róg Calle 18; 1-/2-os. 25/30 CUC; ❄) Uroczy bungalow *con alma* (z duszą) przypomina domy z lat 50. XX w. na północnoamerykańskich przedmieściach. Gościnni właściciele: Jorge to współczesny Pablo Neruda, sypiący anegdotami o życiu Holguín, a Mariela jest masażystką i specjalistką od reiki – swoje usługi świadczy na miejscu (25 CUC). Warto się tu stołować. Posiłki (4–8 CUC), w tym wegetariańskie, są przygotowywane według receptur kuchni libańskiej.

Villa Janeth CASA PARTICULAR $

(mapa s. 350; ☎24-42-93-31, kom. 53-14-03-13; filihlg@infomed.sld.cu; Cables No 105; 20–25 CUC; ❄) Przestronny i czysty dom Janeth to dobry wybór. Goście zajmują całe piętro z balkonem. Styl jest klasycznie kubański – jeden pokój różowy, a w drugim wielkie łoże ze skórzanym zagłówkiem. Można korzystać z kuchni, telewizorów i elektrycznych pryszniców. Gospodyni jest bardzo uprzejma.

Centrum Holguín

Villa Mirador de Mayabe HOTEL $$
(☎24-42-21-60; director@mayabe.islazul.tur.cu; Alturas de Mayabe Km 8; 1-/2-os./apart. 69/81/102 CUC; P❄📶≋) Duży kompleks uroczych bungalowów wśród bujnej roślinności na szczycie Loma de Mayabe, 10 km na południowy wschód od Holguín. Widoki, również na wielkie plantacje mango, najładniejsze z basenu. Hotel szczególnie atrakcyjny dla rodzin. Pastelowe bungalowy są małe, ale przyjemne, ale restauracja pod strzechą nienadzwyczajna.

Hotel Pernik HOTEL $$
(mapa s. 350; ☎24-48-10-11; róg Av Jorge Dimitrov i Av XX Aniversario; 1-/2-os. ze śniadaniem 40/65 CUC; P❄@📶≋) Hotel najbliżej centrum. Nostalgia za komunizmem lat 70. XX w. (ulica im. bułgarskiego komunisty Georgi Dymitrowa, hotel z nazwą jego miasta). Nieatrakcyjny wygląd łagodzą dzieła miejscowych artystów. Bufet śniadaniowy obfity. Jest biuro informacji turystycznej, Cadeca (kantor), kafejka internetowa. Mankamenty: hałas remontów i głośna muzyka.

★ **Hotel Caballeriza** HOTEL BUTIKOWY $$$
(mapa s. 352; ☎24-42-91-91; www.hotelescubanacan.com; calle Miró No 203; pokój 1-/2-os. ze śniadaniem 100/130 CUC; ❄📶) Odremontowana rezydencja z 1846 r. wiele widziała. Po bankructwie pierwszego właściciela urządzono w niej stajnie (*caballeriza*). Kolonialna fasada budynku obecnie kryje współczesne wnętrza. Przy wejściu jest bar i restauracja. Duże pokoje przy głównym korytarzu mają XIX-wieczny wystrój i płaskie telewizory. Recepcja czynna całą dobę, działa kantor, obsługa jest uprzejma.

Hotel elitarnej sieci Encanto zarządzanej przez Cubanacán.

Gastronomia

Rozluźnienie restrykcji gospodarczych w 2011 r. wpłynęło korzystnie na gastronomię w Holguín. Powstało mnóstwo prywatnych lokali, do których częściej zachodzą mieszkańcy miasta niż turyści.

Restaurante-Bar San José KUCHNIA KUBAŃSKA $
(mapa s. 352; ☎24-42-48-77; Agramonte No 188; dania 3–7 CUC; ⌚12.00–23.00) Przy głównym placu (Parque Céspedes); dziwaczna kolorystyka, niezorientowany personel. Ulubiony lokal miejscowych; menu nie jest wyrafinowane, ale przychodzi się tu na *comida criolla*, a nie kaczkę w pomarańczach.

Cremería Guamá LODZIARNIA $
(mapa s. 352; ☎24-46-26-22; róg Luz Caballero i Manduley; lody 1 CUC; ⌚10.00–22.45) Słynna lodziarnia z Hawany. Pod markizą w biało-czerwone paski przy pieszej calle Manduley można spędzić godzinę, racząc się tanimi przysmakami za *pesos*.

★ **Restaurante 1910** KUCHNIA MIĘDZYNARODOWA $$
(mapa s. 352; ☎24-42-39-94; www.1910restaurantebar.com; Mártires No 143, pomiędzy Aricochea

Centrum Holguín

Główne atrakcje
1 Catedral de San Isidoro D5
2 Museo de Historia Provincial B3

Zwiedzanie
3 Biblioteca Alex Urquiola B4
4 Casa Natal de Calixto García C3
Centro de Arte .... (zob. 3)
5 Iglesia de San José B1
6 Parque Calixto García C3
7 Parque Céspedes B1
8 Parque Peralta C5
9 Plaza de la Marqueta B5

Noclegi
10 Hotel Caballeriza D5

Gastronomia
11 Cremería Guamá C4
12 Restaurante 1910 .... B5
13 Restaurante-Bar San José B1
14 Salón 1720 .... C3

Kawiarnie, bary i życie nocne
Bar Terraza .... (zob. 14)
15 Casa de la Música C3
16 Disco Cristal C4
17 Las 3 Lucías B3
18 Taberna Mayabe C2

Rozrywka
19 Casa de la Trova B4
20 Salón Benny Moré C5
21 Teatro Comandante Eddy Suñol C4
22 Uneac C4

Zakupy
23 Bazar – Proyecto de Desarollo Local B2
24 El Jigue B4
25 Fondo de Bienes Culturales B3
26 Pentagrama B4

i Cables; dania 8–11 CUC; 12.00–24.00) Jedna z lepszych restauracji. W kolonialnym domu z ozdobną stolarką. Goście wgryzają się w grube steki, jakby świat miał się zaraz skończyć. Jest też grillowana ośmiornica w sosie czosnkowym i wspaniała czekoladowa *torta* (ciasto). Długa karta win i alkoholi. Obsługa uprzejma. Klientela miejscowa miesza się z turystami. Trzeba przyjść wcześnie albo zarezerwować stolik.

Restaurante Maragato KUCHNIA KUBAŃSKA $$
(kom 52-46-68-02; calle Carbo, pomiędzy Garayalde i Agramonte; dania główne 4–11 CUC) Warto do niej zboczyć z utartych szlaków na *comida criolla* (potrawy kreolskie). Najlepsze koktajle w mieście serwuje barman, który jest też właścicielem. W menu grillowane mięso, delikatna jagnięca golonka, bataty, świeże sałatki. Lokal na przewiewnym tarasie na III kondygnacji, przed Hospital Lenin.

Ranchón Los Almendros GRILL $$
(24-42-96-52; José A. Cardet No 68, pomiędzy Calle 12 i Calle 14; dania główne 10–12 CUC; 10.00–23.00) Warto zapłacić trochę więcej za znakomicie przyprawione mięsa z obfitymi dodatkami: *tostones* (smażone banany) i wielkimi paprykami faszerowanymi *ropa vieja* (siekaną wołowiną). Usytuowana w pobliżu Loma de la Cruz nie wygląda imponująco z zewnątrz, ale wnętrze to już zupełnie inna sprawa.

Salón 1720 KUCHNIA KARAIBSKA $$
(mapa s. 352; 24-46-81-50; Frexes No 190, róg Miró; dania 6–9 CUC; 12.00–22.30) Pieczołowicie odrestaurowany dom przypominający weselny tort; szczególnie miła atmosfera. Warta uwagi paella, smaczny też jest kurczak faszerowany warzywami i serem, podawany z krakersami. W tym samym kolonialnym kompleksie: sklep z cygarami, bar, butik, wypożyczalnia samochodów i taras z wieczorną muzyką. Na wywieszonych tablicach można poczytać o historii Holguín.

Kawiarnie, bary i życie nocne

Holguín to miasto piwa. Bary nie są zbyt wyrafinowane, ale entuzjaści zawsze znajdą niezłe puby.

Casa de la Música KLUB
(mapa s. 352; 24-42-95-61; róg Frexes i Manduley; wt.–nd.) Parque Calixto García z młodzieżową atmosferą. Jeśli ktoś nie tańczy, może popijać piwo na przyległej Terraza Bucanero (wejście od calle Manduley).

Bar Terraza BAR
(mapa s. 352; Frexes, pomiędzy Manduley i Miró; 20.00–1.00) Usytuowany nad Salón 1720, najmodniejszy lokal w mieście. Widok na Parque Calixto García (s. 350), muzyka na żywo i popijanie koktajli.

Terraza del Pernik KLUB
(mapa s. 350; 24-48-10-11; hotel *Pernik*, róg Avenida Jorge Dimitrov i Av XX Aniversario; goście/z ulicy 2/4 CUC; 22.00–2.00 wt.–nd.) Dyskoteka w hotelu *Pernik*. Hotelowi goście chcą czy nie chcą, muszą jej słuchać w swych pokojach do 1.00 w nocy.

Disco Cristal KLUB
(mapa s. 352; 24-42-10-41; III kondygnacja, Edificio Pico de Cristal, Manduley No 199; 1 CUC; 21.00–2.00 wt.–czw.) Mekka wyuczonych tancerzy z Holguín (w większości młodych, wyluzowanych i nastawionych na dobrą zabawę). Niesamowicie popularna w weekendy, kiedy w głośnikach króluje salsa, rap i *reggaetón* (kubański hip-hop).

El Nocturno KLUB
(24-42-93-45; Avenida Cajígal; 8 CUC; 22.00–2.00) Kabaret w stylu Tropicany, za stacją benzynową Servi-Cupet, 3 km drogą do Las Tunas.

Las 3 Lucías KAWIARNIA
(mapa s. 352; 24-45-18-72; róg Mártires i Frexes; 7.00–23.0) Ozdobiona fotosami z kubańskich filmów, elegancka kawiarnia przywołuje minione lata. Zgrzytem jest tylko wielki telewizor na ścianie. Popularny wśród miejscowych ze względu na niskie ceny. Koktajle są dobre, kawa w porządku, atmosfera wyjątkowa.

Lucía – kubański film z 1968 r. o życiu trzech (*tres*) kobiet o tym samym imieniu; akcja w trzech okresach: wojny o niepodległość, w latach 30. i 60. XX w.

Taberna Mayabe BAR
(mapa s. 352; Manduley, pomiędzy Aguilera i Frexes; 12.00–18.00 i 20.00–23.00 wt.–nd.) Przy deptaku Manduley. Tawerna jakby grota; drewniane stoły i gliniane kubki ewokują dawne czasy. Na samotnych podróżnych miejscowi patrzą podejrzliwie. Lepiej przychodzić parami lub w grupach. Piwo o tej samej nazwie.

Rozrywka

★ **Uneac** TEATR, MUZYKA
(mapa s. 352; 24-47-40-66; Manduley, pomiędzy Luz Caballero i Martí) W każdej prowincji Kuby działa przynajmniej jeden Narodowy Zwią-

zek Pisarzy i Artystów, ale jeśli ktoś ma odwiedzić tylko jeden, niech wybierze ten. Mieści się w uroczo odremontowanej Casa de las Moyúas (1845 r.) przy pieszej calle Manduley. Odbywają się tu wieczorki autorskie, koncerty, przedstawienia na patio (m.in. sztuki Garcíi Lorki) i inne imprezy kulturalne. Na wspaniałym dziedzińcu działa bar; miejscowa galeria-studio nazywa się La Cochera.

★Teatro Comandante Eddy Suñol TEATR
(mapa s. 352; ☎24-42-79-94; Martí No 111; ♿) Najlepszy teatr w Holguín zajmuje budynek w stylu art déco z 1939 r., usytuowany w Parque Calixto García. Działa tu Teatro Lírico Rodrigo Prats oraz Ballet Nacional de Cuba. Słyną na całym świecie z operetek, przedstawień tanecznych i hiszpańskich musicali.

Tutaj można sprawdzić repertuar słynnego teatru dziecięcego Alas Buenas i Orquesta Sinfónica de Holguín (Orkiestry Symfonicznej Holguín).

★Casa de la Trova MUZYKA NA ŻYWO
(mapa s. 352; ☎24-45-31-04; Maceo No 174; ⏲wt.–nd.) Starsi panowie w panamach nucą pod nosem, muzycy w *guayaberas* (karaibskich koszulach) grają na trąbkach, a pary w niedzielnych ubraniach rytmicznie tańczą *danzón* (tradycyjny taniec kubański). Jakby czas się zatrzymał w Holguín.

Salón Benny Moré MUZYKA NA ŻYWO
(mapa s. 352; ☎24-42-35-18; róg Luz Caballero i Maceo; ⏲występ o 22.30) Sala muzyczna na wolnym powietrzu, najlepsza na odpoczynek po rundzie po barach, z muzyką na żywo i tańcem.

Estadio General Calixto García WIDOWISKA SPORTOWE
(mapa s. 350; ☎24-42-26-14; przy Av de los Libertadores; 1–2 CUC) Na stadionie można zobaczyć dawną potęgę – słynną drużynę bejsbolową z Holguín, Perros. Psy sprzątnęły mistrzostwo kraju sprzed nosa „wielkiej dwójki" w 2002 r., ale od tego czasu szczekają jakby ciszej. Na stadionie jest również niewielkie, ale interesujące muzeum sportu.

Zakupy

Fondo de Bienes Culturales SZTUKA I RĘKODZIEŁO
(mapa s. 352; ☎24-42-37-82; Frexes No 196; ⏲10.00–15.00 pn.–pt., 9.00–12.00 sb.) Państwowy sklep w Parque Calixto García z niedrogimi obrazami i rękodziełem; podobne można kupić na prywatnym targu kilka przecznic dalej.

Bazar – Proyecto de Desarollo Local TARG
(mapa s. 352; Manduley, pomiędzy Aguilera i Arias; ⏲8.00–18.00 pn.–sb.) Miejscowy prywatny targ w kontrze do państwowego sklepu w pobliżu. W sprzedaży bibeloty, afrokubańskie maski i ubrania, za które pieniądze wędrują do kieszeni handlujących. *Capitalismo* albo *socialismo* – każdy może sobie wybrać.

Pentagrama MUZYKA
(mapa s. 352; ☎24-45-31-35; róg Maceo i Martí; ⏲8.00–12.00 i 12.30–16.30) Firmowy sklep państwowej wytwórni płytowej Egrem z niezłym wyborem płyt CD.

El Jigüe KSIĄŻKI, UPOMINKI
(mapa s. 352; ☎26-46-85-21; róg Martí i Mártires; ⏲9.00–17.00) Dobrze zaopatrzona księgarnia i sklep z pamiątkami przy Plaza de la Marqueta.

Informacja

DOSTĘP DO INTERNETU

Hotspot Wi-Fi działa w Parque Calixto García.

Etecsa Telepunto (☎24-47-40-67; calle Martí No 122, pomiędzy Mártires i Máximo Gómez; Internet 1 godz. 1,50 CUC; ⏲8.30–19.30) Oddział kubańskiej firmy telefonicznej sprzedający karty Wi-Fi.

OPIEKA MEDYCZNA

Farmacia Turno Especial (☎24-42-57-90; Maceo No 170; ⏲8.00–22.00 pn.–sb.) Apteka w Parque Calixto García.

Hospital Lenin (☎24-42-53-02; Avenida VI Lenin) Przyjmuje cudzoziemców w nagłych wypadkach.

PIENIĄDZE

Banco de Crédito y Comercio (☎24-46-73-89; Arias; ⏲9.00–15.00 pn.–pt.) Bank z bankomatem w Parque Céspedes.

Banco Financiero Internacional (☎24-46-85-02; Manduley No 167, pomiędzy Frexes i Aguilera; ⏲9.00–15.00 pn.–pt.) Z bankomatem.

Cadeca (☎24-46-86-63; Manduley No 205, pomiędzy Martí i Luz Caballero) Wymiana walut.

POCZTA

Urząd pocztowy (mapa s. 352; Maceo No 114, Parque Céspedes; ⏲8.00–18.00 pn.–sb.)

INFORMACJA TURYSTYCZNA

Wiele agencji w pobliżu głównego placu oferuje rezerwacje, bilety i wycieczki.

Infotur (mapa s. 352; ☎24-42-50-13; I piętro, Edificio Pico de Cristal, róg Manduley i Martí;

⏲ 8.00–16.00 pn.–pt. i co drugą sb.) Informacja turystyczna na piętrze nad *Cafetería Cristal*.

BIURA PODRÓŻY

Cubatur (mapa s. 352; Edificio Pico de Cristal, róg Manduley i Martí) Agent turystyczny oczekuje przy stoliku w *Cafetería Begonias*. Sprzedaje bilety Víazul.

Przyjazd i wyjazd

SAMOLOT

Lotnisko Frank País (HOG; ☎ 24-47-46-30) Na dobrze zorganizowanym lotnisku w Holguín, 13 km na południe od miasta, lądują samoloty zagraniczne między innymi z Amsterdamu, Düsseldorfu, Londynu, Montrealu i Toronto. Większość pasażerów odjeżdża autokarami do Guardalavaca.

AUTOBUS

Codzienny autobus Transturu zapewnia połączenie z resortami w Guardalavaca (w obie strony 15 CUC). Odjeżdża sprzed Museo de Historia Provincial (s. 347) o 13.00, wraca z Guardalavaca i 8.00.

Dworzec autobusów dalekobieżnych (róg Carretera Central i Independencia) Na zachód od centrum, koło Hospital Lenin, obsługuje autobusy **Víazul** (www.viazul.com).

SAMOCHÓD

Colectivos (wspólne taksówki) kursują do Gibary (4 CUC) i Puerto Padre w prowincji Las Tunas z Avenidy Cajígal. Te do Guardalavaca (5 CUC) wyruszają sprzed Estadio General Calixto García (s. 355).

POCIĄG

Pociąg nie jest polecany. Jedyny, który jeździ regularnie, to ten do Hawany. Do Santiago de Cuba kursuje nieregularnie. Trzeba się informować.

Jadąc do Hawany, trzeba się przesiąść w Cacocum na skrzyżowaniu z główną magistralą Santiago – Hawana, 17 km na południe od Holguín. Teoretycznie jest jeden poranny pociąg do Las Tunas (3 CUC, 2 godz.), co trzy dni o 8.00 do Guantánamo, trzy dziennie do Santiago de Cuba (5 CUC, 3 godz. 30 min) i dwa dziennie (o 22.19 i o 5.28) do Hawany (26 CUC, 15 godz.). Ten pociąg staje w Camagüey (6,50 CUC), Ciego de Ávila (10,50 CUC), Santa Clara (15,50 CUC) i Matanzas (22,50 CUC).

Dworzec kolejowy (☎ 24-42-23-31; Calle V Pita 3) Znajduje się po południowej stronie miasta.

CIĘŻARÓWKA

Terminal Dagoberto Sanfield Guillén (Av de los Libertadores) Naprzeciwko Estadio General Calixto García (s. 355); odjeżdżają stąd przynajmniej dwie ciężarówki pasażerskie dziennie do Gibary, Banes i Moa.

Jak się poruszać na miejscu

DO/Z LOTNISKA

Przystanek autobusów na lotnisko (mapa s. 350; General Rodríguez No 84; ⏲ odjazd o 14.00) Autobus na lotnisko odjeżdża z przystanku w Parque Martí koło dworca kolejowego.

BICI-TAXI

Taksówki rowerowe warto wypróbować. Przypominają rower z dołączonym wózkiem inwalidzkim i zostały tutaj „wynalezione". Kosztują 1 CUC za krótki i 2 CUC za dłuższy kurs.

SAMOCHÓD

W Cubacar można wypożyczyć lub zwrócić samochód. Oddziały w hotelu *Pernik* (☎ 24-46-84-14; Av Jorge Dimitrov; ⏲ 8.00–21.00), na Aeropuerto Frank País (☎ 24-46-84-14) i w *Cafetería Cristal* (☎ 24-46-85-59; róg Manduley i Martí; ⏲ 8.00–21.00).

Stacja benzynowa Servi-Cupet (Av Cajígal; ⏲ całą dobę) znajduje się 3 km w stronę Las Tunas, a druga tuż za miastem przy drodze do Gibary. **Stacja Oro Negro** (Carretera Central) jest na południowym krańcu miasta. Droga do Gibary odchodzi na północ Av Cajígal; również tędy i po 5 km skręcając w lewo, dociera się do Playa La Herradura.

TAKSÓWKA

Cubataxi (mapa s. 352; ☎ 24-47-35-35; Máximo Gómez, róg Martí) Kurs do Guardalavaca (54 km) kosztuje ok. 35 CUC; do Gibary w jedną stronę nie więcej niż 20 CUC.

ODJAZDY AUTOBUSÓW VÍAZUL Z HOLGUÍN

KIERUNEK	CENA (CUC)	CZAS (GODZ.)	ODJAZDY
Hawana	44	12	7.45, 10.10, 20.20, 21.15
Santiago	11	3 godz. 30 min	3.55, 9.50, 16.45
Trinidad	26	7 godz. 45 min	11.15
Varadero	38	11 godz. 15 min	11.45

Gibara

73 000 MIESZK.

Z jakby trochę zapomnianą nadmorską Gibarą, z pastelowymi barwami fasad domów i wybrzeżem kusząco obmywanym falami oceanu, pod względem położenia konkurować może tylko Baracoa. Jak na tak małe miasto, życie kulturalne jest bardzo bogate. W 2008 r. huragan Ike prawie zmiótł Gibarę z powierzchni ziemi. Na szczęście nie do końca.

Mała Gibara (niedawno uruchomiono – bardzo jej potrzebne – inwestycje) leży 33 km od Holguín. Jedzie się tam malowniczą, krętą drogą wśród wiosek. W przeciwieństwie do pobliskiej Guardalavaca, inwestuje się tu raczej z myślą o renowacji zniszczonej wspaniałej architektury. Siodło górskie – Silla de Gibara – które tak urzekło Kolumba, tworzy dzikie, malownicze tło miasta. W pobliżu znajduje się jedna z pierwszych na Kubie elektrowni wiatrowych.

Każdego roku w kwietniu odbywa się w Gibarze Festival Internacional de Cine Pobre (s. 359), który ściąga filmowców z całego świata.

Historia

Kolumb wylądował w tym rejonie w 1492 r. Kiedy zobaczył dwie rzeki (Cacoyugüín i Yabazón) uchodzące do zatoki (Bahía de Gibara), nazwał to miejsce Río de Mares („rzeką mórz"). Obecna nazwa pochodzi od krzewu *jibá* (*Erythroxylon havanense*), powszechnego na obszarach nad zatoką i na całej Kubie.

Ponownie założona w 1817 r., Gibara prosperowała w XIX w. dzięki przemysłowi cukrowniczemu i rozkwitowi handlu. By ochronić osadę przed piratami, zbudowano na początku XIX w. koszary i dwukilometrowy mur. Było to drugie – po Hawanie – warowne miasto na Kubie. Śnieżnobiałym niegdyś fasadom domów zawdzięcza Gibara swój przydomek – La Villa Blanca („białe miasto").

Gibara, morskie okno na świat miasta Holguín, była dawniej ważnym ośrodkiem handlu cukrem, połączonym ze stolicą prowincji linią kolejową. Po zbudowaniu Carretera Central w latach 20. XX w. Gibara utraciła swoje handlowe znaczenie, a gdy w 1958 r. zamknięto ostatnie połączenie kolejowe, popadła w marazm, z którego jeszcze do końca się nie wydobyła.

Zwiedzanie

Dzięki rządowym inwestycjom w renowację zabytków architektonicznych w mieście, Gibara przeżywa swój renesans. Choć typowych atrakcji turystycznych jest tu niewiele, podobnie zresztą jak w miejscowości Baracoa, warto pochodzić jej uliczkami, chłonąc lokalną atmosferę. W pobliżu Gibary jest również kilka przyzwoitych plaż.

W mieście

El Cañonazo MUZEUM

(mapa s. 361; ☎53-81-26-72; elpatriotaflores@gmail.com; ⌚zmienne godziny) Na Kubie turyści nie znajdą nic podobnego. Uważany za patriotę Miguel Flores posiada kolekcję wykonanych chałupniczo satyrycznych memorabiliów z papieżem, Obamą, gwiazdami kina z lat 50. i innych. Planuje również sparodiować aukcję niewolników, uderzając w przeszłość Kuby. Nie opowiadając się po żadnej z politycznych stron, twierdzi, że sztuka to „wołanie o pokój".

Iglesia de San Fulgencio KOŚCIÓŁ

(mapa s. 361; (⌚8.00–12.00 i 14.00–16.30 wt.–nd.) Zbudowany w 1850 r. kościół pieczołowicie odrestaurowano.

Parque Calixto García PLAC

(mapa s. 361) Główny plac plac miasta okalają niezwykle *robles africanos (Oldfieldia africana)*, afrykańskie dęby z wielkimi żołędziami. Statua wolności naprzeciwko placu upamiętnia wojnę hiszpańsko-amerykańską.

Hiszpańskie forty FORT

(mapa s. 361) Wznoszący się u szczytu calle Cabada mocno już zniszczony hiszpański fort z pięknymi łukami, zapewnia wspaniały widok na miasto i zatokę. Idąc 200 metrów dalej, zobaczymy restaurację *El Mirador* – tam panorama jest jeszcze ładniejsza. Podróżnicy zobaczą pozostałości starej fortecy oraz Fuerte Fernando VII, za Parque de las Madres, przecznicę od Parque Calixto García. Przy wjeździe do miasta od strony Holguín stoi wieża strażnicza.

Museo de Historia Natural MUZEUM

(mapa s. 361; Luz Caballero No 23; 1 CUC; ⌚8.00–12.00 i 13.00–17.00 wt.–sb., 13.00–16.00 pn.) Muzeum Historii Naturalnej zajmuje podniszczony kolonialny pałacyk (bardziej interesujący od wystawionych w nim eksponatów). Przez zakratowane okna po drugiej stronie

[...E] POMIŃ

[F]ESTIWAL FILMOWY DLA BIEDAKÓW

Nie ma tu czerwonego dywanu, paparazzi ani hollywoodzkich gwiazd. Brak blichtru Festival Internacional de Cine Pobre (Międzynarodowy Festiwal Kina Niskobudżetowego) nadrabia talentami. I jest urokliwe otoczenie – eteryczna Gibara, kubańska Villa Blanca, przeciwieństwo krzykliwych Hollywood i Cannes.

Zainaugurowane w 2003 r. Cine Pobre, jest dzieckiem kubańskiego reżysera Humberta Solása, który zakochał się w tym rybackim miasteczku, gdy kręcił w nim swój nowatorski film *Lucía* w 1968 roku.

Kwietniowy festiwal ściąga niezależnych filmowców tworzących filmy niskobudżetowe. Pomimo ograniczonej promocji, oferuje nagrody o łącznej wysokości 100 000 USD. Trwa 7 dni i rozpoczyna się galą w Cine Jibá (s. 360), po czym następują projekcje, wystawy sztuki i koncerty. Konkurencja jest ostra, choć w duchu przyjaźni. Nagrody otrzymują nowatorscy artyści z różnych krajów od USA po Iran. Twórcy (filmów dokumentalnych i fabularnych) wskazują problemy współczesnego świata (uchodźstwo, przemoc, nędza, wojny).

placu ciekawscy podglądają robotnice skręcające cygara.

Za miastem

Playa Caletones PLAŻA

Urocza mała plaża 17 km na zachód od Gibary. Łuk białego piasku i błękitne morze oto ulubione wakacje mieszkańców Holguín. Miasteczko nie oferuje żadnych usług, z wyjątkiem rustykalnej restauracji. Trzeba pytać o drogę do słodkowodnych *pozas*, naturalnych basenów. Dojazd rowerem, taksówką (25 CUC w obie strony z oczekiwaniem) lub wynajętym samochodem.

W *cenotes* (studniach krasowych) – 5 km dalej – można nurkować (10 CUC) z przewodnikiem. Są to najlepsze na Kubie miejsca nurkowania w jaskiniach. Trzeba mieć sprzęt. System jaskiń w krystalicznych wodach głębokości 15 m ciągnie się 3000 m.

Restaurante La Proa, przy nadbrzeżnej drodze, serwuje znakomite owoce morza na tarasie z widokiem na morze.

Caverna de los Panaderos JASKINIA

(mapa s. 361; Independencia; wycieczka 5 CUC) Kompleks jaskiń, z 19 galeriami i długim podziemnym szlakiem, zaczyna się przy końcu calle Independencia. Brak oznaczeń, zatem trzeba zwiedzać z przewodnikiem, który oferuje kaski i czołówki. Do „jaskini piekarzy" (zajęli jaskinię na początku XX w.) idzie się 1 km. Osoby niecierpiące na klaustrofobię przeciskają się do wewnętrznej sali z jeziorem, w którym mogą sobie popływać. Na wycieczkę trzeba zarezerwować co najmniej dwie godziny.

Miejscowi ciężko pracowali, żeby oczyścić szlak i usunąć nielegalne wysypisko śmieci koło wejścia do jaskń, ale i tak sporo jeszcze zostało do zrobienia (zwłaszcza przy wejściu).

Playa Blanca PLAŻA

(mapa s. 361) Usytuowana po drugiej stronie zatoki piaszczysta plaża, idealna do kąpieli. Z przystani w Gibarze wyrusza *lancha* (odkryty prom 2 CUC) i płynie przez Bahía de Gibara do Juan Antonio, skąd do Playa Blanca idzie się 400 m. Jest tu *casa particular*, ale prowiant trzeba przywieźć z sobą.

Aktywnie

Silla de Gibara WSPINACZKA

(mapa s. 361) Na Silla de Gibara, siodłowatej wapiennej skale, 35 km na południowy wschód od Gibary, jest ok. 20 „oznakowanych" szlaków po jej cienistej, północnej stronie. Najlepsza pora wspinaczek to chłodniejsze miesiące (XI–II). Dzięki rządowemu wsparciu, warunki są takie jak w Viñales. Trzeba mieć swój sprzęt i umówić przewodnika.

Wycieczki

José Corella WYCIECZKI

(kom. 53-97-90-96; joselin54@nauta.cu; zwiedzanie miasta 5 CUC) Profesjonalny przewodnik i historyk z Gibary prowadzi wycieczki (w weekendy) do Caverna de los Panaderos oraz nurkowanie w systemie jaskiń koło Playa Caletones. W ofercie także zwiedzanie miasta.

Alexis Silva García WYCIECZKI
(☎24-84-44-58) Miejscowy przewodnik wspinaczkowy i jaskiniowy. Oczekuje w Museo de Historia Natural (s. 357).

Festiwale i wydarzenia

★Festival Internacional de Cine Pobre FILM
(Międzynarodowy Festiwal Filmów Niskobudżetowych; www.cinepobre.com; ⏲IV) Festiwal niezależnych filmowców odbywa się w Gibarze w kwietniu. Pomimo ograniczonej promocji, dysponuje pulą nagród na sumę 100 000 USD.

Noclegi

Oferta hoteli w Gibarze stopniowo się poprawia, a *casas particulares* oferują dobre warunki.

★Hostal Sol y Mar CASA PARTICULAR $
(☎52-40-21-64; J. Peralta No 59; pokój 25 CUC; ❄) Cudowna bryza i romantyczny widok na morze – kwatery w żółtym nadmorskim domu biją inne na głowę. Tarasy zapewniają prywatność. Pięć pokojów dobrze wyposażonych, nowoczesne elektryczne prysznice. Młody gospodarz, który mówi po francusku, angielsku, holendersku i niemiecku, uprzyjemni pobyt każdemu. Goście mogą korzystać ze wspólnej kuchni.

★Hostal El Patio CASA PARTICULAR $
(☎24-84-42-69; oceanomg@nauta.cu; J. Mora No 19, pomiędzy Cuba i J. Agüero; pokój 30 CUC; ❄) Za wysoko ogrodzonym i częściowo krytym zielonym patio kryją się najprzytulniejsze kwatery w Gibarze: przestronne i wyremontowane pokoje. Wystrój w stylu lat 50. XX w., z jasnymi akcentami. Na dachu taras. Posiłki to magiczna pora w tym azylu; rodzina udziela szczegółowych informacji o miejscowych atrakcjach.

Bayview CASA PARTICULAR $
(mapa s. 361; ☎52-24-55-70; Playa Blanca; pokój 25–30 CUC; ❄) Lokalizacja, lokalizacja i jeszcze raz lokalizacja. Dom z dostępem tylko od strony wody, 900 metrów od Playa Blanca, pasy białego piasku nietknięte przez deweloperów. Na miejscu hamaki i domowe posiłki. Płynie się tu 10 minut promem z Gibary. Nie mylić z Playa Blanca koło Guardalavaca. Konieczna rezerwacja telefoniczna – prosić Jimmy'ego.

La Luz del Norte CASA PARTICULAR
(☎58-60-64-49; anabeatriziberia@nauta.cu; Donato Mármol No 69; pokój 25 CUC; ❄📶) Urządzony dla millenialsów, odremontowany dom z drewnianym parkietem, skąpym umeblowaniem i muralem przedstawiającymi zachody słońca i surrealistyczne chmury René Magritte'a wokół otwartego okna. „Światło północy" ma pięć pokojów dla gości i dużą strefę wspólną, ale daleko stąd do centrum. Doświadczona gospodyni Ana mówi po angielsku.

Hotel Arsenita HOTEL BUTIKOWY $$
(☎24-84-44-00; reservas.arsenita@cubanacan.gibara.tur.cu; 1-/2-os. ze śniadaniem 80/110 CUC; ❄@) Nowy dom w stylu kolonialnym łączy dawny splendor z solidnym charakterem Parque Calixto García. Uroczy bar w lobby, z barmanem w muszce miksującym *daiquirí*, wspaniałe malowidło ścienne, 12 nowoczesnych pokojów z płaskimi telewizorami. Jest jeden lepszy hotel w mieście, ale w *Arsenicie* dla obsługi nie ma rzeczy niemożliwych.

★Hotel Ordoño HOTEL $$$
(☎24-84-44-48; recepcion@hotelordono.tur.cu; J. Peralta, róg Donato Mámol i Independencia; 1-/2-os./apart. ze śniadaniem 100/130/160 CUC; ❄@) Dawny dom towarowy w trzykondygnacyjnym budynku kolonialnym. Niedawna renowacja jest dziełem młodych architektów. Pokoje są wielkie, zwłaszcza na trzeciej kondygnacji. Niektóre z rzeźbionymi kolumnami. W sumie jest ich 27 plus uroczy taras na dachu. Hotelem zarządza Cubanacán.

Obsługa nienaganna, otoczenie wspaniałe, można się w nim czuć jak Ludwik XIV w Wersalu (tylko z czystym sumieniem). Czy to najlepszy hotel na Kubie? Na pewno jest w czołówce.

Gastronomia

Lokale modernizują się z prędkością cadillaca na dziurawej drodze. Niektóre bardziej przedsiębiorcze *casas particulares* otwierają również restauracje.

★La Cueva GRILL $
(☎24-84-53-33; Calle 2da, róg Carretera i Playa Caletones; dania 6 CUC; ⏲12.00–24.00 wt.–nd.) Prywatny lokal z własną uprawą ziół do grillowanych mięs z pewnością urozmaica gastronomiczną scenę Gibary. Mięso również

...go gospodarstwa. Część w stylu ...n i reprezentacyjna sala restaura... ...a na górze. Na północnym krańcu mia... ...a; możliwy dojazd zaprzęgiem konnym (2 CUC).

La Perla del Norte OWOCE MORZA $
(Céspedes; dania główne 3–11 CUC; 11.00–23.00) Dwukondygnacyjna restauracja ze smacznymi owocami morza. W menu krab, *camarones enchilados* (krewetki w sosie czosnkowo-pomidorowym), smażony ryż i chrupiące bananowe frytki. Na dworze lub w chłodnej jadalni. „Perła północy" jest super czysta.

La Casa de los Amigos OWOCE MORZA $$
(24-84-41-15; Céspedes 15, pomiędzy J. Peralta i Luz Caballero; dania 5–10 CUC) Pensjonat połączony z restauracją, z wielkim patio ozdobionym freskami, altaną i ręcznie malowanymi drzwiami. Jedzenie jest tu bardziej godne uwagi niż pokoje. Obfitość ryb z odpowiednimi dodatkami.

Kawiarnie, bary i życie nocne

Bar La Loja BAR
(24-84-44-85; calle J. Agüero; 9.00–24.00 śr.–nd., 16.00–24.00 pn.–wt.;) Kolejny odnowiony lokal w Gibarze, koło Casa de la Cultura. Wprawdzie tylko w piątki i soboty grają zespoły muzyczne, ale zawsze jest tu miło posiedzieć i pogadać z miejscowymi bywalcami. Jest piwniczka z winem i wielkie wewnętrzne patio.

Rozrywka

Jak w większości nadmorskich miast kubańskich, młodzież w weekendowe wieczory snuje się w pobliżu Malecónu. Spontaniczne muzykowanie można się przydarzyć o każdej porze w okolicy Parque Calixto García (s. 357) i Parque Colón.

Siglo XX CENTRUM KULTURY
(24-84-54-75; calle Martí; 8.00–17.00 pn.–wt., 8.00–23.00 śr.–nd.) W niezłym centrum kultury na głównym placu odbywają się koncerty tradycyjnej muzyki na żywo w soboty i z taśmy w inne dni tygodnia. Na dziedzińcu miło będzie odpocząć z zimnym *refresco* w ciepłe popołudnie.

Cine Jibá KINO
(24-84-46-89; Parque Calixto García) Projekcje filmów (również po angielsku) podczas Międzynarodowego Festiwalu Filmów Niskobudżetowych odbywają się w tym małym, zadziwiającym kinie, udekorowanym plakatami filmów niezależnych. Jeśli już iść do jakiegoś kina na Kubie, to tylko do tego tutaj w Gibarze – to miejscowy rytuał.

Informacja

PIENIĄDZE

Wymiana walut w pobliskim Holguín.

Bandec (24-84-41-01; róg Independencia i J. Peralta; 9.00–15.00 pn.–pt.) Wymienia również czeki podróżne.

POCZTA

Urząd pocztowy (mapa s. 361; 24-84-43-95; Independencia No 15; 8.00–20.00 pn.–sb.) Usługi pocztowe.

Przyjazd i wyjazd

Nie ma autobusów Víazul do Gibary. Podróżni mogą przyjechać ciężarówką pasażerską lub *colectivo* (dzielona opłata za kurs; 5 CUC) z Holguín. Dworzec autobusowy jest 1 km za miastem w kierunku Holguín. 2 autobusy dziennie (1 CUC) kursują w obie strony. Taksówki kursują na lotnisko w Holguín (40 CUC) i do Guardalavaca (40 CUC).

Droga do Guardalavaca od skrzyżowania w miejscowości Floro Pérez jest koszmarna, ale poprawia się za Rafael Freyre. Stacja benzynowa Oro Negro znajduje się przy wjeździe do miasta.

Dojazd do Playa Blanca: promem (2 CUC) do Juan Antonio, a stamtąd na miejsce pieszo 400 metrów. Prom odpływa o 6.30, 8.30, 10.10, 13.00, 15.40 i 17.00.

Playa Pesquero i okolice

Choć w całej prowincji Holguín turysta nie uświadczy owego błysku karaibskiego luksusu, to te mniej znane plaże wynagradzają wszystko. Plaża jest urocza, ze złotym piaskiem, płytką i ciepłą wodą, w której można ponurkować z rurką. Poza tym niewiele się dzieje. Jest niewielkie centrum handlowe. Z trzech północnych stref resortów hotelowych w Holguín, Playa Pesquero (Rybacka) jest najbardziej rozwinięta. Stoją tu cztery turystyczne kolosy, a wśród nich pięciogwiazdkowy hotel *Playa Pesquero* (s. 362).

Pobliska Playa Esmeralda plasuje się gdzieś pośrodku pomiędzy oszczędną Guardalavaca a bogatą Playa Pesquero. Dwa megaresorty zajmują część tej świetnej plaży, 6 km na zachód od Guardalavaca. Można się tam dostać odnogą drogi na wschód od przystani na Cayo Naranjo.

Guardalavaca i Playa Pesquero

Guardalavaca i Playa Pesquero

Główne atrakcje
1 Bioparque Rocazul C1
2 Museo Indocubano Bani D2

Zwiedzanie
3 Aldea Taína D1
4 Caverna de Panaderos A1
El Cañonazo .... (zob. 8)
Iglesia de Nuestra Señora de la Caridad .... (zob. 2)
Iglesia de San Fulgencio .... (zob. 8)
5 Museo Chorro de Maita D1
Museo de Historia Natural .... (zob. 8)
Parque Calixto García .... (zob. 8)
6 Parque Nacional Monumento Bariay B1
7 Playa Blanca B1
8 Hiszpańskie forty B1

Aktywnie, kursy i wycieczki
9 Silla de Gibara B2

Noclegi
Bayview .... (zob. 7)
10 Blau Costa Verde C1
11 Campismo Silla de Gibara B2
12 Casa de Compay Kike C1
13 Hotel Playa Costa Verde C1
14 Hotel Playa Pesquero C1
15 Villa Don Lino B1

Zakupy
16 Centro Comercial Playa Pesquero C1

Zwiedzanie

Bíoparque Roca Azul, Parque Monumento Nacional Bariay i Las Guanas na Playa Esmeralda to część Parque Natural Cristóbal Colón.

★ Bíoparque Roca Azul REZERWAT PRZYRODY
(mapa s. 361; ☎115 24-43-33-10; ejecutivo.comercial@pncolon.co.cu; Playa Esmeralda; ⏲9.00–17.30; 👪) Chroniony obszar Roca Azul sąsiaduje z drogą łączącą Playa Turquesa z resortami na Playa Pesquero w Parque Natural Cristóbal Colón (Park Przyrody Krzysztofa Kolumba). W Roca Azul są do dyspozycji typowe aktywności na wolnym powietrzu pod nadzorem państwowych przewodników. To chwalebny wysiłek, by chronić przyrodę w rejonie resortów turystycznych, ale ograniczenia mogą być męczące (i kosztowne).

Wśród proponowanych aktywności mamy do wyboru spacery (za pierwszą godzinę płaci się 8 CUC, za następną 2 CUC), jazdę konną (16 CUC za godzinę) i wędkowanie przy rafie (49 CUC). Planując całodniowy pobyt, warto wykupić opcję za 40 CUC. Są tu liczne wzgórza, szlaki, zoo dla dzieci i dostęp do oceanu. Można przenocować w **domku** (pokój i 3 posiłki 59 CUC). Przy wejściu do parku jest bar, w którym podróżny spokojnie rozważy wszystkie propozycje.

Parque Monumento Nacional Bariay MIEJSCE HISTORYCZNE
(mapa s. 361; ☎24-43-07-66; Playa Blanca; 8 CUC; ⏲9.00–17.00) Playa Blanca znajduje się 10 km na zachód od Playa Pesquero i 3 km na zachód od Villa Don Lino. Kolumb dopłynął do lądu w tej okolicy w 1492 r. Spotkanie

dwóch kultur upamiętnia rekonstrukcja dawnej wioski Tainów (opisanej przez Kolumba) oraz imponujący obelisk w stylu hellenistycznym rzeźbiarki Caridad Ramos z Holguín, odsłonięty w 1992 r. (pięćsetna rocznica odkrycia Ameryki).

Najciekawsze obiekty w parku to centrum informacyjne, pozostałości XIX-wiecznego hiszpańskiego fortu, trzy zrekonstruowane chaty Tainów i muzeum archeologiczne. Przyjemne miejsce na popołudniową wycieczkę.

Sendero Eco-Arqueológico Las Guanas REZERWAT PRZYRODY
(mapa s. 364; 3 CUC; 8.00–16.30) Na końcu drogi w Playa Esmeralda zaczyna się oznakowany Szlak Ekologiczno-Archeologiczny (3 CUC za 1 km). Po kilku kilometrach przedzierania się przez las pojawi się malownicze urwisko z latarnią morską. Na obszarze wokół *sendero* występuje 127 gatunków roślin, w tym 14 endemicznych, żeruje 20 gatunków ptaków migrujących. Są tu też nieautentyczne posągi Tainów.

Planowano zbudować na urwisku hotel, ale przed buldożerami uchroniła je interwencja rządu. Widoczny model ukazuje, jak hotel miał wyglądać.

Noclegi

Playa Pesquero

Campismo Silla de Gibara DOMKI $
(mapa s. 361; 24-42-28-81; Rafael Freyre; 1-/2-os. 18/36 CUC; P) *Campismo* (tanie kempingowe kwatery), po remoncie, stoi na zboczu poniżej wzgórza w kształcie siodła w Gibarze. Prowadzi tam kiepska droga pomiędzy miejscowościami Floro Pérez i Rafael Freyre, 35 km na południowy wschód od Gibary i 1,5 od drogi głównej. Są tu 42 pokoje (2-, 4- i 6-osobowe). Warto przenocować ze względu na widoki, ale nie wygody.

Półtora kilometra wyżej jest jaskinia, są też konie do wynajęcia. Przed przyjazdem lepiej zrobić rezerwację przez Cubamar (s. 417) w Santiago de Cuba.

Villa Don Lino DOMKI $$
(mapa s. 361; 24-43-03-08; director@donlino.co.cu; Rafael Freyre; 1-/2-os. od 49/78 CUC; P) Tańsza alternatywa dla „wielkiej czwórki" w Playa Pesquero, odremontowane drewniane *cabañas* tuż przy białej plaży. Idealne na romantyczny wypad. Basen, wieczorne rozrywki i kubański klimat, którego brakuje w wielkich resortach. Villa Don Lino znajduje się 8,5 km na północ od Rafael Freyre.

★ **Hotel Playa Pesquero** RESORT $$$
(mapa s. 361; 24-43-35-30; Playa Pesquero; all-inclusive 1-/2-os. 175/280 CUC, premium 430 CUC; P@) Jeden z największych hoteli na Kubie, 933 pokoje przy pięknej plaży. Kompleks otworzył Fidel Castro w 2003 r. (tekst jego przemówienia wisi w recepcji). Na pięknym 30-hektarowym terenie są fontanny, sklepy, spa, oświetlone korty tenisowe, jest siedem restauracji i całe akry basenów. Można się przemieszczać wózkiem golfowym.

Ostatnio otwarto część przeznaczoną tylko dla dorosłych, z 56 luksusowymi pokojami, prysznicami na zewnątrz, jacuzzi, darmowym Wi-Fi w pokojach oraz stacjami dokującymi do iPhone'ów.

Blau Costa Verde RESORT $$$
(mapa s. 361; 24-43-35-10; www.blauhotels.com; Playa Pesquero; all-inclusive 1-/2-os. 107/184 CUC) Nieco toporna architektura, za to pokoje niezbyt drogie. Dogodny dla nurków, którzy mogą korzystać z ośrodka nurkowego na terenie resortu. W pokojach są atrakcyjne kafelki i wszystkie udogodnienia, w tym Wi-Fi.

Hotel Playa Costa Verde RESORT $$$
(mapa s. 361; 24-43-05-20; reservationsmanager@playacostaverde.co.cu; Playa Pesquero; all-inclusive 1-/2-os. 130/210 CUC; P@) Fałszywe forniry, ale wszystkie wygody; japońska restauracja, siłownie, kolorowe ogrody i laguna po drodze do plaży. Hotelem *Playa Costa Verde* zarządza grupa Gaviota, atmosfera jest nieco sztuczna, ale i tak lepsza niż w resortach hotelowych w Guardalavaca.

Playa Esmeralda

★ **Paradisus Río de Oro** RESORT $$$
(mapa s. 364; 24-43-00-90; www.melia.com; Playa Esmeralda; all-inclusive 1-/2-os. 431/615 CUC, dzienna karta wstępu 115 CUC; P@) Aby wejść do zarządzanego przez Meliá kompleksu, trzeba mieć wypchany portfel. Pięciogwiazdkowy resort, z 356 pokojami, uważany za najlepszy na Kubie. Jest tu salon masażu, japońska restauracja pływająca (na stawie), wille w ogrodzie z prywatnymi pokojami. Wśród palmowych lasków i obfitej zieleni nietrudno znaleźć samotnię.

Choć resort *Paradisus Río de Oro* jest reklamowany jako ekologiczny, jedynym działaniem pro eko jest po prostu utrzymanie tutejszej zieleni. Hotel tylko dla dorosłych.

Sol Río Luna Mares RESORT $$$
(mapa s. 364; ☎24-43-00-30; Playa Esmeralda; all-inclusive 1-/2-os. 182/280 CUC; P❄@📶≋) Hotel („słońce, rzeka, księżyc, morza") stanowi połączenie dwóch obiektów o nieco przestarzałym wyglądzie. Prawie 500 dużych pokojów z niewieloma udogodnieniami, na przykład ekspresy do kawy. Dużą przewagą nad Guardalavaca jest znakomite jedzenie w miejscowych restauracjach (włoskiej i francuskiej) oraz piękna plaża (sprzęt wliczony w cenę).

Zakupy

Centro Comercial Playa Pesquero CENTRUM HANDLOWE
(mapa s. 361; wjazd do Playa Pesquero; ⏲9.00–23.00 nd.–czw., ⏲całą dobę pt. i sb.) Nowe centrum handlowe z barami szybkiej obsługi, kantorem wymiany walut i sklepami.

Przyjazd i wyjazd

Do czterech resortów w Playa Pesquero można dojechać odnogą głównej drogi Holguín – Guardalavaca, 12 km na zachód od Guardalavaca. Playa Esmeralda i jej dwa resorty są na końcu krótkiej bocznej drogi, 4 km na zachód od Guardalavaca.

Autobus wahadłowy (5 CUC) Transturu łączy Playa Pesquero z Playa Esmeralda i Guardalavaca. Przyjazdy i wyjazdy dzieli 2 godziny. Do hoteli z Guardalavaca kursuje także wóz.

Taksówki (do Guardalavaca 10 CUC) i konne zaprzęgi czekają przed kurortami.

Guardalavaca

Guardalavaca to pas wielkich kurortów przy sielankowych plażach, otoczonych zielonymi wzgórzami, 54 km na północny wschód od Holguín. Zanim ustawiono rzędy leżaków i stoły do bingo przy basenie, Krzysztof Kolumb stwierdził, że jest to „najpiękniejsza ziemia, jaką kiedykolwiek widział".

Zachwycają osłonięte turkusowe rafy koralowe z bogatą fauną i florą. Teren jest rozleglejszy niż Varadero i nie tak odległy jak Cayo Coco, a przez to bardziej popularny. Na wydzielonym dość długim pasie plaży publicznej atmosfera staje się bardziej kubańska.

Na początku XX w. były tu tylko gospodarstwa hodowlane (Guardalavaca znaczy „pilnuj krowy") Boom turystyczny rozpoczął się w końcu lat 70., gdy *holguiñero* Fidel Castro ochrzcił pierwszy resort – *Atlántico* – kąpiąc się w hotelowym basenie. Od tamtej pory miejscowa gospodarka nie zwalnia ani na chwilę.

Zwiedzanie

Obszar resortów dzieli się na trzy enklawy: Playa Pesquero, Playa Esmeralda i – 4 km na wschód – Guardalavaca, gdzie już zaczyna brakować miejsc na nowe hotele.

Museo Chorro de Maita MUZEUM
(mapa s. 361; ☎24-43-02-01; 2 CUC; ⏲9.00–17.00 wt.–sb., 9.00–13.00 nd.) Muzeum przy terenie wykopalisk archeologicznych chroni pozostałości indiańskiej wioski i cmentarzyska z dobrze zachowanymi 62 ludzkimi szkieletami i kośćmi psa. Wioska pochodzi z początków XVI w. i jest jedna z prawie 100 stref archeologicznych w tym rejonie. Nowe dowody wskazują, że tubylcy zamieszkiwali te tereny jeszcze wiele dziesięcioleci po przybyciu Kolumba.

Naprzeciwko muzeum widać zrekonstruowaną **Aldea Taína** (Wioskę Tainów; mapa s. 361; ☎24-43-02-01; 5 CUC; ⏲9.00–17.00 pn.–sb., 9.00–13.00 nd.; 👪), z naturalnej wielkości posągami tubylców. W wiosce odbywają się pokazy tańców rytualnych, działa też restauracja.

Aktywnie

Na Playa Esmeralda można zorganizować jazdę konną, stawka wynosi 10 CUC za godzinę.

We wszystkich resortach hotelowych działają wypożyczalnie motorowerów (1 dzień 27 CUC). W niektórych resortach można korzystać z rowerów, a nie mają one przerzutek. Droga pomiędzy Guardalavaca i Playa Esmeralda oraz do Playa Pesquero jest równa i spokojna, idealna na całodzienną wycieczkę. Nieco dalej będzie do Banes (66 km w obie strony).

Nurkowanie

W Guardalavaca świetnie się nurkuje (lepiej niż w Varadero i przy Cayo Coco). Rafa znajduje się 200 m od brzegu; miejsc do nurkowania jest 32. Do większości z nich podpływa się łodzią. Główne atrakcje to jaskinie, wraki, ściany i La Corona – wielka formacja koralowa w kształcie korony.

Eagle Ray Marlin Dive Center NURKOWANIE
(Cubanacán Náutica; mapa s. 364; ☎24-43-03-16; 1 nurkowanie od 45 CUC; ⏲8.30–16.30 pn.–sb.) Centrum nurkowe w Guardalavaca zajmuje

Guardalavaca

Guardalavaca

kawałek plaży, ok. 300 m na zachód od Club Amigo Atlántico-Guardalavaca. Kurs na morzu, zakończony certyfikatem, kosztuje 365 CUC; dwugodzinny kurs Discover 70 CUC. Za jedno zanurzenie płaci się od 45 CUC, ze zniżkami przy większej ich liczbie. W ofercie nie ma nurkowania z rurką.

Kitesurfing

Luis Riverón KITESURFING
(mapa s. 364; ☎53-78-48-57; luiskitesurf@nauta.cu; lekcje kitesurfingu: 1 godz. 50 CUC, wynajem 1 godz. 30 CUC) Prywatna firma oferuje lekcje najnowszego sportu na Kubie (zniżki dla większych grup). Siedziba na plaży w Brisas Guardalavaca.

Łodzie

Rejsy rozpoczynają się w **Marina Internacional Puerto de Vita** (Marina Gaviota; mapa s. 361; ☎24-43-04-75), rezerwuje się je w hotelach. Nowsza – ale mniejsza – marina znajduje się w **Boca de Samá** (mapa s. 361), 9 km na wschód od Guardalavaca; zarządza nią Cubanacán.

Oprócz popularnych rejsów o zachodzie słońca (60 CUC), są organizowane pełnomorskie połowy (do sześciu osób 360 CUC) i wycieczki katamaranem po Bahía de Vita (z nurkowaniem z rurką i otwartym barem).

Noclegi

Obecnie Guardalavaca oferuje kwatery prywatne, więc nie trzeba się wykosztowywać na all-inclusive. Apartamenty do wynajęcia w wiosce Guardalavaca są naprzeciwko wejścia do strefy all-inclusive. Pięciogwiazdkowy hotel *Albatros* jest w trakcie budowy.

★ **Villa Bely** CASA PARTICULAR $
(mapa s. 364; ☎52-61-41-92; www.villabely.orgfree.com; wjazd do Guardalavaca; pokój 25–30 CUC; P❄) Alternatywa dla resortów; apartament na piętrze jest większy i lepszy od przeciętnego pokoju hotelowego. Odpowiedni dla rodzin; z małym balkonem i sypialnią na podeście. Poniżej dwa mniejsze pokoje. Przy ostatnim zjeździe z szosy, po drugiej stronie strefy resortów hotelowych all-inclusive.

W ofercie również sprzęt do nurkowania z rurką oraz konne wyprawy z przewodnikiem.

Brisas Guardalavaca RESORT $$$
(mapa s. 364; ☎24-43-02-18; Playa Guardalavaca; all-inclusive 1-/2-os. 110/160 CUC; P❄@🛜≈) Popularny wśród Kanadyjczyków i transatlantyckich podróżnych; 437-pokojowy resort to wakacyjny raj, nieco przypominający brytyjskie ośrodki wczasowe z lat 70. XX w. Plus stanowią wielkie pokoje, oświetlone korty tenisowe i bezpretensjonalność. Wygląda jak dom spokojnej starości, z dużą dozą kiczu, za to miła atmosfera i przyzwoita plaża.

Club Amigo Atlántico-Guardalavaca RESORT $$$
(mapa s. 364; ☎24-43-01-21; Playa Guardalavaca; all-inclusive pokój 1-/2-os. 90/140 CUC; P❄@🛜≈) Stosunkowo najtańszy w Guardalavaca, choć nie dla wszystkich. Czystość nie jest zawsze na najwyższym poziomie w tym 600-pokojowym kompleksie willi, bungalowów i standardowych pokojów hotelowych. Swą popularność wśród rodzin *Club Amigo Atlántico-Guardalavaca* zawdzięcza bogatemu programowi dla dzieci. Sporo skalistych wysepek. Pokoje w budynkach głębi lądu są cichsze.

Resort łączy dawne hotele w Guardalavaca i Atlántico. Ten ostatni, najstarszy w Guardalavaca, został ukończony w 1976 r. i ochrzczony przez Fidela Castro kąpielą w basenie.

Gastronomia

Nie licząc resortów all-inclusive, jest wiele lokali gastronomicznych, głównie w Guardalavaca.

El Ancla OWOCE MORZA $$
(mapa s. 364; ☎24-43-03-81; dania 4–20 CUC; ⏲12.00–21.30) „Kotwica" na skalistym cyplu, po zachodniej stronie Guardalavaca. Przeszklona restauracja, w której można spędzić kilka godzin, patrząc na morze. Panorama wokół jest zachwycająca. Jakimś cudem lokal ocalał z szalejącego w 2008 r. huraganu Ike. Znakomity homar podawany na białych obrusach przez profesjonalną obsługę.

El Uvero KUCHNIA KUBAŃSKA $$
(mapa s. 364; ☎52-39-35-71; Carretera Guardalavaca – Banes; dania 10–18 CUC; ⏲12.00–23.00) Skromny lokal w miejscowości Cuatro Caminos („cztery drogi") – usytuowanej 4 km na wschód od resortów hotelowych w Guardalavaca (dojazd taksówką) – jest wart wysiłku, by tam dotrzeć. W menu królują *tres hermanos* (trzej bracia): *camarón* (krewetka), homar i *pescado* (ryba).

Lokalu strzeże *uvero* (kokkoloba gronowa), jak wskazuje nazwa.

Bary, kawiarnie i życie nocne

Bar Pirata BAR
(mapa s. 364; Playa Guardalavaca; ⏲9.00–21.00) Standardowy, plażowy bar z piwem, muzyką i przekąskami obiadowymi na najludniejszym kawałku plaży w Guardalavaca. Do „pirata" idzie się przez pchli targ, na zachód od *Club Amigo Atlántico*.

Zakupy

Boulevard UPOMINKI I PAMIĄTKI
(mapa s. 364; wjazd do Playa Guardalavaca; ⏲7.00–17.00) Typowe turystyczne targowisko z rękodziełem, pocztówkami, tanimi ubraniami i wszechobecnymi bibelotami z Che Guevarą.

Informacja

W NAGŁYCH WYPADKACH

Asistur (mapa s. 364; ☎24-43-01-48; Centro Comercial; ⏲8.30–17.00 pn.–pt., do 12.00 sb.) Zapewnia ubezpieczenie, pomoc medyczną, repatriację i pomoc finansową w nagłych wypadkach.

OPIEKA MEDYCZNA

Clinica Internacional to całodobowa apteka. W resortach są drogerie i punkty medyczne.

PIENIĄDZE

We wszystkich resortach w Guardalavaca, Playa Esmeralda i Pesquero akceptowana jest waluta euro. Ponadto w większych hotelach są kantory wymiany walut.

Banco Financiero Internacional (☎24-43-02-17; Centro Comercial Los Flamboyanes; ⏲9.00–15.00 pn.–pt.) W centrum handlowym na zachód od Club Amigo Atlántico-Guardalavaca (s. 365). Nie ma bankomatu.

INFORMACJA TURYSTYCZNA

Infotur otwiera stanowisko w Centro Comercial Los Flamboyantes w kompleksie Club Amigo. W resortach są punkty informacyjne.

Przyjazd i wyjazd

Autobus turystyczny Transturu (☎24-43-04-90; comercialhlg@transtur.cu; 15 CUC w obie strony) kursuje z Guardalavaca do Holguín przez Playa Esmeralda i Playa Pesquero raz dziennie.

Można też wziąć taksówkę z Guardalavaca do Holguín (20 CUC w jedną stronę). Korporacje taksówkowe to **Cubataxi** (☎24-43-01-39) i **Transgaviota** (☎24-43-49-66). Wspólne *colectivos* i *máquinas* – zazwyczaj zwykłe samochody – kursują z wioski Guardalavaca do Holguín za 5 CUC.

Jak się poruszać na miejscu

Wahadłowy autobus Transturu (bilet dzienny 5 CUC) w Guardalavaca łączy trzy plaże z Aldea Taína (s. 363). Teoretycznie kursuje trzy razy dziennie w obie strony, ale lepiej upewnić się w hotelu. Zatrzymuje się w Bioparque Roca Azul, przy hotelach w Playa Pesquero, Playa Costa Verde, Playa Esmeralda, Club Amigo Atlántico-Guardalavaca i w Aldea Taína.

Coches de caballo (konne powozy) jeżdżą pomiędzy Playa Esmeralda i Guardalavaca, można też wynająć motorower (25 CUC za dzień) lub rower (bezpłatnie w hotelach). Taksówka do Playa Esmeralda i do Playa Pesqueros kosztuje 10 CUC.

Samochód można wynająć w **Cubacar** (☎24-43-03-89; Club Amigo Atlántico-Guardalavaca). **Stacja benzynowa Servi-Cupet** (⏲24h) jest pomiędzy Guardalavaca i Playa Esmeralda.

Banes

81 300 MIESZK.

Banes, założone w 1887 r., to miasto szczególnych wydarzeń historycznych. W 1901 r. urodził się tu kubański prezydent Fulgencio Batista. Jakieś 47 lat później Fidel Castro i Mirta Díaz Balart wzięli ślub w miejscowym drewnianym kościele Nuestra Señora de la Caridad. Nie spodziewając się, że pan młody kiedyś pozbawi go władzy, Fulgencio Batista ofiarował parze hojny prezent – 500 USD.

Dawne cukrownicze miasto Banes było do lat 50. XX w. własnością amerykańskiej firmy United Fruit Company. Zachowało się wiele amerykańskich domów. Obecnie na słonecznych ulicach i placach widać grających w domino panów z cygarami i panie z wielkimi bochnami chleba. Panuje prawdziwie kubańska atmosfera, jakiej nigdy nie ma w resortach hotelowych.

Dzięki muzeum Tainów i pozostałościom osad autochtonów w okolicy, Banes zwane jest archeologiczną stolicą Kuby.

Zwiedzanie

Dla gości resortów hotelowych największą atrakcją Banes może być po prostu spacerowanie po ulicach i przyglądanie się lokalnemu życiu. Warto też zobaczyć piękne stare domy należące niegdyś do szych z United Fruit. Spragnionym aktywności można polecić przyjazd z Guardalavaca rowerem krętymi wiejskimi ścieżkami.

ARCHEOLOGICZNA STOLICA KUBY

Prekolumbijska historia Kuby sięga 8000 lat wstecz, choć rzadko wspomina się o niej we współczesnych książkach historycznych. Zainteresowani powinni przyjechać do prowincji Holguín – w regionie wokół Banes koncentrują się strefy archeologiczne z pozostałościami kultur prekolumbijskich.

Większość odkrytych znalezisk archeologicznych na Kubie datuje się od 1050 r. do początku XVI stulecia. Tainowie stanowili trzecią falę migrantów – przybyli na wyspę śladami mniej rozwiniętych kulturowo Guanahatabejów i Sibonejów, z którymi w efekcie koegzystowali. Pokojowo nastawieni, zajmowali się rolnictwem, tkactwem, wyrobem glinianych naczyń i szkutnictwem. Ich złożoną społecznością rządzili *caciques* (wodzowie).

Około sześćdziesięciu procent obecnych upraw na Kubie zapoczątkowali Tainowie, którzy siali bawełnę używaną do wyrobu hamaków, sieci rybackich i toreb. Tainowie mieli zniekształcone czaszki (sztucznie deformowane w dzieciństwie). Mieszkali w wioskach, z okrągłymi chatami krytymi trzciną (*bohios*) i placami do gry w piłkę (*bateyes*). Zrekonstruowaną Wioskę Tainów – Aldea Taína (s. 363) – można zobaczyć w pobliżu Guardalavaca. Po sąsiedzku, w Chorro de Maita (s. 363), największej na Kubie strefie archeologicznej, znaleziono szkielety ze zdeformowanymi czaszkami.

Kolumb określał Tainów jako „delikatnych", „słodkich", „uśmiechniętych" i „nieznających zła", co czyni ludobójstwo, jakiego się dopuścili hiszpańscy konkwistadorzy, jeszcze potworniejszym. Szacunki dotyczące prekolumbijskiej populacji Kuby są bardzo rozbieżne, ale 100 000 wydaje się być sensownym konsensusem. W ciągu 30 lat zginęło 90% Tainów.

Ponieważ Tainowie budowali chaty z drewna i błota, nie pozostały po nich wielkie osady ani świątynie. Najważniejszymi znaleziskami są *cemíes*, małe figurki wyobrażające bóstwa i duchy opiekuńcze. *Cemíes* były obiektami kultu, odzwierciedlającymi status społeczny, siłę polityczną lub płodność.

600-letnia *Hacha de Holguín* (topór z Holgín), rzeźba z zielonkawej skały magmowej w kształcie topora z wizerunkiem bóstwa, jest w Museo de Historia Provincial w Holguín (s. 347). *Ídolo de Oro* (złoty idol; wyobrażenie Atabey, matki wszechrzeczy), wykuty z 10-karatowego złota w XIII stuleciu lub może wcześniej, znajduje się w Museo Indocubano Baní w Banes. Najstarszy ze znalezionych na Kubie artefaktów, tzw. *Ídolo del Tabaco* (tytoniowy idol – w kształcie kubańskiego cygara), odkryto koło Maisí w prowincji Guantánamo ok 1910 r. Pochodzi z X w. i jest wyrzeźbiony z drewna. Obecnie w zbiorach Museo Antropológico Montané (s. 85) Uniwersytetu w Hawanie.

★ Museo Indocubano Baní MUZEUM
(mapa s. 361; General Marrero No 305; 1 CUC; ⌚9.00–17.00 wt.–sb., 8.00–12.00 nd.) Niewielki, ale cenny zbiór artefaktów należy do najciekawszych na wyspie. Nie można przegapić złotej figurki (prezentuje boginię płodności Atabey), wykopanej koło Banes (na Kubie znaleziono zaledwie 20 złotych artefaktów). Na muzealnej Plaza Aborigen znajdują się repliki malowideł, odkrytych w okolicznych jaskiniach.

Ekspert muzealny **Luis Quiñones García** (☎24-80-26-91; luisq1962@nauta.cu; wycieczka 2 CUC) chętnie opowiada o lokalnej kulturze i archeologii. Oferuje też wycieczki po mieście.

Playa de Morales PLAŻA
Pewnego dnia, gdy powstanie resort hotelowy, wszyscy będą z nostalgią wspominać cudowny pas plaży, 13 km na wschód od Banes wzdłuż brukowanego przedłużenia Tráfico. Tymczasem można jeszcze podziwiać wioskę rybacką, relaksować się, a w południe zjeść obiad z miejscowymi i obserwować rybaków naprawiających sieci. Kilka kilometrów dalej na północ jest jeszcze cichsza Playa Puerto Rico.

Iglesia de Nuestra Señora de la Caridad KOŚCIÓŁ
(mapa s. 361; Parque Martí) W tym kościele (w stylu art déco; przy Parque Martí w centrum Banes) 12 X 1948 r. Fidel Castro Ruz i Mirta Díaz Balart wzięli ślub. Po rozwodzie w 1954 r. Mirta wyszła za mąż; mieszka w Hiszpanii. Z Fidelem ma syna Fidelito. Fidel od swych potomków (ok. 11) doczekał się gromadki wnucząt.

Noclegi

W mieście Banes nie ma hoteli, jest natomiast wiele kwater prywatnych.

Villa Lao CASA PARTICULAR $
(☎24-80-30-49; Bayamo No 78, pomiędzy José M. Heredia i Augusto Blanco; pokój 25 CUC; ❄) Lśniący czystością, profesjonalnie prowadzony dom z dwoma pokojami. Ten na górze ma kuchnię i taras z roślinnością. Na werandzie stoi fotel bujany, z którego można popatrzeć na park w centrum.

Villa Gilma CASA PARTICULAR $
(☎24-80-22-04; Calle H No 15266, pomiędzy Veguitas i Francisco Franco; CUC 25 pokój; ❄) Klasyczny kolonialny dom stoi przy wjeździe do centrum miasta. Jest tu jeden ogromny pokój (z sufitem na wysokości chyba 7 m) z łazienką i lodówką.

Casa Las Delicias CASA PARTICULAR $
(☎24-80-29-05; Augusto Blanco No 1107, pomiędzy Bruno Merino i Bayamo; pokój 25 CUC; ❄) Jeden nowiuteńki pokój, osobne wejście, uprzejmi gospodarze, smaczne jedzenie w restauracji na dole. Czego można wymagać więcej od zacisznego Banes?

Gastronomia

Restaurante Don Carlos KUCHNIA KUBAŃSKA $
(☎24-80-21-76; Veguitas No 1702, róg Calle H; dania 3–8 CUC; ⌚12.00–22.00) Prywatna restauracja, gdzie można poznać nieturystyczną Kubę i zjeść smaczne owoce morza. Niecałe 30 minut drogi z gigantycznych resortów w Guardalavaca.

Restaurant El Latino KUCHNIA KARAIBSKA $
(General Marrero No 710; dania główne 5–8 CUC; ⌚11.00–23.00) Od dawna ulubiony lokal w Banes; państwowa restauracja z tradycyjnymi potrawami kreolskimi doprawionymi latynoskim czarem. Obsługa jest dobra, a przygrywający muzycy utalentowani.

Rozrywka

Cafe Cantante MUZYKA NA ŻYWO
(☎24-80-46-58; General Marrero No 320) Popularny w Banes zatłoczony dziedziniec rozbrzmiewający muzyką. Odbywają się tu próby orkiestry miejskiej, dyskoteki, koncerty i jazzowe jam-session. Kawiarnia powszechnie nazywana Casa de la Trova.

Przyjazd i wyjazd

Z **dworca autobusowego** (róg Tráfico i Los Ángeles) odjeżdżają dwa autobusy dziennie (1 CUP) do Holguín (72 km). Rozkłady jazdy (nie ma stałych) wypisywane kredą na tablicy. Ciężarówki pasażerskie jeżdżą do Holguín częściej.

Taksówka z Guardalavaca (33 km) kosztuje około 25 CUC w jedną stronę. Można też pojechać motorowerem (z łatwością) lub rowerem (nie tak łatwo) na fantastyczną całodzienną wycieczkę z Guardalavaca.

Sierra del Cristal

Kubańska „mała Szwajcaria": Sierra del Cristal, Altiplanicie de Nipe i dwa ważne parki narodowe. Parque Nacional Sierra del Cristal, najstarszy na Kubie, utworzono w 1930 r. Obecna nazwa to Parque Nacional Pico Cristal (1213 m n.p.m.). „Szklany szczyt" jest najwyższym wzniesieniem w prowincji Holguín. Bardziej interesujący dla turystów będzie porośnięty sosnami Parque Nacional La Mensura (pow. 53 km^2), 30 km na południe od Mayarí. La Mensura, z alpejskim mikroklimatem i ponad setką endemicznych gatunków roślin jest popularnym terenem wędrówek i jazdy konnej; Gaviota oferuje noclegi w ekogospodarstwie. Academia de Ciencias de Cuba ma tu górskie centrum badawcze.

Krajobraz Sierra del Cristal zainspirował powstanie hitu *Chan chan* Buena Vista Social Club. Fani lidera zespołu, Compaya Segundo, przemierzając drogę, nazywają ją właśnie Ruta de Chan Chan.

Zwiedzanie

★ Salto del Guayabo WODOSPAD

(wstęp 5 CUC) Mający ponad 100 m wysokości Guayabo (15 km od Villa Pinares del Mayarí) jest najwyższym wodospadem na Kubie. Do stóp widowiskowego wodospadu idzie się (z przewodnikiem) 1,2 km przez bujny tropikalny las, a potem relaksująca kąpiel w naturalnym basenie.

Salto de Capiro WODOSPAD

Dwukilometrowy szlak z Villa Pinares del Mayarí prowadzi do wodospadu ukrytego w gęstym lesie.

Aktywnie

Większość aktywności można zorganizować w Villa Pinares del Mayarí; wycieczki samochodami terenowymi proponują hotele w Guardalavaca i w Santiago de Cuba.

Sendero La Sabina WĘDRÓWKI

(wejście 3 CUC) Krótki szlak koło Estación de Investigaciones Integrales de la Montaña (stacji badawczej), 1 km od Villa Pinares del Mayarí. Można tu podziwiać wegetację ośmiu różnych ekosystemów, w tym rzadkie orchidee oraz 150-letnie drzewo *ocuje colorado* (*Calophyllum utile*).

Hacienda La Mensura JAZDA KONNA

Osiem kilometrów z Villa Pinares del Mayarí jest schronisko dla egzotycznych zwierząt, m.in. antylop. Można tu zorganizować jazdę konną.

Noclegi

★ Villa Pinares del Mayarí HOTEL $

(☎24-45-56-28; 1-/2-os. 25/35 CUC; P ❄ ≋) Ukryty w jednym z większych na Kubie lasów sosnowych, pomiędzy Altiplanicie de Nipe i Sierra del Cristal na wysokości 600 m n.p.m. Hotel *Villa Pinares del Mayarí*, zaciszny ośrodek w stylu alpejskim, oferuje dwu- i trzypokojowe domki z gorącymi prysznicami i wygodnymi łóżkami. Jest też wielka restauracja (dania główne 4–9 CUC), bar, teren sportowy, siłownia i basen.

300 m od hotelu jest małe naturalne jezioro El Cupey – wspaniałe miejsce na poranną kąpiel. Ośrodek prowadzi Gaviota. Jedzie się 30 km na południe od Mayarí wyboistą drogą.

Przyjazd i wyjazd

Do Villa Pinares del Mayarí i Parque Nacional La Mensura można przyjechać ze zorganizowaną wycieczką, a także samochodem, taksówką (50 CUC z Holguín) lub rowerem (pod warunkiem że nie będzie kubański).

Droga dojazdowa składa się głównie z dziur i placków asfaltu, ale można nią ostrożnie przejechać nawet wynajętym samochodem. Przejechanie 30 km potrwa przynajmniej półtorej godziny.

Cayo Saetía

Na wschód od Mayarí droga staje się jeszcze bardziej wyboista, a okoliczne tereny coraz bardziej odosobnione. Trasa kończy się na Cayo Saetía, uroczej zalesionej wysepce w atlantyckiej zatoce, Bahía de Nipe, połączonej z lądem niewielkim mostem. W latach 70. i 80. XX w. Saetía była ulubionym miejscem polowań partyjnych aparatczyków, którzy uwielbiali faszerować ołowiem miejscową zwierzynę. Obecnie jest chronionym parkiem, w którym żyje dziewiętnaście gatunków egzotycznej fauny, m.in. wielbłądy, zebry, antylopy, strusie i jelenie.

Poprzecinana trawiastymi łąkami i ozdobiona ukrytymi zatoczkami i plażami, Saetía przypomina afrykański rezerwat. Na Cayo Saetía nadal jednak rządzi wojsko i goście nie są specjalnie mile widziani – zwłaszcza ci, którzy tylko zwiedzają. Wspaniałą plażę okupują zorganizowane wycieczki, przypływające katamaranami z Guardalavaca.

Noclegi

Villa Cayo Saetía RESORT $$

(☎24-51-69-00; 1-/2-os. ze śniadaniem 43/62 CUC; ❄) Niewielki rustykalny resort na wyspie (o powierzchni 42 km^2) u wejścia do Bahía de Nipe ma wyższy standard, niż sugeruje cena. 12 pokojów podzielono na rustykalne

WARTO ZOBACZYĆ

RODZINNY DOM FIDELA

Fidel Castro Ruz urodził się 13 sierpnia 1926 roku w Finca Las Manacas koło wioski Birán, na południe od Cueto. Na wielkiej hacjendzie, kupionej w 1915 r. przez Ángela, ojca Fidela, była robotnicza wioska (z małymi chatami krytymi strzechą, w których mieszkali głównie imigranci zarobkowi z Haiti), plac do walk kogutów, rzeźnia, poczta, sklep i telegraf. Rodzina Castro mieszkała w otoczonych cedrami żółtych drewnianych willach.

W 2002 r. na hacjendzie otwarto **Museo Conjunto Histórico de Birán** (wstęp/zdjęcia/filmowanie 10/10/10 CUC; 9.00–15.30 wt.–sb., 9.00–12.00 nd.). Ta niewiele mówiąca nazwa miała zapobiec „kultowi jednostki". Atrakcyjne drewniane zabudowania tworzą fascynujące *pueblito* (miasteczko). Dziś jest to ustronie, ale niegdyś hacjendy była usytuowana przy *camino real* – głównym gościńcu kolonialnej Kuby, biegnącym ze wschodu na zachód. Warto wybrać się tu na wycieczkę.

W poszczególnych willach można zobaczyć ponad setkę zdjęć, odzież, dziecięce łóżko Fidela, a także forda z 1918 r. należącego do jego ojca. Najbardziej interesująca jest chyba szkoła, do której chodził wzorowy uczeń Fidel przed przeniesieniem się do Santiago de Cuba. Fidel siedział pośrodku pierwszego rzędu. Są też zdjęcia młodego Fidela i Raúla oraz akt urodzenia Fidela pod nazwiskiem Fidel Casiano Castro Ruz.

Na cmentarzu jest grób ojca Fidela i Raúla, Ángela Castro i jego rodzeństwa. Hacjenda to także dziedzictwo, którego się wyrzekł ten w gorącej wodzie kąpany były prawnik, kiedy uciekł na dwa lata w Sierra Maestra, by żywić się krabami i surowym końskim mięsem. Finca Las Manacas była pierwszą posiadłością zajętą przez rząd po rewolucji.

i standardowe *cabañas* z drobną różnicą w cenie. Można się tu poczuć, jakby się było 1000 km z dala od wszystkiego.

Miejscową restaurację *La Güira* (dania główne 5–12 CUC) urządzono w stylu hemingwayowskim, z trofeami myśliwskimi na ścianach. Menu (np. danie z antylopy) jest równie egzotyczne jak otoczenie.

Przyjazd i wyjazd

Na 20 kilometrach prowadzących na wysepkę (połączoną mostem ze stałym lądem) warunki drogowe są złe. Turyści przyjeżdżający samochodem muszą przejść przez punkt kontrolny przy moście i zapłacić za wjazd (7 CUC od osoby). Do resortu hotelowego jedzie się jeszcze 8 km wyboistą polną drogą.

Jeśli nie było deszczu, można, zachowując ostrożność, dojechać samochodem terenowym. Kiedy pada, nie ma co próbować, bo gliniasta powierzchnia staje się bardzo śliska. Wjeżdżający bez rezerwacji narażą się na nieprzyjemności ze strony strażników.

Biura podróży i resorty organizują całodzienne wycieczki katamaranem z Guardalavaca (120 CUC od osoby) na Cayo Saetía.

Jak się poruszać na miejscu

Cayo Saetía można poznawać na trzy sposoby (oczywiście poza pieszymi spacerami z resortu): podczas godzinnego safari terenówką (9 CUC od osoby), konno lub łódką zorganizowaną w resorcie.

Prowincja Granma

☎ 23/836 000 MIESZK.

Spis treści ➡

NAJ: Gastronomia

- Mesón La Cuchipapa (s. 379)
- Restaurante San Salvador de Bayamo (s. 379)
- Fiesta de la Cubanía (s. 379)

NAJ: Noclegi

- Villa La Paz (s. 378)
- Adrián y Tonia (s. 386)
- Villa Santo Domingo (s. 382)

Dokąd jechać?

Niewiele miejsc na świecie wzięło nazwę od jachtów. To może tłumaczyć, dlaczego w Granmie (nazwanej na cześć łodzi, którą Fidel Castro i jego przemoczeni rewolucjoniści dotarli na brzeg, by rozpocząć partyzancką wojnę w 1956 r.) wciąż żywy jest kubański duch *viva la Revolución*. To kraina, gdzie umarł José Martí i gdzie, pochodzący z Granmy, Carlos Manuel de Céspedes uwolnił swych niewolników i pierwszy ogłosił niepodległość Kuby od Hiszpanii w 1868 r.

Urokliwy i odosobniony region sprzyjał sprawie rewolucji. Granma, z nielicznymi drogami, jest jedną z bardziej odległych od stolicy prowincji. W połowie XX w. w jej tropikalnych górach przez ponad 2 lata ukrywał się Fidel Castro po powrocie z Meksyku.

To oddalenie zaowocowało odmiennym rodzajem kubańskiej tożsamości. Osady w Granmie to ezoteryczne miejsca, ożywiane cotygodniowymi ulicznymi imprezami (z grillami na dworze i muzyką fisharmonii), a stolica prowincji, Bayamo, należy do najspokojniejszych i najczystszych miast archipelagu.

Kiedy jechać?

- Granma ma cudowny klimat, ale od stycznia do lutego nadmorskie okolice Marea del Portillo są najgorętszym miejscem na Kubie.
- Aby poznać tradycje prowincji, nie można przegapić największego święta w Bayamo, Incendio de Bayamo, 12 stycznia.
- W dużo wilgotniejszych górach Sierra Maestra marzec i kwiecień są najsuchsze, a noce znośne, co sprzyja wędrówkom oznaczonymi szlakami.
- 2 grudnia obchodzona jest rocznica przypłynięcia „Granmy" i rozpoczęcia rewolucji; uroczystości odbywają się w Las Coloradas.

NAJ: Prowincja Granma

1 **Marea del Portillo** (s. 390) Najcudowniejszy klimat na Kubie w zacisznym resorcie.

2 **Comandancia de la Plata** (s. 381) Wędrówka do wojennej kwatery Fidela w Gran Parque Nacional Sierra Maestra.

3 **Parque Nacional Desembarco del Granma** (s. 388) Zwiedzanie jaskiń w nadmorskich terasach i stanowisk archeologicznych.

4 **Santo Domingo** (s. 382) Oddychanie świeżym, górskim powietrzem w Gran Parque Nacional Sierra Maestra podczas konnej przejażdżki i spacerów do kąpieliska.

5 **Fiesta de la Cubanía** (s. 379) Beztroska zabawa uliczna w Bayamo, z pieczoną wieprzowiną, fisharmonią i grą w szachy.

6 **Museo Histórico de La Demajagua** (s. 385) Zwiedzanie hacjendy, w ktorej po raz pierwszy rozległ się kubański głos niepodległości.

Historia

Petroglify i pozostałości ceramiki Tainów, odkryte w Parque Nacional Desembarco del Granma, świadczą o istnieniu tubylczych cywilizacji w regionie Granmy na długo przed przybyciem Hiszpanów.

Kolumb, podczas swej drugiej wyprawy, był pierwszym Europejczykiem, który pojawił się w tym regionie, szukając schronienia przed burzą w Golfo de Guacanayabo. Próby osadnictwa nie powiodły się aż do XVII w., kiedy na wybrzeżu Granmy schronili się piraci i korsarze.

Przeznaczenie Granmy dopełniło się 10 października 1868 r. – wtedy właściciel plantacji trzciny cukrowej, Carlos Manuel de Céspedes wezwał ze swojej posiadłości Demajagua koło Manzanillo do zniesienia niewolnictwa; dla przykładu wyzwolił swoich niewolników i rozpoczął pierwszą wojnę o niepodległość.

Akcja rozwijała się dalej w 1895 r. Założyciel Kubańskiej Partii Rewolucyjnej, José Martí, został zabity w Dos Ríos półtora miesiąca po wylądowaniu z Máximo Gómezem na wybrzeżu Guantánamo. W 1902 r., po wojnie USA z Hiszpanią, Kuba uzyskała niepodległość.

2 grudnia 1956 r. Fidel Castro i 81 rebelianckich żołnierzy przybiło jachtem „Granma" do wybrzeża przy Playa Las Coloradas. Jak na ironię, łódź, która przyczyniła się do wybuchu rewolucji i dała nazwę prowincji, została zakupiona od Amerykanina, który nazwał ją na cześć swojej babci (*granma*). Oddziały dyktatora Fulgencia Batisty dopadły rewolucjonistów, wkrótce po ich wylądowaniu, na plantacji trzciny cukrowej w Alegría de Pío. Około 15 buntownikom udało się zbiec i schronić w Sierra Maestra i wkrótce w La Plata ustanowili dowództwo – Gran Comandancia de La Plata. Stamtąd koordynowali walkę zbrojną, głosili postępowe idee i jednoczyli swoich sympatyków w całym kraju. Po dwóch latach życia w ciężkich warunkach brodaci żołnierze Armii Rewolucyjnej M-26 (Ruchu 26 lipca) zatriumfowali w 1959 r.

Bayamo

157 400 MIESZK.

Eleganckie stare Bayamo to prawdziwa oaza dla zmęczonych podróżnych. Od dawien dawna, jeszcze przed Hawaną i Santiago de Cuba, słynęło jako miasto, które zapoczątkowało walkę o kubańską niepodległość. Jednak się tym nie chełpi. *Ciudad de los Coches* (miasto konnych wozów) to dla podróżnych kojące miejsce, w którym czas się zatrzymał i prędzej mogą usłyszeć cytat z literatury niż nawoływania handlarzy. Najspokojniejsza stolica prowincji żyje w rytmie stukotu końskich podków; połowa jej mieszkańców porusza się na co dzień konnymi zaprzęgami.

Bayamo odegrało ważną rolę w zagmatwanej historii Kuby. *Como España quemó a Sagunto, así Cuba quemó a Bayamo* („Jak Hiszpania spaliła Sagunto, tak Kuba spaliła Bayamo"; oblężeni przez wojska Hanibala mieszkańcy spalili miasto w 219 r. p.n.e.) napisał José Martí w latach 90. XIX stulecia. W 1869 r. płomienie zniszczyły kolonialne budowle, ale wiele z nich się zachowało. Nie naruszyły one bezkompromisowego ducha Bayamo ani jego tradycji.

Zwiedzanie

W mieście

★Plaza de la Revolución PLAC

(Parque Céspedes) Zadrzewiony plac, jeden z piękniejszych miejskich terenów zielonych na Kubie, jest głównym miejscem spotkań mieszkańców Bayamo. Plaza de la Revolución, otoczona tylko pieszymi uliczkami, tchnie spokojem i miłą atmosferą. Na placu, którego historyczne znaczenie natychmiast się dostrzega, często grają bardzo dobre regionalne orkiestry.

W 1868 r. Céspedes po raz pierwszy proklamował niepodległość Kuby przed, wspartym kolumnami, **Ayuntamiento** (ratusz; General García). Plac otaczają wielkie pomniki i wysokie drzewa, gdzie o zmierzchu rozbrzmiewają ptasie głosy. Pośrodku stoją, zwrócone do siebie, dwa pomniki – statua z brązu Carlosa Manuela de Céspedes, bohatera pierwszej wojny o niepodległość, i marmurowe popiersie Perucha Figueredo, z wyrytym tekstem hymnu narodowego Kuby (jego autorstwa).

★Casa Natal de Carlos Manuel de Céspedes MUZEUM

(Maceo No 57; 1 CUC; ⌚9.00–17.00 wt.–pt., 9.00–17.00 i 8.00–22.00 sb., 10.00–13.30 nd.) Miejsce urodzin „ojca ojczyzny" (18 IV 1819 r.), Céspedesa, zamieniono na muzeum. Bohater przeżył tu pierwsze 12 lat swego życia. Pamiątki po nim uzupełnia kolekcja mebli z epoki. Jest to jedyny w Bayamo dom kolonialny

Bayamo

PROWINCJA GRANMA

Bayamo

o dwóch kondygnacjach. Szczęśliwie przetrwał pożar w 1869 r. (wzniecili go mieszkańcy, by nie poddać miasta Hiszpanom).

Paseo Bayamés
STREFA

(Calle General García) Główną ulicę handlową w Bayamo zamknięto dla samochodów w latach 90. XX w. i ozdobiono ławkami i sztuką uliczną. Jest tu muzeum figur woskowych, **Museo de Cera** (☎23-42-54-21; General García No 261; 2 CUC; ⏲9.00–17.00 wt.–pt., 10.00–13.00 i 19.00–22.00 sb., 9.00–12.00 nd.), są różne urzędy publiczne, typowe kubańskie sklepy i czynne także w nocy budki z jedzeniem.

Plaza de la Patria
PLAC

(Av Felino Figueredo) Na tym placu 26 lipca 2006 r. Fidel Castro, już wtedy chory, wygłosił ostatnie przemówienie i przekazał swe obowiązki bratu (w 2008 r. zrezygnował z wszystkich stanowisk państwowych). Są tu pomniki Manuela de Céspedes, Antonia Maceo, Máxima Gómeza, Perucha Figueredo i, na lewo od środka, Fidela – to jego jedyny pomnik na Kubie.

6 przecznic na północny wschód od dworca autobusowego.

Parque Chapuzón
PARK

(Av Amado Estevez; 👪) Parque Chapuzón („skok do wody") to piękny zielony teren zaledwie kilometr od centrum Bayamo nad rzeką o tej samej nazwie. Mieszkańcy chodzą tam poić konie i urządzać rodzinne grille. Nad brzegami rzeki wiją się ścieżki spacerowe, stoją podobne do altan budki z jedzeniem i napojami, ale nic nie burzy wszechogarniającej atmosfery spokoju.

Oficina de Arqueología
MUZEUM

(☎23-42-15-91; General García No 252; 1 CUC; ⏲9.00–17.00 wt.–pt., 9.00–12.00 i 18.00–22.00 sb., 9.00–13.00 nd.) Prekolumbijskie kamienne siedziska, muszle, przedmioty z kości i ceramika.

Catedral del Santísimo Salvador de Bayamo
KOŚCIÓŁ

(☎23-42-25-14; José Joaquín Palma No 130) Obecny kościół z 1919 r. stoi w miejscu kaplicy wzniesionej w 1514 r. i kościoła zbudowanego w 1740 r., który spłonął w pożarze w 1869 r. Z oryginalnej budowli z 1740 r. zachowała się **Capilla de la Dolorosa** (kaplica MB Bolesnej; ⏲9.00–12.00 i 15.00–17.00 pn.–pt., 9.00–12.00 sb.; datki mile widziane) z barokowym ołtarzem i stropem w stylu *mudéjar*.

Mural olejny (8,5 m x 4,5 m) na łuku w nawie głównej kościoła (katedra od 1996 r.) przedstawia akt poświęcenia kubańskiej flagi w 1868 r. (jedyny obraz świecki w kubańskim kościele). Na pobliskiej Plaza del Himno Nacional 20 X 1868 r. po raz pierwszy odśpiewano hymn narodowy Kuby, *La Bayamesa*.

Museo Provincial MUZEUM
(☎23-42-41-25; Maceo No 55; 5 CUC; ⌚8.00–17.00 wt.–pt., 9.00–17.00 sb., 9.00–13.00 nd.) Tuż obok dawnego domu Céspedesa znajduje się Muzeum Prowincjonalne przedstawiające historię Bayamo. W zbiorach m.in. pożółkły dokument z 1567 r. i unikatowa fotografia Bayamo tuż po pożarze.

Torre de San Juan Evangelista ZABYTEK
(róg José Martí i Amado Estévez) Na ruchliwym skrzyżowaniu stał kościół z najwcześniejszych lat Bayamo, który został zniszczony w wielkim pożarze w 1869 r. Później wieża kościoła służyła jako brama wejściowa na pierwszy cmentarz (pod gołym niebem) na Kubie, zamknięty w 1919 r. Zniszczono go w 1940 r., ale wieża przetrwała.

Pomnik miejscowego poety, José Joaquína Palmy (1844–1911), stoi po przekątnej od wieży, a obok niej brązowy posąg również urodzonego w Bayamo Francisca Vicente Aguilery (1821–1877), generała Armii Wyzwoleńczej i wiceprezydenta Republiki Kuby.

Ventana de Luz Vázquez MIEJSCE HISTORYCZNE
(Céspedes, pomiędzy Figueredo i Luz Vázquez) Pierwszą *Bayamesę*, romantyczną poprzedniczkę hymnu narodowego, autorstwa Céspedesa i José Fomarisa, odśpiewano 27 III 1851 r. pod oknem patriotki Luz Vázquez. Pomnik (mur z kolonialnym oknem i tablicą pamiątkową) stoi w miejscu rezydencji Luz.

Casa de Tomás Estrada Palma CENTRUM KULTURY
(Céspedes No 158) Pierwszy prezydent niepodległej Kuby, Tomás Estrada Palma, urodził się w 1835 r. Niegdyś przyjaciel José Martí, był po rewolucji krytykowany za współpracę z USA przy wprowadzeniu Poprawki Platta (utrzymującej w mocy protektorat nad Kubą). Jego dom rodzinny jest obecnie siedzibą Uneac (Unión Nacional de Escritores y Artistas de Cuba; Narodowego Związku Kubańskich Pisarzy i Artystów).

W domu pod numerem 158 trudno znaleźć pamiątki po jego słynnym mieszkańcu, tylko palma na dziedzińcu, posadzona w 1837 r., z pewnością wspomina Palmę.

Parque Museo Ñico López MUZEUM
(☎23-42-31-81; Abigail González; 1 CUC; ⌚9.00–12.00 i 13.30–17.30 wt.–sb., 9.00–13.00 nd.) Muzeum mieści się w dawnym klubie oficerskim w koszarach Carlosa Manuela de Céspedes, 1 km na południowy wschód od Parque Céspedes. 26 lipca 1953 r. garnizon zaatakowało 25 rewolucjonistów pod wodzą Ñica Lópeza. Jednocześnie Fidel Castro zaatakował Koszary Moncada w Santiago de Cuba, by uniemożliwić dowódcom Batisty wysłanie wsparcia.

López uciekł do Gwatemali, tam poznał Ernesta Che Guevarę, potem w Meksyku przedstawił go Fidelowi. Zginął wkrótce po przypłynięciu „Granmy" z Meksyku na Kubę w 1956 r.

Fábrica de los Coches FABRYKA
(☎23-41-16-44; Prolongación General García No 530; datek 1 CUC; ⌚8.00–15.00 pn.–pt. i co drugą sb.) Warto się tu wybrać i przyjrzeć się linii produkcyjnej jedynej na Kubie manufaktury *coches* (powozów konnych). Większość powozów używanych na Kubie jest z metalu, ale te są z drewna, a ich produkcja trwa dłużej (nawet do trzech miesięcy)

Widać tu powozy w różnym stadium produkcji. W fabryce można porozmawiać z robotnikami, a także kupić najlepszą pamiątkę z Bayamo – miniaturowy model powozu, zrobiony z dużą dbałością o szczegóły. Duże *coches* kosztują około 8000 *pesos* (325 CUC) i nie mieszczą się do walizki.

Za miastem

Jardín Botánico de Cupaynicú OGRODY
(Carretera de Guisa, Km 10; 2 CUC; ⌚8.00–16.30 wt.–nd.) Kwiatowe królestwo Bayamo znajduje się w ogrodzie botanicznym około 16 km za miastem przy drodze do miasta Guisa. Rzadko przyjeżdżają turyści, więc można się cieszyć zielenią na obszarze 104 hektarów. Rosną tam 74 gatunki palm, kaktusy, orchidee, rośliny zagrożone i lecznicze. Nazwa ogrodu Cupaynicú pochodzi od endemicznego drzewa *cupey* (*Clusia rosea*).

Zwiedzanie Cupaynicú z przewodnikiem (tylko po hiszpańsku) obejmuje bogato zdobione cieplarnie. Jedzie się tam 6 km drogą w stronę Santiago de Cuba i skręca w lewo na Guisa. Po 10 km widać drogowskaz Jardín Botánico de Cypaynicú. Z Bayamo do ogrodu botanicznego kursują ciężarówki pasażerskie (10 CUP); odjeżdżają z dworca autobusowego, usytuowanego naprzeciwko dworca kolejowego.

Aktywnie

Academia de Ajedrez SZKOŁA SZACHOWA
(José A. Saco No 63, pomiędzy General García i Céspedes; 9.00–12.00, 14.00–15.30 i 20.00–22.00 pn.–pt.) Academia de Ajedrez, kształcąca uczniów w uroczych szkolnych mundurkach, to miejsce, gdzie można doskonalić swoje roszady. Inspiracji dostarczają portrety wielkich kubańskich bohaterów, wiszące na ścianach tej szacownej instytucji.

Wycieczki

Anley Rosales Benítez WYCIECZKI
(52-92-22-09; www.bayamotravelagent.com; Carretera Central No 478) Anley organizuje wycieczki w Sierra Maestra, dokąd trudno dojechać samodzielnie. Ponieważ nie wszystkie wycieczki prowadzi sam, trzeba upewnić się wcześniej, czy inny przewodnik będzie dwujęzyczny. Atrakcyjna jest wycieczka śladami rewolucji lat 1956–1958 do miejsc, gdzie kryli się rebelianci, na przykład do wioski, w której Fidel Castro grał w bejsbol z jej mieszkańcami.

W ofercie całodzienne wypady do Jardín Botánico Cupaynicú, transfery z lotniska w Bayamo i wycieczki all-inclusive do Comandancia General de La Plata (dwie osoby 115 CUC) w Sierra Maestra.

Festiwale i wydarzenia

Incendio de Bayamo WYDARZENIE KULTURALNE
(12 I) Wielka impreza, Pożar Bayamo, upamiętnia podpalenie miasta przez jego mieszkańców 12 I 1869 r. (żeby nie dostało się Hiszpanom). W Parque Céspedes odbywają się koncerty i przedstawienia teatralne, na dachami domów wybuchają fajerwerki.

I ZOSTAŁO TYLKO TRZECH...

Wszystko zapowiadało sromotną porażkę. Trzy dni po zacumowaniu jachtu „Granma" na południowo-wschodnim wybrzeżu Kuby 82-osobowy oddział Castro został zdziesiątkowany przez armię dyktatora Fulgencia Batisty. Niektórzy rebelianci zbiegli, inni zostali pojmani i zabici. Uciekając z pułapki, Castro znalazł się na polu trzciny cukrowej z dwoma obszarpanymi towarzyszami – swoim przyszłym ochroniarzem Universem Sánchezem i lekarzem z Hawany Faustinem Pérezem. „To był moment, kiedy dowodziłem sobą i dwoma towarzyszami" – powiedział człowiek, który pewnego dnia miał obalić kubański rząd, udaremnić inwazję amerykańską, zagrozić wojną nuklearną i stać się jedną z ważniejszych postaci polityki XX w.

Ścigany z ziemi i powietrza, trzyosobowy oddział ukrywał się na polu trzciny cukrowej przez cztery dni i trzy noce. Nieszczęsny Faustino Pérez przypadkowo pozbawił się broni; Universo Sánchez zgubił buty. Zmęczony i wygłodniały Fidel Castro robił dalej to, co umiał najlepiej. Szeptał nieprzerwanie do swoich kolegów o rewolucji, o filozofii José Martí. Pokrzepiająco perorował o tym, jak to „cała chwała świata zmieści się w ziarnie kukurydzy". Universo Sánchez, nie bez racji, skwitował, że ich lider bredzi, że zwariował i ich marny los został już przypieczętowany.

Nocą Fidel, gotów na najgorsze, byleby nie dać się pojmać żywcem, spał z odbezpieczoną bronią wycelowaną w gardło. Jeden ruch palcem i byłoby po wszystkim. Nie byłoby rewolucji kubańskiej, Zatoki Świń, kubańskiego kryzysu rakietowego.

Nieprzewidywalny los jednak zrządził inaczej. Armia Batisty, sądząc, że rebelianci zostali wybici, odwołała pościg. A wtedy Fidel i jego dwóch kompanów skierowali się na północ i szli uparcie w stronę bezpiecznych gór, Sierra Maestra, oszukując głód sokiem wysysanym z trzciny cukrowej.

To była desperacka walka o przetrwanie. Przez następne osiem dni rebeliancka armia, licząca trzy osoby, unikała patroli wojskowych, przeciskała się kanałami i piła własny mocz. Wreszcie 13 grudnia trzej towarzysze spotkali *campesino* (chłopa) Guillerma Garcíę, sympatyka rewolucji. I wtedy los się uśmiechnął.

15 grudnia w bezpiecznym domu pojawił się brat Fidela, Raúl, prowadząc z puszczy trzech ludzi z czterema sztukami broni. Castro wpadł w ekstazę. Trzy dni później przybyła trzecia grupa: ośmiu wyczerpanych żołnierzy, a wśród nich Ernesto Che Guevara i Camilo Cienfuegos. Armia rebeliancka liczyła już 15 osób.

„Możemy wygrać tę wojnę! " – ogłosił rozentuzjazmowany Fidel swoim niezbyt uszczęśliwionym ludziom. „Właśnie zaczęliśmy walczyć".

Noclegi

W Bayamo są dobre hotele i prywatne kwatery; długo oczekiwane otwarcie hotelu *Telégrafo* jest planowane na rok 2017.

★Villa La Paz CASA PARTICULAR $
(☎52-77-34-59, 23-42-39-49; anyoleg2005@yahoo.es; Coronel J. Estrada No 32, pomiędzy William Soler i Av Milanés; pokój 20–25 CUC; ❄@📶) Każdy podróżujący po Kubie uzna ten czysty, nowoczesny dom z wyremontowanymi pokojami za doskonałą okazję. Goście mają do dyspozycji płaskie telewizory, Wi-Fi i salę jadalną. Wprawdzie nie ma ogródka ani patio, za to wnętrza są bardzo przyjemne, mili gospodarze mówią po angielsku i rosyjsku.

Casa Olga CASA PARTICULAR $
(☎23-42-38-59, kom. 54-95-59-54; olgacr@nauta.cu; Parada No 16, róg Martí; pokój 25 CUC; ❄📶) Trzy pokoje na piętrze z balkonem wychodzącym na główny plac. Olga jest gościnną gospodynią, przygotowuje smaczne i sycące śniadania. Przy otwartych oknach dobiegają dźwięki muzyki z *Casa de la Trova* naprzeciwko.

Casa de la Amistad CASA PARTICULAR $
(☎23-42-57-69; gabytellez2003@gmail.com; Pío Rosado No 60, pomiędzy Ramíriez i N. López; pokój 25 CUC; P❄@📶) Gabriel i Rosa wynajmują dwa przestronne apartamenty na piętrze swego pastelowego domu. Goście „domu przyjaźni" mają oddzielne wejście, kuchnię, salon, sypialnię i łazienkę. Uprzejmi gospodarze mówią znakomicie po angielsku. Jest też Wi-Fi.

Villa Pupi i Villa América CASA PARTICULAR $
(☎23-42-30-29; yuri21504@gmail.com; Coronel J. Estrada No 76-78; pokój 20–25 CUC; ❄) Rodzinne przedsięwzięcie – trzy pokoje w dwóch sąsiednich domach. Te lepsze mają przestronne tarasy na piętrze, gdzie serwuje się smaczne miejscowe potrawy (dania główne 5–10 CUC). Uwaga – nie zawsze przestrzega się rezerwacji.

Villa Bayamo HOTEL $$
(☎23-42-31-02; 1-/2-os. 58/64 CUC; P❄🏊) Hotel za miastem (3 km na południowy zachód od centrum w stronę Manzanillo); wiejska atmosfera, orzeźwiający basen z widokiem na okoliczne pola. Pokoje w *Villa Bayamo* są dobrze utrzymane, hotelowa restauracja bez zarzutu.

Hotel Sierra Maestra HOTEL $$
(☎23-42-79-70; Carretera Central; pokój 1-/2-os. 56/64 CUC; P❄📶🏊) 3 km od centrum miasta. Nad hotelem *Sierra Maestra* unosi się sowiecki duch lat 70. XX w., a trzy gwiazdki, którym się szczyci, są trochę na wyrost. Pokoje jednak dość zadbane. Można tu spędzić noc. Ukojenie zapewnią *mojitos* w barze.

★Hotel Royalton HOTEL $$$
(☎23-42-22-90; Maceo No 53; pokój 1-/2-os. 120/135 CUC; ❄📶) Najlepszy hotel w Bayamo; *Royalton* ma 33 pokoje w standardzie butikowym, z elektrycznymi prysznicami, płaskimi telewizorami i tarasem na dachu. Na dole, w strefie wspólnej, jest atrakcyjny bar ze stolikami na bocznym tarasie, z którego widać Parque Céspedes. Miejscowa restauracja jest bardzo dobra.

Gastronomia

W Bayamo warto kupować jedzenie z ulicznych straganów przy calle Saco i w Parque Céspedes. Są też lokalne restauracje z cenami w kubańskich *pesos*.

El Polinesio KUCHNIA KUBAŃSKA $
(☎23-42-24-49; Parada No 125, pomiędzy Pío Rosado i Cisnero; dania 6–8 CUC; ⏲12.00–23.00) Lokal debiutował w czasach, gdy prywatne restauracje mogły mieć tylko 12 miejsc i serwować wieprzowinę i kurczaka. W dzisiejszym menu dominują owoce morza z sosem winnym i kurczak z warzywami.

Nie zmienił się sam lokal z pięcioma czy sześcioma stolikami na górze rodzinnego domu i uśmiechnięta obsługa.

La Sevillana KUCHNIA HISZPAŃSKA $
(☎23-42-14-72; General García, pomiędzy General Lora i Perucho Figueredo; dania 1–4 CUC; ⏲12.00–14.00 i 18.00–22.00) Kubańska wersja hiszpańskich potraw – paelli i *garbanzos* (ciecierzycy). Nowy rodzaj miejscowej restauracji (nie wchodzi się w szortach), z portierem w garniturze i rezerwacją. Goście w wizytowych strojach niech się jednak nie spodziewają sewilskiej kreatywności.

Cuadro Gastronómico de Luz Vázquez FAST FOOD $
(przy General García, pomiędzy Figueredo i General Lora; dania od 10 CUP; ⏲zmienne godz.) Przy tej krótkiej alejce parkuje kilkanaście czystych wózków sprzedających uliczne przekąski (płaci się w kubańskich *pesos*). W ofercie hot dogi, *croquetas*, sardynki i *empanadas*.

★ Restaurante San Salvador de Bayamo KUCHNIA KARAIBSKA $$
(☎23-42-69-42; Maceo No 107; dania główne 3–9 CUC; ⏲12.00–23.00) Któż nie chciałby zjeść we wspaniałym kolonialnym domu przy dźwiękach skrzypiec? Dzięki wiedzy właściciela, tutejsze nieoczywiste potrawy mają miejscowy charakter. Warto spróbować tortilli z maniokiem i serem albo krewetek w sosie czosnkowym. Do popicia *cerveza mambisa* (partyzanckie piwo), sok z *jagua* (*Genipa americana*) fermentowany w trzcinie cukrowej.

Tańsze menu w *moneda nacional* (CUP; kubańskie *pesos*) i zestawy w walucie wymienialnej.

★ Mesón La Cuchipapa KUCHNIA KUBAŃSKA $$
(☎52-39-89-05; laCUC hipapa@gmail.com; Parada pomiędzy Mármol i Martí; dania główne 6–10 CUC; ⏲11.00–14.00) Prawdziwa *comida cubana* (potrawy kubańskie) przyrządzana zgodnie z dawnymi tradycjami, zazwyczaj nieznanymi gościom. Przy piknikowych drewnianych ławach można skosztować podpłomyków jadanych przez Tainów, fasolowych potrawek i obfitych porcji wędzonej wieprzowiny. Do popicia *frutanga,* koktajl z lokalną wodą ognistą, słodzoną sokiem z trzciny cukrowej własnoręcznie kruszonej w starym młynku.

Restaurante Plaza KUCHNIA KUBAŃSKA $$
(☎23-42-22-90; Maceo No 53, hotel *Royalton*; dania główne 6–10 CUC; ⏲7.30–22.30) Najlepszy hotel w Bayamo (*Royalton*) zaprasza do jednej z lepszych restauracji w mieście. Nie legendarnej, ale znakomicie usytuowanej, ze stolikami na zewnątrz z widokiem na bardzo ładny plac. Potrawy w proponowanym menu są określane jako „międzynarodowe", z mięsem, ryżem i fasolą. W złe dni obsługa bywa przesadnie usłużna, w dobre – cicha i uprzejma.

La Bodega KUCHNIA KARAIBSKA $$
(☎23-42-10-11; Plaza del Himno Nacional No 34; dania 5–15 CUC, po 21.00 opłata 3 CUC; ⏲11.00–1.00) Na głównym placu Bayamo – na jego krańcu stoi odosobniona wiejska willa z tarasem widokowym na Río Bayamo. W menu wieprzowina lub *vaca frita* (siekana wołowina) z dodatkami i deserem. Warto spróbować wołowiny, napić się kawy i zrelaksować, zanim przyjdą grupy wycieczkowe. W niektóre popołudnia muzyka na żywo.

Kawiarnie, bary i życie nocne

Café Literario Ventana Sur BAR
(Figueredo No 62; ⏲10.00–24.00) Można dołączyć do miejscowych poetów, artystów i muzyków popijających mocną kawę i zawzięcie dyskutujących. Siedzą przy stolikach na zewnątrz, strojąc gitary, zanim rozpoczną muzykowanie – połączenie stylu Silvia Rodrígueza i Radiohead.

Bar La Esquina BAR
(☎23-42-17-31; róg Donato Mármol i Maceo; ⏲12.00–24.00) Międzynarodowe koktajle serwowane w maleńkim barku na rogu, z dodatkiem lokalnej atmosfery.

Piano Bar BAR
(☎23-42-40-27; Bartolomé Masó pomiędzy General García i Barranca de la Luz; 10 CUP; ⏲12.00–24.00 pn.–pt., 14.00–2.00 sb. i nd.) Klimatyzacja, krochmalone obrusy, poważni kelnerzy, muzyka na żywo – od recitali fortepianowych po *trovadores* i *música romántica*. Czasem wstęp tylko z zaproszeniami. Muzyka na żywo codz. z wyjątkiem poniedziałków.

La Taberna BAR
(General García, pomiędzy Saco i Figueredo; ⏲10.00–22.00) Przy głównej ulicy handlowej; beczkowe piwo w ceramicznych kuflach, nieustanny gwar rozmów. Płatność w kubańskich *pesos*.

NIE POMIŃ

FIESTA DE LA CUBANÍA

Główną atrakcją nocnego życia w Bayamo są spontaniczne, wspaniałe uliczne imprezy, jakich nie spotyka się nigdzie indziej na Kubie. W programie gra na słynnych fisharmoniach, prosiaki z rożna i, może niezbyt zachęcajace cudzoziemców, koktajle z ostryg (*ostiones*) oraz – nieoczekiwanie – rzędy stołów z planszami szachowymi. Taniec jest oczywiście obowiązkowy. Akcja rozpoczyna się około 20.00 w soboty. Tradycyjnie fiesta odbywała się na calle Saco, w pobliżu głównego rynku, ale – ku rozczarowaniu wielu miejscowych – przeniosła się poza centrum – na Plaza de la Fiesta. Aktualnych informacji o fieście Cubanía udziela Infotur (s. 380).

Rozrywka

Teatro Bayamo TEATR

(☎23-42-51-06; Reparto Jesús Menéndez) Usytuowany sześć przecznic na północny wschód od Plaza de la Patria, jeden z ważniejszych teatrów w Oriente. Po restauracji w 1982 r. był salą kinową, po następnym remoncie funkcjonuje jako teatr - pierwszy spektakl wystawiono w 2007 r. *Vitrales* (witraże) w holu są przepiękne. Przedstawienia odbywają się w środy, soboty i niedziele.

Casa de la Trova La Bayamesa MUZYKA TRADYCYJNA

(☎23-42-56-73; Maceo No 111; 1 CUC; ⊙10.00–1.00) Jeden z lepszych ośrodków *trova* na Kubie, w uroczym kolonialnym budynku przy Maceo. Obrazy na ścianach przedstawiają słynnego króla *trova* z lat 70. XX w., urodzonego w Bayamo, Pablo Milanésa. Na miejscu sklep z pamiątkami ARTex.

Uneac CENTRUM SZTUKI

(☎23-42-36-70; Céspedes No 158; ⊙godz. zmienne) *Boleros cubanos* (romantyczne ballady) rozbrzmiewają na ukwieconym patio dawnego domu niesławnego pierwszego prezydenta Tomása Estrady Palmy, niezmiennie obwinianego o przekazanie Guantánamo *yanquis* (Jankesom).

Centro Cultural Los Beatles MUZYKA NA ŻYWO

(☎23-42-17-99; Zenea, pomiędzy Figueredo i Saco; 1 CUC; ⊙6.00–24.00 wt.–nd.) Tak jak cały świat zakochał się w egzotyce Buena Vista Social Club, tak Kubańczycy pokochali Wielką Czwórkę. W przedziwnym lokalu w weekendy można słuchać coverów Beatelsów po hiszpańsku. Wspaniałe!

Cine Céspedes KINO

(☎23-42-42-67; Libertad No 4; 5 CUP) Kino mieści się po zachodniej stronie Parque Céspedes przy poczcie. W repertuarze wszystko, od filmów Tomása Gutiérreza Alei po ostatnie hollywoodzkie przeboje (czasem po angielsku z hiszpańskimi napisami).

Casa de la Cultura DOM KULTURY

(☎23-42-59-17; General García No 15) Po wschodniej stronie Parque Céspedes. Rozmaite wydarzenia kulturalne, w tym wystawy sztuki.

Estadio Mártires de Barbados WIDOWISKA SPORTOWE

(☎23-42-57-47; Av Granma) Stadion ok. 2 km na wschód od centrum miasta.

Mecze bejsbolowe od października do kwietnia.

Cabaret Bayam KABARET

(☎23-48-16-98; Carretera Central, Km 2; ⊙19.00–24.00 wt.–nd.) Błyszczący klub nocny i zarazem kabaret, naprzeciwko hotelu *Sierra Maestra*, przyciąga w weekendy widzów w błyszczących strojach. Największy kabaret pod dachem na Kubie.

Zakupy

Paseo Bayamés to główna piesza ulica handlowa, ale przy niewielu turystach, nastawiona głównie na miejscowych.

ARTex UPOMINKI I PAMIĄTKI

(☎23-48-79-56; General García No 7; ⊙9.00–16.30 pn.–sb.) W Parque Céspedes; tradycyjny mix koszulek z Che Guevarą i podrabiane figurki obrzędów *santerii*.

Informacja

DOSTĘP DO INTERNETU

Wi-Fi jest na Plaza de la Revolución i w małym parku przed Casa de la Trova.

Etecsa Telepunto (☎23-42-83-53; General García, pomiędzy Saco i Figueredo; Internet 1 godz. 1,50 CUC; ⊙8.30–19.00) Można tu kupić karty internetowe lub skorzystać z terminali; rzadko jest tłok.

OPIEKA MEDYCZNA

Farmacia Internacional (☎23-42-95-96; General García, pomiędzy Figueredo i Lora; ⊙8.00–12.00 i 13.00–17.00 pn.–sb.) Apteka.

Hospital Carlos Manuel de Céspedes (☎23-42-50-12; Carretera Central, 1 km) W nagłych przypadkach.

PIENIĄDZE

Bankomatów jest mnóstwo.

Banco de Crédito y Comercio (☎23-42-63-40; róg General García i Saco; ⊙8.00–16.00 pn.–pt., 8.00–11.00 sb.) Bank z bankomatem.

Cadeca (☎23-42-72-22; Saco No 101; ⊙8.30–16.00 pn.–sb.) Wymiana walut.

POCZTA

Urząd pocztowy (☎23-42-32-72; róg Maceo i Parque Céspedes; ⊙8.00–20.00 pn.–sb.)

INFORMACJA TURYSTYCZNA

Cubanacán (Maceo; ⊙9.00–12.00, 13.00–16.30 pn.–sb.) Organizuje między innymi wycieczki na Pico Turquino i do Parque Nacional Desembarco del Granma.

Ecotur (☎23-48-70-06 w. 639; hotel *Sierra Maestra*) Pomocne biuro rezerwujące wycieczki na Pico Turquino i do Parque Nacional Desembarco del Granma. Warto spytać o wędrówkę Ruta de la Revolución.

Infotur (☎23-42-34-68; Plaza del Himno Nacional, róg Joaquín Palma; ⌚8.30–12.00 i 13.00–17.00 pn.–pt.) Warto skorzystać z usług tego biura. W ofercie dwujęzyczne wycieczki po mieście rykszami (4 CUC) oraz te same, które organizuje Ecotour i Cubanacán. W hasztagach #Infotur #Bayamo na Facebooku informacje o aktualnych wydarzeniach w mieście.

Przyjazd i wyjazd

SAMOLOT

Aeropuerto Carlos Manuel de Céspedes w Bayamo (kod lotniska BYM) znajduje się około 4 km na północny wschód od miasta przy drodze do Holguín. Tylko loty krajowe.

AUTOBUSY I CIĘŻARÓWKI

Z **dworca autobusowego** (róg Carretera Central i Av Jesús Rabí) kursują autobusy **Víazul** (☎23-42-74-82; www.viazul.com; róg Carretera Central i Av Jesús Rabí) do kilkunastu miejscowości.

Autobusy jadące na zachód zatrzymują się w Las Tunas (6 CUC), Camagüey (11 CUC), Ciego de Ávila (17 CUC), Sancti Spíritus (21 CUC) i Santa Clara (26 CUC).

Ciężarówki osobowe odjeżdżają z sąsiedniego terminala do Santiago de Cuba, Holguín, Manzanillo, Pilón i Niquero (kilka dziennie). Można nimi dojechać do Bartolomé Masó, a potem publicznym transportem (najbliżej, jak się da) do szlaków w Sierra Maestra. Ciężarówki odjeżdżają, gdy są pełne, płaci się przy wejściu.

Lokalny **dworzec autobusowy** (☎23-42-40-40; róg Saco i Línea), naprzeciwko dworca kolejowego, nie ma połączeń interesujących dla turystów, ale odchodzą stąd ciężarówki do Guisa.

TAKSÓWKA

Państwową taksówką można dojechać do słabo skomunikowanych miejscowości: Manzanillo (30 CUC), Pilón (75 CUC) i Niquero (80 CUC). Stawki są orientacyjne i zależą od aktualnych cen paliwa. Zwykle taksówką jest jednak taniej niż samochodem z wypożyczalni.

POCIĄG

Dworzec kolejowy (☎23-42-30-56; róg Saco i Línea; pociąg do Hawany 25 CUC) znajduje się 1 km na wschód od centrum. Są trzy pociągi dziennie do Manzanillo (przez Yara). Inne kursują do Santiago de Cuba i Camagüey. Dalekobieżne pociągi Hawana – Manzanillo przejeżdżają przez Bayamo co czwarty dzień.

Jak się poruszać na miejscu

Cubataxi (☎23-42-43-13) organizuje taksówki na lotnisko w Bayamo (5 CUC) i na Aeropuerto Frank País w Holguín (35 CUC). Taksówka do Villa Santo Domingo (punkt wypadowy na Alto del Naranjo, skąd odchodzą szlaki po Sierra Maestra) oraz Comandancia General de La Plata kosztuje ok. 35 CUC w jedną stronę. Postój taksówek: na południu miasta przy Parque Museo Ñico López.

Cubacar (☎23-59-70-05; Carretera Central) wypożycza samochody w hotelu *Sierra Maestra*; **stacja benzynowa Servi-Cupet** (Carretera Central) jest pomiędzy hotelem *Sierra Maestra* i dworcem autobusowym, gdy się wjeżdża z Santiago de Cuba.

Główna trasa powozów konnych (1 CUP) biegnie od dworca kolejowego do szpitala przez dworzec autobusowy. Taxi rowerowe (kilka *pesos* za kurs) są wygodne do poruszania się po mieście. Stoją koło dworca kolejowego.

Gran Parque Nacional Sierra Maestra

Wśród majestatycznych szczytów i wilgotnych lasów mglistych mieszkają uczciwi, pracowici *campesinos* (wieśniacy). W **Gran Parque Nacional Sierra Maestra** (15 CUC; ⌚do 16.00), urzekającym rezerwacie przyrody, wciąż jeszcze pobrzmiewają echa wystrzałów rewolucji Castro z końca lat 50. XX w. Do parku, 40 km na południe od Yara, jedzie się bardzo stromą, 24-kilometrową betonową drogą z Bartolomé Masó. W tym nieujarzmionym regionie wznosi się najwyższy szczyt kraju, Pico Turquino (1972 m n.p.m.; tuż za granicą prowincji Santiago de Cuba). Fauna i flora są tu bardzo różnorodne. Zachowała się kwatera wojsk powstańczych, Comandancia General de La Plata.

Zwiedzanie

★Comandancia General de La Plata — ZABYTEK

Obóz partyzancki, usadowiony na poszarpanym górskim grzbiecie, dobrze zamaskowany w gęstym lesie mglistym, wybrano na kwaterę główną. Obóz założył w 1958 r. Fidel Castro po roku ukrywania się w Sierra Maestra. Oddalony od dróg i trudno dostępny, obóz spełnił swoją rolę – żołnierze Batisty nigdy go nie znaleźli.

Obecnie cały ten teren wygląda prawie tak samo, jak w latach 50 XX w. Szesnaście skleconych z drewna baraków stanowi pamiątkę po najskuteczniejszej w historii wojnie partyzanckiej. Budzi podziw strategiczne rozplanowanie zabudowań obozu. Do głównej jego części, z Casa de Fidel (Domem Fidela), wchodzi się przez otwartą przestrzeń, a potem stromym podejściem przez gęsty las.

Comandancia General de La Plata

Turyści mogą zwiedzać niewielkie muzeum (w pobliżu wejścia do kompleksu), przemyślnie zaprojektowaną Casa de Fidel z siedmioma trasami ucieczki – na wypadek odkrycia kryjówki przywódcy rewolucji – oraz usytuowaną na stromym wzniesieniu chatę z Radio Rebelde, skąd rebelianci nadawali pierwsze wiadomości. Kryte strzechą baraki szpitalne, uświadamiające brutalność wojny partyzanckiej, zbudowano poniżej i prowadzi do nich oddzielna ścieżka (żeby cierpiący ranni partyzanci okrzykami bólu nie ujawnili lokalizacji obozu).

Comandancia General de La Plata jest zarządzana przez Centro de Información de Flora y Fauna w Santo Domingo. Turyści, spragnieni partyzanckich wrażeń, muszą wynająć przewodnika w dyrekcji parku oraz zorganizować transport lub przejść 5 km do Alto del Naranjo, a stamtąd iść jeszcze 4 km błotnistą drogą. Wycieczka z przewodnikiem kosztuje 33 CUC – z transportem, wodą i przekąskami (5 CUC dodatkowo za fotografowanie). Organizuje ją Ecotur (s. 384) w Villa Santo Domingo.

★ Villa Santo Domingo WIOSKA

(wstęp do muzeum 1 CUC; godziny otwarcia zmienne) Miejscowość Villa Santo Domingo leży w głębokiej, zielonej dolinie nad cudownie czystą rzeką Yara. Turyści zwrócą uwagę na niezmienność kubańskiego wiejskiego życia – *vida campesina* – które toczy się tak samo jak w latach 50. XX w., kiedy przez okoliczne lasy przedzierali się Fidel Castro i Che Guevara. Osiągnięcia socjalizmu widać po miejscowej szkole i przychodni lekarskiej. W Santo Domingo jest też niewielkie muzeum.

Mieszkańcy oferują przejażdżki konne (10 CUC za godzinę), pedikiur, wędrówki do naturalnych kąpielisk i klasyczne opowieści „z pierwszej ręki", jak to było podczas rewolucji.

Park zamykany jest o 16.00, ale strażnicy nie wpuszczają na jego teren już po południu, więc trzeba wyruszyć wcześnie rano.

Alto del Naranjo PUNKT WIDOKOWY

Wyprawy do parku zaczynają się przy końcu prawie pionowej, pofałdowanej, betonowej drogi koło Alto del Naranjo (za Villa Santo Domingo droga ma przewyższenie 750 metrów na odcinku prawie 5 km). Można tu dotrzeć pieszo, mozolnie pokonując dwugodzinną trasę, lub samochodem terenowym. Z 950-metrowej wysokości rozciąga się przepiękny widok na równiny Granmy. Jest to też punkt wypadowy do La Plata (3 km) i na Pico Turquino (13 km).

Noclegi

Casa Sierra Maestra CASA PARTICULAR $

(☎ 23-56-44-91; Santo Domingo; pokój 15–40 CUC; ❄) Rustykalny raj po drugiej stronie rzeki od wejścia do parku w Santo Domingo. Są tu cztery przyzwoite pokoje (dwa w oddzielnych domkach) i nastrojowa restauracja w stylu *ranchón* (dania główne 2–4 CUC). Kury gdaczą, koguty pieją, gości ogarnia błogostan.

WARTO ZOBACZYĆ

WSPINACZKA NA PICO TURQUINO

Pico Turquino, najwyższy i często zdobywany szczyt Kuby, nazwany od turkusowych odcieni swych stromych zboczy, spogląda na spokojne Morze Karaibskie z wysokości 1972 m n.p.m.

U stóp Turquino rozpościera się gęsty las mglisty w granicach parku narodowego (pow. 140 km²). Szczyt góry zdobi brązowe popiersie bohatera Kuby, José Martí. W patriotycznym geście poświęcenia pomnik wnieśli w 1953 r. Celia Sánchez i jej ojciec Manuel Sánchez Silveira dla upamiętnienia setnych urodzin poety i apostoła wolności Kuby.

Cztery lata później Manuel Sánchez ponownie wdrapał się na szczyt, tym razem z wymachującym strzelbą Fidelem Castro, by nagrać wywiad dla amerykańskiej stacji CBS. Niedługo potem rebeliancka armia zakwaterowała się w cieniu imponującej góry, na porośniętym drzewami grzbiecie koło wioski La Plata.

Najlepiej zdobywać szczyt Turquino od strony miejscowości Santo Domingo. Dwu-, trzydniowa wędrówka na Turquino rozpoczyna się w Alto del Naranjo powyżej Santo Domingo i kończy w Las Cuevas nad brzegiem Morza Karaibskiego (wymarsz i powrót trasą wspinaczkową Alto del Naranjo – Pico Turquino też jest możliwy). Przewodnicy są obowiązkowi, można ich wynająć za pośrednictwem Flora y Fauna w Villa Santo Domingo lub w małej chacie w Las Cuevas. Ceny są różne, w zależności od liczby dni. Jeśli jest to wycieczka wykupiona w Ecotur/Cubanacán w Bayamo, koszt wyniesie 68 CUC od osoby za dwa dni. Trzeba zaopatrzyć się w prowiant (kolacja/śniadanie w schronisku są zapewnione, ale nic poza tym), ciepłe ubrania, świece i śpiwór lub prześcieradło. Nawet w sierpniu w szałasach może być zimno. Na szlaku jest woda pitna, ale trzeba mieć zapas.

Szlak górski z Alto del Naranjo przechodzi przez wioskę La Platica (jest woda), Palma Mocha (kemping), Lima (kemping), Campismo Joaquín (schronisko i woda), El Cojo (schronisko), Pico Joaquín, Paso de los Monos, Loma Redonda, Pico Turquino (1972 m n.p.m.), Pico Cuba (1872 m n.p.m.; schronisko i woda na wys. 1650 m n.p.m.), Pico Cardero (1265 m n.p.m.) i La Esmajagua (600 m n.p.m.; przekąski) i schodzi do Las Cuevas na wybrzeżu. Pierwsze dwa dni wędrowcy spędzają na 13-kilometrowym odcinku na Pico Turquino (nocując w Campismo Joaquín lub w schronisku Pico Cuba), gdzie turystów przejmują inni przewodnicy i sprowadzają ich do Las Cuevas. Jak zwykle w takich przypadkach, napiwki są mile widziane. Drugi odcinek trasy z Pico Cuba do Las Cuevas organizują pracownicy parku.

Wędrówki górskie są sprawnie zorganizowane, a przewodnicy to profesjonaliści. Najlepiej rozpocząć od noclegu w Villa Santo Domingo i wyruszyć o poranku (do bramy parku dochodzi się około godz. 10.00). Komunikacja na wybrzeżu Las Cuevas jest słaba, raz na dwa dni jeździ tam ciężarówka pasażerska, więc trzeba sobie wcześniej zorganizować transport. Wchodząc na szczyt od strony Santo Domingo nie ma się (oficjalnie) możliwości zwiedzenia Comandancia General de La Plata tego samego dnia. Trzeba przenocować w wiosce i wspiąć się na Pico Turquino następnego dnia.

★Villa Santo Domingo HOTEL $$

(☎23-56-55-68, 23-56-58-34; 1-/2-os. 38/50 CUC, bungalow 63 CUC; P ❄) Villa, 24 km na południe od Bartolomé Masó, stoi przy wejściu do Gran Parque Nacional Sierra Maestra. Jest tu 40 domków (20 tańszych betonowych i 20 nowszych drewnianych) nad Río Yara. Położenie wśród górskich szczytów i *casitas campesinas* (wiejskich domków) stanowi dogodną bazę wypadową do Comandancia General de La Plata i na Pico Turquino.

Można również przetestować swoje płuca podczas porannej wędrówki w stronę Alto del Naranjo (5 km; 750 m przewyższenia). Do innych atrakcji należy jazda konna, pływanie w rzece i tradycyjna muzyka w tutejszej restauracji. Fidel zatrzymywał się tu przy różnych okazjach (w chatce nr 6), a jego brat Raúl pojawił się w 2001 r. po zdobyciu Pico Turquino (w podeszłym wieku 70 lat). Śniadanie wliczone w cenę.

Villa Balcón de la Sierra HOTEL $$

(☎23-56-55-13; 1-/2-os. ze śniadaniem 62/72 CUC; P ❄ 🏊) Kilometr na południe od miejscowości Bartolomé Masó i 16 km na północ od Santo Domingo. *Villa Balcón de la Sierra* to skromny hotel u podnóży gór, z którego jednak daleko jest do wejścia do parku. Basen i restauracja usadowione są na małym wzniesieniu z piękną górską panoramą, a 20 klimatyzowanych chat rozsianych jest poniżej. Uroczo, w otoczeniu natury, podstawowe wygody standardu Islazul.

INFORMACJA

Ecotur (☎23-56-58-34; ⏰8.00–12.00, 14.00–17.00) ma filię w Villa Santo Domingo. Jeśli ktoś chce rezerwować z wyprzedzeniem, niech uda się do Ecotur w Bayamo lub Santiago de Cuba.

Park jest zamykany o 16.00, ale strażnicy nie wpuszczają nowych gości już po południu, więc trzeba wybrać się w drogę wcześnie rano.

ℹ Przyjazd i wyjazd

Na trasie Bartolomé Masó – Alto del Naranjo nie kursuje transport publiczny (ciężarówki do Bartolomé Masó z Bayamo jeżdżą rzadko i są niewygodne). Taksówka z Bayamo do Villa Santo Domingo kosztuje ok. 35 CUC w jedną stronę. Trzeba się upewnić, czy kierowca pokona całą trasę – ostatni odcinek drogi (7 km) przed Villa Santo Domingo jest bardzo stromy, ale możliwy do pokonania zwykłym samochodem. Transport powrotny do Bartolomé Masó, Bayamo lub Manzanillo powinien zorganizować hotel.

4WD, z dobrymi hamulcami, jest konieczny do przejechania ostatnich 5 km z Santo Domingo do Alto del Naranjo; to najbardziej stroma droga na Kubie (nachylenie sięga momentami 45%). Mocne terenówki kursują tędy regularnie, zwykle z wycieczkami, więc znalezienie miejsca za ok. 5 CUC nie powinno być problemem – trzeba spytać w *Villa Santo Domingo* (s. 384). Alternatywą jest trudna, ale satysfakcjonująca wędrówka (a nawet morderczy bieg).

Manzanillo

131 000 MIESZK.

Położone nad zatoką Guacanayabo miasto Manzanillo nie jest najpiękniejsze, ale ma swój urok. Warto pospacerować w Parque Central, ze staromodnymi fisharmoniami i charakterystyczną neomauretańską architekturą. Prawie nie widuje się podróżnych (fatalne połączenia). W tym nieturystycznym mieście widać, jak Kubańczycy nauczyli się żyć przez dziesięciolecia w trudnych warunkach.

Założony w 1784 r. port rybacki Manzanillo opanowali szmuglerzy i piraci. Ich raj trwał do końca lat 50. XX w., potem, dzięki bliskości Sierra Maestra, miasto funkcjonowało jako zaplecze Armii Rewolucyjnej; tutaj zaopatrywano się w żywność i utworzono punkt zborny dla ochotników, którzy dołączali do partyzantów Fidela ukrywających się w obozie w górach.

Słynne fisharmonie, wciąż widziane i słyszane w Manzanillo, zostały na początku XX w. sprowadzone z Francji. Muzyczne dziedzictwo miasta zostało zakcentowane sponsorowanym przez rząd festiwalem *nueva trova cubana* w 1972 r., który się zakończył marszem solidarności do Playa Las Coloradas.

Zwiedzanie

W mieście

Manzanillo słynie z imponującej architektury, fantastycznej mieszanki drewnianych chat plażowych, kamienic w stylu andaluzyjskim i bogato zdobionych neomauretańskich fasad. Warto obejrzeć stare drewniane domy w okolicy calle Perucho Figueredo, pomiędzy Merchán i J.M. Gómez.

Parque Céspedes PARK

Centralny plac w Manzanillo słynie ze wspaniałej gloriety, przypominającej Patio de los Leones (Dziedziniec Lwów) w hiszpańskiej Alhambrze, z mauretańskimi mozaikami, charakterystyczną kopułą i kolumnami ozdobionymi arabeskami. Obok siedzi na ławce zamyślony Carlos Puebla (1917–1989), *trovador* z Manzanillo, kompozytor słynnej pieśni *Hasta siempre, comandante*.

Po wschodniej stronie Parque Céspedes jest Museo Histórico Municipal, a naprzeciwko parku Iglesia de la Purisma Concepción (NMP Niepokalanego Poczęcia), klasycystyczny kościół z 1834 r., z imponująco zdobionym ołtarzem.

Pomnik Celii Sánchez POMNIK

Około ośmiu przecznic na południowy zachód od parku znajduje się najznaczniejszy punkt Manzanillo. Zbudowane w 1990 r. terakotowe schody z kolorowymi ceramicznymi muralami, biegną calle Caridad pomiędzy ulicami Martí i Luz Caballero. Ptaki i kwiaty na reliefach reprezentują Celię Sánchez (1920–1980), podporę Ruchu 26 lipca i wieloletnią współpracownicę Fidela Castro, którego podobizna widnieje na centralnym muralu na szczycie schodów. Poruszający pomnik ze znakomitym widokiem na miasto i zatokę.

Budynek City Bank of NY PUNKT ORIENTACYJNY

(róg Merchán i Dr Codina) Jako przykład wspaniałej architektury w Manzanillo warto obejrzeć budynek City Bank of NY z 1913 r.

Museo Histórico Municipal MUZEUM

(✆23-57-20-53; Martí No 226; ⏲8.00–12.00 i 14.00–18.00 wt.–pt., 8.00–12.00 i 18.00–22.00 sb.–nd.) BEZPŁ. Museo Histórico Municipal, po wschodniej stronie Parque Céspedes, oferuje tradycyjną lekcję miejscowej historii z nutką rewolucyjnego klimatu.

Za miastem

★ Museo Histórico de La Demajagua MUZEUM

(✆52-19-40-80; 1 CUC; ⏲8.00–17.00 wt.–sb., 8.00–14.00 nd.) Dziesięć kilometrów na południe od Manzanillo znajduje się La Demajagua, hacjenda Carlosa Manuela de Céspedes, którego głos protestu, zwany „Grito de Yara", a następnie uwolnienie niewolników 10 października 1868 r., stanowiło zarzewie kubańskich wojen o niepodległość. Jest tu muzeum i dzwon z Demajagua, którego brzmieniem Céspedes ogłosił niepodległość Kuby.

W 1947 r., wtedy jeszcze nieznany, Fidel Castro zabrał dzwon i zawiózł go do Hawany, w publicznym proteście przeciwko korupcji kubańskiego rządu.

> **WARTO ZOBACZYĆ**
>
> **MEDIA LUNA**
>
> W miasteczku Media Luna („półksiężyc"), położonym wśród pól trzciny cukrowej, pomiędzy Manzanillo a Cabo Cruz, urodziła się Celia Sánchez (1920–1980), „pierwsza dama" rewolucji, twórczyni kobiecego batalionu „Mariana Grajales", operującego w Sierra Maestra. W jej domu rodzinnym utworzono **Muzeum Celii Sánchez.** (✆23-59-34-66; Raúl Podio No 111; wstęp 1 CUC; ⏲9.00–17.00 pn.–sb., 8.00–12.00 nd.).
>
> Jeśli ktoś ma czas, może przejść się po tym typowym cukrowniczym miasteczku, które zdominował pokryty sadzą wysoki młyn (obecnie nieużywany). Zwracają uwagę charakterystyczne domy szalowane deskami, werandy i ażurowe dekoracje. Jest tu również urocza glorieta (altana/pawilon), prawie tak wspaniała jak w Manzanillo. W głównym parku występują miejscowe teatry uliczne, są budki z lodami. Przez miasto przepływa rzeka Vicana.
>
> Oznakowana droga z Media Luna prowadzi (28 km) do Cinco Palmas.

W hacjendzie La Demajagua wśród oryginalnych pozostałości urządzeń *ingenio* (cukrowni) jest też pomnik (z wyrytym cytatem Fidela Castro). Aby tu dotrzeć, trzeba jechać 10 km na południe od stacji benzynowej Servi-Cupet w Manzanillo w kierunku miejscowości Media Luna i jeszcze 2,5 km boczną drogą w stronę morza.

Criadero de Cocodrilos REZERWAT PRZYRODY

(Ferma Krokodyli; ✆23-53-22-11; 5 CUC; ⏲7.00–18.00 pn.–pt., 7.00–11.00 sb.) W pobliskiej delcie rzeki Cauto (dł. 343 km) pojawia się coraz więcej krokodyli, więc nic dziwnego, że jest tu też jedna z kilku kubańskich ferm krokodyli. Żyje ich prawie 1000, choć należą do mniej zagrożonych gatunków krokodyli w Ameryce. Usytuowanie Criadero: 9 km na południe od Manzanillo przy drodze do miasteczka Media Luna. Kurs taksówką z Manzanillo kosztuje ok. 10 CUC.

Noclegi

W Manzanillo, na szczęście, są świetne *casas particulares*, bo na hotele niespecjalnie można liczyć.

Adrián y Tonia CASA PARTICULAR $

(☎23-57-30-28; ato700714@gmail.com; Mártires de Vietnam No 49; pokój 20–25 CUC; P ❄ ≋) Ten wspaniały dom wyróżniałby się w każdym mieście, nie tylko w Manzanillo. Lokalizacja przy terakotowych schodach pomnika Celii Sánchez oczywiście jest zaletą. *Casa particular* Adrián y Tonia oferuje także taras widokowy, mały basen i pięć oddzielnych apartamentów, w tym jeden z osobnym wejściem i aneksem kuchennym.

La Roca CASA PARTICULAR $

(☎58-15-18-21, 23-57-79-80; mercyandraca@nauta.cu; Mártires de Vietnam No 68; pokój 25 CUC; ❄ ᯤ) Piętrowy dom u szczytu Escaleras (ulicy ze schodami) de Celia Sánchez, z dwoma pokojami gościnnymi. Pokoje są spore, jasne i z pięknym widokiem na miasto. Polecana restauracja na miejscu (dania główne 5–10 CUC) jest tylko dla gości. Na balkonie można złapać Wi-Fi.

Casa Peña CASA PARTICULAR $

(☎52-46-61-51, 23-57-26-28; mherrerar@grannet.sld.cu; Maceo No 189 róg Loma; pokój 25 CUC) Przyjemna *casa particular* prowadzona przez Dolli. Wspólne pomieszczenia przypominają muzeum, a pokój z tarasem pełnym roślin nie rozczarowuje.

Hotel Guacanayabo HOTEL $

(☎23-57-40-12; Circunvalación Camilo Cienfuegos; pokój 1-/2-os. 25/40 CUC; P ❄ ≋) Skromny hotel *Islazul* przypomina tropikalną wersję łagru. Dla tych, którzy nie mają innej możliwości. 3 km od centrum.

Gastronomia

Miasto słynie z ryb, w tym przepysznej *liseta*, ale wybór restauracji jest niewielki. W razie wątpliwości lepiej zjeść w pensjonacie albo uczestniczyć w imprezie Sábado en la Calle („sobota na ulicy"), kiedy miejscowi pieką prosiaka na rożnie.

Paladar Rancho Luna KUCHNIA KUBAŃSKA $

(☎23-57-38-58; José Miguel Gómez No 169; dania 3–5 CUC; ⏲12.00–23.00) Znośna prywatna restauracja (*paladar*) z głośną muzyką *reggaetón*. Jedyna ze smacznym jedzeniem za niewygórowaną cenę. W typowym manzanillskim domu z dekoracyjną fasadą. Spośród dań najlepiej wybierać miejscowe przysmaki, na przykład krewetki.

Cayo Confite OWOCE MORZA $$

(Malecón; dania główne 8 CUC; ⏲9.00–21.00) Zupełna prostota – stolik na cienistym tarasie, nad wodą, z rybą smażoną w całości, podawaną z bananowymi frytkami. Na krańcu miasta przy Malecónie (nadmorskim bulwarze).

Complejo Costa Azul GRILL $$$

(dania główne 15–30 CUP; ⏲jedzenie 12.00–21.30 codz., kabaret 20.00–24.00 wt.–nd.) Kompleks „niebieskie wybrzeże" nad zatoką Guacanayabo to kabaret i grill w jednym. Żadna z tych ról nie jest spełniona idealnie, ale można tu zjeść i się zabawić. Zapłata w niewymienialnych *pesos*.

Kawiarnie, bary i życie nocne

Bodegón Pinilla BAR

(Martí No 212; ⏲9.00–20.00 pn.–czw., do 2.00 pt. i sb.) Nowy, dwupoziomowy lokal przy *peatonal* (pieszej promenadzie), świetne miejsce na piwo.

Rozrywka

Główną rozrywką w Manzanillo jest sobotnia impreza wieczorna, Sábado en la Calle (Sobota na Ulicy), z hałaśliwymi fisharmoniami, pieczonymi prosiakami, mocnym rumem i tańcami. Nie można tego przegapić! Miejscowa młodzież bawi się na Malecónie.

Teatro Manzanillo TEATR

(☎23-57-25-39; Villuendas, pomiędzy Maceo i Saco; ⏲przedstawienia 20.00 pt.–nd.) W teatrze (430 miejsc) występują gościnnie znane zespoły, m.in. Ballet de Camagüey i Danza Contemporánea de Cuba. Teatr, zbudowany w 1856 r., remontowany w 1926 r. i potem w 2002 r. zdobią obrazy olejne, witraże i oryginalne detale.

Casa de la Trova MUZYKA TRADYCYJNA

(☎23-57-54-23; Merchán No 213; 1 CUP) W duchowej ojczyźnie *nueva trova* (tradycyjnej pieśni) na renowację *Casa de la Trova* trzeba było długo czekać. Warto odwiedzić tę świeżo pomalowaną świątynię pieśni – tutaj grał i śpiewał kompozytor Carlos Puebla.

Informacja

DOSTĘP DO INTERNETU

Na placu jest sygnał Wi-Fi. Karty można kupić w **Etecsa** (☎23-57-88-91; róg Gómez i Codina; Internet 1 godz. 1,50 CUC; ⏲8.30–19.00).

PIENIĄDZE

Banków z bankomatami jest sporo.

Banco de Crédito y Comercio (☎23-57-71-25; róg Merchán i Saco; ⏲9.00–15.00 pn.–pt.) Z bankomatem.

Cadeca (☎23-57-74-67; Martí No 188) Dwie przecznice od głównego placu. Niewiele miejsc akceptuje tu walutę wymienialną, trzeba więc zaopatrzyć się w kubańskie *pesos*.

POCZTA

Urząd pocztowy (☎23-57-29-21; róg Martí i Codina; ⏲8.00–20.00 pn.–sb.) Przecznicę od Parque Céspedes.

INFORMACJA TURYSTYCZNA

Infotur (☎23-57-44-12; Maceo pomiędzy Marán i Gómez; ⏲8.00–17.30 pn.–pt.) Pomocna informacja przy placu. Jeśli kogoś interesuje *espiritismo* (obrzędy religii Tainów połączone z kultem katolickich świętych), personel pomoże skontaktować z ośrodkiem *espiritismo* w Manzanillo, jednym z aktywniejszych na Kubie.

Przyjazd i wyjazd

SAMOLOT

Lotnisko Sierra Maestra w Manzanillo (kod lotniska MZO) znajduje się przy drodze do Cayo Espino, 8 km na południe od stacji benzynowej Servi-Cupet. Zimą przylatują samoloty **Sunwing** (www.sunwing.ca) z Toronto i Montrealu oraz **Silver Airways** (www.silverairways.com) z Fort Lauderdale w USA.

Taksówka z lotniska do centrum miasta powinna kosztować ok. 10 CUC lub więcej, jeśli zamawia się ją za pośrednictwem pensjonatu.

AUTOBUS I CIĘŻARÓWKA

Dworzec autobusowy (☎23-57-27-27; Av Rosales) jest 2 km na północny wschód od centrum miasta. Nie kursują autobusy Víazul. Wyjeżdżają stąd tylko *guaguas* (lokalne autobusy kubańskie, 3 CUP do miejscowości w regionie) i ciężarówki (brak rozkładów jazdy, długie kolejki; 10–15 CUP do miejscowości w regionie).

Kilka autobusów dziennie wyrusza do Yara (20 minut) i Bayamo (2 godz.) na wschodzie oraz do Pilón (2 godz.) i Niquero (1 godz. 45 min) na południu. Jadąc na południe, można wsiąść przy skrzyżowaniu koło stacji benzynowej Servi-Cupet i szpitala. Tam też czekają *amarillos* (ubrani na żółto oficjalni „łapacze" autostopowiczów).

SAMOCHÓD

Cubacar (☎23-57-77-36; hotel *Guacanayabo*) ma biuro w hotelu *Guacanayabo*. Wyboista droga prowadzi przez Corralito do Holguín i jest to najszybszy wyjazd z Manzanillo na północ i wschód.

POCIĄG

Wszystkie pociągi z dworca kolejowego, po północnej stronie miasta, zatrzymują się w Yara i Bayamo. Jedzie się strasznie długo.

WARTO ZOBACZYĆ

CINCO PALMAS

W wiosce Cinco Palmas piękne krajobrazy łączą się z historią rewolucji kubańskiej. Tutaj, 18 grudnia 1956 r., przegrupowały się rebelianckie oddziały Castro, po chrzcie bojowym w Alegría de Pío, 28 km stąd. W 2008 r. wzniesiono pomnik z brązu przedstawiający trzech *campesinos*, którzy pomagali obleganemu oddziałowi rebeliantów, liczącemu wtedy tuzin osób Monument stoi przed hacjendą Ramóna „Mongo" Péreza, w której znaleźli schronienie Castro i jego towarzysze. Jest tu muzeum (bezpł.) z trójwymiarową mapą pagórkowatego terenu.

Cinco Palmas leży 28 km na południowy wschód od Media Luna. Dojazd wyboistą, ale przejezdną, polną drogą. Stąd odchodzą szlaki na zachód do Alegría de Pío i na wschód do Comandancia General de La Plata. Wycieczki z przewodnikiem organizuje Ecotur (s. 380) w Bayamo.

Jak się poruszać na miejscu

Zaprzęgi konne (2 CUP) na dworzec autobusowy wyjeżdżają z ulicy Dr Codina pomiędzy Plácido i Luz Caballero. Zaprzęgi do przystani wyruszają z dolnej części ulicy Saco (6 CUP).

Niquero

41 252 MIESZK.

Niewielki port rybacki i cukrownicze miasto na południowo-zachodnim krańcu prowincji Granmy do dobry punkt wypadowy do Parque Nacional Desembarco del Granma. Góruje nad nim młyn cukrowy Roberta Ramíreza Delgado. Zbudowany w 1905 r. i znacjonalizowany w 1960 r. jest jednym z niewielu nadal działających w regionie. Jak w wielu miasteczkach w Granma, w Niquero także są domy z okładziną z drewnianych desek.

W Niquero, nad zatoką Guacanayabo, można zwiedzić miejski park z kinem i muzeum, zajrzeć do kilku kościołów. W Niquero działają ośrodki *espiritismo*, a także loże masońskie. Obelisk upamiętnia często zapominanych bohaterów z jachtu „Granma", którzy zostali zabici przez oddziały Batisty w grudniu 1956 r.

Są tu dwie stacje benzynowe Servi-Cupet i bank.

Jest też przyjemna niespodzianka dla zmęczonych podróżnych. W samym centrum miasta znajduje się **hotel Niquero** (☎23-59-23-68; Esquina Martí; pokój 1-/2-os. 25/28 CUC; P ❄ ☎), skromny, usytuowany naprzeciwko cukrowni, z niezłymi pokojami i małymi balkonikami wychodzącymi na malowniczą ulicę. Niedroga restauracja hotelowa serwuje smaczne i duże steki z sosem.

Przyjazd i wyjazd

Kilka razy dziennie kursują autobusy do Manzanillo; nie ma połączeń Víazul.

Parque Nacional Desembarco del Granma

Łączący unikatową przyrodniczą różnorodność z historyczną spuścizną **Parque Nacional Desembarco del Granma** (5 CUC; Park Narodowy Lądowanie Granmy) obejmuje 275 km² lasów, tereny krasowe i nadmorskie terasy. Jacht „Granma" – świątynia kubańskiej rewolucji – przypłynął tu z Meksyku, z 82 rewolucjonistami na pokładzie, 2 grudnia 1956 r.

Park, wpisany na listę UNESCO, chroni nieskażone wybrzeże klifowe. Z 600 gatunków roślin formacji terasowych ok. 60% jest endemicznych, a kilkanaście gatunków rośnie tylko tutaj. Fauna jest równie bogata: 25 gatunków mięczaków, 7 gatunków płazów, 44 gadów, 110 ptaków i 13 ssaków – w większości endemicznych.

El Guafe jest drugą z najważniejszych stref archeologicznych na Kubie; odkryto w niej pozostałości rolniczej osady autochtonów, gliniane naczynia, rzeźbione ołtarze, jaskinię z pochówkami, petroglify i słynną Cueva Ceremonial z podobizną bogini Atabey, matki wszystkich bogów.

Można tu się dostać z Las Coloradas i z miejscowości Alegría de Pío.

Zwiedzanie

Alegría de Pío MIEJSCE HISTORYCZNE

(5 CUC) W Alegría de Pío – świętej ziemi rewolucji – 5 grudnia 1956 r. rebeliancccy żołnierze Castro zostali ostrzelani przez oddziały Batisty (trzech zginęło, wielu odniosło rany, m.in. Ernesto Che Guevara). To również punkt końcowy szlaku z Las Coloradas (18 km) śladami rewolucjonistów, ktorzy nim szli w grudniu 1956 r. Można wybrać się na wędrówkę z przewodnikiem, obserwować ptaki, zwiedzać fascynujący system jaskiń. Dojazd 28-kilometrową koszmarną drogą z Niquero. Trzeba wziąć dużo wody pitnej.

Na polu trzciny cukrowej, gdzie rebelianci wpadli w pułapkę, stoi pomnik. Są na nim nazwiska poległych i słowa *Nadie se rinde aqui, cojones!* (Nikt się tu nie podda, cholera!), które wypowiedział Camilo Cienfuegos (zginął w 1959 r.) i powtórzył Juan Almeida (pisarz i kompozytor piosenek), gdy rozpętało się piekło. Przewodnik pokazuje okolicę, z nagrobkami, billboardami i jaskinią, w której Che Guevara i Juan Almeida ukrywali się przez dwa dni.

Atrakcją dla miłośników aktywności na wolnym powietrzu jest system jaskiń. Morlotte – Fustete to 2-kilometrowy szlak po morskich terasach (czasem z użyciem drewnianych drabin), prowadzący do Cueva del Fustete – 5-kilometrowej jaskini ze stalaktytami i stalagmitami – oraz do Hoyo de Morlotte, głębokiego na 77 m krasowego otworu wyrzeźbionego przez wodę. Szlak Cueva de Samuel, długości 1500 m, wiedzie nadmorskimi terasami do jaskini, która była miejscem ceremonii religijnych. Boca de Toro, trasa długości 6 km prowadzi na wysokie klify z widokiem doliny rzeki i obejmuje Farallón de Blanquizal, piękny naturalny punkt widokowy.

Stąd szlak rebeliantów z Las Coloradas kieruje się na wschód do Cinco Palmas i do Comandancia General de La Plata.

Cabo Cruz WIOSKA

3 km za początkiem szlaku El Guafe jest rybacka wioska z łódkami bijącymi o brzeg i żylastymi mężczyznami patroszącymi swoje łupy na złocistej plaży. Faro de Vargas (także Faro de Cabo Cruz), latarnia morska wys. 33 m, zbudowana w 1871 r., należy do kubańskiego wojska. Planowane jest otwarcie centrum nurkowego, ze względu na wspaniałe warunki w okolicy.

Na wschód od latarni można pływać i nurkować z rurką, ale trzeba mieć własny sprzęt.

Museo Las Coloradas MUZEUM

(5 CUC; ⌚8.00–18.00) Duży pomnik tuż za bramą parku znaczy miejsce cumowania jachtu „Granma". Niewielkie muzeum przedstawia trasy Fidela Castro, Che Guevary i ich towarzyszy w Sierra Maestra. Jest też

WARTO ZOBACZYĆ

PILÓN

Pilón to mała osada usadowiona pomiędzy resortem Marea del Portillo a Parque Nacional Desembarco del Granma. Ponieważ zamknięto młyn cukrowniczy, do zwiedzania pozostaje tylko **Casa Museo de Celia Sánchez Manduley** (1 CUC; ⌚9.00–17.00 pn.–sb.), muzeum „pierwszej damy" rewolucji, która krótko mieszkała w tym domu.

W sobotę można wziąć udział w wesołej Sábado de Rumba, imprezie ulicznej z pieczeniem prosiaka, rumem i muzyką na żywo. To najlepsza okazja, by zobaczyć popularny kubański taniec zwany *pilón* (nazwa pochodzi od miasta), którego ruchy imitują ubijanie trzciny cukrowej.

Z hoteli w Marea del Portillo, 11 km stąd, w każdą sobotę kursują wieczorem autobusy do Pilón (5 CUC w obie strony). Można tu jeszcze dotrzeć samochodem, rowerem lub stopem z pomocą *amarillos*.

pełnowymiarowa replika „Granmy". Przy odrobinie szczęścia strażnik z maczetą pozwala do niej wejść. Każdy zastanawia się, jak zmieściły się tam 82 osoby.

Opłata za wstęp obejmuje również wizytę w zrekonstruowanej chacie pierwszego *campesino* (biednego węglarza), który pomógł Fidelowi po dobiciu do brzegu. Entuzjastyczny przewodnik prowadzi zwiedzających również 1,3-kilometrową ścieżką przez gęste namorzyny do oceanu i miejsca, gdzie 70 m od brzegu zacumowała „Granma".

Aktywnie

Sendero Arqueológico Natural El Guafe WĘDRÓWKI
(5 CUC) Około 8 km na południowy zachód od Las Coloradas rozpoczyna się, dobrze oznakowany, 2-kilometrowy szlak przyrodniczo-archeologiczny. Podziemna rzeka wyżłobiła 20 dużych jaskiń; w jednej z nich znajduje się Ídolo del Agua, bogini wód wyrzeźbiona w stalagmicie przez prekolumbijskich Indian. Jest tu również 500-letni kaktus, są motyle, 170 gatunków ptaków (w tym kolibry) i liczne orchidee.

Zwiedzanie z przewodnikiem (obowiązkowo) jest wliczone w cenę. Na wędrówkę trzeba przeznaczyć dwie godziny. Lata tu mnóstwo owadów, więc będzie potrzebny repelent.

Park jest poprzecinany różnymi trasami, a najciekawszy z nich do 30-kilometrowy szlak do Alegría de Pío, śladami 82 rebeliantów, którzy przypłynęli tu w grudniu 1956 r. Ze względu na długość szlaku i słabe oznakowanie trzeba wybrać się z przewodnikiem (jeśli ktoś ma siłę, może przejść jeszcze 70 km dalej w stronę Sierra Maestra). Informacji udziela Ecotur (s. 380) w Bayamo. Trzeba również zorganizować transport z Alegría de Pío.

Noclegi

Campismo Las Coloradas KEMPING $
(Carretera de Niquero Km 17; 1-/2-os. 8/12 CUC; ❄) Kemping kategorii III z 28 domkami przy 500-metrowej plaży, 5 km na południowy zachód od wioski Belic, niedaleko parku. Domki są klimatyzowane i mają łazienki. Na miejscu restauracja, sala gier i wypożyczalnia sprzętu wodnego. Rezerwacje przez **Campismo Popular** (☎23-42-24-25; General García No 112; ⌚8.00–17.00) w Bayamo.

Gastronomia

Restaurante El Cabo OWOCE MORZA $
(Cabo Cruz; dania 3 CUC; ⌚7.00–21.00 wt.–nd.) Najtańsze owoce morza na Kubie, wprost z morza za restauracją, która stoi w cieniu latarni morskiej Vargas. Świeże filety z lucjana i miecznika, ceny w *pesos*.

Ranchón Las Coloradas KUCHNIA KARAIBSKA $
(Las Coloradas; dania 2–4 CUC; ⌚12.00–19.00) Tradycyjna restauracja pod strzechą, z prostą *comida criolla* (kuchnia kreolska), tuż przy bramie parku. Dla zgłodniałych podróżnych po długiej jeździe.

Przyjazd i wyjazd

10 km na południowy zachód od Media Luna droga się rozwidla. Do Pilón prowadzi 30 km na południowy wschód, do Niquero 10 km na południowy zachód. Belic znajduje się 16 km na południowy zachód od Niquero. Z Belic do parku narodowego jedzie się 6 km. Skręt na Alegría de Pío jest za Servicentro w Niquero.

Bez własnego środka transportu trudno się tu dostać. Autobusy jeżdżą (nieregularnie) do Campismo Las Coloradas codziennie, podobnie kursują ciężarówki z Belic. W najgorszym przypadku można skorzystać z usług *amarillos* w Niquero. Najbliższa stacja benzynowa znajduje się w Niquero.

Marea del Portillo

W Marea del Portillo, małej wiosce na południowym wybrzeżu, z dwoma resortami hotelowymi all-inclusive, jest coś magicznego. Usytuowana na wąskim pasku lądu pomiędzy pobłyskującym Morzem Karaibskim a stokami Sierra Maestra, była świadkiem wydarzeń historycznych decydujących o przyszłości Kuby.

Indywidualni turyści będą mieli problem z dojazdem do Marea del Portillo. Nie ma transportu publicznego, więc trzeba się przygotować na długi kurs taksówką lub czekanie na rzadko jeżdżące ciężarówki. Piasek na plaży jest jasnoszary, co może nie odpowiadać miłośnikom śnieżnej bieli Cayo Coco.

Pokoje w resortach niezbyt drogie, dobrze utrzymane, ale hotele usytuowane są na uboczu. Najbliższe większe miasto to Manzanillo, 100 km na północ. Prawdziwa rustykalna Kuba widoczna jest tuż za bramą resortu.

Aktywnie

Pomimo odosobnienia, Marea del Portillo zapewnia wiele atrakcji. Można zorganizować jazdę konną do El Salto, zwiedzanie Sevilli, Pilón lub Mota, jazdę jeepem nad rzekę Macio. Da się stąd również dotrzeć do Parque Nacional Desembarco del Granma. Rezerwacje w biurze Cubanacán w hotelu *Marea del Portillo* i w hotelu *Farallón del Caribe*.

Wędrówki

El Salto WĘDRÓWKI

20-kilometrowa trasa wiedzie przez pola, doliny, niewielką wioskę, brzegiem jeziora i przez rzekę aż do El Salto, z małym wodospadem (*salto*), szałasem i zachęcającym kąpieliskiem.

Wychodząc z kompleksu hotelowego, trzeba skręcić w prawo nad morze i po 400 metrach w lewo w polną drogę tuż przed mostem. Szlak łączy się z drogą i przechodzi przez pylistą, rozproszoną osadę. Na drugim końcu wioski widać groblę. Zamiast brukowaną drogą brzegiem po lewej, lepiej pójść w prawo i po 200 m wybrać stromą ścieżkę nad groblą. Piękna trasa wiedzie wzdłuż jeziora i przez drewniany mostek nad jednym z dopływów. Dążąc pod górę, trzeba na rozwidleniu na szczycie wybrać drogę w prawo. Po zejściu do spokojnej, zielonej doliny, można zatrzymać się w *casa del campesino* (uprzejmy właściciel ma pasiekę, chętnie poczęstuje miodem i kawą i wskaże drogę), potem trzeba przejść na drugą stronę rzeki (Río Cilantro) i powędrować wzdłuż jej biegu do El Salto.

Salto de Guayabito WĘDRÓWKI

Trasą, rozpoczynającą się w Mata Dos, około 20 km na wschód od Marea del Portillo, chodzą zwykle zorganizowane wycieczki z hoteli. Grupy – zwykle na koniach – poruszają się 7 km w górę Río Motas do czarownego wodospadu, otoczonego przez skaliste klify, wysokie paprocie, kaktusy i orchidee. Przyjemna całodzienna wycieczka.

Nurkowanie

Centro Internacional de Buceo Marea del Portillo NURKOWANIE, WĘDKOWANIE

(☎23-59-71-39; hotel *Marea del Portillo*) Centrum, prowadzone przez Cubanacán przy hotelu *Marea del Portillo*, oferuje niedrogie nurkowanie. Można zanurkować do wraku statku „Cristóbal Colón", zatopionego w 1898 r. podczas wojny amerykańsko-hiszpańskiej. W cenę wędkowania na pełnym morzu wliczono napoje w barze i obiad. Pojawiły się jednak reklamacje – wycieczki nie wyruszają, jeśli brakuje paliwa do łodzi.

W ofercie również morskie safari (z nurkowaniem z rurką) i rejs o zachodzie słońca na bezludną wysepkę, Cayo Blanco.

Noclegi

Nowe *casas particulares* konkurują z resortami all-inclusive.

Casa Particular Bárbara Méndez CASA PARTICULAR $

(☎23-59-71-62; Marea del Portillo No 14; pokój 30 CUC) Bárbara wynajmuje prywatnie dwa pokoje w domu 200 metrów od plaży.

Hotel Marea del Portillo HOTEL $$

(☎23-59-70-08; all-inclusive 1-/2-/3-os. 40/80/90 CUC; P ❄ @ ≋) Wprawdzie nie Cayo Coco, ale to nie ma znaczenia. Hotel *Marea del Portillo* funkcjonuje cały rok, a jego bezpretensjonalność w porównaniu z innymi resortami all-inclusive sprawdza się wybornie w tym tradycyjnym zakątku Kuby. Są tu 74 odpowiednie pokoje, kuchnia działa bez zarzutu, a pas ciemnego piasku znajduje się bardzo blisko balkonów hotelowych.

Stale przyjeżdżają tu Kanadyjczycy i kubańskie rodziny, więc towarzystwo jest mieszane. Organizowane są także wycieczki do mniej rozreklamowanych miejsc na wyspie.

★Hotel Farallón del Caribe HOTEL **$$$**
(☎23-59-70-82; all-inclusive 1-/2-os. 95/120 CUC, dzienny wstęp 25 CUC; ⏱XI–IV; P❄@📶🏊) Usytuowany na niskim wzgórzu, z Morzem Karaibskim po jednej stronie i Sierra Maestra po drugiej, nowoczesny *Farallón* jest najlepszą opcją w Marea de Portillo. Trzygwiazdkowy hotel ma pięciogwiazdkowe otoczenie. Jedzenie lepsze niż u konkurencji, widoki świetne, ale do plaży jest najdalej.

Hotel lubią czmychający przed zimą Kanadyjczycy, dowożeni autokarami z Manzanillo. Otwarte tylko w sezonie (od listopada do kwietnia).

Przyjazd i wyjazd

Podróż na wschód do Santiago należy do najbardziej spektakularnych na Kubie, ale droga jest okropna i często nieprzejezdna w złą pogodę. Do wyboru: jazda samochodem (trzeba wcześniej sprawdzić warunki drogowe), taksówką (trzeba liczyć przynajmniej 160 CUC z Santiago de Cuba do Marea del Portillo), rowerem (2–3-dniowy rollercoaster z pięknymi widokami) i „publicznym transportem" (jedna z większych przygód na Kubie, tylko dla tych, którzy potrafią długo czekać i nie boją się podróżować autostopem).

Uwaga, na drodze jest mały ruch, brakuje udogodnień i stacji benzynowych (najbliższa w Pilón). Trzeba zabrać prowiant.

Jak się poruszać na miejscu

W hotelu można wypożyczyć skuter (1 dzień około 25 CUC). **Cubacar** (☎23-59-70-05; 📶) ma filię w hotelu *Marea del Portillo*, można się też przyłączyć do wycieczki Cubanacán. Trasę do El Salto da się pokonać pieszo.

Prowincja Santiago de Cuba

☎ 2/1 043 200 MIESZK.

Spis treści ➡

NAJ: Pola bitwy

➡ Cuartel Moncada (s. 398)
➡ Loma de San Juan (s. 402)
➡ El Uvero (s. 428)
➡ Museo de la Lucha Clandestina (s. 399)

NAJ: Atrakcje przyrodnicze

➡ La Gran Piedra (s. 420)
➡ Pico Turquino (s. 426)
➡ El Saltón (s. 425)
➡ Laguna Baconao (s. 422)

Dokąd jechać?

Cudowne Santiago. Z dala od stolicy, w górzystym Oriente – wschodnim regionie Kuby – gniazdo rebelii i buntu, jest najbardziej karaibską enklawą na Kubie. Inspiruje, a czasem przytłacza. W tutejszej kulturze przejawiają się wpływy ze wschodu: z Haiti, Jamajki, Barbadosu i Afryki. Mają tu huczny karnawał w stylu karaibskim i folklorystyczne zespoły taneczne, w których sztuce widoczne są elementy kultury francusko-haitańskiej i hiszpańskiej.

W XVI i w początkach XVII w. Santiago de Cuba krótko cieszyło się statusem stolicy nowej kolonii hiszpańskiej – w 1607 r. przywłaszczyła go sobie Hawana. Wynikłe z tego wolniejsze tempo rozwoju ma też kilka plusów. Wystarczy oddalić się jakieś 20 km wzdłuż wybrzeża w którąkolwiek stronę od stolicy prowincji, a odkryje się inną planetę: dzikie zatoczki, historyczne plantacje kawy i szmaragdowe wzgórza z endemicznymi gatunkami roślin.

Kiedy jechać?

➡ Lipiec to najważniejszy miesiąc w kalendarzu wydarzeń kulturalnych w Santiago de Cuba – atmosfera jest *caliente* (gorąca), nie tylko ze względu na upał, w mieście trwa zabawa. Zaczyna się od żywiołowego Festival del Caribe, a kończy słynnym karnawałem.

➡ W marcu doskonałą muzykę prezentuje doroczny Festival Internacional de Trova i miasto na nowo odkrywa swoje muzyczne korzenie.

➡ Od marca do czerwca wody przy południowym wybrzeżu są najbardziej przejrzyste, co zapewnia świetne warunki do nurkowania wśród wraków.

NAJ: Prowincja Santiago de Cuba

1 **Cmentarz Santa Ifigenia** (s. 402) Na okazałym cmentarzu w Santiago de Cuba można oddać hołd bohaterom narodowym.

2 **Cuartel Moncada** (s. 398) Miejce przełomowego wydarzenia: atak Fidela Castro na koszary żołnierzy Batisty w 1953 r.

3 **El Saltón** (s. 425) Ucieczka w ekologiczne górskie odludzie.

4 **Cafetal La Isabelica** (s. 420) Śladami historii kubańskiej uprawy kawy od pierwszych plantacji zakładanych w Gran Piedra według francuskich wzorców.

5 **El Cobre** (s. 424) Pielgrzymka w tłumie wiernych do sanktuarium La Virgen de la Caridad, patronki Kuby.

6 **Pico Turquino** (s. 426) Rozległa panorama z najwyższej góry na Kubie, z pomnikiem José Martí na szczycie.

7 **Cristóbal Colón** (s. 428) Nurkowanie do wraku hiszpańskiego krążownika przy dzikim wybrzeżu w pobliżu Chivirico.

Santiago de Cuba

431 500 MIESZK.

Santiago, kulturalna stolica Kuby, to gorąca, namiętna i hałaśliwa piękność. Leżąc bliżej Dominikany niż Hawany, skłania się bardziej w stronę wschodu niż zachodu. To ważny czynnik kształtujący unikatową tożsamość miasta o silnych wpływach afrokaraibskich i duchem przedsiębiorczości i buntu.

Definiuje je pionierski charakter i aura historycznej przeszłości. Konkwistador Diego Velázquez de Cuéllar uczynił Santiago swoją drugą stolicą, Fidel Castro tutaj rozpoczął rewolucję, Don Facundo Bacardí założył pierwszą wytwórnię rumu, a z tych zakurzonych, malowniczych ulic rozchodziły się również pierwsze dźwięki niemal wszystkich kubańskich stylów muzycznych – od salsy do *son*.

Widowiskowo usytuowane pomiędzy masywem Sierra Maestra i błękitem Morza Karaibskiego, kolonialne zabytkowe centrum (*casco histórico*) zachowało dawną atmosferę, przypominającą brazylijski Salwador czy niegdysiejszy Nowy Orlean. Nie dajcie się zwieść naganiaczom, pędzącym chevroletom i nieznośnym upałom. To miasto was oczaruje.

Santiago de Cuba

Zwiedzanie

Casco Histórico

★ Museo de Ambiente Histórico Cubano MUZEUM

(Casa de Diego Velázquez; mapa s. 404; ☎22-65-26-52; Félix Peña No 602; 2 CUC; ⏲9.00–17.00 pn.–nd.) Najstarszy budynek zachowany na Kubie. Przykuwająca wzrok wczesnokolonialna rezydencja z 1522 r., z fasadą w stylu andaluzyjskim, z finezyjnymi ażurowymi wykuszami, była oficjalną siedzibą pierwszego gubernatora wyspy, Diega Velázqueza. Odrestaurowana w latach 60. XX w., w 1970 r. została otwarta jako muzeum.

Na parterze funkcjonowała izba handlowa i odlewnia złota; Velázquez mieszkał na piętrze. Obecnie w pokojach eksponowane są meble i dekoracje od XVI do XIX w. Warto zwrócić uwagę na dwustronne panele, przez które można było obserwować innych, nie będąc widzianym – to ówczesna nowinka turecka. Zwiedzającym udostępniono także sąsiedni XIX-wieczny budynek w stylu neoklasycyzmu.

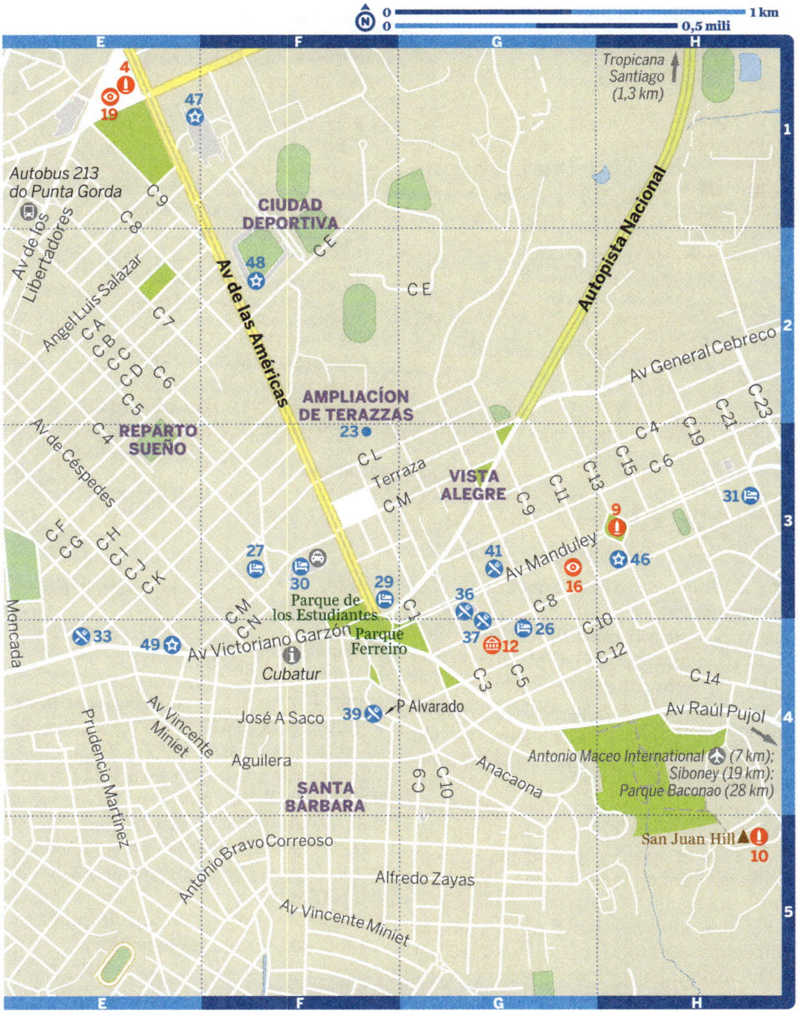

Santiago de Cuba

★ Catedral de Nuestra Señora de la Asunción — KOŚCIÓŁ

(mapa s. 404; Heredia, pomiędzy Félix Peña i General Lacret; msza 18.30 pn. i śr.–pt., 17.00 sb., 9.00 i 18.30 nd.) Najważniejsza świątynia w Santiago olśniewa i na zewnątrz, i wewnątrz. Kościół wzniesiono w okresie powstawania miasta, w latach 20. XVI w. Potem był przebudowywany co najmniej trzykrotnie. Obecna katedra, z dwiema charakterystycznymi klasycystycznymi wieżami, została ukończona w 1922 r.; spoczywają pod nią szczątki pierwszego gubernatora kolonii, Diega Velázqueza.

Katedrę odrestaurowano na pięćsetlecie Santiago w 2015 r. Można tu zobaczyć misterne malowidła sufitowe, ręcznie rzeźbione stalle i lśniący ołtarz poświęcony patronce Kuby.

★ Museo Municipal Emilio Bacardí Moreau — MUZEUM

(mapa s. 404; pomiędzy calle Heredia i calle Aguilera; 2 CUC; 13.00–17.00 pn., 9.00–17.00 wt.–pt., 9.00–13.00 sb.) Wąska calle Pío Rosado łączy calle Heredia z calle Aguilera, którą wyróżnia nawiązująca do greckiego antyku wspaniała fasada Muzeum Bacardí. Utworzone w 1899 r. przez rumowego potentata, bohatera wojennego i burmistrza miasta Emilia Bacardí Moreau, należy do najstarszych na Kubie. Prezentuje kolekcje różności pochodzących z jego licznych podróży.

W eklektycznych zbiorach jest i duża kolekcja broni, i hiszpańskie malarstwo kostumbrystyczne (XIX-wieczny kierunek w sztuce poprzedzający romantyzm), a nawet – jedyna na Kubie – egipska mumia.

Memorial de Vilma Espín Guillois MUZEUM

(mapa s. 404; 22-65-54-64; Sánchez Hechavarría No 473; 2 CUC; 9.00–12:30 pn.–sb., 13.00–17.00 nd.) Rezydencję „pierwszej damy" Kuby – Vilmy Espín, żony Raúla Castro, a także siły sprawczej sukcesu rewolucji kubańskiej – otwarto dla zwiedzających w 2010 r., trzy lata po jej śmierci. Dom, w którym mieszkała od 1939 do 1959 r., wypełniają pamiątki z jej świetlanej przeszłości.

Vilma, córka prawnika rodziny Bacardích, zradykalizowała się, gdy poznała Franka Paísa w Santiago w 1956 r. Dołączyła do rebeliantów w górach, a w 1960 r. założyła wpływową Federację Kobiet Kubańskich.

Calle Heredia ULICA

(mapa s. 404) Na Calle Heredia, najbardziej zmysłowej i jednej z najstarszych ulic Santiago, nie milknie muzyka. Melodie unoszą się z odrapanej Casa de Cultura Josué País García (s. 414), gdzie wśród nastoletnich raperów podrygują emeryci w rytmie *danzón* (taniec towarzyski). Obok stoi Casa de la Trova (s. 414), piękna kamienica z balkonami, przywodząca na myśl domy w nowoorleańskiej Dzielnicy Francuskiej.

Casa poświęcona jest pionierowi kubańskiej *trova* (tradycyjnej piosenki poetyckiej) i twórcy boleros, José „Pepe" Sánchezowi (1856–1928) i została otwarta jako centrum *trova* w marcu 1968 r.

Museo del Ron MUZEUM

(mapa s. 404; 22-62-88-84; Bartolomé Masó No 358; 2 CUC; 9.00–17.00 pn.–sb.) Choć nie robi takiego wrażenia jak jego hawański odpowiednik, jest też pozbawione orientacji na sprzedaż, widocznej w Havana Club. Oferuje za to wnikliwy szkic historii kubańskiego rumu (dawne urządzenia, przykłady butelkowania na przestrzeni wieku) oraz kielich dojrzałego *(añejo)* rumu.

Muzeum, mieszczące się w ładnej kamienicy, dysponuje barem w suterenie (czynnym w tych samych godzinach), tak dobrze ukrytym, że przypomina czasy prohibicji. Sprawny barman z radością serwuje zamawiane trunki.

Parque Céspedes PARK

(mapa s. 404) Park Céspedes, wzór romantycznego życia kubańskiej ulicy, to pulsujący kalejdoskop spacerów, rozmów, handelków, flirtów i dźwięków gitary. Na otoczony kolonialną architekturą tętniący nieustanną energią miejski skwer można wpaść o każdej porze. Warto spojrzeć na pomnik Carlosa Manuela de Céspedes, który ogłosił niepodległość Kuby w 1868 r. i przyglądać się Kubańczykom cieszącym się otwartym Wi-Fi.

Museo del Carnaval MUZEUM

(mapa s. 404; 22-62-69-55; Heredia No 303; 1 CUC; 14.00–17.00 pn., 9.00–17.00 wt.–pt. i nd.; 9.00–22.00 sb.) Przedstawia historię najznakomitszej imprezy w Santiago de Cuba – najstarszego i największego karnawału, plasującego się pomiędzy tym w Rio i Mardi Gras. Są platformy, kukły, a także pokazy *bailes folklóricos* (tańców ludowych) na patio.

Balcón de Velázquez PUNKT WIDOKOWY

(mapa s. 404; róg Bartolomé Masó i Mariano Corona; datek 1 CUC) Balcón de Velázquez, z XVI w., to dawna hiszpańska strażnica, z której obserwowano przepływające statki (wypatrując piratów). Nieziemska panorama portu i czerwonych dachów dzielnicy Tivolí. Gdy jakiś historyk przedstawi krótką historię miasta, można dać mu napiwek.

Plaza de Dolores PLAC

(mapa s. 404; róg Aguilera i Porfirio Valiente) Plac, na wschód od Parque Céspedes, był niegdyś miejskim targowiskiem. **Iglesia de Nuestra Señora de los Dolores** (kościół pw. Matki Bożej Bolesnej; mapa s. 404; róg Aguilera i Porfirio Valiente), z XVIII w., obecnie pełni funkcję sali koncertowej. Plac otaczają restauracje i kawiarnie. Popularny wśród gejów.

Iglesia de San Francisco KOŚCIÓŁ

(mapa s. 404; Juan Bautista Sagarra No 121) Trzynawowy kościół, klejnot architektury sakralnej. Trzy przecznice na północ od parku Céspedes.

Plaza de Marte PLAC

(mapa s. 404) Strzegący wejścia do *casco histórico*, opanowany przez motocykle, plac był w XIX w. makabryczną sceną hiszpańskich publicznych egzekucji więźniów skazanych za działalność rewolucyjną. Dziś jest to *esquina caliente* (modny zakątek; dosł. „gorący róg"), gdzie miejscowi kibice bejsbolu wieszczą nieuchronny upadek Havana Industriales. Wysoka kolumna zwieńczona czerwoną czapeczką symbolizuje wolność.

Jest tu publiczne Wi-Fi.

NAZWY ULIC W SANTIAGO DE CUBA

Witamy w mieście, w którym ulice mają po dwie nazwy.

STARA	NOWA
Calvario	Porfirio Valiente
Carnicería	Pío Rosado
Enramadas	José A. Saco
José Miguel Gómez	Havana
Paraíso	Plácido
Reloj	Mayía Rodríguez
Rey Pelayo	Joaquín Castillo Duany
San Félix	Hartmann
San Francisco	Sagarra
San Gerónimo	Sánchez Hechavarría
San Mateo	Sao del Indio
Santa Rita	Diego Palacios
Santo Tómas	Félix Peña
Trinidad	General Portuondo

Casa Natal de José María Heredia y Heredia MUZEUM
(mapa s. 404; ☎22-62-53-50; Heredia No 260; 1 CUC; ⌚9.00–19.00 wt.–sb., do 14.00 nd.) Muzeum w domu rodzinnym José Maríi Heredii (1803–1939) ilustruje życie jednego z największych kubańskich poetów doby romantyzmu; jego imieniem nazwano też ulicę. Znany utwór Heredii, *Oda al Niágara* (Oda do Niagary), widnieje na tablicy na budynku; autor konfrontuje piękno kanadyjskiego wodospadu Niagara z nostalgią po utracie ojczyzny. Jak wielu kubańskich obrońców niepodległości, Heredia został zmuszony do emigracji; zmarł w Meksyku w 1839 r.

Maqueta de la Ciudad MUZEUM
(mapa s. 404; Mariano Corona No 704; 1 CUC; ⌚9.00–17.00 pn.–sb.) Wiele miast na Kubie szczyci się *maquetas*, a Santiago, ze swą szczegółową makietą, nie jest wyjątkiem. Ilustrowane panele ścienne przedstawiają interesująco historię miasta i jego architekturę; można wspiąć się na galerię i obejrzeć makietę z góry, a także przenieść się na kawiarniany taras na tyłach i podziwiać panoramę Santiago.

Ayuntamiento BUDYNEK HISTORYCZNY
(mapa s. 404; róg General Lacret i Aguilera) Ratusz w stylu neoklasycyzmu zbudowano w latach 50. XX w. – według planów z 1783 r. – w miejscu siedziby Hernána Cortésa, ówczesnego alkada Santiago de Cuba, a później konkwistadora Meksyku. Z balkonu ratusza nocą 2 stycznia 1959 r. Fidel Castro obwieścił zwycięstwo rewolucji.

Iglesia de Nuestra Señora del Carmen KOŚCIÓŁ
(mapa s. 404; Félix Peña No 505) W zniszczonym XVIII-wiecznym kościele pw. Matki Bożej z Góry Karmel poznamy religijną historię Santiago. Tutaj spoczywa Esteban Salas (1725–1803), kompozytor mszy, licznych hymnów, kantat i kolęd (*villancicos*) oraz dyrygent chóru w katedrze w Santiago de Cuba.

Casa de la Cultura Miguel Matamoros MUZEUM
(mapa s. 404; General Lacret No 651) Casa de la Cultura, po wschodniej stronie Parque Céspedes, to dawny Club San Carlos – do rewolucji miejsce spotkań zamożnych *santiagüeros*. Tuż obok, w barze na tarasie hotelu *Casa Granda* (s. 409), zbudowanego w 1914 r., szukał natchnienia brytyjski pisarz Graham Greene.

Na północ od Casco Histórico

★Cuartel Moncada MUZEUM
(Koszary Moncada; mapa s. 394; ☎22-66-11-57; Av Moncada) Słynne Koszary Moncada – zwieńczony blankami gmach w stylu art déco, rozbudowany w 1938 r. (po pożarze) – są obecnie synonimem jednego z najsłynniejszych

w historii nieudanego powstania zbrojnego. Zyskały sławę w lipcu 1953 r., gdy 135 rewolucjonistów, dowodzonych przez mało znanego Fidela Castro, zaatakowało wojska Batisty w naówczas drugim co do znaczenia garnizonie na Kubie.

Po rewolucji koszary zostały przekształcone w szkołę o nazwie Ciudad Escolar 26 de Julio; w 1967 r. w miejscu ataku rewolucjonistów, w pobliżu bramy No 3, utworzono **muzeum** (mapa s. 394; 2 CUC; ⌚9.00–17.00 pn.–sb., do 13.00 nd.). W czasach Batisty żołnierze zacementowali otwory po kulach, rząd Castro kilka lat później kazał je odtworzyć (tym razem bez użycia broni), jako przejmującą pamiątkę. W muzeum (jednym z najlepszych na Kubie) można zobaczyć makietę koszar oraz ciekawe, niekiedy przerażające, artefakty, ponadto schematy i modele związane z atakiem, jego planowaniem i skutkami. Chyba najbardziej poruszające są zdjęcia 61 zabitych uczestników akcji (czterech poległo w walce, pozostałych roztrzelano).

Koszary Reina Mercedes zbudowali Hiszpanie w 1859 r. W 1874. był w nich więziony generał Armii Wyzwoleńczej Kuby, Guillermo Moncada (zwany przez żołnierzy Guillermón). W 1909 r. kompleks nazwano jego imieniem.

Parque Histórico Abel Santamaría PARK

(mapa s. 394; róg General Portuondo i Av de los Libertadores) W szpitalu Saturnino Lora podczas ataku na Koszary Moncada schroniła się grupa bojowników dowodzonych przez Abla Santamarię (torturowano ich później i zabito). W Escuela de Enfermeras 16 X 1953 r. Fidel Castro był sądzony jako przywódca ataku. Właśnie tam wygłosił słynne przemówienie „Historia mnie uniewinni" (*La historia me absolverá*).

W parku jest też wielka kubistyczna fontanna z wizerunkami Abla Santamarii i José Martí, z której tryskają kaskady wody.

Museo Casa Natal de Antonio Maceo MUZEUM

(mapa s. 394; ☎22-62-37-50; Los Maceos No 207; 1 CUC; ⌚9.00–17.00 pn.–sb.) W tym domu 14 czerwca 1845 r. przyszedł na świat generał Antonio Maceo, bohater obu wojen o niepodległość. Są tu listy, fotografie, dokumenty, monety z epoki, broń, stara drukarnia, a nawet postrzępiona flaga, którą powiewano w bitwie. „Tytan z Brązu", jak go nazywano (był Mulatem), wykazał się wielką odwagą i niezłomnością.

W tzw. Proteście z Baraguá w 1878 r. odrzucił kompromis z władzami kolonialnymi, i udał się na emigrację. W 1895 r. wylądował na Kubie przy Playa Duaba i poprowadził wojska aż do Pinar del Río. Zginął w walce w 1896 r.

Plaza de la Revolución PLAC

(mapa s. 394) Tak jak wszystkie kubańskie miasta, Santiago także ma swój plac Rewolucji. Usytuowany strategicznie na skrzyżowaniu dwóch alei, przyciąga wzrok przybyszów wysokim (16 m) **posągiem** (mapa s. 394; Plaza de la Revolución) oddanego bohatera (i syna miasta) Antonia Maceo, zasiadającego na końskim grzbiecie w otoczeniu 23 uniesionych maczet. Muzeum u stóp pomnika informuje o jego życiu i walce. W architekturze wielkiego placu wyróżnia się nowoczesny teatr im. José Marii Heredii i budynek dworca autobusowego.

Palacio de Justicia SŁYNNY OBIEKT

(mapa s. 394; róg Av de los Libertadores i General Portuondo) Pałac Sprawiedliwości, stojący po przeciwnej stronie ulicy od Parque Histórico Abel Santamaría, został zdobyty przez bojowników pod wodzą Raúla Castro podczas ataku na Koszary Moncada. Mieli kryć ogniem z dachów grupę Fidela, ale im się to nie udało. Wielu z nich dwa miesiące później trafiło tu z powrotem na własny proces.

Casa Museo de Frank y Josué País MUZEUM

(mapa s. 394; ☎22-65-27-10; General Banderas No 226; 1 CUC; ⌚9.00–17.00 pn.–sb.) Bohaterowie sukcesu rewolucji młodzi bracia País uczestniczyli w działalności podziemnego M-26-7 (Ruchu 26 lipca) w Santiago de Cuba. 30 lipca 1957 r. Frank został zamordowany przez policję. Przekształcony w muzeum dom braci opowiada ich historię. Znajduje się pięć przecznic na południowy wschód od Museo Casa Natal de Antonio Maceo.

Na południe od Casco Histórico

★Museo de la Lucha Clandestina MUZEUM

(mapa s. 394; ☎22-62-46-89; General Jesús Rabí No 1;1 CUC; ⌚9.00–17.00 wt.–nd.) Muzeum w budynku w stylu kolonialnym objaśnia dzieje podziemnej walki z reżimem Batisty w latach 50. XX w. Tłem tej fascynującej, choć krwawej historii jest rozległy widok z balkonu. W domu po drugiej stronie ulicy mieszkał Fidel Castro w latach 1931–1933 podczas studiów w Santiago de Cuba (nieudostępniany zwiedzającym).

Budynek muzeum był posterunkiem policji. 30 XI 1956 r. zaatakowali go aktywiści M-26-7, żeby odwrócić uwagę od przybycia jachtu „Granma" z Fidelem Castro i 81 bojownikami na pokładzie. Do muzeum wchodzi się z zachodniego krańca calle Diego Palacios.

Parque Alameda PARK

(mapa s. 394; Av Jesús Menéndez) Wąski park, poniżej dzielnicy Tivolí, zdobi nadbrzeżną promenadę, otwartą w 1840 r. i przebudowaną w 1893 r. Po remoncie w 2015 r. – na pięćsetlecie Santiago – nadbrzeżna promenada przypomina słynny hawański Malecón (nadmorski deptak), z placem zabaw dla dzieci, palmami i publicznym Wi-Fi. W północnym krańcu jest stara wieża zegarowa, *aduana* (urząd celny) i fabryka cygar. To dobre miejsce na przechadzkę, można cieszyć oczy architekturą, a płuca morskim powietrzem.

Tivolí OBSZAR

(mapa s. 394) Dzielnicę francuską założyli na przełomie XVIII i XIX w. francuscy uciekinierzy z Haiti, ogarniętego rewolucją Murzynów i Multów. Usytuowana na południowym zboczu nad lśniącymi wodami portu, ozdobiona czerwienią dachów, skrywająca romantyczne tarasy, jest teraz rajskim zaciszem. Wśród kaskad różowych bugenwilli starsi panowie grają w domino, a żwawe dzieciaki w bejsbol.

Wiekowe **schody Padre Pico** (róg Padre Pico i Diego Palacios), wykute w najbardziej stromym odcinku calle Padre Pico, stanowią bramę wejściową dzielnicy.

Fábrica de Ron Bacardí SŁYNNY OBIEKT

(Wytwórnia Rumu Bacardí; mapa s. 394; ☎22-65-12-12; Av Jesús Menéndez, naprzeciwko stacji kolejowej; ⏲9.00–18.00) Choć nie tak elegancka jak nowoczesna centrala na Bermudach, oryginalna wytwórnia Bacardí otwarta w 1868 r., emanuje historią. Urodzony w Hiszpanii Don Facundo, wymyślił znany teraz w świecie symbol nietoperza, gdy spostrzegł kolonię tych zwierząt w krokwiach dachu fabryki. Kubański rząd wciąż produkuje tradycyjne rumy – Ron Caney, Ron Santiago i Ron Varadero.

Rodzina Bacardích po rewolucji uciekła z Kuby. Wytwórnię opuszcza dziewięć milionów litrów rumu rocznie, z czego 70% idzie na eksport. Obecnie nie można jej zwiedzać, za to Barrita de Ron Havana Club

Spacer po mieście
Spacerkiem przez historię

POCZĄTEK PARQUE ALAMEDA
KONIEC CUARTEL MONCADA
DŁUGOŚĆ 2 KM; TRZY–CZTERY GODZINY

Zwiedzenie *casco histórico* (zabytkowego centrum) Santiago, z zielonymi górami i błękitną zatoką w tle, jest obowiązkowe dla wszystkich, którzy są tu pierwszy raz, a chcieliby doświadczyć zmysłowych tropikalnych wrażeń w tym malowniczym mieście.

Spacer warto zacząć nad zatoką, wspinając się do wyżej usytuowanych atrakcji. Parque Alameda ciągnie się wzdłuż zaniedbanej ulicy naprzeciwko niezbyt ruchliwego portu. Najwięcej wrażeń czeka na wschód od parku, w dzielnicy na wzgórzach zwanej 1 **El Tivolí** – tam na początku XIX w. osiedlili się Francuzi z Haiti. To jedno z najbardziej malowniczych i najmniej ruchliwych miejsc w Santiago. Domy z czerwonymi dachówkami i strome ulice zachowały dawną atmosferę. Jedynym prawdziwym „zabytkiem" jest 2 **Museo de la Lucha Clandestina**, do którego prowadzi z portu calle Diego Palacios. Z muzeum schodzi się w dół, na calle Bartolomé Masó, słynnymi terakotowymi schodami 3 **Padre Pico**, wbudowanymi w zbocze, a skręcając w prawo, dojdziemy do chłodzonego bryzą 4 **Balcón de Velázquez**. Panorama rozciągająca się z tego zakątka starego fortu służyła kiedyś mniej relaksującym rozmyślaniom – hiszpańscy kolonizatorzy wypatrywali pirackich statków.

Kierując się na wschód, unikając groźnego warkotu motocykli, dojdziemy do 5 **Parque Céspedes**. Ozdobiona dekoracjami w stylu *mudéjar* 6 **Casa de Diego Velázquez**, w zachodnim krańcu placu, jest najstarszym zachowanym na Kubie budynkiem. Po stronie południowej widać kontrastującą z nim musztardową fasadę 7 **Catedral de Nuestra Señora de la Asunción**. Kościół na przestrzeni wieków był plądrowany, palony, niszczony przez trzęsienia ziemi, potem odbudowany, następnie przebudowany i odnowiony, a potem znów splądrowany. Przy wejściu stoją posągi Krzysztofa Kolumba i kronikarza Bartolomé de las Casas.

Odpocznijmy teraz, delektując się *mojito* i cygarami marki Montecristo na spokojnym

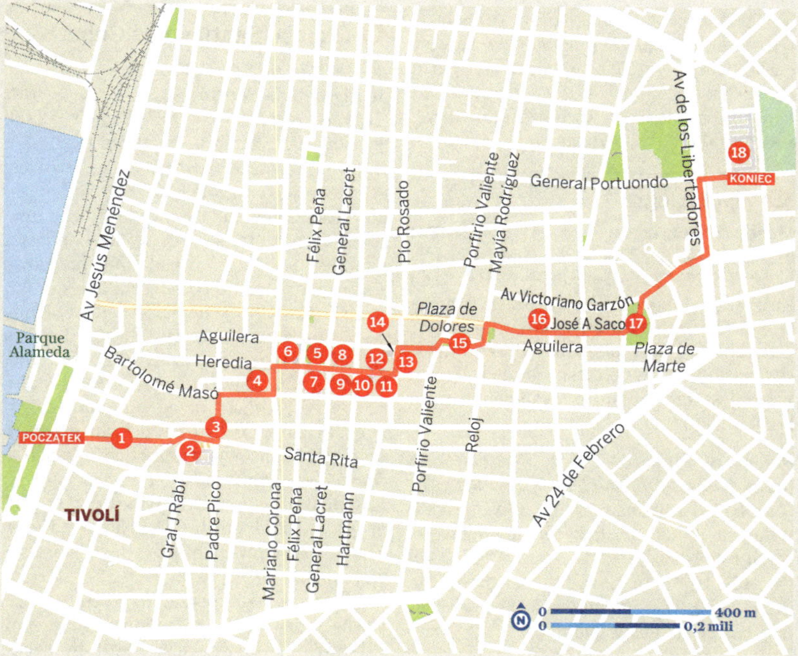

tarasowym barze w 8 **hotelu Casa Granda** w południowo-wschodnim rogu parku. W latach 50. XX w. odwiedził to miejsce Graham Greene w tajnej misji przeprowadzenia wywiadu z Fidelem Castro. Wywiad nie doszedł do skutku, za to pisarzowi udało się przemycić w góry ubrania dla rebeliantów.

Wychodząc stamtąd, kierujmy się dźwiękami muzyki, rozbrzmiewającej na malowniczo odrapanej calle Heredia, jednej z najbardziej nastrojowych ulic Santiago (jak i samej Kuby), przypominającej Nowy Orlean epoki jazzu. Jej chlubą jest słynna 9 **Casa de la Trova**.

Przechadzając się tą ulicą, zobaczymy stragany, sprzedawców cygar, gościa z kontrabasem i niezliczone motocykle. Żółtawy budynek – po prawej – z wierszem na ścianie to 10 **Casa Natal de José María Heredia y Heredia**, dom rodzinny jednego z największych poetów kubańskich. Współczesnych literatów spotkamy nieco dalej, w 11 **Uneac**, krajowym związku pisarzy. Warto sprawdzić *cartelera* (kalendarz wydarzeń) z imprezami kulturalnymi w tygodniu. Drukowane dzieła wielu zmarłych legend oferuje 12 **Librería La Escalera de Edy**, nastrojowa księgarnia po przeciwnej stronie ulicy. Na schodach wysiadują muzykanci brzdąkający na gitarach. Po ponownym przejściu na drugą stronę (uwaga na motocykle) można wpaść do 13 **Museo del Carnaval**. Idąc ulicą Pío Rosado na Aguilera, ujrzymy masywne greckie kolumny 14 **Museo Municipal Emilio Bacardí Moreau**. Po zwiedzeniu muzeum można pójść w górę wąską Aguilera na 15 **Plaza de Dolores**, zacienioną i zadziwiająco cichą – jak na wszechobecną manię motocyklową. Są tu ławki pod drzewami, na których można odpocząć, zastanawiając się, czy starczy sił na dalszą drogę, czy może lepiej wstąpić do pobliskiego baru lub restauracji.

Idąc przecznicę dalej na północ, trafimy na 16 **calle José A. Saco**, stromy deptak – ze sklepami dla zwierząt i stoiskami z *churros* (smażone ciasto) – który prowadzi prosto na wschód na 17 **Plaza de Marte**, jednego z trzech głównych placów w *casco histórico*, dużo bardziej ruchliwego niż dwa pozostałe.

Wycieczka kończy się w najważniejszym (w znaczeniu politycznym) zabytku Santiago – zbudowanym w stylu art déco 18 **Cuartel Moncada**, dawnych koszarach, gdzie w 1953 r. padły pierwsze strzały kubańskiej rewolucji, kierowanej przez Fidela Castro. Obecnie jest tu szkoła, a w zachowanej części na tyłach gmachu, gdzie odbyła się krótka potyczka między żołnierzami i rebeliantami, utworzono interesujące muzeum. To jedno z najbardziej przejmujących miejsc na Kubie.

(s. 413), fabryczny bar, oferuje degustację i sprzedaż rumu. Na billboardzie naprzeciwko stacji widnieje współczesne hasło miasta Santiago: *Rebelde ayer, hospitalaria hoy, heroica siempre* (wczoraj buntownicze, dzisiaj gościnne, zawsze bohaterskie).

Vista Alegre

Museo de la Imagen — MUZEUM

(mapa s. 394; 22-64-22-34; Calle 8 No 106; 1 CUC; 9.00–17.00 pn.–pt., 14.00–17.00 sb. i nd.) Krótka fascynująca podróż przez historię kubańskiej fotografii od Kodaka do Kordy, z szpiegowskimi miniaparatami CIA i mnóstwem starych i współczesnych zdjęć. W muzeum jest też biblioteka rzadkich filmów i dokumentów.

Palacio de Pioneros — SŁYNNY OBIEKT

(mapa s. 394; 22-64-22-18; róg Av Manduley i Calle 11) Eklektyczna rezydencja (wzniesiona w latach 1906–1911) była jedną z największych i najbardziej wystawnych w Santiago. Od 1974 r. jest tu centrum rozwojowe dla dzieci *(pioneros)*. W starym MIG-u w ogrodzie bawią się młodzi pionierzy.

Loma de San Juan — POMNIK

(mapa s. 394; Wzgórze San Juan) Na tym niewielkim wzgórzu przyszły amerykański prezydent Theodore Roosevelt wykuwał swoją karierę, prowadząc przeciwko Hiszpanom oddział kawalerzystów (Rough Ridgers – 1 Oddział Kawalerii Ochotniczej), czym przypieczętował zwycięstwo Stanów Zjednoczonych. Zadbany teren Loma de San Juan, przy obecnym motelu *San Juan*, to miejsce jedynej bitwy, w jakiej uczestniczyli Rough Riders (1 lipca 1898 r.) w wojnie hiszpańsko-amerykańskiej.

W rzeczywistości wątpliwe jest nawet, czy Roosevelt w ogóle dosiadł konia, podczas gdy zdezorientowanym Hiszpanom – przy przewadze wroga 10 do jednego – udało się przez 24 godziny powstrzymywać 6000 amerykańskich żołnierzy. Działa, okopy i kilka amerykańskich pomników, w tym kawalerzysta z brązu, wzbogacają dzieło ogrodników, a jedynym odniesieniem do Kubańczyków jest skromny pomnik nieznanego *mambí*, bojownika wojny o niepodległość.

Pomnik José Maríi Heredii y Heredii — POMNIK

(mapa s. 394; róg Av Manduley i Calle 13) Rondo u zbiegu Av Manduley i Calle 13 upiększa imponujący marmurowy pomnik poety José Maríi Heredii y Heredii.

Okolice Santiago de Cuba

★ Castillo de San Pedro de la Roca del Morro — FORT

(El Morro; mapa s. 418; 22-69-15-69; 5 CUC; 9.00–19.00;) Fort San Pedro (w 1997 r. wpisany na listę UNESCO), na szczycie 60-metrowego wzgórza, strzeże wejścia do portu, 10 km na południowy zachód od miasta. Z górnego tarasu zamczyska wspaniała panorama: widać zachodnią linię brzegową Santiago i zielone zbocza Sierra Maestra.

Twierdzę zaprojektował w 1587 r. słynny włoski inżynier wojskowy Giovanni Battista Antonelli (jego dziełem są forty La Punta i El Morro w Hawanie). Miała w przyszłości strzec Santiago przed piratami, którzy w 1554 r. złupili miasto. W związku z ograniczeniami finansowymi prace budowlane rozpoczęto dopiero w 1633 r. (17 lat po śmierci Antonellego), które trwały jeszcze 60 lat. W tym czasie słynny brytyjski korsarz Henry Morgan częściowo zniszczył fort i obrabował miasto.

Ukończone na początku XVIII w. masywne mury, potężne bastiony i magazyny El Morro nie miały wielu okazji, by pełnić swoją funkcję. Epoka piratów odchodziła w przeszłość i w XIX w. przerobiono fort na więzienie, którym było – z krótką przerwą w okresie wojny hiszpańsko-amerykańskiej w 1898 r. – do czasu, gdy kubański architekt Francisco Prat Puig opracował plan odbudowy pod koniec lat 60. XX w.

Obecnie jest tu interesujące Museo de Piratería; w innej sali wystawiono eksponaty związane z bitwą morską w zatoce, rozegranej w 1898 r. podczas wojny amerykańsko-hiszpańskiej

Podobnie jak w Hawanie, codziennie o zachodzie słońca odbywa się ceremonia *cañonazo* (wystrzału armatniego) z udziałem aktorów w mundurach *mambíses*.

Do El Morro jedzie z centrum autobus No 212 do Ciudamar, a potem idzie się pieszo 20 minut. Można też pojechać w obie strony taksówką z parku Céspedes za nie więcej niż 25 CUC (łącznie z postojem).

★ Cementerio Santa Ifigenia — CMENTARZ

(mapa s. 394; Av Crombet; 3 CUC; 8.00–18.00) Santa Ifigenia, na zachodnich obrzeżach miasta, jest drugim cmentarzem – po Necrópolis Cristóbal Colón (s. 83) w Hawanie – w kategorii znaczenia i okazałości na Kubie. Cmentarz założono w 1868 r.; był miejscem pochówków uczestników wojny o niepodległość oraz ofiar epidemii żółtej febry, nękającej ludność w tym samym okresie. Wśród ponad 8000 grobów odnajdzie się wiele znanych postaci z historii; jest tu imponujące mauzoleum José Martí i skromne miejsce ostatniego spoczynku Fidela Castro.

Warto poszukać takich nazwisk, jak Tomás Estrada Palma (1835–1908), złej sławy pierwszy prezydent Kuby; Emilio Bacardí y Moreau (1844–1922) ze słynnego rodu producentów rumu; María Grajales, małżonka Antonia Maceo Grajales, bohatera walk

MONCADA – RUCH 26 LIPCA

Chwalebne wezwanie do walki czy marnie przeprowadzony pucz – atak na Cauartel Moncada w Santiago de Cuba w 1953 r., choć brawurowy, omal nie zniszczył rodzącego się ruchu rewolucyjnego Fidela Castro.

Castro, którego ambicje zostały unicestwione przez zamach stanu Fulgencia Batisty w 1952 r., a był reprezentantem Partii Ludowej w odwołanych wyborach, szybko postanowił obrać bardziej radykalną drogę do władzy, zamieniając urnę wyborczą na karabin.

Wojowniczy Fidel razem ze swoim zaufanym porucznikiem Ablem Santamarią wybrali i wyszkolili 116 mężczyzn i dwie kobiety z Hawany i okolic, po czym zaczęli układać plan w takiej tajemnicy, że nawet młodszy brat Fidela, Raúl, z początku nic o nim nie wiedział.

Zamierzali uderzyć na Cuartel Moncada, duże koszary wojskowe w Santiago de Cuba (w buntowniczym regionie Oreinte), które niegdyś służyły Hiszpanom jako więzienie. Castro nie planował przejęcia władzy, chciał tylko zdobyć jak najwięcej broni i amunicji, po czym umknąć w Sierra Maestra, skąd on i Santamaría mieli dowodzić powszechnym powstaniem przeciwko popieranemu przez mafię, znienawidzonemu rządowi Batisty.

Castro wybrał Moncadę, ponieważ były to drugie co do wielkości koszary w kraju, ale na tyle oddalone od Hawany, żeby mieć pewność, iż będą słabo bronione. Z równą przenikliwością ustalił datę na 26 lipca, dzień po dorocznym karnawale w Santiago, kiedy i policja, i żołnierze zwykle byli zmęczeni i skacowani po nocnych hulankach.

Gdy nastał dzień ataku, wszystko zaczęło iść nie tak. Utrzymywanie planu w ścisłej tajemnicy niewiele pomogło. Bojownicy, którzy spotykali się w zacisznym domu w gospodarstwie blisko wsi Siboney, nie mieli pojęcia, że oczekuje się od nich ataku na uzbrojonych żołnierzy, więc większość z nich zaprotestowała. Ponadto wszyscy, oprócz jednego, pochodzili z rejonu Hawany (jedynym *santiagüero* był 18-letni Renato Guitart) i niewielu znało skomplikowany układ ulic w Santiago. Po wyruszeniu o 5.00 rano konwoju z Siboney przynajmniej dwa samochody zabłądziły na trasie.

Atak, kiedy wreszcie się rozpoczął, trwał zaledwie 10 minut i zakończył się porażką. Bojownicy rozdzielili się na trzy grupy: mały oddział dowodzony przez Raúla Castro zajął pobliski Palacio de Justicia (Pałac Sprawiedliwości), druga grupa, dowodzona przez Abla Santamaríę, zaatakowała szpital wojskowy, a największy oddział, prowadzony przez Fidela, usiłował wtargnąć do samych koszar.

Pierwsze dwie grupy na początku spełniły swoje zadania, jednak towarzysze Fidela, przebrani w kradzione mundury, zostali zauważeni przez patrol Moncady. Zanim wszczęto alarm, tylko jeden samochód bojowników zdołał wjechać na teren koszar.

W wynikłym zamieszaniu pięciu rebeliantów poniosło śmierć od kul, zanim Castro, rozumiejąc, że atak się nie powiódł, zarządził odwrót. Grupie Raúla również udało się uciec, tymczasem schwytano bojowników atakujących szpital. Później, po okrutnych torturach zostali straceni (m.in. dowódca Abel Santamaría).

Fidel Castro uciekł w góry, lecz złapano go kilka dni później. Jednak protesty i publiczna dezaprobata wobec wcześniejszych okrutnych egzekucji, wymogła na władzach, żeby oszczędziły jego życie.

Gdyby walka rebeliantów w ostatecznym rozrachunku nie zakończyła się sukcesem, ta chaotyczna próba wywołania powstania przeszłaby do historii jako niewypał. Przez pryzmat rewolucji 1959 r. uznaje się ją jako pierwszy chwalebny krok w drodze do zwycięstwa.

Była też dla Fidela polityczną tubą, której bardzo potrzebował. „Historia mnie uniewinni", ogłosił z przekonaniem na rozprawie sądowej. Sześć lat później jego słowa się sprawdziły.

Santiago de Cuba Casco Histórico

Santiago de Cuba Casco Histórico

Główne atrakcje
1 Catedral de Nuestra Señora de la Asunción B3
2 Museo de Ambiente Histórico Cubano B2
3 Museo Municipal Emilio Bacardí Moreau C3

Zwiedzanie
4 Ayuntamiento B2
5 Balcón de Velázquez A3
6 Calle Heredia C3
7 Casa de la Cultura Miguel Matamoros B3
8 Casa Natal de José María Heredia y Heredia C3
Iglesia de Nuestra Señora de los Dolores .... (zob. 49)
9 Iglesia de Nuestra Señora del Carmen B2
10 Iglesia de San Francisco A1
11 Maqueta de la Ciudad A3
12 Memorial de Vilma Espín Guillois D1
13 Museo del Carnaval C3
14 Museo del Ron C3
15 Parque Céspedes B3
16 Plaza de Dolores D2
17 Plaza de Marte G2

Aktywnie, kursy i wycieczki
18 Ecotur B3

Noclegi
19 Aichel y Corrado E2
20 Casa Colonial 1893 .... B1
21 Casa Milena D3
22 Casa Nelson y Deisy E2
23 Casa Terraza Pavo Real B4
24 Gran Hotel C2
25 Hostal San Basilio C3
26 Hotel Casa Granda B3
27 Hotel Imperial B2
28 Hotel Libertad G3
29 Hotel Rex G2
30 Roy's Terrace Inn A4

Gastronomia
31 Bendita Farándula F3
Cafe Hotel Casa Granda .... (zob. 26)
32 El Holandes C3
33 Panadería Doña Neli G3
Roy's Terrace Inn Roof Garden Restaurant .... (zob. 30)
34 Café Rumba C1
35 Santiago 1900 .... C3
36 St Pauli F2
37 Supermercado Plaza de Marte G2

Bary i życie nocne
38 Bar Sindo Garay B2
39 Café la Isabelica D3
40 Café Ven C2
Casa Granda Roof Garden Bar .... (zob. 26)
41 La Gran Sofía G2

Rozrywka
42 Casa de Cultura Josué País García B3
43 Casa de la Trova B3
44 Cine Rialto B3
45 Iris Jazz Club G2
46 Orfeón Santiago A3
47 Patio ARTex D3
48 Patio los Dos Abuelos G2
49 Sala de Conciertos Dolores E3
50 Subway Club E2
51 Uneac C3

Zakupy
52 ARTex C3
53 Discoteca Egrem C2
54 Galería de Arte de Oriente B3
55 Librería Internacional B3
56 Librería La Escalera de Edy C3

niepodległościowych, oraz Mariana Grajales, jego matka. Spoczywa tu 11 z 31 generałów wojny o niepodległość, hiszpańscy żołnierze, którzy zginęli w bitwie o San Juan i El Caney, *mártires* (męczennicy) ataku na Koszary Moncada w 1953 r., Frank i Josué País – aktywiści M-26-7, ojciec kubańskiej niepodległości Carlos Manuel de Céspedes (1819–1874), a także znany muzyk Compay Segundo (1907–2003) z Buena Vista Social Club.

Wiele osób przychodzi oddać cześć bohaterowi narodowemu José Martí (1853–1895) w niemalże religijnym mauzoleum. Wzniesioną w czasach Batisty, w 1951 r., okazałą sześciokątną strukturę ustawiono w taki sposób, że na drewnianą trumnę José Martí (powleczoną flagą Kuby) padają promienie dziennego światła. To odpowiedź na wiersz poety: „nie każcie mi umierać niczym zdrajcy w ciemnościach, *moriré de cara al sol* (umrę z twarzą zwróconą ku słońcu) ". Warta stojąca całą dobę przy mauzoleum zmienia się z wielką pompą co 30 minut.

Teraz najsłynniejszym rezydentem cmentarza Santa Ifigenia w Santiago de Cuba jest przybyła tu niedawno postać. Spoczywa obok swojego bohatera, José Martí. Po podróży przez cały kraj, do wtóru odtworzonego zwycięskiego marszu rewolucjonistów z 1959 r., prochy Fidela Castro Ruza (1926–2016) zostały złożone na cmentarzu 4 grudnia 2016 r. Prywatnej ceremonii towarzyszył huk 21 salw. Nie było żadnych przemówień. Castro nie życzył sobie hołdów, pomników ani innych wyrazów uznania. Skromny nagrobek ma kształt głazu z tablicą, na której wyryto jedynie imię: Fidel.

Z parku Alameda do cmentarza Santa Ifigenia jeżdżą konne zaprzęgi; można też wybrać się na dłuższy spacer.

Jardín de los Helechos OGRÓD
(mapa s. 418; ☎22-60-83-35; Carretera de El Caney No 129; 3 CUC; ⏲9.00–17.00 pn.–pt.) Cichy ogród (pow. 3000 m^2) jest rajem dla 350 gatunków paproci (*helechos*) i 90 odmian storczyków. To dawna prywatna kolekcja *santiagüero* Manuela G. Caluffa, który w 1984 r. podarował swój ogród (założony w 1974 r.), z ponad tysiącem gatunków roślin, Kubańskiej Akademii Nauk (Academia de Ciencias de Cuba). W środku Jardín de los Helechos jest przepiękny ogródek z ławkami.

Najlepsza pora na oglądanie storczyków to okres od listopada do stycznia. Przejeżdża tamtędy autobus No 5 (20 *centavos*) z Plaza de Marte w centrum Santiago; można też wziąć taksówkę. Ogród: 2 km od centrum Santiago przy drodze do El Caney.

Cayo Granma WYSEPKA
Zamieszkany skrawek lądu u wejścia do zatoki to bajkowa wysepka zachwycająca oko drewnianymi domkami z czerwonej barwy dachami – wiele stoi na palach nad wodą – dającymi schronienie tradycyjnej rybackiej społeczności. W najwyższym punkcie Cayo Granma wznosi się niewielki kościółek – Iglesia de San Rafael. Całą wysepkę można obejść w 15 minut.

Tutaj najlepiej odczuwa się atmosferę tej prawdziwej Kuby. Głodni wrażeń w tym rybnym raju mają do wyboru wiejską ucztę w *Restaurante El Cayo* albo prawie na końcu wysepki w drewnianej restauracji *Palmeres*, usytuowanej nad wodą.

Na Cayo Granma pływają promy (odpływają co godzina – półtorej godziny) z Punta Gorda tuż przy forcie El Morro. Po drodze prom zatrzymuje się w La Socapa (wciąż przy lądzie; to zachodnia granica Bahia de Santiago). Są tam przyjemne plaże, przy których można popływać.

Aktywnie

Calle José A. Saco SPACER
(mapa s. 394) Deptak ciągnący się nad wodą od Plaza de Marte do Paseo Alameda. Tłumy miejscowych okupują tutejsze sklepy i restauracje.

Jeśli komuś mało, może zboczyć na Tamayo Fleites (Callejon del Carmen), spokojny pasaż w obrębie trzech przecznic, pomiędzy Félix Peña i Pío Rosado, gdzie na straganach sprzedają wyroby rzemiosła i pamiątki.

Ecotur WYCIECZKI
(mapa s. 404; ☎22-68-72-79; General Lacret No 701, róg Hartmann) Najlepszy wybór na wspinaczkę na Pico Turquino z przewodnikiem.

Kursy

Możliwości kursów jest w Santiago de Cuba pod dostatkiem – od architektury po muzykę, formalne i nieformalne.

Ballet Folklórico Cutumba MUZYKA, TANIEC
(mapa s. 394; Teatro Galaxia, róg Av 24 de Febrero i Av Valeriano Hierrezuelo) W Santiago są liczne *grupos folklóricos*, więc łatwo zorganizować lekcje tańca czy gry na instrumentach perkusyjnych, indywidualne i grupowe. Zespół Cutumba występuje w hotelu *Las Américas* (s. 409). Pomocny może być też Conjunto Folklórico de Oriente (s. 414).

Casa del Caribe MUZYKA, TANIEC
(mapa s. 394; ☎22-64-22-85; Calle 13 No 154) Portal instytucji kulturalnej zajmującej się folklorem, w tym rytualną *santeríą*, gdzie można zaaranżować naukę tańca *conga*, *son* i *salsy* za 10 CUC za godzinę. Juan Eduardo Castillo zorganizuje też na miejscu lekcje na instrumentach perkusyjnych. Fascynaci mogą spytać o rozszerzone kursy religii i kultury afrokubańskiej. Pracownicy Casa del Caribe to profesjonaliści.

UniversiTUR KURS JĘZYKOWY
(mapa s. 394; ☎22-64-31-86; www.uo.edu.cu; Universidad de Oriente, róg Calle L i Ampliación de Terrazas) Kursy hiszpańskiego. Za 60-godzinny kurs (trzy godziny dziennie, pięć dni w tygodniu) opłaty od 280 CUC.

Festiwale i wydarzenia

Niewiele miast może pochwalić się taką różnorodnością i żywiołowością festiwali jak Santiago de Cuba.

★**Carnaval** KULTURA, MUZYKA
(⏲VII) Tradycyjny santiagowski karnawał, jeden z największych na Karaibach, zachwyca fantastycznymi kostiumami, straganami z jedzeniem i grającą na okrągło muzyką. Wszyscy mieszkańcy uczestniczą w karnawale.

SZALEŃSTWO KARNAWAŁU: BOGATA HISTORIA

Różnorodność kulturowa w Santiago de Cuba oznacza, że huczny lipcowy karnawał należy do tych najludniejszych i autentycznych na Karaibach, z kalejdoskopem kostiumów, mnóstwem straganów z jedzeniem i taką muzyką, że może umarłego postawić na nogi. To prawdziwa gratka dla kogoś, kto wytrzymuje lipcowe upały i nie boi się przepychania w tłumie.

W odróżnieniu od innych latynoamerykańskich karnawałów, doroczna zabawa w Santiago nie łączy się z religijnym początkiem postu. To raczej zlepek kilku odrębnych *fiestas*, tzw. *mamarrachos*, które odbywały się w dni różnych świętych, na przykład w dniu św. Jana 24 czerwca czy św. Anny 26 lipca (i tyle jeśli chodzi o znaczenie religijne). Te ludowe zabawy dawały robotnikom wytchnienie po okresie zbiorów trzciny cukrowej od stycznia do maja. W pewnym okresie hiszpańscy koloniści nazywali je nawet *fiestas de las clases bajas* (święta niższych klas).

Władze hiszpańskie tolerowały święta i zabawy ludowe, gdyż odwracały one uwagę biedoty od ewentualnych poważniejszych form buntu, a karnawał szybko zaczęto kojarzyć z rozpustą i skandalem. Jak na ironię, obecnie szczyt karnawału przypada na Día de la Rebeldía Nacional (26 lipca), upamiętniający tę najsłynniejszą na Kubie rebelię: atak na Koszary Moncada.

Santiagowskie karnawały rozkwitły pod koniec XIX stulecia, choć znano je wtedy pod nazwą *mamarrachos* (znaczenie w j. hiszp.: „w złym guście"). Było na nich wszystko: wyścigi konne, fajerwerki, obrzucanie się jedzeniem, obfita konsumpcja alkoholu, *cantos de pullas* (prześmiewcze przyśpiewki) oraz – zdaniem Hiszpanów – nieprzyzwoite zmysłowe tańce.

Obecnie karnawał złagodził ton. Troszeczkę.

Nie można przeoczyć parad *comparsas*, widowisk satyrycznych, a nawet kontestatorskich. W ich skład wchodzą *congas*, skromniejsze, ale bardziej zadziorne parady mieszkańców biedniejszych dzielnic przy wtórze huku instrumentów perkusyjnych. Drugą kategorią są bardziej wyszukane i bogatsze *paseos* – parady platform ciągniętych przez konie, podobne do parad europejskich karnawałów. Centrum akcji jest nowo otwarty Malecón.

Museo del Carnaval (s. 397) w Santiago de Cuba informuje o kulturze i historii karnawału; są tu karety, przebrania, maski, instrumenty muzyczne, galeria fotografii.

★ Fiesta del Fuego KULTURA
(⌚początek VII) Karnawał rozpoczyna się na Malecónie ceremonią spalenia diabła, ku uciesze zgromadzonych tłumów.

Fiesta de San Juan KULTURA
(⌚24 VI) Początek lata. W dzień świętego Jana odbywają się procesje i tańce *conga*, organizowane przez stowarzyszenia kulturalne – *focos culturales*.

Festival Internacional Matamoros Son MUZYKA
(⌚X) Pod koniec października w uznaniu dla słynnego kompozytora *son*, Miguela Matamoros z Santiago, odbywają się tańce, wykłady, koncerty i warsztaty. Główne lokalizacje: Casa de la Trova (s. 414) i Teatro José María Heredia (s. 414).

Festival Internacional de Coros MUZYKA
(⌚XI) Międzynarodowy Festiwal Chórów odwiedzają grupy z całego świata, uczestnicząc w wymianie twórczej i wykonując podnoszące na duchu pieśni.

Festival del Caribe KULTURA
(⌚VII) Lipcowe święto kultury karaibskiej. Podobnie jak Fiesta del Fuego, jest to rozgrzewka przed karnawałem.

Boleros de Oro MUZYKA
(⌚VI) Od połowy do końca czerwca zespoły w różnych miastach kraju wykonują „złote bolera" – najsłynniejsze pieśni tego gatunku.

Noclegi

★ Roy's Terrace Inn CASA PARTICULAR $
(mapa s. 404; ☎22-62-05-22; roysterraceinn@gmail.com; Diego Palacios No 177, pomiędzy Padre Pico i Mariano Corona; pokój 35 CUC; P ❄ ᯤ) Od zielonego tarasu po malunki ścienne i pokoje, wszystko lśni. Hotel kubańskich obieżyświatów i miejscowych matek, które uwodzą gości swoim ciepłem i kuchnią, jest pierwszorzędny. Pokoje wyposażono

w nowoczesne sprzęty, TV, suszarki do włosów i pakiety informacyjne. Obsługa, mówiąca po hiszpańsku, angielsku, francusku i niemiecku - doskonała.

Goście mają pierwszeństwo w rezerwacji miejsc w niewielkiej restauracji na dachu. Polecamy.

Casa Colonial 1893 CASA PARTICULAR **$**
(mapa s. 404; ☎ 22-62-24-70; casacolonial1893@gmail.com; Hechavarría No 301; pokój 25–30 CUC; ❄) Ładny kolonialny dom; siedem pokojów wokół dużego wewnętrznego patio. W pokojach jasne satynowe narzuty. Niektórych gości może dziwić ten zwyczaj, nierzadki w domach, w których wynajem jest istotny dla rodzinnego budżetu - rodzina gromadzi się obok, za przepierzeniem we frontowym pokoju.

Casa Señora Inalvis CASA PARTICULAR **$**
(mapa s. 394; ☎ 22-65-11-13, 53-08-80-20; nalviscasado@nauta.cu; Calle 6ta [sexta] No 660; pokój 25–30 CUC; ❄) Dogodnie usytuowany w pobliżu hotelu *Meliá Santiago de Cuba* uroczy podmiejski dom ma kilka pokojów i cieniste patio na tyłach. Gospodyni, *señora* Inalvis, to prawdziwy klejnot - była dziennikarka - bardzo uprzejma, chętnie poda świeże soki lub kawę.

Casa Milena CASA PARTICULAR **$**
(mapa s. 404; ☎ 22-62-88-22, nr komórkowy 53-19-58-14; penelope1212@nauta.cu; Heredia No 306; pokój 25–30 CUC; ❄) Kolonialny dom przy ulicy Heredia, tej słynącej z żywych rytmów. Bardzo czysty i w centrum; dla gości trzy wielkie pokoje.

Casa Terraza Pavo Real CASA PARTICULAR **$**
(mapa s. 404; ☎ 22-65-85-89; juanmarti13@yahoo.es; Santa Rita No 302, róg San Félix; pokój 25–30 CUC; ❄ 📶) Niezwykle zadbany rodzinny dom Juana Martí; jakość niemal pałacowa, z antycznym umeblowaniem, filtrującymi światło *vitrales* (okna witrażowe) i krętymi schodami. Największe atuty to wielkie patio w stylu *mudéjar*, z szemrzącą fontanną, i obszerny taras dachowy z egzotycznymi storczykami. Jednak niektórym gościom mogą przeszkadzać tropikalne ptaki i pawie w klatkach. Podają tu smaczne śniadaniowe pasty do chleba.

Casa Nelson i Deisy CASA PARTICULAR **$**
(mapa s. 404; ☎ 22-65-63-72, nr komórkowy 53-65-81-33; casanelsonydeysi@yahoo.es; Donato Mármol No 476 1/2; pokój 20–25 CUC; ❄) Udekorowane bielą nowoczesne kwatery w odnowionym kolonialnym budynku. Trzy eleganckie pokoje i taras do dyspozycji gości. Nelson i Deisy słyną ze swojej kuchni, podają dobre wegetariańskie potrawy oraz koktajle. Miła obsługa.

Casa Lola CASA PARTICULAR **$**
(mapa s. 394; ☎ 22-65-41-20; Mariano Corona No 309, pomiędzy General Portuondo i Miguel Gómez; pokój 20–25 CUC; ❄) Komu potrzebny relaks na skwerze, jeśli ma duży ogród z altaną? Mieszkający tu młodzi gospodarze robią wszystko, żeby umilić pobyt. Pokoje skromne, ale czyste; jeden z dużym balkonem od ulicy. Okolica jest słabo oświetlona, więc powrót z baru może się przedłużyć - lepiej wziąć taksówkę.

Casa Colonial „Maruchi" CASA PARTICULAR **$**
(mapa s. 394; ☎ 22-62-07-67, nr komórkowy 52-61-37-91; maruchib@yahoo.es; Hartmann No 357, pomiędzy General Portuondo i Máximo Gómez; pokój 30 CUC; ❄) XIX-wieczny kolonialny dom, z ceglanymi ścianami i godnym muzeum umeblowaniem, jest świątynią *santerii.* W trzech pokojach gościnnych mosiężne łóżka i kołdry; najspokojniej na piętrze. Zatrzymują się tu różne typy: *santeros* (kapłani *santerii*), plecakowi turyści, zagraniczni doktoranci Regla de Ocha. Maruchi, dysponujący encyklopedyczną wiedzą na temat religii afrokubańskich, może zorganizować prezentacje.

Potrawy legendarne, dziedziniec z bujną florą wspaniały.

Hotel Libertad HOTEL **$**
(mapa s. 404; ☎ 22-62-77-10; reserva@libertad.tur.cu; Aguilera No 658; 1-/2-os. 61/66 CUC; ❄ @ 📶) Tania kubańska sieć Islazul w przypadku tej szacownej piękności wyzwala się z sowieckiego hotelowego natręctwa, skłaniając ku stylowi kolonialnemu. Dobra obsługa i 17 czystych (choć ciemnawych) pokojów z wąskimi pojedynczymi łóżkami. Trochę tu ekscentrycznie - nie trzeba się dziwić, ujrzawszy w holu chińskiego sprzedawcę oferującego ubrania z walizki.

Restauracja od strony ulicy jest o niebo lepsza od dyskoteki na dachu - zwłaszcza gdy goście próbują zasnąć o 1.00.

Casa Yoyi CASA PARTICULAR **$**
(mapa s. 394; ☎ 22-62-31-66; eulogiadelosmilagros@nauta.cu; Mariano Corona No 54; pokój 25–30 CUC; ❄) W okolicy Los Hoyos, 10 minut spacerem od centrum. *Casa Yoyi* jest nowoczesna i cicha. Na piętrze są duże pokoje i apartament, wyposażone w TV z płaskim

ekranem i kolorowe kwiatowe wzory. Łóżka różnej jakości – niektóre się zapadają – warto więc obejrzeć kilka pokojów. Świetny taras dachowy; gospodarze mówią po angielsku i rosyjsku.

Casa Mili CASA PARTICULAR $

(mapa s. 394; ☎22-66-74-56; mileidis.rodriguez@nauta.cu; Calle 8 No 156, pomiędzy Av 5 i Av 7; pokój ze śniadaniem 25 CUC; ❄) Gdy trudno znieść hałas motocykli w centrum miasta, warto uciec do dzielnicy Vista Alegre. W dużym domu, z wysokimi pomieszczeniami, kolumnami z frontu i lśniącymi podłogami, jest pięć pokojów dla gości – większą prywatność zapewniają te za patio – w tym duży pokój rodzinny.

Villa Gaviota HOTEL $

(mapa s. 394; ☎22-64-13-70; jefe.recepcion@gaviota.co.cu; Calle 21, Vista Alegre; 1-/2-os. 38/50 CUC; P❄≋) Cicha dzielnica Vista Alegre jest postrzegana jako oaza spokoju albo miasto duchów. Oryginalna *Villa Gaviota* to zespół atrakcyjnych budynków i apartamentów z podstawowym wyposażeniem. Otoczone zielenią, zapewniają prywatność; ceny są atrakcyjne, jednak obsługa bywa boleśnie powolna. Wśród obiektów użytkowych: basen, restauracja/bar, sala bilardowa i pralnia.

Wi-Fi w restauracji przy ulicy Manduley.

Hotel Balcón del Caribe HOTEL $

(mapa s. 418; ☎22-69-10-11, 22-69-15-06; Carretera del Morro Km 7,5; 1-/2-os. ze śniadaniem 34/56 CUC; P❄wifi≋) Przeciwwagę dla lokalizacji obok fortu El Morro (s. 402) stanowią standardy sieci Islazul: kwieciste zasłony, zużyte materace i umeblowanie jakby z lat 70. XX w. Mają jednak basen, a widoki są zachwycające. Warto wynająć pokój w kompleksie, a nie w którymś z tych brzydkich domków. Hotel znajduje się 10 km od centrum, trzeba się przygotować na bardzo niedogodny transport.

Aichel y Corrado CASA PARTICULAR $

(mapa s. 404; ☎22-62-27-47; www.casaparticularsantiago.com; José A. Saco No 516, pomiędzy Mayía Rodríguez i Donato Mármol; pokój 20–25 CUC; ❄wifi) Właściciele kwater na I i II poziomie wydają się bardziej zajmować robieniem interesów na deptaku niż przyjmowaniem gości. Lokalizacja może i cudowna (a pokój na dachu obiecujący), ale trzeba być gotowym na atmosferę chaosu. Włoska restauracja na dole to część biznesu.

Hotel Rex HOTEL $$

(mapa s. 404; Victoriano Garzón; 1-/2-os. ze śniadaniem 96/100 CUC; ❄wifi) W 1953 r. hotel był bazą *moncadistas* Fidela Castro, potem odrodził się jako średniej klasy wygodna opcja zakwaterowania. Zawieszony między motocyklowym szaleństwem i muzycznymi rytmami w centrum Santiago, zachował prawdziwie kubański styl, co jest rzadkością w przypadku tutejszych hoteli. Przyjemny taras dachowy, ponadto bar, gdzie w TV leci piłka nożna.

Cicho nie jest, ale na pewno po kubańsku.

Hotel Versalles HOTEL $$

(mapa s. 418; ☎22-69-10-16; Alturas de Versalles; 1-/2-os. ze śniadaniem 69/79 CUC; P❄@≋) Nie mylić z nazwą dzielnicy w stolicy rumby Matanzas ani wspaniałą posiadłością Ludwika XIV. Skromny hotel stoi na obrzeżach miasta przy drodze do fortu El Morro. Przyjemny basen i wygodne pokoje z małymi tarasami – jest w tym trochę stylu.

Hotel Casa Granda HOTEL $$

(mapa s. 404; ☎22-65-30-24; Heredia No 201; 1-/2-os. 92/128 CUC; ❄@wifi) Elegancki hotel z 1914 r., opisany przez Grahama Greene'a w książce *Nasz człowiek w Hawanie*, ma 58 pokojów i klasyczną atmosferę. Pisarz mieszkał tu pod koniec lat 50 XX w. Gdy zażywał relaksu na tarasie od strony ulicy, jego słynne pióro uwieczniało nocną naturę miasta. Pół wieku później pokoje są znośne, a nastrój nadal sugestywny.

Oprócz plakatów z Che Guevarą i nieodpowiedzialnej obsługi w recepcji, niewiele się od tamtego czasu zmieniło.

Hostal San Basilio HOTEL BUTIKOWY $$

(mapa s. 404; ☎22-65-17-02; www.cubatravelnetwork.com; Bartolomé Masó No 403, pomiędzy Pío Rosado i Porfirio Valiente; 2-os. ze śniadaniem 100 CUC; ❄@) Uroczy *San Basilio* (od oryginalnej nazwy ulicy, przy której stoi) ma osiem pokojów, jest przytulny i ożywczo współczesny – z romantyczną kolonialną oprawą, np. małe patio z mnóstwem paproci. W pokojach są odtwarzacze DVD, parasole, wagi łazienkowe i miniaturowe butelki rumu. Niestety, część materaców do wymiany. W małej restauracji śniadania i obiady.

Hotel Las Américas HOTEL $$

(mapa s. 394; ☎22-64-20-11; jcarpeta@hamerica.seu.tur.cu; róg Av de las Américas i Av General Cebreco; 1-/2-os. 92/102 CUC; P❄@≋) Pokoje takie same jak we wszystkich hotelach sieci

Islazul – raczej niewarte zachodu, chyba że ktoś lubi standardowe wyposażenie. Mają tu jednak wszelkie udogodnienia: restaurację czynną całą dobę, kawiarnię, basen i nocne rozrywki.

★ Hotel Imperial HOTEL ZABYTKOWY **$$$**
(mapa s. 404; ☎22-62-82-30; José A. Saco, pomiędzy Félix Peña i General Lacret; 1-/2-os. 97/138 CUC; ❄📶) Dawna wizytówka Santiago. Eklektyczny hotel z 1915 r. starannie odrestaurowano z lekkim ustępstwem na rzecz nowoczesności. 39 elegancko umeblowanych pokojów ma TV z płaskim ekranem, wysokie okna i prysznice ze szklaną kabiną. Windą można wjechać do baru na dachowym tarasie – piękny widok na miasto, muzyka na żywo w weekendy.

Jest też restauracja i na dole bar przekąskowy otwarty do późna.

Meliá Santiago de Cuba HOTEL **$$$**
(mapa s. 394; ☎22-68-70-70; www.meliacuba.com/cuba-hotels/hotel-melia-santiagodecuba; róg Av de las Américas i Calle M; 1-/2-os. ze śniadaniem 174/224 CUC; P❄@📶🏊) Elegancki wewnątrz, z okropnymi lustrzanymi taflami na zewnątrz; hotel z 1990 r. ma udogodnienia, jakie trudno znaleźć gdzieś indziej w Santiago. We wszystkich łazienkach wanny; są trzy baseny, cztery restauracje, różne punkty handlowe i elegancki bar na 15. kondygnacji. Problem stanowi lokalizacja na obrzeżach i brak prawdziwie kubańskiego uroku.

Osoby z zewnątrz za dzienny karnet na basen płacą 20 CUC.

Gran Hotel HOTEL **$$$**
(mapa s. 404; ☎22-28-71-71; José A. Saco, pomiędzy General Lacret i Hartmann; 1-/2-os. ze śniadaniem 95/134 CUC; ❄@) Zakończona w 2016 r. przeróbka klasycznego hotelu to jeszcze nie wszystko. Czterdzieści dwa pokoje są wprawdzie spore, jest też ładny taras dachowy i kafejka internetowa, ale obsługa albo lunatykuje, albo ma wszystko gdzieś. Goście mogą wybrać pokój z balkonem od strony deptaka albo wewnętrzny – bez okien.

Rezerwacje za pośrednictwem Casa Granda (s. 409).

Gastronomia

Mimo ponad miliona mieszkańców i mieszanki kultur, wybór restauracji nie przedstawia się ciekawie. To głównie poślednie lokale, choć w ostatnich paru latach sytuacja nieco się poprawiła.

Na deptaku José A. Saco w *casco histórico* są mobilne punkty z *comida ligera* (potrawami dietetycznymi).

Ranchón Los Naranjos KUCHNIA KUBAŃSKA **$**
(mapa s. 394; ☎22-71-40-68; Pedro Alvarado No 16; 6–10 CUP) Restauracja na wolnym powietrzu przy stromej ulicy koło Meliá oferuje smaczne dania w dobrych cenach. Poleca się grillowaną rybę i potrawkę z jagnięciny w sosie pomidorowym. Trochę na uboczu, ale sprzyja ochłodzie. Koktajle w neonowych barwach są za słodkie. Ceny w *moneda nacional*, walucie niewymienialnej (CUP).

Café Rumba KAWIARNIA **$**
(mapa s. 404; ☎58-02-21-53; Hartmann No 455; kanapki 3–7 CUC; ⌚9.30–22.30 pn.–sb.; 🖉) Przed gorączkowym ruchem w centrum Santiago można umknąć do eleganckiej, klimatyzowanej kawiarni, w odmienną rzeczywistość. Latte? Wegetariańskie kanapki? Tak! Przyjemne wnętrza, niezłe opiekane sandwiche i pyszne omlety.

Bendita Farándula KUCHNIA KARAIBSKA **$**
(mapa s. 404; ☎22-65-37-39; Monseñor Barranda No 513; dania 5–9 CUC; ⌚12.00–23.00) Sami pewnie byście tu nie trafili, a warto. Przytulny lokal na dwóch poziomach, przypominający atmosferą francuskie bistro, serwuje jedyną w Santiago taką potrawę: *pescado con leche de coco* (rybę w mleczku kokosowym) oraz zupełnie niezły *bistek de cerdo con jamón y queso* (stek wieprzowy z szynką i serem).

Jardín de las Enramadas LODY **$**
(mapa s. 394; ☎22-65-22-05; róg José A. Saco i Gallo; lody 1–2 CUC; ⌚9.45–23.45) Przecznicę od *casco histórico* w drodze do portu; w ogrodzie z „plątaniną gałęzi' rośliny ozdobne i pyszne lody (podawane z pianką *marshmallow* i herbatnikami). Wzorowa obsługa.

La Fortaleza KUCHNIA KUBAŃSKA **$**
(mapa s. 394; ☎22-64-62-96; róg Av Manduley i Calle 3; dania 3–7 CUC; ⌚12.00–23.30) W przyjemnym otoczeniu, wśród rezydencji w dzielnicy Vista Alegre, na obszernym, zacienionym patio podają smaczne potrawy (płatność w *pesos*). W porze obiadowej muzyka na żywo. Jednak zero punktów za jakość obsługi.

La Arboleda LODY **$**
(mapa s. 394; róg Av de los Libertadores i Av Victoriano Garzón; lody 1 CUC; ⌚10.00–23.40 wt.–nd.)

Świątynia lodów Santiago jest trochę oddalona od centrum, co nie wpływa na długość kolejki. Warto spytać *Quién es último* (Kto ostatni?) i zająć w niej miejsce po stronie Av de los Libertadores. Lodowe koktajle czasem sprzedają w okienku.

Café Hotel Casa Granda KAWIARNIA $
(mapa s. 404; ☎22-65-30-21; Heredia No 201, Casa Granda; przekąski 2–8 CUC; ⌚9.00–24.00; 📶) Tarasowa kawiarnia w stylu paryskim, zawieszona niczym biała loża teatralna nad improwizowanym kabaretem parku Céspedes, jest chyba jednym z lepszych miejsc obserwacyjnych na Kubie. Z jedzenia – tylko przekąski; obsługa – beznamiętna, na granicy zrzędliwości. Ale kogo by to obchodziło w takiej scenerii?

Restaurante España OWOCE MORZA $
(mapa s. 394; Av Victoriano Garzón; dania 3–7 CUC; ⌚12.00–16.00, 18.00–22.00) Przed wejściem lepiej się przygotować na powiew arktycznego powietrza i zmodyfikować oczekiwania co do kubańskiej kuchni. Mają tu robione z polotem, a czasem i ze świeżymi ziołami, owoce morza. Warto spróbować homara lub krewetek na ostro i dać sobie spokój z miejscowym winem – średnio nadaje się do picia.

Santiago 1900 KUCHNIA KARAIBSKA $
(mapa s. 404; ☎22-62-35-07; Bartolomé Masó No 354; dania 2–8 CUC; ⌚12.00–24.00) W dawnej rezydencji Bacardích, w sali, która niedawno odzyskała kolonialną atmosferę, karmią standardowym kurczakiem, rybą i wieprzowiną. Płatność w kubańskich *pesos* (CUP). Panuje tu surowy dress code: żadnych szortów i T-shirtów.

El Barracón KUCHNIA KARAIBSKA $
(mapa s. 394; ☎22-66-18-77; Av Victoriano Garzón; dania 3–9 CUC; ⌚12.00–23.00) Próbują tu na nowo rozpalić korzenie afrokubańskiej kultury i kuchni, z mieszanym efektem. Wnętrza państwowej restauracji – nastrojowa mieszanka świątyni *santeríi* i schronienia *cimarrones* (zbiegłych niewolników) są intrygujące, ale jedzenie nie jest konkurencją dla prywatnych restauracji. Lepiej ograniczyć się do pysznych *tostones* (smażone bananowe placuszki) lub dań z jagnięciny.

Panadería Doña Neli PIEKARNIA $
(mapa s. 404; ☎22-64-15-28; róg Aguilera i Gen Serafín Sánchez; chleb/przekąski 0,50–1 CUC; ⌚7.00–19.00) Piekarnia na Plaza de Marte, gdzie za twardą walutę niechętnie sprzedają pachnący chleb i ciasta.

Supermercado Plaza de Marte SUPERMARKET $
(mapa s. 404; ☎22-68-60-45; Av Victoriano Garzón; ⌚9.00–18.00 pn.–sb., do 12.00 nd.) Jeden z lepiej zaopatrzonych sklepów w mieście; duży wybór lodów i tania butelkowana woda. Tuż za północno-wschodnim rogiem Plaza de Marte.

Miejski targ TARG $
(mapa s. 394; róg Aguilera i Padre Pico) Na głównym targu, dwie przecznice na zachód od Parque Céspedes, jak na duże miasto wybór jest niewielki. Warto przyjść wcześnie, żeby trafić na szerszą ofertę.

★Ogródek na dachu Roy's Terrace Inn KUCHNIA KUBAŃSKA $$
(mapa s. 404; ☎22-62-05-22; roysterraceinn@gmail.com; dania 10–15 CUC; ⌚7.00–21:30; 📶🌶) Gdyby tylko reszta Kuby mogła to wprowadzić: pierwszorzędne domowe jedzenie, troskliwa obsługa i świetna atmosfera. Stolik na dachu – jest ich sześć: z mnóstwem kwiatów i świecami – należy rezerwować dzień wcześniej. Koktajle i obfite domowe dania. Ryby, kurczak i wieprzowina serwowane są z dodatkami, np. z chrupiącymi *tamal*es i smażonym bakłażanem. Również dla wegan i wegetarian.

★St Pauli KUCHNIA MIĘDZYNARODOWA $$
(mapa s. 404; ☎22-65-22-92; José A. Saco No 605; dania 4–15 CUC; ⌚12.00–23.00 pn.–czw., 12.00–24.00 pt.–nd.) Restauracja od razu podbiła miasto. Długim korytarzem z malowidlami na ścianach przechodzi się z Calle Saco do jasnej sali z menu na czarnych tablicach i oszkloną kuchnią. Wszystko jest tu dobre, zwłaszcza *gazpacho* podawane w szklankach do koktajli, *pulpo al ajillo* (ośmiornica w sosie czosnkowym) i *fajitas* z ananasem i kurczakiem. Jeśli będzie komplet gości, warto poczekać.

Madrileño KUCHNIA KUBAŃSKA $$
(mapa s. 394; ☎22-64-41-38; Calle 8 No 105; dania 4–15 CUC; ⌚12.00–23.00) Poważana restauracja *Madrileño* zajmuje stylowy kolonialny dom w Vista Alegre. Na wewnętrznym patio posiłkom towarzyszy śpiew ptaków. Można tu zamówić kubańskie potrawy kreolskie (*comida criolla*). Z kuchni unoszą się apetyczne zapachy. W obszernym menu jawią się głównie grillowane mięsa. Może lepiej odmówić sobie szaszłyczków z owoców morza (są jakieś nijakie).

NIE POMIŃ

WYSTĘPY *CONJUNTOS FOLCLÓRICOS*

Występy zespołów folklorystycznych to jedno z najważniejszych doznań kulturalnych w Santiago. Jest tu kilkanaście takich zespołów (więcej niż w innych miastach na Kubie), które uczą i wykonują tradycyjne *bailes afrocubanos* (tańce afrokubańskie), przekazując tradycje następnym pokoleniom. Większość zespołów powstało we wczesnych latach 60. XX w. i wszystkie są objęte patronatem państwa.

Informacje o najbliższych wydarzeniach kulturalnych najlepiej uzyskać w Casa del Caribe (s. 406) w Vista Alegre, gdzie wiele z nich występuje.

Najstarszym zespołem w Santiago de Cuba jest Conjunto Folklórico de Oriente (s. 414), założony w 1959 r. Zespół wykonuje tańce afrokubańskie, m.in. *gagá*, *bembé* i *tumba francesa;* występuje w Teatro José María Heredia. **Ballet Folklórico Cutumba** (mapa s. 394; ☎22-62-32-01; Teatro Galaxia, róg Av 24 de Febrero i Av Valeriano Hierrezuelo; 2 CUC; ⏲od 20.00 pt. i nd.) to odgałęzienie zespołu Oriente; został utworzony w 1976 r. Zainteresowani mogą zobaczyć próby baletu – odbywają się w Teatro Galaxia (9.00–13.00, wt.–pt.).

Tumba francesa wykonuje zespół **Tumba Francesa La Caridad de Oriente** (mapa s. 394; Pío Rosado No 268); próby są we wtorki i czwartki o 21.00. Na Kubie jeszcze dwie grupy specjalizują się w folklorze francusko-haitańskim: w Guantánamo i Holguín.

Carabalí Olugo (mapa s. 418; Carretera del Morro, róg Av 24 de Febrero) oraz **Carabalí Izuama** (mapa s. 394; Pío Rosado No 107) należą do *comparsas* (zespoły muzyczne i taneczne uczestniczące w karnawale) i reprezentują dzielnice Tivolí i Los Hoyos w lipcowym karnawale. Obie grupy wywodzą się z XIX-wiecznych *cabildos* – rad wzajemnej pomocy niewolników z tych samych grup etnicznych, co nadal ma odzwierciedlenie w muzyce.

Compañía Danzaria Folclórica Kokoyé (mapa s. 394), nowoczesny zespół taneczny, założony w 1989 r., promuje kulturę afrokubańską wśród turystów. Występy w sobotnie wieczory i niedzielne popołudnia w Casa del Caribe.

Do wyboru niezawodne włoskie potrawy z makaronem oraz karaibskie marynowane mięsa pieczone na grillu – perfekcja. Smaczne są też soczyste steki i *brochetas* z owoców morza. Nie zaszkodzi rezerwować wcześniej, restauracja *Madrileño* („mieszkaniec Madrytu") jest popularna.

El Palenquito PARRILLA **$$**
(mapa s. 418; ☎22-64-52-20; Av del Río No 28, pomiędzy Calle 6 i Carretera de Caney; dania główne 6–12 CUC) Specjalnością tej zwyczajnej restauracji na obrzeżach Santiago jest grill. Wieprzowina i kurczak podawane są z typowymi dodatkami. Prawdziwą gwiazdą są desery. Warto spróbować lodów z persymony lub kokosowych w skorupkach – porcje są wielkie, ale po pierwszym kęsie nie ma się ochoty nimi z nikim dzielić. Dobra obsługa.

El Holandés KUCHNIA KUBAŃSKA **$$**
(mapa s. 404; ☎22-62-48-78; Heredia No 251; dania główne 6–15 CUC; ⏲12.00–24.00) Mały i czysty *paladar* (prywatna restauracja) z siedzeniami wewnątrz i na tarasie. Potrawy w menu to kubańskie klasyki. „Holender" znajduje się w centrum wydarzeń kulturalnych.

Restaurante El Morro KUCHNIA KARAIBSKA **$$**
(mapa s. 418; ☎22-69-15-76; Castillo del Morro; dania główne 6–12 CUC; ⏲12.00–17.00) Usytuowanie na klifie zapewnia rozległe widoki. Poza tym klasyka: pieczone kurczaki i wieprzowina. Autobus pełen turystów w średnim wieku może bardzo spowolnić obsługę, trzeba więc dobrze planować wizytę. Nie zraziło to Paula McCartneya, który wpadł tu na krótki popas w 2000 r. (jego talerz z dumą zajmuje miejsce na ścianie).

Kelnerzy twierdzą, że słynnemu wegetarianinowi wystarczył omlet. Dla mięsożerców lepszy będzie zestaw *comida criolla* (potrawy kreolskie) – sycący posiłek składający się z zupy, dania głównego, deseru i drinka. Autobus dojeżdża do Ciudamar, potem trzeba iść przynajmniej 20 minut lub wziąć taksówkę i połączyć jedzenie i zwiedzanie fortu.

Compay Gallo KUCHNIA KUBAŃSKA **$$**
(mapa s. 394; ☎22-65-83-95; Máximo Gómez No 503 altos; dania 4–10 CUC; ⏲12.00–23.00) Na piętrze, w typowej uliczce na skraju centrum; podają klasyczne kubańskie potrawy z mie-

szanym skutkiem. Warto spróbować na początek koktajlu z krewetek, a potem *ragoût de codero* (z jagnięciny) z warzywami.

Ristorante Italiano La Fontana KUCHNIA WŁOSKA **$$$**
(mapa s. 394; róg Av de las Américas i calle M, Meliá Santiago de Cuba; dania główne 6–18 CUC; ⌚12.00–23.00) Pizza *deliciosa*, lazania *formidable*, ravioli i chleb czosnkowy – *mamma mia!* to musowo numer jeden, wreszcie można wyrwać się z kręgu kurczaków i wieprzowiny! Ceny chilijskich win są wygórowane, ale i tak warto.

Restaurante Zunzún KUCHNIA KARAIBSKA **$$$**
(mapa s. 394; ☎22-64-15-28; Av Manduley No 159; dania 12–18 CUC; ⌚12.00–22.00) W dawnym mieszczańskim stylu można zjeść w przekształconej w restaurację rezydencji w zamożniejszej dzielnicy Vista Alegre. Zawsze chwalona, choć ceny dość wysokie. Wśród egzotycznych dań, curry z kurczaka, paella, wspaniały talerz serów i koniak. Można oczekiwać profesjonalnej obsługi i umilających czas *trovadores*.

Bary i życie nocne

★**Casa Granda Roof Garden Bar** BAR
(mapa s. 404; najwyższe piętro, Heredia No 201; opłata 3–10 CUC; ⌚11.00–1.00) Warto wpaść na 5. poziom *Casa Granda* i obejrzeć najpiękniejszy zachód słońca na Kubie. Widok na Parque Céspedes i oświetloną katedrę wart jest minimalnej opłaty dla gości spoza hotelu (wzrasta po 19.00), w którą wliczono pierwszy drink. A że drinki są tu dwa razy droższe niż gdzie indziej? Nie ma o co kruszyć kopii.

Cervecería Puerto del Rey MINIBROWAR
(mapa s. 394; ☎22-68-60-48; Paseo Alameda i Aguilera; ⌚12.00–24.00) Wiadomo, że na Kubie następują zmiany, gdy trafi się na pub pełen miejscowych wychylających szklanki warzonego na miejscu piwa. Smaki nie są jeszcze doprowadzone do perfekcji, ale kto by się tym przejmował? Jest też przyzwoite jak na pub jadło, w tym popularny *caldo del rey* (królewski rosół – na żeberkach wieprzowych).

Właśnie tutaj – po przechadzce po nowym Malecónie.

La Gran Sofía KAWIARNIA
(mapa s. 404; Paraíso; przekąski 1–2 CUC; ⌚całą dobę) Typowa knajpka; dobra kawa, niedrogie *bocaditos* (przekąski).

Bar Sindo Garay BAR
(mapa s. 404; ☎22-65-15-31; róg Tamayo Fleites i General Lacret; ⌚11.00–23.00) Muzeum słynnego kubańskiego kompozytora i śpiewaka *trova* (Sindo Garay /1867–1968/, najbardziej znany z kompozycji *Perla marina*) i zarazem zatłoczony bar. Na dwóch poziomach serwują świetne koktajle. Przy deptaku Tamayo Fleites.

Café Ven KAWIARNIA
(mapa s. 404; ☎22-62-26-60; José A. Saco, pomiędzy Hartmann i Pío Rosado; ⌚całą dobę) Kwiarenka przy Saco (Enramadas); klimatyzacja, obiekty z *cafetal* (plantacji) i goście z Włoch uważnie obserwujący obsługę przygotowującą cappuccino. *Ven* (Przyjdź).

Café La Isabelica KAWIARNIA
(mapa s. 404; ☎22-66-95-46; róg Aguilera i Porfirio Valiente; ⌚7.00–23.00) O kawie lepiej zapomnieć – lepszą mają na postojach dla ciężarówek. Chodzi o w 100% autentyczną atmosferę. W zadymionej, ciemnej kawiarni sprzedają kawę *java* za *pesos*.

Club Náutico BAR
(mapa s. 394; Paseo Alameda; ⌚12.00–24.00) Ożywia Paseo Alamedę ruchliwym barem w stylu *ranchón* nad wodą, ze wspaniałym widokiem na zatokę. Dobrze chroni przed upałem Santiago. Jedzenie niekoniecznie – tutaj przychodzi się na drinka i dla widoków. Płacić można w pesos i CUC.

Barrita de Ron Havana Club BAR
(mapa s. 394; Av Jesús Menéndez No 703; ⌚9.00–18.00) Bar dla turystów przy wytwórni Bacardí (s. 400) oferuje sprzedaż rumu i degustację. Wytwórni się nie zwiedza.

Rozrywka

„Nadmierny wybór" to w Santiago lekkie niedoszacowanie. Szukając imprez, warto zerknąć do dwutygodnika „Cartelera Cultural". Zwykle jest dostępny w recepcji hotelu *Casa Granda* (s. 409).

★**Casa de las Tradiciones** MUZYKA NA ŻYWO
(mapa s. 394; ☎22-65-38-92; General J. Rabí No 154; 1 CUC; ⌚17.00–24.00) Najbardziej odkryte z „nieodkrytych" miejsc w Santiago utrzymało przepełnioną dymem i tupotem stóp salonową atmosferę. W Domu Tradycji, ukrytym w cichym Tivolí, improwizują najbardziej ekscytujące w Santiago de Cuba zespoły muzyczne, soliści i śpiewacy. Piątkowe wieczory zarezerwowano dla klasycznej *trova*

kompozytorów, takich jak Ñico Saquito i jemu podobnych. Mają tu bar i trochę kolorowej grafiki.

★ Iris Jazz Club JAZZ
(mapa s. 404; General Serafín Sánchez, pomiędzy José A. Saco i Bayamo; 5 CUC; występy 21.30–2.00) Gdy Santiago przytłacza upałem, hałasem i ruchem, przyda się dawka Iris, jednego z najlepszych klubów jazzowych Kuby, gdzie można wygodnie usiąść w otoczeniu fotografii gwiazd jazzu i oglądać przedstawicieli małej, ale znaczącej sceny jazzowej Santiago.

Noche Santiagüera WYSTĘPY NA ŻYWO
(mapa s. 394; Av Victoriano Garzón, pomiędzy Moncada i Parque de los Estudiantes; 18.00–24.00 sb.) BEZPŁ. W sobotnie wieczory boczne uliczki, odchodzące od tej głównej arterii, zapełniają się straganami z jedzeniem i muzyką, i zaczyna się wielka impreza.

Conjunto Folclórico de Oriente TANIEC
(mapa s. 394; 22-64-31-78; Teatro José María Heredia, róg Av de las Américas i Av de los Desfiles) Najstarszy *conjunto folklórico* w Santiago de Cuba powstał w 1959 r.; obecnie biwakuje w Teatro Heredia (s. 414). Zespół tańczy afrokubańskie *gagá*, *bembé* i *tumba francesa*.

Casa de la Trova MUZYKA NA ŻYWO
(mapa s. 404; 22-65-38-92; Heredia No 208; różne godziny) Santiagowska świątynia muzyki tradycyjnej po pięciu dekadach wciąż ma się dobrze i gości takie sławy, jak Eliades Ochoa (gitarzysta i piosenkarz z Buena Vista Social Club). Rozgrzewka zaczyna się późnym popołudniem na parterze, potem akcja przenosi się wyżej, a od 22.00 robi się *más y más caliente* (coraz goręcej).

Santiago Café KABARET
(mapa s. 394; 22-68-70-70; róg Av de las Américas i Calle M; 5 CUC; 22.00–2.00 sb.) Nieco mniej spektakularna wersja Tropicany w hotelu *Meliá Santiago de Cuba* (s. 410) na pierwszej kondygnacji. Kabaret odbywa się w soboty, później jest dyskoteka. Warto wjechać na 15. poziom do fascynującego *Bello Bar*.

Uneac CENTRUM KULTURY
(Unión Nacional de Escritores y Artistas de Cuba, Związek Kubańskich Pisarzy i Artystów; mapa s. 404; 22-65-34-65; Heredia No 266) Pierwszy przystanek miłośników sztuki, szukających intelektualnej otuchy w rozmowach, warsztatach, spotkaniach i występach – wszystko na wspaniałym kolonialnym dziedzińcu.

Casa de Cultura Josué País García MUZYKA NA ŻYWO
(mapa s. 404; 22-62-78-04; Heredia No 204; 1 CUC; od 21.00, śr., pt. i sb., 13.00 nd.) Warto usiąść albo przystanąć na ulicy i sprawdzić, co też tu mają akurat w ofercie: instrumentalny *danzón* (taniec towarzyski), rumbę, umierających z miłości *trovadores* (tradycyjni pieśniarze) czy może rytmiczny *reggaetón* (kubański hip-hop)?

Tropicana Santiago KABARET
(mapa s. 418; 22-68-70-20; od 35 CUC; od 22.00 śr.–nd.) Wszystko, co udaje się w Hawanie, w Santiago wychodzi jeszcze lepiej – a przynajmniej taniej. Wzorowany na Tropicanie, z mnóstwem piór i błyskotek, pokaz w stylu Las Vegas jest polecany przez wszystkie biura podróży w mieście: 35 CUC plus transport (w Hawanie to dwa razy tyle, ale nie dwa razy lepiej).

Kabaret jest za miastem, 3 km na północ od hotelu *Las Américas*, więc jedyną opcją będzie taksówka albo wynajęcie samochodu, a to oznacza, że oferty biur są nie do przebicia. Najlepsze są sobotnie występy.

Patio ARTex MUZYKA NA ŻYWO
(mapa s. 404; 22-65-48-14; Heredia No 304; 11.00–23.00) Ściany sklepu i zarazem klubu zdobią dzieła sztuki. Na uroczym wewnętrznym dziedzińcu muzyka na żywo dzień i noc. Dobry wybór, gdy Casa de la Trova jest zatłoczona.

Subway Club MUZYKA NA ŻYWO
(mapa s. 404; 22-66-91-19; róg Aguilera i Mayía Rodriguez; 5 CUC; 20.00–2.00) Stylowy lokal; świetni soliści co wieczór wyśpiewują serca przy dźwiękach pianina. Dobra zabawa.

Estadio de Béisbol Guillermón Moncada WIDOWISKO SPORTOWE
(mapa s. 394; 22-64-26-55; Av de las Américas) Na stadionie w sezonie bejsbolowym, od października do kwietnia, odbywają się mecze o 19.30 we wtorki, środy, czwartki i soboty oraz o 13.30 w niedziele (1 peso). Avispas (Osy) są głównym rywalem Havana Industriales i zwycięzcami krajowych rozgrywek w latach 2005, 2007, 2008 i 2010. W północnej części miasta.

Cubanacán oferuje wycieczki na mecze Avispas – z odwiedzinami w szatni po meczu i spotkaniem z zawodnikami.

Teatro José María Heredia TEATR
(mapa s. 394; 22-64-31-90; róg Av de las Américas i Av de los Desfiles; kasa biletowa 9.00–12.00

LOKALNE SEKRETY

LA TUMBA FRANCESA

Duch Haiti, sąsiada Kuby, unosił się nad wyspą przez całą końcówkę okresu kolonialnego, a zmaterializował się w Oriente. Powód? Rewolucja. W 1791 r. na Haiti wybuchło powstanie Murzynów i Mulatów. Przerażeni francuscy właściciele ziemscy uciekali na zachód, w górskie rejony wschodniej Kuby, zabierając z sobą „oswojonych" czarnoskórych niewolników.

Przedsiębiorczy Francuzi w nowej ojczyźnie zakładali cukrownie i plantacje kawy, ich niewolnicy pracowali w nowych posiadłościach i tam nadal pielęgnowali tradycje kulturowe ojczyzn, z których ich porwano. Spuścizną niewolników, którzy zostali sprowadzeni na Haiti z francuskiej kolonii, Dahomeju (obecnie Benin) w Afryce, jest chluba kultury kubańsko-haitańskiej – hybrydowy styl muzyki i tańca znany jako *tumba francesa* (*tumba* w j. bantu: zabawa).

Tumba francesa, niezwykły mariaż XVIII-wiecznego francuskiego tańca salonowego i gorących rytmów bębnów z zachodniej Afryki, to jakby połączenie obrzędów wudu z balem w Wersalu. Można sobie wyobrazić trzech bębniarzy z towarzyszącym im żeńskim chórem, śpiewającym w ledwo dającym się rozszyfrować dialekcie francusko-afrykańskim. Muzyka afrykańska stanowi akompaniament dwóch głównych tańców. *Masón*, taniec w parach, parodiujący bale śmietanki towarzyskiej dawnych właścicieli niewolników, pewnie by zszokował paryskie salony w czasach Ludwika XIV. *Yuba*, też tańczony w parach, jest improwizowany i bardziej żywiołowy. Tancerze noszą eleganckie XIX-wieczne stroje: mężczyźni białe koszule i kolorowe szale, kobiety suknie z szeroką spódnicą do kostek i wachlarze.

Po abolicji pod koniec XIX w. uwolnieni niewolnicy zaczęli przenosić się z kubańskich hacjend do miast. Zespoły *tumba francesa* pojawiały się jak grzyby po deszczu w całej prowincji Oriente. W pewnej chwili było ich ponad sto.

Dziś zostały trzy: Santa Catalina de Ricci Pompadour, założony w 1902 r. w mieście Guantánamo, La Caridad de Oriente (s. 412) w 1870 r. w Santiago de Cuba oraz Bejuco de Sagua de Tánamo w prowincji Holguín. Oglądanie ich występów to wyjątkowa możliwość poznania tej zanikającej formy sztuki. W 2008 r. *tumba francesa* została wpisana na listę UNESCO.

i 13.00–16.30) Nowoczesny teatr i centrum kongresowe powstały podczs modernizacji miasta na początku lat 90. XX w. Koncerty rockowe i folkowe odbywają się w Sala Principal (2459 miejsc); *Café Cantante Niagara* (120 miejsc) gości bardziej „ezoteryczne" imprezy. Siedzibę znalazł tu Conjunto Folklórico de Oriente.

Patio los Dos Abuelos — MUZYKA NA ŻYWO

(mapa s. 404; ☎22-62-32-67; Francisco Pérez Carbo No 5; 2 CUC; ⌚22.00–2.00 pn.–sb.) W nazwie (*abuelos* – dziadkowie) jest nieco prawdy. Patio Dwóch Dziadków jest bastionem tradycyjnego *son* śpiewanego w staromodny sposób. Muzycy to doświadczeni profesjonaliści, a większość stałych klientów to damy i dżentelmeni.

Sala de Conciertos Dolores — MUZYKA NA ŻYWO

(mapa s. 404; róg Aguilera i Mayía Rodríguez; ⌚od 20.30) W dawnym kościele na Plaza de Dolores koncertuje Sinfónica del Oriente oraz imponujący chór dziecięcy (o 17.00). Kalendarz wydarzeń wisi na zewnątrz.

Teatro Martí — TEATR

(mapa s. 394; ☎22-62-05-07; Félix Peña No 313; 👪) Teatr w pobliżu General Portuondo, naprzeciwko Iglesia de Santo Tomás. Przedstawienia dla dzieci o 17.00 w soboty i niedziele.

Orfeón Santiago — MUZYKA NA ŻYWO

(mapa s. 404; ☎22-62-07-52; Heredia No 68; ⌚9.00–11.00 pn.–pt.) Próby santiagowskiego chóru odbywają się od poniedziałku do piątku w godzinach 9.00–11.00.

Cine Rialto — KINO

(mapa s. 404; ☎22-62-30-35; Félix Peña No 654) Kino, koło katedry, jest jednym z zaledwie kilku działających obecnie w Santiago. Zdarzają się filmy po angielsku.

Zakupy

Kreatywność wpisana jest w listewki żaluzji w kolonialnym Santiago, a podczas wypadu do *casco histórico* można odkryć trochę wpadającego w oko rzemiosła artystycznego. Stoiska prawie codziennie przy calle Heredia.

Galería de Arte de Oriente
RĘKODZIEŁO ARTYSTYCZNE

(mapa s. 404; ☎22-65-38-57; General Lacret No 656; ⏲9.30–18.00 pn.–pt., 9.30–12.00 sb., 10.00–22.00 nd.) Chyba najlepsza galeria w Santiago oferująca dobre rękodzieło.

Librería La Escalera de Edy
KSIĄŻKI

(mapa s. 404; Heredia No 265; ⏲10.00–22.00) Istne muzeum książek, sięgających sufitu, również płyty winylowe. Na schodach przesiadują brzdąkający na gitarach *trovadores* w sombrerach.

Discoteca Egrem
MUZYKA

(mapa s. 404; ☎22-62-61-91; José A. Saco No 309; ⏲9.00–18.00 pn.–sb., do 14.00 nd.) Punkt sprzedaży Egrem Studios specjalizuje się w muzyce kubańskiej; dobry wybór twórczości miejscowych muzyków.

ARTex
PODARKI I PAMIĄTKI

(mapa s. 404; ☎22-65-48-14; Patio ARTex, Heredia No 208; ⏲11.00–19.00 wt.–nd.) Głównie pamiątki muzyczne, spory wybór płyt CD i kaset.

Librería Internacional
KSIĄŻKI

(mapa s. 404; ☎22-68-71-47; Heredia, pomiędzy General Lacret i Félix Peña) Po stronie południowej parku Céspedes. Książki o tematyce politycznej w języku angielskim; pocztówki i znaczki.

Centro de Negocios Alameda
CENTRUM HANDLOWE

(mapa s. 394; Av Jesús Menéndez, róg José A. Saco; ⏲8.30–16.30) Ostatnim etapem modernizacji portu było otwarcie centrum handlowego w budynku kolonialnym: jest Internet, apteka, urząd imigracyjny i stoisko Cubanacán, oczywiście sklepy też.

Informacja

NIEBEZPIECZEŃSTWA I NIEDOGODNOŚCI

Santiago, nawet wśród Kubańczyków, słynie z nadgorliwych *jinteros* (nagabywaczy) mających własne specjalizacje: cygara, prywatne restauracje, *chicas* (dziewczyny), nieoficjalne „wycieczki". Czasem wręcz nie można pozbyć się uczucia, że jest się chodzącą kasą, choć wystarczy stanowcze „nie", podkreślone jakimś żartem, żeby utrzymać ich na dystans.

Pod względem skutków dla środowiska ruch w Santiago jest drugi po Hawanie. W przypadku pieszych sytuację pogarsza morze motocyklistów, walczących o miejsce na krętych ulicach z lat 50. XX w. Wąskie chodniki (a także ich brak) to kolejna przeszkoda. Zawsze trzeba się rozejrzeć przed przejściem.

NAGŁE WYPADKI

Policja (☎116; róg Mariano Corona i Sánchez Hechavarría).

INTERNET

Na publicznych placach, w większych hotelach i *casas particulares* jest Wi-Fi. Warto kupić zdrapki z dostępem do Wi-Fi w centrach Etecsa Telepunto (bardzo długie kolejki) lub w hotelowych lobby (tam zwykle ich nie ma).

Etecsa Multiservicios (☎22-62-47-84; róg Heredia i Félix Peña; Internet 1 godz. 1,50 CUC; ⏲8.30–19.30) Terminale internetowe i zdrapki Wi-Fi w małym biurze na Plaza Céspedes.

Etecsa Telepunto (☎22-65-75-21; róg Hartmann i Tamayo Fleites; Internet 1 godz. 1,50 CUC; ⏲8.30–19.30) Terminale internetowe i zdrapki Wi-Fi.

USŁUGI MEDYCZNE

W Santiago jest najlepszy w regionie dostęp do usług medycznych.

Clínica Internacional Cubanacán Servimed (☎22-64-25-89; róg Av Raúl Pujol i Calle 10, Vista Alegre; ⏲całą dobę) Kompetentna obsługa, mówią trochę po angielsku. Jest dentysta.

Farmacia Clínica Internacional (☎22-64-25-89; róg Av Raúl Pujol i Calle 10; ⏲całą dobę) Najlepsza apteka w mieście. Sprzedaż w walutach wymienialnych.

Farmacia Internacional (☎22-68-70-70; Meliá Santiago de Cuba, róg Av de las Américas i Calle M; ⏲8.00–18.00) W lobby hotelu *Meliá Santiago de Cuba*; w walutach wymienialnych.

PIENIĄDZE

W mieście jest mnóstwo banków i kantorów wymiany walut.

Banco de Crédito y Comercio (☎22-62-80-06; Félix Peña No 614; ⏲9.00–15.00 pn.–pt.) W nowoczesnym budynku na Plaza Céspedes.

Banco Financiero Internacional (☎22-68-62-52; róg Av de las Américas i Calle I; ⏲9.00–15.00 pn.–pt.) Jest bankomat.

Bandec (róg José A Saco i Mariano Corona; ⏲9.00–15.00 pn.–pt.) Jest bankomat.

Cadeca Ma dwa oddziały. Aguilera (☎22-65-13-83; Aguilera No 508; ⌚8.30–16.00 pn.–pt., do 11.30 sb.), z długą kolejką do wymiany walut; José A. Saco (José A. Saco No 409; ⌚8.30–16.00 pn.–pt., do 11.30 sb.)

POCZTA

Urząd pocztowy (mapa s. 404; ☎22-62-21-08; Aguilera No 519; ⌚9.00–17.00 pn.–pt.) Mają telefony.

INFORMACJA TURYSTYCZNA

Biura podróży są państwowe i oferują podobne usługi i ceny.

Asistur (mapa s. 404; ☎22-65-68-47; www.asistur.cu; Sagarra 204; ⌚9.00–17.00 pn.–pt.) Przy hotelu *Casa Granda* (s. 409); specjalizują się w obsłudze obcokrajowców – głównie ubezpieczenia i finanse.

Cubamar (mapa s. 404; ☎22-65-36-39; comercial@scu.campismopopular.cu; Cornelio Robert 163 bajo; ⌚8.30–17.00 pn., śr. i pt., 10.00–18.00 wt. i czw., 9.00–13.00 sb.) Rezerwacje w *campismos* w prowincji: Caletón Blanco, Las Golondrinas, El Saltón i La Mula. Przed pójściem warto sprawdzić godziny otwarcia.

Cubanacán (mapa s. 404; ☎22-68-64-12; Heredia No 201; ⌚8.00–18.00) Bardzo pomocne biuro w hotelu *Casa Granda*; sprzedają wycieczki.

Cubatur Ma kilka oddziałów: Heredia (mapa s. 404; Heredia No 701; ⌚8.00–20.00); **Av** Victoriano Garzón (mapa s. 394; ☎22-65-25-60; Av Victoriano Garzón No 364, róg Calle 4; ⌚8.00–20.00). Sprzedaż wycieczek z La Gran Piedra do El Cobre.

Infotur (mapa s. 404; ☎22-68-60-68; Félix Peña 562; ⌚8.00–20.00) Dogodna lokalizacja, pomocna obsługa. Filia na Lotnisku Międzynarodowym Antonio Maceo.

Przyjazd i wyjazd

SAMOLOT

Lotnisko Międzynarodowe Antonio Maceo (SCU; mapa s. 418; ☎22-69-10-53). 7 km od Carretera del Morro, na południe od Santiago. Międzynarodowe loty z Santo Domingo (Dominikana), Toronto i Montrealu liniami **Cubana** (☎22-65-15-77; róg José A. Saco i General Lacret; ⌚9.00–17.00). Do Toronto i Montrealu latają też **Sunwing** (www.sunwing.ca). **Aero-Caribbean** oferuje głównie serwis czarterowy; loty co tydzień między Santiago i Port Au Prince na Haiti. American Eagle (www.aa.com) ma regularne czartery do i z Miami; obsługuje społeczność kubańsko-amerykańską.

Cubana oferuje krajowe loty non stop z Hawany do Santiago dwa – trzy dziennie (ok. 136 CUC w jedną stronę, 1 godz. 30 min). Jest też lot do Holguín.

AUTOBUS

Krajowy Dworzec Autobusowy (mapa s. 394; Paseo de Martí), za stacją kolejową naprzeciwko pomnika Heredii; 3 km na północny wschód od Parque Céspedes. Z tego dworca odjeżdżają też autobusy **Víazul** (mapa s. 394; ☎22-62-84-84; www.viazul.cu).

Autobus do Hawany zatrzymuje się w Bayamo (7 CUC, 2 godz.), Holguín (11 CUC, 3 i 30 min do 4 godz.), Las Tunas (11 CUC, 5 godz.), Camagüey (18 CUC, 7 godz. 30 min), Ciego de Ávila (24 CUC, 9 godz. 30 min), Sancti Spíritus (28 CUC, 10 do 10 godz. 30 min) i Santa Clara (33 CUC, 11 do 12 godz.). Autobus do Trinidadu staje w Bayamo, Las Tunas, Camagüey, Ciego de Ávila i Sancti Spíritus; do Baracoa przystaje w Guantánamo.

POCIĄG

Nowoczesna **stacja kolejowa** (☎22-62-28-36; róg Av Jesús Menéndez i Martí; do Hawany 30 CUC), w stylu francuskim, jest koło wytwórni rumu na północny zachód od centrum. „Tren Francés" (Francuski Pociąg) co cztery dni jeździ do Hawany (minimum 16 godz.); zatrzymuje się w Camagüey i w Santa Clara. Należy wcześniej sprawdzić godziny odjazdu.

Wolniejszy *coche motor* (kolej przez całą wyspę) jeździ do Hawany w dni, kiedy nie kursuje „Tren Francés"; ten zatrzymuje się także w Las Tunas, Ciego de Ávila, Guayos i Matanzas.

Kubańskie rozkłady jazdy są zmienne!

CIĘŻARÓWKA

Kursujące nieregularnie ciężarówki pasażerskie jeżdżą z dworca autobusowego **Serrano Intermunicipal** (mapa s. 394; róg Av Jesús Menéndez

ODJAZDY AUTOBUSÓW VÍAZUL Z SANTIAGO DE CUBA

KIERUNEK	CENA (CUC)	CZAS (GODZ.)	ODJAZDY
Baracoa	15	4 godz. 45 min	1.50, 8.00
Hawana	51	13–14 godz. 30 min	0.30, 6.30, 16.00
Trinidad	33	11 godz. 30 min	19.30
Varadero	49	15	20.00

Santiago de Cuba i okolice

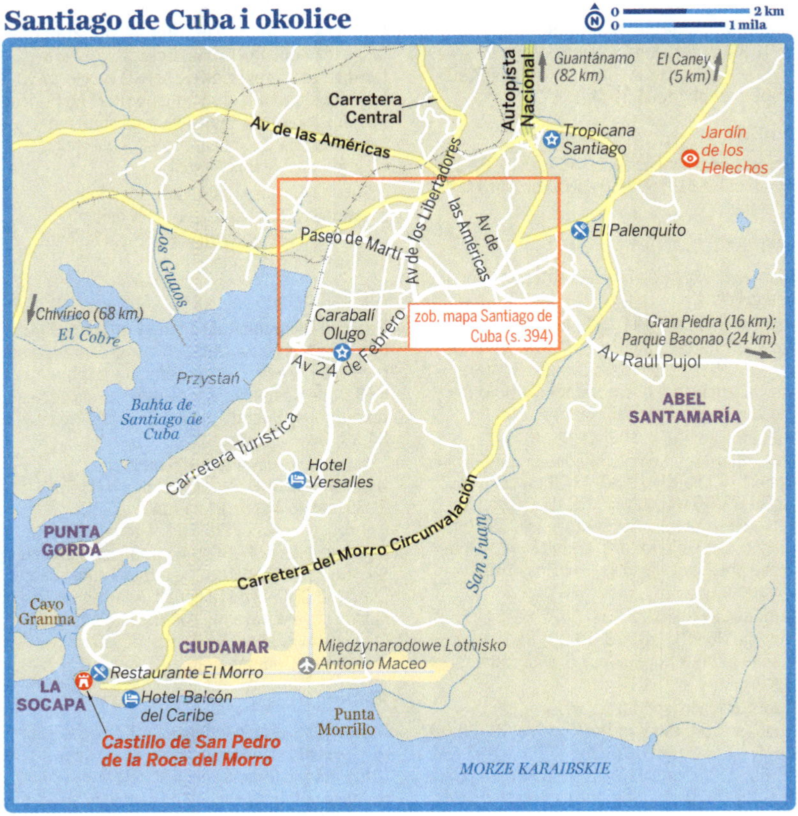

i Sánchez Hechavarría; 5 CUP), w pobliżu stacji kolejowej, do Guantánamo i Bayamo przez cały dzień. Koszt to kilka *pesos*, a najlepsza pora – wczesny ranek. Jadąc tam, nie warto zawracać sobie głowy kasą biletową, wystarczy znaleźć zaparkowaną przed dworcem ciężarówkę jadącą do wybranego celu. Jeżdżą stąd też ciężarówki do Caletón Blanco i Chivirico.

Z dworca autobusowego **Intermunicipal** (mapa s. 394; Terminal Cuatro, róg Av de los Libertadores i Calle 4; 1 CUP), 2 km na północny wschód od Parque Céspedes, wyjeżdżają dwa autobusy dziennie do El Cobre i do Baconao.

ℹ Jak się poruszać na miejscu

LOTNISKO

Kurs taksówką kosztuje ok. 10 CUC, ale kierowcy często próbują skasować więcej. Należy się targować przed wejściem.

Można dojechać na lotnisko autobusem 212 z Av de los Libertadores, naprzeciwko Hospital de Maternidad. Autobus 213 kursuje na lotnisko z tego samego przystanku, ale najpierw jedzie przez Punta Gorda. Oba zatrzymują się tuż za zachodnim krańcem lotniskowego parkingu po lewej stronie od wejścia.

Do Hawany można się też dostać długodystansowym turystycznym autobusem wahadłowym **Conectando Cuba** (do Hawany, z obiadem 51 CUC).

AUTOBUSY I CIĘŻARÓWKI

Użyteczne autobusy to między innymi **212 na lotnisko i do** Ciudamar (mapa s. 404; 1 CUP), **213** do Punta Gorda (mapa s. 394; 1 CUP) (oba z Av de los Libertadores, naprzeciwko Hospital de Maternidad, jadą ulicą Félix Peña w *casco histórico* na południe), a także **214, 401 i 407** (mapa s. 394; 1 CUP) do Siboney (w pobliżu Av de los Libertadores No 425). Autobus No **5** do El Caney zatrzymuje się na północno-zachodnim rogu Plaza de Marte oraz na General Cebreco i Calle 3 w Vista Alegre. Jeżdżą mniej więcej co godzina; te same trasy obsługują kursujące częściej ciężarówki.

Ciężarówki na północ odjeżdżają z Av de las Américas koło Calle M. W środkach transportu trzeba uważać na kieszonkowców, lepiej trzymać plecak z przodu.

SAMOCHÓD I SKUTER

Santiago cierpi na niedobór samochodów w wypożyczalniach (zwłaszcza w szczycie sezonu). Może się okazać, że ich nie ma, choć miejscowi wykazują nieprzeciętną zdolność *conseguir* (zdobyć, załatwić) i *resolver* (rozwiązać, obmyślić). Większa dostępność zwykle jest w biurach na lotnisku niż w mieście.

Cubacar (☎22-68-71-60; hotel *Las Américas*, róg Av de las Américas i Av General Cebreco; ⏲8.00–22.00) wynajmuje skutery za 25 CUC dziennie.

Stacja benzynowa Servi-Cupet (róg Av de los Libertadores i Av de Céspedes; ⏲całą dobę) otwarta przez całą dobę. Przy Carretera del Morro jest **stacja Oro Negro** (róg Av 24 de Febrero i Carretera del Morro).

TAKSÓWKI

Taksówki Transturu (mapa s. 394; ☎22-68-71-60) mają postój w pobliżu *Meliá Santiago de Cuba*. Taksówkarze kręcą sią przy Parque Céspedes, niedaleko katedry, i wyczekująco syczą na przechodzących. Cenę lepiej wytargować wcześniej. Za kurs na lotnisko płaci się od 8 do 10 CUC, w zależności od stanu auta.

Kurs taksówką rowerową to około 5 *pesos* od osoby.

Siboney

Playa Siboney to odpowiedź Santiago na hawańskie Playas del Este. Usytuowana 19 km na wschód od Santiago, to raczej skromna osada niż luksusowy ośrodek. Urwiste klify, wysokie palmy, spłowiałe drewniane domy tworzą miły dla oka malowniczy krajobraz. Na plaży przesiadują łaknące rozrywki kubańskie rodziny i młode *santiagüeras* z podtatusiałymi zagranicznymi partnerami. Niestety, ostatnio pełno tu *jejenes* (pcheł piaskowych) i *jinteros* (nagabywaczy). Bardzo przeszkadzają.

Niewielki pas szarawego piasku raczej nie zachęca, ale na pociechę ceny są niskie, a położenie piękne (u progu Parque Baconao). Jeśli ktoś chce odpocząć od gwarnego Santiago, znajdzie tu zaciszne schronienie.

Zwiedzanie

Granjita Siboney MUZEUM
(mapa s. 422; 1 CUC; ⏲9.00–17.00 wt.–nd., do 13.00 pn.) Gdyby rewolucja się nie powiodła, o tym skromnym czerwono-białym budynku, 2 km w głąb lądu od Playa Siboney, przy drodze do Santiago, nikt by nie pamiętał. Obecnie jest świątynią chlubnego wydarzenia – ataku na Koszary Moncada. Stąd, o godzinie 5.15 w dniu 26 lipca 1953 r., wyruszyło 26 samochodów z bojownikami pod dowództwem Fidela Castro w stronę Koszar Moncada w Santiago de Cuba.

Zachowało się wiele oryginalnych detali; w małym pokoiku mieszkały dwie *compañeras* (towarzyszki): Haydee Santamaría i Melba Hernández. Na wystawach zobaczymy broń użytą podczas ataku, dokumenty, fotografie i osobiste przedmioty towarzyszy rewolucjonistów. Wspomnianą broń ukrywano w studni koło domu.

Amerykański pomnik ku czci poległych – z datą 1907 r. – upamiętnia lądowanie Amerykanów w tym miejscu 24 czerwca 1898 r.

Noclegi

W nadmorskiej osadzie jest kilkanaście *casas particulares*.

Ovidio González Salgado CASA PARTICULAR $
(mapa s. 422; ☎22-39-93-40; Av Serrano; pokój 25–35 CUC; ⏲XI–IV; ❄) Obszerny dom z trzema pokojami i kilkoma tarasami. Najlepszy wybór to prywatny apartament na najwyższym piętrze z widokiem na miasteczko i morze. Miły właściciel i dobre jedzenie.

María González CASA PARTICULAR $
(mapa s. 422; ☎22-39-92-00; rafaelrg47@nauta.cu; Obelisco No 10; 25 CUC; P ❄ ≋) Trzy nieco zaniedbane pokoje przyćmiewa taras z bujanymi fotelami i widokiem na morze. Basen może być czynny lub nie. Życie rodzinne tu kwitnie, więc bywa chaotycznie, za to właściciel ma taksówkę – Peugeota z 1968 r., a w tych stronach może to być przydatne.

Gastronomia

Można jadać w restauracji lub wybrać (uważnie!) któreś z tanich stoisk przy brzegu. Jest również otwarty bar na plaży, gdzie serwują drinki – płatność w walucie wymienialnej.

Sitio del Compay KUCHNIA KARAIBSKA $$
(mapa s. 422; Av Serrano; dania 5–10 CUC; ⏲11.00–19.00) Jedyny prawdziwy lokal odpowiedni na kolację; serwują w nim potrawy kuchni kreolskiej (*comida criolla*). Miła obsługa i ładny widok na plażę. To dawny dom muzyka, który stał się międzynarodową gwiazdą – Francisca Repilado, czyli Compaya Segundo, twórcy nieśmiertelnego *Chan Chan* – ten hit słyszy się wszędzie na Kubie.

Compay Segundo, urodzony niedaleko w niewielkiej chacie w 1907 r., osiągnął status supergwiazdy w 1997 r., kiedy ukazał się album zespołu Buena Vista Social Club.

Przyjazd i wyjazd

Do Siboney jeździ z Santiago (koło Av de los Libertadores No 425, naprzeciwko Empresa Universal) autobus 214, który ma drugi przystanek przy Av de Céspedes No 110. Odjeżdża mniej więcej co godzina od 4.00 do 8.45 rano (później w przypadkowych godzinach). 407 jedzie dalej do Juraguá (trzy kursy dziennie). Na trasie Santiago – Siboney kursują też ciężarówki pasażerskie.

Taksówka do Playa Siboney kosztuje 25–30 CUC (w zależności, czy jest państwowa czy prywatna).

La Gran Piedra

Łańcuch Cordillera de la Gran Piedra, ukoronowany 63-tonowym głazem, który niczym asteroid osiadł wysoko nad Morzem Karaibskim, to południowa część Sierra Maestra, najbardziej zróżnicowanego biologicznie masywu górskiego na Kubie. Góry nie tylko nęcą chłodnym mikroklimatem, to także dziedzictwo historyczne Kuby. Pod koniec XVIII stulecia Francuzi z Haiti na stokach Gran Piedra (Wielki Kamień) założyli ponad 60 plantacji kawy.

Uciekając przed krwawym powstaniem Murzynów i Mulatów na Haiti w 1791 r., przedsiębiorczy francuscy imigranci, pokonując panujące tu trudne warunki, już na początku XIX w. uczynili Kubę największym na świecie producentem kawy. Ich rzemiosło i pomysłowość zachowano dla potomności; Cafetal La Isabelica wpisano na listę UNESCO. Obszar ten znajduje się w granicach Baconao, rezerwatu biosfery ustanowionego przez UNESCO w 1987 r.

Zwiedzanie i aktywnie

Pnąca się pod górę 12-kilometrowa droga staje się piękniejsza, gdy robi się coraz bardziej zielono i zaczyna otwierać się widok na dolinę. Mangowce są wszechobecne.

Można pieszo zwiedzić ruiny hacjend kawowych w okolicy. Szlaki prowadzą z Cafetal La Isabelica, nie ma jednak oznaczeń.

Cafetal La Isabelica MUZEUM
(mapa s. 422; Carretera Gran Piedra; 2 CUC; ⌚8.00–16.00) Centrum hacjendy kawowej La Isabelica, w południowo-wschodniej Kubie – wpisanej w 2000 r. na listę UNESCO – jest imponująca dwupoziomowa rezydencja, z trzema dużymi platformami do suszenia kawy, zbudowana na początku XIX w. przez francuskich przybyszów z Haiti. 2 km pieszo za La Gran Piedra niełatwą drogą.

W kompleksie jest też warsztat i wiele różnych obiektów z metalu. Można do woli kursować po porośniętym sosnami terenie. Warto skorzystać z usług przewodnika (wstarczy napiwek), bo nie ma tu żadnych opisów. W okolicy było kiedyś ponad 60 takich *cafetales*.

La Gran Piedra GÓRA
(mapa s. 422; Carretera Gran Piedra; 2 CUC) Mimo zadyszki, warto wspiąć się po 459 kamiennych schodach na La Gran Piedra (wys. 1234 m n.p.m.). Wielki głaz na szczycie ma 51 m długości i 25 m wysokości, a waży... dużo. Popularność i komercjalizacja (jej znakiem są przejęci sprzedawcy błyskotek) wymknęła się tu trochę spod kontroli.

W pogodny dzień rozpościera się stąd piękna panorama, a w ciemne noce można zobaczyć światła Jamajki.

Noclegi

Villa La Gran Piedra HOTEL $$
(mapa s. 422; ☎22-68-61-47; Carretera Gran Piedra Km 14,5; 1-/2-os. 60/68 CUC; P ❄) Najwyżej usytuowany hotel na Kubie (na wysokości 1225 m n.p.m.), odnowił drewniane domki zniszczone przez huragan w 2012 r. Są skromne, ale wygodne, z kaflami na podłodze i skąpym umeblowaniem. Największą zaletą jest bujna wegetacja (i widoki!). Recepcja urzęduje w restauracji, tuż przy wejściu do punktu widokowego La Gran Piedra.

Przyjazd i wyjazd

Stroma i kręta brukowana droga, *con muchos baches* (z mnóstwem wybojów) pnie się 1,5 km w górę od nadbrzeżnej szosy w pobliżu Siboney (na trasie autobusu 214).

Kurs taksówką z Santiago kosztuje 80–90 CUC (trzeba się targować) w obie strony. Krzepcy Kubańczycy i ambitni turyści idą pieszo pod górę 12 km od przystanku autobusowego przy skrzyżowaniu dróg w Las Guásimas.

Parque Baconao

Niezwykły Parque Baconao zajmuje powierzchnię 800 km² pomiędzy Santiago de Cuba i Río Baconao. Rezerwat biosfery UNESCO jest rajem dla całego ekosystemu.

HISTORYCZNE PLANTACJE KAWY

Kubańczycy zawsze byli amatorami kawy. Choć te cieniolubne rośliny świetnie sobie radzą na chłodnych i ocienionych drzewami polanach Sierra del Escambray i Sierra Maestra, nie występują tu w naturze.

Kawowce trafiły na Kubę w 1748 r. z pobliskiej kolonii Santo Domingo (francuska część Haiti), ale zaczęto uprawiać je w celach handlowych dopiero na początku XIX w., po przybyciu na wyspę francuskich plantatorów (pod koniec XVIII w.).

Salwujący się ucieczką w czasie powstania, dowodzonego przez Toussainta L'Ouverture, Francuzi znaleźli spokój w górach Pinar del Río i Sierra Maestra, gdzie z uprawy trzciny cukrowej przerzucili się na bardziej dochodową i wytrzymałą kawę.

Założona w 1801 r. Buenavista – w obecnym Rezerwacie Sierra del Rosario w prowincji Artemisa – była pierwszą dużą plantacją kawy w Nowym Świecie. Niedługo później plantatorzy, zamieszkujący zalesione wzgórza wokół La Gran Piedra, założyli ponad 60 *cafetales* (plantacji kawy), wykorzystując w kultywacji trudnego terenu pionierskie techniki rolnicze. Ich wysiłki się opłaciły i do drugiej dekady XIX w. nowo powstały przemysł kawowy Kuby świetnie prosperował.

Boom, któremu wydatnie pomogły światowe ceny kawy i nowe techniki upraw, trwał od 1800 do 1820 r. W tych latach kawowce zajmowały większą powierzchnię niż trzcina cukrowa. W szczytowym okresie na Kubie było ponad 2000 *cafetales*, głównie w rejonie Sierra de Rosario i Sierra Maestra na wschód od Santiago.

Produkcja zaczęła gwałtownie spadać w latach 40 XIX w. w związku z konkurencją energicznych nowych gospodarek (głównie w Brazylii) i serią niszczycielskich huraganów. Kolejny cios przemysł kawowy otrzymał podczas wojny o niepodległość. Uprawy wprawdzie ocalały i owoce kawy są zbierane na Kubie do dziś, jednakże na mniejszą skalę i głównie tradycyjnymi metodami.

Dziedzictwo pionierskiego przemysłu kawowego Kuby jest najlepiej udokumentowane w archeologicznym krajobrazie pierwszych plantacji kawy na południowym wschodzie kraju, u stóp Sierra Maestra w pobliżu La Gran Piedra, wpisanych na listę UNESCO w 2000 r.

Można tam uprawiać sporty, zwiedzić plenerowe muzeum samochodów i park z rzeźbami dinozaurów.

Bioróżnorodność Baconao, leżącego w płytkiej niecce pomiędzy Sierra Maestra i Morzem Karaibskim, jest godna uwagi. Występuje tu ponad 1800 endemicznych gatunków roślin, wśród zwierząt są zagrożone wyginięciem liczne gatunki nietoperzy i pająków.

Plaże są tu mniejsze niż na północnym wybrzeżu. Można łowić ryby, w okolicy jest 70 miejsc nurkowych, w tym wrak „Guarico" – na południe od Playa Sigua. Baconao słynie również z krabów. Od połowy marca do początków maja dziesiątki tysięcy dużych krabów lądowych zapełniają wybrzeże tuż za Playa Verraco.

Zwiedzanie

Valle de la Prehistoria PARK ROZRYWKI
(mapa s. 422; ☎22-39-92-39; 1 CUC; ⏲8.00–17.00) Najdziwniejsza z dziwnych atrakcji w Parque Baconao. W Dolinie Prehistorii, kubańskim parku jurajskim wielkie apatozaury sąsiadują z jaskiniowcami, choć ich istnienie oddziela 57 milionów lat. Warto jednak obejrzeć te 11 hektarów surrealizmu, z 200 rzeczywistej wielkości betonowymi dinozaurami, nad którymi się napracowali osadzeni z pobliskiego więzienia. Jest tu jeszcze muzeum przyrodnicze i kawiarnia w stylu Flintstonów.

Comunidad Artística Verraco GALERIA
(mapa s. 422; ⏲9.00–18.00) Dziesięć kilometrów za skrętem na Playa Daiquirí leży wieś malarzy, artystów ceramików i rzeźbiarzy (zjazd nie jest oznakowany). Można zajść do ich pracowni i kupić oryginalne dzieła sztuki.

Laguna Baconao JEZIORO
(mapa s. 422; wędrówka z przewodnikiem 2 CUC) Nad Laguną Baconao, 2 km na północny wschód od Los Corales, są krótkie nadbrzeżne trasy, łodzie wiosłowe, restauracja i zapuszczone zoo (m.in. krokodyle). Wody jeziora podobno zamieszkują „dzikie" delfiny. Spośród okolicznych szlaków jeden okrąża jezioro (8 km). To teren rezerwatu, trzeba więc zwiedzać z przewodnikiem – Norge

La Gran Piedra i Parque Baconao

Gran Piedra i Park Baconao

Zwiedzanie
1 Cafetal la Isabelica B1
2 Comunidad Artística Verraco C3
3 Criadero de Cocodrilos E3
4 Exposición Mesoamericana E3
5 Fiesta Guajira A2
6 Granjita Siboney A1
7 La Gran Piedra B1
8 Laguna Baconao F3
9 Museo Nacional de Transporte Terrestre B2
10 Playa Daiquirí B2
11 Valle de la Prehistoria B2

Aktywnie, kursy i wycieczki
12 Centro Internacional de Buceo Carisol Los Corales E3

Noclegi
13 Club Amigo Carisol – Los Corales E3
14 Hotel Costa Morena D3
15 María González A2
Ovidio González Salgado .... (zob. 15)
16 Villa La Gran Piedra B1

Gastronomia
Fiesta Guajira .... (zob. 5)
17 Finca El Porvenir B2
Sitio del Compay .... (zob. 15)

Ramos Barroso mówi kilkoma językami. Można też pojeździć konno.

Z Playa Baconao, po wschodniej stronie jeziora, brukowana droga wspina się 3,5 km do pięknej Valle de Río Baconao, a tam, w dolinie, przemienia się w bity trakt. Żołnierze w punkcie kontrolnym we wsi zawracają pojazdy z nadbrzeżnej drogi biegnącej do Guantánamo, bazy Marynarki Wojennej USA. Żeby udać się dalej na wschód, trzeba cofnąć się 50 km do Santiago i pojechać drogą śródlądową.

Museo Nacional de Transporte Terrestre MUZEUM

(mapa s. 422; ☎22-39-91-97; La Punta Km 8,5; 1 CUC; ⏲8.00–17.00) W Narodowym Muzeum Transportu Drogowego, 2 km na wschód od Valle de la Prehistoria, jest m.in. cadillac Benny'ego Moré z 1958 r., chevrolet, w którym zgubił się Raúl Castro w drodze do Koszar Moncada, i ford T-Bird kubańskiej piosenkarki Rosity Fornés. Samochody z lat 50. XX w. wciąż są w użyciu i taki muzealny okaz nietrudno spotkać na drodze.

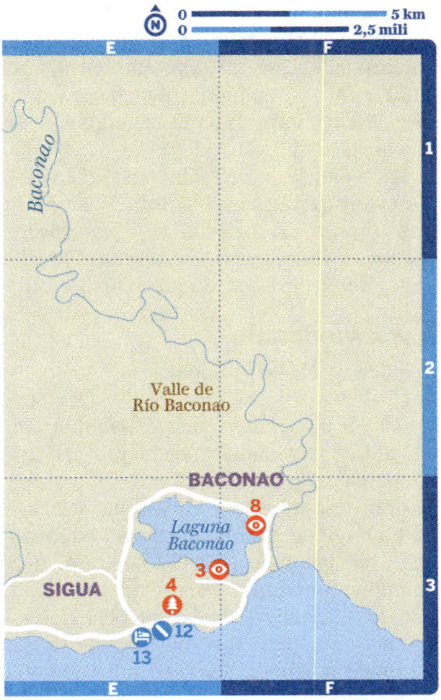

Exposición Mesoamericana
PARK

(mapa s. 422; 1 CUC) Chyba każda strefa hotelowa na Kubie ma jakąś atrakcję z pradawnych czasów. Tutaj jest nią Exposición Mesoamericana, na wschód od Club Amigo Carisol – Los Corales (s. 423). W grotach wzdłuż klifów są malowidła naskalne, skopiowane z jaskiń w Ameryce Środkowej i Południowej.

Fiesta Guajira
RANCZO

(mapa s. 422; 5 CUC; ⏲9.00 i 14.00 śr. i nd.) Przed huraganem w tym gospodarstwie, w pobliżu artystycznej El Oasis, odbywały się pokazy rodeo, obecnie są tylko walki kogutów i restauracja.

Playa Daiquirí
PLAŻA

(mapa s. 422) Wejście na teren jest zabronione. Na plaży, 2 km boczną drogą od Museo Nacional de Transporte Terrestre, 24 czerwca 1898 r. nastąpił największy desant wojsk amerykańskich w wojnie hiszpańsko-amerykańskiej. Może to od niej nazwano słynny koktajl. Obecnie jest obozem wypoczynkowym personelu wojskowego.

Críadero de Cocodrilos
GOSPODARSTWO

(mapa s. 422; Laguna Baconao; 1 CUC; ⏲8.00–17.00) W gospodarstwie nad Laguną Baconao, 2 km na północny wschód od Los Corales, w klatkach pod restauracją siedzą krokodyle, jaszczurki i *jutías* (hutie kubańskie). Można wynająć konie, a także popływać łódką na jeziorze.

Aktywnie

Centro Internacional de Buceo Carisol – Los Corales
NURKOWANIE

(mapa s. 422; ☎22-35-61-21; www.nauticamarlin.com; Club Amigo Carisol – Los Corales) Centrum nurkowe w Los Corales, 45 km na wschód od Santiago, odbiera także klientów z innych hoteli. Dwie łodzie (do 20 osób) płyną do któregoś z 24 pobliskich nurkowisk. Kurs (z certyfikatem) nurkowania na wodach otwartych kosztuje 375 CUC. Niedaleko brzegu są wraki; można karmić (z ręki) duże strzępiele (*Mycteroperca bonaci*).

Przy tym odcinku wybrzeża woda jest bardzo ciepła (25–28°C); najlepsza widoczność między lutym i czerwcem.

Noclegi

Ośrodki all-inclusive zwykle są zamknięte poza sezonem (V–X). Trzeba sprawdzać.

Hotel Costa Morena
HOTEL $$

(mapa s. 422; ☎22-35-61-26; all-inclusive 1-/2-os. 59/80 CUC; P ❄ ≋) Podczas pisania tego tekstu stary hotel był remontowany. Ma interesującą architekturę i duży taras na klifie, ale brak bezpośredniego dostępu do plaży. Pływającym w morzu ochronę zapewnia rafa. Gości przewozi się na plażę w Club Amigo Carisol – Los Corales. Hotel jest w Sigua, 44 km na południowy wschód od Santiago de Cuba.

Club Amigo Carisol – Los Corales
RESORT $$$

(mapa s. 422; ☎22-35-61-21; all-inclusive 1-/2-/3-os. 98/140/188 CUC; P ❄ @ ≋) Mają tu pływający bar, ananasowe parasolki w drinkach *piña colada* i państwowy zespół, który ogłusza *Guantanamerą* głodnych przy stygnącym kolacyjnym bufecie. Dwuczęściowy resort *Cubanacánu* jest usytuowany 44 km na wschód od Santiago, przy najlepszym odcinku plaży tego wybrzeża (choć po kolejnych huraganach nastąpiły zniszczenia).

Duże, jasne i czyste pokoje, ponadto kort tenisowy, dyskoteka, oferta całodziennych wycieczek. Goście spoza hotelu mogą wykupić dzienny karnet za 25 CUC (z obiadem).

Gastronomia

Można się żywić w resortach i przydrożnych restauracjach, większość jest czynna w weekendy.

Finca El Porvenir KUCHNIA KARAIBSKA $$
(mapa s. 422; ☎22-68-64-94; Carretera de Baconao Km 18; dania 8–12 CUC; ⏰9.00–17.00) Po lewej stronie głównej drogi, ok. 4 km na wschód od miejscowości El Oasis. *Finca El Porvenir* („przyszłość") proponuje kreolskie potrawy (*comida criolla*), świetny basen, wycieczki konne. Wybór dań nie jest duży; wędzone wieprzowe kotlety popite zimnym piwem marki *Bucanero* smakują zadziwiająco dobrze. Problemem jest ryczący *reggaetón*.

Basen, zasilany w stałym obiegu wodą z rzeki, jest czysty i orzeźwiająco chłodny.

Fiesta Guajira KUCHNIA KARAIBSKA $$
(mapa s. 422; ☎22-39-95-86; Carretera Baconao, El Oasis; dania 7–10 CUC; ⏰9.00–17.00) Niegdyś scena rodeo, obecnie restauracja (głównie *comida criolla*).

Przyjazd i wyjazd

Większość osób przyjeżdża do oddalonych od siebie atrakcji Baconao samochodem, taksówką albo z zorganizowaną wycieczką.

Autobus 415 – wyrusza z dworca autobusów miejskich w Santiago przy Av de los Libertadores – jeździ tą trasą trzy razy dziennie, ale rozkład nie jest stały. Trzeba sprawdzać.

Planując wizytę, należy pamiętać, że droga z Baconao do Guantánamo jest otwarta tylko dla mieszkańców.

Jak się poruszać na miejscu

Stacja benzynowa **Servi-Cupet** (Complejo La Punta; ⏰całą dobę): 28 km na południowy wschód od Santiago de Cuba.

Cubacar (☎22-35-61-69; Club Amigo Carisol; skuter 1 dzień 27 CUC) wynajmuje samochody i skutery.

El Cobre

Basílica de Nuestra Señora del Cobre, wysoko na wzgórzu, 20 km na północny zachód od Santiago, przy starej drodze do Bayamo, jest na Kubie najświętszym miejscem pielgrzymek. To sanktuarium patronki wyspy, Virgen de la Caridad (Matki Bożej Miłosiernej, którą wierni nazywają czule Cachita –„drobinka"). W *santerii* Matka Boża jest utożsamiana z piękną Ochún (Oszun), orishą miłości i tańca w wierzeniach Jorubów. Matkę Bożą Miłosierną z El Cobre wielbią kubańskie kobiety. Atrybutami Ochún są kolor żółty, lustra, miód, pawie pióra i cyfra pięć. Wielu wiernych na Kubie oddaje cześć obu postaciom.

Także niewierzących zainteresuje i kościół, i fascynująca miejscowa kultura. W kramach przy drodze do bazyliki są sprzedawane wieńce z kwiatów, przeznaczone na ofiarę dla Matki Bożej, oraz obrazki „Cachitas".

Zwiedzanie

Basílica de Nuestra Señora del Cobre KOŚCIÓŁ
(⏰6.00–18.00) Najsłynniejsze sanktuarium na Kubie natychmiast zachwyci, jak tylko pojawi się nagle ponad miasteczkiem El Cobre na tle zielonych wzgórz. Bazylikę (ta godność od 1977 r.) niedawno odnowiono – tak jak inne kościoły w kraju. Rozświetlone wnętrze, z barwnymi witrażami, jest imponujące, ale bez ostentacji. Kościół zbudowano w 1927 r. w miejscu pierwszego założenia w 1648 r. Sanktuarium odwiedza niekończąca się rzesza pielgrzymów, wielu przyjeżdża nawet z USA.

Pielgrzymi, zachowując pełną szacunku ciszę, zapalają świece modlitewne (do nabycia na zewnątrz). Figura Virgen stoi w szklanej gablocie wysoko nad ołtarzem. Figurka Matki Bożej jest bardzo drobna (*cachita*), ma ok. 40 cm od korony do rąbka złocistej szaty. Warto zwrócić uwagę na kubański herb pośrodku – niezwykłe dzieło hafciarskie.

Większość darów wotywnych, które wierni tutaj zostawiali, usunięto. W kaplicy Cudów (Capilla de Milagros), pod ołtarzem Nuestra Señora del Cobre, jest tysiące wotów złożonych w podzięce Matce Bożej za dar łaski. Są tam pukle włosów, telewizor, rozprawa naukowa, pęk stetoskopów, rzeźba pontonu (sugerująca, że ktoś bezpiecznie przepłynął Cieśninę Florydzką, uciekając do Stanów Zjednoczonych), medale olimpijskie, ubranka dziecięce i sięgający od podłogi do sufitu stos metalowych części ciała.

Monumento al Cimarrón POMNIK
Kamienne schody (idzie się 10 minut) prowadzą do rzeźby upamiętniającej rewoltę zbiegłych niewolników (*cimarrones*), pracujących w kopalniach miedzi (*cobre*) w XVII w. To również miejsce jednego z najważniejszych zgromadzeń kultu *santerii* na

Kubie – lipcowej Ceremonia de Homenaje al Cimarrón (część Fiesta del Caribe). Widok jest stąd niezwykły; nieco dalej widać miedziane klify nad wodą.

Drogę wyznaczają znaki z El Cobre.

Festiwale i wydarzenia

Homenaje al Cimarrón RELIGIJNE

(VII) Podczas Fiesta del Caribe (Święta Karaibów) przy Monumento al Cimarrón celebruje się nabożeństwo religijne.

Noclegi

Hospedaría El Cobre HOSTEL $

(22-34-62-46; pokój 30 CUP) Duży budynek za bazyliką ma ładnie urządzony salon i 15 skromnych pokojów (w jednym są trzy łóżka i łazienka z wanną). Płatność w *moneda nacional* (nie w CUC). Posiłki o 7.00, 11.00 i 18.00. Zakonnice są bardzo gościnne, ale obowiązują zasady – żadnego alkoholu i par bez ślubu. Mile widziane datki na świątynię w walutach wymienialnych. Należy rezerwować do 15 dni wcześniej.

W lobby na dole informacje o figurze Matki Bożej i dzieje kościoła od XVII w. do wizyty papieża Benedykta XVI (w 2012 r.) i Franciszka (2015 r.).

Przyjazd i wyjazd

Autobus No 2 dwa razy dziennie jeździ z międzymiastowego dworca w Santiago do El Cobre (1 CUP). Ciężarówki (5 CUP) na tej trasie jeżdżą częściej. Kurs Cubataxi z Santiago de Cuba kosztuje ok. 25 CUC (w obie strony).

Jadąc samochodem z zachodu w stronę Santiago, można koło Palma Soriano wjechać na Autopista Nacional; jeśli się komuś spieszy, niech zostanie na Carretera Central przecinającej El Cobre, która wiedzie przez malownicze wioski.

El Saltón

El Saltón w gminie Tercer Frente to spokojna górska miejscowość, ciesząca się zasłużenie opinią wioski ekologicznej. Wzgórza, które niegdyś rozbrzmiewały echem wystrzałów, teraz rozbrzmiewają śpiewem tropikalnego ptactwa. El Saltón leży na uboczu i niełatwo się tam dostać. Są domki dla podróżnych, *mirador* (punkt widokowy) na szczycie wzgórza, 30-metrowy wodospad z jeziorkiem, odpowiednim do pływania. Przewodnicy oferują jazdę konną, wędrówkę do źródeł termalnych, wycieczki na pobliskie plantacje kawy i kakao. Piechurzy pewnie sami się wybiorą do okolicznych górskich wiosek o urzekających krajobrazach, np. do Filé albo do Cruce de los Baños. Dotrzeć tu nie jest łatwo, ale na miłośników przyrody czeka sowita nagroda. Warto sprawdzić w Cubamar (s. 417) w Santiago stan wodospadu, ponieważ okresowo wysycha.

Noclegi

Villa El Saltón HOTEL $$

(22-56-63-26; Carretera Puerto Rico a [do] Filé; 1-/2-os. ze śniadaniem 45/65 CUC; P) Prowadzony przez Cubamar 22-pokojowy *El Saltón* składa się z trzech części, m.in. są domki na drzewie, ukryte w bujnej zieleni. Ponadto sauna, gorące kąpiele, masaże i oczywiście odświeżająca kąpiel w naturalnym jeziorku u stóp wodospadu. W całkiem dobrej restauracji-barze nad rzeką szczególnie oblegany jest bilard. Pokoje to nic specjalnego, ale można tu przenocować.

Przyjazd i wyjazd

Chcąc się dostać do El Saltón, należy jechać na zachód z El Cobre do Cruce de los Baños, 4 km na wschód od woski Filé. El Saltón leży 3 km na południe od Filé. Po ciężkich targach można dojechać taksówką z Santiago za 90 CUC.

Chivirico i okolice

5 800 MIESZK.

Chivirico, 75 km na południowy zachód od Santiago i 106 km na wschód od Marea del Portillo, to jedyne miasto o jakimś znaczeniu przy drodze biegnącej przez południowe wybrzeże. Góry, poszarpane zatoczki i huk fal – to jedna z ładniejszych tras na Kubie. Połączenia do Chivirico są w miarę dobre, ale im dalej na zachód, tym gorzej.

Samo miasto nie ma wiele do zaoferowania, choć można pokusić się o wędrówki po Sierra Maestra, jeśli dostanie się pozwolenie.

Noclegi

Campismo Caletón Blanco DOMKI KEMPINGOWE $

(22-62-57-97; Caletón Blanco Km 30, Guamá; 2-os. ze śniadaniem 20 CUC; P) Jeden z dwóch dogodnych kempingów na tej trasie (drugi to La Mula). Ten, z 22 domkami, należy do najlepszych kempingów Cubamar, jest najnowszy i najbliżej Santiago. W domku może nocować od dwóch do czterech osób.

POZA UTARTYM SZLAKIEM

NAJLEPSZA I NAJGORSZA DROGA NA KUBIE

Nadbrzeżna droga dł. 180 km, łącząca Santiago de Cuba z wioską Pilón w prowincji Granma, jest najlepsza na Kubie (wokół przepiękne krajobrazy), ale zdecydowanie *najgorsza* dla kierowców, raczej przyzwyczajonych do gładkiego asfaltu niż do niezliczonych dziur.

Ruch jest tu nieduży, ponadto na zachód od Chivirico nie jeżdżą autobusy rejsowe. Wytrzymalszą taksówką lub wynajętym samochodom uda się przejechać, jeśli warunki drogowe są odpowiednie, ale trzeba mieć pewność, że samochód jest w dobrym stanie i sprawdzić, czy droga nie jest zablokowana, zamknięta albo podmyta. Podczas naszej ostatniej wizyty taksówkarze żądali 160 CUC za przejazd w jedną stronę z Santiago do Marea del Portillo.

Drugą opcją jest rower. Droga biegnąca pomiędzy skarpą i morzem gwarantuje fantastyczną trasę, ale uwaga: zaplecze jest tutaj niewielkie, mało lokali, w których można coś zjeść czy wypić, a gdyby pojawiły się kłopoty z rowerem, w tych najbardziej odludnych miejscach nieczęsto się kogoś spotyka. Choć trasa głównie opasuje wybrzeże, czasem stromo się wspina i opada, co wymaga odpowiedniego sprzętu i sprawności fizycznej.

Na szczęście, piękno krajobrazu wymusza powolną jazdę. Ta część południowo-wschodniej Kuby pozostała całkowicie naturalna, jest cudowną wstęgą ukrytych zatoczek i szemrzących fal ze stromymi górami w tle. Droga wiedzie u stóp dwóch najwyższych masywów górskich Kuby, zwieńczonych Pico Turquino i Pico La Bayamesa. Góry zatrzymują opady, co powoduje, że południowe zbocza są suche i pokryte karłowatą roślinnością.

Tutejsze sielankowe osady żyją wspomnieniem wydarzeń historycznych. W El Uvero i w La Plata w latach 50. XX w. działali partyzanci rodzącej się armii Castro, a niedaleko brzegu spoczywają wraki dwóch hiszpańskich niszczycieli, które zatonęły podczas wojny hiszpańsko-amerykańskiej.

Osoby porywające się na podróż rowerem powinny zaopatrzyć plecaki w zapas jedzenia i wody w Santiago, i rozłożyć podróż na trzy dni z planowanymi przystankami w Brisas Sierra Mar, Campismo La Mula (s. 428; sprawdzić dostępność w Santiago) i w **hotelu Marea del Portillo** (☎23-59-70-08; all-inclusive 1-/2-/3-os. 40/80/90 CUC).

Na kempingu restauracja, bar przekąskowy, wynajem rowerów, zaplecze dla kamperów. Rezerwacje przed przyjazdem w biurze Cubamar w Santiago (s. 417).

Brisas Sierra Mar RESORT **$$**
(☎22-32-91-10; all-inclusive 1-/2-os. 69/98 CUC, dzienny karnet 27 CUC; P ❄ @ ≈) Położony na uboczu duży resort hotelowy w kształcie piramidy przy Playa Sevilla, 63 km na zachód od Santiago; dwie godziny jazdy z lotniska. Wbudowane w tarasowe zbocze ruchome schody prowadzą do plaży z ciemnym piaskiem, słynącej z pcheł piaskowych. Plusem jest niezwykła rafa koralowa zaledwie 50 m od brzegu, świetna do snorkelingu. Pojawiają się delfiny.

Można pojeździć konno, w ośrodku jest centrum nurkowe Marlin, wiele specjalnych programów dla dzieci (poniżej 13 lat bezpłatnie). Hotelowi goście często tu wracają. Goście spoza hotelu mogą wykupić dzienny karnet (obiad, drinki i aktywności sportowe do 17.00). Dla rowerzystów podróżujących po wybrzeżu południowym nocleg w Brisas Sierra Mar będzie miłą przerwą.

ℹ Przyjazd i wyjazd

Ciężarówki jeżdżą z dworca Serrano Intermunicipal (s. 418), naprzeciwko stacji kolejowej w Santiago, przez cały dzień. Są też trzy miejscowe autobusy dziennie.

Teoretycznie jedna ciężarówka dziennie jedzie do Campismo La Mula i do początku szlaku na Pico Turquino. O transporcie do Marea del Portillo mało kto słyszał, a warunki drogowe wahają się od „złe" do „droga nieprzejezdna".

Okolice Pico Turquino

Osada Las Cuevas, przy granicy prowincji Granma i prowincji Santiago de Cuba, wyznacza początek mozolnej wspinaczki na najwyższą górę Kuby. Dociera się tam po całodziennej długiej wyprawie. Z przewodnikiem można powędrować do Alto del Naranjo i Santo Domingo w prowincji Granma, z przystankiem na nocleg.

Zwiedzanie

Museo de la Plata MUZEUM

(mapa s. 382; 1 CUC; wt.–sb.) Muzeum w La Plata, 5 km na zachód od Las Cuevas (40 km na zachód od El Uvero) upamiętnia pierwszą – zakończoną powodzeniem – potyczkę kubańskich rewolucjonistów w tym miejscu w dniu 17 stycznia 1957 r. W muzeum jest też dokument podpisany przez 15 ocalałych rebeliantów, którzy przypłynęli jachtem „Granma", a potem pod koniec 1956 r. połączyli siły w Cinco Palmas

Marea del Portillo leży 46 km na zachód. Nie należy mylić tej La Plata z Comandancia de La Plata – kwaterą główną Fidela Castro w Sierra Maestra.

Aktywnie

Wspinaczka na Turquino

Na **Pico Turquino** (mapa s. 382) prowadzą dwie trasy. Dojście przez Las Cuevas wymaga długiej wspinaczki, żeby przedostać się do początku szlaku w Santo Domingo w prowincji Granma.

Gdy chodzi tylko o wspinaczkę na szczyt, to chyba najszybsza i najłatwiejsza trasa. Ale gdy ma się ochotę poznać trochę historii i zobaczyć Comandancia de La Plata, lepiej zacząć wędrówkę od Santo Domingo. Można też połączyć obie opcje w jedną wspaniałą trasę z pomocą Ecotur (s. 406). Dalszy transport jest lepszy od strony Santo Domingo.

Ecotur w Santiago oferuje trudne całodzienne wyprawy (od osoby 130 CUC) z noclegiem (171 CUC) oraz trzydniowe ekspedycje z wycieczką do Comandancia de La Plata (201 CUC). W cenie wstęp do parku, przejazd z Santiago, posiłki, skromne zakwaterowanie i usługi przewodnika. Można przejść całą trasę, kończąc w Santo Domingo, lub iść tam i z powrotem. Wyprawę z Las Cuevas da się zorganizować niemal w ostatniej chwili w miejscu początku szlaku.

Kempingi i schroniska

Campismo La Mula (s. 428), 12 km na wschód od początku szlaku, jest dogodny dla tych, którzy przybywają w tę okolicę późno lub ją opuszczają. Samowystarczalni mogą też rozbić namiot lub skorzystać ze skromnych kwater w centrum dla odwiedzających w Las Cuevas (s. 428). Wpłacana tutaj kwota za wejście do parku pokrywa koszt obowiązkowego przewodnika.

Jeśli ktoś nie chce schodzić tego samego dnia, może zatrzymać się w schronisku na Pico Cuba (dodatkowe 30 CUC). Do dyspozycji kuchnia z piecem na drewno i łóżka z desek (bez materaca), a jeśli są zajęte – miejsce na podłodze.

Trasa

Szlak z Las Cuevas zaczyna się przy nadbrzeżnej drodze, 7 km na zachód od Ocujal i 51 km na wschód od Marea del Portillo. Przebiega też przez drugi co do wysokości szczyt Kuby, Pico Cuba (1872 m n.p.m.). Potrzeba przynajmniej 6 godzin na wejście i 4 na zejście; więcej po deszczu, gdyż szlak jest zalewany i śliski od błota.

Wędrówka wymaga wysiłku: szlak dł. 9,6 km wznosi się 2 km w górę. Jednak cień i widoki zapewniają wytchnienie. Przed wyjściem trzeba wziąć dużo wody.

Ażeby wrócić jeszcze tego samego dnia, należy wyruszyć przed 6.30 rano. Dobrze oznakowany szlak wiedzie z Las Cuevas do La Esmajagua (600 m n.p.m.; 3 km; jest woda), Pico Cardero (1265 m n.p.m.; a pod nim niemal pionowe schody – Saca la Lengua), Pico Cuba (1872 m n.p.m.; z wodą i schroniskiem) i Pico Turquino (1972 m n.p.m.; 1,7 km). Gdy rozwieje się mgła i będzie już można złapać oddech, na szczycie najwyższej góry na Kubie ukaże się popiersie z brązu José Martí.

Miłośnicy rekordów powinni wiedzieć, że (nieoficjalny) rekord wspinaczki pewnego przewodnika wynosi dwie godziny 45 minut.

Co zabrać

Traperzy powinni wziąć żywność, ciepłe ubranie, śpiwór i odzież przeciwdeszczową – pada tu często i obficie (około 2200 mm rocznie), od kapuśniaczka do bombardowania gradem. Należy mieć z sobą wszystko, co niezbędne, a także jeszcze trochę jedzenia na zapas (jeśli jest się w stanie) oraz coś dla *compañeros* (towarzyszy), którzy odbywają 15-dniowe zmiany na Pico Cuba.

Warto wcześniej poinformować, gdy chce się przewodnika mówiącego po angielsku (większość jest po stronie Santo Domingo) i spytać o zaopatrzenie w żywność na Pico Cuba. Na początku szlaku w Las Cuevas można kupić napoje. Napiwki dla przewodników są obowiązkowe: 3 do 5 CUC wystarczy.

Nurkowanie

Cristóbal Colón NURKOWANIE

Dla nurków – najlepszy wrak na Kubie. Dobrze zachowany hiszpański krążownik pancerny „Cristóbal Colón" zatonął w 1898 r. Jest na głębokości 15 m i 30 m od brzegu La Mula. To pozostałość po wojnie

WARTO ZOBACZYĆ

EL UVERO

Punktem zwrotnym walk rewolucyjnych był dzień 28 maja 1957 r. w osadzie położonej 23 km na zachód od Chivirico; bojownicy Castro – w liczbie poniżej 50 i po sześciu miesiącach ukrywania się – zdobyli pozycje rządowe, strzeżone przez 53 żołnierzy Batisty. Przy głównej drodze stoją dwie czerwone ciężarówki przejęte przez rebeliantów, a palmowa aleja prowadzi do pomnika upamiętniającego krótką, lecz zajadłą walkę. To poruszające, choć rzadko odwiedzane miejsce. Można dojechać taksówką z Chivirico lub sprawdzić propozycje Ecotur (s. 406) w Santiago.

hiszpańsko-amerykańskiej. Centra nurkowe są w Brisas Sierra Mar (s. 426) i Club Amigo Carisol - Los Corales (s. 423) w Parque Baconao. Można zobaczyć wrak, pływając tylko w masce z rurką.

Noclegi

Campismo La Mula DOMKI KEMPINGOWE **$**
(☎22-32-62-62; Carretera Granma Km 120; pokój 16 CUC) Przy odosobnionej kamienistej plaży, 12 km na wschód od wejścia na szlak na Pico Turquino. 50 małych domków popularnych wśród Kubańczyków na wakacjach, turystów idących na Turquino i łowców przygód podróżujących autostopem po południowym wybrzeżu. W zasadzie to jedyna opcja na tym odcinku wybrzeża. Przed przyjazdem warto sprawdzić sytuację w Cubamar (s. 417) w Santiago.

Jest skromna kawiarnia i restauracja.

Informacja

Informacja turystyczna w Las Cuevas
(mapa s. 382; Las Cuevas; wstęp 15 CUC, aparat 5 CUC) Na początku szlaku na Pico Turquino od strony wybrzeża.

Przyjazd i wyjazd

Początek szlaku w Las Cuevas znajduje się 130 km na zachód od Santiago de Cuba, przy nadbrzeżnej trasie. Jeśli ktoś wybiera się z wycieczką **Ecotur** (s. 406), niech się upewni, czy w cenie są także przejazdy.

Prywatne ciężarówki i rozklekotany autobus do La Mula z Chivirico jeżdżą sporadycznie; nie należy się nastawiać na więcej niż jeden dziennie. Taksówka z Santiago kosztuje 100 do 120 CUC – teraz wiadomo, dlaczego zorganizowana wycieczka może być bardziej atrakcyjna. Ruch w tej okolicy jest nikły, za to widoki wspaniałe.

Prowincja Guantánamo

Spis treści ➔

NAJ: Gastronomia

- Restaurante Las Terrazas Casa Nilson (s. 443)
- El Buen Sabor (s. 443)
- Sabor Melián (s. 433)
- Restaurante La Punta (s. 443)

NAJ: Noclegi

- Villa Maguana (s. 445)
- Casa Colonial Ykira Mahiquez (s. 440)
- La Casona (s. 440)

Dokąd jechać?

Atmosferę bajkowej krainy pofałdowanych gór i bujnej zieleni kubańskiego Guantánamo oddzielają od współczesnej Ameryki lata świetlne. Zazwyczaj Guantánamo utożsamia się z amerykańską bazą marynarki wojennej, która – choć zredukowana – wciąż działa. Poza nią to jest prawdziwa Kuba, osobliwa i tajemnicza, z odludnymi dolinami i specyficznym mikroklimatem na wybrzeżu (suchym na południu, wilgotniejszym na północy). Tutaj można odnaleźć korzenie gatunków muzycznych, mało znane afrokubańskie obrzędy religijne oraz echa rdzennej karaibskiej kultury Taínos, która została zmieciona przez Hiszpanów wieki temu – a przynajmniej tak się wydaje.

Baracoa wraz z okolicą, choć zdewastowane przez huragan Matthew w październiku 2016 r., jest najciekawszym obszarem regionu, tuż za nimi plasuje się Parque Nacional Alejandro de Humboldt, z endemiczną florą i fauną. W leżącym dalej na zachód mieście Guantánamo, zwykle omijanym przez podróżnych, są warte uwagi zakątki nieskażone turystyką.

Kiedy jechać?

- Największy festiwal w Baracoa, Semana de la Cultura Baracoesa – erupcja muzyki, tańca i imprez kulturalnych, odbywa się pod koniec marca/na początku kwietnia.
- Guantánamo, w połowie grudnia, zaprasza na Festival Nacional de Changüí, czyli rytmów *changüí* – przodka współczesnej salsy.
- Wrzesień i październik to pora huraganów i silnych wiatrów, lepiej więc unikać Baracoa w tym okresie.
- Zróżnicowany klimat Guantánamo zależy raczej od ukształtowania powierzchni niż pór roku; górskie przełęcze i zielone lasy są bardziej wilgotne, a rejony przybrzeżne suche.

NAJ: Prowincja Guantánamo

❶ **Parque Nacional Alejandro de Humboldt** (s. 446) W najbardziej zróżnicowanym parku narodowym Karaibów żyje najmniejsza na świecie żaba.

❷ **Baracoa** (s. 443) Oddanie się egzotycznym rozkoszom kulinarnym miasta.

❸ **La Farola** (s. 436) Rowerem przez malowniczą „drogę latarni morskiej" z Cajobabo do Baracoa.

❹ **Zoológico de Piedras** (s. 435) Zachwycający ogród zoologiczny kamiennych rzeźb zwierząt.

❺ **El Yunque** (s. 445) Wspinaczka przez tropikalną puszczę na tajemniczy, płaski szczyt góry.

❻ **Guantánamo** (s. 431) Poznawanie gatunków muzycznych, pochodzących z tego zapomnianego miasta.

❼ **Boca de Yumurí** (s. 436) Wycieczka łodzią od ujścia rzeki do jej przełomu.

Guantánamo

217 400 MIESZK.

Guantánamo zwykle jest pomijane – z całą pewnością niesłusznie – przez turystów jadących autobusem z Santiago de Cuba do Baracoa. Może zaniedbane domy nie przyciągają wzroku, jednakże osobom wyposażonym w zmysł Sherlocka Holmesa i odrobinę łamanego hiszpańskiego uda się tu odkryć prawdziwą Kubę.

Z jednego z trzech legendarnych gatunków *tumba francesa* (francusko-haitański śpiew i taniec) Guantánamo stworzyło własny gatunek muzyczny (*changüí*), który podtrzymuje wciąż działający West Indian Social Club. Guantánamo szczyci się swą eklektyczną architekturą, którą reprezentują misterne dzieła Lecticia Salcinesa.

Odkryte przez Kolumba podczas jego drugiej wyprawy w 1494 r., zostało zasiedlone w 1819 r., kiedy przybyli z Haiti francuscy plantatorzy i założyli osadę Santa Catalina del Saltadero del Guaso. W 1843 r. rozwijające się miasto nazwano Guantánamo. W 1903 r. USA wydzierżawiły teren w pobliskiej zatoce, gdzie obecnie jest baza amerykańskiej marynarki wojennej.

Zwiedzanie

W geometrycznej sieci ulic trudno się zgubić. Na spacery zachęca okolona drzewami avenida Camilo Cienfuegos, kilka przecznic na południe od Bartolomé Masó, z rzeźbami i deptakiem pośrodku, tak jak na barcelońskiej Rambli.

Parque Martí — PLAC

Nad odrestaurowanym Parque Martí góruje niewielka Parroquia de Santa Catalina de Riccis (1863 r.). Przy tętniących życiem bulwarach placu ciągną się sklepiki, restauracje, tablice informacyjne i kąciki rozrywki. Całość obserwuje z wysoka pomnik „El Maestro" („Nauczyciela" José Martí), którego imieniem plac został nazwany.

Palacio de Salcines — SŁYNNY BUDYNEK

(róg Pedro A. Pérez i Prado; różne godz.) Miejscowy architekt Lecticio Salcines (1888–1973) zaprojektował wiele imponujących budowli, w tym własną rezydencję, wzniesioną w 1916 r., najbardziej charakterystyczny obiekt w mieście. Obecnie w pałacu (*palacio*) Salcinesa mieści się muzeum, prezentujące barwne freski, japońską porcelanę itp. Muzeum otwarte okazjonalnie.

Wieżyczkę pałacu wieńczy La Fama – bogini z trąbką w ręce, ogłaszająca dobre i złe wieści. Rzeźbę, symbol Guantánamo, wykonał włoski artysta Americo Chine.

Plaza de Mariana Grajales — PLAC

Na placu, 1 km na północny zachód od stacji kolejowej, naprzeciwko hotelu *Guantánamo*, dominuje wielki pomnik gloryfikujący bohaterów Brygady Granicznej (Brigada Fronteriza) „która broni ostatnich bastionów socjalizmu na tym kontynencie". To jeden „placów rewolucji" na wyspie, robiących największe wrażenie.

Biblioteca Policarpo Pineda Rustán — BIBLIOTEKA

(21-32-33-52; róg Los Maceos i Emilio Giro; 8.00–17.00 pn.–sb.) Kolejnym architektonicznym darem Lecticia Salcinesa jest piękny budynek biblioteki miejskiej, wcześniej siedziba merostwo (1934–51). W 1959 r. odbywały się tam procesy zbirów Batisty; kilku zabito, gdy chwycili za broń i próbowali ucieczki.

Museo Provincial — MUZEUM

(21-32-58-72; róg José Martí i Prado; 1 CUC; 8.00–12.00 i 12.30–16.30 pn.–pt., 8.00–12.00 sb.) W dawnym więzieniu, strzeżonym przez dwa działa, urządzono Muzeum Prowincji eksponujące w kilku salach (*salas*) tutejszą kulturę, przyrodę, broni (miecze *mambises* – bojowników o niepodległość) i sztukę dekoracyjną.

Parroquia de Santa Catalina de Riccis — KOŚCIÓŁ

(Parque Martí) Niezbyt imponujący, ale wart uwagi kościół z 1863 r. Z przodu, naprzeciwko fontanny i małej estrady (*glorieta*), stoi posąg miejscowego bohatera, generała Pedra Augustina Péreza, wzniesiony w 1928 r.

Wycieczki

Oficina de Patrimonio — PIESZE WYCIECZKI

(21-35-14-37; Los Maceos, między Emilio Giro i Flor Crombet; 8.30–16.30 pn.–pt.) W Oficina de Patrimonio (Biuro Dziedzictwa) zainteresowani zabytkową architekturą Guantánamo mogą wybrać piesze wycieczki po mieście. W ofercie między innymi „Śladami José Lecticia Salcinesa" (architekta).

Festiwale i wydarzenia

Festival Nacional de Changüí — MUZYKA

(połowa XII) Grudniowe święto *changüí*, regionalnego stylu muzyki, poprzednika *son montuno* i współczesnej salsy, łączącego afrykańskie rytmy i hiszpańską gitarę.

Noches Guantanameras FIESTA
(20.00 sb.) W sobotnie noce (*noches*) odbywa się impreza, na którą calle Pedro A. Pérez zamyka się dla ruchu kołowego i na ulicy wyrastają stragany. Pieczone w całości prosięta, oszałamiająca muzyka i mnóstwo rumu.

Noclegi

Pozytywną stroną braku turystów w Guantánamo są niskie ceny pokojów w hotelach, choć i tak najlepszą opcją zawsze będą *casas particulares*.

Casa Norka CASA PARTICULAR $
(21-35-45-12; Calixto García No 766, między Prado i Jesús del Sol; pokój 25 CUC;) Na tyle „niepoprawna" politycznie, żeby wzbudzić zainteresowanie (plakaty Beyoncé i JLo!). Pokoje duże i dobrze utrzymane, wewnętrzne patio i niewielki basen.

Lissett Foster Lara CASA PARTICULAR $
(21-32-59-70; Pedro A Pérez No 761, między Prado i Jesús del Sol; pokój 25 CUC;) Lisset, jak wiele mieszkanek Guantánamo (*guantanameras*) Lissett świetnie mówi po angielsku, jej dom lśni czystością, jest wygodny, z komfortowymi sprzętami, które również pasowałyby do domów na przedmieściach w USA. Trzy pokoje, w tym jeden przy dużym tarasie na dachu.

Hotel Brasil HOTEL $
(21-32-43-32; Calixto García między Miro i Crombet; 1-/2-os. 13/20 CUC;) Czego można oczekiwać za tę cenę? 35 czystych pokojów tylko trochę trąci myszką – miła niespodzianka, biorąc pod uwagę ryczący *reggaetón* w ciemnej recepcji. Gdyby ktoś był ciekaw – obsługa marna.

Hotel Guantánamo HOTEL $$
(21-38-10-15; Calle 13 Norte, między Ahogados i 2 de Octubre; 1-/2-os. ze śniadaniem 54/64 CUC;

Guantánamo

(P ❄ ☎ ≋) *Hotel Guantánamo* raczej wygodny. Niewyróżniające się pokoje są czyste, w basenie jest woda, ponadto dobry bar w lobby, gdzie podają *mojito* i kawę. Usytuowany 1 km na północny zachód od stacji kolejowej.

Hotel Martí HOTEL $$
(☎21-32-95-00; magdalaine.borges@hotelmarti.tur.cu; róg Aguilera i Calixto García; 1-/2-os. 74/85 CUC; ❄☎) Nieco unowocześniony budynek kolonialny przy Parque Martí – niby elegancki, ale wcześniej należy sprawdzić, czy w pokojach nie ma przecieków (plamy na ścianach). W kwestii rozrywki: jest tu restauracja na tarasie dachowym, z bębniącą muzyką, i bar na parterze oblężony przez *jinteras* (nagabywaczki). Biura podróży firmy Islazul sprzedają pokoje z rabatem.

Gastronomia

★**Sabor Melián** KUCHNIA KARAIBSKA $
(☎21-32-44-22; Camilo Cienfuegos No 407; dania 3–7 CUC; ⏲12.00–24.00) Wejście z ruchliwej ulicy prowadzi do lubianej przez miejscowych knajpki z niezłą obsługą i dobrą karaibską kuchnią. Nie trzeba się bać, gdy podadzą całego smażonego lucjana – mięso pod chrupiącą skórką jest soczyste. Ciemne, klimatyzowane wnętrze, z oryginalną sztuką i teledyskami *reggaetón*, jakoś nie zachwyca.

Restaurante 1870 KUCHNIA KUBAŃSKA $
(☎21-32-05-40; Flor Crombet; dania 2–5 CUC; ⏲7.00–9.00, 12.00–15.00 i 18.00–23.00) Naprzeciwko Parque Martí; przykład kolonialnego rozkwitu miasta. Marmurowe schody prowadzą do eleganckiego baru na galerii, z widokiem na główną jadalnię. Ceny zadowalające, a *ropa vieja* (dosł. „stare szmaty", ale spokojnie, to tylko siekana wołowina w pikantnym sosie) smaczna. Zakaz wchodzenia w szortach i koszulkach na ramiączkach.

Restaurante Girasoles KUCHNIA KARAIBSKA $
(☎21-38-41-78; Calle 15 Norte, róg calle Ahogados; dania 1–5 CUC; ⏲10.00–22.00) Zamiast *girasoles* (słoneczników), wejście do tej jednej z najlepszych restauracji zdobiły, co stwierdzono w procesie likwidacji, rzeźby nagich postaci. W Girasoles, za hotelem *Guantánamo*, serwują (w ślimaczym tempie) kurczaki i ryby, czasami w interesujących sosach. Taras – dobry wybór na popołudniowego drinka.

Bar-restaurante Olimpia BURGERY $
(róg Calixto García i Aguilera; dania główne 2 CUC; ⏲9.00–24.00) Dla uczczenia sukcesów Guantánamo na igrzyskach olimpijskich w barze-restauracji umieszczono stroje bejsbolowe, pamiątki lekkoatletyczne i koszulkę trzykrotnego złotego medalisty olimpijskiego w boksie, Félixa Savóna (miejscowy). Małe patio, na półpiętrze bar, gdzie można popijać piwo, zagryzając burgerem po kubańsku, i podziwiać widok pobliskiego Parque Martí.

Bary i życie nocne

Casa de las Promociones Musicales „La Guantanamera" KLUB
(☎21-32-72-66; Calixto García, między ulicami Flor Crombet i Emilio Giro; ⏲różne godz.) Zadbany klub muzyczny. W czwartki rapowe *peñas* (występy klubowe), w niedzielne popołudnia *trova* (tradycyjna piosenka poetycka).

La Ruina BAR
(☎21-32-95-65; róg Calixto García i Emilio Giro; ⏲9.30–24.00) W zrujnowanym budynku kolonialnym; sufity na wysokości 9 m, mnóstwo ławek, żeby sobie przysiąść po większej ilości

Guantánamo

Zwiedzanie
1 Biblioteca Policarpo Pineda Rustán C4
2 Museo Provincial A3
3 Palacio Salcines B3
4 Parque Martí B3
5 Parroquia de Santa Catalina de Riccis B3

Aktywnie, kursy i wycieczki
6 Oficina de Patrimonio C4

Noclegi
7 Casa Norka B2
8 Hotel Brasil B4
9 Hotel Martí B3
10 Lissett Foster Lara B2

Gastronomia
11 Bar-Restaurante Olimpia B3
12 Restaurante 1870 ..... B3

Bary i życie nocne
13 Casa de las Promociones Musicales 'La Guantanamera' B4
14 La Ruina B4

Rozrywka
15 Casa de Changüí D2
16 Casa de la Trova B3
17 Casa del Son D2
18 Tumba Francesa Pompadour D2

piwa. To popularny lokal karaoke dla tych, co marzą o występach na żywo w TV. W barowym menu potrawy na skromny obiad.

Rozrywka

Guantánamo żyje swoją muzyką. Odrębną kulturę muzyczną miasta charakteryzuje podgatunek *son* znany jako *changüí*.

Tumba Francesa Pompadour MUZYKA NA ŻYWO
(Serafín Sánchez No 715; 9.30–13.00, od 19.00 w II i IV wt.) 4 przecznice na wschód od dworca kolejowego. Grupa specjalizuje się w tańcu *tumba francesa* z Haiti. W programie m.in. *mi tumba baile* (taniec) we wtorki, *encuentro tradicional* (tradycyjne spotkania towarzyskie) i *peña campesina* (muzyka country). Informacje w Casa de Changüí naprzeciwko. (Na Haiti *tumba* z j. bantu znaczy „zabawa"; *tumba* w j. hiszp. to „grób" – stąd gra słów w nazwie zespołu.)

Casa de Changüí MUZYKA NA ŻYWO
(21-32-41-78; Serafín Sánchez No 710, między N. López i Jesús del Sol; 9.00–12.00, 14.00–18.00 i 19.00–24.00 wt.–nd.) Ambona rdzennej muzyki Guantánamo – właśnie tutaj najlepiej poznać *changüí*. To także świątynia czołowego przedstawiciela *changüí*, miejscowego bębniarza (*timbalero*) Elia Revé. Jest też muzeum – Sala de Historia.

Casa Sandunga (ARTex) MUZYKA NA ŻYWO
(21-35-54-99; Máximo Gómez No 1062; 1 CUC; 20.00–1.00 wt.–nd.) W ciemnoniebieskim budynku przy cichej ulicy wystawiają rewie i kabarety. O Domu Sandungi mówi się entuzjastycznie: „to miejsce".

Casa del Son MUZYKA NA ŻYWO
(21-32-41-78; róg Serafin Sánchez i Prado; 17.00–24.00) Nowa scena starej muzyki – Casa del Son dzieli odrestaurowane wnętrza z Casa de Changüí przy calle Serafin Sánchez, gwarnej „muzycznej ulicy" miasta.

Casa de la Trova MUZYKA NA ŻYWO
(róg ulic Pedro Pérez i Flor Crombet; 1 CUC; 9.00–12.00, 14.00–18.00 i 19.00–24.00) Trudno nie polubić tego miejsca: tradycyjny dom muzyki, w którym starsi panowie w panamach ochoczo podrygują pomimo artretyzmu.

Estadio Van Troi WIDOWISKA SPORTOWE
(21-32-71-13) Mecze bejsbolu (odbywają się od X do IV) na stadionie w Reparto San Justo, 1,5 km na południe od stacji benzynowej Servi-Cupet. Mimo silnych tradycji sportowych, drużyna Guantánamo, zwana Los Indios, nie odnosi sukcesów i rzadko dociera do play-offów.

Informacja

DOSTĘP DO INTERNETU

W Parque Martí i przy okolicznych ulicach spacerowych jest Wi-Fi.

Etecsa Telepunto (21-32-78-78; róg ulic Aguilera i Los Maceos; Internet za godz.1,50 CUC; 8.30–19.30) Cztery komputery i brak turystów równa się brak kolejek. Sprzedają zdrapki Wi-Fi.

USŁUGI MEDYCZNE

Hospital Agostinho Neto (21-35-54-50; Carretera de El Salvador Km 1; 24 godz.) Szpital przy zachodnim krańcu Plaza Mariana Grajales, koło hotelu *Guantánamo*, pomaga cudzoziemcom w nagłej potrzebie.

Farmacia Internacional (21-35-11-29; Flor Crombet No 305, między ulicami Calixto García i Los Maceos; 9.00–17.00) Apteka na północno-wschodnim rogu Parque Martí.

PIENIĄDZE

Banco de Crédito y Comercio (21-32-73-21; Calixto García, między Emilio Giro i Bartolomé Masó; 9.00–15.00 pn.–pt.) Jeden z dwóch oddziałów w okolicy, z bankomatem.

Cadeca (21-35-59-09; róg Calixto García i Prado; 8.00–16.00) Wymiana pieniędzy.

POCZTA

Urząd pocztowy (21-38-20-11; Pedro A. Pérez; 8.00–13.00 i 14.00–18.00 pn.–sb.) Po zachodniej stronie Parque Martí.

INFORMACJA TURYSTYCZNA

Infotur (21-35-19-93; infotur@guantanamo.infotur.tur.cu; Calixto García między ulicami Flor Crombet i Emilio Giro; 8.30–17.00 pn.–sb.) Biuro informacji turystycznej; zamykane na godzinę (nieokreśloną) w przerwie obiadowej.

BIURA PODRÓŻY

Havanatur (21-32-63-65; Aguilera, pomiędzy ulicami Calixto García i Los Maceos; 8.00–12.00 i 13.30–16.30 pn.–pt., 8.30–11.30 sb.) Biuro podróży.

Przyjazd i wyjazd

SAMOLOT

Cubana (21-35-54-53; Calixto García # 817) – 4 loty w tygodniu (159 CUC w jedną stronę, 2 godz. 30 min) z Hawany na Aeropuerto (lotnisko) Mariana Grajales (inna nazwa: Los Canos). Nie ma lotów międzynarodowych.

AUTOBUS

Niezbyt dogodnie usytuowany Terminal de Ómnibus (dworzec autobusowy), 5 km na zachód od centrum, przy drodze do Santiago (przedłużenie Av Camilo Cienfuegos). Taksówka z hotelu *Guantánamo* powinna kosztować od 3 do 4 CUC.

Dwa autobusy **Víazul** (☎ 21-32-96-40; www.viazul.com; dworzec autobusowy) dziennie jeżdżą do Baracoa (10 CUC, 3 godz., 3.30 i 9.30) i jeden do Santiago de Cuba (6 CUC, 1 godz. 45 min, 23.30).

SAMOCHÓD

Autopista Nacional do Santiago de Cuba kończy się w pobliżu Embalse La Yaya, 25 km na zachód od Guantánamo, gdzie łączy się z Carretera Central (trwają prace – jest przedłużana).

Z Santiago de Cuba do Guantánamo należy jechać Autopista Nacional na północ około 12 km do najwyższego punktu i skręcić w pierwszą drogę w prawo. Drogowskazy są nieczęste i mało precyzyjne, warto więc mieć dobrą mapę i być czujnym.

POCIĄG

Ze stacji kolejowej (☎ 21-32-55-18; Pedro A. Pérez; pociągi do Hawany 32 CUC), kilka przecznic na północ od Parque Martí, co czwarty dzień jeździ jeden pociąg do Hawany (32 CUC, 19 godz.) przez Camagüey, Ciego de Ávila, Santa Clara i Matanzas.

Bilety należy kupić rano w dniu odjazdu pociągu w biurze przy Pedro A. Pérez.

CIĘŻARÓWKA

Ciężarówki do Santiago de Cuba i Baracoa jeżdżą z Terminal de Ómnibus; zatrzymują się w mniejszych miejscowościach po drodze.

Ciężarówki do Moa parkują przy drodze do El Salvador na północ od miasta, w pobliżu wjazdu na Autopista Nacional.

Koszt podróży: na ogół 1 CUC i mniej.

Jak się poruszać na miejscu

Taksówki krążą wokół Parque Martí. Autobus 48 (20 *centavos*) jeździ na trasie centrum – hotel *Guantánamo* mniej więcej co 40 minut. Jest też dużo taksówek rowerowych (około 2 CUC).

Południowe wybrzeże

Z Guantánamo biegnie długa droga nad suchym wybrzeżem na wschodni kraniec wyspy, Punta de Maisí. Jest to niezwykły półpustynny region – skaliste tarasy nad oceanem porastają kaktusy, z zarośli wystają kłujące pędy aloesu. Ci, których czas nie goni, chętnie odpoczną na kamienistej plaży – jest ich kilka pomiędzy Playa Yacabo i Cajobabo.

WARTO ZOBACZYĆ

ZOOLÓGICO DE PIEDRAS

Surrealistyczny, nawet jak na kubańskie standardy, **Zoológico de Piedras** (1 CUC; 9.00–18.00 pn.–sb.), to park z rzeźbami zwierząt umieszczonymi wśród zieleni na plantacji kawy w górzystym terenie, 20 km na północny wschód od Guantánamo. Wykuwanych z tutejszych skał przez rzeźbiarza, Ángela Iñigo Blanco, od końca lat 70. XX w. zwierząt (od hipopotamów po wielkie węże) jest ponad 300. Señor Blanco zmarł w 2014 r., a kamienne zoo ku jego pamięci wzbogacają inni artyści.

Dojechać tu można własnym transportem lub taksówką. Z miasta na wschód i w lewo – w stronę Jamajki i Hondurasu. „Zoo" znajduje się w osadzie Boquerón.

Po drodze zachwyci niespodziewana zmienność krajobrazu: co jakiś czas pojawiają się surowe czerwonawe góry, poprzecinane oazami nadrzecznej bujnej zieleni.

Zwiedzanie

Playita de Cajobabo PLAŻA

Przy głównej plaży Cajobabo – kamienistej i otoczonej malowniczymi klifami – są dobre miejsca do snorkelingu. Droga prowadząca z jej krańca kończy się przy następnej plaży, a idąc nią 400 m na wschód, dojdzie się do pomnika w kształcie łodzi, który wyznacza miejsce, gdzie w 1895 r. wylądował poeta José Martí, co oznaczało rozpoczęcie drugiej wojny o niepodległość.

Martí i Gómez przypłynęli tutaj łodzią wiosłową, z czwórką innych konspiratorów, 11 IV o 22.00. Stanowiło to inspirację dla Fidela Castro, który 61 lat później dopłynął do tego wybrzeża jachtem „Granma".

Museo de 11 Abril MUZEUM

(☎ 21-88-63-15; 8.00–12.00 i 13.30–17.30) BEZPŁ. W małej *casa* przy drodze do plaży Cajobabo mieszkał Salustiano Leyva. W 1895 r. jedenastoletni Salustiano gościł José Martí i Máxima Gómeza po ich zejściu na ląd. Tutaj bojownicy opracowali plany marszu na zachód. Mapy i pamiątki dokumentują tamte wydarzenia. Leyva zmarł w latach 70. XX w.; był jednym z niewielu szczęśliwców, którzy znali i José Martí, i Fidela Castro.

Aktywnie

★ La Farola MALOWNICZA DROGA

„Droga latarni morskiej" – jeden z siedmiu cudów współczesnej inżynierii na dzisiejszej Kubie – z Cajobabo do Baracoa (dł. 55 km) łączy usianą kaktusami półpustynię z bujnym lasem deszczowym. Na porośniętym sosnami jej najwyższym poziomie jest punkt widokowy, Alto de Cotilla.

Noclegi

Campismo Cajobabo DOMKI KEMPINGOWE $

(☎21-88-63-04; 12 CUC) Skromne domki przy plaży Cajobabo rezerwuje się za pośrednictwem **Cubamar** (Campismo Popular; ☎21-64-27-76; comercial.baracoa@campismopopular.cu; Martí No 225) w Baracoa.

Przyjazd i wyjazd

Na trasie Guantánamo – Baracoa kursują dwa autobusy dziennie; można się też przejechać tą trasą rowerem, prywatnym transportem i taksówką.

Punta de Maisí

Nadbrzeżna droga z Cajobabo prowadzi dalej na północny wschód do La Máquina (51 km). Do Jauco jest dobra, potem robi się gorsza. Droga z Baracoa do La Máquina (55 km) jest dobra aż do Sabana, potem miejscami wyboista. Skądkolwiek by tam dotrzeć, w La Máquina zaczyna się fatalna, 13-kilometrowa trasa do Punta de Maisí. Najlepiej byłoby przebyć ją samochodem 4WD; co ciekawe, jest popularna wśród cyklistów.

Maisí, z latarnią morską (z 1862 r.) i białą plażą, to najdalej na wschód wysunięty punkt Kuby. W pogodny dzień widać odległą o 70 km Haiti.

W 2017 r., po długim okresie dostępności tylko dla wojska, rejon Maisí, z kempingiem i nowym hotelem, otwarto dla turystów. Są jednodniowe wycieczki do latarni morskiej.

Infotur (s. 444) w Baracoa oferuje safari pojazdami z napędem na cztery koła (64 CUC od osoby; minimum 2 osoby).

Kto chciałby tu pobyć dłużej, może zamieszkać w **Faro de Maisí** (☎21-68-96-20; adrian.rivas@hotelgtmo.tur.cu; La Asunción; pokój ze śniadaniem 40–60 CUC; ❄📶), nowym hotelu *Islazul*. Świetna lokalizacja, w nowoczesnych pokojach kopie grafik, TV i telefony. W tych o wyższym standardzie również minilodówki z napojami. Jest restauracja.

Przyjazd i wyjazd

Turyści przyjeżdżają z jednodniową wycieczką z Baracoa lub prywatnie transportem 4WD.

Boca de Yumurí

5 km na południe od Baracoa odchodzi od La Farola droga na wschód, prowadząca 28 km wzdłuż wybrzeża do Boca de Yumurí u ujścia rzeki Yumurí. W pobliżu mostu znajduje się Túnel de los Alemanes (Tunel Niemców), niezwykły naturalny łuk utworzony z drzew i listowia. Urocza plaża z ciemnym piaskiem stała się obiektem jednodniowych wypadów z Baracoa – jest tu mnóstwo sprzedawców wciskających smażone ryby i handlujących kolorowymi ślimakami, *polimitas*. W związku z masowym pozyskiwaniem ich dla turystów są zagrożone wyginięciem, należy odmawiać zakupu.

Aktywnie

Polecana trasa rowerowa z Baracoa do Boca de Yumurí (56 km w obie strony): gorąco, ale droga gładka i równa, piękne widoki i możliwość postojów (np. na Playa Bariguá Km 25). Rowery można załatwić w Baracoa – w każdej *casa particular*.

Taksówki wodne ŁODZIE

(3 CUC) Taksówki wodne wyruszają spod mostu u ujścia Río Yumurí i kontynuują rejs 400 m w górę rzeki – strome brzegi zwężają się, tworząc naturalny przełom. Warto również pomyśleć o urządzeniu pikniku na malowniczej wysepce w delcie rzeki.

Playa Cajuajo WĘDRÓWKA

Do ledwo widocznego skrawka piasku w pobliżu Boca de Yumurí prowadzi 5-kilometrowy szlak z Río Mata przez biologicznie zróżnicowane tereny leśne. Wycieczki z Ecotur (s. 439) w Baracoa.

Gastronomia

Restaurante Tato OWOCE MORZA $$

(dania główne 5–9 CUC; ⏲8.00–24.00) Restauracja na Playa Mangalito, małej, uroczej plaży, przyrządzi świeżą ośmiornicę, złowioną na płyciźnie zaledwie parę metrów od talerza gościa.

Przyjazd i wyjazd

Można się tam dostać wynajętym samochodem lub taksówką z Baracoa. Przejazd taksówką kosztuje więcej niż wycieczka zorganizowana we własnym zakresie lub przez **Cubatur** (22 CUC) w Baracoa (s. 439).

GITMO – NIE TAK DAWNA HISTORIA

Teren w Bahía de Guantánamo, wydzierżawiony w 1903 r. – w następstwie wojny hiszpańsko-amerykańskiej i niesławnej poprawki Platta – był bazą marynarki wojennej USA, która miała bronić dostępu od wschodu do ważnego strategicznie Kanału Panamskiego. Zatokę Guantánamo amerykańscy *marines* nazwali Gitmo.

W 1934 r. dzierżawa została odnowiona na czas nieokreślony, z zastrzeżeniem, że może zostać zakończona za zgodą obu stron. Roczną opłatę, powiększoną później z 2000 do 4085 USD, Stany Zjednoczone ciągle uiszczają, jednakże konsekwentnie Kubańczycy jej nie przyjmują, argumentując, że teren jest okupowany przez Amerykanów (Fidel Castro podobno przechowywał czeki w górnej szufladzie swego biurka).

Baza marynarki wojennej USA znajduje się u wejścia do Bahía de Guantánamo, po obu jej stronach i pośrodku, zatem na terytorium Kuby rozmieszczono jej obiekty militarne. Na tym terenie są plaże (kilkanaście), odsalarnia wody, dwa pasy startowe i jedyne na Kubie McDonald, KFC i Starbucks. Stacjonuje ok. 9500 osób personelu wojskowego.

Od pewnego czasu baza nie cieszy się w świecie dobrą sławą. Na początku lat 90. XX w. przetrzymywano tu tysiące haitańskich imigrantów i kubańskich *balseros* (tratwiarzy), schwytanych przez straż przybrzeżną USA podczas prób przeprawy na Florydę.

Od 2002 r. w Camp Delta w Zatoce Guantánamo przetrzymywano ponad 770 więźniów podejrzanych o kontakty z Al-Kaidą lub talibami, jednakże bez postawienia im zarzutów. Pozbawieni doradztwa prawnego i kontaktu z rodzinami, poddani surowym przesłuchaniom, podejmowali strajki głodowe. Kilku popełniło samobójstwo. W 2004 r. Amnesty International i ONZ wezwały USA do zamknięcia obozu w związku z doniesieniami Czerwonego Krzyża, że osadzeni poddawani są torturom. Wypuszczono 420 więźniów, oskarżając tylko trzech z nich.

W styczniu 2009 r. prezydent Barack Obama obiecał zamknąć obóz w Guantánamo, aby zakończyć – jak to nazwał – „smutny rozdział w historii USA". Przyrzeczenia nie dotrzymał z powodu sprzeciwu w Kongresie. Międzynarodowa opinia publiczna potępiła karmienie po przymusem 100 osadzonych, odbywających strajk głodowy w maju 2013 r. Naciski wznowiono, jednak Kongres blokował wszelkie próby przeniesienia więźniów na proces do USA.

Pod koniec 2016 r. w Guantánamo nadal przebywało 60 więźniów. Przynajmniej połowa z nich mogłaby opuścić obóz, ale jak dotąd władze nie znalazły kraju, który by ich przyjął. Tymczasem administracja Trumpa ogłosiła plan przywrócenia w bazie ośrodka detencji.

Baracoa

82 000 MIESZK.

Surrealistyczna Baracoa wciąga i zniewala. Leżące po wilgotnej i wietrznej stronie gór Cuchillos del Toa, najstarsze i najbardziej odosobnione miasto Kuby emanuje niezwykłą atmosferą.

Oczy syci ciemnozielona roślinność, cudownie bujna w przeciwieństwie do jałowych terenów południowego wybrzeża Guantánamo. Fantastyczne miasto legend i niekonwencjonalnych osobowości: Cayamba, samozwańczy „partyzancki trubadur", przyznał kiedyś, że jest „człowiekiem z najbrzydszym głosem na świecie"; arystokratka La Rusa (Rosjanka) – rosyjska emigrantka – była natchnieniem pisarza Aleja Carpentiera (powieść *Święto wiosny*); Francuzka Enriqueta Faber udawała mężczyznę, by móc wykonywać zawód lekarza, a nawet poślubiła miejscową dziedziczkę w katedrze w Baracoa w 1819 r. – to chyba pierwsze małżeństwo osób tej samej płci na Kubie. Czym Kuba byłaby bez ciebie, Baracoa?

Huragan Matthew w 2016 r. poczynił wiele szkód, lecz miasto już odżyło.

Zwiedzanie

W mieście

★ Museo Arqueológico „La Cueva del Paraíso" MUZEUM

(Moncada; 3 CUC; ⏲8.00–17.00) „Jaskinia Raju", najbardziej imponujące muzeum w Baracoa, to szereg grot, niegdyś miejsca pochówków ludu Taínos. Wśród 2000 artefaktów są tkwiące w ziemi szkielety, ceramika, petroglify sprzed 3000 lat i kopia posągu

Ídolo de Tabaco (bóstwa tytoniu). Oryginał znaleziono w Maisí w 1903 r.; jest to jedna z najcenniejszych pamiątek kultury Taínos na Karaibach.

Któryś z pracowników chętnie oprowadzi gości. Muzeum usytuowane 800 m na południowy wschód od hotelu *El Castillo*. Bilety można kupić w Ecotur.

Casa del Cacao MUZEUM

(☎21-64-21-25; Antonio Maceo, między ulicami Maraví i Frank País; ⏲7.00–23.00) BEZPŁ. Węch szybko odkryje, że Baracoa to centrum kubańskiego przemysłu czekoladowego; uprawiane w okolicach miasta kakao, jest przerabiane na czekoladę w miejscowej wytwórni. Muzeum prowadzi kronikę historii kakao, z uwzględnieniem jej znaczenia dla wschodniej Kuby; kawiarenka w ładnym wnętrzu oferuje pyszny gęsty napój. Sprzedają tutaj również tabliczki ciemnej, przyjemnie gorzkiej czekolady.

Fuerte Matachín FORT

(Museo Municipal; ☎21-64-21-22; róg José Martí i Malecón; 1 CUC; ⏲8.00–12.00 i 14.00–18.00) Baracoę chroniły trzy potężne hiszpańskie twierdze. Jedna z nich, z 1802 r., stoi przy południowym wjeździe do miasta. Urządzono w niej Muzeum Miejskie; poszczególne ekspozycje przedstawiają dzieje najstarszej osady na Kubie (wśród eksponatów skorupki ślimaków *polimitas*), historię wytwórni czekolady im. Che Guevary oraz wyjaśniają początki *kiribá*, rytmu związanego z Baracoa, z którego wykształcił się *son*.

Jest też wystawa poświęcona Magdalenie Menasse (z domu Rowienskaja, „La Rusa"), bohaterce słynnej powieści Aleja Carpentiera *Święto wiosny* (*La Consagración de la Primavera*).

El Castillo de Seboruco FORT

(Loma del Paraíso) Budowę najwyższej twierdzy w Baracoa rozpoczęli Hiszpanie w 1739 r., a ukończyli Amerykanie w 1900 r. Trudno się dopatrzyć dawnego fortu w obecnym hotelu *El Castillo*. Goście podziwiają stąd widok na płaski szczyt El Yunque ponad lśniącą wodą basenu. Strome schody na południowo-zachodnim krańcu calle Frank País pną się na samą w górę.

Popiersie Hatueya POSĄG

(Antonio Maceo) Naprzeciwko katedry jest popiersie Hatueya, buntowniczego indiańskiego wodza (*cacique*), którego spalono na stosie koło Baracoa w 1512 r., gdy odmówił przyjęcia chrześcijaństwa.

Catedral de Nuestra Señora de la Asunción KOŚCIÓŁ

(☎21-64-30-05; Antonio Maceo No 152; ⏲7.00–11.00 i 16.00–21.00 wt.–nd.) Po latach zaniedbania, niszczona przez huragany, zabytkowa katedra została pieczołowicie odrestaurowana, głównie dzięki włoskim funduszom. Pierwszą świątynię w tym miejscu wzniesiono w XVI w., obecne formy nadano jej podczas przebudowy w 1833 r.

Najsłynniejszym obiektem jest tu bezcenny Cruz de la Parra, jedyny zachowany z 29 drewnianych krzyży, które Krzysztof Kolumb ustawił na Kubie podczas swojej pierwszej wyprawy w 1492. Datowanie metodą węglową potwierdziło wiek Cruz de la Parra – faktyczne pochodzi z końca XV w., jednakże został wykonany z drzewa rosnącego na Kube, co obala legendę, jakoby Kolumb przywiózł owe krzyże z Europy.

Fuerte de la Punta FORT

Hiszpański fort strzegł wejścia do portu w północno-zachodniej stronie miasta od 1803 r. Teraz w jego grube, odporne na huragany mury, wtuliła się restauracja.

Za miastem

Parque Natural Majayara PARK

(2 CUC, punkt widokowy 5 CUC) W parku krajobrazowym Majayara, na południowy wschód od miasta, są piękne trasy piesze, można popływać, a także podążyć szlakiem archeologicznym na terenie hacjendy. To bardzo kameralna rozrywka – dla pasjonatów. Ecotur (s. 439; 20 CUC) proponuje wycieczkę ze zwiedzaniem.

Z Fuerte Matachín idzie się na południowy wschód, koło stadionu bejsbolowego i potem plażą z ciemnym piaskiem 20 minut aż do Río Miel, gdzie „miodową rzekę" przecina długi, niski most.

Po przejściu mostu należy trzymać się lewej strony i iść wspinającym się w górę szlakiem przez skupisko wiejskich domów aż do skrzyżowania. Czasem można się tu natknąć na strażnika parku, pobierającego opłaty za wejście. Teraz trzeba znów skręcić w lewo i iść drogą, aż znikną domy i pojawi się oznaczona wąska ścieżka prowadząca w lewo do Playa Blanca, wymarzonej na piknik.

Ci, którzy tylko trzymają się szlaku, dojdą do trzech drewnianych zagród. Trzeci dom należy do rodziny Fuentesów. Señor Fuentes, za skromną opłatą, poprowadzi chętnych do rodzinnego gospodarstwa (*finca*), a tam poczęstuje kawą i owocami. Pokaże też

POZA UTARTYM SZLAKIEM

KIRIBÁ I NENGÓN: KORZENIE SON

Przybywając tu z misją rozszyfrowania skomplikowanego drzewa genealogicznego kubańskiej muzyki, nie można przeoczyć małej wioski Güirito, 18 km na południowy wschód od Baracoa. Właśnie tam tkwią korzenie antenatów narodowej muzyki Kuby, *son*. Podczas gdy *son* i jej rytmiczną kuzynkę salsę poznał cały świat, mistyczne *kiribá* i *nengón* nie wyszły daleko poza Güirito.

Czym dokładnie są te wyraziste, sięgające w przeszłość, muzyczne formy? I *kiribá*, i *nengón* to poprzednicy *son* (raczej nie jego odmiany), przekazywane z pokolenia na pokolenie od czasu pierwszej wojny niepodległościowej w połowie XIX w. Dzięki powrotom do rodzimej kultury w 1982 r., *kiribá* i *nengón* wciąż są wykonywane w Güirito przez 21-osobową grupę muzyczno-taneczną, która skrupulatnie strzeże starych tradycji.

Główną cechą *kiribá* jest szybkie tempo i stosunkowo dowolna choreografia. *Kiribá* tańczy się w parach – partnerzy wykonują stopami koliste ruchy. *Nengón* jest wolniejszy, tancerze starają się przesuwać stopy w taki sposób, jak czynią to robotnicy wiejscy, kiedy wyłuskują ziarna kakao lub kawy.

Utwór muzyczny zawsze wykonuje septet: *tres* (kubańska gitara), *güiro* (prążkowana, wydrążona tykwa), *clawe*, *marimbula*, *bongo*, *maraca* i śpiew. *Nengón* ma 22 zarejestrowane piosenki; w *kiribá* pieśniarze improwizują tekst, śpiewając. Na spotkania muzyczne uczestnicy przychodzą w charakterystycznych, wyróżniających się ubiorach. Kobiety mają białe bluzki i długie spódnice w kwiaty. Panowie noszą koszule *guayaberas* (w stylu karaibskim), słomkowe kapelusze *yarey* i trzymają chusteczki.

Zazwyczaj w sobotnie popołudnia członkowie zespołu spotykają się w Güirito na nieoficjalnej tradycyjnej fieście. Na stołach pojawiają się baracoańskie potrawy: *bacán* (*tamales* z krabem i bananem), *frangollo* (suszony banan z cukrem zawinięty w liść bananowca) i ryż gotowany w żołądku pieczonego w całości prosiaka. Do tego rum nalewany z dębowych beczek – i tańce trwają do białego rana. Oczywiście goście są mile widziani.

Cueva de Aguas („jaskinia wód"), jaskinię z lśniącym, słodkowodnym jeziorkiem, gdzie można popływać. Wspinając się z powrotem na wzgórze, dojdziemy do szlaku archeologicznego – tam także są jaskinie. I piękne widoki na ocean.

Playa Duaba PLAŻA

Kierując się na północ drogą do Moa, należy skręcić w stronę hotelu *Porto Santo*/lotniska i jechać dalej 2 km za pas startowy aż do plaży z czarnym piaskiem u ujścia rzeki. Tam w 1895 r. Antonio Maceo i Flor Crombet z towarzyszami zeszli na ląd – rozpoczęła się druga wojna o niepodległość. Jest *campismo* (skromne tanie kwatery) i pomnik pamięci, widać z bliska El Yungue; na plaży raczej nie da się opalać.

Wycieczki

Zorganizowane wycieczki umożliwiają poznanie trudno dostępnych okolic Baracoa. W biurach **Cubatur** (☎61-32-83-42; Antonio Maceo No 181; ⊙8.00–12.00 i 14.00–17.00 pn.–pt.) i **Ecotur** (☎21-64-24-78; Antonio Maceo; ⊙8.00–12.00 i 14.00–18.00 pn.–sb.) przy Plaza Independencia można wykupić wycieczki m.in. do El Yungue (16–20 CUC), Parque Nacional Alejandro de Humboldt (22–25 CUC) i Boca de Yumurí (22 CUC).

★ **José Ángel Delfino Pérez** WYCIECZKI
(☎21-64-13-67, tel. komórkowy 54-25-58-19; joseguia@nauta.cu; jednodniowe 25–27 CUC) Chodząca encyklopedia roślin i specjalista od geologii – to najlepszy prywatny przewodnik w Baracoa. Prowadzi wycieczki do El Yungue, Punta de Maisí, Parku Humboldta i – najlepszą – do Boca de Yumurí, gdzie zwiedza się plantacje kakao, próbuje czekolady i zagląda na odludne plaże. Ceny od osoby są niższe przy większych grupach.

Należy poprosić José o pokazanie dowodu tożsamości, ponieważ ma wielu naśladowców. Kontakt telefoniczny, przez e-mail lub w *casa particular* Nilsona Abada Guilaré.

Festiwale i wydarzenia

★ **Semana de la Cultura Baracoesa** WYDARZENIE KULTURALNE
(⊙koniec III) Mieszkańcy Baracoa ochoczo wychodzą z domów, by świętować zejście

Baracoa

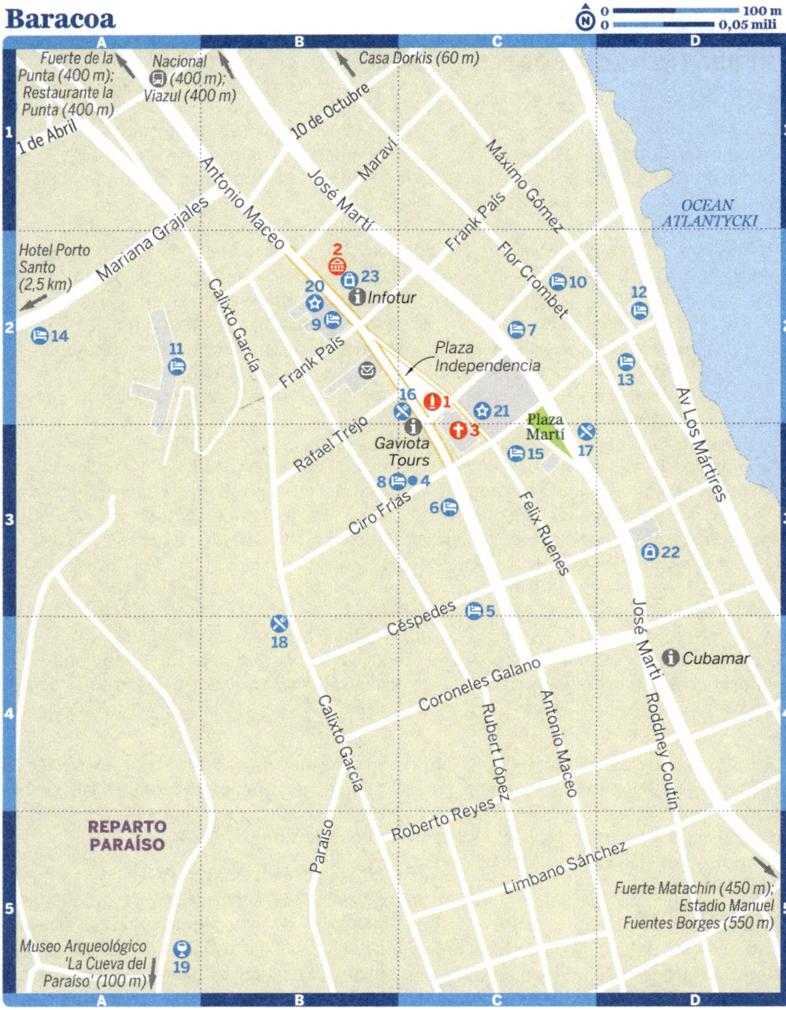

na ląd Antonia Maceo w 1895 r. Uczty i jarmarki z tradycyjną muzyką i tańcem, choć zdarzają się także współczesne rytmy. Impreza kończy się pielgrzymką 1 kwietnia.

Noclegi

★ Casa Colonial Ykira Mahiquez CASA PARTICULAR $
(✆21-64-38-81; ykiram@nauta.cu; Antonio Maceo No 168A, między Ciro Frías i Céspedes; pokój 25 CUC; ❄) Ykira to czołowa gospodyni w Baracoa. Przyrządza także smaczne kolacje – dodaje zioła z własnego ogrodu. Przy wejściu urocze malowidła, a dwa pokoje, choć w centrum życia rodzinnego, zapewniają prywatność. Goście mogą cieszyć się tarasem i *miradorem* (punktem widokowym) z morską panoramą.

★ La Casona CASA PARTICULAR $
(✆21-64-21-33; Félix Ruenes No 1 altos; pokój 20–25 CUC; ❄) Rzadko się zdarza, żeby kwatery w centrum miasta były najlepsze, a tym młodym gospodarzom udało się to osiągnąć: 2 czyste pokoje na piętrze i taras, gdzie można sobie siąść z koktajlem.

Isabel Castro Vilato CASA PARTICULAR $
(✆21-64-22-67, tel. komórkowy 53-55-36-34; rosellocastro@gmail.com; Mariana Grajales No 35; pokój

Baracoa

25 CUC; P ❄) Trudno to dostrzec z ruchliwej ulicy, ale zielony drewniano-kamienny dom w urokliwym stylu rustykalnym ma relaksującą atmosferę. Są tu cztery duże pokoje z minibarami i na tyłach posesji piękny ogród, w którym rosną produkty na śniadanie. Gospodarze pomocni i mili. Co niezwykłe w Baracoa, jest tu bezpieczny garaż/miejsca parkingowe.

Casa Yamicel CASA PARTICULAR $
(☎21-64-11-18; ncc.gtm@infomed.sld.cu; Martí # 145A, między Pelayo i Ciro Frías; pokój 25 CUC, dania główne 6–12 CUC; ❄) Lekarze przyrządzający zabójcze *mojito*? Lepiej dać temu wiarę. W kolonialnym budynku są 4 przyjemne pokoje z ładnymi drewnianymi kratami (najlepsze na najwyższym piętrze). Właściciele bardzo gościnni, dobre posiłki (dania główne 6–12 CUC), na dachowym tarasie przyjemny wietrzyk od morza.

Casa Dorkis CASA PARTICULAR $
(☎21-64-34-51, 52-38-53-16; dorkistd72@yahoo.es; Flor Crombet No 58 altos; pokój 25 CUC; ❄) Wprawdzie do placu trzeba iść kawałek pieszo, ale jest to jedna z najlepszych kwater. Cichy apartament na drugim poziomie ma czyste, ładnie urządzone pokoje i dużo naturalnego światła. Taras ozdobiony *azulejos* (płytki) z widokiem na Atlantyk – idealny relaks na parę dni.

Casa Colonial Lucy CASA PARTICULAR $
(☎21-64-35-48; astralsol36@gmail.com; Céspedes No 29, między Rubert López i Antonio Maceo; pokój 20 CUC; ❄) Dom z 1840 r. zyskuje dzięki tarasom, werandom i kwitnącym begoniom, ale mogliby tam bardziej zadbać o czystość. Dwa pokoje i tarasy na różnych poziomach. Cicho i spokojnie. Syn Lucy mówi w czterech językach i udziela lekcji salsy.

Hostal Nilson CASA PARTICULAR $
(☎21-64-31-23, 52-71-85-56; www.hostalnilson.baracoa.co; Flor Crombet No 143, między Ciro Frías i Pelayo Cuervo; 2-os. 20–25 CUC, apartament 35–50 CUC; ❄) Bardzo czysty, z trzema przedziwnymi pokojami na kilku poziomach. Idealny dla grup bliskich przyjaciół lub rodzin obszerny apartament jest wyposażony w łazienkę z dwoma prysznicami i toaletami. Nie trzeba czekać pod drzwiami! Nad restauracją dachowy taras z widokiem na morze.

Hostal 1511 HOTEL $$
(☎21-64-57-00; reservas@gavbcoa.co.cu; Ciro Frías, między Rubert López i Maceo; 1-/2-os. 59/64 CUC; ❄ 📶) Rok 1511 to data założenia miasta Baracoa, a ten malutki hotel w historycznym budynku, oferuje pokoje z kolonialną aurą. Model statku w lobby nadaje ton marynistycznemu wystrojowi, co najlepiej się sprawdza w przyjemniejszych pokojach na górze.

Hostal La Habanera HOTEL $$
(☎21-64-52-73; Antonio Maceo No 126; 1-/2-os. 59/64 CUC; ❄ 📶) Nastrojowy i zachęcający hotel w odnowionej i regularnie odmalowywanej kolonialnej rezydencji. Cztery frontowe

sypialnie dzielą wychodzący na ulicę balkon ozdobiony kafelkami, pełen bujanych foteli: idealny, by chłonąć atmosferę Baraoca (uliczni sprzedawcy, poruszająca biodra muzyka i zapach smażonych w restauracjach owoców morza).

W lobby na dole jest bar, restauracja i stanowisko biura Gaviota.

Hotel El Castillo
HOTEL $$

(☎21-64-52-24; reservas@gavbcoa.co.cu; Loma del Paraíso; 1-/2-os. 59/80 CUC; P❄📶≋) W przerobionym na hotel historycznym forcie Castillo de Seboruco można wypoczywać jak konkwistador. Najpierw trzeba wybrać pokój, bo niektóre są już zużyte, ale przecież konkwistadorzy nigdy nie kąpali się w takim basenie ani nie widzieli ręczników składanych w łabędzie i statki. Z okien 28 nowszych pokojów (w oddzielnej części) niewiarygodny widok El Yungue.

Hotel Río Miel
HOTEL $$

(☎21-64-12-07; reservas@gavbcoa.co.cu; Ave Malecón, róg Ciro Frías; 1-/2-os. 59/64 CUC; ❄📶) Stylowy, niezawodny hotel sprostał huraganowi Matthew. Stoi przy Malecónie, gdzie mierzy się z kaprysami pogodowymi na Kubie. Prowadzi go biuro Gaviota, więc serwis może być wolny, a w odnowionych pokojach są sejfy, w których zmieści się laptop.

Hotel Porto Santo
HOTEL $$

(☎21-64-51-06; ejecutivo.comercial@gavbcoa.co.cu; Carretera del Aeropuerto; 1-/2-os. 59/80 CUC; P❄📶≋) Urządzony w niskim budynku stojącym nad zatoką, gdzie Kolumb – jak głosi tradycja – wbił swój pierwszy krzyż. Oddalony 4 km od centrum miasta i 200 m od lotniska, ma 36 przyzwoitych pokojów i morze w zasięgu słuchu. Strome schody prowadzą na niewielką, szarpaną falami plażę. Niestety, huragan Matthew pozbawił ją cienia, łamiąc większość palm.

Hotel La Rusa
HOTEL $$

(☎21-64-30-11; reservas@gavbcoa.co.cu; Máximo Gómez No 161; 1-/2-os. 46/55 CUC; ❄📶) Rosyjska emigrantka Magdalena Rowenska ja niegdyś udzieliła wsparcia rebeliantom Fidela w Sierra Maestra. Do Baracoa trafiła w 1930 r.; w zbudowanym nad morzem hotelu gościła takie sławy, jak Errol Flynn, Che Guevara i Fidel Castro. Od jej śmierci w 1978 r. jest to już mizerny państwowiec, z wąskimi łóżkami i zaniedbanym lobby.

WYJĄTKOWA KULTURA KULINARNA W BARACOA

Ktoś może stwierdzić, że kubańska kuchnia nie ma mocnej regionalnej tożsamości, przynajmniej dopóki nie przybędzie do Baracoa. Tutaj bowiem wszystko, łącznie z jedzeniem, jest inne. Baracoa, poddane najbardziej kapryśnej pogodzie w kraju, wykorzystuje swój wilgotny mikroklimat i geograficzną izolację, urozmaicając mało ambitną kuchnię kubańską przyprawami, cukrem, egzotycznymi owocami i kokosem. Podstawą każdego menu są ryby, ale nawet owoce morza są tu pełne niespodzianek, na przykład małe jak kijanki rybki *teti*, łowione w Río Toa w okresie pomiędzy lipcem i styczniem podczas pełni księżyca.

Prawdziwą eksplozją smaków jest tutejszy słynny sos kokosowy (*lechita*) – mieszanka mleczka kokosowego, sosu pomidorowego, czosnku i przypraw – najlepszy z krewetkami, miecznikiem (*aguja*)) i koryfeną (*dorado*). Inne dodatki do dań głównych to *bacán*, surowy niedojrzały banan zmieszany z mięsem kraba i zawinięty w liść bananowca, oraz *frangollo* – przygotowywany na bazie bananów z cukrem.

Desery w Barbacoa to następny majstersztyk, głównie dzięki wszechobecnym kakaowcom i słynnej wytwórni czekolady im. Che Guevary. Czekoladę z Baracoa można kupić na całej wyspie, ale oczywiście trzeba jej spróbować w Casa del Cacao (s. 438). We wszystkich *casas particulares* goście dostaną ją na śniadanie – będzie to *chorote*: pyszna czekolada na gorąco z dodatkiem sproszkowanego banana.

Wyjątkowym kulinarnym wynalazkiem w Baracoa jest jednak *cucurucho* – mieszanka suszonego kokosu, cukru, miodu, papai, gujawy, mandarynek i orzechów (wszystkie trochę się różnią) – zawinięty w ekologiczny liść palmowy. Najlepsze *cucuruchos* sprzedają *campesinos* oczekujący na trasie La Farola przy wjeździe do miasta od strony Guantánamo, tam gdzie zwykle zatrzymują się autobusy.

Gastronomia

Dorado Café KAWIARNIA $

(☎52-38-53-16; Martí No 171; przekąski 3 CUC; ⏰10.00–14.00 i 18.00–22.00) Mała prywatna kawiarnia w centrum z pizzą, kanapkami itp.

Cafetería El Parque FAST FOOD $

(☎21-64-12-06; Antonio Maceo No 142; przekąski 1–3 CUC; ⏰całą dobę.; 📶) Ulubione miejsce spotkań niemal całego miasta. W którymś momencie podróżny na pewno tu trafi, choćby po to, żeby napić się piwa marki Bucanero albo skorzystać z Wi-Fi.

★**Restaurante Las Terrazas Casa Nilson** KUCHNIA KUBAŃSKA $$

(☎21-64-31-23; Flor Crombet No 143, między Ciro Frías i Pelayo Cuervo; dania 6–15 CUC; ⏰12.00–15.00 i 18.30–23.00) Właściciel Nilson serwuje na ozdobionym w stylu afrokaraibskim dwupoziomowym tarasie swojego domu najlepsze w mieście – a więc i na Kubie – baracoańskie potrawy. Zamów *pescado con leche de coco* (filetowana ryba w mleczku kokosowym), rozpływającą się w ustach ośmiornicę w sosie własnym (atramencie) z dodatkiem bazylii i domowy bananowy placuszek (*patacón guisado*). Niebo w gębie!

Konieczna rezerwacja.

★**El Buen Sabor** KUCHNIA KUBAŃSKA $$

(☎21-64-14-00; Calixto García No 134 altos; dania 6–15 CUC; ⏰12.00–24.00) Na owiewanym bryzą tarasie na dachu w skład zamawianych dań wchodzą sałatka, zupa i dodatki. Można się tu spodziewać doskonałej baracoańskiej kuchni: będzie miecznik w sosie kokosowym, *bacán* (surowy zielony banan wymieszany z mięsem kraba i owinięty w liść bananowca) i czekoladowy deser. Obsługa dobra.

★**Restaurante La Punta** KUCHNIA KARAIBSKA $$

(☎21-64-14-80; Fuerte de la Punta; dania 5–12 CUC; ⏰10.00–23.00) Chłodzona atlantycką bryzą (czasem wichurą) restauracja agencji Gaviota, stara się imponować dobrze przyrządzonym i podanym jedzeniem w uroczym historycznym otoczeniu fortu La Punta. W sobotnie wieczory muzyka na żywo.

Bary i życie nocne

El Ranchón KLUB

(☎21-64-23-64; 1 CUC; ⏰od 21.00) Popularny klub El Ranchón usytuowany wysoko na wzgórzu, u szczytu schodów na zachodnim krańcu Coroneles Galano; muzyka disco i salsa z taśmy, zawsze kręci się tutaj mnóstwo *jinteras* (nagabywaczek). Trzeba bardzo uważać przy zejściu – lepiej nie stoczyć się z 146 schodów.

Rozrywka

★**Casa de la Trova Victorino Rodríguez** MUZYKA TRADYCYJNA

(Antonio Maceo No 149A; 1 CUC; ⏰popołudnia 17.30, 21.00–24.00) Najmniejsza, najdziksza i najbardziej nastrojowa na Kubie *casa de la trova* co noc rozbrzmiewa bliskimi *voodoo* rytmami *changüí-son*. Wiek muzyków: średni, potem lat 85, kiedy indziej 22 lata. Wspólny mianownik? Świetna zabawa. Popołudnia zwykle bezpłatne. Zamówić *mojito* w słoiku po dżemie i zaszaleć.

Casa de la Cultura DOM KULTURY

(☎21-64-23-64; Antonio Maceo No 124, pomiędzy Frank País i Maraví) Rozmaite występy, w tym pokaz rumby obejmującej podręcznikowe kubańskie style: *guaguancó, yambú* i *columbia* (podgatunki rumby). Absolutnie pewny czynny udział widowni. W każdą sobotę o 23.00 interesujący *espectáculo* (występ) na tarasie, La Terraza; można spodziewać się rumby, Benny'ego Moré i miejscowej fryzjerki śpiewającej piosenki Omary Portundo.

Estadio Manuel Fuentes Borges BEJSBOL

Na stadionie, w dużej części zrujnowanym przez huragan Matthew, mogą być (lub nie) rozgrywane mecze bejsbola od października do kwietnia. Usytuowany prawie na plaży, to pewnie jedyne miejsce na Kubie, gdzie gracze chwytając za kij, czują smak słonej mgiełki w ustach.

Zakupy

W Baracoa nietrudno o interesującą sztukę i jest ona – jak wszystko w tym szczególnym mieście – oryginalna i niepowtarzalna.

Taller Mirate SZTUKA

(Antonio Maceo; ⏰10.00–20.00) Spółdzielnia artystyczna: tutaj na pewno zastaniemy któregoś z młodych malarzy przy palecie w oknie. Miejscowy styl malarstwa można porównać do spotkania Gauguina z van Goghiem na kartach powieści Gabriela Márqueza.

ARTex PODARUNKI I PAMIĄTKI

(☎21-64-53-73; José Martí No 197; ⏰9.00–16.30 pn.–sb.) Łowcy turystycznych cacek będą zachwyceni.

Informacja

DOSTĘP DO INTERNETU

Dostep do Internetu przy Plaza Independencia.

Etecsa Telepunto (21-64-31-82; Antonio Maceo No 182; Internet 1 godz. 1,50 CUC; 9.00–19.00) Sprzedają zdrapki Wi-Fi i oferują terminale. Małe kolejki, czasem brak połączenia.

USŁUGI MEDYCZNE

Clínica Internacional (21-64-10-37; róg ulic José Martí i Roberto Reyes; 8.00–20.00) Prawie nowa klinika przyjmująca obcokrajowców; jest też szpital: 2 km za miastem przy drodze do Guantánamo.

PIENIĄDZE

Cadeca (21-64-53-45; José Martí No 241; 8.15–16.00 pn.–pt., 8.15–11.30 sb. i nd.) Krótkie kolejki do wymiany pieniędzy.

Banco Popular de Ahorro (21-64-52-09; José Martí No 166; 8.00–11.30 i 14.00–16.30 pn.–pt.) Jest bankomat.

Banco de Crédito y Comercio (Antonio Maceo No 99; 8.00–14.30 pn.–pt.) Jest bankomat.

POCZTA

Urząd pocztowy (21-64-24-15; Antonio Maceo No 136; 8.00–20.00) W pobliżu głównego placu.

INFORMACJA TURYSTYCZNA

Wiele obiektów i dróg może być zniszczonych przez huragan Matthew, należy zasięgnąć informacji przed podróżą.

Infotur (21-64-17-81; Antonio Maceo No 129A, pomiędzy Frank País i Maraví; 8.30–12.00 i 13.00–16.45 pn.–sb.) Bardzo pomocni.

BIURA PODRÓŻY

Gaviota Tours (21-64-51-64; cafetería El Parque; 8.00–12.00, 14.00–18.00 pn.–sb.) W biurach Gaviota organizują pobyt, wycieczki, rezerwują bilety lotnicze.

Przyjazd i wyjazd

SAMOLOT

Lotnisko (*aeropuerto*) Gustavo Rizo (kod BCA): 4 km na północny zachód od miasta, za hotelem *Porto Santo*. Bilety do Hawany rezerwuje się za pośrednictwem biur podróży.

Samoloty (i autobusy) z Baracoa zwykle są zapełnione, warto mieć rezerwację na powrót.

AUTOBUS

Z dworca krajowego (21-64-38-80; róg Av Los Mártires i José Martí) kursują autobusy **Víazul** (21-64-38-80) do Guantánamo i Santiago de Cuba. Rezerwacje dzień wcześniej (jeszcze wcześniej w szczycie sezonu).

Autobus do Santiago de Cuba (15 CUC, 5 godz.) odjeżdża o 8.15; zatrzymuje się w Guántanamo. Późniejszy, o 14.00, jedzie tylko do Guantánamo (10 CUC, 3 godz.).

CIĘŻARÓWKA

Ciężarówki do Moa (wyjazdy od 6.00) wyruszają z krajowego dworca autobusowego i jadą bardzo wyboistą drogą na północny zachód.

Jak się poruszać na miejscu

Najlepszym środkiem transportu na lub z lotniska będzie taksówka (8–10 CUC) albo taksówka rowerowa (5 CUC), jeśli się nie ma dużo bagażu.

Na lotnisku działa agencja wynajmu samochodów **Vía Gaviota** (21-64-16-65). **Stacja benzynowa Servi-Cupet** (José Martí; 24 godz.) znajduje w pobliżu wjazdu do miasta, przy drodze do Guantánamo, 4 km od centrum. Jadąc samochodem do Hawany, należy zwrócić uwagę, że północna trasa przez Moa i Holguín jest wprawdzie łatwa, ale szosa psuje się za Playa Maguana – dlatego ceny za kurs taksówką są wysokie. Miejscowi wybierają trasę La Farola.

Kurs taksówką rowerową wokół Baracoa kosztuje 2–5 CUC.

Właściciele *casas particulares* wypożyczą swym gościom rowery (5 CUC za dzień). Najciekawsza trasa to droga (20 km) do Playa Maguana – jedna z najbardziej malowniczych na Kubie. Wynajęcie skutera w Gaviota Tours lub w hotelu *El Castillo* (s. 442) kosztuje 25 CUC na dzień.

BARACOA – PÓŁNOCNY ZACHÓD

Wyżłobioną koleinami drogę z Baracoa do Moa otaczają palmowe zagajniki, rajska zieleń, wiejskie zagrody, a tu i ówdzie pojawia się widok na ocean. Są wietrzne plaże, plantacje kawy i las deszczowy. Huragan Matthew w 2016 r. poczynił znaczne szkody, niwecząc główną przeprawę przez most (jest już przywrócona).

Duża część regionu znajduje się w granicach rezerwatu biosfery Cuchillas Toa (pow. 2038 km^2), w tym Park Narodowy Alejandro de Humboldt, wpisany na Listę Światowego Dziedzictwa Kulturalnego i Przyrodniczego UNESCO. W największym na Kubie lesie deszczowym są cenne gatunki drzew twardych i wiele roślin endemicznych.

Zwiedzanie

★El Yunque GÓRA

(13 CUC) Rytuałem piechurów jest przejście trasą dł. 8 km (w górę i w dół) z Baracoa na kapryśną, tajemniczą górę El Yunque. Zachwycają widoki ze szczytu (575 m n.p.m.), roślinność i ptactwo. Zapewne uda się zobaczyć *tocororo* (symbol Kuby), *zunzún* (najmniejszy ptak na świecie), barwne motyle i *polimitas* (zagrożone kolorowe ślimaki). Będzie gorąco (trzeba wziąć 2 l wody), a droga jest błotnista. Zaczyna się za *campismo*, 3 km za Fincą Duaba (4 km od szosy Baracoa – Moa).

Wycieczki tylko z przewodnikiem. Cubatur prowadzi je prawie codziennie (16 CUC od osoby, minimum 4 uczestników). W opłacie wstęp, przewodnik, transport i kanapka. Tym, którzy nie chcą zdobywać góry, Ecotur proponuje Sendero Juncal-Rencontra (*sendero*: trasa) dł. 7 km przez plantacje owoców i las deszczowy pomiędzy rzekami Duaba i Toa.

Río Toa RZEKA

10 km na północny zachód od miasta Baracoa płynie Toa – trzecia wśród najdłuższych rzek na północnym wybrzeżu Kuby i najpotężniejsza w kraju. Ponadto jej brzegi są ważnym siedliskiem ptaków i roślin. W dolinie rzeki rosną kakaowce i palmy kokosowe.

Projekt budowy hydroelektrowni zarzucono, gdy Fundación de la Naturaleza y El Hombre (F. Przyroda i Człowiek) przekonała władze, że poczyniłaby ona nieodwracalne zniszczenia ekologiczne; czynniki inżynieryjne i ekonomiczne też wzięto pod uwagę.

Playa Maguana PLAŻA

Ta słabo zagospodarowana karaibska plaża, na którą spragnieni wypoczynku Kubańczycy podjeżdżają starymi amerykańskimi autami, ze sprzętem grającym w bagażniku, ma trochę magii. Infrastruktura to właściwie tylko barak z jedzeniem, co też ma swój urok. Ale trzeba pilnować swoich rzeczy!

Finca Duaba HACJENDA

(2 CUC; ⌚8.00–19.00) Dojazd: 5 km za Baracoa drogą do Moa, a następnie 1 km w głąb lądu. Cała w zieleni, tonąca w tropikalnej roślinności Finca (hacjenda, gospodarstwo) Duaba obrazuje wiejskie życie w okolicach miasta Baracoa. Niedługa edukacyjna ścieżka *cacao* przybliża historię uprawy kakao i wytwórstwa czekolady. Jest tu dobra restauracja w stylu *ranchón*, można też sobie popływać w rzece Duaba. Taksówka rowerowa podrzuci do skrzyżowania dróg.

Noclegi

Finca La Esperanza NA HACJENDZIE $

(☎52-18-07-35; pokój ze śniadaniem 13 CUC, obiad 8 CUC) Urocza hacjenda Nadzieja przy 8. kilometrze drogi z Baracoa do Moa. Posiłki i wycieczki. Można popływać łodzią (2 CUC) i wybrać się na szlak: Sendero Cayo Los Chinos (5 CUC).

Campismo Duaba DOMKI KEMPINGOWE $

(18 CUC) Niedawno oddano do użytku 10 uroczych domków z łazienkami i klimatyzacją. Przy trasie z Baracoa do Moa, tuż przed rzeką Duaba.

Campismo el Yunque DOMKI KEMPINGOWE $

(☎21-64-52-62; pokój 12 CUC) Skromny kubański kemping z domkami w podstawowym standardzie. Przy końcu drogi do Finca Duaba, 9 km za Baracoa. Początek szlaku na El Yunque.

★Villa Maguana HOTEL $$

(☎21-64-12-04; Carretera a Moa Km 20; 1-/2-os. 86/103 CUC; P ❄) Świetny hotel, 22 km na północ od Baracoa, bije na głowę wszystkie kubańskie resorty all-inclusive. W czterech rustykalnych drewnianych willach jest w sumie 16 pokojów. W wyposażeniu TV satelitarna, lodówki, klimatyzacja. Jest także restauracja. Hotel usytuowany pomiędzy dwoma skalistymi wzniesieniami, w wymarzonym miejscu przy malutkiej plaży.

Gastronomia

Snack bar Playa Maguana KUCHNIA KARAIBSKA $

(przekąski 2–5 CUC; ⌚9.00–17.00) Otwarty bar na plaży: smaczne kanapki z serem oraz piwo i rum.

Rancho Toa KUCHNIA KUBAŃSKA $$

(dania 10–12 CUC, przejażdżka łodzią 5–10 CUC) Do restauracji *Palmares*: skręcić w prawo tuż przed mostem na rzece Toa. Można tu zorganizować wycieczki kajakiem i łodzią, patrzeć na wygimnastykowane baracoańskie *cocoteros* (palmy kokosowe). Gdy zgromadzi się dość osób (zwykle 8), będzie tradycyjna kubańska uczta (prosię pieczone w całości).

Zamknęli po huraganie Matthew, pewnie wkrótce znów otworzą.

Przyjazd i wyjazd

Można wysiąść po drodze z ciężarówki jadącej do Moa lub dojechać taksówką na Playa Maguana (ok. 25 CUC w obie strony), *campismo* El Yunque (18 CUC w obie strony) i w inne miejsca.

Parque Nacional Alejandro de Humboldt

Porośnięte sosnami strome góry i płożące się poranne mgły strzegą nadzwyczajnego ekosystemu. Najbardziej malowniczy i urozmaicony park narodowy Kuby nazwano imieniem niemieckiego przyrodnika Aleksandra von Humboldta, który po raz pierwszy przybył tu w 1801 r. Park w 2001 r. wpisano na listę UNESCO jako wyspowy obszar tropikalny o największej różnorodności biologicznej na Ziemi.

Tereny nad Bahía de Taco, 40 km na północny zachód od Baracoa, zajmuje 600 km^2 dziewiczych lasów i 2641 ha lagun i namorzynów. To najbardziej na Karaibach zróżnicowane siedlisko roślinne obejmuje ok. 1000 gatunków roślin kwitnących i 145 paproci. Tutejsze skały są toksyczne dla flory, zatem musiała się ona przystosować, by przetrwać w tych warunkach. W wyniku tego procesu 70% roślin to gatunki endemiczne, podobnie jak 20 gatunków płazów i 45% gadów oraz wiele ptaków. Wśród zagrożonych gatunków ptaków jest amazonka kubańska, hakodziób i dzięcioł wielkodzioby.

Aktywnie

Szlaki w parku prowadzą do wodospadów, punktu widokowego (*mirador*) i rozległego systemu jaskiń krasowych wokół Farallones de Moa. Obecnie udostępniono cztery szlaki tylko na niewielkim obszarze w parku, który ma 594 km^2 powierzchni. Nie wolno się tu szwendać samemu.

Ecotur ostatnio dodał wycieczki 4WD i pojazdami terenowymi. Najdłuższa trasa piesza to 8-godzinny rekonesans w głąb lasu z oglądaniem ptaków i orchidei.

W każdym przypadku niezbędny jest przewodnik. Indywidualni turyści powinni przyjść do centrum obsługi przed 10.00, aby zapewnić przewodnika. Ceny wahają się od 5 do 10 CUC, w zależności od trasy. Większość osób korzysta z usług biur Ecotur, Cubatur i Gaviota w Baracoa, które organizują wycieczki z transportem (24 CUC). Uczestnicy wysiadają na Playa Maguana w drodze powrotnej. Przeszedł tędy huragan Matthew, zatem niektóre wycieczki mogą być czasowo odwołane.

Balcón de Iberia WĘDRÓWKA

Najbardziej wymagająca pętla w parku (7 km) przecina tereny uprawne i dziewiczy las deszczowy. Można popływać w naturalnym zbiorniku przy wodospadzie – Salto de Agua Maya.

Bahía de Taco WĘDRÓWKA

W planie: wycieczka łodzią wśród lasów namorzynowych i po idyllicznej zatoce (*bahía*) w kształcie podkowy oraz 2-kilometrowa wędrówka. Łodzie mają silniki bezpieczne dla manatów, opracowane przez tutejszych naukowców.

El Recreo PIESZA WYCIECZKA

Łatwy 2-kilometrowy spacer wokół zatoki.

Informacja

Centrum dla odwiedzających (Carretera a Moa; wejście do parku 10 CUC) Małe centrum obsługiwane przez biologów.

Przyjazd i wyjazd

Centrum dla odwiedzających jest mniej więcej w połowie drogi z Baracoa do Moa. Można tu przyjechać z wycieczką z biura w Baracoa lub indywidualnie. Malownicza droga składa się głównie z dziur, ale jakoś da się przejechać wynajętym autem, jeśli się jedzie ostrożnie. Szosa prowadzi dalej do prowincji Holguín i poprawia się tuż przed Moa.

Obecnie, po zniszczeniach spowodowanych przez huragan, do parku wjeżdża się przez tymczasowy most, niedługo pewnie będzie stały.

Zrozumieć Kubę

Współczesna Kuba

Na szerokim błękitnym horyzoncie zapisuje się nowy rozdział w historii Kuby. Śmierć wieloletniego przywódcy, Fidela Castro, wprowadziła wyspę w stan refleksji i oczekiwania. Brat Fidela, prezydent Raúl Castro, poświęcił swą kadencję równoważeniu ideologii partyjnej reformami mającymi uzdrowić gospodarkę. Zapaliło się zielone światło dla nowych przedsięwzięć, dostępu do Internetu, zagranicznych podróży, sprzedaży nieruchomości. W jednej chwili Kubie otworzyło się okno na świat.

Najlepsze filmy

Cztery pory roku w Hawanie (Félix Viscarret; 2016) Miniserial Netfliksa na podstąwie cyklu kryminalnego Leonarda Padury.

Che: Rewolucja (Steven Soderbergh; 2008) Pierwsza część biografii filmowej o działalności Che na Kubie.

Zanim zapadnie noc (Julian Schnabel; 2000) Życie i walka kubańskiego pisarza Reinalda Arenasa.

Truskawki i czekolada (Tomás Gutiérrez Alea; 1993) Łączy dwa wątki – homoseksualizm i komunizm.

José Martí: el ojo del Canario (José Martí: oko Kanaryjczyka; Fernando Pérez; 2010) Biografia José Martí; nagrody w kategorii film latynoamerykański.

Najlepsze książki

Nasz człowiek w Hawanie (Graham Greene; 1958) Satyra na brytyjski wywiad i skorumpowany reżim Batisty.

Cuba and the Night (Pico Iyer; 1995) Najbardziej sugestywna książka o Kubie napisana przez obcokrajowca.

Brudna trylogia o Hawanie (Pedro Juan Gutiérrez; 2002) Brutalne studium życia i seksu w Hawanie w okresie po upadku ZSRR.

Che Guevara (Jon Lee Anderson; 1997) Skrupulatne badania Andersona pomogły w odnalezieniu zwłok Che w Boliwii.

Nowy rozdział w stosunkach amerykańsko-kubańskich

Nieśmiałe próby pojednania Kuby ze Stanami Zjednoczonymi nabrały rozpędu, gdy w 2014 r. oba państwa wynegocjowały wymianę więźniów. Siedemnastego grudnia 2014 r. Barack Obama w wystąpieniu telewizyjnym ogłosił największe od 54 lat ocieplenie w relacjach Kuba – USA, pomoc telekomunikacyjną dla Kuby, autoryzację amerykańskich kart debetowych i kredytowych, złagodzenie ograniczeń w podróżach obywateli amerykańskich, a co najważniejsze – przywrócenie stosunków dyplomatycznych między dwoma krajami (zawieszonych w 1961 r.).

W lipcu 2015 r. USA i Kuba ponownie otworzyły swoje ambasady w Hawanie i Waszyngtonie. W maju 2016 r. po raz pierwszy od czasu rewolucji w 1959 r. odwiedził Kubę urzędujący prezydent USA. Barack Obama spotkał się z przedsiębiorcami, dysydentami oraz szefem rządu Raúlem Castro. Trudno spekulować, czy skutkiem tej odwilży będzie zniesienie embarga, ale bez wątpienia prezydent Obama otworzył nowy rozdział w stosunkach kubańsko-amerykańskich.

Zniesienie embarga wymaga zgody Kongresu USA, który za prezydentury Trumpa nadal jej nie udziela. Pomimo dużego oporu w Senacie i w Izbie Reprezentantów, sondaże wskazują, że większość Amerykanów i coraz więcej kubańskich imigrantów pragnie całkowitego zniesienia embarga. Biorąc pod uwagę nieprzewidywalność nowej administracji oraz opór najstarszej grupy pierwszych kubańskich uchodźców, niechętnej negocjacjom, może to być zacięta walka polityczna.

Nowa przedsiębiorczość

Wprowadzanie reform w latach 2011–2015 uwalniało kreatywność i przedsiębiorczość pokolenia gospodarczo wytłumionych Kubańczyków. Prywatne biznesy wystrzeliły w najróżniejszych branżach, zwłaszcza tam, gdzie był dostęp do twardej waluty, zwykle przysyłanej przez pracujące za granicą rodziny.

W efekcie słabnącej biurokracji, *casas particulares* (prywatne kwatery) przeobrażają się w minihotele, zatrudniają pracowników, promują się przez strony internetowe i reklamy uliczne (nie do pomyślenia za Fidela). Jakość restauracji uległa poprawie – i kuchnia, i wystrój wnętrz. Eleganckie kawiarnie, modne bary, luksusowe kluby nocne, zwłaszcza w Hawanie, ściągają nowobogackich i gości z zagranicy. Nowe trendy wyznaczają takie instytucje, jak hawańska Fábrica de Arte Cubano, awangardowa spółdzielnia artystyczna (koncerty, wystawy). Równie pomysłowe są pączkujące sklepy vintage, retro fryzjernie, prywatne agencje przewodników wycieczek, przedsięwzięcia artystów różnych dziedzin sztuki – co jeszcze pięć lat wcześniej było mrzonką.

Jednak te zmiany mają też i negatywne skutki. Pracujący w sektorze prywatnym nagle zyskali dużo lepsze perspektywy niż zatrudnieni przez państwo; system nie jest zbyt sprawiedliwy. Możliwość kupna i sprzedaży nieruchomości doprowadziła do podniesienia statusu: właściciele posesji, wynajmujący kwatery zagranicznym turystom, już nie znają swych uboższych sąsiadów.

Wyznaczanie granic

Podczas gdy dyskusje o reformach na Kubie koncentrują się na kwestiach gospodarczych, zachodzi tu również transformacja kulturowa. Zmiana postaw prowadzi do kwestionowania niezachwianego autorytaryzmu minionych czasów. W 2014 r. w Hawanie po cichu otwarto pierwszy bar dla gejów. Społeczność LGBTIQ zyskała także doroczną paradę równości i pierwszego wyłonionego w wyborach transseksualnego urzędnika.

Jeszcze przed wizytą papieża Franciszka w 2015 r. Kuba doświadczała odrodzenia religijnego, dużo więcej obywateli otwarcie uczestniczyło w mszach i w obrzędach *santerii*. Swoboda podróżowania otworzyła drzwi tym, którzy mogą sobie na to pozwolić. Wprawdzie wielu Kubańczyków wyprzedało majątek i na zawsze opuściło wyspę, nie można nazwać tego masowym eksodusem. Kubańscy turyści wracają z zagranicznych wojaży z głowami pełnymi pomysłów, inspiracji i pudłami luksusowych dóbr konsumpcyjnych.

Każdemu krokowi do przodu towarzyszy jednak krok w tył, co rodzi niechęć u większości Kubańczyków i utrzymuje ich w stanie ciągłej czujności. Raúl Castro, odpowiadając na przemówienie Obamy w grudniu 2014 r., podkreślił, że Kuba nie zboczy z drogi gospodarki socjalistycznej ani nie podda się presji USA, by zmienić ustrój polityczny. Jak zwykle, kubańskie władze nie wykazały szczególnej chęci rozszerzenia wolności politycznej poza dotychczasowe limity i nie dały żadnych wskazówek na przyszłość, gdy Raúl Castro ustąpi z urzędu w 2018 r. Przyszłość – jak zawsze – jest niepewna.

LUDNOŚĆ: **11,2 MILIONA**

OBSZAR: **110 860 KM²**

STOSUNEK LEKARZY DO PACJENTÓW: **1:149**

ŚREDNIA DŁUGOŚĆ ŻYCIA: **79,1 LAT**

ŚMIERTELNOŚĆ NIEMOWLĄT: **4,6 NA 1000**

Na stu mieszkańców Kuby

65 Biali
25 Mieszani
10 Czarni

Religie
(% ludności)

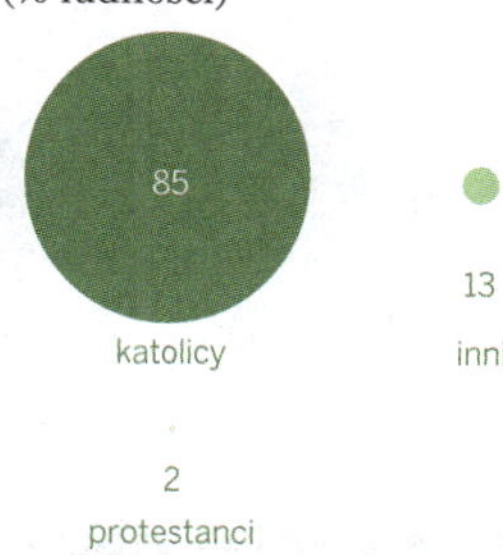

Gęstość zaludnienia (na km²)

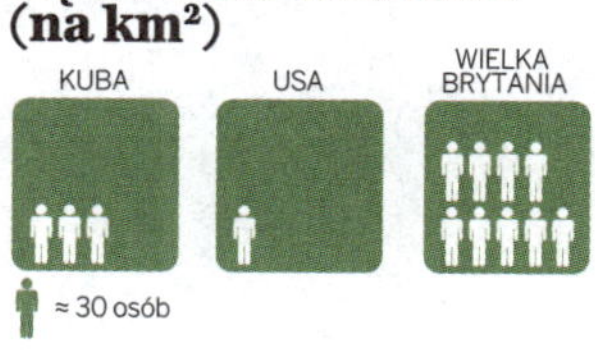

Historia

Kuba, pełna niezwykłych przykładów rewolucyjnej brawury i wciąż dręczona przez armie najeźdźców, zyskała dużo większe znaczenie historyczne, niż sugerowałaby wielkość wyspy. I w odległej przeszłości, i w tej całkiem bliskiej – do lat 60. XX w. – powtarzały się te same wątki historyczne: ingerencja z zewnątrz i wewnętrzne rewolty, w obu przypadkach okupione krwawymi ofiarami.

Burzliwa historia

Od czasów przybycia Kolumba w 1492 r., w burzliwej historii Kuby miały miejsce ludobójstwa, niewolnictwo, dwa zakończone porażką powstania wolnościowe, okres korupcji i przemocy, a w końcu ludowa rewolucja, która wbrew wcześniejszym nadziejom, wstrzymała rozwój kraju. W konsekwencji wyemigrowała niemal jedna piąta populacji Kuby, głównie do USA.

Dla uproszczenia, historię kraju można podzielić na trzy główne okresy: prekolumbijski, kolonialny i postkolonialny. Przed 1492 r. Kubę zamieszkiwały trzy koczownicze kultury wywodzące się z basenu rzeki Orinoko w Ameryce Południowej, które przenosząc się z wyspy na wyspę przemieściły się na północ. Dotychczas zostały jedynie częściowo zbadane, głównie dlatego, że zostawiły po sobie niewiele materialnych śladów.

Kolonialny okres na Kubie to dominacja Hiszpanów i system niewolniczy, który trwał od lat 20. XVI w. do abolicji w 1886 r. Niewolnictwo pozostawiło głębokie rany w zbiorowej mentalności Kubańczyków, przy czym jego istnienie i ostatecznie zniesienie było nierozerwalnie związane z ewolucją charakterystycznej dla kraju kultury, muzyki, tańca i religii. Gdy się to zrozumie, łatwiej pojąć złożoność współczesnego narodu kubańskiego.

Postkolonialna Kuba ma dwa wyróżniające się podokresy, drugi z nich można podzielić na kolejne dwa. Okres od klęski Hiszpanii w 1898 r. do przewrotu Castro w 1959 r. zwykle postrzega się jako czas pseudoniepodległości z silnymi wpływami Ameryki. Charakteryzowała go

OŚ CZASU

2000 p.n.e.

Guanahatabejowe, pierwsze znane plemię Kuby, zamieszkują jaskinie na wybrzeżu w dzisiejszej prowincji Pinar del Río.

100 n.e.

Na Kubie osiedlają się następne grupy ludu Tainów, przybywające poprzez wyspy Małych Antyli z ziem basenu Orinoko w dzisiejszej Wenezueli.

1492

Krzysztof Kolumb dopływa do Kuby w obecnej prowincji Holguín. Przez miesiąc żegluje wzdłuż wybrzeża, aż do Baracoa, stawiając krzyże i poznając lud Taínos.

przemoc, korupcja i częste powstania ugrupowań opozycyjnych mające na celu obalenie rządu.

Epoka Castro, po 1959 r., dzieli się na dwa etapy: dominacji sowieckiej w latach 1961–1991 oraz współczesny od tzw. „okresu specjalnego" do dnia dzisiejszego, kiedy Kuba, mimo poważnych problemów gospodarczych, po raz pierwszy w swej historii jest państwem niezależnym.

Kuba prekolumbijska

Pierwszymi znanymi mieszkańcami Kuby byli Guanahatabejowie, prymitywne plemię epoki kamienia łupanego żyjące w jaskiniach i zajmujące się łowiectwem i zbieractwem. W którymś momencie na przestrzeni 2000 lat Guanahatabejów stopniowo wypierali na zachód – na tereny dzisiejszej prowincji Pinar del Río – kolejni przybysze: plemię Sibonejów. Kulturowo bardziej rozwinięci Sibonejowie trudnili się rybactwem i uprawą roli. Osiedlili się na bezpiecznych południowych wybrzeżach archipelagu. W II tysiącleciu i oni zostali zdominowani przez Tainów, którym zwykle służyli jako czeladź domowa.

Ok. 1050 r. Tainowie przybywali na Kubę falami, kończąc proces migracji z Ameryki Południowej, który rozpoczął się kilka wieków wcześniej. Spokrewnieni z Arawakami z Wielkich Antyli, nowi, miłujący pokój osadnicy, uciekali przed okrucieństwem Karaibów, którzy skolonizowali Małe Antyle, wypierając Tainów na północny zachód w stronę Puerto Rico, Hispanioli i Kuby.

Kuba w okresie kolonialnym

Kolumb i kolonizacja

Kolumb dopłynął do brzegów Kuby 27 października 1492 r. W *Cartas de Indias* napisał: to „najpiękniejszy ląd, jaki kiedykolwiek widziały ludzkie oczy". Nazwał ją Isla Juana na cześć hiszpańskiego następcy tronu. Gnany złudzeniem, że uda mu się odnaleźć królestwo Wielkiego Chana, a nie znajdując wiele złota na porośniętym gęstym lasem lądzie, porzucił terytorium Kuby dla Hispanioli (obecne państwa Haiti i Dominikana).

Kolonizacja Kuby rozpoczęła się dopiero 20 lat później, w 1511 r., gdy Diego Velázquez de Cuéllar poprowadził flotyllę czterech statków z 400 ludźmi na pokładach, by zdobyć wyspę dla hiszpańskiej Korony. Cumując w pobliżu dzisiejszego Baracoa, konkwistadorzy wkrótce założyli na głównej wyspie siedem *villas* (osad) – Hawanę, Trinidad, Baracoa, Bayamo, Camagüey, Santiago de Cuba i Sancti Spíritus, by wprowadzić w nowej kolonii surowe centralne rządy. Rozproszona populacja Tainów,

Bohaterowie wojny o niepodległość

Carlos Manuel de Céspedes (1819–1874)

Máximo Gómez (1836–1905)

Calixto García (1839–1898)

Ignacio Agramonte (1841–1873)

Antonio Maceo (1845–1896)

1494

Kolumb wraca na Kubę podczas swej drugiej wyprawy; cumuje na krótko w różnych miejscach na południowym wybrzeżu i odkrywa wyspę, zwąc ją La Evangelista (Isla de la Juventud).

1508

Hiszpański żeglarz i odkrywca Sebastián de Ocampo opływa Kubę, upewniając się, że jest wyspą, a nie, jak sądził Kolumb, półwyspem kontynentu azjatyckiego.

1511

Diego Velázquez dopływa do Baracoa z 400 kolonizatorami i przyszłym zdobywcą Meksyku, Hernánem Cortésem. Przybysze budują fort i szybko antagonizują lud Tainów.

1519

Hawana, ostatnia z siedmiu osad (*villas*) założonych na Kubie, zostaje przeniesiona w obecne miejsce. Towarzyszy temu uroczysta msza pod *ceibą* (puchowcem) na dzisiejszej Plaza de Armas.

Prezydenci USA, którzy próbowali kupić Kubę

1808 r. – Thomas Jefferson (kwota nieujawniona)

1848 r. – James Polk (100 mln USD)

1854 r. – Franklin Pierce (130 mln USD)

1898 r. – William McKinley (300 mln USD)

ukryta w zaciszu *bohíos* (chaty kryte roślinną strzechą), przyglądała się przybyszom z mieszaniną podziwu i strachu.

Mimo prób Velázqueza ochrony miejscowych Tainów przed ekscesami hiszpańskich żołnierzy, sprawy szybko wymknęły się spod kontroli i najeźdźcy musieli zmierzyć się z powstaniem na wielką skalę. Przywódcą krótkotrwałego, zakończonego porażką zrywu był Hatuey, wpływowy *cacique*, pierwowzór kubańskiego ruchu oporu. Wódz Tainów został schwytany i spalony na stosie za to, że śmiał sprzeciwić się żelaznej ręce hiszpańskiej władzy.

Po rozgromieniu niepokornych Tainów Hiszpanie zabrali się za grabież stosunkowo ubogich zasobów złota i minerałów Kuby, wykorzystując zniewolonych tubylców jako siłę roboczą. Niewolnictwo teoretycznie było zakazane dekretem papieskim, więc stosując różne kruczki prawne, wprowadzono bezwzględny system *encomiendas* – zmuszania autochtonów do darmowej pracy na rzecz hiszpańskich osadników w zamian za opiekę i chrystianizację.

Okrutny system przetrwał 20 lat. Fray Bartolomé de Las Casas, zwany „obrońcą Indian", zwrócił się do Korony hiszpańskiej o humanitarne traktowanie zniewolonej ludności. W 1542 r. zakazano stosowania *encomiendas* w stosunku do rdzennych mieszkańców Kuby. Dla Tainów zakaz przyszedł, niestety, zbyt późno. Tych, których nie zamęczono na śmierć w kopalniach złota, zabiły śmiertelne europejskie choroby, jak ospa. Do 1550 r. pozostało przy życiu ok. 5000 Indian.

Wojny wyzwoleńcze

Sprowadzając niewolników z Afryki, Hiszpanie twardą ręką rządzili swoją największą karaibską kolonią przez 200 lat, z krótką przerwą na okupację brytyjską w 1792. Kreolscy plantatorzy, w obawie przed powtórką krwawego powstania niewolników na Haiti w 1791 r., nie włączyli się w pierwszej połowie XIX w. do walki innych państw Ameryki Łacińskiej przeciwko Hiszpanom. W rezultacie walki wyzwoleńcze na Kubie rozpoczęły ponad pół wieku później – kiedy już wiele krajów w regionie uwolniło się od kolonializmu. Ale kiedy już nastąpiły, były nie mniej zacięte i krwawe.

Wojna dziesięcioletnia

Pod koniec lat 60. XIX w. Kreole (*criollos* – Hiszpanie urodzeni na Kubie) z okolic Bayamo, mając dość zachowawczej polityki wobec Hiszpanii i z zazdrością spoglądając na północ – na nową Amerykę Lincolna – zaczęli planować bunt. 10 października 1868 r. Carlos Manuel de Céspedes,

1522
Hiszpanie sprowadzają na Kubę pierwszych niewolników z Afryki; 350 lat niewolnictwa i mieszanie ras kształtują kulturę kubańską.

1555
Nadeszła epoka piractwa. Francuski korsarz Jacques de Sores atakuje Hawanę i doszczętnie ją pali. W odpowiedzi Hiszpanie rozpoczynają budowę sieci fortów.

1607
Hawana stolicą Kuby; każdego roku w porcie Hawany gromadzą się statki ze srebrem z Peru i złotem z Meksyku i odpływają do Hiszpanii, by dostarczyć skarby Nowego Świata hiszpańskiej Koronie.

1741
Kontyngent floty brytyjskiej pod dowództwem admirała Edwarda Vernona na krótko zajmuje Zatokę Guantánamo podczas „wojny o ucho Jenkinsa". Epidemia żółtej febry zmusza Brytyjczyków do odwrotu.

obiecujący poeta, prawnik i właściciel plantacji trzciny cukrowej, ogłosił wybuch powstania ze swojej hacjendy Demajagua, koło Manzanillo w regionie Oriente.

Domagając się zniesienia niewolnictwa i uwalniając własnych niewolników, Céspedes ogłosił słynną deklarację *Grito de Yara*. Wezwał do walki o niepodległość Kuby, nawołując innych pozbawionych złudzeń separatystów, by do niego dołączyli. Dla kolonialnej administracji w Hawanie próba odebrania kontroli równała się zdradzie. Rozjuszeni Hiszpanie zareagowali stosownie do okoliczności.

Na szczęście dla słabo zorganizowanych bojowników Céspedes odrobił swoją wojskową lekcję. W ciągu kilku tygodni po historycznej deklaracji niepodległości, nieznany prawnik, który stał się generałem, zebrał armię ponad 1500 ludzi i pomaszerował na Bayamo, w kilka dni zdobywając miasto. Jednak początkowe sukcesy wkrótce przerodziły się w długi impas. Taktyczna decyzja, aby nie wkraczać do zachodniej Kuby oraz sojusz między *peninsulares* (dosł. „półwyspiarze", Hiszpanie urodzeni w Hiszpanii, mieszkający na Kubie) i hiszpańskimi władzami kolonialnymi szybko postawiły Céspedesa w niekorzystnej sytuacji.

Z pomocą pospieszyli Mulat Antonio Maceo, twardy i nieustępliwy *santiagüero*, którego nazwano „Tytanem z Brązu", gdyż generał wielokrotnie uniknął śmierci, oraz równie groźny Dominikańczyk, Máximo Gómez. Rebeliantom udało się wprowadzić zamęt gospodarczy po zniszczeniu upraw trzciny cukrowej, jednak zabrakło im charyzmatycznego politycznego przywódcy, który potrafiłby ich zjednoczyć.

Céspedes zginął w walce w 1874 r., a wojna ciągnęła się jeszcze cztery lata, rujnując doszczętnie kubańską gospodarkę i pociągając niewyobrażalne straty w populacji: zginęło 200 000 Kubańczyków i 80 000 Hiszpanów. Ostatecznie, bezkompromisowi Hiszpanie i wycieńczeni separatyści podpisali w lutym 1878 r. w El Zanjón chaotyczne i zupełnie bezwartościowe porozumienie, które niczego nie rozwiązywało i nie obejmowało wielu postulatów buntowników. Zdegustowany i rozczarowany Maceo wyraził swoje opinie w „Proteście z Baragua", a po nieudanej próbie wznowienia walk w 1879 r. obaj z Gómezem wyjechali z Kuby.

Wojna hiszpańsko-kubańsko-amerykańska

Jest potrzeba, znajdzie się człowiek. José Martí – poeta, patriota, wizjoner i intelektualista – w latach następujących po wygnaniu w 1871 r., stał się bohaterem na miarę Bolívara, nie tylko na Kubie, ale w całej Ameryce Łacińskiej. Po aresztowaniu w wieku 16 lat podczas pierwszej wojny wyzwoleńczej Martí spędził 20 lat za granicą; skończył studia w Hiszpanii,

Z 12 ludzi, którzy uszli z życiem po wylądowaniu jachtu „Granma" w grudniu 1956 r., do 2017 r. przeżyło tylko dwóch: Raúl Castro i Ramiro Valdés.

1762
Hiszpania dołącza do Francji w wojnie siedmioletniej, w odpowiedzi Brytyjczycy zajmują Hawanę. Po 11 miesiącach okupowania Kuby wymieniają wyspę (w 1763 r.) na Florydę.

1791
Krwawe powstanie niewolników na Haiti zmusza tysiące francuskich posiadaczy ziemskich do ucieczki na Kubę, gdzie zakładają jedne z pierwszych plantacji kawy w Nowym Świecie.

1808
Uprzedzając Doktrynę Monroe'a, prezydent Thomas Jefferson ogłasza Kubę „najbardziej interesującym dodatkiem do naszego systemu stanowego", rozpoczynając tym 200-letnie uzależnienie kraju od USA.

1850
Wenezuelski awanturnik Narciso López wznosi po raz pierwszy flagę kubańską (własnego projektu) w Cárdenas podczas nieskutecznej próby wyzwolenia kolonii spod hiszpańskich rządów.

Trzech pierwszych prezydentów Kuby

Tomás Estrada Palma (1902–1906)

José Miguel Gómez (1909–1913)

Mario García Menocal (1913–1921)

przebywał we Francji, Gwatemali, Meksyku, USA, Wenezueli. Mimo iż robiły na nim wrażenie zmysł do interesów i pracowitość Amerykanów, odpychał go konsumpcyjny materializm tego kraju, chciał więc przedstawić kubańską alternatywę.

Poświęcając się w pełni ruchowi oporu, Martí pisał, przemawiał, składał petycje i niestrudzenie działał dla sprawy przez ponad dekadę. W 1892 r. nawiązuje korespondencję z Maceo i Gómezem, zakłada Partido Revolucionario Cubano (PRC; Kubańska Partia Rewolucyjna). Kuba znalazła w końcu swojego duchowego przywódcę.

Uważając, że przyszedł odpowiedni czas na kolejne powstanie, Martí z towarzyszami w kwietniu 1895 r. popłynęli na Kubę, schodząc na ląd w pobliżu Baracoa w dwa miesiące po tym, jak zainicjowana przez PRC rebelia związała siły hiszpańskie w Hawanie. Zbierając armię 40 000 ludzi, rebelianci szybko się przegrupowali i skierowali na zachód, po raz pierwszy wciągając Hiszpanów do walki 19 maja w Dos Ríos.

Na naznaczonym pociskami polu walki rzucający się w oczy Martí – na białym koniu, ubrany w charakterystyczny czarny strój – szarżując samobójczo linie wroga, został postrzelony i zginął. Gdyby przeżył, niechybnie byłby pierwszym kubańskim prezydentem; stał się jednak bohaterem i męczennikiem, którego życie i spuścizna miały inspirować pokolenia Kubańczyków.

Gómez i Maceo, świadomi błędów popełnionych podczas pierwszej wojny o niepodległość, parli na zachód metodą spalonej ziemi, zostawiając wszystko, od Oriente do Matanzas, w płomieniach. Początkowe zwycięstwa szybko prowadziły do długotrwałej ofensywy – do stycznia 1896 r. Maceo przebił się do Pinar del Río, podczas gdy Gómez próbował związać siły hiszpańskie w okolicach Hawany.

Hiszpanie odpowiedzieli, wysyłając bezwzględnego generała Valeriana Weylera, który wzniósł w całym kraju, z północy na południe, fortyfikacje mające ograniczyć mobilność rebeliantów. W celu złamania podziemnego ruchu oporu zarządzono rekoncentrację: *guajiros* (wieśniaków) przesiedlono do strzeżonych obozów, a każdy, kto udzielał pomocy rebeliantom, narażał się na egzekucję.

Brutalna taktyka zaczęła przynosić rezultaty. 7 grudnia 1896 r. *mambises* (XIX-wieczni buntownicy walczący z Hiszpanami) otrzymali potężny cios – Antonio Maceo został zabity na południe od Hawany, gdy próbował przedostać się na wschód.

Włączenie się Ameryki

Na Kubie panował chaos: tysiące osób zginęło, kraj stał w płomieniach. Tymczasem William Randolph Hearst i dziennikarze amerykańskich

1868

Céspedes uwalnia swoich niewolników w Manzanillo i wygłasza pierwszą odezwę wyzwoleńczą *(Grito de Yara)*; zaczyna się 10-letnia wojna z Hiszpanią.

1878

Wojna kończy się podpisaniem paktu w El Zanjón. Kubański generał Antonio Maceo ogłasza tzw. Protest z Baragua, podtrzymuje działania wojenne w następnym roku, po czym opuszcza Kubę.

1880

Rząd hiszpański zakazuje handlu niewolnikami w swych koloniach i znosi niewolnictwo na Kubie (Kuba jest przedostatnim krajem w obu Amerykach, w którym zniesiono niewolnictwo).

1892

Na wygnaniu w Ameryce José Martí tworzy Kubańską Partię Rewolucyjną, kładąc podwaliny pod wznowienie walk o niepodległość od Hiszpanii.

brukowców prowadzili histeryczną kampanię prowojenną, którą charakteryzowały sensacyjne, często nieprawdziwe, doniesienia o okrucieństwach Hiszpanów.

W styczniu 1898 r. Amerykanie wysłali do Hawany krążownik pancerny „Maine" pod pretekstem „obrony obywateli USA". To zadanie nie zostało spełnione. 15 lutego 1898 r. „Maine" znienacka eksplodował w hawańskim porcie, zginęło 266 członków załogi.

Hiszpanie twierdzili, że był to wypadek, Amerykanie winili Hiszpanów, a część Kubańczyków oskarżała USA o prowokację dającą pretekst do interwencji. Pomimo śledztw przeprowadzonych w następnych latach, prawdziwa przyczyna eksplozji pozostaje jedną z zagadek historii. Okręt został zatopiony w głębokich wodach Zatoki Meksykańskiej w 1912 r.

Po fiasku „Maine" Amerykanie usiłowali przejąć kontrolę nad Kubą. Zaoferowali Hiszpanom 300 milionów dolarów, a kiedy oferta została odrzucona, zaczęli się od nich domagać całkowitego wycofania z wyspy. Rywalizacja między Ameryką a Hiszpanią, niezauważalnie narastająca przez dziesięciolecia, zakończyła się wojną.

Jedyna ważna bitwa lądowa w tym konflikcie odbyła się 1 lipca, gdy armia amerykańska zaatakowała pozycje hiszpańskie na wzgórzu San Juan, na wschód od Santiago de Cuba. Mimo zdecydowanej przewagi liczebnej Amerykanów i przestarzałego wyposażenia Hiszpanów, utrzymywali oni pozycje przez 24 godziny do czasu, aż przyszły prezydent USA, Theodore Roosevelt, przełamał impas, prowadząc szarżę kawalerii, słynnych Rough Riders, na wzgórze San Juan. 17 lipca 1898 r. hiszpański garnizon skapitulował. Był to początek końca hiszpańskiej kolonii.

Kuba postkolonialna

Niepodległość czy podległość?

20 maja 1902 r. Kuba stała się niepodległą republiką – czy rzeczywiście? Pomimo trzech lat przelewu krwi, potu i poświęceń podczas wojny hiszpańsko-amerykańskiej, ani jeden reprezentant Kuby nie został zaproszony na podpisanie historycznego traktatu pokojowego w Paryżu w 1898 r., który obiecywał Kubie niepodległość, jednakże pod kilkoma warunkami.

Były one zawarte w niesławnej Poprawce Platta, dodatku do ustawy o wydatkach armii amerykańskiej w 1901 r., który dawał Amerykanom prawo do militarnej interwencji na Kubie, w zasadzie kiedy im to odpowiadało. USA wykorzystały też poprawkę do zabezpieczenia dzierżawy gruntów w Zatoce Guantánamo, by chronić swoje strategiczne interesy w rejonie Kanału Panamskiego.

W latach 80. XIX w. na Kubie mieszkało ponad 100 000 Chińczyków, służących głównie jako tania siła robocza na plantacjach trzciny cukrowej w regionie Hawany.

1895

José Martí i Antonio Maceo powracają na Kubę, by rozpocząć drugą wojnę wyzwoleńczą. Martí ginie w maju w Dos Ríos.

1896

Antonio Maceo, któremu podczas 40-letniej kariery wojskowej udało się przetrwać ponad 20 poważnych ran, ginie w zasadzce pod Punta Brava (pochowany w El Cacahual przy dawnej hacjendzie San Pedro).

1898

Amerykanie, po stracie krążownika USS „Maine", wypowiadają Hiszpanii wojnę i pokonują jej wojska w pobliżu Santiago. Rozpoczyna się czteroletnia okupacja.

1902

Kuba uniezależnia się od Ameryki, prezydentem zostaje Tomás Estrada Palma. Amerykańskie wojska są wzywane trzy razy podczas pierwszych 15 lat trwania republiki.

Pomimo sprzeciwów w USA i jeszcze większych na Kubie, Poprawka Platta została zatwierdzona przez Kongres i zapisana w konstytucji Kuby w 1902 r. Zdaniem kubańskich patriotów, Amerykanie zastąpili Hiszpanów w roli kolonizatora i wroga. Następstwem były trwające przez ponad sto lat konflikty, które nadal do końca nie wygasły.

Epoka Batisty

Sprytny negocjator Fulgencio Batista, *holguiñero* z miasta Banes, przeprowadził w latach 40. i 50. XX w. najlepsze i najgorsze próby ustanowienia na Kubie demokracji. Po buncie sierżantów w 1933 r. praktycznie przejął władzę, stopniowo wślizgując się w polityczną próżnię, jaka wytworzyła się pomiędzy skorumpowanymi frakcjami upadającego rządu. Od 1934 r. Batista był dowódcą armii, a w 1940 r., po wolnych i sprawiedliwych wyborach, zgodnie z planem został prezydentem.

Otrzymawszy oficjalny mandat, Batista zaczął wcielać w życie reformy socjalne i zajął się pisaniem nowej, dotychczas najbardziej liberalnej, demokratycznej konstytucji Kuby. Jednak ani postępowy „miesiąc miodowy, ani dobry humor Batisty nie potrwały długo. Ustępując po wyborach w 1944 r., były sierżant oddał władzę nieudolnemu politycznie prezydentowi Ramónowi Grau San Martín. Wkrótce zapanowała korupcja i niekompetencja na niespotykaną dotąd skalę.

Zarzewie rewolucji

Świadom niegdysiejszej popularności i wyczuwając sposobność łatwego napełnienia kieszeni, Batista dogadał się z mafią amerykańską, obiecując im *carte blanche* na Kubie w zamian za udział w zyskach z hazardu. Przygotowywał się do powrotu.

10 marca 1952 r., trzy miesiące przed planowanymi wyborami, które, jak sądził, przegra, Batista przeprowadził wojskowy zamach stanu. Potępiany przez polityków opozycji na Kubie, ale uznany przez amerykański rząd dwa tygodnie później, szybko dał wszystkim do zrozumienia – zawieszając szereg gwarancji konstytucyjnych, w tym prawo do strajku – że jego drugie wcielenie nie będzie tak postępowe jak pierwsze.

Po przewrocie Batisty, w Hawanie utworzył się krąg rewolucyjny, skupiony wokół charyzmatycznego Fidela Castro, prawnika i utalentowanego mówcy, który miał startować w odwołanych wyborach w 1952 r. Wspierany przez młodszego brata Raúla i zaufanego porucznika Abla Santamaríę (później zamęczonego na śmierć przez zbirów Batisty), Castro nie widział innego sposobu na wyeliminowanie dyktatora niż walka zbrojna.

26 lipca 1953 r. poprowadził 119 bojowników, nielicznych, lecz zdeterminowanych, na ważne strategicznie Koszary Moncada w Santiago de

Celtyckie korzenie Che – jego ojciec nosił nazwisko Guevara Lynch – można prześledzić od czasów Patricka Lyncha, urodzonego w Irlandii w 1715 r., który w 1749 r. wyemigrował do Buenos Aires (z Bilbao).

1920
Znaczne podwyżki światowych cen cukru po I wojnie światowej prowadzą do tzw. „tańca milionów" na Kubie. Z dnia na dzień powstają olbrzymie fortuny. Wkrótce jednak następuje wielki kryzys gospodarczy.

1925
Gerardo Machado zostaje prezydentem i wprowadza szeroki program prac publicznych; w ciągu ośmiu lat rządy stają się coraz bardziej despotyczne, maleje jego popularność, narastają niepokoje społeczne.

1933
Rewolta sierżantów obala dyktaturę Machado i doprowadza do przejęcia sterów przez Fulgencia Batistę.

1940
Kuba przyjmuje konstytucję 1940 r., uważaną za jeden z najbardziej postępowych dokumentów tamtych czasów, gwarantującą prawo do pracy, własności, minimalnej pensji, edukacji i opieki społecznej.

PRAWA CZŁOWIEKA

„Prawa człowieka" na Kubie od dawna są piętą achillesową rewolucji. Krytyka rządu w silnie kontrolowanym społeczeństwie jest poważnym przestępstwem, zagrożonym karą – nawet jeśli nie trafi się do więzienia, można oczekiwać problemów w pracy, nękania i społecznego ostracyzmu

Zaczęło się źle dziać już w styczniu 1959 r., gdy rząd rewolucyjny, pod egidą Che Guevary, uwięził współpracowników Batisty i w trybie przyspieszonym, niemal bez możliwości obrony, nakazał egzekucję w hawańskim forcie La Cabaña. W ciągu kilku miesięcy zamknięto usta kubańskiej prasie, przeciw czemu protestowali zaniepokojeni obserwatorzy w USA.

W kolejnych latach Kuba nie miała wysokiej punktacji w dwóch najbardziej cenionych na świecie organizacjach ochrony praw człowieka, Amnesty International i Human Rights Watch, które poddawały rząd krytyce za nierespektowanie prawa do zgromadzeń, stowarzyszeń, wolności słowa i innych podstawowych praw obywatelskich.

Wizerunku Kuby na arenie międzynarodowej nie polepszyły wydarzenia „czarnej wiosny" 2003 r., gdy rząd uwięził 75 dysydentów, twierdząc, że są szpiegami USA i skazał ich na długoletnie więzienie. W wyniku międzynarodowych protestów wszyscy zostali uwolnieni, ostatni w 2011 r. Jednak wciąż trwają prześladowania i zastraszanie dysydentów, a także protestujących organizacji pokojowych, jak choćby „kobiety w bieli".

Obrońcy Kuby usprawiedliwiają zarzuty łamania praw człowieka: wet za wet. Gdy Stany zakwestionowały w 2011 r. aresztowanie amerykańskiego pracownika organizacji humanitarnej Alana Grossa, wytknęli Stanom uwięzienie „kubańskiej piątki" (pięciu Kubańczyków uwięziono w USA na podstawie równie kruchych zarzutów o szpiegostwo). Gross i kubańska piątka odzyskali wolność, gdy wymieniono więźniów w grudniu 2014 r.

W ostatnich latach wiele się poprawiło. Prześladowanie osób homoseksualnych, niegdyś powszechne na wszystkich szczeblach społeczeństwa, należy do przeszłości, podobnie prześladowania religijne. Wolność słowa i prasy nadal jest tłumiona, choć w dobie Internetu niektórym znanym blogerom, jak Yoani Sánchez, udało się dotrzeć do odbiorców na całym świecie.

Cuba. Śmiałe, ale źle zaplanowane natarcie skończyło się dramatyczną porażką – jeden rebeliantów (pochodzący z Hawany) omyłkowo skierował samochód w źle oznakowaną ulicę Santiago i gwardziści wszczęli alarm.

Oddziały Batisty wzięły w kleszcze 64 konspiratorów, którzy byli potem brutalnie torturowani i zostali straceni. Fidelowi Castro i kilkunastu innym udało się uciec w pobliskie góry. Parę dni później znalazł ich tam porucznik Sarría, któremu wydano rozkaz, by ich zlikwidował. „Nie strzelajcie, nie da się zabić idei! " – wykrzyknął Sarría, gdy natknął się na Castro i jego wycieńczonych towarzyszy.

1952

Batista przeprowadza bezkrwawy przewrót wojskowy, odwołując zbliżające się wybory, w których miał wystartować ambitny młody prawnik Fidel Castro.

1953

Castro prowadzi grupę rebeliantów na Koszary Moncada w Santiago; atak kończy się porażką. Fidel wykorzystuje proces sądowy jako platformę dla przedstawienia swoich planów politycznych.

1956

„Granma" przybija do wybrzeży wschodniej Kuby z Fidelem Castro i 81 bojownikami na pokładzie. Zostają zdziesiątkowani przez kubańską armię. Ci, którzy uszli z życiem, przegrupowują się w Sierra Maestra.

1958

Che Guevara kieruje atakiem na pociąg pancerny w Santa Clara – to zwycięstwo ostatecznie zmusza Batistę do oddania władzy. Rebelianci triumfalnie maszerują do Hawany.

Aresztując Fidela - zamiast zabić - Sarría ocalił mu życie, ale zniszczył swoją wojskową karierę. (Jedną z pierwszych decyzji Castro po triumfie rewolucji było uwolnienie Sarríi z więzienia i wcielenie do armii rewolucyjnej). O schwytaniu Castro wkrótce stało się głośno, a jego proces odbył się w pełnym świetle reflektorów. Fidel sam bronił się w sądzie, pisząc i wygłaszając mowę, która później stała się znaczącym manifestem politycznym „Historia mnie uniewinni".

Castro, cieszący się uznaniem, przy wzrastającym w całym kraju niezadowoleniu ze starego reżimu, został skazany na 15 lat więzienia na Isla de Pinos (obecnie Isla de la Juventud). Kuba zyskiwała nowego bohatera narodowego.

W lutym 1955 r. Batista wygrał wybory prezydenckie, które powszechnie uważano za sfałszowane, i próbując zyskać przychylność opozycji wewnętrznej, zgodził się na amnestię dla więźniów politycznych, w tym dla Castro. Fidel, obawiając się, że prawdziwą intencją Batisty jest usunięcie go, gdy opuści więzienie, uciekł do Meksyku, zostawiając pod opieką nauczyciela Franka Paísa (należał do Kościoła Chrześcijan Baptystów) działalność raczkującego podziemnego ruchu oporu, który żądni zemsty weterani ataku na Moncada nazwali Ruchem 26 lipca (M-26-7).

Rewolucja

W Meksyku Castro wraz z towarzyszami snuli nowe plany, angażując nowe osoby, m.in. Camila Cienfuegos i argentyńskiego lekarza Ernesta Che Guevarę, którzy dodali tworzącej się armii zniechęconych buntowników siły i polotu. Uciekając przed meksykańską policją, zdeterminowany, aby dotrzeć na Kubę na czas zrywu, który Frank País zaplanował na koniec listopada 1956 r. w Santiago de Cuba, Castro wraz z 81 towarzyszami wypłynął w stronę wyspy 25 listopada starym, przepełnionym jachtem „Granma".

Po siedmiu trudnych dniach na morzu dobili 2 grudnia (spóźnieni o dwa dni) do Playa Las Coloradas koło Niquero w Oriente. Po zejściu na ląd - „to nie było lądowanie, lecz katastrofa", komentował później Che - zostali wyśledzeni i trzy dni później rozgromieni przez siły Batisty na polu trzciny cukrowej w Alegría de Pío.

Z 82 rebeliantów, którzy wyruszyli z Meksyku, udało się uciec tylko kilkunastu. Podzieleni na trzy małe grupy, głodni, wycieńczeni, podejrzewając, że reszta towarzyszy zginęła w początkowym starciu, błąkali się przez kilka dni po okolicy. „W pewnej chwili dowodziłem sobą i dwoma towarzyszami" - po latach wspominał Fidel. Dzięki pomocy miejscowej ludności kilkunastu bojownikom udało się w końcu spotkać w Cinco Palmas w Sierra Maestra, gdzie półprzytomny Fidel wygłosił porywającą mowę. „Wygramy tę wojnę", obwieścił z przekonaniem. „Dopiero zaczynamy walkę! "

W opublikowanej w 1976 r. książce *How the Battleship Maine Was Destroyed* autor wnioskuje, że eksplozja „Maine" w hawańskim porcie w 1898 r. została spowodowana samoistnym zapaleniem się węgla w ładowni okrętu.

1959

Castro entuzjastycznie witany w Hawanie. Nowy rząd wprowadza pierwszą ustawę o reformie rolnej. Camilo Cienfuegos ginie w katastrofie lotniczej u wybrzeży Kuby.

1960

Castro nacjonalizuje majątek USA na wyspie, wywołując tym zawieszenie importu cukru z Kuby do USA. Castro sprzedaje cukier Związkowi Radzieckiemu.

1961

Wspierani przez USA kubańscy najemnicy przeprowadzają, zakończoną klęską, inwazję w Zatoce Świń. Stany zarządzają pełne embargo handlowe. Kuba rozpoczyna kampanię walki z analfabetyzmem.

1962

Rakietowy kryzys kubański. Odkrycie na Kubie broni jądrowej średniego zasięgu, umieszczonej przez Związek Radziecki, zagraża światu wojną nuklearną.

Rewanż nastąpił 17 stycznia 1957 r.: *guerilleros* odnieśli ważne zwycięstwo, zdobywając niewielką placówkę La Plata na południowym wybrzeżu obecnej prowincji Granma. Później przeprowadzono świetną akcję propagandową – Castro przekonał dziennikarza „New York Times", Herberta Matthews, żeby przybył do Sierra Maestra i przeprowadził z nim wywiad. Artykuł sprawił, że Fidel stał się sławny na całym świecie i zdobył sympatię liberalnych Amerykanów.

W tym czasie nie był już jedynym antybatistowskim agitatorem. 13 marca 1957 r. studenci uniwersytetu, pod wodzą José Antonia Echeverríi, zaatakowali pałac prezydencki w Hawanie, próbując zabić Batistę. 32 z 35 zginęło w trakcie ucieczki i na ulice Hawany ze zdwojoną siłą wróciły represje. Kuba gwałtownie zaczęła zmieniać się w państwo policyjne, rządzone przez wojskowych zbirów.

Również w innych miejscowościach wystąpiły napięcia. We wrześniu 1957 r. oficerowie marynarki w dotąd spokojnym mieście Cienfuegos rozpoczęli zbrojną rewoltę, rozdając broń niezadowolonej ludności. Po zaciekłej walce powstanie brutalnie stłumiono, przywódcy zostali schwytani i zabici. Mimo to rewolucjoniści wierzyli, że dni Batisty są już policzone.

W maju, w Sierra Maestra, pokonali 53 żołnierzy Batisty w bazie El Uvero i wielu wzięli do niewoli. Rebeliantom wciąż brakowało zaopatrzenia. Ruch oporu jednak nabierał rozpędu, mimo straty Franka País, zamordowanego przez policję w Santiago. Wsparcie i zrozumienie w całym kraju gwałtownie rosło. Na początku 1958 r. Castro utworzył główną kwaterę w lasach Sierra Maestra, którą nazwał „La Plata". Przesyłał propagandowe wiadomości emitowane przez Radio Rebelde (710AM i 96.7FM), które zainstalował Che w swojej kwaterze Pata de La Mesa. Sytuacja zaczęła ulegać zmianie.

Wyczuwając, że jego popularność słabie, Batista w maju 1958 r. wysłał w Sierra Maestra 10 000 żołnierzy w misji znanej pod nazwą Plan FF (*Fin de Fidel* – Koniec Fidela). Mieli zlikwidować Castro i jego lojalnych *guerilleros*, których liczba wzrosła do 300 osób. Ofensywa stała się niejako punktem zwrotnym – rebelianci, z pomocą miejscowych *campesinos* (wieśniaków), powstrzymali atak niezdyscyplinowanej armii poborowych.

Wiedząc, że Amerykanie są coraz bardziej zażenowani taktyką ich niegdysiejszego sprzymierzeńca, w której wszystkie chwyty były dozwolone, Castro wykorzystał okazję i przekształcił obronę w atak: podpisał przełomowy Pakt w Caracas, jednoczący osiem głównych grup opozycyjnych i wzywający USA do zaprzestania pomocy dla Batisty. Che Guevara i Camilo Cienfuegos zostali wysłani w góry Escambray, by utworzyć nowy front walki na zachodzie. Do grudnia, gdy Cienfuegos

Rząd Castro w ciągu pierwszego roku sprawowania władzy (1959 r.) wprowadził ponad 1000 przepisów, w tym redukcję kosztów czynszu i prądu, zniesienie dyskryminacji rasowej i reformę rolną.

1967

Che Guevara, po 10 miesiącach walk partyzanckich w Boliwii, zostaje schwytany i zabity w w obecności obserwatorów CIA.

1968

W ramach reform socjalistycznych rząd kubański nacjonalizuje 58 000 małych przedsiębiorstw. Wszystko przechodzi pod ścisłą kontrolę rządu.

1970

Castro ogłasza zafrę (zbiory trzciny cukrowej) na 10 milionów ton cukru. Plan upada, a Kuba postanawia skończyć z zależnością od monoupraw.

1976

Zamach bombowy na kubański samolot w Barbadosie, giną 73 osoby. Ślad prowadzi do antycastrowskich aktywistów, z historią działalności operacyjnej dla CIA z Wenezueli.

OKRES SPECJALNY

Po rozpadzie Związku Radzieckiego w 1991 r. kubańska gospodarka, zależna od sowieckich subwencji od 1960 r., załamała się. Niemal z dnia na dzień zamknięto połowę fabryk, sektor transportu wyhamował, a gospodarka narodowa skurczyła się aż o 60%.

Fidel Castro, pragnąc za wszelką cenę bronić rewolucji, przygotował się na najgorsze, ogłaszając, że Kuba wchodzi w „szczególny okres w czasie pokoju" (*periodo especial*) i wprowadził pakiet ekstremalnych oszczędności, które wymusiły powszechną reglamentację – dotkliwe braki stały się integralną częścią codziennego życia. Było to bezprecedensowe posunięcie, które wkrótce odbiło się na całym społeczeństwie. Nagle Kubańczycy, którym stosunkowo dobrze powodziło się jeszcze rok wcześniej, musieli walczyć o przetrwanie.

Historie o tym, jak zwykłym obywatelom udało się przeżyć najgorsze dni tego okresu, są niezwykłe i szokujące. Podczas tych trzech przerażających lat przeciętny Kubańczyk stracił ponad jedną trzecią masy ciała, mięso praktycznie zniknęło z ich diety. Okres specjalny stworzył nową kulturę przetrwania i pomysłowe rozwiązania, a elementy społecznego zaciskania pasa jeszcze dziś charakteryzują kubański styl życia.

Najgorszy okres to lata 1991–1994, jednak poprawa następowała powoli, a prawdziwy postęp umożliwiło dopiero nawiązanie przez Kubę bliższych stosunków z Wenezuelą (dostarczenie ropy naftowej) na początku XXI w.

powstrzymywał wojsko w Yaguajay (garnizon ostatecznie poddał się po 11-dniowym oblężeniu), a Guevara okrążał Santa Clara, koniec był w zasięgu wzroku.

Ostateczne zwycięstwo przypieczętował Che Guevara – stosując klasyczne techniki partyzanckie, wykoleił pociąg pancerny w Santa Clara, przerywając wysłużony system łączności. Do sylwestra 1958 r. było po wszystkim: kraj przepełniła radość, a Che i Camilo, nie napotykając oporu, szli na Hawanę.

Rankiem 1 stycznia 1959 r. Batista uciekł prywatnym samolotem do Dominikany. Tymczasem Fidel, pojawiwszy się tego samego dnia w Santiago, wygłosił porywającą zwycięską mowę w ratuszu w Parque Céspedes, a potem udał się w triumfalną podróż przez cały kraj do Hawany. Zwycięstwo rewolucji było zapewnione.

Porewolucyjna rzeczywistość

Porewolucyjną historię Kuby można porównać do walki Dawida z Goliatem. Z jednej strony impas zimnej wojny, z drugiej amerykańskie embargo handlowe, które przetrwało 11 prezydentów USA i dwóch kubańskich przywódców – obu o nazwisku Castro. W ciągu 30 lat Kuba była sprzymierzona ze Związkiem Radzieckim, a Stany Zjednoczone stosowały

1980
Castro, po incydencie w ambasadzie Peru, otwiera kubański port Mariel, co umożliwia emigrację do USA 125 000 Kubańczykom w ciągu sześciu miesięcy.

1988
Kubańskie wojsko odgrywa kluczową rolę w bitwie pod Cuito Cuanavale w Angoli – wielkiej porażce białej armii południowoafrykańskiej i apartheidu.

1991
Po rozpadzie Związku Radzieckiego Kuba doświadcza największego w XX w. krachu gospodarczego; Castro ogłasza „okres specjalny w czasie pokoju".

1993
Próbując przezwyciężyć impas gospodarczy, Kuba legalizuje USD, otwiera kraj dla turystów i zezwala na ograniczone formy prywatnej przedsiębiorczości.

najróżniejsze taktyki odwetowe (bez skutku), żeby zmusić Fidela Castro do posłuszeństwa, w tym nieudaną inwazję, ponad 600 prób zamachu i jedną z najdłuższych blokad ekonomicznych we współczesnej historii.

Po rozpadzie bloku sowieckiego w latach 1989–1991 Kuba została sama pod rządami coraz bardziej prowokacyjnego i upartego przywódcy. Mimo wszelkich przeciwności, udało jej się przetrwać dekadę poważnego krachu gospodarczego nazywanego „okresem specjalnym". Produkt krajowy brutto spadł o ponad połowę, dobra luksusowe zostały zniszczone, a naród, który o ironio, po raz pierwszy w swej historii uwolnił się od zagranicznych, (neo) kolonialnych wpływów, musiał przyzwyczaić się do reglamentacji i wyrzeczeń.

W grudniu 1946 r. mafia zebrała się na największym dotąd zgromadzeniu północnoamerykańskich gangsterów w hawańskim *Hotelu Nacional*, pod pretekstem koncertu Franka Sinatry.

Lata Raúla

W lipcu 2006 r. nadeszło niewyobrażalne. Fidel Castro, zamiast umrzeć na stanowisku i utorować drogę do nowego kapitalistycznego otwarcia z pomocą Amerykanów (jak przewidywano), odsunął się od codziennych rządów z uwagi na zły stan zdrowia i po cichu przekazał władzę młodszemu bratu Raúlowi. Sprawując najwyższy urząd w państwie w szczycie światowej recesji, Raúl zaczął wprowadzać reformy.

Rozpoczęły się skromnie w 2008 r.: Kubańczykom zezwolono na pobyt w turystycznych hotelach, zakup telefonów komórkowych oraz innych dóbr elektronicznych – rzecz oczywista w krajach demokratycznych, ale długo niedostępna dla przeciętnego obywatela Kuby. W styczniu 2011 r. nastąpiła największa gospodarcza i ideologiczna przemiana od czasu, gdy kraj pożegnał się z Batistą. Nowe prawo likwidowało pół miliona państwowych miejsc pracy, próbując stymulować sektor prywatny poprzez udzielanie licencji na wykonywanie 178 uznanych przez państwo profesji – od fryzjerów do napełniaczy zapalniczek jednorazowego użytku.

W październiku 2011 r. zalegalizowano sprzedaż samochodów, Kubańczycy mogli kupować i sprzedawać domy – po raz pierwszy od pół wieku. Jeszcze dalej sięgał dekret ogłoszony pod koniec 2012 r., zezwalający na zagraniczne podróże, które od 1961 r. były dostępne tylko dla uprzywilejowanych.

Do 2013 r. Kuba doświadczyła największej od dziesięcioleci przemiany gospodarczej – już 400 000 osób pracowało w sektorze prywatnym, 250 000 więcej niż w 2010 r., choć nadal nawet się nie zbliżyła do zachodniego kapitalizmu.

W XVII w. Hiszpanie zmusili ocalałą ludność tubylczą do zamieszkania w miasteczkach zwanych *pueblos de indios*. Kultury Starego i Nowego Świata się skrzyżowały, a indiańskie obyczaje i słownictwo przeniknęły do kubańskiego życia.

Śmierć Fidela

Wszechobecność Fidela Castro przez ostatnie pół wieku sprawiała, że wydawał się wieczny, jednak 25 listopada 2016 r. Raúl Castro ogłosił śmierć brata (zmarł w wieku 90 lat). Skremowane szczątki złożono w Santiago

1996

Samoloty organizacji Brothers to the Rescue (Hermanos al Rescate) z Miami zostają zestrzelone przez kubańskie myśliwce, co skłania Billa Clintona do podpisania ustawy Helmsa-Burtona, zaostrzającej warunki embargo.

2002

Zamknięcie połowy kubańskich rafinerii cukru, zwiastuje kres raz wzrastającej, raz słabnącej koniunktury monoupraw. Pozbawieni pracy robotnicy nadal pobierają uposażenie, oferuje się im bezpłatną edukację.

2003

Administracja Busha zaostrza warunki podróżowania na Kubę dla obywateli USA. Kubańskie władze aresztują dysydentów politycznych.

2006

Stan zdrowia Fidela Castro pogarsza się tuż przed jego 80 urodzinami, po zapaleniu uchyłków; Fidel rezygnuje z rządzenia krajem na rzecz brata Raúla.

USA I KUBA

Co teraz? Po śmierci Fidela Castro obserwatorzy przyglądają się i spekulują o przyszłości relacji kubańsko-amerykańskich. Stany Zjednoczone poczyniły już pierwsze kroki w stronę przywrócenia stosunków dyplomatycznych.

Mimo położenia niespełna 150 km od brzegów Florydy, Kuba dla większości Amerykanów pozostaje jedną z największych tajemnic turystycznych. Od 1963 r., gdy rząd USA w zasadzie zakazał podróży na wyspę, wyjazdy amerykańskich obywateli wiązały się z problemami. Administracja Obamy uchyliła drzwi, wszystko zależy od tego, czy stosunki między obu krajami nadal mają szansę ulegać ociepleniu, gdyż polityka Trumpa jest bardziej rygorystyczna. Więcej informacji na stronach 511–519.

Presja na embargo

Choć USA pod rządami Obamy zmniejszyły obostrzenia dotyczące podróży i wymiany handlowej z Kubą, całkowite zniesienie embargo (po hiszpańsku *el bloqueo)* wymaga zgody Kongresu. Według sondaży, większość Amerykanów jest przeciwna amerykańskiemu embargo. Zgromadzenie Ogólne ONZ corocznie wydaje przeciw niemu rezolucje. Ostatnia przeszła większością 188 głosów, przeciwne były USA i Izrael.

Kubańsko-amerykański sen

Obecnie, gdy liczba imigrantów ekonomicznych w USA przewyższa starą emigrację polityczną, większa część amerykańskich Kubańczyków mniej sprzeciwia się rządom Castro, a bardziej skłania się ku wycofaniu embargo, które w sposób niezamierzony pomogło braciom Castro utrzymać się przy władzy. Po 50 latach waśni Kubańczycy i kubańscy uchodźcy nadal są podzieleni. Czy emigranci mogliby odegrać jakąś rolę w nowych władzach w kraju? Jak głęboko siedzą w kieszeniach Amerykanów? I czy Kuba w jakiś sposób zrekompensowałaby im utratę dóbr i włości skonfiskowanych w 1960 r.?

Emigracja do USA jest teraz trudniejsza niż kiedykolwiek. Jedną z ostatnich decyzji prezydenta Obamy było odwołanie prawa „mokrej stopy, suchej stopy", umożliwiającej nielegalnym imigrantom stały pobyt w USA.

de Cuba po przewiezieniu urny przez całą wyspę, upamiętniając triumfalny marsz rewolucyjny Fidela. W całym kraju tłumy wypełniały ulice, oddając hołd długoletniemu przywódcy, podczas gdy kubańscy emigranci radośnie świętowali w Miami.

W „The Observer" skomentowano, że Fidel Castro „po śmierci, tak jak i za życia, stwarzał podziały". Urnę złożono pod wielkim kamieniem z napisem „Fidel". Castro zakazał stawiania pomników ze swoim wizerunkiem, nazywać swoim imieniem ulice, instytucje i miejsca publiczne (może powodowało nim skomercjalizowanie Che Guevary).

2008

Raúl Castro, zaprzysiężony na prezydenta Kuby, wprowadza pierwsze reformy, zezwalające Kubańczykom na korzystanie z hoteli turystycznych oraz zakup telefonów komórkowych i komputerów.

2009

Objęcie prezydentury przez Baracka Obamę i ocieplenie stosunków kubańsko-amerykańskich. Obama zmniejsza restrykcje dla amerykańskich Kubańczyków podróżujących na wyspę do krewnych.

2011

Raúl Castro zapowiada gospodarczą odwilż; plan rządu zakłada zmniejszenie zatrudnienia w sektorze publicznym o pół miliona osób i możliwość rozpoczęcia prywatnej działalności w ponad 175 licencjonowanych branżach.

2014

Po wymianie więźniów Barack Obama ogłasza przywrócenie stosunków dyplomatycznych z Kubą i wiele udogodnień, w tym pomoc w łączności i złagodzenie restrykcji finansowych.

Rok 2016 był początkiem przekształceń na Kubie. W marcu złożył wizytę prezydent USA Barack Obama. Spotykając się z Raúlem Castro i miejscowymi przedsiębiorcami, obiecał zmiany w stosunkach obu krajów. Pierwsza wizyta prezydenta USA od czasu rewolucji w 1959 r. zaowocowała umowami telekomunikacyjnymi, współpracą na polu egzekucji prawa i ochrony środowiska oraz przywróceniem lotów do i z USA.

Zaczynał się nowy rozdział w historii. Niegdyś Fidel Castro na łamach gazety partii komunistycznej „Granma" oświadczył: „Nie potrzebujemy żadnych prezentów od imperialistów".

„Granma" po śmierci przywódcy nadal publikowała te same jego odezwy i przemyślenia.

Huragan Irma

We wrześniu 2017 r. przetoczył się przez północne Karaiby najpotężniejszy w historii huragan, pozostawiając za sobą zniszczenia i powodzie. Huragan Irma, oznaczony kategorią 5 (w skali Saffira-Simpsona), z wiatrami wiejącymi z prędkością ponad 295 km/h, wysysał wody z zatok, które następnie powracały z wielką siłą, wdzierając się głęboko w ląd. Kuba doznała znacznych zniszczeń na północnym wybrzeżu i na przybrzeżnych wyspach, a w centrum Hawany woda sięgała poza kolana.

2016

Fidel Castro umiera 25 listopada 2016 w wieku 90 lat. Po 9-dniowej żałobie i przemarszu przez wyspę, w czasie którego psuje się pojazd wiozący jego szczątki, zostają one złożone do grobu na cmentarzu w Santiago.

2017

Przed odejściem z urzędu prezydent Obama kończy z polityką „mokrej stopy, suchej stopy", umożliwiającej kubańskim imigrantom stały pobyt w USA, której przez lata sprzeciwiała się Kuba.

2017

Prezydent Donald Trump ogranicza podróże z USA do zorganizowanych wycieczek i zamierza wstrzymać powiązane z podróżami transakcje z kubańskim wojskiem.

2017

We wrześniu przetoczył się przez północne Karaiby najpotężniejszy w historii huragan Irma. Kuba doznała znacznych zniszczeń na północnym wybrzeżu i na przybrzeżnych wyspach.

Kuchnia

Do niedawna na Kubie jadłospis narzucała reglamentacja żywności. W ostatnich latach pojawiły się zmiany. Niespełnieni dotychczas kucharze, pełni inspiracji i uaktywnieni dzięki politycznym oraz gospodarczym reformom, zaczęli wprowadzać innowacje. Kreatywność rodzi się po części, gdy trzeba zmierzyć się z przeciwnościami – nadchodzi kulinarna rewolucja!

Powyżej: Potrawka jagnięca

Kulinarne wyzwania

Señores i *señoras*, z radością oznajmiamy, że Kuba nie jest już resztkami na talerzu kulinarnego świata. Nastąpiła astronomiczna przemiana. Wielkim przełomem były reformy gospodarcze w 2011 r., gdy władze kubańskie zezwoliły prywatnym restauracjom (dotychczas ograniczonym do 12 miejsc) na rozwój i poszerzenie oferty.

Pozbawieni dawniej smaków przybysze, którzy mądrze decydowali, pomijając proponowane potrawy i od razu przechodzili do rumu i cygar, teraz mają kurczaka w miodzie, pieczołowicie przygotowywane beszamele i nowe odmiany kubańskich klasyków, jak *ropa vieja* (pikantna siekana wołowina; dosł. „stare szmaty"). Hawana i inne miasta mają pełno nowych, kreatywnych prywatnych restauracji, eksperymentujących z metodami gotowania i składnikami, o których wcześniej na wyspie nie słyszano. Uwolnieni z okowów reglamentacji w latach 90. XX w., kubańscy kucharze sypią teraz terminami „fusion" czy „średnio wysmażony", a do menu dodają takie dania, jak kawior z oberżyny.

Osobom przyjeżdżającym pierwszy raz, przywykłym do francuskiej kreatywności czy do obfitości amerykańskiej, jedzenie nie wyda się specjalnie godne uwagi. Ale gdy ktoś był na Kubie w pierwszych latach XXI w., kiedy kurczaki rozgotowywano na strzępy, a na obiad podawano rozmiękłą kanapkę z serem i szynką, przeżyje miłą niespodziankę.

Święta trójca koktajli to *mojito*, *daiquirí* i *Cuba libre*.

Duszone 500 lat

Kłopoty i niedobory w latach 90. XX w. nie przysłużyły się kubańskiej kuchni, przeciwnie – pozbawiły ją wszystkiego poza podstawowymi składnikami, przesłaniając to, co zawsze tworzyło bogatą i zróżnicowaną kulturę kulinarną.

Kubańska kuchnia to kreatywna potrawka z wybranych kąsków, przepisów i technik kulinarnych, które pozostawiali kolejni przybysze od epoki Kolumba i konkwistadora Velázqueza. Wyobraźmy sobie buzujący kocioł rozmaitych składników pochodzących z Hiszpanii, Afryki i Francji oraz używanych przez przedkolumbijskich Tainów i kultury z wysp karaibskich, który zostawiono na 500 lat, żeby się w nim wymieszały i zamarynowały.

Tainowie mieli swoje bataty, maniok i jukę oraz mnóstwo owoców, np. gujawę; Hiszpanie dostarczyli wieprzowiny, ryżu, podnoszących smak przypraw i nowe techniki gotowania; kultura afrykańska rozpowszechniła banany pod różnymi postaciami oraz *congrí* (ryż i fasola gotowane z przyprawami); z wyspiarskimi sąsiadami Kuba dzieli wyraźny smak zawarty w *sofrito*, sosie z pomidorów, cebuli, papryki i czosnku, doprawiony liściem laurowym i kminem rzymskim.

Razem tworzą smak kubańskiej kuchni: sycące i zdrowe jedzenie, w którym nie ma zbyt wielu przypraw (głównie kmin rzymski i oregano), ale nie brak aromatów. Daniem mięsnym z wyboru jest pieczone w całości prosię, następnie kurczak, smażony lub pieczony, zwykle w sosach z cytrusów lub z miodem.

SPECJALNOŚCI REGIONALNE

- **Caibarién** Miasteczko w prowincji Villa Clara to kubańska stolica krabów.
- **Baracoa** Zupełnie inny świat niż reszta Kuby. Specjalności: *cucurucho* (słodka mieszanka miodu, kokosa, gujawy i orzechów), *bacán* (banan, krab lub mięso wieprzowe, kokos itp. – gotowane w liściach bananowca), *tetís* (małe rybki wpływające z morza do zatoki Baracoa) i *lechita* (pikantny sos kokosowy).
- **Playa Larga i półwysep Zapata** W prowincji Matanzas na południu kraju hoduje się krokodyle; turyści spożywają ich mięso w hotelowych potrawkach.
- **Bayamo** W głównym mieście prowincji Granma podstawą kuchni ulicznej są *ostiones* (ostrygi), zwykle podawane w sosie pomidorowym.
- **Oriente** *Congrí* – ryż z czerwoną fasolą, kawałkami wieprzowiny, doprawiony kminem rzymskim i papryką to potrawa wschodniej Kuby, pełnej wpływów afrykańskich. Na zachodzie dostanie się raczej *moros y cristianos* (z czarną fasolą i bez wieprzowiny).
- **Las Tunas** *Caldosa* – podobna do zupy, potrawka z warzyw korzeniowych, kurczaka i przypraw.

DAYOWL/SHUTTERSTOCK ©

Tamales

Mając morze w zasięgu ręki, Kubańczycy chętnie zjadają jego owoce: homary, kraby, krewetki, *agujas* (mieczniki) czy *pargos* (lucjany) są na porządku dziennym. Głównym źródłem skrobi jest ryż, zwykle podawany z fasolą w potrawie *moros y cristianos* (z czarną fasolą) lub w *congrí* (z czerwoną). Warzywa korzeniowe to druga grupa podstawowych składników, uzupełniona o banany, przyrządzane na różne sposoby. W sezonie jest mnóstwo wspaniałych awokado i rozmaitych tropikalnych owoców.

Nie można wyjechać z Kuby bez spróbowania narodowej potrawy *ropa vieja* (pikantna siekana wołowina), pieczonego w całości prosiaka, *picadillo* (mielona wołowina z oliwkami i kaparami), *tostones* (smażone banany) i *moros y cristianos* (dosł. „Maurowie i chrześcijanie; czarna fasola - *moros*, biały ryż - *cristianos*).

Kroniki rumu

Pionierzy kubańskiego rumu uszlachetnili w połowie XIX w. *aguardiente* - poślednią, nierafinowaną „wodę ognistą", pijaną przez marynarzy i piratów w hiszpańskich koloniach - uzyskując łagodny, czysty Ron Superior, używany dziś do wyrafinowanych koktajli: *mojito* i *daiquirí*. Tę metamorfozę *aguardiente* zawdzięcza Kuba imigrantowi z Katalonii, Don Facundowi Bacardí Massó (1814–1886). Jego wytwórnia rumu rozpoczęła działalność w opanowanym przez nietoperze nadbrzeżnym magazynie w Santiago de Cuba w 1862 r. Eksperymentował tam z dobrej jakości trzciną cukrową, chcąc uzyskać nowy gatunek dłużej leżakującego rumu, który byłby delikatny w smaku i miał owocowy aromat. Trunek od razu zdobył popularność; nazwisko Bacardí szybko stało się synonimem rumu, a rodzina zdobyła wpływowy głos w kubańskiej polityce.

Guarapo – sok z trzciny cukrowej zmieszany z lodem i cytryną, sprzedawany na przydrożnych straganach, zwanych na kubańskich wsiach *guaraperos*.

Rodzina Barcadích poróżniła się jednak z reżimem Castro na początku lat 60. XX w. i uciekła za granicę, przenosząc bazę firmy na Bermudy. Obecnie nie spotka się na Kubie rumu Bacardí, jednakże w dawnej wytwórni

Mojito

rodziny, w Santaiago de Cuba, produkuje się popularny w kraju Ron Caney (zwany „rumem rewolucji"), leżakujący w beczkach Don Facunda.

Drugą słynną kubańską rumową dynastię, Havana Club, stworzył José Arechabala w mieście Cárdenas w 1878 r. Rodzina Arechabalów również czmychnęła z Kuby po rewolucji, a ponieważ ich marka nie miała destylarni poza Kubą, została przejęta przez rząd Castro w 1973. Obecnie Havana Club obejmuje 40% krajowego rynku alkoholi.

Poza Ron Caney w Santiago de Cuba i Havana Club, obecnie w Santa Cruz del Norte koło Hawany, na Kubie jest ponad 100 wytwórni rumu. Gdy zagadniemy o rum jakiegoś Kubańczyka, będzie rozprawiał z czułością o Ron Santiago de Cuba, Ron Mulata (z Villa Clara), Ron Varadero...

Rum robi się ze sfermentowanego soku trzciny cukrowej lub melasy. Produkcję rumu na Kubie nadzorowały pokolenia profesjonalnych *maestros roneros* (mistrzów rumu), którzy musieli mieć przynajmniej 15 lat praktyki. Trunek klasyfikuje się według barwy (ciemny, złoty lub jasny) i wieku *(añejo)*. Dobry rum leżakuje od 3 do 14 lat. Koktajle na bazie rumu (z użyciem jasnego rumu) są bardziej popularne wśród turystów niż Kubańczyków. Miejscowi preferują ciemny rum, bez dodatków (lodu), ciesząc się pełnią smaku.

OWOCE, CUDOWNE OWOCE

Goście *casas particulares* z pewnością dostaną obfite śniadanie. Najpierw pojawia się boski talerz tropikalnych owoców. Zawartość talerza zależy od sezonu i miejscowości, jednakże klasyczny skład to soczysta piątka: banan, papaja, mango, ananas i gujawa. Gujawa i papaja już rosły, zanim na wyspę przybyli Hiszpanie. Azjatyckie banany i mango zostały przywiezione w okresie kolonialnym. Tropikalny klimat Kuby bardzo im się spodobał. Papaja pochodzi z Ameryki Południowej.

Kubański styl życia

Gdy mija się obrzeża prowincjonalnego miasteczka, Kuba może wydać się przygnębiająca i uboga. Ale nie zawsze warto kierować się pierwszym wrażeniem. Przy odrobinie obserwacji, cierpliwości i wnikliwości detektywistycznej, uda się zajrzeć pod twardą, nieprzepuszczalną kubańską powierzchnię. Wtedy dopiero widać, że tutejszym życiem rządzą szczególne zasady. Gdy się je rozszyfruje, odnajdzie się niepowstrzymaną energię i pomysłowość, nieustający pęd pozwalający mimo przeszkód iść dalej.

Przepis na kubańskość

Postarajmy się zrozumieć życie na tej pełnej sprzeczności wyspie. Pierwsze wrażenie: trudne i nic się w nim nie zmienia. Prawda jest taka, że Kuba to ruchomy cel, który opiera się prostym definicjom.

Przede wszystkim Kuba jest zupełnie inna. Rodziny trzymają się blisko, jak w innych krajach Ameryki Łacińskiej, i ludzie spokojnie mierzą się z nieprzewidywalnym. Dzięki wysokiemu poziomowi edukacji, bardziej znają się na muzyce klasycznej niż na popie. Kubańczycy są weseli, nawet hałaśliwi, ale dobrze znają ubóstwo i wyrzeczenia, mają kwalifikacje, ale bywają leniwi, jak i cała społeczność Karaibów.

Aby poznać Kubę, należy powstrzymać się od uwag i patrzeć, jak się przed wami odkrywa. Długie kolejki i marna obsługa powodują wściekłość turystów, Kubańczyków natomiast nie wyprowadza to z równowagi. Ponaglanie nie sprawi, że sprawy potoczą się szybciej, a przecież można miło spędzić czas: posiedzieć w bujanym fotelu, w niedzielę spotkać się z rodziną, zwołać kuzynów, znajomych i sąsiadów na butelkę rumu.

Styl życia

Kubańczycy, z natury i konieczności zdolni do adaptacji, od dawna wykazują niestrudzoną umiejętność naginania zasad i rozwiązywania problemów. Dwa czasowniki nadużywane w narodowym słowniku to *conseguir* (zdobyć, załatwić) i *resolver* (rozwiązać, wymyślić). Tutejsi mieszkańcy w obu są ekspertami. Intuicyjna zdolność naginania zasad i tworzenia czegoś z niczego wynikła z ekonomicznej konieczności. W niewielkim kraju, odrzucającym współczesne realia społeczno-polityczne, gdzie miesięczne pensje nie przekraczają równowartości 25 USD, przetrwanie często zależy od pomysłowości w uzupełnianiu dochodów.

Wystarczy przejść się ulicami w Centro Habana, żeby zobaczyć „załatwiających" i „rozwiązujących". Lekarz po dyżurze oferuje swój samochód jako taksówkę, a uliczny karykaturzysta kreśli szkice nieświadomych tego turystów w nadziei na zarobek. Inni korzystają z nieuczciwie zdobytych dóbr, np. *compañero* (towarzysz), który podwędził uszkodzone cygaro w pracy, żeby sprzedać je niepodejrzewającym niczego Kanadyjczykom. Starzy wyjadacze wiedzą, że najlepszym sposobem na zdobycie dodatkowej gotówki jest praca dla turystów (lub ich naciąganie).

Na Kubie rządzi twarda waluta (np. wymienialne peso), ponieważ można za nią zdobyć trochę luksusowych towarów, dzięki którym życie w biednej socjalistycznej republice będzie bardziej wygodne. Paradoksal-

Główne uprawy na Kubie

- *Banany*
- *Cytrusy*
- *Kawa*
- *Mango*
- *Ananasy*
- *Ryż*
- *Trzcina cukrowa*
- *Tytoń*

nie, rozdwojenie systemu gospodarczego po 1993 r. ożywiło system klasowy, który tak bardzo chciała zniszczyć rewolucja – coraz częściej widuje się Kubańczyków, tych mających dostęp do wymienialnych walut, ubranych w designerskie ciuchy, podczas gdy inni błagają turystów o kostkę mydła. Wyraźnie rzuca się w oczy nowy podział na bogatych i biednych.

Inną społeczną cechą, jaka pojawiła się od czasów rewolucji, jest bezinteresowność. Na Kubie dzielenie się jest drugą naturą, a służenie pomocą jakiemuś *compañero*, np. podwiezienie, posiłek czy parę wymienialnych *pesos*, uważa się za obywatelski obowiązek. Wystarczy zaobserwować, jak w kolejkach zachowują się względem siebie zupełnie obce osoby, jak sąsiedzi bez namysłu dzielą się wszystkim: narzędziami, jedzeniem, opieką nad dziećmi.

Kubańczycy są bezpośredni. Hiszpański zwrot *tú* (ty) jest bardziej powszechny niż formalny *usted* (pan, pani), ludzie życzliwie się pozdrawiają. Nie dziwmy się, gdy obcy człowiek zwróci się do turysty *mi amor* (kochanie) czy *mi vida* (skarbie), a w jakiejś *casa particular* otworzy gościom drzwi mężczyzna bez koszuli (mężczyzna) lub kobieta z lokówkami na głowie. Dodajmy jeszcze, że kubański hiszpański pełen jest kolokwializmów, ironii, sarkazmu i przekleństw.

Kuba wygrywa z resztą świata w kwestii stosunku liczby pacjentów do lekarzy. Ma trzy razy lepszy wynik niż USA.

Za progiem

Choć kubańskie domy mają podstawowe wyposażenie (lodówki, kuchenki, mikrofalówki), nadal brak im drogich oznak konsumpcjonizmu XXI w. Samochody posiada około 38 osób na 1000, w porównaniu do 800 na 1000 w USA; tylko w niektórych domach są suszarki do ubrań (stąd to powiewające rozwieszone pranie). Śniadanie, które o 8 rano stawia przed gośćmi właściciel *casa particular*, kosztowało go pewnie trzy godziny szukania i stania w kolejkach (kubańskie supermarkety odstają asortymentem i obfitością od amerykańskich czy europejskich).

Nie umniejsza to poczucia dumy z własnej siedziby; zgromadzone ozdoby i pamiątki, choć czasem stare i kiczowate, są troskliwie poustawiane i wyczyszczone na błysk. W opinii większości przybyszów tutejsze życie jest ubogie i staroświeckie.

Od takiego Meksyku czy Filadelfii kubańskie miasta różnią się tym, że rząd dotuje każdy aspekt życia; ludzie nie martwią się podatkami ani kredytami za dom, nie płacą za opiekę zdrowotną ani za naukę. Zwykle drogie przyjemności, na Kubie kosztują grosze – bilety do kina, teatru, na mecze czy koncerty są dotowane przez państwo, które uważa, że należą się ludziom.

KUBAŃSKIE CYGARA

Od *guajiros* w sombrerach pracujących na polach tytoniu w Pinar del Río po palarnie dla koneserów i wciskających cygara hawańskich cwaniaczków – cygara głęboko wrosły w kubańską kulturę. Oto kilka marek ulubionych przez miejscowych.

Cohiba Ulubione cygara Fidela Castro. Robione są z najlepszej jakości tytoniu z prowincji Pinar del Río; liście pochodzą z najlepszych 10 pól krajowych plantacji w rejonie Vuelta Abajo koło miasta San Juan y Martínez.

Vegas Robaina Trudne do zdobycia poza Kubą. Nazwa od legendarnego hodowcy tytoniu, Alejandra Robainy. Marka słynie z najlepszej jakości tytoniu pochodzącego z plantacji Alejandra Robainy (na południowy wschód od Pinar del Río).

Partagás Ulubione cygara Kubańczyków jeszcze przed rewolucją; słyną z corocznych *ediciones limitadas* (serii limitowanych).

Puro Cubano Niemarkowe cygara – Kubańczycy je lubią ze względu na zdecydowanie niższą cenę – które i tak są rolowane z najlepszych liści tytoniu z prowincji Pinar del Río.

Powiew zmian

O czasu gdy Raúl Castro przejął władzę z rąk Fidela w 2008 r., kubański styl życia, dzięki ostrożnym reformom, powoli ulega zmianie. Choć samym mieszkańcom postęp może się wydawać niemrawy, emigrant, który ostatnią dekadę spędził w Miami czy Madrycie, byłby zachwycony.

Jeszcze niedawno niewiele osób na Kubie miało komórkę, obecnie są one niemal tak powszechne, jak w innych krajach. Wprowadzenie ostatnio publicznych stref Wi-Fi zamieniło parki w żywioł jednostronnych konwersacji prowadzonych głośno z krewnymi za granicą. Rozdzielone przez lata rodziny wreszcie nawiązują kontakty.

Zalegalizowany w 2008 r. sprzęt elektroniczny również znalazł drogę do kubańskich domów. Odtwarzacz DVD czy telewizor z płaskim ekranem pod pożółkłym wizerunkiem José Martí to już nic wyjątkowego. Zezwolenie na wyjazdy zagraniczne od stycznia 2013 r. umożliwiło szczęśliwcom, których na to stać, zakupy w innych krajach. W rezultacie, bardziej wzięte *casas particulares* mają na stanie opiekacze do kanapek i ekspresy do kawy.

Dla ludzi, którzy pamiętają głód we wczesnych latach 90. XX w., najbardziej widoczną zmianą jest poprawa w gastronomii (s. 464). Dylematem każdego właściciela prywatnej restauracji jest ustalenie cen – czy powinny być dla cudzoziemców, czy dla miejscowych, a może zdecydować się na obie opcje? Niektórzy mają dwie karty z cenami w obu walutach. Najlepsze restauracje w Hawanie nadal przyjmują turystów i dyplomatów, natomiast stałą klientelę prywatnych restauracji w mniejszych miastach stanowią głównie miejscowi, dlatego ceny są tam niższe.

Do 2008 r. Kubańczyków obowiązywał niezrozumiały zakaz zatrzymywania się w hotelach turystycznych. Z uwagi na wysokie ceny wielu z nich nadal na to nie stać, ale już w tańszych resortach, np. na Playa Santa Lucía, spędza gorące letnie wakacje mnóstwo kubańskich gości.

Przejażdżka po kubańskiej prowincji sprawia nowe niespodzianki. Choć to jeszcze nie Los Angeles, na drogach jest zauważalnie więcej samochodów niż w pierwszych latach XXI w. Nowe przepisy, zezwalające Kubańczykom na zakup i sprzedaż aut, to – jak na razie – tylko polityczny gest. Bardzo niewiele osób stać na toyoty czy audi, więc z konieczności królują stare amerykańskie bryki i radzieckie łady.

Poprawa nastąpiła również w rolnictwie. Przed 2008 r. wychudzone i niewydajne krowy błąkały się żałośnie dwójkami lub trójkami. Obecnie w gospodarstwach w prowincjach Las Tunas i Camagüey widać stada dobrze odżywionego bydła.

Targi i sklepy, chociaż wciąż daleko im do przepychu, mają mniej pustych półek, pojawiło się więcej sklepów sprzedających artykuły gospodarstwa domowego, jak lodówki i pralki. W centrach miast wszędzie kwitnie biznes, od ulicznych fryzjerni do wysokiej klasy przewodników wycieczek z własnymi wizytówkami i stronami internetowymi. Widać nawet profesjonalne reklamy *casas particulares* i restauracji, które do niedawna były niespotykane (i zakazane).

Zmiany, choć powszechnie uważane za konieczne, uwypukliły różnice w dochodach w społeczeństwie przyzwyczajonym dotąd do socjalizmu. Osoby z dostępem do walut wymienialnych – głównie pracujący w branży turystycznej – prosperują świetnie; niektóre *casas particulares* w Hawanie (do 2011 r. właściciele mogli wynajmować tylko dwa pokoje) przekształciły się nawet w minihotele. Tymczasem życie ludzi na kubańskiej prowincji niewiele się zmieniło. Niedobory nękające Kubę od ogłoszenia okresu specjalnego – w małych miastach w Oriente nadal dają się we znaki. Brakuje butelkowanej wody, budynki użyteczności publicznej popadają w ruinę, drogi są koszmarne.

Sport

Uważany za prawo dla mas, sport zawodowy po rewolucji został zlikwidowany. Jeśli chodzi o osiągnięcia sportowe, było to najlepsze, co mógł zrobić nowy rząd. Od 1959 r. liczba medali olimpijskich dla Kuby poszybowała w górę, a słabnące wyniki w ostatnich latach przypisuje się brakom finansowania.

Szczyt osiągnięć nastąpił w 1992 r., gdy Kuba - kraj 11 milionów ludzi, plasujący się nisko na liście światowego bogactwa - zdobyła 14 złotych medali i piąte miejsce w całkowitej klasyfikacji medalowej. Świadectwem wysokich standardów sportowych na Kubie jest fakt, że ukończenie igrzysk w Atenach w 2004 r. na 11. pozycji zostało odebrane jako narodowa porażka.

Co ciekawe, sportowa obsesja zaczęła się na szczycie władzy. Fidel Castro był niegdyś sprawnym miotaczem w bejsbolu, mniej znane jest jego osobiste zaangażowanie w utworzenie ogólnie dostępnego krajowego systemu edukacji sportowej na wszystkich poziomach. W 1961 r. Narodowy Instytut Sportu, Edukacji Fizycznej i Wypoczynku (INDER) wprowadził system sportu dla mas, który wyeliminował dyskryminację, ponadto był powszechnie dostępny dla dzieci od najmłodszych lat. Oferując robotnikom płatny wypoczynek i obniżając ceny biletów na duże imprezy sportowe, organizacja sprawiła, że uczestnictwo w sportach popularnych do lat 70. XX w. wzrosło dziesięciokrotnie, co przyniosło namacalne efekty w osiągnięciach.

Kubańska *pelota* (bejsbol) obrosła legendą; cały kraj pochłonięty jest rozgrywkami od października do marca, fanatycznie kibicując w kwietniowych meczach finałowych. Wzloty namiętności widać na głównych placach w stolicach prowincji, gdzie grupy kibiców (*peña deportiva*) szczegółowo omawiają mecze, wymachując rękami.

Kuba jest też gigantem boksu amatorskiego, czego dowodzą mistrzowie Teófilo Stevenson, który zdobył olimpijskie złoto w latach 1972, 1976 i 1980, oraz Félix Savón, także potrójny medalista, z ostatnim zwycięstwem w 2000 r. W każdym większym mieście jest hala sportowa (*sala polivalente*) przeznaczona na duże walki bokserskie; treningi natomiast i mniejsze mecze odbywają się w salach treningowych, w których szkoli się sportowców olimpijskich.

Elementy kultury francuskiej, importowanej z Haiti pod koniec XVIII w., nadal są widoczne na Kubie, zwłaszcza w założonych przez Francuzów miastach Guantánamo i Cienfuegos.

Wielokulturowość

Połączenie trzech ras i licznych narodowości wpłynęło na wielokulturowość kubańskiego społeczeństwa, w którym - pomimo trudnych wyzwań - rasowa równość ma się stosunkowo dobrze.

Unicestwienie przez Hiszpanów rdzennych mieszkańców Tainów i okrucieństwa wobec niewolników wycisnęły krwawe piętno na wczesnych latach kolonizacji. Do drugiej połowy XX w. sytuacja znacznie się poprawiła. Rewolucja prawnie zagwarantowała równość rasową, choć czarni Kubańczycy nadal częściej są zatrzymywani przez policję w celu przesłuchania. Ponad 90% kubańskich imigrantów w Stanach Zjednoczonych to potomkowie białych. Trudno też dostrzec silną obecność czarnych obywateli w polityce; wśród oficerów zwycięskiej armii rewolucyjnej, która przejęła władzę w 1959 r., niewielu (chwalebnym przykładem może być Juan Almeida) należało do czarnej lub mieszanej rasy.

Zgodnie z najnowszym spisem ludności, 27% to *mulatos* (rasa mieszana), 64% biali, 8% czarni i 1% Chińczycy. Poza oczywistą spuścizną hiszpańską, wielu tak zwanych „białych" to potomkowie francuskich emigrantów, przybyłych na wyspę falami w początkach XIX w. Miasta Guantánamo, Cienfuegos i Santiago de Cuba albo zostały założone przez

Kubański skoczek wzwyż, Javier Sotomayor, utrzymuje rekord świata w tej konkurencji od 1993 r., ma na koncie 17 z 24 najwyższych skoków.

francuskich *émigrés*, albo znajdowały się pod ich wyraźnym wpływem. Kubański przemysł kawowy i cukrowy w większości zawdzięcza rozwój francuskiej przedsiębiorczości.

Czarna populacja sama stanowi eklektyczną mieszankę. W latach 20. XX w. do pracy na polach trzciny cukrowej przyjechało na Kubę wielu Haitańczyków i Jamajczyków, którzy kultywowali swoje zwyczaje i tradycje. Ich potomków można spotkać w Guantánamo i Santiago de Cuba w Oriente oraz w Venezueli w prowincji Ciego de Ávila, gdzie nadal praktykują haitańskie rytuały wudu.

Religia

Religia to najmniej rozumiały i najbardziej złożony z aspektów kubańskiej kultury. Przed rewolucją 85% Kubańczyków teoretycznie było katolikami, choć tylko 10% regularnie uczęszczało do kościoła. Pozostałą część stanowili w większości protestanci; ponadto na Kubie zawsze były niewielkie grupy związane z judaizmem i islamem. Po triumfie rewolucji wydalono - za reakcyjną działalność polityczną - 140 księży katolickich, a 400 opuściło wyspę dobrowolnie. Protestanci, którzy prezentowali uboższe warstwy społeczeństwa, mieli mniej do stracenia i zostali.

Kiedy władze ogłosiły doktrynę marksistowsko-leninowską, czyli ateistyczną, życie *creyentes* (wiernych) musiało sprostać nowym trudnościom. Choć nigdy nie zakazano nabożeństw i nie uchylono wolności religijnej, chrześcijan kierowano do Unidades Militares de Ayuda a la Producción (UMAP; Wojskowe Jednostki Wspierania Produkcji). Ciężka praca miała uleczyć ich z religijnych mrzonek; homoseksualiści i bezdomni również trafili do pracy na polach. Ten eksperyment nie trwał jednak długo. Trudniejsze były dla wierzących represje w latach 70. i 80. XX w. - zabroniono im wstępować do partii komunistycznej i niewielu zajmowało stanowiska polityczne. Nauczanie na uniwersytetach, zwłaszcza w przypadku nauk humanistycznych, również nie wchodziło w grę.

Od tamtych czasów zaszły poważne zmiany, zwłaszcza w 1992 r., gdy skorygowano konstytucję, usuwając odniesienia do Kuby jako państwa marksistowsko-leninowskiego i ponownie przyjmując laicką naturę rządu. Prowadziło to do otwarcia dla osób religijnych w sferze praw cywilnych i politycznych społeczeństwa, a także do późniejszych reform (wierzący mogli już ubiegać się o członkostwo partii).

Kuba to jedno z kilku niewielkich państw, które zaszczycili wizytą ostatni trzej papieże. Odkąd kubański katolicyzm zyskał papieską aprobatę po wizycie Jana Pawła II w 1998 r., liczba wiernych w kościołach wzrosła, co zaowocowało przybyciem jego następcy, papieża Benedykta XVI w 2012 r. Franciszek, pierwszy papież z Ameryki Łacińskiej, spotkał się z entuzjastycznym przyjęciem podczas swej dziewięciodniowej wizyty w 2015 r., gdy wspomniał o progresji wolności wyznania na Kubie. Chwalono go też za pośrednictwo w dyplomatycznym ociepleniu stosunków USA - Kuba.

Należy tu podkreślić, że w nabożeństwach uczestniczy dużo młodych ludzi. Obecnie regularnie uczęszcza na msze 400 000 katolików i 300 000 protestantów z 54 grup wyznaniowych. Inne wyznania, jak adwentyści dnia siódmego czy zielonoświątkowcy, zyskują coraz większą popularność.

Santería

Ze wszystkich kulturowych zagadek Kuby (a jest ich wiele) *santería* jest najbardziej skomplikowaną, okrytą tajemnicą i nieodłącznie związaną z „afrykańskością". Wiedzie nieoznaczoną na mapach drogą, zamgloną, ale fascynującą.

REWOLUCJA NA BLOGU

Jak zawsze sprawna w piórze, Kuba, mimo ograniczonego dostępu do Internetu, ma coraz więcej elokwentnych blogerów o różnych poglądach politycznych. Na te strony raczej nie powinno się wchodzić z Kuby.

Generación Y (Yoani Sánchez; www.desdecuba.com/generaciony) Yoani Sánchez to najsłynniejsza kubańska blogerka (i dysydentka), a jej odważny blog „Generación Y", od kwietnia 2007 r. jest solą w oku służb zajmujących się cenzurą. Krytykując bezkompromisowo kubański rząd, przyciągnęła wielką grupę międzynarodowych odbiorców (Barack Obama odpowiedział kiedyś na jeden z jej postów), zdobyła też wiele nagród, w tym nagrodę Ortegi y Gasseta w dziedzinie dziennikarstwa cyfrowego.

Havana Times (www.havanatimes.org) Stronę internetową i zestaw blogów założył amerykański tłumacz Circles Robinson w 2008 r.; stanowisko osób publikujących jest antycastrowskie i przeciwne embargo.

Café Fuerte (www.cafefuerte.com; po hiszpańsku) Dziennik internetowy założony w 2010 r. przez kubańskich pisarzy i dziennikarzy o międzynarodowym doświadczeniu. Relacjonują wydarzenia dotyczące Kuby, zarówno wewnętrzne jak i zewnętrzne.

Łączy religie, które pod symbolicznym katolickim fornirem kryją afrykańskie korzenie. *Santería* – produkt epoki niewolnictwa – jest mocno osadzona we współczesnej kulturze Kuby. Wywarła ogromny wpływ na kubańską muzykę, tańce i rytuały. Obecnie jej wyznawcami są ponad trzy miliony Kubańczyków, w tym wielu pisarzy, artystów i polityków.

Santería wprowadza w błąd już samą nazwą – jest to termin historyczny; tak bowiem nazywali hiszpańscy kolonizatorzy rzekomy „kult świętych", praktykowany w XIX w. przez niewolników z Afryki. Właściwsze określenie to Regla de Ocha (Reguła Oriszów) lub Lucumí, pochodzące od pierwszych wyznawców z ludu Jorubów w południowo-zachodniej Nigerii – głównego źródła dla okrutnych handlarzy niewolnikami.

Wyznawcy *santerii* (*santeros*) wierzą w jednego boga o imieniu Oludomare, stwórcę wszechświata i źródło Ashe (wszelkiego życia na Ziemi). Oludomare komunikuje się ze światem za pośrednictwem panteonu oriszów, niedoskonałych bóstw, podobnych do katolickich świętych czy greckich bogów, którym przypisano cechy przyrody (woda, pogoda, metale) i ludzkie (miłość, intelekt, płodność). Każde bóstwo ma swoje święto i wymaga składania konkretnych ofiar z jedzenia; bóstwom są też przypisane liczby i barwy, które wyrażają ich osobowości.

Inaczej niż w chrześcijaństwie i islamie, w *santerii* nie ma odpowiednika Biblii czy Koranu. Obrzędy religijne są przekazywane ustnie; z czasem ewoluowały, przystosowując się do rzeczywistości współczesnej Kuby. Od wielkich światowych religii *santerię* różni skoncentrowanie się na „życiu na Ziemi", a nie życiu po śmierci. Wyznawcy jednak głęboko wierzą w moc zmarłych przodków, nazywanych *egun,* których duchy przywołuje się w ceremonii inicjacyjnej.

Synkretyzm *santerii* z katolicyzmem nastąpił w epoce kolonialnej, gdy zakazano afrykańskich obrzędów. Chcąc ukryć swoją religię przed hiszpańskimi władzami kościelnymi, afrykańscy niewolnicy potajemnie połączyli swoich oriszów ze świętymi katolickimi. I tak Changó, męskie bóstwo burzy i piorunów, zostało ukryte, osobliwie, za postacią św. Barbary, a Elegguá, bóstwo dróg i podróży, stało się św. Antonim z Padwy. Tym sposobem ówczesny niewolnik, modlący się pod figurą św. Barbary, w sekrecie oddawał cześć Changó. Afrykańscy Kubańczycy, na pozór świętujący dzień Czarnej Madonny z Regli (7 września), w rzeczywistości składali hołd bogini Yemayá, macierzy wszechrzeczy. To połączenie religii, choć już zbędne, nadal trwa.

Literatura i sztuka

Uniwersalność kubańskiego kina, malarstwa czy literatury zawstydzi znacznie bardziej liberalne politycznie narody. Kubańczycy mają w zwyczaju tworzyć od nowa – i lepiej – niemal każdy gatunek artystyczny. Można tam znaleźć wszystko: hiszpańskie flamenco, balet, muzykę klasyczną, kino alternatywne, sztuki Szekspira i Garcíi Lorki.

Kuba literacka

Kubańczycy uwielbiają konwersować i bywają nieznośnie gadatliwi. Być może pomaga im rum, jednakże od niepamiętnych czasów pisarze tego wielce wykształconego karaibskiego kraju nawet nie zwolnili, żeby wziąć oddech - wciąż piszą i opowiadają na nowo swe historie. W ten sposób stworzyli jedną z najbardziej przełomowych i wpływowych literatur Ameryki Łacińskiej.

Klasycyzm i romantyzm

Literatura kubańska po raz pierwszy przemówiła pełnym głosem w 1882 r., gdy opublikowano powieść *Cecilia Valdés o la Loma del Ángel* (*Cecylia Valdés albo Wzgórze Anioła*, Kraków 1976) Cirila Villaverde (1812–1894). Akcja toczy się 50 lat wcześniej w Hawanie, obarczonej problemami swojej epoki. Jest powszechnie uważana za najlepszą XIX-wieczną powieść kubańską.

Cirila Villaverde wyprzedziła, pod względem wydawniczym, jeśli nie historycznym, romantyczna poetka i powieściopisarka Gertrudis Gómez Avellaneda (1814–1873). Urodzona w Camagüey, w bogatej hiszpańskiej rodzinie szlacheckiej, była jedną z nielicznych pisarek w ściśle męskim gronie. Jedenaście lat wcześniej, zanim *Chata wuja Toma* Harriet Beecher Stowe wstrząsnęła Ameryką, Avellaneda w powieści pt. *Sab,* wydanej w 1841 r., podjęła drażliwą tematykę rasizmu i niewolnictwa. Na Kubie była zakazana aż do 1914 r. ze względu na swą abolicjonistyczną wymowę. Współcześni jej krytycy postanowili nie dostrzec feminizmu Avellanedy, która przedstawiła zamążpójście jako inną formę niewolnictwa.

MARTÍ – KATEGORIA SAMA W SOBIE

Pisarstwo José Juliána Martí Péreza (1853–1895) wymyka się kategoryzacji. Pionierski filozof, rewolucjonista i pisarz modernistyczny, Martí przesunął granice politycznej debaty na Kubie poza ramy niewolnictwa (zniesionego w 1880 r.), optując za niepodległością oraz wolnością. Jego proza posiada niespotykaną moc jednoczenia Kubańczyków na całym świecie, bez względu na poglądy polityczne. Jest szanowany przez władającą językiem hiszpańskim ludność ze względu na jego internacjonalizm, stawiający go w jednym rzędzie z Simónem Bolívarem.

Twórczość José Martí obejmuje ogromny zakres gatunków: eseje, powieści, komentarze polityczne, epistolografię, a nawet niezwykle popularne pismo dla dzieci *La edad de oro* „Złoty Wiek". Był mistrzem aforyzmu – jego cięte riposty są wszechobecne w codziennej kubańskiej mowie. Dwa najsłynniejsze dzieła José Martí opublikowano w 1891 r., są to eseje polityczne *Nuestra América* (*Nasza Ameryka*, CESLA, 1992) i zbiór poezji *Versos sencillos* (przekłady pol.: *Wiersze*, Kraków 1985). Ujawniają nadzieje i marzenia o przyszłości Kuby i Ameryki Łacińskiej.

José María Heredia (1803–1839), urodzony w Santiago de Cuba, mieszkał i pisał głównie na uchodźstwie, w Stanach Zjednoczonych i Meksyku (tam zmarł). Skazano go na banicję za rzekome spiskowanie przeciwko władzom hiszpańskim. Jego poezja, w tym słynne nostalgiczne poematy *Himno del desterrado* (Hymn wygnańca) i *Niágara*, wyraża tęsknotę za daleką ojczyzną.

Dysydenckie teksty poety Heberta Padilli (1932–2000), publikowane w latach 60. XX w., doprowadziły do jego uwięzienia i wybuchu „afery Padilli".

Eksperymentaliści

Kubańska literatura przeżywała rozkwit na początku XX w. Pierwsza połowa XX w. dla kubańskich pisarzy – inspirowanych twórczością José Martí – była okresem eksperymentowania. Spuściznę literacką tych czasów wspierają trzy potężne filary: Alejo Carpentier (1904–1980), barokowy szermierz słowny i twórca pojęcia *lo real maravilloso americano* (amerykańska rzeczywistość cudowna), które później utożsamiano z nurtem *realismo mágico* (realizmu magicznego) w literaturze; Guillermo Cabrera Infante (1929–2005), podobnie jak Joyce, mistrz neologizmów, przesunął parametry języka hiszpańskiego do ledwie czytelnych granic; José Lezama Lima (1910–1976), poeta-gej o proustowskich ambicjach, autor błyskotliwych powieści.

Wszyscy trzej byli pionierami stylu, inspirowali pisarzy-erudytów daleko od brzegów Kuby (m.in. Gabriela Garcíę Márqueza i Salmana Rushdiego). *El siglo de las luces* (*Eksplozja w katedrze*, Kraków 1975) – opus magnum urodzonego w Szwajcarii Aleja Carpentiera – analizuje wpływ rewolucji francuskiej na historię Karaibów, z historią miłosną w tle. Powieść uważana za najlepszą w literaturze kubańskiej. Cabrera Infante, pochodzący z Gibary, spisał na nowo reguły rządzące językiem w *Tres tristes tigres* (*Trzy pstre tygrysy*, Kraków 2016), studium ulicznego życia w Hawanie przed epoką Castro. Lezama Lima wybrał podejście anegdotyczne do pisarstwa w powieści *Paradiso* (*Raj*, Kraków 1973), wielowarstwowej interpretacji Hawany lat 50. XX w., z homoerotycznymi akcentami.

Wielomównemu trio deptał po piętach Miguel Barnet, antropolg z Hawany, którego *Biografía de un cimarrón* (*Biografia niewolnika*, Warszawa 1972), wydana w 1963 r., jest montażem serii wywiadów z mającym wówczas 104 lata dawnym niewolnikiem Estebanem Montejo (1860–1965).

Czasy Guilléna

Urodzony w Camagüey poeta *mulato* (Mulat) Nicolás Guillén (1902–1989) żarliwie bronił praw Afrokubańczyków. Wstrząśnięty w młodości morderstwem swojego ojca, szukał inspiracji w muzyce byłych czarnych niewolników, w rytmie afrokubańskich wersów wyrażał nadzieje i obawy wysiedlanych czarnych robotników. Najsłynniejsze wiersze z jego bogatego dorobku to *Tengo* (Mam) oraz *Che comandante, amigo* (Komendancie Che, przyjacielu). *Palma sola* (muz. Andrzej Zarycki) śpiewała Ewa Demarczyk. Polskie przekłady: tomy poezji *Śpiewak z Kuby* (Warszawa 1954), *Trzystrunna gitara* (Warszawa 1957), *Wiersze wybrane* (Kraków 1978).

Od 1937 r. odbył wiele podróży do krajów Ameryki Łacińskiej i Europy. Po rewolucji wrócił na Kubę; powierzono mu zadanie kształtowania polityki kulturalnej i kierownictwo Związku Pisarzy i Artystów Kuby (Uneac: Unión de Escritores y Artistas de Cuba).

Brudni realiści

W latach 90. XX w. i na początku XXI w. pisarze, którzy dorastali w czasach cenzury i sowieckiej dominacji, zaczęli przejawiać w swej twórczości przeciwstawne postawy. Niektórzy opuścili kraj, inni pozostali, ale wszyscy eksplorowali granice artystycznego wyrazu w systemie obciążonym cenzurą.

ZDOBYWCA NAGRÓD PAZ

Senel Paz – autor powieści *El lobo, el bosque y el hombre nuevo* (Wilk, las i nowy człowiek), według której napisał scenariusz do filmu *Truskawki i czekolada* – w 2008 r. ponownie znalazł się w centrum międzynarodowej uwagi po publikacji *En el cielo con diamantes* (W niebie z diamentami), wstrząsającej opowieści o przyjaźni w Hawanie lat 50. XX w. Otrzymał za nią liczne nagrody literackie i pozycję najczęściej czytanego współczesnego pisarza kubańskiego.

Z cienia Lezamy Limy wyszedł Reinaldo Arenas (1943–1990), pisarzgej z prowincji Holguín, który, jak Guillermo Cabrera Infante, wziął rozbrat z rewolucją w późnych latach 60. i trafił do więzienia za niewłaściwą twórczość. Arenas uciekł do USA w latach 80. XX w., podczas exodusu z portu Mariel. Kontynuował swój hiperboliczny pamiętnik, *Antes que anochezca* (*Zanim zapadnie noc*, Warszawa 2004), w którym opisywał lata spędzone w więzieniu na Kubie i swój homoseksualizm. Opublikowany w 1993 r. w USA, spotkał się z uznaniem krytyków.

Nazywani „brudnymi realistami", autorzy tworzący pod koniec lat 90. XX w. i na początku XXI w., opisywali współczesną obyczajowość. Pedro Juan Gutiérrez (ur. 1950) zasłużył sobie na przydomek „Bukowskiego tropików" po wydaniu *Trilogía sucia de La Habana* (*Brudnej trylogii o Hawanie*, Poznań 2004), pełnego seksu, zmysłowego studium o Centro Habana w „okresie specjalnym". Gutiérrez przedstawił beznadziejną sytuację ekonomiczną, unikając bezpośredniej polemiki politycznej.

Zoé Valdés, urodzona w roku objęcia władzy przez Castro, bardziej bezpośrednio krytykowała reżym, zwłaszcza po wyjeździe z Kuby do Paryża w 1995 r. Na język polski przetłumaczono: *Te di la vida entera* (*Oddałam ci całe życie*, Warszawa 1999), *Milagro en Miami* (*Cud w Miami*, Warszawa 2004) i *Lobas del mar* (*Piratki z Karaibów*, Warszawa 2010).

Zafascynowani cudzoziemcy

Kuba również inspirowała pisarzy zagranicznych, przede wszystkim Ernesta Hemingwaya i Grahama Greene'a. Hemingway (1899–1961) po raz pierwszy odwiedził Kubę pod koniec lat 30. XX w. na pokładzie swojej łodzi „El Pilar", głównie po to, żeby uciec od swej „przyszłej eks-żony". Jego romans – z wyspą – trwał aż do śmierci. Opowiadanie *Stary człowiek i morze* (1952, wyd. pol. 1956) oraz trzytomowa powieść *Wyspy na Golfsztromie* (1970, wyd. pol. 1973) oparte są na osobistych doświadczeniach autora.

Graham Greene (1904–1991) odwiedzał Kubę wielokrotnie w latach 50. XX w. Osadził w niej akcję powieści *Nasz człowiek w Hawanie* (1958, wyd. pol. 1960). Nieudolny agent wywiadu brytyjskiego, żeby się wykazać, przesyła nieprawdziwe informacje swoim przełożonym w centrali. Wkrótce sfabrykowane dowody zdają się potwierdzać rzeczywiste wydarzenia.

Graham Greene umieścił akcję swojej szyderczej powieści o brytyjskich szpiegach w Tallinie, w Estonii. Jednak po wizycie w stolicy Kuby zmienił koncepcję. Powieść zatytułował: *Nasz człowiek w Hawanie.*

Choć akcja żadnej z jego powieści nie toczy się na Kubie, kolumbijskiego pisarza Gabriela Garcíę Márqueza (1927–2014) łączyła wieloletnia przyjaźń z Fidelem Castro. Márquez napisał kilka artykułów na temat Kuby, między innymi o inwazji w Zatoce Świń i *El Fidel que yo conozco* (Fidel, jakiego znam).

Kino

Kubańskie kino zawsze było bliższe europejskiej tradycji kina studyjnego niż hollywoodzkim produkcjom, szczególnie po rewolucji. Niewiele zasługujących na uwagę filmów powstało przed rokiem 1959, zanim nowy rząd powołał Instituto Cubano del Arte e Industria Cinematográficos (Icaic) pod kierownictwem doświadczonego filmowca, absolwenta Uniwersytetu Hawany Alfreda Guevary, który piastował to stanowisko do 2000 r.

Lata 60. XX w. nazwano *Década de oro del cine cubano* (złotą dekadą kina kubańskiego); wówczas pod pretekstem działań artystycznych kolejni reżyserzy testowali granice państwowej cenzury i niekiedy osiągali większą swobodę twórczą. Filmy z tamtych czasów wyśmiewały biurokrację, komunistyczną gospodarkę, kwestionowały rolę intelektualistów w socjalistycznym państwie, a później zajęły się tabu, jakim był homoseksualizm. Wielcy filmowcy tamtych lat - Humberto Solás, Tomás Gutiérrez Alea, Juan Carlos Tabío - pod wodzą Alfreda Guevary wprowadzili kubańskie kino do światowej awangardy.

Pierwszym znaczącym kubańskim filmem porewolucyjnym był *Soy Cuba* (Ja, Kuba; 1964) w reżyserii Michaiła Kałatozowa, udramatyzowany zapis wydarzeń, które doprowadziły do wybuchu rewolucji w 1959 r., przedstawiony w czterech powiązanych z sobą nowelach. Film popadł w zapomnienie już na początku lat 70. XX, jednak został wskrzeszony w połowie lat 90. XX w. przez amerykańskiego reżysera Martina Scorsese, który zachwycał się jego warsztatem zdjęciowym, klimatyczną pracą kamery i zaskakującymi travellingami. Film otrzymał ocenę 100% od portalu Rotten Tomatoes, a jeden z krytyków określił go jako „unikatowy, szalony, porywający spektakl".

Uczący się rzemiosła w latach 60. XX w. najsłynniejszy z kubańskich reżyserów, Tomás Gutiérrez Alea (1928-1996), osiągnął dojrzałość, realizując filmy studyjne: *La muerte de un burócrata* (*Śmierć biurokraty*; 1966), satyrę na rozdętą socjalistyczną biurokratyzację, oraz *Memorias de subdesarrollo* (*Wspomnienia*; 1968), opowieść o kubańskim intelektualiście, zbyt idealistycznym jak na Miami, ale zbyt dekadenckim, żeby prowadzić skromne życie w Hawanie. Gutiérrez wspólnie ze swym kolegą, reżyserem Juanem Carlosem Tabío, zrealizował w 1993 r. kolejny klasyk: nominowany do nagrody Oscara film *Fresa y chocolate* (*Truskawki i czekolada*) - historię sceptycznego homoseksualisty Diego, zakochującego się w heteroseksualnym aktywiście komunistycznym. Film pozostaje najwybitniejszą kubańską realizacją.

Humberto Solás (1941-2008), mistrz kina niskobudżetowego *(cine pobre)*, zyskał uznanie w 1968 r. za nowatorski obraz *Lucía*. Film przedstawia życie trzech Kubanek w kluczowych momentach historii kraju, w 1895 r., 1932 r. i na początku lat 60. XX w. Ukoronowaniem kariery Solása jest zrealizowany w 2005 r. *Barrio Cuba* – opowieść o rodzinie rozdzielonej przez rewolucję.

Współczesny pisarz Leonardo Padura Fuentes znany jest z tetralogii kryminalnej *Las cuatro estaciones* (*Cztery pory roku: Gorączka w Hawanie*, 2009; *Wichura w Hawanie*, 2009; *Trans w Hawanie*, 2010; po polsku wydano trzy części; IV tom: *Paisaje de otoño*), według której powstał intrygujący miniserial (Netflix).

SZTUKA KOLONIALNA

Pierwszym znaczącym kubańskim artystą był urodzony w Hawanie José Nicolás de Escalera (1734–1804). Malował w stylu barokowym obrazy religijne, wiernie naśladując hiszpańskiego mistrza Estebana Murillo. Jako pierwszy kubański artysta malował czarnych niewolników, co pod koniec XVIII w. było posunięciem wręcz rewolucyjnym. Większość dzieł Escalery można obejrzeć w galeriach i kościołach w Hawanie oraz w Iglesia de Nuestra Señora del Rosario (s. 134) na peryferiach stolicy. Jego mroczne obrazy olejne posiada Museo Nacional de Bellas Artes (s. 76).

Wielu XIX-wiecznych malarzy kubańskich głośno opowiadało się za niepodległością. Guillermo Collazo (1850–96), pejzażysta z Santiago, miał studio w Hawanie. Przyjaźnił się z José Martí, któremu pomógł uzyskać pierwszą posadę. Impresjonista Armando Menocal (1863–1942), absolwent hawańskiej Academii San Alejandro, walczył w wojnie o niepodległość w latach 1895–1898. Choć rewolucja na polach bitewnych już trwała, rewolucja na płótnach malarskich musiała zaczekać do początków XX w.

RAÚL MARTÍNEZ I GRUPO DE LOS ONCE

Raúl Martínez (1927–1995), urodzony w Ciego de Ávila, stanął na czele kubańskiego ruchu pop-art w latach 50. i 60. XX w. – dzięki ikonicznym przedstawieniom José Martí, Camila Cienfuegos i Che Guevary. Na większość jego prac miał wpływ zarówno sowiecki socreaalizm, jak i amerykański pop-art. Martínez należał do Grupo de los Once – malarzy abstrakcjonistów organizujących wspólne wystawy w latach 1953–1955. Grupa Jedenastu pozostawiła trwały ślad w sztuce kubańskiej. Prace Martíneza można obejrzeć w Centro de Promoción Cultural Guiarte w Ciego de Ávila (s. 303).

Po śmierci Gutiérreza i Solása pałeczkę przejęło młode pokolenie. Fernanado Pérez objawił się w 1994 r. klasyczną produkcją o „okresie specjalnym" *Madagascar*, przedstawiając międzypokoleniowe zmagania matki z córką. W 2004 r. zrealizował *Suite Habana*, nastrojowy dokument o codziennym życiu w stolicy trzynastu prawdziwych postaci, bez słowa dialogu. Film drogi *Viva Cuba* (2005 r.), w reżyserii Juana Carlosa Crematy, jest przedstawionym oczami dwojga dzieci studium klasowym i ideologicznym. Film zebrał liczne pochwały za granicą.

W ciągu ostatnich paru lat znów pojawiło się kilka klasyków podobnego kalibru. *Juan od trupów* (2011 r., reż. Alejandro Brugés) – kubańska wersja brytyjskiej komedii grozy *Wysyp żywych trupów* – był pierwszym kubańskim filmem o zombie. W tej ledwie skrywanej krytyce komunistycznego reżimu, nierób, który został pogromcą nieumarłych, walczy o przetrwanie w stolicy opanowanej przez zombie.

Zabawna komedia Artura Sotto z 2014 r. *Boccaccerías habaneras* (Boccaccio po hawańsku) jest dostępna w całości na YouTube.

Znaczny wpływ Hawany na kulturę filmową amerykańskiego świata podkreśla Festival Internacional del Nuevo Cine Latinoamericano, odbywający się w stolicy w grudniu każdego roku.

Malarstwo i rzeźba

Współczesna sztuka kubańska łączy afroamerykański koloryt z surową rzeczywistością rewolucji. To odurzająca mikstura. Współcześni artyści, zapędzeni w kozi róg ograniczeniami kultury zredefiniowanej przez kubańską rewolucję, niezmiennie dochodzili do wniosku, że dokooptowując reżym socjalistyczny, wiele zyskują, np. możliwość kształcenia się na wyższych uczelniach. W tak ulotnym, kreatywnym klimacie rozwijała się sztuka abstrakcyjna, mająca mocną pozycję jeszcze przed rewolucją.

Pierwszy rozkwit sztuki kubańskiej nastąpił w latach 20. XX w., kiedy malarze należący do ruchu Vanguardia przenieśli się czasowo do Paryża, gdzie zaznajomili się z europejską awangardą, której przewodzili artyści na miarę Pabla Picassa. Jednym z przedstawicieli Vanguardii był genialny malarz Víctor Manuel García Valdés (1897–1969). Portret *La gitana tropical* (1929 r.), archetyp Kubanki, należy do najsłynniejszych kubańskich obrazów. *Cygankę z tropików*, obwołaną „latynoską Giocondą" (La Gioconda americana), można zobaczyć w Museo Nacional de Bellas Artes w Hawanie.

Amelia Peláez (1896–1968), która również studiowała w Paryżu, łączyła sztukę awangardową z ludowymi motywami kubańskimi. Peláez używała różnych materiałów (szkło, ceramika); jej najsłynniejszymi pracami są murale, m.in. mural – z płytek ceramicznych – o powierzchni 670 m^2, na bocznej ścianie hotelu *Habana Libre*.

Po wysokiej poprzeczce, jaką ustawił Wifredo Lam, kubański pop-art znacząco wpłynął na twórczość w latach 50. i 60. XX w. Sztuka cieszyła się patronatem rządu (choć w ramach surowej cenzury); w 1976 r. w dzielnicy Cubanacán w Hawanie utworzono Instituto Superior de Arte.

NAJ: Artyści współcześni

- *José Ramón Villa Soberón*
- *Joel Jover*
- *Flora Fong*
- *José Rodríguez Fúster*
- *Tomás Sánchez*
- *Julia Emilia Valdés Borrero*

Architektura

Architektura kubańska jest melanżem stylów, koncepcji i wpływów środowiska. Z przetwarzanych importowanych stylów powstała bogata w wątki, unikatowa architektura. Obecnie z braku środków Kuba może utracić znaczną część swoich wspaniałych zabytków. Szeroko zakrojona rozbiórka zrujnowanych historycznych budowli unicestwia to cenne dziedzictwo.

Style i mody

Niemal nienaruszone przez trzy wojny rewolucyjne i chronione przed współczesną globalizacją szczególną sytuacją gospodarczą, kolonialne miasta przetrwały do XXI w., zachowując swą zabytkową architekturę. Pomocne okazało się wpisanie Habana Vieja, Trinidadu, Cienfuegos i Camagüey na Listę Światowego Dziedzictwa Kulturalnego i Przyrodniczego UNESCO, a także wsparcie ze strony dalekowzrocznych miejscowych

Powyżej Habana Vieja (s. 62), Hawana

Kubański gotyk prezentuje Iglesia del Sagrado Corazón de Jesús w Hawanie oraz kościół pod tym samym wezwaniem w Camagüey.

historyków, którzy stworzyli system samowystarczalnej ochrony konserwatorskiej obiektów zabytkowych, co jest jednym z największych osiągnięć rządu rewolucyjnego.

Charakterystyczne na Kubie style to barok i neoklasycyzm. Projektanci barokowi zaczęli ostrzyć swoje pióra w latach 50. XVIII w.; neoklasycyzm rozpoczął się w latach 20. XIX w. i trwał, ze wzlotami i upadkami, do lat 20. XX w. Budowle w okresie amerykańskim (1902–1959) cechował styl art déco, a później modernizm. Secesja pojawiła się przelotnie pod wpływem katalońskiego *modernisme;* rozpoznawalne secesyjne krzywizny i dekoracje można zobaczyć przy centralnej osi wschód–zachód w Centro Habana. Ostentacyjny eklektyzm, „prezent" Amerykanów, opanował rozrastające się zamożne przedmieścia po roku 1910.

Nie wszystkie style budowlane były ładne. Krótki flirt Kuby z architekturą sowiecką lat 60. i 70. XX w. zaowocował licznymi blokami mieszkalnymi z żużlobetonu i brzydkimi hotelami, sąsiadującymi z pięknymi pozostałościami epoki kolonialnej. Dzielnica Vedado w Hawanie pielęgnuje niewielkie, ale istotne, skupisko modernistycznych „drapaczy chmur", wzniesionych w dekadzie przedrewolucyjnego boomu lat 50. XX w.

Nabrzeżne fortyfikacje

Podczas gdy europejscy królowie ukrywali się przed plebsem w potężnych, średniowiecznych zamczyskach, ich latynoamerykańscy gubernatorowie budowali kolonialne umocnienia, przybierające kształt licznych okazałych renesansowych fortec.

Pierścień fortyfikacji wzdłuż wybrzeża Kuby, od Hawany na zachodzie, aż po Baracoa na wschodzie, jest jednym z najwspanialszych zespołów architektury wojskowej w obu Amerykach. Kamienne molochy, budowane przez Hiszpanów w XVI, XVII i XVIII w. odzwierciedlają strategiczne znaczenie kolonii dla atlantyckich szlaków handlowych, narażonych na ataki śmiałych piratów i konkurujących mocarstw kolonialnych.

Jako stolica Kuby i pierwszy hiszpański port Karaibów, Hawana stanowiła łakomy kąsek dla ambitnych najeźdźców. Splądrowanie miasta przez francuskiego pirata Jacquesa de Sores w 1555 r. obnażyło niedostatki wątłych umocnień i zainicjowało pierwszy etap budowy fortyfikacji.

Władze Hawany sprowadziły włoskiego architekta wojskowego, Baustistę Antonellego, i zleciły mu to zadanie. Antonelli obwarował wejście do portu dwoma wspaniałymi fortami: El Morro i Castillo de San Salvador de La Punta. Prace, rozpoczęte w latach 80. XVI w., były powolne, lecz dokładne. Forty zostały ukończone dopiero po śmierci Antonellego, w latach 20. XVII w. Antonelli również zaprojektował Castillo de San Pedro de la Roca del Morro w Santiago, którego budowę rozpoczęto mniej więcej w tym samym czasie, ale ze względu na dwie napaści, między innymi okrytego złą sławą angielskiego pirata Henry'ego Morgana w 1662 r., ukończono ją dopiero w 1700 r.

Następne forty – w Jagua (nieopodal dzisiejszego Cienfuegos) na południowym wybrzeżu oraz w Matanzas na północy – dodano w XVIII w. Miasto Baracoa na wschodzie otoczono trzema małymi fortyfikacjami, z których wszystkie się zachowały.

Grube mury i wieloboczny ich układ dopasowany do linii brzegowej – kubańskie forty budowano tak, żeby przetrwały (a przetrwały wszystkie) – spełniały swoje zadanie, jakim było odstraszanie najeźdźców, aż do roku 1762. Wtedy wybuchła wojna siedmioletnia; przybyli Brytyjczycy, którzy wysadzili mur, tworząc wyrwę, w forcie San Severino w Matanzas, a potem zajęli Hawanę po 44-dniowym oblężeniu fortu El Morro. Reakcją Hiszpanów po odbiciu miasta Brytyjczykom w 1763 r. była budowa potężnej La Cabaña, największej fortecy w obu Amerykach. Umocnień La Cabaña nigdy nie sforsowano.

Castillo de la Real Fuerza (s. 65), Hawana

W latach 80. i 90. XX w. forty w Hawanie i Santiago wpisano na Listę Światowego Dziedzictwa Kulturalnego i Przyrodniczego UNESCO.

Architektura teatralna

Podczas oglądania spektaklu tanecznego lub teatralnego w kubańskim teatrze prowincjonalnym wzrok wędruje od artystów na scenie do urzekającego, kunsztownego wystroju sali.

Kubańscy patroni muzyki i tańca prześcigali się w budowaniu wspaniałych teatrów. W większości stolic prowincji w tych historycznych obiektach można obejrzeć najnowsze przedstawienia. Panuje zgodność co do tego, że najdoskonalszymi architektonicznie teatrami na Kubie są Teatro Sauto (s. 217) w Matanzas, Teatro La Caridad (s. 257) w Santa Clara oraz Teatro Tomás Terry (s. 237) w Cienfuegos.

Wszystkie trzy budowle, wzniesione w XIX w. (kolejno w latach 1863, 1885 i 1890), zdobią stonowane, francuskie neoklasycystyczne fasady, za którymi kryją się wystawne włoskie wnętrza. Ich wspólną cechą są widownie w kształcie litery U, z podziałem na trzy części, zdobione rzeźbioną boazerią i kutym żelazem, zwieńczone wspaniałymi plafonami. Cherubiny w La Caridad i w Teatro Tomás Terry namalował filipiński artysta, Camilo Salaya, freski w Sauto są dziełem włoskiego architekta teatralnego Daniele Dell'Aglio. Wśród licznych dekoracji zwracają uwagę misterne kandelabry, złote mozaiki i wspaniałe marmurowe rzeźby. W Sauto są to greckie boginie; pomnik w Teatro Tomás Terry przedstawia jego samego: urodzonego w Wenezueli cukrowego barona.

Filantropia odegrała ważną rolę w powstawaniu XIX-wiecznych teatrów; Teatro La Caridad (dobroczynność) w Santa Clara ufundowała Marta Abreu. W geście czysto altruistycznym, Abreu, która finansowała schroniska dla biednych i ochronki, zbudowała łaźnie publiczne i wspomagała

Słynne budowle art déco

Edificio Bacardí (s. 74), Hawana

Teatro América (s. 115), Hawana

Iglesia de Nuestra Señora de la Caridad (s. 368), Banes

Cuartel Moncada (s. 398), Santiago de Cuba

Camagüey (s. 318)

artystów, zagwarantowała, że procenty z przychodów teatru będą przeznaczone na cele dobroczynne.

Z braku środków w minionych latach wiele kubańskich teatrów wciąż oczekuje na remonty. Niektóre budynki nie przetrwały. Colesio w Santiago de Cuba - najwcześniejszy kubański teatr, wzniesiony w 1823 r. - uległ zniszczeniu w pożarze w 1846 r. Teatro Brunet w Trinidadzie, zbudowany w 1840 r., jest obecnie romantyczną ruiną - miejscem spotkań i spacerów. Najstarszy teatr Hawany, Tacón, przetrwał, ale jako galisyjski ośrodek społeczny (Centro Gallego), założony na początku XX w. Na uroczym sewilskim patio niedawno odnowionego Teatro Milanés (1838 r.) w Pinar del Río odbywają się koncerty i przedstawienia. Neoklasycystyczny Teatro Principal (1850 r.) w Camagüey jest siedzibą najbardziej prestiżowego z kubańskich zespołów baletowych.

Kubański barok

Architektura barokowa dotarła na Kubę w połowie XVII w. z Hiszpanii, dobre 50 lat po jej apogeum w Europie. Właściciele niewolników, zasobni dzięki szybkiemu rozwojowi młodego przemysłu cukrowniczego, lokowali wysokie zyski w okazałych budynkach. Najwspanialsze przykłady kubańskiego baroku, domy i budowle użyteczności publicznej, znajdują się w Habana Vieja. Styl ten osiągnął swój szczyt pod koniec XVII w. wraz z budową Catedral de La Habana (s. 62) i Plaza de la Catedral (s. 62).

Ze względu na właściwości klimatyczne i kulturowe, tradycyjny barok (z port. *barroco:* perła o nieregularnym kształcie) został na Kubie szybko „stropikalizowany", gdy miejscowi architekci zaczęli dodawać własne koncepcje do budowli powstających w miastach prowincjonalnych. Owymi lokalnymi akcentami są: *rejas* - metalowe pręty chroniące okna przed włamaniami i umożliwiające lepszą cyrkulacje powietrza; *vitrales* – kolorowe, szklane wstawki nad drzwiami, mile rozpraszające tropikalne światło; *entresuelos* – antresole dla czarnych służących; *portales* – podcienie zapewniające pieszym ochronę przed słońcem i deszczem.

Charakterystyczne barokowe budowle, jak Palacio de los Capitanes Generales (s. 63) przy Plaza de Armas w Hawanie, budowano z twardego wapienia, wydobywanego w pobliskich kamieniołomach San Lázaro przez czarnych niewolników. W rezultacie, misterne dekoracje zewnętrzne, wyróżniające architekturę barokową Włoch i Hiszpanii, są mocno stonowane na Kubie, gdyż miejscowej sile roboczej brakowało umiejętności kamieniarskich ich europejskich odpowiedników.

Najwspanialsze spośród budowli barokowych na Kubie można znaleźć w Trinidadzie. Pochodzą z początków XIX w., kiedy projekty i wyposażenie były poddane silnym wpływom mody panującej we Włoszech, Francji i georgiańskiej Anglii.

NAJ: Place kolonialne

- Plaza de la Catedral (s. 62), Hawana
- Plaza Mayor (s. 277), Trinidad
- Parque José Martí (s. 243), Cienfuegos
- Parque Ignacio Agramonte (s. 319), Camagüey
- Plaza Martí (s. 266), Remedios

Neoklasycyzm

Neoklasycyzm rozwinął się w połowie XVIII w. w Europie w odpowiedzi na wybujałą ornamentację i krzykliwą ostentację baroku. Wcześni adepci ruchu, narodzonego w postępowych akademiach Londynu i Paryża, lansowali czyste barwy i odważną symetrię, a także nawoływali do powrotu do architektonicznej „czystości" starożytnej Grecji i Rzymu.

Styl dotarł na Kubę na początku XIX w. dzięki francuskim emigrantom, którzy uciekli z Haiti po gwałtownej rebelii niewolników w 1791 r. W ciągu paru dekad neoklasycyzm okrzepł i stał się wiodącym stylem architektonicznym na Kubie.

W połowie XIX w. solidne budynki neoklasycystyczne – rzucająca się w oczy symetria, okazałe elewacje, rzędy imponujących kolumn, które zastąpiły barokowe esy-floresy – były standardem dla kubańskiej burżuazji w Cienfuegos i Matanzas.

Prawdziwie neoklasycystyczną budowlą w Hawanie był El Templete, dorycka świątynka wzniesiona w Habana Vieja w1828 r. w pobliżu miejsca, w którym – według tradycji – Fray Bartolomé de Las Casas celebrował pierwszą mszę św. W połowie XIX w. miasto parło na zachód, wychodząc poza XVII-wieczne mury miejskie, i w tym nowym stylu wznoszono ambitniejsze budynki, m.in. słynny *Hotel Inglaterra* dominujący w Parque Central. Hawana rozrosła się i wypiękniała. W modzie były obszerne dziedzińce otoczone kolumnami, a także kolumnady od strony ulicy. To dlatego wielki kubański pisarz Alejo Carpentier nazwał Hawanę „miastem kolumn" (*la ciudad de las columnas*).

Neoklasycyzm odżył na Kubie na początku XX w. za sprawą rosnących wpływów USA. Pod wpływem idei i kanonów amerykańskiego renesansu (1876–1917) Hawana wkroczyła w okres boomu budowlanego. Powstały wówczas gigantyczne budynki publiczne: Capitolio Nacional i Universidad

TRINIDAD: ARCHITEKTURA KOLONIALNA

Trinidad jest jednym z najlepiej zachowanych miast kolonialnych w obu Amerykach. Większość nadzwyczaj spójnych architektonicznie budowli pochodzi z początku XIX w., kiedy przemysł cukrowy osiągnął punkt kulminacyjny. Typowe kolonialne domy w Trinidadzie zwykle są duże, parterowe, mają belkowane dachy kryte dachówkami z terakoty. W przeciwieństwie do zabudowań w Hawanie, wielkie drzwi frontowe otwierają się bezpośrednio na duży pokój. Inne cechy typowe dla architektury Trinidadu to olbrzymie okna bez szyb, osłonięte szeregiem drewnianych drągów lub żelaznych prętów, freski ścienne, werandy, a także wiszące nad ulicą balkony z drewnianą balustradą. Większe domy mają mudéjarowe dziedzińce oraz *aljibes* (cysterny).

Powyżej Plaza Major (s. 277), Trinidad
Poniżej Palacio Provincial (s. 259), Santa Clara

Edificio Bacardí (s. 74), Hawana

de La Habana. Na prowincji styl osiągnął apogeum w szeregu imponujących teatrów.

Art déco

Art déco – elegancki, funkcjonalny, nowoczesny styl architektoniczny – przeniesiony z Francji na początku XX w. opanował Amerykę w latach 20. i 30. XX stulecia. Czerpiąc z kubizmu, futuryzmu i prymitywnej sztuki afrykańskiej, gatunek ten preferował smukłe budynki z motywami charakteryzującymi się głębokimi krzywiznami i rozbłyskami promieni słonecznych, podobnymi do tych na budynku Chryslera w Nowym Jorku i w zabudowie dzielnicy South Beach w Miami.

Wkrótce styl zawitał również na Kubie: powstały rodzime „tropikalne" budynki art déco, z których lwia część znajduje się w Hawanie. Jednym z najwspanialszych przykładów wczesnego art déco w Ameryce Łacińskiej jest Edifico Bacardí w Habana Vieja, wzniesiony w 1930 r. jako siedziba słynnej na cały świat rodziny producentów rumu.

Równie wspaniały był 14-poziomowy Edificio López Serrano (1932 r.) w Vedado, pierwszy prawdziwy *rascacielo* (drapacz chmur) w mieście, inspirowany nowojorskim Rockefeller Center. Pojawiały się kolejne funkcjonalne budynki art déco, m.in. Teatro América przy Avenida de la Italia, Teatro Fausto przy Paseo de Martí oraz Casa de las Américas przy Calle G. Eklektyczną interpretacją tego stylu jest słynny *Hotel Nacional*, którego ostre, symetryczne linie i dekoracyjne, podwójne mauryjskie wieżyczki dominują w panoramie Malecónu.

Eklektyzm

Terminem eklektyzm zwykle określa się niekonformistyczne i wysoce eksperymentalne twory architektoniczne, powstałe w Stanach Zjednoczonych w latach 80. XIX stulecia. Odrzuciwszy XIX-wieczne pojęcie „stylu"

NAJ: Przykłady stylów architektonicznych

Wczesny kolonialny *Museo de Pintura Mural (s. 73)*

Barok *Catedral de La Habana (s. 62)*

Neoklasycyzm *Capitolio Nacional (s. 77)*

Art déco *Edificio Bacardí (s. 74)*

Secesja *Palacio Cueto (s. 69)*

Eklektyczny *Palacio del Valle (s. 239)*

Modernistyczny *Edificio Focsa (s. 86)*

Gotyk *Iglesia del Sagrado Corazón de Jesús (s. 78)*

Palacio del Valle (s. 239), Cienfuegos

Hotele architektoniczne

Hotel Ordoño (s. 359), Gibara

Hotel Raquel (s. 89), Hawana

Hostal del Rijo (s. 296), Sancti Spíritus

Hotel Camino de Hierro (s. 324), Camagüey

Hotel Caballeriza (s. 353), Holguin

i kategoryzacje, architekci uprawiający ten nowy, rewolucyjny gatunek propagowali otwarcie na działania, w których „wszystko jest dozwolone", czerpiąc inspirację z szerokiej gamy historycznych precedensów.

Z racji silnej obecności USA przed rewolucją w 1959 r. Kubę szybko ogarnął współczesny eklektyzm: bogaci amerykańscy i kubańscy właściciele ziemscy budowali wielkie rezydencje – na wzór Xanadu – w nowo powstających dzielnicach mieszkalnych klas wyższych. Ogromne, ostentacyjne, czasem nieprawdopodobnie kiczowate i wymyślne domostwa zdobiły mury z blankami, dziwaczne wieże obserwacyjne, kopuły i gargulce. Kubański eklektyzm zobaczymy w dzielnicy Miramar w Hawanie, Vista Alegre w Santiago de Cuba oraz Punta Gorda w Cienfuegos.

Muzyka i taniec

Bogata, wielowarstwowa, energiczna i wzruszająca – muzyka kubańska od dawna wiedzie prym wśród brzmień i rytmów latynoskich. To na Kubie narodziła się salsa: mocne czarne rytmy wtargnęły w eleganckie europejskie tańce, po raz pierwszy afrykańskie bębny zalecały się do hiszpańskiej gitary. Od nędznych doków w Matanzas po bukoliczne wioski w Sierra Maestra, uwodzicielskie muzyczne fuzje objawiały światu *son*, rumbę, mambo, *chachachá*, *charangę*, *changüí*, *danzón*...

Muzyczny tygiel

Oprócz hiszpańskich i afrykańskich, muzyka kubańska czerpała z wielu innych źródeł. Do tego egzotycznego tygla dołączyły gatunki muzyczne z Francji, Stanów Zjednoczonych, Haiti i Jamajki. Kubańska muzyka także przyczyniła się do rozwoju stylów i technik muzycznych w różnych zakątkach świata. W Hiszpanii proces ten nazwano *ida y vuelta* (podróż w obie strony); jest on widoczny w odmianie flamenco zwanej *guajira*. „Efekt kubański" odnajdujemy w tak odmiennych formach, jak jazz nowoorleański, nowojorska salsa czy zachodnioafrykański afrobeat.

Kubański taniec, określany przez wielbicieli jako „pionowe przedstawienie aktu poziomego", słynie z erotycznych rytmów i zmysłowych zbliżeń. Odziedziczywszy wraz z przyjściem na świat miłość do tańca, a w wieku dwóch czy trzech lat posiadłszy zdolność do odtwarzania idealnych kroków salsy, Kubańczycy są naturalnymi tancerzami. Przybysze z Europy i Ameryki Północnej, skrępowani i nieśmiali, czują się przy nich, jakby mieli dwie lewe nogi.

Dni danzónu

Za twórcę *danzónu* jest uznawany Miguel Faílde, frontman z Matanzas, który rozpowszechnił go w tym mieście w 1879 r. chwytliwą kompozycją taneczną *Las Alturas de Simpson* (wzgórza w dolinie Yumurí). Początkowo elegancki i wyłącznie instrumentalny *danzón* różnił się od habanery wolniejszym tempem, ponadto skomplikowane kroki wymagały tańczenia w parach, a nie w grupie, co skandalizowało sztywną socjetę tamtych dni. Potem, w latach 80. XIX w., *danzón* wręcz eksplodował, gdy jego szczególny, synkopowany rytm nieoczekiwanie wzbogacono kongami (bębenkami) i śpiewem.

Na początku XX w. *danzón* przekształcił się ze statecznego tańca towarzyskiego przy akompaniamencie *orquesta típica* w zbliżony do jazzu jazgot, na przemian nazywany *charangą*, *danzonete* i *danzón-chá*. Nic dziwnego, że stał się narodowym tańcem Kuby, choć był pierwotnie domeną zamożnej białej socjety.

Zew Afryki

Gdy w północnoamerykańskich koloniach gra na bębnach była zakazana, kubańscy niewolnicy bez przeszkód zachowywali i przekazywali następnym pokoleniom afrykańskie tradycje muzyczne, a to dzięki wpływowym *cabildos* (stowarzyszeniom) *santerii*. Członkowie bractw religijnych

NAJ: Música cubana

Son *Casa de la Trova (s. 414), Santiago de Cuba*

Nueva trova *Casa de la Trova (s. 286), Trinidad*

Salsa/timba *Casa de la Música (s. 133), Centro Havana*

Rumba *Callejón de Hamel (s. 113), Hawana*

Jazz *Jazz Club La Zorra y El Cuervo (s. 113), Hawana*

Muzyka klasyczna *Basílica Menor de San Francisco de Asís (s. 113), Hawana*

odtwarzali dawną afrykańską muzykę na bębnach *batá* i grzechotkach *chequeré*. Rytualnymi rytmicznymi tańcami podczas dorocznych festynów oraz w dni katolickich świętych czcili swoje *orishas* (bóstwa).

W miarę upływu czasu rytualne bębnienia *santeríi* przekształciły się w bardziej złożone rytmy, znane teraz pod nazwą rumby. Rumba powstała na nabrzeżach Hawany i Matanzas w latach 90. XIX w., kiedy dopiero co uwolnieni Murzyni, wskutek gwałtownych zmian i zewnętrznych wpływów, zaczęli wystukiwać przepełnione smutkiem rytmy na starych skrzyniach z ich nędznym dobytkiem, przywołując rozmaite afrykańskie rytuały religijne. Do coraz bardziej rozbudowanych rytmów dodawano śpiew i taniec, tak że w niedługim czasie gra przerodziła się w zorganizowaną, zbiorową formę ekspresji czarnych Kubańczyków.

W latach 20. i 30. XX w. rumba zyskała na popularności i niebawem dała początek trzem różnym, ale pokrewnym formom tańca: *guaguancó* – o charakterze otwarcie seksualnym; *yambú* – taniec powolny; *columbia* – szybki agresywny taniec z pochodniami i maczetami. Ten ostatni wywodzi się z obrządku Náñigo, złowrogiego tajnego stowarzyszenia Abakúa, i obecnie jest wykonywany wyłącznie przez mężczyzn.

Wrzucone do kubańskiego tygla, te trzy, powracające do korzeni – i mocno uzależniające – muzyczne warianty powoli zyskały akceptację białych klas średnich. W latach 40. XX w. połączyły się z *sonem*, tworząc podgatunek *son montuno*, który z kolei dał początek salsie.

Kubańska rumba zyskała pod koniec II wojny światowej tak wielkie znaczenie, że powróciła do Afryki – za sprawą eksperymentujących kongijskich artystów: Sama Mangwany i François (Franco) Luambo (znanego z TPOK Jazz), którzy dodali żywiołowe kubańskie rytmy do swych pionierskich *suku*, tworząc własne wariacje na temat rumby.

Żywa, ekspresyjna i wizualnie ekscytująca kubańska rumba jest wykonywana spontanicznie i nieformalnie przez zespoły składające się nawet z dwunastu muzyków. Konga, klawesy, *palitos* (patyki), *marugas* (marakasy) i *cajones* (skrzynki perkusyjne) łączą się w rytmy, a wokale są na przemian żywiołową improwizacją głównego wokalisty i odpowiadającego mu *coro* (chóru).

TANIEC

Kubański taniec jest taką samą hybrydą jak muzyka; wiele gatunków wywodzi się z popularnych wątków muzyki kubańskiej.

Wczesne gatunki tańca kolonialnej Kuby naśladowały europejskie tańce towarzyskie, jednakże z dodatkiem elementów afrykańskich. Takie nietypowe mieszanie stylów można dostrzec – w pochodzącej z francuskiej Haiti – ezoterycznej *tumba francesa*, łączącej XVIII-wieczne francuskie tańce dworskie z rytmami importowanymi z Afryki: tancerze w eleganckich strojach wymachują wachlarzami i chustkami w rytm bębnów z Nigerii czy Beninu.

Inne tańce odzwierciedlają ciężką pracę kubańskich niewolników. *Pilón* z prowincji Granma naśladuje gesty miażdżenia trzciny cukrowej, a *nengón* i *kiribá* w Baracoa – rozgniatanie stopami ziaren kakaowych i kawowych.

Pierwszym rzeczywiście popularnym tańcem hybrydowym okazał się tańczony w parach *danzón*, spokrewniony z francuskim i angielskim kontredansem, ale którego rytm jest charakterystycznie synkopowany.

Mambo i *chachachá*, ewolucje *danzónu*, to tańce bardziej improwizowane i skomplikowane. W latach 40. XX w. Pérez Prado wpasował taniec mambo w swoją nową muzykę. Francuz znany jako Monsieur Pierre rozpowszechnił na początku lat 50. XX w. *chachachá* jako taniec towarzyski.

Epoka sonu

Najpopularniejsze dźwięki XIX w., rumba i *danzón*, przyszły z zachodu Kuby, a konkretnie z Hawany i Matanzas. Jednak ze względu na segregację gatunków muzycznych na czarne i białe, nie można ich uznać za prawdziwe krzyżówki. Pierwsza w kraju autentyczna muzyczna fuzja była wynikiem kolejnej wielkiej rewolucji dźwiękowej - *sonu*.

Son pojawił się w górach regionu Oriente w drugiej połowie XIX w., a najwcześniejsze przekazy na jego temat sięgają 1570 r. Był jednym z dwóch gatunków, które się pojawiły w tym samym czasie (drugi to *changüí*) i oba łączyły melodie i lirykę hiszpańskiej muzyki ludowej z rytmiką bębnów świeżo wyzwolonych afrykańskich niewolników. Prekursorem *sonu* był *nengón* czarnych robotników pracujących na plantacjach trzciny cukrowej, których muzyka i pieśni wywodziły się z rytmicznych śpiewów religijnych.

Ewolucja z *nengónu* do *sonu* jest niejasna i słabo udokumentowana; wiadomo, że w latach 80. lub 90. XIX w. *guajiros* (wieśniacy) w górach dzisiejszych prowincji Santiago de Cuba i Guantánamo łączyli bębny *nengónu* z kubańską gitarą *tres* - przy akompaniamencie tych instrumentów pieśniarz improwizował tradycyjne hiszpańskie wiersze zwane *décimas*.

Son w czystej formie wykonywał sekstet w składzie: gitara, *tres* (gitara 6-strunowa z trzema zestawami dwustrunowymi), kontrabas, bongosy i dwóch wokalistów grających na marakasach i klawesach. Najwcześniejszym interpretatorem wędrującego z gór do miast gatunku było legendarne Trio Oriental, które przypieczętowało format sześcioosobowy, odradzając się 1912 r. jako Sexteto Habanero. Kolejnym wczesnym *sonero* był pieśniarz i kompozytor Miguel Matamoros, którego klasyki *sonu* - *Son de la Loma i Lágrimas negras* (Czarne łzy) - należą do żelaznego repertuaru kubańskich wykonawców po dziś dzień.

W pierwszej dekadzie XX w. *son* dotarł do Hawany, gdzie nabrał swoistego, charakterystycznego rytmu rumby, stając się z czasem podstawą salsy. W ciągu dziesięciolecia był już dystynktywną muzyką Kuby, osiągając wielką popularność wśród białego społeczeństwa i rozprawiając się z mitem, że muzyka czarnych jest wulgarna i wywrotowa.

W latach 30. XX w. sekstet przerodził się w septet przez dodanie trąbki, a nowi rewelacyjni muzycy, jak niewidomy gitarzysta *tres* Arsenio Rodríguez - autor tekstów, którego Harry Belafonte obwołał „ojcem salsy" - utorowali drogę dla mambo i *chachachá*.

Pierwotnie *danzón* był utworem wyłącznie instrumentalnym. Słowa dodano pod koniec lat 20. XX w., a wtedy nowa forma stała się znana jako *danzonete*.

Barbarzyńcy Rytmu

W latach 40. i 50. XX w. zespoły sonu urosły z siedmiu osób do ośmiu i więcej, aż wreszcie stały się big-bandami, z pełnymi sekcjami dętą i rytmiczną, grającymi rumbę, *chachachá* i mambo. Król mambo, Benny Moré, o wspaniałym głosie, dysponował całkowicie czarnym czterdziestoosobowym zespołem znanym jako Los Bárbaros del Ritmo (Barbarzyńcy Rytmu).

Mambo wyrosło z *charangi*, która z kolei wywodziła się z *danzónu*. Odważniejsze od obu swych poprzedników, bardziej krzykliwe i ekscytujące mambo charakteryzowało się żywiołowymi solówkami trąbek, głośnymi saksofonami i entuzjastycznymi okrzykami wokalisty (*Dilo!* - powiedz to!).

Autorstwo stylu budzi kontrowersje. Niektórzy twierdzą, że twórcą jest rodowity *habanero* Orestes López, który w 1938 r. skomponował fascynujące rytmiczne *Mambo*. Inni optują za bandliderem z Matanzas, Pérezem Prado; był on pierwszym muzykiem, który na początku lat 40. XX w. sprzedawał swoje piosenki pod coraz bardziej intratnym szyldem mambo. Tak czy inaczej, szaleństwo mambo niebawem ogarnęło cały świat, od Nowego Jorku po Buenos Aires. Ludzie nie mogli się oprzeć jego zniewalającemu rytmowi.

Wariacją na temat mambo jest rytm *chachachá*, po raz pierwszy zaprezentowany przez hawańskiego kompozytora i skrzypka Enrique Jorrína w 1951 r., gdy grał z Orquesta América. Gatunek ten, zwany na początku mambo-rumba, miał promować łatwiejszy kubański taniec, możliwy do opanowania przez mniej gibkich Amerykanów z północy, jednak szybko został „zmamboizowany" przez nadentuzjastycznych tancerzy, dodających wymyślne kroki.

Salsa i odpryski

Salsa to szyld, za którym kryją się rozmaite gatunki muzyczne, jakie pojawiły się na urodzajnej latynoskiej scenie nowojorskiej w latach 60. i 70. XX w., kiedy to jazz, son i rumba zjednoczyły siły, tworząc nowy, bardziej chwytliwy dźwięk. Wprawdzie nie jest czysto kubańskim produktem, jednakże główne inspiracje salsa zawdzięcza bezpośrednio rytmowi *son montuno* (*son* z gór) oraz takim innowatorom, jak Pérez Prado, Benny Moré i Miguel Matamoros.

Królową salsy obwołała się zdobywczyni nagrody Grammy, artystka Celia Cruz. Urodzona w Hawanie w 1925 r. większość lat swojej kariery muzycznej przeżyła na Kubie, zanim z własnej woli udała się na emigrację. Ze względu na jej wrogi stosunek do reżimu Castro, płyty i muzyka Cruz pozostały nieznane na Kubie, mimo jej trwałego dorobku gdzie indziej.

Znacznie bardziej wpływowym na własnym terenie jest legendarny zespół salsy Los Van Van, utworzony w 1969 r. przez Juana Formella i nadal występujący na Kubie. Lider zespołu Formell był wielkim improwizatorem, poetą, autorem tekstów i komentatorem społecznym, a Los Van Van to jeden z nielicznych współczesnych kubańskich zespołów, który wypracował własny gatunek muzyczny: *songo-salsa*. Zespół zdobył najwyższe uznanie, przywożąc do domu w 2000 r. nagrodę Grammy za swój klasyczny już album *Llegó Van Van*. Po śmierci Formella (w 2014 r.) zespół nieustannie gra, nagrywa i występuje.

W latach 80. i 90. XX w. współczesna salsa nadal mieszała się i splatała z nowymi awangardowymi gatunkami, jak hip-hop, *reggaetón* czy rap, aby pojawić się w nowych odmianach: jako *timba* i *songo-salsa*.

Timba jest w pewnym sensie własną kubańską, eksperymentalną i ognistą wersją tradycyjnej salsy. Łącząc dźwięki nowojorskie z latynoskim jazzem, stylem *nueva trova*, amerykańskim funkiem, disco, hip-hopem, a nawet z muzyką klasyczną, i wplątując istotne elementy potężnej kultury afrokubańskiej, jest bardziej giętka i agresywna niż standardowa salsa. Wiele zespołów *timby*, m.in. Bamboleo i La Charanga Habanera, korzystają z elementów funku i używają instrumentów niekubańskich: syntezatorów i bębnów wielkich. Inne zespoły – wśród nich NG La Banda, założony w 1988 r. – nasyciły swoją muzykę bardziej jazzową dynamiką.

Styl feeling (ang. uczucie) lansowali jazzowi croonerzy w latach 40. i 50. XX w. Kubański *filin'* wyrósł z bolera i *trovy*.

Jazz tradycyjny, uważany u szczytu rewolucji za muzykę wroga, zawsze sączył się do kubańskich dźwięków. Zespół Irakere, założony w 1973 r. przez Jesúsa „Chucho" Valdésa, wdarł się na kubańską scenę muzyczną z ciężkimi afrokubańskimi rytmami, zmieszanymi z jazzem i *sonem*. Kubańska stolica posiada niezłe kluby jazzowe. Inni muzycy związani w kubańskim jazzem to pianista Gonzalo Rubalcaba, Isaac Delgado oraz Adalberto Álvarez (twórca zespołu Alberto Álvarez y Su Son).

Nueva trova – ścieżka dźwiękowa rewolucji

Lata 60. XX w. to ekscytujący okres nowych, radykalnych form muzycznej ekspresji. W USA Bob Dylan wydał *Highway 61 Revisited;* w Anglii Beatlesi wydali *Sgt Pepper*, a w świecie hispanojęzycznym, muzyczni aktywiści - Chilijczyk Víctor Jara i Katalończyk Joan Manuel Serrat - przekuwali swoją poezję w żarliwe protest songi (*canciones de protesta*).

Zdeterminowani, żeby wykreować własną muzykę rewolucyjną, niemającą nic wspólnego z kapitalistycznym Zachodem, innowacyjni Kubańczycy - pod wodzą Haydée Santamarii, dyrektorki wpływowej Casa de las Américas - wymyślili *nueva trova*.

Nueva trova, amalgamat przenikliwych tekstów filozoficznych i folkowych oraz wpadających w ucho melodii, była bezpośrednią następczynią czystej *trova*, włóczęgowskiej odmiany muzyki gitarowej pochodzącej z Oriente, z końca XIX w. Po roku 1959 *trova* upolityczniała się i została zaadaptowana przez bardziej wyrobionych artystów, jak urodzony w Manzanillo Carlos Puebla, który stworzył ważny pomost między starym i nowym stylem. To on jest autorem ody do Che Guevary *Hasta siempre, Comandante* (1965).

Nueva trova stała się dorosła w lutym 1968 r. podczas Primer Encuentro de la Canción Protesta, koncertu zorganizowanego w Casa de las Américas w Hawanie, z takimi gwiazdami, jak Silvio Rodríguez i Pablo Milanés. Pod względem kulturowym był to kubański mini-Woodstock, wydarzenie, które odbiło się szerokim echem wśród lewicy na całym świecie jako alternatywa dla amerykańskiego rocka.

Kubańskie zespoły zwane *charangas* grały popularne utwory powstałe pod wpływem *danzónu*.

BRZMIENIE WSPÓŁCZESNE

Orishas Po 2006 r. zespół zremiksował przebój Buena Vista Social Club pt. *Chan Chan*, tworząc szczególnie uzależniający reggaetón „537 C.U.B.A". Inne utwory też.

Jacob Forever Popularny, młody artysta reggaetónu z Camagüey; o jego przeboju *Hasta que se seque el Malecón* (Dopóki Promenada nie wyschnie) było głośno w 2016 r.

Gente de Zona Zespół – współpracował z Markiem Anthonym i Enrique Iglesiasem – wykonujący *reggaetón-salsatón* sięgnął szczytu, wygrywając latynoskie Grammy i inne nagrody dzięki nowym, energicznym przebojom.

Interactivo Kolektyw artystów reprezentuje niezliczone talenty indywidualne od chwili powstania w 2001 r.; wśród nich jest hip-hopowiec Kumar, jazzujący poeta i instrumentalista Yusa oraz założyciel – pianista jazzowy Roberto Carcassés. Kubańskie fusion ucieleśnione.

Buena Fe Kreatywny duet rockowy z Guantánamo, którego głębokie teksty przypadły do gustu budzącemu się ruchowi młodzieżowemu.

Haydée Milanés Jazzująca piosenkarka, córka gwiazdora *trovy*, Pabla Milanésa.

X-Alfonso Człowiek stojący za ekscytującą Fábrica de Arte Cubano w Hawanie jest królem wielu gatunków, od hendriksowskiego rocka po latynoski hip-hop. Trzeba też posłuchać jego siostry M-Alfonso, kolejnej wielkiej piosenkarki fusion.

Diana Fuentes Piosenkarka o zacięciu R&B i funk; pracowała z każdym, kto coś znaczył na kubańskiej scenie muzycznej, łącznie z X-Alfonso.

Yissy Najbardziej utalentowana kubańska perkusistka, Yissy García robi głęboki ukłon w stronę tradycji Jorubów.

Doble Filo Pionierzy kubańskiego hip-hopu, ze szczerymi do bólu tekstami. Kiedyś rapowali z Fidelem Castro.

W grudniu 1972 r. rodzący się ruch *nueva trova* został oficjalnie usankcjonowany przez władze kubańskie podczas odbywającego się w Manzanillo festiwalu z okazji 16. rocznicy lądowania jachtu „Granma". Bardzo wpływowa w świecie hispanojęzycznym w latach 60. i 70. XX w. *nueva trova* często bywała źródłem inspiracji dla pieśni protestu w biednej i ciemiężonej Ameryce Łacińskiej, często spoglądającej w stronę Kuby w poszukiwaniu duchowego przywództwa w czasach skorumpowanych dyktatur i kulturowej hegemonii USA. Solidarność tę odwzajemniali ludzie, tacy jak Silvio Rodríguez, twórca słynnych w świecie pieśni protestu; *Canción urgente para Nicaragua* (wspierająca sandinistów), *La Maza i Canción para mi soldado* (o wojnie w Angoli).

Rap, reggaetón i jeszcze więcej

Współczesna scena muzyczna Kuby to interesująca mieszanina okrzepłej tradycji, nowoczesnych brzmień, starych wyjadaczy i świeżej krwi. Dzięki niewielkim kosztom produkcji, solidnej tematyce miejskiej i licznym inspirowanym z USA i krzyżującym się stylom, hip-hop i rap podbijają młode pokolenie.

Narodzony w brzydkich, betonowych blokowiskach dzielnicy Alamar w Hawanie, kubański hip-hop, podobnie jak jego amerykański odpowiednik, wywodzi się ze zubożałych enklaw. Po raz pierwszy pojawił się w latach 80., kiedy amerykański rap, grany przez stacje radiowe w Miami, odbierano dzięki domowej roboty antenom. Nowa muzyka szybko zdobyła uznanie młodej czarnej populacji, redefiniującej własną tożsamość w kontekście trudnego „okresu specjalnego". W latach 90., na ulicach Alamar rej wodziły grupy Public Enemy i NWA, a po 1995 r. hip-hop zyskał taką popularność, że można było zorganizować festiwal.

Utemperowany latynoskimi wpływami, ocenzurowany ortodoksją rewolucyjnej myśli, kubański hip-hop odciął się od amerykańskich stereotypów i przybrał własny - postępowy - koloryt. Muzyka posługuje się bębnami *batá*, kongami i elektryczną gitarą basową, a teksty piosenek rozprawiają się z poważnymi problemami, jak seks-turystyka czy trudności gospodarcze.

Kubański hip-hop, najpierw postrzegany jako wywrotowy i antyrewolucyjny, nieoczekiwanie uzyskał wsparcie ze strony władz, kiedy wrażliwi na sztukę prawodawcy uznali, że ta muzyka pełni ważną rolę w kształtowaniu przyszłości kubańskiej młodzieży. Fidel Castro poszedł o krok dalej, nazywając hip-hop „awangardą rewolucji" i - podobno - sam rapował podczas meczu baseballowego w Hawanie.

Nie można tego samego powiedzieć o *reggaetónie* - mieszance hip-hopu, hiszpańskiego reggae i jamajskiej muzyki tanecznej - który powstał w Panamie w latach 90. i został spopularyzowany w Puerto Rico w połowie pierwszego dziesięciolecia XXI w. Władze kubańskie zakazały w 2012 r. nadawania śmiałych piosenek *reggaetónu* w TV i w radiu. Nawet artyści hip-hopowi wyrażali swoje zakłopotanie przesadnie seksistowskimi i narcystycznymi tekstami, wychwalającymi seks, przemoc i narkotyki.

Niemniej *reggaetón* pozostaje muzyką kubańskiej młodzieży, fanów rodzimych artystów, jak Osmani García i Jacob Forever i grupy Gente de la Zona.

Pierwszym hybrydowym gatunkiem muzyki kubańskiej była *habanera*, tradycyjny taniec w stylu europejskim o synkopowanym rytmie; pojawiła się w połowie XIX w. i przetrwała do lat 70. XIX w.

Krajobrazy i przyroda

Kuba, przypominająca kształtem krokodyla, jest największą (dł. ok. 1250 km, szer. od 31 do 193 km) wyspą Karaibów. Całkowita powierzchnia kraju, wraz z otaczającymi Kubę 4195 mniejszymi wysepkami i rafami koralowymi, wynosi 110 860 km². Unikatowe ekosystemy fascynują i intrygują naukowców od czasów Alexandra von Humboldta, który jako pierwszy sporządził ich mapę na początku XIX w.

Kubańskie krajobrazy

Ukształtowane przez aktywność wulkaniczną, ruchy tektoniczne i erozję, krajobrazy Kuby obfitują w góry, jaskinie, równiny i *mogotes* (płaskie wzgórza). Najwyższy punkt, Pico Turquino (1972 m n.p.m.), znajduje się na wschodzie wyspy, pomiędzy trójkątnymi szczytami Sierra Maestra. W Sierra del Escambray, na zachodzie, wśród pofalowanych wzgórz i wodospadów przebiegają granice trzech prowincji: Cienfuegos, Villa Clara i Sancti Spíritus. Jeszcze dalej na zachodzie majaczą purpurowe cienie Cordillera de Guanguanico, nieco mniejszego łańcucha górskiego (dł. 175 km), z rezerwatem biosfery Sierra del Rosario i charakterystycznymi, poduszkowatymi wzgórzami w Valle de Viñales.

Omywana ciepłymi, turkusowymi wodami Morza Karaibskiego od południa i falami Atlantyku od północy, linia brzegowa Kuby dł. 5746 km, ma ponad 300 naturalnych plaż i jedną z największych na świecie raf koralowych. W przybrzeżnych wodach żyje 900 gatunków ryb i 140 odmian gąbek i koralowców. Dziewicze wybrzeże Kuby jest rajem dla nurków.

Głębokim na 7200 m Rowem Kajmańskim, oddzielającym Kubę od Jamajki, przebiega granica płyt tektonicznych – północnoamerykańskiej i karaibskiej. Wstrząsające wyspą ruchy tektoniczne na przestrzeni lat utworzyły wysokie klify wapienne wzdłuż niektórych fragmentów północnego wybrzeża, a także bagna namorzynowe na południu. Przez miliony lat wapienne podłoże skalne Kuby ulegało erozji pod wpływem podziemnych rzek, tworząc interesujące formy geologiczne, w tym przypominające stogi siana wzgórza Viñales oraz ponad 20 000 jaskiń rozsianych po całym kraju.

Tysiące przybrzeżnych wysp i wysepek (przeważnie niezamieszkanych) tworzą cztery główne skupiska: Archipiélago de los Colorados na północ od Pinar del Río; Archipiélago de Sabana-Camagüey (Jardines del Rey) na północ od Villa Clara i Ciego de Ávila; Archipiélago de los Jardines de la Reina na południe od Ciego de Ávila; Archipiélago de los Canarreos wokół Isla de la Juventud. Podróżni odwiedzają przynajmniej jedną z tych idyllicznych wysp, gdyż większość resortów hotelowych, ośrodków nurkowania i plaż znajduje się w tych regionach.

Kuba jest wąską wyspą; w najszerszym miejscu ma 200 km (z północy na południe). Najdłuższa rzeka, Río Cauto (dł. 343 km), wypływa z Sierra Maestra i zatacza pętlę na północ od Bayamo. Jest żeglowna – tylko dla niewielkich łodzi – na odcinku 110 km. Jej braki kompensuje 632 *embalses* (zbiorników) i *presas* (tam) o łącznej powierzchni ponad 500 km², zapewniających irygację pól i zaopatrzenie w wodę. Także zasoby wód podziemnych są niewyczerpalne.

Najdłuższa rzeka Kuby

Nazwa *Río Cauto*

Długość *343 km*

Odcinek żeglowny *110 km*

Powierzchnia dorzecza *8928 km²*

Źródła *Sierra Maestra*

Ujście *Morze Karaibskie*

Parque Nacional Alejandro de Humboldt nazwano na cześć niemieckiego przyrodnika Aleksandra von Humboldta (1769–1859), który badał wyspę w latach 1801–1804.

Kuba, usytuowana w karaibskim rejonie aktywności huraganów, poniosła spore straty w ostatnich latach, m.in. w 2012 r. (huragan Sandy), w 2016 r. (huragan Matthew), w 2017 r. (huragan Irma).

UNESCO i konwencja ramsarska

Największy wkład w ochronę kubańskiego środowiska ma UNESCO, które w ciągu ostatnich 25 lat utworzyło sześć rezerwatów biosfery. Rezerwaty biosfery to rygorystycznie chronione obszary o dużej bioróżnorodności, w których wprowadza się zasady zrównoważonego związku człowieka z przyrodą. Po kilkunastu latach skutecznego zadrzewiania Sierra del Rosario uzyskała w 1985 r. status – pierwszego na Kubie – rezerwatu biosfery UNESCO. Następnymi były Cuchillas del Toa (1987 r.), Península de Guanahacabibes (1987 r.), Parque de Baconao (1987 r.), Ciénaga de Zapata (2000 r.) oraz Bahía de Buenavista (2000 r.). Ponadto dwa z dziewięciu obszarów na Kubie, wpisanych na Listę Światowego Dziedzictwa Kulturalnego i Przyrodniczego UNESCO, uznano za „naturalne", czyli nominowane głównie ze względu na ich cechy ekologiczne. Są to Parque Nacional Desembarco del Granma (1999 r.), z nadmorskimi terasami, oraz Parque Nacional Alejandro de Humboldt (2001 r.), słynący z nadzwyczajnego endemizmu. Obiekty pod kuratelą UNESCO uzupełniają wrażliwe tereny podmokłe, objęte w latach 2001–2002 konwencją ramsarską. Zapewnia ona dodatkową ochronę Ciénaga de Zapata oraz Bahía de Buenavista, a także regionom wcześniej niepodlegającym ochronie: Ciénaga de Lanier na Isla de la Juventud (siedlisko krokodyli), rozlewisko delty Río Cauto w Granma/Las Tunas oraz lęgowiska flamingów na północnym wybrzeżu dwóch prowincji: Camagüey i Ciego de Ávila.

Parki narodowe

Termin „park narodowy" jest na Kubie niejednoznaczny (np. są nazywane parkami przyrody lub rezerwatami flory) i nie istnieje żadna instytucja nadzorująca, jak w USA czy w Kanadzie. Niektóre spośród 14 zarejestrowanych parków – najważniejszy Ciénaga de Zapata – znajdują się na obszarach rezerwatów biosfery UNESCO lub konwencji ramsarskiej, dzięki czemu ich ochrona podlega monitorowaniu. Pierwszy park narodowy, Sierra del Cristal (z największym na Kubie lasem sosnowym), powstał już w 1930 r., jednakże dopiero po 50 latach władze utworzyły kolejny: Gran Parque Nacional Sierra Maestra (znany też jako Parque Turquino), chroniący najwyższą górę wyspy. Inne ważne parki to Viñales – z *mogotes*, jaskiniami i plantacjami tytoniu – oraz Gran Piedra, nieopodal Santiago de Cuba, pokrywający się z rezerwatem biosfery UNESCO Baconao. Są też dwa ważne morskie parki narodowe przy południowym wybrzeżu: archipelag Jardines de la Reina (z ośrodkami nurkowym) u wybrzeży prowincji Ciego de Ávilaoraz rzadko odwiedzane Cayos de San Felipe u wybrzeży prowincji Pinar del Río.

Rolnictwo

Ziemia uprawna stanowi ok. 30% obszaru Kuby; co piąty Kubańczyk wykonuje pracę związaną z rolnictwem.

Tytoń, uprawiany głównie w bogatej prowincji Pinar del Río, jest trzecim najważniejszym sektorem borykającej się z trudnościami kubańskiej gospodarki. W większości kubańskich gospodarstw sposób uprawy niewiele się zmienił na przestrzeni wieków: pola są orane siłą wołów, co jest może fotogeniczne, ale mało wydajne.

Cukier napędzał gospodarkę przed amerykańskim embargo, obecnie, mimo zamknięcia wielu cukrowni, znów staje się istotnym przemysłem – dzięki Chinom, które są głównym odbiorcą. Kolejną ważną uprawą jest ryż. Najwięcej kawy pochodzi z plantacji w Cordillera de la Gran Piedra nieopodal Santiago de Cuba.

Przyroda

Kuba, z niezwykłą obfitością rodzimej fauny, przyciąga poważnych obserwatorów zwierząt. Główną atrakcją są ptaki – aż 350 gatunków, w tym dwa tuziny endemicznych. Siedliskiem *zunzuncitos* (koliberki hawańskie), najmniejszych ptaków na świecie, są namorzyny Ciénaga de Zapata w prowincji Matanzas oraz Península de Guanahacabibes w Pinar del Río. Koliberki mają zaledwie 6,5 cm długości. Na tych obszarach żyją również *tocororos* (piliki czerwonodziobe), narodowe ptaki Kuby. Inne popularne gatunki to *cartacubas* (płaskodziobki kubańskie), czaple, *plateínos* (warzęchy), papugi i rzadko widywane *caburés* (sóweczki kubańskie).

Flamingi gnieżdżą się na wyspach północnych, jednakże ich siedlisko (największe na półkuli zachodniej) w delcie Río Máximo w prowincji Camagüey zostało zanieczyszczone.

Ssaki lądowe zostały niemal doszczętnie wybite, a najliczniej ocalałym jest sympatyczna *jutía* (hutia kubańska), 4-kilogramowy gryzoń drzewny, żyjący na odizolowanych wyspach; hutie harmonijnie koegzystują z wścibskimi iguanami. Większość pozostałych 38 gatunków ssaków należy do rodziny nietoperzowatych.

Na Kubie jest też gatunek żaby, tak maleńkiej i nieuchwytnej, że odkryto ją dopiero w 1996 r. w obecnym Parque Nacional Alejandro de Humboldt, niedaleko Baracoa. Wciąż nieposiadający zwyczajowej nazwy, ten endemiczny płaz znany jest jako *Eleutherodactylus iberia*; mierzy mniej niż 1 cm i występuje na obszarze zaledwie 100 km^2.

Kubańska Isla Grande (główna wyspa) jest 17. na świecie pod względem powierzchni, niewiele mniejszą od Nowej Fundlandii i tylko trochę większą od Islandii.

OBSZARY CHRONIONE

NAZWA	ROK ZAŁOŻENIA	CECHY CHARAKTERYSTYCZNE
REZERWATY BIOSFERY UNESCO		
Sierra del Rosario	1985	praktyki ekologiczne
Cuchillos Toa Biospehere Reserve	1987	pierwotny las deszczowy
Península de Guanahacabibes	1987	lęgowisko żółwi
Baconao	1987	uprawa kawy
Ciénaga de Zapata	2000	największy obszar podmokły na Karaibach
BuenaVista	2000	formy krasowe
OBIEKTY KONWENCJI RAMSARSKIEJ		
Ciénaga de Zapata	2001	największy obszar podmokły na Karaibach
BuenaVista	2002	formy krasowe
Ciénaga de Lanier	2002	nietypowa mozaika ekosystemów
Humedal del Norte de Ciego de Ávila	2002	unikatowe jeziora przybrzeżne
Humedal Delta del Cauto	2002	największa populacja ptaków wodnych
Humedal Río Máximo-Cagüey	2002	ważne lęgowisko flamingów
OBIEKTY ŚWIATOWEGO DZIEDZICTWA PRZYRODY UNESCO		
Parque Nacional Desembarco del Granma	1999	dziewicze morskie terasy
Parque Nacional Alejandro de Humboldt	2001	wysoki poziom endemizmu

Inne nietypowe gatunki: *mariposa de cristal* (motyl szklanoskrzydły), jeden z dwóch istniejących na świecie motyli o przeźroczystych skrzydłach; rzadki *manjuarí* (niszczuka wielka), endemiczna ryba uważana za żywą skamielinę; *polimita* – ślimak o charakterystycznych, żółtych, czerwonych i brązowych paskach; endemiczna *Lucifuga subterranea* – ślepa ryba jaskiniowa.

W przyrodzie Kuby jest wiele gadów: iguany, jaszczurki i 15 gatunków niejadowitych węży. Największy *majá* – dusiciel spokrewniony z anakondą – ma do 4 m długości, jest aktywny w nocy i zwykle unika ludzi. Endemiczny *cocodrilo cubano*, krokodyl kubański (*Crocodylus rhombifer*) – dość mały, zwinny, zarówno za lądzie, jak i w wodzie – ma 68 ostrych zębów, przystosowanych do miażdżenia skorup żółwi. Populacja krokodyli kubańskich mocno ucierpiała z powodu kurczenia się jej siedlisk w ubiegłym stuleciu, ale dzięki wzmożonej ochronie od lat 90. XX w. nastąpił jej ponowny wzrost. Utworzono hodowle *(críaderos)*, z których największa znajduje się w Guamá, niedaleko Zatoki Świń. Oprócz krokodyli kubańskich, na bagnach Zapata i innych podmokłych terenach południowego wybrzeża Kuby żyją – większe od *cocodrilos cubanos* – krokodyle amerykańskie *(Crocodylus acutus)*.

Kubańska fauna morska kompensuje niedostatek fauny lądowej. Brzegowce (*sirenios, manatíes*), jedyne morskie ssaki żywiące się roślinami, można spotkać w Bahía de Taco oraz na Península de Zapata. Od listopada do lutego rekiny wielorybie odwiedzają obszar María la Gorda, na wschodnim krańcu wyspy. W kubańskich wodach występują cztery gatunki żółwi morskich (skórzasty, karetta, zielony i szylkretowy), które każdego roku składają jaja na ustronnych wyspach oraz na chronionych plażach Península de Guanahacabibes.

Gatunki zagrożone

Ze względu na kurczący się habitat i nieustanne polowanie, wiele kubańskich zwierząt i ptaków znalazło się na liście gatunków zagrożonych. Należy do nich krokodyl kubański, którego habitat jest najmniejszym ze wszystkich siedlisk krokodyli: zaledwie 300 km² powierzchni w Ciénaga de Zapata (bagna Zapata) oraz Ciénaga de Lanier na Isla de la Juventud. Od 1996 r. są pod ochroną i obecnie ich liczebność wynosi ok. 6000 osobników.

Inne zagrożone gatunki: hutie, na które głodni Kubaczycy polowali w „okresie specjalnym" (co czynią nadal, gdyż ich mięso jest uważane za przysmak); *boa esmeralda* (boa psiogłowy), rodzimy gatunek węża żyjący na szybko kurczących się obszarach leśnych; nieuchwytny *carpintero real* (dzięcioł wielkodzioby), zauważony po raz pierwszy po 40-letniej przerwie w Parque Nacional Alejandro de Humboldt, niedaleko Baracoa, pod koniec lat 80. XX w., ale już nigdy później.

Poważnie zagrożony zachodnioindyjski brzegowiec, choć chroniony przed kłusownikami, wciąż musi się obawiać człowieka, choćby z powodu kontaktu ze śrubami napędowymi łodzi, uduszenia w sieciach rybackich czy zatrucia nieczystościami spuszczanymi do rzek przez cukrownie.

Kuba wykazuje dwuznaczny stosunek do polowania na żółwie. Żółwie szylkretowe są prawnie chronione, jednak klauzula pozwala schwytać nawet 500 sztuk rocznie na niektórych obszarach (Camagüey i Isla de la Juventud). Podróżni mogą czasami znaleźć *carne de tortuga* (mięso żółwia) w menu lokali, na przykład w Baracoa. Są to żółwie schwytane nielegalnie.

Brzegowce karaibskie mogą osiągnąć 4,5 m długości i wagę nawet 600 kg. Konsumują codziennie niemal 50 kg roślin.

Rośliny

Kubę zwykle kojarzymy z palmami; palma jest obecna w piosenkach, wierszach, symbolice, pejzażu i legendach. Narodowe drzewo Kuby *palma real* (rojstona królewska, palma królewska), stanowi centralny element godła państwa, ale też logo piwa Cristal. Szacuje się, że na Kubie rośnie około 20 milionów rojston – miejscowi twierdzą, że nie ma na wyspie miejsca, skąd by nie było widać choćby jednej. Te majestatyczne drzewa osiągają nawet 40 m wysokości i łatwo je rozpoznać po sprężystym pniu i zielonym pióropuszu. Inne gatunki: *cocotero* (palma kokosowa); *palma barrigona* (Colpothrinax wrightii; hiszp. nazwa znaczy „brzuchata") o charakterystycznym zgrubieniu pnia; bardzo rzadka *palma corcho* (palma korkowa). Ta ostatnia stanowi łącznik z okresem kredowym (ok. 65–135 mln lat temu) i jest uważana za żywą skamielinę. Palmy możemy podziwiać na terenie Museo de Ciencias Naturales Sandalio de Noda w Pinar del Río, a także w Jardín Botánico w Cienfuegos (ok. 280 gatunków). Na Kubie w środowisku naturalnym rośnie 90 gatunków palm.

Szacuje się, że na Kubie rośnie od 6500 do 7000 gatunków flory, z czego niemal połowa to gatunki endemiczne.

Inne cenne rośliny to *manglares* (mangrowe): lasy namorzynowe, chronią wybrzeże przed erozją i zapewniają schronienie różnym małym rybom i ptakom. Namorzyny stanowią 26% wszystkich lasów i pokrywają niemal 5% wybrzeża; Kuba zajmuje 9. miejsce na świecie pod względem zagęszczenia lasów namorzynowych (najrozleglejsze w Ciénaga de Zapata).

Największe obszary lasów sosnowych znajdują się na Isla de la Juventud (dawniej Isla de Pinos – Wyspa Sosnowa), w zachodniej części Pinar del Río, w Sierra Cristal we wschodnim Holguín oraz w środkowym Guantánamo. Lasy te są szczególnie zagrożone pożarami, a zalesianie sosną było szczególnym wyzwaniem dla kubańskich ekologów.

Lasy deszczowe rosną na wyżej położonych terenach – od ok. 500 do 1500 m n.p.m – w górach Sierra del Escambray, Sierra Maestra oraz w Macizo de Sagua-Baracoa. Pierwotnymi gatunkami występującymi w lasach deszczowych był heban i mahoń. Obecnie do zalesiania wybiera się eukaliptus – piękne, pachnące drzewo, jednakże inwazyjne.

Na całej wyspie rosną setki odmian paproci, kaktusów i orchidei, wiele z nich endemicznych. Największe koncentracje paproci i kaktusów znajdują się w ogrodach botanicznych Santiago de Cuba, a orchidei w Pinar del Río. Większość orchidei kwitnie od listopada do stycznia; można je podziwiać w Reserva Sierra del Rosario. Pełna gracji biała *mariposa* (hedychium koronowe; nazwa hiszp. znaczy „motyl"), o intensywnym zapachu, jest narodowym kwiatem Kuby.

Z racji niedoboru leków na receptę, powszechnie stosuje się rośliny lecznicze. Apteki są dobrze zaopatrzone w skuteczne ekstrakty, m.in. aloes (na kaszel i zatory) oraz *propólio* (propolis, kit pszczeli), używany przy różnych schorzeniach: od ameby żołądkowej po infekcje dróg oddechowych. Na patiach domów kubańskich stoją doniczki z *orégano de la tierra* (kubańskie oregano); wywar z miodem i sokiem z limonki stosuje się jako lek na przeziębienie.

Ekologia

Zagrożeniem dla środowiska naturalnego jest działalność człowieka: zanieczyszczenia ściekami przemysłowymi i kurczenie się habitatów wskutek wycinki lasów. Prace na rzecz zachowania różnorodności biologicznej archipelagu rozpoczęto w 1978 r., kiedy Kuba powołała Narodowy Komitet do Spraw Ochrony i Zachowania Zasobów Naturalnych (Comarna).

Aby odwrócić 400-letni proces wylesiania i niszczenia środowiska, wydzielono strefy zielone oraz zainicjowano ambitną kampanię zalesiania. Comarna nadzoruje krajową i międzynarodową legislację środowiskową, w tym przestrzeganie międzynarodowych traktatów powołujących kubańskie rezerwaty biosfery UNESCO, a także wpisy na Listę Światowego Dziedzictwa Kulturalnego i Przyrodniczego UNESCO.

Największe problemy środowiskowe na Kubie wynikają z kiepskiej sytuacji gospodarczej. Ponieważ kraj wiąże duże nadzieje z turystyką, pojawiły się sprzeczności w polityce ochrony środowiska. Wraz z poprawą relacji ze Stanami Zjednoczonymi, zwiększony ruch turystyczny dodatkowo obciąża środowisko. Ponieważ kłopoty Wenezueli destabilizują zaopatrzenie

Kuby w ropę, rząd planuje rozpoczęcie poszukiwań ropy na północno-zachodnim wybrzeżu, choć wyciek przyniósłby katastrofalne skutki. Stąd dylemat: czy rozwijający się kraj może zapewnić społeczeństwu utrzymanie, jednocześnie zachowując wysokie standardy ekologiczne?

Wylesianie

Kiedy Kolumb przybył na Kubę w 1492 r., 95% powierzchni wyspy pokrywał dziewiczy las. W 1959 r., po żywiołowym karczowaniu pod uprawy trzciny cukrowej i plantacje cytrusów, obszary leśne zmniejszyły się do 16%. Po zalesianiu na wielką skalę i ustanowieniu chronionych parków obszary leśne powiększyły się do 24%, ale nadal jest wiele do zrobienia.

Las Terrazas w prowincji Pinar del Río prezentują wzorcowy program zalesiania pod koniec lat 60. XX w.; przywrócono wówczas wiele hektarów lasów, zapobiegając katastrofie ekologicznej. Nowsze projekty skupiły się na ochronie ostatnich lasów dziewiczych w Parque Nacional Alejandro de Humboldt oraz na utworzeniu dodatkowych stref ochronnych wokół mokradeł w delcie Río Cauto.

Groble

Wczesnym zgrzytem w starciach gospodarki z ekologią była budowa pod koniec lat 80. XX w. 2-kilometrowej kamiennej grobli (*pedraplén*), łączącej wysepkę Cayo Sabinal z lądem w Camagüey. Wielki projekt – budowa drogi na głazach ułożonych na dnie morza (bez mostów) – zakłócił prądy morskie i spowodował nieodwracalne straty w siedliskach ptaków i zwierząt wodnych.

A jego cel? Do tej pory na bezludnej Cayo Sabinal nie powstał żaden resort. Jeszcze dłuższymi groblami połączono później Jardines del Rey ze Ciego de Ávila (dł. 27 km) oraz Cayo Santa María z Villa Clara (horrendalna długość 48 km). Tym razem bardziej przyjazne ekologii mosty umożliwiły przepływ wody, choć rozmiar szkód wyrządzonych środowisku będzie można poznać nie wcześniej niż za dekadę.

Straty w przyrodzie i siedliskach

Utrzymanie zdrowych siedlisk zwierząt jest na Kubie sprawą kluczową ze względu na wysoki endemizm, a przez to większe zagrożenie dla istniejących gatunków. Problem potęguje rzadkość występowania endemicznych zwierząt, np. kubańskiego krokodyla, zamieszkującego niemal wyłącznie Ciénaga de Zapata, oraz równie rzadkiej żaby *Eleutherodactylus iberia* (najmniejszej na świecie). Siedlisko tej ostatniej to obszar zaledwie 100 km^2, obejmujący tylko Parque Nacional Alejandro de Hum-

NATURALNE UZDROWISKA

Kubańskie uzdrowiska bardziej przypominają funkcjonalne szpitale niż stylowe kurorty – co wcale nie umniejsza ich mocy przywracających zdrowie. Najpopularniejsze uzdrowiska posiadają bogate w minerały źródła termalne i są związane z siecią ekonomicznych hoteli Islazul. Oferują kąpiele, siłownie i rozmaite zabiegi terapeutyczne.

Balneario San Diego (s. 188) W prowincji Pinar del Río. Najstarsze uzdrowisko w kraju, otwarte w 1951 r., nareszcie się doczekało od dawna należnej mu modernizacji. Temperatura wody waha się od 32°C do 38°C; uzdrawiające kąpiele błotne. Odpowiednie do leczenia reumatyzmu.

Hotel y Spa Elguea (☎42-68-62-90; 1-/2-os. ze śniadaniem 45/65 CUC; P❄☒) Prowincja Villa Clara. Najgorętsze wody na Kubie (45°C – 50°C).

Villa San José del Lago (s. 300) W prowincji Sancti Spíritus; atrakcyjne uzdrowisko z hotelem i odkrytymi basenami z wodą bogatą w wodorowęglany/wapń. Odpowiednie do leczenia łuszczycy.

boldt, którego powstanie w 2001 r. z pewnością uratowało ją od wyginięcia. Wśród innych zagrożonych obszarów znajdują się siedliska flamingów karmazynowych w Archipiélago de Sabana-Camagüey, a także Moa, gdzie zanieczyszczone wody spowodowały spustoszenia w nabrzeżnych ekosystemach namorzynowych, preferowanych przez brzegowce.

Budowa nowych dróg i lotnisk, powstające w szaleńczym tempie olbrzymie resorty na dziewiczych plażach zaostrzają konflikty między ludzką działalnością a ochroną środowiska. Obszar Reserva Ecológica Varahicacos w Varadero został mocno ograniczony przez wdzierające się na jej teren resorty hotelowe. Cenne dla przyrody moczary na Cayo Coco, chronione w ramach konwencji ramsarskiej, sąsiadują z szybko rozwijającą się enklawą hoteli.

Nadmierne połowy (w tym żółwi i homarów na użytek turystów), odpływy azotu ze źródeł rolniczych, zanieczyszczenia przemysłowe i niedostateczne oczyszczanie ścieków przyczyniły się do zniszczeń raf koralowych. Pojawiły się choroby żółtego i czarnego pasma oraz szkodliwe algi. Aktywistów oburza też przenoszenie dzikich delfinów do turystycznych *delfinarios*.

Infrastruktura i zanieczyszczenie środowiska

Odwiedzających Hawanę czy Santiago de Cuba natychmiast uderza wysoki poziom zanieczyszczenia powietrza. Zawieszone w powietrzu pyły, stare i kopcące czarnym dymem ciężarówki oraz produkty uboczne spalania śmieci to tylko niektórzy z winowajców. Wiekowy system kanalizacyjny Hawany, zbudowany z myślą o czterokrotnie mniejszej populacji, jest bliski katastrofy. Zatory dotykają ponad połowę ludności, a przecieki wody pitnej sabotują wysiłki na rzecz konserwacji zabytków. Fabryki cementu, cukrownie i inne sektory przemysłu ciężkiego również pozostawiają (brudne) ślady.

Kopalnie niklu, które opanowały Moa, są smutnym przykładem pierwszeństwa danemu przemysłowi: najpiękniejsze krajobrazy Kuby zamieniły się w martwe pustkowia. Niestety, nie ma łatwych rozwiązań; nikiel jest jednym z głównych towarów eksportowych Kuby, bez którego gospodarka sobie nie poradzi.

Stare amerykańskie samochody są dla turystów widokiem romantycznym, jednakże pożerają dużo benzyny. Do tego paliwo jest niskiej jakości z powodów ograniczeń gospodarczych. Pozostaje kwestia transportu publicznego – sam Fidel zauważył negatywny wpływ smrodliwych autobusów na zdrowie.

Sukcesy ekologiczne

Szczęściem dla ekologii jest entuzjazm, z jakim kubańskie władze podchodzą do zalesiania i ochrony przyrody – szczególnie od połowy lat 80. XX w. – a także gotowość do naprawiania błędów przeszłości. Kuba również zwróciła uwagę na zmiany klimatyczne i rosnący poziom mórz, wprowadzając środki przygotowawcze.

Port Hawany, niegdyś najbardziej zapaskudzony w Ameryce Łacińskiej, przeszedł gruntowne czyszczenie, podobnie jak rzeka Almendares przepływająca przez centrum miasta. Emisje siarki z roponośnych terenów pod Varadero zostały zredukowane; Ministerstwo Nauki, Technologii i Środowiska obecnie wdraża nowe przepisy środowiskowe dla sektora przemysłowego. Osiągnięcie równowagi między bieżącymi potrzebami państwa a przyszłością środowiska stało się gorącym wyzwaniem.

Las Terrazas jest największym sukcesem ekologicznym kraju, ale są też inne, m.in. budowa farm wiatrowych oraz pierwsza elektrownia słoneczna, otwarta w 2014 r. w prowincji Cienfuegos. Jeżeli chodzi o faunę, to kraj może się pochwalić programem reintrodukcji krokodyli i sukcesami w ochronie żółwi. Poczyniono też kroki w dziedzinie organicznego ogrodnictwa miejskiego.

Najwyższe kubańskie góry

Pico Turquino
1972 m n.p.m., prowincja Santiago de Cuba

Pico Cuba
1872 m n.p.m., prowincja Santiago de Cuba

Pico Bayamesa
1730 m n.p.m., prowincja Granma

SONIA GOUPIL

lonely planet

LONELY PLANET W PODRÓŻY

Wyślij zdjęcie z przewodnikami LP z podróży na adres promocja@pascal.pl.
Najlepsze fotografie opublikujemy na profilu Lonely Planet Polska na Facebooku.

Niezbędnik

Informator

Noclegi

Noclegi na Kubie obejmują cały zakres, od domków na plaży za 10 CUC, po pięciogwiazdkowe hotele resortowe. Samotni podróżni są poszkodowani, ponieważ za pokój dwuosobowy muszą zapłacić 75% ceny.

Noclegi ekonomiczne

Podany zakres cenowy obejmuje głównie *casas particulares* (kwatery prywatne) i *campismos* (wiejskie bungalowy).

Choć w ostatnich latach ceny casas nieco wzrosły, tylko niewielka liczba tych luksusowych obiektów noclegowych (głównie w Hawanie) kosztuje powyżej 50 CUC. W tańszych *casas particulares* (20–25 CUC), na prowincji, łazienki są wspólne i wentylatory zamiast klimatyzacji.

Na terenie kraju jest kilkanaście *campismos* przyjmujących gości zagranicznych, w większości z nich za nocleg płaci się poniżej 50 CUC. Pokoje w przestarzałych domkach standardem odpowiadają 1- lub 2-gwiazdkowym hotelom.

Hotele średniej klasy

Ubogi wybór w zakresie cen średnich przypomina loterię. Obejmuje zarówno kolonialne hotele butikowe (zarządzane przez Cubanacán), jak i okropne hotele o ponurej, sowieckopodobnej architekturze i pasującej do niej atmosferze (prowadzone przez Islazul). W hotelach średniej klasy można się spodziewać klimatyzacji, łazienek z ciepłą wodą, czystej pościeli, satelitarnej TV, basenu i restauracji, ale jedzenie nie będzie należało do wykwintnych.

Niektóre bardziej luksusowe *casas particulares* już mieszczą się w tym zakresie cenowym i zwykle są dość wygodne.

Hotele luksusowe

W ostatnich latach kubańskie hotele państwowe i resorty hotelowe podniosły ceny 2- i 3-krotnie. W rezultacie ich ceny wydają się zawyżone.

Najlepsze z nich przeważnie należą, w części, do spółek zagranicznych i utrzymują wysokie, światowe standardy (choć niektóre dość swobodnie). W pokojach jest wszystko to, co w hotelach średniej klasy, a także wielkie łóżka, dobrej jakości pościel, minibar, międzynarodowe usługi telefoniczne, czasem także taras lub okna widokowe. W takich obiektach jest Wi-Fi, choć bywa kapryśne albo działa tylko w okolicach recepcji.

Kubańskie resorty all-inclusive należą do tej kategorii.

Kubański system kategorii hotelowych uwzględnia też połówki gwiazdek (np. 4½ gwiazdki).

Różnice cenowe

Czynniki wpływające na ceny to pora roku, lokalizacja, sieć hoteli i rodzaj własności – państwowa czy prywatna (hotele prywatne są tańsze). Martwy sezon trwa od połowy września do końca listopada i od kwietnia do czerwca (w wyjątkiem weekendu wielkanocnego). Boże Narodzenie i Nowy Rok to tzw. skrajny szczyt – stawki są wyższe o 25% od tych w szczycie sezonu. Czasem można się targować w *casas particulares* – w przypadku cudzoziemców raczej nie. Właściciele *casas* płacą na danym terenie obowiązujące podatki, co odbija się na cenach. Na Kubie jest bardzo mało casas poniżej 20 CUC, chyba że ktoś wynajmuje na dłużej. Wczesna rezerwacja noclegów stała się łatwiejsza dzięki lepszym połączeniom Wi-Fi. Obecnie można rezerwować na airbnb

REZERWACJA ONLINE

Więcej informacji o noclegach podają autorzy Lonely Planet na http://lonelyplanet.com/hotels/. Zamieszczono tam również niezależne opinie oraz rekomendacje najlepszych obiektów noclegowych. Można je rezerwować online.

(www.airbnb.com) i płacić kartą kredytową.

Rodzaje noclegów

CAMPISMOS

Campismos – popularne miejsca wakacyjne Kubańczyków (szacuje się, że co roku korzysta z nich milion osób) – różnią się od kempingów: większość z nich to prymitywne, betonowe domki z piętrowymi łóżkami, piankowymi materacami i zimnymi prysznicami. Na terenach wiejskich jest ich ponad 80. *Campismos* sklasyfikowano jako *nacionales* oraz *internacionales*. *Campismos nacionales* są przeznaczone (teoretycznie) wyłącznie dla Kubańczyków. Te drugie – lepiej wyposażone (klimatyzacja, ciepła woda, a nawet pościel) – przyjmują Kubańczyków i cudzoziemców. Obecnie funkcjonuje kilkanaście *campismos* międzynarodowych o różnych standardach: np. **Aguas Claras o standardzie hotelowym** (☎48-77-84-27; www.campismopopular.cu; 1-/2-os. ze śniadaniem 44/58 CUC; P 🏊) w Pinar del Río, lub mniej wygodny **La Mula** (☎22-32-62-62; Carretera Granma Km 120; pokój 16 CUC) w prowincji Santiago de Cuba.

Wykaz podano na portalu www.campismopopular.cu. W miastach kubańskich prowincji działają biura *campismos*, w którym można zarezerwować miejsce. Za nocleg (łóżko) w *campismos* międzynarodowych płaci się 20–60 CUC.

CASAS PARTICULARES

Kwatery prywatne będą najlepszym rozwiązaniem dla podróżujących indywidualnie. Ponadto zamieszkanie w szacownych, rodzinnych rezydencjach umożliwi poznanie mieszkańców Kuby na ich własnym terenie oraz zrozumienie i docenienie wartości kraju. Właściciele *casas particulares* są również doskonałymi przewodnikami turystycznymi, ponadto mogą załatwić transport (np. taksówki) oraz rozmaite dodatkowe atrakcje i aktywności, m.in. interesujące wycieczki przyrodnicze.

Pokoje do wynajęcia łatwo rozpoznać po niebieskich tabliczkach na drzwiach z napisem „Arrendador Divisa". Na Kubie funkcjonuje mnóstwo *casas particulares*, ponad 2000 w samej Hawanie i ponad 800 w Trinidadzie. Od penthouse'ów po zabytkowe domy, wszelkiego rodzaju pokoje są dostępne od 15 do 60 CUC. Większość to domy rodzinne z paroma pokojami do wynajęcia. Niektóre *casas*, cieszące się większym powodzeniem, rozwinęły się i sprofesjonalizowały, i obecnie działają jak małe hotele.

Przepisy złagodzono w 2011 r. i gospodarze mogą teraz wynajmować po kilka pokojów, o ile je mają. Właściciele płacą comiesięcznie podatek od każdego pokoju – zależnie od lokalizacji (więcej, jeśli jest parking) – a także za szyld reklamowy i możliwość podawania posiłków. Podatek trzeba zapłacić, nawet jeśli pokój nie był wynajęty. Właściciel musi prowadzić rejestr gości i zgłaszać nowo przybyłych w ciągu 24 godzin. Dlatego po przybyciu należy okazać paszport (nie fotokopię). Władze regularnie kontrolują warunki, bezpieczeństwo i czystość *casas*. Większość właścicieli oferuje śniadania i kolacje za dopłatą (zwykle 5 CUC). Gorące prysznice są wymogiem. Na ogół pokoje mają co najmniej dwa łóżka (jedno zwykle podwójne), lodówkę, klimatyzację, wentylator i łazienkę. Bonusem mogą być taras lub patio, osobne wejście, TV, sejf, minibar, kuchenka i miejsce parkingowe.

Mimo obfitości *casas particulares*, ostatni gwałtowny napływ turystów spowodował, że w szczycie sezonu (listopad–marzec) może być tłoczno. Dlatego warto rezerwować wcześniej.

KATEGORIE CENOWE NOCLEGÓW

Podane kategorie cenowe dotyczą pokojów dwuosobowych z łazienką, w szczycie sezonu.

Hawana

$ poniżej 70 CUC

$$ 70–150 CUC

$$$ powyżej 150 CUC

Poza stolicą

$ poniżej 50 CUC

$$ 50–120 CU

$$$ powyżej 120 CUC

REZERWACJE I INFORMACJE

Casas particulares jest już tak dużo, że nie sposób zaprezentować nawet ich części. Te, które wybraliśmy, były rekomendowane przez podróżnych, a także pochodzą z naszej listy poszukiwań. Jeśli właściciel *casa* ma komplet gości, na pewno wskaże jakąś inną.

Wymienione portale podają obszerne wykazy *casas* w całym kraju oraz umożliwiają rezerwację online. Kubańskie *casas* można teraz rezerwować z zagranicy przez **Airbnb** (www.airbnb.com) i opłacić kartą kredytową. Większość *casas* przyjmie też rezerwację SMS-em, przez telefon lub e-mailem.

➡ **Cubacasas** (www.cubacasas.net) Najlepsze źródło informacji o *casas particular* i rezerwacji online; aktualne, dokładne, z barwnymi linkami do setek prywatnych pokojów na całej wyspie (po angielsku i francusku).

➡ **Casa Particular Organization** (www.casaparticularcuba.org) Portal rekomendowany przez czytelników; rezerwacja kwater prywatnych.

HOTELE

Hotele i resorty turystyczne należą przynajmniej w 51% do państwa i zarządzają nimi cztery główne organizacje. Hotele Islazul, najczęstsze w miastach prowincjonalnych, są najtańsze i popularne wśród Kubańczyków (płacą w *pesos*, MN). Z udogodnieniami bywa różnie, architektura obiektów przypomina sowiecką, ale trzeba przyznać, że hotele Islazul są zawsze czyste, tanie, gościnne i przyciągają głównie kubańską klientelę. Minusy: wrzaskliwe dyskoteki, często niepozwalające gościom zasnąć do samego świtu. Cubanacán to szczebel wyżej, oferuje przyjemne hotele średniej i wyższej kategorii w miastach i resortach. Firma również otworzyła wiele umiarkowanie wycenionych hoteli butikowych (pod marką Encanto) w atrakcyjnych śródmieściach Sancti Spíritus, Remedios, Camagüey i Santiago de Cuba. Gaviota zarządza resortami all-inclusive z wyższej półki; posiada również tańsze *villas* w Santiago i Cayo Coco. Gran Caribe kojarzy się z hotelami średniej i wysokiej kategorii, m.in. ze słynnym *Hotelem Nacional* w Hawanie. Z wyjątkiem obiektów Islazul, hotele turystyczne przyjmują wyłącznie gości płacących w *pesos* wymienialnych (CUC). Od maja 2008 r. Kubańczykom wolno się zatrzymywać we wszystkich hotelach turystycznych, ale dla większości pozostają poza ich zasięgiem.

Szczyt piramidy hotelowej zajmują sieci zagraniczne, np. hiszpańskie Meliá i Iberostar prowadzące hotele – głównie resortowe – wspólnie z Cubanacán, Gaviotą i Gran Caribe. Standardy i obsługa w tych pałacach nie różni się od podobnych do nich w Meksyku i na Karaibach.

Klimat

Hawana

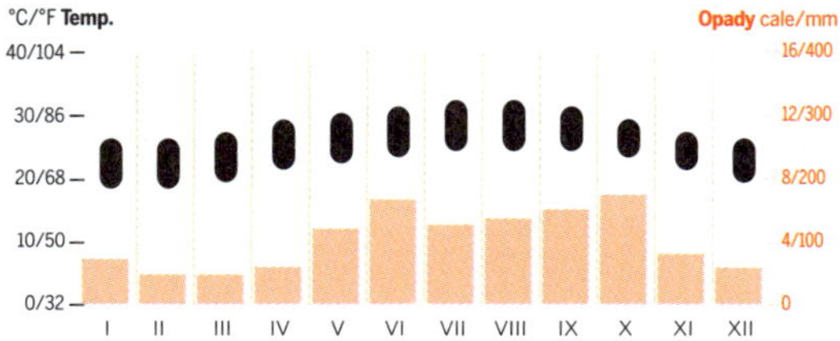

Sancti Spíritus

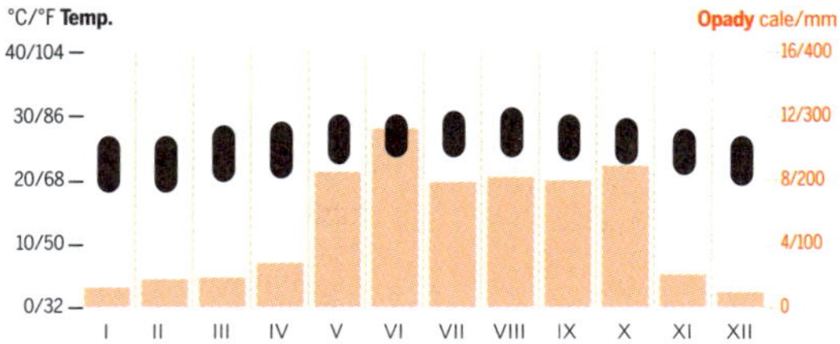

Santiago de Cuba

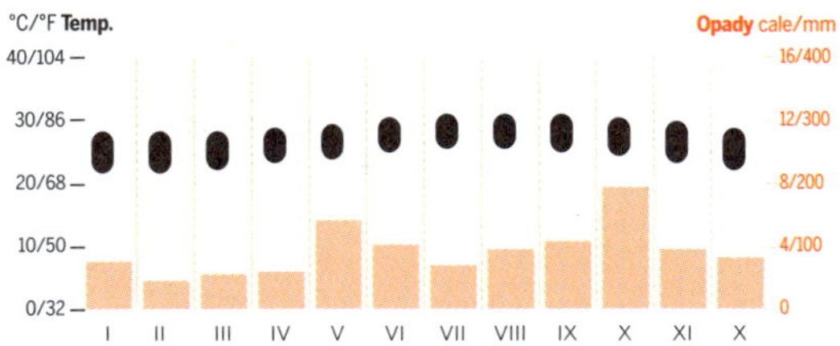

Przepisy celne

Kubańskie przepisy celne są skomplikowane, więcej: www.aduana.co.cu.

Przyjazd na Kubę

Podróżnym wolno wwieźć przedmioty użytku osobistego, w tym sprzęt fotograficzny, lornetkę, instrumenty muzyczne, radio, komputer, namiot, wędkę, rower, kanoe i inny sprzęt sportowy, a także do 10 kg lekarstw. Żywność w puszkach – przetworzona lub suszona – nie stanowi problemu, jak również zwierzęta (potrzebne świadectwo weterynaryjne i dowód szczepienia na wściekliznę).

Przedmioty nienależące do powyższych kategorii podlegają 100% opłacie celnej, do maksymalnej wysokości 1000 CUC.

Przedmioty, których wwóz jest zakazany, to narkotyki, materiały wybuchowe, pornografia, szeroko rozumiane urządzenia elektryczne, lekkie pojazdy silnikowe, silniki samochodowe i produkty pochodzenia zwierzęcego.

Wyjazd z Kuby

Wolno wywieźć bez cła 50 cygar w pudełkach (lub 23 sztuki luzem) oraz do 5000 USD (lub ekwiwalent) w gotówce.

Eksport nieudokumentowanych dzieł sztuki i przedmiotów dziedzictwa kulturowego jest ograniczony i podlega opłatom. Kupując przedmioty artystyczne, zwykle otrzymuje się oficjalne zaświadczenie w punkcie sprzedaży. Należy się dowiedzieć przed zakupem. Jeśli takiego nie otrzymamy, należy uzyskać zaświadczenie w **Registro Nacional**

de B... (map... pomi... Veda... w Ha... prze... wype... opła... obej... do p... arty-stycz... zyjść ponow... godzinach i odebrać zaświadczenie.

Niektóre kraje pobierają cło od importowanych cygar kubańskich.

Karty zniżkowe

Studenci, którzy przedstawią zaświadczenie o zapisie na uniwersytet na Kubie na okres co najmniej 6 miesięcy, otrzymują *carnet* – dokument tożsamości, gwarantujący cudzoziemcom opłaty za wstęp do muzeów, komunikację (w tym *colectivos* – taksówki z dzielonymi opłatami) i przedstawienia teatralne w kubańskich pesos niewymienialnych (MN).

Elektryczność

Napięcie w sieci: 110 V; w wielu hotelach turystycznych i resortach: 220 V. 110 V/220 V/60 Hz

110V/220V/60Hz

Ambasady i konsulaty

Wszystkie ambasady są w Hawanie, większość z nich jest czynna od 8.00 do 12.00 w dni powszednie. Australia jest reprezentowana przez ambasadę Kanady. Nową Zelandię reprezentuje ambasada Wielkiej Brytanii. Kanada ma również konsulaty w Varadero i Guardalavaca.

Ambasada RP (☎7-833-24-39; Calle G No. 452, esquina 19 Vedado, Ciudad de La Habana; www.hawana.msz.gov.pl)

Ambasada Austrii (☎7-204-2825; Av 5A No 6617, róg Calle 70, Miramar)

Ambasada Kanady (☎7-204-2516; Calle 30 No 518, Playa) Również reprezentuje Australię.

Ambasada Francji (☎7-201-3131; Calle 14 No 312, pomiędzy Av 3 i Av 5, Miramar)

Ambasada Niemiec (☎7-833-2539; Calle 13 No 652, Vedado)

Ambasada Włoch (☎7-204-5615; Av 5 No 402, Miramar)

Ambasada Szwecji (☎7-204-2831; Calle 34 No 510, Miramar)

Konsulat Szwajcarii (☎7-204-2611; Av 5 No 2005, pomiędzy Av 20 i Av 22, Miramar)

Ambasada Wielkiej Brytanii (☎7-214-2200; Calle 34 No 702, Miramar) Również reprezentuje Nową Zelandię.

Ambasada USA (☎7-833-3543; Calzada, pomiędzy Calle L i Calle M, Vedado)

Żywność i napoje

Kuchnia kubańska – znana jako *comida criollla* – ogromnie się poprawiła, odkąd obowiązują nowe przepisy o działalności prywatnej z 2011 r., ponadto inspiruje liczne nowe restauracje, szczególnie w Hawanie. Jednakże już poza granicami większych miast kuchnia kubańska nadal jest uboga i monotonna.

Gdzie jeść i pić

RESTAURACJE PAŃSTWOWE

Restauracje państwowe przyjmują *moneda national* oraz pesos wymienialne CUC. Restauracje za *moneda nacional* są brzydkie i znane z tego, że wręczają 9-stronicowe menu, z którego dostępny jest wyłącznie smażony kurczak. Istnieją też chwalebne wyjątki. Restauracje za *moneda nacional* zazwyczaj przyjmują płatność w CUC, ale często przy gorszym kursie wymiany niż obowiązujące 25 za 1.

Restauracje sprzedające potrawy za pesos wymienialne są na ogół lepiej zaopatrzone, ale to nie kapitalizm: to, że płaci się więcej, wcale nie oznacza lepszej obsługi. Jedzenie bywa kiepskie i mało apetyczne, a dyskusja ze znudzonym kelnerem często przypomina skecz z *Monty Pythona* (cokolwiek by się wydarzyło, nie wolno narzekać na brudny widelec). Ale od siedmiu lat sprawy zmierzają powoli ku lepszemu. Państwowy koncern Palmares zarządza doskonałymi restauracjami na terenie całego kraju, od zwykłych bud na plaży po wychwalany przez „New York Times" **El Aljibe** (mapa s. 126; ☎7-204-1583/4; Av 7, pomiędzy Calle 24 i Calle 26; dania główne 12–15 CUC; ⏲12.00–24.00) w dzielnicy Miramar, w Hawanie. Państwowe restauracje w Habana Vieja należą do najlepszych na Kubie; Gaviota ostatnio odnowiła część swoich starych lokali. Pracownicy państwowych restauracji nie zarabiają więcej niż 20 CUC miesięcznie (średnia płaca na Kubie), zatem napiwki będą mile widziane.

RESTAURACJE PRYWATNE

Pojawiły się po raz pierwszy w 1995 r. w okresie gospodarczego chaosu, zwanym „okresem specjalnym". Prywatne restauracje w dużej mierze zawdzięczają swój sukces gwałtownemu wzrostowi ruchu turystycznego oraz odważnym eksperymentom lokalnych kucharzy, którzy, pomimo braku odpowiednich składników, heroicznie pielęgnowali wiekowe tradycje kubańskiej kuchni. Bardzo się też rozmnożyły – głównie w Hawanie – po 2011 r., odkąd obowiązują nowe przepisy gospodarcze. Posiłki w prywatnych restauracjach są zazwyczaj droższe niż w państwowych; kosztują 8–30 CUC.

W ciągu ostatnich pięciu lat prywatne restauracje poczynają sobie coraz śmielej: proponują większy wybór dań zagranicznych i kuchnię fusion. Restauracje włoskie i w mniejszym stopniu hiszpańskie są popularne na całej wyspie. W Hawanie niedawno pojawiły się lokale wyspecjalizowane w kuchni koreańskiej, rosyjskiej, a nawet irańskiej.

Wegetarianie

W kraju, gdzie jeszcze niedawno obowiązywało racjonowanie żywności, ścisłym wegetarianom (tzn. tym, którzy nie używają smalcu, nie jedzą mięsnego bulionu, ryb itp.) będzie ciężko. Kubańczycy z racji swych przyzwyczajeń nie rozumieją wegetarianizmu, a jeśli rozumieją (albo twierdzą, że rozumieją), można to wtedy podsumować jednym, kluczowym słowem: omlet – pojęcie obejmujące również jajecznicę. Jednak świat się zmienia. Kucharze w *casas* *particulares*, którzy już nabrali doświadczenia w got
waniu dań bezmięsnych d
różnych przyjezdnych, do
dobrze sobie radzą z do-
gadzaniem wegetarianon
To samo dotyczy prywatn
restauracji, z których wie
wprowadziło do menu po
wy wegetariańskie. W Hav
nie i Viñales ostatnio poja
się porządne restauracje
wegetariańskie z prawdziv
go zdarzenia.

> **KATEGORIE CENOWE POSIŁKÓW**
>
> Na Kubie posiłek nigdzie nie kosztuje więcej niż 25 CUC. Wymienione restauracje podzielono według cen standardowego dania głównego.
>
> **$** poniżej 7 CUC
>
> **$$** 7–15 CUC
>
> **$$$** powyżej 15 CUC

Produkty i specjały

Kubańska kuchnia bazuje na *congrí* (ryż z czarną fasolą), mięsie (głównie wieprzowym, zaraz potem drobiowym i wołowym), smażonych bananach (zielonych, warzywnych), sałatkach (ze składników sezonowych) oraz warzywach korzennych: manioku (*yuca*), dyni piżmowej (*calabaza*).

Pescado (ryby) są również powszechnie dostępne. Choć w niektórych wyspecjalizowanych lokalach można dostać doradę, *aguja* (miecznik), a od czasu do czasu ośmiornicę i kraby, to i tak przeważają homary, krewetki i *pargo* (lucjan czerwony).

Kubańczycy zajadają się lodami, a niuanse rozmaitych smaków są przedmiotem gorących dyskusji. Lody Coppelia przeszły już do legendy; śmiesznie tanie kubełki innych marek (440 g za 1 CUC) można dostać niemal wszędzie, nawet lody z automatów za pesos są całkiem niezłe.

Podróżni LGBTIQ

Choć Kuba nie stanowi celu podróży dla osób o odmiennej orientacji seksualnej (jeszcze), jest bardziej tolerancyjna od innych krajów Ameryki Łacińskiej. Przebój filmowy *Fresa y chocolate* (*Truskawki i czekolada*, 1994 r.) zapoczątkował ogólnokrajową dyskusję na temat homoseksualizmu. Aktywistka Mariela Castro, córka Raúla, wyznaczyła kierunek bardzo potrzebnych reform

e-
jest

o to-
aj,
wy-
em
ki

iecy
rzad-
widać
stowania
etami.
czasu
s para chicas
mskie impre-
cje w **Cine Yara** (mapa s. 96; róg Calle 23 i Calle L) w hawańskiej strefie gejów.

Kubańczycy nie stronią od fizycznego kontaktu: można zobaczyć przytulających się mężczyzn, kobiety trzymające się za ręce, a także przyjacielskie uściski. Jest to poufałość pozbawiona zmysłowości.

Zdrowie

Kuba będzie bezpieczna dla podróżnych tak długo, dopóki będą zwracać uwagę na to, co jedzą i piją. Najpowszechniejsze choroby – czerwonka i żółtaczka – związane są ze spożyciem zakażonej żywności i wody. Choroby przenoszone przez komary nie stanowią zagrożenia na większości wysp archipelagu, choć stwierdzono obecność wirusa Zika. Kobiety w ciąży lub planujące zajść w ciążę oraz ich partnerzy powinni zapoznać się z ostrzeżeniami przed wyjazdem na Kubę.

Podróżnym, którzy zaszczepili się zgodnie z zaleceniami i zachowają rozsądne środki ostrożności, nie grozi nic poważniejszego niż lekka biegunka.

Ubezpieczenie zdrowotne

Od maja 2010 r. cudzoziemcy odwiedzający Kubę muszą posiadać ubezpieczenie od kosztów leczenia. Na lotniskach przeprowadzane są losowe kontrole polis.

W przypadku hospitalizacji należy zadzwonić do **Asistur** (☎7-866-4499, nagłe wypadki 7-866-8527; www.asistur.cu; Paseo de Martí No 208; ⌚8.30–17.30 pn.–pt., 8.00–14.00 sb.) i uzyskać pomoc z ubezpieczeniem i opieką medyczną. Firma posiada biura regionalne w Hawanie, Varadero, Cayo Coco, Guardalavaca i Santiago de Cuba.

Leczenie ambulatoryjne w klinikach międzynarodowych jest wycenione umiarkowanie, jednak nagłe wypadki i przedłużająca się hospitalizacja mogą być bardzo kosztowne (z darmowego systemu opieki zdrowotnej dla Kubańczyków powinno się korzystać jedynie w ostateczności).

Jeśli trzeba kupić ubezpieczenie od kosztów leczenia w chwili przyjazdu, dzienny koszt ochrony wyniesie 3 CUC przy sumie ubezpieczenia kosztów leczenia 25 000 CUC (w przypadku choroby) i do 10 000 CUC kosztów repatriacji chorych osób.

Opieka zdrowotna dla cudzoziemców

Władze kubańskie wprowadziły odpłatny system opieki zdrowotnej dla cudzoziemców, zwany **Servimed** (☎7-240-141; www.servimedcuba.com), całkowicie niezależny od bezpłatnej opieki zdrowotnej dla Kubańczyków. Na wyspie istnieje ponad 40 ośrodków zdrowia Servimed, oferujących opiekę podstawową, jak również wiele usług specjalistycznych i zaawansowanych technologicznie. Ci, którzy się zatrzymali w hotelu, powinni – aby skorzystać z systemu – poprosić kierownika o wezwanie lekarza. Ośrodki Servimed przyjmują też osoby „z ulicy". Choć szpitale kubańskie zapewniają cudzoziemcom określony zakres leczenia w nagłych wypadkach, powinno się z nich korzystać tylko wtedy, gdy nie ma innej możliwości. Należy pamiętać, że na Kubie służba zdrowia jest mierna, a pierwszeństwo w korzystaniu z bezpłatnej opieki medycznej ma ludność lokalna.

Prawie wszyscy lekarze i szpitale spodziewają się płatności w gotówce, bez względu na to, czy ktoś posiada ubezpieczenie podróżne, czy nie. W przypadku choroby zagrażającej życiu zapewne zaistnieje potrzeba ewakuacji do kraju, gdzie opieka medyczna jest na najwyższym poziomie. Ponieważ koszty wyniosą dziesiątki tysięcy dolarów, należy bezwzględnie wykupić polisę ubezpieczeniową przed wyjazdem.

Istnieją specjalne apteki dla cudzoziemców, również należące do systemu Servimed, ale wszystkie kubańskie apteki cierpią na braki w zaopatrzeniu, również leków. Należy przywieźć z sobą niezbędne lekarstwa, zarówno te na receptę, jak i bez, a także dobrze wyposażoną apteczkę. Apteki oznaczone *turno permanente* lub *pilotos* są otwarte całą dobę.

Woda z kranu

Woda na Kubie nie jest w pełni bezpieczna do picia; w ostatnich latach zarejestrowano przypadki cholery. Woda butelkowana marki Ciego Montero rzadko kosztuje więcej niż 1 CUC, ale czasem nie można jej dostać w mniejszych miejscowościach. Wybierając się na wycieczkę lub dłuższą podróż autobusem albo samochodem, należy się zaopatrzyć w zapas w dużych miastach.

INFORMACJE PRAKTYCZNE

Elektryczność 110V, również 220 V w hotelach turystycznych i resortach.

Gazety Trzy ogólnokrajowe gazety: „Granma", „Juventud Rebelde" oraz „Trabajadores".

TV Pięć kanałów telewizji; najnowszy kanał Multivisión nadaje trochę importowanych programów rozrywkowych.

Palenie Formalny zakaz palenia w przestrzeniach zamkniętych (egzekwowany sporadycznie).

Wagi i miary System metryczny, z wyjątkiem niektórych targowisk z owocami i warzywami, które posługują się jednostkami imperialnymi (brytyjskimi).

Dostęp do Internetu

Państwowa firma telekomunikacyjna Etecsa ma monopol na dostawę usług internetowych na Kubie. Publiczny dostęp do Internetu: niemal każde miasto prowincjonalne posiada ośrodek *telepuntos* Etecsa, gdzie można stanąć w kolejce i wykupić jednogodzinną kartę zdrapkę (1,50 CUC), z *usuario* (kodem) i *contraseña* (hasłem), do wykorzystania w komputerach na miejscu albo w publicznej sieci Wi-Fi (zazwyczaj centralny plac w miejscowości). Karty można wykorzystać do wielokrotnych połączeń internetowych.

Poza *telepuntos*, niewiele jest niezależnych kafejek internetowych. Z reguły większość hoteli trzygwiazdkowych i lepszych (w tym wszystkie hotele resortowe) posiada Wi-Fi i terminale internetowe. Mogą one też być wygodniejszym miejscem zakupu kart zdrapek, choć niektóre praktykują zaporowe ceny (nawet 7 CUC za godzinę).

Bardzo nieliczne *casas particulares* dysponują Internetem, ale ich liczba rośnie.

Uwaga: połączenia często bywają powolne i kapryśne, szczególnie późnym popołudniem i wczesnym wieczorem.

Przepisy prawne

Kubańskich policjantów widać wszędzie i zwykle bywają życzliwi – prędzej poproszą o randkę niż o łapówkę. Korupcja na Kubie to poważne przestępstwo i przeważnie nikt nie chce mieć z nią do czynienia. Niedobrze jest poruszać bez dowodu tożsamości; trzeba jakiś mieć przy sobie, na wszelki wypadek (prawo jazdy, kopia paszportu, legitymacja studencka powinny wystarczyć).

Narkotyki są na Kubie zakazane, choć na hawańskich ulicach można się spotkać z propozycją zakupu marihuany czy kokainy. Kary za zakup, sprzedaż, posiadanie czy zażywanie narkotyków są poważne. Kuba bardzo się stara, żeby zastopować popyt i ukrócić zaopatrzenie; jedynie ktoś niemądry sięgnie po narkotyki podczas wakacji na Kubie.

Mapy

Oznakowanie dróg na Kubie jest fatalne, dlatego każdemu kierowcy i rowerzyście będzie potrzebna dobra mapa. Wyczerpujący przewodnik *Guía de Carreteras*, wydany we Włoszech, obejmuje najlepsze dostępne mapy Kuby. Jeśli nie dostanie się go bezpłatnie, wypożyczając samochód, zawsze można kupić. Zawiera dokładny indeks, szczegółową mapę Hawany i użyteczne informacje w kilku językach. Poręczniejsze będzie wydanie *Automapa Nacional*, dostępne w sklepikach hotelowych i w wypożyczalniach samochodów.

Najlepszą mapą, wydaną poza Kubą, jest Cuba Freytag & Berndt w skali 1:1,25 mln. Mapa wyspy jest dobra, ma plany Hawany, Playas del Este, Varadero, Cienfuegos, Camagüey i Santiago de Cuba z indeksami.

Dobrymi, podstawowymi mapami są prowincjonalne *guías*, dostępne w biurach Infotur.

Pieniądze

To drażliwy temat podczas każdej podróży na Kubę, ponieważ dwojaka gospodarka wymaga rozeznania. Na początku 2017 r. na Kubie wciąż obowiązywały dwie waluty: pesos wymienialne (CUC) oraz pesos kubańskie, znane jako *moneda nacional* (w skrócie MN).

Większość turystów płaci w CUC. W chwili pisania niniejszego tekstu, pesos kubańskie zamieniano na pesos wymienialne wg kursu 25 do 1. Choć jest wiele produktów, których nie kupimy za *moneda nacional*, w pewnych sytuacjach korzystanie z niej może odsłonić prawdziwą Kubę. Ceny podano w pesos wymienialnych CUC (jeśli nie zaznaczono inaczej).

Aby jeszcze bardziej skomplikować sprawy, w resortach Varadero, Guardalavaca, Cayo Largo del Sur, Cayo Coco i Cayo Guillermo można płacić w euro, ale opuszczając ich teren, znów trzeba sięgnąć po CUC.

Na Kubę najlepiej wziąć euro, dolary kanadyjskie lub funty szterlingi. Najgorsze są dolary amerykańskie, ze względu na dodatkową opłatę wysokości 10% (oprócz standardowej prowizji) przy wymianie na CUC. Od 2011 r., kurs kubańskiego wymienialnego peso do dolara USD wynosi 1 do 1, co znaczy, że jego wartość zmienia się w zależności od wartości rynkowej dolara. Dolarów australijskich na Kubie nie przyjmują nigdzie.

Oddziały Cadeca w każdym mieście i miejscowości sprzedają pesos kubańskie (MN). Podróżni nie potrzebują więcej niż równowartość 10 CUC tygodniowo w pesos kubańskich MN. Oddziały znajdują się w prawie każdym lokalnym *agropecuario* (targ warzywny). Nie posiadając pesos kubańskich, kiedy ślinka cieknie na widok lodów, zawsze można zapłacić w pesos wymienialnych; przy takich transakcjach ulicznych kurs wynosi 25 MN do 1 CUC, a resztę na pewno wydadzą w *pesos* kubańskich. Nie istnieje czarny rynek wymiany, są tylko oszuści.

Bankomaty i karty kredytowe

Kuba rządzi się przede wszystkim gospodarką gotówkową. Karty kredytowe przyjmują hotele resortowe oraz niektóre hotele w miastach. Liczba bankomatów stale rośnie.

Uwaga rezydenci USA: na początku 2017 r. nadal nie można było używać kart kredytowych wydanych w USA.

Akceptowanie kart kredytowych stało się powszechniejsze w ciągu ostatnich paru lat – z pomocą przyszła legalizacja na początku 2015 r. kart kredytowych i debetowych USA i innych mających związek z USA. Jednak prace nad wdrożeniem tych zmian nadal trwają.

O ile usługi można rezerwować i opłacać kartami USA przez Internet, na terenie kraju to już zupełnie inna historia. Rezydencji USA mogą przekazywać pieniądze przez Western Union, choć wymaga to pomocy stron trzecich i wiąże się z dużymi kosztami.

UNIFIKACJA WALUTY

W październiku 2013 r. Raúl Castro ogłosił, że Kuba stopniowo ujednolici system podwójnej waluty (peso wymienialne i *moneda nacional*). W rezultacie prawdopodobnie zmienią się też ceny. W chwili pisania przewodnika proces unifikacji jeszcze się nie rozpoczął, nie podano żadnych szczegółów, jak i kiedy władze zaczną wdrażać te skomplikowane zmiany (więcej: www.lonelyplanet.

Mając do wyboru: użyć karty czy zapłacić gotówką, należy pamiętać, że prowizje pobierane przez kubańskie banki są podobne w obu przypadkach (ok. 3%). Jednak rodzimy bank podróżnego może pobierać dodatkową prowizję od transakcji w bankomatach czy kartą kredytową. Na Kubie coraz częściej można korzystać z kart debetowych, ale przed ich użyciem najpierw należy zasięgnąć informacji w swoim banku i w miejscowym banku kubańskim.

Najlepiej jest wybrać się na Kubę z gotówką, mając karty kredytowe czy debetowe jako zabezpieczenie.

Niemal wszystkie transakcje z podmiotami prywatnymi (np. w *casas particulares* i *paladares*) nadal są prowadzone gotówką.

Gotówkę można pobrać z karty kredytowej, ale prowizja pozostaje taka sama. Należy się poinformować w swoim banku przed wyjazdem, ponieważ wiele banków nie zezwala na większe wypłaty gotówki za granicą, jeśli wpierw się nie zawiadomi banku o planach podróży.

Bankomaty stają się powszechne. Jednak na Kubie zaleca się korzystanie z bankomatów tylko w godzinach pracy banku, na wypadek gdyby wystąpił problem.

Gotówka

Karty kredytowe nie mają takiego znaczenia i nie są tak wszechobecne jak w innych krajach zachodniej półkuli. Choć posiadanie samej gotówki jest o wiele mniej bezpieczne, jeśli nie dysponuje się kartą jako zabezpieczeniem, to jest bardziej wygodne. Dopóki się korzysta z ukrytego pasa z pieniędzmi i trzyma gotówkę w hotelowym sejfie, problemu nie będzie.

Kiedy się wymienia pieniądze, najlepiej poprosić o banknoty 20/10/5/3/1 CUC, ponieważ taksówkarze, obsługa w lokalach itp. nie rozmienią większych nominałów (np. 50 czy 100 CUC), a słowa *no hay cambio* (nie mogę wydać reszty) słychać wszędzie. W ostateczności można rozmienić duże banknoty w hotelu.

NOMINAŁY I ŻARGON

Najbardziej dezorientującą w podwójnej gospodarce Kuby jest terminologia. Kubańskie pesos nazywane są *moneda nacional* (w skrócie MN), *pesos cubanos* lub po prostu *pesos*; *pesos* wymienialne są nazywane *pesos convertibles* (w skrócie CUC) lub po prostu *pesos* (znowu!). Ostatnio zaczęto je nazywać *cucs*. Zdarza się, że podczas negocjacji w *pesos cubanos*, kontrahent będzie negocjował w *pesos convertibles*. Nie ułatwia sprawy to, że banknoty wyglądają podobnie. Na dodatek symbolem obu walut jest $. Można sobie wyobrazić poletko dla oszustów.

Kubańskie *pesos* istnieją w nominałach 1 *peso*, 5, 10, 20, 50 i 100 *pesos*; a monety w 1 *centavo* (rzadkie) oraz 5 i 20 *centavos*, a także 1 *peso* i 3 *pesos*. Moneta 5 *centavos* zwana jest *medio*, 20 *centavos* to *peseta*. *Centavos* są też nazywane *kilos*.

Pesos wymienialne to wielokolorowe banknoty o nominałach 1 *peso* oraz 3, 5, 10, 20, 50 i 100 *pesos*; monety mają nominały 5, 10, 25 i 50 *centavos* oraz 1 *peso*.

Poczta

Listy i kartki pocztowe do Europy i USA dochodzą po miesiącu. Choć *sellos* (znaczki) są sprzedawane w MN i CUC, to przesyłki z tymi ostatnimi mają większe szanse dotarcia. Kartki pocztowe kosztują 0,65 CUC do wszystkich krajów. Listy kosztują 0,65 CUC do obu Ameryk, 0,75 CUC do Europy i 0,85 CUC do wszystkich pozostałych krajów. Ofrankowane kartki pocztowe, łącznie z zagranicznymi, można dostać w większości sklepów hotelowych oraz w oddziałach poczty i są one najlepszym gwarantem skutecznego doręczenia. W przypadku ważnych przesyłek najlepiej skorzystać z usług DHL, którego placówki znajdują się w większych miastach; przesyłka do 900 g do Australii kosztuje 55 CUC, do Europy 50 CUC.

Święta państwowe

Oficjalnie Kuba ma dziewięć świąt państwowych. Pozostałe ważne święta przypadają na 28 stycznia (urodziny José Martí); 19 kwietnia (zwycięstwo w Zatoce Świń); 8 października (rocznica śmierci Che Guevary); 28 października (rocznica śmierci Camila Cienfuegos); 7 grudnia 7 (rocznica śmierci Antonia Maceo).

1stycznia Triunfo de la Revolución (Tryumf Rewolucji)

2 stycznia Día de la Victoria (Dzień Zwycięstwa)

1 maja Día de los Trabajadores (Międzynarodowy Dzień Pracy)

25–27 lipca Día de la Rebeldía Nacional (rocznica ataku na Koszary Moncada)

10 października Día de la Indepedencia (Dzień Niepodległości)

25 grudnia (Boże Narodzenie)

31 grudnia (wigilia Nowego Roku)

Bezpieczna podróż

Na Kubie jest bezpieczniej niż w większości krajów. Brutalne napaści są rzadkie. Pospolite kradzieże są na porządku dziennym, jednakże prewencja czyni cuda. Kradzieży kieszonkowych można uniknąć: w zatłoczonych autobusach i na ruchliwych targowiskach torebkę należy nosić z przodu, a wybierając się na miasto wieczorem, należy zabrać tylko tyle gotówki, ile będzie potrzebne.

Żebractwo jest bardziej powszechne i wciąż się pleni – dzięki turystom, którzy rozdają pieniądze, mydło, pióra, gumę do żucia i inne rzeczy ludziom na ulicy. Jeżeli ktoś chce naprawdę pomóc, niech odwiedzi apteki i szpitale, które przyjmą leki; szkoły z radością przyjmą długopisy, papier, ołówki i inne artykuły; biblioteki będą wdzięczne za książki. Można też przekazać dary właścicielom *casas particulares* albo zostawić je w kościele. Kanciarze, zwani *jinteros/jinteras* (mężczyźni/kobiety), są prawdziwym utrapieniem turystów.

Telefon

Telefonia komórkowa stała się dość powszechna na Kubie w ostatnich latach. Nagrany komunikat informuje o zmianach numerów telefonicznych. *Telepuntos* Etecsa – klimatyzowane punkty z telefonami i terminalami internetowymi – są w niemal każdym mieście na prowincji.

Telefony komórkowe

Należy się dowiedzieć u swojego operatora, czy aparat telefoniczny będzie działał na Kubie (tylko sieci GSM i TDMA). Rozmowy międzynarodowe są drogie. Można kupić usługi pre-paid w państwowej firmie telekomunikacyjnej Cubacel.

Można użyć własnego telefonu komórkowego GSM lub TDMA, ale trzeba wykupić kubańską kartę SIM i zapłacić za jej aktywację (ok. 30 CUC) w *telepunto* Etecsa. Trzeba okazać paszport. Jest wiele oddziałów telepunto Etecsa na terenie kraju (także na lotnisku w Hawanie).

Koszty wynoszą od 0,35 CUC za minutę za rozmowy na terenie Kuby i 0,10 CUC za SMS-y. Tyle samo się płaci, gdy ktoś zadzwoni na nasz numer z telefonu stacjonarnego. Rozmowy międzynarodowe kosztują od 1,10 CUC za minutę. Wypożyczenie telefonu kosztuje od 8 CUC, plus 3 CUC dziennie za aktywację. Trzeba też wpłacić depozyt 100 CUC. Opłaty wyniosą wtedy ok. 0,35 CUC za minutę. Aktualne ceny i informacje: www.etecsa.cu.

Numery kierunkowe

- Dzwoniąc na Kubę z zagranicy, należy wybrać międzynarodowy kod dostępu, prefiks Kuby (☎53), numer kierunkowy miasta lub regionu (bez „0" używanego przy połączeniach krajowych między prowincjami) i numer lokalny.
- Rozmowy międzynarodowe z Kuby: wybrać międzynarodowy kod dostępu z Kuby (☎119), prefiks kraju docelowego, numer kierunkowy lokalny i właściwy numer.
- Dzwoniąc z komórki na komórkę, wystarczy wybrać ośmiocyfrowy numer (zawsze zaczyna się od „5").
- Dzwoniąc z komórki na numer stacjonarny (lub ze stacjonarnego na stacjonarny) należy wybrać prefiks prowincji i numer właściwy.
- Aby zadzwonić z linii stacjonarnej na komórkę, należy wybrać „01" (lub „0" z Hawany), a następnie ośmiocyfrowy numer komórki.
- Dzwoniąc z numeru stacjonarnego na stacjonarny, należy wybrać „0", potem prefiks prowincji i numer lokalny.

Ceny rozmów

Połączenia lokalne kosztują od 5 do 75 *centavos* za minutę, w zależności od pory dnia i odległości. Ponieważ większość automatów telefonicznych nie wydaje reszty, powszechnie stosowaną uprzejmością jest wciśnięcie przycisku „R", żeby kolejna osoba mogła wykorzystać pozostały czas rozmowy.

Rozmowy międzynarodowe wykonywane przy użyciu karty kosztują 1 CUC za minutę, bez względu na kierunek.

Hotele trzygwiazdkowe i lepsze oferują rozmowy międzynarodowe po nieco wyższych cenach.

Karty telefoniczne

W Etecsa kupuje się karty telefoniczne, korzysta z Internetu i wykonuje rozmowy międzynarodowe. Niebieskie publiczne telefony Etecsa, przyjmujące karty telefoniczne magnetyczne i z chipem, są wszędzie. Karty sprzedaje się za peso wymienialne (5, 10 i 20 CUC) oraz w *moneda nacional* (5 i 10 pesos). Do rozmów krajowych można używać obu, a do rozmów międzynarodowych tylko tych za walutę wymienialną CUC.

Są też automaty wrzutowe: przyjmują tylko monety MN *(moneda nacional)*.

Informacja turystyczna

Oficjalne biuro informacji turystycznej, **Infotur** (www.infotur.cu), posiada oddziały w głównych miastach prowincji oraz stanowiska w większości większych hoteli i na lotniskach. Biura podróży – **Cubanacán** (☎7-833-4090; www.cubanacan.cu), **Cubatur** (☎7-838-4597; www.cubtur.cu), **Gaviota** (☎7-204-5708; www.gaviota-grupo.com) oraz **Ecotur** (☎7-273-1542; www.ecoturcuba.tur.cu) – udzielają podstawowych informacji.

Podróżni niepełnosprawni

Podróżni niepełnosprawni mogą liczyć na uwagę opiekuńczych z natury Kubańczyków. Braki w udogodnieniach rekompensują dobrzy ludzie. Podróżni niewidzący uzyskają pomoc w przechodzeniu przez ulicę, skorzystają z pierwszeństwa w kolejce. To samo dotyczy osób na wózkach. Nieliczne podjazdy są absurdalnie strome, w kolonialnych dzielnicach miast chodniki są wąskie, a jezdnie wybrukowane kamieniami. Windy często bywają nieczynne. Centra telefoniczne Etecsa wyposażono w sprzęt telefoniczny dla osób z wadami słuchu, programy TV opatrzono napisami.

Wizy i karty turystyczne

Turyści zamierzający spędzić na Kubie nie więcej niż dwa miesiące, nie potrzebują wiz. Otrzymują *tarjeta de turista* (kartę turystyczną) ważną 30 dni, którą można przedłużyć po przyjeździe na Kubę (Kanadyjczycy otrzymują na 90 dni z opcją przedłużenia na kolejne 90).

Turyści, którzy wykupują pakiet turystyczny, otrzymają kartę wraz z dokumentami podróży. Osoby podróżujące samolotem kupią kartę w biurze podróży lub w biurze linii lotniczych sprzedających bilety. Jednakże w praktyce bywa różnie (np. linie kanadyjskie wydają karty turystyczne na pokładzie samolotu), dlatego należy się upewnić wcześniej w liniach lotniczych, telefonicznie lub pocztą elektroniczną.

W niektórych przypadkach wymagany jest zakup/odbiór karty w porcie lotniczym, skąd odbywa się lot, czasami przy bramce do samolotu na kilka minut przed startem. Niektórym podróżnym indywidualnym odmówiono wejścia na pokład samolotu na Kubę, ponieważ nie mieli karty turystycznej.

Na miejscu, w Hawanie, przedłużenie karty turystycznej lub jej wymiana kosztuje 25 CUC. Nie można opuścić Kuby bez okazania karty turystycznej. W przypadku jej zgubienia, można się spodziewać co najmniej całego dnia kontaktu z irytującą kubańską biurokracją, żeby uzyskać nową.

Podróżny bez biletu powrotnego nie zostanie wpuszczony na Kubę.

Kartę turystyczną należy wypełnić czytelnie i dokładnie, ponieważ kubańskie władze są szczególnie wrażliwe na skreślenia i czytelność.

Od podróżujących w interesach oraz dziennikarzy wymagane są wizy. Wnioski należy składać co najmniej trzy tygodnie wcześniej (a jeszcze wcześniej, jeśli się je składa za pośrednictwem konsulatu w kraju innym niż własny).

Osoby podróżujące na podstawie wizy, albo te, które przebywały na Kubie dłużej niż 90 dni, muszą uzyskać pozwolenie na wyjazd od urzędu imigracyjnego. Rozpatrywanie wniosku trwa dwa tygodnie i niezbędne jest podanie oficjalnego kontaktu na Kubie.

Przedłużanie pobytu

Dla większości podróżnych uzyskanie przedłużenia pobytu na Kubie jest łatwe: trzeba się udać do *inmigración* (biura imigracji), przedstawić dokumenty i zapłacić 25 CUC w znaczkach. Znaczki warto kupić wcześniej w oddziałach Bandec lub Banco Financiero Internacional. Pobyt można przedłużyć maksymalnie o 30 dni po wcześniejszym pobycie 30 dni (z wyjątkiem Kanadyjczyków, którzy otrzymują 90 dni po pobycie 90 dni).

Przedłużeniem należy się zająć przynajmniej kilka dni przed wygaśnięciem wizy; nigdy nie należy podróżować po Kubie z nieważną wizą.

OBYWATELE USA I KUBA

Kiedy prezydent Obama postanowił ponownie nawiązać stosunki dyplomatyczne z Kubą, zaczęto zmieniać powstałe przez dziesięciolecia przepisy, choć niektóre nadal czekają na zmianę (np. bankowe). Administracja Trumpa postanowiła częściowo wycofać się z tej nowej polityki.

Połączony z nałożonym na Kubę amerykańskim embargo ekonomicznym, zakaz zabraniający amerykańskim obywatelom odwiedzania Kuby, został złagodzony podczas rządów prezydenta Obamy. Przepisy skarbowe zabraniające Amerykanom wydawania pieniędzy na Kubie, uniemożliwiały jednak – przez 45 lat – podróże w celach rekreacyjnych. Obecnie podróżni mogą odwiedzać Kubę w celach nieturystycznych, jeśli spełnią wymagania szczególnych kategorii.

Ustawa Helmsa-Burtona z 1996 r., podpisana przez prezydenta Clintona 12 marca 1996 r. nakładała z wyłączeniem kontroli sądowej grzywny do wysokości 50 000 USD na obywateli USA odwiedzających Kubę bez zezwolenia władz USA. Zezwalała też konfiskatę ich mienia. Ponadto za naruszenie ustawy Trading with the Enemy Act (Handel z Nieprzyjacielem) groziła grzywna nawet 250 000 USD i 10 lat więzienia.

Administracja Obamy znacznie poprawiła stosunki z Kubą. Bilateralne umowy zniosły niektóre ograniczenia w podróżach dla kubańskich Amerykanów, wznowiono bezpośrednie połączenia lotnicze USA z Kubą oraz usługi pocztowe, złagodzono ograniczenia importowe wobec towarów z Kuby, a także przepisy regulujące udzielanie licencji prawnych. Jednak administracja Trumpa ponownie ograniczyła podróże indywidualne, dąży też do ograniczenia wpływu kubańskich wojskowych na ekonomię (zob. s. 519).

Kubańskie biura imigracyjne

Prawie we wszystkich miastach prowincjonalnych znajdują się biura urzędu imigracji (gdzie można przedłużyć wizę), ale ich personel rzadko mówi po angielsku i nie zawsze bywa pomocny. Należy unikać biura w Hawanie (absurdalnie długie kolejki).

Baracoa (Antonio Maceo No 48)

Bayamo (☎23-57-25-84; Carretera Central, Km 2; ⏲8.00–19.00 pn., śr., pt., 8.00–17.00 wt., 8.00–12.00 czw. i sb.) W wielkim kompleksie 200 m na południe od hotelu *Sierra Maestra*.

Camagüey (Calle 3 No 156, pomiędzy Calle 8 i Calle 10, Reparto Vista Hermosa; ⏲8.00–19.00 pn., śr., pt., 8.00–17.00 wt, 8.00–12.00 czw. i sb.).

Ciego de Ávila (mapa s. 304; róg Delgado i Independencia; ⏲8.00–19.00 pn., śr., pt., 8.00–17.00 wt., 8.00–12.00 czw. i sb.).

Cienfuegos (☎43-52-10-17; Av 46, pomiędzy Calle 29 i Calle 31)

Guantánamo (Calle 1 Oeste, pomiędzy Calle 14 i Calle 15 Norte; ⏲8.00–19.00 pn., śr., pt., 8.00–17.00 wt., 8.00–12.00 czw. i sb.) Bezpośrednio za hotelem *Guantánamo*.

Hawana (Calle 17 No 203, pomiędzy Calle J i Calle K, Vedado; ⏲8.00–19.00 pn., śr., pt., 8.00–17.00 wt., 8.00–12.00 czw. i sb.).

Holguín (Calle Fomento No 256, róg Peralejo; ⏲8.00–19.00 pn., śr., pt., 8.00–17.00 wt., 8.00–12.00 czw. i sb.).

Las Tunas (Av Camilo Cienfuegos, Reparto Buenavista; ⏲8.00–19.00 pn., śr., pt., 8.00–17.00 wt., 8.00–12.00 czw. i sb.).

Sancti Spíritus (☎41-32-47-29; Independencia Norte No 107; ⏲8.00–19.00 pn., śr., pt., 8.00–17.00 wt., 8.00–12.00 czw. i sb.).

Santa Clara (róg Av Sandino i Sexta; ⏲8.00–19.00 pn., śr., pt., 8.00–17.00 wt., 8.00–12.00 czw. i sb.) Trzy przecznice na wschód od Estadio Sandino.

Santiago de Cuba (☎22-64-19-83; Av Pujol No 10, pomiędzy Calle 10 i Anacaona; ⏲8.00–19.00 pn., śr., pt., 8.00–17.00 wt., 8.00–12.00 czw. i sb.) Znaczki do przedłużenia wizy są sprzedawane w Banco de Crédito y Comercio przy Felix Peña No 614 w Parque Céspedes.

Trinidad (Julio Cueva Díaz; ⏲8.00–19.00 pn., śr., pt., 8.00–17.00 wt., 8.00–12.00 czw. i sb.) Obok Paseo Agramonte.

Varadero (róg Av 1 i Calle 39)

Wolontariat

Wiele instytucji oferuje pracę na Kubie dla wolontariuszy, choć lepiej jest wpierw zorganizować wszystko w swoim kraju. Niezapowiedziane pojawienie się na Kubie i zgłoszenie do wolontariatu może napotkać trudności, o ile będzie w ogóle możliwe.

Canada-Cuba Farmer to Farmer Project (www.farmertofarmer.ca) Organizacja z Vancouver promująca zrównoważone rolnictwo.

Cuban Solidarity Campaign (www.cuba-solidarity.org) Siedziba w Londynie, w Wielkiej Brytanii.

Global Volunteers (https://globalvolunteers.org/cuba) Prowadzi programy w Hawanie, Ciego de Avila oraz w Sancti Spíritus.

Go Overseas (www.gooverseas.com) Katalog 22 programów na Kubie, zorganizowanych według czasu pobytu, regionu i oceny; wiele z nich posiada licencję amerykańską.

Pastors for Peace (www.ifconews.org) Zbiera w USA darowizny dla Kuby.

Witness for Peace (www.witnessforpeace.org) Posiada licencję na wizyty indywidualne. Sprowadza na Kubę delegacje, np. badające wpływ polityki USA.

Kobieta w podróży

W kwestii bezpieczeństwa Kuba jest dla kobiet krajem marzeń. Większością ulic mogą samotnie spacerować nocą, przestępstwa są rzadkością, a rycerskie oblicze *machismo* oznacza, że nie muszą się obawiać ruchu ulicznego.

Jednak *machismo* z jednej strony chroni, z drugiej goni – bez wytchnienia. Jakże męczący może się okazać wieczorny spacer, kiedy kobieta musi nieustannie opędzać się od chmary *pretendientes* (zalotników), o ile nie uzna, że w ich obecności udoskonali swój hiszpański. Na Kubie niewiele osób podróżuje samotnie, nie ma też młodzieżowych hosteli, a to oznacza brak towarzystwa.

Kubańskie kobiety przywykły już do *piropos* (gwizdów i cmoknięć nieustannie rozbrzmiewających w ich otoczeniu) i czasami, jeśli je to bawi, nawet na nie odpowiadają. Cudzoziemki mogą jednak uznać, że takie zachowanie narusza ich prywatność.

Pierwszym krokiem jest ignorowanie *piropos*. Ale czasem to za mało. Trzeba się nauczyć kilku replik po hiszpańsku, żeby chłopom zamknąć usta. *No me moleste* (nie przeszkadzaj mi), *está bueno ya* (no dobrze, już dość) lub *qué falta de respeto* (jaki niegrzeczny) są niezłe, również miażdżące spojrzenie w stylu „odczep się", należy do arsenału kubańskich kobiet. Nierzucający się w oczy skromny ubiór może uchronić przed niechcianym zainteresowaniem; opalanie się topless jest wykluczone. Napomknienie o nieobecnym właśnie mężu, zmyślonym czy nie, rzadko odnosi skutek. Będąc w dyskotece, należy wyraźnie oznajmić kubańskim tancerzom, co nas interesuje, a co nie.

Kobiety powinny przywieźć tampony (nie ma ich na Kubie) lub podpaski (zwane *íntimos*).

Komunikacja

PRZYJAZD I WYJAZD

Wjazd do kraju

Czy po raz pierwszy, czy pięćdziesiąty schodzenie na Międzynarodowy Port Lotniczy José Martí nad rudoczerwonymi polami tytoniu jest przeżyciem ekscytującym i niezapomnianym. Formalności przy wjeździe są relatywnie proste, a przy około trzech milionach podróżnych rocznie pogranicznicy przywykli do obsługi cudzoziemców.

Agenci biur podróży, linii lotniczych i inni używają nazwy stolicy Kuby (hiszp. La Habana): Havana/Hawana. Dla spójności używamy nazwy Hawana.

Loty, wycieczki i bilety kolejowe można rezerwować online na lonelyplanet.com/bookings.

Samolot

Lotniska i linie lotnicze

MIĘDZYNARODOWE PORTY LOTNICZE

Kuba posiada 10 międzynarodowych portów lotniczych. Największym jest **Aeropuerto Internacional José Martí** (www.havana-airport.org; Av Rancho Boyeros) w Hawanie. Drugi ważny port lotniczy to Aeropuerto Juan Gualberto Gómez (☎45-61-30-16, 45-24-70-15) w Varadero, zwany też Aeropuerto de Varadero.

LINIE LOTNICZE

W Hawanie większość biur linii lotniczych zgrupowana jest w dwóch miejscach: w **Airline Building** (Calle 23 No 64) w Vedado oraz w **Miramar Trade Center** (mapa s.126; Av 3, pomiędzy Calle 76 i Calle 80, Miramar; ⏲zmienne godziny otwarcia) w Playa.

Państwowy przewoźnik **Cubana** (www.cubana.cu) zapewnia regularne połączenia z Bogotą, Buenos Aires, México City (Ciudad de México), Cancún, Caracas, Madrytem, Paryżem, Toronto, Montrealem, São Paulo, San José (Kostaryka) i Santo Domingo (Dominikana). Ceny biletów należą do najniższych, ale dokuczliwymi problemami są overbooking i opóźnienia. Każdy kilogram nadbagażu powyżej dozwolonych 20 kg jest skrupulatnie rozliczany.

Rekomendacje dotyczące bezpieczeństwa można sprawdzić na www.airsafe.com. Cubana miała dwie katastrofy, jedna po drugiej, w grudniu 1999 r. (39 ofiar), ale od tamtej pory nie zanotowano żadnego poważnego wypadku.

AFRYKA

Bezpośrednie połączenia z Luandą w Angoli zapewnia **TAAG** (☎w Angoli 9231-90-000; www.taag.com). Z innych krajów afrykańskich należy się przesiadać w Londynie, Paryżu, Madrycie, Amsterdamie lub w Rzymie.

KANADA

22 miasta w Kanadzie mają połączenia z 10 lotniskami

ZMIANY KLIMATYCZNE I PODRÓŻOWANIE

Każdy środek transportu napędzany paliwem węglowym wytwarza CO_2, głównego sprawcę zmian klimatycznych. Samoloty zużywają mniej paliwa na kilometr na jedną osobę niż większość samochodów, ale przemierzają większe dystanse. Wysokość, na jakiej samoloty emitują szkodliwe gazy (w tym CO_2) i cząsteczki spalania, także ma wpływ na zmiany klimatyczne. Na wielu portalach internetowych znajdują się „kalkulatory emisji spalin" oraz adresy inicjatyw proekologicznych, które można wesprzeć datkiem. Lonely Planet postępuje tak po każdej podróży autorów i członków swojego zespołu.

DOKUMENTY WYMAGANE PRZY WJEŹDZIE

- Paszport ważny co najmniej przez miesiąc po dacie wyjazdu.
- Właściwie wypełniona kubańska karta turystyczna.
- Dowód wykupienia polisy ubezpieczeniowej od kosztów leczenia (losowa kontrola na lotnisku).
- Dowód posiadania wystarczających środków na cały czas pobytu.

na Kubie. Głównymi węzłami są Toronto i Montreal. Pozostałe miasta obsługują czartery.

Linie lotnicze:

Air Canada (☎w Kanadzie 844-347-4268; www.aircanada.com)

Air Transat (☎w Kanadzie 877-872-6728; www.airtransat.com)

Sunwing (☎w Kanadzie 877-877-1755; www.flysunwing.com)

Westjet (☎w Kanadzie 888-937-8538; www.westjet.com)

Biuro podróży **A Nash Travel** (☎w Kanadzie 905-755-0102; www.anashtravel.com) rezerwuje bilety.

KARAIBY

Cubana jest główną linią lotniczą obsługującą Karaiby, pozostałe to **Air Caraibes Airlines** (☎na Gwadelupie 0820-835-835; www.aircaraibes.com), **Bahamas Air** (☎na Wyspach Bahama 1-242-702-4140; https://bahamasair.com) oraz **Cayman Airways** (www.caymanairways.com; Miramar Trade Center).

EUROPA I WIELKA BRYTANIA

Regularne loty na Kubę startują z Belgii, Francji, Niemiec, Holandii, Włoch, Rosji, Hiszpanii, Szwajcarii i Wielkiej Brytanii. Trasy europejskie obsługują następujące linie lotnicze:

Aeroflot (☎w Hawanie 72-043-200, w Moskwie +7-495-223-55-55; www.aeroflot.ru; Miramar Trade Center)

Air Europa (☎w Hiszpanii 902-401-502; www.aireuropa.com; Miramar Trade Center)

Air France (☎we Francji 09-69-39-02-15, w Hawanie +537-206-4444; www.airfrance.com; Calle 23 No 64; ⊙8.30–16.30 pn.–pt.)

Blue Panorama (☎we Włoszech 06-9895-6666; www.blue-panorama.com)

Condor (☎w Niemczech 49-180-676-7767; www.condor.com)

Edelwiess (www.flyedelweiss.com)

KLM (www.klm.com)

Neos (☎we Włoszech 800-325-955; www.neosair.it)

Thomas Cook (www.thomascook.com)

TUI Netherlands (☎www.tui.nl)

Virgin Atlantic (☎na Kubie 7204-0747, w Wielkiej Brytanii 0344-874-7747; www.virgin-atlantic.com; Miramar Trade Center)

MEKSYK

México City (Miasto Meksyk, Ciudad de México) i Cancún mają dobre połączenia z licznymi miastami w USA. **Interjet** (☎w Mieście Meksyku 01800-011-2345; www.interjet.com.mx) obsługuje Meksyk.

AMERYKA POŁUDNIOWA I ŚRODKOWA

Liczne połączenia z lotniskami w Ameryce Południowej. Lotniska Ameryki Środkowej zapewniają najlepsze połączenia z miastami na Karaibach. Linie lotnicze obsługujące trasy do Ameryki Łacińskiej:

Avianca (www.avianca.com)

Conviasa (☎w Wenezueli 500-266-8427; www.conviasa.aero)

Copa Airlines (☎w Panamie 217-2672; www.copaair.com)

LATAM (☎w Chile 600-526-2000; www.latam.com)

STANY ZJEDNOCZONE

Pierwsze komercyjne loty między USA i Kubą odbyły się w listopadzie 2016 r., po złagodzeniu przez administrację Obamy restrykcji w podróżach. Osoby podróżujące z paszportem USA nadal muszą się mieścić w kategoriach podróży autoryzowanych. Połączenia z Kubą obsługują następujące linie lotnicze:

Alaska Airlines (☎w USA 800-252-7522; www.alaskaair.com)

American Airlines (☎w USA 800-433-7300; Miramar Trade Center)

Delta Airlines (☎w USA 800-241-4141; www.delta.com)

Jet Blue (☎w USA 800-538-2583; https://book.jetblue.com)

Southwest Airlines (☎w USA 800-435-9792; www.southwest.com)

Spirit Airlines (☎w USA 801-401-2222; www.spirit.com)

United Airlines (☎w USA 800-864-8331; www.united.com)

Statek

Rejsy wycieczkowe

Coraz więcej statków wycieczkowych zawija do kubańskich portów. **Oceania Cruises** (www.oceaniacruises.com), **Norweigan Cruise Line** (www.ncl.com), **Pearl Seas Cruises** (www.pearlseascruises.com) oraz **Royal Caribbean** (www.royalcaribbean.com) stale dodają nowe kubańskie trasy.

Statki kanadyjskiej kompanii **Celestyal** (www.yourcubacruise.com) opływają wyspę, zawijając do Hawany, Holguín, Santiago de Cuba, Montego Bay (Jamajka), Cienfuegos i Isla de la Juventud.

Inne opcje proponuje brytyjski **Thomson** (www.thomson.co.uk): statek „Cuban Fusion" wypływa z Montego

Trasy lotów komercyjnych

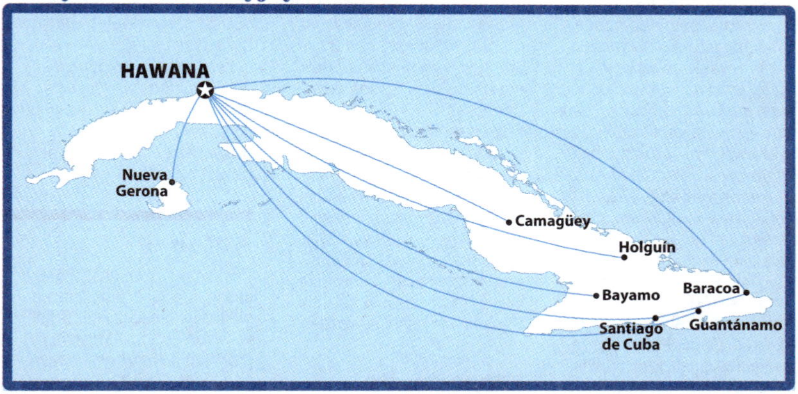

Bay na Jamajce (rejs trwa tydzień).

Prywatne jachty

Posiadaczom prywatnych jachtów i łodzi motorowych Kuba oferuje punkty graniczne z urzędami celnymi:

- Marina Hemingway (Hawana)
- Marina Dásena (Varadero)
- Marina Cienfuegos
- Marina Cayo Guillermo
- Marina Santiago de Cuba
- Puerto de Vita (w pobliżu Guardalavaca w prowincji Holguín)
- Cayo Largo del Sur
- Cabo San Antonio (na zachodnim krańcu prowincji Pinar del Río)

Właściciele łodzi powinni porozumieć się z kubańską strażą graniczną w pasmie VHF 16 lub 68, albo w pasmie turystycznym 19A. Nie ma połączeń promowych z Kubą.

Wycieczki

Kuba jest popularnym celem wycieczek zorganizowanych, szczególnie typu „soft adventure". Są również wycieczki tematyczne (kultura, środowisko, przygoda, fotografia, jazda na rowerze, obserwowanie ptaków, architektura, wyprawy piesze). Popularne biura podróży:

Cuban Adventures (☎w Australii 4305-04636; www.cubagrouptour.com)

Exodus (☎w Anglii 0203-553-1385; www.exodus.co.uk)

Explore (☎w Wielkiej Brytanii 01-252-883-914; www.explore.co.uk)

JAK SIĘ PORUSZAĆ NA MIEJSCU

Samolot

Linie lotnicze na Kubie

Nie ma wewnętrznych połączeń między lotniskami, z wyjątkiem lotów przez Hawanę. W chwili pisania przewodnika samoloty były często opóźnione, a loty odwoływane.

Cubana de Aviación (www.cubana.cu) Obsługuje połączenia między Hawaną i 11 lotniskami regionalnymi. Planując połączenie z lotem międzynarodowym, należy przewidzieć dodatkowy czas na ewentualną podróż autobusem.

LOTY KRAJOWE Z HAWANY

KIERUNEK	CZĘSTOTLIWOŚĆ	CZAS TRWANIA (GODZ.)
Baracoa	1 tygodniowo	2 godz. 30 min
Bayamo	2 tygodniowo	2
Camagüey	codziennie	1 godz. 30 min
Guantánamo	5 tygodniowo	1 godz. 30 min
Holguín	1–2 dziennie	1 godz. 30 min
Nueva Gerona	2 dziennie	35 min
Santiago de Cuba	1–2 dziennie	1 godz. 30 min

Bilet w jedną stronę zwykle kosztuje około połowy biletu w obie strony; są ograniczenia dotyczące ilości bagażu. Bilety można kupić w większości biur turystycznych w hotelach oraz w biurach podróży, w tej samej cenie, jaka obowiązuje w biurach linii lotniczych, gdzie często panuje chaos.

Aerogaviota (☎7-203-0668; www.aerogaviota.com) Obsługuje droższe loty czarterowe do La Coloma i Cayo Levisa (w prowincji Pinar del Río), Nueva Gerona, Cayo Largo del Sur, Varadero, Cayo Coco, Playa Santa Lucía, Bayamo, Manzanillo, Baracoa i Santiago de Cuba. Planuje również dodatkowe wewnętrzne połączenia komercyjne.

Rower

Kuba jest rajem dla rowerzystów dzięki ścieżkom rowerowym, warsztatom rowerowym i kierowcom przyzwyczajonym do widoku rowerów na drogach w całym kraju. Trudno o części zamienne, najważniejsze należy przywieźć z sobą. Kubańczycy są mistrzami improwizowanych napraw, więc gdy czegoś brakuje, zawsze coś wymyślą. *Poncheros* (punkty wulkanizacyjne) naprawiają dętki i pompują koła; są w każdej małej miejscowości.

O kaskach na Kubie mało kto słyszał, z wyjątkiem luksusowych resortów, dlatego trzeba przyjechać z własnym. Zapięcie czy kłódka rowerowa są konieczne ze względu na plagę kradzieży. *Parqueos* (parkingi rowerowe) wytyczono na targowiskach, przy dworcach autobusowych, w centrach miast); płaci się 1 peso.

W całym kraju pas szerokości 1 m z prawej strony jezdni zarezerwowano dla rowerów, nawet na trasach szybkiego ruchu. Jazda po chodnikach jest zakazana, jak również pod prąd na ulicach jednokierunkowych; za złamanie przepisu grozi mandat. Oświetlenie ulic jest mizerne – należy unikać jazdy po zmierzchu (ponad jedna trzecia wypadków na Kubie dotyczy rowerzystów); na wszelki wypadek należy zabrać z sobą oświetlenie.

W pociągach z *coches de equipaje* albo *vagones* (wagonami bagażowymi) za przewóz roweru płaci się ok. 10 CUC. Przedziały są strzeżone, ale sakwy należy zabrać z sobą i dobrze sprawdzić rower, zanim się dojedzie do celu. Autobusy Víazul również przewożą rowery.

Kupno roweru

Ograniczony wybór i wysokie ceny powodują, że oficjalny zakup roweru na Kubie jest nieopłacalny. Lepiej popytać, porozumieć się z osobą prywatną i kupić od niej *chivo* (hiszp. „kozioł", w żargonie: rower), a potem odsprzedać przy wyjeździe. Dobrze się targując, można dostać rower za około 40 CUC – choć im wyższa cena, tym lepszy towar. Mimo oczywistych oszczędności, najlepiej jest przywieźć własny.

Wynajem

Wypożyczalnie rowerów są na Kubie rzadkością, ale ze względu na szybki rozwój sektora prywatnego, może to ulec zmianie. Za wynajem płaci się 5 CUC za godzinę lub 20 CUC za dzień. Rowery zazwyczaj są dodawane jako bonus w ramach pakietów all-inclusive w resortach, ale uwaga: hamulce są kiepskie i nie ma przerzutek.

Statek

Główne trasy dla podróżujących: **katamaran** (mapa s. 162; róg Calle 24 i Calle 33; ⏲8.00–17.30) z Surgidero de Batabanó do Nueva Gerona na Isla de la Juventud oraz prom pasażerski z Hawany do Regla i terminalu promowego Casablanca (☎7-867-3726). Promy te są zazwyczaj bezpieczne, choć w 1997 r. dwa wodoloty zderzyły się po drodze do Isla de la Juventud. W latach 1994 i 2003 prom do Regla/Casablanca został porwany przez Kubańczyków, którzy chcieli uciec na Florydę. Incydent w 2003 r. dotyczył turystów, dlatego należy oczekiwać ścisłej kontroli bezpieczeństwa.

Autobus

Podróż autobusem to niezawodny sposób poruszania się po Kubie, przynajmniej w bardziej popularnych regionach. **Víazul** (www.viazul.com) jest głównym operatorem linii dalekobieżnych, dostępnych dla cudzoziemców. Klimatyzowane, niezawodne i punktualne autobusy Víazul jeżdżą popularnymi trasami turystycznymi.

Víazul sprzedaje bilety w CUC. Autobusy zatrzymują się na posiłki i zawsze jest dwóch kierowców. Trzeba zabrać ciepłą odzież ze względu na arktyczny chłód klimatyzacji. W przypadku najpopularniejszych tras bilety należy rezerwować z wyprzedzeniem, szczególnie w szczycie sezonu. Otwarto nową trasę: wygodne autobusy jeżdżą codziennie z Trinidadu do Santa Clara, Remedios, Caibarién i Cayo Santa María.

Jeśli nie ma miejsc w pożądanym autobusie, warto poszukać innych podróżnych w tej samej sytuacji i wspólnie wynająć taksówkę.

Conectando, obsługiwane przez Cubanacán, to najnowsza opcja, mająca na celu odciążenie Víazul. Zaletą jest to, że połączenia odbywają się z hoteli w centrach miast i bilety można rezerwować z wyprzedzeniem w biurach Infotur i Cubanacán. Wady to mniej wiarygodne rozkłady i mniejszy wybór tras niż w przypadku Víazul. Należy się dowiadywać wcześniej, czy autobus odjedzie.

W wielu popularnych regionach turystycznych kursują autobusy objazdowe,

TRASY VÍAZUL

TRASA	CZAS JAZDY (GODZ.)	CENA (CUC)	PRZYSTANKI...
Hawana–Holguín	10 godz. 30 min	44	Santa Clara, Sancti Spíritus, Ciego de Ávila, Camagüey, Las Tunas
Hawana–Santiago de Cuba	15 godz.30 min	51	Entronque de Jaguey, Santa Clara, Sancti Spíritus, Ciego de Ávila, Camagüey, Las Tunas, Holguín, Bayamo
Hawana–Trinidad	6	25	Entronque de Jaguey, Cienfuegos
Hawana–Varadero	3	10	Matanzas, Varadero Airport
Hawana–Viñales	3 godz. 15 min	12	Pinar del Río
Santiago de Cuba–Baracoa	4 godz.45 min	15	Guantánamo
Trinidad–Santiago de Cuba	12	33	Sancti Spíritus, Ciego de Ávila, Camagüey, Las Tunas, Holguín, Bayamo
Trinidad–Varadero	6	20	Cárdenas, Colón, Entronque de Jaguey, Cienfuegos
Varadero–Santiago de Cuba	16	49	Cárdenas, Colón, Santa Clara, Sancti Spíritus, Ciego de Ávila, Camagüey, Las Tunas, Holguín, Bayamo

do których się wsiada i wysiada w miejscach głównych atrakcji; całodzienny bilet kosztuje 5 CUC. Operatorem jest państwowe przedsiębiorstwo transportowe Transtur. Hawana i Varadero uruchomiły linie autobusów piętrowych z odkrytym górnym pokładem. Mniejsze minibusy obsługują Viñales, Trinidad, Cayo Coco, Guardalavaca, Cayo Santa María i Baracoa (w sezonie).

Kubańczycy pokonują krótsze trasy autobusami linii prowincjonalnych. Za bilety płaci się w *moneda nacional*; autobusy są mniej wygodne i nie tak pewne, jak te z Víazul. Wyjeżdżają z dworców autobusowych w każdej z prowincji. Rozkład i ceny są zazwyczaj napisane kredą na dworcowej tablicy. Bywa, że podróżni nie zostaną wpuszczeni do autobusu lub pierwszeństwo będą mieli miejscowi.

Rezerwacja

W przypadku Víazul rezerwacje są niezbędne w okresach szczytu (czerwiec–sierpień, Boże Narodzenie i Wielkanoc), a także na popularnych trasach (Hawana – Trinidad, Trinidad – Santa Clara oraz Santiago de Cuba – Baracoa). Można rezerwować dzień lub dwa wcześniej.

Autobus Víazul wyjeżdżający z Baracoa jest prawie zawsze przepełniony, dlatego należy zarezerwować bilet zaraz po przyjeździe (można też na www.viazul.com po zarejestrowaniu się na stronie). Jednakże, podobnie jak w przypadku wszystkich kubańskich portali, ten również ulega awariom.

Samochód i motocykl

Z wynajęciem samochodu na Kubie nie ma trudności, ale, po uwzględnieniu wszystkich kosztów, bynajmniej nie jest tanio. Ceny zależą od rozmiaru pojazdu, sezonu i okresu, na jaki się wypożycza. Koszt wynajęcia to 70 CUC dziennie za auto średniej wielkości. W przypadku trasy długości poniżej 150 km taniej wyniesie wynajęcie taksówki (w chwili pisania przewodnika taksówka kosztowała 0,55 CUC za 1 km poza miastem).

Prawo jazdy

Prawo jazdy wydane w kraju podróżnego upoważnia do wynajęcia i kierowania samochodem na Kubie.

Paliwo

Benzyna sprzedawana za CUC (w przeciwieństwie do kupowanej za MN) jest dostępna na stacjach całego kraju (północne wybrzeże na zachód od Hawany jest tu wyjątkiem). Stacje paliw zwykle są otwarte całą dobę i wiele z nich prowadzi niewielkie sklepy z częściami. Benzynę sprzedaje się na litry, a jej rodzaje to *regular* (1 CUC/litr) i *especial* (1,20 CUC/litr). Do samochodów wynajmowanych zalecana jest benzyna *especial*. Stacje paliw mają sprawnych pracowników, przeważnie *trabajadores sociales* (pracownicy społeczni, głównie studenci).

Wypożyczanie

Wynajęcie na Kubie samochodu jest prostą sprawą. Trzeba okazać paszport, prawo jazdy i wpłacić kaucję zwrotną: 150–250 CUC (gotówką lub kartą kredytową). Samochód można

SAMOCHÓD Z KIEROWCĄ

Można uniknąć kłopotów na drodze, gdyż coraz więcej firm wynajmuje wygodne, nowoczesne auta z kierowcą, na przykład **Car Rental Cuba** (☎54-47-28-22; www.carrental-cuba.com; Maceo No 360-1, pomiędzy Serafín García i EP Morales; 75 CUC dziennie plus 0,30 CUC za kilometr).

wypożyczyć w jednym mieście i zwrócić w innym za dodatkową, umiarkowaną opłatą, co jest wygodne. Dysponując skromnym budżetem, trzeba pytać o diesle – niektóre agencje je wynajmują – a to pozwoli dużo zaoszczędzić na paliwie. Tylko niewiele wynajmowanych aut ma automatyczną skrzynię biegów.

Przy wynajmie samochodu na trzy dni lub krócej kilometraż będzie limitowany, przy dłuższych kontraktach jest nieograniczony. Na Kubie płaci się za pierwszy pełny bak paliwa, jeśli auto zwraca się z pustym zbiornikiem (samobójcza polityka, przez którą wielu turystom brakuje paliwa mniej więcej kilometr przed punktem zwrotu). Nie zwraca się pieniędzy za paliwo pozostawione w zbiorniku.

Kradzieże lusterek, anten, tylnych lamp itd. są powszechne, dlatego warto komuś zapłacić peso czy dwa, żeby popilnował auta w nocy. W przypadku zgubienia umowy wynajmu albo kluczyków trzeba zapłacić 50 CUC kary. Kierowcy poniżej 25 lat płacą jeszcze 5 CUC, a dodatkowi kierowcy dopisani do umowy płacą 3 CUC dziennie.

Przed wyruszeniem w drogę trzeba dokładnie sprawdzić pojazd razem z pracownikiem wypożyczalni, ponieważ wypożyczający odpowiada za wszelkie szkody i braki. Należy się upewnić, czy jest koło zapasowe o właściwym rozmiarze, podnośnik i klucz do kół. Trzeba też sprawdzić, czy są pasy bezpieczeństwa i czy drzwi dobrze się zamykają.

Otrzymaliśmy wiele listów na temat kiepskiej lub wręcz nieistniejącej obsługi klientów, atrap kół zapasowych, zagubionych rezerwacji i innych problemów. Rezerwacje są przyjmowane najwyżej na 15 dni wcześniej i niczego nie gwarantują. Personel wypożyczalni na ogół bywa pomocny, jednak można zapłacić znacznie więcej, niż się planowało, albo czekać godzinami, dopóki ktoś nie zwróci auta. Im lepiej się mówi po hiszpańsku i im jest się milszym, tym większe jest prawdopodobieństwo rozwiązania problemów ku zadowoleniu obu stron (napiwki bardzo w tym pomagają). Zawsze trzeba mieć plan B!

Ubezpieczenie

Wymagane ubezpieczenie (kosztuje 15–30 CUC dziennie) samochodów z wypożyczalni obejmuje wszystko poza kradzieżą radia (na noc trzeba chować do bagażnika) i kół.

W razie wypadku, żeby skorzystać z ubezpieczenia, trzeba wpierw uzyskać kopię *denuncia* (raportu policyjnego), co może zająć cały dzień. Jeżeli policja stwierdzi częściową winę wynajmującego, wtedy kaucji można powiedzieć *adiós*.

Części zamienne

Od dziesiątków lat Kubańczycy radzą sobie z utrzymaniem starych gratów na drodze bez oryginalnych części i łatwo się przekonać, jakie cuda potrafią wyczarować z kartonu, sznurka, gumy i wieszaków, żeby utrzymać pojazd na chodzie.

Napompować koła czy naprawić przebitą oponę można na stacji benzynowej lub u lokalnego *ponchero*. Zwykle nie mają ciśnieniomierzy i trzeba uważać, żeby nie napompowali zbyt mocno.

Niebezpieczeństwa na drodze

Pierwszy problem: brak znaków – niemal wszędzie. Główne skrzyżowania i skręty do ważnych resortów lub miast nigdy nie są oznaczone. Poza tym, że jest to irytujące, to również traci się czas. Brak oznaczeń dotyczy także znaków drogowych. Ulice jednokierunkowe i ograniczenia prędkości nie są wyraźnie oznaczone, co często prowadzi do utarczek z policją (niepojmującą nieumiejętności telepatycznego przyswajania przepisów ruchu drogowego); oznaczenia poziome na jezdni też nie istnieją.

Autopista, Vía Blanca i Carretera Central są na ogół w dobrym stanie; trzeba się przygotować, że na innych trasach jezdnia nagle zmieni się w placki asfaltu albo niespodziewanie pojawi się przejazd kolejowy (zwłaszcza w Oriente). Przejazdy kolejowe są szczególnie problematyczne. Jest ich setki i nigdzie nie ma szlabanów. Uwaga: nawet jeśli tory będą porastane, należy zakładać, że są w użyciu. Stan techniczny kubańskich pociągów i samochodów rzuca wyzwanie logice.

Słaby ruch pojazdów silnikowych zapewne ucieszy kierowców, jednakże rowery, piesi, wozy ciągnione przez woły i konie oraz żywy inwentarz na drodze – to już całkiem inna sprawa. W wielu starych samochodach i ciężarówkach nie ma lusterek wstecznych, z przeróżnych zakamarków wyskakują na jezdnię bawiące się dzieci. Trzeba bardzo uważać, prowadzić ostrożnie i korzystać z klaksonu podczas wyprzedzania i na ślepych zakrętach.

Nie zaleca się jazdy nocą ze względu na kiepskie drogi, pijanych kierowców, wałęsające się krowy i słabe oświetlenie. Pijani kierowcy wciąż stanowią wielki problem, mimo prowadzonej przez rząd kampanii edukacyjnej. Szczególnie niebezpieczne są noce w Hawanie, gdzie pas do wyprzedzania jest pasem dla spacerujących i pasem dla pijaków.

Sygnalizacja świetlna bywa popsuta lub trudna do zauważenia, a regułę prawej ręki można między bajki włożyć. Trzeba bardzo uważać.

Przepisy ruchu drogowego

Kubańczycy jeżdżą, jak chcą i gdzie chcą. Na pozór chaotycznie, ale jednak mają swój rytm. Pasy bezpieczeństwa są – podobno – obowiązkowe, a formalne ograniczenia prędkości to 50 km/godz. w mieście, 90 km/godz. na szosach i 100 km/godz. na autostradach. Niektóre samochody aż tyle nie wyciągną, inne jadą tak szybko, jak tylko mogą.

Przy niewielkiej liczbie pojazdów na drodze, trudno jest nie wcisnąć gazu i pognać. Zagrożeniem są nieoczekiwane dziury w jezdni; trzeba też uważać na policjantów. Mają swoje sprytne pułapki, szczególnie na autostradach. Mandaty za przekroczenie prędkości zaczynają się od 30 CUC i są wpisywane do umowy na wypożyczenie auta; kwotę mandatu odlicza się z kaucji przy zwrocie samochodu. Po zatrzymaniu przez policjantów należy wysiąść z pojazdu i pójść w ich stronę z dokumentami. Mrugający światłami kierowca nadjeżdżającego z drugiej strony pojazdu informuje o niebezpieczeństwie (zwykle „policja na drodze").

Kubański kryzys komunikacyjny oznacza, że mnóstwo osób chce złapać okazję (*coger botella*; kubanizm, dosł. „chwycić butelkę"). Podwiezienie miejscowego autostopowicza ma swoje zalety, pomijając aspekt altruistyczny. Dzięki kubańskiemu pasażerowi nie grozi zgubienie się, można się dowiedzieć o tajemnych miejscach, a także poznać wspaniałych ludzi. Są też zagrożenia; mniej ryzykowne będzie podwiezienie ludzi starszych i rodzin. Na prowincji ludzie szukający okazji są ustawiani w kolejkach przez *amarillos* (ulicznych strażników ruchu), którzy kierują do samochodu najpierw osoby słabsze, np. staruszków i kobiety w ciąży.

Autostop i dzielenie kosztów

Kryzys komunikacyjny, kultura solidarności i niski poziom przestępstw sprzyjają autostopowiczom. Autostop z dzieleniem kosztów został prawnie usankcjonowany. Światła sygnalizacyjne, przejazdy kolejowe i skrzyżowania wiejskich dróg są przystankami dla ludzi poszukujących okazji.

Na prowincji i na przedmieściach Hawany *amarillos* (opłacani przez państwo kontrolerzy ruchu; „żółci" noszą mundury w kolorze musztardowym) organizują i nadają priorytety oczekującym na podwiezienie. Można przyłączyć się do kolejki. Płaci się 5–20 pesos, zależnie od odległości. Poszukujący okazji będą potrzebowali dobrej mapy i powinni znać podstawy hiszpańskiego. Na okazję czeka się nawet dwie lub trzy godziny.

Autostop w żadnym kraju nie jest w stu procentach bezpieczny i go nie polecamy. Podróżni, którzy zdecydują się na autostop, muszą być świadomi, że podejmują niewielkie, ale potencjalne ryzyko. Autostopowicze będą bezpieczniejsi, podróżując parami i informując kogoś, dokąd zamierzają pojechać.

Komunikacja lokalna

Bici-taxi

Bici-taxi – trójkołowe riksze na pedały, z podwójnym siedzeniem za kierowcą – są powszechne w Hawanie, Camagüey, Holguín i innych miastach. W Hawanie kierowcy żądają co najmniej 2 CUC za przejazd (Kubańczycy płacą 5–10 pesos). Niektórzy *bici-taxistas* żądają astronomicznych kwot. Stawkę należy uzgodnić przed zajęciem miejsca w pojeździe.

Statek

W niektórych miastach, m.in. w Hawanie, kursują lokalne promy, na których płaci się w *moneda nacional*.

Autobus

Bardzo zatłoczone, parne, stanowiące wyzwanie i niezwykłe *guaguas* (na Kubie: autobusy) są wygodnym środkiem transportu w większych miastach. Guaguas jeżdżą wyznaczonymi trasami, zatrzymują się na *paradas* (przystankach), gdzie zawsze czeka kolejka, nawet jeśli na taką nie wygląda.

PODRÓŻNI Z USA

Od stycznia 2011 r. Amerykanie mogli podróżować na Kubę indywidualnie. Administracja prezydenta Obamy zezwoliła na prywatne wyjazdy w celach edukacyjnych i związanych ze „wspieraniem obywateli kubańskich". W czerwcu 2017 r. prezydent Trump zapowiedział bardziej restrykcyjną politykę w relacjach amerykańsko-kubańskich, odwołując podróże indywidualne. Amerykanie będą teraz ograniczeni do wyjazdów grupowych za pośrednictwem licencjonowanych biur podróży. Więcej informacji zob. s. 511.

Należy krzyknąć *¿quién es el último?*, żeby się dowiedzieć, kto jest ostatni, ponieważ kubańskie kolejki to luźne grupki ludzi.

Przejazd autobusem kosztuje 0,40 MN albo 5 centavos CUC. Hawanę i Santiago de Cuba ostatnio wyposażono w nowe floty chińskich autobusów miejskich.

Żeby wyjść z autobusu, należy przejść do tyłu. Toruje się przejście, mówiąc *con permiso*; trzeba trzymać bagaż przed sobą i uważać na portfel.

Colectivo

Taksówki *colectivos* jeżdżą ustalonymi trasami dalekobieżnymi; wyruszają, gdy mają komplet pasażerów. Przeważnie są to amerykańskie samochody sprzed 1959 r., wyrzucające obłoki dieslowskich spalin. Przednie siedzenie zajmują najmniej trzy osoby. Państwowe taksówki *colectivos*, w których płaci się tylko w CUC, czekają w pobliżu dworców autobusowych. Są szybsze i zazwyczaj tańsze od autobusów.

Wozy konne

W wielu miastach prowincjonalnych kursują po ustalonych trasach – zwykle między dworcami i śródmieściem – *coches de caballo* (dorożki). Płaci się ok. 1 peso w *moneda nacional*. Wiele koni jest przeciążonych i w żałosnym stanie. Najlepiej powierzyć swój los zdrowemu zwierzęciu, jeśli jest wybór (albo lepiej *bici-taxi*!).

Taksówka

Taksówki samochodowe mają taksometry; przejazd kosztuje 1 CUC za złamanie licznika plus 1 CUC za 1 kilometr na terenie miasta. Taksówkarze mają zwyczaj oferować cudzoziemcom cenę zryczałtowaną, poza taksometrem, zazwyczaj zbliżoną do tej, którą zapłaciłoby się według licznika. Różnica polega na tym, że z licznikiem pieniądze za kurs bierze państwo, a bez – idą do kieszeni kierowcy.

Pociąg

Pociągi Ferrocarriles de Cuba obsługują wszystkie stolice prowincji i są jedyną w swoim rodzaju przygodą, jeśli ktoś może się wykazać cierpliwością świętego i krzepą wyczynowca.

Wiek pociągów i deficyt paliw powodują opóźnienia. Podróżni wciąż zgłaszają opóźnienia, niedziałające toalety, usuwanie przez policję osób, które popełniły jakieś wykroczenie, oraz awanturujących się pasażerów. Nie jest to środek lokomocji dla podróżników o słabych nerwach. Kubańczycy posiadający odpowiednie środki unikają podróży pociągami.

Podane godziny odjazdu są czysto teoretyczne. Kupno biletu na ogół nie stanowi problemu, ponieważ istnieje pula przeznaczona dla turystów płacących w CUC.

Cudzoziemcy muszą płacić za bilety gotówką; ceny są umiarkowane, wagony – choć leciwe i zużyte – dość wygodne. Toalety są paskudne i trzeba mieć swój papier toaletowy. Podczas podróży nocą należy pilnować bagażu i zaopatrzyć się w jedzenie oraz kubek: w pociągach krążą sprzedawcy kawy. Jedynie Tren Francés posiada bufet.

Informacje – rozkłady jazdy, rodzaje i klasy pociągów – podano na stronie The Man in Seat Sixty-One (www.seat61.com), prowadzonej w Wielkiej Brytanii przez Marka Smitha.

Estación Central w Hawanie ma być nieczynna do połowy 2018 r. z powodu remontu. W tym czasie większość pociągów odjeżdża ze stacji La Coubre.

Klasy

Pociągi na Kubie: *especiales* (klimatyzowane, szybsze, rzadziej kursują), *regulares* (dość wolne, jeżdżą codzien-

POŁĄCZENIA KOLEJOWE Z HAWANY

Odjazdy pociągów mogą być zmienione lub odwołane. Należy sprawdzić przed podróżą.

KIERUNEK	NUMER POCIĄGU	CZĘSTOTLIWOŚĆ
Bayamo	13	co 4 dni
Camagüey	5, 15	co 4 dni
Cienfuegos	73	co drugi dzień
Guantánamo	15	co 4 dni
Manzanillo	28	co 4 dni
Matanzas	5, 7, 15	co 4 dni
Morón	29	codziennie
Pinar del Río	71	co drugi dzień
Sancti Spíritus	7	co drugi dzień
Santa Clara	5, 7, 9, 15	co 4 dni
Santiago de Cuba	5, 11, 12	co 4 dni

TREN FRANCÉS

Tren Francés (Francuski Pociąg; pociąg numer 11) – najlepszy i najszybszy na Kubie – jeździ z Hawany do Santiago de Cuba i z powrotem (co cztery dni; 30 CUC, 15 godz. 30 min, 861 km). W składzie pociągu są francuskie wagony (stąd nazwa), niegdyś jeżdżące na trasie Paryż – Bruksela – Amsterdam. Kuba zakupiła je w 2001 r. Dość wygodne, choć nieco zużyte, mają wiejącą lodowatym powietrzem klimatyzację i brudne toalety. Wagony obsługują stewardzi (jeden w każdym wagonie). Tak jak w przypadku wielu spraw na Kubie, problem nie leży w jakości wagonów, ale w utrzymaniu, a dokładniej w jego braku. *Tren Francés* ma wyłącznie I klasę, która wcale nią nie jest.

nie), *lecheros* (zatrzymują się na każdej stacji; dosł. „mleczarskie" – nazwa od dawnych pociągów przewożących mleko z punktów skupu). Na głównych trasach, np. z Hawany do Santiago de Cuba, jeżdżą *especiales* i *regulares*.

Ceny

Bilet do pociągu *regular* kosztuje poniżej 3 CUC za każde 100 km; do *especial* ok. 5,50 CUC za 100 km. Bilet do pociągu Hershey (z Hawany do Matanzas) kosztuje tyle samo co do *regular*.

Sieć kolejowa

Sieć kolejowa Kuby ciągnie się na prawie całej długości głównej wyspy, od Guane w prowincji Pinar del Río po Caimanerę na południe od miasta Guantánamo. Są też odgałęzienia, na północ i na południe, do miast: Manzanillo, Nuevitas, Morón i Cienfuegos. Baracoa należy do niewielkiej grupy miast pozbawionych połączenia kolejowego. Inne enklawy bez kolei to Isla de la Juventud, zachodni kraniec prowincji Pinar del Río oraz północne wyspy. Trinidad wyłączono z krajowej sieci po sztormie, który zniszczył most w 1992 r. Niewielkie odgałęzienie do Trinidadu – wzdłuż Valle del los Ingenios – było w remoncie w chwili pisania przewodnika.

Rezerwacja

Na większości stacji kolejowych po prostu idzie się do okienka i kupuje bilet. Na stacji kolejowej La Coubre w Hawanie jest oddzielna poczekalnia i kasa biletowa dla osób płacących w CUC. Trzeba być przygotowanym na okazanie paszportu. Warto sprawdzić na stacji aktualne godziny odjazdu, ponieważ zmiany są częste.

Linie

Pociągi lokalne jeżdżą przynajmniej raz dziennie, niektóre częściej. Pociągi na krótszych trasach łączą Las Tunas z Holguín; Holguín z Santiago de Cuba; Santa Clara z Nuevitas; Cienfuegos z Sancti Spíritus; Santa Clara z Caibarién.

Hershey to jedyna elektryczna linia kolejowa na Kubie, zbudowana przez Hershey Chocolate Company na początku XX w. Podróż tym pociągiem z Hawany do Matanzas będzie fascynującą przygodą.

Dworce kolejowe

Kubańskie dworce kolejowe, mimo okazałych fasad, są obskurne i chaotyczne, z ledwo widoczną informacją o pociągach. Godziny odjazdów są pisane kredą na czarnej tablicy lub ręcznie na kartkach; nie ma rozkładów elektronicznych ani drukowanych. Należy potwierdzić informacje o odjeździe pociągu na dwa lub trzy dni przed zamierzoną podróżą.

Ciężarówka

Camiones (ciężarówki) są tanim i szybkim sposobem podróżowania na terenie prowincji i pomiędzy nimi. Każde miasto ma prowincjonalny lub miejski dworzec autobusowy ze stanowiskiem dla *camiones*. Jeżdżą według (swobodnego) rozkładu i trzeba zająć miejsce w kolejce, wpierw pytając ¿quién es *el último?* (kto jest ostatni?); płaci się po wejściu do kabiny. Większość ciężarówek wyjeżdża wcześnie rano.

W ciężarówce *(camión)* jest gorąco, ciasno i niewygodnie, ale za to można poznać ludzi, a znajomość podstaw hiszpańskiego bardzo się przyda. Podróż ciężarówką z Santiago de Cuba do Guantánamo kosztuje 5 pesos (0,20 CUC), autobusem Víazul 6 CUC.

Czasem ktoś z personelu na dworcu burknie, że cudzoziemcom nie wolno jeździć ciężarówkami. Podobnie jak ze wszystkim na Kubie, trzeba się tylko uśmiechnąć i nie przyjmować „nie" za odpowiedź. Zagajenie rozmowy z kierowcą i zwrócenie się do innych pasażerów o pomoc zwykle pomaga.

Język

C przed spółgłoskami oraz przed samogłoskami „a", „o" „u" wymawia się k; **C** przed samogłoskami „e", „i" – s. **S** oraz **Z** – s. **CH** – miękkie cz. **G** przed samogłoskami „e", „i" – gardłowe h; przed samogłoskami „a", „o", „u" – g. **J** w każdej pozycji – gardłowe h. Połączenia **GUE**, **GUI** – ge, gi. Połączenia **GÜE**, **GÜI** – gue, gui. Połączenia **QUE**, **QUI**: ke, ki. **LL** – miękkie l. **Ñ** – ń. **R** – wibrujące rr. **V** jest zbliżone do **B**. **H** jest nieme.

W wyrazach kończących się na **d**, **l**, **r**, **z** akcent pada na ostatnią sylabę, w pozostałych zazwyczaj na drugą sylabę od końca. W zapisie fonetycznym sylaby akcentowane inaczej zaznaczono kursywą.

Hiszpańskie rzeczowniki są rodzaju męskiego lub żeńskiego. Końcówki przymiotników zmieniają się zależnie od rodzaju rzeczownika. Podano obie formy, oddzielając je kreską ukośną, z formą męską na pierwszym miejscu, np. *perdido/a* (m/ż). Druga osoba przybiera formę familiarną *tú* (ty) lub grzecznościową *usted* (pan, pani), którym towarzyszą odpowiednie formy czasownika. Do znajomych i osób młodszych zwracamy się, używając *tú*, w innych przypadkach należy używać formy grzecznościowej. W przykładowych zdaniach podaliśmy formę grzecznościową; tam gdzie są możliwe obie opcje, zaznaczono je skrótami „grz." i „fam."

WIĘCEJ?

Więcej szczegółowych informacji językowych i pomocnych zwrotów można znaleźć w *Latin American Spanish Phrasebook*, dostępnym w shop.lonelyplanet.com, lub korzystając z rozmówek na urządzeniach Apple dostępnych w App Store.

ZWROTY PODSTAWOWE

Cześć.	*Hola.*	Ola.
Do widzenia.	*Adiós.*	Adios
Jak się pan/pani ma?	*¿Qué tal?*	Ke *tal?*
Dziękuję, dobrze.	*Bien, gracias.*	Bien grasjas.
Przepraszam.	*Perdón.*	Perdon
Proszę wybaczyć.	*Lo siento.*	Lo sjento.
Tak/Nie.	*Sí./No.*	Si. No.
Proszę.	*Por favor.*	Por fawor.
Dziękuję.	*Gracias.*	Grasjas.
Proszę bardzo.	*De nada.*	De nada
Nazywam się ...	*Me llamo ...*	Me liamo...

Jak się pan/pani nazywa?
¿Cómo se llama usted? ¿Komo se liama *usted?* (grz.)
¿Cómo te llamas? ¿Komo te llamas? (fam.)

Czy mówi pan/pani po angielsku?
¿Habla inglés? ¿Abla ing*les?* (grz.)
¿Hablas inglés? ¿Ablas ing*les?* (fam.)

Nie rozumiem.
No entiendo. No entiendo.

NOCLEG

Chciałbym/chciałabym zarezerwować pokój.
Quisiera reservar una habitación. Kisjera reser*war* una abita*sjon*

Ile za noc/za osobę?
¿Cuánto cuesta por noche/persona? Kuanto kuesta por noczie/persona?

Czy razem ze śniadaniem?
¿Incluye el desayuno? ¿Inkluje el desajuno?

Pole kempingowe	*terreno de cámping*	*terreno de kamping*
hotel	*hotel*	*otel*
pensjonat	*pensión*	*pensjon*
hostel młodzieżowy	*albergue juvenil*	*alberge huwenil*

Chciałbym ... pokój.	*Quisiera una habitación ...*	Kisjera una abitasjon...
pojedynczy	*individual*	indiwidual
podwójny	*doble*	doble

klimatyzowany	*aire acondicionado*	ajre akondisjonado
łazienka	*baño*	baño
łóżko	*cama*	kama
okno	*ventana*	wentana

KIERUNKI

Gdzie jest ...?
¿Dónde está ...? Donde esta

Jaki to adres?
¿Cuál es la dirección? Kual es la direksjon?

Czy może pan/pani zapisać?
¿Puede escribirlo, por favor? Puede eskribirlo, por fawor?

Czy może pan/pani pokazać mi (na mapie)?
¿Me lo puede indicar (en el mapa)? Me lo puede indikar (en el mapa?)

na rogu	*en la esquina*	En la eskina
Przy światłach	*en el semáforo*	en el semaforo
za ...	*detrás de ...*	detras de
daleko	*lejos*	lehos
przed ...	*enfrente de ...*	enfrente de
lewo	*izquierda*	iskierda
blisko	*cerca*	serka
obok ...	*al lado de ...*	al lado de
na przeciwko ...	*frente a ...*	frente a
prawo	*derecha*	dereczia
prosto z przodu	*todo recto*	todo rekto

GASTRONOMIA

Co by pan/pani polecił/a?
¿Qué recomienda? Ke rekomienda?

Co jest w tym daniu?
¿Que lleva ese plato? Ke liewa este plato?

Nie jadam ...
No como ... No komo...

To było pyszne!
¡Estaba buenísimo! ¡ Estaba buenisimo!

Proszę przynieść rachunek.
Por favor, nos trae la cuenta. Por fawor, nos trae la kuenta.

Na zdrowie!
¡Salud! ¡Salud!

PRZYDATNE ZWROTY

Żeby się porozumieć, wystarczy połączyć poniższe zwroty z wybranymi znaczeniami:

Kiedy jest (następny lot)?
¿Cuándo sale (el próximo vuelo)? ¿Kuando sale (el proksimo wuelo)?

Gdzie jest (stacja)?
¿Dónde está (la estación)? ¿Donde está (la estasjon)?

Gdzie mogę (kupić bilet)?
¿Dónde puedo (comprar un billete)? ¿Donde puedo (komprar un biliete)?

Czy ma pan/pani masz (mapę)?
¿Tiene (un mapa)? ¿Tiene (un mapa)?

Czy jest (toaleta)?
¿Hay (servicios)? ¿Hay (serwisjos)?

Chciałbym (kawę).
Quisiera (un café). Kisiera (un kafe).

Chcę (wynająć auto).
Quisiera (alquilar un coche). Kisiera (alkilar un koczie).

Czy mogę (wejść)?
¿Se puede (entrar)? ¿Se puede (entrar)?

Czy może pan/pani (mi pomóc)?
¿Puede (ayudarme), por favor? ¿Puede (ayudarme), por fawor?

Czy muszę (uzyskać wizę)?
¿Necesito (obtener un visado)? ¿Nesesito (obtener un visado)?

Chciałbym zarezerwować stolik na ...	*Quisiera reservar una mesa para ...*	Kisjera reserwar una mesa para
ósmą godzinę	*las (ocho)*	las (oczio)
(dwie) osoby	*(dos) personas*	(dos) personas

Przydatne wyrazy

przystawki	*aperitivos*	aperitiwos
butelka	*botella*	botelia
miska	*bol*	bol
śniadanie	*desayuno*	desajuno
dziecięce menu	*menú infantil*	menu infantil
(zbyt) zimne	*(muy) frío*	(muj) frijo
kolacja	*cena*	sena
jedzenie	*comida*	komida
widelec	*tenedor*	tenedor
szklanka	*vaso*	waso

krzesełko dla dzieci	*trona*	trona
gorący (ciepły)	*caliente*	kaljente
nóż	*cuchillo*	kuczilio
lunch	*comida*	komida
danie główne	*segundo plato*	segundo plato
targ	*mercado*	merkado
menu (po angielsku)	*menú (en inglés)*	menu (en ingles)
danie	*plato*	plato
restauracja	*restaurante*	restaurante
łyżka	*cuchara*	kucziara
jedzenie wegetariańskie	*comida vegetariana*	komida wegetariana
z/bez	*con/sin*	kon/sin

Mięso i ryby

wołowina	*carne de vaca*	karne de waka
kurczak	*pollo*	polio
kaczka	*pato*	pato
ryba	*pescado*	peskado
jagnięcina	*cordero*	kordero
wieprzowina	*cerdo*	serdo
indyk	*pavo*	pawo
cielęcina	*ternera*	ternera

Owoce i warzywa

jabłko	*manzana*	mansana
morela	*albaricoque*	albarikoke
karczoch	*alcachofa*	alkacziofa
szparagi	*espárragos*	esparragos
banan	*plátano*	platano
fasola	*judías*	hudijas
burak	*remolacha*	remolaczia
kapusta	*col*	kol
marchew	*zanahoria*	sanaoria
seler	*apio*	apio
czereśnia	*cereza*	seresa
kukurydza	*maíz*	majis
ogórek	*pepino*	pepino
owoc	*fruta*	fruta
winogrona	*uvas*	uwas
cytryna	*limón*	limon
soczewica	*lentejas*	lentehas
sałata	*lechuga*	lecziuga
grzyby	*champiñón*	cziampinion
orzechy	*nueces*	nueses
cebula	*cebolla*	sebolia
pomarańcza	*naranja*	naranha
brzoskwinia	*melocotón*	melokoton
groszek	*guisantes*	gisantes
papryka (czerwona/ zielona)	*pimiento (rojo/verde)*	pimiento (roho/werde)
ananas	*piña*	pinia
śliwka	*ciruela*	siruela
ziemniak	*patata*	patata
dynia	*calabaza*	kalabasa
szpinak	*espinacas*	espinaka
truskawka	*fresa*	fresa
pomidor	*tomate*	tomate
warzywo	*verdura*	werdura
arbuz	*sandía*	sandija

Inne

chleb	*pan*	pan
masło	*mantequilla*	mantekilia
ser	*queso*	keso
jajo	*huevo*	uewo
miód	*miel*	miel
marmolada	*mermelada*	marmelada
oliwa	*aceite*	asejte
makaron	*pasta*	pasta
pieprz	*pimienta*	pimienta
ryż	*arroz*	arros
sól	*sal*	sal
cukier	*azúcar*	asukar
ocet	*vinagre*	winagre

Napoje

piwo	*cerveza*	serwesa
kawa	*café*	kafe
sok (pomarańczowy)	*zumo (de naranja)*	zumo (de naranha)
mleko	*leche*	leczie
herbata	*té*	te

Napisy informacyjne

Abierto	Otwarte
Cerrado	Zamknięte
Entrada	Wejście
Hombres/Varones	Mężczyźni
Mujeres/Damas	Kobiety
Prohibido	Zakaz
Salida	Wyjście
Servicios/Baños	Toalety

woda (mineralna)	*agua (mineral)*	agua (mineral)
wino (czerwone/białe)	*vino (tinto/blanco)*	wino (tinto/blanko)

NAGŁE WYPADKI

Pomocy!	*¡Socorro!*	¡Sokorro!
Odejdź!	*¡Vete!*	¡Vete!

Proszę wezwać ...!	*¡Llame a ...!*	¡Liame a ...!
lekarza	*un médico*	un mediko
policję	*la policía*	la polisija

Zgubiłem się.
Estoy perdido/a. (m/ż) — Estoj perdido/a

Jestem chory.
Estoy enfermo/a. (m/ż) — Estoj enfermo/a

Mam alergię (na antybiotyki).
Soy alérgico/a a (m/ż) *(los antibióticos).* — Soj alerhiko/a a (los antibiotikos)

Gdzie są toalety?
¿Dónde están los servicios? — Donde estan los serwisios

ZAKUPY I USŁUGI

Chciałbym/chciałabym kupić ...
Quisiera comprar ... — Kisiera komprar

Tylko oglądam.
Sólo estoy mirando. — Solo estoj mirando

Czy mogę obejrzeć?
¿Puedo verlo? — ¿Puedo werlo?

Nie podoba mi się.
No me gusta. — No me gusta.

Ile kosztuje?
¿Cuánto cuesta? — ¿Kuanto kuesta?

Za drogie.
Es muy caro. — Es muj karo.

Czy może pan/pani obniżyć cenę?
¿Podría bajar un poco el precio? — ¿Podrija bahar un poko el presjo?

W rachunku jest błąd.
Hay un error en la cuenta. — Hay un error en la kuenta.

Pytania

Jak?	*¿Cómo?*	¿Komo?
Co?	*¿Qué?*	¿Ke?
Kiedy?	*¿Cuándo?*	¿Kuando?
Gdzie?	*¿Dónde?*	¿Donde?
Kto?	*¿Quién?*	¿Kien?
Dlaczego?	*¿Por qué?*	¿Por ke?

bankomat	*cajero automático*	kahero automatiko
karta kredytowa	*tarjeta de crédito*	tarheta de kredito
kafejka internetowa	*cibercafé*	siberkafe
poczta	*correos*	korreos
biuro informacji turystycznej	*oficina de turismo*	ofisina de turismo

CZAS I DATY

Która godzina?	¿Qué hora es?	¿Ke hora es?
Jest (dziesiąta).	Son (las diez).	Son (las dies).
Jest (pierwsza) trzydzieści	*Es (la una) y media*	Es (la una i media

rano	*mañana*	maniana
popołudnie	*tarde*	tarde
wieczór	*noche*	noczie
wczoraj	*ayer*	ajer
dziś	*hoy*	oj
jutro	*mañana*	maniana

poniedziałek	*lunes*	lunes
wtorek	*martes*	martes
środa	*miércoles*	mierkoles
czwartek	*jueves*	huewes
piątek	*viernes*	wiernes
sobota	*sábado*	sabado
niedziela	*domingo*	domingo

styczeń	*enero*	enero
luty	*febrero*	febrero
marzec	*marzo*	marso
kwiecień	*abril*	abril
maj	*mayo*	majo
czerwiec	*junio*	hunio
lipiec	*julio*	hulio
sierpień	*agosto*	agosto
wrzesień	*septiembre*	septiembre
październik	*octubre*	oktubre
listopad	*noviembre*	nowiembre
grudzień	*diciembre*	disjembre

KOMUNIKACJA

Komunikacja publiczna

statek	*barco*	barko
autobus	*autobús*	autobus
samolot	*avión*	awion
pociąg	*tren*	tren

Liczby

1	*uno*	uno
2	*dos*	dos
3	*tres*	tres
4	*cuatro*	kuatro
5	*cinco*	sinko
6	*seis*	seis
7	*siete*	siete
8	*ocho*	oczio
9	*nueve*	nuewe
10	*diez*	dies
20	*veinte*	wejnte
30	*treinta*	trejnta
40	*cuarenta*	kaurenta
50	*cincuenta*	sinkuenta
60	*sesenta*	sesenta
70	*setenta*	setenta
80	*ochenta*	ocziento
90	*noventa*	nowenta
100	*cien*	sien
1000	*mil*	mil

pierwszy	*primero*	primero
ostatni	*último*	ultimo
następny	*próximo*	proksimo

Chcę pojechać do ...
Quisiera ir a ... Kisjera ir a ...

Czy zatrzymuje się przy ...?
¿Para en ...? ¿Para en ...?

Jaki to przystanek?
¿Cuál es esta parada? ¿Kual es esta parada?

O której przyjeżdża/wyjeżdża?
¿A qué hora llega/sale? ¿A ke ora liega/sale?

Proszę mi powiedzieć, kiedy dojedziemy do ...
¿Puede avisarme cuando lleguemos a ...? ¿Puede awisarme kuando lieguemos a ...?

Chcę tu wysiąść.
Quiero bajarme aquí. Kiero baharme aki.

Bilet...	*un billete de ...*	un biliete de ...
1 klasy	*primera clase*	primera klase
2 klasy	*segunda clase*	segunda klase
w jedną stronę	*ida*	ida
w obie strony	*ida y vuelta*	ida i wuelta

lotnisko	*aeropuerto*	aeropuerto
miejsce przy przejściu	*asiento de pasillo*	asjento de pasilio
przy oknie	*junto a la ventana*	hunto a la ventana
przystanek autobusowy	*parada de autobuses*	parada de autobuses
odwołany	*cancelado*	kanselado
opóźniony	*retrasado*	retrasado
peron	*plataforma*	plataforma
kasa biletowa	*taquilla*	takilia
rozkład jazdy	*horario*	orario
stacja kolejowa	*estación de trenes*	estasjon de trenes

Kierowcy i rowerzyści

Chciałbym wynająć ...	*Quisiera alquilar ...*	Kisjera alkilar...
samochód terenowy	*un todo-terreno*	un todo-terreno
rower	*una bicicleta*	una bisikleta
samochód	*un coche*	un koczie
motocykl	*una moto*	una moto

fotelik	*asiento de seguridad*	asjento de seguridad
dziecięcy	*para niños*	para ninos
olej napędowy	*petróleo*	petrolio
kask	*casco*	kasko
autostop	*hacer botella*	aser botelia
mechanik	*mecánico*	mekanico
benzyna	*gasolina*	gasolina
stacja paliw	*gasolinera*	gasolinera
ciężarówka	*camión*	kamion

Czy to jest droga do ...?
¿Se va a ... por esta carretera? ¿Se va a ... por esta karretera?

(Jak długo) Mogę tu parkować?
¿(Por cuánto tiempo) Puedo aparcar aquí? ¿(Por kuanto tiempo) Puedo aparkar aki?

Samochód się popsuł (w...).
El coche se ha averiado (en ...). El koczie se a aweriado (en ...).

Mam dziurawą oponę.
Tengo un pinchazo. Tengo un pincziaso.

Zabrakło mi benzyny.
Me he quedado sin gasolina. Me e kedado sin gasolina.

SŁOWNICZEK

altos – mieszkanie na piętrze; w adresie wersalikami

agropecuario – targ warzywny, również sprzedają ryż i owoce

amarillo – uliczny strażnik ruchu w żółtym mundurze

americano/a – na Kubie mieszkaniec jakiegokolwiek kraju półkuli zachodniej (od Kanady po Argentynę); obywatel USA to *norteamericano/a* lub *estadounidense*; również *gringo/a* oraz *yuma*

Arawakowie – lingwistycznie spokrewnione plemiona, dawniej zamieszkujące wyspy Karaibów i północne obszary Ameryki Południowej

Autopista – państwowa autostrada o czterech, sześciu lub ośmiu pasach ruchu, w zależności od regionu

babalawo – kapłan *santerii*; również *babalao*; zob. *santero*

bahía – zatoka

bailes – tańce

barbudos (barbados) – rebelianci Castro (dosł. „brodaci")

barrio – dzielnica

bici-taxi – ryksza rowerowa

bodega – na Kubie: sklep z produktami na kartki

bohío – chata kryta strzechą

bolero – romantyczna pieśń miłosna

botella – autostop; dosłownie „butelka"

cabaña – chata, domek

cabildo – w czasach kolonialnych rada miejsca, a także zrzeszenie religijne niewolników kubańskich pochodzenia afrykańskiego

cacique – szef, kacyk; pierwotnie indiański przywódca, obecnie pogardliwe określenie dyktatora w krajach Ameryki Łacińskiej

Cadeca – kantor wymiany walut

cafetal – plantacja kawy

caliente – gorący

calle – ulica

camión – ciężarówka

campesinos – mieszkańcy *campos*, wieśniacy

campismo – państwowa sieć 82 kempingów; nie wszystkie przyjmują cudzoziemców

casa particular – kwatery prywatne dla cudzoziemców (niekiedy także dla Kubańczyków); wszystkie legalne *casas* muszą mieć zielony trójkąt na drzwiach

casco histórico – centrum historyczne miasta (np. w Trinidadzie, Santiago de Cuba)

CDR – Comités de Defensa de la Revolución; dzielnicowe komitety kontroli społecznej utworzone w 1960 r., żeby wspierać rewolucję; obecnie odgrywają kluczową rolę w ochronie zdrowia, edukacji, pomocy społecznej, recyklingu i dobrowolnych pracach społecznych

chachachá – taniec w rytmie 4/4, wywodzący się z rumby i mambo

Changó – bóstwo *santerii* symbolizujące wojnę i ogień, ukryte za postacią świętej Barbary

chivo – kozioł; w kubańskim żargonie „rower"

cimarrón – zbiegły niewolnik

claves – klawesyn, drewniane kołki do wybijania rytmu

coches de caballo – wozy konne

cohiba – tytoń w języku Tainów; słynna marka kubańskich cygar

colectivo – taksówki zabierające tylu pasażerów, ilu się zmieści; zwykle stary amerykański samochód

comida criolla – potrawy kuchni kreolskiej

compañero/a – kompan, partner, towarzysz

congrí – ryż z czarną fasolą

conseguir – uzyskać, otrzymać, załatwić

convertibles – *pesos* wymienialne

Coppelia – kubańska sieć lodziarni

criollo – Kreol, Hiszpan urodzony w Ameryce Łacińskiej

Cubanacán – Po wylądowaniu na Kubie Krzysztof Kolumb odwiedził wioskę Tainów zwaną Cubanacán („środek wyspy"); nazwa dużej kubańskiej organizacji turystycznej

danzón – tradycyjny kubański taniec towarzyski z akcentami afrykańskimi; powstał pod koniec w XIX w. w Matanzas

décima – rymowana strofa kubańskiego *sonu*, złożona z 10 ośmiosylabowych wersów

duende – duch/urok; punkt kulminacyjny w muzyce i tańcu flamenco

El Líder Máximo – Najwyższy Przywódca; tytuł, którym obdarzono Fidela Castro

el último – dosł. „ostatni"; określenie pozwalające opanować kubański system kolejkowy (należy „przejąć" tytuł *el último*, dołączając do kolejki, i „oddać" tytuł temu, kto przyjdzie następny)

entronque – skrzyżowanie dróg na wsi

finca – gospodarstwo wiejskie

Gitmo – w amerykańskim slangu Baza Marynarki Wojennej USA w Guantánamo

Granma – jacht, którym Fidel Castro i jego towarzysze przypłynęli z Meksyku na Kubę w 1956 r., żeby rozpocząć rewolucję; w 1975 r. tę nazwę nadano prowincji, do której przybiła „Granma"; również nazwa wiodącego dziennika na Kubie

guajiros – wieśniacy

guarapo – świeży sok z trzciny cukrowej

habanero/a – mieszkaniec Hawany

herbero – sprzedawca ziół, leków naturalnych i ich wytwórca; *herbería* – ziołolecznictwo

ingenio – dawna nazwa cukrowni; obecnie *central*

inmigración – urząd imigracyjny

jardín – ogród

jinetera – nagabywaczka, prostytutka, kobieta żerująca na cudzoziemcach

jinetero – oszust polujący na turystów; dosł. „dżokej"

M-26-7 – Ruch 26 lipca; rewolucyjna organizacja Fidela Castro; nazwa upamiętnia atak na Koszary Moncada w Santiago de Cuba 26 lipca 1953 r.

maqueta – makieta, model w skali

máquina – prywatna taksówka z opłatami w kubańskich *pesos* (MN)

mercado – targ

mirador – punkt obserwacyjny, widokowy

mogotes – wapienne monolity w Valle de Viñales

Moncada – dawne koszary w Santiago de Cuba, nazwane na cześć generała Guillerma Moncady (1848–1895), bohatera wojen o niepodległość

moneda nacional – w skrócie MN; niewymienialne *pesos* kubańskie

mudéjar – styl architektoniczny i dekoracyjny na Półwyspie Iberyjskim o wpływach mauryjskich, łączył elementy sztuki islamskiej i chrześcijańskiej; stosowany w okresie od XII do XVI w.;

nueva trova – styl łączący muzykę tradycyjną z progresywnymi tekstami o zabarwieniu politycznym, spopularyzowany w latach 60. i 70. XX w. przez kompozytorów i wykonawców Silvia Rodrígueza i Pabla Milanésa.

Operación Milagros – nieoficjalna nazwa pionierskiego programu medycznego utworzonego w 2004 r. przez Kubę i Wenezuelę, który zapewnia ubogim Wenezuelczykom darmowe leczenie wzroku w kubańskich szpitalach

Oriente – region obejmujący prowincje Las Tunas, Holguín, Granma, Santiago de Cuba i Guantánamo; dosłownie „wschód"

orisha – orysza, bóstwo *santeríi*

paladar – prywatna restauracja

parada – przystanek autobusowy

parque – park

PCC – Partido Comunista de Cuba; jedyna istniejąca partia polityczna na Kubie, utworzona w 1961 r. poprzez połączenie Partido Socialista Popular (partia komunistyczna sprzed 1959 r.) z Ruchem 26 Lipca.

peña – występ muzyczny lub impreza każdego rodzaju muzycznego: *sonu*, rapa, rocka, poezji śpiewanej itp.; także *esquina*

período especial – „okres specjalny w czasie pokoju" – rzeczywistość gospodarcza Kuby po 1991 r.

pregón – śpiewne zachwalanie sprzedawanych towarów: owoców, warzyw, mioteł itp.; *pregoneros/as* handlują na ulicach i targowiskach

puente – most

quinceañera – kubański rytuał przejścia dla dziewcząt kończących 15 lat *(quince)*; solenizantki ubierają się jak panny młode, robią sobie zdjęcia we wspaniałych sceneriach, rodzice urządzają im przyjęcia z tańcami i mnóstwem jedzenia

ranchón – wiejskie gospodarstwo, także restauracja

reggaetón – kubański hip-hop

Regla de Ocha – reguła stowarzyszenia religijnego w *santeríi*

resolver – rozwiązać problem, załatwić

río – rzeka

salsa – muzyka kubańska wywodząca się z *sonu*

salsero – pieśniarz salsy

santería – synkretyczna religia afrokubańska łącząca elementy wierzeń Jorubów z Afryki Zachodniej i chrześcijaństwa

santero – kapłan *santeríi*; zob. *babalawo*

santiagüero – mieszkaniec Santiago de Cuba

s/n – *sin número*; adres bez numeru domu

son – kubańska muzyka ludowa łącząca tradycje afrykańskie i hiszpańskie, powstała pod koniec XIX w.

Taínos – Tainowie; osiadłe plemię mówiące w języku arawak, zamieszkujące znaczną część Kuby przed hiszpańską konkwistą; *taínos* znaczy „my, dobrzy ludzie"

tambores – rytualne bębny *santeríi*

telepunto – sklep z telefonami i punkt dostępowy Internetu Etecsa (państwowej kubańskiej firmy telekomunikacyjnej)

temporada alta/baja – szczyt sezonu/poza sezonem

Za kulisami

PROSIMY O OPINIE

Czekamy na uwagi i komentarze od turystów – dzięki nim książki są lepsze. Nasze ekipy podróżnicze czytają bardzo uważnie, co Czytelnikom się podobało, a co nie. I choć nie możemy odpowiedzieć na każde zgłoszenie, ręczymy, że wszystkie wasze uwagi dotrą do właściwych autorów przed kolejnym wydaniem. Każdemu, kto prześle swoje uwagi, dziękujemy w następnym wydaniu. Najbardziej użyteczne zgłoszenia nagradzamy wybranymi rozdziałami w formacie PDF.

Uwagi i prośby można zgłaszać na stronie **lonelyplanet.com/contact**. Nasza nagradzana strona zawiera również podróżnicze opowieści, wiadomości i forum dyskusyjne.

Uwaga: możemy edytować i publikować otrzymane komentarze w produktach Lonely Planet, takich jak przewodniki, strony internetowe i nośniki elektroniczne. Jeśli ktoś sobie tego nie życzy, niech to wyraźnie zaznaczy. Nasza polityka prywatności: zob. lonelyplanet.com/privacy.

NASI CZYTELNICY

Dziękujemy podróżnikom, którzy skorzystali z ostatniego wydania przewodnika i przesłali przydatne wskazówki, porady oraz ciekawe anegdoty.

A Adam Wereszczynski, Adrian Lange, Alison Douglas, Andreas Jansen, Ann Barrett, Anne Schneider, Annegret Krüger, Annette Brook, Antonio Cascos, Ayal Weiner-Kaplow **B** Beth Handman, Birgit Einzenberger, Brian Dargan, Bruno Selun **C** Cédric Quatannens, Claire Liboureau, Claudia Krapp **D** Daniel Drury, Daniela D'Alessio, Detlef Greiner, Djoeke Geijs, Duane Marxen **E** Elitsa Matsanova, Emilio Muñoz, Emma Åsenius, Eric Labonne, Erik de Brouwer, Erin Lindsey **F** Federica Gallo, Felix Kallenberg, Florian Güster, Franky Knoechel **G** Gavin Dixon **H** Hank Raymond, Hannes Holst, Helmut Ninaus, Hendrik Mueller-Ide, Hilary Duffy, Hind Benkirane, Holly Maltby **I** Ivan Chang **J** Jack Edwards, Jakob Merljak, Jan Keymis, Jan van Dok, Jana Gehlen, Janna Pape, Jaroslav Sirotek, Jenni Williams, Jenny Cottle, Joachim Hertz, Joe Pundek, Johan Borchert, John Kilgannon, John Sturt, Jon Groner, Jonathan Hales, Jonathan Pattenden, Jörg Deppe, Josh Levin, Judy Rubin **K** Kalev Mändmaa, Karl Manco, Kerstin Thunwall, Kristen Smith, Kristin Gjersdal, Kwassi Dadzie **L** Lars Bendtsen, Lesley Bayliss, Lindley Owen, Louise Heseltine, Lucas Bornschlegl, Ludo Teunissen **M** Marco Catalano, Margje van Weerden, Melanie Luangsay, Mette Hedegaard **N** Nicolas Combremont, Nicole Rochat **O** Oli Taylor, Othmar Kyas **P** Patrizia Bertini, Paul Lewis, Peter Tesche, Pinar Sayin **R** Rafael Gonzalez, Ray Weglehner, Rebecca Vaughan, Rhonda Keen, Richard Creel, Richard Heins, Robin van der Griend, Ross More, Rui Lopes **S** Samantha Bond, Sandra Engblom, Sandra Schrammel, Scott Schamber, Stephanie Kirichek, Stephanie Matse, Steve Struthers, Stuart Kandell **T** Tasha Stephenson, Tim Beswick, Tim Laslavic, Tim Micklinghoff, Tobias Eigenmann, Tony Mortlock, **U** Ursula Bertinchamp **V** Valerio Pieri **W** Wil Bennett, Will Hudson **Y** Yi Zhao, Yolande Hachez **Z** Zsolt Bogoti

PODZIĘKOWANIA OD AUTORÓW

Brendan Sainsbury

Wielkie podziękowania moim kubańskim *amigos*, z których wielu pomogło mi niezmiernie w trakcie dokumentowania przewodnika (i czynili od lat). Szczególne podziękowania dla Carlosa Sarmiento, Luisa Miguela, Maité i Idolki w Morón, Julia i Elsy Roque, Joela w Matanzas, Beny'ego w Varadero, Ramberta na Isla de la Juventud, a także mojej żonie Liz oraz synowi Kieranowi za towarzystwo w podróży.

Carolyn McCarthy

Z całego serca dziękuję tym wszystkim, którzy ułatwili mi pracę na Kubie: mojemu gospodarzowi Luisowi Miguelowi w Hawanie, Domingowi Cuza w Bayamo, rodzinie Muñoz, Rafaelowi w Camagüey, Nilsonowi oraz Infotur. Brendanowi Sainsbury, Diegowi y Royowi: *para su ayuda y buenos consejos, no hay suficiente Havana Club en el mundo para compensarles, pero intentamos!*

ŹRÓDŁA

Dane na mapie klimatycznej pochodzą z Peel MC, Finlayson BL & McMahon TA (2007) *Updated World Map of the Köppen-Geiger Climate Classification, Hydrology and Earth System Sciences*, 11, 163344.

Fotografia na okładce: Taksówka w Hawanie. Grant Faint/Getty Images ©

Ilustracja s. 70–71: Michael Weldon

O KSIĄŻCE

9. wydanie przewodnika Lonely Planet Kuba zostało udokumentowane i napisane przez Brendana Sainsbury i Carolyn McCarthy. Poprzednie dwa wydania napisali Brendan oraz Luke Waterson.

Przewodnik przygotował zespół w składzie:

Redaktor prowadzący: Bailey Freeman

Redaktor techniczny: Amanda Williamson

Starsi kartografowie: Mark Griffiths, Corey Hutchison

Opracowanie graficzne: Clara Monitto

Asystenci redaktorów: Nigel Chin, Melanie Dankel, Bruce Evans, Carly Hall, Kellie Langdon, Jodie Martire, Louise McGregor, Gabrielle Stefanos

Asystent kartografów: Valentina Kremenchutskaya

Okładka: Naomi Parker

Podziękowania: Evan Godt, Paul Harding, Liz Heynes, Elizabeth Jones, Sandie Kestell, Kate Mathews, Catherine Naghten, Lauren O'Connell, Kirsten Rawlings, Maureen Wheeler

EDYCJA POLSKA

Tłumaczenie: Andrzej Piotr Zakrzewski (6–157, 474–530, 543–544), Monika Gruszczyńska (158–172), Artur Chmiel (173–274), Katarzyna Boratyńska (275–391), Jolanta Dąbrowska (392–473)

Redakcja: Zofia Siewak-Sojka

Aktualizacja informacji praktycznych: Urszula Pahl (20–21, 502–521)

Korekta: Katarzyna Zioła-Zemczak

Skład: www.pagegraph.pl

Redaktor techniczny: Jarosław Jabłoński

Redaktor prowadzący: Roman Książek

Bielsko-Biała, 2018

Pascal

Wydawnictwo Pascal Spółka z o.o.
43-382 Bielsko-Biała, ul. Zapora 25
tel. 338282828, fax 338282829, pascal@pascal.pl, www.pascal.pl

Przewodniki dla firm i agencji reklamowych
creative@pascal.pl; www.pascalcreative.pl

Pascal Creative

Dystrybucja: Wydawnictwo Pascal Spółka z o.o.

ISBN 978-83-8103-114-1

Indeks

Mapy **000**
Zdjęcia **000**

Legenda

Widoki/obiekty

- Plaża
- Rezerwat ptaków
- Obiekt buddyjski
- Zamek/pałac
- Obiekt chrześcijański
- Obiekt konfucjański
- Obiekt hinduistyczny
- Obiekt islamski
- Obiekt dżinijski
- Obiekt żydowski
- Pomnik/zabytek
- Muzeum/galeria/budynek historyczny
- Ruiny
- Obiekt sintoistyczny
- Obiekt sikhijski
- Obiekt taoistyczny
- Winiarnia/winnica
- Zoo/rezerwat przyrody
- Inny obiekt

Aktywnie, kursy i wycieczki

- Bodysurfing
- Nurkowanie
- Kajakarstwo
- Wyprawa/wycieczka
- Gorące kąpiele sento/onsen
- Narciarstwo
- Nurkowanie z fajką
- Surfing
- Pływanie/basen
- Spacery
- Windsurfing
- Inna aktywność

Noclegi

- Obiekt noclegowy
- Kemping

Gastronomia

- Obiekt gastronomiczny

Bary i nocne życie

- Bar i nocny lokal
- Kawiarnia

Rozrywka

- Rozrywka

Zakupy

- Zakupy

Informacje

- Bank
- Ambasada/konsulat
- Szpital/usługi
- Internet
- Policja
- Poczta
- Telefon
- Toaleta
- Informacja turystyczna
- Inne informacje

Miejsca

- Plaża
- Brama
- Szałas/schronisko
- Latarnia morska
- Punkt widokowy
- Góra/wulkan
- Oaza
- Park
- Przełęcz
- Teren piknikowy
- Wodospad

Ludność

- Stolica (państwa)
- Stolica (stanu/prowincji)
- Miasto/duże miasto
- Miasteczko/wioska

Komunikacja

- Lotnisko
- Przejście graniczne
- Autobus
- Kolejka linowa/szynowa
- Trasa rowerowa
- Prom
- Stacja metra
- Kolej jednoszynowa
- Parking
- Stacja paliw
- S-Bahn/stacja kolei podziemnej
- Postój taksówek
- Stacja kolejowa/linia kolejowa
- Tramwaj
- U-Bahn/stacja podziemna
- Inny transport

Uwaga: nie wszystkie z powyższych symboli pojawiają się na mapach w książce

Drogi

- Droga płatna
- Droga bezpłatna
- Droga główna
- Droga drugorzędna
- Droga podrzędna
- Pas ruchu lub dróżka
- Droga gruntowa
- Droga w budowie
- Plac/promenada
- Schody
- Tunel
- Kładka dla pieszych
- Trasa spacerowa
- Obejście trasy spacerowej
- Ścieżka/szlak pieszy

Granice

- Państwowa
- Stanowa/prowincji
- Sporna
- Regionalna/przedmieścia
- Park morski
- Klif
- Mur

Hydrografia

- Rzeka, strumień
- Rzeka okresowa
- Kanał
- Woda
- Jezioro suche/słone/okresowe
- Rafa

Obszary

- Lotnisko/pas startowy
- Plaża/pustynia
- Cmentarz (chrześcijański)
- Cmentarz (inny)
- Lodowiec
- Równia pływowa
- Park/las
- Obiekt (budynek)
- Teren sportowy
- Bagno/namorzyny

NASZA HISTORIA

W 1972 r. Tony i Maureen Wheeler potrzebowali jedynie zdezelowanego samochodu, paru dolarów w kieszeni i chęci przeżycia przygody, aby odbyć podróż życia – przez Europę i Azję do Australii. Zajęło im to kilka miesięcy, a po powrocie – spłukani, ale bogatsi o nowe wrażenia – zasiedli przy kuchennym stole i napisali oraz złożyli swój pierwszy przewodnik turystyczny *Across Asia on the Cheap*. W tydzień sprzedali 1500 egzemplarzy. Tak narodziło się Lonely Planet.

Obecnie Lonely Planet ma biura w Dublinie, Franklin, Londynie, Melbourne, Oakland, Pekinie oraz Delhi i zatrudnia ponad 600 osób. Podzielamy pogląd Tony'ego, że „dobry przewodnik powinien informować, uczyć i bawić".

NASI AUTORZY

Brendan Sainsbury

Hawana, Artemisa i Mayabeque, Isla de la Juventud (okręg specjalny), Valle de Viñales i Pinar del Río, Varadero i Matanzas, Cienfuegos, Villa Clara, Ciego de Ávila. Brendan pochodzi z Hampshire w Anglii. Jeździ na Kubę od ponad 20 lat jako przewodnik i pisarz. Spenetrował każdy skrawek tego kraju, od Cabo de San Antonio do Punta de Maisí, posługując się każdym możliwym środkiem transportu, od roweru po autostop. Obecnie mieszka w Vancouver w Kanadzie. Brendan jest współautorem ponad 50 przewodników Lonely Planet, w tym sześciu wydań tego, który jest w Waszych rękach. Napisał również przewodnik kieszonkowy po Hawanie. Informacje na stronie https://auth.lonelyplanet.com/profiles/brendansainsbury.

Carolyn McCarthy

Trinidad i Sancti Spíritus, Camagüey, Las Tunas, Holguín, Granma, Santiago de Cuba, Guantánamo. Carolyn specjalizuje się w podróżach do obu Ameryk. Pisała dla „National Geographic", „Outside", „BBC Magazine", „Boston Globe" i innych wydawnictw. Była stypendystką Fulbrighta, otrzymała grant Banff Mountain, zwiedziła odległe zakątki Ameryki Łacińskiej. Carolyn zdobywała doświadczenie, zbierając materiały do przewodników po różnych krajach. Jest współautorką ponad 30 przewodników Lonely Planet, w tym *Colorado*, *USA*, *Argentyna*, *Chile*, *Trekking w Andach Patagońskich*, *Panama*, *Peru* oraz *Parki Narodowe USA*. Informacje na stronie www.carolynmccarthy.org; wrażenia z podróży na Instagramie: @masmerquen.

Kuba, wydanie I, 2017

Tłumaczenie *Cuba*, 9th edition – October 2017

Autorzy i wydawcy tego przewodnika starali się, by jego tekst był rzetelny, nie mogą wziąć jednak odpowiedzialności za jakiekolwiek skutki wynikające z wykorzystania podanych w nim informacji